本书部分实例

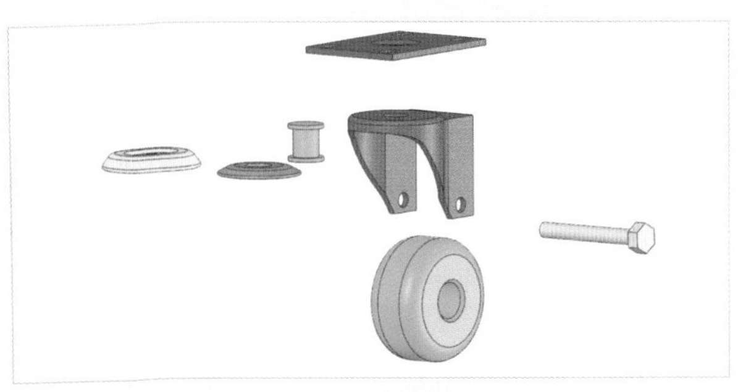

爆炸视图

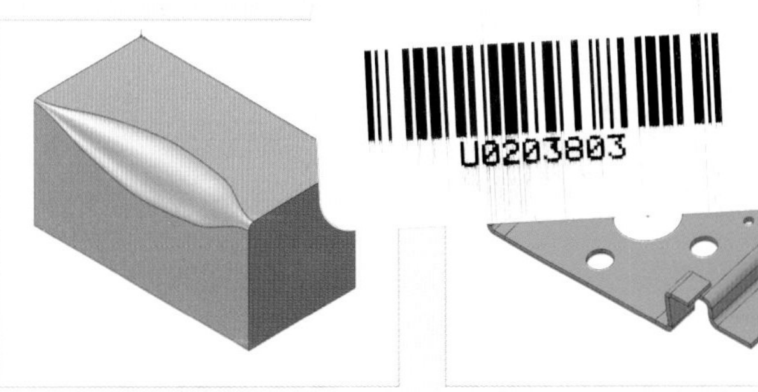

变量大小圆角

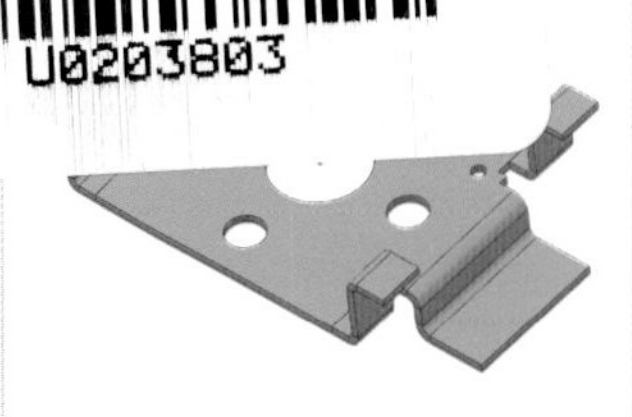

校准架

绘制草图文字

足球

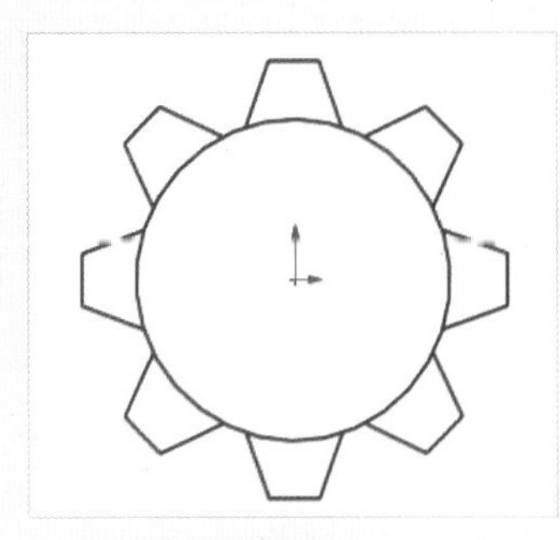

旋转圆周阵列

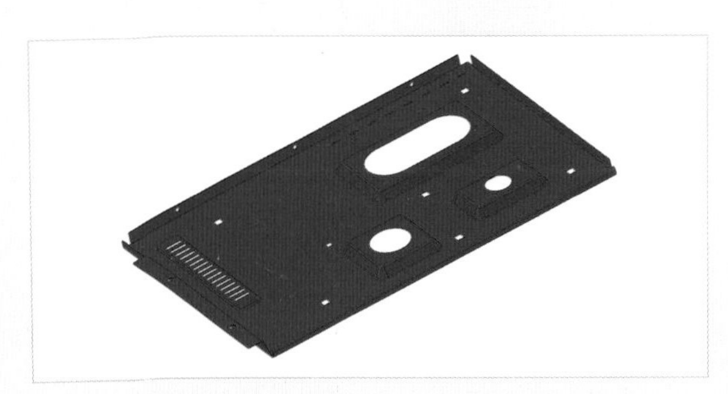

主安装板

轮毂

放样折弯

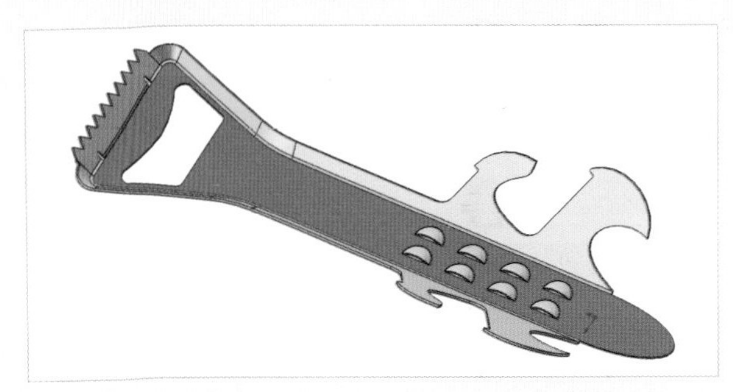

多功能开瓶器

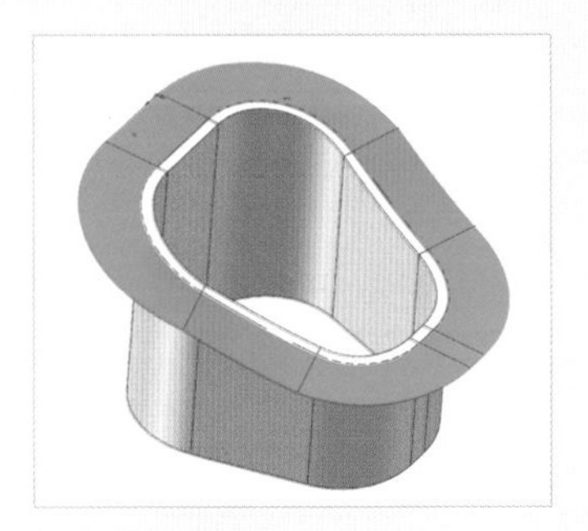

延展曲面

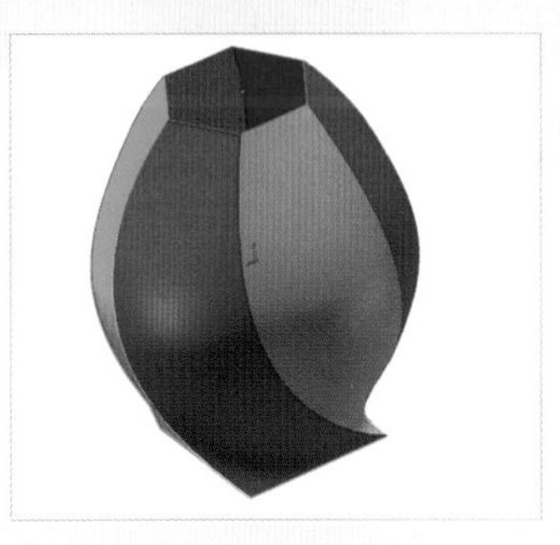

放样曲面

本书部分实例

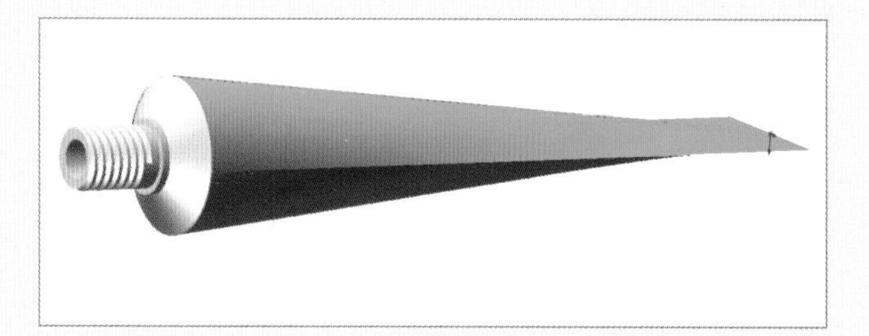

牙膏壳

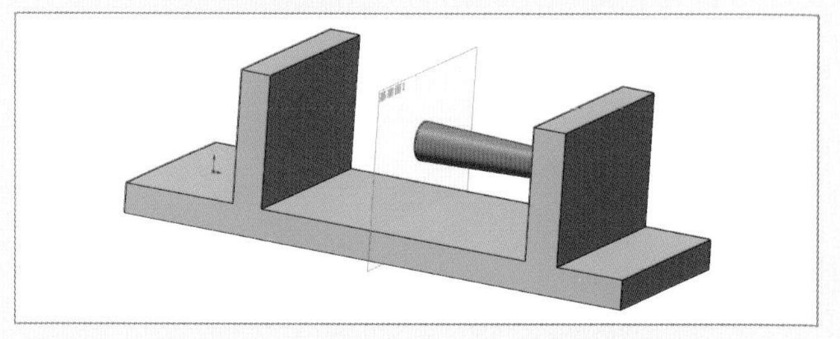

拉伸特征

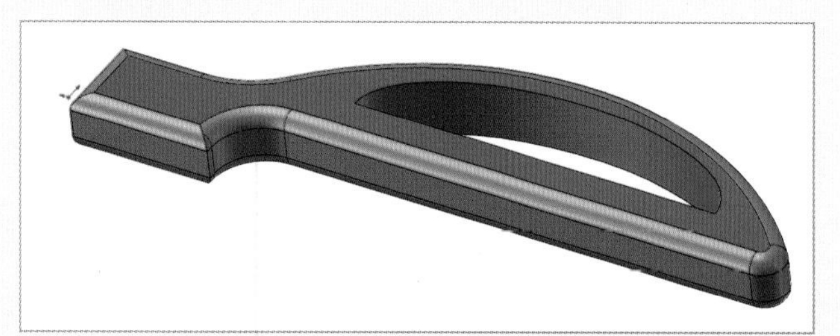

剪刀刀柄

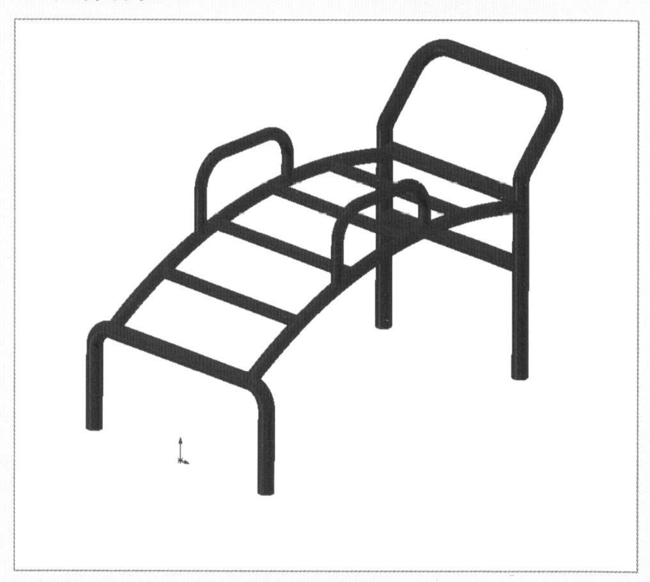

健身器材

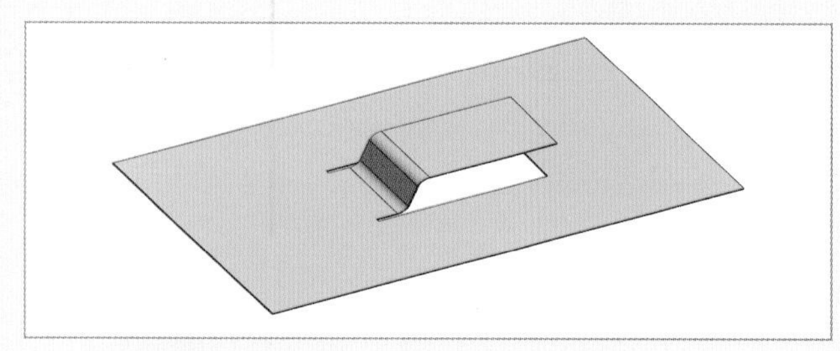

转折特征

机箱

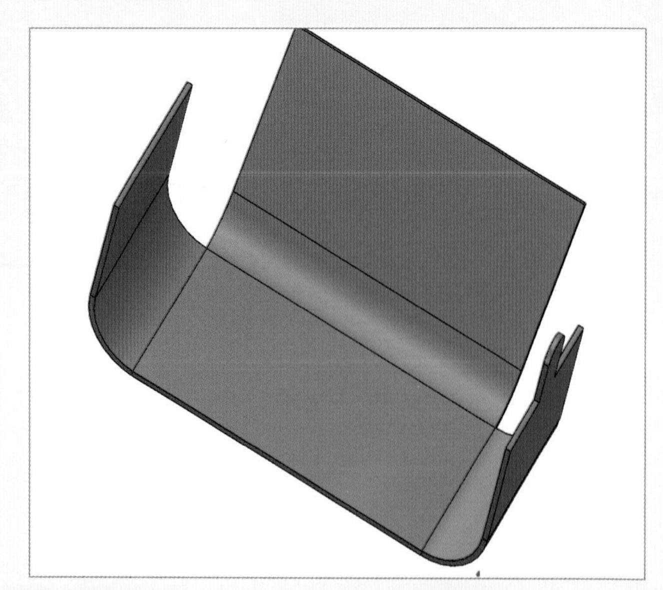

斜接法兰

本书部分实例

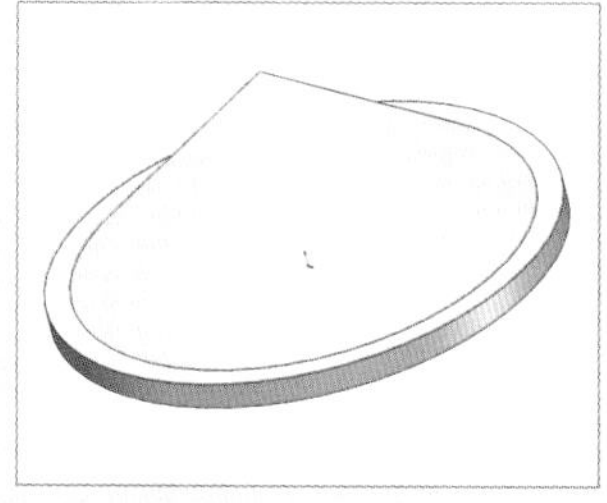

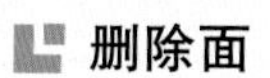 删除面

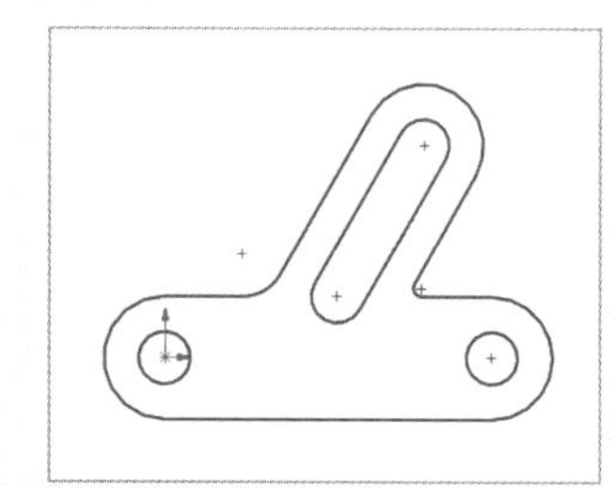

拨叉

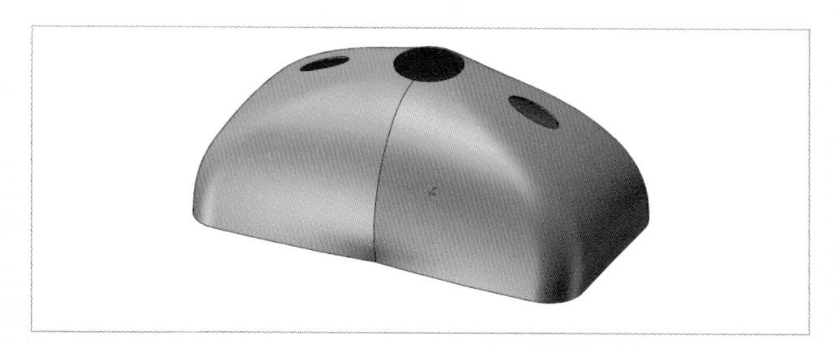

油烟机内腔

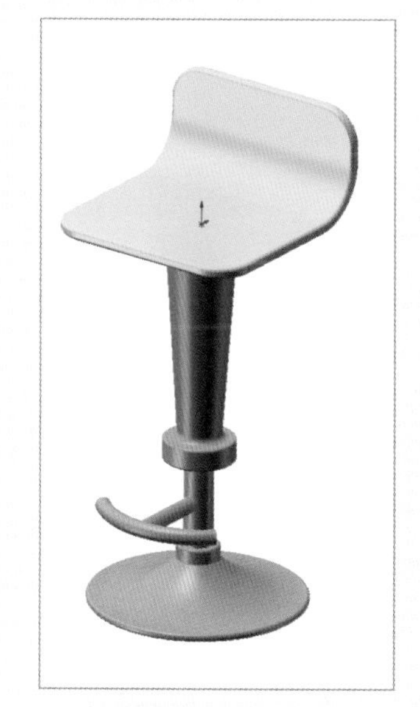

吧台椅

鞋架

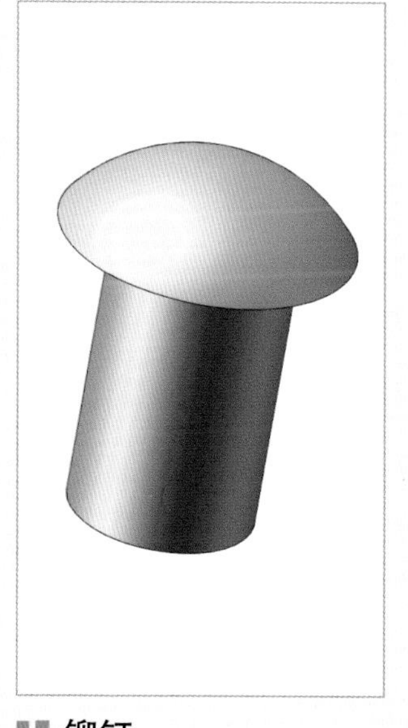

铆钉

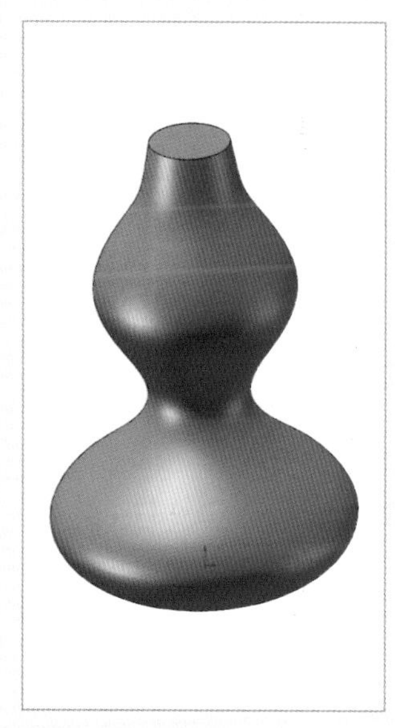

扫描特征

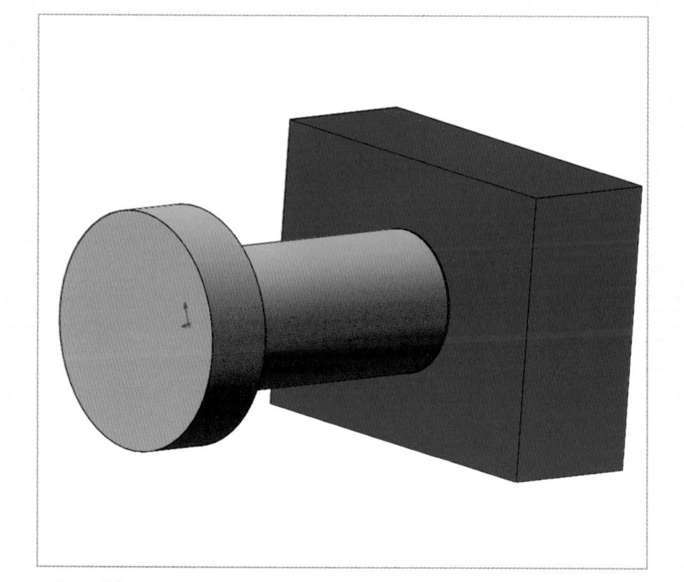

同轴心配合

电话机外壳

本书部分实例

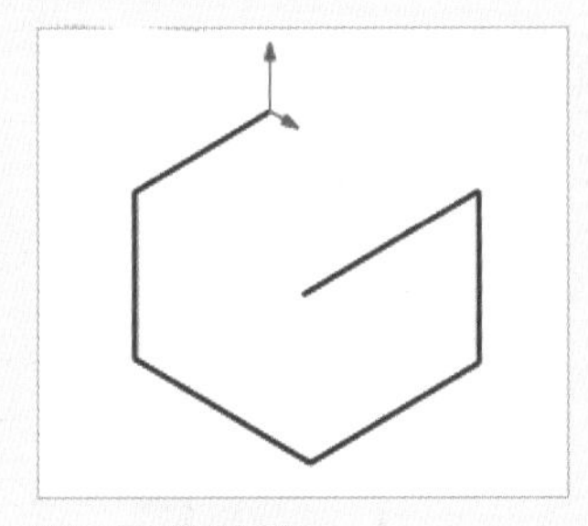

三维草图

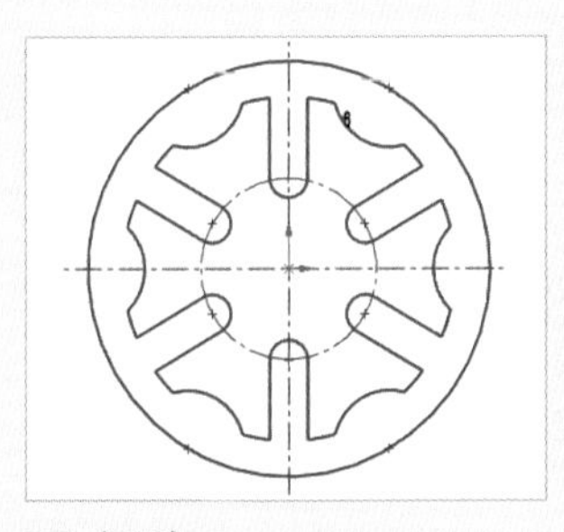

间歇

通风口

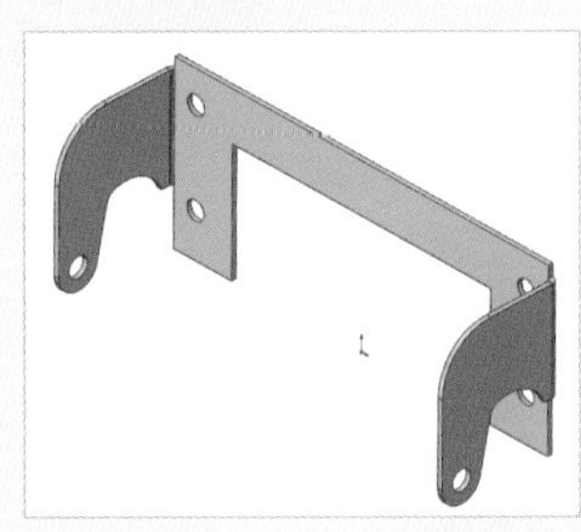

铰链

旋转特征

高跟鞋

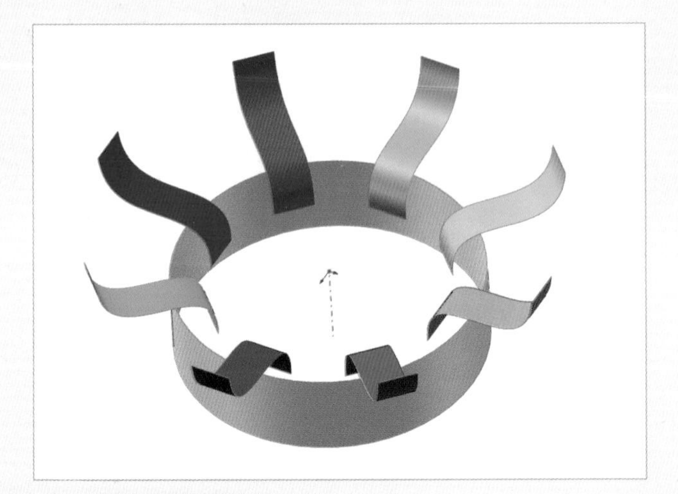

旋转复制曲面

剪刀

SOLIDWORKS 曲面·钣金·焊接设计从入门到精通

CAD/CAM/CAE技术联盟 ◎编著

清华大学出版社
北 京

内 容 简 介

本书以最新的 SOLIDWORKS 中文版为平台，着重介绍 SOLIDWORKS 软件在曲面·钣金·焊接设计中的应用方法。全书分 4 篇共 12 章。第 1～3 章为基础知识篇，主要介绍 SOLIDWORKS 基础、草图绘制和基础特征建模；第 4～6 章为曲面设计篇，主要介绍曲面造型基础、曲面造型实例和足球造型设计综合实例；第 7～9 章为钣金设计篇，主要介绍钣金设计基础、钣金设计实例和机箱设计综合实例；第 10～12 章为焊接设计篇，主要介绍焊件基础知识、焊接设计实例和篮球架设计综合实例。

本书突出了实用性及技巧性，通过学习本书，读者可以很快掌握应用 SOLIDWORKS 进行曲面·钣金·焊接设计的方法和技巧。

本书适合相关专业的技术人员学习使用，也可作为大专院校机械工程专业的教学参考书。

图书在版编目（CIP）数据

SOLIDWORKS 曲面·钣金·焊接设计从入门到精通 / CAD/CAM/CAE 技术联盟编著. —北京：清华大学出版社，2021.10

（清华社“视频大讲堂”大系 CAD/CAM/CAE 技术视频大讲堂）

ISBN 978-7-302-57475-0

I. ①S… II. ①C… III. ①曲面－机械设计－计算机辅助设计－应用软件－教材 ②钣金工－计算机辅助设计－应用软件－教材 ③焊接－计算机辅助设计－应用软件－教材 IV. ①TH122 ②TG382-39 ③TG409

中国版本图书馆 CIP 数据核字（2021）第 022767 号

责任编辑： 贾小红
封面设计： 闰江文化
版式设计： 文森时代
责任校对： 马军令
责任印制： 曹婉颖

出版发行： 清华大学出版社
网　　址：http://www.tup.com.cn，http://www.wqbook.com
地　　址：北京清华大学学研大厦 A 座　　邮　　编：100084
社 总 机：010-62770175　　邮　　购：010-62786544
投稿与读者服务：010-62776969，c-service@tup.tsinghua.edu.cn
质量反馈：010-62772015，zhiliang@tup.tsinghua.edu.cn
印 装 者： 三河市金元印装有限公司
开　　本： 203mm×260mm　　印　　张：25.75　　插　　页：2　　字　　数：772 千字
版　　次： 2021 年 11 月第 1 版　　印　　次：2021 年 11 月第 1 次印刷
定　　价： 99.80 元

产品编号：089295-01

前　言

Preface

SOLIDWORKS 是 Windows 的原创三维实体设计软件，全面支持微软的 OLE（对象连接与嵌入）技术。它支持 OLE 2.0 的 API（应用程序编程接口）后继开发工具，并且已经改变了 CAD/CAE/CAM 领域传统的集成方式，使不同的应用软件能集成到同一个窗口，共享同一数据信息，以相同的方式操作，没有文件传输的烦恼。“基于 Windows 的 CAD/CAE/CAM/ PDM 桌面集成系统”能够贯穿设计、分析、加工和数据管理整个过程。SOLIDWORKS 因关键技术的突破、深层功能的开发和工程应用的不断拓展，而成为 CAD 市场中的主流产品。SOLIDWORKS 的内容涉及平面工程制图、三维造型、求逆运算、加工制造、工业标准交互传输、模拟加工过程、电缆布线和电子线路等应用领域。

一、编写目的

鉴于 SOLIDWORKS 强大的功能和深厚的工程应用底蕴，我们力图编写一本侧重介绍 SOLIDWORKS 在曲面造型设计、钣金设计和焊接设计方面实际应用情况的书籍。我们不求将 SOLIDWORKS 知识点全面讲解清楚，而是针对工程设计行业需要，将 SOLIDWORKS 大体知识脉络作为线索，以实例作为“抓手”，帮助读者掌握利用 SOLIDWORKS 进行曲面造型设计、钣金设计和焊接设计的基本技能和技巧。

二、本书特点

1. 专业性强

本书作者拥有多年计算机辅助设计领域的工作经验和教学经验，总结了多年的设计经验以及教学的心得体会，精心编著，力求全面、细致地展现出 SOLIDWORKS 在曲面造型设计、钣金设计和焊接设计方面的各种功能和使用方法。在具体讲解的过程中，严格遵守相关规范和国家标准，把一丝不苟的细致作风融入字里行间，目的是培养读者严谨细致的工程素养，传播规范的工程设计理论与应用知识。

2. 实例经典

全书包含 21 个常见的、不同类型和大小的曲面造型设计、钣金设计和焊接设计实例，可让读者在学习案例的过程中快速了解 SOLIDWORKS 在曲面造型设计、钣金设计和焊接设计中的用途，并加深对知识点的掌握，力求通过实例的演练帮助读者找到学习 SOLIDWORKS 的终南捷径。

3. 涵盖面广

本书在有限的篇幅内，包罗了 SOLIDWORKS 在曲面造型设计、钣金设计和焊接设计中常用的全部功能讲解，涵盖了草图绘制、零件建模、曲面造型设计、钣金设计、焊接设计等知识。可以说，读者只要有本书在手，即可达到 SOLIDWORKS 曲面造型设计、钣金设计和焊接设计知识全面精通。

Note

4. 突出技能提升

本书有很多实例本身就是工程设计项目案例，经过作者精心提炼和改编，不仅保证了读者能够学好知识点，更重要的是能帮助读者掌握实际的操作技能。全书结合实例详细地讲解了 SOLIDWORKS 在曲面造型设计、钣金设计和焊接设计中的知识要点，让读者在学习案例的过程中自然地掌握 SOLIDWORKS 软件的操作技巧，同时培养了工程设计的实践能力。

三、本书的配套资源

本书的配套资源可通过扫描二维码下载。本书提供了极为丰富的学习配套资源，以便读者朋友用最短的时间学会并精通这门技术。

1. 配套教学视频

针对本书实例专门制作了 169 集配套教学视频，读者可以先看视频，像看电影一样轻松愉悦地学习本书内容，然后对照课本加以实践和练习，可以大大提高学习效率。

2. 8 套常见图纸设计方案及同步教学视频

为了帮助读者拓展视野，本书配套资源中特意赠送 8 套设计方案、图纸源文件，以及总长 237 分钟的视频演示。

3. 全书实例的源文件和素材

本书附带了很多实例，配套资源中包含实例和练习实例的源文件和素材，读者可以安装 SOLIDWORKS 软件，打开并使用它们。

四、关于本书的服务

1. “SOLIDWORKS 简体中文版”安装软件的获取

按照本书上的实例进行操作练习，以及使用 SOLIDWORKS 进行绘图，需要事先在电脑上安装 SOLIDWORKS 软件。“SOLIDWORKS 简体中文版”安装软件可以登录官方网站 http://www.solidworks.com.cn/ 联系购买正版软件，或者申请使用其试用版。另外，当地电脑城、软件经销商一般有售。

2. 关于本书技术支持或有关本书信息的发布

读者朋友遇到有关本书的技术问题，可以扫描封底“文泉云盘”二维码查看是否已发布相关勘误/解疑文档，如果没有，可在下方寻找加群方式，或点击“读者反馈”留下问题，我们会及时回复。

3. 关于手机在线学习

扫描书中二维码，可在手机中观看对应教学视频。充分利用碎片化时间，随时随地提升。需要强调的是，书中给出的是实例的重点步骤，详细操作过程还需读者通过视频来学习并领会。

五、关于作者

本书由 CAD/CAM/CAE 技术联盟组织编写。CAD/CAM/CAE 技术联盟是一个 CAD/CAM/CAE 技术研讨、工程开发、培训咨询和图书创作的工程技术人员协作联盟，包含二十多位专职和众多兼职 CAD/CAM/CAE 工程技术专家。CAD/CAM/CAE 技术联盟负责人由 Autodesk 中国认证考试中心首席专家担任，全面负责 Autodesk 中国官方认证考试大纲制定、题库建设、技术咨询和师资力量培训工作，成员精通 Autodesk 系列软件。其创作的很多教材已成为国内具有引导性的旗帜作品，在国内相关专业方向图书创作领域具有举足轻重的地位。

六、致谢

在本书的写作过程中，策划编辑贾小红和艾子琪女士给予了很大的帮助和支持，提出了很多中肯的建议，在此表示感谢。同时，还要感谢清华大学出版社的所有编审人员为本书的出版所付出的辛勤劳动。本书的成功出版是大家共同努力的结果，谢谢所有给予支持和帮助的人士。

编　者

Note

目 录

Contents

第 1 篇 基础知识篇

Note

第2篇 曲面设计篇

第3篇 钣金设计篇

Note

Note

第4篇　焊接设计篇

▶▶第 1 篇

基础知识篇

本篇主要介绍 SOLIDWORKS 的基础知识，包括 SOLIDWORKS 概述、草图绘制以及基础特征建模等知识。

本篇介绍了 SOLIDWORKS 操作的基本知识，从零件的新建到零件简单模型的创建，本篇既是本书的开篇，又是后面章节的铺垫。本篇内容是构建复杂零件的基础，犹如摩天大楼的地基，虽“不可见”，但也“不可缺”，灵活掌握本篇技巧，可为后面的具体设计做好准备。

SOLIDWORKS 概述

本章导读

SOLIDWORKS 是创新的、易学易用的、标准的三维设计软件，具有全面的实体建模功能，可以生成各种实体。使用这套简单易学的工具，机械设计工程师能快速地按照其设计思想绘制出草图，并运用特征与尺寸，绘制模型实体、装配体及详细的工程图。

本章简要介绍了 SOLIDWORKS 的一些基本操作，是用户使用 SOLIDWORKS 必须掌握的基础知识，主要目的是使读者了解 SOLIDWORKS 的系统概况，以及建模前的系统设置。

内容要点

☑ SOLIDWORKS 工作环境的设置
☑ SOLIDWORKS 用户界面

1.1　初识 SOLIDWORKS

SOLIDWORKS 公司推出的最新版本的 SOLIDWORKS 在创新性、使用的方便性以及界面的人性化等方面较上一代都有所增强，性能和质量得到了大幅度的完善，同时开发了更多新的 SOLIDWORKS 设计功能，使产品开发流程发生了根本性的变革，并且支持全球性的协作和连接，增强了项目的广泛合作。

最新版本的 SOLIDWORKS 在用户界面、草图绘制、特征、成本、零件、装配体、SOLIDWORKS Enterprise PDM、Simulation、运动算例、工程图、出详图、钣金设计、输出和输入以及网络协同等方面都得到了增强，比原来的版本至少增强了 250 个用户功能，使用户可以更方便地使用该软件。本节将介绍 SOLIDWORKS 的一些基本知识。

1.1.1　启动 SOLIDWORKS

SOLIDWORKS 安装完成后，就可以启动该软件了。在 Windows 操作环境下，选择菜单栏中的“开始”→“所有程序”→“SOLIDWORKS”命令，或者双击桌面上的 SOLIDWORKS 的快捷方式图标，启动该软件。图 1-1 所示为 SOLIDWORKS 的启动画面。

图 1-1　SOLIDWORKS 的启动画面

启动画面消失后，系统进入 SOLIDWORKS 初始界面，初始界面中只有几个菜单栏和标准工具栏，如图 1-2 所示。

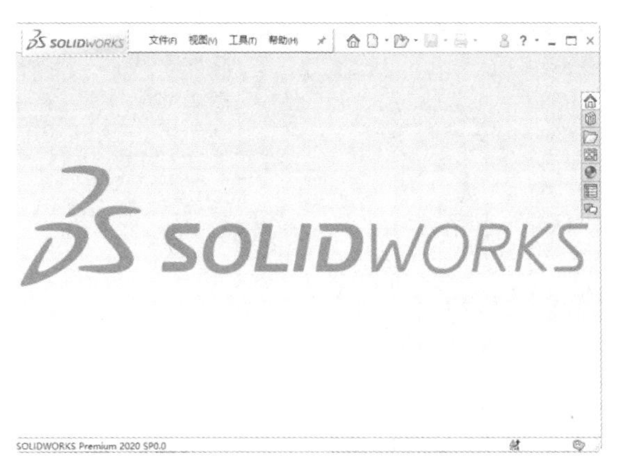

图 1-2　SOLIDWORKS 初始界面

1.1.2　新建文件

单击“快速访问”工具栏中的“新建”按钮，或者选择菜单栏中的“文件”→“新建”命令，弹出如图 1-3 所示的“新建 SOLIDWORKS 文件”对话框，其中：

☑　零件：双击该按钮，可以生成单一的三维零部件文件。

☑　装配体：双击该按钮，可以生成零件或其他装配体的排列文件。

☑ 工程图：双击该按钮，可以生成属于零件或装配体的二维工程图文件。

☑ 选择“单一设计零部件的 3D 展现”，单击“确定”按钮，就会进入完整的用户界面。

图 1-3 “新建 SOLIDWORKS 文件”对话框

在 SOLIDWORKS 中，“新建 SOLIDWORKS 文件”对话框有两个版本可供选择：一个是新手版本；另一个是高级版本。

单击图 1-3 中的“高级”按钮，就会进入高级版本显示模式，如图 1-4 所示。高级版本在各个选项卡中显示各种类型的模板，当选择某一文件类型时，模板预览出现在预览框中。在该版本中，用户可以保存模板添加自己的选项卡，也可以选择 Tutorial 选项卡访问指导教程模板。

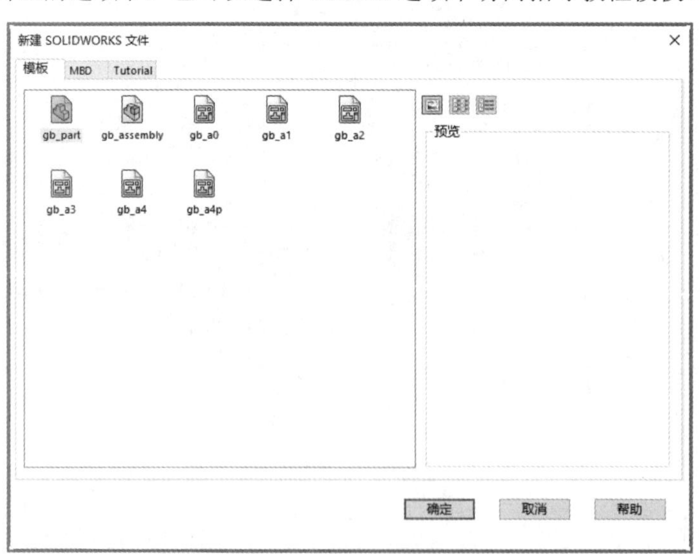

图 1-4 高级版本“新建 SOLIDWORKS 文件”对话框

1.1.3 打开文件

在 SOLIDWORKS 中打开已存储的文件，对其进行相应的编辑和操作。

【操作步骤】

（1）执行命令。选择菜单栏中的“文件”→“打开”命令，或者单击“打开”按钮，执行打开文件命令。

（2）选择文件类型。此时系统弹出如图 1-5 所示的“打开”对话框。对话框中的“文件类型”下拉菜单用于选择文件的类型，选择不同的文件类型，在对话框中会显示文件夹中对应文件类型的文件。选择“显示预览窗格”选项，选择的文件就会显示在对话框的“预览”框中，但是并不打开该文件。

选择了需要的文件后，单击对话框中的“打开”按钮，就可以打开选择的文件，对其进行相应的编辑和操作。

在“文件类型”下拉菜单中，除 SOLIDWORKS 类型的文件外，还有其他类型的文件，如*.sldprt、*.sldasm 和*.slddrw 等。SOLIDWORKS 软件可以调用其他软件所形成的图形对其进行编辑，图 1-6 所示为 SOLIDWORKS 的打开文件类型列表。

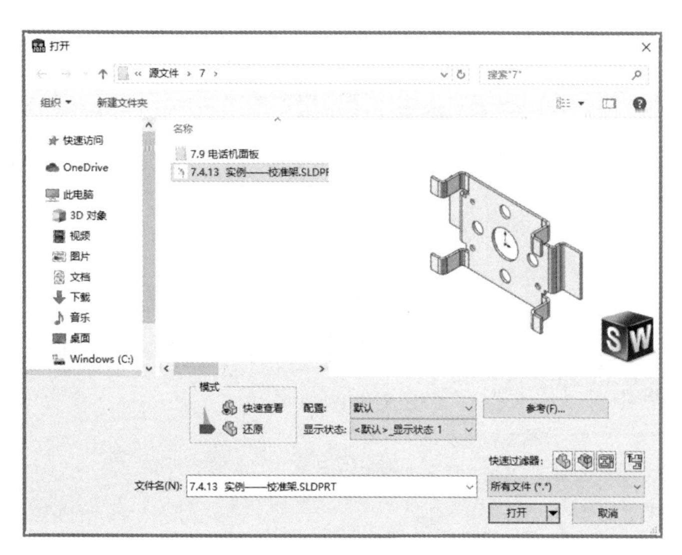

图 1-5 “打开”对话框

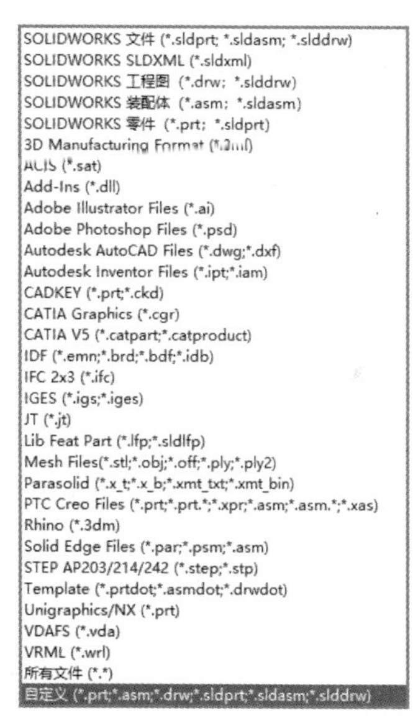

图 1-6 SOLIDWORKS 的打开文件类型列表

1.1.4 保存文件

已编辑的图形只有保存起来，在需要时才能打开该文件对其进行相应的编辑和操作。

【操作步骤】

（1）执行命令。选择菜单栏中的“文件”→“保存”命令，或者单击“保存”按钮，执行保存文件命令。

（2）设置保存类型。此时系统弹出如图 1-7 所示的“另存为”对话框。对话框中的“保存在”一栏用于选择文件存放的文件夹；“文件名”一栏用于输入要保存的文件名称；“保存类型”一栏用于选择所保存文件的类型。通常情况下，在不同的工作模式下，系统会自动设置文件的保存类型。

在“保存类型”下拉菜单中，并不限于 SOLIDWORKS 类型的文件，还有如*.sldprt、*.sldasm 和*.slddrw 等文件类型。也就是说，SOLIDWORKS 不但可以把文件保存为自身的类型，还可以将文件保存为其他类型的文件，方便其他软件对其调用并进行编辑。图 1-8 所示为 SOLIDWORKS 的保存文

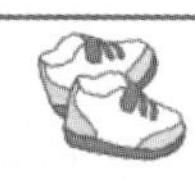

件类型列表。

在“另存为”对话框中，还可以在保存文件的同时保存一份备份文件。保存备份文件，需要预先设置保存的文件目录。

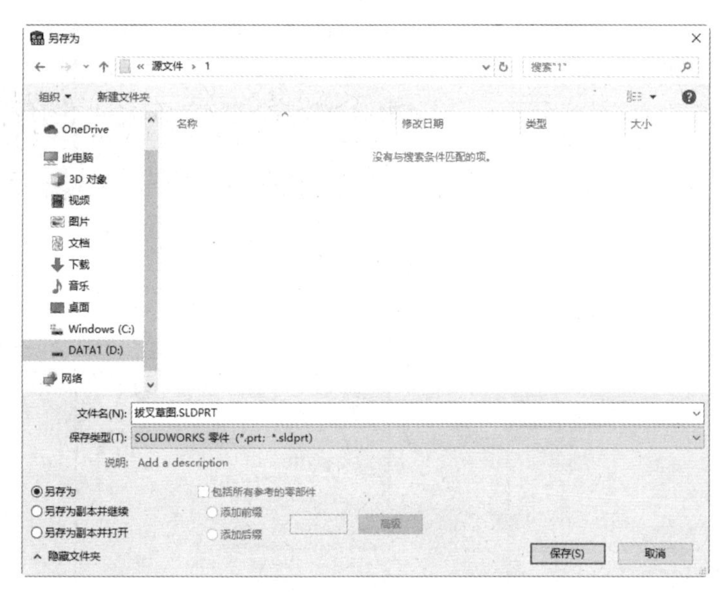

图 1-7 “另存为”对话框

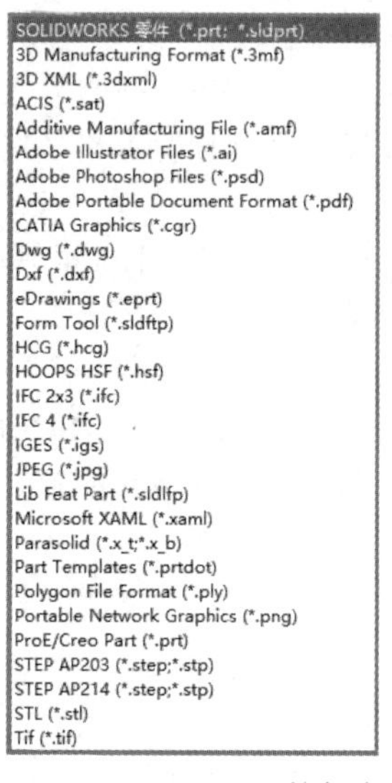

图 1-8 SOLIDWORKS 的保存文件类型列表

【操作步骤】

（1）执行命令。选择菜单栏中的“工具”→“选项”命令。

（2）设置保存目录。系统弹出如图 1-9 所示的“系统选项-备份/恢复”对话框，单击对话框中的“备份/恢复”选项，在右侧的“备份文件夹”中可以修改保存备份文件的目录。

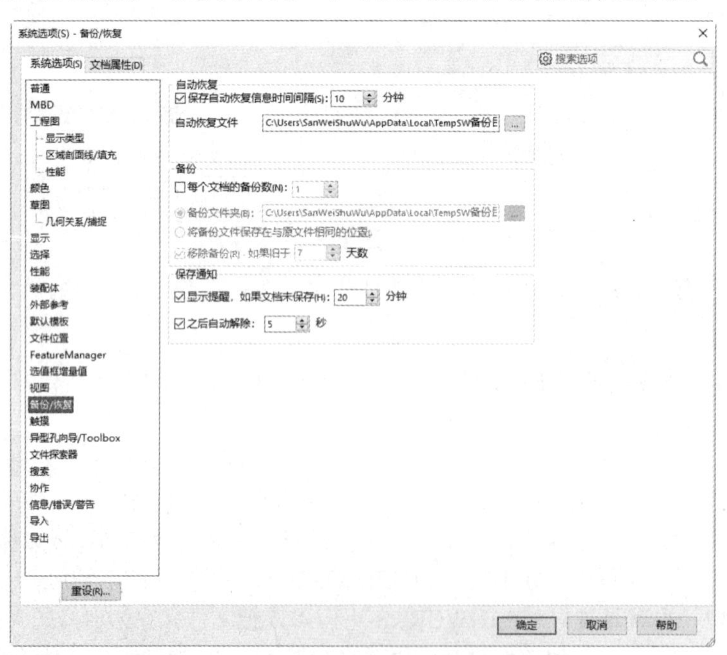

图 1-9 “系统选项-备份/恢复”对话框

1.1.5 退出 SOLIDWORKS

在文件编辑并保存完成后，可以退出 SOLIDWORKS。选择菜单栏中的“文件”→“退出”命令，或者单击软件操作界面右上角的“关闭”按钮×，可直接退出。

如果对文件进行了编辑而没有保存文件，或者在操作过程中不小心执行了退出命令，则会弹出如图 1-10 所示的系统提示框。如果要保存对文件的修改，单击提示框中的“全部保存”按钮，系统保存修改后的文件并退出 SOLIDWORKS。如果不保存对文件的修改，则单击提示框中的“不保存”按钮，系统不保存修改后的文件并退出 SOLIDWORKS。单击“取消”按钮，则取消退出操作，回到原来的操作界面。

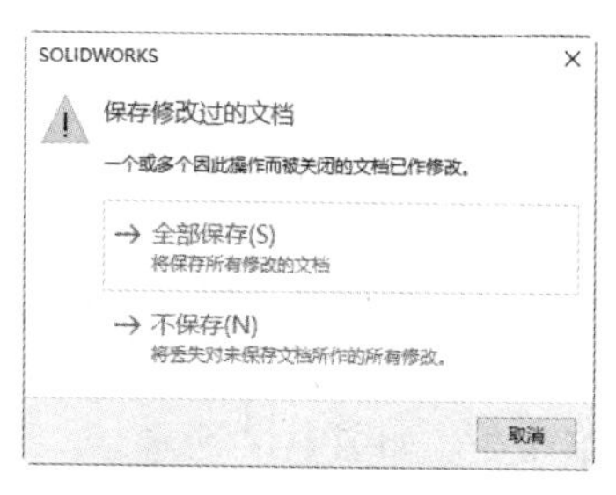

图 1-10 系统提示框

Note

1.2 SOLIDWORKS 的用户界面

视频讲解

新建一个零件文件后，SOLIDWORKS 的用户界面如图 1-11 所示。其中包括菜单栏、工具栏、特征管理区、绘图区及状态栏等。

装配体文件和工程图文件与零件文件的用户界面类似，在此不一一罗列。

用户界面包括菜单栏、工具栏以及状态栏等。菜单栏包含了所有的 SOLIDWORKS 命令；工具栏可根据文件类型（零件、装配体或工程图）来调整和放置并设定其显示状态；窗口底部的状态栏，可以提示设计人员正在执行的功能的有关信息。下面分别介绍用户界面的一些基本功能。

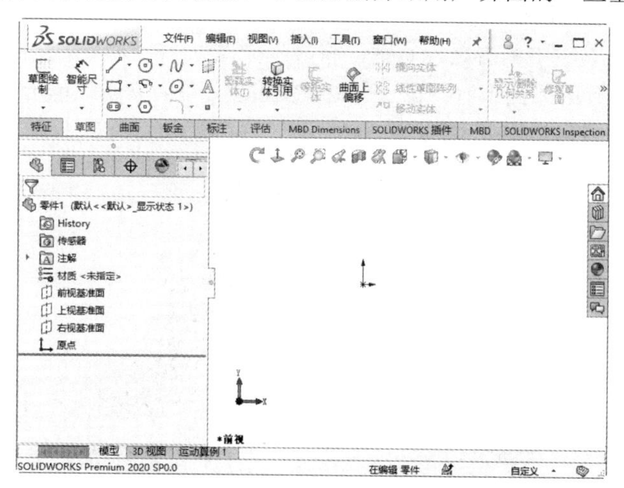

图 1-11 SOLIDWORKS 的用户界面

1. 菜单栏

菜单栏显示在标题栏的下方，默认情况下菜单栏是隐藏的，此处只显示工具栏按钮，如图 1-12 所示。

要显示菜单栏，需要将鼠标移动到 SOLIDWORKS 徽标 SOLIDWORKS 或单击它，如图 1-13 所示，若要始终保持菜单栏可见，需要将“图钉”按钮 更改为钉住状态 。菜单栏最关键的功能集中在“插

入”与“工具”菜单中。

图 1-12　默认菜单栏

图 1-13　菜单栏

通过单击工具按钮旁边的图标 ˇ，可显示带有附加功能的弹出菜单，通过该菜单用户可以访问工具栏中的大多数文件菜单命令。例如，“保存”弹出菜单包括保存、另存为、保存所有和发布到 eDrawings 菜单命令，如图 1-14 所示。

SOLIDWORKS 的菜单项在不同的工作环境中，相应的菜单以及其中的选项会有所不同。在以后的应用中，用户会发现，当进行一定任务操作时，不起作用的菜单命令会临时变灰，此时将无法应用该菜单命令。

如果选择保存文档提示，则当文档在指定间隔（分钟或更改次数）内保存时，将出现一个透明信息框，其中包含保存当前文档或所有文档的命令，它将在几秒后淡化消失，如图 1-15 所示。

图 1-14　弹出菜单

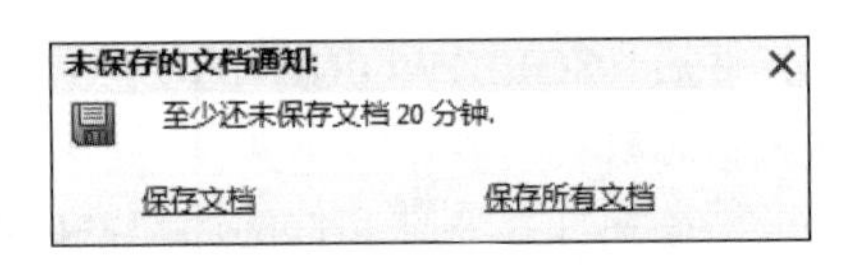

图 1-15　未保存的文档通知

2. 工具栏

视频讲解

SOLIDWORKS 有很多可以按需要显示或隐藏的内置工具栏。选择菜单栏中的“视图”→“工具栏”命令，或者在视图工具栏中单击鼠标右键，将显示如图 1-16（a）所示的“工具栏”菜单项，选择“自定义”命令，在打开的如图 1-16（b）所示的“自定义”菜单项中单击“视图”，会出现浮动的“视图”工具栏，这时便可以自由拖动工具栏，将其放置在需要的位置上。

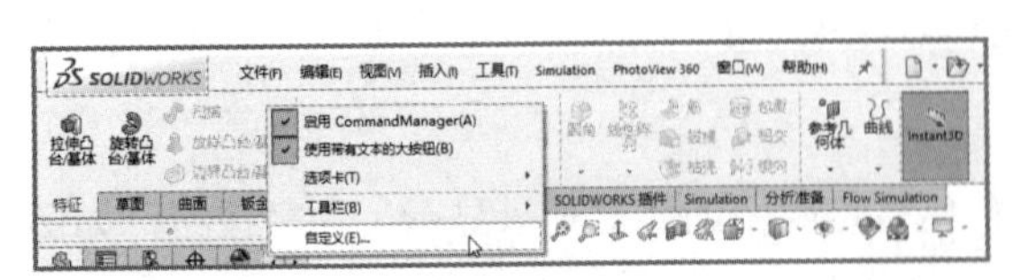

（a）“工具栏”菜单项

（b）“自定义”对话框

图 1-16　设置工具栏

此外，还可以设定哪些工具栏在没有文件打开时可显示，或者可以根据文件类型（零件、装配体或工程图）来放置工具栏并设定其显示状态（自定义、显示或隐藏）。例如，保持“自定义命令”对话框打开，在 SOLIDWORKS 窗口中，可将工具按钮做如下设定。

☑　从工具栏上的一个位置拖动到另一个位置。

☑　从一个工具栏拖动到另一个工具栏。

☑　从工具栏拖动到图形区域，以便从工具栏上将其移除。

有关工具栏命令的各种功能和具体操作方法将在后面的章节中具体介绍。

在使用工具栏或使用工具栏中的命令时，当指针移动到工具栏中的按钮附近时，会显示提示信息，说明该工具的名称及相应的功能，如图 1-17 所示，显示一段时间后，该提示信息会自动消失。

图 1-17　提示信息

3. 状态栏

状态栏位于 SOLIDWORKS 窗口底端的水平区域，提供关于当前正在窗口中编辑的内容的状态，以及指针位置坐标和草图状态等信息。典型的信息包括以下两项。

☑　重建模型按钮🔘：在更改了草图或零件而需要重建模型时，重建模型符号会显示在状态栏中。

☑　草图状态：在编辑草图过程中，状态栏会出现 5 种状态，即完全定义、过定义、欠定义、没有找到解和发现无效的解。在零件完成之前，最好应该完全定义草图。

4. FeatureManager 设计树

FeatureManager 设计树位于 SOLIDWORKS 窗口的左侧，是 SOLIDWORKS 软件窗口中比较常用的部分，它提供了激活的零件、装配体或工程图的大纲视图，从而可以很方便地查看模型或装配体的构造情况，或者查看工程图中的不同图样和视图。

FeatureManager 设计树和图形区域是动态链接的。使用时可以在任何窗格中选择特征、草图、工程视图和构造几何线。FeatureManager 设计树就是用来组织和记录模型中的各个要素及要素之间的参数信息和相互关系，以及模型、特征和零件之间的约束关系等，几乎包含了所有的设计信息。

Note

FeatureManager 设计树如图 1-18 所示。

FeatureManager 设计树的功能主要有以下几种。

☑ 以名称来选择模型中的项目：可以通过在模型中选择其名称来选择特征、草图、基准面及基准轴。这一项中的很多功能与 Window 操作界面类似，如在选择的同时按住 Shift 键，可以选取多个连续项目；在选择的同时按住 Ctrl 键，可以选取非连续项目等。

☑ 确认和更改特征的生成顺序。在 FeatureManager 设计树中，利用拖动项目可以重新调整特征的生成顺序，这将更改重建模型时特征重建的顺序。

☑ 通过双击特征的名称可以显示特征的尺寸。

☑ 如要更改项目名称，在名称上缓慢单击两次鼠标，然后输入新的名称即可，如图 1-19 所示。

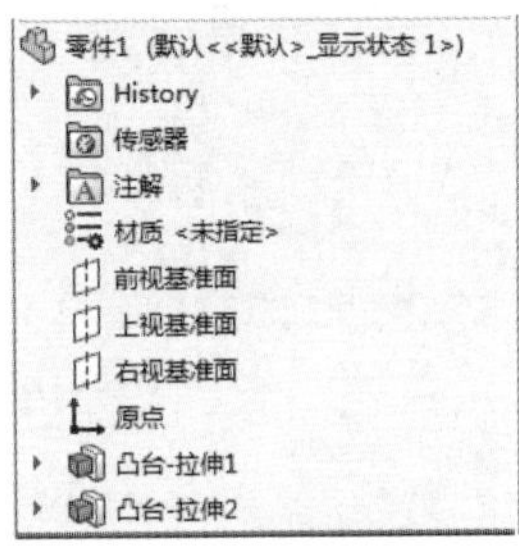

图 1-18　FeatureManager 设计树

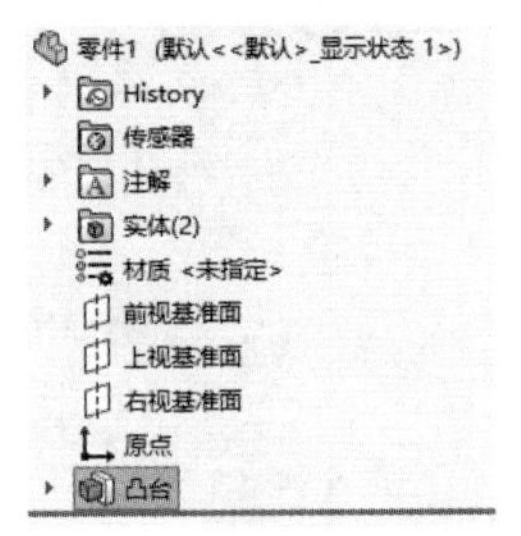

图 1-19　更改项目名称

☑ 压缩和解除压缩零件特征与装配体零部件，在装配零件时是很常用的。同样，如要选择多个特征，请在选择时按住 Ctrl 键。

☑ 右击清单中的特征，然后选择父子关系，可以查看父子关系。

☑ 单击鼠标右键，在 FeatureManager 设计树显示里还可显示如下项目：特征说明、零部件说明、零部件配置名称和零部件配置说明等。

☑ 将文件夹添加到 FeatureManager 设计树中。

对 FeatureManager 设计树的操作是熟练应用 SOLIDWORKS 的基础，也是应用 SOLIDWORKS 的重点，由于其功能强大，在此不能一一列举。后面章节中会多次用到 FeatureManager 设计树，只有在学习的过程中熟练应用其功能，才能加快建模的速度，提高效率。

5. 属性管理器标题栏

属性管理器标题栏一般会在初始化时使用，在使用属性管理器执行定义命令时自动出现。编辑草图并选择草图特征进行编辑时，所选草图特征的属性管理器将自动出现。

激活属性管理器时，FeatureManager 设计树会自动出现。要扩展弹出的 FeatureManager 设计树，可以在 FeatureManager 设计树中单击文件名称旁边的+。弹出的 FeatureManager 设计树是透明的，因此不影响对其下面模型的修改。

第2章

草图绘制

本章导读

草图是一个平面轮廓，用于定义特征的截面形状、尺寸和位置等。SOLIDWORKS 中模型的创建都是从绘制草图开始的，然后生成基体特征，并在模型上添加更多的特征。因此，只有熟练掌握草图绘制的各项功能，才能快速、高效地应用 SOLIDWORKS 进行三维建模，并对其进行后续分析。

内容要点

☑ 草图绘制工具
☑ 草图尺寸标注
☑ 草图编辑工具
☑ 草图几何关系

2.1 草图绘制的基本知识

Note

本节主要介绍进入和退出草图绘制状态的方法，让读者熟悉草图绘制工具栏，认识绘图光标和锁点光标。

2.1.1 进入草图绘制状态

视频讲解

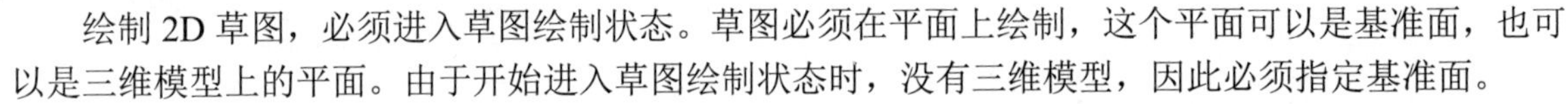

绘制 2D 草图，必须进入草图绘制状态。草图必须在平面上绘制，这个平面可以是基准面，也可以是三维模型上的平面。由于开始进入草图绘制状态时，没有三维模型，因此必须指定基准面。

绘制草图必须认识草图绘制的工具，图 2-1 所示为常用的“草图”面板和“草图”绘制工具。绘制草图可以先选择绘制的平面，也可以先选择草图绘制实体。下面分别介绍这两种方式的操作步骤。

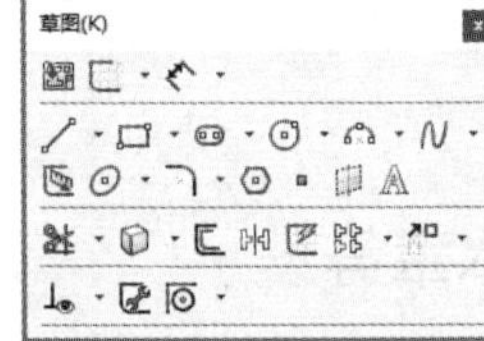

图 2-1 常用的“草图”面板和“草图”绘制工具

1. 以先选择草图绘制实体的方式进入草图绘制状态

【操作步骤】

（1）执行命令。选择菜单栏中的“插入”→“草图绘制”命令，或者单击“草图”面板上的“草图绘制”按钮，也可以直接单击“草图”面板上要绘制的草图实体，此时绘图区域出现如图 2-2 所示的系统默认基准面。

（2）选择基准面。用鼠标左键选择绘图区域中的 3 个基准面之一，确定要在哪个面上绘制草图实体。

（3）设置基准面方向。单击“视图（前导）”工具栏中的“正视于”按钮，使基准面旋转到正视方向，以便于绘图。

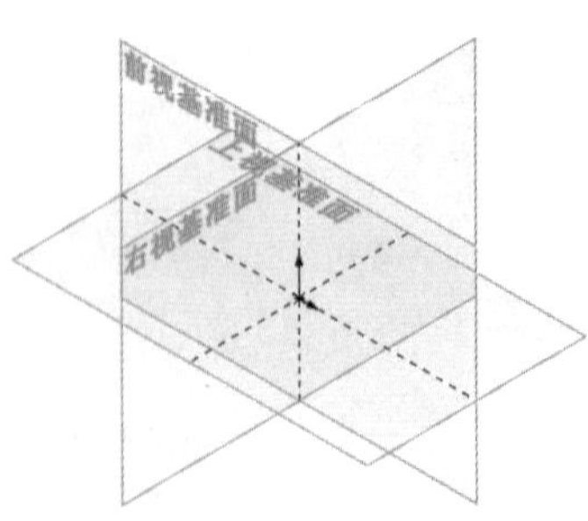

图 2-2 系统默认基准面

2. 以先选择草图绘制基准面的方式进入草图绘制状态

【操作步骤】

（1）选择基准面。先在特征管理区中选择要绘制的基准面，即前视基准面、右视基准面和上视

基准面中的一个面。

（2）设置基准面方向。单击“视图（前导）”工具栏中的“正视于”按钮，使基准面旋转到正视于方向。

（3）执行命令。单击“草图”面板上的“草图绘制”按钮，或者单击要绘制的草图实体，进入草图绘制状态。

Note

视频讲解

2.1.2　退出草图绘制状态

草图绘制完毕后，可立即建立特征，也可退出草图绘制状态再建立特征。有些特征的建立需要多个草图，如扫描实体等，因此需要了解退出草图绘制状态的方法，主要有如下几种：

1. 利用菜单方式

选择菜单栏中的“插入”→“退出草图”命令，退出草图绘制状态。

2. 利用工具栏按钮方式

单击“快速访问”工具栏上的“重建模型”按钮，或者单击“退出草图”按钮，退出草图绘制状态。

3. 利用快捷菜单方式

在绘图区域单击鼠标右键，系统弹出如图 2-3 所示的快捷菜单，单击“退出草图”图标，退出草图绘制状态。

4. 利用绘图区域确认角落的图标

在绘制草图的过程中，绘图区域右上角会出现如图 2-4 所示的提示图标。单击该图标，退出草图绘制状态。

单击提示图标下面的图标，提示是否保存对草图的修改，如图 2-5 所示，然后根据需要单击系统提示框中的选项，退出草图绘制状态。

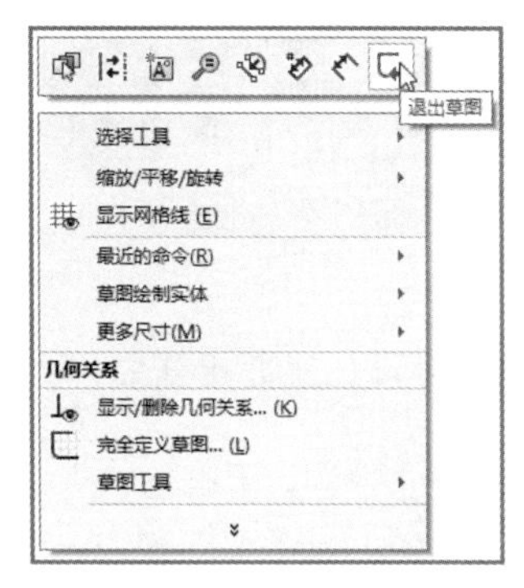

图 2-3　快捷菜单

图 2-4　提示图标

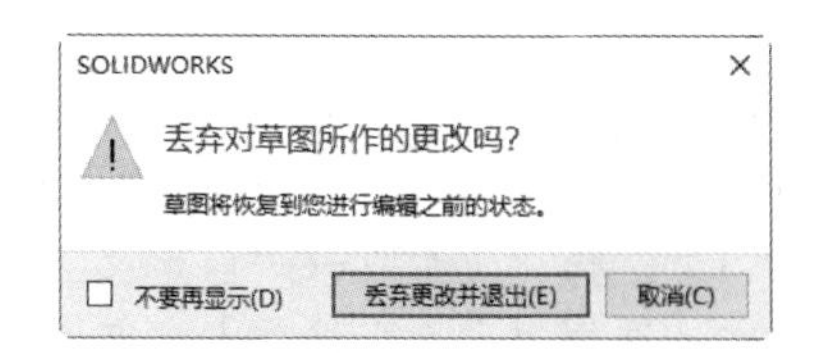

图 2-5　系统提示框

2.1.3　绘图光标和锁点光标

在绘制草图实体或者编辑草图实体时，光标会根据所选择的命令，在绘图之时变为相应的图标，以方便用户了解绘制或者编辑的草图类型。

绘图光标的类型以及作用说明见如表 2-1 所示。

Note

表 2-1　绘图光标的类型以及作用说明

光 标 类 型	作 用 说 明	光 标 类 型	作 用 说 明
	绘制一点		绘制直线或者中心线
	绘制三点圆弧		绘制抛物线
	绘制圆		绘制椭圆
	绘制样条曲线		绘制矩形
	绘制多边形		绘制平行四边形
	标注尺寸		延伸草图实体
	圆周阵列复制草图		线性阵列复制草图

为了提高绘制图形的效率，SOLIDWORKS 软件提供了自动判断绘图位置的功能。在执行绘图命令时，光标会在绘图区域自动寻找端点、中心点、圆心、交点、中点以及其上的任意点，提高了鼠标定位的准确性和快速性。

光标在相应的位置会变成相应的图形，成为锁点光标。锁点光标可以在草图实体上形成，也可以在特征实体上形成。需要注意的是，在特征实体上的锁点光标只能在绘图平面的实体边缘产生，在其他平面的边缘不能产生。

锁点光标的类型在此不再赘述，读者可以在实际使用中慢慢体会。利用好锁点光标，可以提高绘图效率。

2.2　草图绘制工具

SOLIDWORKS 提供了草图绘制工具以方便绘制草图实体，图 2-6 所示为“草图”操控面板（操控面板通常也称为工具栏）。

图 2-6　“草图”操控面板

并非所有的草图绘制工具对应的按钮都会出现在“草图”操控面板中，如果要重新安排“草图”操控面板中的工具按钮，可进行如下操作。

（1）选择“工具”→“自定义”命令，打开“自定义”对话框。

（2）选择“命令”选项卡，在“类别”列表框中选择“草图”。

（3）单击一个按钮以查看“说明”文本框内对该按钮的说明，如图 2-7 所示。

（4）在对话框内选择要使用的按钮，将其拖动放置到“草图”面板中。

（5）如果要删除面板中的按钮，只要将其从面板中拖放回按钮区域中即可。

（6）更改结束后，单击“确定”按钮，关闭对话框。

Note

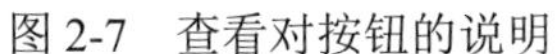

图 2-7　查看对按钮的说明

2.2.1　绘制点

视频讲解

执行点命令后，在绘图区域中的任何位置都可以绘制点，绘制的点不影响三维建模的外形，只起参考作用。

执行异型孔向导命令后，点命令用于决定产生孔的数量。

点命令可以生成草图中两个不平行线段的交点以及特征实体中两个不平行边缘的交点，产生的交点作为辅助图形，用于标注尺寸或者添加几何关系，并不影响实体模型的建立。下面分别介绍不同类型点的操作步骤。

1. 绘制任意一个或多个点

【操作步骤】

（1）执行命令。在草图绘制状态下选择菜单栏中的“工具”→“草图绘制实体”→“点”命令，或者单击“草图”面板上的“点”按钮，光标变为绘图光标。

（2）确认绘制点位置。在绘图区域单击鼠标左键，确认绘制点的位置，此时点命令继续处于激活位置，可以继续绘制点。

图 2-8　绘制的点

图 2-8 所示为使用绘制点命令绘制的多个点。

2. 生成草图中两不平行线段的交点

以图 2-9 所示为例，生成直线 1 和直线 2 的交点，图 2-9（a）所示为生成交点前的图形，图 2-9（b）所示为生成交点后的图形。

【操作步骤】

（1）选择直线。在草图绘制状态下按 Ctrl 键，用鼠标左键选择如图 2-9（a）所示的直线 1 和直线 2。

（2）执行命令。选择菜单栏中的“工具”→“草图绘制实体”→“点”命令，或者单击“草图”

Note

面板上的“点”按钮▫，此时草图如图 2-9（b）所示。

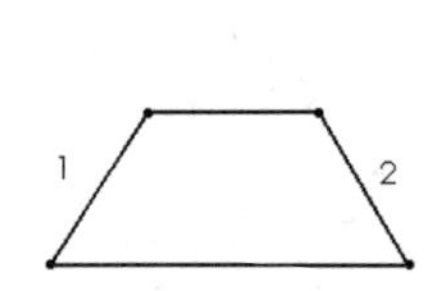

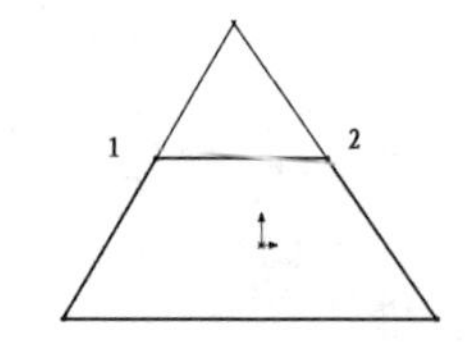

（a）生成交点前的图形　（b）生成交点后的图形

图 2-9　生成草图交点图示

3. 生成特征实体中两个不平行边缘的交点

以图 2-10 所示为例，生成面 *A* 中直线 1 和直线 2 的交点，图 2-10（a）所示为生成交点前的图形，图 2-10（b）所示为生成交点后的图形。

【操作步骤】

（1）选择特征面。选择如图 2-10（a）所示的面 *A* 作为绘图面，进入草图绘制状态。

（2）选择边线。按住 Ctrl 键，选择如图 2-10（a）所示的边线 1 和边线 2。

（3）执行命令。选择菜单栏中的“工具”→“草图绘制实体”→“点”命令，或者单击“草图”面板上的“点”按钮▫，此时草图如图 2-10（b）所示。

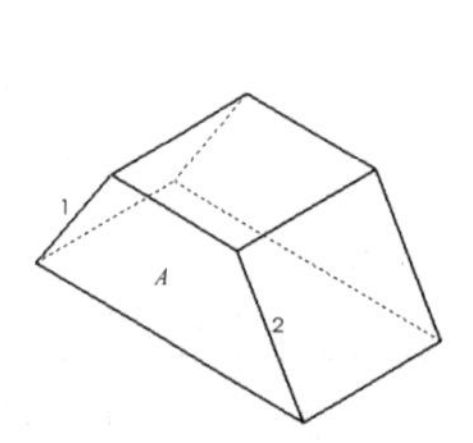

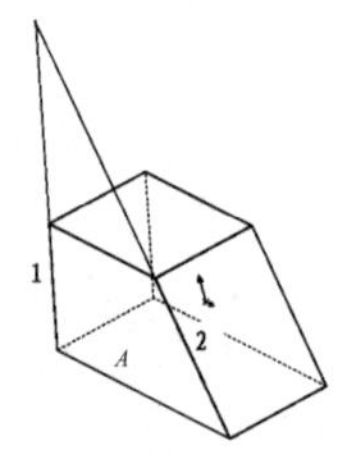

（a）生成交点前的图形　（b）生成交点后的图形

图 2-10　生成特征边线交点图示

2.2.2　绘制直线与中心线

视频讲解

直线与中心线的绘制方法相同。执行不同的命令，按照相同的步骤，在绘制区域绘制相应的图形即可。

直线分为 3 种类型：水平直线、竖直直线和任意直线。在绘制过程中，不同类型的直线，其显示方式也不同，下面分别对其进行介绍。

☑　水平直线：在绘制直线过程中，笔形光标附近会出现水平直线图标符号–，如图 2-11 所示。

☑　竖直直线：在绘制直线过程中，笔形光标附近会出现竖直直线图标符号|，如图 2-12 所示。

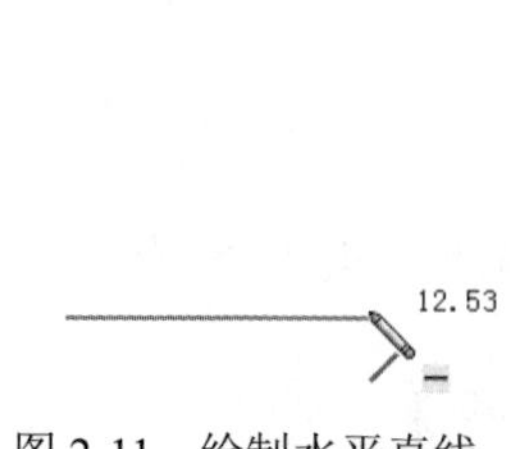

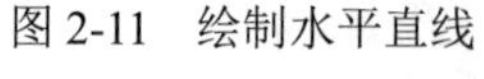

图 2-11　绘制水平直线

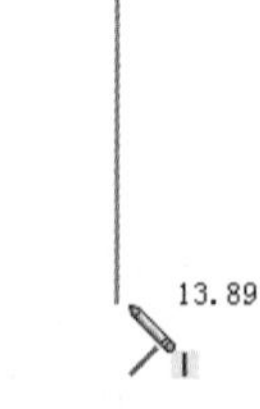

图 2-12　绘制竖直直线

Note

☑　任意角度直线：在绘制直线过程中，笔形光标附近会出现任意直线图标符号，如图 2-13 所示。

☑　45°角直线：在绘制直线过程中，笔形光标附近会出现 45°角直线图标符号，如图 2-14 所示。

在绘制直线的过程中，光标上方显示的参数为直线的长度和角度，可供参考。一般在绘制中，首先绘制一条直线，然后标注尺寸，直线也随着改变长度和角度。

绘制直线的方式有两种：拖动式和单击式。拖动式就是在直线的起点按住鼠标左键开始拖动，直到直线终点放开。单击式就是在绘制直线的起点处单击一下鼠标左键，然后在直线终点处再单击一下鼠标左键。

下面以绘制图 2-15 所示的图形为例，介绍直线和中心线的绘制步骤。

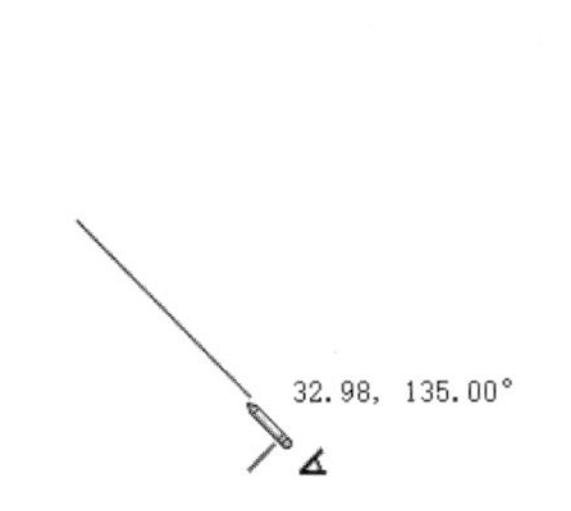

图 2-13　绘制任意角度直线

图 2-14　绘制 45°角直线

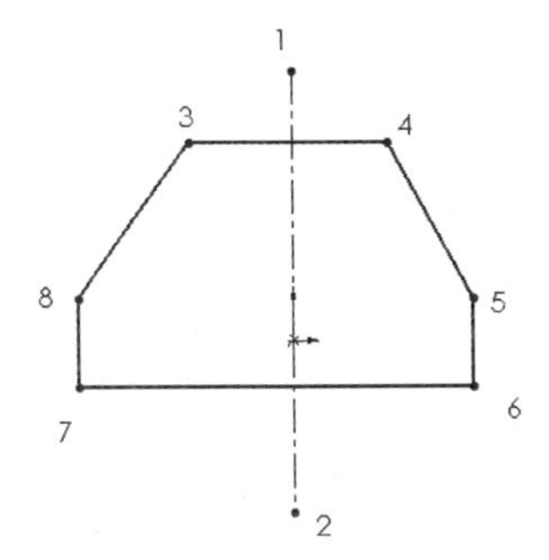

图 2-15　绘制中心线和直线

【操作步骤】

（1）执行命令。在草图绘制状态下，选择菜单栏中的“工具”→“草图绘制实体”→“中心线”命令，或者单击“草图”面板上的“中心线”按钮，开始绘制中心线。

（2）绘制中心线。在绘图区域单击鼠标左键确定中心线的起点 1，然后移动鼠标到图中合适的位置，由于图中的中心线为竖直直线，所以当光标附近出现符号时，单击鼠标左键，确定中心线的终点 2。

（3）退出中心线绘制。按 Esc 键，或者在绘图区域单击鼠标右键，利用快捷菜单中的“选择”选项，退出中心线的绘制。

（4）执行命令。选择菜单栏中的“工具”→“草图绘制实体”→“直线”命令，或者单击“草图”面板上的“直线”按钮，开始绘制直线。

（5）绘制直线。在绘图区域单击鼠标左键确定直线的起点 3，然后移动鼠标到图中合适的位置，由于直线 3-4 为水平直线，所以当光标附近出现符号时，单击鼠标左键，确定直线 3-4 的终点 4。

（6）绘制其他直线。重复以上绘制直线的步骤，绘制其他直线段，在绘制过程中要注意光标的形状，以确定是水平、竖直或者任意直线段。

（7）退出直线绘制。按 Esc 键，或者在绘图区域单击鼠标右键，利用快捷菜单中的“选择”选项，退出直线的绘制。图 2-15 所示为绘制中心线和直线。

执行绘制直线命令时，系统弹出如图 2-16 所示的“插入线条”属性管理器，在“方向”设置栏有 4 个选项，默认为“按绘制原样”选项。不同选项绘制直线的类型不同，单击“按绘制原样”选项外的任意一项，会要求输入直线的参数。以“角度”为例，单击该选项，会出现如图 2-17 所示的属性管理器，要求输入直线的参数。设置好参数后，单击直线的起点就可绘制出所需要的直线了。

在“插入线条”属性管理器的“选项”设置栏有不同的选项，可以绘制构造线和无限长直线等线条。

Note

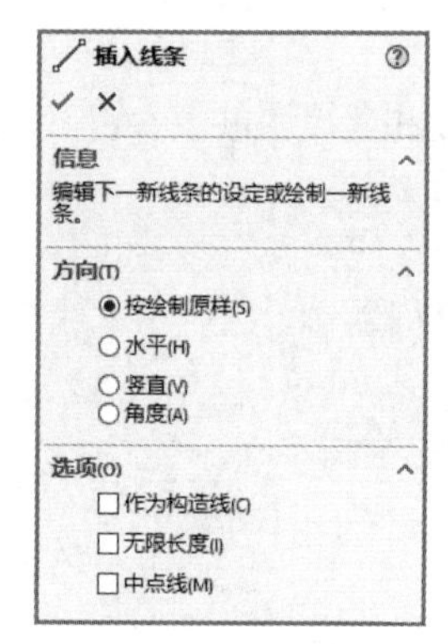

图 2-16 “插入线条”属性管理器

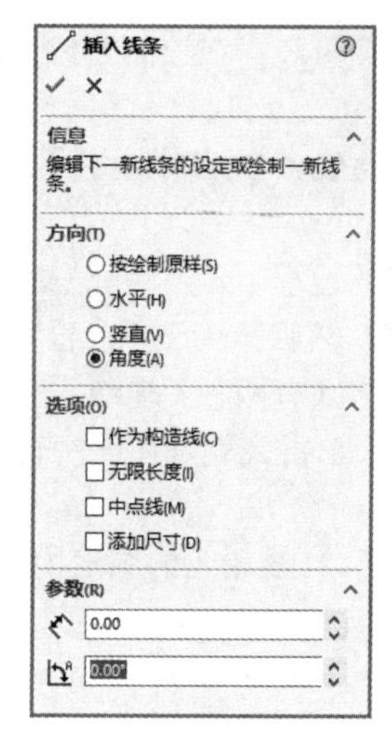

图 2-17 在属性管理器中设置参数

在图 2-17 所示属性管理器的“参数”设置栏有两个选项，分别是长度和角度。通过设置这两个参数，可以绘制一条直线。

2.2.3 绘制圆

视频讲解

当执行圆命令时，系统弹出如图 2-18 所示的“圆”属性管理器。从“圆”属性管理器中可以看到，圆可以通过两种方式来绘制：一种是绘制基于中心的圆；另一种是绘制基于周边的圆。下面分别介绍绘制圆的不同方法。

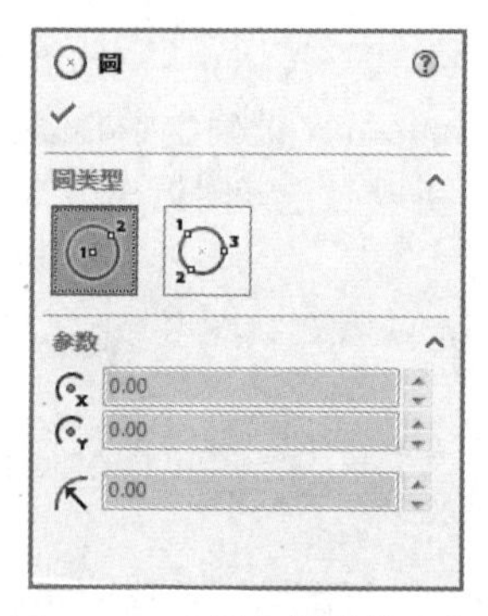

图 2-18 “圆”属性管理器

1. 绘制基于中心的圆

【操作步骤】

（1）执行命令。在草图绘制状态下，选择菜单栏中的“工具”→“草图绘制实体”→“圆”命令，或者单击“草图”面板上的“圆”按钮，开始绘制圆。

（2）绘制圆心。在绘图区域单击鼠标左键确定圆的圆心，如图 2-19（a）所示。

（3）确定圆的半径。移动鼠标拖出一个圆，然后单击鼠标左键，确定圆的半径，如图 2-19（b）所示。

（4）确定绘制的圆。单击“圆”属性管理器中的“确定”按钮✔，完成圆的绘制，如图 2-19（c）所示。

图 2-19 所示为基于中心的圆的绘制过程。

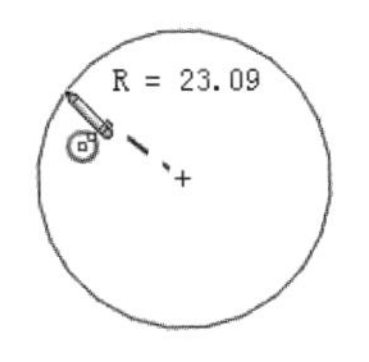

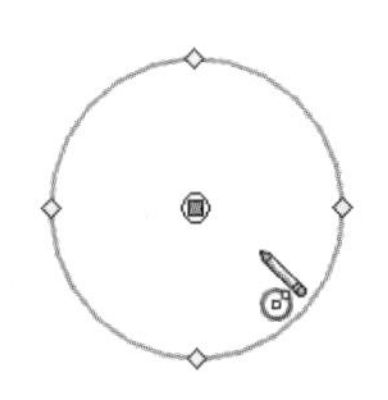

（a）确定圆心　　（b）确定半径　　（c）确定圆

图 2-19　基于中心的圆的绘制过程

2. 绘制基于周边的圆

【操作步骤】

（1）执行命令。在草图绘制状态下，选择菜单栏中的“工具”→“草图绘制实体”→“周边圆”命令，或者单击“草图”面板上的“周边圆”按钮，开始绘制圆。

（2）绘制周边上的一点。在绘图区域单击鼠标左键确定周边圆上的一点，如图 2-20（a）所示。

（3）绘制周边上的另一点。移动鼠标拖出一个圆，然后单击鼠标左键确定周边上的另一点，如图 2-20（b）所示。

（4）绘制圆。完成拖动，当鼠标变为如图 2-20（c）所示时，单击鼠标右键确定圆。

（5）确定绘制的圆。单击“圆”属性管理器中的“确定”按钮✔，完成圆的绘制。

图 2-20 所示为基于周边的圆的绘制过程。

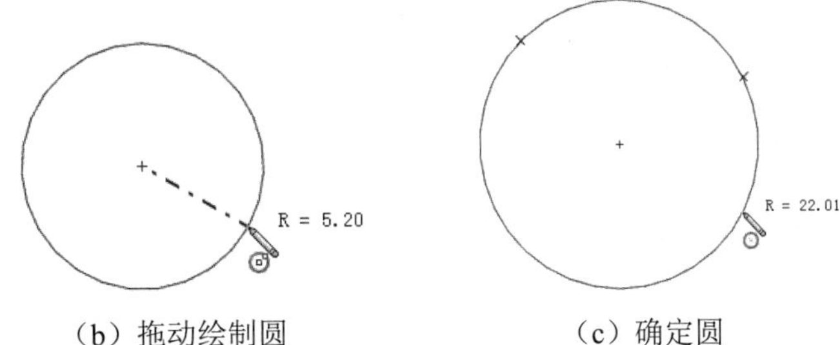

（a）确定周边圆上的一点　　（b）拖动绘制圆　　（c）确定圆

图 2-20　基于周边的圆的绘制过程

圆绘制完成后，通过拖动可以修改圆草图。通过鼠标左键拖动圆的周边可以改变圆的半径，拖动圆的圆心可以改变圆的位置。

圆绘制完成后，可以通过如图 2-18 所示的“圆”属性管理器修改圆的属性，即通过“参数”栏修改圆心坐标和圆的半径。

绘制圆弧、矩形、多边形、椭圆以及椭圆弧的方法与绘制圆类似，这里不再赘述。

2.2.4　绘制抛物线

抛物线的绘制方法是：先确定抛物线的焦点，然后确定抛物线的焦距，最后确定抛物线的起点和终点。

视频讲解

【操作步骤】

（1）执行命令。在草图绘制状态下，选择菜单栏中的“工具”→“草图绘制实体”→“抛物线”

Note

命令，或者单击“草图”面板上的“抛物线”按钮，此时鼠标变为形状。

（2）绘制抛物线的焦点。在绘图区域中合适的位置单击鼠标左键，确定抛物线的焦点。

（3）确定抛物线的焦距。移动鼠标，在图中合适的位置单击鼠标左键，确定抛物线的焦距。

（4）绘制抛物线的起点。移动鼠标，在图中合适的位置单击鼠标左键，确定抛物线的起点。

（5）修改抛物线参数。移动鼠标，在图中合适的位置单击鼠标左键，确定抛物线的终点，此时会出现“抛物线”属性管理器，根据需要修改抛物线的参数。

（6）确定绘制的抛物线。单击“抛物线”属性管理器中的“确定”按钮，完成抛物线的绘制。

图 2-21 所示为抛物线的绘制过程。

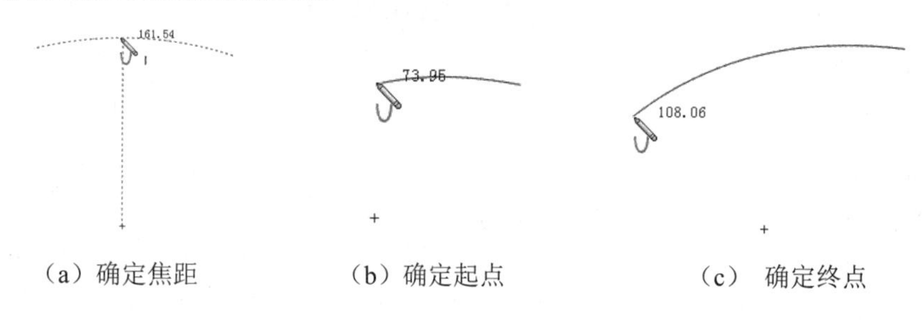

（a）确定焦距　（b）确定起点　（c）确定终点

图 2-21　抛物线的绘制过程

用鼠标左键拖动抛物线的特征点，可以改变抛物线的形状。拖动抛物线的顶点，使其偏离焦点，可以使抛物线更加平缓；反之，抛物线会更加尖锐。拖动抛物线的起点或终点，可以改变抛物线一侧的长度。

如果要改变抛物线的属性，在草图绘制状态下选择绘制的抛物线，会在特征管理区出现“抛物线”属性管理器，按需要修改其中的参数，就可以修改相应的属性了。

2.2.5　绘制样条曲线

视频讲解

系统提供了强大的样条曲线绘制功能，样条曲线至少需要两个点，并且可以在端点指定相切。

【操作步骤】

（1）执行命令。在草图绘制状态下，选择菜单栏中的“工具”→“草图绘制实体”→“样条曲线”命令，或者单击“草图”面板上的“样条曲线”按钮，此时鼠标变为形状。

（2）绘制样条曲线的起点。在绘图区域单击鼠标左键，确定样条曲线的起点。

（3）绘制样条曲线的第二个点。移动鼠标，在图中合适的位置单击鼠标左键，确定样条曲线上的第二个点。

（4）绘制样条曲线的其他点。重复移动鼠标，确定样条曲线上的其他点。

（5）退出样条曲线的绘制。按 Esc 键，或者双击鼠标左键，退出样条曲线的绘制。

图 2-22 所示为样条曲线的绘制过程。

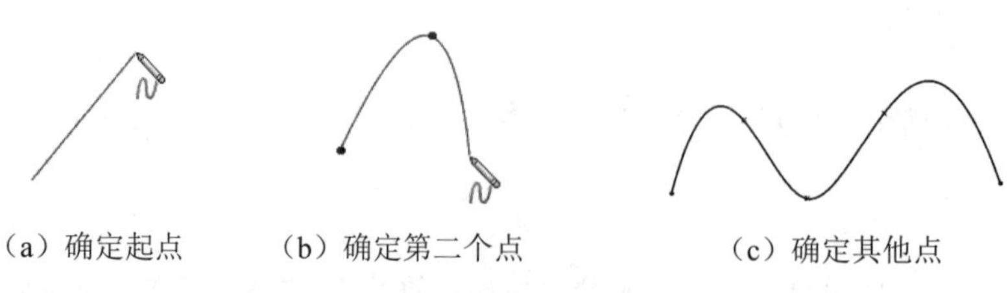

（a）确定起点　（b）确定第二个点　（c）确定其他点

图 2-22　样条曲线的绘制过程

Note

样条曲线绘制完毕后，可以通过以下方式对样条曲线进行编辑和修改。

1. “样条曲线”属性管理器

“样条曲线”属性管理器如图2-23所示，通过其中的“参数”一栏，可以实现对样条曲线的修改。

2. 样条曲线上的点

选择要修改的样条曲线，此时样条曲线上会出现点，用鼠标左键拖动这些点即可实现对样条曲线的修改。图2-24所示为样条曲线的修改过程，其中图2-24（a）所示为修改前的图形，图2-24（b）所示为向上拖动点1后的图形。

3. 插入样条曲线型值点

确定样条曲线形状的点称为型值点，即除样条曲线端点外的点。在样条曲线绘制完成后，还可以插入一些型值点。右击样条曲线，在其快捷菜单中选择“插入样条曲线型值点”，然后在需要添加的位置单击鼠标左键即可。

4. 删除样条曲线型值点

选择要删除的点，然后按Delete键即可删除。

样条曲线的编辑还有其他一些功能，如显示样条曲线光标、显示拐点、显示最小半径与显示曲率检查等，在此不一一介绍，用户可以单击鼠标右键，在弹出的快捷菜单中选择相应的命令进行练习。

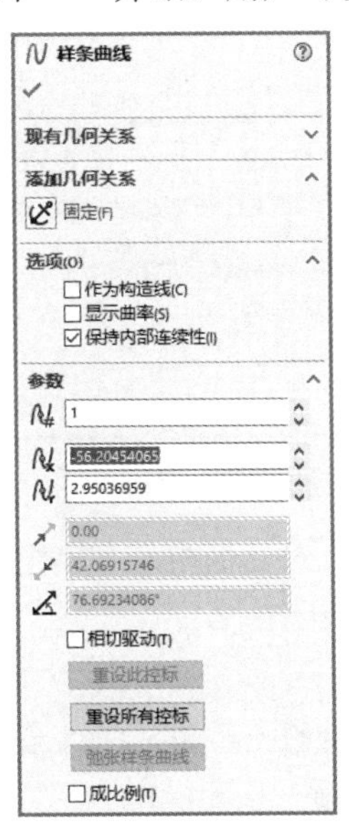

图2-23 “样条曲线”属性管理器

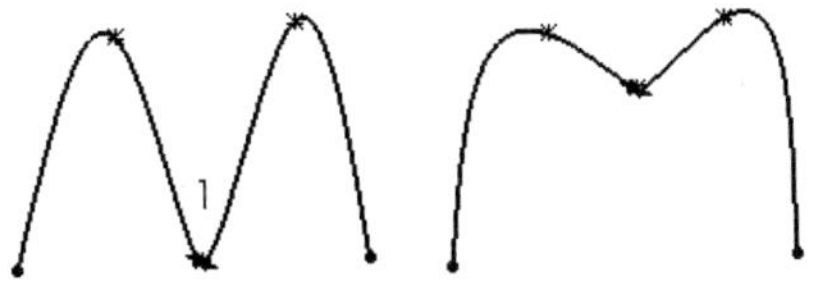

1

（a）修改前的图形 （b）修改后的图形

图2-24 样条曲线的修改过程

注意：

系统默认会显示样条曲线的光标。单击“样条曲线工具”工具栏中的“显示样条曲线光标”按钮，可以隐藏或者显示样条曲线的光标。

2.2.6 绘制草图文字

草图文字可以添加在零件特征面上，用于拉伸和切除文字，形成立体效果。文字可以添加在任何连续曲线或边线组中，包括由直线、圆弧或样条曲线组成的圆或轮廓。

Note

视频讲解

【操作步骤】

（1）执行命令。在草图绘制状态下，选择菜单栏中的“工具”→“草图绘制实体”→“文字”命令，或者单击“草图”面板上的“文字”按钮，此时系统出现如图 2-25 所示的“草图文字”属性管理器。

（2）指定定位线。在绘图区域中选择边线、曲线、草图或草图线段，作为绘制文字草图的定位线，此时所选择的边线出现在“草图文字”属性管理器中的“曲线”一栏。

（3）输入绘制的草图文字。在“草图文字”属性管理器中的“文字”一栏输入要添加的文字“SOLIDWORKS”，此时添加的文字出现在绘图区域曲线上。

（4）修改字体。如果不需要系统默认的字体，则取消选中“草图文字”属性管理器中的“使用文档字体”复选框，然后单击“字体”按钮，此时系统出现如图 2-26 所示的“选择字体”对话框，按照需要进行设置。

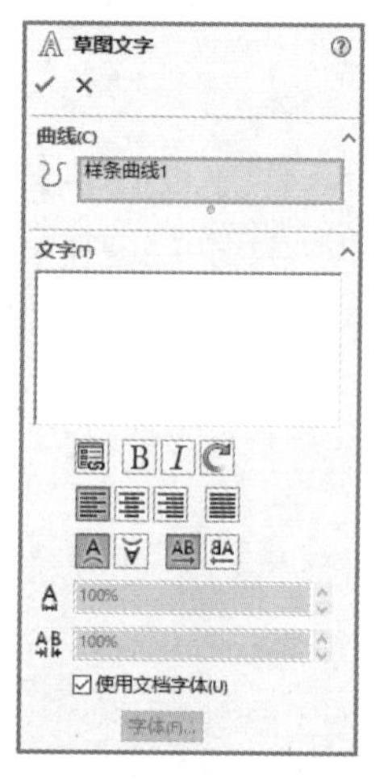

图 2-25 “草图文字”属性管理器

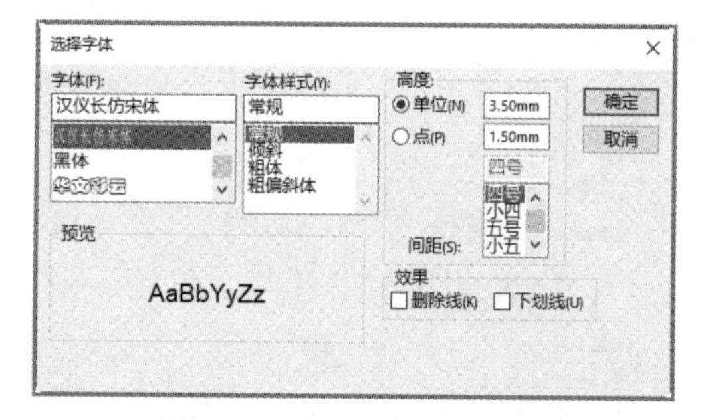

图 2-26 “选择字体”对话框

（5）确认绘制的草图文字。设置好字体后，单击“选择字体”对话框中的“确定”按钮，然后单击“草图文字”属性管理器中的“确定”按钮✓，完成草图文字的绘制。

注意：

（1）在草图绘制模式下，双击已绘制的草图文字，在系统弹出的“草图文字”属性管理器中，可以对其进行修改。

（2）如果曲线为草图实体或一组草图实体，而且草图文字与曲线位于同一草图内，就必须将草图实体转换为几何构造线。

图 2-27 所示为绘制的草图文字，图 2-28 所示为拉伸后的草图文字。

Solidworks

图 2-27 绘制的草图文字

图 2-28 拉伸后的草图文字

2.3　绘制三维草图

SOLIDWORKS 可以直接在基准面上或者在三维空间的任意点绘制三维草图实体，绘制的三维草图可以作为扫描路径和扫描的引导线，也可以作为放样路径和放样中心线等。

【操作步骤】

（1）设置视图方向。单击“前导工具栏”中“视图（前导）”工具栏的“等轴测”图标，设置视图方向为等轴测方向。在该视图方向下，坐标 *X*、*Y*、*Z* 这 3 个方向均可见，可以比较方便地绘制三维草图。

（2）执行三维草图命令。选择菜单栏中的“插入”→“3D 草图”命令，或者单击“草图”面板中的“3D 草图”按钮，进入三维草图绘制状态。

（3）选择草图绘制工具。单击“草图”面板中需要的草图绘制工具，本例单击“直线”按钮，开始绘制三维空间直线，注意此时在绘图区域中出现了空间光标，如图 2-29 所示。

（4）绘制草图。以原点为起点绘制草图，基准面为光标提示的基准面，方向由鼠标拖动决定，图 2-30 所示为在 *XY* 基准面上绘制的草图。

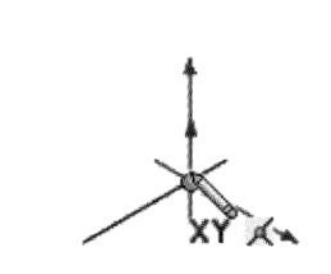

图 2-29　光标显示

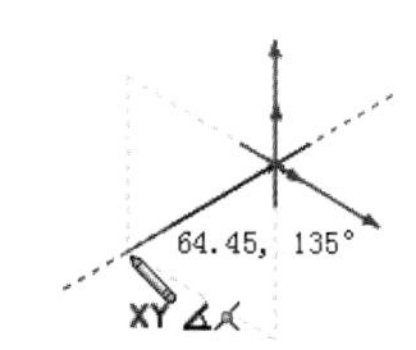

图 2-30　在 *XY* 基准面上绘制的草图

（5）改变绘制的基准面。上一步是在 *XY* 的基准面上绘制直线，当继续绘制直线时，光标会显示出来。按 Tab 键，会改变绘制的基准面，依次为 *XY*、*YZ*、*ZX* 基准面。图 2-31 所示为在 *YZ* 基准面上绘制的草图。按 Tab 键依次绘制其他基准面上的草图，绘制完的三维草图如图 2-32 所示。

（6）退出三维草图绘制。再次单击“草图”面板中的“3D 草图”按钮，或者在绘图区域单击鼠标右键，在弹出的快捷菜单中单击“退出草图”按钮，退出三维草图绘制状态。

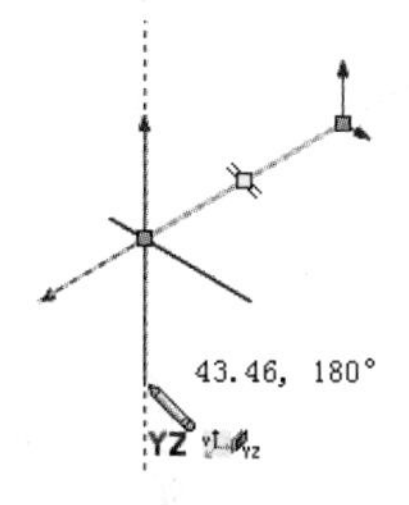

图 2-31　在 *YZ* 基准面上绘制的草图

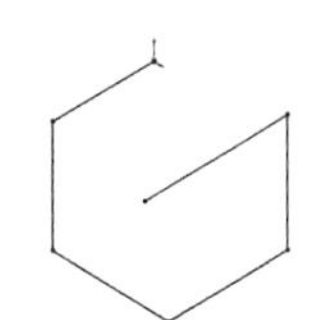

图 2-32　绘制完的三维草图

注意：

绘制三维草图时，绘制的基准面要以光标显示为准，不要主观判断，要注意实时地按 Tab 键，变换视图的基准面。

二维草图和三维草图既有相似之处，又有不同之处。绘制三维草图时，二维草图中的所有圆工具、弧工具、矩形工具、直线、样条曲线和点等工具都可用，只有曲面上的样条曲线工具只能在三维草图上可用。在添加几何关系时，二维草图中的大多数几何关系都可用于三维草图中，但是对称、阵列、等距与等长线例外。

对于二维草图，其绘制的草图实体是所有几何体在要绘制草图的基准面上的投影，三维草图是空间实体。

Note

2.4 草图编辑工具

视频讲解

本节主要介绍草图编辑工具的使用方法，如圆角、倒角、等距实体、剪裁、延伸、镜像移动、复制、旋转与修改等。

2.4.1 绘制圆角

绘制圆角工具是在两个草图实体的交叉处剪裁掉角部，生成一个与两个草图实体都相切的圆弧，此工具在 2D 和 3D 草图中均可使用。

下面以绘制图 2-34 所示的圆角为例，说明绘制圆角的步骤。

【操作步骤】

（1）执行命令。打开源文件“2.4.1.SLDPRT”。在草图编辑状态下，选择菜单栏中的“工具”→“草图工具”→“圆角”命令，或者单击“草图”面板上的“绘制圆角”按钮，此时出现如图 2-33 所示的“绘制圆角”属性管理器。

图 2-33 “绘制圆角”属性管理器

（2）设置圆角属性。在“绘制圆角”属性管理器中设置圆角的半径。如果顶点具有尺寸或几何关系，选中“保持拐角处约束条件”复选框，将保留虚拟交点；如果不选中该复选框，且顶点具有尺寸或几何关系，将会询问是否想在生成圆角时删除这些几何关系。如果选中“标注每个圆角的尺寸”复选框，将标注每个圆角的尺寸；如果不选中该复选框，则只标注相同圆角中的一个尺寸。

（3）选择绘制圆角的直线。设置好“绘制圆角”属性管理器，选择如图 2-34（a）所示中的直线 1 和 2、直线 2 和 3、直线 3 和 4、直线 4 和 1。

（4）确认绘制的圆角。单击“绘制圆角”属性管理器中的“确定”按钮✔，完成圆角的绘制。不选中“标注每个圆角的尺寸”复选框，绘制的圆角如图 2-34（b）所示；选中“标注每个圆角的尺寸”复选框，绘制的圆角如图 2-34（c）所示。

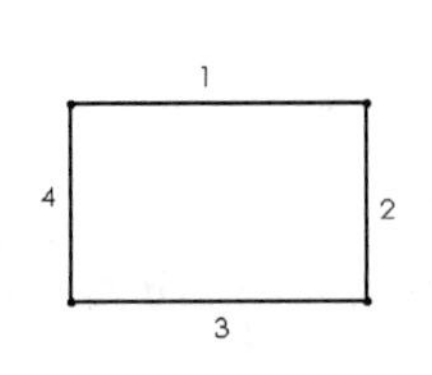

（a）绘制前的图形

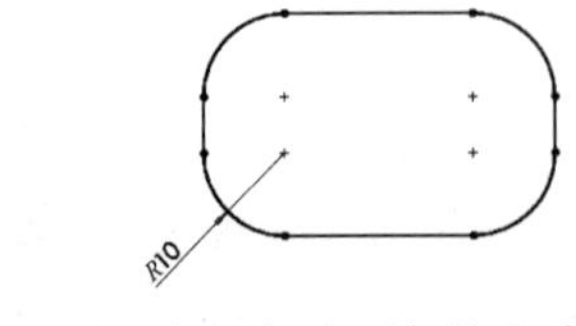

（b）不选中“标注每个圆角的尺寸”复选框

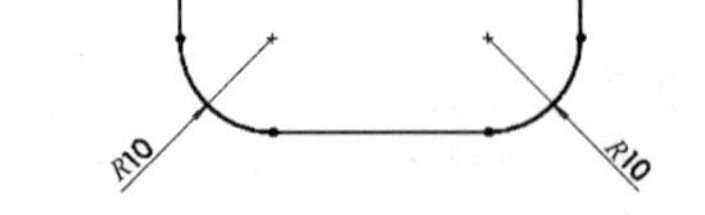

（c）选中“标注每个圆角的尺寸”复选框

图 2-34 圆角的绘制过程

注意：

SOLIDWORKS 可以对两个非交叉的草图实体绘制圆角。执行圆角命令后，草图实体将被拉伸，边角将被圆角处理。

Note

视频讲解

2.4.2 绘制倒角

绘制倒角工具是将倒角应用到相邻的草图实体中，此工具在 2D 和 3D 草图中均可使用。倒角的选取方法与圆角相同。“绘制倒角”属性管理器中提供了倒角的两种设置方式，分别是“角度距离”设置倒角方式和“距离-距离”设置倒角方式。

下面以绘制图 2-37（b）所示的倒角为例，说明绘制倒角的操作步骤。

【操作步骤】

（1）执行命令。打开源文件“2.4.2.SLDPRT”。在草图编辑状态下，选择菜单栏中的“工具”→“草图工具”→“倒角”命令，或者单击“草图”面板上的“绘制倒角”按钮，此时系统出现如图 2-35 所示的“绘制倒角”属性管理器。

（2）设置“角度距离”倒角方式。在“绘制倒角”属性管理器中，以“角度距离”选项设置倒角方式，倒角参数如图 2-35 所示，然后选择图 2-37（a）所示的直线 1 和直线 4。

（3）设置“距离-距离”倒角方式。在“绘制倒角”属性管理器中，选择“距离-距离”选项，按照图 2-36 所示设置倒角方式，然后选择图 2-37（a）所示的直线 2 和直线 3。

（4）确认倒角。单击“绘制倒角”属性管理器中的“确定”按钮，完成倒角的绘制。

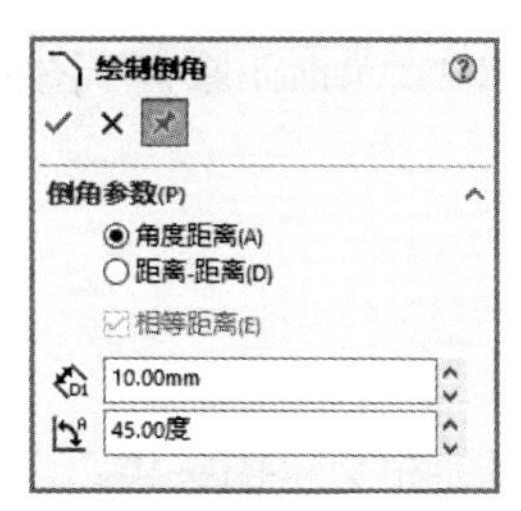

图 2-35 “角度距离”设置方式

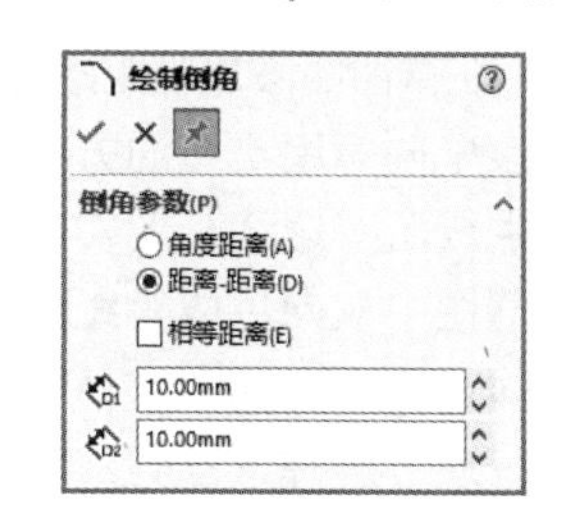

图 2-36 “距离-距离”设置方式

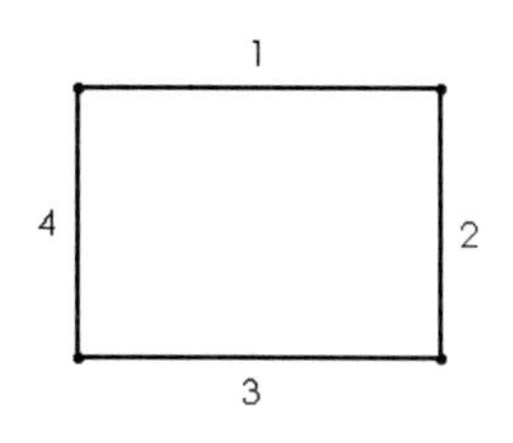

（a）绘制前的图形

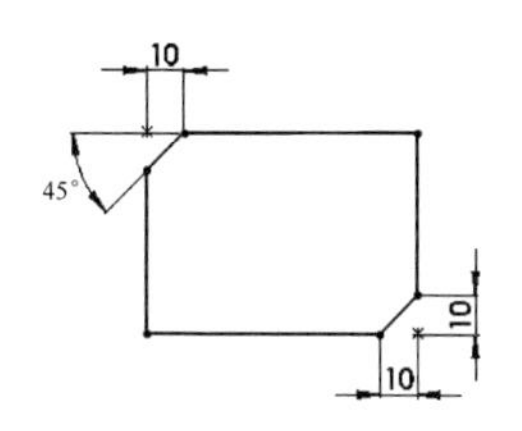

（b）绘制后的图形

图 2-37 倒角的绘制过程

以“距离-距离”方式绘制倒角时，如果设置的两个距离不相等，选择不同草图实体的次序不同，绘制的结果也不相同。设置 D1＝10mm，D2＝20mm，图 2-38（a）所示为原始图形；图 2-38（b）所示为先选择左边的直线，后选择右边直线形成的图形；图 2-38（c）所示为先选择右边的直线，后选择左边直线形成的图形。

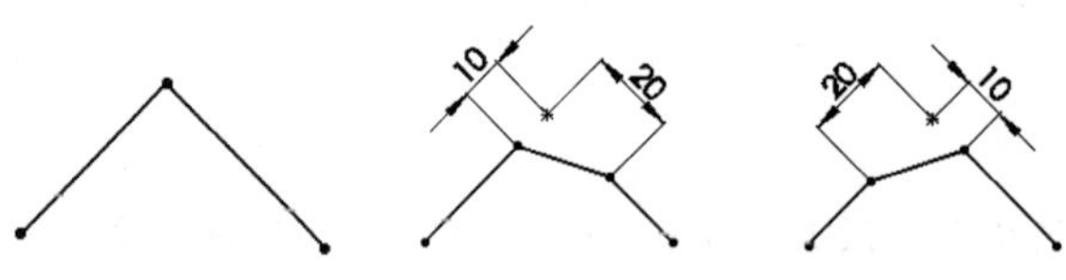

（a）原始图形　（b）先左后右的图形　（c）先右后左的图形

图 2-38　选择直线次序不同形成的倒角

Note

视频讲解

2.4.3　等距实体

等距实体工具是将所选的对象按特定的距离等距，所选对象可以是一个或者多个草图实体、模型边线或模型面。例如，样条曲线或圆弧、模型边线组和环等的草图实体。

【操作步骤】

（1）执行命令。打开源文件“2.4.3.SLDPRT”。在草图绘制状态下，选择菜单栏中的“工具”→“草图工具”→“等距实体”命令，或者单击“草图”面板上的“等距实体”按钮。

（2）设置属性管理器。此时系统弹出“等距实体”属性管理器，如图 2-39 所示。在“等距实体”属性管理器中按照需要进行设置。

（3）选择等距对象。用鼠标单击选择要等距的实体对象。

（4）确认等距的实体。单击“等距实体”属性管理器中的“确定”按钮✔，完成等距实体的绘制。

“等距实体”属性管理器中各选项的意义如下。

☑　等距距离：设定数值以特定距离来等距草图实体。

☑　添加尺寸：在草图中添加等距距离的尺寸标注，不会影响到包括在原有草图实体中的任何尺寸。

☑　反向：更改单向等距实体的方向。

☑　选择链：生成所有连续草图实体的等距。

☑　双向：在草图中双向生成等距实体。

☑　构造几何体：将原有草图实体转换到构造性直线。

☑　顶端加盖：通过选择“双向”并添加顶盖来延伸原有非相交草图实体。

图 2-40 所示为按照图 2-39 所示的“等距实体”属性管理器进行设置后，选取中间草图实体中任意一部分得到的图形。

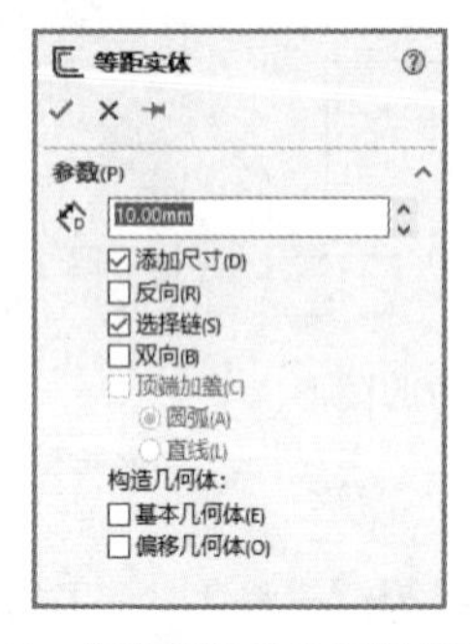

图 2-39　“等距实体”属性管理器

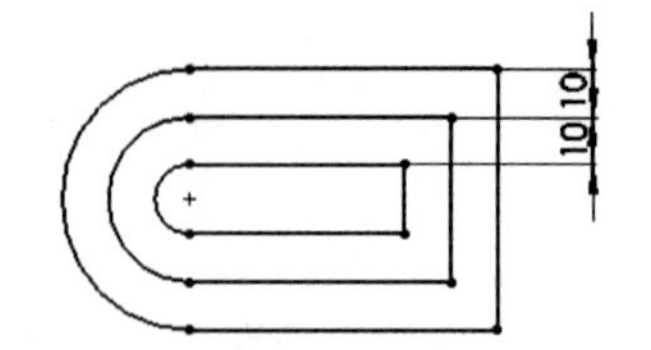

图 2-40　等距后的草图实体

图 2-41 所示为在模型面上添加草图实体的过程，图 2-41（a）所示为原始图形，图 2-41（b）所示为等距实体后的图形。执行过程为：先选择如图 2-41（a）所示模型的上表面，然后进入草图绘制状态，再执行等距实体命令，设置参数为单向等距距离 10mm。

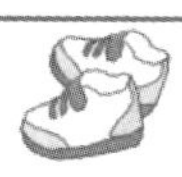

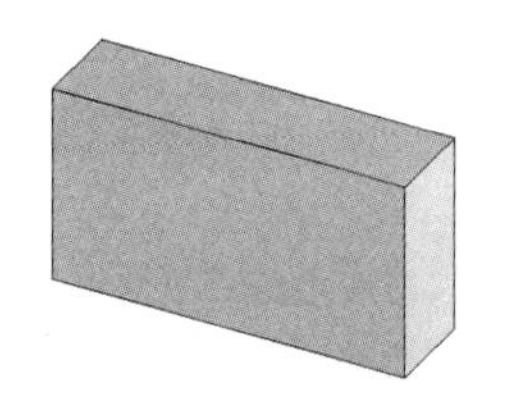

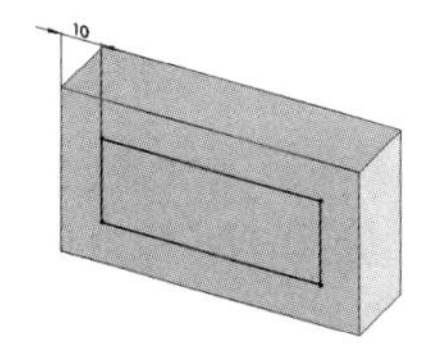

（a）原始图形　　　　（b）等距实体后的图形

图 2-41　在模型面上添加草图实体的过程

注意：

在草图绘制状态下，双击等距距离的尺寸，然后更改数值，即可修改等距实体的距离。在双向等距中修改单个数值，可同时更改两个等距的尺寸。

2.4.4　草图剪裁

草图剪裁是常用的草图编辑命令。执行草图剪裁命令时，系统会弹出如图 2-42 所示的“剪裁”属性管理器。根据剪裁草图实体的不同，可以选择不同的剪裁模式。下面分别介绍不同类型的草图剪裁模式。

☑　强劲剪裁：通过鼠标拖过每个草图实体来剪裁草图实体。

☑　边角：剪裁两个草图实体，直到它们在虚拟边角处相交。

☑　在内剪除：选择两个边界实体，然后选择要剪裁的实体，剪裁位于两个边界实体外的草图实体。

☑　在外剪除：剪裁位于两个边界实体内的草图实体。

☑　剪裁到最近端：将一草图实体剪裁到最近端交叉实体。

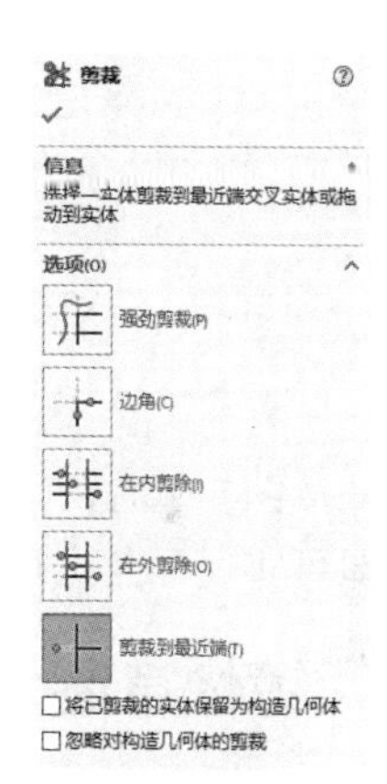

图 2-42　“剪裁”属性管理器

下面以图 2-43 为例，说明草图剪裁的操作步骤。图 2-43（a）所示为剪裁前的图形，图 2-43（b）所示为剪裁后的图形。

【操作步骤】

（1）执行命令。打开源文件“2.4.4.SLDPRT”。在草图编辑状态下，选择菜单栏中的“工具”→“草图工具”→“剪裁”命令，或者单击“草图”面板上的“剪裁实体”按钮，在左侧特征管理器中出现“剪裁”属性管理器。

（2）设置剪裁模式。选择“剪裁”属性管理器中的“剪裁到最近端”模式。

（3）选择需要剪裁的直线。依次用鼠标单击如图 2-43（a）所示的 *A* 处和 *B* 处，剪裁图中的直线。

（4）确认剪裁实体。单击“剪裁”属性管理器中的“确定”按钮✔，剪裁后的图形如图 2-43（b）所示。

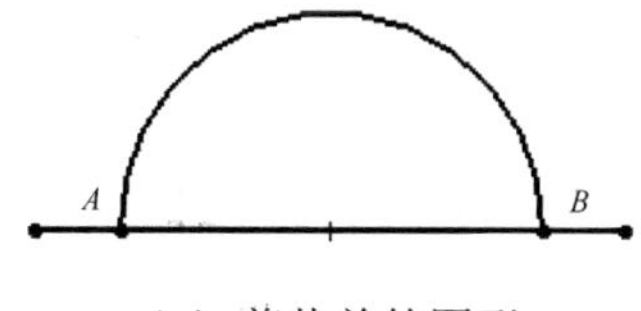

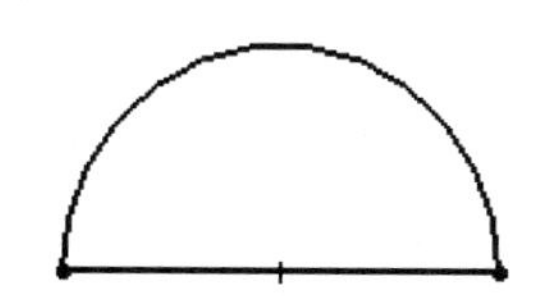

（a）剪裁前的图形　　　　（b）剪裁后的图形

图 2-43　剪裁实体的过程

2.4.5　草图延伸

Note

草图延伸是常用的草图编辑命令。利用该工具，可以将草图实体延伸至另一个草图实体。

下面以图 2-44 所示为例，说明草图延伸的操作步骤。图 2-44（a）所示为延伸前的图形，图 2-44（b）所示为延伸后的图形。

视频讲解

【操作步骤】

（1）执行命令。打开源文件“2.4.5.SLDPRT”。在草图编辑状态下，选择菜单栏中的“工具”→“草图工具”→“延伸”命令，或者单击“草图”面板上的“延伸实体”按钮，此时鼠标变为，进入草图延伸状态。

（2）选择需要延伸的直线。用鼠标单击如图 2-44（a）所示的直线。

（3）确认延伸的直线。按住 Esc 键，退出延伸实体状态，延伸后的图形如图 2-44（b）所示。

（a）延伸前的图形　　（b）延伸后的图形

图 2-44　草图延伸的过程

延伸草图实体时，如果两个方向都可以延伸，但只需要单一方向延伸时，单击延伸方向一侧的实体部分即可实现，在执行该命令的过程中，实体延伸的预览结果会以红色显示。

2.4.6　镜像草图

视频讲解

绘制草图时，经常要绘制对称的图形，这时可以使用镜像实体命令来实现。“镜像”属性管理器如图 2-45 所示。

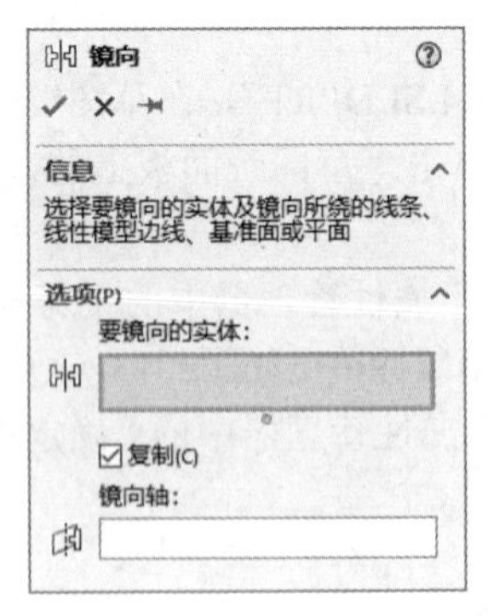

图 2-45　“镜像”[①]属性管理器

在 SOLIDWORKS 中，镜像点不再仅限于构造线，它可以是任意类型的直线。SOLIDWORKS 提供了两种镜像方式：一种是镜像现有草图实体；另一种是动态镜像草图实体。

① 本书中的“镜像”与软件截图中的“镜向”为同一内容，后文不再赘述。

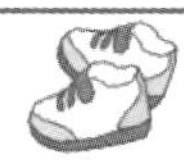

Note

1. 镜像现有草图实体

下面以图 2-46 所示为例，介绍镜像现有草图实体的操作步骤。图 2-46（a）所示为镜像前的图形，图 2-46（b）所示为镜像后的图形。

【操作步骤】

（1）执行命令。打开源文件“2.4.6.SLDPRT”。在草图编辑状态下，选择菜单栏中的“工具”→“草图工具”→“镜像”命令，或者单击“草图”面板上的“镜像实体”按钮，系统弹出“镜像”属性管理器。

（2）选择需要镜像的实体。单击“镜像”属性管理器中“要镜像的实体”下面的矩形框，其变为浅蓝色，然后在绘图区域中框选如图 2-46（a）所示直线左侧的图形。

（3）选择镜像点。单击“镜像”属性管理器中“镜像轴”下面的矩形框，其变为粉红色，然后在绘图区域中选取如图 2-46（a）所示的直线。

（4）确认镜像的实体。单击“镜像”属性管理器中的“确定”按钮✓，草图实体镜像完毕，镜像后的图形如图 2-46（b）所示。

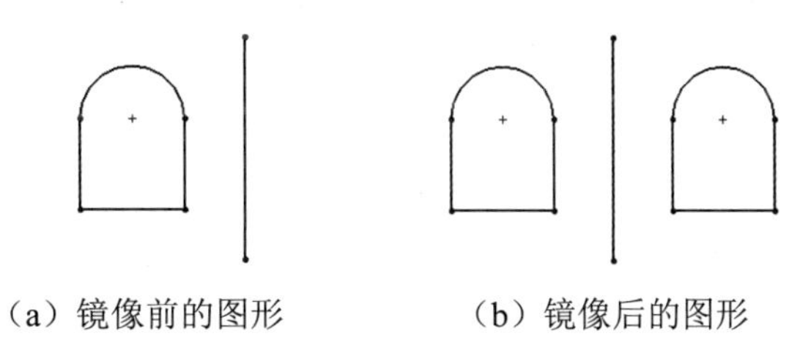

（a）镜像前的图形　　（b）镜像后的图形

图 2-46　镜像草图的过程

2. 动态镜像草图实体

下面以图 2-47 为例，说明动态镜像草图实体的绘制过程。

【操作步骤】

（1）确定镜像点。在草图绘制状态下，首先在绘图区域中绘制一条中心线，并选中它。

（2）执行镜像命令。选择菜单栏中的“工具”→“草图工具”→“动态镜像”命令，或者单击“草图”面板上的“动态镜像实体”按钮，此时对称符号出现在中心线的两端。

（3）镜像实体。在中心线的一侧绘制草图，此时另一侧会动态地镜像绘制的草图。

（4）确认镜像实体。草图绘制完毕后，再次执行直线动态镜像草图实体命令，即可结束该命令的使用。

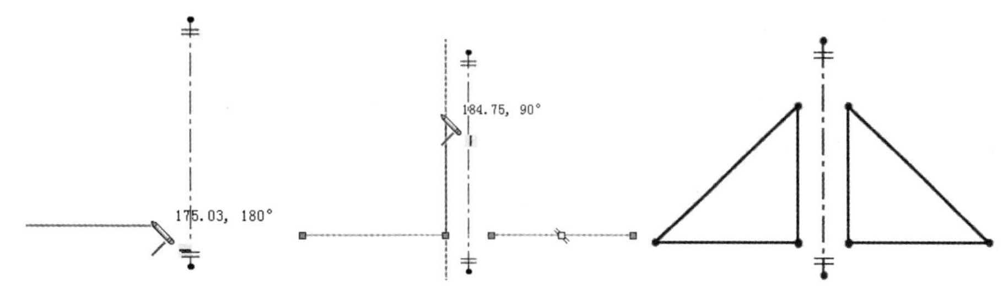

图 2-47　动态镜像草图实体的过程

注意：

镜像实体在 3D 草图中不可使用。

2.4.7 线性草图阵列

Note

视频讲解

线性草图阵列就是将草图实体沿一个或者两个轴复制生成多个排列图形。执行该命令时，系统会弹出如图 2-48 所示的“线性阵列”属性管理器。

下面以图 2-49 所示为例，说明线性草图阵列的绘制过程。图 2-49（a）所示为阵列前的图形，图 2-49（b）所示为阵列后的图形。

【操作步骤】

（1）执行命令。打开源文件“2.4.7.SLDPRT”。在草图编辑状态下，选择菜单栏中的“工具”→“草图工具”→“线性阵列”命令，或者单击“草图”面板上的“线性草图阵列”按钮。

（2）设置属性管理器。此时系统出现“线性阵列”属性管理器，在“线性阵列”属性管理器的“要阵列的实体”一栏选取图 2-49（a）中的直径为 10.00mm 的圆弧，其他属性按照图 2-48 所示进行设置。

（3）确认阵列的实体。单击“线性阵列”属性管理器中的“确定”按钮✔。阵列后的图形如图 2-49（b）所示。

图 2-48 “线性阵列”属性管理器

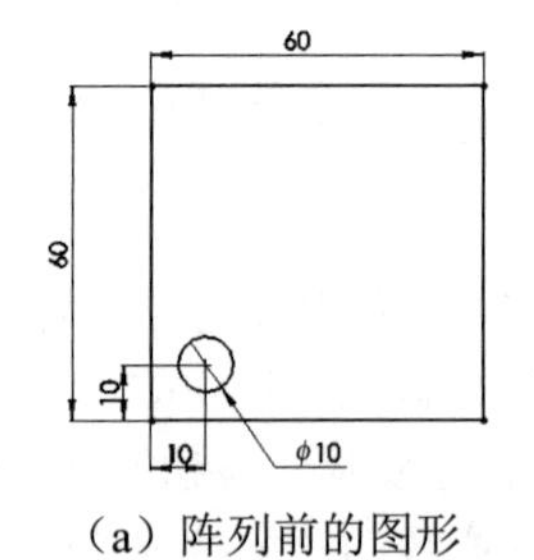

（a）阵列前的图形

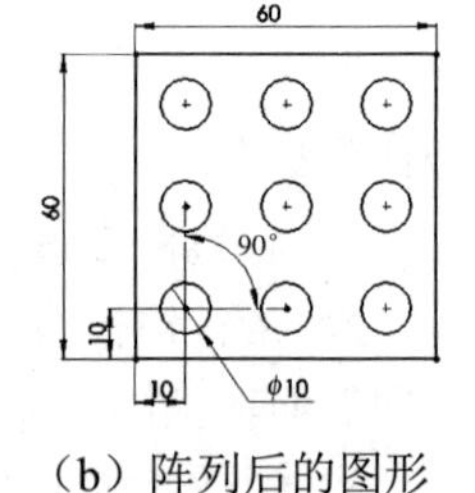

（b）阵列后的图形

图 2-49 线性草图阵列的过程

2.4.8 圆周草图阵列

视频讲解

圆周草图阵列就是将草图实体沿一个指定大小的圆弧进行环状阵列。执行该命令时，系统会弹出如图 2-50 所示的“圆周阵列”属性管理器。

下面以图 2-51 为例，说明圆周草图阵列的绘制过程。图 2-51（a）为阵列前的图形，图 2-51（b）为阵列后的图形。

【操作步骤】

（1）执行命令。打开源文件“2.4.8.SLDPRT”。在草图编辑状态下，选择菜单栏中的“工具”→“草图工具”→“圆周阵列”命令，或者单击“草图”面板上的“圆周草图阵列”按钮，此时系统出现“圆周阵列”属性管理器。

（2）设置属性管理器。在“圆周阵列”属性管理器的“要阵列的实体”一栏选取如图 2-51（a）所示的圆弧外的 3 条直线，在“参数”项的第一栏选择圆弧的圆心，在“数量”一栏中输入值 8。

（3）确认阵列的实体。单击“圆周阵列”属性管理器中的“确定”按钮✔，阵列后的图形如图 2-51（b）所示。

Note

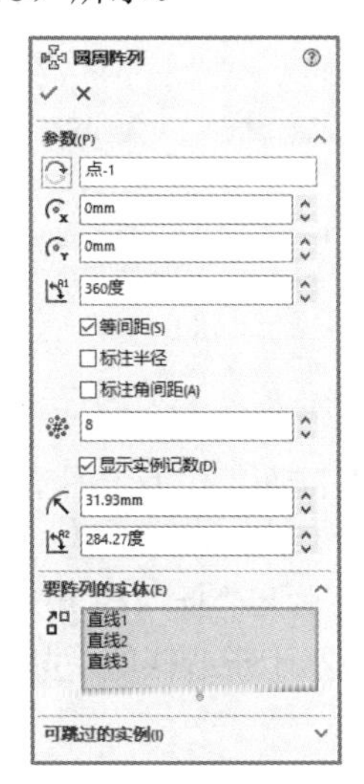

图 2-50　“圆周阵列”属性管理器

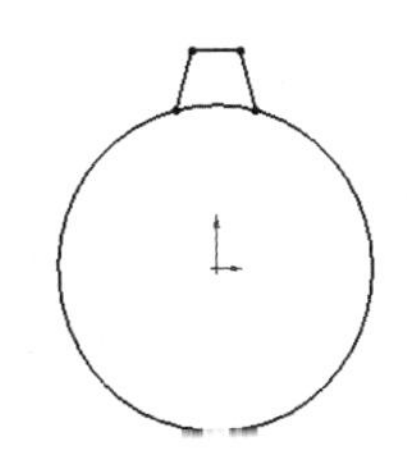

（a）阵列前的图形

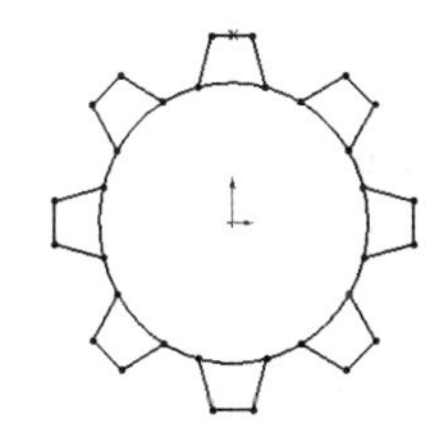

（b）阵列后的图形

图 2-51　圆周草图阵列的过程

2.4.9　实例——间歇轮

本实例绘制的间歇轮如图 2-52 所示。

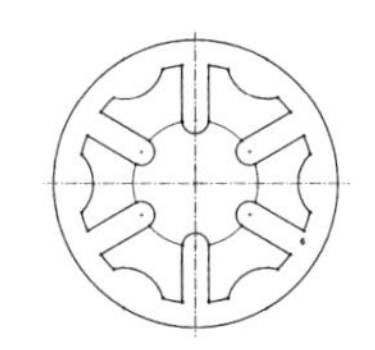

图 2-52　间歇轮

视频讲解

思路分析

首先绘制中心线和圆，然后绘制直线，对其进行修剪，最后进行圆周阵列和修剪，完成草图的绘制。间歇轮草图的绘制流程如图 2-53 所示。

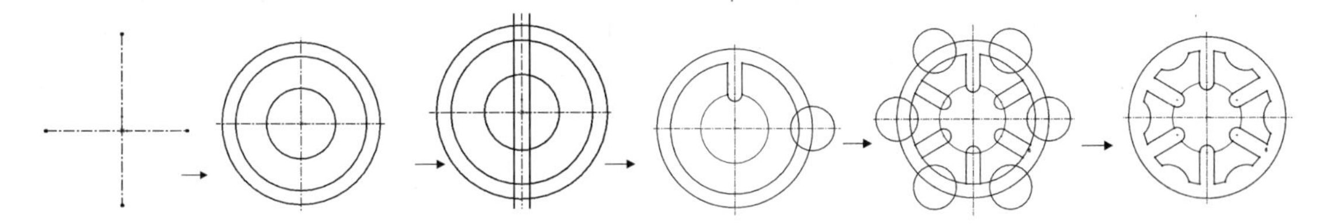

图 2-53　间歇轮草图的绘制流程

绘制步骤

01 新建文件。启动 SOLIDWORKS，单击“快速访问”工具栏中的“新建”按钮，在弹出如图 2-54 所示的“新建 SOLIDWORKS 文件”对话框中，单击“零件”按钮，然后单击“确定”按钮，创建一个新的零件文件。

Note

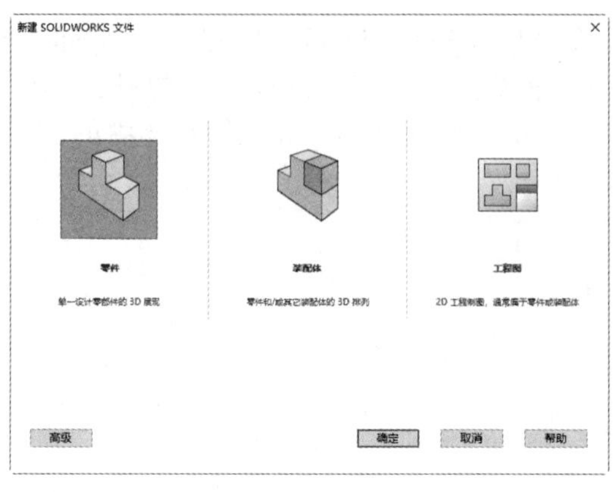

图 2-54 “新建 SOLIDWORKS 文件”对话框

02 创建基准面。在 FeatureManager 设计树中选择“前视基准面”作为绘图基准面。单击“草图”面板中的“草图绘制”按钮，进入草图绘制状态。

03 绘制中心线。单击“草图”面板中的“中心线”按钮，弹出“插入线条”属性管理器（见图 2-55），绘制如图 2-56 所示的水平中心线，双击鼠标左键，完成水平中心线的绘制。然后绘制竖直中心线，结果如图 2-57 所示。

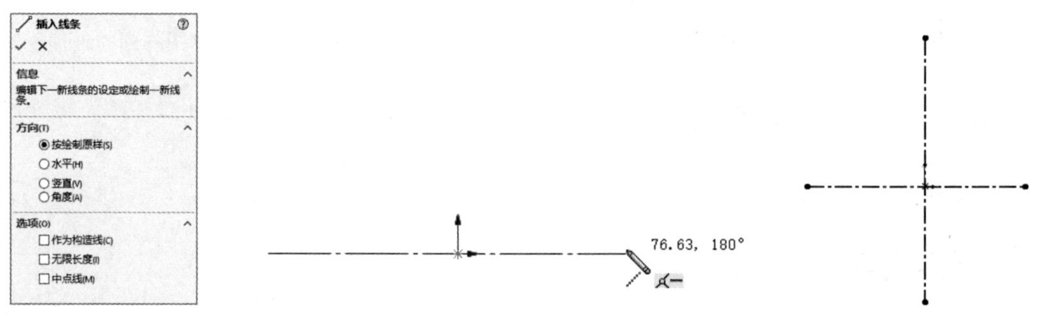

图 2-55 “插入线条”属性管理器　　图 2-56 绘制水平中心线　　图 2-57 绘制竖直中心线

04 绘制圆。单击“草图”面板中的“圆”按钮，弹出“圆”属性管理器，如图 2-58 所示。在视图中选择坐标原点为圆的圆心，在“圆”属性管理器中输入半径为 32.00mm，如图 2-59 所示，单击“确定”按钮✓，绘制的圆如图 2-60 所示。重复“圆”命令，在坐标原点绘制半径为 26.50mm 和 14.00mm 的圆，选择半径为 14.00mm 的圆，在“圆”属性管理器中选中“作为构造线”复选框，绘制的 3 个圆如图 2-61 所示。

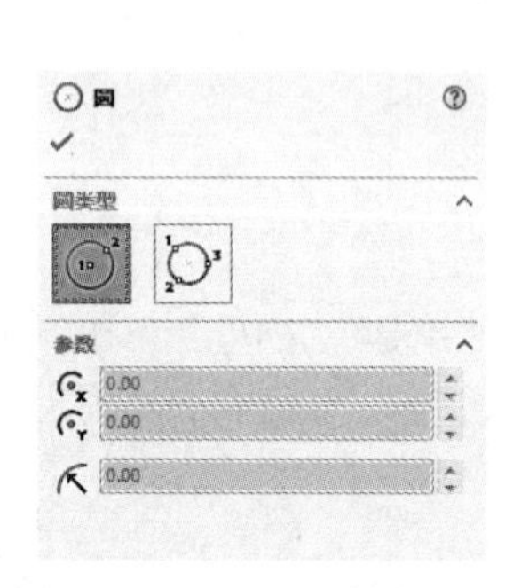

图 2-58 “圆”属性管理器

图 2-59 输入圆的半径

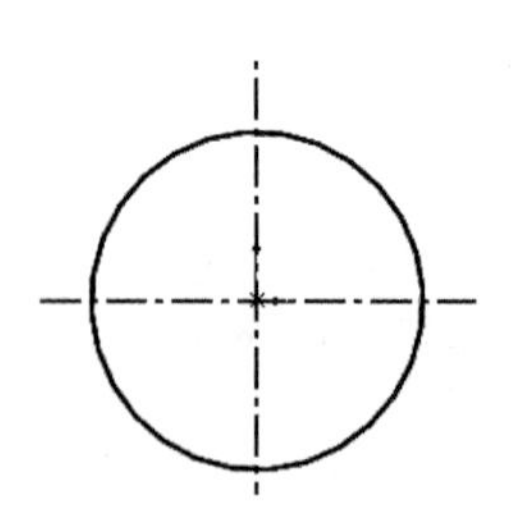

图 2-60 绘制的圆

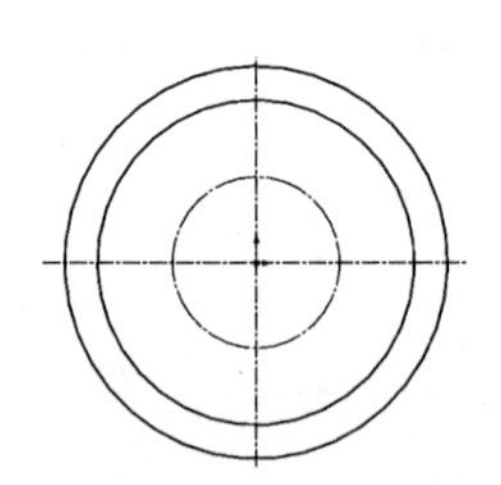

图 2-61 绘制的 3 个圆

05 绘制等距线。单击“草图”面板中的“等距线”按钮，弹出如图 2-62 所示的“等距实体”属性管理器，输入等距距离为 3.00mm，选中“双向”复选框，在视图中选择竖直中心线，单击“确定”按钮✔，结果如图 2-63 所示。

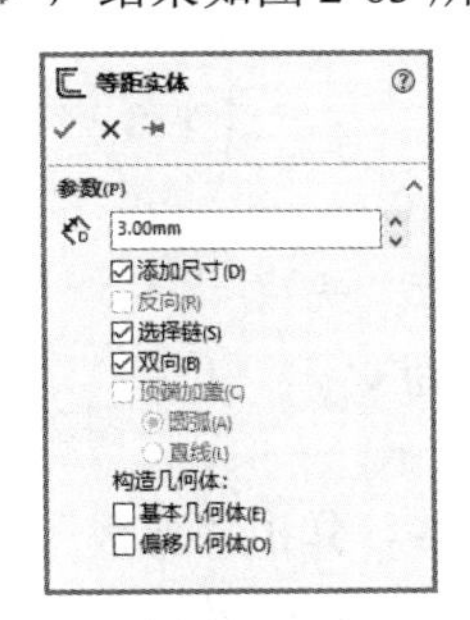

图 2-62 “等距实体”属性管理器

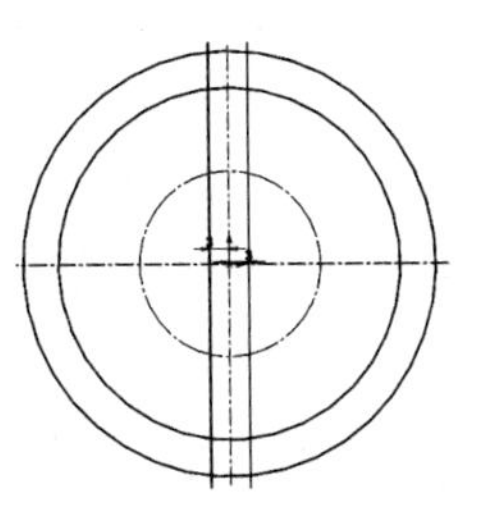

图 2-63 绘制等距线

06 绘制圆弧。单击“草图”面板中的“圆心/起/终点画弧”按钮，弹出如图 2-64 所示的“圆弧”属性管理器，以小圆和竖直中心线的交点为圆心，绘制以两条等距线与小圆的交点为起/终点的圆弧，单击“确定”按钮✔，结果如图 2-65 所示。

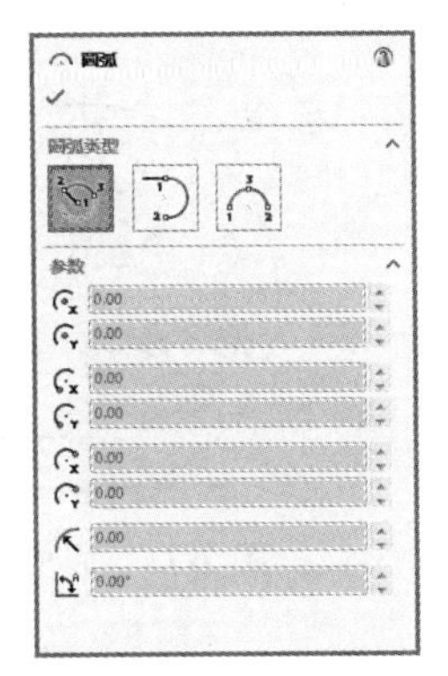

图 2-64 “圆弧”属性管理器

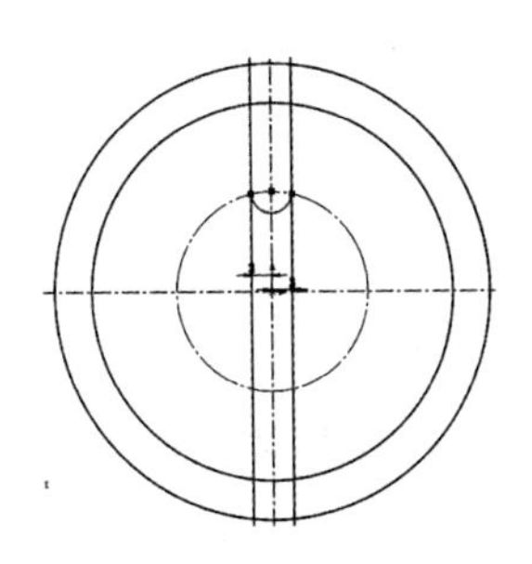

图 2-65 绘制圆弧

07 修剪图形。单击“草图”面板中的“剪裁实体”按钮，弹出如图 2-66 所示的“剪裁”属性管理器，单击“剪裁到最近端”按钮，剪裁多余的线段，单击“确定”按钮✔，结果如图 2-67 所示。

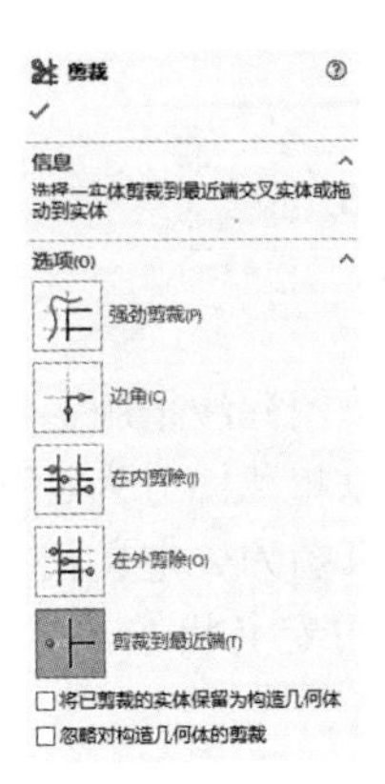

图 2-66 “剪裁”属性管理器

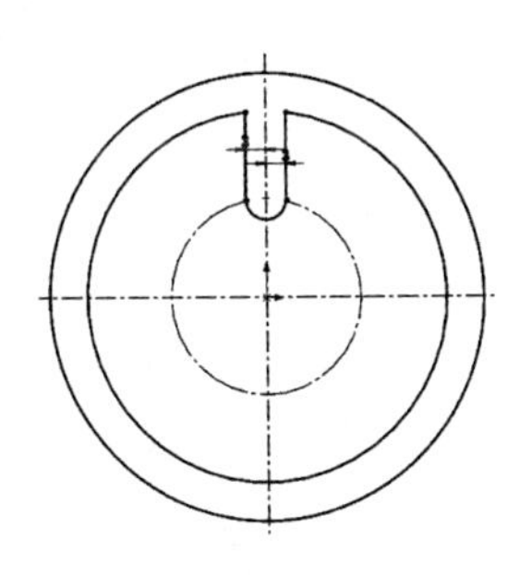

图 2-67 修剪图形

Note

08 绘制圆。单击“草图”面板中的“圆”按钮，弹出“圆”属性管理器，在视图中选择水平中心线与大圆的交点为圆的圆心，在“圆”属性管理器中输入半径为9.00mm，单击“确定”按钮，结果如图2-68所示。

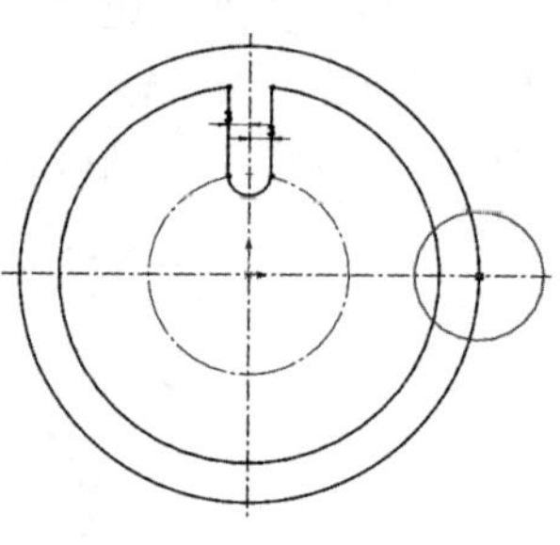

图2-68　绘制圆

09 阵列图形。单击“草图”面板中的“圆周阵列”按钮，弹出如图2-69所示的“圆周阵列”属性管理器。选取坐标原点为阵列中心，输入旋转角度为360°，输入阵列个数为6，选中“等间距”复选框，选择修剪后的两条直线和圆弧以及圆为阵列的实体，单击“确定”按钮，阵列图形，如图2-70所示。

10 修剪图形。单击“草图”面板中的“剪裁实体”按钮，弹出“剪裁”属性管理器，单击“剪裁到最近端”按钮，剪裁多余的线段，单击“确定”按钮，结果如图2-71所示。

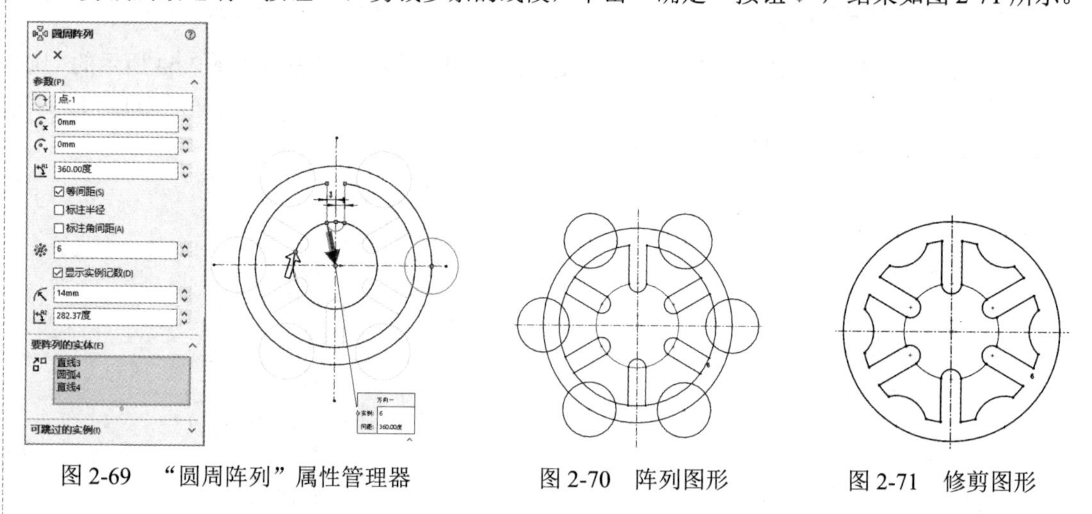

图2-69　“圆周阵列”属性管理器　　图2-70　阵列图形　　图2-71　修剪图形

2.5　草图尺寸标注

在SOLIDWORKS中，“尺寸/几何关系”工具栏如图2-72所示。单击工具栏中的按钮，可以执行相应的命令。

图2-72　“尺寸/几何关系”工具栏

草图尺寸标注主要是对草图形状进行定义。SOLIDWORKS的草图标注采用参数式定义方式，即图形随着标注尺寸的改变而实时地改变。根据草图的尺寸标注，可以将草图分为3种状态，分别是欠定义状态、完全定义状态与过定义状态。草图以蓝色显示时，说明草图为欠定义状态；草图以黑色显示时，说明草图为完全定义状态；草图以红色显示时，说明草图为过定义状态。

2.5.1　设置尺寸标注格式

在标注尺寸之前，首先要设置尺寸标注的格式和属性。尺寸标注的格式和属性虽然不影响特征建

模的效果，但是好的标注格式和属性的设置，可以影响图形整体的美观性，所以，尺寸标注格式和属性的设置在草图绘制中有很重要的地位。

Note

尺寸格式主要包括尺寸标注的界限、箭头与尺寸数字等的样式。尺寸属性主要包括尺寸标注的数值的精度、箭头的类型、文字的大小与公差等样式。下面分别介绍尺寸标注格式、尺寸标注属性的设置方法。

选择菜单栏中的“工具”→“选项”命令，此时系统弹出“文档属性-绘制标准”对话框，在其中选择“文档属性”选项卡，如图 2-73 所示。

图 2-73 所示的“文档属性”选项卡的“尺寸”选项可用来设置尺寸的标注格式。

图 2-73　“文档属性-绘图标准”对话框

2.5.2　尺寸标注

SOLIDWORKS 提供了 4 种进入尺寸标注的方法，下面分别对其进行介绍。

视频讲解

【执行方式】

☑　菜单方式：选择菜单栏中的“工具”→“标注尺寸”→“智能尺寸”命令。

☑　工具栏方式：单击“草图”面板上的“智能尺寸”按钮。

☑　控制面板方式：单击“草图”面板上的“智能尺寸”按钮。

☑　快捷菜单方式：在草图绘制方式下单击鼠标右键，在弹出的快捷菜单中选择“智能尺寸”命令。

进入尺寸标注模式后，光标将变为。退出尺寸标注模式的方法有 3 种，第一种是按 Esc 键；第二种是再次单击“草图”面板上的“智能尺寸”按钮；第三种是单击鼠标右键，在弹出的快捷菜单中的选择相应的选项。

在 SOLIDWORKS 中主要有以下几种标注类型：线性尺寸标注、角度尺寸标注、圆弧尺寸标注与圆尺寸标注等。

1. 线性尺寸标注

线性尺寸标注不仅仅是指标注直线段的距离，还包括点与点之间、点与线段之间的距离。标注直

Note

线长度尺寸时，根据光标所在的位置，可以标注不同的尺寸形式，有水平形式、垂直形式与平行形式，如图 2-74 所示。

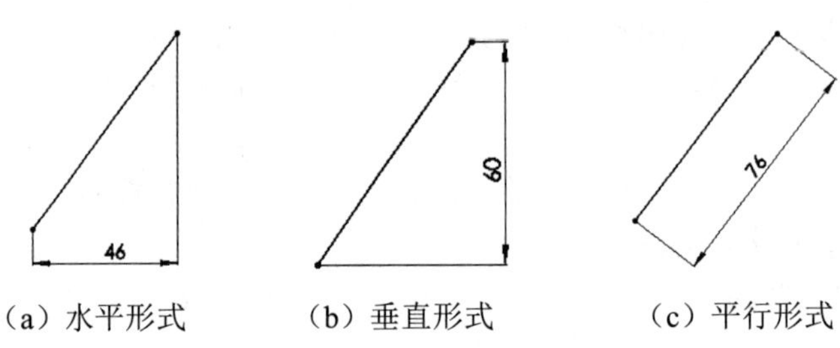

（a）水平形式　　（b）垂直形式　　（c）平行形式

图 2-74　直线标注形式图示

标注直线段长度的方法比较简单，在标注模式下直接用鼠标单击直线段，然后拖动鼠标即可，此处不再赘述。下面以标注图 2-75 所示两圆弧之间的距离为例，说明线性尺寸的标注方法。

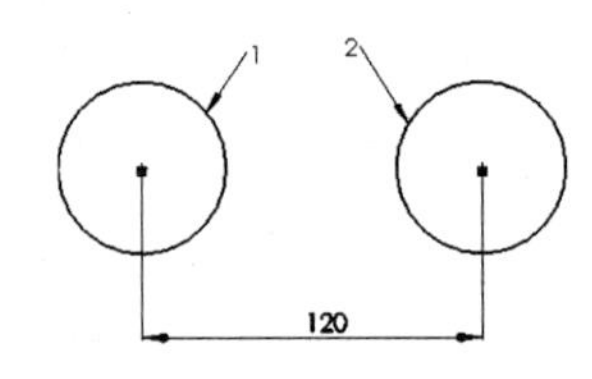

图 2-75　两圆弧之间的线性尺寸

【操作步骤】

（1）执行命令。打开源文件“2.5.2.SLDPRT”。在草图编辑状态下，选择菜单栏中的“工具”→“标注尺寸”→“智能尺寸”命令，或者单击“草图”面板上的“智能尺寸”按钮，此时鼠标变为形状。

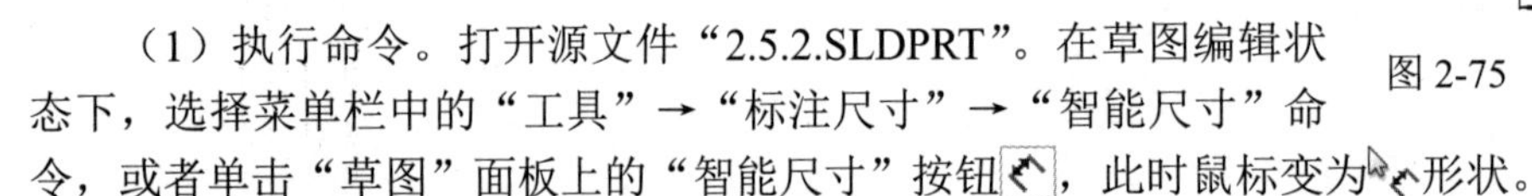

（2）设置标注实体。单击图 2-75 中圆弧 1 上的任意位置，然后单击圆弧 2 上的任意位置，此时视图中出现标注的尺寸。

（3）设置标注位置。移动鼠标到要放置尺寸的位置，然后单击鼠标左键，此时系统出现如图 2-76 所示的“修改”对话框。在其中输入要标注的尺寸值，然后按 Enter 键，或者单击“修改”对话框中的“确定”按钮✔，此时视图如图 2-77 所示，并在窗口左侧出现“尺寸”属性管理器。

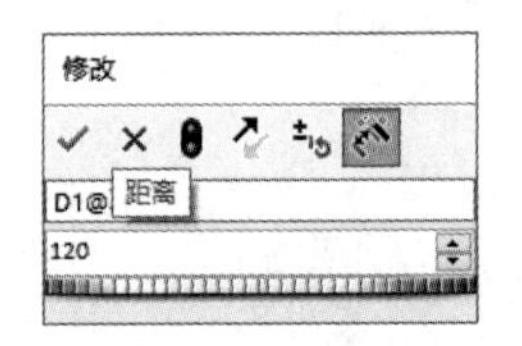

图 2-76　“修改”对话框

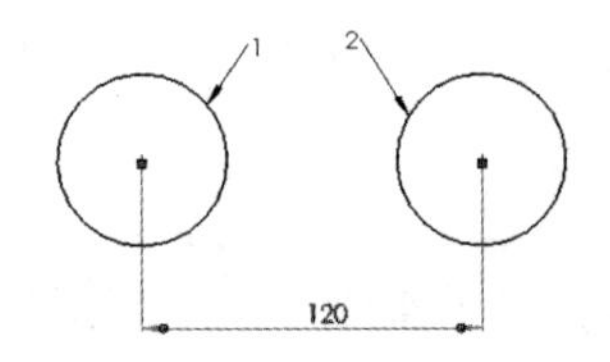

图 2-77　标注的尺寸

2. 角度尺寸标注

角度尺寸标注分为 3 种：第一种为两条直线之间的夹角；第二种为直线与点之间的夹角；第三种为圆弧的角度。

☑　两条直线之间的夹角：直接选取两条直线，没有顺序差别。根据光标放置位置的不同，有 4 种不同的标注形式，如图 2-78 所示。

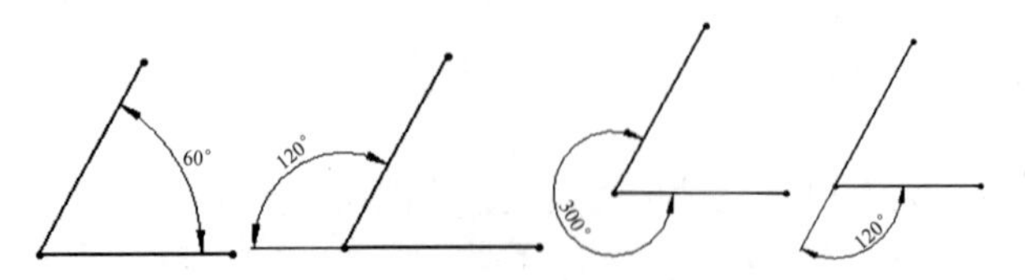

图 2-78　两条直线之间角度的标注形式

☑　直线与点之间的夹角：标注直线与点之间的夹角，有顺序差别。选择的顺序是：直线的一个

Note

端点→直线的另一个端点→点。一般有 4 种标注形式，如图 2-79 所示。

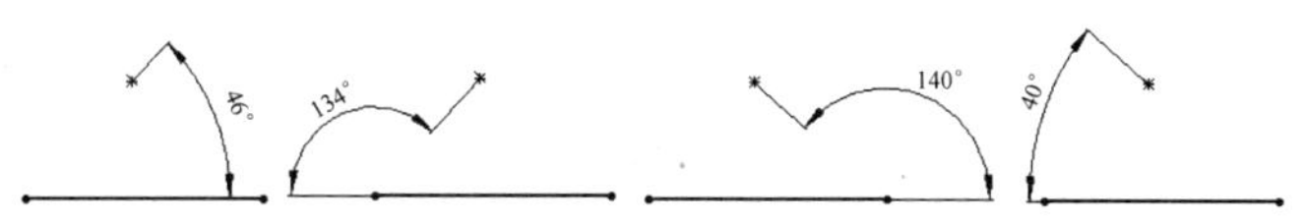

图 2-79　直线与点之间角度的标注形式

☑　圆弧的角度：圆弧的标注顺序是：起点→终点→圆心。

下面以图 2-80 为例，介绍圆弧角度标注的操作步骤。

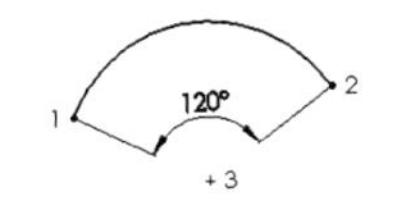

图 2-80　圆弧角度的标注

【操作步骤】

（1）执行命令。绘制一个圆弧，在草图编辑状态下，选择菜单栏中的“工具”→“标注尺寸”→“智能尺寸”命令，或者单击“草图”面板上的“智能尺寸”按钮，此时鼠标变为形状。

（2）设置标注的位置。单击图 2-80 中圆弧上的点 1，然后单击圆弧上的点 2，再单击圆心 3，此时系统出现“修改”对话框。在其中输入要标注的角度值，然后单击对话框中的“确定”按钮✔，此时窗口左侧出现“尺寸”属性管理器。

（3）确认标注的圆弧角度。单击“尺寸”属性管理器中的“确定”按钮✔，完成圆弧角度的标注，结果如图 2-80 所示。

其他尺寸标注这里不再赘述。

2.5.3　尺寸修改

草图编辑状态下，双击要修改的尺寸数值，此时系统出现“修改”对话框。在“修改”对话框中输入修改的尺寸值，然后单击“确定”按钮✔，即可完成尺寸的修改。图 2-81 所示为尺寸修改的过程。

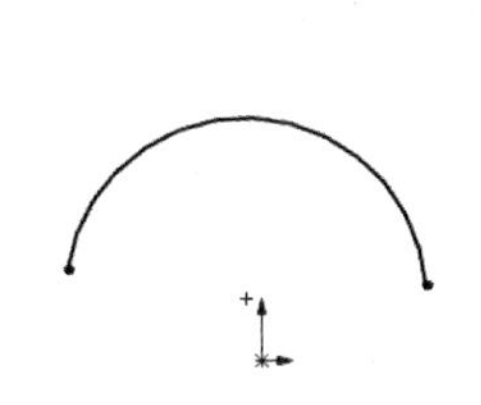

（a）选取尺寸并双击

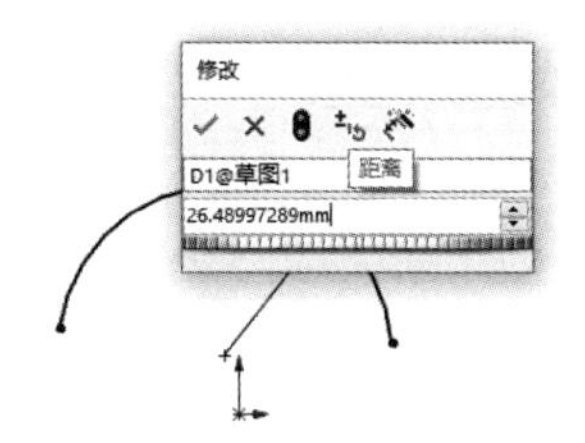

（b）输入要修改的尺寸值

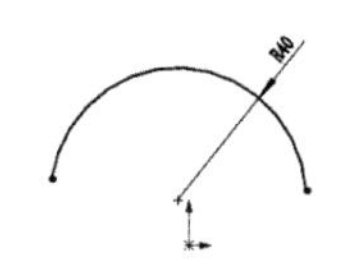

（c）修改后的图形

图 2-81　尺寸修改的过程

“修改”对话框中各图标的意义如下。

☑　✔：保存当前修改的数值并退出对话框。

☑　✕：取消修改的数值，恢复原始数值并退出此对话框。

☑　：以当前的数值重新生成模型。

☑　：重新设置选值框中的增量值。

☑　：标注要输入工程图中的尺寸。此选项只在零件和装配体文件中使用。当插入模型项目到工程图中时，可以相应地插入所有尺寸或插入标注的尺寸。

注意：

可以在“修改”对话框中输入数值和算术符号，将其作为计算器使用，计算的结果就是具体的数值。

2.6 草图几何关系

Note

几何关系是草图实体和特征几何体设计意图中的一个重要创建手段，是指各几何元素与基准面、轴线、边线或端点之间的相对位置关系。

几何关系在 CAD/CAM 软件中有非常重要的作用。通过添加几何关系，可以很容易地控制草图形状，表达设计工程师的设计意图，为设计工程师带来了便利，提高了设计的效率。

添加几何关系有两种方式：一种是自动添加几何关系；另一种是手动添加几何关系。常见的几何关系类型及结果如表 2-2 所示。

表 2-2 常见的几何关系类型及结果

几何关系类型	要选择的草图实体	所产生的几何关系
水平或竖直	一条或多条直线，两个或多个点	直线会变成水平或竖直，而点会水平或竖直对齐
共线	两条或多条直线	所选直线位于同一条无限长的直线上
全等	两个或多个圆弧	所选圆弧会共用相同的圆心和半径
垂直	两条直线	两条直线相互垂直
平行	两条或多条直线	所选直线相互平行
相切	圆弧、椭圆或样条曲线，以及直线或圆弧	两个所选项目保持相切
同心	两个或多个圆弧，或一个点和一个圆弧	所选圆弧共用同一圆心
中点	两条直线或一个点和一条直线	点保持位于线段的中点
交叉点	两条直线和一个点	点保持位于直线的交叉点处
重合	一个点和一条直线、圆弧或椭圆	点位于直线、圆弧或椭圆上
相等	两条或多条直线，两个或多个圆弧	直线长度或圆弧半径保持相等
对称	一条中心线和两个点、直线、圆弧或椭圆	所选项目保持与中心线相等距离，并位于一条与中心线垂直的直线上
固定	任何实体	实体的大小和位置被固定
穿透	一个草图点和一个基准轴、边线、直线或样条曲线	草图点与基准轴、边线或曲线在草图基准面上穿透的位置重合
合并点	两个草图点或端点	两个点合并成一个点

注意：

（1）为直线建立几何关系时，此几何关系相对于无限长的直线，而不仅仅是相对于草图线段或实际边线。因此，在希望一些实体互相接触时，它们实际上可能并未接触到。

（2）生成圆弧段或椭圆段的几何关系时，几何关系实际上是对于整圆或椭圆的。

（3）为不在草图基准面上的项目建立几何关系，将所产生的几何关系应用于此项目在草图基准面上的投影。

（4）使用等距实体及转换实体引用命令时，可能会自动生成额外的几何关系。

2.6.1　自动添加几何关系

自动添加几何关系是指在绘制图形的过程中，系统根据绘制实体的相关位置，自动赋予草图实体几何关系，而不需要手动添加。

自动添加几何关系需要进行系统设置。设置的方法是：选择菜单栏中的“工具”→“选项”命令，此时系统出现“系统选项”对话框，单击“几何关系/捕捉”选项，然后选中“自动几何关系”复选框，并相应地选中“草图捕捉”栏内的各个复选框，如图 2-82 所示。

图 2-82　设置自动添加几何关系

如果取消选中“自动几何关系”复选框，则在绘图过程中虽然有限制光标出现，但是并没有真正赋予该实体几何关系。图 2-83 所示为常见的自动几何关系类型。

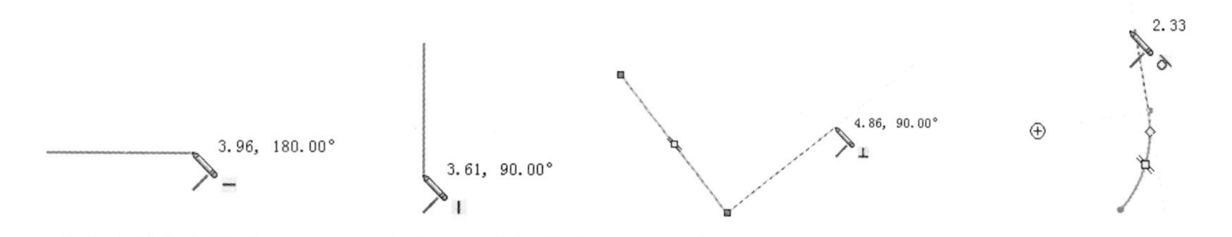

（a）自动水平几何关系　（b）自动竖直几何关系　（c）自动垂直几何关系　（d）自动相切几何关系

图 2-83　常见的自动几何关系类型

2.6.2　手动添加几何关系

当绘制的草图有多种几何关系时，系统无法自行判断，需要设计者手动添加几何关系。手动添加几何关系是设计者根据设计需要和经验添加的最佳几何关系。“添加几何关系”属性管理器如图 2-84 所示。

下面以图 2-85 所示为例，说明手动添加几何关系的操作步骤。图 2-85（a）所示为添加几何关系

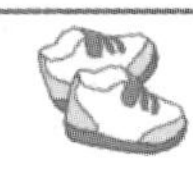

Note

前的图形；图 2-85（b）所示为添加几何关系后的图形。

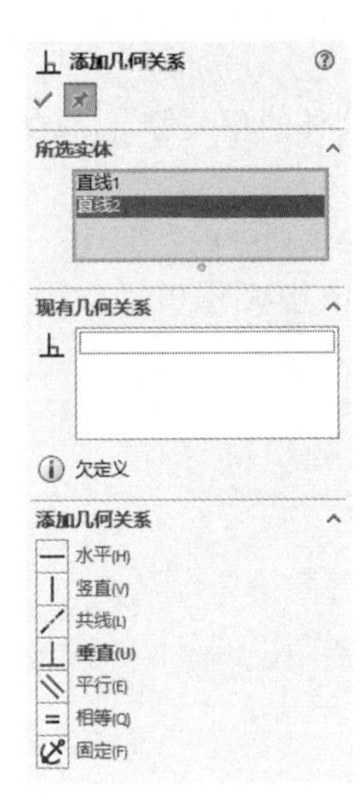

图 2-84 “添加几何关系”属性管理器

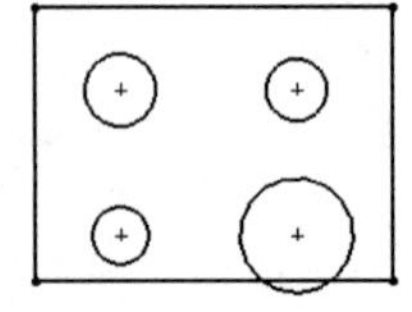

（a）添加几何关系前的图形

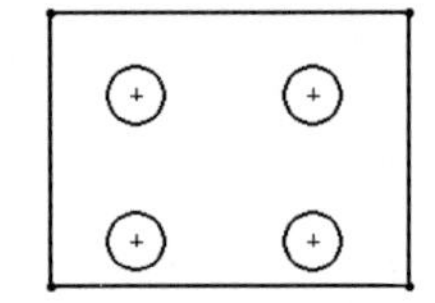

（b）添加几何关系后的图形

图 2-85 添加几何关系前后的图形

【操作步骤】

（1）执行命令。在草图编辑状态下，选择菜单栏中的“工具”→“关系”→“添加”命令，或者单击“草图”面板“显示/删除几何关系”下拉列表中的“添加几何关系”按钮上。

（2）选择添加几何关系的实体。此时系统弹出“添加几何关系”属性管理器，如图 2-84 所示。用鼠标选择如图 2-85（a）中的 4 个圆，此时所选的圆弧出现在“添加几何关系”属性管理器中的“所选实体”一栏中，并且在“添加几何关系”栏中出现所有可能的几何关系。

（3）选择添加的几何关系。用鼠标单击“添加几何关系”一栏中的“相等”按钮＝，将 4 个圆限制为等直径的几何关系。

（4）确认添加的几何关系。单击“添加几何关系”属性管理器中的“确定”按钮✔，几何关系添加完毕，结果如图 2-85（b）所示。

注意：

添加几何关系时，必须有一个实体为草图实体，其他项目实体可以是外草图实体、边线、面、顶点、原点、基准面或基准轴等。

2.6.3 显示几何关系

与其他 CAD/CAM 软件不同的是，SOLIDWORKS 在视图中不直接显示草图实体的几何关系，这样虽然简化了视图的复杂度，但是用户可以很方便地查看实体的几何关系。

SOLIDWORKS 提供了两种显示几何关系的方法：一种为利用实体的属性管理器显示几何关系；另一种为利用“显示/删除几何关系”属性管理器显示几何关系。如有需要可打开本书源文件“2.6.3.SLDPRT”。

1. 利用实体的属性管理器显示几何关系

双击要查看的项目实体，视图中就会出现该项目实体的几何关系图标，并且会在系统弹出的属性管理器的“现有几何关系”一栏中显示现有几何关系。图 2-86（a）所示为显示几何关系前的图形，

图 2-86（b）所示为显示几何关系后的图形。双击图 2-86（a）所示的直线 1 后，“线条属性”属性管理器如图 2-87 所示，在“现有几何关系”一栏中显示直线 1 所有的几何关系。

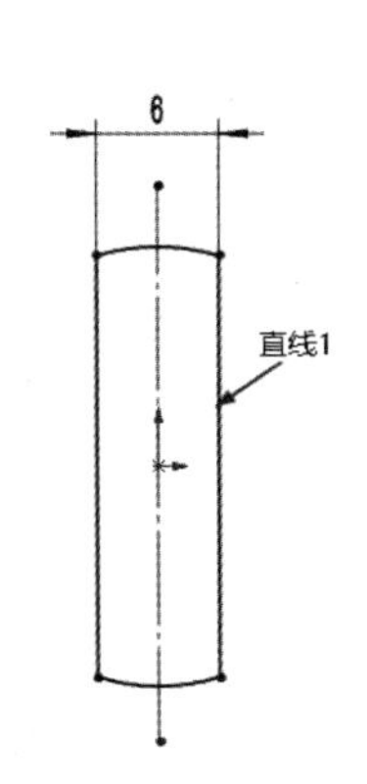

（a）显示几何关系前的图形

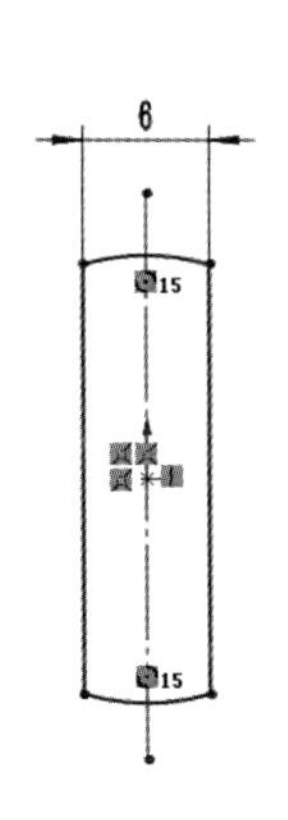

（b）显示几何关系后的图形

图 2-86　显示几何关系前后的图形

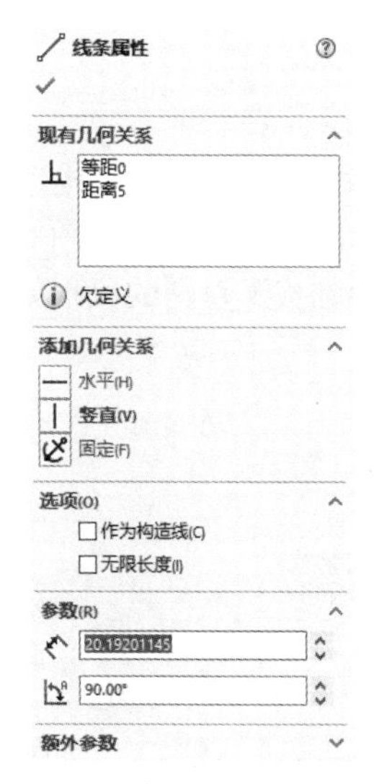

图 2-87　“线条属性”属性管理器

2. 利用“显示/删除几何关系”属性管理器显示几何关系

在草图编辑状态下，选择菜单栏中的“工具”→“关系”→“显示/删除”命令，或者单击“草图”面板上的“显示/删除几何关系”按钮，此时系统弹出“显示/删除几何关系”属性管理器。如果没有选择某一草图实体，则会显示所有草图实体的几何关系；如果执行命令前选择了某一草图实体，则只显示该实体的几何关系。

2.6.4　删除几何关系

如果不需要某一项目实体的几何关系，就删除该几何关系。与显示几何关系相对应，删除几何关系也有两种方法：一种为利用实体的属性管理器删除几何关系；另一种为利用“显示/删除几何关系”属性管理器删除几何关系。

1. 利用实体的属性管理器删除几何关系

双击要查看的项目实体，系统弹出属性管理器，并在“几何关系”一栏中显示了现有几何关系。以图 2-87 所示为例，如果要删除其中的“竖直”几何关系，单击选取“竖直”几何关系，然后按 Delete 键即可删除。

2. 利用“显示/删除几何关系”属性管理器删除几何关系

以图 2-88 所示为例，在“显示/删除几何关系”属性管理器中选取“竖直”几何关系，然后单击“删除”按钮。如果要删除项目实体的所有几何关系，单击“显示/删除几何关系”属性管理器中的“删除所有”按钮即可。

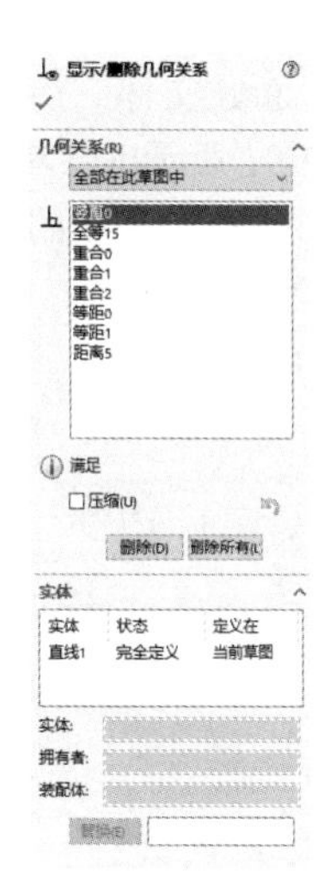

图 2-88　“显示/删除几何关系”属性管理器

2.7 实例——拨叉草图

Note

视频讲解

首先绘制构造线，构建大概轮廓，然后对其进行修剪和倒圆角操作，最后标注图形尺寸，完成草图的绘制。绘制拨叉草图的流程如图 2-90 所示。

绘制拨叉草图的流程如图 2-89 所示。

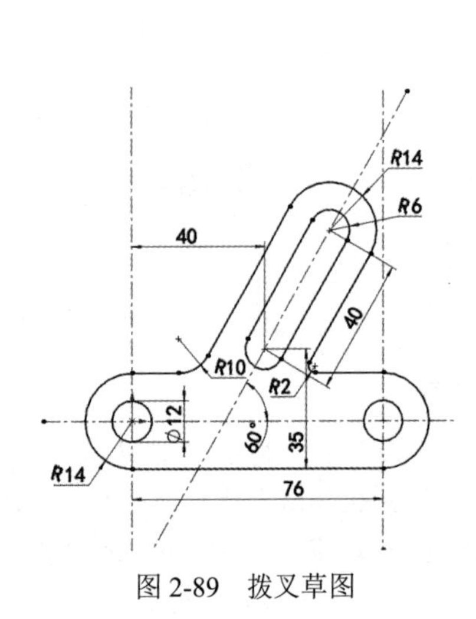

图 2-89 拨叉草图

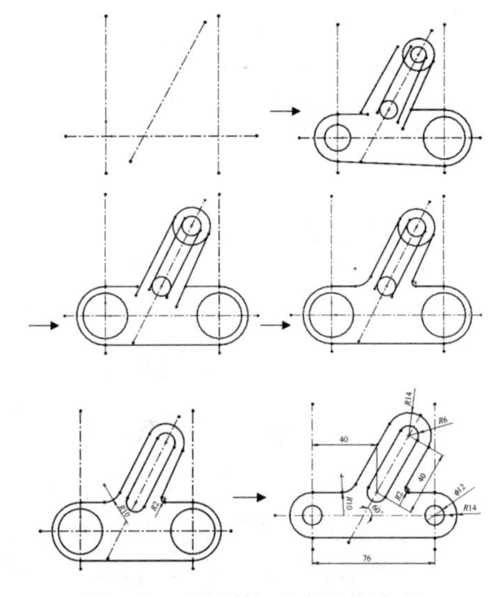

图 2-90 绘制拨叉草图的流程

绘制步骤

01 新建文件。启动 SOLIDWORKS，单击“快速访问”工具栏中的“新建”按钮，在弹出的如图 2-91 所示的“新建 SOLIDWORKS 文件”对话框中，单击“零件”按钮，然后单击“确定”按钮，创建一个新的零件文件。

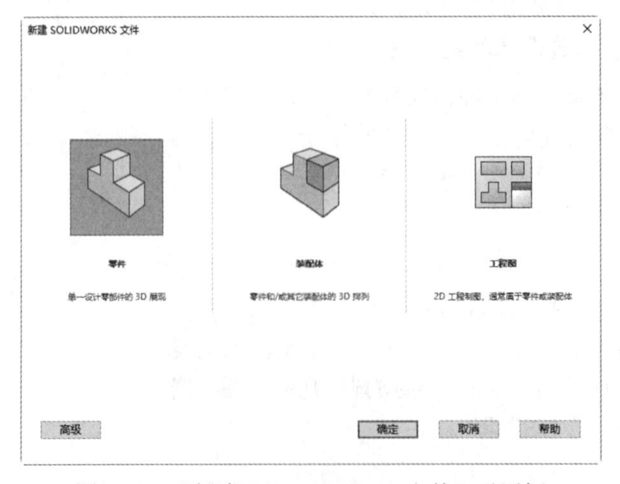

图 2-91 “新建 SOLIDWORKS 文件”对话框

02 创建草图。

① 在 FeatureManager 设计树中选择“前视基准面”作为绘图基准面。单击“草图”面板中的“草图绘制”按钮，进入草图绘制状态。

② 单击“草图”面板中的“中心线”按钮，弹出“插入线条”属性管理器，如图 2-92 所示。单击“确定”按钮✔，绘制的中心线如图 2-93 所示。

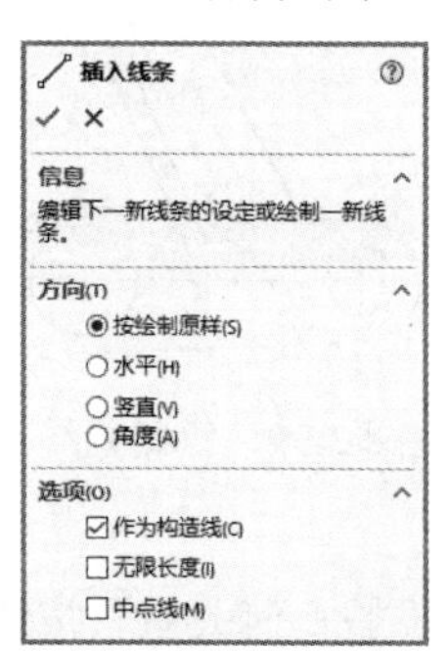

图 2-92　“插入线条”属性管理器

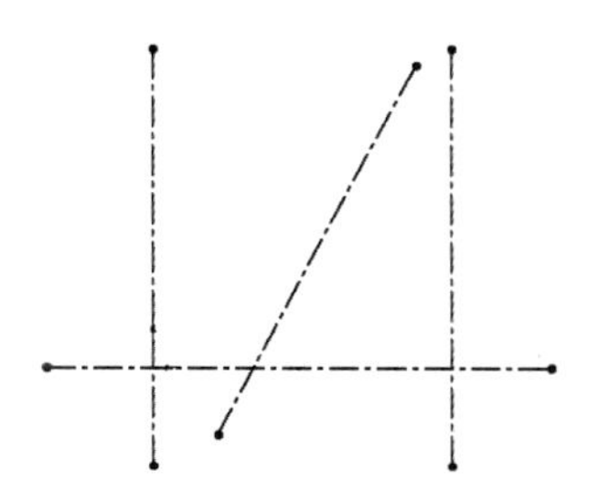

图 2-93　绘制的中心线

③ 单击“草图”面板中的“圆”按钮，弹出如图 2-94 所示的“圆”属性管理器。分别捕捉两竖直直线和水平直线的交点为圆心（此时鼠标变成形状），单击“确定”按钮✔，绘制圆，如图 2-95 所示。

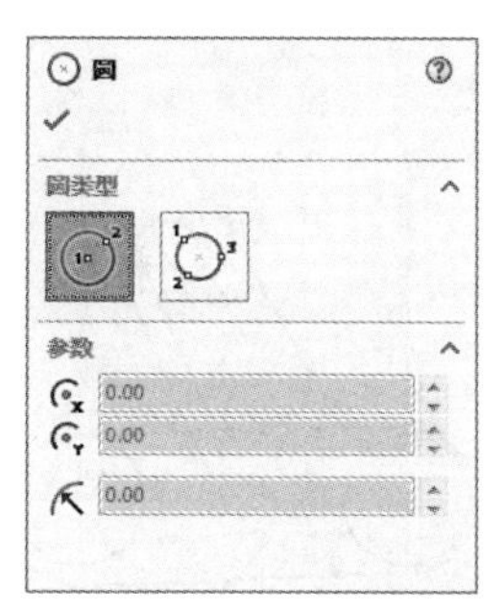

图 2-94　“圆”属性管理器

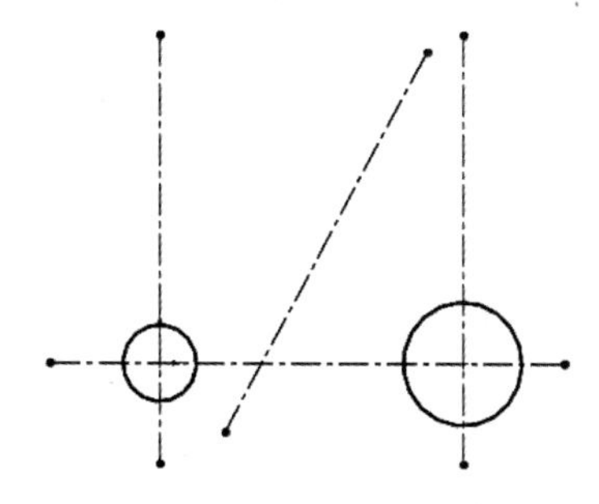

图 2-95　绘制圆

④ 单击“草图”面板中的“圆心/起/终点画弧”按钮，弹出如图 2-96 所示的“圆弧”属性管理器，分别以上一步绘制圆的圆心绘制两圆弧，单击“确定”按钮✔，结果如图 2-97 所示。

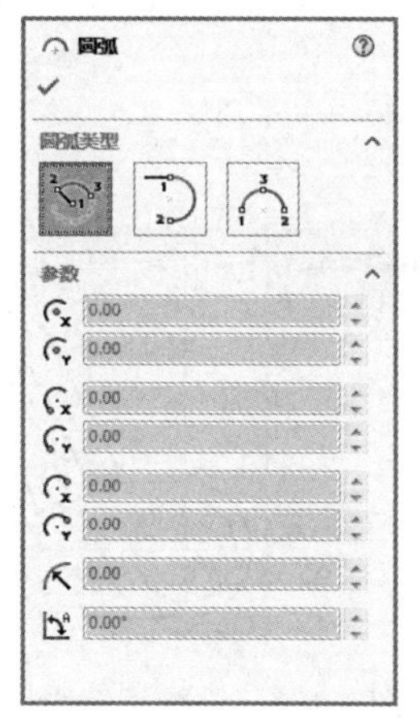

图 2-96　“圆弧”属性管理器

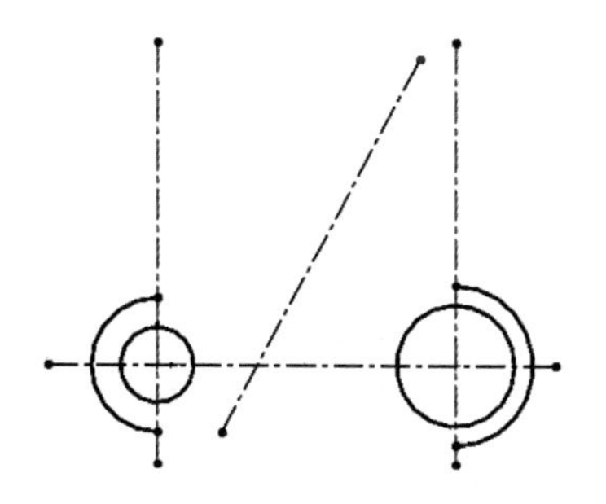

图 2-97　绘制圆弧

⑤ 单击“草图”面板中的“圆”按钮，弹出“圆”属性管理器。分别在斜中心线上绘制 3 个圆，单击“确定”按钮✔，如图 2-98 所示。

⑥ 单击“草图”面板中的“直线”按钮，弹出“插入线条”属性管理器，绘制直线，如图 2-99 所示。

Note

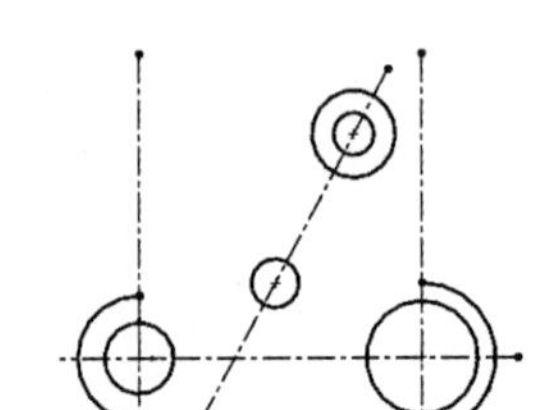

图 2-98　绘制圆

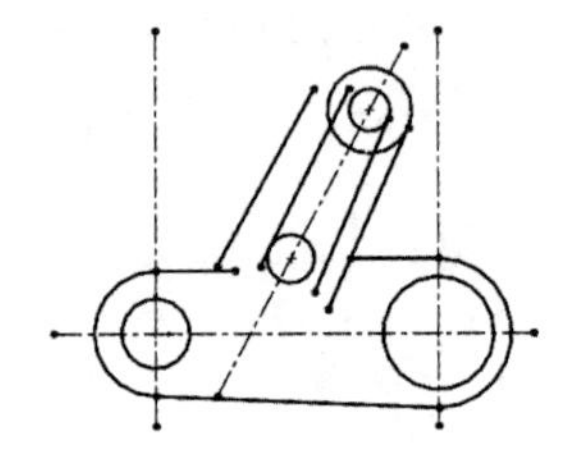

图 2-99　绘制直线

03 添加约束。

① 单击“草图”面板“显示/删除几何关系”下拉列表中的“添加几何关系”按钮，弹出“添加几何关系”属性管理器，如图 2-100 所示。选择图 2-95 中的两个圆，在“添加几何关系”属性管理器中单击“相等”按钮，使两圆相等，如图 2-101 所示。

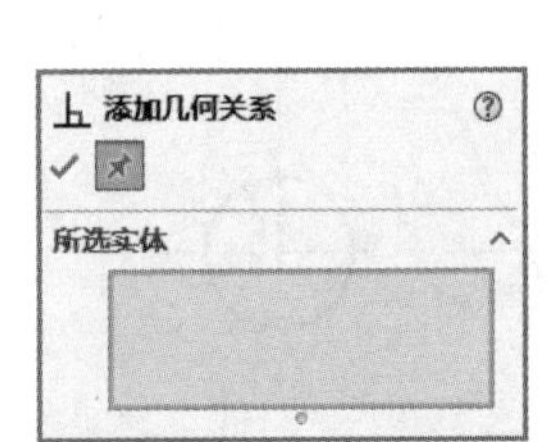

图 2-100　“添加几何关系”属性管理器

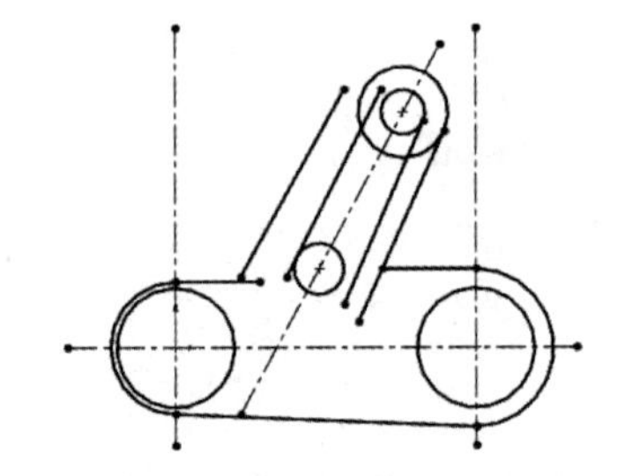

图 2-101　添加相等约束 1

② 步骤同上，分别使两圆弧和两小圆相等，结果如图 2-102 所示。

③ 选择小圆和直线，在“添加几何关系”属性管理器中单击“相切”按钮，使小圆和直线相切，如图 2-103 所示。

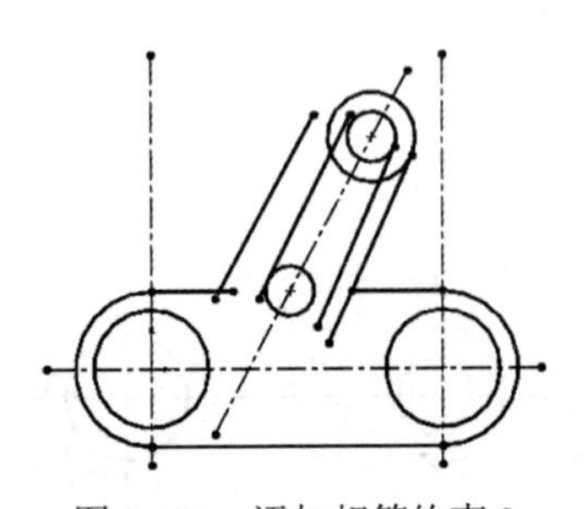

图 2-102　添加相等约束 2

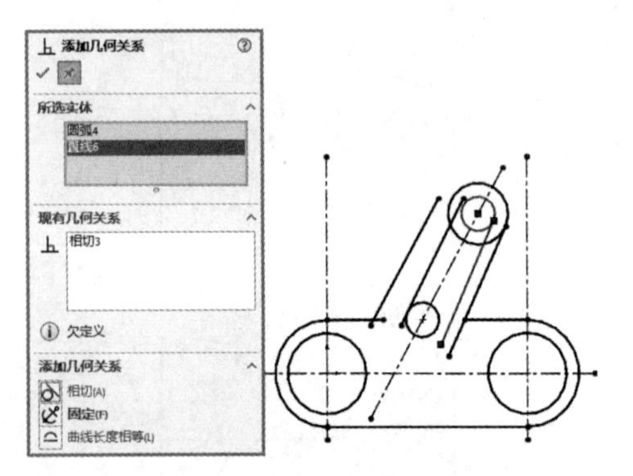

图 2-103　添加相切约束

④ 重复上述步骤，分别使直线和圆相切。

⑤ 选择 4 条斜直线，在“添加几何关系”属性管理器中单击“平行”按钮，结果如图 2-104 所示。

04 编辑草图。

① 单击“草图”面板中的“绘制圆角”按钮，弹出如图 2-105 所示的“绘制圆角”属性管理器，输入圆角半径为 10.00mm，选择视图中左边的两条直线，单击“确定”按钮✔，结果如图 2-106 所示。

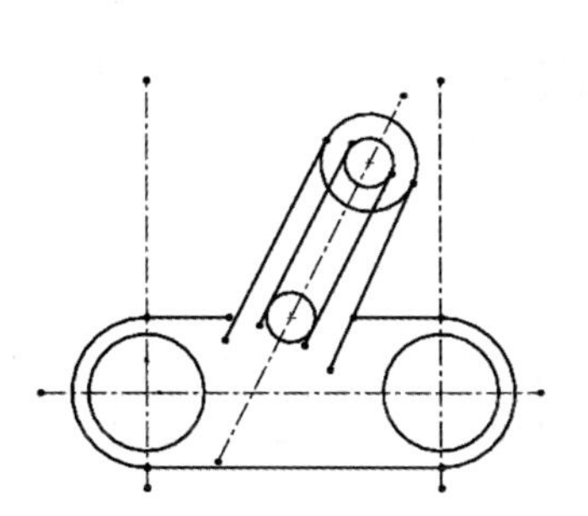

图 2-104　添加平行约束

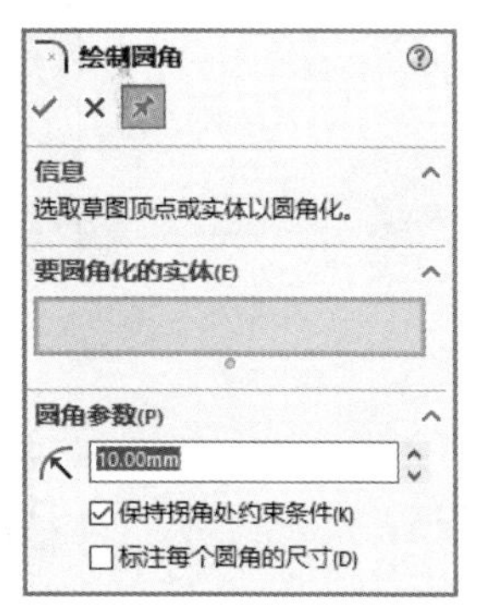

图 2-105　“绘制圆角”属性管理器

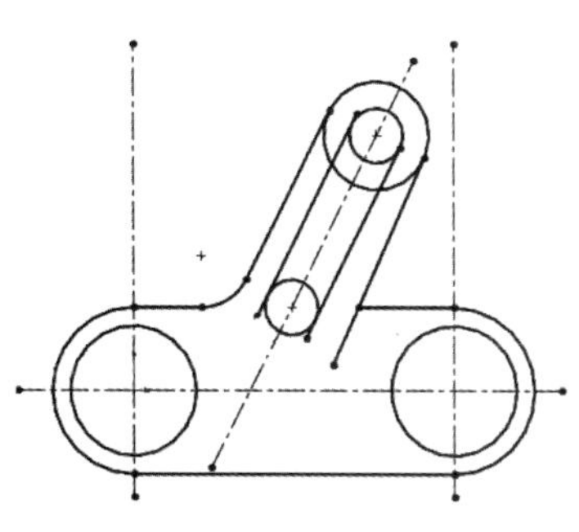

图 2-106　绘制圆角 1

② 重复“绘制圆角”命令，在右侧创建半径为 2.00 mm 的圆角，结果如图 2-107 所示。

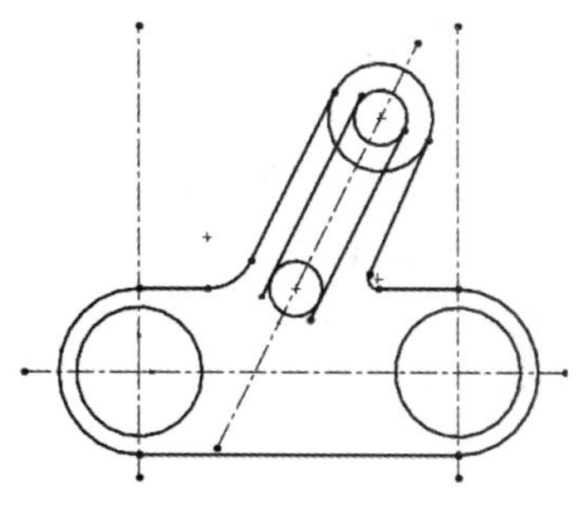

图 2-107　绘制圆角 2

③ 单击“草图”面板中的“剪裁实体”按钮，弹出如图 2-108 所示的“剪裁”属性管理器，选择“剪裁到最近端”选项，剪裁多余的线段，单击“确定”按钮✔，结果如图 2-109 所示。

05 标注尺寸。

单击“草图”面板中的“智能尺寸”按钮，选择两竖直中心线，在弹出的“修改”对话框中修改尺寸为 76.00 mm。同理，标注其他尺寸，结果如图 2-110 所示。

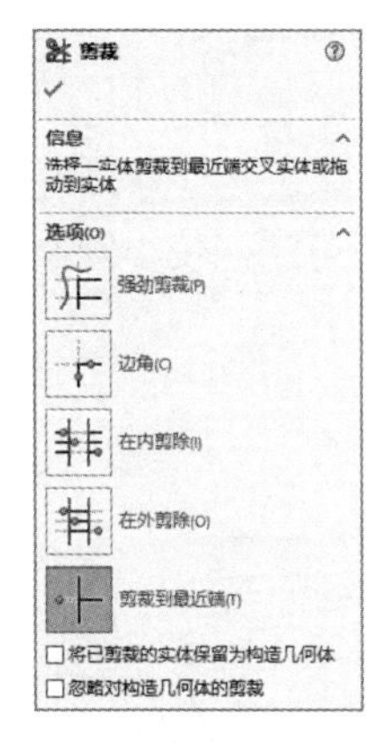

图 2-108　“剪裁”属性管理器

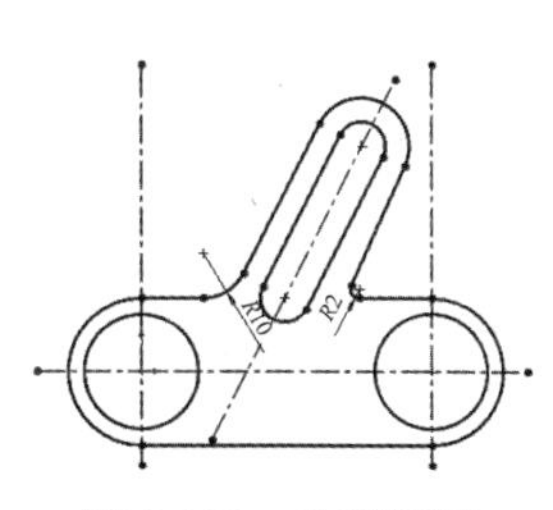

图 2-109　剪裁图形

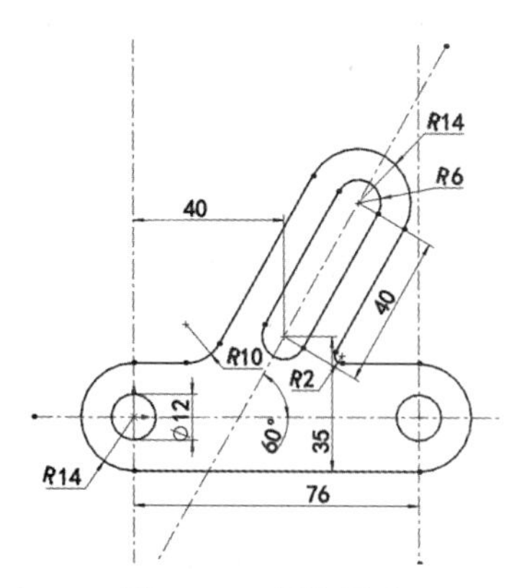

图 2-110　标注尺寸

第3章

基础特征建模

本章导读

本章在介绍造型前首先介绍造型的基础基准特征，没有基准，就不能实现零件的造型，相信读者通过学习和实践，会熟练掌握基准的选择。接着介绍了建立三维图形不可缺少的草图特征的基础，这也是本章的重点部分。其中不仅详细介绍了拉伸和倒角等一些基本特征的创建，而且也介绍了特征编辑以及零件的装配。

内容要点

☑ 基准特征
☑ 草绘特征
☑ 放置特征
☑ 特征编辑
☑ 零件装配

3.1　基 准 特 征

参考几何体主要包括基准面、基准轴、坐标系与点 4 个部分，这里主要介绍基准面、基准轴和坐标系。

3.1.1　基准面

基准面主要应用于零件图和装配图。可以利用基准面绘制草图，生成模型的剖面视图，用于拔模特征中的中性面等。

SOLIDWORKS 提供了前视基准面、上视基准面和右视基准面 3 个默认的、相互垂直的基准面。通常，用户在这 3 个基准面上绘制草图，然后使用特征命令创建实体模型即可绘制需要的图形。但是，对于一些特殊的特征，如创建扫描和放样特征，需要在不同的基准面上绘制草图，才能完成模型的构建，这就需要创建新的基准面。

创建基准面有 6 种方式，分别是：通过直线和点方式、点和平行面方式、两面夹角方式、等距距离方式、垂直于曲线方式与曲面切平面方式。下面详细介绍直线和点方式以及点和平行面方式。

1. 通过直线和点方式

视 频 讲 解

由通过直线和点方式创建的基准面有 3 种：通过边线、轴；通过草图线及点；通过 3 点。

【操作步骤】

（1）执行基准面命令。打开源文件“3.1.SLDPRT”，选择“插入”→“参考几何体”→“基准面”菜单命令，或者单击“特征”面板“参考几何体”下拉列表中的“基准面”按钮，此时系统弹出如图 3-1 所示的“基准面”属性管理器。

（2）设置属性管理器。在第一参考中的“参考实体”一栏用鼠标选择图 3-2 中的边线 1；在第二参考中的“参考实体”一栏用鼠标选择图 3-2 中的边线 2，生成基准面。

（3）确认生成的基准面。单击“基准面”属性管理器中的“确定”按钮✔，结果如图 3-3 所示。

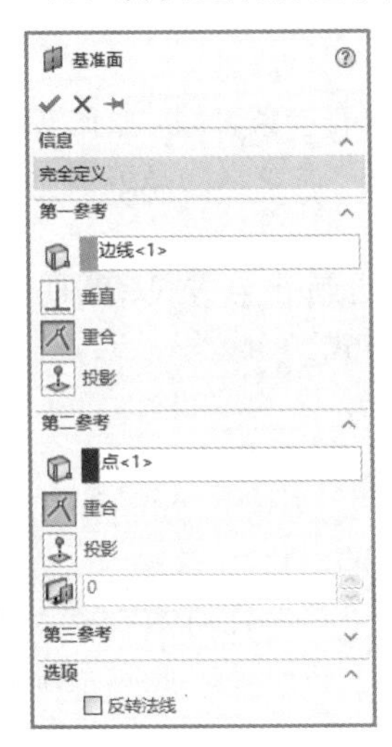

图 3-1　“基准面”属性管理器

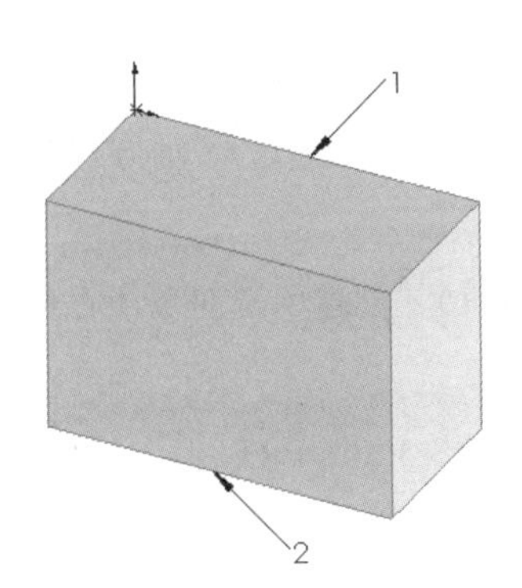

图 3-2　打开的图形

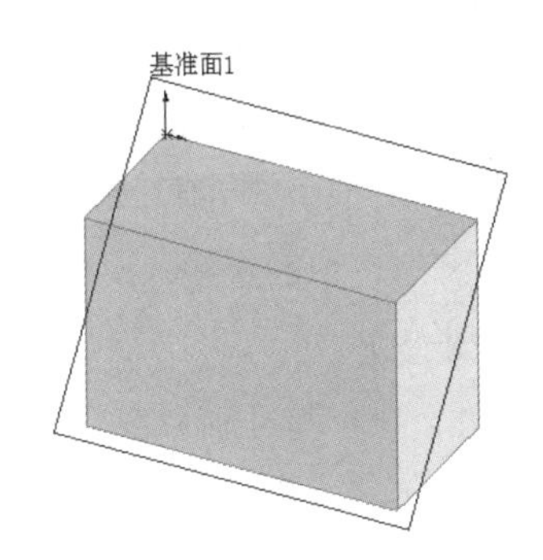

图 3-3　创建基准面的图形

Note

视频讲解

2. 点和平行面方式

点和平行面方式用于创建一个平行于基准面或面的基准面。

【操作步骤】

（1）执行基准面命令。打开源文件“3.2.SLDPRT”。选择“插入”→“参考几何体”→“基准面”菜单命令，或者单击“特征”面板“参考几何体”下拉列表中的“基准面”按钮，此时系统弹出如图 3-4 所示的“基准面”属性管理器。

（2）设置属性管理器。在“第一参考”选项选择边线 1 的中点，在“第二参考”选项选择面 2，如图 3-5 所示。

（3）确认添加的基准面。单击“基准面”属性管理器中的“确定”按钮✔，结果如图 3-6 所示。

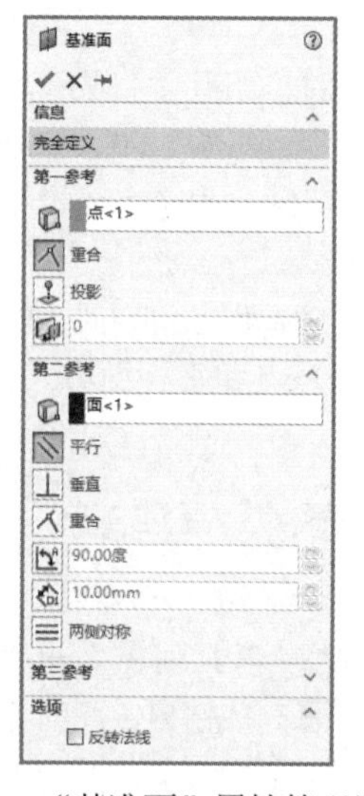

图 3-4 “基准面”属性管理器

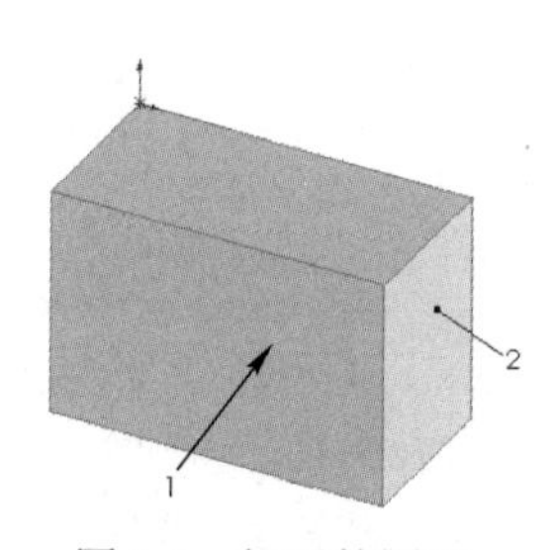

图 3-5 打开的图形

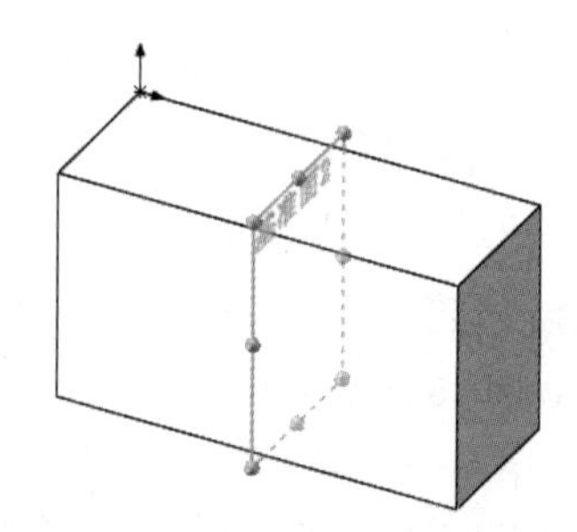

图 3-6 创建基准面的图形

其他几种创建基准面的方式这里不再赘述。

3.1.2 基准轴

基准轴通常在草图几何体或者圆周阵列中使用。每一个圆柱和圆锥面都有一条轴线。临时轴是由模型中的圆锥和圆柱隐含生成的，可以选择菜单栏中的“视图”→“临时轴”命令来隐藏或显示所有临时轴。

创建基准轴有 5 种方式，分别是：一直线/边线/轴方式、两平面方式、两点/顶点方式、圆柱/圆锥面方式与点和面/基准面方式。下面详细介绍一直线/边线/轴方式和两平面方式。

1. 一直线/边线/轴方式

视频讲解

选择草图中的直线、实体的边线或者轴，创建所选对象所在的轴线。

【操作步骤】

（1）执行基准轴命令。打开源文件“3.3.SLDPRT”。选择“插入”→“参考几何体”→“基准轴”菜单命令，或者单击“特征”面板“参考几何体”下拉列表中的“基准轴”按钮，此时系统弹出如图 3-7 所示的“基准轴”属性管理器。

（2）设置属性管理器。单击“一直线/边线/轴”按钮，设置基准轴的创建方式为一直线/边线/

轴方式。在“参考实体”一栏中选择如图 3-8 所示的边线 1。

（3）确认添加的基准轴。单击“基准轴”属性管理器中的“确定”按钮✔，创建边线 1 所在的轴线，结果如图 3-9 所示。

Note

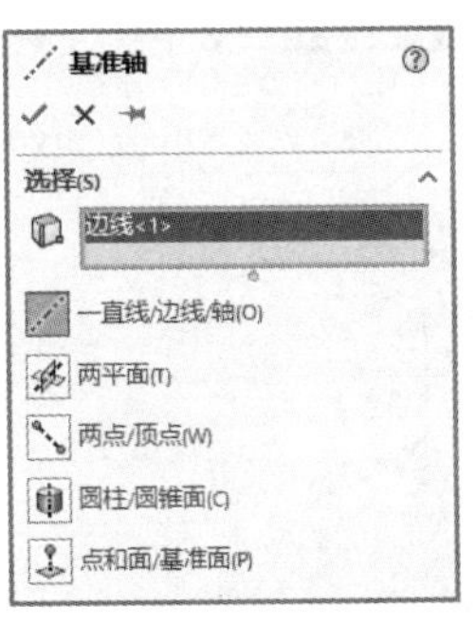

图 3-7　“基准轴”属性管理器

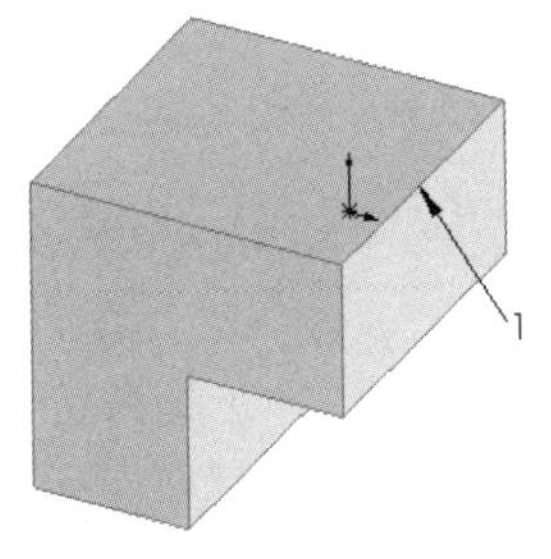

图 3-8　打开的图形

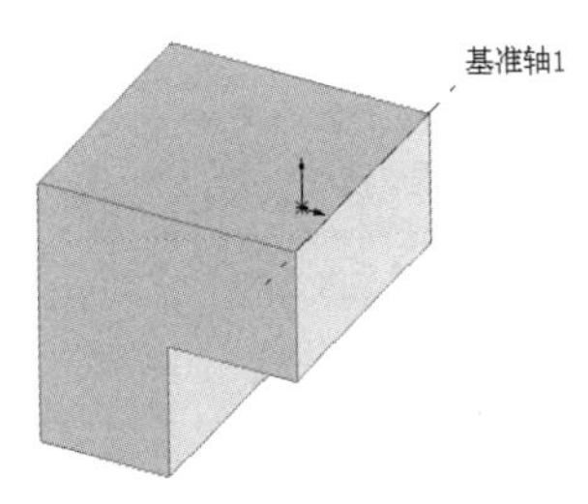

图 3-9　创建基准轴的图形

2. 两平面方式

两平面方式将所选两平面的交线作为基准轴。

视频讲解

【操作步骤】

（1）执行基准轴命令。打开源文件“3.4.SLDPRT”。选择“插入”→“参考几何体”→“基准轴”菜单命令，或者单击“特征”面板“参考几何体”下拉列表中的“基准轴”按钮⁄，此时系统弹出如图 3-10 所示的“基准轴”属性管理器。

（2）设置属性管理器。单击“两平面”按钮，设置基准轴的创建方式为两平面方式。在“参考实体”一栏中选择如图 3-11 所示的面 1 和面 2。

（3）确认添加的基准轴。单击“基准轴”属性管理器中的“确定”按钮✔，以两平面的交线创建一个基准轴，结果如图 3-12 所示。

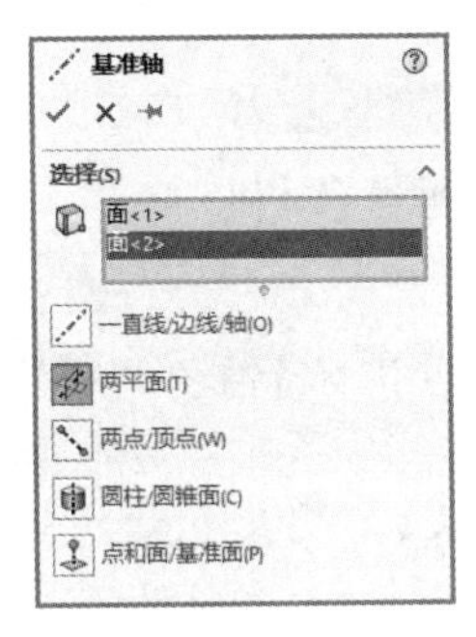

图 3-10　“基准轴”属性管理器

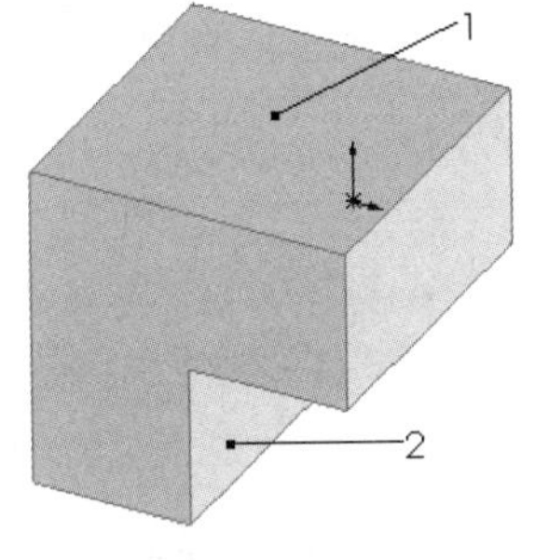

图 3-11　打开的图形

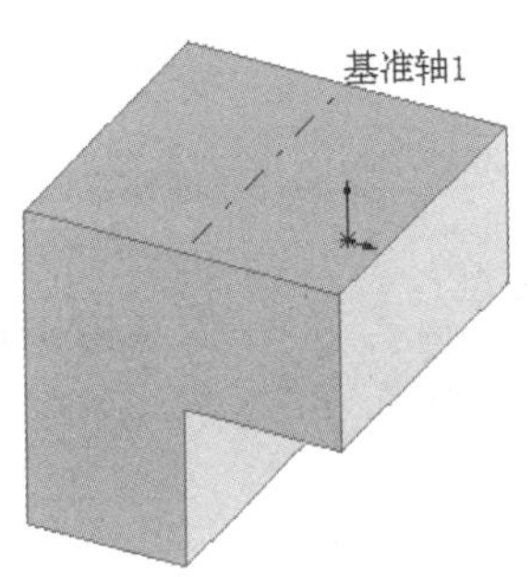

图 3-12　创建基准轴的图形

其他几种创建基准轴的方式这里不再赘述。

3.1.3　坐标系

坐标系主要用来定义零件或装配体的坐标系，此坐标系与测量和质量属性工具一同使用，可用于将 SOLIDWORKS 文件输出至 IGES、STL、ACIS、STEP、Parasolid、VRML 和 VDA 文件。

视频讲解

【操作步骤】

（1）执行坐标系命令。打开源文件“3.5.SLDPRT”。选择“插入”→“参考几何体”→“坐标

系”菜单命令，或者单击“特征”面板“参考几何体”下拉列表中的“坐标系”按钮，此时系统弹出如图 3-13 所示的“坐标系”属性管理器。

（2）设置属性管理器。在“原点”一栏中选择如图 3-14 所示的中点 *A*；在“*X* 轴”一栏中选择如图 3-14 所示的边线 1；在“*Y* 轴”一栏中选择如图 3-14 所示的边线 2；在“*Z* 轴”一栏中选择如图 3-14 所示的边线 3。

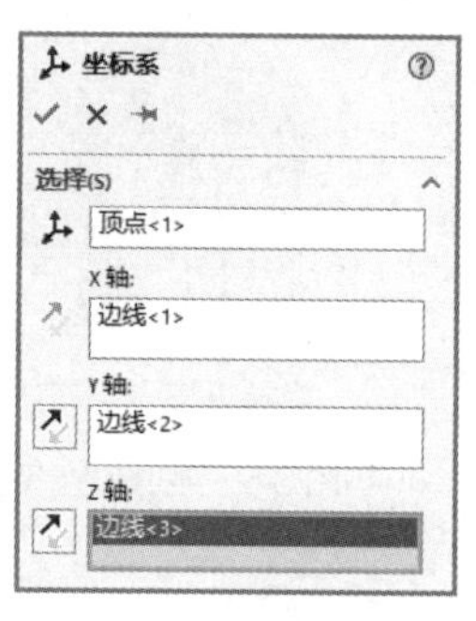

图 3-13 “坐标系”属性管理器

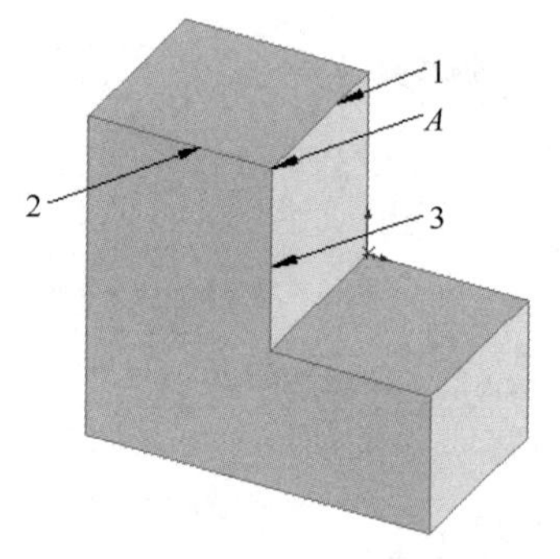

图 3-14 打开的图形

（3）确认添加的坐标系。单击“坐标系”属性管理器中的“确定”按钮，创建一个新的坐标系，结果如图 3-15 所示。此时所创建的坐标系也会出现在 FeatureManager 设计树中，如图 3-16 所示。

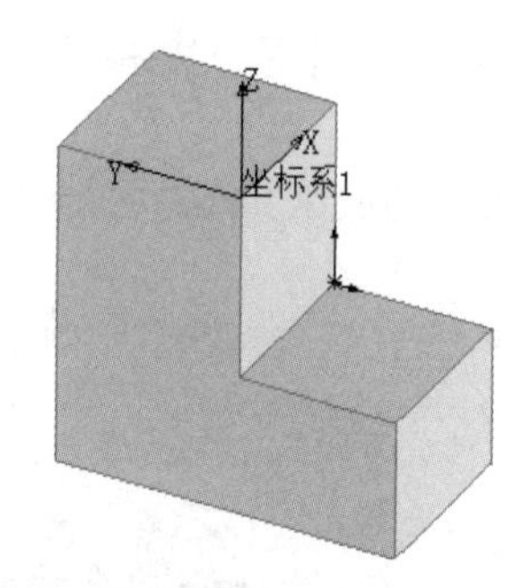

图 3-15 创建坐标系的图形

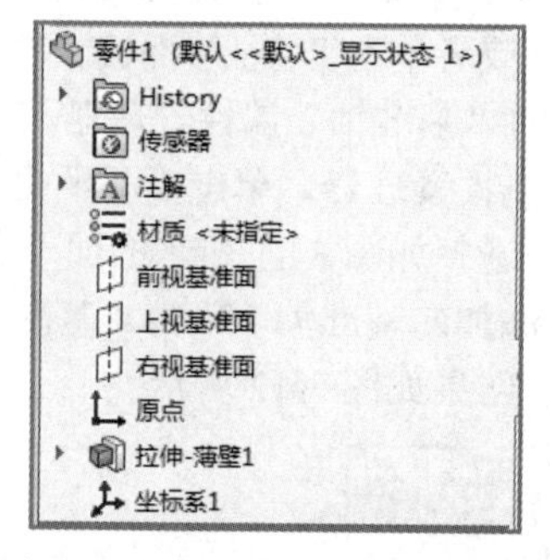

图 3-16 FeatureManager 设计树

注意：

在“坐标系”属性管理器中，每一步设置都可以形成一个新的坐标系，并可以单击方向按钮，调整坐标轴的方向。

3.2 草绘特征

基础特征建模是三维实体最基本的绘制方式，可以构成三维实体的基本造型。基础特征建模相当于二维草图中的基本图元，是最基本的三维实体绘制方式。基础特征建模主要包括拉伸特征、拉伸切除特征、旋转特征、旋转切除特征、扫描特征与放样特征等。

3.2.1 拉伸特征

拉伸特征是 SOLIDWORKS 中最基础的特征之一，也是最常用的特征建模工具。

1. 拉伸凸台/基体特征

拉伸凸台/基体特征是将一个二维平面草图，按照给定的数值沿与平面垂直的方向拉伸一段距离形成的特征。

草图是定义拉伸的基本轮廓，是拉伸特征最基本的要素，通常要求拉伸的草图是一个封闭的二维图形，并且不能有自相交叉的现象。

拉伸方向是指定拉伸特征的方向，有正、反两个方向。

终止条件是指拉伸特征在拉伸方向上的终止位置。

2. 拉伸凸台/基体特征的操作步骤

【操作步骤】

（1）执行命令。打开源文件“3.6.SLDPRT”。在草图编辑状态下选择“插入”→“凸台/基体”→“拉伸”菜单命令，或者单击“特征”面板中的“拉伸凸台/基体”按钮，此时系统出现如图 3-17 所示的“凸台-拉伸”属性管理器。

（2）设置终止条件。在终止条件下拉列表中选择终止条件，如图 3-18 所示。不同的终止条件，拉伸效果不同。SOLIDWORKS 提供了 8 种形式的终止条件：给定深度、完全贯穿、成形到下一面、成形到一顶点、成形到一面、到离指定面指定的距离、成形到实体、两侧对称。

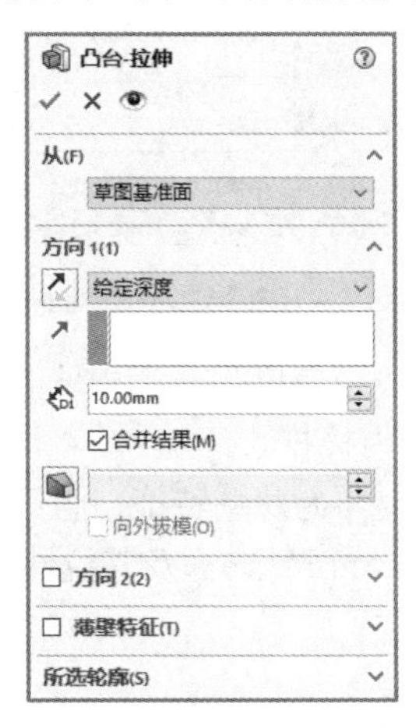

图 3-17　“凸台-拉伸”属性管理器

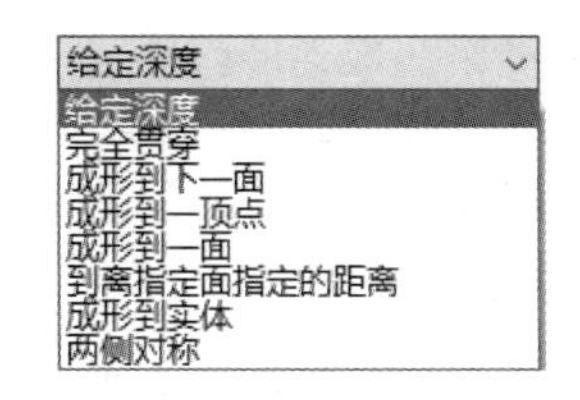

图 3-18　终止条件下拉列表

☑ 给定深度。从草图的基准面以指定的距离拉伸特征，也可以拖动箭头调整拉伸距离，如图 3-19 所示。

☑ 完全贯穿。从草图的基准面拉伸特征，直到贯穿视图中所有现有的几何体，如图 3-20 所示。

☑ 成形到下一面。从草图的基准面拉伸特征到相邻的下一面，以生成特征。下一面必须在同一零件上，该面既可以是平面，也可以是曲面，如图 3-21 所示。

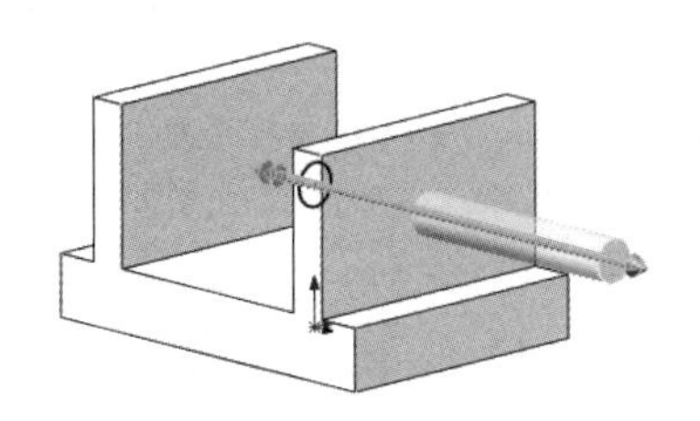

图 3-19　给定深度

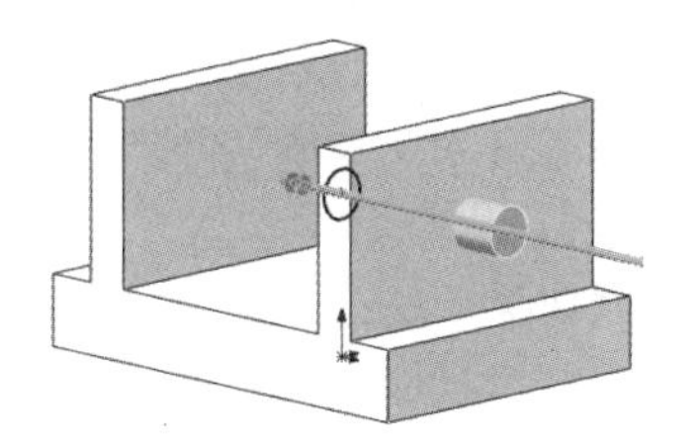

图 3-20　完全贯穿

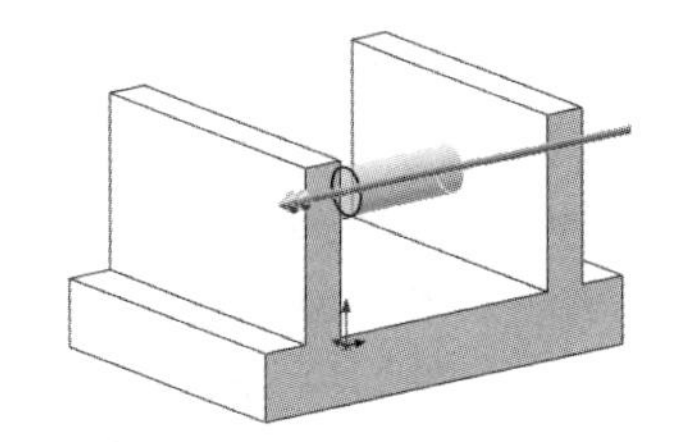

图 3-21　成形到下一面

Note

☑ 成形到一顶点。从草图基准面拉伸特征到一个平面，这个平面平行于草图基准面且穿越指定的顶点，如图 3-22 所示。

☑ 成形到一面。从草图的基准面拉伸特征到所选的面，以生成特征，该面既可以是平面，也可以是曲面，如图 3-23 所示。

☑ 到离指定面指定的距离。从草图的基准面拉伸特征到距离某面特定距离处，以生成特征，该面既可以是平面，也可以是曲面，如图 3-24 所示。

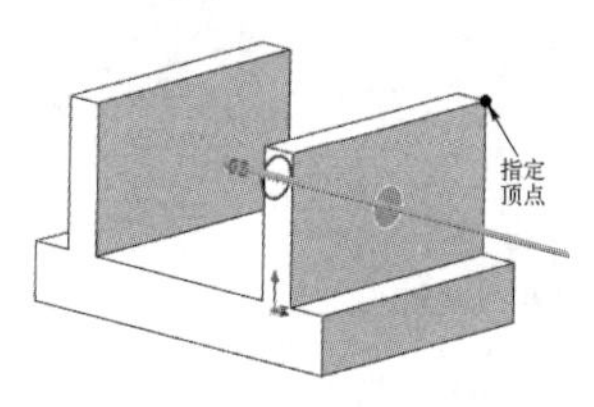

图 3-22　成形到一顶点

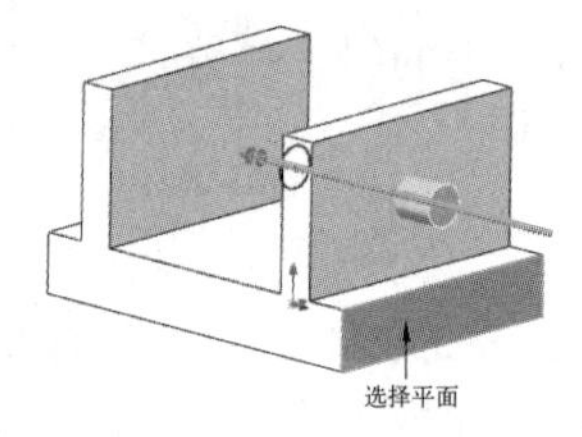

图 3-23　成形到一面

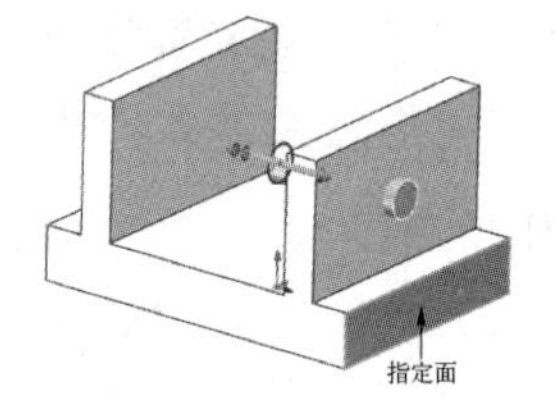

图 3-24　到离指定面指定的距离

☑ 成形到实体。从草图的基准面拉伸特征到指定的实体，如图 3-25 所示。

☑ 两侧对称。从草图的基准面向两个方向对称拉伸指定的距离，如图 3-26 所示。

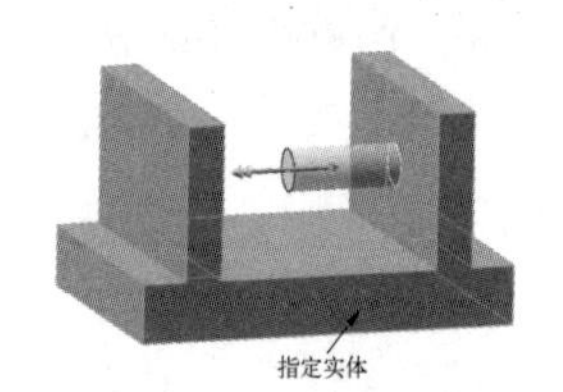

图 3-25　成形到实体

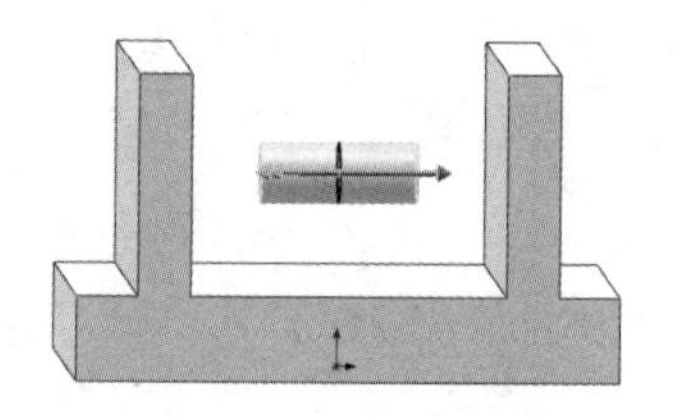
图 3-26　两侧对称

（3）设置拔模拉伸。单击“拔模开关”按钮，在“拔模角度”一栏中输入需要的拔模角度。还可以利用“向外拔模”复选框，选择是向外拔模，还是向内拔模。

（4）薄壁特征拉伸。选中“薄壁特征”复选框，可以拉伸为薄壁特征，否则拉伸为实体特征。薄壁特征基体通常用作钣金零件的基础。图 3-27 所示为薄壁特征复选框及其拉伸图形。

3. 拉伸切除特征

视频讲解

拉伸切除特征是 SOLIDWORKS 中最基础的特征之一，也是最常用的特征建模工具。拉伸切除是在给定的基体上按照设计需要进行拉伸切除。

图 3-28 所示为“切除-拉伸”属性管理器。从中可以看出，其参数与“凸台-拉伸”属性管理器中的参数基本相同，只是增加了“反侧切除”复选框，该选项是指移除轮廓外的所有实体。

【操作步骤】

（1）执行命令。打开源文件“3.7.SLDPRT”。在草图编辑状态下选择“插入”→“切除”→“拉伸”菜单命令，或者单击“特征”面板中的“拉伸切除”按钮，此时系统出现“切除-拉伸”属性管理器，如图 3-28 所示。

（2）设置属性管理器。按照设计需要对“切除-拉伸”属性管理器进行参数设置，然后单击“切除-拉伸”属性管理器中的“确定”按钮✔。

下面以图 3-29 为例，说明“反侧切除”复选框拉伸切除的特征效果。图 3-29（a）所示为绘制的草图轮廓；图 3-29（b）所示为没有选择“反侧切除”复选框的拉伸切除特征；图 3-29（c）所示为选择“反侧切除”复选框的拉伸切除特征。

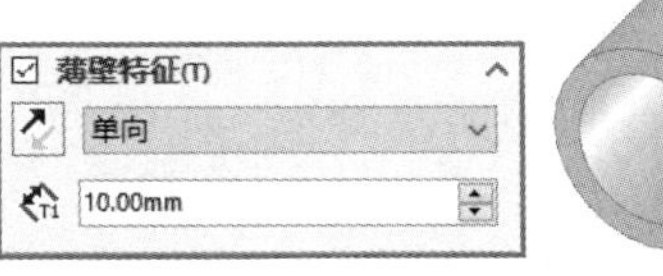

图 3-27　薄壁特征复选框及其拉伸图形

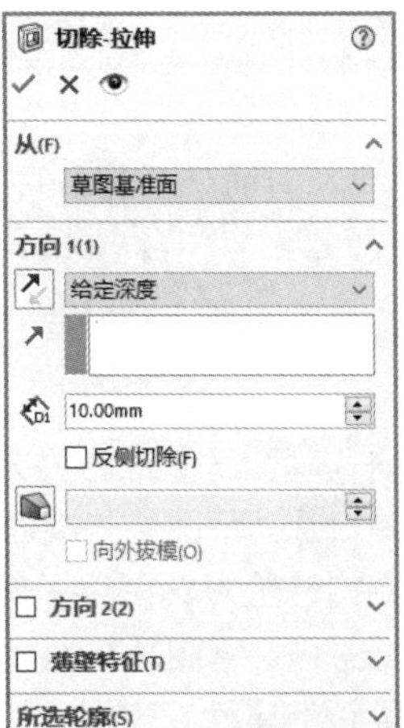

图 3-28　“切除-拉伸”属性管理器

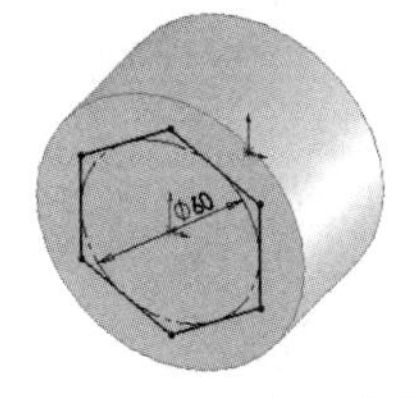

（a）绘制的草图轮廓

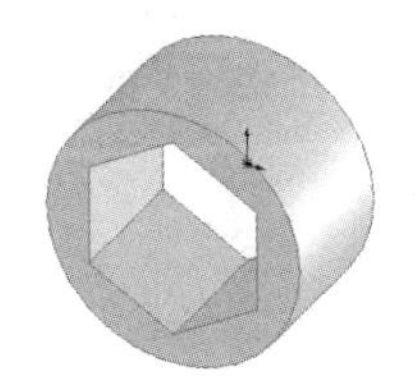

（b）没有选择“反侧切除”复选框的拉伸切除特征

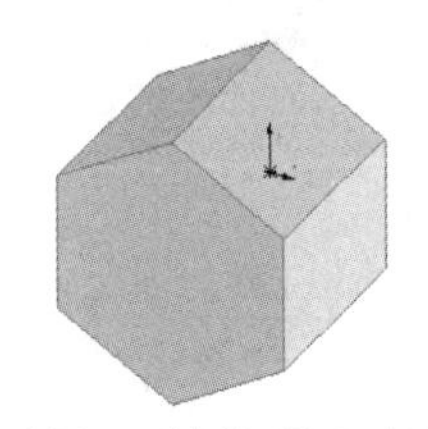

（c）选择“反侧切除”复选框的拉伸切除特征

图 3-29　“反侧切除”复选框的拉伸切除特征

3.2.2　旋转特征

1. 旋转凸台/基体特征

旋转特征命令通过绕中心线旋转一个或多个轮廓来生成特征。旋转轴和旋转轮廓必须位于同一个草图中，旋转轴一般为中心线，旋转轮廓必须是一个封闭的草图，不能穿过旋转轴，但是可以与旋转轴接触。

2. 旋转凸台/基体特征的操作步骤

视频讲解

【操作步骤】

（1）绘制旋转轴和旋转轮廓。在草图绘制状态下绘制旋转轴和旋转轮廓草图。

（2）执行命令。选择“插入”→“凸台/基体”→“旋转”菜单命令，或者单击“特征”面板中的“旋转凸台/基体”按钮，此时系统出现“旋转”属性管理器。

（3）设置旋转类型。在旋转类型下拉列表中选择旋转类型。选择如下不同的旋转类型，草图的旋转效果也不同。

☑　给定深度：草图向一个方向旋转指定的角度。

☑　成形到一顶点：从草图基准面生成旋转到所指定的顶点。

☑　成形到一面：从草图基准面生成旋转到在面/基准面中所指定的曲面。

☑　到离指定面指定的距离：从草图基准面生成旋转到在面/基准面中所指定曲面的指定等距。

☑　两侧对称：草图以所在平面为中面分别向两个方向旋转相同的角度。

Note

注意：

（1）实体旋转轮廓可以是一个或多个交叉或非交叉草图。

（2）薄壁或曲面旋转特征的草图轮廓可包含多个开环的或闭环的相交轮廓。

（3）在旋转中心线内为旋转特征标注尺寸时，将生成旋转特征的半径尺寸。如果在旋转中心线外为旋转特征标注尺寸，则将生成旋转特征的直径尺寸。

（4）薄壁特征旋转。选中“薄壁特征”复选框，可以旋转为薄壁特征，否则旋转为实体特征。

☑ 单向。草图从基准面沿方向 1 或方向 2 生成旋转特征，如图 3-30 所示。

☑ 两侧对称。草图从基准面以顺时针和逆时针两个方向生成旋转特征，两个方向的旋转角度相同，旋转轮廓草图位于旋转角度的中央，如图 3-31 所示。

☑ 两个方向。草图从基准面以顺时针和逆时针两个方向生成旋转特征，两个方向旋转角度为在“旋转”属性管理器中添加阶梯的值，如图 3-32 所示。

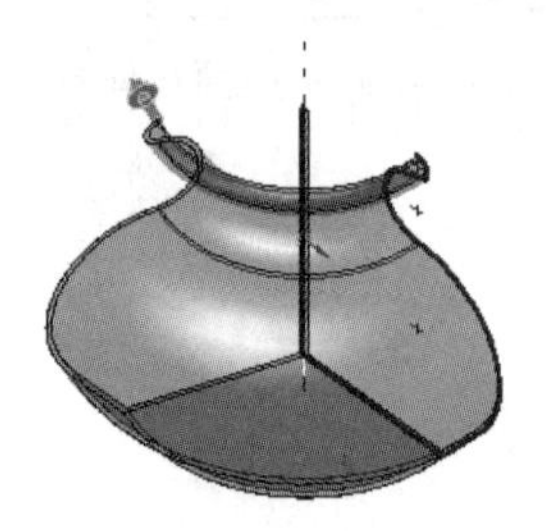

图 3-30　单向

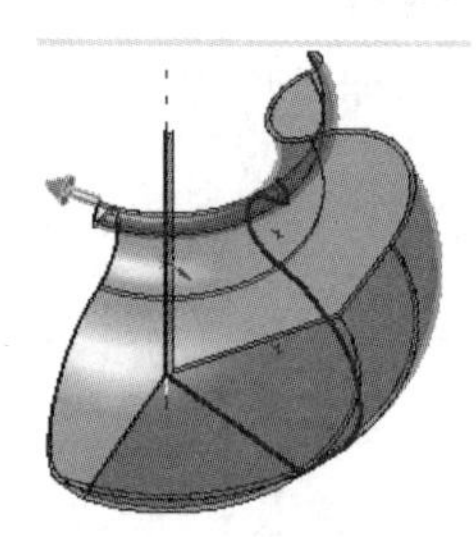

图 3-31　两侧对称

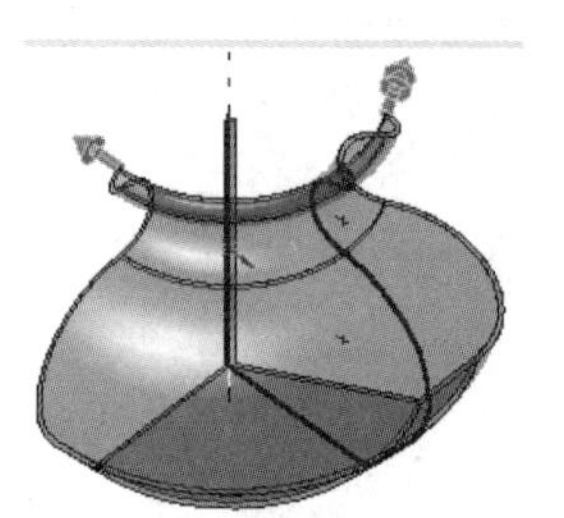

图 3-32　双向

图 3-33 所示为“薄壁特征”复选框及其旋转特征图形。

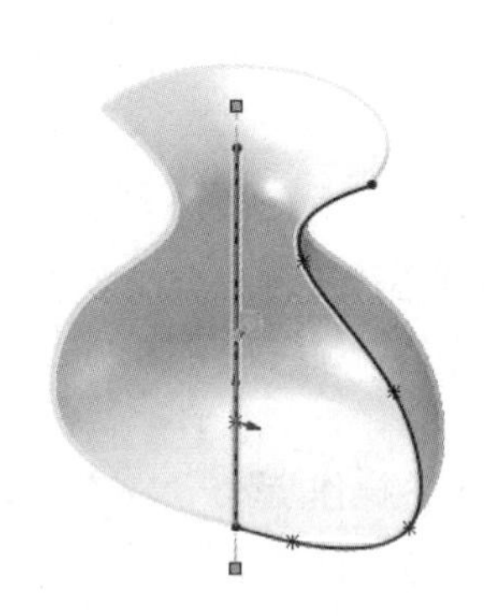

图 3-33　“薄壁特征”复选框及其旋转特征图形

注意：

在旋转特征时，旋转轴一般为中心线，但也可以是直线或一条边线。如果图中含有两条以上的中心线或者旋转轴为其他类型的线，则必须指定旋转轴。

（5）确认旋转图形。单击“旋转”属性管理器中的“确定”按钮✓，实体旋转完毕。

视频讲解

3. 旋转切除特征

旋转切除特征是在给定的基体上按照设计需要进行旋转切除。旋转切除与旋转特征的基本要素、参数类型和参数含义完全相同，这里不再赘述，请参考旋转特征的相应介绍。

【操作步骤】

（1）设置基准面。在 FeatureManager 设计树中选择“前视基准面”作为绘制图形的基准面。

（2）绘制草图。选择“工具”→“草图绘制实体”→“圆”菜单命令，或者单击“草图”面板中的“圆”按钮，以原点为圆心绘制一个直径为 60.00 mm 的圆。

（3）拉伸图形。选择“插入”→“凸台/基体”→“拉伸”菜单命令，或者单击“特征”面板中的“拉伸凸台/基体”按钮，将上一步绘制的草图拉伸为 60.00mm 深度的圆柱体，结果如图 3-34 所示。

（4）设置基准面。在 FeatureManager 设计树中选择“上视基准面”作为绘制图形的基准面。

（5）绘制草图。单击“草图”面板中的“直线”按钮和“中心线”按钮，绘制草图并标注尺寸。标注的草图如图 3-35 所示。

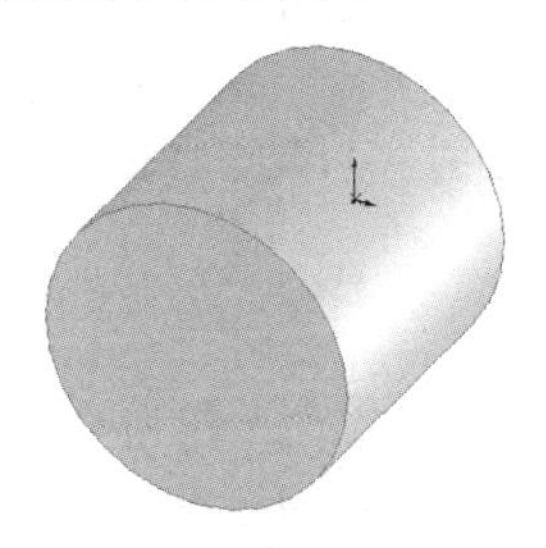

图 3-34　拉伸的图形

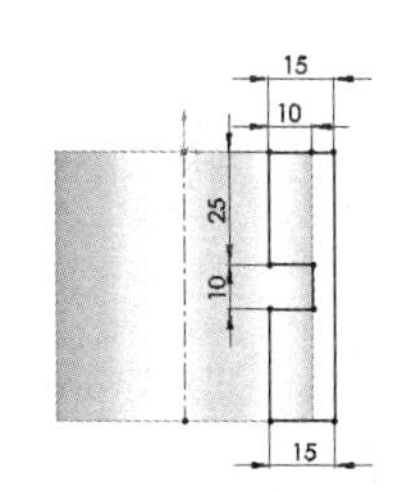

图 3-35　标注的草图

（6）执行旋转切除命令。选择“插入”→“切除”→“旋转”菜单命令，或者单击“特征”面板中的“旋转切除”按钮。

（7）设置属性管理器。此时系统弹出“切除-旋转”属性管理器，按照图 3-36 所示进行设置。

（8）确认旋转切除特征。单击“切除-旋转”属性管理器中的“确定”按钮，实例图形如图 3-37 所示。

图 3-36　“切除-旋转”属性管理器

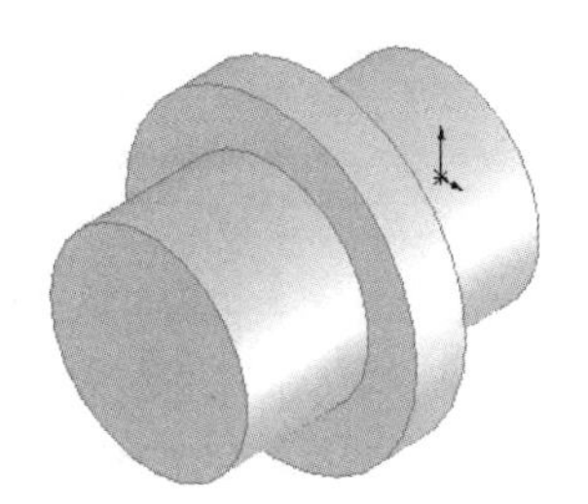

图 3-37　实例图形

注意：

使用旋转特征和旋转切除特征命令绘制的草图轮廓必须是封闭的。如果草图轮廓不是封闭图形，系统会出现如图 3-38 所示的系统提示框，提示是否将草图封闭。若单击“是”按钮，可将草图封闭，生成实体特征；若单击“否”按钮，则不封闭草图，生成薄壁特征。

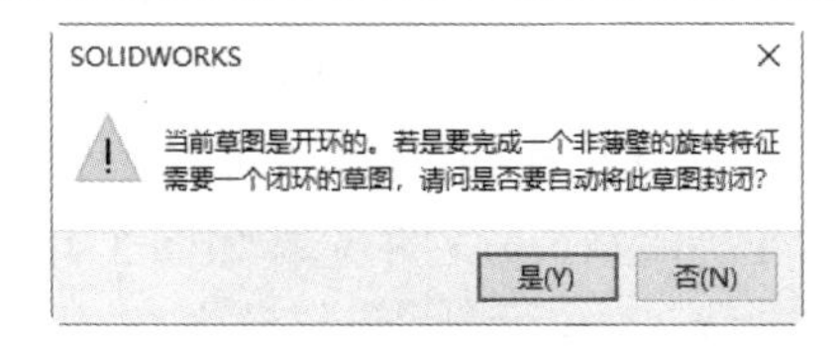

图 3-38　系统提示框

3.2.3 扫描特征

视频讲解

扫描特征是指通过沿着一条路径移动轮廓或者截面来生成基体、凸台与曲面。扫描特征遵循以下规则：

（1）对于基体或者凸台扫描特征，扫描轮廓必须是闭环的；对于曲面，扫描轮廓可以是闭环的，也可以是开环的。

（2）路径可以为开环或闭环。

（3）路径可以是一张草图、一条曲线或者一组模型边线中包含的一组草图曲线。

（4）路径的起点必须位于轮廓的基准面上。

扫描特征包括 3 个基本参数，分别是扫描轮廓、扫描路径与引导线。其中，扫描轮廓与扫描路径是必需的参数。

扫描方式通常有不带引导线的扫描方式、带引导线的扫描方式与薄壁特征的扫描方式。下面介绍带引导线扫描的操作步骤。

【操作步骤】

（1）设置基准面。在 FeatureManager 设计树中选择“前视基准面”作为绘制图形的基准面。

（2）绘制路径草图。单击“草图”面板中的“直线”按钮，以原点为起点绘制一条长度为 90.00mm 的竖直中心线，如图 3-39 所示，然后退出草图绘制状态。

（3）设置基准面。在 FeatureManager 设计树中选择“前视基准面”作为绘制图形的基准面。

（4）绘制引导线草图。单击“草图”面板中的“样条曲线”按钮，绘制如图 3-40 所示的图形并标注尺寸，然后退出草图绘制状态。

（5）设置基准面。在 FeatureManager 设计树中选择“上视基准面”作为绘制图形的基准面。

（6）绘制轮廓草图。单击“草图”面板中的“圆”按钮，以原点为圆心绘制一个直径为 40.00mm 的圆，添加截面轮廓与引导线端点的重合几何关系，如图 3-41 所示，然后退出草图绘制状态。

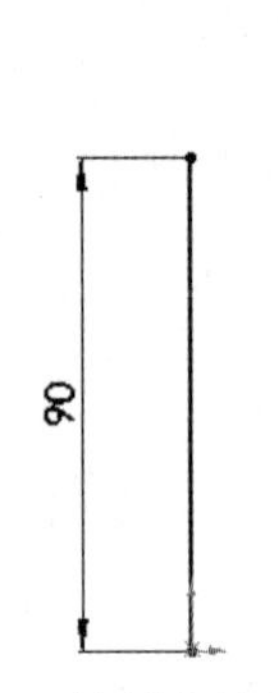

图 3-39　绘制路径草图

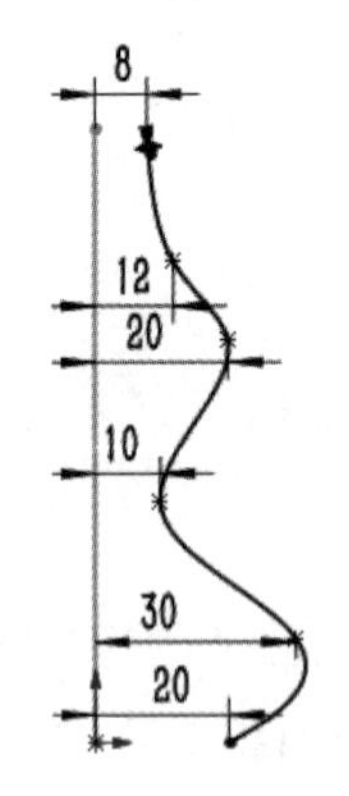

图 3-40　绘制引导线草图

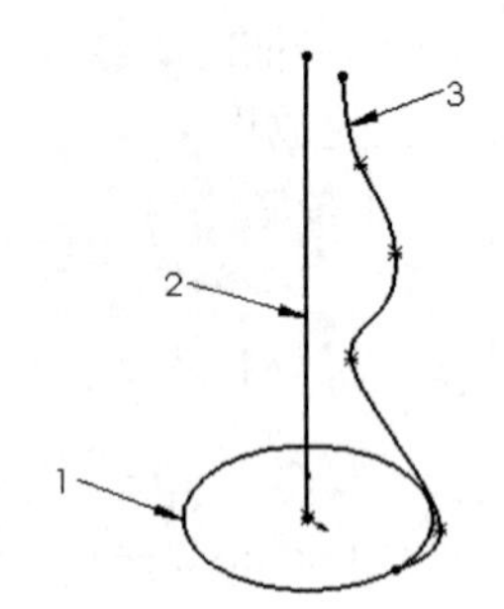

图 3-41　绘制轮廓草图

（7）执行扫描命令。选择“插入”→“凸台/基体”→“扫描”菜单命令，或者单击“特征”面板中的“扫描”按钮，执行扫描命令。

（8）设置属性管理器。此时系统弹出如图 3-42 所示的“扫描”属性管理器。在“轮廓”一栏中选择如图 3-41 所示的圆 1；在“路径”一栏中选择如图 3-41 所示的直线 2；在“引导线”一栏中选择如图 3-41 所示中的样条曲线 3，按照图示进行设置。

（9）确认扫描特征。单击“扫描”属性管理器中的“确定”按钮✔，扫描特征完毕，结果如图 3-43 所示。

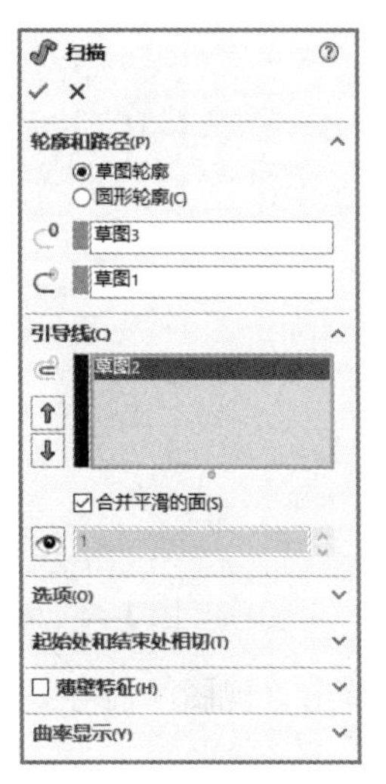

图 3-42　“扫描”属性管理器

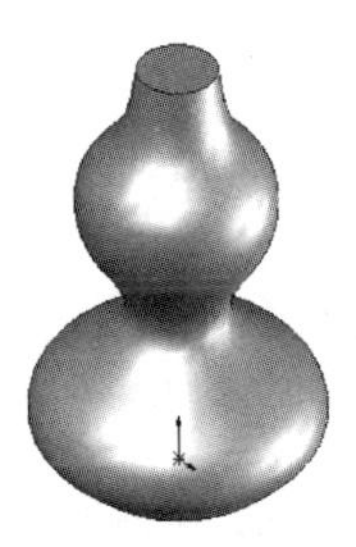

图 3-43　葫芦

3.2.4　放样特征

放样特征是通过两个或者多个轮廓按一定顺序过渡生成实体特征。放样可以是基体、凸台、切除或曲面。

在生成放样特征时，可以使用两个或多个轮廓生成放样，仅第一个或最后一个轮廓可以是点，也可以这两个轮廓均为点。对于实体放样，第一个和最后一个轮廓必须是由分割线生成的模型面或面，或者是平面轮廓或曲面。

放样特征与扫描特征不同的是，放样特征不需要有路径，就可以生成实体。

放样特征遵循以下规则。

（1）创建放样特征至少需要两个以上的轮廓。放样时，对应的点不同，产生的效果也不同。如果要创建实体特征，轮廓必须是闭合的。

（2）创建放样特征时，引导线可有可无。需要引导线时，引导线必须与轮廓接触。加入引导线的目的是为了控制轮廓根据引导线的变化，有效地控制模型的外形。

放样特征包括两个基本参数，分别是轮廓与引导线。下面介绍引导线放样方式。

【操作步骤】

（1）设置基准面。在 FeatureManager 设计树中选择“上视基准面”作为绘制图形的基准面。

（2）绘制草图。单击“草图”面板中的“圆”按钮⊙，以原点为圆心绘制一个直径为 30.00mm 的圆，如图 3-44 所示，然后退出草图绘制状态。

（3）设置视图方向。单击“视图（前导）”工具栏中的“等轴测”按钮，将视图以等轴测方向显示。

（4）添加基准面。在 FeatureManager 设计树中选择“右视基准面”，然后单击“特征”面板“参考几何体”下拉列表中的“基准面”按钮，此时系统弹出“基准面”属性管理器，如图 3-45 所示。在“偏移距离”一栏中输入 60.00mm，单击“基准面”属性管理器中的“确定”按钮✔，添加一个新的基准面，如图 3-46 所示。

Note

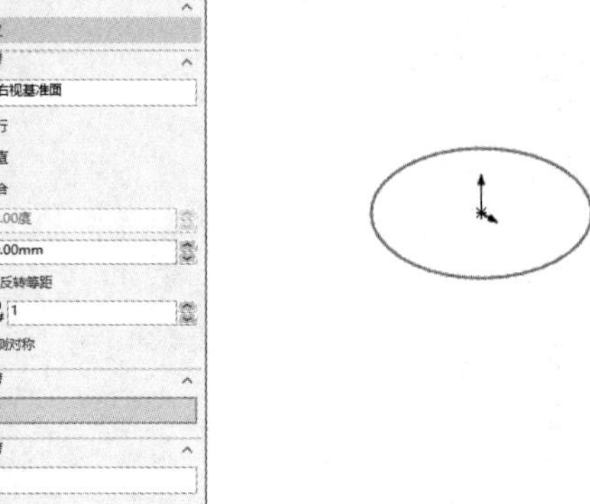

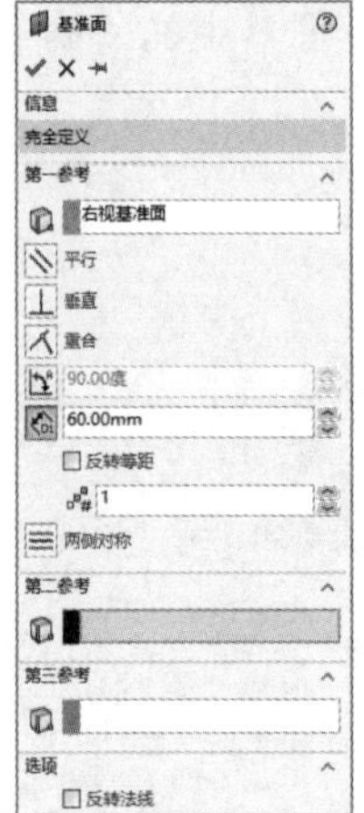

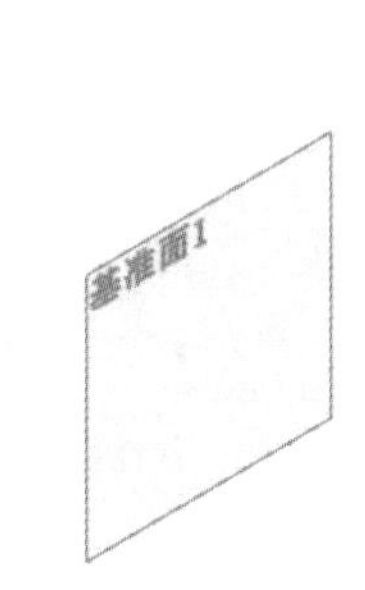

图 3-44　绘制的草图　　图 3-45　“基准面”属性管理器　　图 3-46　添加的基准面

（5）设置基准面。单击上一步添加的基准面，然后单击“视图（前导）”工具栏中的“正视于”按钮，将该基准面作为绘制图形的基准面。

（6）绘制草图。单击“草图”面板中的“圆”按钮，在原点的正上方绘制一个直径为 30.00mm 的圆，并标注尺寸，如图 3-47 所示，然后退出草图绘制状态。

（7）设置基准面。在 FeatureManager 设计树中选择“前视基准面”作为绘制图形的基准面。

（8）绘制草图。单击“草图”面板中的“直线”按钮，绘制如图 3-48 所示的直线，并标注尺寸。

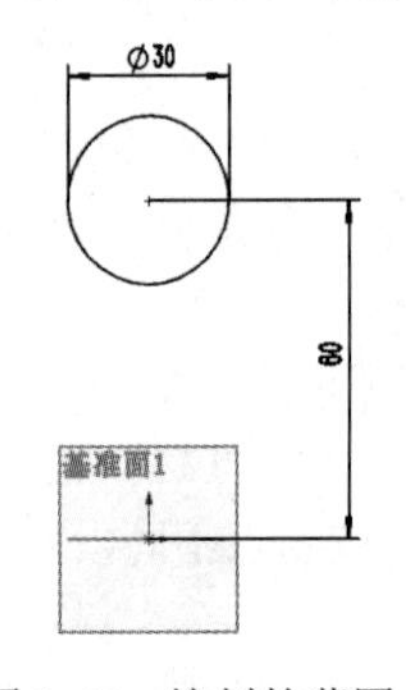

图 3-47　绘制的草图

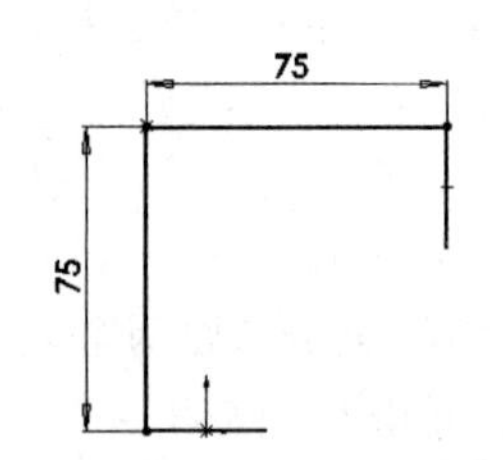

图 3-48　绘制的草图

（9）圆角草图。单击“草图”面板中的“圆角”按钮，在两条直线的交点处创建半径为 30.00mm 的圆角，如图 3-49 所示，然后退出草图绘制状态。

（10）设置视图方向。单击“视图（前导）”工具栏中的“等轴测”按钮，将视图以等轴测方向显示，结果如图 3-50 所示。

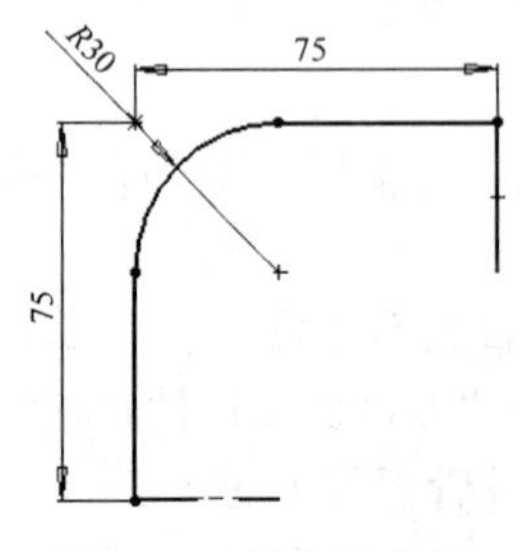

图 3-49　绘制的草图

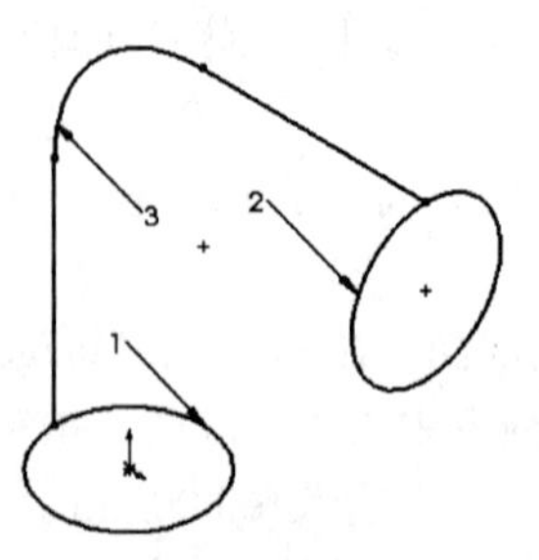

图 3-50　等轴测视图

（11）执行放样命令。选择“插入”→“凸台/基体”→“放样”菜单命令，或者单击“特征”面板中的“放样凸台/基准”按钮，执行放样命令。

（12）设置属性管理器。此时系统弹出如图 3-51 所示的“放样”属性管理器。在“轮廓”一栏中依次选择如图 3-50 所示的圆 1 和圆 2；在“引导线”一栏中选择如图 3-50 所示的草图 3，按照如图 3-51 所示进行设置。

Note

（13）确认放样特征。单击“放样”属性管理器中的“确定”按钮，放样的图形如图 3-52 所示。

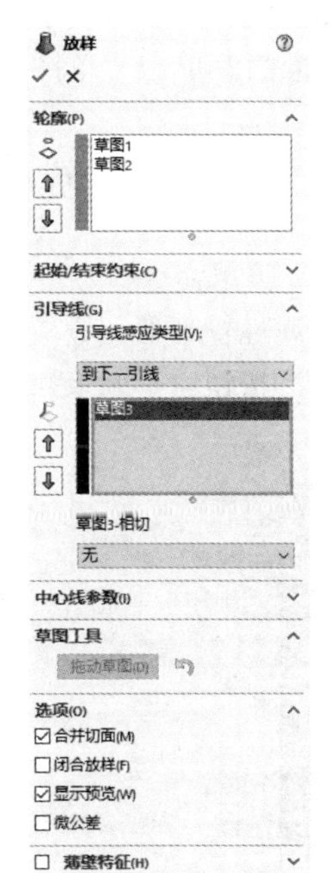

图 3-51　“放样”属性管理器

图 3-52　放样的图形

3.2.5　实例——铆钉

本实例创建的铆钉如图 3-53 所示。

视频讲解

思路分析

首先绘制草图，然后通过旋转创建铆钉。绘制铆钉的流程如图 3-54 所示。

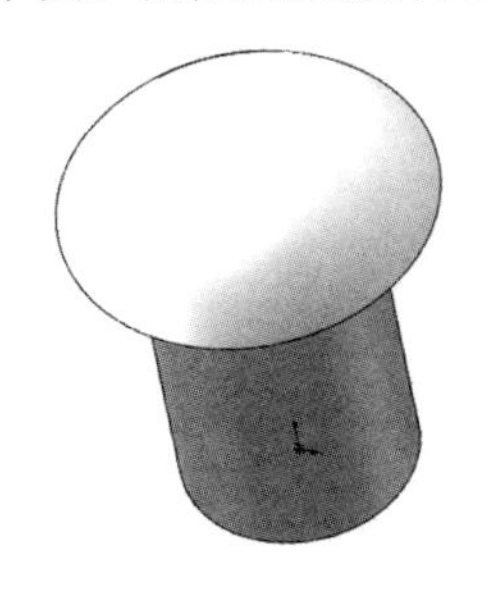

图 3-53　铆钉

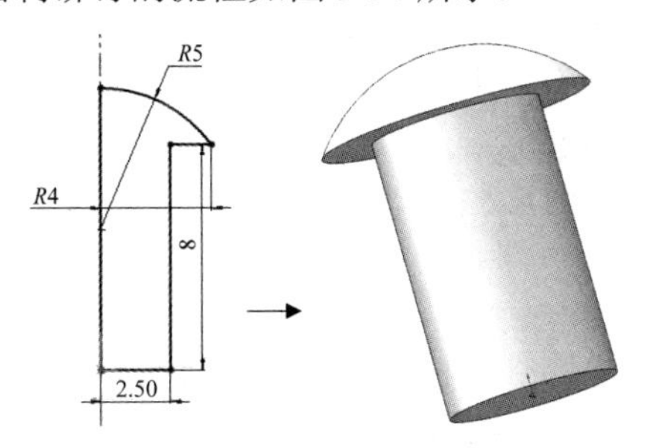

图 3-54　绘制铆钉的流程

绘制步骤

Note

01 新建文件。启动 SOLIDWORKS，单击“快速访问”工具栏中的“新建”按钮，或选择“文件”→“新建”菜单命令，在弹出的“新建 SOLIDWORKS 文件”对话框中单击“零件”按钮，然后单击“确定”按钮，新建一个零件文件。

02 设置基准面。在 FeatureManager 设计树中选择“前视基准面”，然后单击“视图（前导）”工具栏中的“正视于”按钮，将该基准面作为绘制图形的基准面。单击“草图”面板中的“草图绘制”按钮，进入草图绘制状态。

03 绘制草图。单击“草图”面板中的“中心线”按钮和“直线”按钮，绘制如图 3-55 所示的草图并标注尺寸。

04 旋转实体。选择“插入”→“凸台/基体”→“旋转”菜单命令，或者单击“特征”面板中的“旋转凸台/基体”按钮，弹出如图 3-56 所示的“旋转”属性管理器。设置旋转类型为“给定深度”，输入旋转角度为 360 度，其他采用默认设置，单击“确定”按钮，旋转实体如图 3-57 所示。

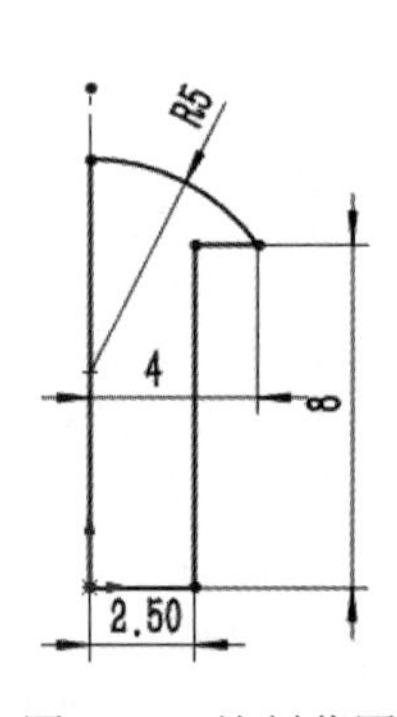

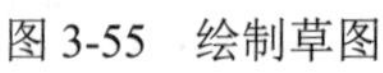

图 3-55　绘制草图

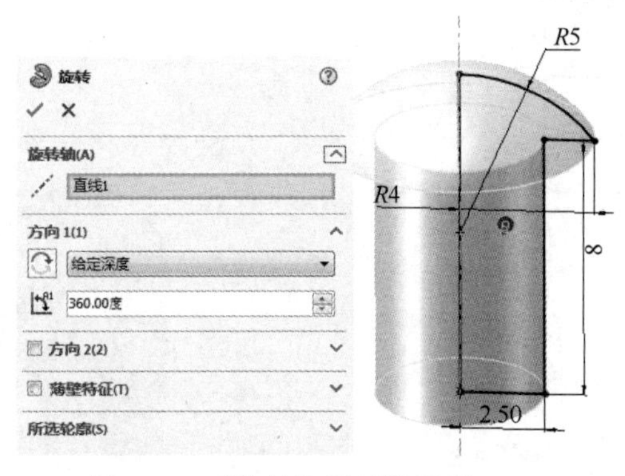

图 3-56　“旋转”属性管理器

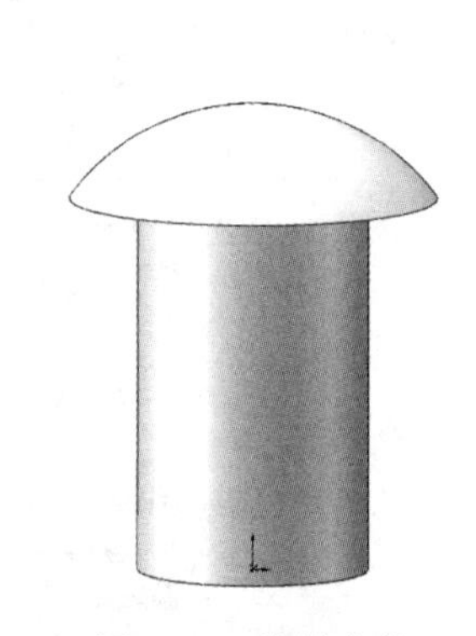

图 3-57　旋转实体

3.3　放置特征

3.3.1　圆角特征

圆角特征用于在零件上生成一个内圆角或外圆角面。使用该命令可以为一个面的所有边线、所选的多组面、所选的边线或边线环生成圆角。

圆角主要有以下几种类型。

☑　恒定大小圆角。

☑　变量大小圆角。

☑　面圆角。

☑　完整圆角。

生成圆角特征遵循以下规则。

（1）在添加小圆角之前添加较大的圆角。当有多个圆角汇聚于一个顶点时，应先生成较大的圆角。

（2）在生成圆角前先添加拔模。如果要生成具有多个圆角边线及拔模面的铸模零件，大多数情

况下，应在添加圆角之前添加拔模特征。

（3）最后添加装饰用的圆角。在大多数其他几何体定位后再添加装饰圆角。如果先添加装饰圆角，则系统需要花费较长的时间重建零件。

（4）尽量使用一个单一圆角操作来处理需要相同半径圆角的多条边线，这样可以加快零件重建的速度。

视 频 讲 解

下面介绍常见的几种圆角类型的操作步骤。

1. 恒定大小圆角

恒定大小圆角用于生成具有相等半径的圆角，可用于单一边线圆角、多边线圆角、面边线圆角、多重半径圆角及沿切面进行圆角等。

【操作步骤】

（1）执行圆角命令。打开源文件“3.8.SLDPRT”。选择“插入”→“特征”→“圆角”菜单命令，或者单击“特征”面板中的“圆角”按钮，执行圆角命令。

（2）设置属性管理器。此时系统弹出如图 3-58 所示的“圆角”属性管理器。按照图示进行设置后，选择图 3-59 中的边线 1。

（3）确认圆角特征。单击“圆角”属性管理器中的“确定”按钮✔，圆角的图形如图 3-60 所示。

（4）重复圆角命令，继续对图 3-59 所示的边线 3 进行圆角。图 3-61 所示为“圆角”属性管理器中的圆角项目设置，选中“切线延伸”复选框，圆角的图形如图 3-62 所示。图 3-63 所示为“圆角”属性管理器中的圆角项目设置，取消选中“切线延伸”复选框，圆角的图形如图 3-64 所示。

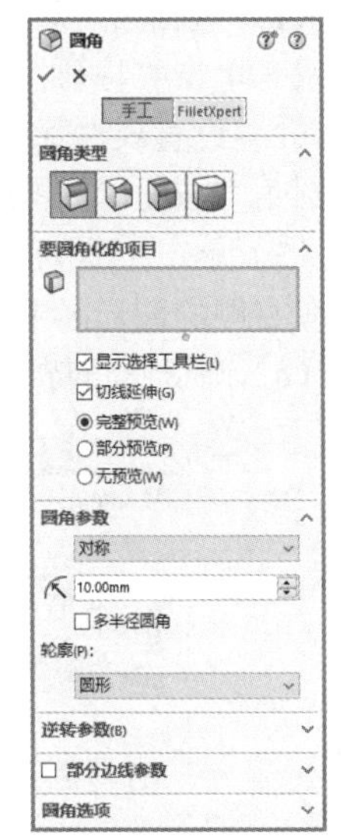

图 3-58　“圆角”属性管理器

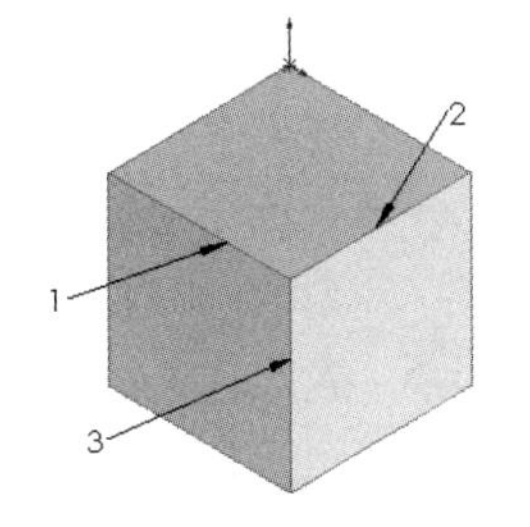

图 3-59　正方体模型

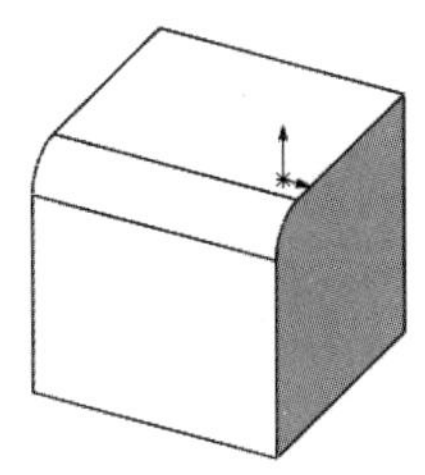

图 3-60　对边线/进行圆角

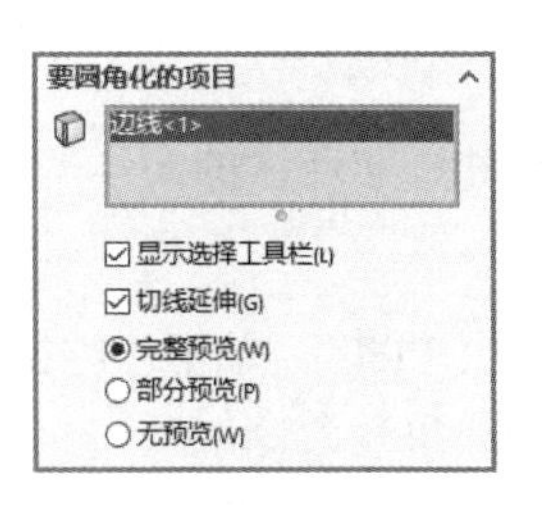

图 3-61　圆角项目设置

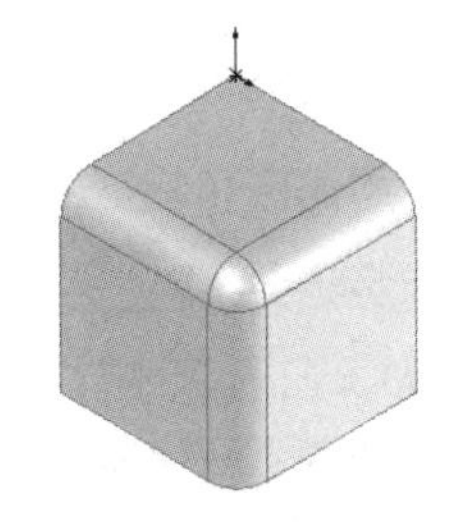

图 3-62　圆角的切线延伸效果

（5）从图 3-62 和图 3-64 可以看出，是否选择“切线延伸”复选框，圆角的结果是不同的。切线延伸可以将圆角延伸到所有与所选面相切的面。

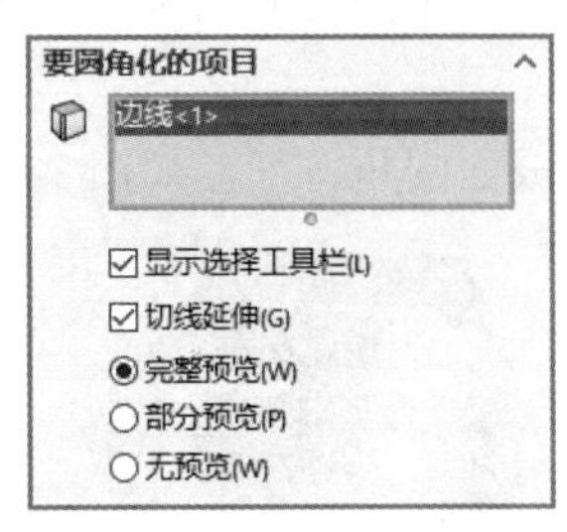

图 3-63　圆角项目设置

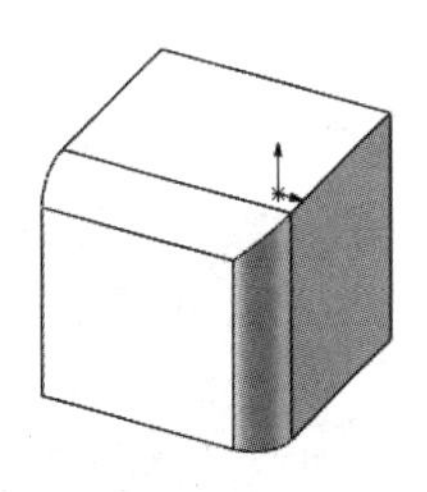

图 3-64　取消切线延伸的圆角图形

2. 变量大小圆角

变半径圆角特征通过对边线上的多个点（变半径控制点）指定不同的圆角半径来生成圆角，可以制造出另类的效果。

Note

视频讲解

【操作步骤】

（1）执行圆角命令。打开源文件“3.9.SLDPRT”。选择“插入”→“特征”→“圆角”菜单命令，或者单击“特征”面板中的“圆角”按钮，执行圆角命令。

（2）设置属性管理器。此时系统弹出“圆角”属性管理器。在“圆角类型”一栏中选择“变量大小圆角”按钮，按照图 3-65 所示进行设置。

（3）单击图标右侧的列表框，然后在右侧的图形区中选择要进行变半径圆角处理的边线。此时，在右侧的图形区中系统会默认使用 3 个变半径控制点，如图 3-65 所示。

（4）确认圆角特征。单击“圆角”属性管理器中的“确定”按钮✓，圆角的图形如图 3-66 所示。

图 3-65 “圆角”属性管理器

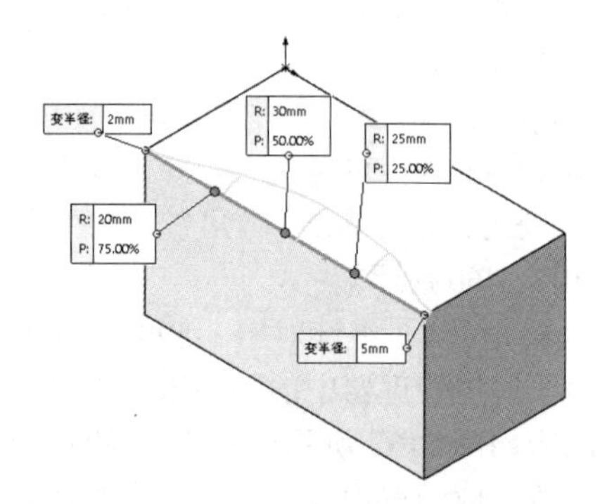

图 3-66 默认的变半径控制点

3. 面圆角

使用面圆角特征混合非相邻、非连续的面。

视频讲解

【操作步骤】

（1）打开源文件“3.10.SLDPRT”。单击“特征”控制面板中的“圆角”按钮，或选择菜单栏中的“插入”→“特征”→“圆角”命令。

（2）在“圆角类型”选项组中，单击“面圆角”按钮。

（3）在“圆角项目”选项组中，取消选中“切线延伸”复选框。

（4）在“圆角参数”选项组的（半径）文本框中设置圆角半径。

（5）单击（面组1、面组2）图标右侧的列表框，然后在右侧的图形区（见图3-67）中选择两个或更多相邻的面。

（6）圆角属性设置完毕。单击✓（确定）按钮，生成面圆角特征，如图 3-68 所示。

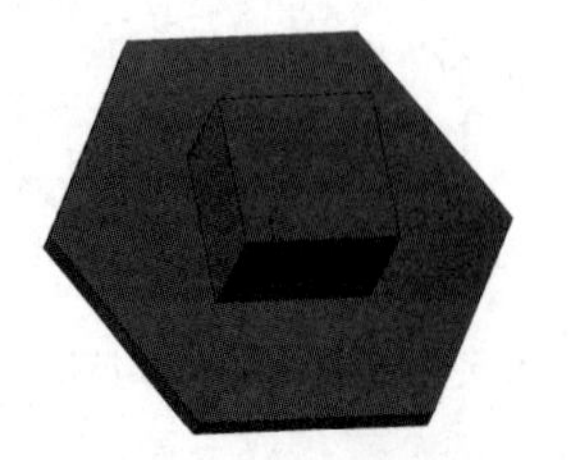

图 3-67 打开的文件实体

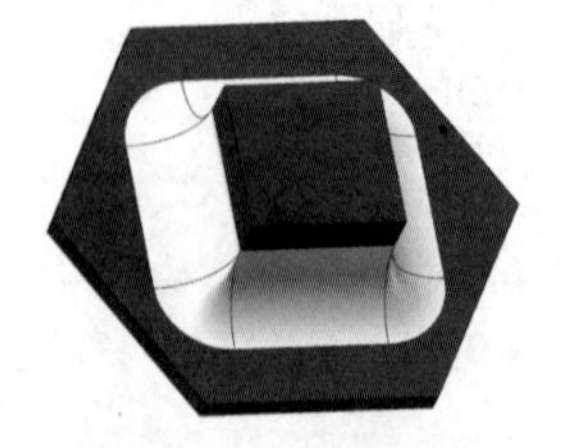

图 3-68 生成的圆角特征

4. 完整圆角

使用完整圆角特征可以生成相切于 3 个相邻面组（一个或多个面相切）的圆角。图 3-69 所示为应用完整圆角特征的效果。

Note

视频讲解

【操作步骤】

（1）打开源文件“3.11.SLDPRT”。单击“特征”控制面板中的“圆角”按钮，系统弹出“圆角”属性管理器。

（2）在“圆角类型”选项组中，单击“完整圆角”按钮。

（3）单击（面组 1）、（中央面组）、（面组 2）图标右侧的显示框，分别依次选择第一个边侧面、中央面、相反于面组 1 的侧面。

（4）圆角属性设置完毕。单击✔（确定）按钮，生成面圆角特征。

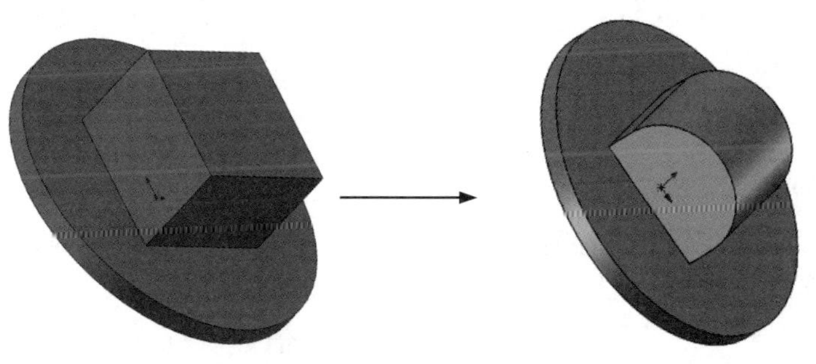

（a）未使用完整圆形角特征　　（b）使用完整圆形角特征

图 3-69　完整圆角效果

3.3.2　倒角特征

倒角特征是在所选的边线、面或顶点上生成一个倾斜面，它在设计中是一种工艺设计，目的是去除锐边。

倒角主要有以下 3 种类型。

☑　角度距离。

☑　距离-距离。

☑　顶点。

下面介绍不同倒角类型的操作步骤。

1. 角度距离倒角

视频讲解

“角度距离”倒角是指通过设置倒角一边的距离和角度来对边线和面进行倒角。在绘制倒角的过程中，箭头所指的方向为倒角的距离边。

【操作步骤】

（1）执行绘制倒角命令。打开源文件“3.12.SLDPRT”。选择“插入”→“特征”→“倒角”菜单命令，或者单击“特征”面板中的“倒角”按钮，此时系统弹出“倒角”属性管理器。

（2）设置属性管理器。在“边线、面和环”一栏中选择图 3-70 所示的边线 1；单击“角度距离”按钮；设置“距离”为 10 mm，“角度”为 45 度，其他设置如图 3-71 所示。

（3）确认倒角特征。单击“倒角”属性管理器中的“确定”按钮✔，倒角图形如图 3-72 所示。

Note

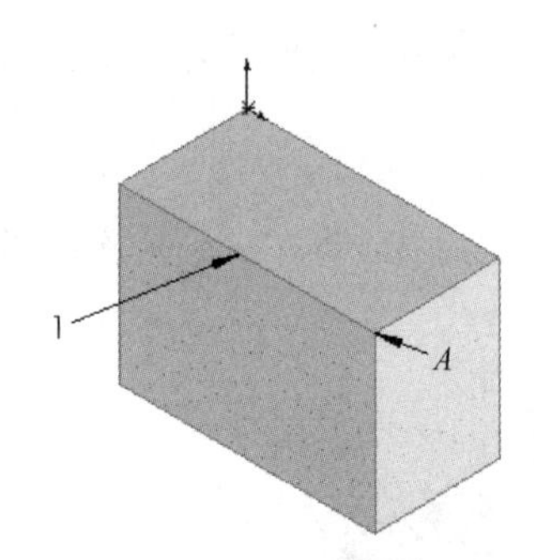

图 3-70 打开的图形

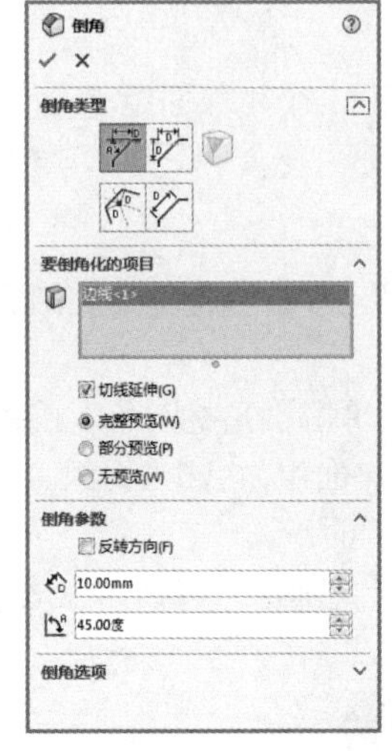

图 3-71 “倒角”属性管理器

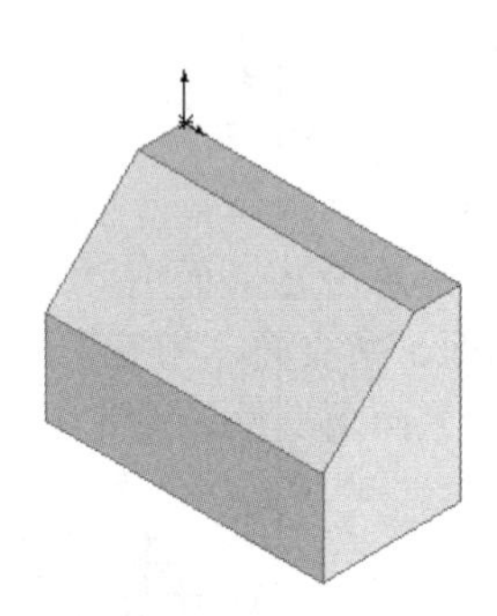

图 3-72 倒角图形

2. 距离-距离倒角

视频讲解

“距离-距离”倒角是指通过设置倒角两侧距离的长度，或者通过“相等距离”复选框指定一个距离值进行倒角的方式。

【操作步骤】

（1）执行倒角命令。打开源文件“3.13.SLDPRT”。选择“插入”→“特征”→“倒角”菜单命令，或者单击“特征”面板中的“倒角”按钮，此时系统弹出“倒角”属性管理器。

（2）设置属性管理器。在“边线、面和环”一栏中选择如图 3-70 所示的边线 1；单击“距离-距离”按钮；“倒角方法”选择“非对称”，设置“距离 1”为 10mm，“距离 2”为 20mm，其他设置如图 3-73 所示。

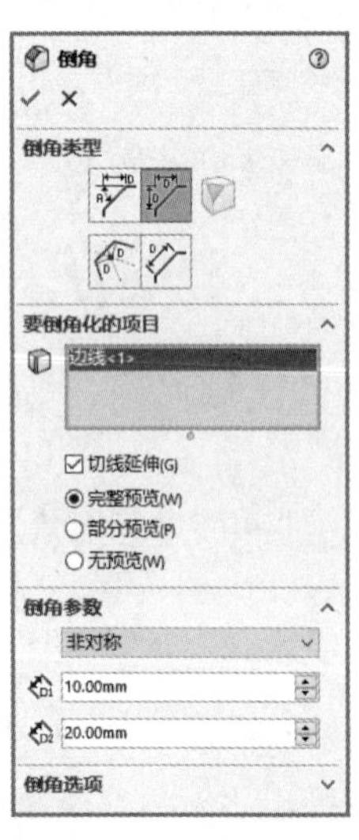

图 3-73 “倒角”属性管理器

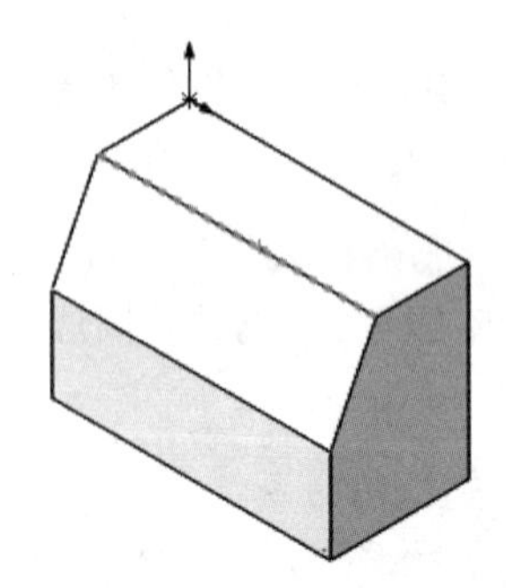

图 3-74 非对称倒角图形

（3）确认倒角特征。单击“倒角”属性管理器中的“确定”按钮✔，倒角图形如图 3-74 所示。

（4）如果“倒角方法”选择“对称”，则倒角两边的距离相等，并且在“倒角”属性管理器中只需输入一个距离值，如图 3-75 所示。生成的对称倒角图形如图 3-76 所示。

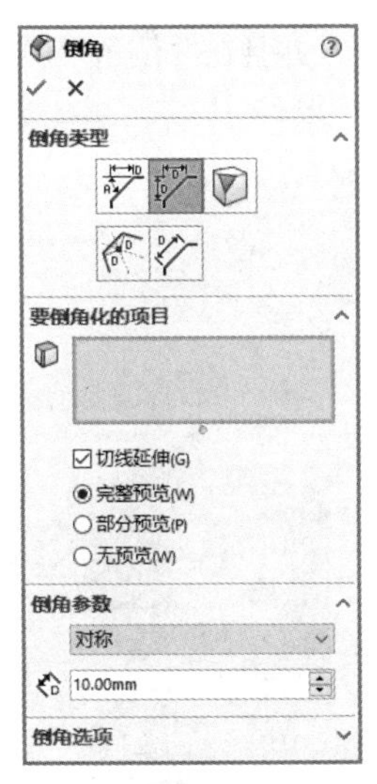

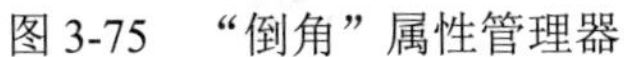

图 3-75　“倒角”属性管理器

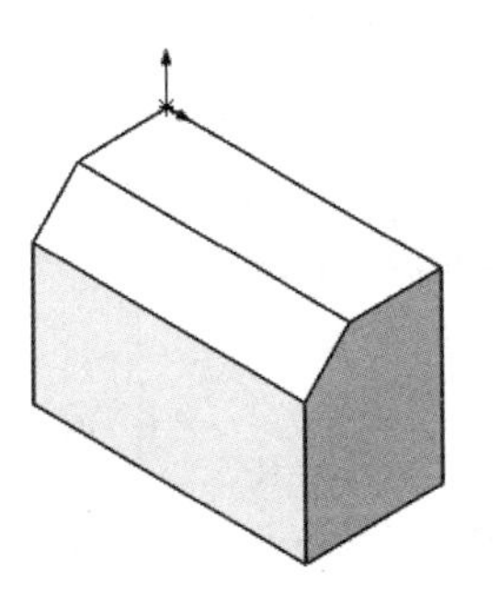

图 3-76　对称倒角图形

3. 顶点倒角

“顶点”倒角是指通过设置每侧的 3 个距离值，或者通过“相等距离”复选框指定一个距离值进行倒角的方式。

【操作步骤】

（1）执行倒角命令。打开源文件“3.14.SLDPRT”。选择“插入”→“特征”→“倒角”菜单命令，或者单击“特征”面板中的“倒角”按钮，此时系统弹出“倒角”属性管理器。

（2）设置属性管理器。单击“倒角类型”列表框中的“顶点”按钮，在“要倒角化的顶点”一栏中选择如图 3-70 所示的顶点 A；设置“距离 1”为 10 mm，“距离 2”为 20mm，“距离 3”为 30mm，其他设置如图 3-77 所示。

（3）确认倒角特征。单击“倒角”属性管理器中的“确定”按钮，倒角图形如图 3-78 所示。

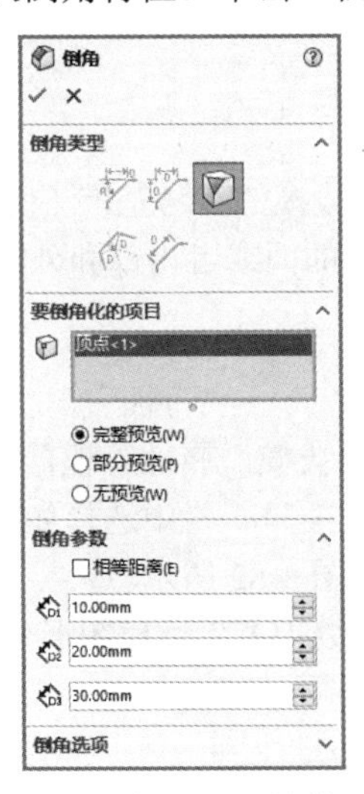

图 3-77　“倒角”属性管理器

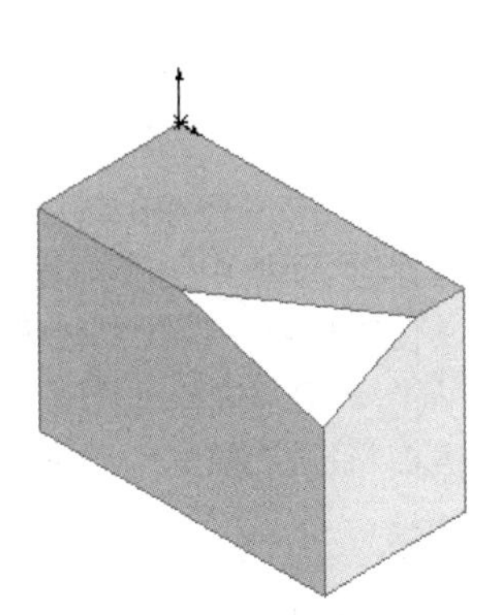

图 3-78　倒角图形

Note

（4）如果选中“相等距离”复选框，则倒角两边的距离相等，并且在“倒角”属性管理器中只需输入一个距离值，如图 3-79 所示。生成的倒角图形如图 3-80 所示。

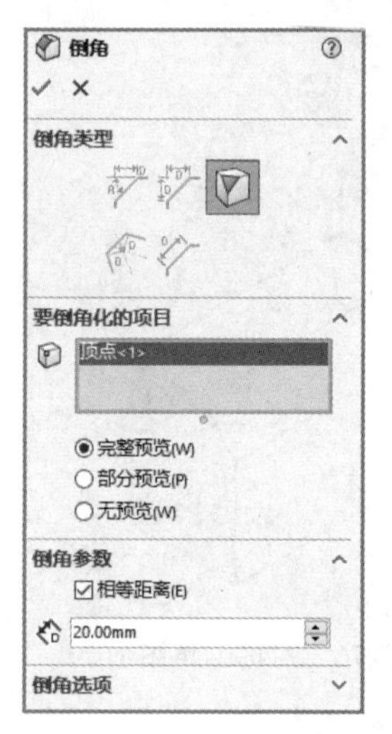

图 3-79　“倒角”属性管理器

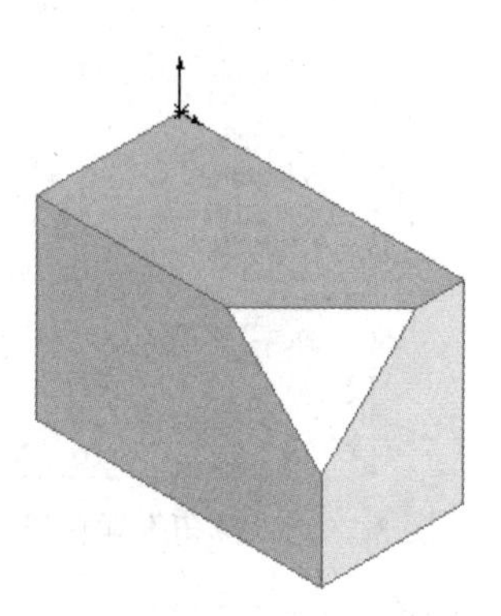
图 3-80　倒角图形

3.3.3　拔模特征

拔模特征是以指定的角度斜削用户在模型中所选择的面。拔模特征是模具设计中的常用方式，其应用之一是使型腔零件更容易脱出模具。可以在现有的零件上插入拔模，或者在拉伸特征时进行拔模，也可以将拔模应用到实体或曲面模型。

拔模主要有以下 3 种类型。

☑　中性面拔模。

☑　分型线拔模。

☑　阶梯拔模。

下面介绍不同拔模类型的操作步骤。

1. 中性面拔模

视频讲解

在中性面拔模中，中性面不仅只确定拔模的方向，而且也作为拔模的参考基准。使用中性面拔模可拔模一些外部面、所有外部面、一些内部面、所有内部面、相切的面或者内部和外部面组合。

【操作步骤】

（1）执行拔模命令。打开源文件“3.15.SLDPRT”。选择“插入”→“特征”→“拔模”菜单命令，或者单击“特征”面板中的“拔模”按钮，此时系统弹出“拔模”属性管理器。

（2）设置属性管理器。设置“拔模角度”为 30 度，在“中性面”一栏中选择如图 3-81 所示的面 1，在“拔模面”一栏中选择如图 3-81 所示的面 2，其他设置如图 3-82 所示。

（3）确认拔模特征。单击“拔模”属性管理器中的“确定”按钮✔，拔模图形如图 3-83 所示。

2. 分型线拔模

视频讲解

分型线拔模可以对分型线周围的曲面进行拔模，分型线可以是空间曲线。如果要在分型线上拔模，可以首先插入一条分割线来分离要拔模的面，也可以使用现有的模型边线，然后再指定拔模方向，也就是指定移除材料的分型线一侧。

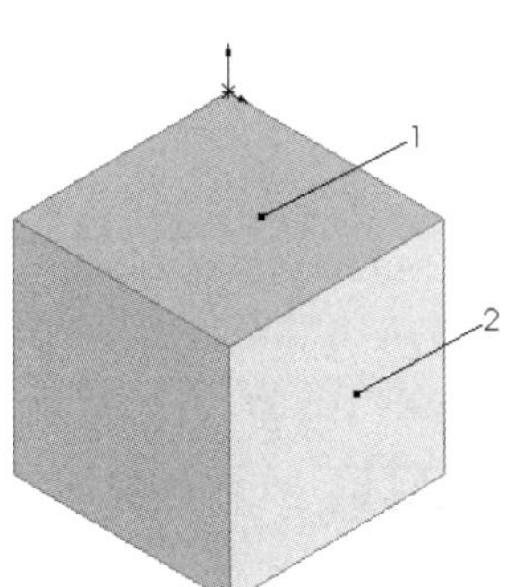

图 3-81 打开的图形

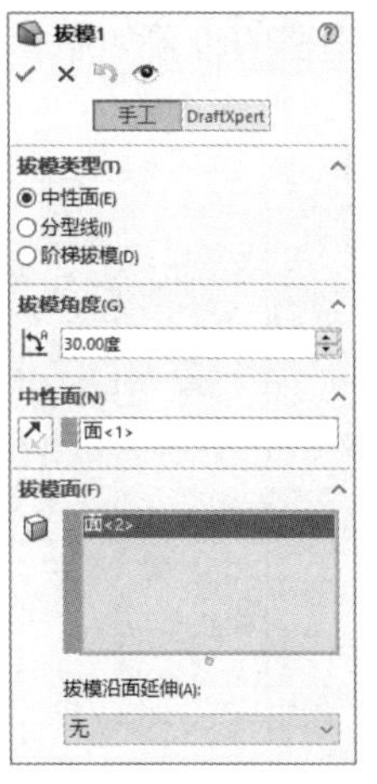

图 3-82 “拔模”属性管理器

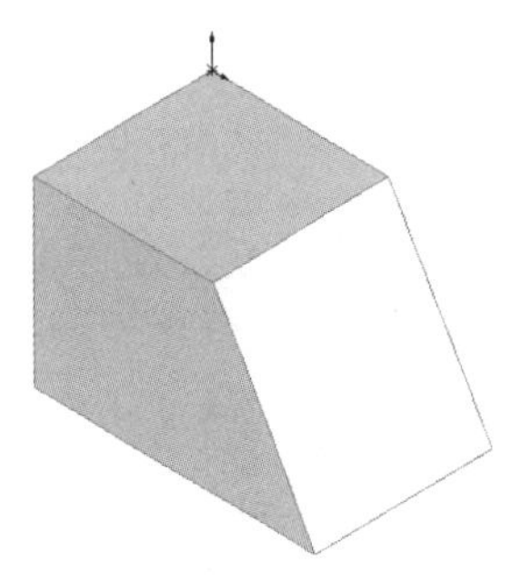

图 3-83 拔模图形

Note

【操作步骤】

（1）执行拔模命令。打开源文件“3.16.SLDPRT”。选择“插入”→“特征”→“拔模”菜单命令，或者单击“特征”面板中的“拔模”按钮，此时系统弹出“拔模”属性管理器。

（2）设置属性管理器。设置“拔模角度”为 10 度；在“拔模方向”一栏中选择如图 3-84 所示的面 1；选择如图 3-84 所示两实体相交的边线，其他设置如图 3-85 所示。

（3）确认拔模特征。单击“拔模”属性管理器中的“确定”按钮✓，拔模图形如图 3-86 所示。

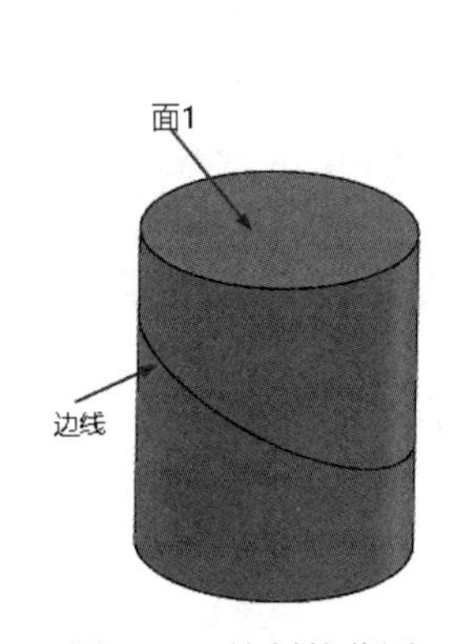

图 3-84 绘制的草图

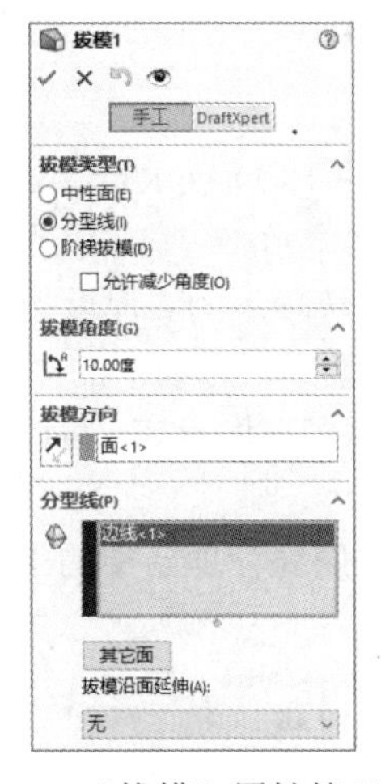

图 3-85 “拔模”属性管理器

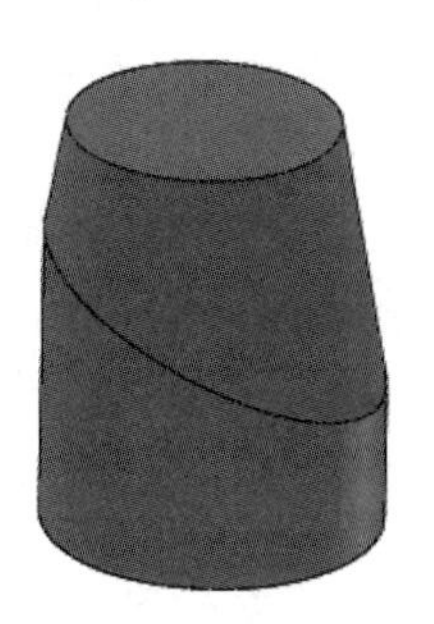

图 3-86 拔模图形

3. 阶梯拔模

阶梯拔模为分型线拔模的变体。阶梯拔模绕作为拔模方向的基准面旋转而生成一个面，这将产生小面，代表阶梯。

视频讲解

【操作步骤】

（1）执行拔模命令。打开源文件“3.17.SLDPRT”。选择“插入”→“特征”→“拔模”菜单命令，或者单击“特征”面板中的“拔模”按钮，此时系统弹出“拔模”属性管理器。

（2）设置属性管理器。在“拔模类型”一栏中选择“阶梯拔模”选项；设置“拔模角度”为 10 度；在“拔模方向”一栏中选择图 3-87（a）所示的面 1，并单击“反向”按钮，选择图 3-87（a）

Note

所示中两实体相交的 4 条边线，属性管理器的设置如图 3-87（b）所示。

（3）确认拔模特征。单击“拔模”属性管理器中的“确定”按钮✔，拔模图形如图 3-88 所示。

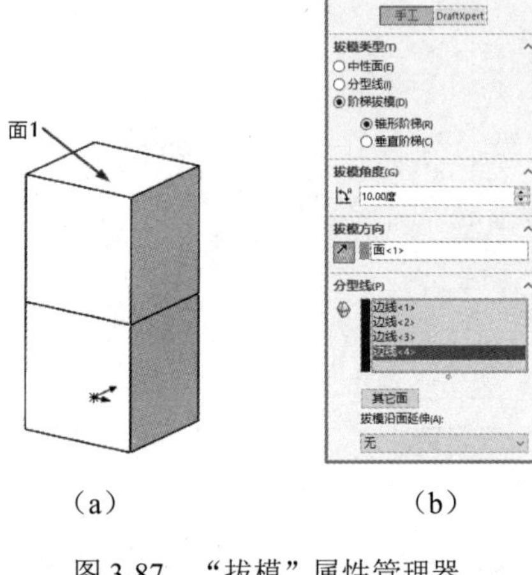

图 3-87　“拔模”属性管理器

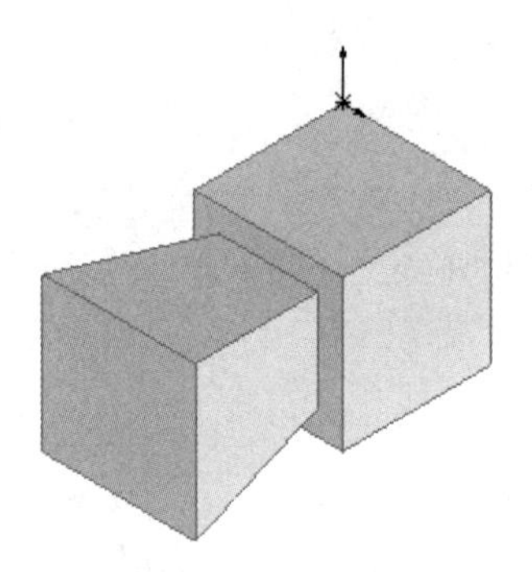

图 3-88　拔模图形

3.3.4　抽壳特征

视频讲解

抽壳特征用来掏空零件，使所选择的面敞开，在剩余的面上生成薄壁特征。如果执行抽壳命令时没有选择模型上的任何面，可以生成一闭合、掏空的实体模型，也可使用多个厚度来抽壳模型。

【操作步骤】

（1）执行抽壳命令。打开源文件“3.18.SLDPRT”。选择“插入”→“特征”→“抽壳”菜单命令，或者单击“特征”面板中的“抽壳”按钮，此时系统弹出“抽壳”属性管理器。

（2）设置属性管理器。在“参数”选项下的“厚度”一栏中输入值 10；在“移除的面”一栏中选择如图 3-89 所示的面 1。在“多厚度设定”选项下的“多厚度面”一栏中选择如图 3-89 所示的面 2，然后在“多厚度”一栏中输入 20；重复多厚度设定，将图 3-89 所示的面 3 的厚度设置为 30.00 mm，其他设置如图 3-90 所示。

（3）确认抽壳特征。单击“抽壳”属性管理器中的“确定”按钮✔，抽壳图形如图 3-91 所示。

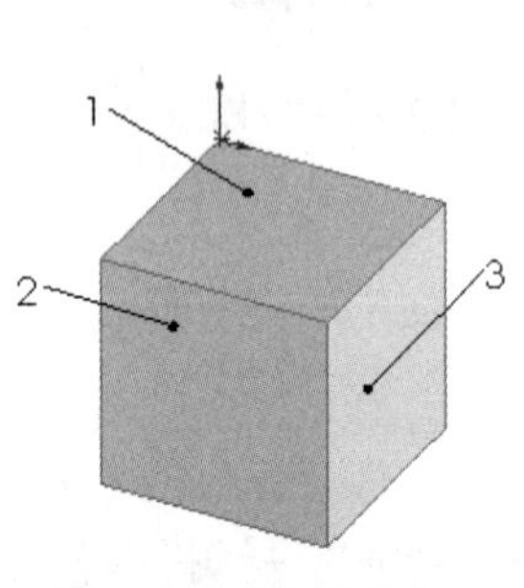

图 3-89　绘制的草图

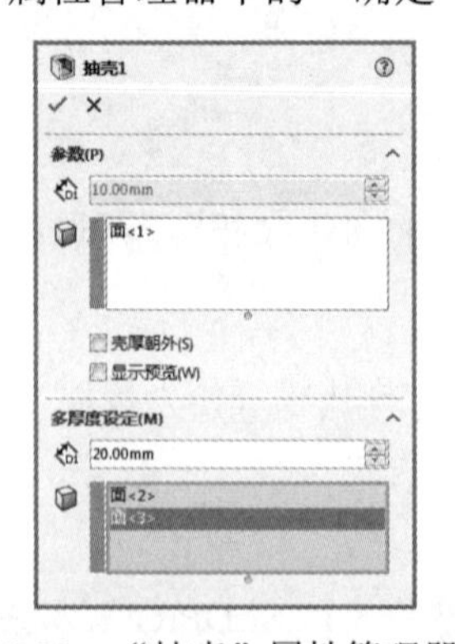

图 3-90　“抽壳”属性管理器

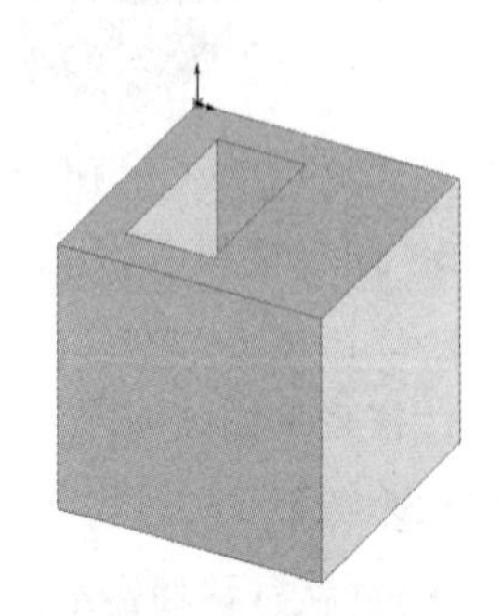

图 3-91　抽壳图形

若不选择移除面，则产生空心闭合的抽壳。

视频讲解

3.3.5　筋特征

筋是零件上增加强度的部分，它是一种从开环或闭环草图轮廓生成的特殊拉伸实体，它在草图轮廓与现有零件之间添加指定方向和厚度的材料。

【操作步骤】

（1）绘制如图 3-92 所示的草图。

（2）执行筋命令。选择“插入”→“特征”→“筋”菜单命令，或者单击“特征”面板中的“筋”按钮，此时系统弹出如图 3-93 所示的“筋”属性管理器，按照图示进行设置后，单击“筋”属性管理器中的“确定”按钮✔。

（3）设置视图方向。单击“视图（前导）”工具栏中的“等轴测”按钮，将视图以等轴测方向显示，添加筋后的图形如图 3-94 所示。

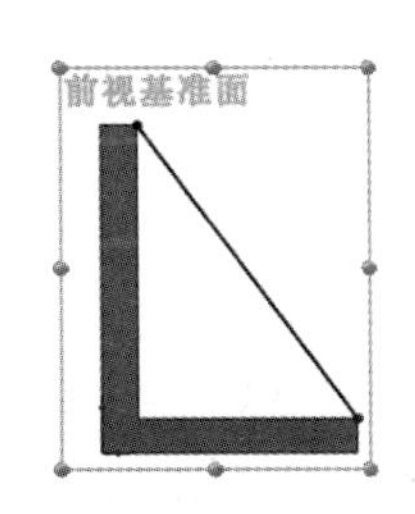

图 3-92　绘制的草图

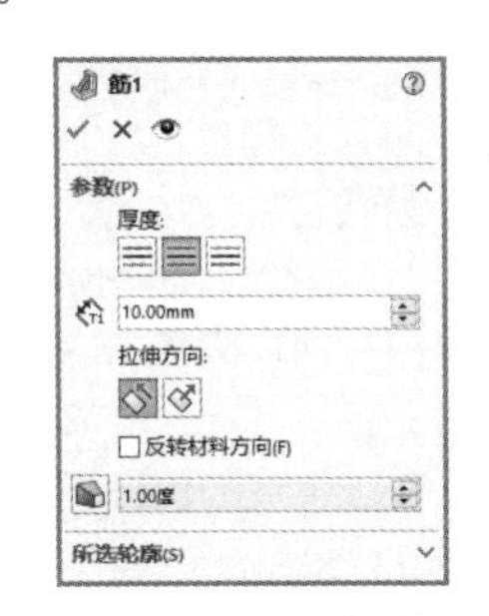

图 3-93　“筋”属性管理器

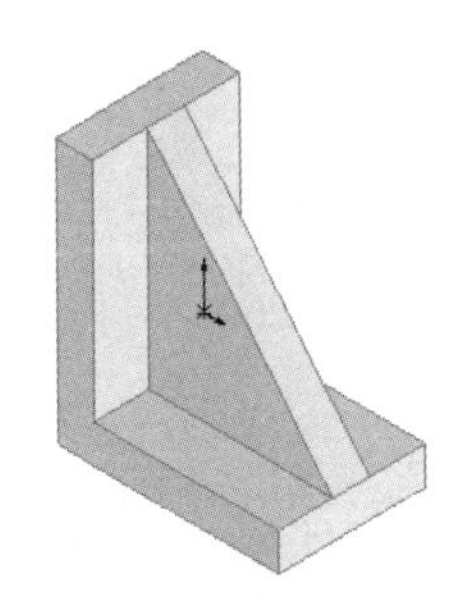

图 3-94　添加筋后的图形

3.3.6　阵列特征

阵列是指按照一定的方式复制源特征，阵列方式可以分为线性阵列、圆周阵列、曲线驱动的阵列和草图驱动的阵列等。

1. 线性阵列

视频讲解

线性阵列是指按照指定的方向、线性距离和实例数将源特征进行一维或者二维的复制。

【操作步骤】

（1）执行线性阵列命令。打开源文件“3.19.SLDPRT”。选择“插入”→“阵列/镜像”→“线性阵列”命令，或者单击“特征”面板中的“线性阵列”按钮，此时系统弹出“线性阵列”属性管理器。

（2）设置属性管理器。在“要阵列的特征”一栏中选择如图 3-95 所示的拉伸的实体；在“方向 1”的“阵列边线”一栏中选择如图 3-95 所示的边线 1；在“方向 2”的“阵列边线”一栏中选择如图 3-95 所示的边线 2。单击“反向”按钮调节预览的效果，其他设置如图 3-96 所示。

（3）确认线性阵列特征。单击“线性阵列”属性管理器中的“确定”按钮✔，线性阵列的图形如图 3-97 所示。

2. 圆周阵列

视频讲解

圆周阵列是指绕一旋转中心按照指定的实例总数及实例的角度间距，生成一个或者多个特征实体的阵列方式。旋转中心可以是实体边线、基准轴与临时轴 3 种，被阵列的实体可以是一个或者多个实体。

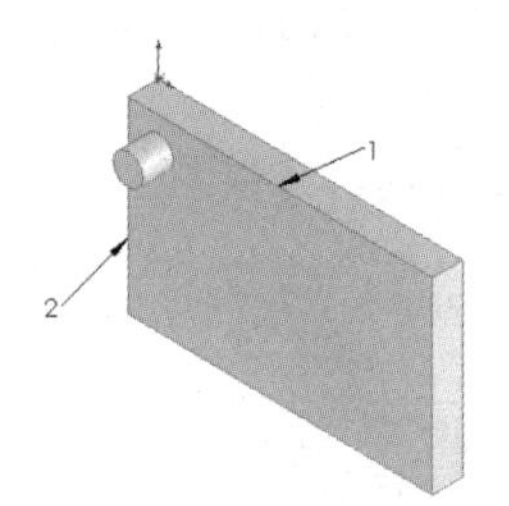

图 3-95 拉伸的实体

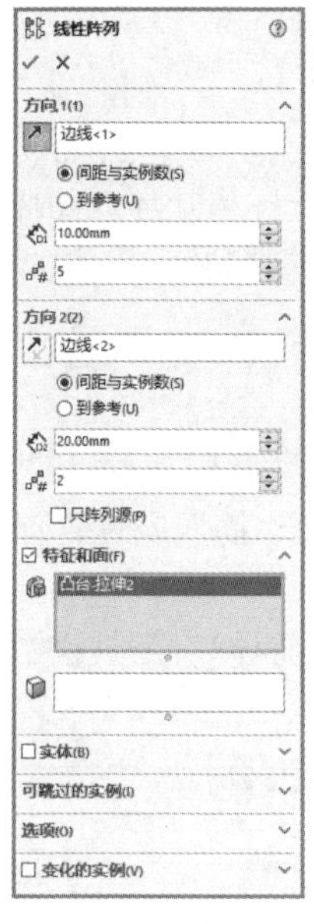

图 3-96 “线性阵列”属性管理器

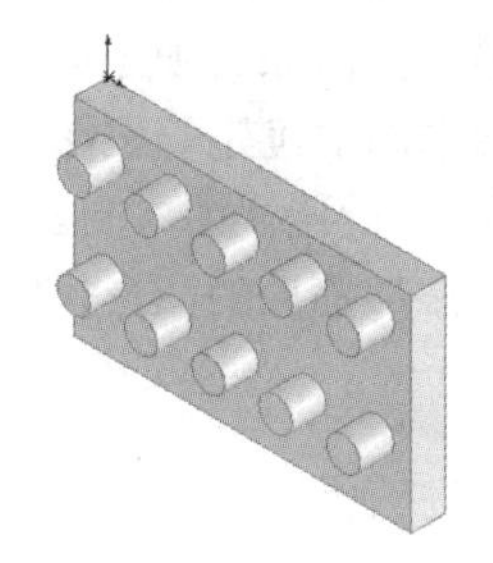

图 3-97 线性阵列的图形

【操作步骤】

（1）执行圆周阵列命令。打开源文件“3.20.SLDPRT”。选择“插入”→“阵列/镜像”→“圆周阵列”菜单命令，或者单击“特征”面板中的“圆周阵列”按钮，此时系统弹出“陈列（圆周）”属性管理器。

（2）设置属性管理器。在“要阵列的特征”一栏中选择如图 3-98 所示的切除拉伸的图形；在“阵列轴”一栏中选择图 3-98 中的临时轴 1；在“实例数”一栏中输入值 6，其他设置如图 3-99 所示。

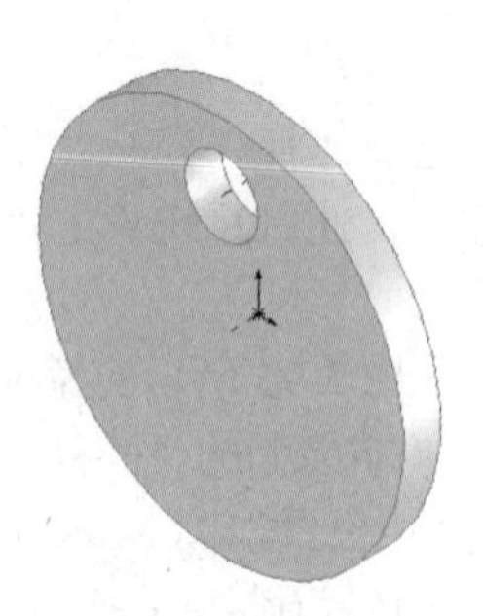

图 3-98 切除拉伸的图形

图 3-99 “阵列（圆周）”属性管理器

（3）确认圆周阵列特征。单击“圆周阵列”属性管理器中的“确定”按钮✓，圆周阵列图形如图 3-100 所示。

（4）取消显示临时轴。选择“视图”→“隐藏/显示”→“临时轴”菜单命令，取消视图中临时轴的显示，结果如图 3-101 所示。

Note

视频讲解

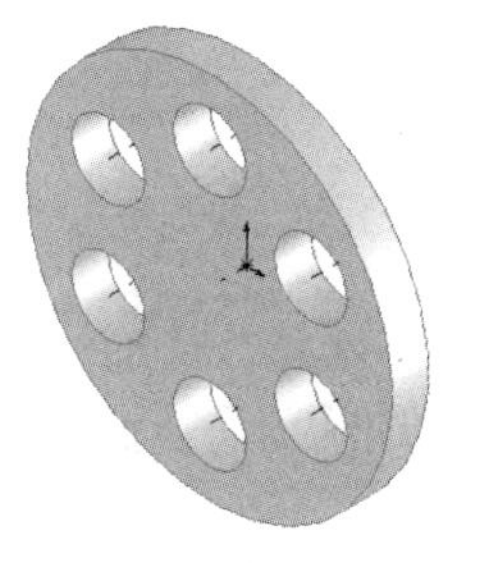

图 3-100　圆周阵列图形

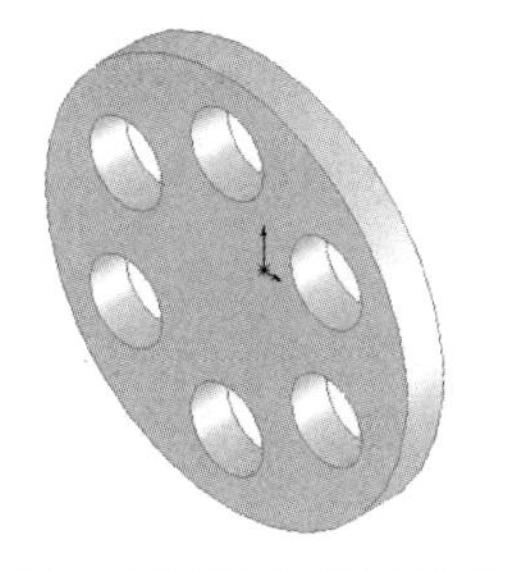

图 3-101　取消临时轴显示的图形

3. 曲线驱动的阵列

曲线驱动的阵列是指沿平面曲线或者空间曲线生成的阵列实体。

【操作步骤】

（1）执行曲线驱动阵列命令。打开源文件“3.21.SLDPRT”。选择“插入”→“阵列/镜像”→“曲线驱动的阵列”菜单命令，或者单击“特征”面板中的“曲线驱动的阵列”按钮，此时系统弹出“曲线驱动的阵列”属性管理器。

（2）设置属性管理器。在“要阵列的特征”一栏中选择如图 3-102 所示的拉伸的实体；在“阵列方向”一栏中选择样条曲线，其他设置如图 3-103 所示。

（3）确认曲线驱动阵列的特征。单击“曲线驱动的阵列”属性管理器中的“确定”按钮✓，曲线驱动阵列的图形如图 3-104 所示。

（4）取消视图中草图的显示。选择“视图”→“隐藏/显示”→“草图”菜单命令，取消视图中草图的显示，结果如图 3-105 所示。

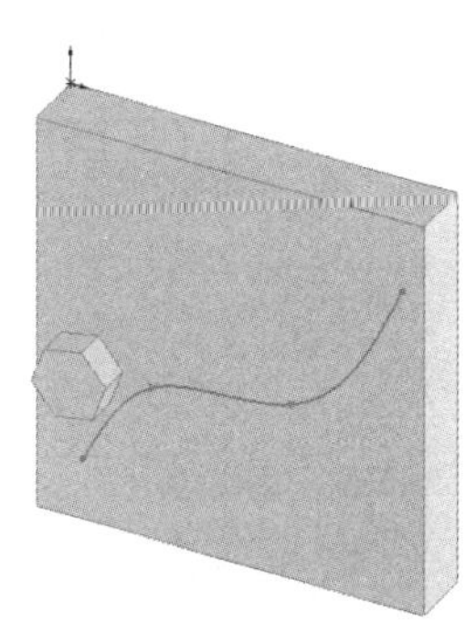

图 3-102　拉伸的实体

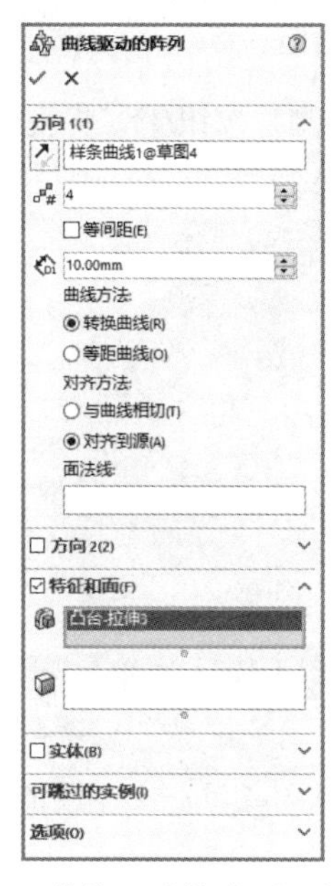

图 3-103　“曲线驱动的阵列”属性管理器

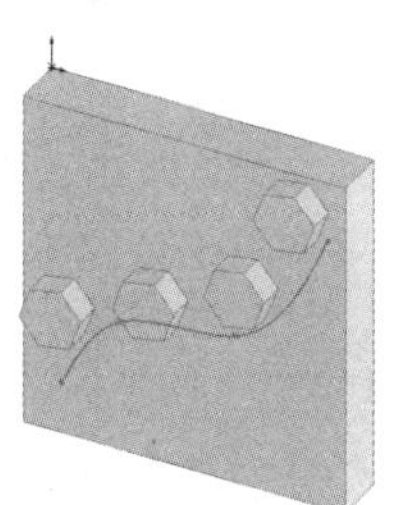

图 3-104　曲线驱动阵列的图形

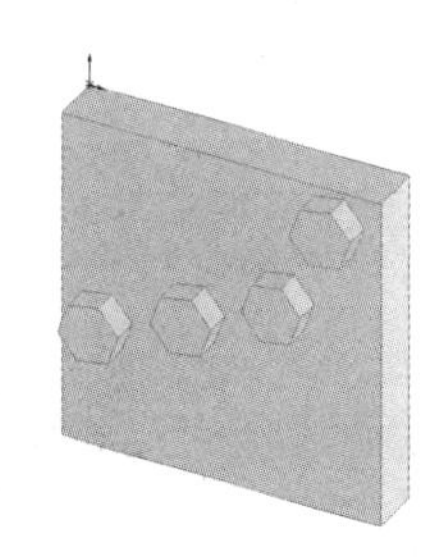

图 3-105　取消草图的显示

4. 草图驱动的阵列

草图驱动的阵列是指将源特征按照草图中的草图点进行阵列。

【操作步骤】

Note

视频讲解

（1）执行草图驱动阵列命令。打开源文件“3.22.SLDPRT”。选择“插入”→“阵列/镜像”→“草图驱动的阵列”命令，或者单击“特征”面板中的“草图驱动的阵列”按钮，此时系统弹出“由草图驱动的阵列”属性管理器。

（2）设置属性管理器。在“要阵列的特征”一栏中选择如图 3-106 所示的拉伸的实体；在“参考草图”一栏中选择如图 3-106 所示的草图点，其他设置如图 3-107 所示。

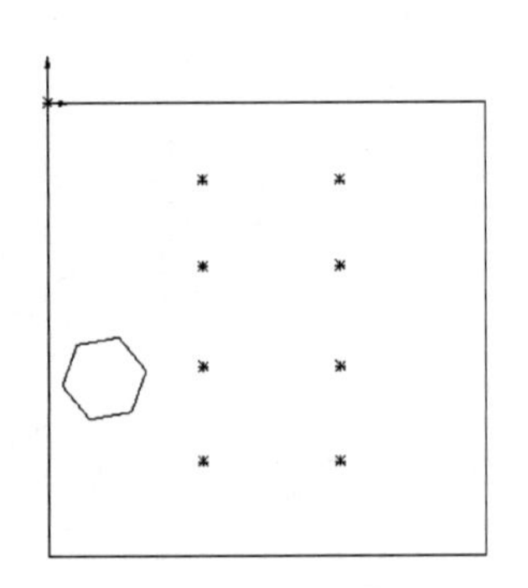

图 3-106　拉伸的实体

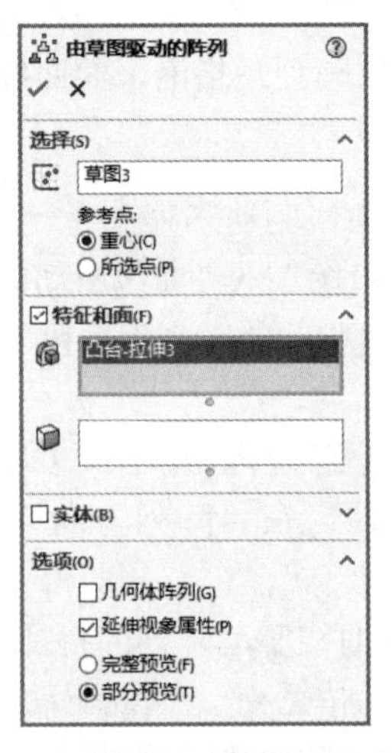

图 3-107　“由草图驱动的阵列”属性管理器

（3）确认草图驱动阵列特征。单击“由草图驱动的阵列”属性管理器中的“确定”按钮✓，阵列的图形如图 3-108 所示。

（4）设置视图方向。单击“视图（前导）”工具栏中的“等轴测”按钮，将视图以等轴测方向显示，结果如图 3-109 所示。

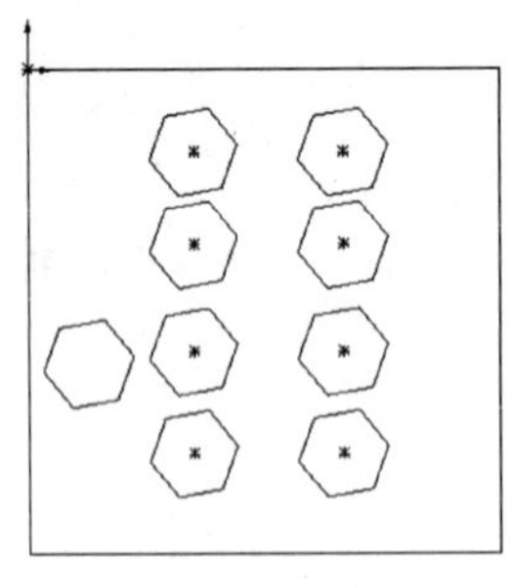

图 3-108　阵列的图形

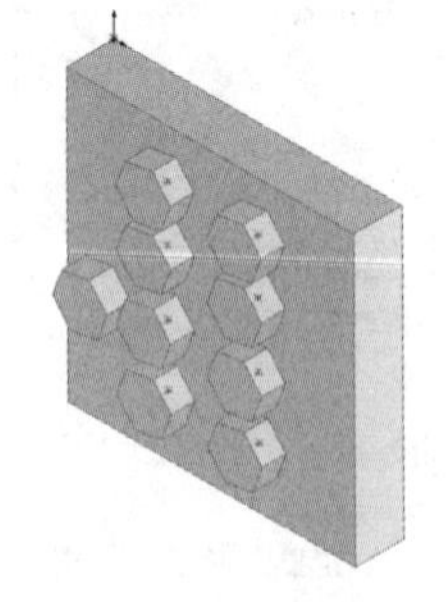

图 3-109　等轴测视图

注意：
在由草图驱动的阵列中，可以将源特征的重心、草图原点、顶点或另一个草图点作为参考点。

3.3.7　镜像特征

镜像特征是指对称于基准面镜像所选的特征。按照镜像对象的不同，可以分为镜像特征和镜

视频讲解

像实体。

【操作步骤】

（1）执行镜像实体命令。打开源文件“3.23.SLDPRT”。选择“插入”→“阵列/镜像”→“镜像”命令，或者单击“特征”面板中的“镜像”按钮，此时系统弹出“镜像”属性管理器。

（2）设置基准面。在“镜像面/基准面”一栏中选择图3-110中的前视基准面；在“要镜像的特征”一栏中选择图3-110中拉伸的正六边形实体，其他设置如图3-111所示。

（3）确认镜像实体特征。单击“镜像”属性管理器中的“确定”按钮✓，镜像的图形如图3-112所示。

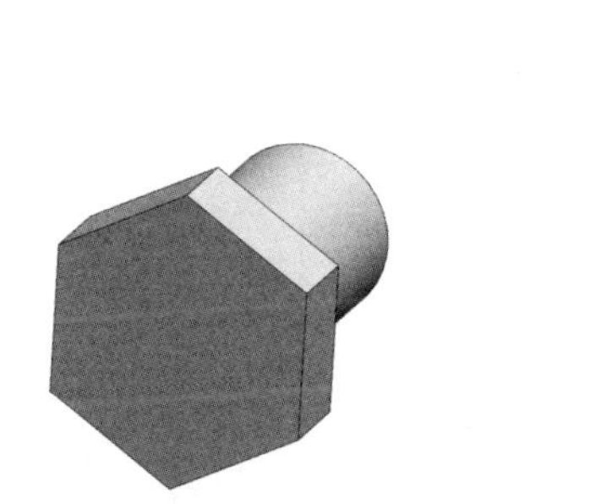

图3-110　打开的图形

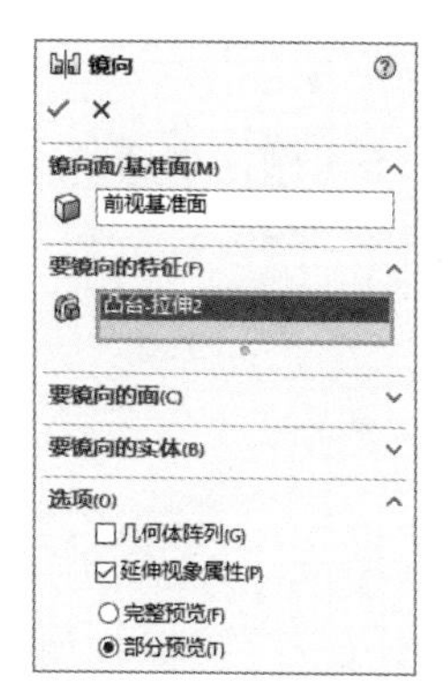

图3-111　“镜像”属性管理器

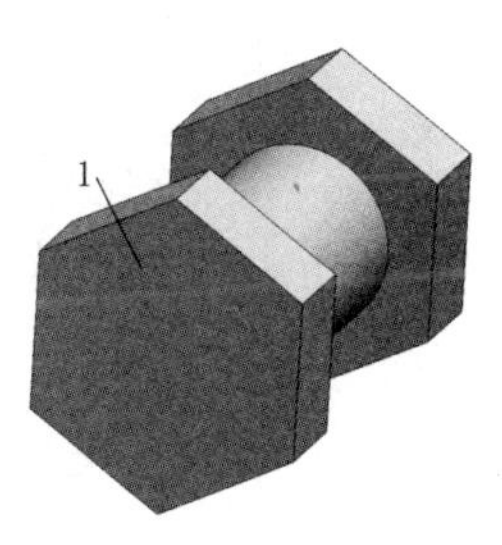

图3-112　镜像的图形

3.3.8　孔特征

孔特征是指在已有的零件上生成各种类型的孔特征。SOLIDWORKS提供了两种生成孔特征的方法，分别是简单直孔和异型孔向导。下面通过实例介绍不同孔特征的操作步骤。

1. 简单直孔

视频讲解

简单直孔是指在确定的平面上设置孔的直径和深度。孔深度的“终止条件”类型与拉伸切除的“终止条件”类型基本相同。

【操作步骤】

（1）执行孔命令。打开源文件“3.24.SLDPRT”。选择图3-113中的表面1，选择“插入”→“特征”→“孔”→“简单直孔”菜单命令，或者单击“特征”面板中的“简单直孔”按钮，此时系统弹出如图3-114所示的“孔”属性管理器。

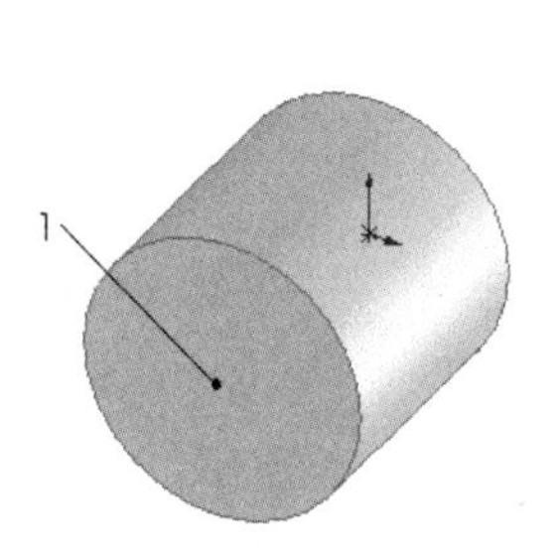

图3-113　打开的图形

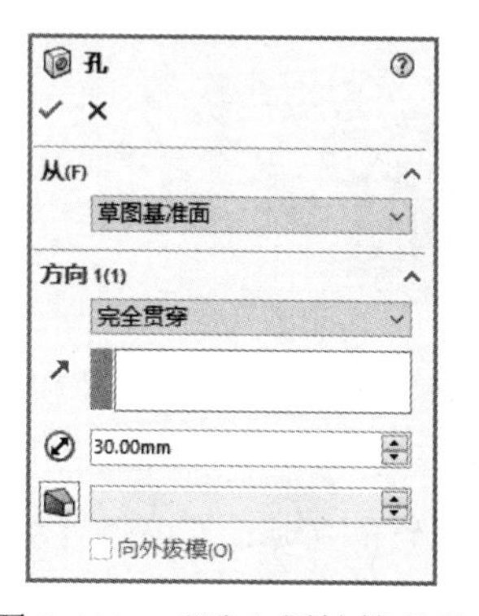

图3-114　“孔”属性管理器

Note

（2）设置属性管理器。在“终止条件”一栏的下拉菜单中选择“完全贯穿”选项；在“孔直径”一栏中输入值 30。

（3）确认孔特征。单击“孔”属性管理器中的“确定”按钮✔，钻孔的图形如图 3-115 所示。

（4）精确定位孔位置。右击 FeatureManager 设计树中上一步添加的孔特征选项，此时系统弹出如图 3-116 所示的快捷菜单，在其中单击“编辑草图”选项，视图如图 3-117 所示。

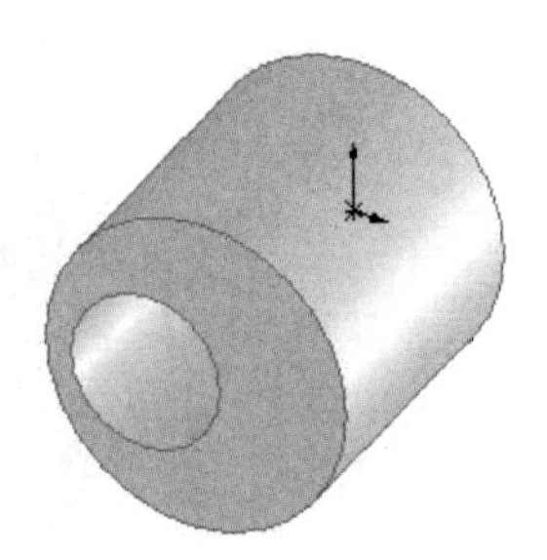

图 3-115　钻孔的图形

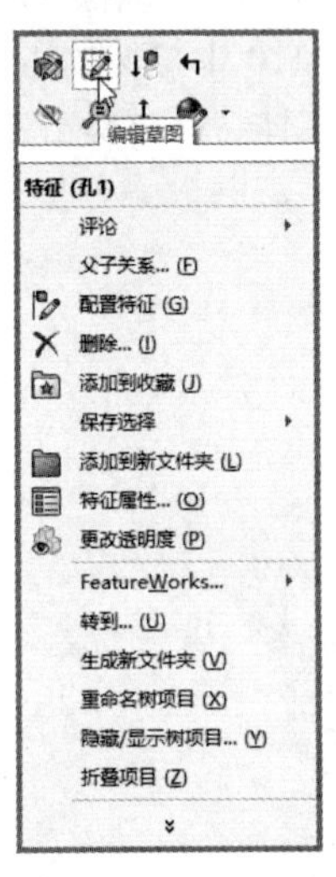

图 3-116　快捷菜单

（5）添加几何关系。按住 Ctrl 键，单击图 3-117 中的圆弧 1 和边线弧 2，此时系统弹出如图 3-118 所示的“属性”属性管理器。

（6）单击“添加几何关系”一栏中的“同心”选项，此时“同心”几何关系出现在“现有几何关系”一栏中。为圆弧 1 和边线弧 2 添加“同心”几何关系。

（7）确认孔位置。单击“属性”属性管理器中的“确定”按钮✔，编辑的图形如图 3-119 所示。

图 3-117　编辑草图

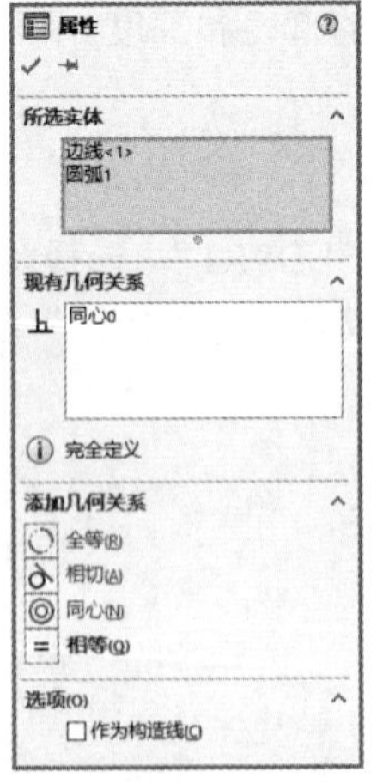

图 3-118　“属性”属性管理器

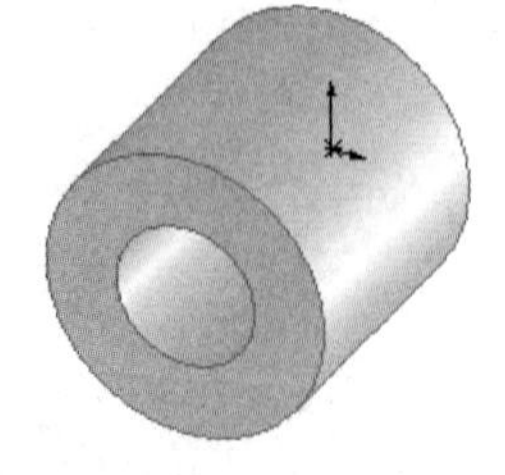

图 3-119　编辑的图形

注意：

在确定简单孔的位置时，可以通过标注尺寸的方式来确定。对于特殊的图形，可以通过添加几何关系来确定。

Note

视频讲解

2. 异型孔

异型孔向导用于生成具有复杂轮廓的孔，主要包括柱孔、锥孔、孔、螺纹孔、管螺纹孔和旧制孔6 种类型的孔。异型孔的类型和位置都是在“孔规格”属性管理器中完成的。

【操作步骤】

（1）执行孔命令。打开源文件“3.25.SLDPRT”。选择图 3-120 中的表面 1，选择“插入”→“特征”→“孔”→“向导”菜单命令，或者单击“特征”面板中的“异型孔向导”按钮，系统弹出如图 3-121 所示的“孔规格”属性管理器。

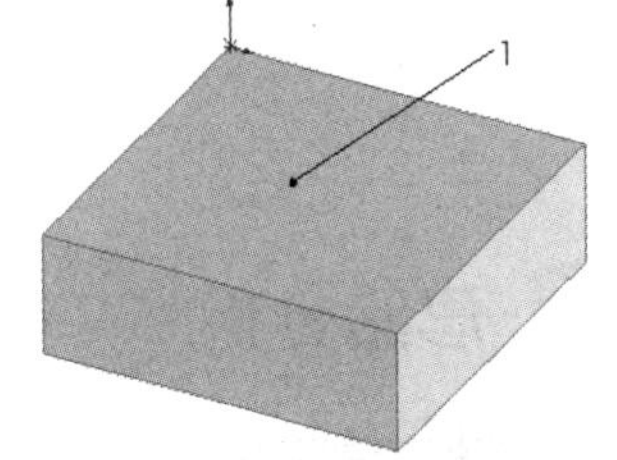

图 3-120　打开的图形

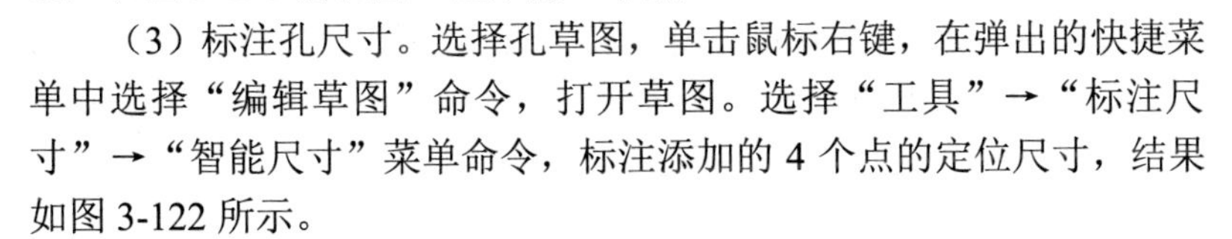

（2）设置属性管理器。孔类型按照图 3-121 所示进行设置，然后选中“孔规格”属性管理器中的“位置”选项卡，单击“3D 草图”按钮，在图 3-120 的表面 1 上添加 4 个点。

（3）标注孔尺寸。选择孔草图，单击鼠标右键，在弹出的快捷菜单中选择“编辑草图”命令，打开草图。选择“工具”→“标注尺寸”→“智能尺寸”菜单命令，标注添加的 4 个点的定位尺寸，结果如图 3-122 所示。

（4）确认孔特征。单击“孔规格”属性管理器中的“确定”按钮✔，结果如图 3-123 所示。

（5）设置视图方向。选择“视图”→“修改”→“旋转视图”菜单命令，将视图以合适的方向显示，结果如图 3-124 所示。

图 3-121　“孔规格”属性管理器

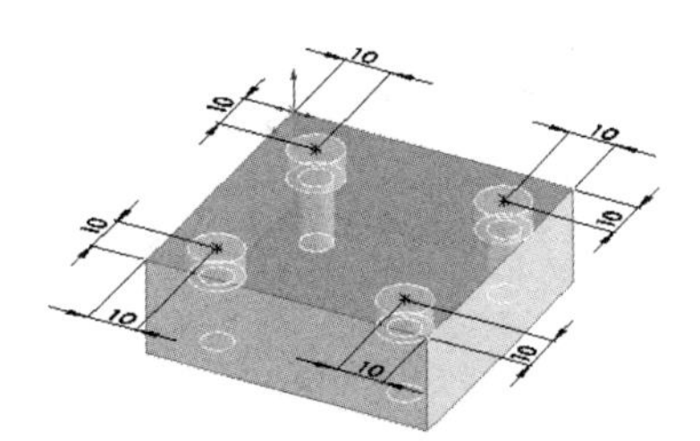

图 3-122　标注孔的位置

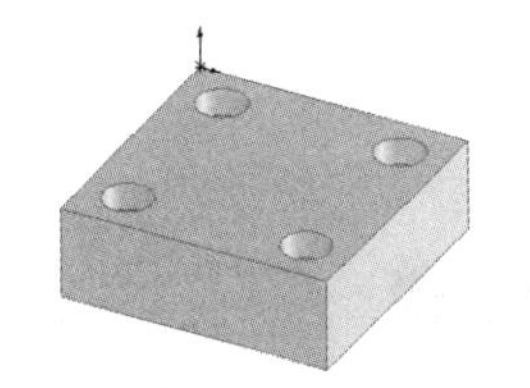

图 3-123　添加孔的图形

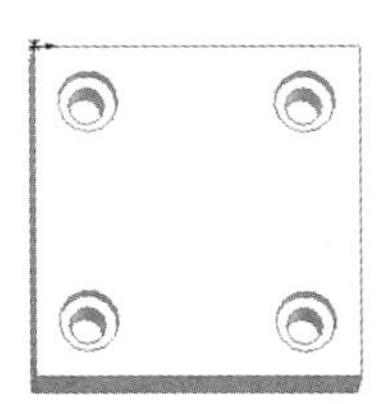

图 3-124　旋转视图的图形

3.3.9 实例——剪刀刀刃

Note

视频讲解

本实例创建的剪刀刀刃如图 3-125 所示。

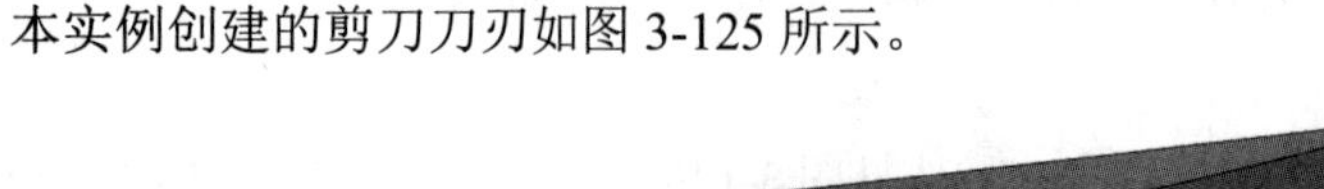

图 3-125 剪刀刀刃

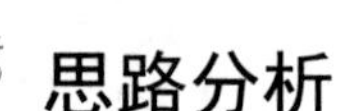

思路分析

首先绘制草图，通过拉伸创建主体，然后通过拉伸切除创建剪刀刀刃，最后进行拔模和圆角处理，完成剪刀刀刃的创建。绘制剪刀刀刃的流程如图 3-126 所示。

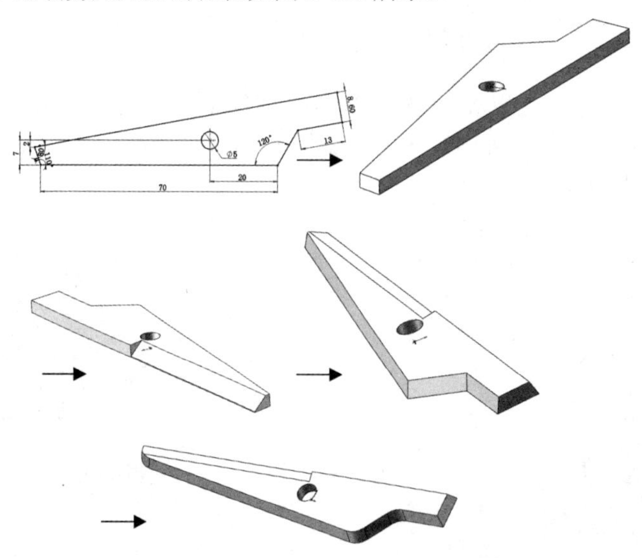

图 3-126 绘制剪刀刀刃的流程

绘制步骤

01 新建文件。启动 SOLIDWORKS，单击“快速访问”工具栏中的“新建”按钮，或选择“文件”→“新建”菜单命令，在弹出的“新建 SOLIDWORKS 文件”对话框中单击“零件”按钮，然后单击“确定”按钮，新建一个零件文件。

02 设置基准面。在 FeatureManager 设计树中选择“前视基准面”，然后单击“视图（前导）”工具栏中的“正视于”按钮，将该基准面作为绘制图形的基准面。单击“草图”面板中的“草图绘制”按钮，进入草图绘制状态。

03 绘制草图。单击“草图”面板中的“直线”按钮和“圆”按钮，绘制如图 3-127 所示的草图并标注尺寸。

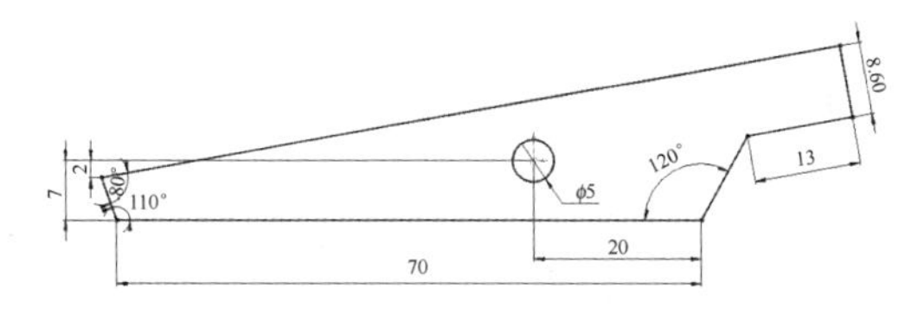

图 3-127　绘制草图

04 创建拉伸实体。选择菜单栏中的“插入”→“凸台/基体”→“拉伸”命令，或者单击“特征”面板中的“拉伸凸台/基体”按钮，弹出如图 3-128 所示的“凸台-拉伸”属性管理器。设置终止条件为“给定深度”，输入拉伸距离为 3.00 mm，单击“确定”按钮✔，结果如图 3-129 所示。

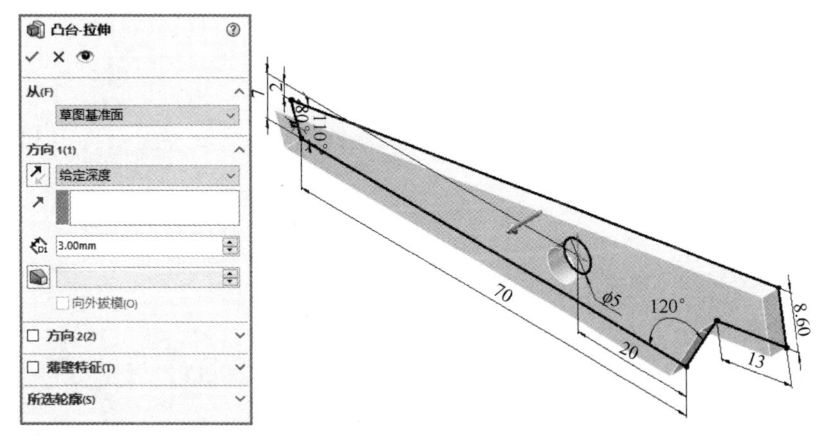

图 3-128　“凸台-拉伸”属性管理器

05 设置基准面。在绘图区中选择如图 3-129 所示的面 1，然后单击“视图（前导）”工具栏中的“正视于”按钮，将该基准面作为绘制图形的基准面。

06 绘制草图。单击“草图”面板中的“直线”按钮，绘制如图 3-130 所示的草图并标注尺寸。单击“退出草图”按钮，退出草图。

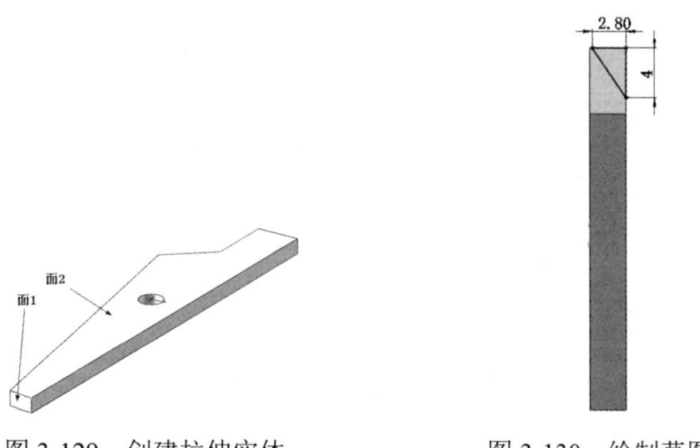

图 3-129　创建拉伸实体　　　　图 3-130　绘制草图

07 设置基准面。在绘图区中选择如图 3-129 所示的面 2，然后单击“视图（前导）”工具栏中的“正视于”按钮，将该基准面作为绘制图形的基准面。

08 绘制草图。单击“草图”面板中的“直线”按钮，绘制如图 3-131 所示的路径草图并标注尺寸。单击“退出草图”按钮，退出草图。

Note

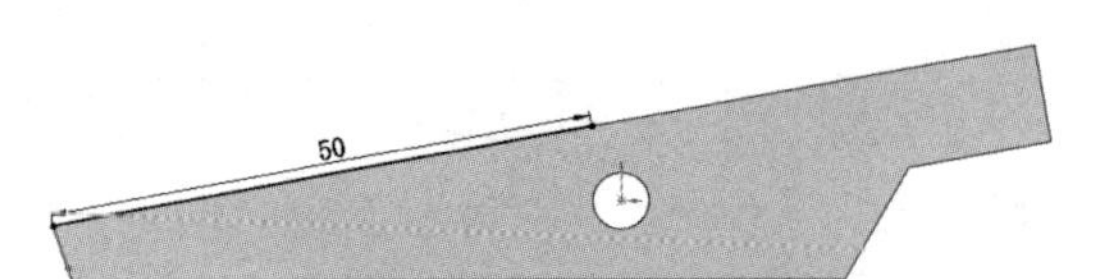

图 3-131　绘制路径草图

09 切除扫描实体。选择菜单栏中的“插入”→“切除”→“扫描”命令，或者单击“特征”面板中的“扫描切除”按钮，弹出如图 3-132 所示的“切除-扫描”属性管理器。选择步骤 **06** 绘制的草图为扫描轮廓，选择步骤 **08** 绘制的草图为扫描路径，单击“确定”按钮✓，切除扫描实体如图 3-133 所示。

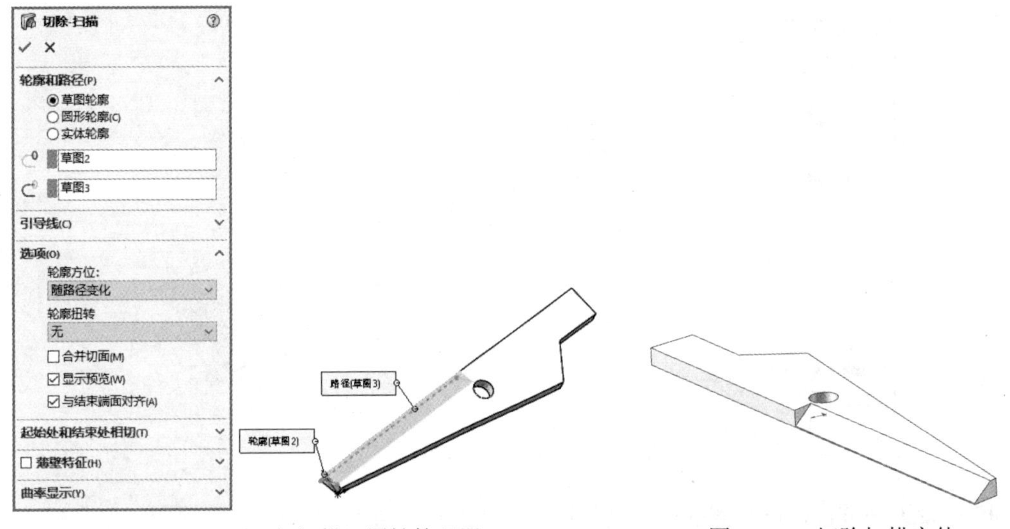

图 3-132　“切除-扫描”属性管理器　　图 3-133　切除扫描实体

10 拔模处理。选择菜单栏中的“插入”→“特征”→“拔模”命令，或者单击“特征”面板中的“拔模”按钮，弹出如图 3-134 所示的“拔模”属性管理器。拔模类型选择“中性面”，选择图 3-134 所示的下底面为中性面，选择四周面为拔模面，输入拔模角度为 20 度，单击“确定”按钮✓，拔模处理如图 3-135 所示。

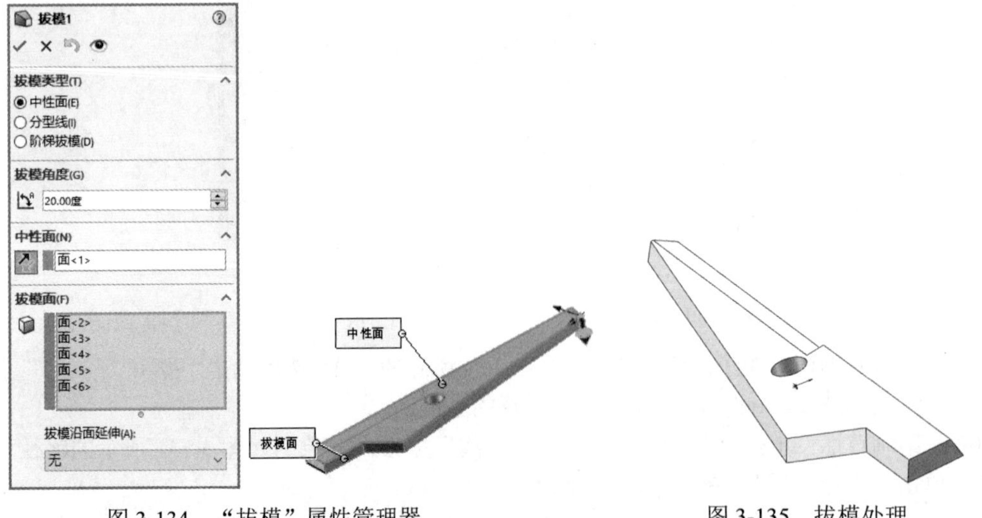

图 3-134　“拔模”属性管理器　　图 3-135　拔模处理

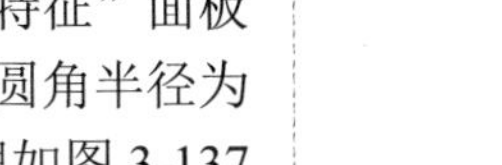

11 圆角处理。选择菜单栏中的“插入”→“特征”→“圆角”命令，或者单击“特征”面板中的“圆角”按钮，弹出“圆角”属性管理器，圆角类型选择“恒定大小圆角”，输入圆角半径为 5 mm，在视图中选择如图 3-136 所示的边线进行倒圆角，单击“确定”按钮✓，圆角处理如图 3-137 所示。

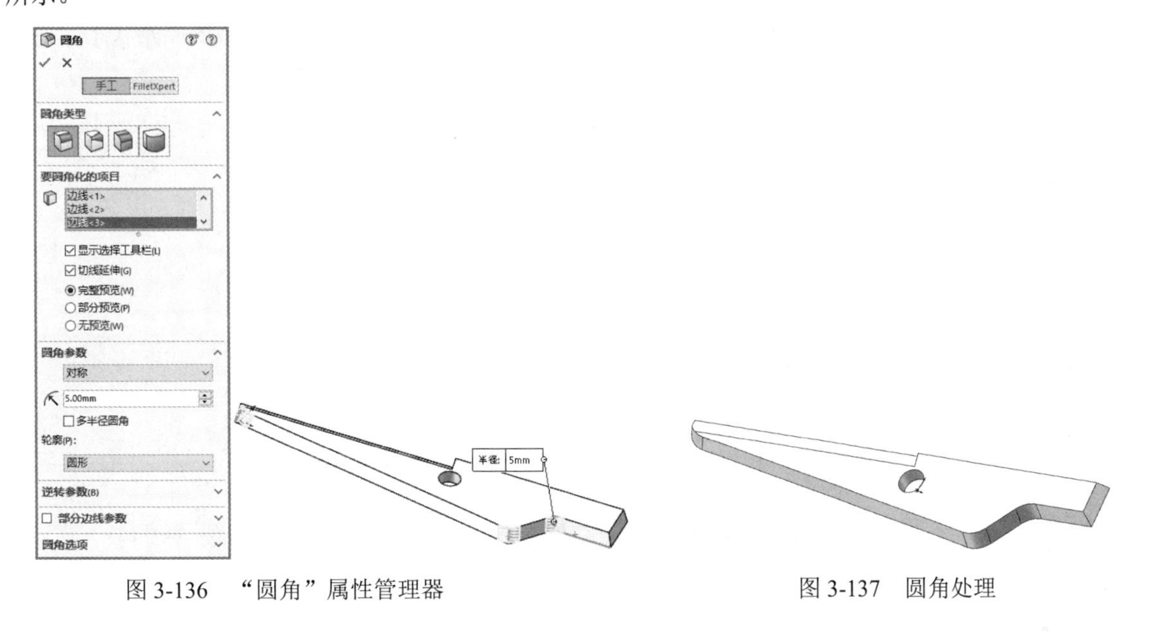

图 3-136　“圆角”属性管理器　　图 3-137　圆角处理

3.4 特征编辑

零件的建模过程实际上是一个创建和管理特征的过程。本节主要介绍零件的特征管理，即退回与插入特征、压缩与解除压缩特征和动态修改特征。

3.4.1 退回与插入特征

退回特征命令可以查看某一特征生成前后模型的状态；插入特征命令用于在某一特征之后插入新的特征。

1. 退回特征

退回特征有两种方式：一种为使用“退回控制棒”；另一种为使用快捷菜单。下面分别对其进行详细介绍。

在 FeatureManager 设计树的最底端有一条黄黑色粗实线，该线就是“退回控制棒”。图 3-138 所示为绘制的基座，图 3-139 所示为基座的 FeatureManager 设计树。当将鼠标放置在“退回控制棒”上时，光标变为。单击鼠标左键，此时“退回控制棒”以蓝色显示，然后拖动鼠标到欲查看的特征上，并释放鼠标，此时退回的 FeatureManager 设计树如图 3-140 所示，退回的零件模型如图 3-141 所示。

从图 3-141 中可以看出，查看特征后的特征在零件模型上没有显示，表明该零件模型退回到该特征以前的状态。

退回特征可以使用快捷菜单进行操作，单击基座的 FeatureManager 设计树中的“M10 六角凹头螺钉的柱形沉头孔 1”特征，然后单击鼠标右键，此时系统弹出如图 3-142 所示的快捷菜单，在其中选择“退回”选项，此时该零件模型退回到该特征以前的状态，如图 3-141 所示。也可以在退回状态下使用如图 3-143 所示的快捷菜单，然后选择需要的退回操作。

在图 3-143 所示的快捷菜单中，“向前推进”选项表示退回到下一个特征；“退回到前”选项表示退回到上一退回特征状态；“退回到尾”选项表示退回到特征模型的末尾，即模型的原始状态。

Note

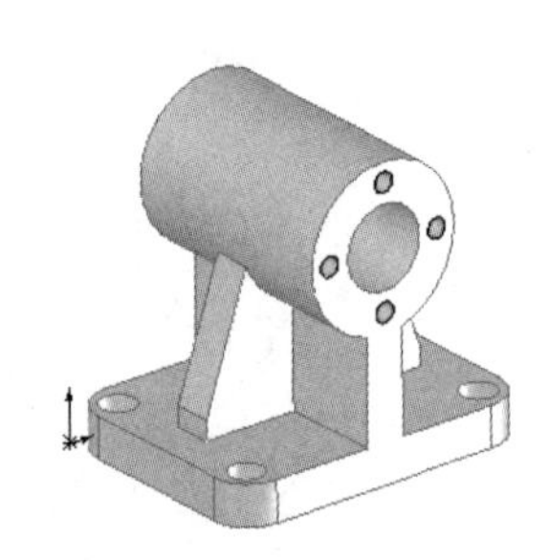

图 3-138　绘制的基座

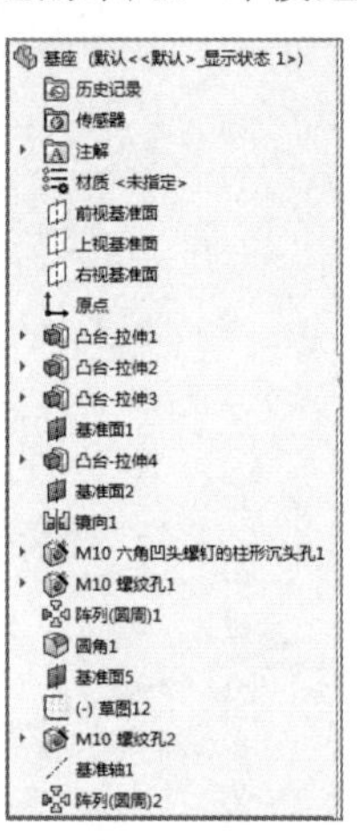

图 3-139　基座的 FeatureManager 设计树

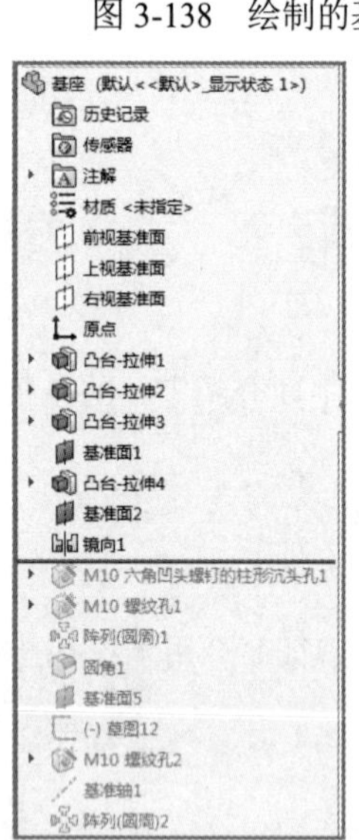

图 3-140　退回的 FeatureManager 设计树

图 3-141　退回的零件模型

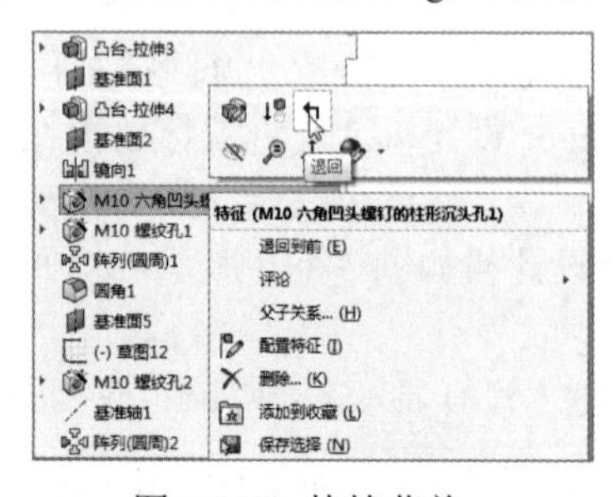

图 3-142　快捷菜单

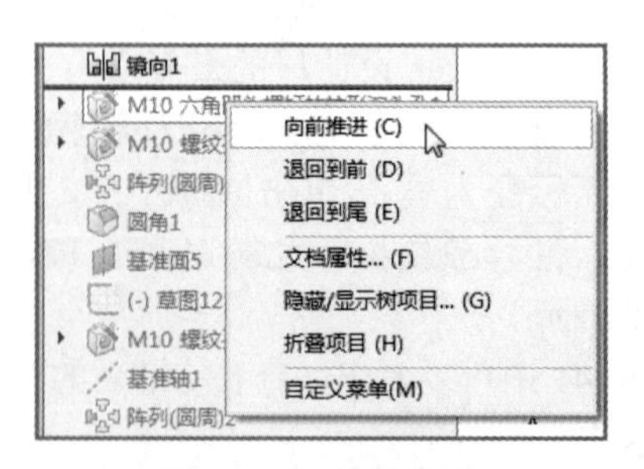

图 3-143　快捷菜单

注意：

（1）当零件模型处于退回特征状态时，将无法访问该零件的工程图和基于该零件的装配图。

（2）不能保存处于退回特征状态的零件图，在保存零件时，系统将自动释放退回状态。

（3）在重新创建零件的模型时，处于退回状态的特征不会被考虑，即视其处于压缩状态。

2. 插入特征

插入特征是零件设计中一项非常实用的操作。

【操作步骤】

（1）将 FeatureManager 设计树中的“退回控制棒”拖到需要插入特征的位置。

（2）根据设计需要生成新的特征。

（3）将“退回控制棒”拖动到设计树的最后位置，完成特征的插入。

3.4.2　压缩与解除压缩特征

视频讲解

1. 压缩特征

用户可以从 FeatureManager 设计树中选择需要压缩的特征，也可以从视图中选择需要压缩特征的一个面。

【执行方式】

（1）工具栏方式：选择要压缩的特征，然后单击“特征”工具栏中的“压缩”按钮。

（2）菜单栏方式：选择要压缩的特征，然后选择菜单栏中的“编辑”→“压缩”→“此配置”命令。

（3）快捷菜单方式：在 FeatureManager 设计树中选择需要压缩的特征，然后单击鼠标右键，在快捷菜单中选择“压缩”选项，如图 3-144 所示。

（4）对话框方式：在 FeatureManager 设计树中选择需要压缩的特征，然后单击鼠标右键，在快捷菜单中选择“特征属性”选项。在弹出的“特征属性”对话框（见图 3-145）中选中“压缩”复选框，然后单击“确定”按钮。

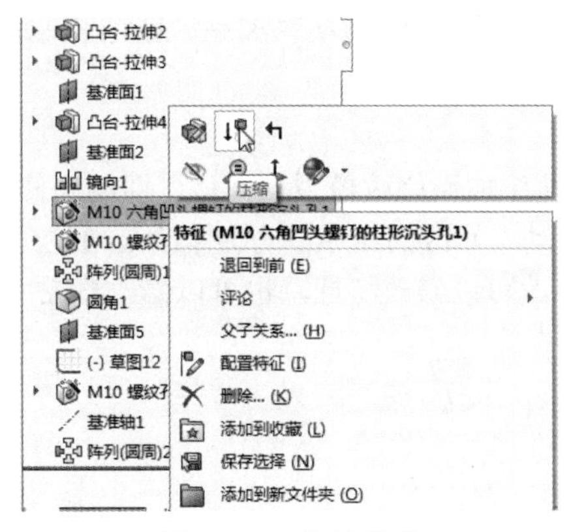

图 3-144　快捷菜单

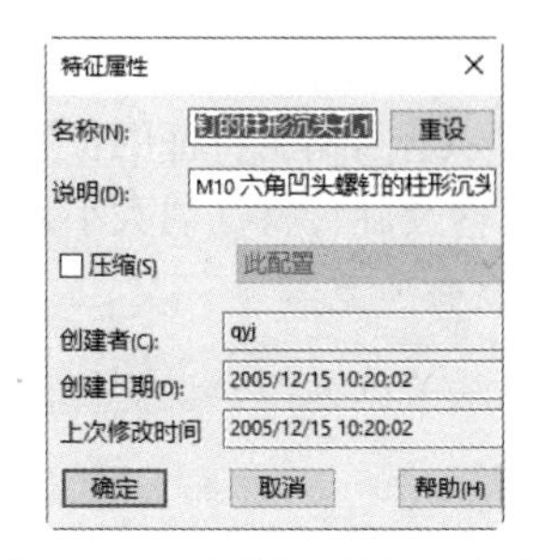

图 3-145　“特征属性”对话框

特征被压缩后，在模型中不再被显示，但是并没有被删除，被压缩的特征在 FeatureManager 设计树中以灰色显示。图 3-146 所示为压缩特征后的基座，图 3-147 所示为压缩后的 FeatureManager 设计树。

Note

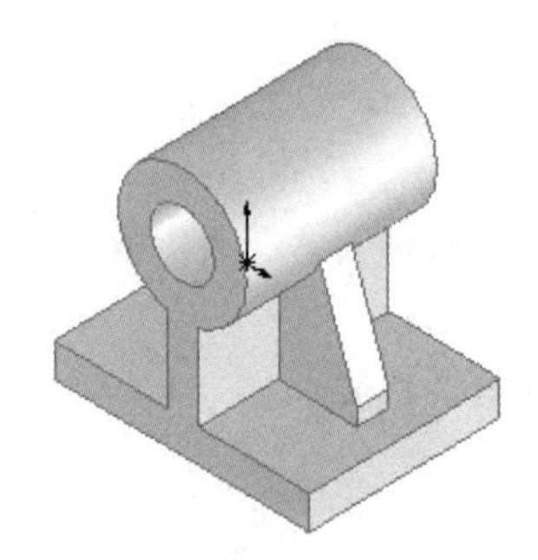

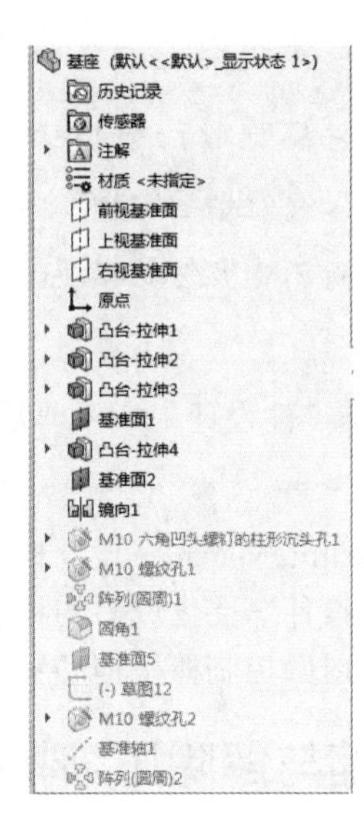

图 3-146　压缩特征后的基座　　　　图 3-147　压缩后的 FeatureManager 设计树

2. 解除压缩特征

视频讲解

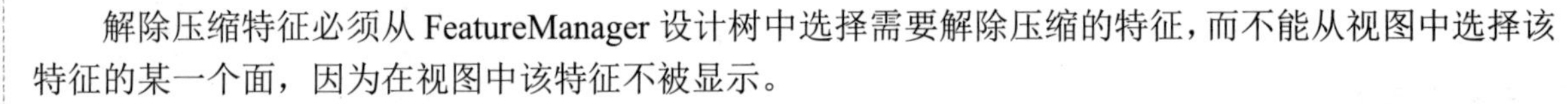

解除压缩特征必须从 FeatureManager 设计树中选择需要解除压缩的特征，而不能从视图中选择该特征的某一个面，因为在视图中该特征不被显示。

【执行方式】

（1）工具栏方式：选择要解除压缩的特征，然后单击“特征”工具栏中的“解除压缩”按钮。

（2）菜单栏方式：选择要解除压缩的特征，然后选择菜单栏中的“编辑”→“解除压缩”→“此配置”命令。

（3）快捷菜单方式：选择要解除压缩的特征，然后单击鼠标右键，在快捷菜单中选择“解除压缩”选项。

（4）对话框方式：选择要解除压缩的特征，然后单击鼠标右键，在快捷菜单中选择“特征属性”选项。在弹出的“特征属性”对话框中取消“压缩”复选框，然后单击“确定”按钮。

压缩的特征被解除后，视图中将显示该特征，FeatureManager 设计树中该特征将以正常模式显示。

3.4.3　Instant3D

Instant3D 可以让用户通过拖动光标或标尺来快速生成和修改模型几何体，即动态修改特征，是指系统不需要退回编辑特征的位置，直接对特征进行动态修改的命令。动态修改是通过光标移动、旋转和调整拉伸及旋转特征的大小来进行修改。动态修改可以修改特征，也可以修改草图。

1. 动态修改草图

视频讲解

下面以法兰盘为例，说明修改草图的动态修改特征。

【操作步骤】

（1）执行命令。单击“特征”面板中的“Instant3D”按钮，开始动态修改特征操作。

（2）选择需要修改的特征。单击 FeatureManager 设计树中的“拉伸 1”，该特征在视图中高亮显示，如图 3-148 所示，同时出现该特征的修改光标。

（3）修改草图。用鼠标移动直径为 80.00 mm 的光标，屏幕出现标尺，使用屏幕上的标尺可精确

测量修改，如图 3-149 所示。修改后的草图如图 3-150 所示。

（4）退出修改特征。单击“特征”面板中的“Instant3D”按钮，退出 Instant3D 特征操作，此时修改后的图形如图 3-151 所示。

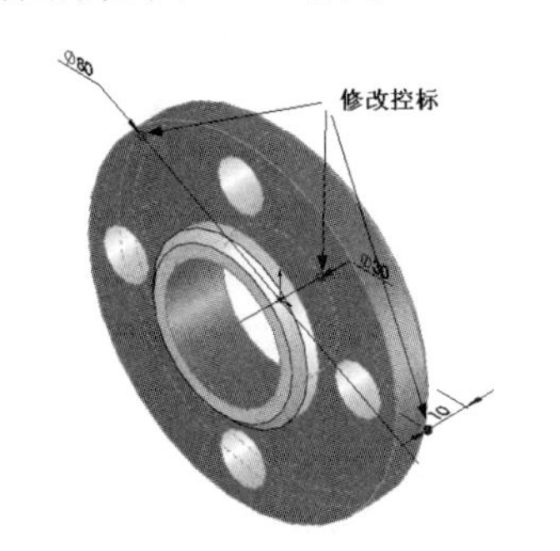

图 3-148　选择需要修改的特征

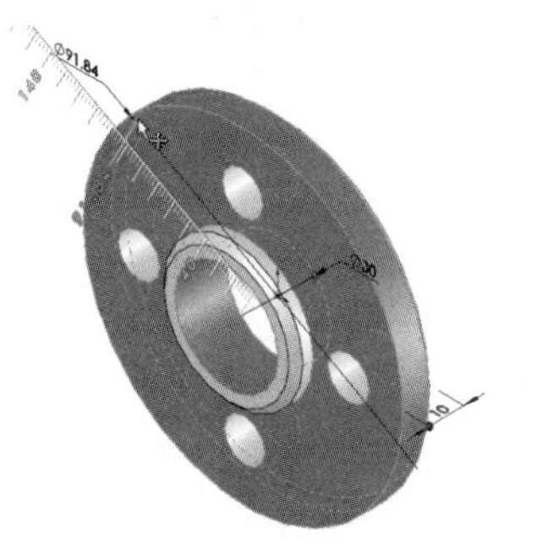

图 3-149　修改草图

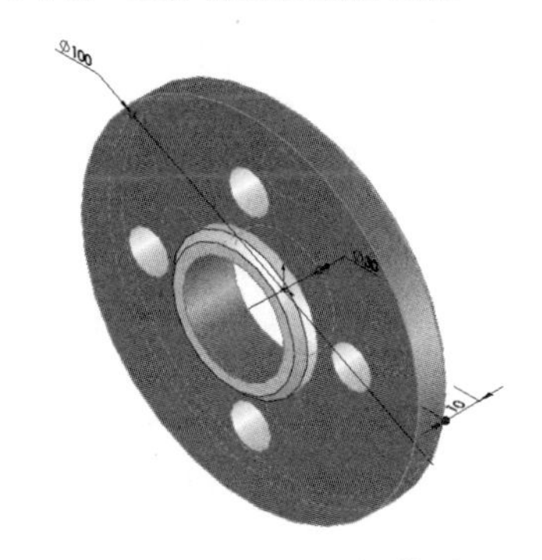

图 3-150　修改后的草图

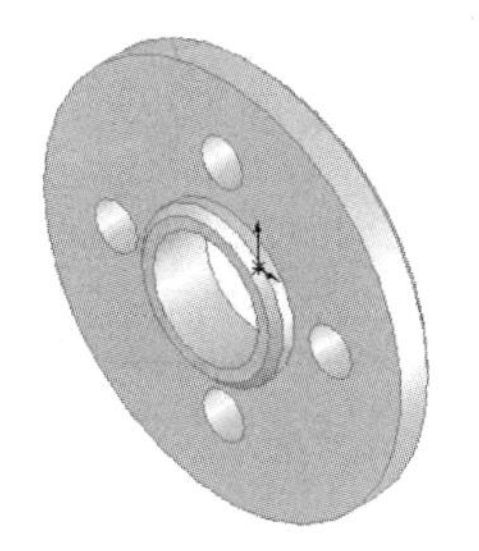

图 3-151　修改后的图形

2. 动态修改特征

下面以法兰盘为例，说明修改特征的动态修改特征。

视频讲解

【操作步骤】

（1）执行命令。单击“特征”面板中的“Instant3D”按钮，开始动态修改特征操作。

（2）选择需要修改的特征。单击 FeatureManager 设计树中的“拉伸 2”，该特征在视图中高亮显示，如图 3-152 所示，同时出现该特征的修改光标。

（3）通过光标修改特征。拖动距离为 5mm 的修改光标，调整拉伸的长度，如图 3-153 所示。

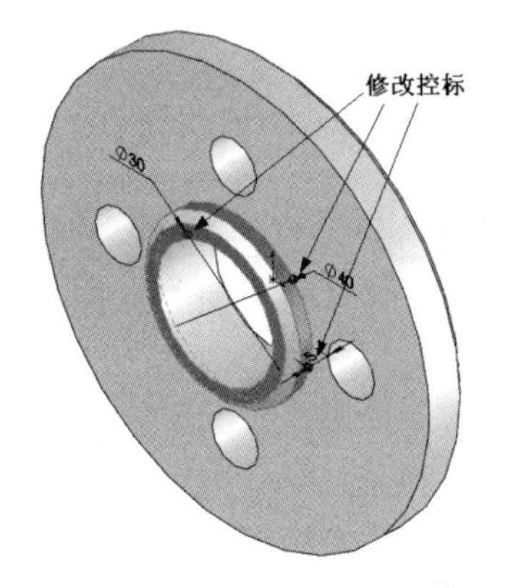

图 3-152　选择需要修改的特征

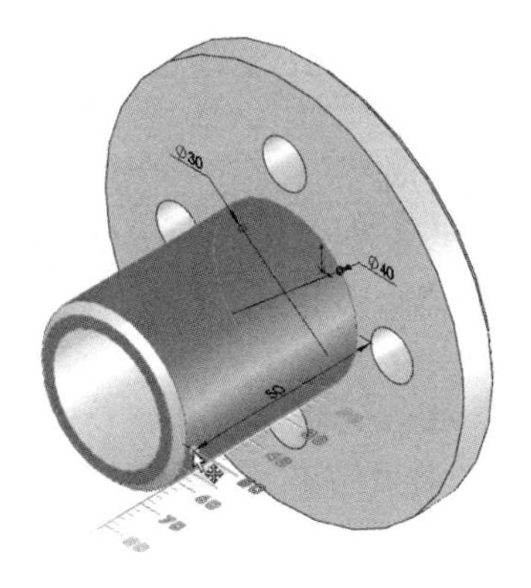

图 3-153　拖动修改光标

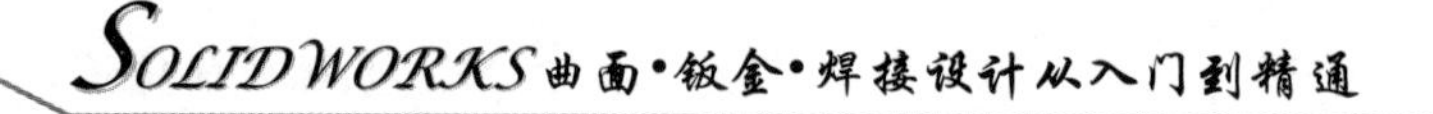

（4）退出修改特征。单击“特征”面板中的“Instant3D”按钮，退出 Instant3D 特征操作，此时修改后的图形如图 3-154 所示。

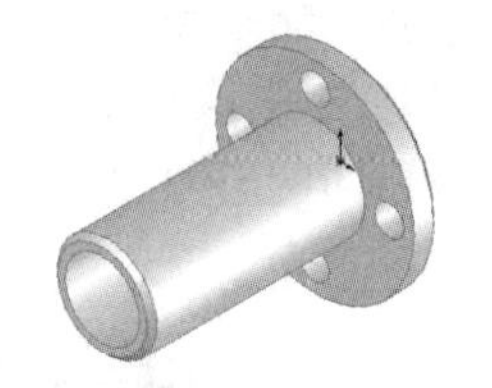

图 3-154　修改后的图形

3.4.4　实例——剪刀刀柄

Note

视频讲解

本实例创建的剪刀刀柄如图 3-155 所示。

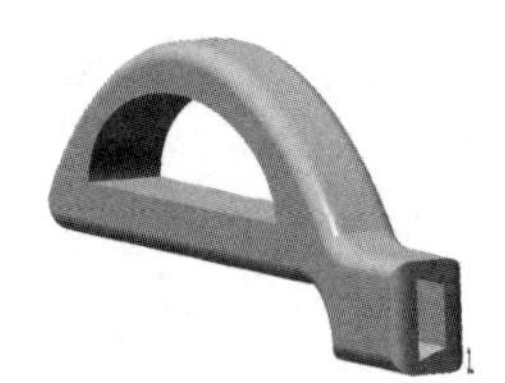

图 3-155　剪刀刀柄

思路分析

首先绘制草图，通过拉伸创建剪刀刀柄主体，然后进行圆角处理，再切除拉伸槽。绘制剪刀刀柄的流程如图 3-156 所示。

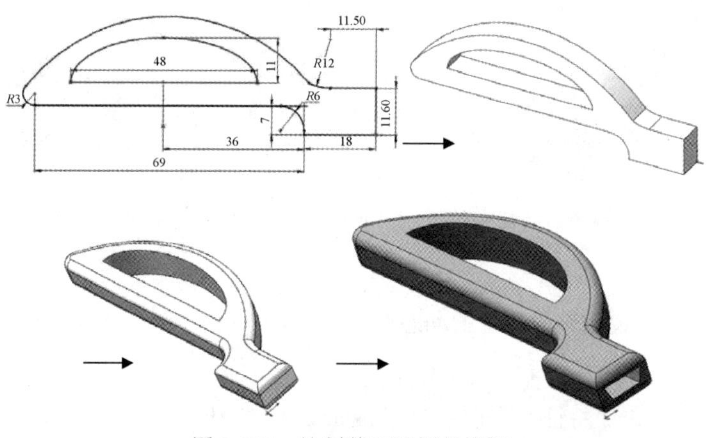

图 3-156　绘制剪刀刀柄的流程

绘制步骤

01 新建文件。启动 SOLIDWORKS，单击“快速访问”工具栏中的“新建”按钮，或选择菜单栏中的“文件”→“新建”命令，在弹出的“新建 SOLIDWORKS 文件”对话框中单击“零件”按钮，然后单击“确定”按钮，新建一个零件文件。

02 设置基准面。在 FeatureManager 设计树中选择“前视基准面”，然后单击“视图（前导）”工具栏中的“正视于”按钮，将该基准面作为绘制图形的基准面。单击“草图”面板中的“草图绘制”按钮，进入草图绘制状态。

03 绘制草图 1。单击“草图”面板中的“直线”按钮、“三点圆弧”按钮、“绘制圆角”按钮和“智能尺寸”按钮，绘制如图 3-157 所示的草图并标注尺寸。

Note

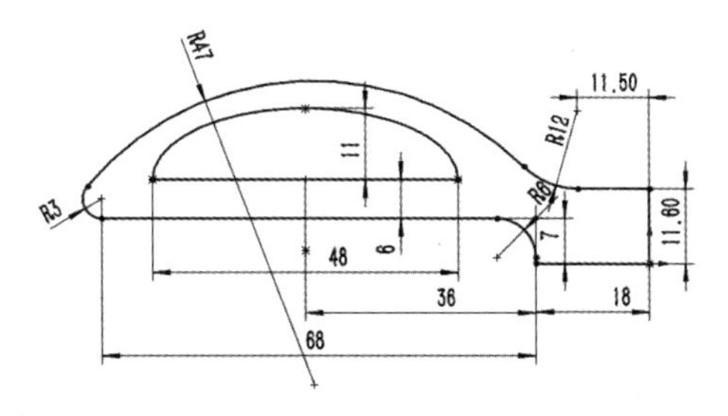

图 3-157　绘制草图

04 拉伸实体。选择菜单栏中的“插入”→“凸台/基体”→“拉伸”命令，或者单击“特征”面板中的“拉伸凸台/基体”按钮，弹出如图 3-158 所示的“凸台-拉伸”属性管理器。设置终止条件为“给定深度”，输入拉伸距离为 8mm，单击“确定”按钮✔，拉伸实体如图 3-159 所示。

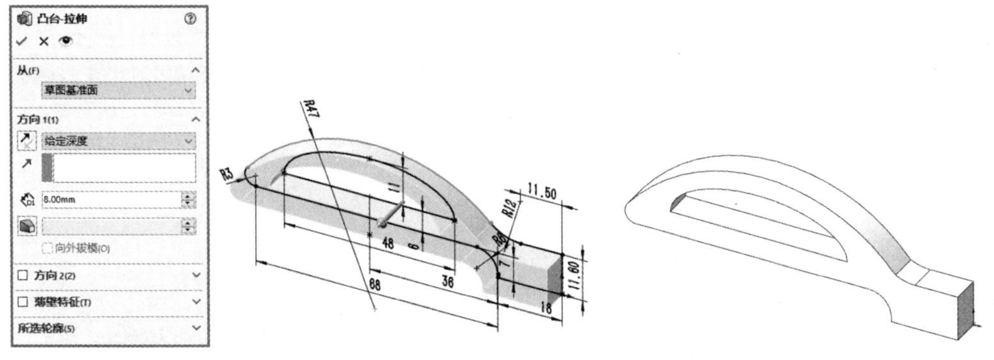

图 3-158　“凸台-拉伸”属性管理器　　　　图 3-159　拉伸实体

05 圆角处理。选择菜单栏中的“插入”→“特征”→“圆角”命令，或者单击“特征”面板中的“圆角”按钮，弹出“圆角”属性管理器，圆角类型选择“恒定大小圆角”，输入圆角半径为 2mm，在视图中选择如图 3-160 所示的边线进行倒圆角，单击“确定”按钮✔，结果如图 3-161 所示。

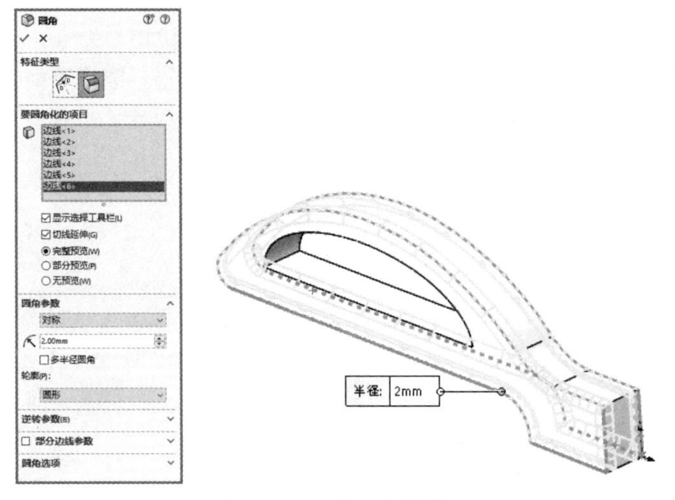

图 3-160　“圆角”属性管理器

06 设置基准面。在 FeatureManager 设计树中选择如图 3-161 所示的面 1，然后单击“视图（前导）”工具栏中的“正视于”按钮，将该基准面作为绘制图形的基准面。单击“草图”面板中的“草

Note

图绘制”按钮，进入草图绘制状态。

07 绘制草图。单击“草图”面板中的“边角矩形”按钮，绘制如图 3-162 所示的草图并标注尺寸。

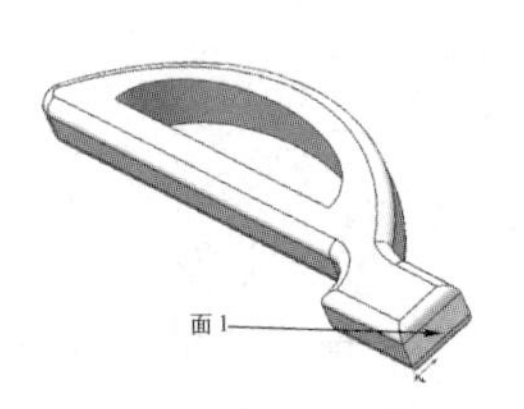

图 3-161 圆角处理

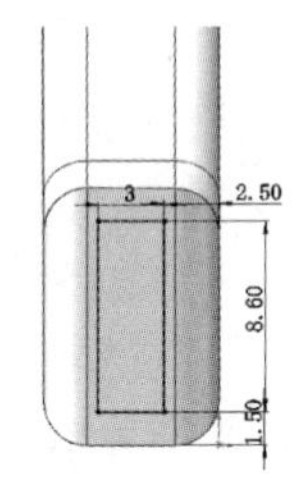

图 3-162 绘制草图

08 扫描切除实体。选择菜单栏中的“插入”→“切除”→“拉伸”命令，或者单击“特征”面板中的“拉伸切除”按钮，弹出如图 3-163 所示的“切除-拉伸”属性管理器。设置终止条件为“给定深度”，输入拉伸切除距离为 13mm，单击“确定”按钮✔，扫描切除实体如图 3-164 所示。

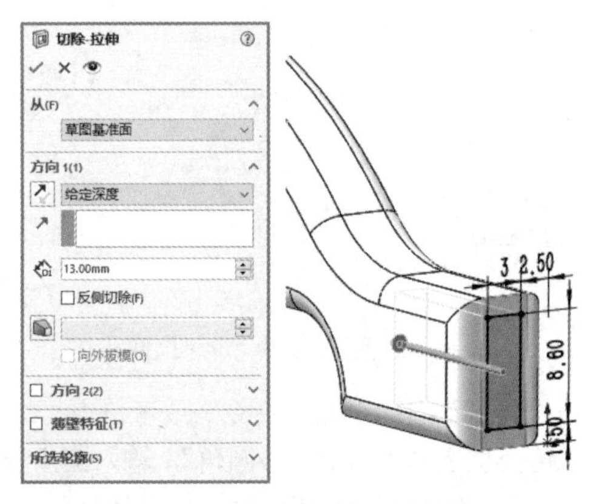

图 3-163 “切除-拉伸”属性管理器

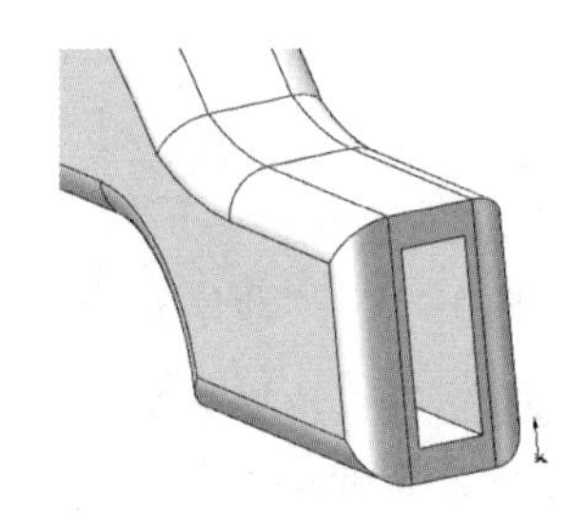

图 3-164 扫描切除实体

09 拔模处理。选择菜单栏中的“插入”→“特征”→“拔模”命令，或者单击“特征”面板中的“拔模”按钮，弹出如图 3-165 所示的“拔模”属性管理器。选择“中性面”拔模类型，选择图 3-165 所示的中性面和拔模面，输入拔模角度为 20 度，单击“确定”按钮✔，拔模处理如图 3-166 所示。

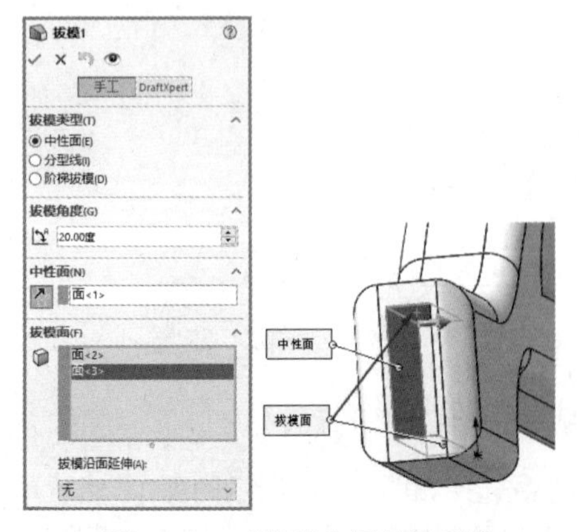

图 3-165 “拔模”属性管理器

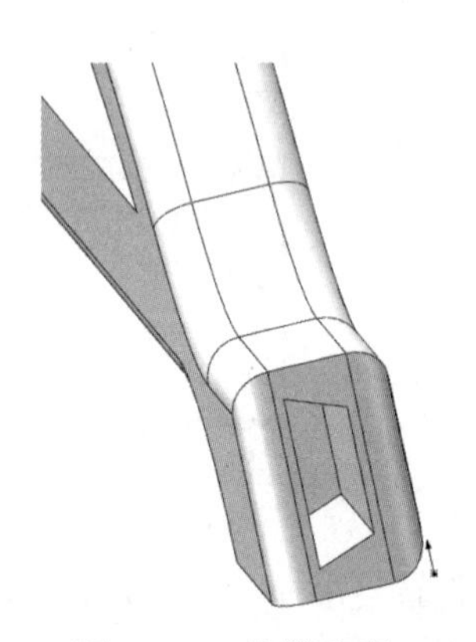

图 3-166 拔模处理

3.5　零件装配

3.5.1　装配体的基本操作

要实现对零部件进行装配，必须首先创建一个装配体文件。本节主要介绍创建装配体的基本操作，包括新建装配体文件、插入零部件、移动零部件与旋转零部件。

1. 新建装配体文件

零件设计完成后，将零件装配到一起，必须创建一个装配体文件。

【操作步骤】

（1）新建文件。选择菜单栏中的“文件”→“新建”命令，或者单击“快速访问”工具栏中的“新建”按钮，此时系统弹出如图 3-167 所示的“新建 SOILDWORKS 文件”对话框。

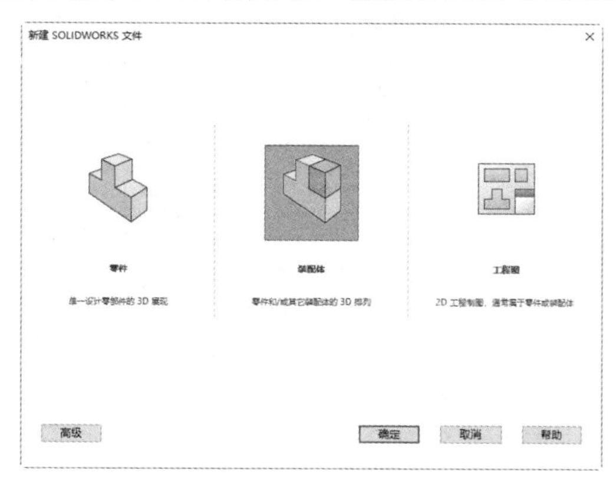

图 3-167　“新建 SOLIDWORKS 文件”对话框

（2）选择文件类型。在“新建 SOLIDWORKS 文件”对话框中单击“装配体”按钮，然后单击“确定”按钮，创建一个装配体文件。装配体文件操作界面如图 3-168 所示。

图 3-168　装配体文件操作界面

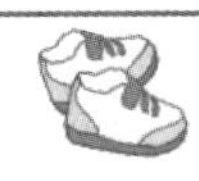

视频讲解

2. 插入零部件

要组合一个装配体文件，必须插入需要的零部件。

【操作步骤】

（1）执行命令。选择菜单栏中的“插入”→“零部件”→“现有零件/装配体”命令，或者单击“装配体”面板中的“插入零部件”按钮。

（2）设置属性管理器。系统弹出如图 3-169 所示的“插入零部件”属性管理器，单击“保持可见”按钮，添加一个或者多个零部件，属性管理器不被关闭。如果没有选中该按钮，则每添加一个零部件，都需要重新启动该属性管理器。

（3）选择需要的零件。单击“插入零部件”属性管理器中的“浏览”按钮，此时系统弹出如图 3-170 所示的“打开”对话框，在其中选择需要插入的文件。

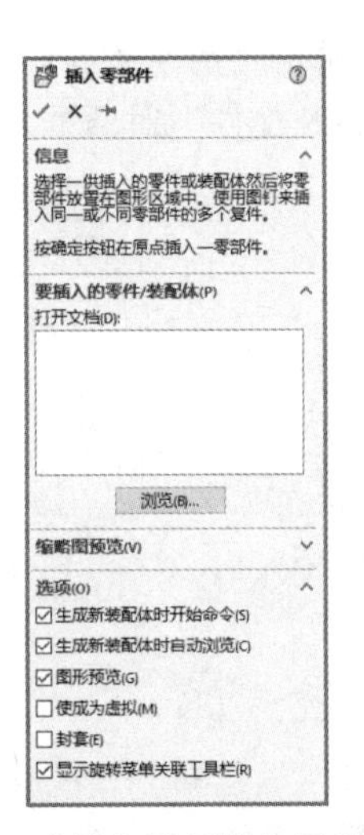

图 3-169 “插入零部件”属性管理器

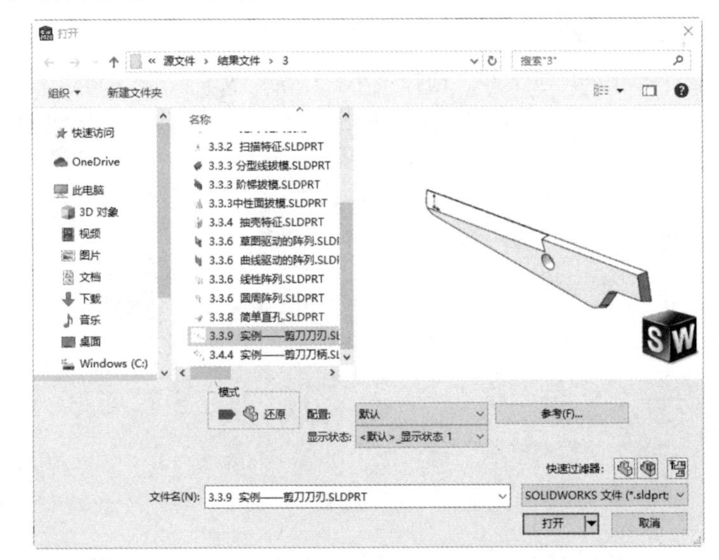

图 3-170 “打开”对话框

（4）插入零件。单击“打开”对话框中的“打开”按钮，然后单击视图中的一点，在合适的位置插入所选择的零部件。

（5）继续插入需要的零部件。重复步骤（3）和步骤（4），插入需要的零部件。零部件插入完毕后，单击“插入零部件”属性管理器中的“确定”按钮✔。

注意：

（1）第一个插入的零部件在装配图中默认的状态是固定的，即不能移动和旋转，在 FeatureManager 设计树中的显示为“(固定)”。如果不是第一个零部件，则状态是浮动的，在“FeatureManager 设计树”中显示为“(-)”，如图 3-171 所示。

（2）系统默认第一个插入的零部件是固定的，也可以将其设置为浮动状态，用鼠标右键单击 FeatureManager 设计树中的固定文件，在弹出的快捷菜单中选择“浮动”命令，如图 3-172 所示。反之，也可以将其设置为固定状态。

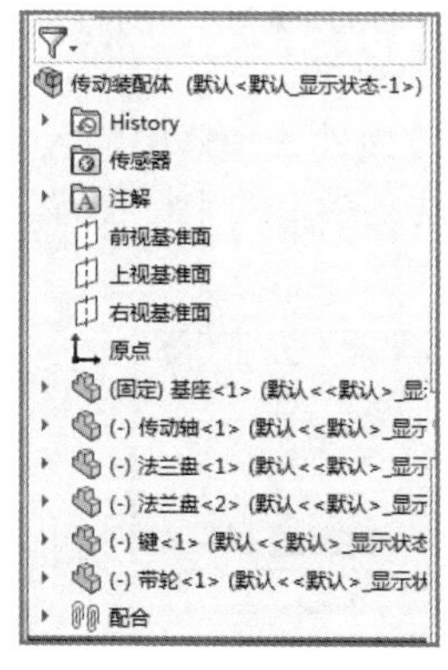

图 3-171　固定和浮动显示

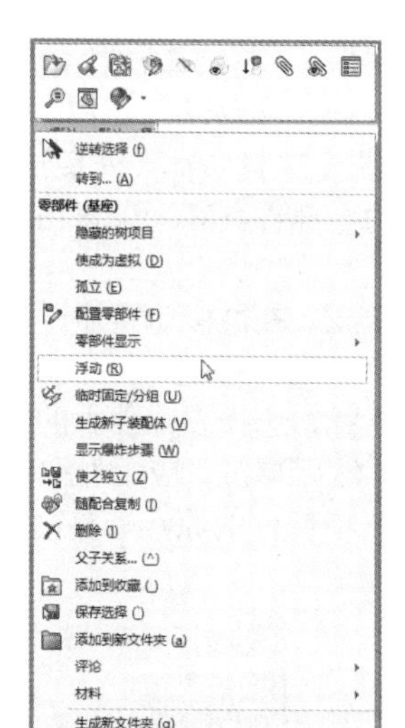

图 3-172　设置浮动的快捷菜单

3. 移动零部件

在 FeatureManager 设计树中，只要零部件前面有“(-)”符号，即表示该零部件可被移动。

【操作步骤】

（1）执行命令。打开源文件“移动零部件.SLDPRT”。选择菜单栏中的“工具”→“零部件”→“移动”命令，或者单击“装配体”面板中的“移动零部件”按钮。

（2）设置移动类型。系统弹出如图 3-173 所示的“移动零部件”属性管理器，在其中选择需要移动的类型，然后拖动到需要的位置。

（3）退出命令操作。单击“移动零部件”属性管理器中的“确定”按钮✔，或者按 Esc 键，取消命令操作。

在“移动零部件”属性管理器中，移动零部件有 5 种类型，如图 3-174 所示，分别是：自由拖动、沿装配体 XYZ、沿实体、由 Delta XYZ、到 XYZ 位置。

图 3-173　“移动零部件”属性管理器

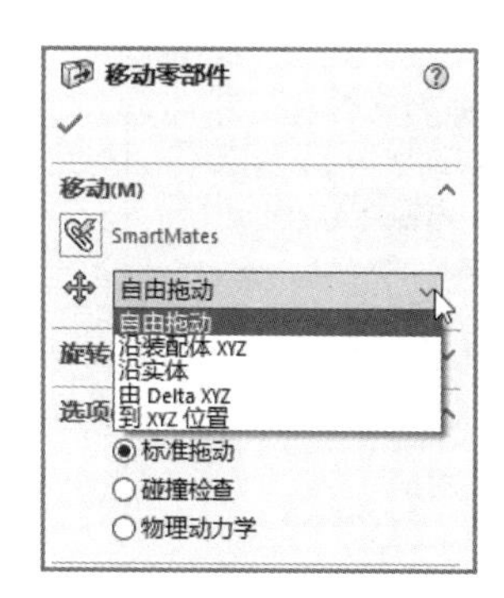

图 3-174　移动零部件的类型

① 自由拖动。系统默认的选项是自由拖动方式，可以在视图中把选中的文件拖动到任意位置。

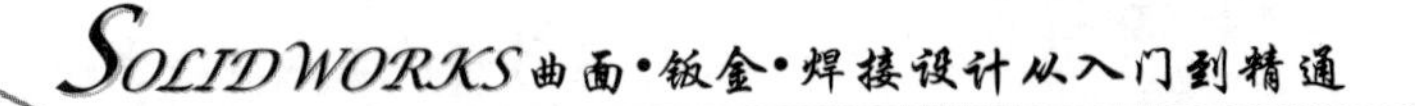

② 沿装配体 XYZ。选择零部件并沿装配体的 *X*、*Y* 或 *Z* 方向拖动。视图中显示的装配体坐标系可以确定移动的方向。在移动前要在欲移动方向的轴附近单击。

③ 沿实体。首先选择实体，然后选择零部件并沿该实体拖动。如果选择的实体是一条直线、边线或轴，所移动的零部件具有一个自由度。如果选择的实体是一个基准面或平面，所移动的零部件具有两个自由度。

Note

④ 由 Delta XYZ。在“移动零部件”属性管理器中输入“由 Delta XYZ”的移动范围，如图 3-175 所示，然后单击“应用”按钮，零部件按照指定的数值移动。

⑤ 到 XYZ 位置。选择零部件中的一点，在“移动零部件”属性管理器中输入 *X*、*Y* 或 *Z* 坐标，如图 3-176 所示，然后单击“应用”按钮，所选零部件的点移动到指定的坐标位置。如果选择的项目不是顶点或点，则零部件的原点会移动到指定的坐标处。

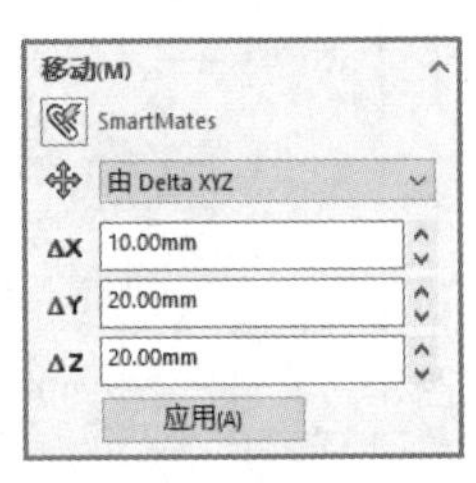

图 3-175　由 Delta XYZ 类型

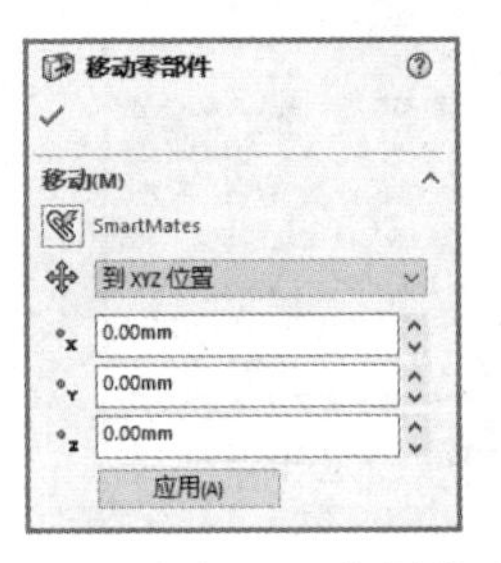

图 3-176　到 XYZ 位置类型

4. 旋转零部件

在 FeatureManager 设计树中，只要零部件前面有“(-)”符号，即表示该零部件可被旋转。

视频讲解

【操作步骤】

（1）执行命令。打开源文件“旋转零部件.SLDASM”。选择菜单栏中的“工具”→“零部件”→“旋转”命令，或者单击“装配体”面板中的“旋转零部件”按钮。

（2）设置旋转类型。系统弹出如图 3-177 所示的“旋转零部件”属性管理器，在其中选择需要旋转的类型，然后根据需要确定零部件的旋转角度。

（3）退出命令操作。单击“旋转零部件”属性管理器中的“确定”按钮✔，或者按 Esc 键，取消命令操作。

在“旋转零部件”属性管理器中，旋转零部件有 3 种类型，如图 3-178 所示，分别是自由拖动、对于实体和由 Delta XYZ。

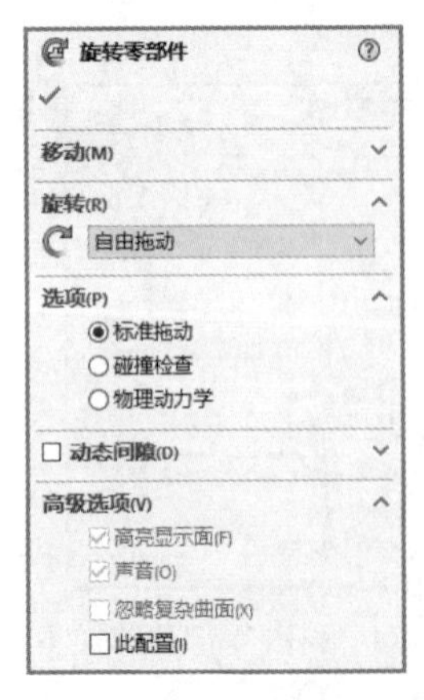

图 3-177　“旋转零部件”属性管理器

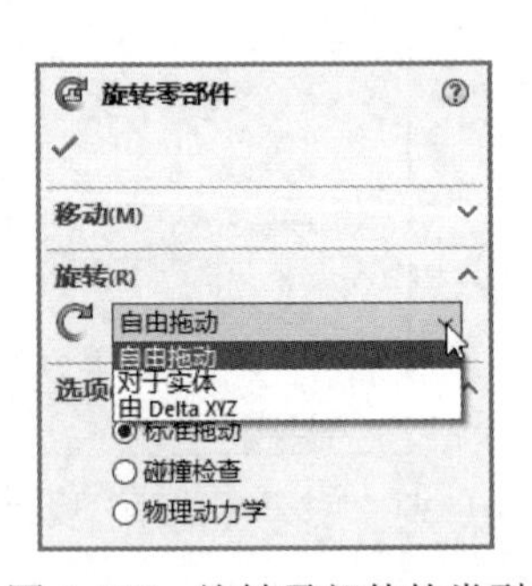

图 3-178　旋转零部件的类型

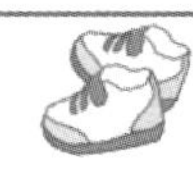

① 自由拖动。选择零部件并沿任何方向旋转拖动。

② 对于实体。选择一条直线、边线或轴，然后围绕所选实体旋转零部件。

③ Delta XYZ。在“旋转零部件”属性管理器中输入旋转三角 *XYZ* 的范围，然后单击“应用”按钮，零部件将按照指定的数值进行旋转。

Note

注意：

（1）不能移动或者旋转一个已经固定或者完全定义的零部件。

（2）只能在配合关系允许的自由度范围内移动和选择该零部件。

3.5.2　装配体的配合方式

视频讲解

配合在装配体零部件之间生成几何关系。空间中的每个零部件都具有 3 个平移和 3 个旋转共 6 个自由度。在装配体中需要对零部件进行相应的约束来限制各个零部件的自由度，以控制零部件的位置。

SOLIDWORKS 提供了两种配合方式来装配零部件，分别是一般配合方式和 SmartMates 配合方式。

配合是建立零部件之间配合关系的方法，配合前应该将配合对象插入装配体文件中，然后选择配合零件的实体，最后添加合适的配合关系和配合方式。

【操作步骤】

（1）执行命令。选择菜单栏中的“插入”→“配合”命令，或者单击“装配体”面板中的“配合”按钮。

（2）设置配合类型。系统弹出如图 3-179 所示的“配合”属性管理器。在“配合选择”一栏中选择要配合的实体，然后单击配合类型按钮，此时配合的类型出现“配合”一栏中。

（3）确认配合。单击“配合”属性管理器中的“确定”按钮✔，配合添加完毕。

图 3-179　“配合”属性管理器

从“配合”属性管理器中可以看出，标准配合方式主要包括重合、平行、垂直、相切、同轴心、距离与角度等配合方式。下面分别介绍不同类型的配合方式。

① 重合。重合配合关系比较常用，即选择两个零部件的平面、边线、顶点，或者平面与边线、点与平面，使其重合。

打开源文件“重合.SLDASM”。如图 3-180 所示为配合前的两个零部件，标注的 6 个面为选择的配合实体。利用前面介绍的配合操作步骤，在“配合”属性管理器的“配合选择”一栏中选择图 3-180 中的平面 1 和平面 4，然后单击“标准配合”一栏中的“重合”按钮，注意重合的方向，单击“配合”属性管理器中的“确定”按钮✔，将平面 1 和平面 4 添加为“重合”配合关系。重复此步骤，将平面 2 和平面 5，平面 3 和平面 6 添加为“重合”配合关系，注意重合的方向。配合后的图形如图 3-181 所示。

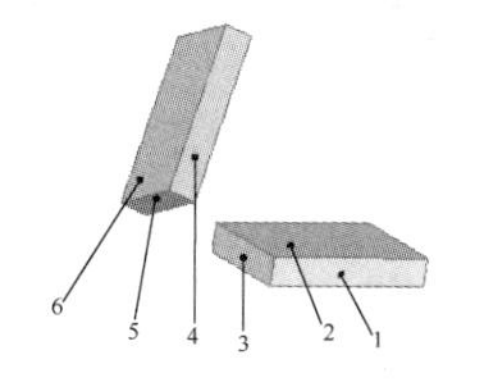

图 3-180　配合前的两个零部件

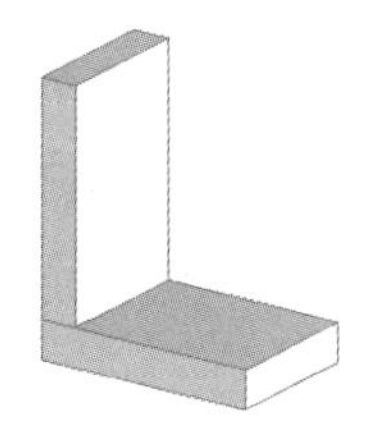

图 3-181　配合后的图形

注意：

装配前，最好将零件对象设置在视图中合适的位置，这样可以达到最佳的配合效果，可以节省配合时间。

Note

② 平行。平行也是常用的配合关系，它用来定位所选零件的平面或者基准面，使之保持相同的方向，并且彼此间保持相同的距离。

打开源文件“平行.SLDASM”。图 3-182 所示为配合前的两个零部件，标注的 4 个面为选择的配合实体。利用前面介绍的配合操作步骤，在“配合”属性管理器中的“配合选择”一栏中选择图 3-182 所示的平面 1 和平面 2，然后单击“标准配合”一栏中的“平行”按钮，单击“配合”属性管理器中的“确定” 按钮✓，将平面 1 和平面 4 添加为“平行”配合关系。重复此步骤，将平面 3 和平面 4 添加为“平行”配合关系。配合后的图形如图 3-183 所示。

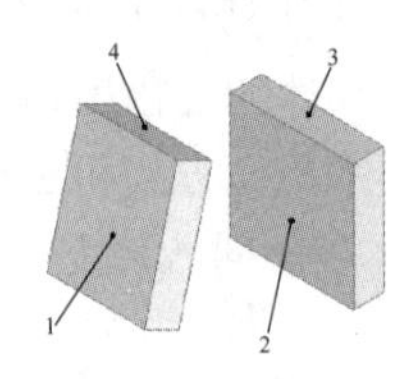

图 3-182　配合前的两个零部件

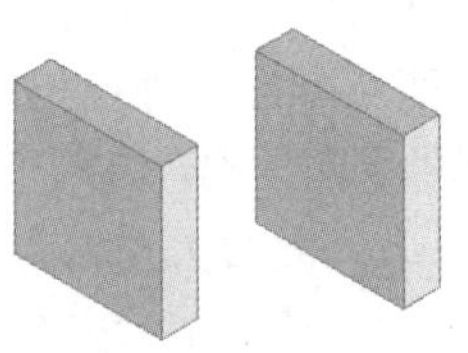

图 3-183　配合后的图形

注意：

平行配合有两种不同的情况：一种是反向平行；另一种是同向平行。在配合中，要根据配合需要添加阶梯不同的平行配合方式。

③ 垂直。相互垂直的配合方式可用于两个零件的基准面与基准面、基准面与轴线、平面与平面、平面与轴线、轴线与轴线的配合。面与面之间的垂直配合是指空间法向量的垂直，并不指平面的垂直。

打开源文件“垂直.SLDASM”。图 3-184 所示为配合前的两个零部件，利用前面介绍的配合操作步骤，在“配合”属性管理器的“配合选择”一栏中选择如图 3-184 所示的平面 1 和临时轴 2，然后单击“标准配合”一栏中的“垂直”按钮⊥，单击“配合”属性管理器中的“确定”按钮✓，将平面 1 和临时轴 2 添加为“垂直”配合关系。配合后的图形如图 3-185 所示。

④ 相切。相切配合方式可用于两个零件的圆弧面与圆弧面、圆弧面与平面、圆弧面与圆柱面、圆柱面与圆柱面、圆柱面与平面之间的配合。

打开源文件“相切.SLDASM”。图 3-186 所示为配合前的两个零部件，圆弧面 1 和圆柱面 2 为配合的实体面。在“配合”属性管理器的“配合选择”一栏中选择图 3-186 所示的圆弧面 1 和圆柱面 2，然后单击“标准配合”一栏中的“相切”按钮，单击“配合”属性管理器中的“确定”按钮✓，将圆弧面 1 和圆柱面 2 添加为“相切”配合关系。配合后的图形如图 3-187 所示。

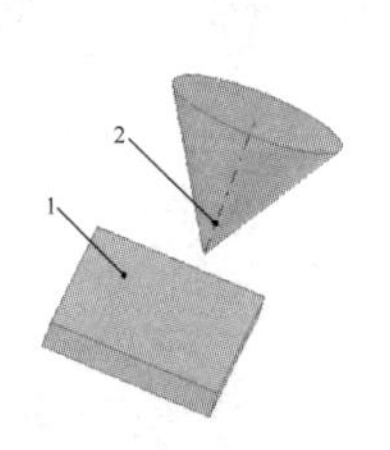

图 3-184　配合前的两个零部件

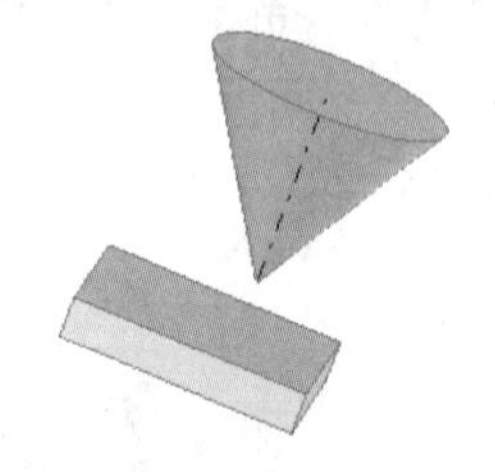

图 3-185　配合后的图形

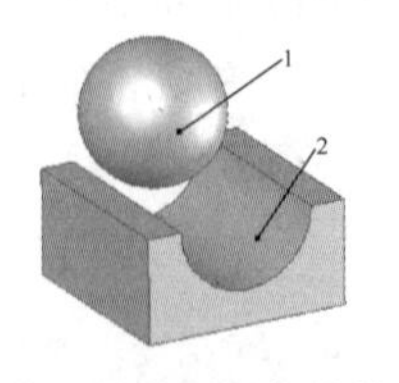

图 3-186　配合前的两个零部件

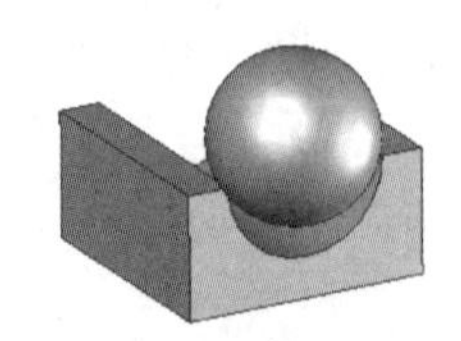

图 3-187　配合后的图形

Note

注意：

在相切配合中，至少应有一个选择项目必须为圆柱面、圆锥面或球面。

⑤ 同轴心。同轴心配合方式可用于两个零件的圆柱面与圆柱面、圆孔面与圆孔面、圆锥面与圆锥面之间的配合。

打开源文件“同轴心.SLDASM”。图3-188所示为配合前的两个零部件，圆弧面1和圆柱面2为配合的实体面。在“配合”属性管理器的“配合选择”一栏中选择图3-188所示的圆弧面1和圆柱面2，然后单击“标准配合”一栏中的“同轴心”按钮◎，单击“配合”属性管理器中的“确定”按钮✔，将圆弧面1和圆柱面2添加为“同轴心”配合关系。反向对齐配合后的图形如图3-189所示。

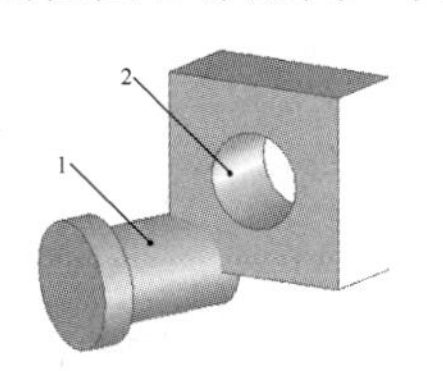

图3-188 配合前的两个零部件

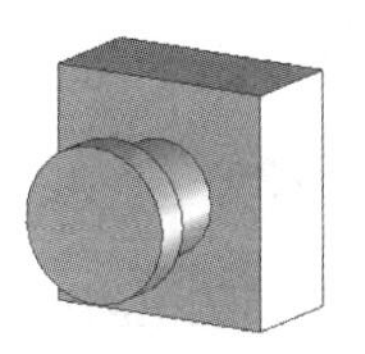

图3-189 反向对齐配合后的图形

需要注意的是，同轴心配合对齐方式有两种：一种是反向对齐，在“配合”属性管理器中的按钮是▯；另一种是同向对齐，在“配合”属性管理器中的按钮是▯。在该配合中，系统默认的配合是反向对齐，如图3-189所示。若单击“配合”属性管理器中的同向对齐按钮▯，则生成如图3-190所示的配合图形。

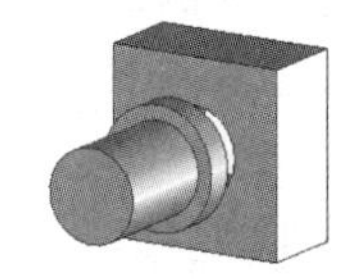

图3-190 同向对齐配合后的图形

⑥ 距离。距离配合方式可用于两个零件的平面与平面、基准面与基准面、圆柱面与圆柱面、圆锥面与圆锥面之间的配合，可以形成平行距离的配合关系。

打开源文件“距离.SLDASM”。图3-191所示为配合前的两个零部件，平面1和平面2为配合的实体面。在“配合”属性管理器的“配合选择”一栏中选择图3-191所示的平面1和平面2，然后单击“标准配合”一栏中的“距离”按钮▯，在其中输入添加阶梯的距离值，单击“配合”属性管理器中的“确定”按钮✔，将平面1和平面2添加为“距离”为60 mm的配合关系。配合后的图形如图3-192所示。

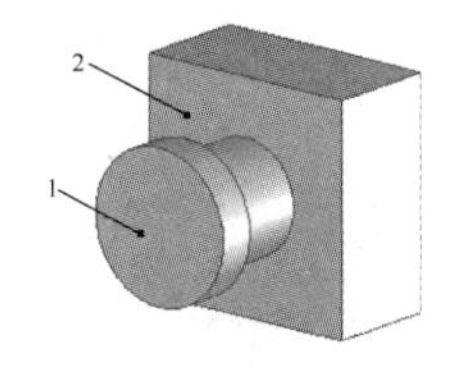

图3-191 配合前的两个零部件

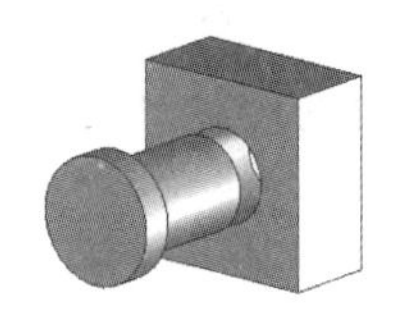

图3-192 配合后的图形

需要注意的是，距离配合对齐方式有两种：一种是反向对齐；另一种是同向对齐。要根据实际需要进行设置。

⑦ 角度。角度配合方式可用于两个零件的平面与平面、基准面与基准面之间的配合，并且可以形成角度值的两实体之间的配合关系。

打开源文件“角度.SLDASM”。图3-193所示为配合前的两个零部件，平面1和平面2为配合的实体面。在“配合”属性管理器的“配合选择”一栏中选择图3-193所示的平面1和平面2，然后单击“标准配合”一栏中的“角度”按钮▯，在其中输入添加阶梯的距离值，单击“配合”属性管理器中的“确定”按钮✔，将平面1和平面2添加为角度为60°的配合关系。配合后的图形如图3-194所示。

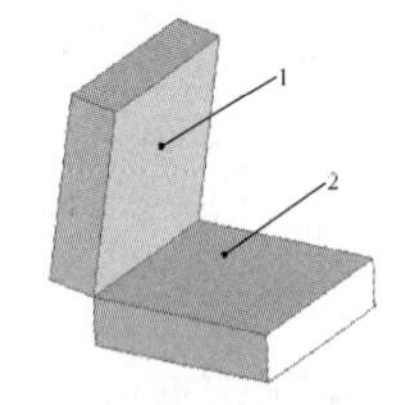

图 3-193　配合前的两个零部件

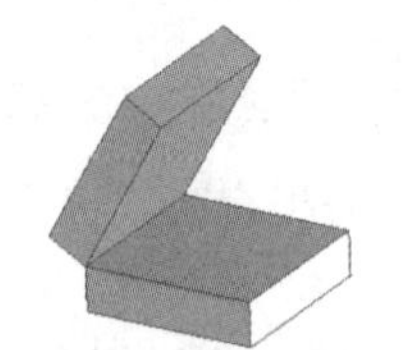

图 3-194　配合后的图形

Note

注意：

要满足零件体文件中零件的装配，通常需要结合运用几个配合关系，所以要灵活运用装配关系，使其满足装配的需要。

3.5.3　装配体检查

装配体检查主要包括碰撞测试、动态间隙和体积干涉检查等，用来检查装配体各个零部件装配后装配的正确性和装配信息等。

1．碰撞测试

视频讲解

在装配体环境下，移动或者旋转零部件时，SOLIDWORKS 提供了该零部件与其他零部件的碰撞检查。进行碰撞测试时，零件必须做适当的配合，但是不能完全限制配合，否则零件无法移动。

物资动力是碰撞检查中的一个选项，使用“物资动力”复选框时，等同于向被撞零部件施加一个碰撞力。

【操作步骤】

（1）打开装配体文件“碰撞测试.SLDASM”。如图 3-195 所示，两个轴件与基座的凹槽为“同轴心”配合方式。

（2）碰撞检查。单击“装配体”面板中的“移动零部件”按钮，或者单击“旋转零部件”按钮。

（3）设置属性管理器。系统弹出“移动零部件”或者“旋转零部件”属性管理器，在“选项”栏中选中“碰撞检查”单选按钮及“碰撞时停止”复选框，则碰撞时零部件会停止运动；在“高级选项”一栏中选中“高亮显示面”及“声音”复选框，则碰撞时零部件会高亮显示并且计算机会发出碰撞的声音。碰撞检查时的设置如图 3-196 所示。

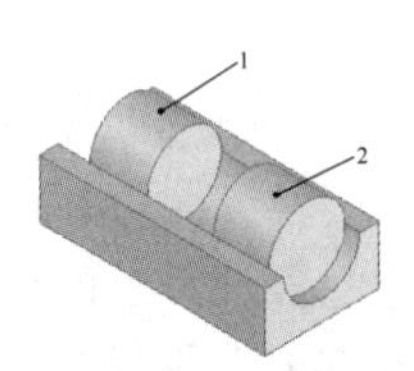

图 3-195　碰撞测试用的装配体文件

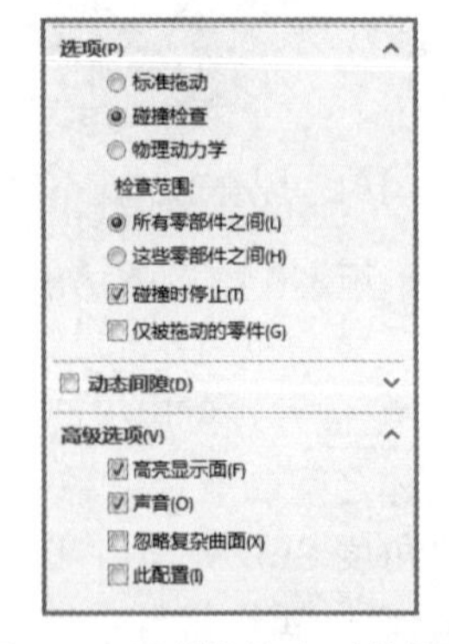

图 3-196　碰撞检查时的设置

（4）碰撞检查。拖动图 3-195 所示的零部件 2 向零部件 1 移动，在碰撞零部件 1 时，零部件 2 会停止运动，并且零部件 2 会高亮显示，如图 3-197 所示。

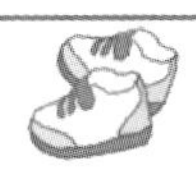

Note

（5）物资动力设置。在“移动零部件”或者“旋转零部件”属性管理器中，在“选项”栏中选中“物理动力学”复选框，下面的“敏感度”滑块可以调节施加的力；在“高级选项”栏中选中“亮显显示面”及“声音”复选框，则碰撞时零部件会高亮显示并且计算机会发出碰撞的声音。物资动力检查时的设置如图 3-198 所示。

（6）物资动力检查。拖动图 3-195 所示的零部件 2 向零部件 1 移动，在碰撞零部件 1 时，零部件 1 和零部件 2 会以给定的力一起向前运动，如图 3-199 所示。

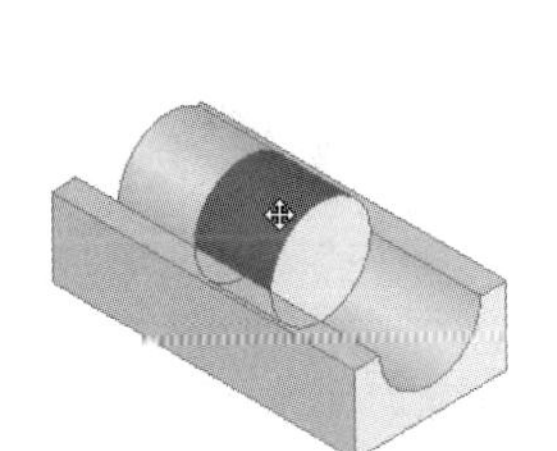

图 3-197　碰撞检查时的装配体

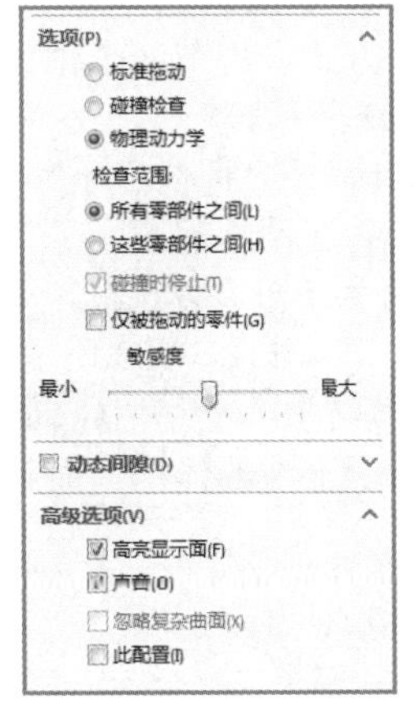

图 3-198　物资动力检查时的设置

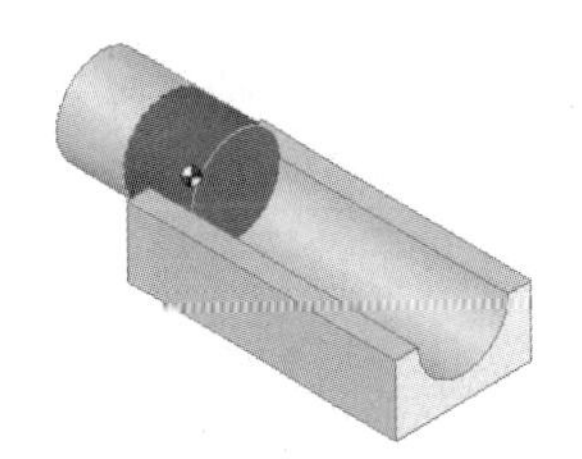

图 3-199　物资动力检查时的装配体

2. 动态间隙

动态间隙用于在零部件移动过程中，动态显示两个零部件之间的距离。

视频讲解

【操作步骤】

（1）打开装配体文件“动态间隙.SLDASM”，如图 3-195 所示。两个轴件与基座的凹槽为“同轴心”配合方式。

（2）执行命令。单击“装配体”面板中的“移动零部件”按钮。

（3）设置属性管理器。系统弹出“移动零部件”属性管理器，选中“动态间隙”复选框。在“所选零部件几何体”一栏中选择图 3-195 所示的轴件 1 和轴件 2，然后单击“恢复拖动”按钮。动态间隙时的设置如图 3-200 所示。

（4）动态间隙检查。拖动图 3-195 所示的零部件 2 移动，两个轴件之间的距离会实时地改变，如图 3-201 所示。

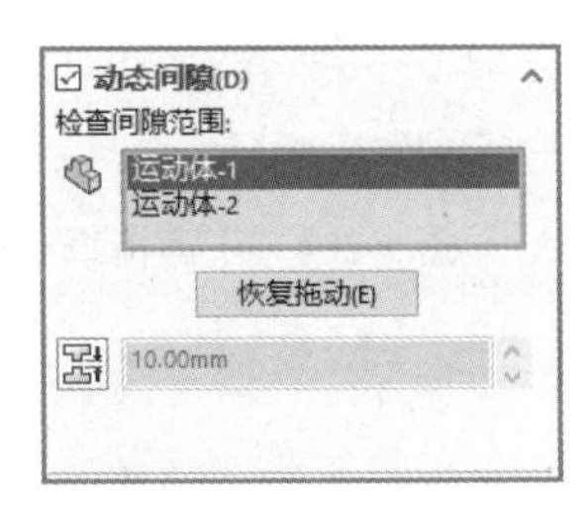

图 3-200　动态间隙时的设置

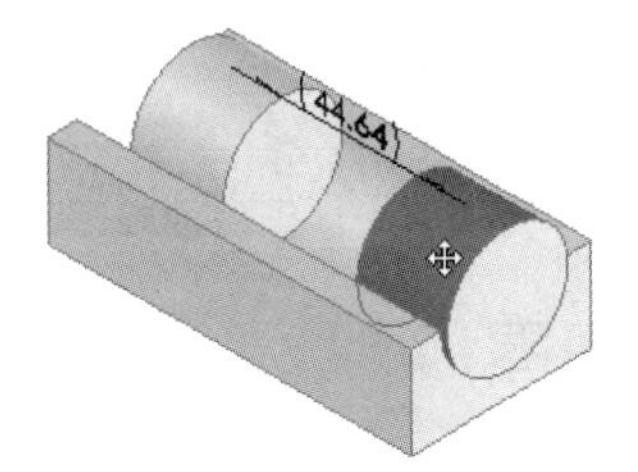

图 3-201　动态间隙时的图形

注意：

设置动态间隙时，在“指定间隙停止”一栏中输入的值用于确定两个零件之间停止的距离。当两个零件之间的距离为该值时，零件就会停止运动。

3. 干涉检查

在一个复杂的装配体文件中，直接分辨零部件是否发生干涉是一件比较困难的事情。SOLIDWORKS 提供了干涉检查工具，利用该工具可以比较容易地在零部件之间进行干涉检查，并且可以查看发生干涉的体积。

Note

视频讲解

【操作步骤】

（1）打开装配体文件。使用图 3-195 所示的装配体文件，两个轴件与基座的凹槽为“同轴心”配合方式，调节两个轴件使其重合。干涉检查装配体文件如图 3-202 所示。

（2）执行命令。选择菜单栏中的“工具”→“评估”→“干涉检查”命令，此时系统弹出“干涉检查”属性管理器。

（3）设置属性管理器。选中“视重合为干涉”复选框，单击“干涉检查”属性管理器中的“计算”按钮，如图 3-203 所示。

（4）干涉检查。检查结果出现在“结果”一栏中，如图 3-204 所示。在“结果”一栏中不但显示干涉的体积，而且还显示干涉的数量以及干涉的个数等信息。

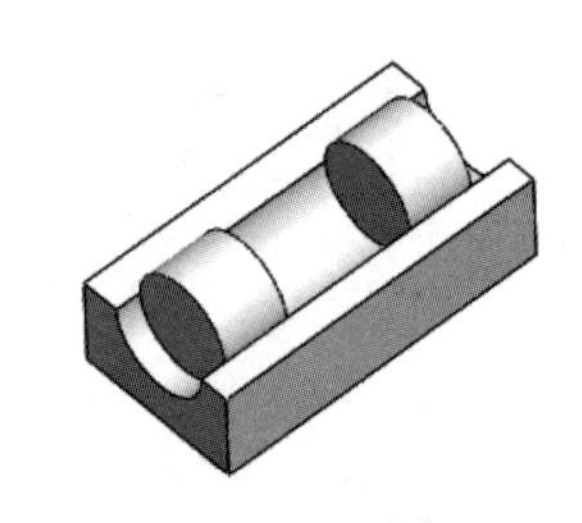

图 3-202　干涉检查装配体文件

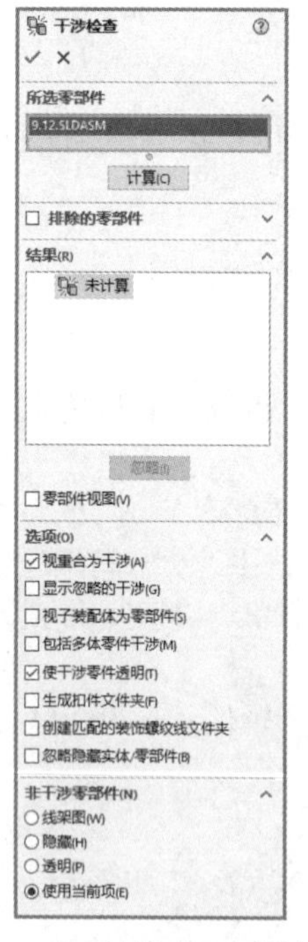

图 3-203　“干涉检查”属性管理器

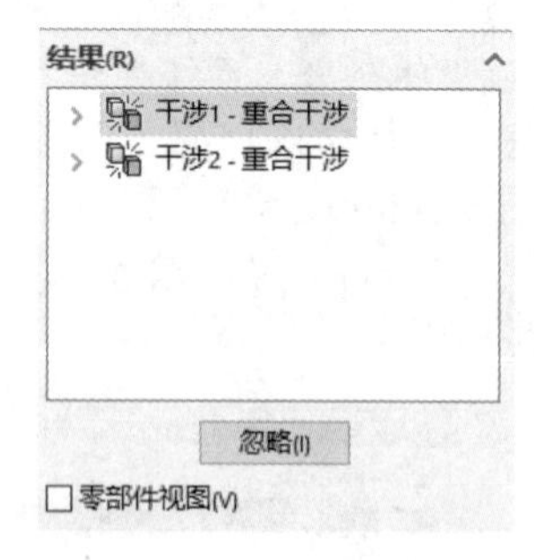

图 3-204　干涉检查结果

3.5.4　爆炸视图

在零部件装配体完成后，为了在制造、维修及销售中直观地分析各个零部件之间的相互关系，可将装配图按照零部件的配合条件产生爆炸视图。装配体爆炸后，用户不可以对装配体添加新的配合关系。

视频讲解

1. 生成爆炸视图

爆炸视图可以很形象地查看装配体中各个零部件的配合关系，通常称为系统立体图。爆炸视图通常用于介绍零件的组装流程、仪器的操作手册及产品使用说明书。

【操作步骤】

（1）打开装配体文件。打开“移动轮装配体.SLDASM”文件，如图 3-205 所示。

（2）执行创建爆炸视图命令。选择菜单栏中的“插入”→“爆炸视图”命令，此时系统弹出如图 3-206 所示的“爆炸”属性管理器。单击“爆炸”属性管理器中的“爆炸步骤”“添加阶梯”及“选项”各复选框右上角的箭头，将其展开。

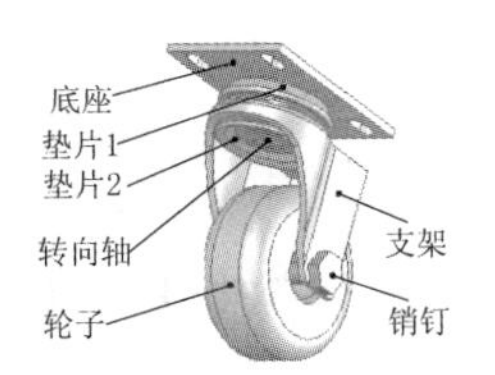

图 3-205　移动轮装配体文件

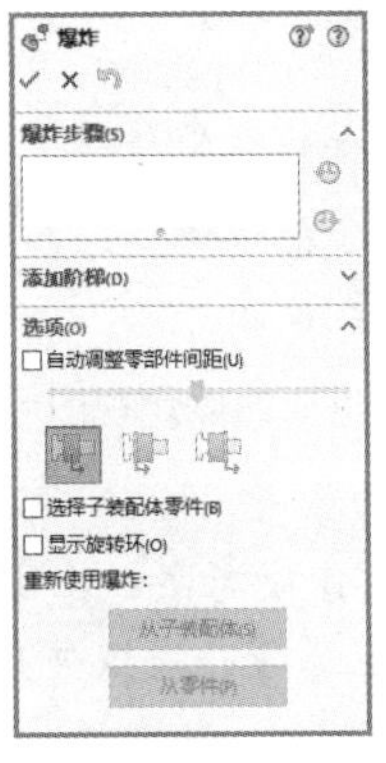

图 3-206　“爆炸”属性管理器

（3）设置属性管理器。在“爆炸步骤”一栏中单击图 3-205 中的底座，此时装配体中被选中的零件高亮显示，并且出现一个设置移动方向的坐标，如图 3-207 所示。

（4）设置爆炸方向。单击图 3-207 所示中坐标的某一方向，确定要爆炸的方向，然后在“爆炸距离”一栏中输入爆炸的距离值，如图 3-208 所示。

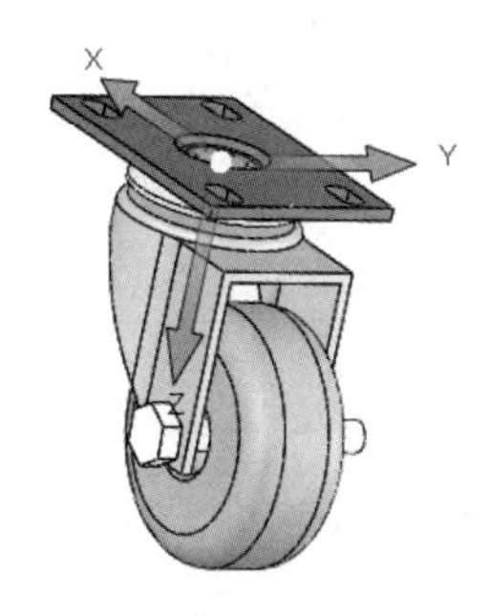

图 3-207　选择零件后的装配体

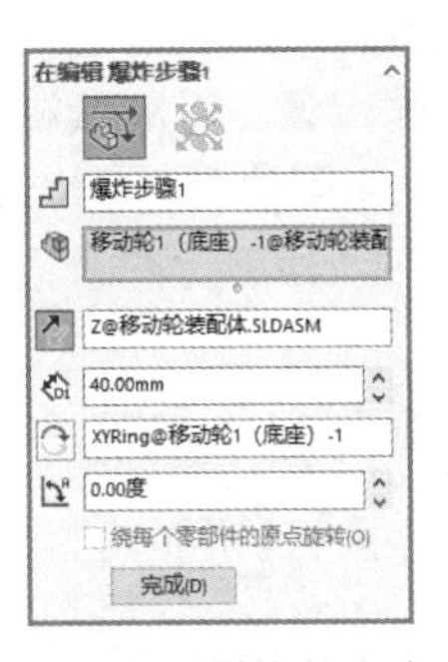

图 3-208　设置爆炸的方向和距离

（5）观测预览效果。单击“添加阶梯”框中的“应用”按钮，观测视图中预览的爆炸效果，单击“爆炸方向”前面的“反向”按钮，可以反方向调整爆炸视图。单击“完成”按钮，第一个零件爆炸完成，结果如图 3-209 所示，并且在“操作步骤”框中生成“爆炸步骤 1”，如图 3-210 所示。

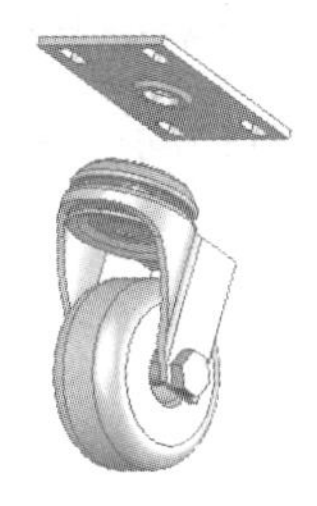

图 3-209　第一个爆炸零件视图

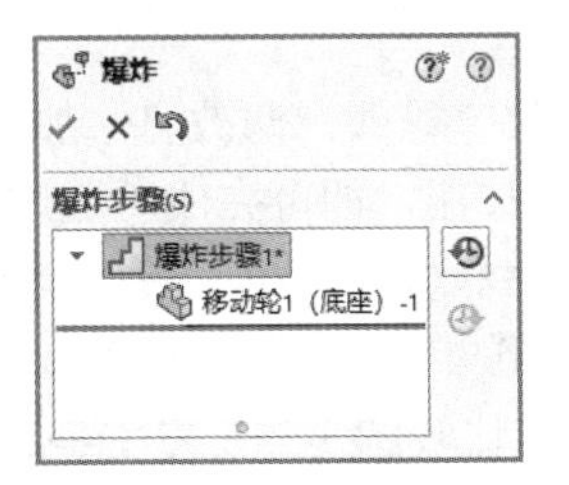

图 3-210　生成的爆炸步骤

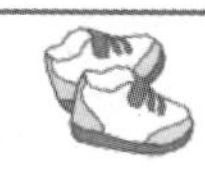

（6）生成其他爆炸步骤。重复步骤（3）～（5），其他零部件爆炸生成的爆炸视图如图 3-211 所示。图 3-212 所示为生成的爆炸步骤。

Note

图 3-211　生成的爆炸视图

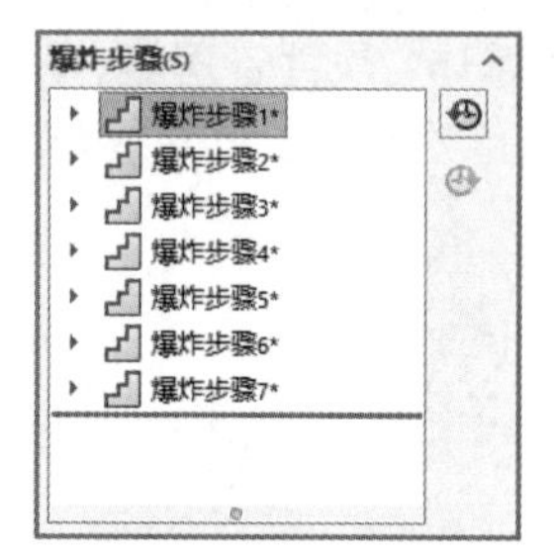

图 3-212　生成的爆炸步骤

注意：

生成爆炸视图时，建议对每一个零部件在每一个方向上的爆炸都设置一个爆炸步骤。如果一个零部件需要在 3 个方向上爆炸，建议使用 3 个爆炸步骤，这样便于修改爆炸视图。

2. 编辑爆炸视图

视频讲解

装配体爆炸后，可以利用“爆炸”属性管理器进行编辑，也可以添加新的爆炸步骤。

【操作步骤】

（1）打开装配体文件。打开爆炸后的“移动轮装配体.SLDASM”文件（见图 3-211）。

（2）打开“爆炸”属性管理器。选择菜单栏中的“插入”→“爆炸视图”命令，此时系统弹出“爆炸”属性管理器。

（3）编辑爆炸步骤。用鼠标右键单击 ConfigurationManager 设计树“爆炸步骤”中的“爆炸步骤 1”，在弹出的快捷菜单中选择“编辑爆炸步骤”命令，如图 3-213 所示。此时“爆炸步骤 1”的爆炸设置出现在如图 3-214 所示的“在编辑 爆炸步骤 1”列表框中。

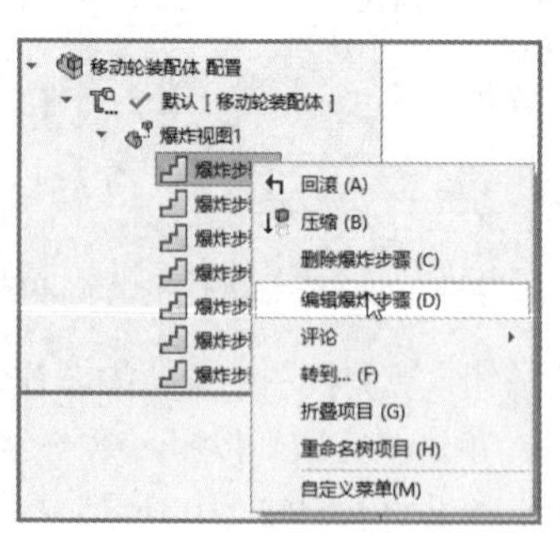

图 3-213　“爆炸”属性管理器

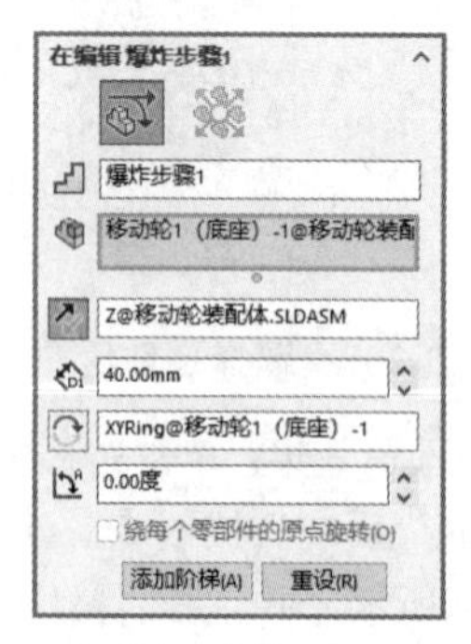

图 3-214　“在编辑 爆炸步骤 1”列表框

（4）确认爆炸修改。修改“添加阶梯”框中的距离参数，或者拖动视图中要爆炸的零部件，然后单击“完成”按钮，即可完成对爆炸视图的修改。

（5）删除爆炸步骤。在“爆炸步骤 1”的右键快捷菜单中选择“删除”命令，该爆炸步骤被删除，删除后的操作步骤如图 3-215 所示。零部件恢复爆炸前的配合状态，删除爆炸步骤 1 后的视图如图 3-216 所示。（比较图 3-216 与图 3-211 的异同。）

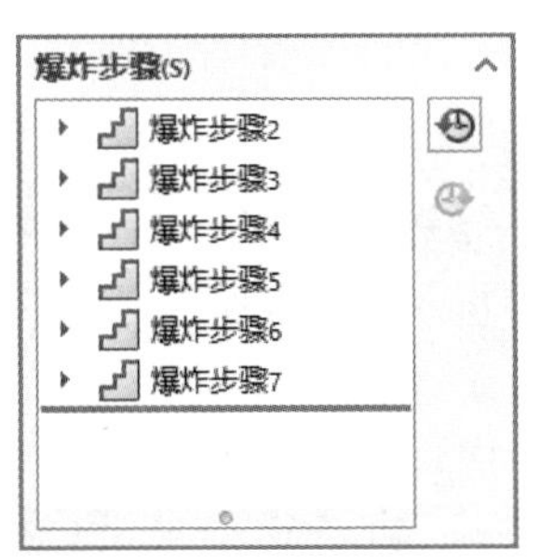

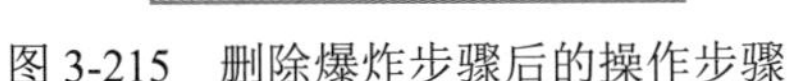
图 3-215 删除爆炸步骤后的操作步骤

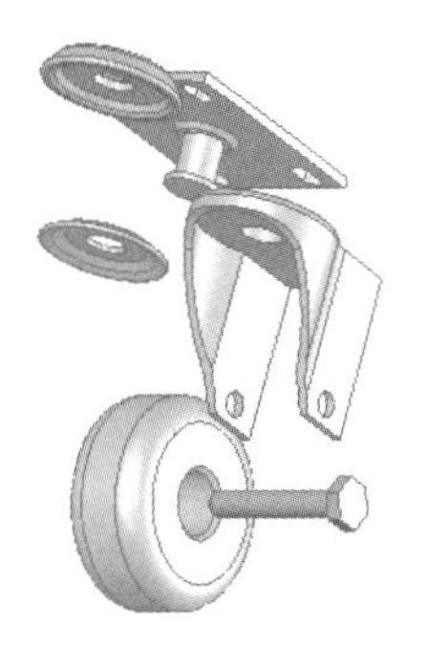

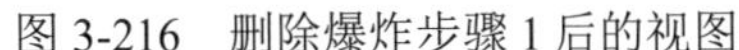
图 3-216 删除爆炸步骤 1 后的视图

3.5.5 运动仿真

1. 运动算例

运动算例是装配体模型运动的图形模拟。可将诸如光源和相机透视图之类的视觉属性融合到运动算例中。运动算例不更改装配体模型或其属性。

（1）新建运动算例。

新建运动算例有两种方法：

① 新建一个零件文件或装配体文件，在 SOLIDWORKS 界面左下角会出现“运动算例”选项卡。用鼠标右键单击“运动算例”选项卡，在弹出的快捷菜单中选择“生成新运动算例”命令，如图 3-217 所示，自动生成新的运动算例。

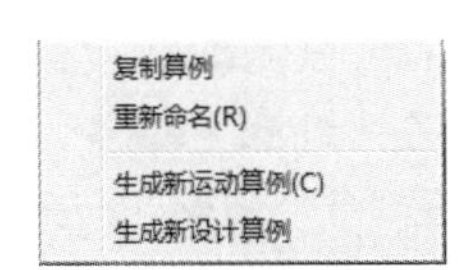

图 3-217 右键快捷菜单

② 打开装配体文件，单击“装配体”面板中的“新建运动算例”按钮，在窗口左下角自动生成新的运动算例。

（2）运动算例（MotionManager）简介

单击“运动算例 1”选项卡，弹出“运动算例 1”界面，如图 3-218 所示。

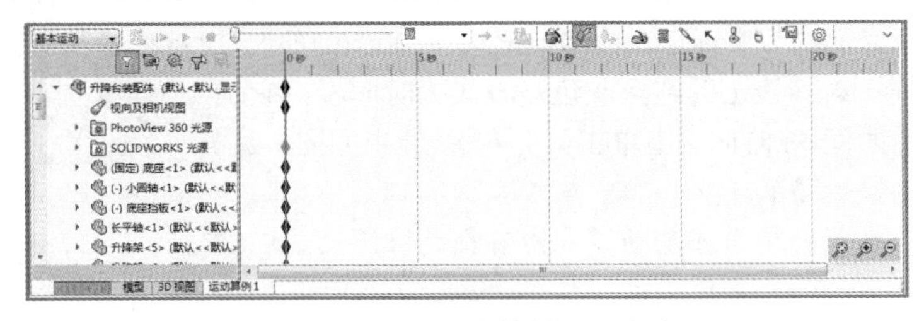
图 3-218 “运动算例 1”界面

① MotionManager 工具。

☑ 算例类型：选取运动类型的逼真度，包括动画和基本运动。

☑ 计算：单击此按钮，部件的视像属性将会随着动画的进程而变化。

☑ 从头播放：重新添加阶梯部件并播放模拟。在计算模拟后使用。

☑ 播放：从当前时间栏位置播放模拟。

☑ 停止：停止播放模拟。

☑ 播放速度 1x：添加阶梯播放速度或总的播放持续时间。

☑ 播放模式：包括正常、循环和往复。

➢ 正常：一次性从头到尾播放。

Note

- ➢ 循环：从头到尾连续播放，然后从头反复，继续播放。
- ➢ 往复：从头到尾连续播放，然后从尾反复。

☑ 保存动画：将动画保存为 AVI 格式或其他类型。

☑ 动画向导：在当前时间栏位置插入视图旋转或爆炸/解除爆炸。

☑ 自动解码：按该按钮时，在移动或更改零部件时自动放置新键码。再次单击该按钮可切换选项。

☑ 添加/更新键码：单击该按钮以添加新键码或更新现有键码的属性。

☑ 马达：移动零部件，由马达驱动。

☑ 弹簧：在两个零部件之间添加一个弹簧。

☑ 接触：定义选定零部件之间的接触。

☑ 引力：给算例添加引力。

☑ 阻尼：阻尼效应是一种复杂的现象，它以多种机制（例如，内摩擦和外摩擦、轮转的弹性、应变材料的微观热效应以及空气阻力）消耗能量。

☑ 力：对任何方向的面、边线、参考点、顶点和横梁应用均匀分布的力、力矩或扭矩，以供在结构算例中使用。

☑ 无过滤：显示所有项。

☑ 过滤动画：显示在动画过程中移动或更改的项目。

☑ 过滤驱动：显示引发运动或其他更改的项目。

☑ 过滤选定：显示选中项。

☑ 过滤结果：显示模拟结果项目。

☑ 放大：放大时间线，以精确定位关键点和时间栏。

☑ 缩小：缩小时间线，以在窗口中显示更大的时间间隔。

② MotionManager 界面。

- ➢ 时间线：时间线是动画的时间界面。时间线位于 MotionManager 设计树的右侧。时间线显示运动算例中动画事件的时间和类型。时间线被竖直网格线均分，这些网络线对应于表示时间的数字标记。数字标记从 00:00:00 开始。时标依赖于窗口大小和缩放等级。
- ➢ 时间栏：时间线上的纯黑灰色竖直线为时间栏，它代表当前时间。在时间栏上单击鼠标右键，弹出如图 3-219 所示的快捷菜单。

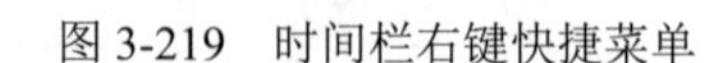

图 3-219　时间栏右键快捷菜单

☑ 放置键码：在指针位置添加新键码点并拖动键码点，以调整位置。

☑ 粘贴：粘贴先前剪切或复制的键码点。

☑ 选择所有：选取所有键码点将之重组。

- ➢ 更改栏：更改栏是连接键码点的水平栏，表示键码点之间的更改。
- ➢ 键码点：代表动画位置更改的开始或结束，或者代表某特定时间的其他特性。
- ➢ 关键帧：是指键码点之间任何时间长度的区域。它定义装配体零部件运动或视觉属性更改所发生的时间。

MotionManager 界面上的按钮和更改栏功能如图 3-220 所示。

2. 动画向导

单击 MotionManager 工具栏上的“动画向导”按钮，弹出“选择动画类型”对话框，如图 3-221 所示。

Note

图标和更改栏	更改栏功能
	总动画持续时间
	视向及相机视图
	选取了禁用观阅键码播放
	驱动运动
	从动运动
	爆炸
	外观
	配合尺寸
	任何零部件或配合键码
	任何压缩的键码
	位置还未解出
	位置不能到达
	隐藏的子关系

图 3-220　MotionManager 界面上的按钮和更改栏功能

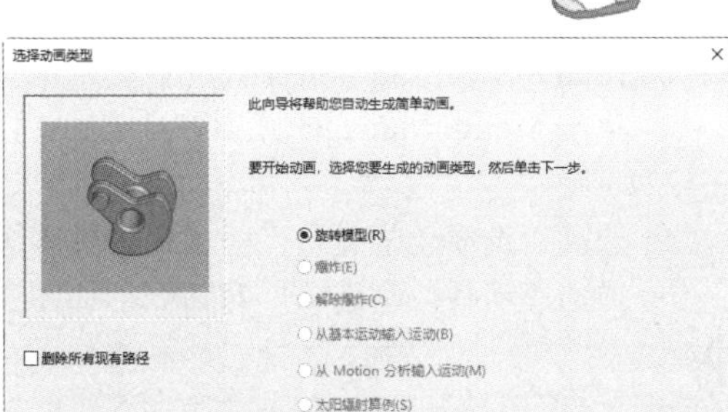

图 3-221　“选择动画类型”对话框

视频讲解

（1）旋转

旋转零件或装配体。

【操作步骤】

① 打开源文件“凸轮.SLDASM”。

② 选择“选择动画类型”对话框中的“旋转模型”单选按钮，单击“下一步”按钮。

③ 弹出“选择-旋转轴”对话框，如图 3-222 所示。选择旋转轴，设置旋转次数和旋转方向，单击“下一步”按钮。

④ 弹出“动画控制选项”对话框，如图 3-223 所示。设置时间长度，单击“完成”按钮。

⑤ 单击 MotionManager 工具栏上的“播放”按钮▶，播放动画。

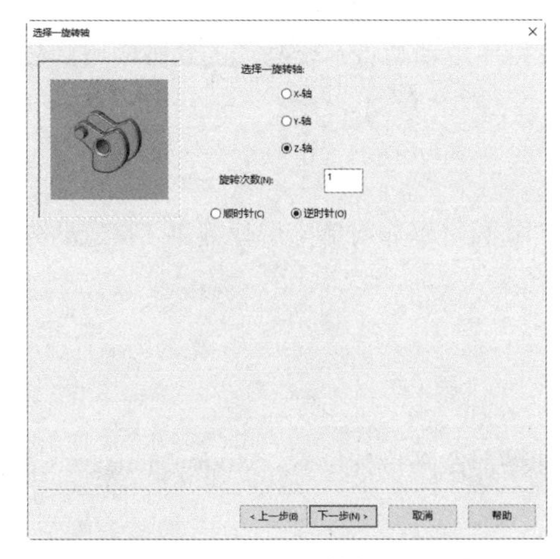

图 3-222　“选择-旋转轴”对话框

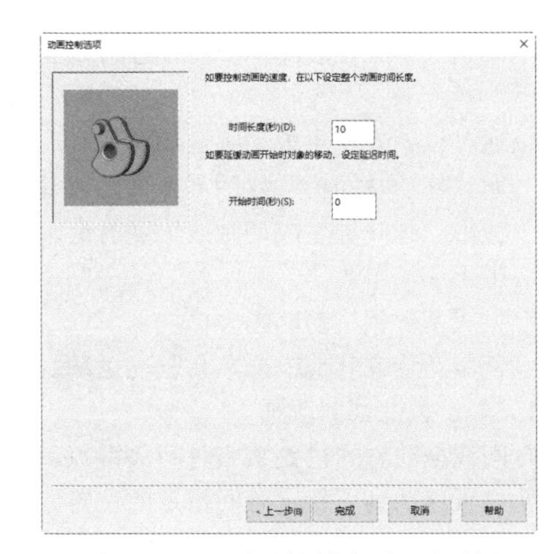

图 3-223　“动画控制选项”对话框

视频讲解

（2）爆炸/解除爆炸

【操作步骤】

① 打开装配体文件“爆炸装配体.SLDASM”。

② 创建装配体的爆炸视图。

③ 单击 MotionManager 工具栏上的“动画向导”按钮，弹出“选择动画类型”对话框，如图 3-224 所示。

④ 选择“选择动画类型”对话框中的“爆炸”单选按钮，单击“下一步”按钮。

⑤ 弹出“动画控制选项”对话框，如图 3-225 所示。设置时间长度，单击“完成”按钮。

Note

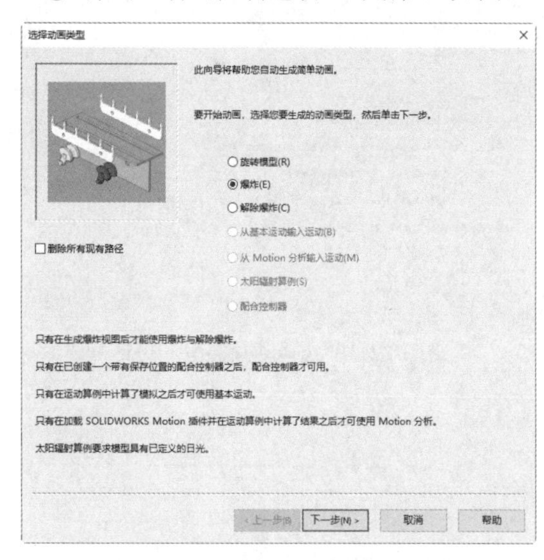

图 3-224 “选择动画类型”对话框

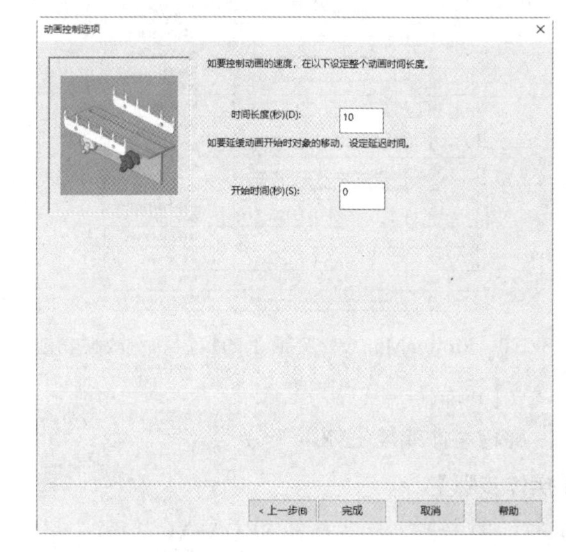

图 3-225 “动画控制选项”对话框

⑥ 单击 MotionManager 工具栏上的“播放”按钮▶，播放爆炸视图动画。

⑦ 选中“选择动画类型”对话框中的“解除爆炸”单选按钮。

⑧ 单击 MotionManager 工具栏上的“播放”按钮▶，播放解除爆炸视图。

3. 动画

使用动画来生成在装配体中指定零件点到点运动。可使用动画将基于马达的动画应用到装配体零部件上。

可以通过以下方式生成动画运动算例。

☑ 通过拖动时间栏并移动零部件生成基本动画。

☑ 使用动画向导生成动画或给现有运动算例添加旋转、爆炸或解除爆炸效果（在运动分析算例中无法使用）。

☑ 生成基于相机的动画。

☑ 使用马达或其他模拟单元驱动运动。

（1）基于关键帧的动画

视频讲解

沿时间线拖动时间栏到某一时间关键点，然后移动零部件到目标位置。MotionManager 将零部件从其初始位置移动到以特定时间指定的位置。

沿时间线移动时间栏，为装配体位置的下一更改定义时间。

在图形区域中将装配体零部件移动到对应于时间栏键码点的装配体位置处。

【操作步骤】

① 打开一个装配体或一个零件。

② 拖动时间线到一定位置，在视图中创建动作。

③ 在时间线上创建键码。

④ 重复步骤②和步骤③创建动作，单击 MotionManager 工具栏上的“播放”按钮▶，播放动画。

（2）基于马达的动画

运动算例马达模拟作用于实体上的运动，由马达所应用。

Note

视频讲解

【操作步骤】

① 执行命令。单击 MotionManager 工具栏上的“马达”按钮。

② 设置马达类型。弹出“马达”属性管理器，如图 3-226 所示。在“马达类型”一栏中选择“旋转马达”或者“线性马达（驱动器）”。

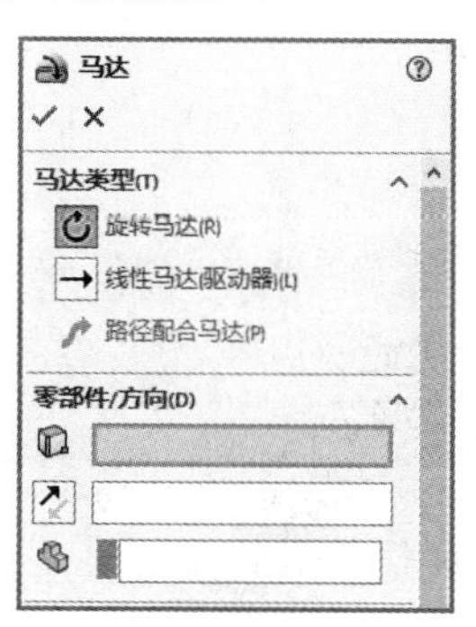

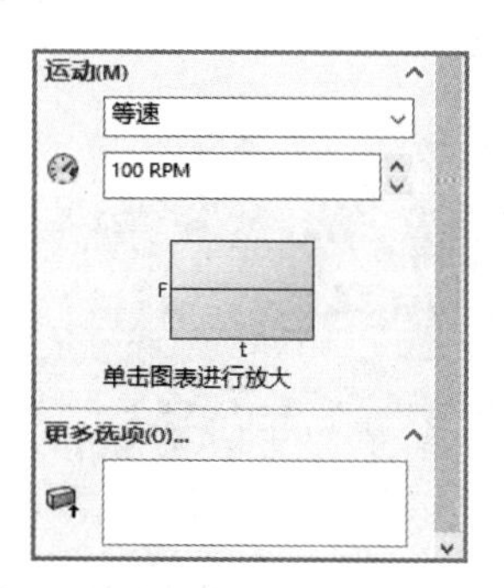

图 3-226　“马达”属性管理器

③ 选择零部件和方向。在“零部件/方向”一栏中选择要做动画的表面或零件，通过“反向”按钮来调节。

④ 选择运动类型。在“运动”一栏的类型下拉菜单中选择运动类型，包括等速、距离、振荡、线段和表达式。

☑ 等速：马达速度为常量。输入速度值。

☑ 距离：马达以添加阶梯的距离和时间帧运行，为位移、开始时间及持续时间输入值，如图 3-227 所示。

☑ 振荡：为振幅和频率输入值，如图 3-228 所示。

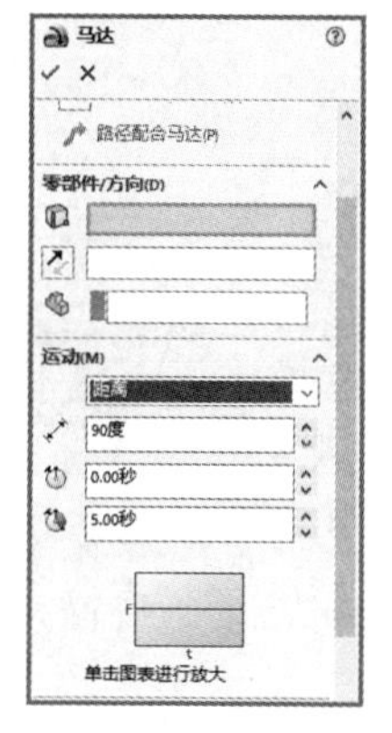

图 3-227　“距离”运动

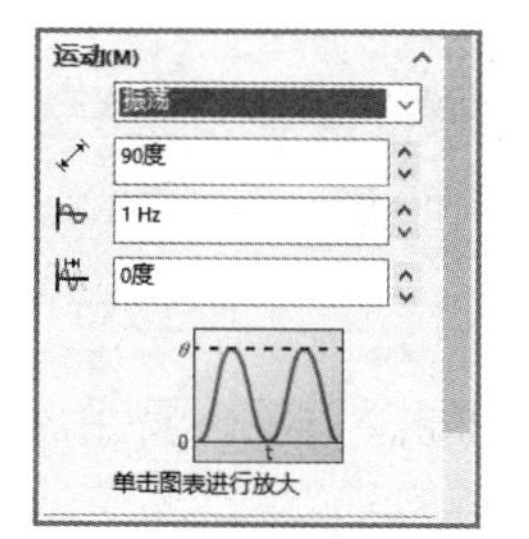

图 3-228　“振荡”运动

☑ 线段：选定线段（位移、速度、加速度），为插值时间和数值添加阶梯值，线段“函数编制程序”对话框如图 3-229 所示。

Note

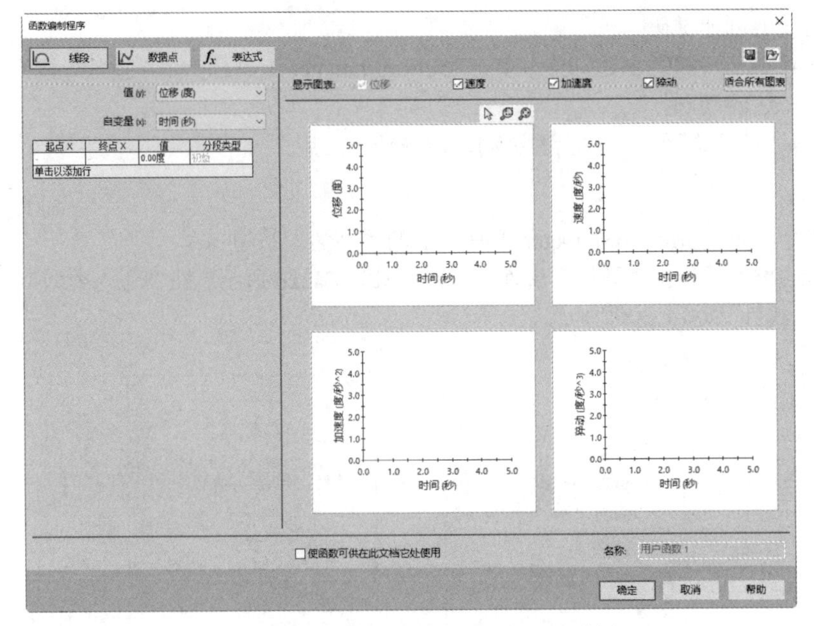

图 3-229　线段“函数编制程序”对话框

☑　表达式：选取马达运动表达式所应用的变量（位移、速度、加速度），表达式“函数编制程序”对话框如图 3-230 所示。

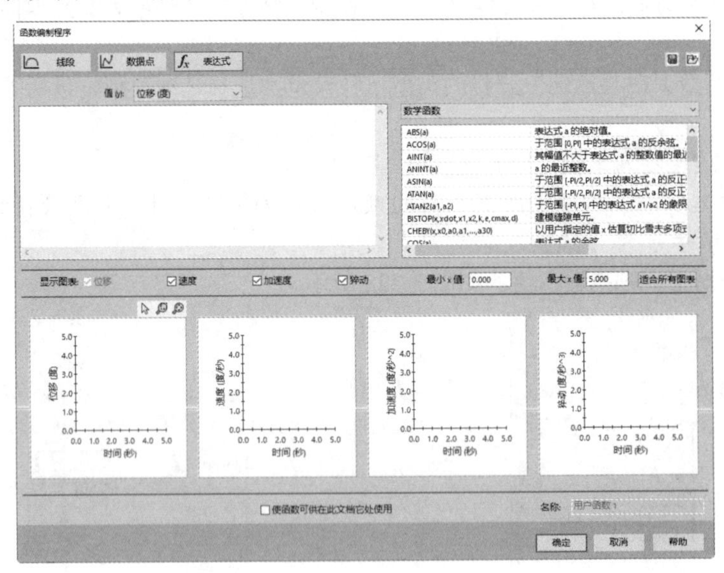

图 3-230　表达式“函数编制程序”对话框

⑤ 确认动画。单击“马达”属性管理器中的“确定”按钮✔，动画设置完毕。

（3）基于相机橇的动画

通过将生成的一个假零部件作为相机橇，然后将相机附加到相机橇上的草图实体来生成基于相机的动画。基于相机橇的运动有以下几种方式。

☑　沿模型或通过模型移动相机。

☑　观看一个解除爆炸或爆炸的装配体。

☑　导览虚拟建筑。

☑　隐藏假零部件，只在动画过程中观看相机视图。

下面介绍使用假零部件生成相机橇动画的操作步骤。

【操作步骤】

Note

① 创建一个相机橇。

② 添加相机，将之附加到相机橇，然后定位相机橇。

③ 右击视向及相机视图（MotionManager 设计树），然后单击“禁用观阅键码播放”按钮。

视频讲解

④ 在视图工具栏上单击适当的工具，以在窗口左侧显示相机橇，在窗口右侧显示装配体零部件。

⑤ 为动画中的每个时间点重复这些步骤，以添加阶梯动画序列。

☑　在时间线中拖动时间栏。

☑　在图形区域中将相机橇拖到新位置。

⑥ 重复步骤④和步骤⑤，直到完成相机橇的路径为止。

⑦ 在 FeatureManager 设计树中右击相机橇，在弹出的快捷菜单中选择“隐藏”命令。

⑧ 在第一个视向及相机视图键码点处（时间 00:00:00）右击时间线。

⑨ 在弹出的快捷菜单中选取视图方向，然后选取相机。

⑩ 单击 MotionManager 工具栏中的“从头播放”按钮。

下面介绍创建相机橇的操作步骤。

【操作步骤】

视频讲解

① 生成一个假零部件，将其作为相机橇。

② 打开一个装配体并将相机橇（假零部件）插入装配体中。

③ 将相机橇远离模型定位，从而包容移动装配体时零部件的位置。

④ 在相机橇侧面和模型之间添加一平行配合。

⑤ 在相机橇正面和模型正面之间添加一平行配合。

⑥ 使用前视视图将相机橇相对于模型置中。

⑦ 保存此装配体。

下面介绍添加相机并定位相机橇的操作步骤。

【操作步骤】

视频讲解

① 打开包括相机橇的装配体文档。

② 单击“快速访问”工具栏中的前视视图。

③ 在 MotionManager 设计树中右击“SOLIDWORKS 光源”按钮，然后在弹出的快捷菜单中选择“添加相机”命令。

④ 荧屏分割成视口，相机在 PropertyManager 中显示。

⑤ 在 PropertyManager 中，在目标点下选择目标。

⑥ 在图形区域中，选择一个草图实体以便将目标点附加到相机橇。

⑦ 在 PropertyManager 中，在相机位置下单击选择的位置。

⑧ 在图形区域中，选择一个草图实体用来指定相机位置。

⑨ 拖动视野，以便将使用视口作为参考来进行拍照。

⑩ 在 PropertyManager 中，在相机旋转下通过单击选择添加阶梯卷数。

⑪ 在图形区域中选择一个面，以防止在拖动相机橇来生成路径时相机产生滑动。

视频讲解

（4）基本运动。

基本运动在计算运动时考虑到质量。由于计算快，基本运动可用来生成使用基于物理的、模拟的演示性动画。

【操作步骤】

① 在 MotionManager 工具栏中选择算例类型为基本运动。

② 在 MotionManager 工具栏中选取工具以包括模拟单元，如马达、弹簧、接触及引力。

③ 设置好参数后，单击 MotionManager 工具栏中的计算按钮，计算模拟。

④ 单击 MotionManager 工具栏中的从头播放按钮，从头播放模拟。

⑤ 保存动画。单击 MotionManager 上的“保存动画”按钮，弹出“保存动画到文件”对话框，如图 3-231 所示。

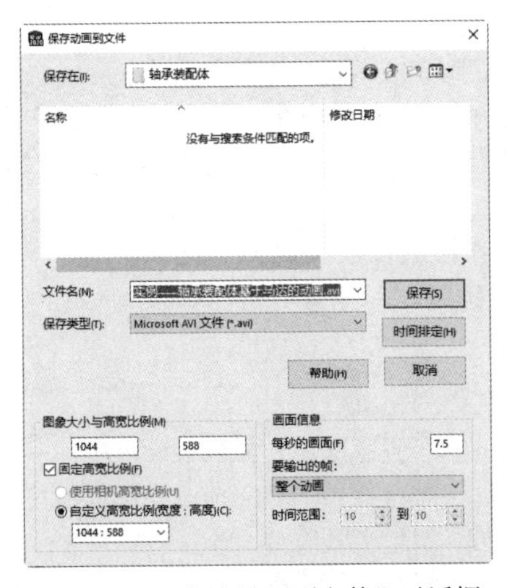

图 3-231 “保存动画到文件”对话框

☑ 保存类型：*.avi 文件、*.bmp、*.tag。其中，*.bmp 和*.tag 是静止图像系列。

☑ 图像大小与高度比例。

- 固定高宽比例：在变更宽度或高度时，保留图像的原有比例。
- 使用相机高宽比例：在至少定义了一个相机时可用。
- 自定义高宽比例：选择或输入新的比例。调整此比例，可以在输出中使用不同的视野显示模型。

☑ 画面信息。

- 每秒的画面：为每秒的画面输入数值。
- 整个动画：保存整个动画。
- 时间范围：要保存部分动画，选择时间范围并输入开始和结束数值的秒数（如 3.5～15s）。

3.5.6 实例——剪刀装配

视频讲解

本实例创建的剪刀装配如图 3-232 所示。

图 3-232 剪刀装配

Note

思路分析

首先定位刀柄，然后插入刀刃并装配，再拖入另一侧刀刃并装配，拖入另一侧刀柄并装配，最后插入铆钉并装配。绘制剪刀装配的流程如图 3-233 所示。

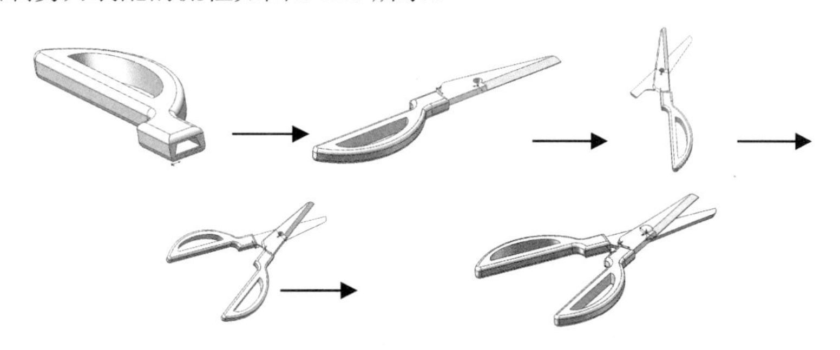

图 3-233　绘制剪刀装配的流程

绘制步骤

01 启动 SOLIDWORKS，单击“快速访问”工具栏中的“新建”按钮，或选择“文件”→“新建”菜单命令，在弹出的“新建 SOLIDWORKS 文件”对话框中单击“装配体”按钮，如图 3-234 所示。然后单击“确定”按钮，创建一个新的装配文件。系统弹出“开始装配体”属性管理器，如图 3-235 所示。

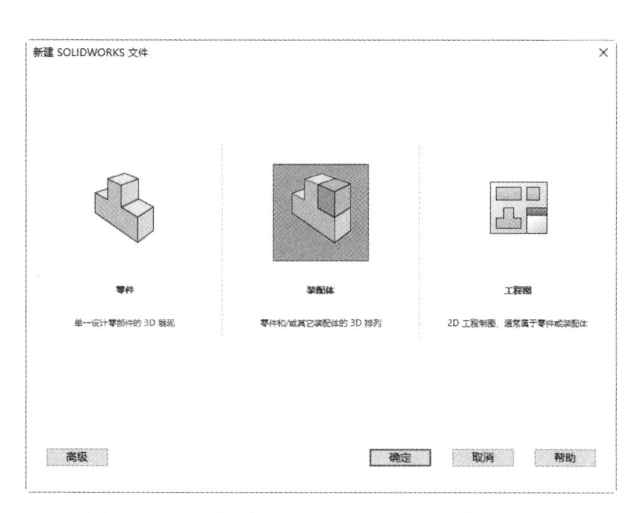

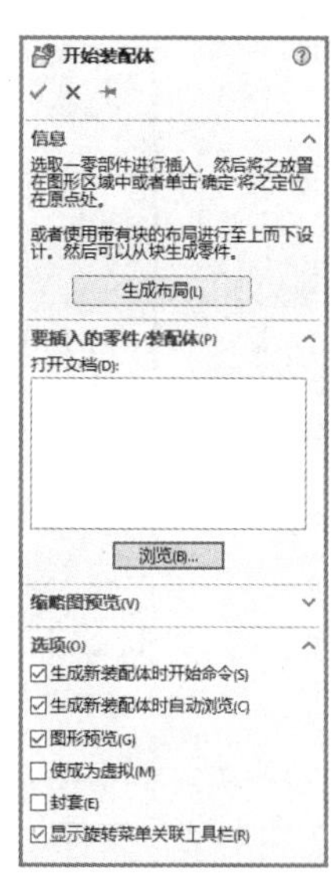

图 3-234　“新建 SOLIDWORKS 文件”对话框　　　图 3-235　“开始装配体”属性管理器

02 定位刀柄。单击“开始装配体”属性管理器中的“浏览”按钮，系统弹出如图 3-256 所示的“打开”对话框，选择前面创建的“剪刀刀柄.SLDPRT”零部件，对话框的浏览区中将显示零部件的预览结果，如图 3-236 所示。在“打开”对话框中单击“打开”按钮，系统进入装配界面，光标变为形状，选择菜单栏中的“视图”→“原点”命令，显示坐标原点，将光标移动至原点位置，光标变为形状，如图 3-237 所示，在目标位置单击，将刀柄放入装配界面中，如图 3-238 所示。

Note

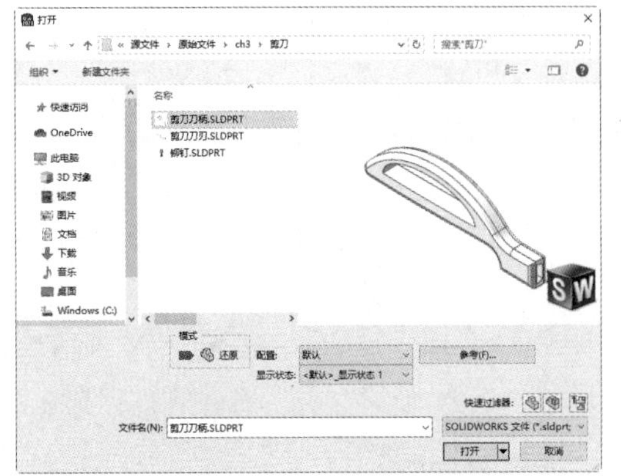

图 3-236 “打开”对话框

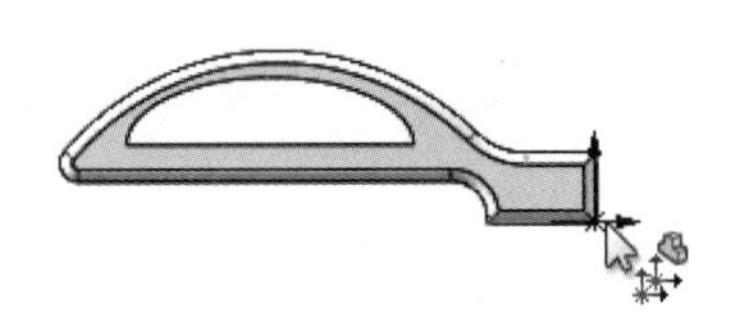

图 3-237 定位手柄

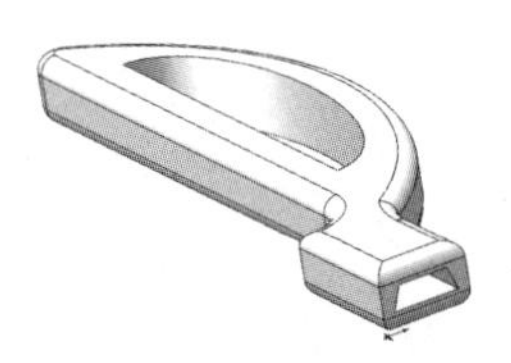

图 3-238 定位刀柄

03 插入刀刃。选择菜单栏中的“插入”→“零部件”→“现有零件/装配体”命令，或单击“装配体”面板中的“插入零部件”按钮，弹出如图 3-239 所示的“插入零部件”属性管理器，单击“浏览”按钮，在弹出的“打开”对话框中选择“剪刀刀刃.SLDPRT”，将其插入装配界面中，如图 3-240 所示。

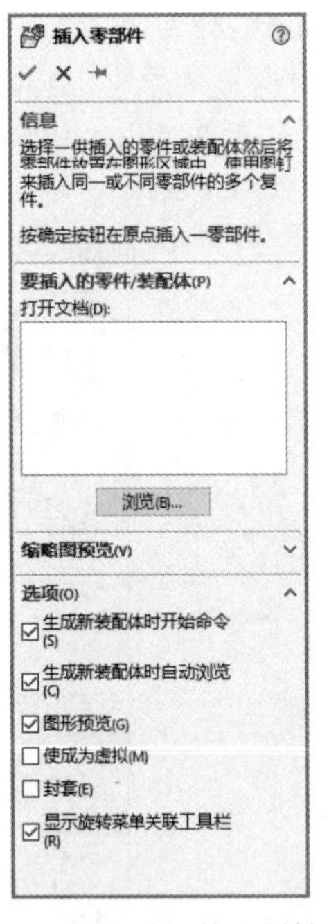

图 3-239 “插入零部件”属性管理器

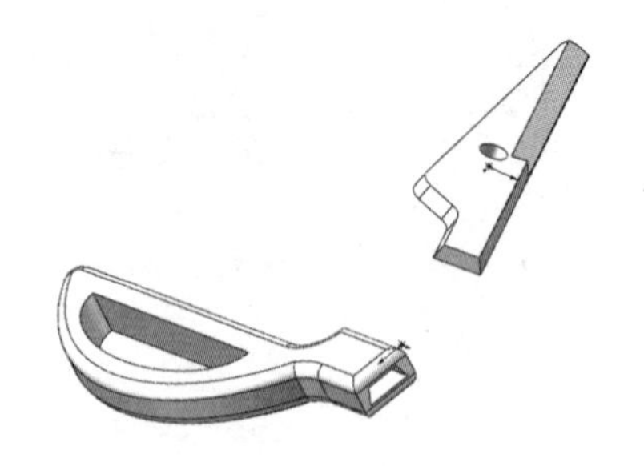

图 3-240 插入刀刃

04 添加装配关系。选择菜单栏中的“插入”→“配合”命令，或单击“装配体”面板中的“配合”按钮，系统弹出“配合”属性管理器，如图 3-241 所示。选择图 3-242 所示的配合面，在“配合”属性管理器中单击“重合”按钮，添加“重合”关系，单击“确定”按钮✔；选择如图 3-243 所示的配合面，在“配合”属性管理器中单击“重合”按钮，添加“重合”关系，单击“确定”按钮✔；选择如图 3-244 所示的配合面，在“配合”属性管理器中单击“重合”按钮，添加“重合”关系，单击“确定”按钮✔，结果如图 3-245 所示。

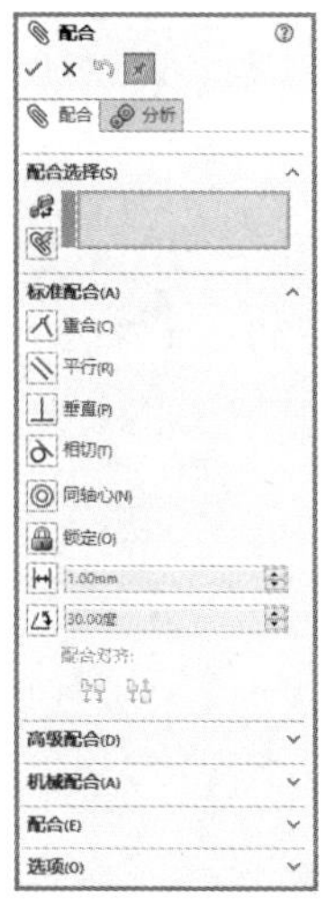

图3-241 “配合”属性管理器

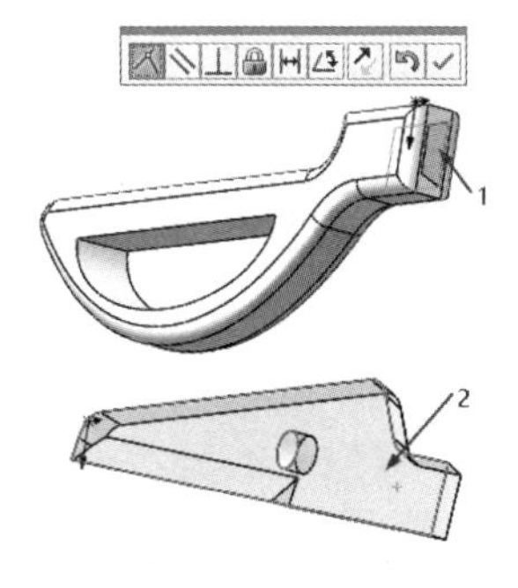

图3-242 选择配合面

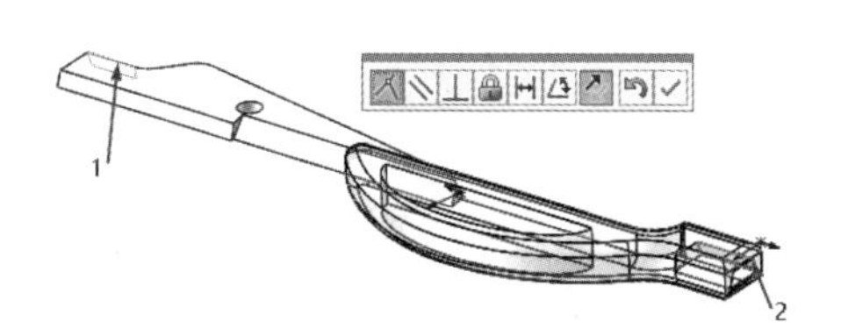

图3-243 选择配合面

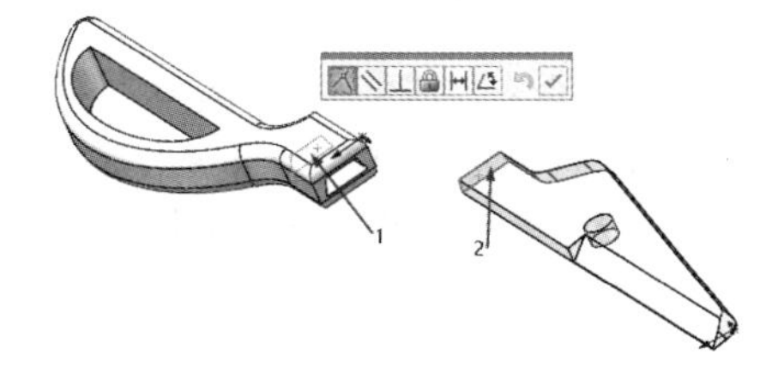

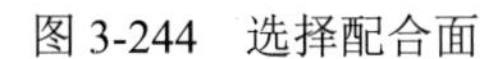

图3-244 选择配合面

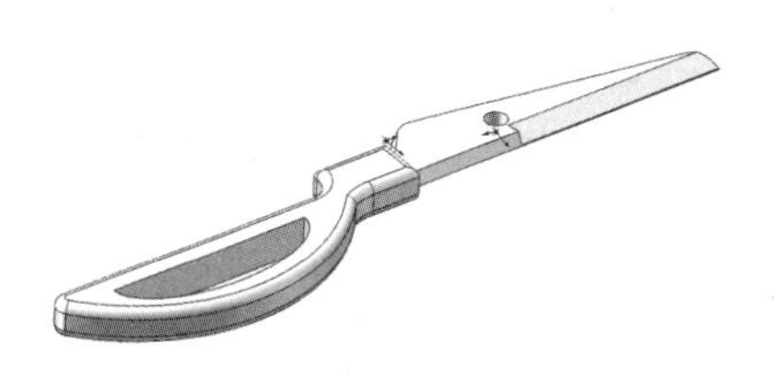

图3-245 装配刀刃

05 插入刀刃。在FeatureManager设计树中选择“剪刀刀刃”零部件，按住Ctrl键，拖至视图区，如图3-246所示。

06 添加装配关系。选择菜单栏中的“插入”→“配合”命令，或单击“装配体”面板中的“配合”按钮，系统弹出“配合”属性管理器，如图3-241所示。选择图3-247所示的配合面，在“配合”属性管理器中单击“重合”按钮，添加“重合”关系，单击“确定”按钮✔；选择如图3-248所示的配合面，在“配合”属性管理器中单击“同轴心”按钮，添加“同轴心”关系，单击“确定”按钮✔。

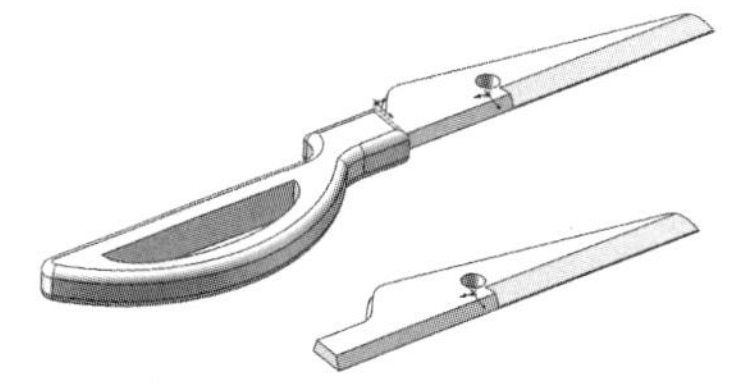

图3-246 插入刀刃

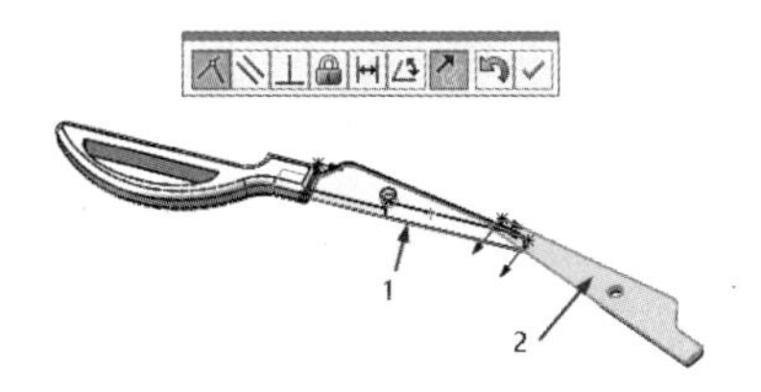

图3-247 选择配合面

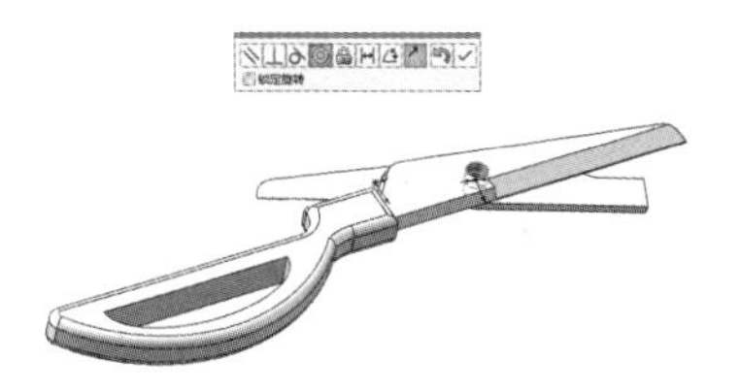

图3-248 选择配合面

07 旋转零部件。单击“装配体”面板中的“旋转零部件”按钮，系统弹出“旋转零部件”属性管理器，如图3-249所示。将前面的装配刀刃旋转到适当位置，单击“确定”按钮✔，旋转刀刃如图3-250所示。

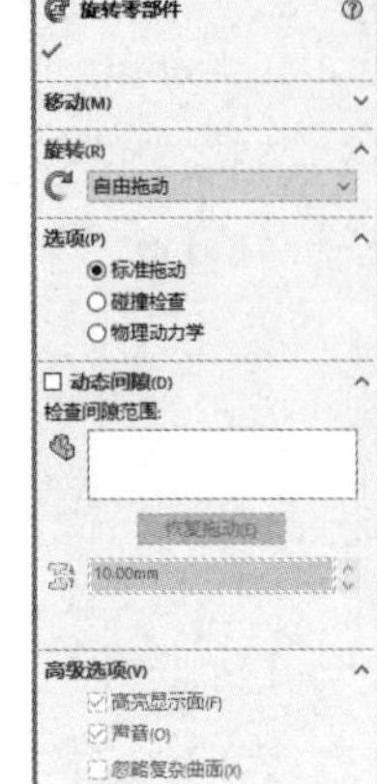
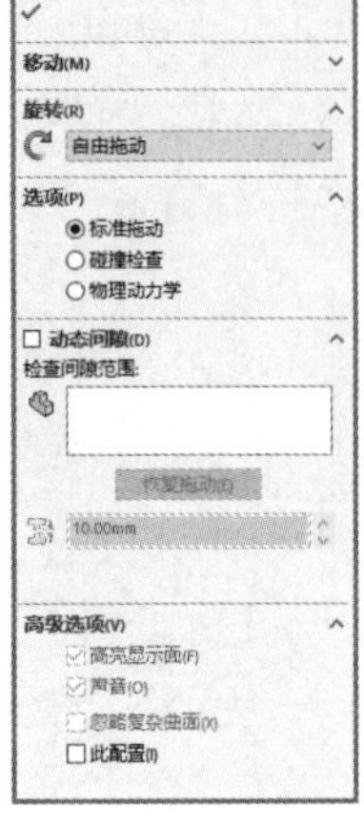

图 3-249 “旋转零部件”属性管理器

图 3-250 旋转刀刃

08 插入剪刀刀柄。在 FeatureManager 设计树中选择“剪刀刀柄”零件，按住 Ctrl 键拖至视图区，如图 3-251 所示。

09 添加装配关系。选择菜单栏中的“插入”→“配合”命令，或单击“装配体”面板中的“配合”按钮，系统弹出“配合”属性管理器，如图 3-241 所示。选择图 3-252 所示的配合面，在“配合”属性管理器中单击“重合”按钮，添加“重合”关系，单击“确定”按钮；选择如图 3-253 所示的配合面，在“配合”属性管理器中单击“重合”按钮，添加“重合”关系，单击“确定”按钮；选择如图 3-254 所示的配合面，在“配合”属性管理器中单击“重合”按钮，添加“重合”关系，单击“确定”按钮，装配刀柄如图 3-255 所示。

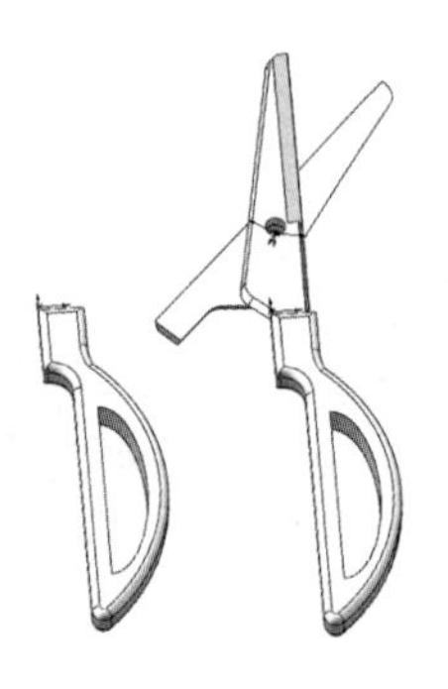

图 3-251 插入刀柄

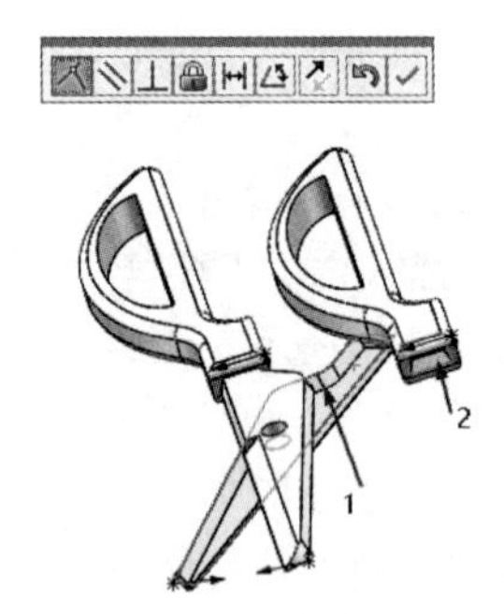

图 3-252 选择配合面

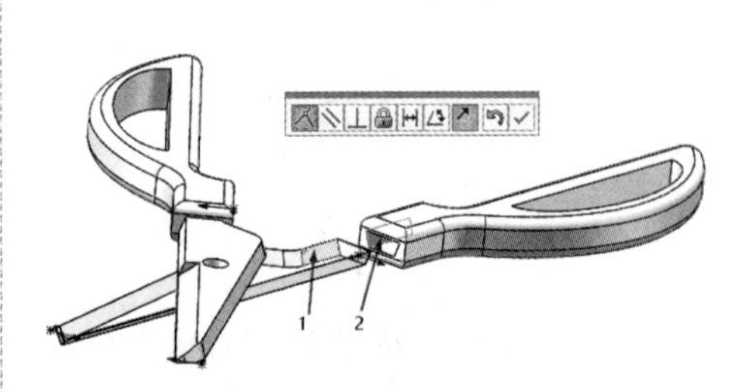

图 3-253 选择配合面

图 3-254 选择配合面

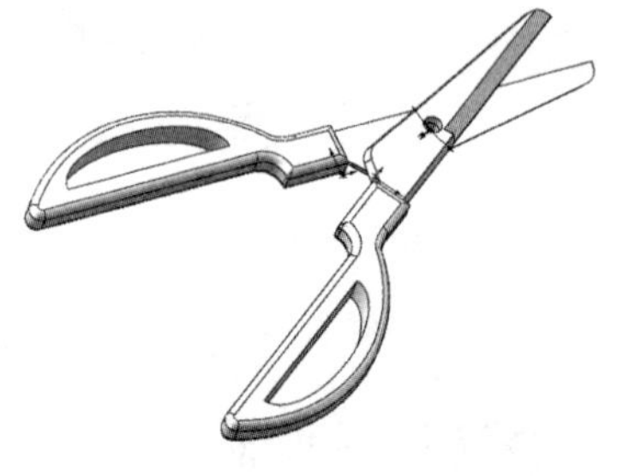

图 3-255 装配刀柄

Note

10 插入铆钉。选择菜单栏中的“插入”→“零部件”→“现有零件/装配体”命令，或单击“装配体”面板中的“插入零部件”按钮，弹出“插入零部件”属性管理器，单击“浏览”按钮，在弹出的“打开”对话框中选择“铆钉”，将其插入到装配界面中，如图 3-256 所示。

11 添加装配关系。选择菜单栏中的“插入”→“配合”命令，或单击“装配体”面板中的“配合”按钮，系统弹出“配合”属性管理器，如图 3-241 所示。选择图 3-257 所示的配合面，在“配合”属性管理器中单击“同轴心”按钮，添加“同轴心”关系，单击“确定”按钮✔；选择如图 3-258 所示的配合面，在“配合”属性管理器中单击“重合”按钮，添加“重合”关系，单击“确定”按钮✔；装配刀柄如图 3-259 所示。

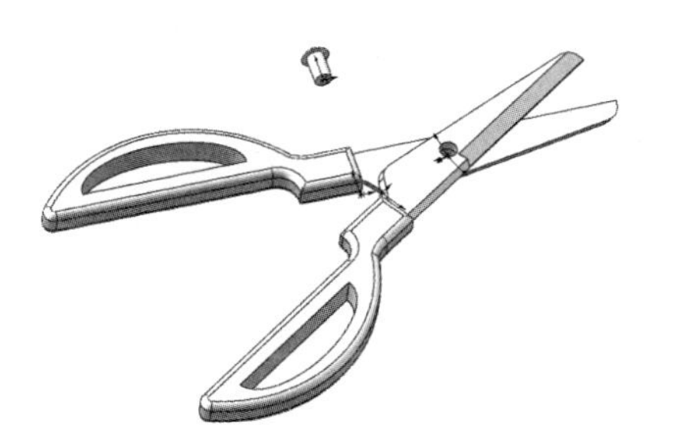

图 3-256　插入铆钉

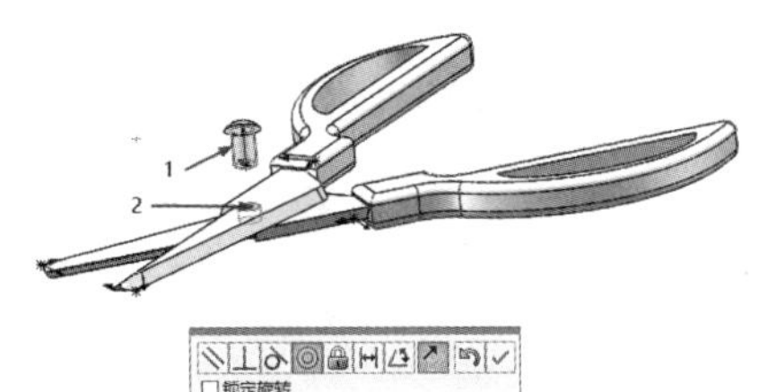

图 3-257　选择配合面

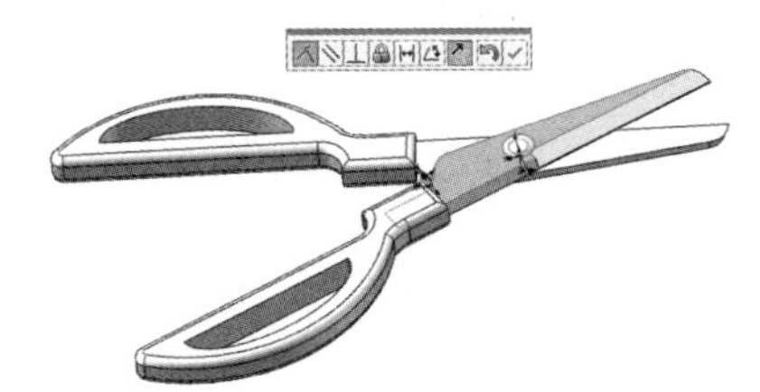

图 3-258　选择配合面

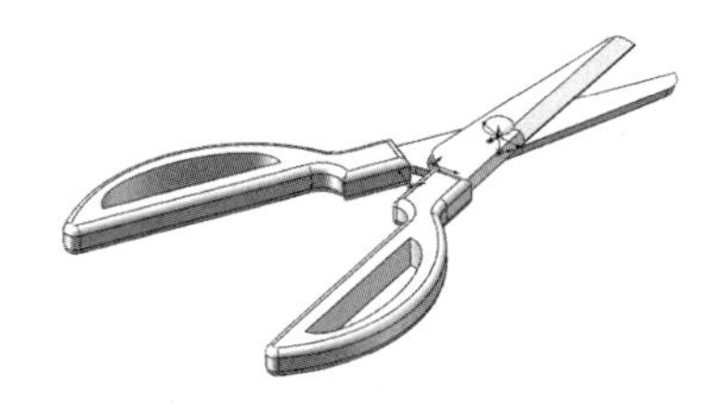

图 3-259　装配刀柄

▶▶第2篇

曲面设计篇

本篇主要介绍SOLIDWORKS曲面设计的基础知识，包括曲线、曲面的创建，同时利用三大章节、四大实例对曲面造型知识进行练习及巩固。“万变不离其宗”基础知识的讲解也是为了模型设计，大篇幅的实例详解可以让读者更快地掌握曲面设计的精髓。

同时本篇介绍的曲面绘制也是以第1篇的零件创建、草图绘制为基础，在熟悉曲面设计的过程中，完成对基础知识的再一次巩固。

曲面造型基础

本章导读

随着SOLIDWORKS版本的不断更新，其复杂形体的设计功能得到不断加强，同时由于曲面造型特征的增强，操作起来更需要技巧。本章主要介绍曲线和曲面的生成方式以及曲面的编辑，并利用实例形式练习绘制技巧。

内容要点

☑ 曲线的生成
☑ 曲面的生成
☑ 曲面的编辑

Note

4.1　曲线的生成

SOLIDWORKS 可以生成以下多种类型的三维曲线。

- 投影曲线：从草图投影到模型面或曲面上，或从相交的基准面上绘制的曲线。
- 通过参考点的曲线：通过模型中定义的点或顶点生成的样条曲线。
- 通过 *XYZ* 点的曲线：通过给出空间坐标的点生成的样条曲线。
- 组合曲线：由曲线、草图几何体和模型边线组合而成的一条曲线。
- 分割线：从草图投影到平面或曲面的曲线。
- 螺旋线和涡状线：通过指定圆形草图、螺距、圈数和高度生成的曲线。

4.1.1　投影曲线

在 SOLIDWORKS 中，投影曲线主要有两种生成方式。一种方式是将绘制的曲线投影到模型面上，生成一条三维曲线；另一种方式是，首先在两个相交的基准面上分别绘制草图，系统会在每一个草图沿所在平面的垂直方向进行投影，得到一个曲面，这两个曲面在空间相交生成一条三维曲线。下面分别介绍这两种方式的操作步骤。

【操作步骤】

视频讲解

（1）设置基准面。在 FeatureManager 设计树中选择“上视基准面”作为绘制图形的基准面。

（2）绘制样条曲线。选择“工具”→“草图绘制实体”→“样条曲线”菜单命令，或者单击“草图”面板中的“样条曲线”按钮，在上一步设置的基准面上绘制一个样条曲线，结果如图 4-1 所示。

（3）拉伸曲面。选择“插入”→“曲面”→“拉伸曲面”菜单命令，或者单击“曲面”面板中的“拉伸曲面”按钮，此时系统弹出如图 4-2 所示的“曲面-拉伸”属性管理器。

图 4-1　绘制的样条曲线

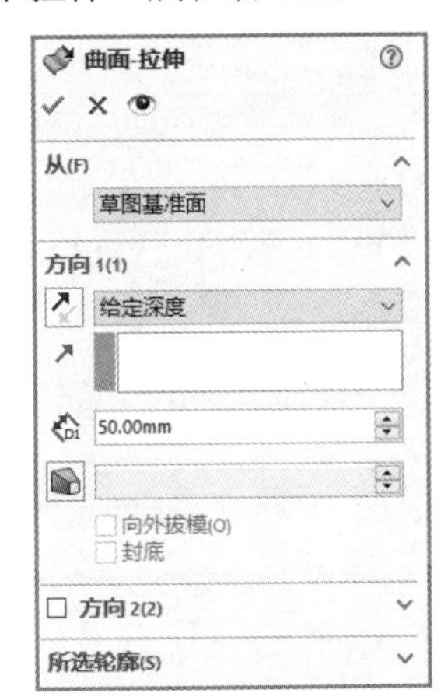

图 4-2　“曲面-拉伸”属性管理器

（4）确认拉伸曲面。按照图 4-2 所示进行设置，注意设置曲面拉伸的方向，然后单击“曲面-拉伸”属性管理器中的“确定”按钮✓，完成曲面拉伸。拉伸的曲面如图 4-3 所示。

（5）添加基准面。在 FeatureManager 设计树中选择“前视基准面”，然后选择“插入”→“参考几何体”→“基准面”菜单命令，或者在“特征”面板上单击“参考几何体”下拉列表中的“基准面”

按钮，此时系统弹出如图 4-4 所示的“基准面”属性管理器。在“偏移距离”一栏中输入值 50，并调整设置基准面的方向。单击“基准面”属性管理器中的“确定”按钮✔，添加一个新的基准面，结果如图 4-5 所示。

图 4-3　拉伸的曲面

图 4-4　“基准面”属性管理器

（6）设置基准面。在 FeatureManager 设计树中单击上一步添加的基准面，然后单击“视图（前导）”工具栏中的“正视于”按钮，将该基准面作为绘制图形的基准面。

（7）绘制样条曲线。单击“草图”面板中的“样条曲线”按钮，绘制如图 4-6 所示的样条曲线，然后退出草图绘制状态。

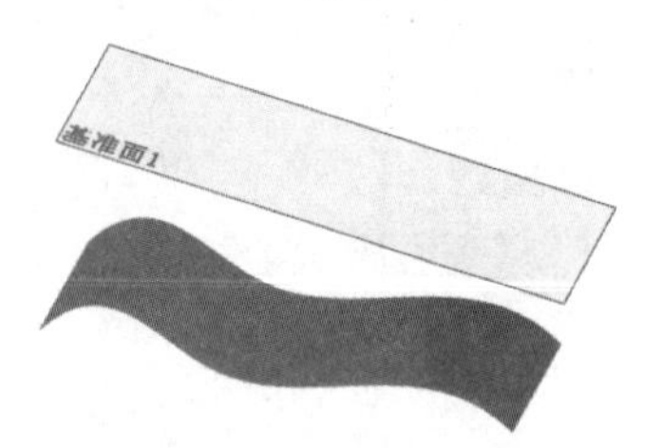

图 4-5　添加的基准面

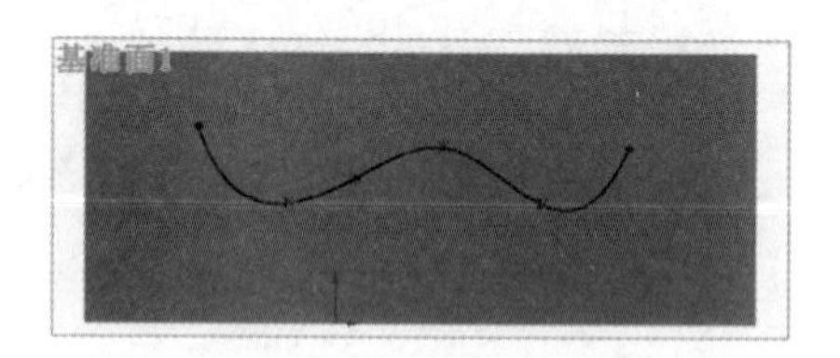

图 4-6　绘制的样条曲线

（8）设置视图方向。单击“视图（前导）”工具栏中的“等轴测”按钮，将视图以等轴测方向显示。等轴测视图如图 4-7 所示。

（9）生成投影曲线。选择“插入”→“曲线”→“投影曲线”菜单命令，或者单击“曲线”工具栏中的“投影曲线”按钮，此时系统弹出“投影曲线”属性管理器。

（10）设置投影曲线。在“投影曲线”属性管理器中“投影类型”一栏的下拉菜单中选择“面上草图”单选按钮；在“要投影的草图”一栏中选择图 4-7 所示的样条曲线 1；在“投影面”一栏中选择图 4-7 所示的曲面 2；在视图中观测投影曲线的方向，是否投影到曲面，选中“反转投影”复选框，使曲线投影到曲面上。设置好的“投影曲线”属性管理器如图 4-8 所示。

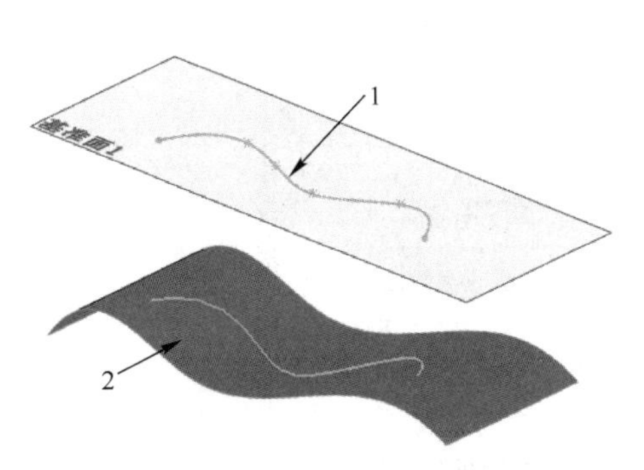

图 4-7　等轴测视图

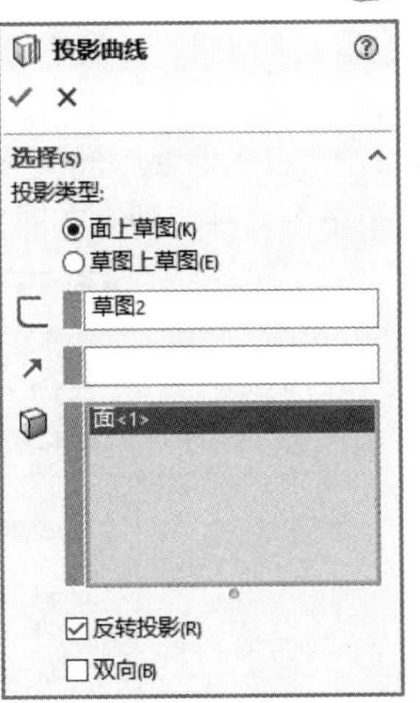

图 4-8　“投影曲线”属性管理器

（11）确认设置。单击“投影曲线”属性管理器中的“确定”按钮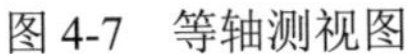，生成所需要的投影曲线。投影曲线及其 FeatureManager 设计树如图 4-9 所示。

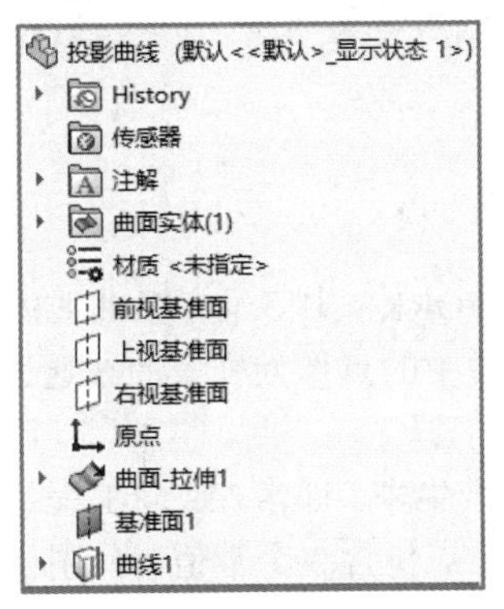

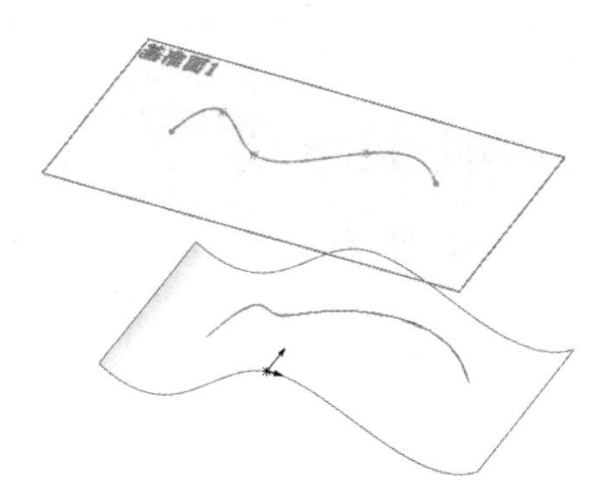

图 4-9　投影曲线及其 FeatureManager 设计树

下面利用两个相交基准面上的曲线投影来得到曲线，如图 4-10 所示。

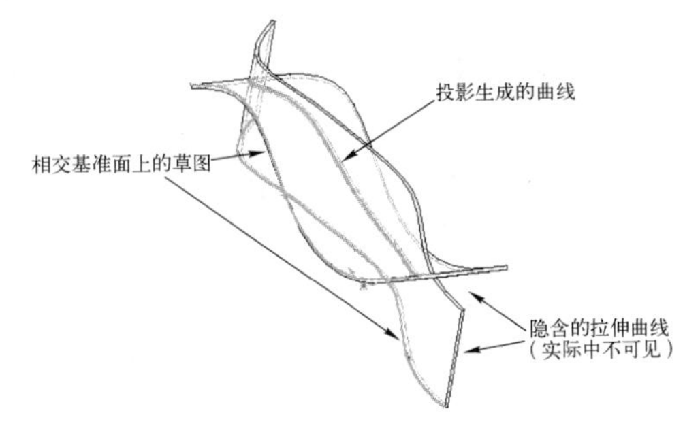

图 4-10　投影曲线

【操作步骤】

（1）打开源文件“4.1.1　相交面投影曲线.SLDPRT”。在两个相交的基准面上各绘制一个草图，这两个草图轮廓所隐含的拉伸曲面必须相交才能生成投影曲线。完成后关闭每个草图。

（2）按住 Ctrl 键，选取这两个草图。

（3）单击“曲线”工具栏中的“投影曲线”按钮，或选择“插入”→“曲线”→“投影曲线”菜单命令。

（4）在“投影曲线”属性管理器的“投影类型”下拉菜单中选择“草图上草图”选项；选择要投影的两个草图名称，同时在图形区域中显示所得到的投影曲线，如图 4-11 所示。

Note

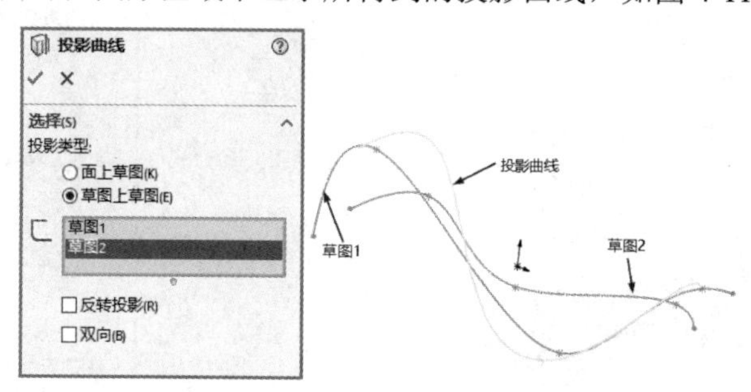

图 4-11 “投影曲线”属性管理器

（5）单击“确定”按钮✔，生成投影曲线。投影曲线在特征管理器设计树中以按钮表示。

注意：

如果在执行投影曲线命令之前事先选择了生成投影曲线的草图选项，则在执行投影曲线命令后，属性管理器会自动选择合适的投影类型。

4.1.2 三维样条曲线的生成

利用三维样条曲线可以生成任何形状的曲线。SOLIDWORKS 中三维样条曲线的生成方式十分丰富：用户既可以自定义样条曲线通过的点，也可以指定模型中的点作为样条曲线通过的点，还可以利用点坐标文件生成样条曲线。

穿越自定义点的样条曲线经常应用在逆向工程的曲线产生中。通常，逆向工程是先有一个实体模型，由三维向量床 CMM 或以激光扫描仪取得点资料。每个点包含 3 个数值，分别代表它的空间坐标（X, Y, Z）。

1. 自定义样条曲线通过的点

视频讲解

【操作步骤】

（1）单击“曲线”工具栏中的“通过 *XYZ* 点的曲线”按钮，或选择“插入”→“曲线”→“通过 *XYZ* 点的曲线”菜单命令。

（2）在弹出的“曲线文件”对话框（见图 4-12）中输入自由点的空间坐标，同时在图形区域中可预览生成的样条曲线。

（3）当在最后一行的单元格中双击时，系统会自动增加一行。如果要在一行的上面再插入新行，只要单击该行，然后单击“插入”按钮即可。

（4）如果要保存曲线文件，单击“保存”或“另存为”按钮，然后指定文件的名称（扩展名为.sldcrv）即可。

（5）单击“确定”按钮，即可生成三维样条曲线。

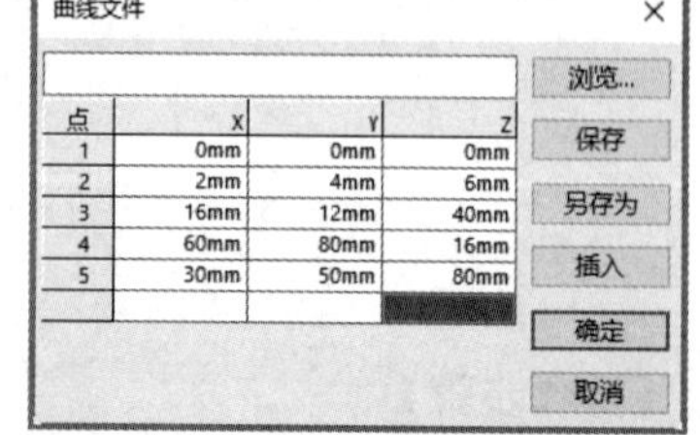

图 4-12 “曲线文件”对话框

除了在“曲线文件”属性管理器中输入坐标来定义曲线外，SOLIDWORKS 还可以将在文本编辑器、Excel 等应用程序中生成的坐标文件（扩展名为.sldcrv 或.txt）导入系统，从而生成样条曲线。

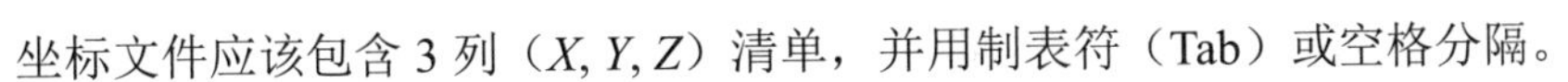

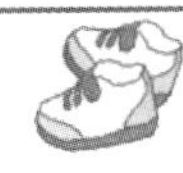

视频讲解

Note

坐标文件应该包含 3 列（*X*, *Y*, *Z*）清单，并用制表符（Tab）或空格分隔。

2. 导入坐标文件，以生成样条曲线

【操作步骤】

（1）单击“曲线”工具栏中的“通过 *XYZ* 点的曲线”按钮，或选择“插入”→“曲线”→“通过 *XYZ* 点的曲线”菜单命令。

（2）在弹出的“曲线文件”属性管理器中单击“浏览”按钮查找坐标文件，然后单击“打开”按钮。

（3）坐标文件显示在“曲线文件”属性管理器中，同时在图形区域中可以预览曲线效果。

（4）可以根据需要编辑坐标，直到满意为止。

（5）单击“确定”按钮，生成曲线。

3. 将指定模型中的点作为样条曲线通过的点生成曲线

视频讲解

【操作步骤】

（1）打开源文件“4.1.2 通过参考点的曲线.SLDPRT”。单击“曲线”工具栏中的“通过参考点的曲线”按钮，或选择“插入”→“曲线”→“通过参考点的曲线”菜单命令。

（2）在“通过参考点的曲线”属性管理器中单击“通过点”栏下的显示框，然后在图形区域按照要生成曲线的次序选择通过的模型点。此时，模型点在该显示框中显示，如图 4-13 所示。

（3）如果想要将曲线封闭，选中“闭环曲线”复选框。

（4）单击“确定”按钮✔，生成通过模型点的曲线。

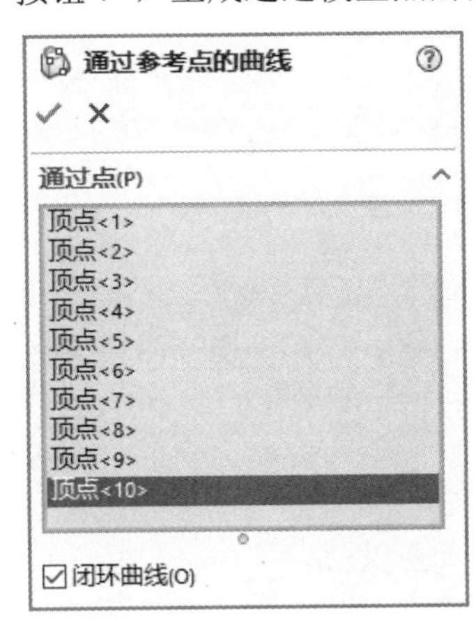

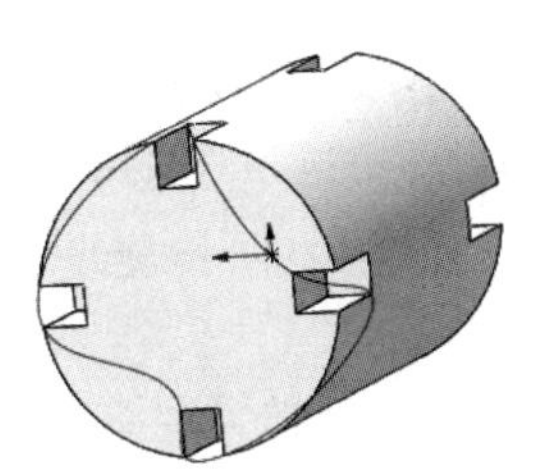

图 4-13　“通过参考点的曲线”属性管理器

4.1.3　组合曲线

SOLIDWORKS 可以将多段相互连接的曲线或模型边线组合成为一条曲线。

视频讲解

【操作步骤】

（1）打开源文件“4.1.3 组合曲线.SLDPRT”。单击“曲线”工具栏中的“组合曲线”按钮，或选择“插入”→“曲线”→“组合曲线”菜单命令，弹出“组合曲线”属性管理器。

（2）在图形区域中选择要组合的曲线、直线或模型边线（这些线段必须连续），则所选项目在“组合曲线”属性管理器的“要连接的实体”栏中显示出来，如图 4-14 所示。

Note

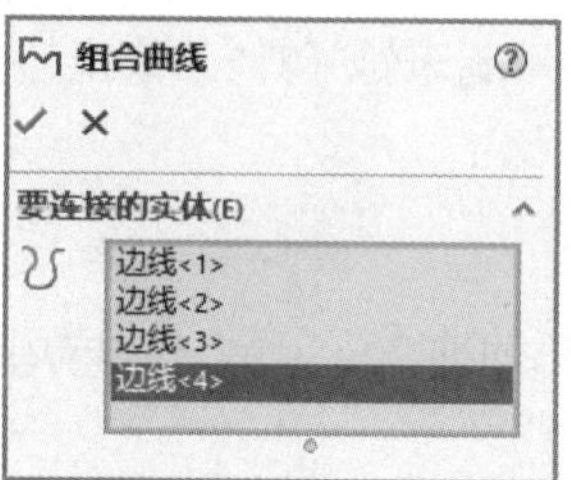

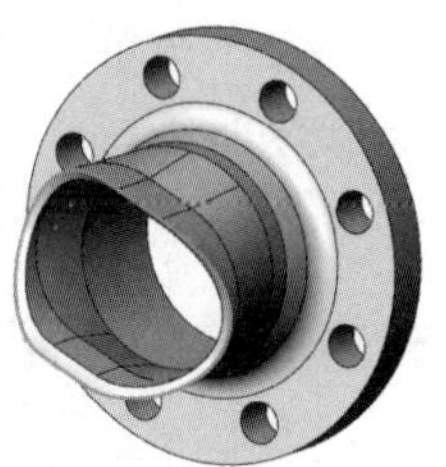

图 4-14 “组合曲线”属性管理器

（3）单击“确定”按钮✓，生成组合曲线。

4.1.4 螺旋线和涡状线

螺旋线和涡状线通常用在绘制螺纹、弹簧和发条等零部件中，图 4-15 显示了这两种曲线的状态。

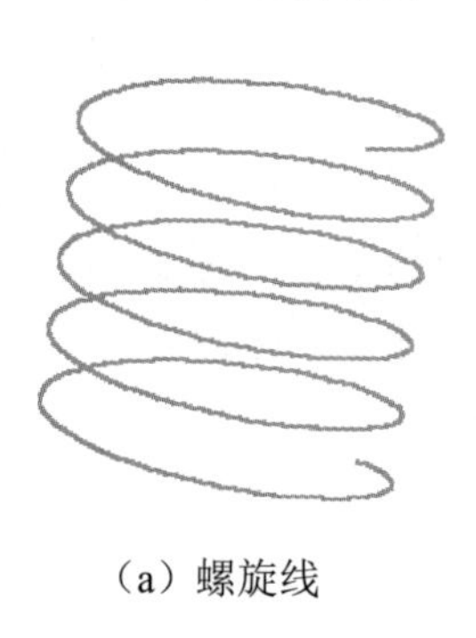

（a）螺旋线

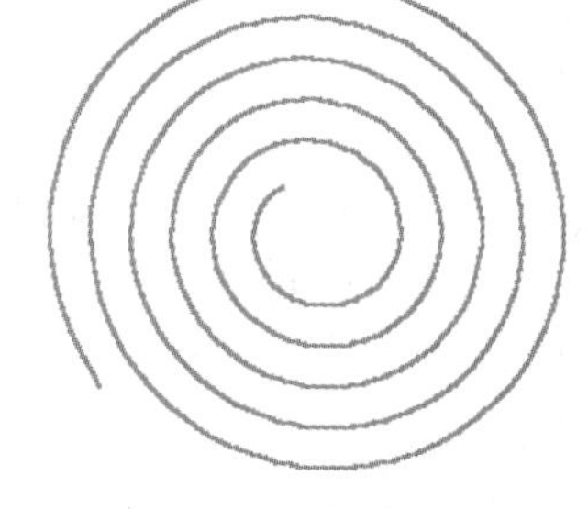

（b）涡状线

图 4-15 螺旋线和涡状线

1. 生成一条螺旋线

视频讲解

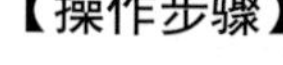
【操作步骤】

（1）单击“草图”面板中的“草图绘制”按钮，打开一个草图并绘制一个直径为 60 mm 的圆，此圆的直径控制螺旋线的直径。

（2）单击“曲线”工具栏中的“螺旋线”按钮，或选择“插入”→“曲线”→“螺旋线/涡状线”菜单命令。

（3）在“螺旋线/涡状线”属性管理器（见图 4-16）的“定义方式”下拉列表框中选择一种螺旋线的定义方式。

☑ 螺距和圈数：指定螺距和圈数。

☑ 高度和圈数：指定螺旋线的总高度和圈数。

☑ 高度和螺距：指定螺旋线的总高度和螺距。

（4）根据步骤（3）中指定的螺旋线定义方式指定螺旋线的参数。

（5）如果要制作锥形螺旋线，选中“锥形螺旋线”复选框并指定锥形角度以及锥度方向（向外扩张或向内扩张）。

（6）在“起始角度”微调框中指定第一圈的螺旋线的起始角度。

（7）如果选中“反向”复选框，则螺旋线将由原来的点向另一个方向延伸。

（8）单击“顺时针”或“逆时针”单选按钮，以决定螺旋线的旋转方向。

（9）单击“确定”按钮✓，生成螺旋线。

视频讲解

Note

2. 生成一条涡状线

【操作步骤】

（1）单击“草图”面板中的“草图绘制”按钮，打开一个草图并绘制一个直径为 20 mm 的圆，此圆的直径作为起点处涡状线的直径。

（2）单击“曲线”工具栏中的“螺旋线”按钮，或选择“插入”→“曲线”→“螺旋线/涡状线”菜单命令。

（3）在“螺旋线/涡状线”属性管理器的“定义方式”下拉列表框中选择“涡状线”，如图 4-17 所示。

（4）在对应的“螺距”微调框和“圈数”微调框中指定螺距和圈数。

（5）如果选中“反向”复选框，则生成一个向内扩张的涡状线。

（6）在“起始角度”微调框中指定涡状线的起始位置。

（7）单击“顺时针”或“逆时针”单选按钮，以决定涡状线的旋转方向。

（8）单击“确定”按钮，生成涡状线。

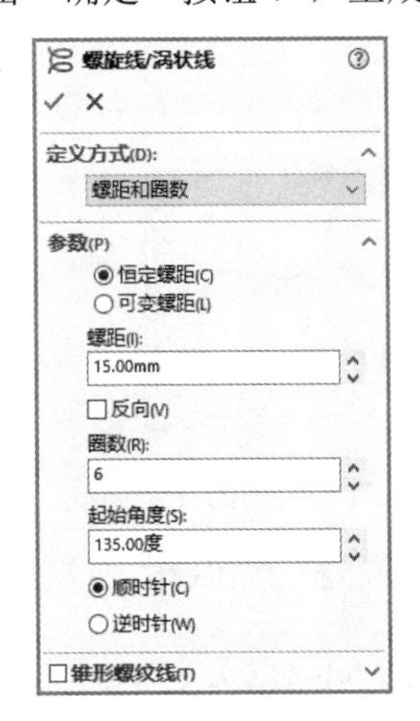

图 4-16　“螺旋线/涡状线”属性管理器

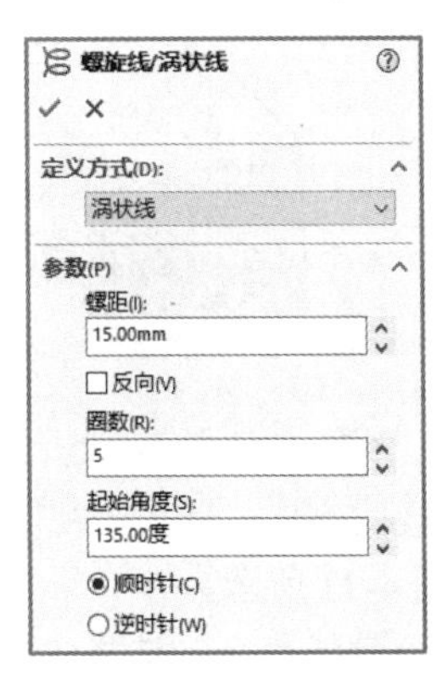

图 4-17　定义涡状线

4.1.5　分割线

视频讲解

分割线工具将草图投影到曲面或平面上，它可以将所选的面分割为多个分离的面，从而选择操作其中一个分离面，也可以将草图投影到曲面实体，生成分割线。

（1）添加基准面。打开源文件“4.1.5 分割线.SLDPRT”。选择“插入”→“参考几何体”→“基准面”菜单命令，或者单击“特征”面板“参考几何体”下拉列表中的“基准面”按钮，系统弹出如图 4-18 所示的“基准面”属性管理器。在“选择”一栏中选择图 4-19 中的面 1；在“偏移距离”一栏中输入 30.00 mm，并调整基准面的方向。单击“基准面”属性管理器中的“确定”按钮，添加一个新的基准面，结果如图 4-20 所示。

（2）设置基准面。单击上一步添加的基准面，然后单击“视图（前导）”工具栏中的“正视于”按钮，将该基准面作为绘制图形的基准面。

（3）绘制样条曲线。单击“草图”面板中的“样条曲线”按钮，在上一步设置的基准面上绘制一条样条曲线，结果如图 4-21 所示，然后退出草图绘制状态。

Note

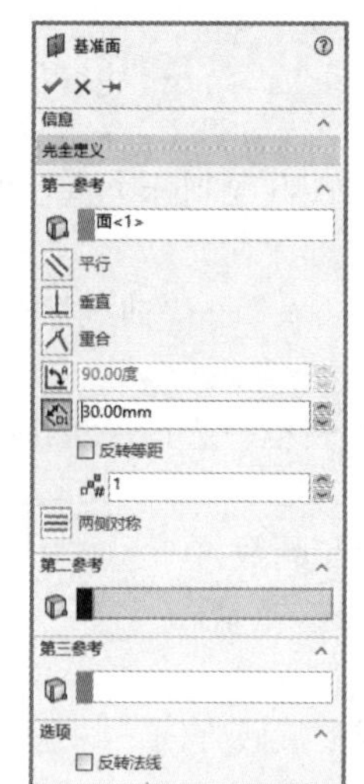

图 4-18 “基准面”属性管理器

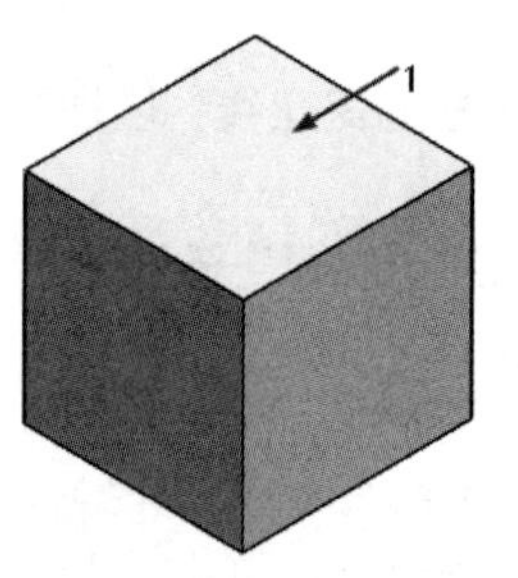

图 4-19 打开的图形

图 4-20 添加基准面后的图形

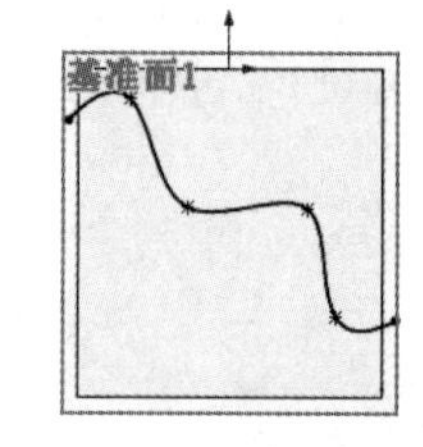

图 4-21 绘制的样条曲线

（4）设置视图方向。单击“视图（前导）”工具栏中的“等轴测”按钮，将视图以等轴测方向显示，结果如图 4-22 所示。

（5）执行分割线命令。选择“插入”→“曲线”→“分割线”菜单命令，或者单击“曲线”工具栏中的“分割线”按钮，此时系统弹出“分割线”属性管理器。

（6）设置属性管理器。在“分割线”属性管理器的“分割类型”一栏中选中“投影”单选按钮；在“要投影的草图”一栏中选择图 4-22 所示的草图 2；在“要分割的面”一栏中选择图 4-22 所示的面 1，其他设置参考图 4-23。

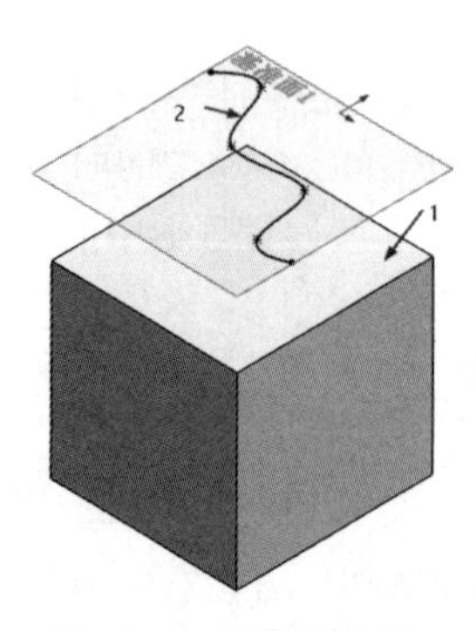

图 4-22 等轴测视图

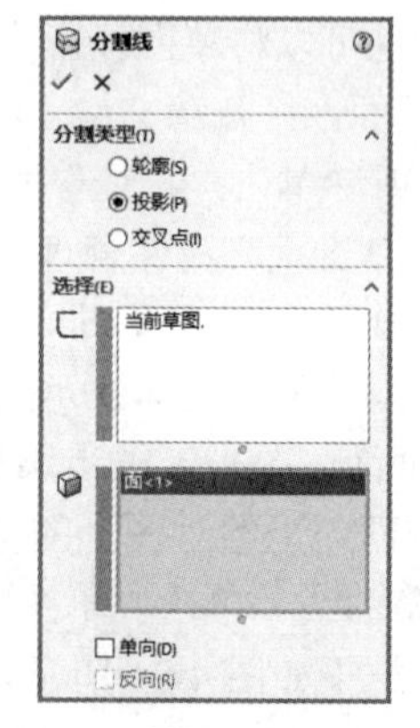

图 4-23 “分割线”属性管理器

（7）确认设置。单击“分割线”属性管理器中的“确定”按钮✔，生成所需要的分割线。生成的分割线及其 FeatureManager 设计树如图 4-24 所示。

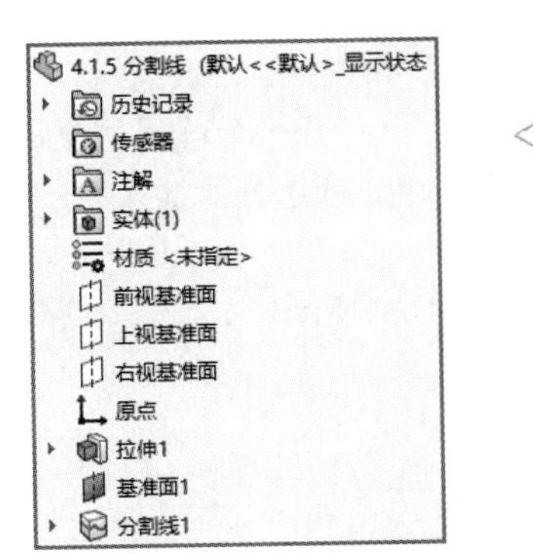

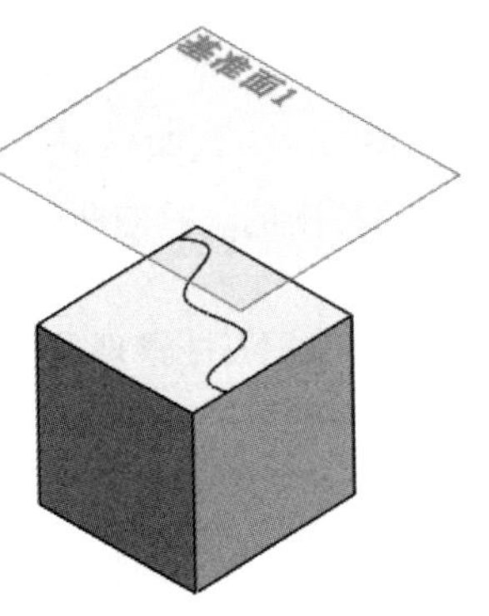

图 4-24　生成的分割线及其 FeatureManager 设计树

注意：

使用投影方式绘制投影草图时，绘制的草图在投影面上的投影必须穿过要投影的面，否则系统会提示错误，而不能生成分割线。

4.2　曲面的生成

在 SOLIDWORKS 中，建立曲面后，可以用很多方式对曲面进行延伸。用户既可以将曲面延伸到某个已有的曲面，与其缝合或延伸到指定的实体表面；也可以输入固定的延伸长度，或者直接拖动其红色箭头手柄，实时地将边界拖到想要的位置。

另外，现在的版本可以对曲面进行修剪，可以用实体修剪，也可以用另一个复杂的曲面进行修剪。此外，还可以将两个曲面或一个曲面与一个实体进行弯曲操作，SOLIDWORKS 将保持其相关性，即当其中一个发生改变时，另一个会同时相应地改变。

SOLIDWORKS 可以使用如下方法生成多种类型的曲面。

（1）由草图拉伸、旋转、扫描或放样生成曲面。

（2）从现有的面或曲面等距生成曲面。

（3）从其他应用程序（如 Pro/ENGINEER、MDT、Unigraphics、Solid Edge 和 Autodesk Inventor 等）导入曲面文件。

（4）由多个曲面组合成曲面。

曲面实体用来描述相连的、零厚度的几何体，如单一曲面和圆角曲面等。一个零件中可以有多个曲面实体。SOLIDWORKS 提供了专门的曲面控制面板（见图 4-25）来控制曲面的生成和修改。

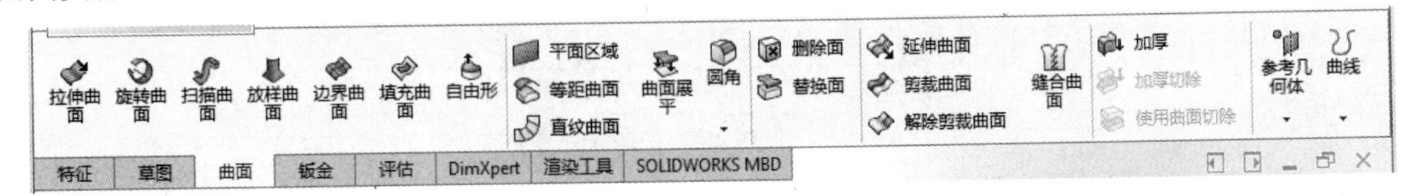

图 4-25　“曲面”控制面板

视频讲解

4.2.1 拉伸曲面

【操作步骤】

（1）单击“草图”面板中的“草图绘制”按钮，打开一个草图并绘制曲面轮廓。

（2）单击“曲面”工具栏中的“拉伸曲面”按钮，或选择“插入”→“曲面”→“拉伸曲面”菜单命令。

（3）此时出现“曲面-拉伸”属性管理器，如图 4-26 所示。

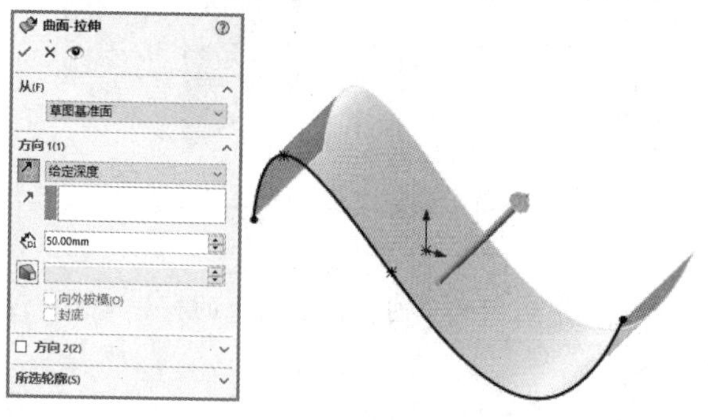

图 4-26 “曲面-拉伸”属性管理器

（4）在“方向 1”的终止条件下拉列表框中选择拉伸的终止条件。

（5）在图形区域中检查预览。单击“反向”按钮，可向另一个方向拉伸。

（6）在微调框中设置拉伸的深度。

（7）如有必要，选中“方向 2”复选框，将拉伸应用到第二个方向。

（8）单击“确定”按钮，生成拉伸曲面。

4.2.2 旋转曲面

【操作步骤】

视频讲解

（1）单击“草图”面板中的“草图绘制”按钮，打开一个草图并绘制曲面轮廓以及它将绕着旋转的中心线。

（2）单击“曲面”面板中的“旋转曲面”按钮，或选择“插入”→“曲面”→“旋转曲面”菜单命令。

（3）此时出现“曲面-旋转”属性管理器，同时在图形区域中显示生成的旋转曲面，如图 4-27 所示。

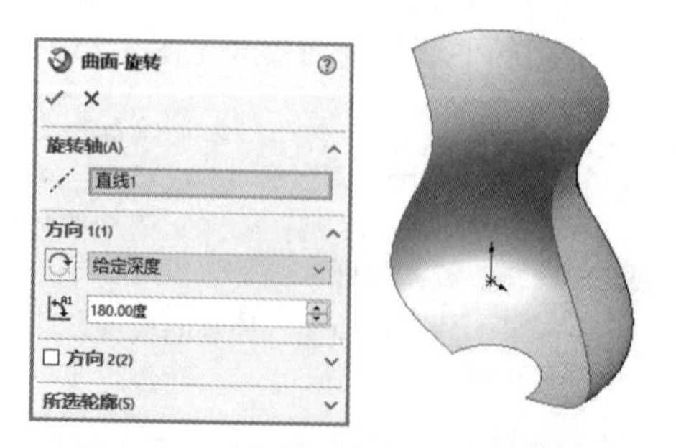

图 4-27 “曲面-旋转”属性管理器

（4）在“旋转类型”下拉列表框中选择旋转类型。

（5）在微调框中指定旋转角度。

（6）单击“确定”按钮✓，生成旋转曲面。

4.2.3 扫描曲面

扫描曲面的方法同扫描特征的生成方法十分类似，也可以通过引导线扫描。在扫描曲面中最重要的一点，就是引导线的端点必须贯穿轮廓图元，通常必须产生一个几何关系，强迫引导线贯穿轮廓曲线。

【操作步骤】

（1）根据需要建立基准面，并绘制扫描轮廓和扫描路径。如果需要沿引导线扫描曲面，还要绘制引导线。

（2）如果要沿引导线扫描曲面，需要在引导线与轮廓之间建立重合或穿透几何关系。

（3）单击“曲面”面板中的“扫描曲面”按钮，或选择“插入”→“曲面”→“扫描曲面”菜单命令。

（4）在弹出的“曲面-扫描”属性管理器中单击按钮（最上面的）右侧的显示框，然后在图形区域中选择轮廓草图，则所选草图出现在该框中。

（5）单击按钮右侧的显示框，然后在图形区域中选择路径草图，则所选路径草图出现在该框中。此时，在图形区域中可以预览扫描曲面的效果，如图 4-28 所示。

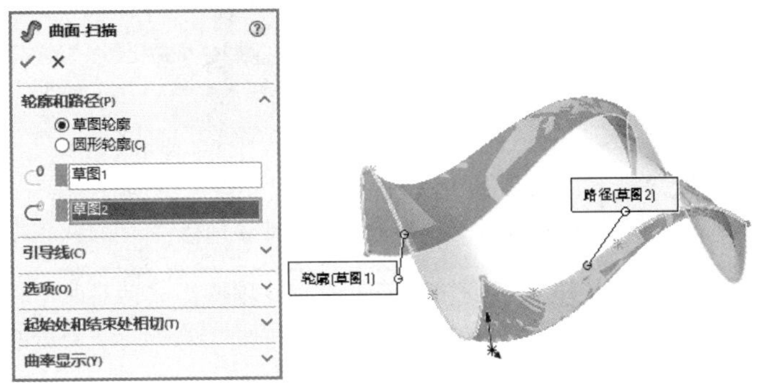

图 4-28 预览扫描曲面的效果

（6）在“方向/扭转控制”下拉列表框中，可选择如下选项。

☑ 随路径变化：草图轮廓随着路径的变化变换方向，其法线与路径相切。

☑ 保持法向不变：草图轮廓保持法线方向不变。

☑ 随路径和第一条引导线变化：如果引导线不只一条，选择该项将使扫描随第一条引导线变化。

☑ 随第一条和第二条引导线变化：如果引导线不只一条，选择该项将使扫描随第一条和第二条引导线同时变化。

☑ 沿路径扭转：沿路径扭转截面，在定义方式下按度数、弧度或旋转定义扭转。

☑ 以法向不变沿路径扭曲：通过将截面在沿路径扭曲时保持与开始截面平行而沿路径扭曲截面。

（7）如果需要沿引导线扫描曲面，则激活“引导线”栏，然后在图形区域中选择引导线。

（8）单击“确定”按钮✓，生成扫描曲面。

4.2.4 放样曲面

放样曲面是通过曲线之间进行过渡而生成曲面的。

【操作步骤】

Note

视频讲解

（1）在一个基准面上绘制放样的轮廓。

（2）建立另一个基准面，并在上面绘制另一个放样轮廓，这两个基准面不一定平行。

（3）如有必要，还可以生成引导线，来控制放样曲面的形状。

（4）单击“曲面”面板中的“放样曲面”按钮，或选择“插入”→“曲面”→“放样曲面”菜单命令。

（5）在弹出的“曲面-放样”属性管理器中单击按钮右侧的显示框，然后在图形区域中按顺序选择轮廓草图，则所选草图出现在该框中。在右面的图形区域中显示生成的放样曲面，如图 4-29 所示。

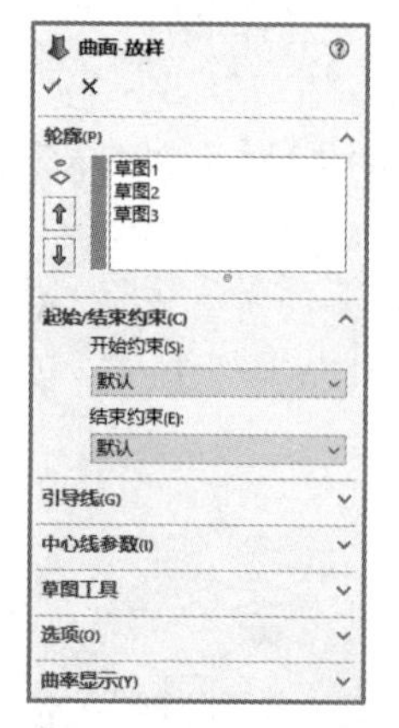

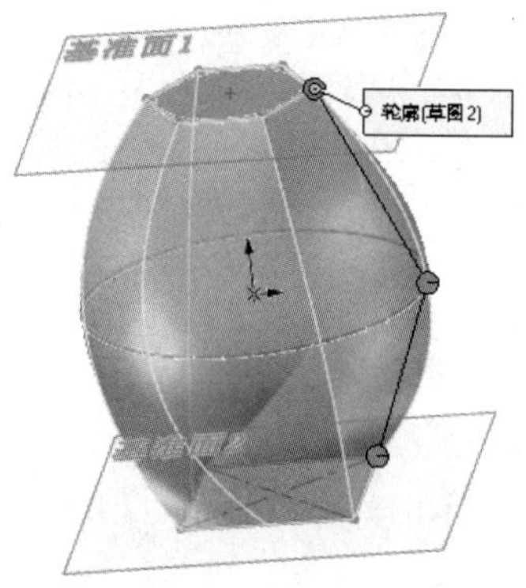

图 4-29 “曲面-放样”属性管理器

（6）单击上移按钮或下移按钮改变轮廓的顺序。此项操作只针对两个轮廓以上的放样特征。

（7）如果要在放样的开始处和结束处控制相切，则设置“起始处/结束处相切”选项。

☑ 无：不应用相切。

☑ 垂直于轮廓：放样在起始处和终止处与轮廓的草图基准面垂直。

☑ 方向向量：放样与所选的边线或轴相切，或与所选基准面的法线相切。

（8）如果要使用引导线控制放样曲面，在“引导线”一栏中单击按钮右侧的显示框，然后在图形区域中选择引导线。

（9）单击“确定”按钮✓，生成放样曲面。

4.2.5 等距曲面

视频讲解

对于已经存在的曲面（不论是模型的轮廓面，还是生成的曲面），都可以像等距曲线一样生成等距曲面。

【操作步骤】

（1）打开源文件“4.2.5 等距曲面.SLDPRT”单击“曲面”面板中的“等距曲面”按钮，或执行“插入”→“曲面”→“等距曲面”菜单命令。

（2）在弹出的“等距曲面”属性管理器中单击按钮右侧的显示框，然后在右面的图形区域选择要等距的模型面或生成的曲面。

（3）在“等距参数”栏的微调框中指定等距面之间的距离，此时在右面的图形区域中显示等距曲面的效果，如图4-30所示。

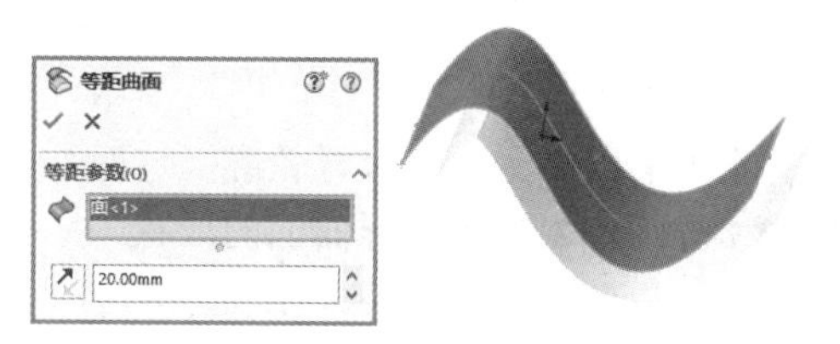

图4-30　等距曲面的效果

（4）如果等距面的方向有误，单击反向按钮，反转等距方向。

（5）单击“确定”按钮，生成等距曲面。

4.2.6　延展曲面

视频讲解

用户可以通过延展分割线、边线，并平行于所选基准面来生成曲面，如图4-31所示。延展曲面在拆模时最常用。当零件进行模塑，产生公母模之前，必须先生成模块与分型面，延展曲面是用来生成分型面的。

【操作步骤】

（1）打开源文件“4.2.6 延展曲面.SLDPRT”。单击“曲面”面板中的“延展曲面”按钮，或选择“插入”→“曲面”→“延展曲面”菜单命令。

（2）在弹出的“延展曲面”属性管理器中单击按钮右侧的显示框，然后在右面的图形区域中选择要延展的边线。

（3）单击“延展参数”栏中的第一个显示框，然后在图形区域中选择模型面作为延展曲面方向，如图4-32所示。延展方向将平行于模型面。

（4）注意图形区域中的箭头方向（指示延展方向），如有错误，单击“反向”按钮。

（5）在按钮右侧的微调框中指定曲面的宽度。

（6）如果希望曲面继续沿零件的切面延伸，就选中“沿切面延伸”复选框。

（7）单击“确定”按钮，生成延展曲面。

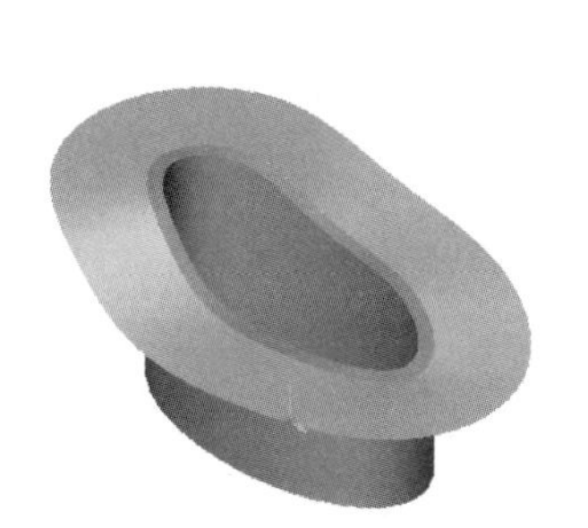

图4-31　延展曲面的效果

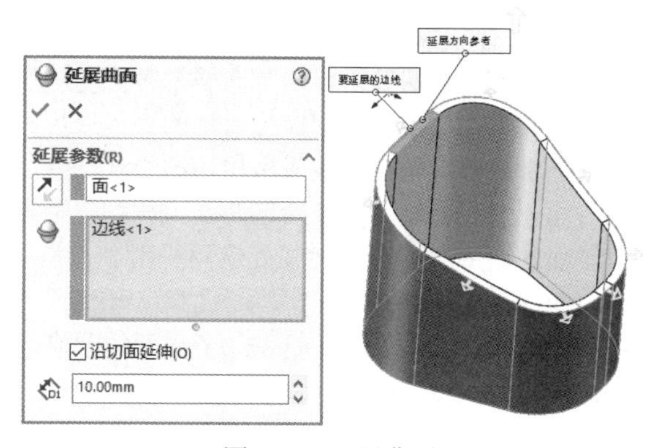

图4-32　延展曲面

4.2.7 边界曲面

Note

视频讲解

边界曲面特征用于生成在两个方向上（曲面所有边）相切或曲率连续的曲面。

【操作步骤】

（1）在一个基准面上绘制放样的轮廓。

（2）建立另一个基准面，并在上面绘制另一个放样轮廓，这两个基准面不一定平行。

（3）如有必要，还可以生成引导线，来控制放样曲面的形状。

（4）单击“曲面”面板中的“边界曲面”按钮，或选择“插入”→“曲面”→“边界曲面”菜单命令，弹出“边界-曲面”属性管理器。

（5）在图形区域中按顺序选择轮廓草图，则所选草图出现在该框中。在右面的图形区域中显示生成的边界曲面，如图 4-33 所示。

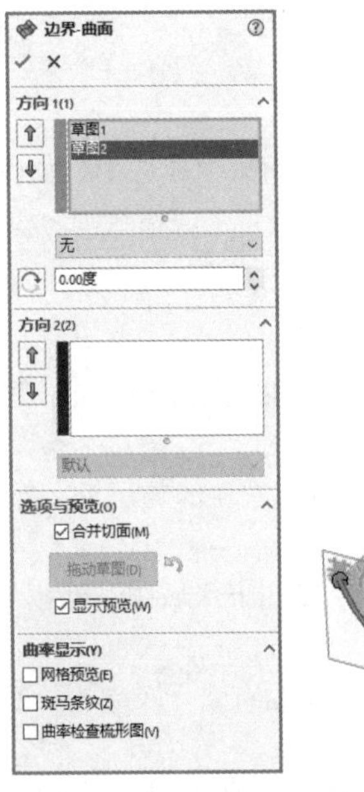

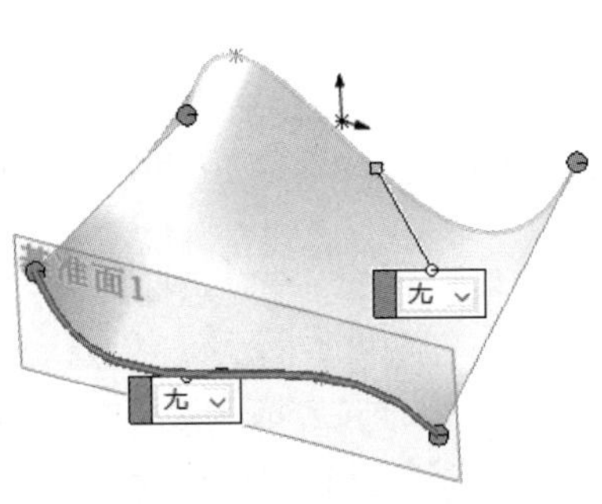

图 4-33 “边界-曲面”属性管理器

（6）单击上移按钮或下移按钮改变轮廓的顺序。此项操作只针对两个轮廓以上的边界方向。

（7）如果要在边界的开始处和结束处控制相切，就设置“起始处/结束处相切”选项。

☑ 无：不应用相切约束，此时曲率为零。

☑ 方向向量：根据为方向向量所选的实体应用相切约束。

☑ 垂直于轮廓：垂直曲线应用相切约束。

☑ 与面相切：使相邻面在所选曲线上相切。

☑ 与面的曲率：在所选曲线处应用平滑、具有美感的曲率连续曲面。

（8）单击“确定”按钮，完成边界曲面的创建，如图 4-34 所示。

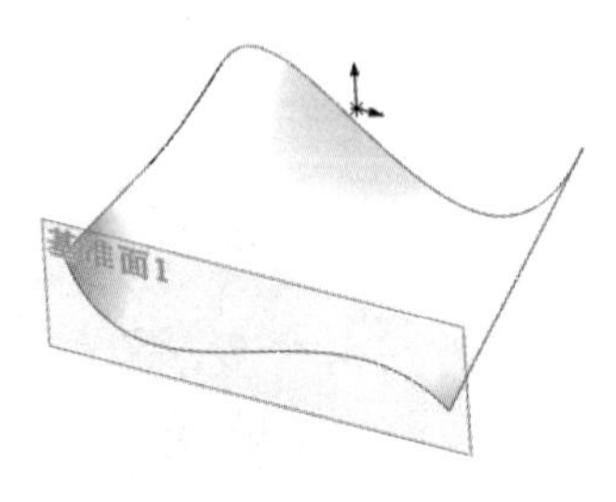

图 4-34 边界曲面

部分选项说明如下。

1. “选项与预览”选项组

☑ 合并切面：如果对应的线段相切，则会使所生成的边界特征中的曲面保持相切。

☑ 拖动草图：单击此按钮，撤销先前的草图拖动并将预览返回到其先前状态。

2. “显示”选项组

☑ 网格预览：选中此复选框，显示网格，并在网格密度中调整网格行数。

☑ 曲率检查梳形图：沿方向 1 或方向 2 的曲率检查梳形图显示。在比例选项中调整曲率检查梳形图的大小。在密度选项中调整曲率检查梳形图的显示行数。

4.2.8　自由形特征

自由形特征与圆顶特征类似，也是针对模型表面进行变形操作，但是具有更多的控制选项。自由形特征通过展开、约束或拉紧所选曲面在模型上生成一个变形曲面。变形曲面灵活可变，很像一层膜。

视频讲解

【操作步骤】

（1）执行特型特征。打开源文件“4.2.8 自由形特征.SLDPRT”。选择“插入”→“特征”→“自由形”菜单命令，此时系统弹出如图 4-35 所示的“自由形”属性管理器。

（2）设置属性管理器。在“面设置”一栏中选择图 4-36 所示的表面 1 进行设置。

（3）确认特型特征。单击“自由形”属性管理器中的“确定”按钮✓，特型的图形如图 4-37 所示。

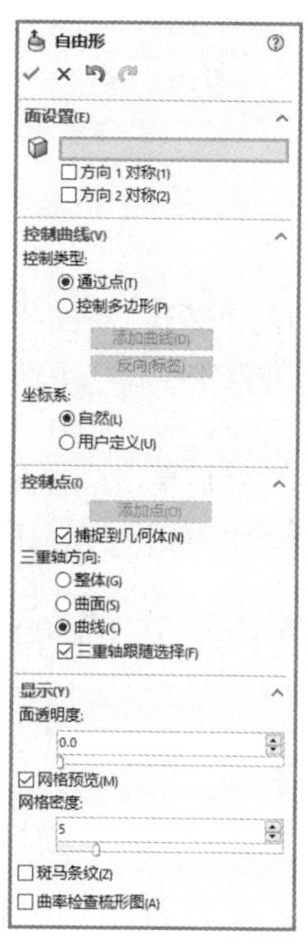

图 4-35　“自由形”属性管理器

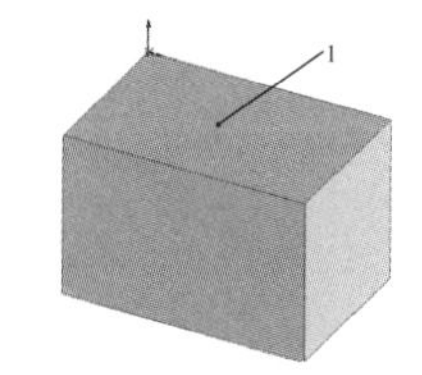

图 4-36　选择变形的面

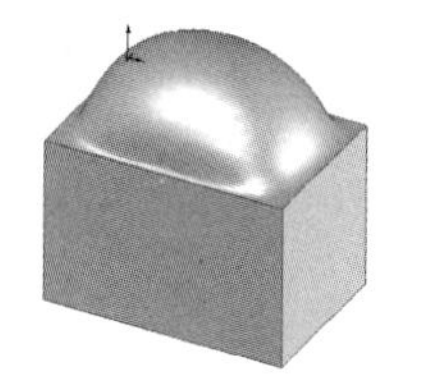

图 4-37　特型的图形

4.2.9　实例——牙膏壳

本实例创建的牙膏壳如图 4-38 所示。

视频讲解

Note

图 4-38　牙膏壳

思路分析

首先绘制曲线通过放样曲面创建曲面，然后通过拉伸创建牙膏壳头，最后创建扫描切除创建螺纹。绘制牙膏壳的流程如图 4-39 所示。

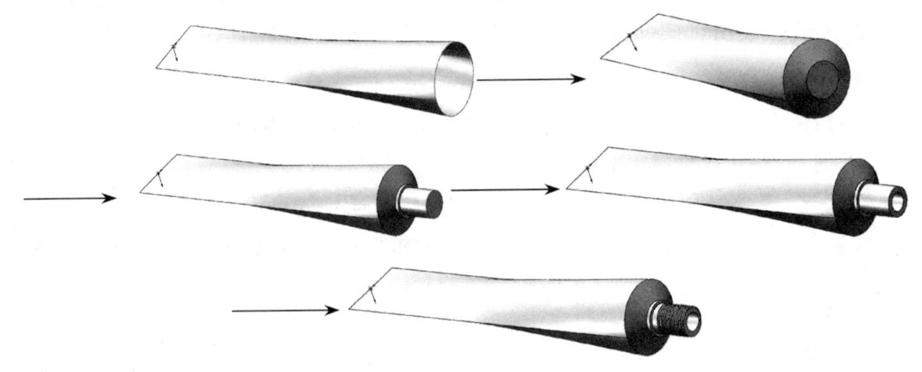

图 4-39　绘制牙膏壳的流程

创建步骤

01 新建文件。启动 SOLIDWORKS，单击“快速访问”工具栏中的“新建”按钮，或选择“文件”→“新建”菜单命令，在弹出的“新建 SOLIDWORKS 文件”对话框中单击“零件”按钮，然后单击“确定”按钮，新建一个零件文件。

02 设置基准面。在 FeatureManager 设计树中选择“前视基准面”，然后单击“视图（前导）”工具栏中的“正视于”按钮，将该基准面作为绘制图形的基准面。单击“草图”面板中的“草图绘制”按钮，进入草图绘制状态。

03 绘制草图 1。单击“草图”面板中的“直线”按钮，绘制如图 4-40 所示的草图并标注尺寸。单击“退出草图”按钮，退出草图。

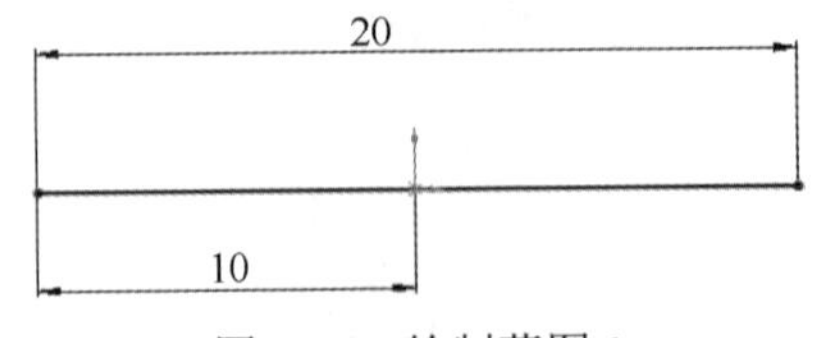

图 4-40　绘制草图 1

04 创建基准面。选择“插入”→“参考几何体”→“基准面”菜单命令，或者单击“特征”面板“参考几何体”下拉列表中的“基准面”按钮，弹出如图 4-41 所示的“基准面”属性管理器。选择“前视基准面”为参考面，输入偏移距离为 90.00 mm，选中“反转等距”复选框，单击“确定”

按钮✔，完成基准面的创建，如图 4-42 所示。

05 设置基准面。在 FeatureManager 设计树中选择“基准面 1”，然后单击“视图（前导）”工具栏中的“正视于”按钮，将该基准面作为绘制图形的基准面。单击“草图”面板中的“草图绘制”按钮，进入草图绘制状态。

06 绘制草图 2。单击“草图”面板中的“圆心/起/终点画弧”按钮，绘制如图 4-43 所示的草图。单击“退出草图”按钮，退出草图。

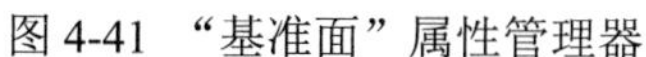

图 4-41　“基准面”属性管理器

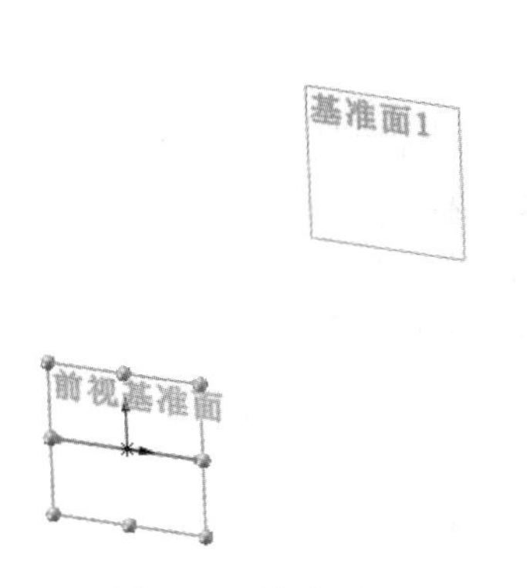

图 4-42　基准面

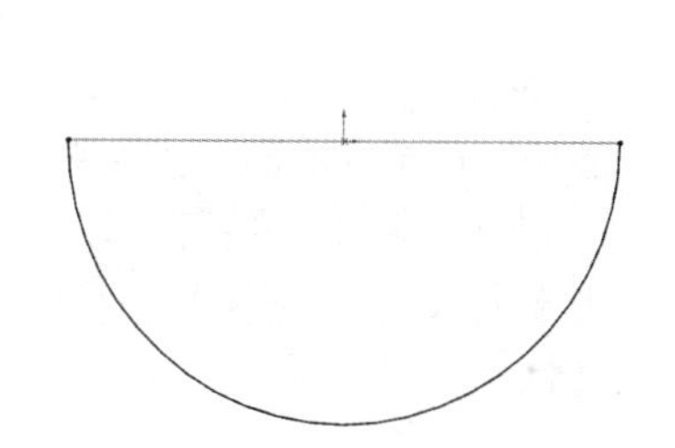

图 4-43　绘制草图 2

07 放样曲面。选择“插入”→“曲面”→“放样曲面”菜单命令，或者单击“曲面”面板中的“放样曲面”按钮，系统弹出“曲面-放样”属性管理器，如图 4-44 所示。在“轮廓”选项框中依次选择直线和圆弧，单击“确定”按钮✔，生成放样曲面，如图 4-45 所示。

08 镜像放样曲面。选择“插入”→“阵列/镜像”→“镜像”菜单命令，或者单击“特征”面板中的“镜像”按钮，此时系统弹出如图 4-46 所示的“镜像”属性管理器。选择“上视基准面”为镜像基准面，选择上一步创建的放样曲面为要镜像的实体，单击“镜像”属性管理器中的“确定”按钮✔，镜像曲面如图 4-47 所示。

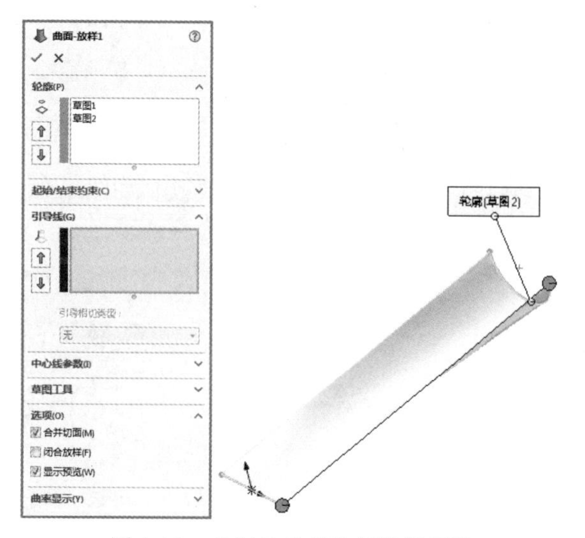

图 4-44　“曲面-放样”属性管理器

Note

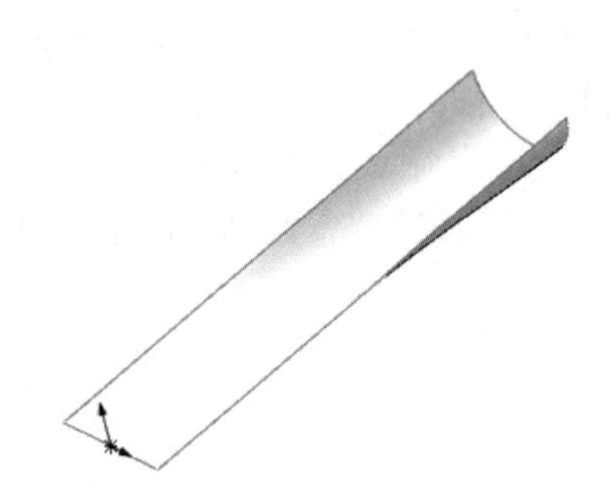

图 4-45　放样曲面

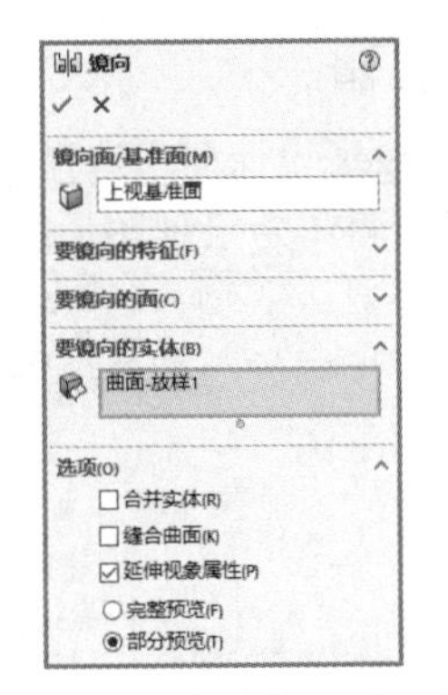

图 4-46 “镜像”属性管理器

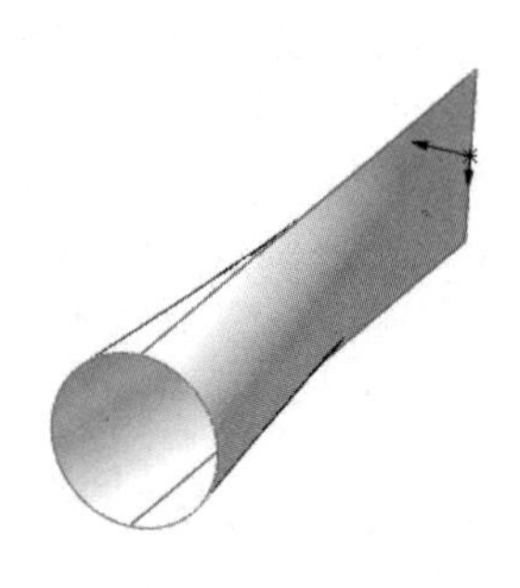

图 4-47　镜像曲面

09 缝合曲面。选择“插入”→“曲面”→“缝合曲面”菜单命令，或者单击“曲面”面板中的“缝合曲面”按钮，弹出如图 4-48 所示的“缝合曲面”属性管理器。选择视图中所有的曲面，单击“缝合曲面”属性管理器中的“确定”按钮✔。

10 设置基准面。在 FeatureManager 设计树中选择“基准面 1”，然后单击“视图（前导）”工具栏中的“正视于”按钮，将该基准面作为绘制图形的基准面。单击“草图”面板中的“草图绘制”按钮，进入草图绘制状态。

11 绘制草图 3。单击“草图”面板中的“圆”按钮，绘制如图 4-49 所示的草图并标注尺寸。

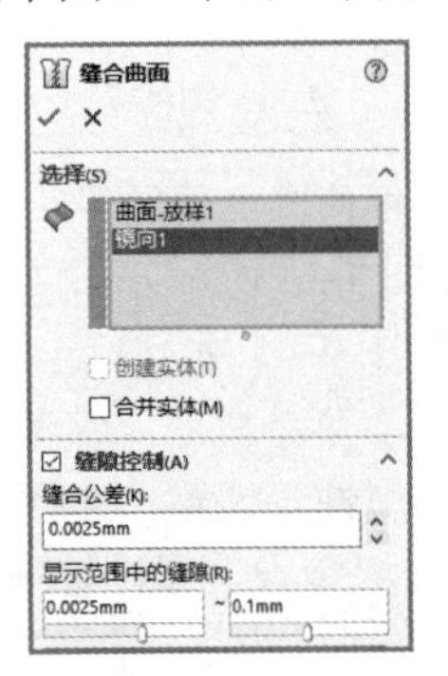

图 4-48　“缝合曲面”属性管理器

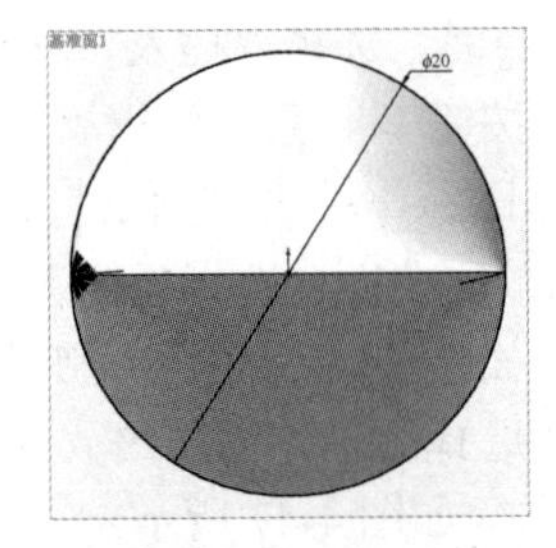

图 4-49　绘制草图 3

12 拉伸实体。选择“插入”→“凸台/基体”→“拉伸”菜单命令，或者单击“特征”面板中的“拉伸凸台/基体”按钮，此时系统弹出如图 4-50 所示的“凸台-拉伸”属性管理器。设置终止条件为“给定深度”，输入拉伸距离为 3.00 mm，单击“拔模”按钮，输入拔模角度为 60 度，然后单击“凸台-拉伸”属性管理器中的“确定”按钮✔，拉伸实体如图 4-51 所示。

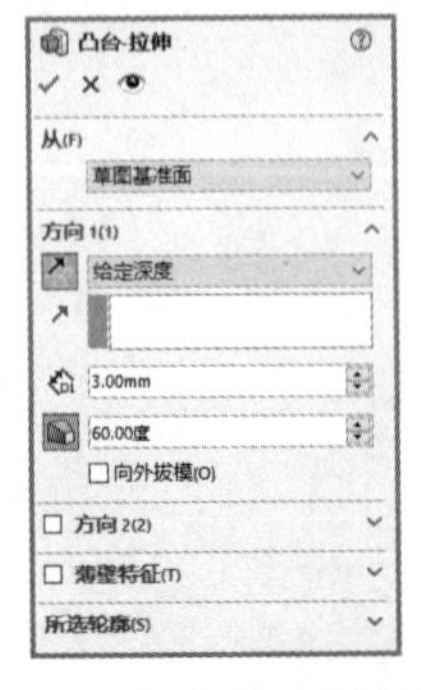

图 4-50　“凸台-拉伸”属性管理器

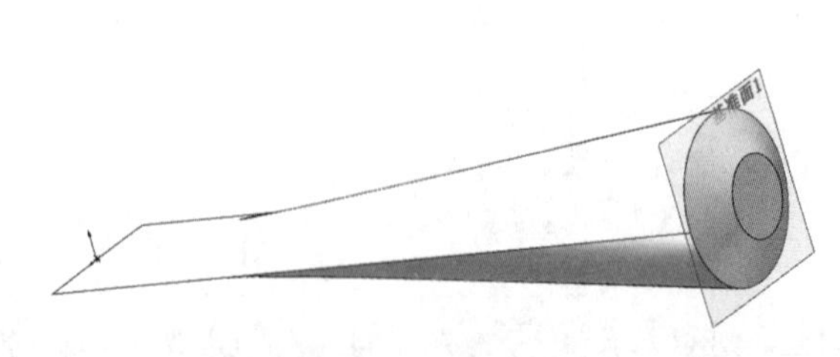

图 4-51　拉伸实体

13 隐藏曲面。在 FeatureManager 设计树中选择“曲面-缝合”，单击鼠标右键，在弹出的快捷菜单中单击“隐藏”按钮，如图 4-52 所示，隐藏前面创建的曲面，如图 4-53 所示。

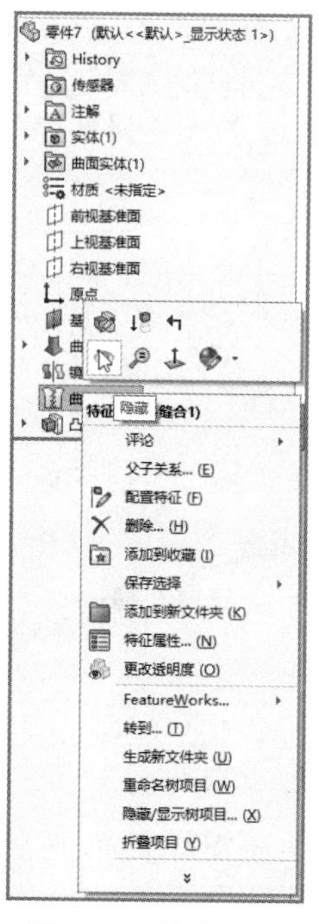

图 4-52　快捷菜单

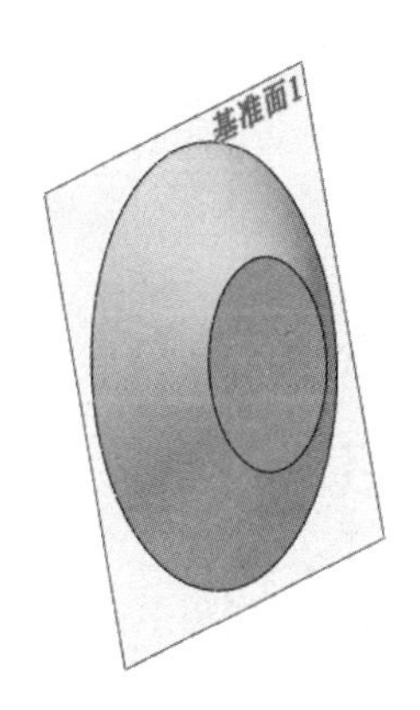

图 4-53　隐藏曲面

14 抽壳处理。选择“插入”→“特征”→“抽壳”菜单命令，或者单击“特征”面板中的“抽壳”按钮，此时系统弹出如图 4-54 所示的“抽壳”属性管理器。输入抽壳厚度为 0.20mm，在视图中选择拉伸体的两个端面，然后单击“抽壳”属性管理器中的“确定”按钮，抽壳实体如图 4-55 所示。

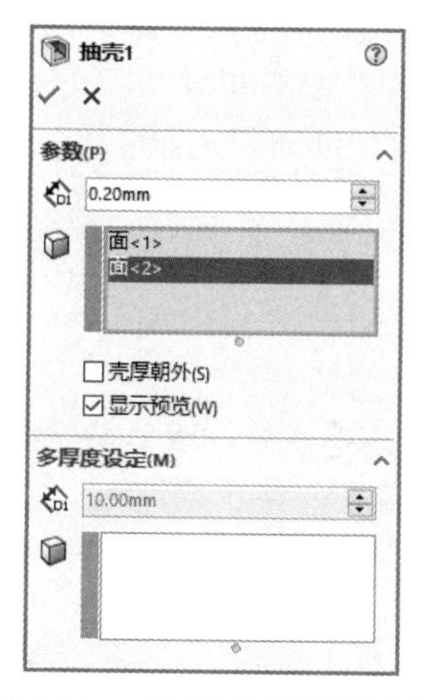

图 4-54　“抽壳”属性管理器

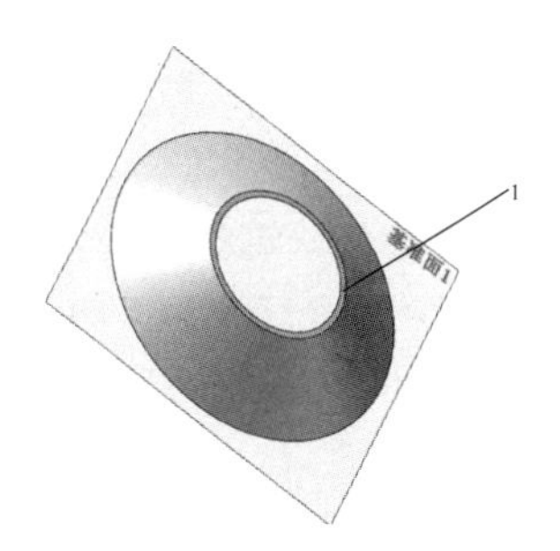

图 4-55　抽壳实体

15 设置基准面。在视图中选择如图 4-55 所示的面 1 作为草图基准面，然后单击“视图(前导)”工具栏中的“正视于”按钮，将该基准面作为绘制图形的基准面。单击“草图”面板中的“草图绘制”按钮，进入草图绘制状态。

Note

16 绘制草图 4。单击“草图”面板中的“转换实体引用”按钮，将基准面的外边线转换为草图。

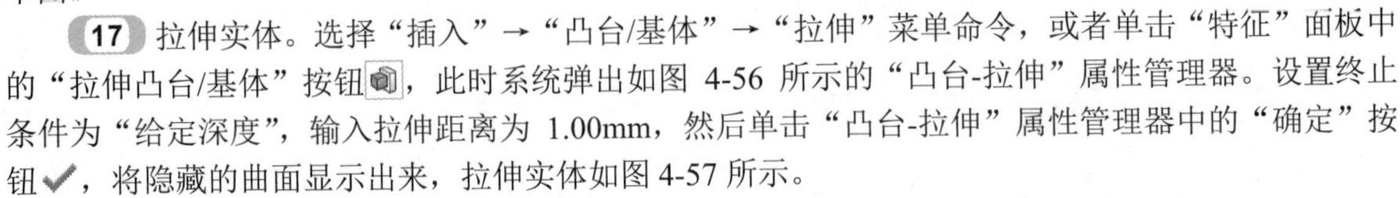

17 拉伸实体。选择“插入”→“凸台/基体”→“拉伸”菜单命令，或者单击“特征”面板中的“拉伸凸台/基体”按钮，此时系统弹出如图 4-56 所示的“凸台-拉伸”属性管理器。设置终止条件为“给定深度”，输入拉伸距离为 1.00mm，然后单击“凸台-拉伸”属性管理器中的“确定”按钮✔，将隐藏的曲面显示出来，拉伸实体如图 4-57 所示。

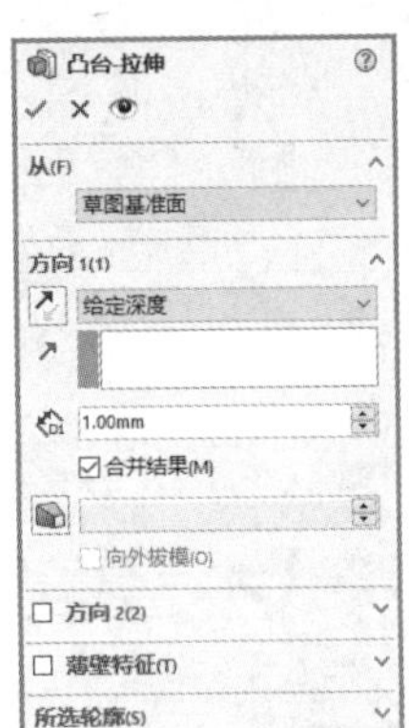

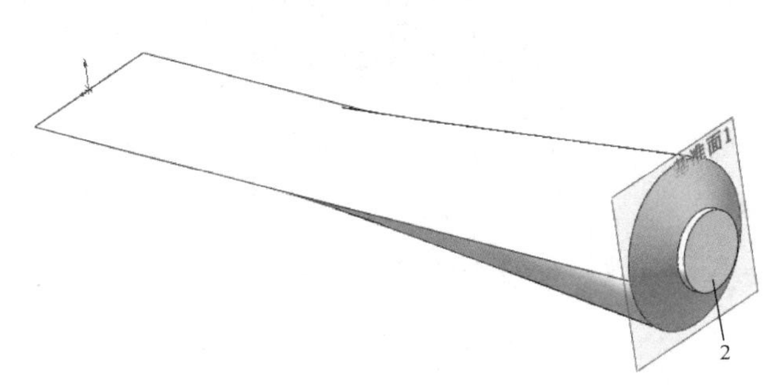

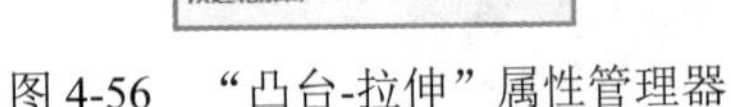

图 4-56 “凸台-拉伸”属性管理器

图 4-57 拉伸实体

18 设置基准面。在视图中选择如图 4-57 所示的面 2 作为草图基准面，然后单击“视图（前导）”工具栏中的“正视于”按钮，将该基准面作为绘制图形的基准面。单击“草图”面板中的“草图绘制”按钮，进入草图绘制状态。

19 绘制草图 5。单击“草图”面板中的“圆”按钮，在坐标原点绘制直径为 8 mm 的圆。

20 拉伸实体。选择“插入”→“凸台/基体”→“拉伸”菜单命令，或者单击“特征”面板中的“拉伸凸台/基体”按钮，此时系统弹出“凸台-拉伸”属性管理器。设置终止条件为“给定深度”，输入拉伸距离为 10mm，然后单击“凸台-拉伸”属性管理器中的“确定”按钮✔，拉伸实体如图 4-58 所示。

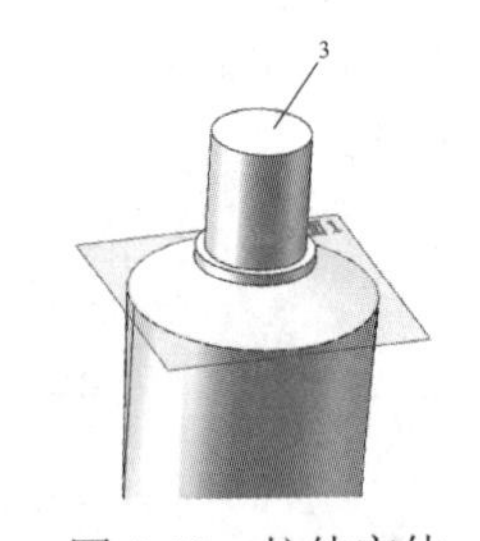

图 4-58 拉伸实体

21 设置基准面。在视图中选择如图 4-58 所示的面 3 作为草图基准面，然后单击“视图（前导）”工具栏中的“正视于”按钮，将该基准面作为绘制图形的基准面。单击“草图”面板中的“草图绘制”按钮，进入草图绘制状态。

22 绘制草图 6。单击“草图”面板中的“圆”按钮，在坐标原点绘制直径为 5 mm 的圆。

23 切除拉伸实体。选择“插入”→“切除”→“拉伸”菜单命令，或单击“特征”面板中的“拉伸切除”按钮，系统弹出“切除-拉伸”属性管理器；设置切除终止条件为“给定深度”，输入拉伸切除距离为 15mm，如图 4-59 所示，单击“确定”按钮✔，完成拉伸切除实体操作，切除拉伸实体如图 4-60 所示。

24 设置基准面。在 FeatureManager 设计树中选择“上视基准面”，然后单击“视图（前导）”工具栏中的“正视于”按钮，将该基准面作为绘制图形的基准面。单击“草图”面板中的“草图绘制”按钮，进入草图绘制状态。

图 4-59　“切除-拉伸”属性管理器

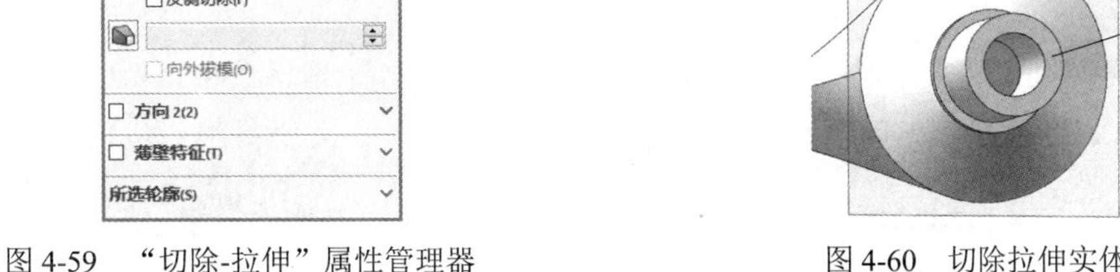

图 4-60　切除拉伸实体

25 绘制螺纹草图。单击“草图”面板中的“直线”按钮，绘制螺纹草图，并标注尺寸，如图 4-61 所示。单击“退出草图”按钮，退出草图。

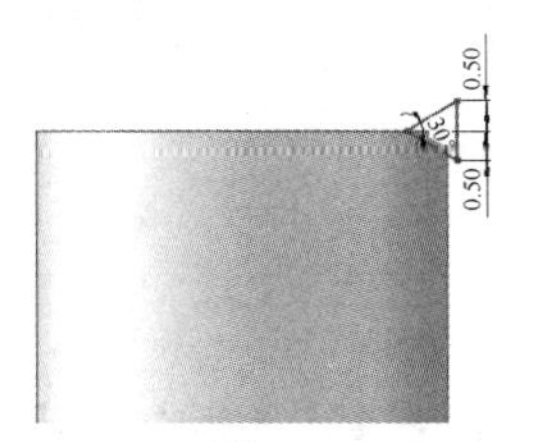

图 4-61　绘制螺纹草图

26 设置基准面。在视图中选择如图 4-60 所示的面 4 作为草图基准面，然后单击“视图（前导）”工具栏中的“正视于”按钮，将该基准面作为绘制图形的基准面。单击“草图”面板中的“草图绘制”按钮，进入草图绘制状态。

27 绘制草图 7。单击“草图”面板中的“转换实体引用”按钮，将基准面的外边线转换为草图。

28 绘制螺旋线。选择“插入”→“曲线”→“螺旋线/涡状线”菜单命令，或单击“曲线”面板中的“螺旋线/涡状线”按钮，弹出“螺旋线/涡状线”属性管理器；选择定义方式为“高度和螺距”，设置螺纹高度为 9.00 mm、螺距为 1.20 mm、起始角度为 0 度，选中“反向”复选框，选择方向为“顺时针”，如图 4-62 所示，最后单击“确定”按钮，生成的螺旋线如图 4-63 所示。

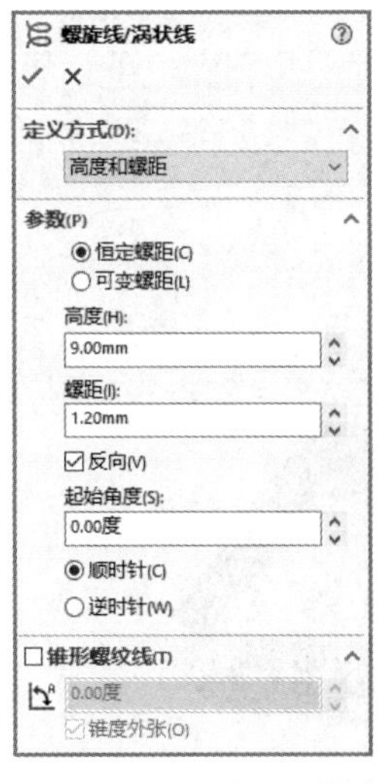

图 4-62　“螺旋线/涡状线”属性管理器

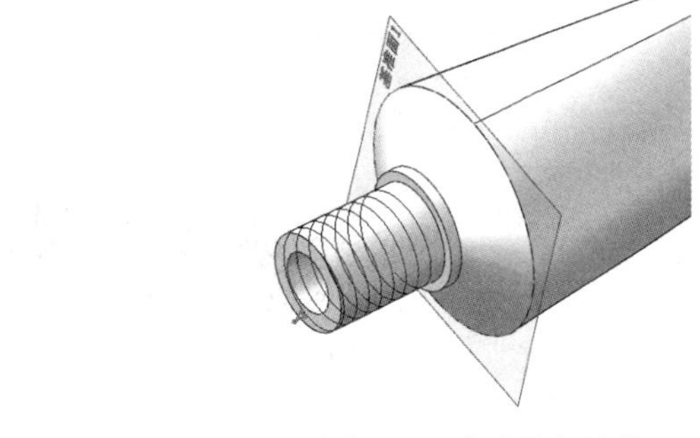

图 4-63　生成的螺旋线

29 生成螺纹。选择“插入”→“切除”→“扫描”菜单命令，或单击“特征”面板中的“扫

Note

描切除”按钮，弹出“切除-扫描”属性管理器；单击“轮廓”按钮，选择绘图区中的牙型草图；单击“路径”按钮，选择螺旋线作为路径草图，如图 4-64 所示，单击“确定”按钮✓，生成的螺纹如图 4-65 所示。

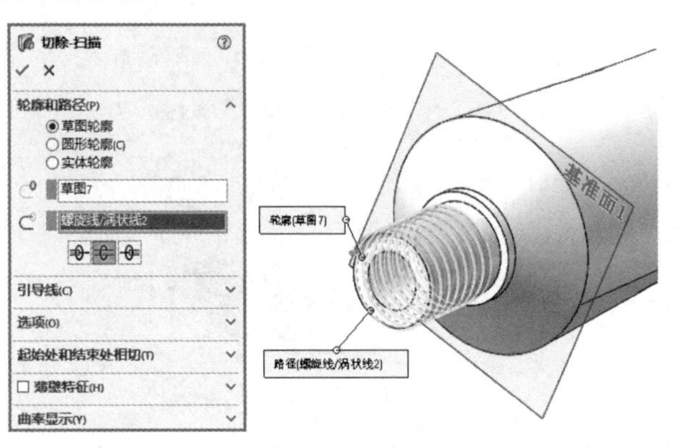

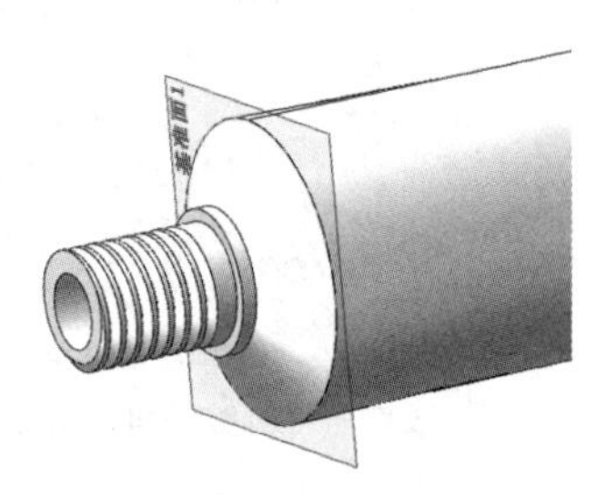

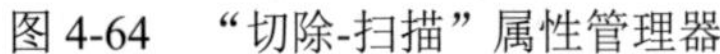

图 4-64　“切除-扫描”属性管理器

图 4-65　生成的螺纹

4.3　曲面的编辑

4.3.1　填充曲面

视频讲解

填充曲面是指在现有模型边线、草图或者曲线定义的边界内构成带任何边数的曲面修补。具体步骤如下：

（1）打开源文件“4.3.1 填充曲面.SLDPRT”。单击“曲面”面板中的“填充曲面”按钮，或选择“插入”→“曲面”→“填充曲面”菜单命令。

（2）在“填充曲面”属性管理器中单击“修补边界”栏中的第一个显示框，然后在右面的图形区域中选择边线，此时被选项目出现在该显示框中，如图 4-66 所示。

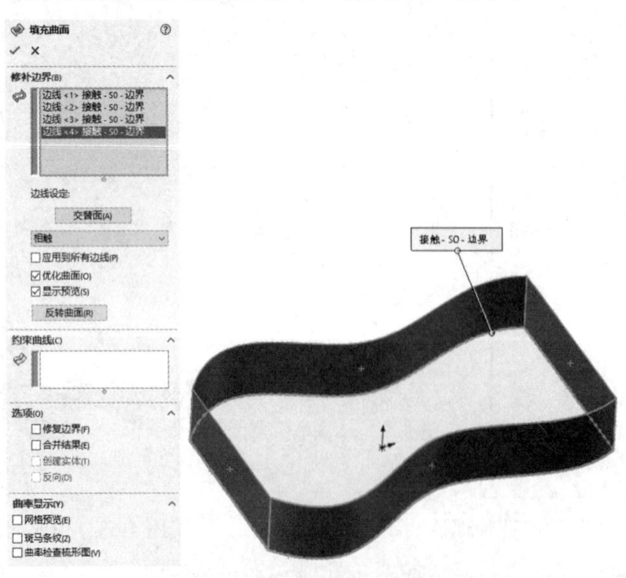

图 4-66　“填充曲面”属性管理器

（3）单击“交替面”按钮，可为修补的曲率控制反转边界面。

（4）单击“确定”按钮✔，完成填充曲面的创建，创建的曲面如图 4-67 所示。

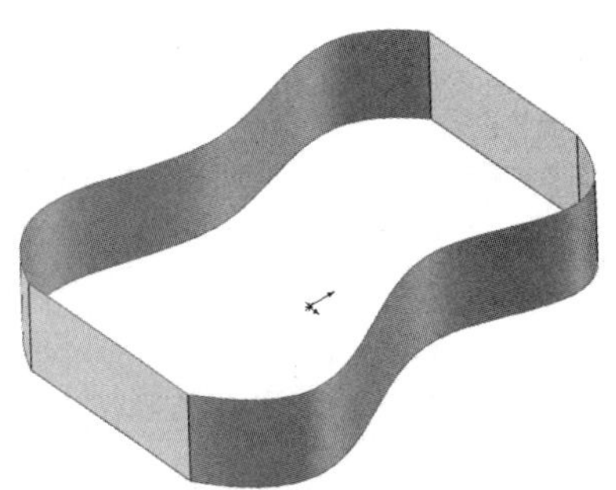

图 4-67　创建的曲面

部分选项说明如下。

1. “修补边界”选项组

（1）交替面：可为修补的曲率控制反转边界面，只在实体模型上生成修补时使用。

（2）曲率控制下拉选择列表：定义在所生成的修补上进行控制的类型，包括以下三种。

☑　相触：在所选边界内生成曲面。

☑　相切：在所选边界内生成曲面，但保持修补边线的相切。

☑　曲率：在与相邻曲面交界的边界边线上生成与所选曲面的曲率相配套的曲面。

（3）应用到所有边线：选中此复选框，将相同的曲率控制应用到所有边线。如果在将接触以及相切应用到不同边线后选择此选项，将应用当前选择到所有边线。

（4）优化曲面：对类似于放样的曲面进行简化或修补操作。修补优化曲面的潜在优势，包括重建时间加快以及增强与模型中的其他特征一起使用时的稳定性。

（5）网格预览：在修补上显示网格线，以帮助直观地查看曲率。

2. “选项”选项组

（1）修复边界：通过自动建造遗失部分或裁剪过大部分来构造有效边界。

（2）合并结果：当所有边界都属于同一实体时，可以使用曲面填充来修补实体。如果至少有一个边线是开环薄边，选中“合并结果”复选框，那么曲面填充会用边线所属的曲面缝合。如果所有边界实体都是开环边线，那么可以选择生成实体。

（3）创建实体：如果所有边界实体都是开环曲面边线，那么形成实体是有可能的。默认情况下，不选中“创建实体”复选框。

（4）“反向”：当用填充曲面修补实体时，如果填充曲面显示的方向不符合需要，就选中“反向”复选框更改方向。

技巧荟萃

使用边线进行曲面填充时，所选择的边线必须是封闭的曲线。如果选中属性管理器中的“合并结果”复选框，则填充的曲面将和边线的曲面组成一个实体，否则填充的曲面为一个独立的曲面。

4.3.2　缝合曲面

视频讲解

缝合曲面是将相连的两个或多个面和曲面连接成一体。缝合曲面需要注意如下几点：

（1）曲面的边线必须相邻并且不重叠。

（2）要缝合的曲面不必处于同一基准面上。

（3）可以选择整个曲面实体或选择一个或多个相邻曲面实体。

（4）缝合曲面不吸收用于生成它们的曲面。

（5）空间曲面经过剪裁、拉伸和圆角等操作后，可以自动缝合，而不需要进行缝合曲面操作。

将多个曲面缝合为一个曲面的操作步骤如下。

【操作步骤】

（1）打开源文件“4.3.2 缝合曲面.SLDPRT”。单击“曲面”面板中的“缝合曲面”按钮，或选择“插入”→“曲面”→“缝合曲面”菜单命令，此时会出现如图 4-68 所示的“缝合曲面”属性管理器。在“缝合曲面”属性管理器中单击“选择”一栏按钮右侧的显示框，然后在图形区域中选择要缝合的曲面，将所选项目列举在该显示框中。

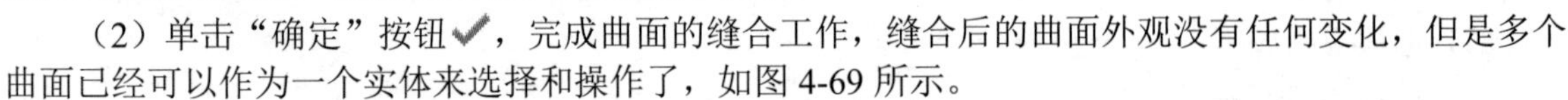

（2）单击“确定”按钮✓，完成曲面的缝合工作，缝合后的曲面外观没有任何变化，但是多个曲面已经可以作为一个实体来选择和操作了，如图 4-69 所示。

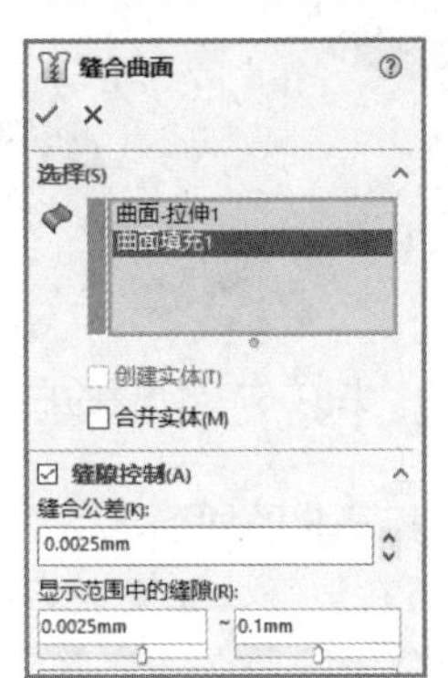

图 4-68　“缝合曲面”属性管理器

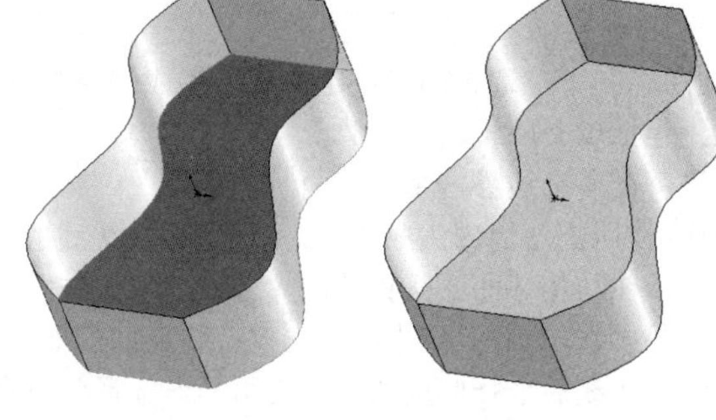

图 4-69　曲面缝合工作

“缝合曲面”属性管理器部分选项说明如下。

☑　缝合公差：控制哪些缝隙缝合在一起，哪些保持打开。公差大小低于公差缝隙曲面会缝合。

☑　显示范围中的缝隙：只显示范围中的缝隙。拖动滑杆可更改缝隙范围。

4.3.3　延伸曲面

视频讲解

延伸曲面可以在现有曲面的边缘沿着切线方向，以直线或随曲面的弧度产生附加的曲面。

【操作步骤】

（1）打开源文件“4.3.3　延伸曲面.SLDPRT”。单击“曲面”面板中的“延伸曲面”按钮，或选择“插入”→“曲面”→“延伸曲面”菜单命令。

（2）在“延伸曲面”属性管理器中单击“拉伸的边线/面”一栏中的第一个显示框，然后在右面的图形区域中选择曲面边线或曲面，此时被选项目出现在该显示框中，如图 4-70 所示。

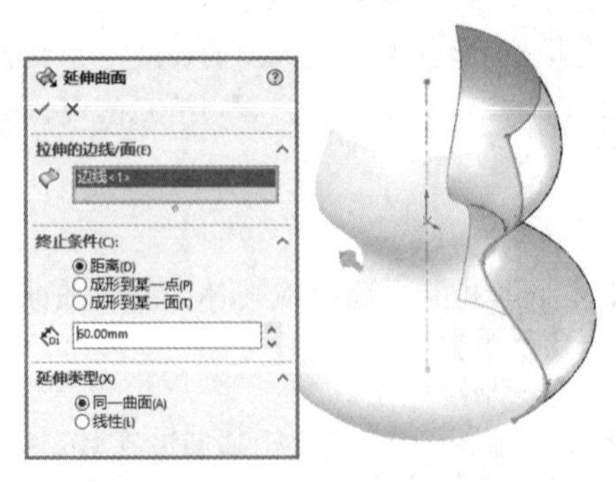

图 4-70　“延伸曲面”属性管理器

（3）在“终止条件”一栏的单选按钮组中选择一种延伸结束条件。

☑　距离：在微调框中指定延伸曲面的距离。

☑　成形到某一点：延伸曲面到图形区域中选择的某一点。

☑　成形到某一面：延伸曲面到图形区域中选择的面。

（4）在“延伸类型”一栏的单选按钮组中选择延伸类型。

☑　同一曲面：沿曲面的几何体延伸曲面，如图 4-71（a）所示。

☑　线性：沿边线相切于原来曲面延伸曲面，如图 4-71（b）所示。

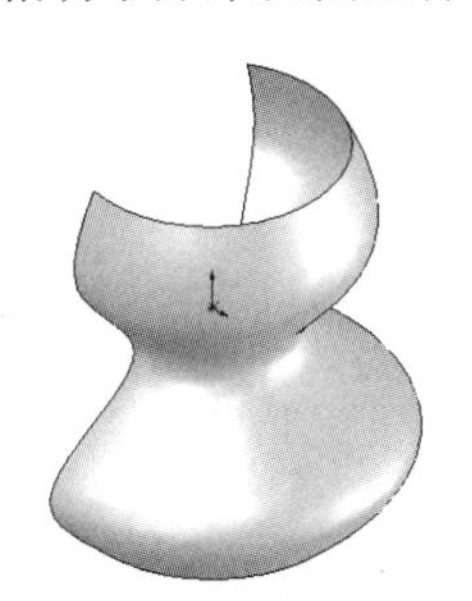

（a）延伸类型为“同一曲面”

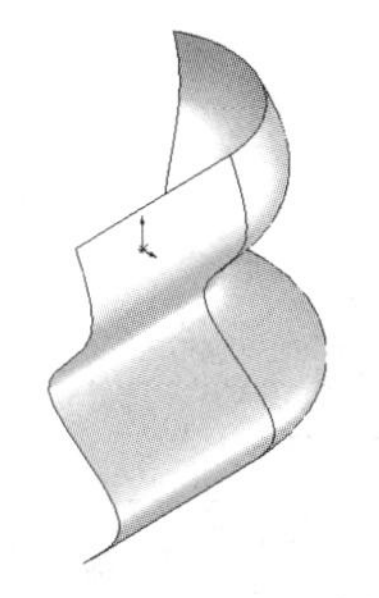

（b）延伸类型为“线性”

图 4-71　延伸类型

（5）单击“确定”按钮✔，完成曲面的延伸。如果在步骤（2）中选择的是曲面的边线，则系统会延伸这些边线形成的曲面；如果选择的是曲面，则曲面上所有的边线相等地延伸整个曲面。

4.3.4　剪裁曲面

剪裁曲面主要有两种方式：第一种方式是将两个曲面互相剪裁；第二种方式是以线性图元修剪曲面。

【操作步骤】

（1）打开源文件“4.3.4 剪裁曲面.SLDPRT”。单击“曲面”面板中的“剪裁曲面”按钮，或选择“插入”→“曲面”→“剪裁”菜单命令。

（2）在“剪裁曲面”属性管理器的“剪裁类型”单选按钮组中选择剪裁类型。

☑　标准：使用曲面作为剪裁工具，在曲面相交处剪裁其他曲面。

☑　相互：将两个曲面作为互相剪裁的工具。

（3）如果在步骤（2）中选择了“剪裁工具”，则在“选择”一栏中单击“剪裁工具”项目中按钮右侧的显示框，然后在图形区域中选择一个曲面作为剪裁工具；单击“保留部分”项目中按钮右侧的显示框，然后在图形区域中选择曲面作为保留部分，所选项目会在对应的显示框中显示，如图 4-72 所示。

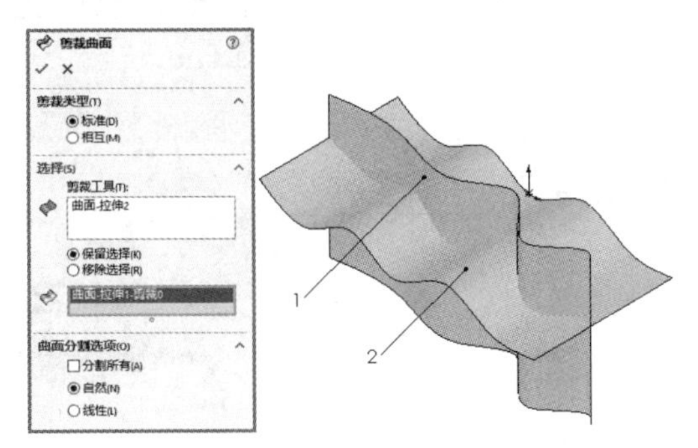

图 4-72　“剪裁曲面”属性管理器

（4）如果在步骤（2）中选择了“相互”剪裁，则在“选择”一栏中单击“曲面”项目中按钮右侧的显示框，然后在图形区域中选择作为剪裁曲面的至少两个相交曲面；单击“保留部分”项目中按钮右侧的显示框，然后在图形区域中选择需要的区域作为保留部分（可以是多个部分），所选项目会在对应的显示框中显示，如图 4-73 所示。

（5）单击“确定”按钮✔，完成曲面的剪裁，剪裁效果如图 4-74 所示。

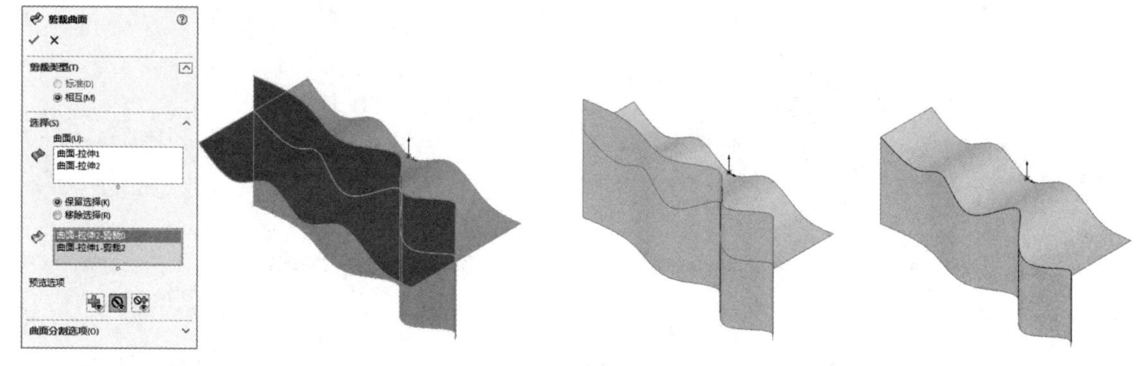

图 4-73　剪裁类型为“相互”剪裁

图 4-74　剪裁效果

4.3.5　移动/复制/旋转曲面

用户可以像操作拉伸特征、旋转特征那样对曲面特征进行移动、复制和旋转等操作。

1. 移动/复制曲面

【操作步骤】

（1）打开源文件“4.3.5 移动复制曲面.SLDPRT”。选择“插入”→“曲面”→“移动/复制”菜单命令。

（2）单击“移动/复制实体”属性管理器最下方的“平移/旋转”按钮，切换到“平移/旋转”模式。

（3）在“移动/复制实体”属性管理器中单击“要移动/复制的实体”一栏中按钮右侧的显示框，然后在图形区域或特征管理器设计树中选择要移动/复制的实体。

（4）如果要复制曲面，则选中“复制”复选框，然后在微调框中指定复制的数目。

（5）单击“平移”一栏中按钮右侧的显示框，然后在图形区域中选择一条边线定义平移方向，或者在图形区域中选择两个顶点来定义曲面移动或复制体之间的方向和距离。

（6）也可以在**ΔX**、**ΔY**、**ΔZ**微调框中指定移动的距离或复制体之间的距离，此时在右面的图形区域中可以预览曲面移动或复制的效果，如图 4-75 所示。

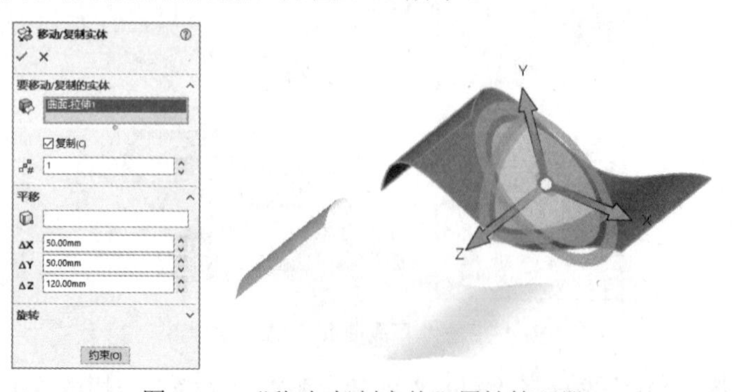

图 4-75　“移动/复制实体”属性管理器

视频讲解

（7）单击“确定”按钮✔，完成曲面的移动/复制操作。

2. 旋转/复制曲面

【操作步骤】

（1）打开源文件“4.3.5 旋转/复制曲面.SLDPRT”。选择“插入”→“曲面”→“移动/复制”菜单命令。

（2）在“移动/复制实体”属性管理器中单击“要移动/复制的实体”一栏中按钮右侧的显示框，然后在图形区域或特征管理器设计树中选择要旋转/复制的曲面。

（3）如果要复制曲面，选中“复制”复选框，然后在微调框中指定复制的数目。

（4）激活“旋转”选项，单击按钮右侧的显示框，在图形区域中选择一条边线定义旋转方向。

（5）或者在、、微调框中指定原点在 X、Y、Z 轴方向移动的距离，然后在、、微调框中指定曲面绕 X、Y、Z 轴旋转的角度，此时在右面的图形区域中可以预览曲面旋转/复制的效果，如图 4-76 所示。

图 4-76　旋转曲面

（6）单击“确定”按钮✔，完成曲面的旋转/复制。

4.3.6　删除面

用户可以从曲面实体中删除一个面，并能对实体中的面进行自动修补或填补。

视频讲解

【操作步骤】

（1）打开源文件“4.3.6 删除面.SLDPRT”。单击“曲面”面板中的“删除面”按钮，或选择“插入”→“面”→“删除”菜单命令。

（2）在“删除面”属性管理器中单击“选择”一栏中按钮右侧的显示框，然后在图形区域或特征管理器中选择要删除的面，此时要删除的曲面在该显示框中显示，如图 4-77 所示。

（3）如果选中“删除”单选按钮，将删除所选曲面；如果选中“删除并修补”单选按钮，则在删除曲面的同时，对删除曲面后的曲面进行自动修补；如果选中“删除并填补”单选按钮，则在删除曲面的同时，对删除曲面后的曲面进行自动填充。

（4）单击“确定”按钮✔，完成曲面的删除。

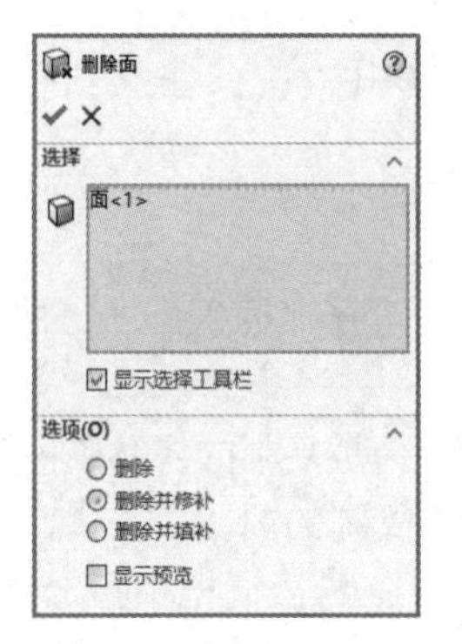

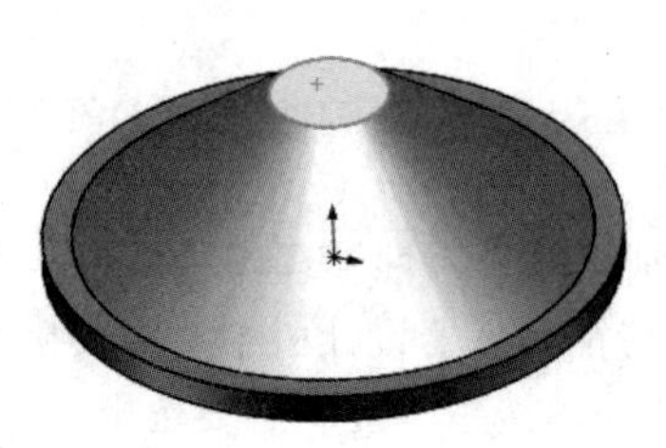

Note

图 4-77 “删除面”属性管理器

4.3.7 替换面

视频讲解

替换面是指以新曲面实体来替换曲面或者实体中的面。替换曲面实体不必与旧的面具有相同的边界。替换面时，原来实体中的相邻面自动延伸并剪裁到替换曲面实体。

在上面的几种情况中，比较常用的是用一个曲面实体替换另一个曲面实体中的一个面。

选择“插入”→“面”→“替换”菜单命令，或者单击“曲面”面板中的“替换面”按钮，此时系统弹出“替换面”属性管理器，如图 4-78 所示。

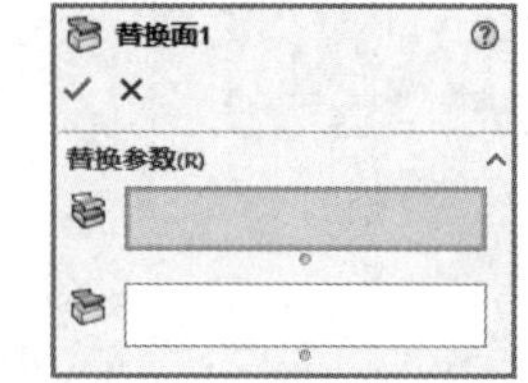

图 4-78 “替换面”属性管理器

替换曲面实体可以是以下类型之一。

（1）任何类型的曲面特征，如拉伸和放样等。

（2）缝合曲面实体，或复杂的输入曲面实体。

（3）替换曲面实体通常比正替换的面要宽和长。然而，在某些情况下，当替换曲面实体比要替换的面小时，替换曲面实体会延伸，以与相邻面相遇。

下面以图 4-79 为例，说明该替换面的操作步骤。

【操作步骤】

（1）执行替换面命令。打开源文件“4.3.7 替换面.SLDPRT”。选择“插入”→“面”→“替换”菜单命令，或者单击“曲面”面板中的“替换面”按钮，此时系统弹出“替换面”属性管理器。

（2）设置属性管理器。在“替换面”属性管理器的“替换的目标面”一栏中选择图 4-79 所示的面 2；在“替换曲面”一栏中选择图 4-79 所示的曲面 1，此时“替换面”属性管理器如图 4-80 所示。

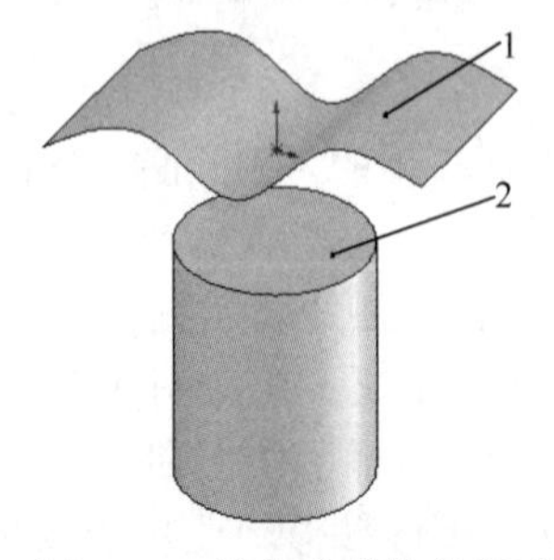

图 4-79 待生成替换的图形

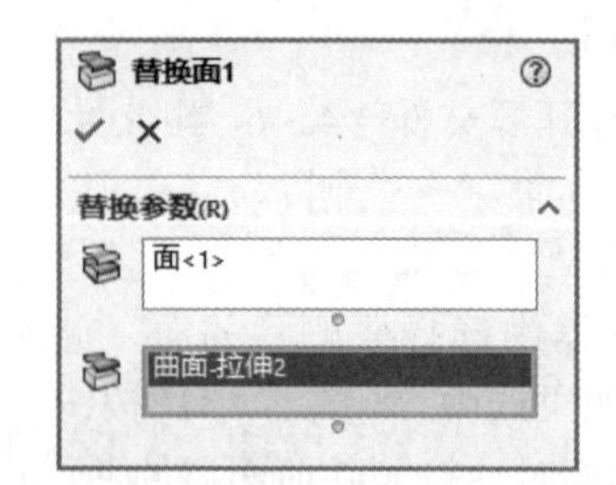

图 4-80 “替换面”属性管理器

（3）确认替换面。单击“替换面”属性管理器中的“确定”按钮✓，生成的替换面如图 4-81 所示。

Note

（4）隐藏替换的目标面。右击图 4-81 中的曲面 1，在系统弹出的快捷菜单中选择“隐藏”选项，如图 4-82 所示。

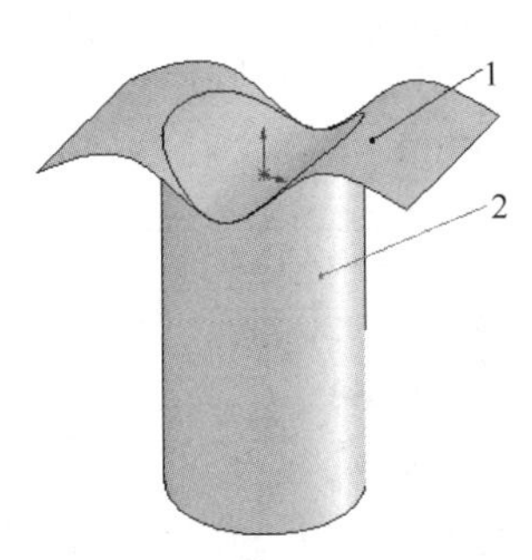

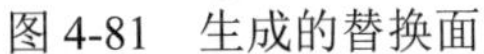

图 4-81　生成的替换面

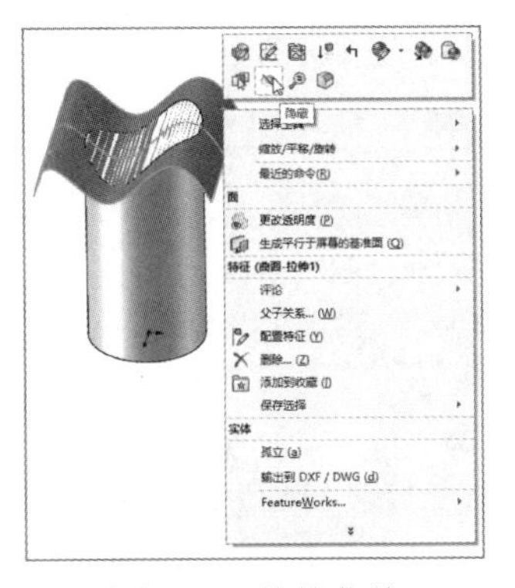

图 4-82　快捷菜单

隐藏目标面后的图形及其 FeatureManager 设计树如图 4-83 所示。

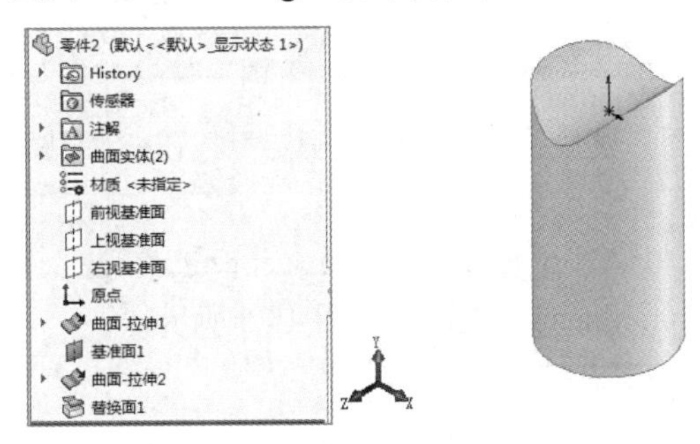

图 4-83　隐藏目标面后的图形及其 FeatureManager 设计树

在替换面中，替换的面有两个特点：一是必须替换、必须相连；二是不必相切。

技巧荟萃

确认替换曲面实体比正替换的面要宽和长。

4.3.8　中面

视频讲解

中面工具可在实体上合适的所选双对面之间生成中面。合适的双对面应该处处等距，并且必须属于同一实体。

与任何在 SOLIDWORKS 中生成的曲面相同，中面包括所有曲面的属性。中面通常有以下几种情况。

☑　单个：从视图区域中选择单个等距面生成中面。

☑　多个：从视图区域中选择多个等距面生成中面。

☑　所有：单击“中面”属性管理器中的“查找双对面”按钮，让系统选择模型上所有合适的等距面，用于生成所有等距面的中面。

【操作步骤】

（1）执行中面命令。打开源文件“4.3.8 中面.SLDPRT”。选择“插入”→“曲面”→“中面”菜单命令，或者单击“曲面”工具栏中的“中面”按钮，此时系统弹出“中面”属性管理器。

（2）设置“中面”属性管理器。在“中面”属性管理器的“面 1”一栏中选择图 4-84 所示的面 1；在“面 2”一栏中选择图 4-84 所示的面 2；在“定位”一栏中输入值 50%，其他设置如图 4-85 所示。

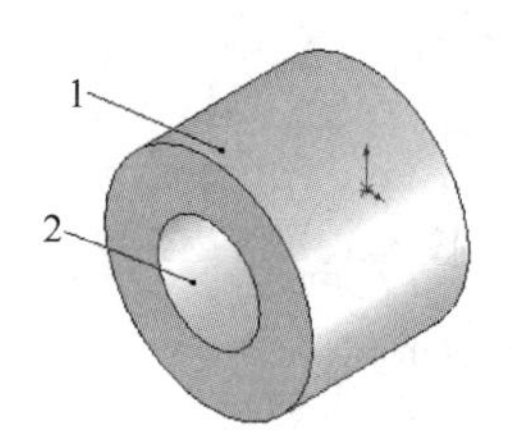

图 4-84　待生成中面的图形

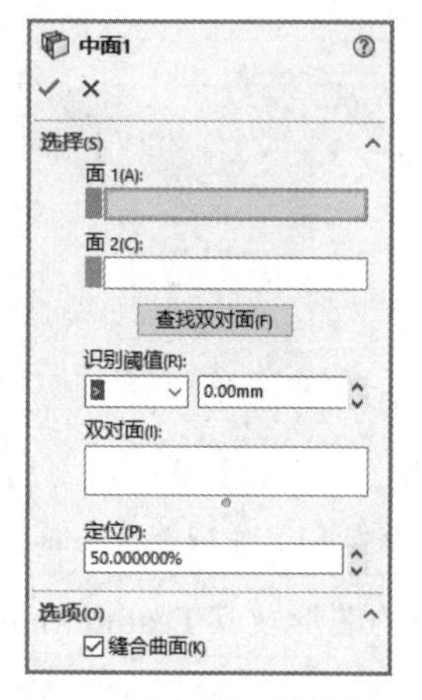

图 4-85　“中面”属性管理器

（3）确认中面。单击“中面”属性管理器中的“确定”按钮✓，生成中面。

注意：

生成中面的定位值是从面 1 的位置开始的，位于面 1 和面 2 之间。

生成中面后的图形及其 FeatureManager 设计树如图 4-86 所示。

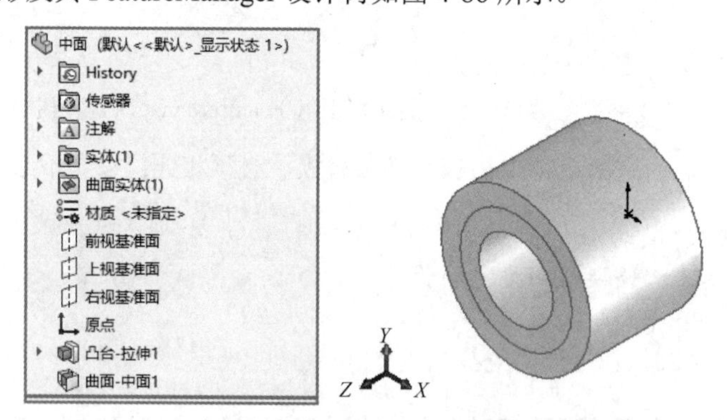

图 4-86　生成中面后的图形及其 FeatureManager 设计树

4.3.9　曲面切除

视频讲解

SOLIDWORKS 还可以利用曲面生成对实体的切除。

【操作步骤】

（1）打开源文件“4.3.9 曲面切除.SLDPRT”。选择“插入”→“切除”→“使用曲面”菜单命令，此时出现“使用曲面切除”属性管理器。

（2）在图形区域或特征管理器设计树中选择切除要使用的曲面，所选曲面出现在“曲面切除参数”栏的显示框中，如图 4-87（a）所示。

（3）图形区域中的箭头指示实体切除的方向。如有必要，单击“反向”按钮改变切除方向。

（4）单击“确定”按钮✓，实体被切除，切除效果如图 4-87（b）所示。

Note

（5）使用剪裁曲面工具，对曲面进行剪裁，剪裁后的效果如图 4-87（c）所示。

除了这几种常用的曲面编辑方法，还有圆角曲面、加厚曲面和填充曲面等多种编辑方法。它们的操作大多同特征的编辑类似。

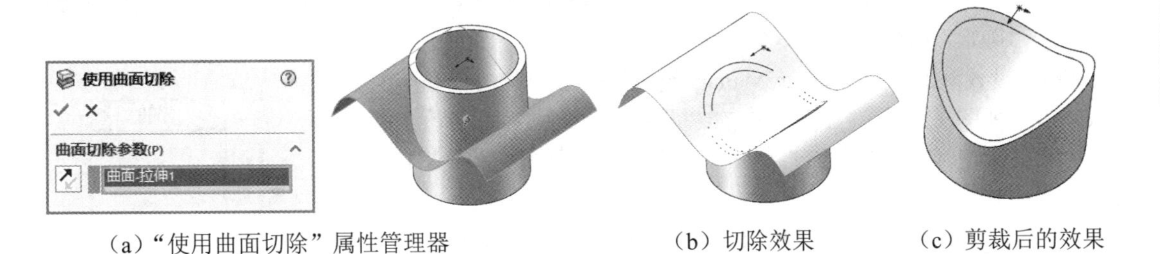

（a）“使用曲面切除”属性管理器　　（b）切除效果　　（c）剪裁后的效果

图 4-87　曲面切除

4.4　综合实例——油烟机内腔

视频讲解

本综合实例创建的油烟机内腔如图 4-88 所示。

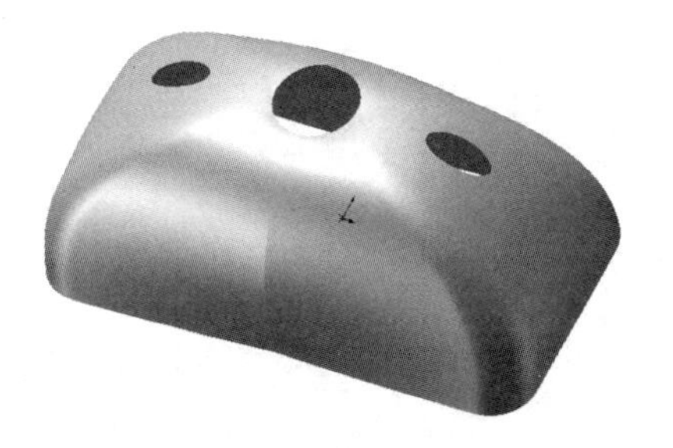

图 4-88　油烟机内腔

思路分析

油烟机内腔的曲面看似简单，但造型复杂。首先绘制草图，通过边界曲面创建曲面，然后通过分割线创建灯孔，再通过延伸曲面命令延伸缝合后的曲面，最后加厚曲面。绘制油烟机内腔的流程如图 4-89 所示。

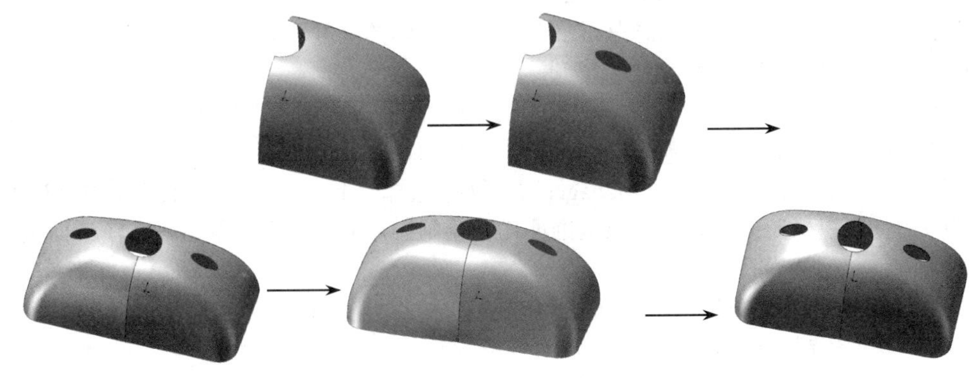

图 4-89　绘制油烟机内腔的流程

Note

创建步骤

01 新建文件。启动 SOLIDWORKS，单击“快速访问”工具栏中的“新建”按钮，或选择“文件”→“新建”菜单命令，在弹出的“新建 SOLIDWORKS 文件”对话框中单击“零件”按钮，然后单击“确定”按钮，新建一个零件文件。

02 设置基准面。在 FeatureManager 设计树中选择“前视基准面”，然后单击“视图（前导）”工具栏中的“正视于”按钮，将该基准面作为绘制图形的基准面。单击“草图”面板中的“草图绘制”按钮，进入草图绘制状态。

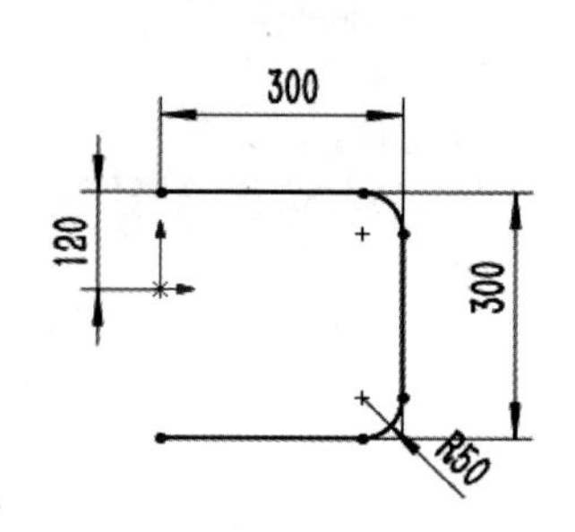

图 4-90　绘制草图 1

03 绘制草图 1。单击“草图”面板中的“直线”按钮和“绘制圆角”按钮，绘制如图 4-90 所示的草图并标注尺寸。单击“退出草图”按钮，退出草图。

04 创建基准面。选择“插入”→“参考几何体”→“基准面”菜单命令，或者单击“特征”面板“参考几何体”下拉列表中的“基准面”按钮，弹出如图 4-91 所示的“基准面”属性管理器。选择“前视基准面”为参考面，输入偏移距离为 200.00 mm，单击“确定”按钮，完成基准面 1 的创建。

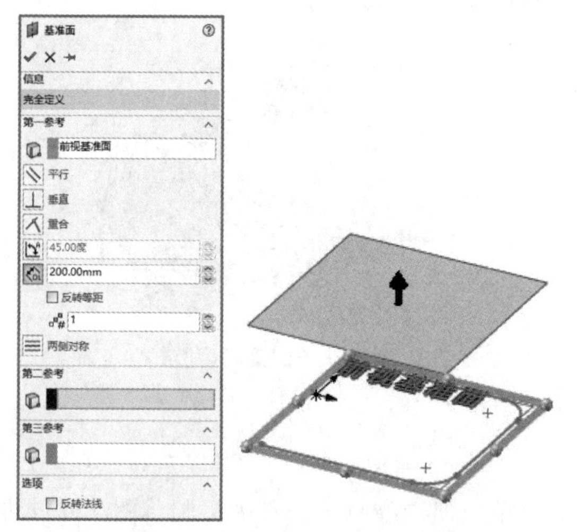

图 4-91　“基准面”属性管理器

05 设置基准面。在 FeatureManager 设计树中选择“基准面 1”，然后单击“视图（前导）”工具栏中的“正视于”按钮，将该基准面作为绘制图形的基准面。单击“草图”面板中的“草图绘制”按钮，进入草图绘制状态。

06 绘制草图 2。单击“草图”面板中的“圆心/起/终点画弧”按钮，绘制如图 4-92 所示的草图并标注尺寸。单击“退出草图”按钮，退出草图。

07 设置基准面。在 FeatureManager 设计树中选择“上视基准面”，然后单击“视图（前导）”工具栏中的“正视于”按钮，将该基准面作为绘制图形的基准面。单击“草图”面板中的“草图绘制”按钮，进入草图绘制状态。

08 绘制草图 3。单击“草图”面板中的“样条曲线”按钮，绘制如图 4-93 所示的草图。单击“退出草图”按钮，退出草图。

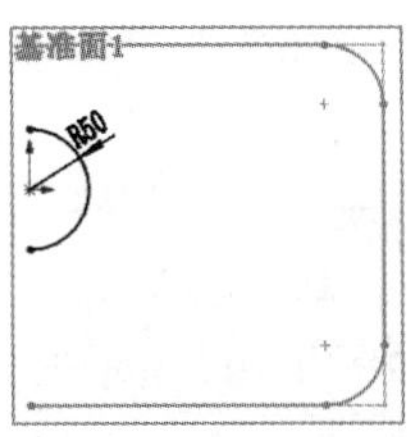

图 4-92　绘制草图 2

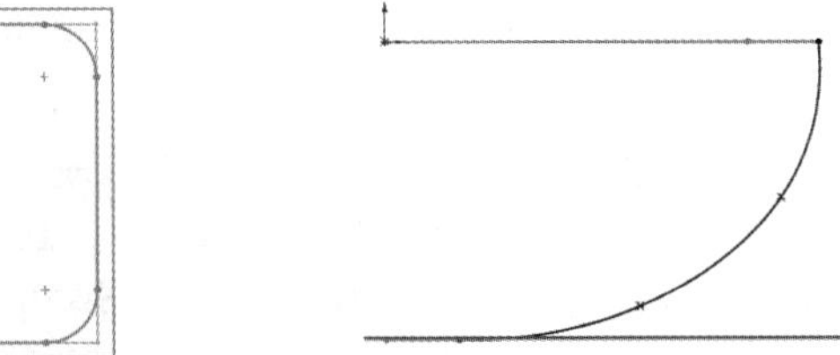

图 4-93　绘制草图 3

Note

09 设置基准面。在 FeatureManager 设计树中选择“右视基准面”，然后单击“视图（前导）”工具栏中的“正视于”按钮，将该基准面作为绘制图形的基准面。单击“草图”面板中的“草图绘制”按钮，进入草图绘制状态。

10 绘制草图 4。单击“草图”面板中的“样条曲线”按钮，绘制如图 4-94 所示的草图。单击“退出草图”按钮，退出草图。

11 设置基准面。在 FeatureManager 设计树中选择“右视基准面”，然后单击“视图（前导）”工具栏中的“正视于”按钮，将该基准面作为绘制图形的基准面。单击“草图”面板中的“草图绘制”按钮，进入草图绘制状态。

12 绘制草图 5。单击“草图”面板中的“样条曲线”按钮，绘制如图 4-95 所示的草图。单击“退出草图”按钮，退出草图。

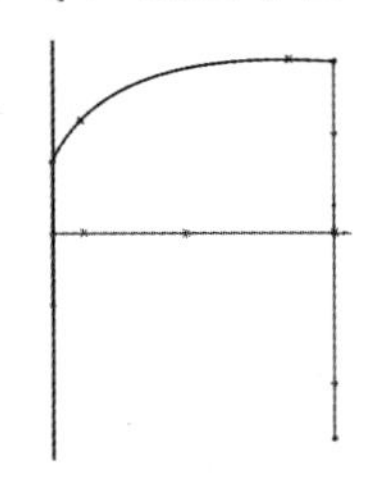

图 4-94　绘制草图 4

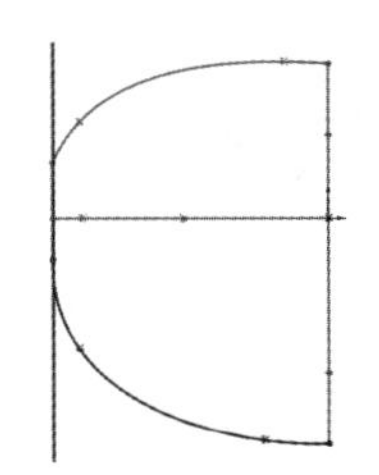

图 4-95　绘制草图 5

13 边界曲面。选择“插入”→“曲面”→“边界曲面”菜单命令，或者单击“曲面”面板中的“边界曲面”按钮，此时系统弹出如图 4-96 所示的“边界-曲面”属性管理器。选择草图 1、2 为方向 1 边界，选择草图 3、4 和草图 5 为方向 2 边界，单击“边界-曲面”属性管理器中的“确定”按钮✔，边界曲面如图 4-97 所示。

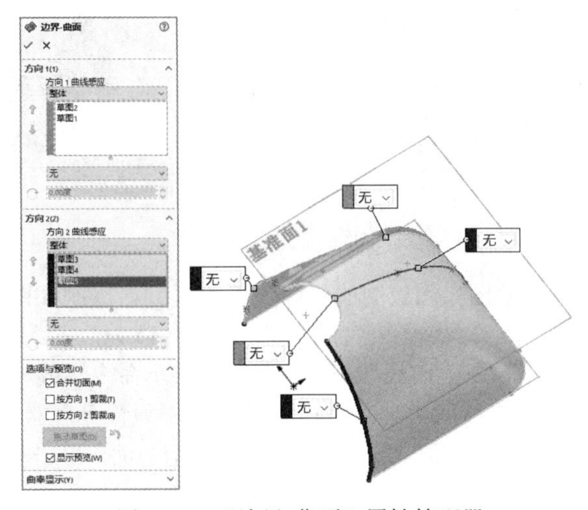

图 4-96　“边界-曲面”属性管理器

Note

14 创建基准轴。选择“插入”→“参考几何体”→“基准轴”菜单命令，或者单击“特征”面板中的“基准轴”按钮，弹出如图 4-98 所示的“基准轴”属性管理器。选择“两点/顶点”类型，选择曲面的两个顶点，单击“确定”按钮✔，完成基准轴的创建，如图 4-99 所示。

15 创建基准面 2。选择“插入”→“参考几何体”→“基准面”菜单命令，或者单击“特征”面板“参考几何体”下拉列表中的“基准面”按钮，弹出如图 4-100 所示的“基准面”属性管理器。选择“基准轴 1”为第一参考，选择“前视基准面”为第二参考，输入角度为 30 度，单击“确定”按钮✔，完成基准面 2 的创建，如图 4-101 所示。

16 设置基准面。在 FeatureManager 设计树中选择“基准面 2”，然后单击“视图（前导）”工具栏中的“正视于”按钮，将该基准面作为绘制图形的基准面。单击“草图”面板中的“草图绘制”按钮，进入草图绘制状态。

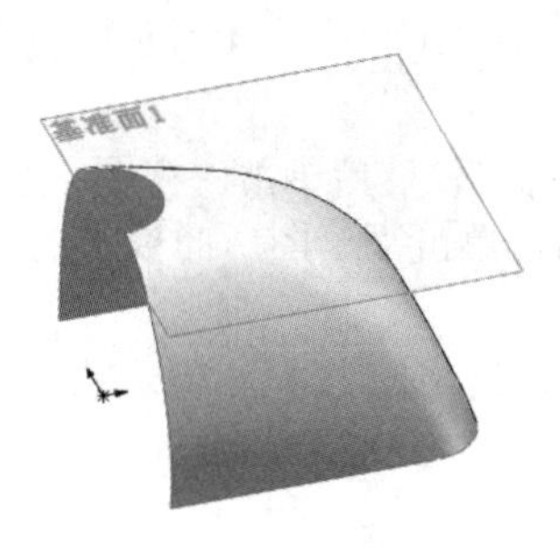

图 4-97　边界曲面

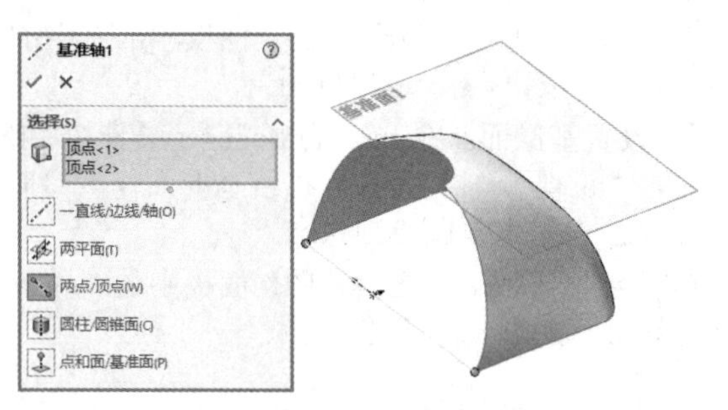

图 4-98　“基准轴”属性管理器

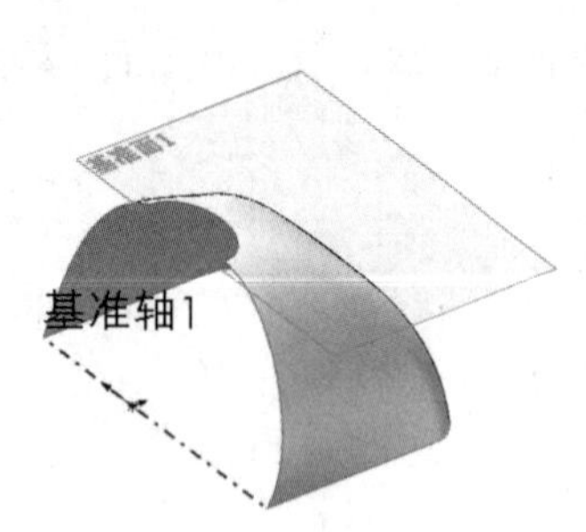

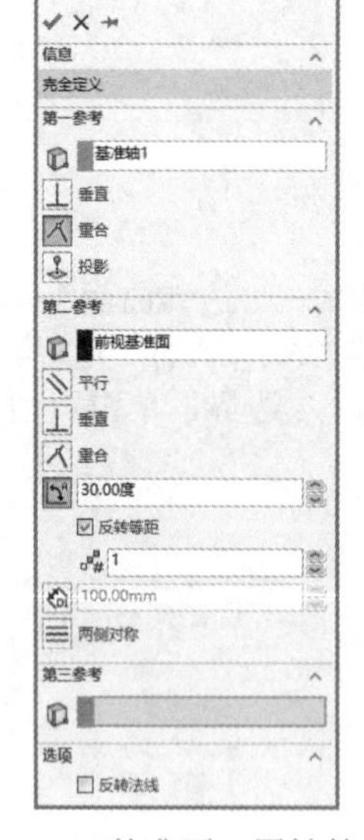

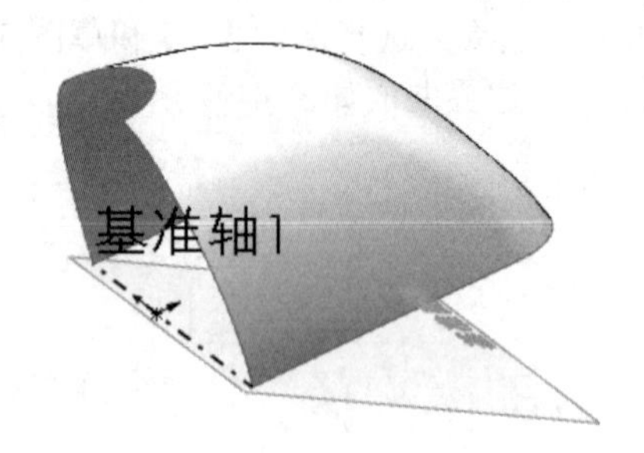

图 4-99　创建基准轴　　图 4-100　“基准面”属性管理器　　图 4-101　创建基准面 2

17 绘制草图 6。单击“草图”面板中的“椭圆”按钮，绘制如图 4-102 所示的草图并标注尺寸。

18 分割线。选择“插入”→“曲线”→“分割线”菜单命令，或者单击“曲线”工具栏中的“分割线”按钮，此时系统弹出如图 4-103 所示的“分割线”属性管理器。选择分割类型为“投影”；选择上一步绘制的草图为要投影的草图；选择边界曲面为分割的面，单击“分割线”属性管理器中的“确定”按钮✔，分割线如图 4-104 所示。

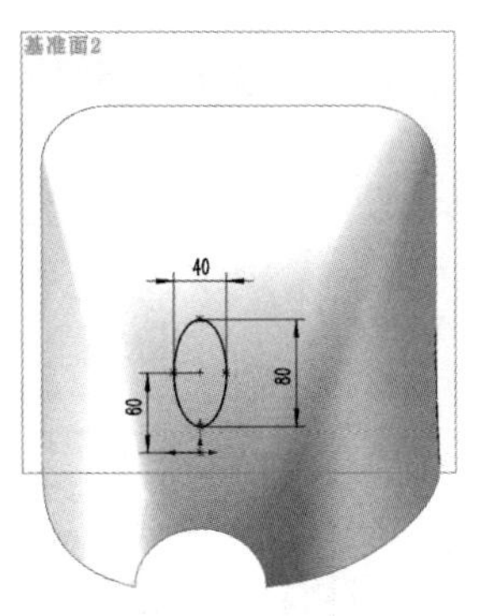

图 4-102　绘制草图 6

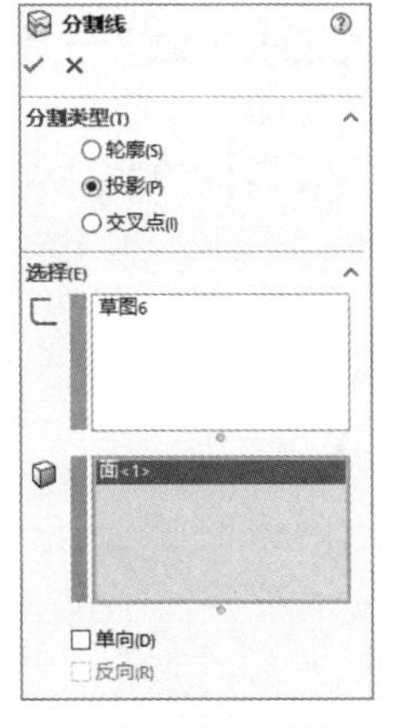

图 4-103　“分割线”属性管理器

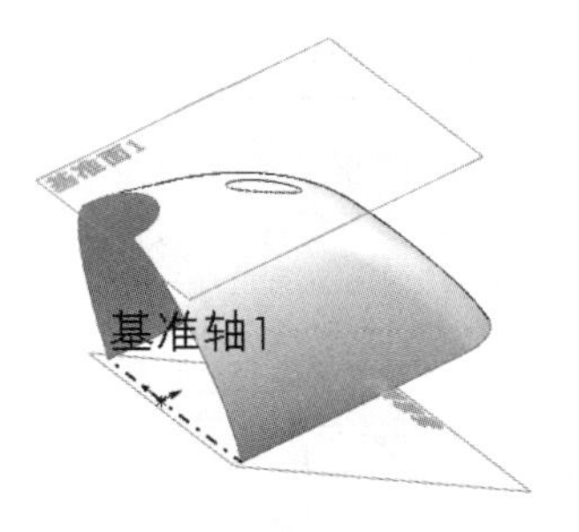

图 4-104　分割线

19 删除面。选择“插入”→“面”→“删除”菜单命令，或者单击“曲面”面板中的“删除面”按钮，此时系统弹出如图 4-105 所示的“删除面”属性管理器。选择上一步创建的分割面为要删除的面，选中“删除”单选按钮，单击“删除面”属性管理器中的“确定”按钮✔，删除分割后的面如图 4-106 所示。

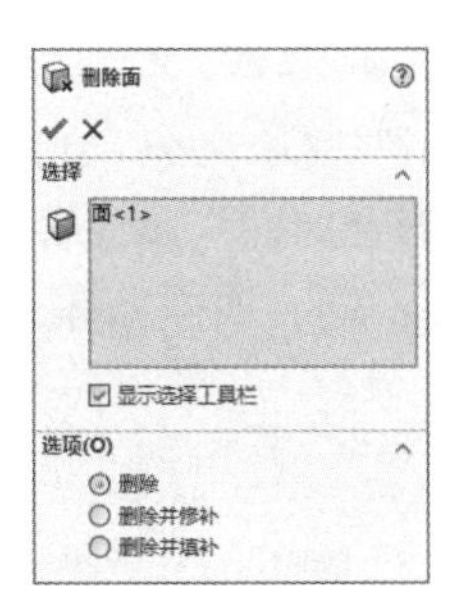

图 4-105　“删除面”属性管理器

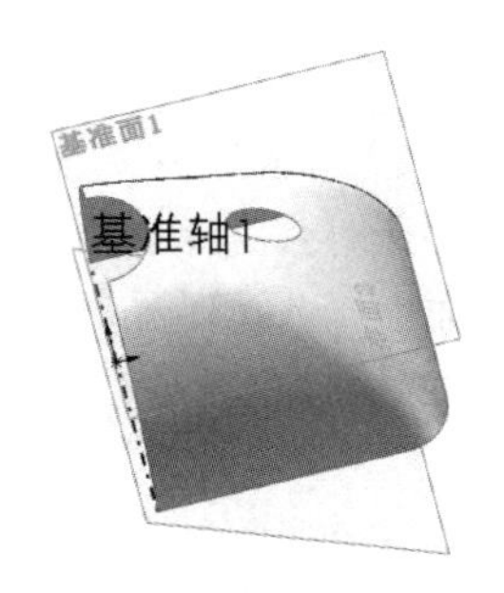

图 4-106　删除分割后的面

20 隐藏基准面和基准轴。在 FeatureManager 设计树中选择“基准面 1”“基准面 2”“基准轴”，单击鼠标右键，在弹出的快捷菜单中单击“隐藏”按钮，如图 4-107 所示。隐藏基准面和基准轴后的图形如图 4-108 所示。

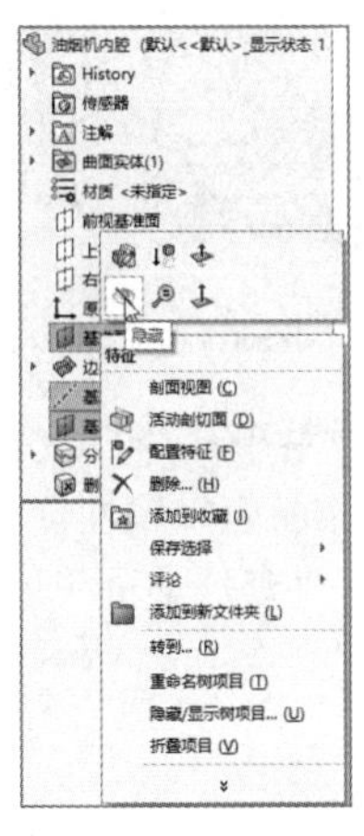

图 4-107　快捷菜单

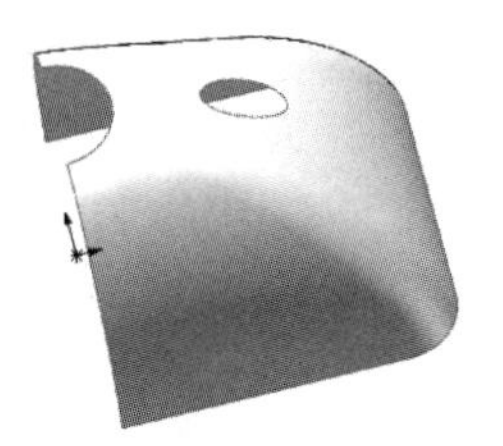

图 4-108　隐藏基准轴和基准面后的图形

Note

21 镜像分割面。选择“插入”→“阵列/镜像”→“镜像”菜单命令，或者单击“特征”面板中的“镜像”按钮，此时系统弹出如图 4-109 所示的“镜像”属性管理器。选择“右视基准面”为镜像基准面，选择视图中所有的实体为要镜像的实体，单击“镜像”属性管理器中的“确定”按钮✓，镜像曲面如图 4-110 所示。

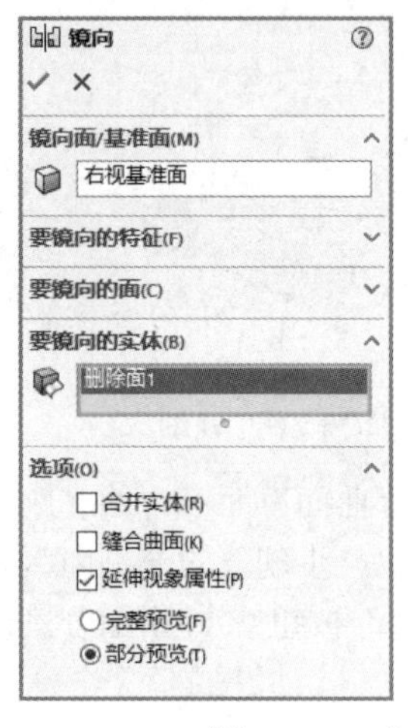

图 4-109 “镜像”属性管理器

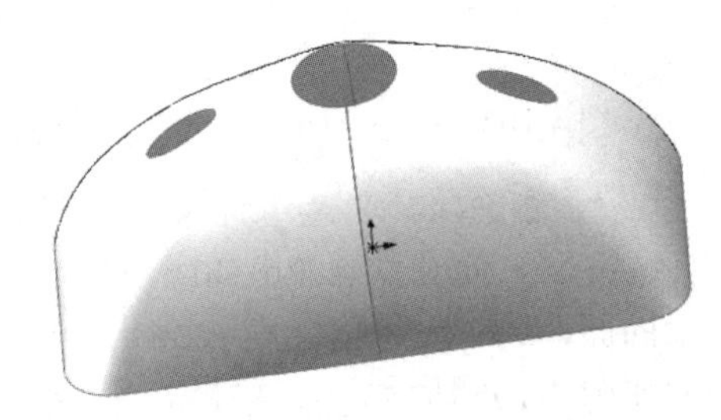
图 4-110 镜像曲面

22 缝合曲面。选择“插入”→“曲面”→“缝合曲面”菜单命令，或者单击“曲面”面板中的“缝合曲面”按钮，此时系统弹出如图 4-111 所示的“缝合曲面”属性管理器。选择视图中所有的曲面，单击“缝合曲面”属性管理器中的“确定”按钮✓，缝合曲面如图 4-112 所示。

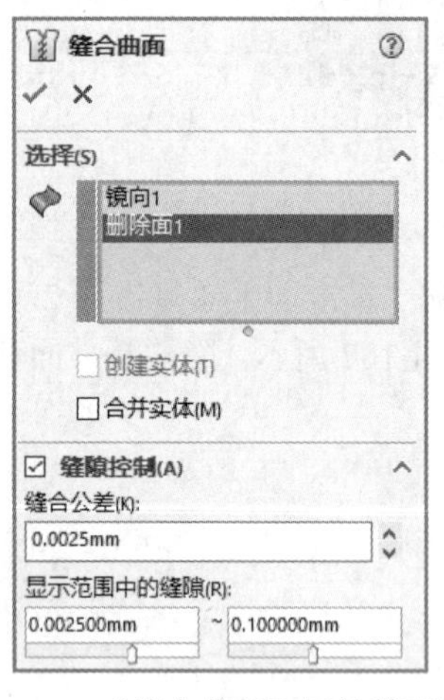

图 4-111 “缝合曲面”属性管理器

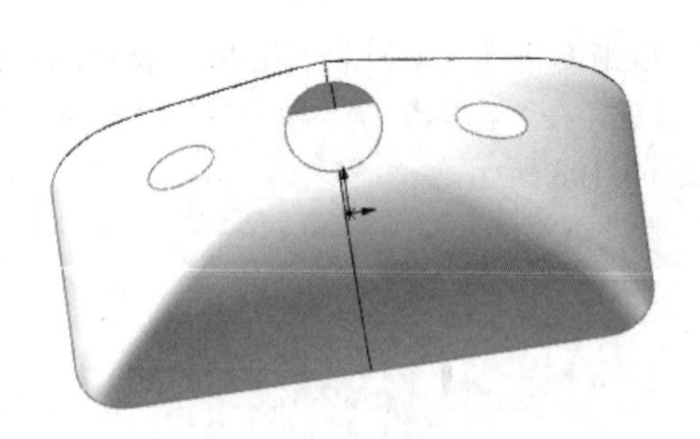
图 4-112 缝合曲面

23 延伸曲面。选择“插入”→“曲面”→“延伸曲面”菜单命令，或者单击“曲面”面板中的“延伸曲面”按钮，此时系统弹出如图 4-113 所示的“延伸曲面”属性管理器。选择缝合曲面的下边缘，设置终止条件为“距离”，输入距离为 30.00 mm，单击“延伸曲面”属性管理器中的“确定”按钮✓，延伸曲面如图 4-114 所示。

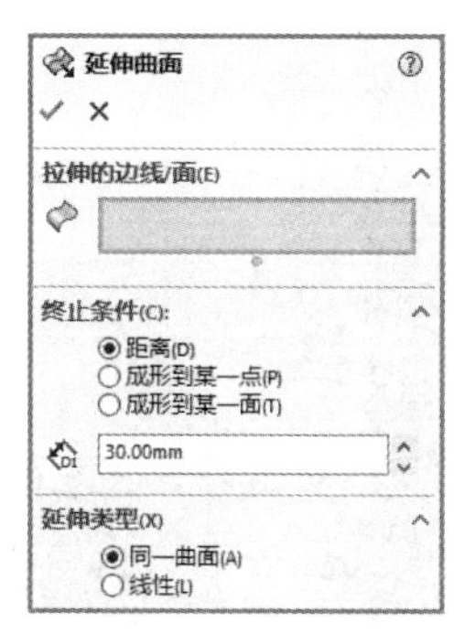

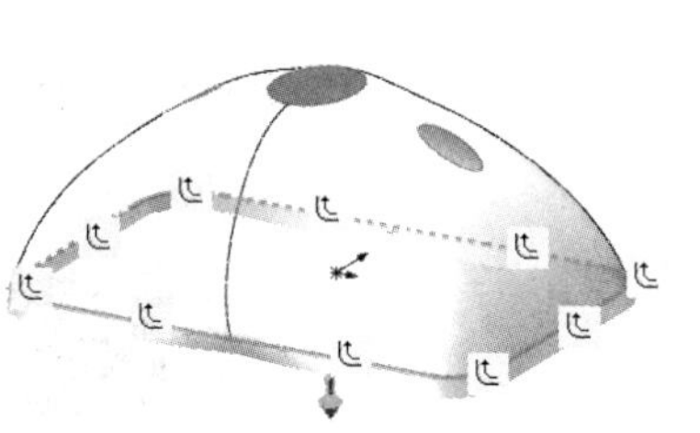

图 4-113　“延伸曲面”属性管理器

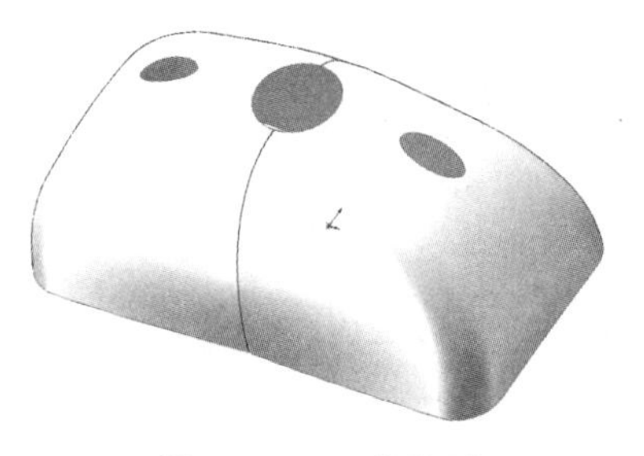

图 4-114　延伸曲面

24 加厚曲面。单击“特征”面板中的“加厚”按钮，此时系统弹出如图 4-115 所示的“加厚”属性管理器。选择视图中所有的曲面，选择“加厚侧面 2”选项，输入厚度为 2.00 mm，单击“加厚”属性管理器中的“确定”按钮✔，加厚曲面如图 4-116 所示。

图 4-115　“加厚”属性管理器

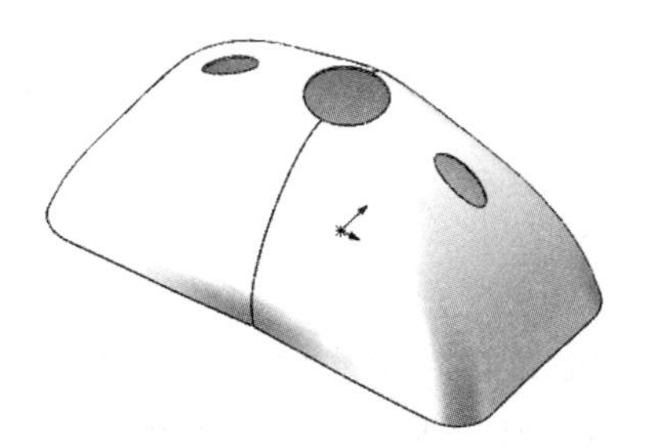

图 4-116　加厚曲面

实例——曲面造型

本章导读

本章通过高跟鞋和轮毂实例介绍曲面造型的知识，以实例形式全面介绍曲面的创建、编辑，同时回顾、练习其他建模特征。

内容要点

☑ 高跟鞋
☑ 轮毂

5.1 高 跟 鞋

本实例创建的高跟鞋如图 5-1 所示。

图 5-1 高跟鞋

思路分析

首先通过投影曲线命令创建两条投影曲线，然后利用放样曲面创建命令创建鞋面，用填充命令创建鞋底，再通过加厚命令对鞋面和鞋底进行曲面加厚，最后利用放样曲面命令和拉伸凸台/基体命令创建鞋跟。绘制高跟鞋的流程如图 5-2 所示。

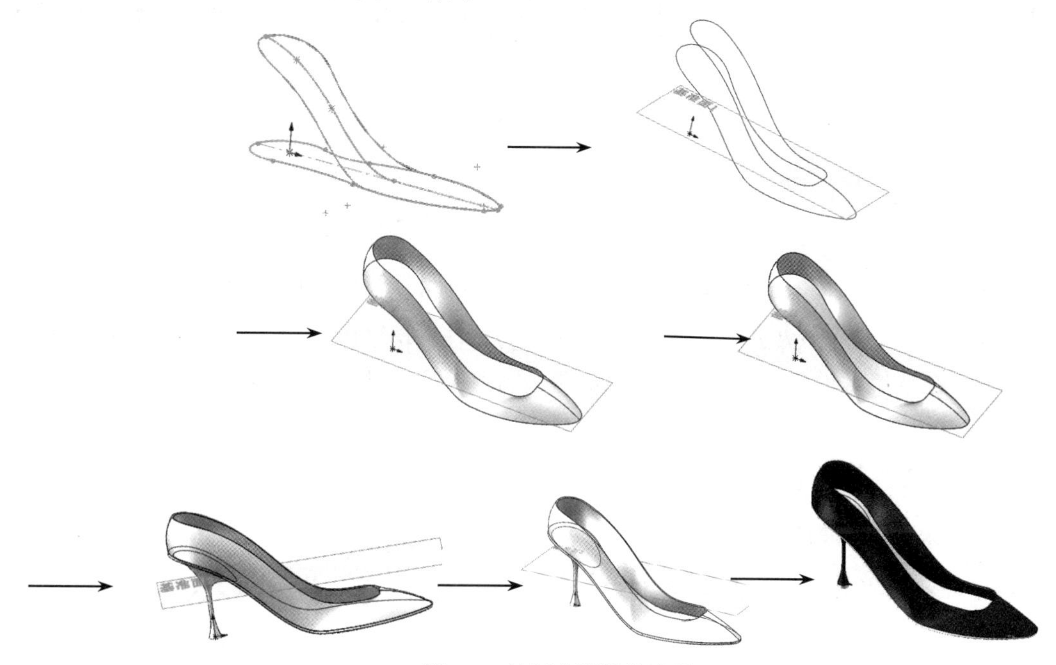

图 5-2 绘制高跟鞋的流程

Note

创建步骤

5.1.1 草图绘制

01 创建投影曲线 1

（1）设置基准面。在 FeatureManager 设计树中选择“上视基准面”，然后单击“前导视图”工具栏中的“正视于”按钮，将该基准面作为草绘基准面。单击“草图”选项卡上的“草图绘制”按钮，进入草绘环境。

（2）绘制中心线。单击“草图”选项卡中的“中心线”按钮，绘制一条通过原点的水平中心线，如图 5-3 所示。

（3）绘制圆和圆弧。单击“草图”选项卡中的“圆”按钮和“3 点圆弧”按钮，绘制草图，如图 5-4 所示。

图 5-3　绘制中心线　　　图 5-4　绘制草图

（4）添加几何关系。单击“草图”选项卡中的 “添加几何关系”按钮，弹出“添加几何关系”属性管理器，如图 5-5 所示。选择上步创建的圆和圆弧分别添加“相切”约束，结果如图 5-6 所示。

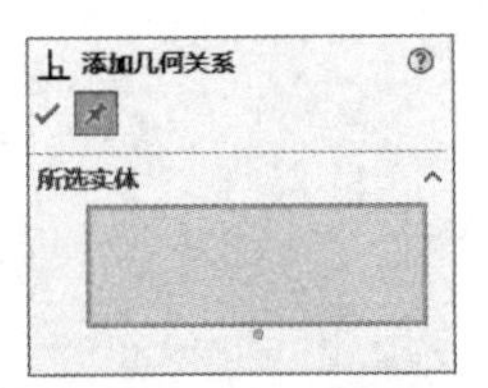

图 5-5　“添加几何关系”属性管理器

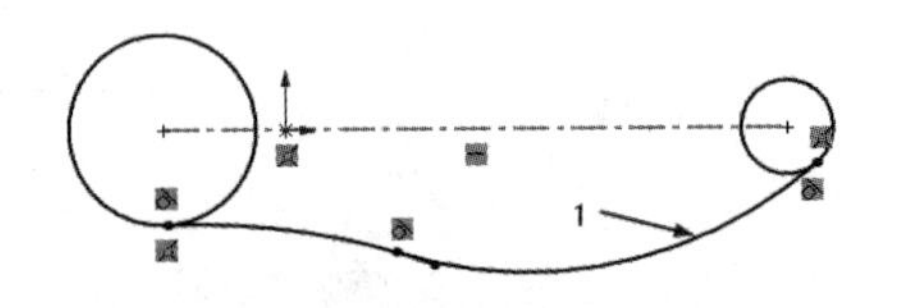

图 5-6　添加“相切”约束

（5）镜像实体。单击“草图”选项卡中的 “镜像实体”按钮，弹出“镜像”属性管理器，如图 5-7 所示。在要镜像的实体框中选择图 5-6 所示的圆弧 1，镜像轴选择水平中心线。镜像结果如图 5-8 所示。

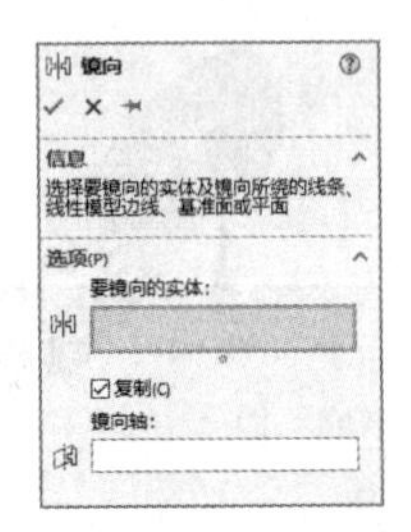

图 5-7　“镜像”属性管理器

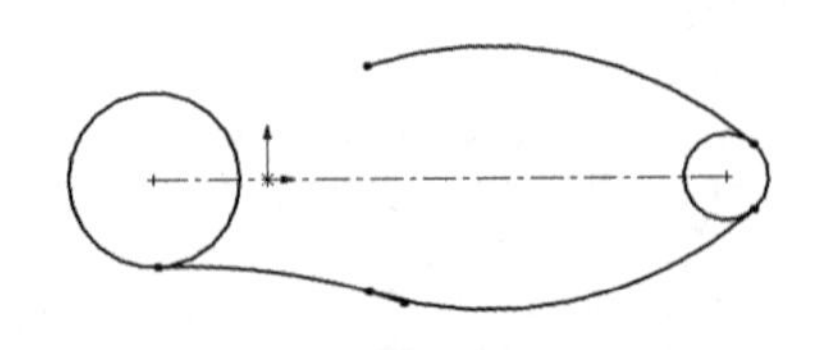

图 5-8　镜像圆弧

（6）绘制草图。单击“草图”选项卡中的“3 点圆弧”按钮，绘制圆弧，如图 5-9 所示。

（7）添加几何关系。单击“草图”选项卡中的 “添加几何关系”按钮，弹出“添加几何关系”属性管理器，选择上步创建的圆和圆弧分别添加“相切”约束。结果如图 5-10 所示。

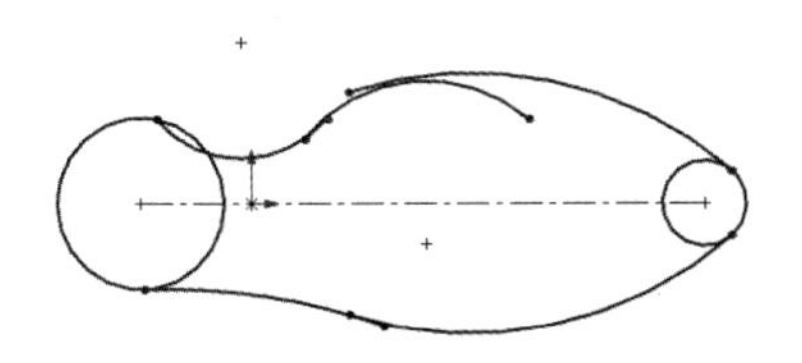

图 5-9　绘制圆弧

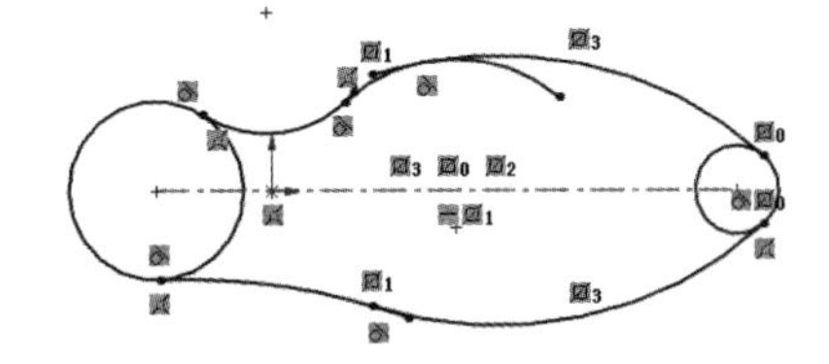

图 5-10　添加“相切”约束

（8）剪裁实体。单击“草图”选项卡中的“剪裁实体”按钮，弹出“剪裁”属性管理器，单击“剪裁到最近端”按钮，如图 5-11 所示。然后剪裁绘制的草图，结果如图 5-12 所示。

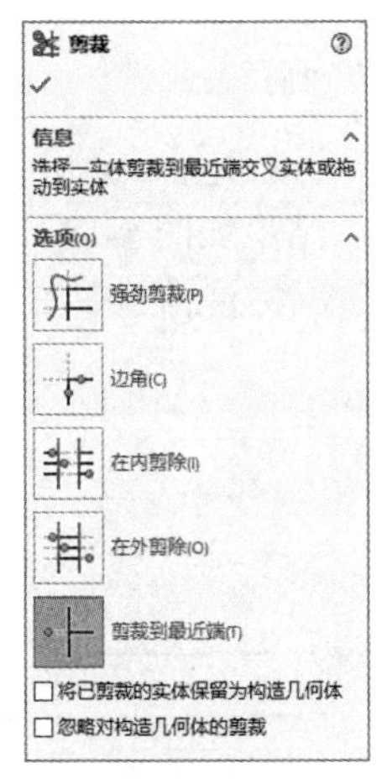

图 5-11　“剪裁”属性管理器

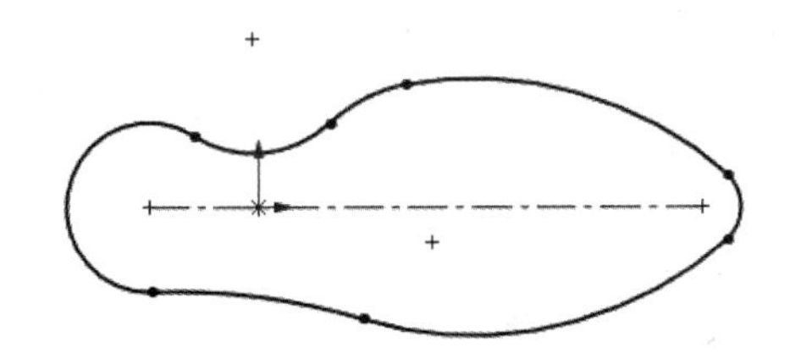

图 5-12　剪裁实体

（9）延伸实体。单击“草图”选项卡中的“延伸实体”按钮，拾取水平中心线使其两端分别延伸至与两端圆弧相交，结果如图 5-13 所示。

（10）标注尺寸。单击“草图”选项卡上的“智能尺寸”按钮，标注刚绘制的草图尺寸，如图 5-14 所示。

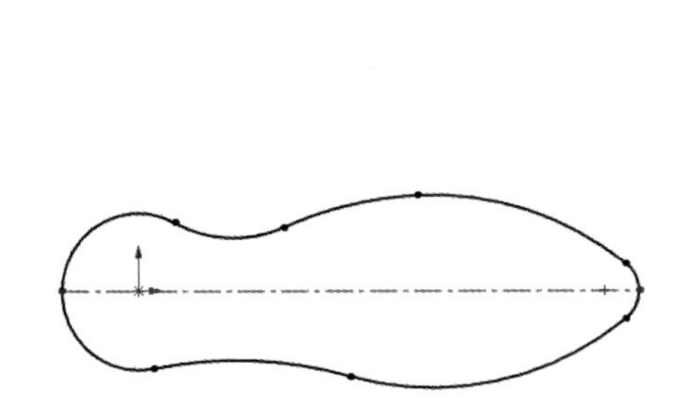

图 5-13　延伸实体

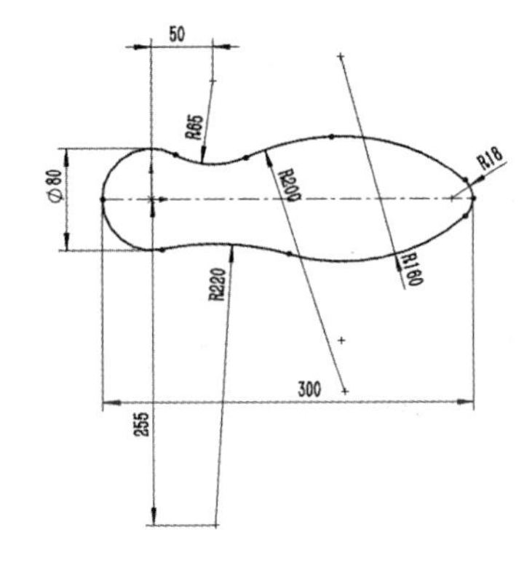

图 5-14　标注草图尺寸

（11）退出草图。单击“草图”选项卡上的“退出草图”按钮，退出草图。

（12）设置基准面。在 FeatureManager 设计树中选择“前视基准面”，然后单击“前导视图”工具栏中的“正视于”按钮，将该基准面作为草绘基准面。单击“草图”选项卡上的“草图绘制”按钮，进入草绘环境。

（13）绘制直线。单击“草图”选项卡中的“直线”按钮，绘制一条水平直线，如图 5-15 所示。

（14）绘制样条曲线。单击“草图”选项卡中的“样条曲线”按钮，绘制一条样条曲线，如图 5-16 所示。

Note

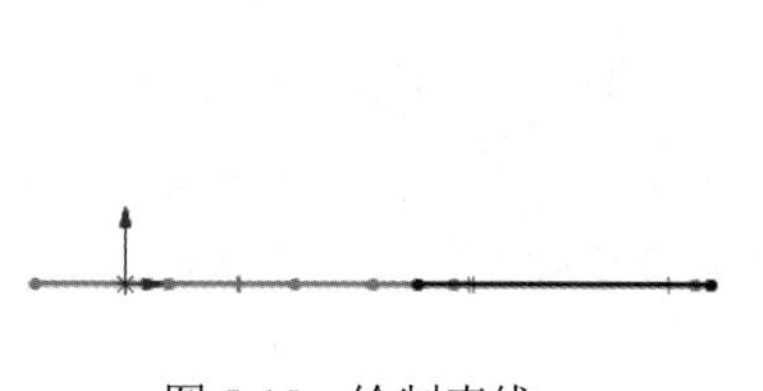

图 5-15　绘制直线

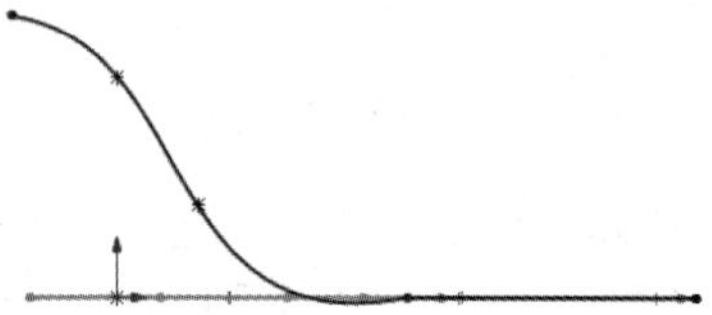

图 5-16　绘制样条曲线

（15）添加几何关系。单击“草图”选项卡中的 “添加几何关系”按钮，弹出“添加几何关系”属性管理器，选择上步创建的样条曲线和直线添加“相切”约束。结果如图 5-17 所示。

（16）标注尺寸。单击“草图”选项卡上的“智能尺寸”按钮，标注刚绘制的草图尺寸，如图 5-18 所示。

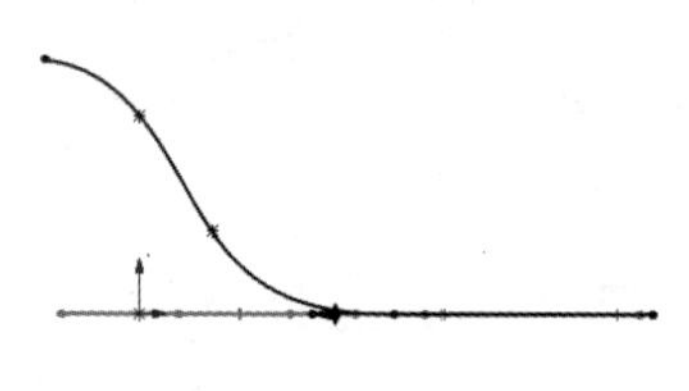

图 5-17　添加“相切”约束

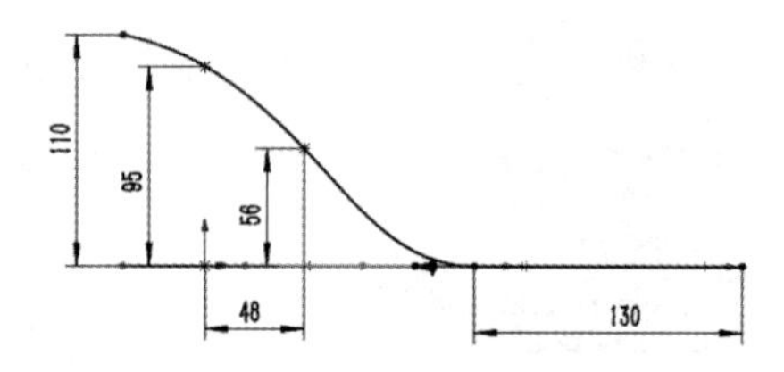

图 5-18　标注草图尺寸

（17）退出草图。单击“草图”选项卡上的“退出草图”按钮，退出草图。

（18）创建投影曲线 1。单击“特征”选项卡上的“曲线”下拉列表中的“投影曲线”按钮，弹出“投影曲线”属性管理器，投影类型选择“草图上草图”，绘图区拾取前面创建的草图 1 和草图 2，如图 5-19 所示。单击属性管理器中的“确定”按钮，完成投影曲线的创建。结果如图 5-20 所示。

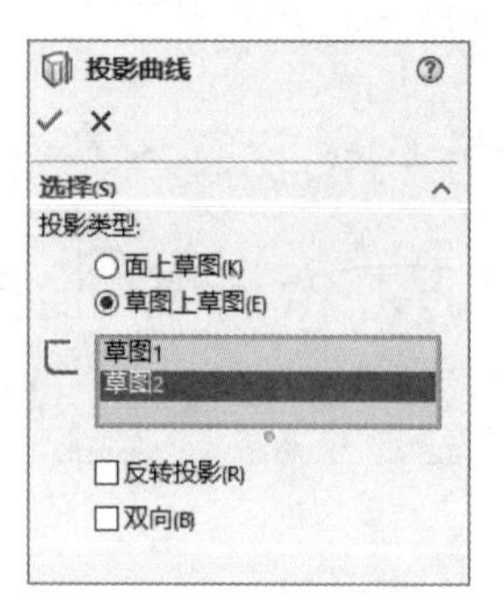

图 5-19　“投影曲线”属性管理器

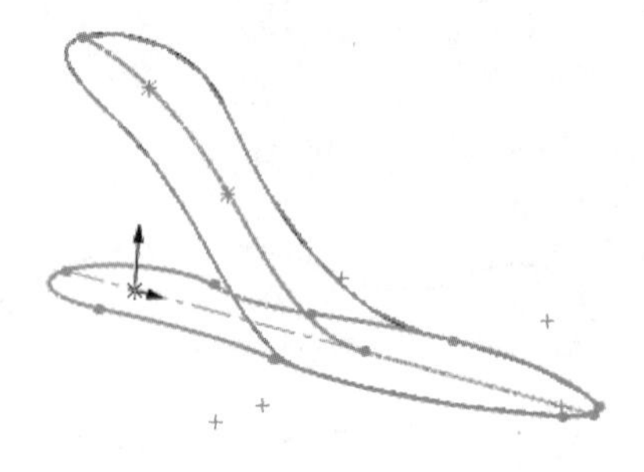

图 5-20　投影曲线 1

02 创建投影曲线 2

（1）创建基准面 1。单击“特征”选项卡上的“参考几何体”下拉列表中的“基准面”按钮，弹出“基准面”属性管理器，选择“上视基准面”为第一参考，输入偏移距离为 25 mm，如图 5-21 所示。单击属性管理器中的“确定”按钮，完成基准面的创建。结果如图 5-22 所示。

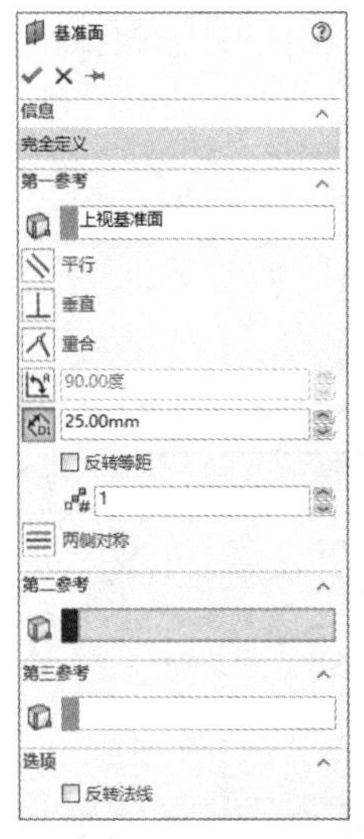

图 5-21　“基准面”属性管理器

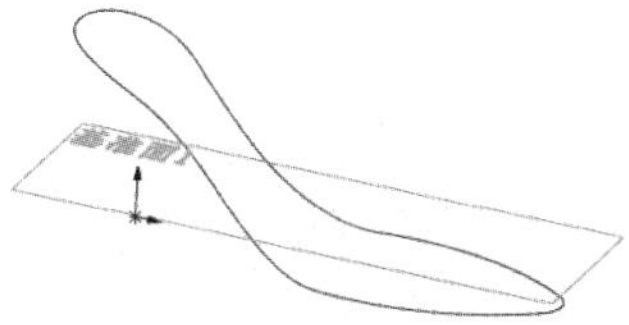

图 5-22　基准面 1

（2）设置基准面。选择上步创建的基准面 1，然后单击“前导视图”工具栏中的“正视于”按钮，将该基准面作为草绘基准面。单击“草图”选项卡上的“草图绘制”按钮，进入草绘环境。

（3）绘制中心线。单击“草图”选项卡中的“中心线”按钮，绘制一条通过原点的水平中心线，如图 5-23 所示。

（4）绘制草图。单击“草图”选项卡中的“矩形”按钮和圆按钮，绘制如图 5-24 所示的草图。

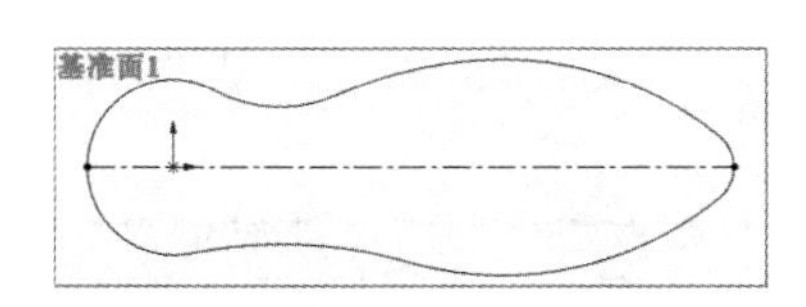

图 5-23　绘制中心线

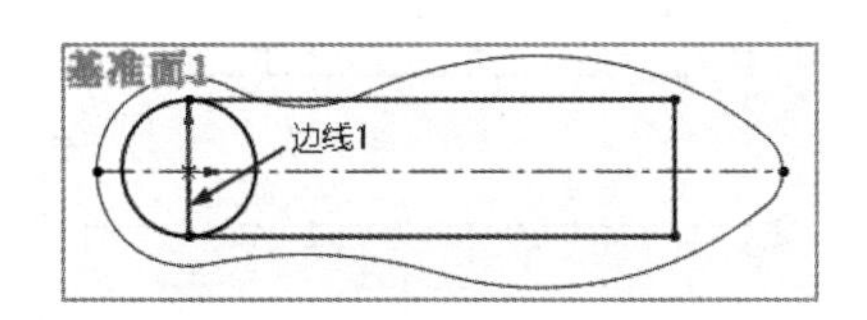

图 5-24　绘制矩形和圆

（5）添加几何关系。单击“草图”选项卡中的“添加几何关系”按钮，弹出“添加几何关系”属性管理器，选择图 5-24 所示的边线 1 和原点添加“中点”约束，如图 5-25 所示。单击属性管理器中的“确定”按钮，结果如图 5-26 所示。

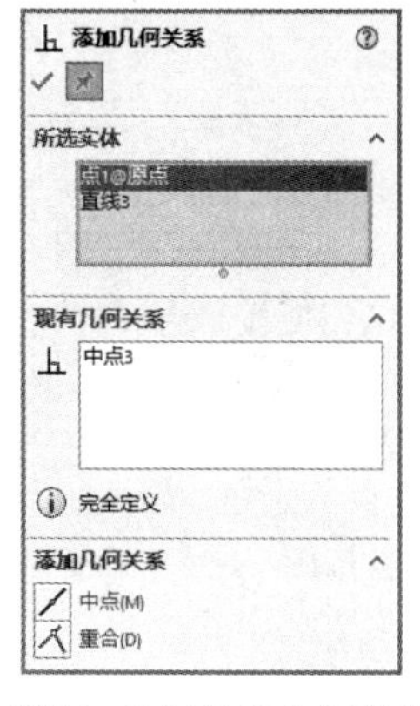

图 5-25　“添加几何关系”属性管理器

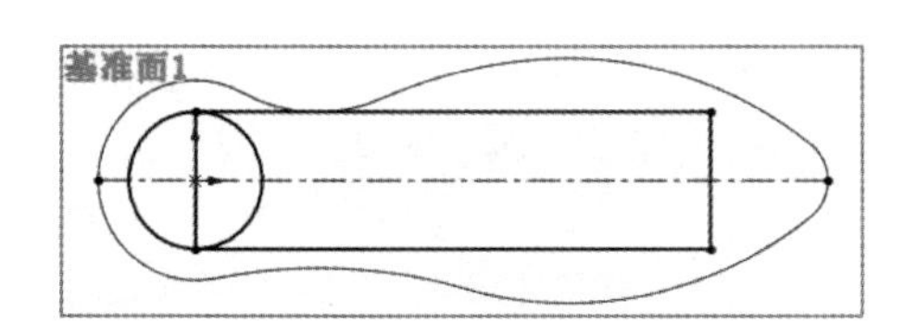

图 5-26　添加“中点”约束

Note

（6）绘制圆角。单击“草图”选项卡中的 “圆角”按钮，弹出“绘制圆角”属性管理器，设置圆角半径为20 mm，如图5-27所示。单击“草图”选项卡中的“剪裁实体”按钮，结果如图5-28所示。

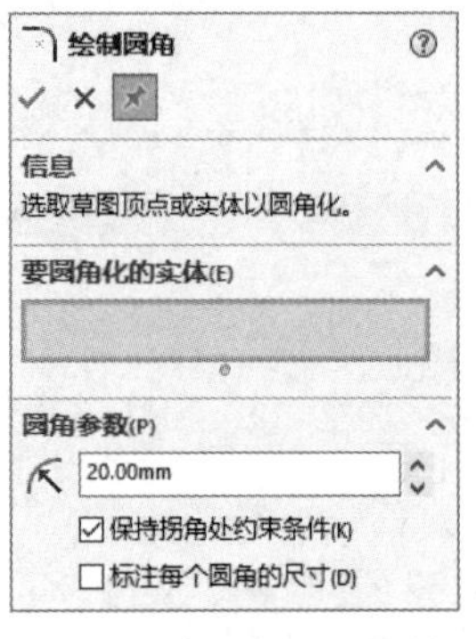

图5-27 “绘制圆角”属性管理器

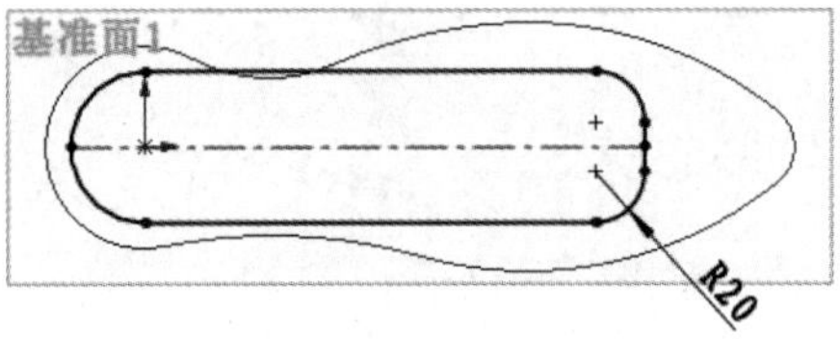

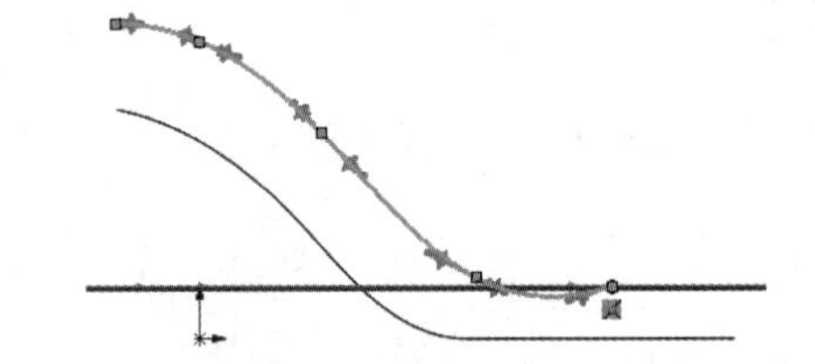

图5-28 绘制圆角

（7）标注尺寸。单击“草图”选项卡上的“智能尺寸”按钮，标注刚绘制的草图的尺寸，并添加几何关系，结果如图5-29所示。

（8）退出草图。单击“草图”选项卡上的“退出草图”按钮，退出草图。

（9）设置基准面。在FeatureManager设计树中选择“前视基准面”，然后单击“前导视图”工具栏中的“正视于”按钮，将该基准面作为草绘基准面。单击“草图”选项卡上的“草图绘制”按钮，进入草绘环境。

（10）单击“草图”选项卡中的“样条曲线”按钮，绘制一条样条曲线，如图5-30所示。

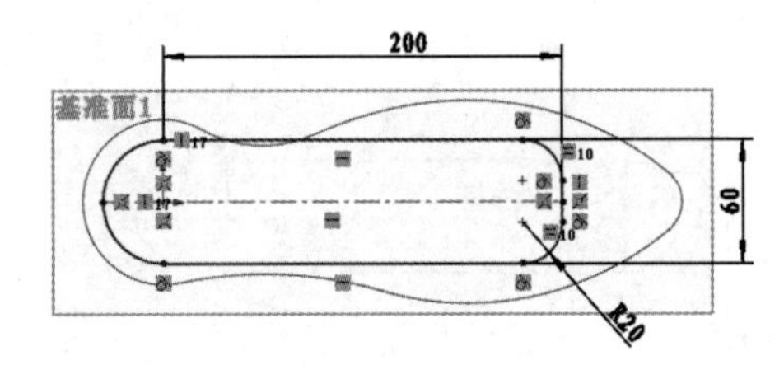

图5-29 标注尺寸

图5-30 绘制样条曲线

（11）添加几何关系。单击“草图”选项卡中的 “添加几何关系”按钮，弹出“添加几何关系”属性管理器，选择图5-31所示的点1和点2添加“竖直”约束，如图5-32所示。单击属性管理器的“确定”按钮。继续添加样条曲线与中心线的相切约束、图5-31的点3与原点的竖直约束。结果如图5-33所示。

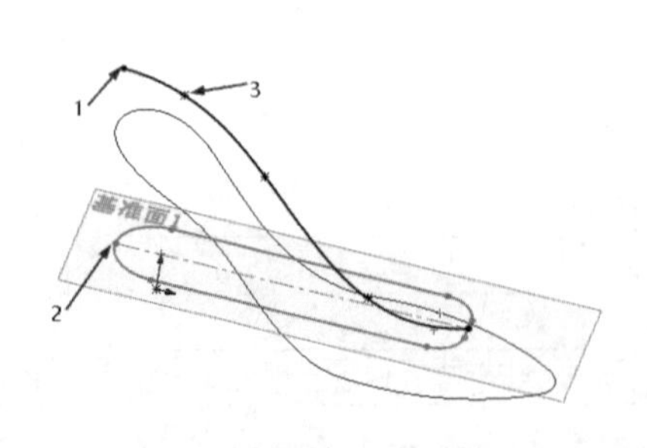

图5-31 选择点1和点2

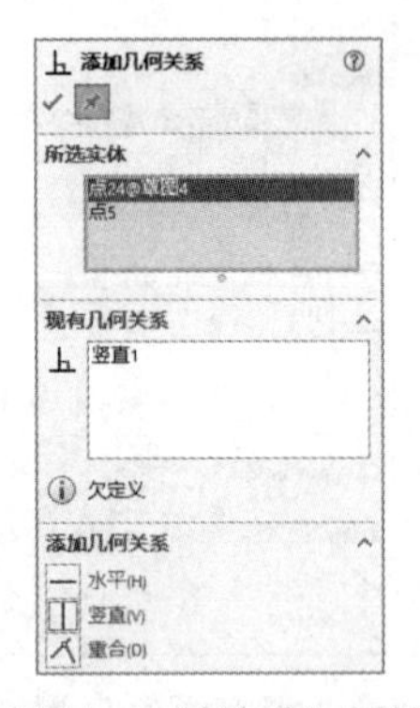

图5-32 “添加几何关系”属性管理器

Note

（12）标注尺寸。单击“草图”选项卡上的“智能尺寸”按钮，标注刚绘制的草图的尺寸，结果如图 5-34 所示。

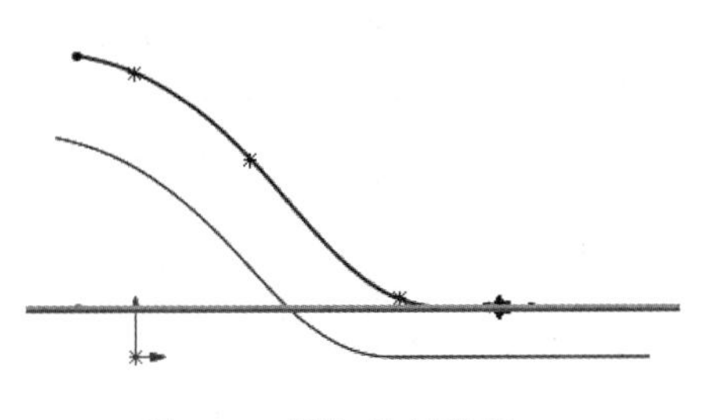

图 5-33　添加几何关系

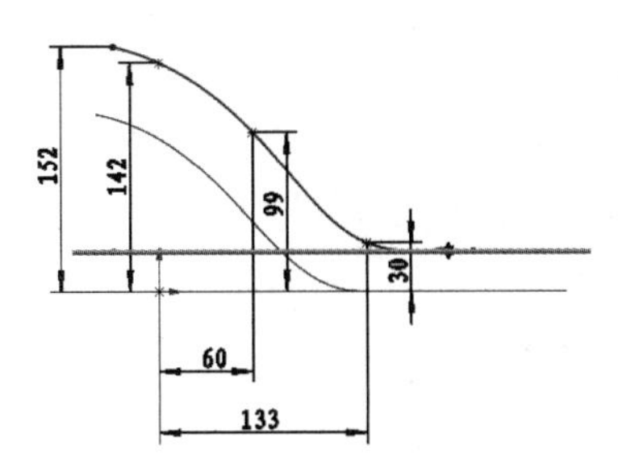

图 5-34　标注草图尺寸

（13）退出草图。单击“草图”选项卡上的“退出草图”按钮，退出草图。

（14）创建投影曲线 2。单击“特征”选项卡上“曲线”下拉列表中的“投影曲线”按钮，弹出“投影曲线”属性管理器，投影类型选择“草图上草图”，绘图区拾取前面创建的草图 3 和草图 4，如图 5-35 所示。单击属性管理器的“确定”按钮，完成投影曲线 2 的创建。结果如图 5-36 所示。

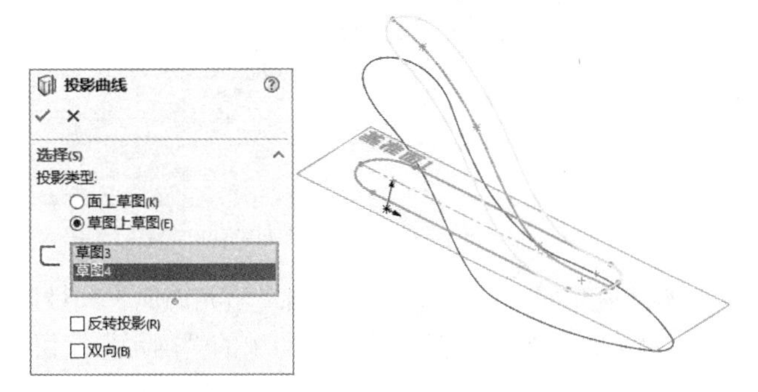

图 5-35　“投影曲线”属性管理器

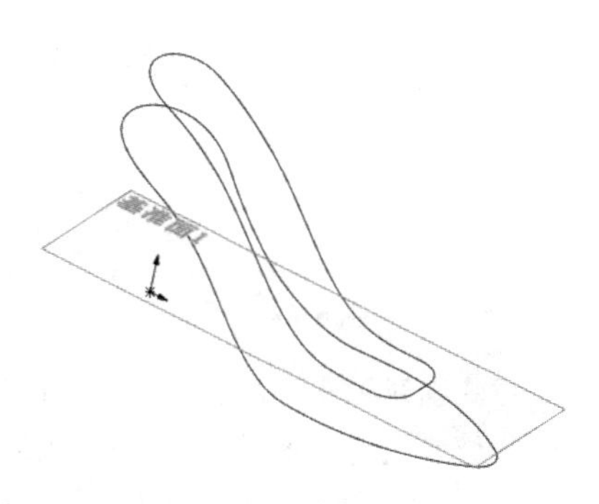

图 5-36　投影曲线 2

03 创建 3D 草图

（1）设置绘图环境。单击“草图”选项卡上的“3D 草图”按钮，进入 3D 草图创建环境。

（2）绘制样条曲线。单击“草图”选项卡上的“样条曲线”按钮，绘制两条投影曲线间的连接线。结果如图 5-37 所示。

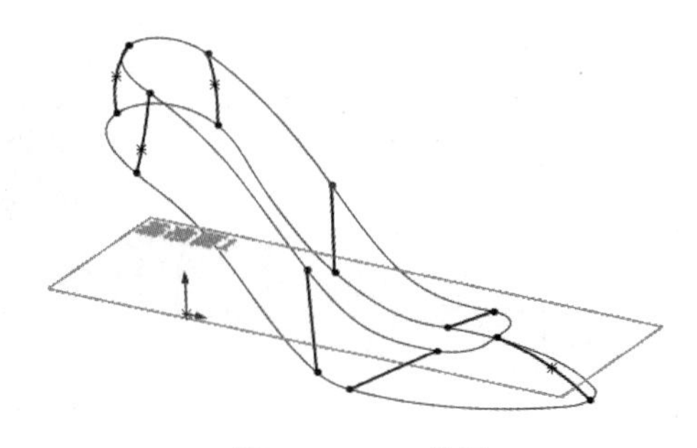

图 5-37　3D 草图

（3）退出草图。单击绘图区的“退出草图”按钮，退出草图。

Note

5.1.2 创建鞋面和鞋底

01 创建放样曲面。单击“曲面”面板上的“放样曲面”按钮，弹出“曲面-放样”属性管理器，在“轮廓”选项框中依次拾取 8 条 3D 曲线，在“引导线”选项框中选择两条投影曲线，选中属性管理器中的“闭合放样”复选框，如图 5-38 所示。单击属性管理器中的“确定”按钮✓，完成放样曲面的创建。结果如图 5-39 所示。

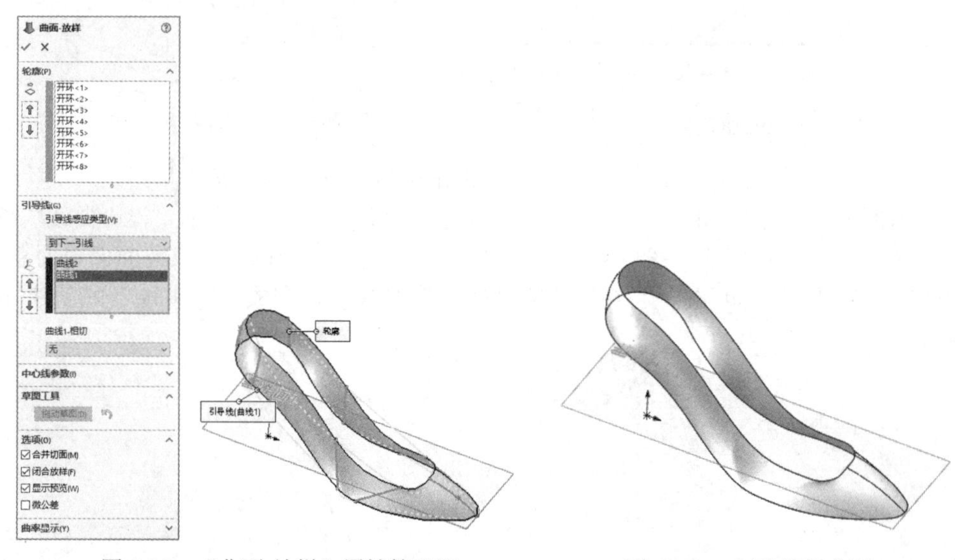

图 5-38　“曲面-放样”属性管理器　　　图 5-39　创建放样曲面

02 创建填充曲面。单击“曲面”面板上的“填充曲面”按钮，弹出“填充曲面”属性管理器，在“修补边界”选项框中拾取如图 5-40 所示的底面边线，单击属性管理器中的“确定”按钮✓，完成填充曲面的创建。结果如图 5-41 所示。

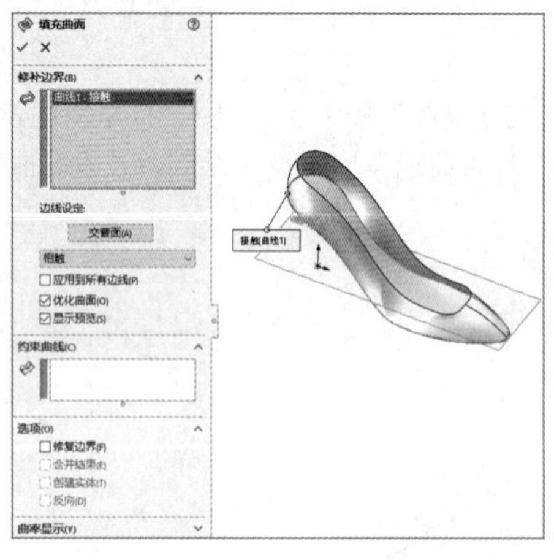

图 5-40　“填充曲面”属性管理器

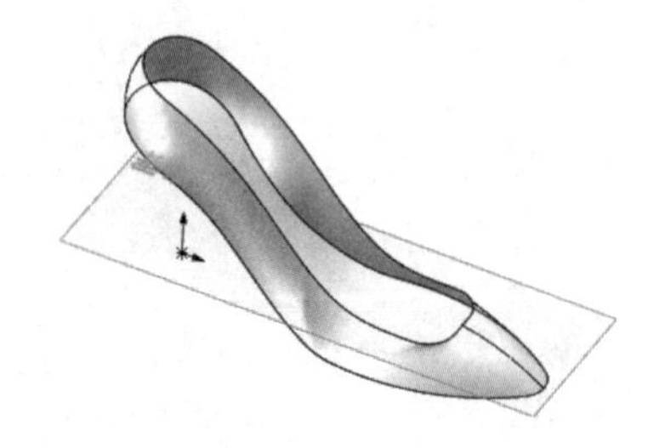

图 5-41　填充曲面

03 加厚鞋面。单击“曲面”面板上的“加厚”按钮，弹出“加厚”属性管理器，在“要加厚的曲面”选项框中放样曲面，设置厚度值为 2 mm，加厚方向为“加厚侧边 2”，如图 5-42 所示。单击属性管理器的“确定”按钮✓，完成鞋面的加厚。结果如图 5-43 所示。

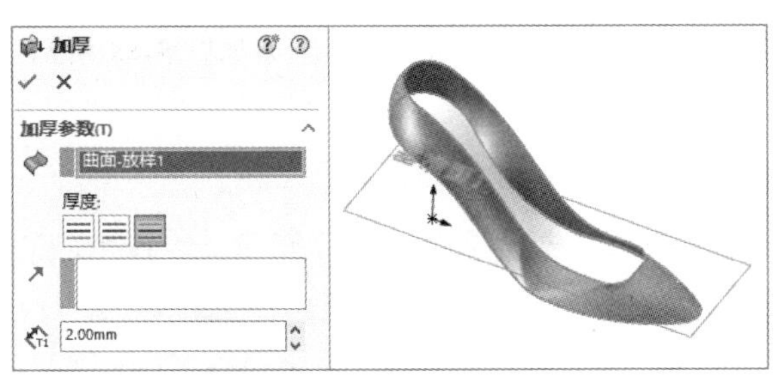

图 5-42 “加厚”属性管理器

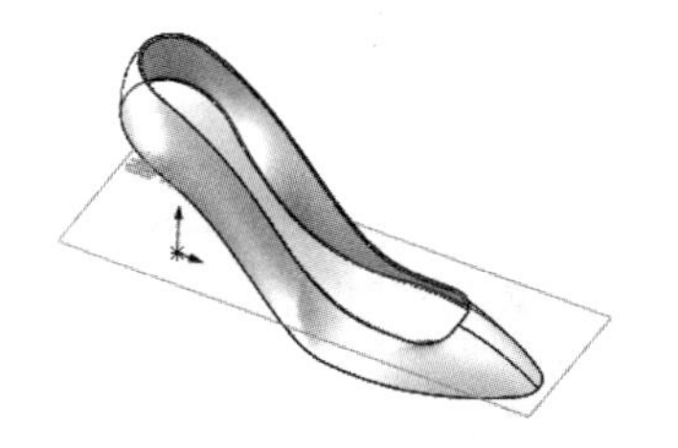

图 5-43 加厚鞋面

04 加厚鞋底。单击“曲面”面板上的“加厚”按钮，弹出“加厚”属性管理器，在“要加厚的曲面”选项框中放样曲面，设置厚度值为 3mm，加厚方向为“加厚侧边 2”，如图 5-44 所示。单击属性管理器中的“确定”按钮，完成鞋底的加厚。结果如图 5-45 所示。

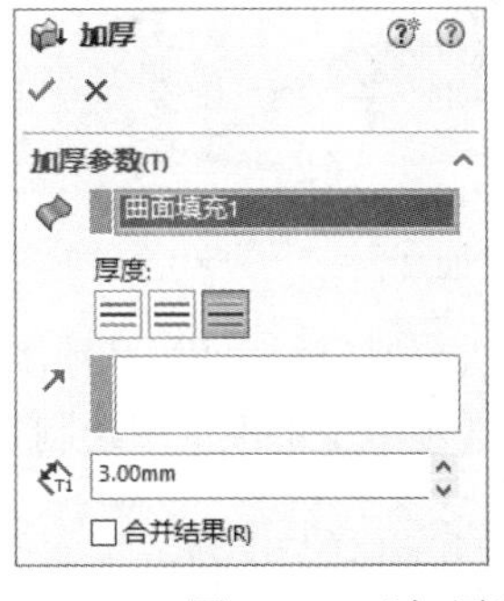

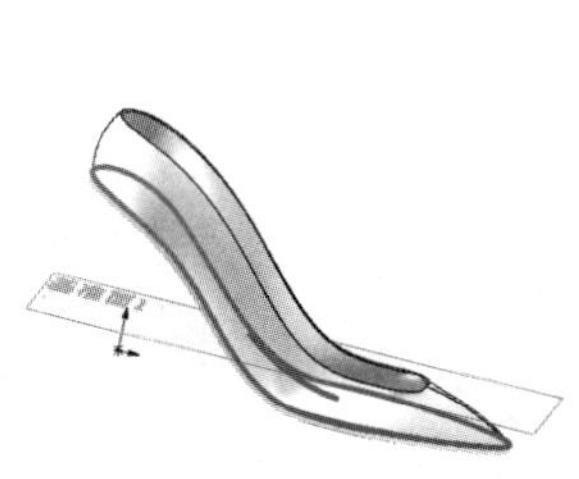

图 5-44 “加厚”属性管理器

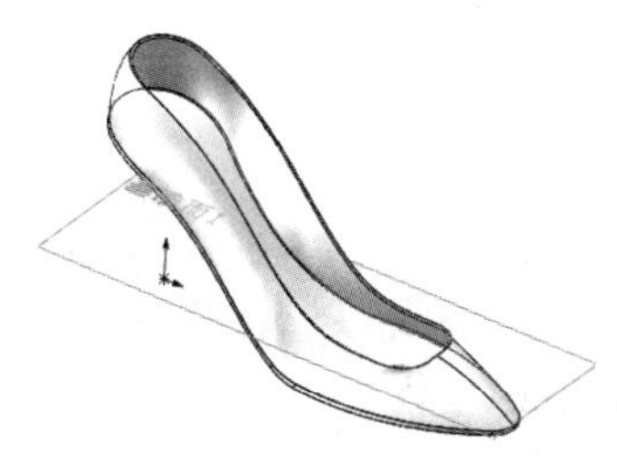

图 5-45 加厚鞋底

5.1.3 创建鞋跟

01 设置基准面。在 FeatureManager 设计树中选择“上视基准面”，然后单击“前导视图”工具栏中的“正视于”按钮，将该基准面作为草绘基准面。单击“草图”选项卡上的“草图绘制”按钮，进入草绘环境。

02 绘制圆。单击“草图”选项卡上的“圆”按钮，以原点为圆心，绘制直径为 15 mm 的圆并标注尺寸，如图 5-46 所示。

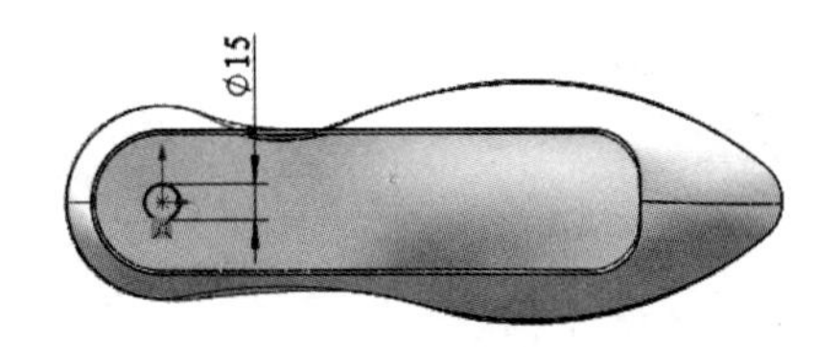

图 5-46 绘制圆

03 退出草图。单击“草图”选项卡上的“退出草图”按钮，退出草图。

04 设置基准面。在 FeatureManager 设计树中选择“基准面 1”，然后单击“前导视图”工具栏中的“正视于”按钮，将该基准面作为草绘基准面。单击“草图”选项卡上的“草图绘制”按钮，进入草绘环境。

05 创建基准面 2。单击“特征”选项卡上的“参考几何体”下拉列表中的“基准面”按钮，弹出“基准面”属性管理器，选择“上视基准面”为第一参考，输入偏移距离为 45 mm，如图 5-47

Note

所示。单击属性管理器中的“确定”按钮✓，完成基准面2的创建。结果如图5-48所示。

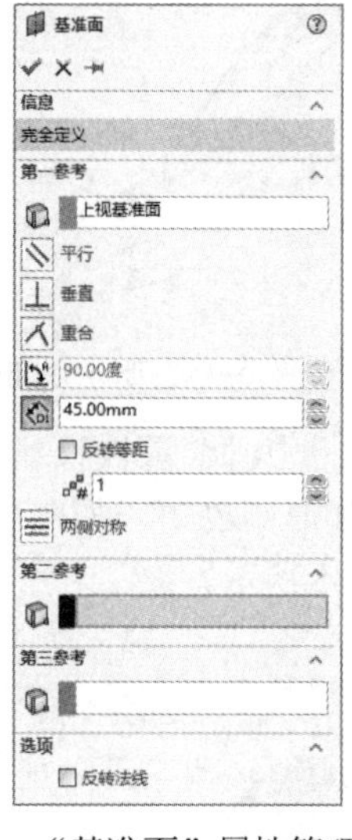

图5-47 “基准面”属性管理器

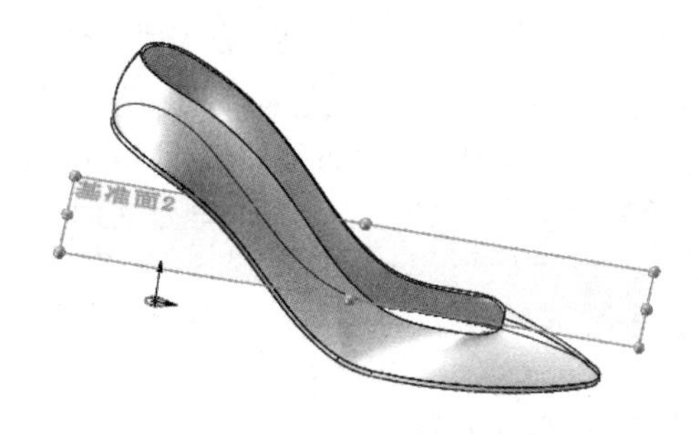

图5-48 基准面2

06 设置基准面。在FeatureManager设计树中选择“基准面2”，然后单击“前导视图”工具栏中的“正视于”按钮，将该基准面作为草绘基准面。单击“草图”选项卡上的“草图绘制”按钮，进入草绘环境。

07 绘制圆。单击“草图”选项卡上的“圆”按钮，以原点为圆心，绘制直径为8mm的圆并标注尺寸，如图5-49所示。

08 退出草图。单击“草图”选项卡上的“退出草图”按钮，退出草图。

09 设置基准面。在FeatureManager设计树中选择“上视基准面”，然后单击“前导视图”工具栏中的“正视于”按钮，将该基准面作为草绘基准面。单击“草图”选项卡上的“草图绘制”按钮，进入草绘环境。

10 绘制圆。单击“草图”选项卡上的“圆”按钮，以原点为圆心绘制直径为70 mm的圆，并标注尺寸，如图5-50所示。

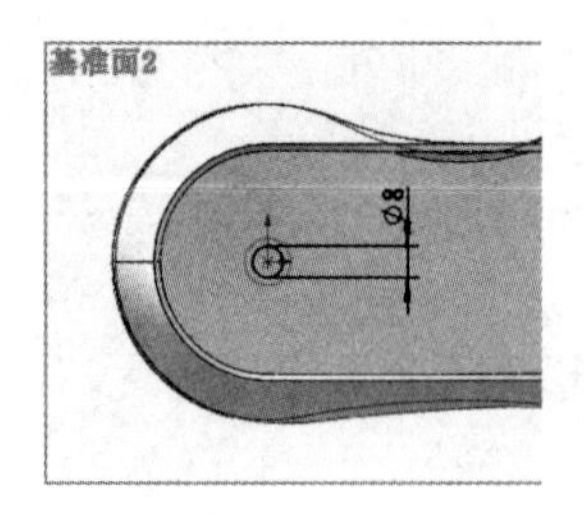

图5-49 绘制圆

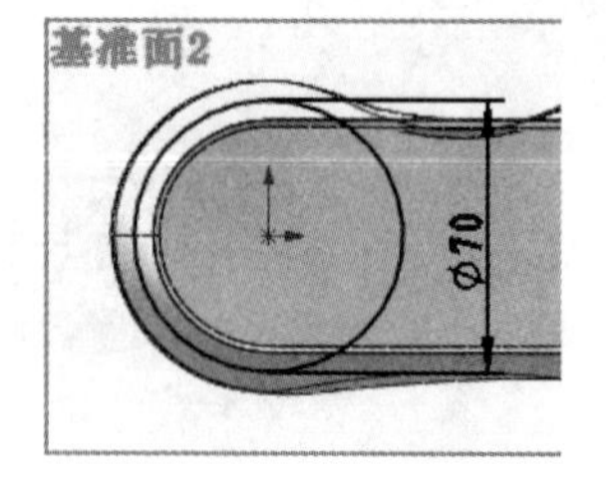

图5-50 绘制圆

11 退出草图。单击“草图”选项卡上的“退出草图”按钮，退出草图。

12 创建投影曲线。单击“特征”选项卡上“曲线”下拉列表中的“投影曲线”按钮，弹出“投影曲线”属性管理器，投影类型选择“面上草图”，绘图区选择上步绘制的圆，如图5-51所示。单击属性管理器中的“确定”按钮✓，完成投影曲线的创建，结果如图5-52所示。

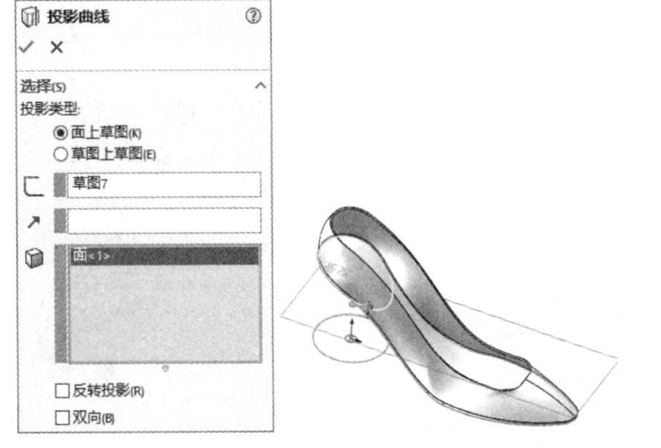

图 5-51 “投影曲线”属性管理器

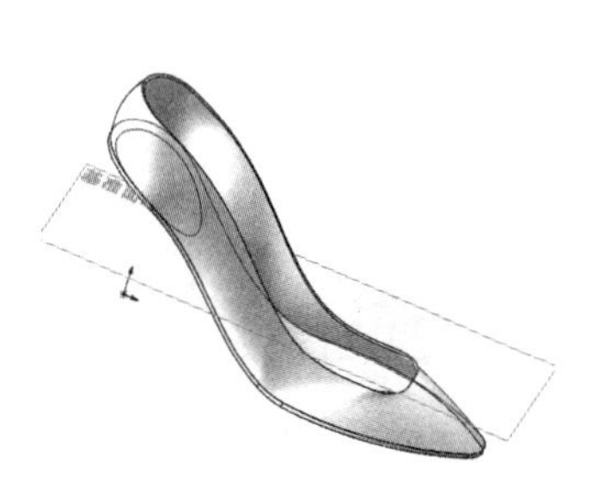

图 5-52 投影曲线

13 创建放样曲面。单击“曲面”选项卡上的“放样曲面”按钮，弹出“曲面-放样”属性管理器，在“轮廓”选项框中依次拾取曲线 3、草图 6 和草图 5，如图 5-53 所示，单击属性管理器中的“确定”按钮，完成放样曲面的创建。结果如图 5-54 所示。

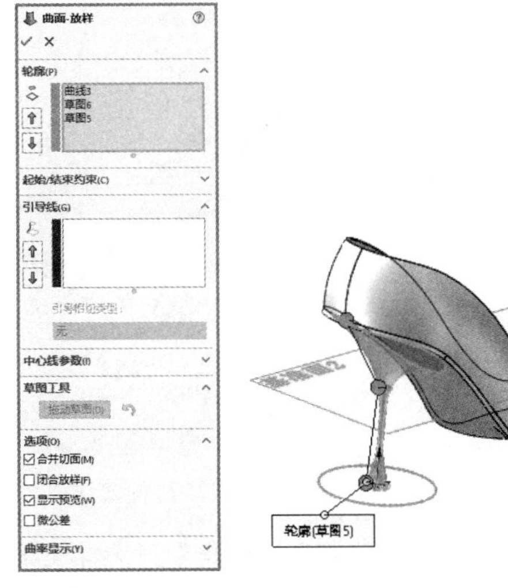

图 5-53 “曲面-放样”属性管理器

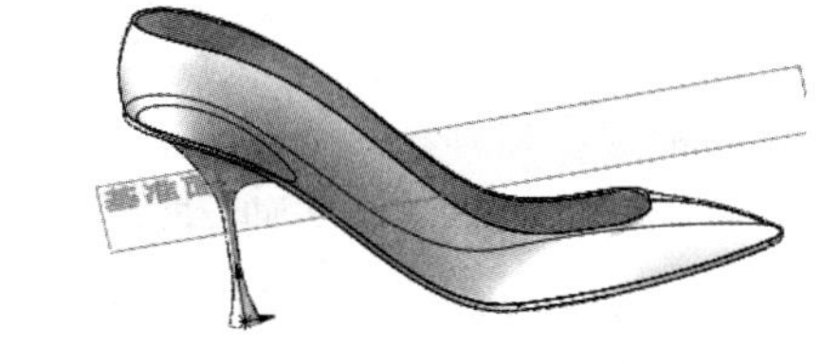

图 5-54 创建放样曲面

14 创建平面。单击“曲面”选项卡上的“平面区域”按钮，弹出“平面”属性管理器，在“边界实体”选项框中拾取图 5-55 所示的边线 1，单击属性管理器的“确定”按钮，完成平面的创建。结果如图 5-56 所示。

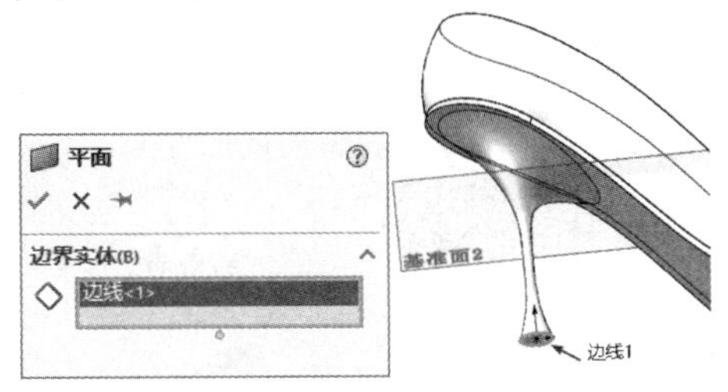

图 5-55 “平面”属性管理器

图 5-56 创建平面

15 设置基准面。选择如图 5-57 所示的鞋跟的底面作为绘图基准面，然后单击“前导视图”工具栏中的“正视于”按钮，将该基准面作为草绘基准面。单击“草图”选项卡上的“草图绘制”

Note

按钮▭，进入草绘环境。

16 实体转换。单击“草图”选项卡上的“转换实体引用”按钮▢，弹出“转换实体引用”属性管理器，拾取图 5-57 所示的边线 1，如图 5-58 所示。单击属性管理器中的“确定”按钮✓，完成平面的创建，结果如图 5-59 所示。

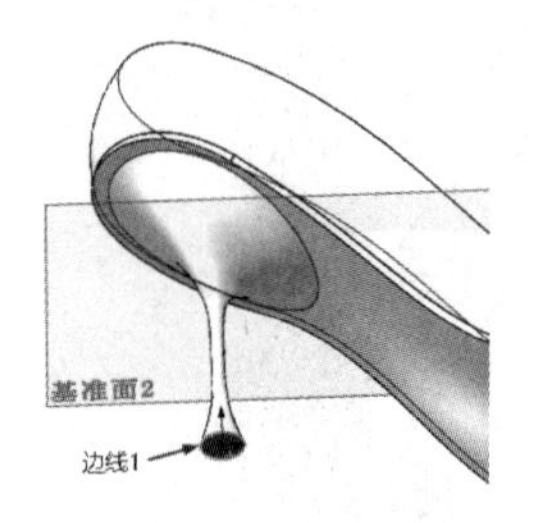

图 5-57 选择基准面

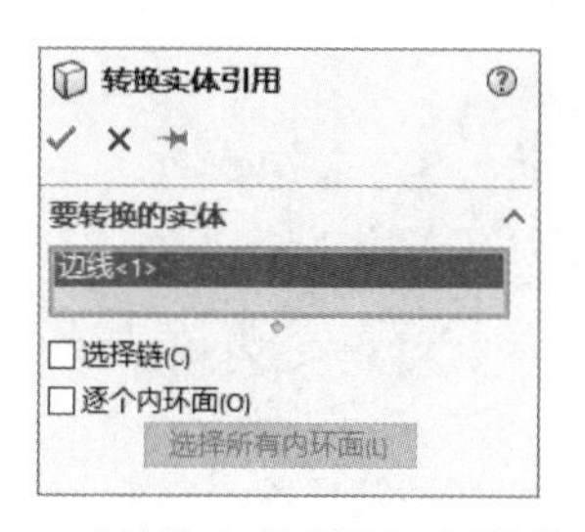

图 5-58 “转换实体引用”属性管理器

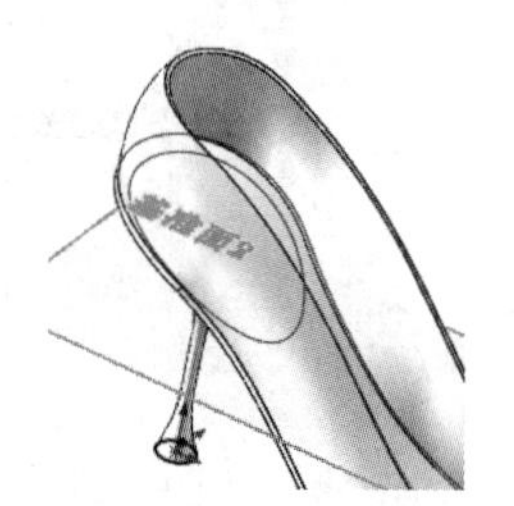

图 5-59 转换实体引用

17 创建拉伸实体。单击“特征”选项卡上的“拉伸凸台/基体”按钮▢，弹出“凸台-拉伸”属性管理器，设置拉伸高度为 4 mm，调整拉伸方向使其向下，如图 5-60 所示。单击属性管理器中的“确定”按钮✓，完成拉伸实体的创建，结果如图 5-61 所示。

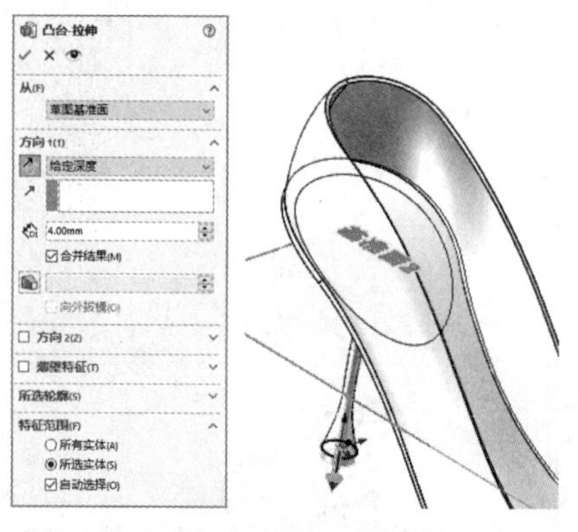

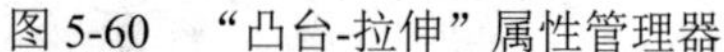

图 5-60 “凸台-拉伸”属性管理器

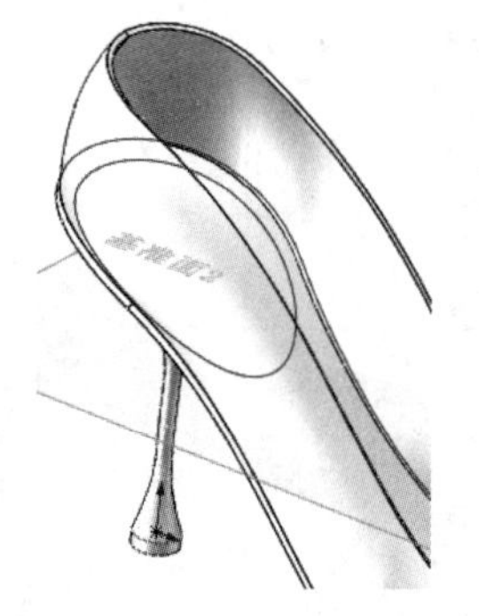

图 5-61 拉伸实体

18 创建圆角。单击“特征”选项卡上的“圆角”按钮▢，弹出“圆角”属性管理器，设置圆角半径为 1mm，使其如图 5-62 所示边线。单击属性管理器中的“确定”按钮✓，完成圆角的创建，结果如图 5-63 所示。

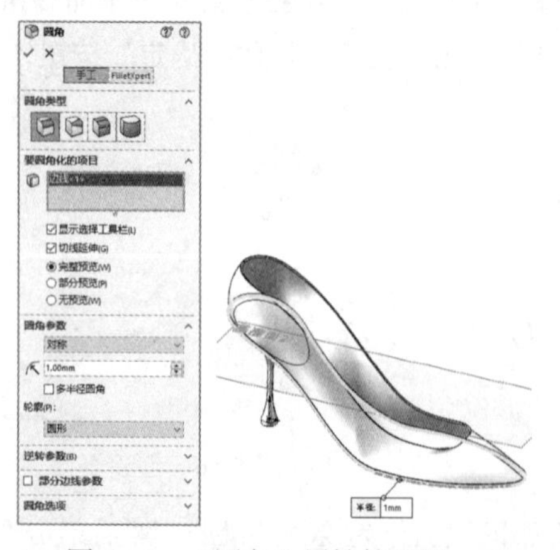

图 5-62 “圆角”属性管理器

图 5-63 创建圆角

5.2 轮　　毂

Note

视频讲解

本实例创建的轮毂如图 5-64 所示。

思路分析

图 5-64　轮毂

首先绘制轮毂主体曲面；然后利用旋转曲面、分割线以及放样曲面创建一个减重孔，再阵列其他减重孔并剪裁曲面；最后切割曲面生成安装孔。绘制轮毂的流程如图 5-65 所示。

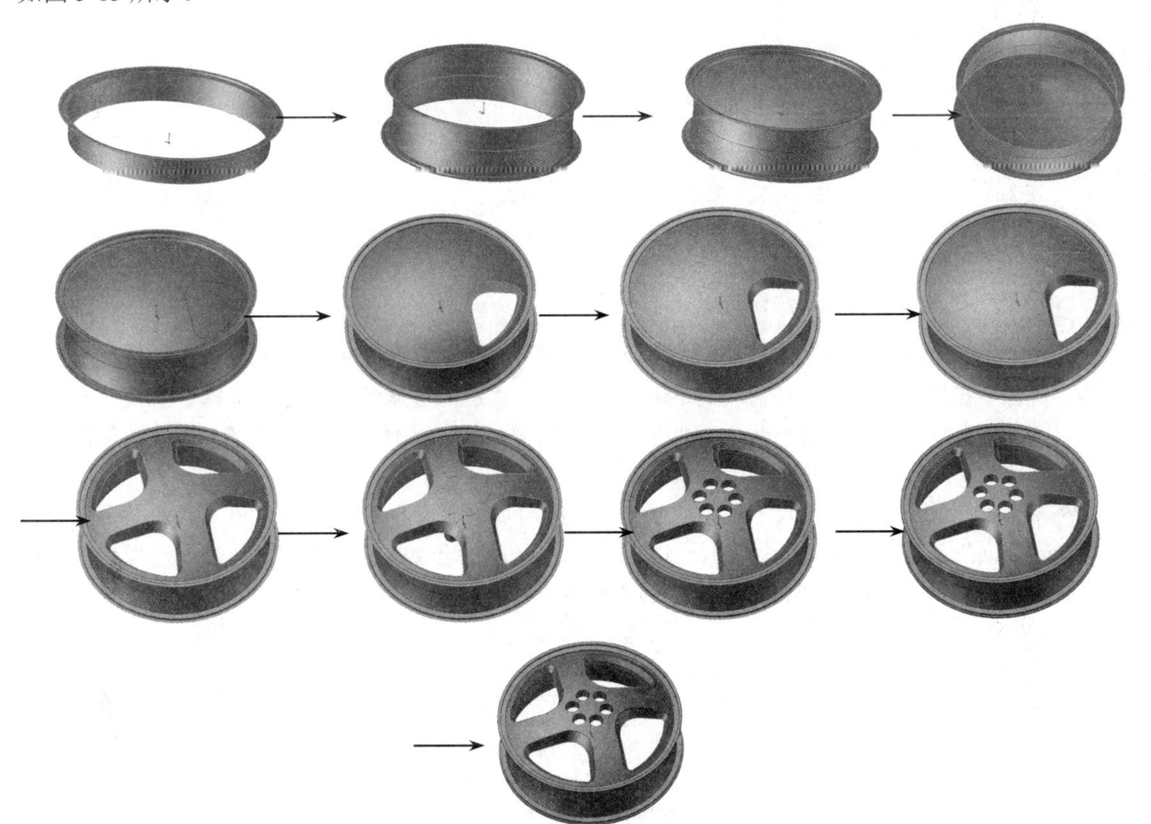

图 5-65　绘制轮毂的流程

创建步骤

5.2.1　绘制轮毂主体

01 新建文件。启动 SOLIDWORKS，单击“快速访问”工具栏中的“新建”按钮，或选择“文件”→“新建”菜单命令，在弹出的“新建 SOLIDWORKS 文件”对话框中单击“零件”按钮，然后单击“确定”按钮，新建一个零件文件。

Note

02 设置基准面。在 FeatureManager 设计树中选择“前视基准面”，然后单击“视图（前导）”工具栏中的“正视于”按钮，将该基准面作为绘制图形的基准面。单击“草图”工具栏中的“草图绘制”按钮，进入草图绘制状态。

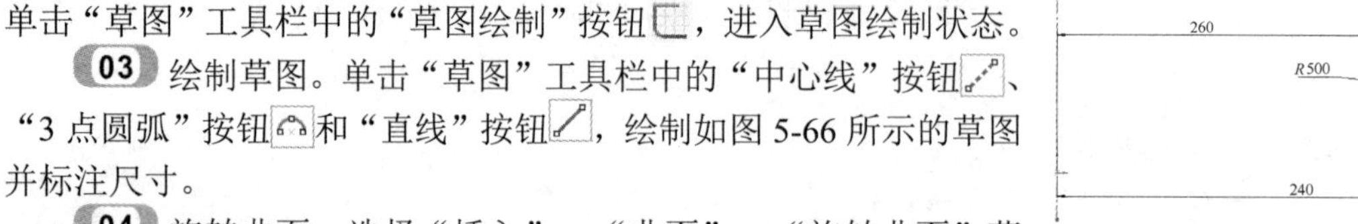

03 绘制草图。单击“草图”工具栏中的“中心线”按钮、“3 点圆弧”按钮和“直线”按钮，绘制如图 5-66 所示的草图并标注尺寸。

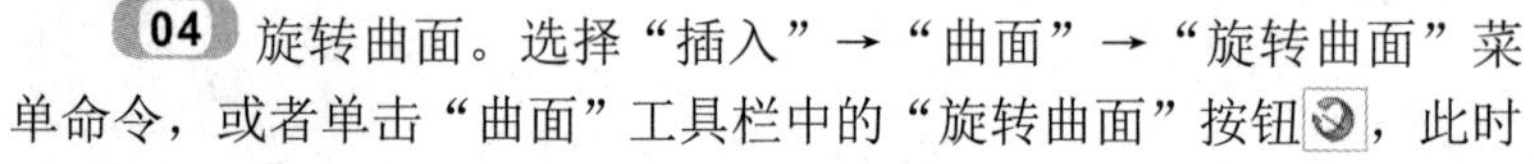

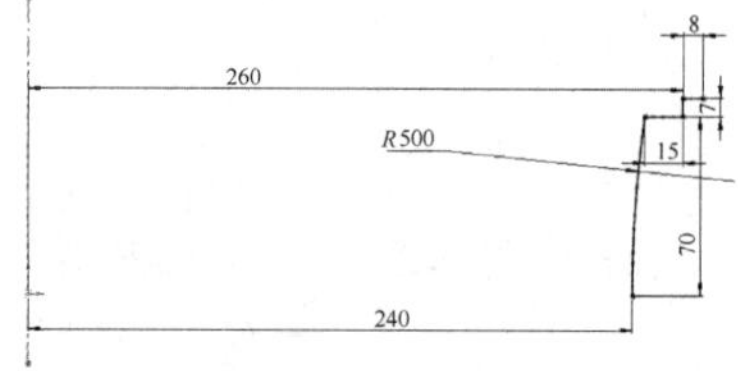

图 5-66　绘制草图

04 旋转曲面。选择“插入”→“曲面”→“旋转曲面”菜单命令，或者单击“曲面”工具栏中的“旋转曲面”按钮，此时系统弹出如图 5-67 所示的“曲面-旋转”属性管理器。选择上一步创建的草图中心线为旋转轴，其他属性采用默认设置，单击“曲面-旋转”属性管理器中的“确定”按钮✔，旋转曲面如图 5-68 所示。

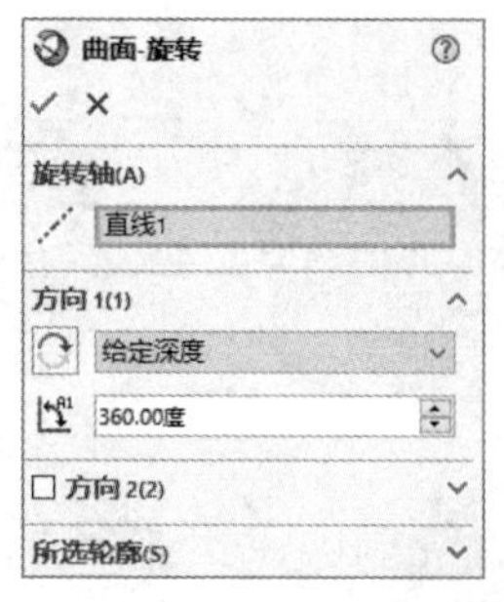

图 5-67　“曲面-旋转”属性管理器

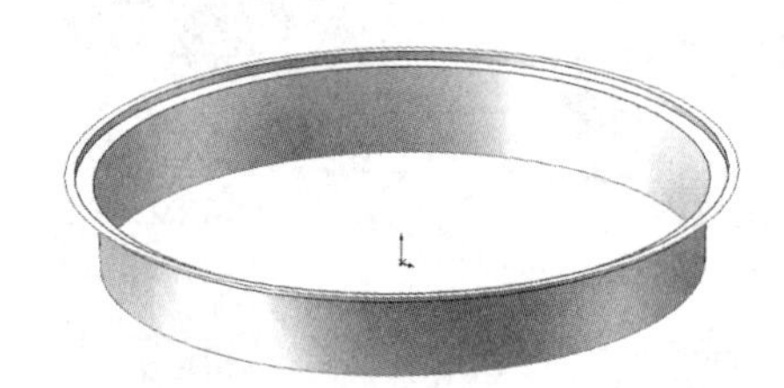

图 5-68　旋转曲面

05 镜像旋转面。选择“插入”→“阵列/镜像”→“镜像”菜单命令，或者单击“特征”工具栏中的“镜像”按钮，此时系统弹出如图 5-69 所示的“镜像”属性管理器。选择“上视基准面”为镜像基准面，在视图中选择上一步创建的旋转曲面为要镜像的实体，单击“镜像”属性管理器中的“确定”按钮✔，镜像曲面如图 5-70 所示。

06 缝合曲面。选择“插入”→“曲面”→“缝合曲面”菜单命令，或者单击“曲面”工具栏中的“缝合曲面”按钮，此时系统弹出如图 5-71 所示的“缝合曲面”属性管理器。选择视图中所有的曲面，单击“缝合曲面”属性管理器中的“确定”按钮✔，完成曲面缝合。

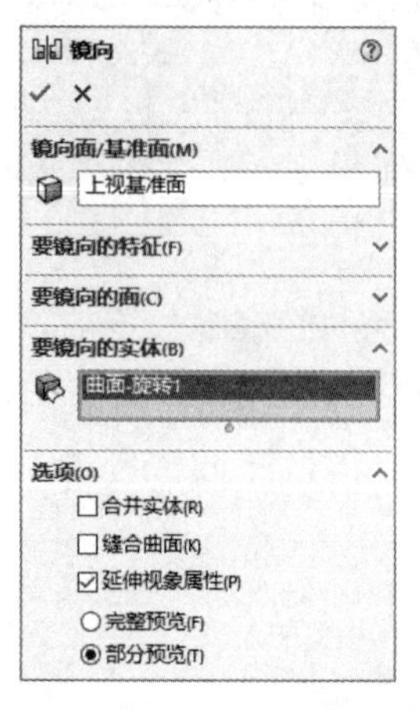

图 5-69　“镜像”属性管理器

图 5-70　镜像曲面

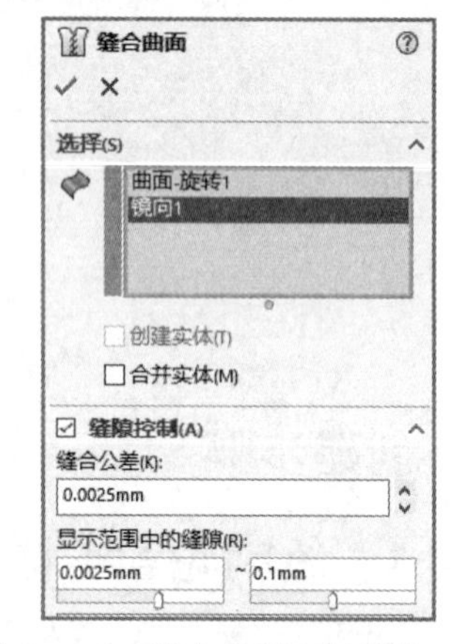

图 5-71　“缝合曲面”属性管理器

Note

5.2.2　绘制减重孔

01 设置基准面。在 FeatureManager 设计树中选择“前视基准面”，然后单击“视图（前导）”工具栏中的“正视于”按钮，将该基准面作为绘制图形的基准面。单击“草图”工具栏中的“草图绘制”按钮，进入草图绘制状态。

02 绘制草图。单击“草图”工具栏中的“中心线”按钮 和“3 点圆弧”按钮，绘制如图 5-72 所示的草图并标注尺寸。

03 旋转曲面。选择“插入”→“曲面”→“旋转曲面”菜单命令，或者单击“曲面”工具栏中的“旋转曲面”按钮，此时系统弹出“曲面-旋转”属性管理器。选择上一步创建的草图中心线为旋转轴，其他属性采用默认设置，单击“曲面-旋转”属性管理器中的“确定”按钮✓，旋转曲面如图 5-73 所示。

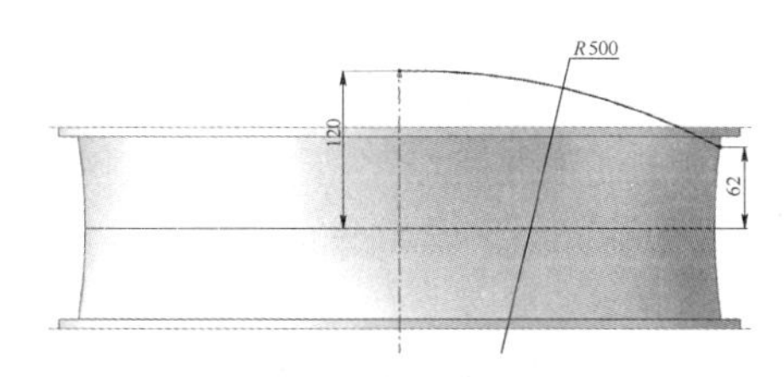

图 5-72　绘制草图

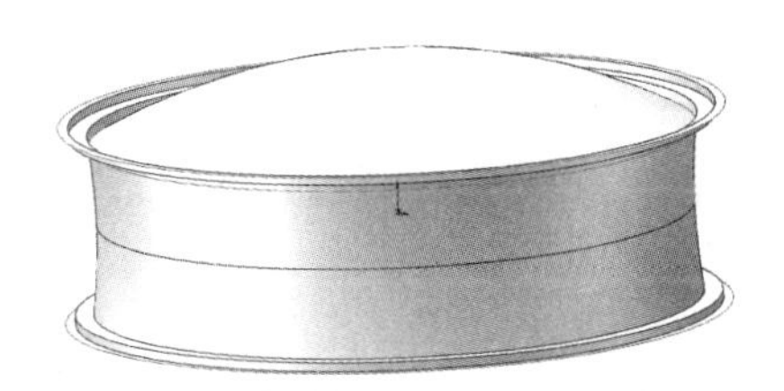

图 5-73　旋转曲面

04 设置基准面。在 FeatureManager 设计树中选择“前视基准面”，然后单击“视图（前导）”工具栏中的“正视于”按钮，将该基准面作为绘制图形的基准面。单击“草图”工具栏中的“草图绘制”按钮，进入草图绘制状态。

05 绘制草图。单击“草图”工具栏中的“中心线”按钮和“直线”按钮，绘制如图 5-74 所示的草图并标注尺寸。

06 旋转曲面。选择“插入”→“曲面”→“旋转曲面”菜单命令，或者单击“曲面”工具栏中的“旋转曲面”按钮，此时系统弹出“曲面-旋转”属性管理器。选择上一步创建的草图中心线为旋转轴，其他属性采用默认设置，单击“曲面-旋转”属性管理器中的“确定”按钮✓，旋转曲面如图 5-75 所示。

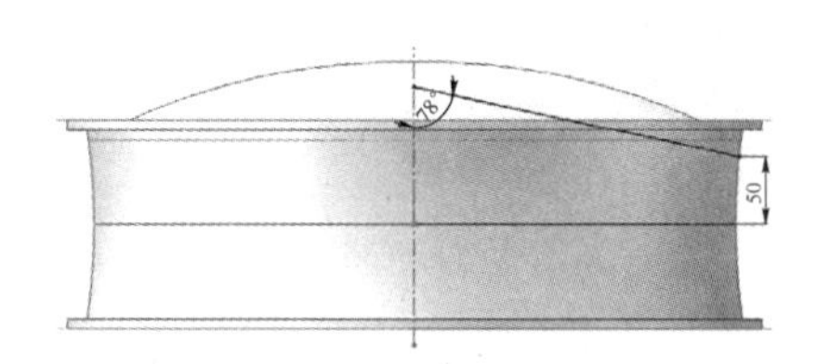

图 5-74　绘制草图

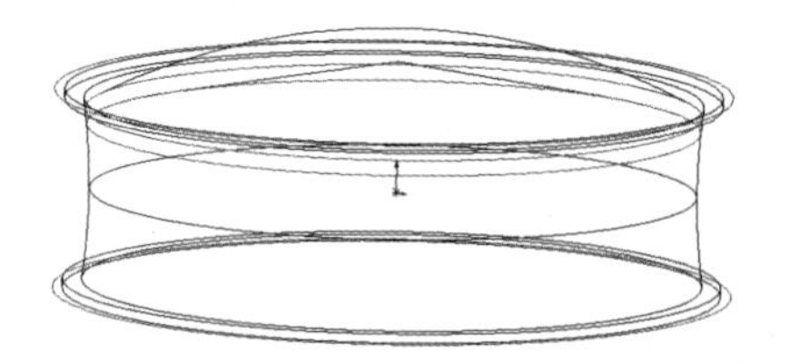

图 5-75　旋转曲面

07 设置基准面。在左侧 FeatureManager 设计树中选择“上视基准面”，然后单击“视图（前导）”工具栏中的“正视于”按钮，将该基准面作为绘制图形的基准面。单击“草图”工具栏中的“草图绘制”按钮，进入草图绘制状态。

08 绘制草图。单击“草图”工具栏中的“中心线”按钮、“直线”按钮、圆心/起/终点画弧和“绘制圆角”按钮，绘制如图 5-76 所示的草图并标注尺寸。

09 分割线。选择“插入”→“曲线”→“分割线”菜单命令，或者单击“曲线”工具栏中的“分割线”按钮，此时系统弹出如图 5-77 所示的“分割线”属性管理器。选择分割类型为“投影”，

选择上一步绘制的草图为要投影的草图，选择第 3 步创建的旋转曲面为分割的面，单击“分割线”属性管理器中的“确定”按钮✓，分割曲面如图 5-78 所示。

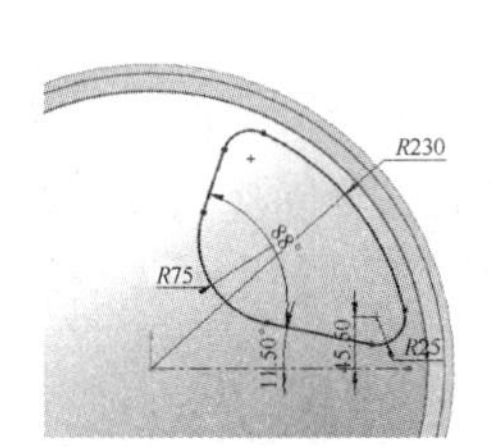

图 5-76　绘制草图

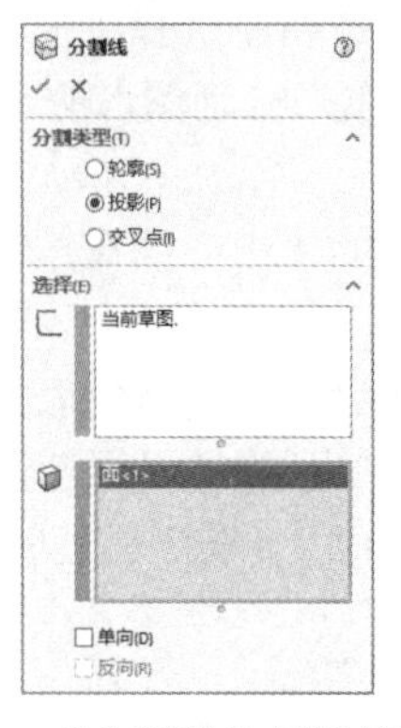

图 5-77　“分割线”属性管理器

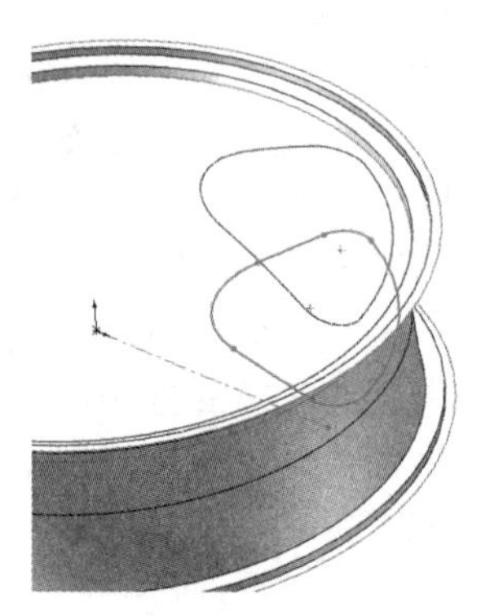

图 5-78　分割曲面

10 设置基准面。在 FeatureManager 设计树中选择“上视基准面”，然后单击“视图（前导）”工具栏中的“正视于”按钮，将该基准面作为绘制图形的基准面。单击“草图”工具栏中的“草图绘制”按钮，进入草图绘制状态。

11 绘制草图。单击“草图”工具栏中的“转换实体引用”按钮，将第 **05** 步创建的草图转换为图素，然后单击“草图”工具栏中的“等距实体”按钮，将转换的图素向内偏移，偏移距离为 14.00 mm，如图 5-79 所示。

12 分割线。选择“插入”→“曲线”→“分割线”菜单命令，或者单击“曲线”工具栏中的“分割线”按钮，此时系统弹出“分割线”属性管理器。选择分割类型为“投影”，选择上一步绘制的草图为要投影的草图，选择第 **06** 步创建的旋转曲面为分割的面，单击“分割线”属性管理器中的“确定”按钮✓，分割曲面如图 5-80 所示。

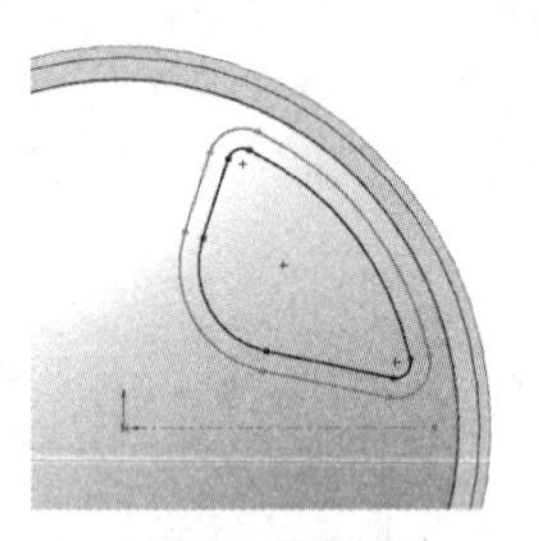

图 5-79　绘制草图

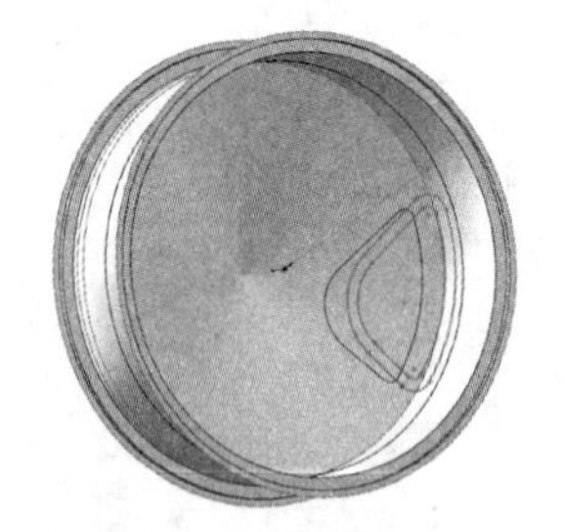

图 5-80　分割曲面

13 删除面。选择“插入”→“面”→“删除”菜单命令，或者单击“曲面”工具栏中的“删除面”按钮，此时系统弹出如图 5-81 所示的“删除面”属性管理器。选择创建的分割面为要删除的面，选中“删除”单选按钮，单击“删除面”属性管理器中的“确定”按钮✓，删除面如图 5-82 所示。

14 放样曲面。选择“插入”→“曲面”→“放样曲面”菜单命令，或者单击“曲面”工具栏中的“放样曲面”按钮，系统弹出“曲面-放样”属性管理器，如图 5-83 所示。在“轮廓”选项框中选择删除面后上下对应的两条边线，单击“确定”按钮✓，生成放样曲面。重复“放样曲面”命令，选择其他边线进行放样，结果如图 5-84 所示。

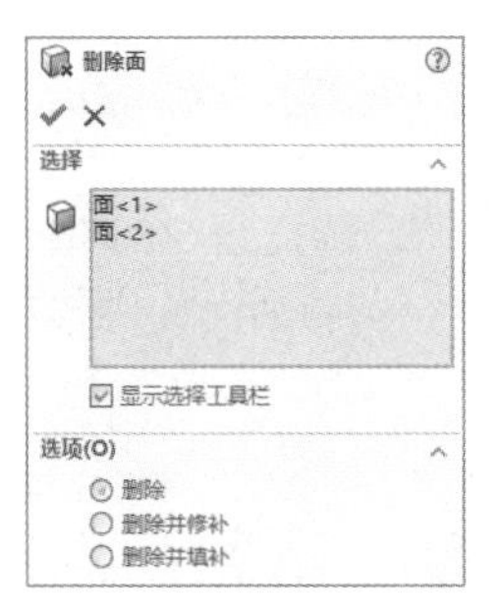

图 5-81　“删除面”属性管理器

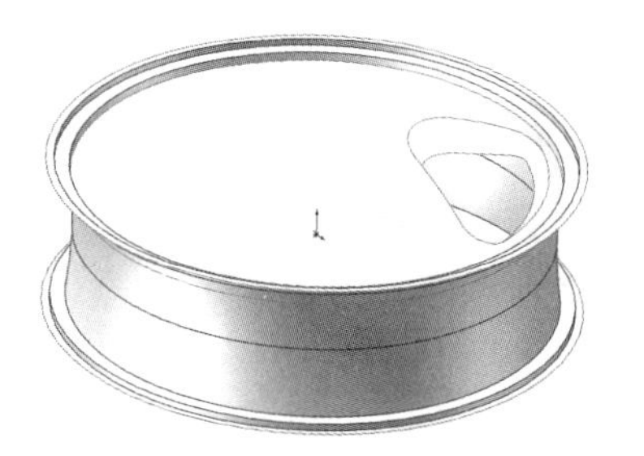

图 5-82　删除面

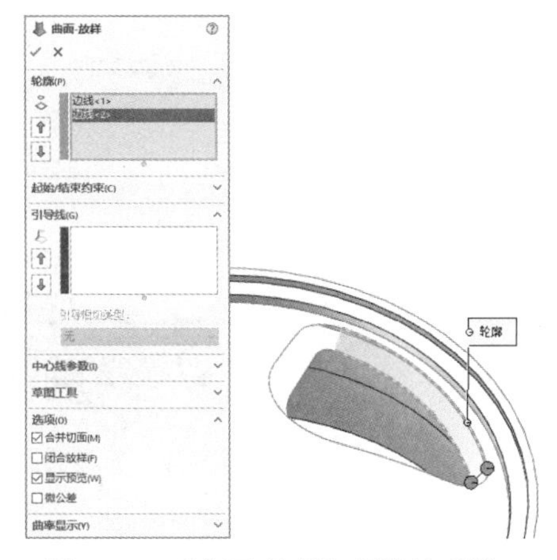

图 5-83　“曲面-放样”属性管理器

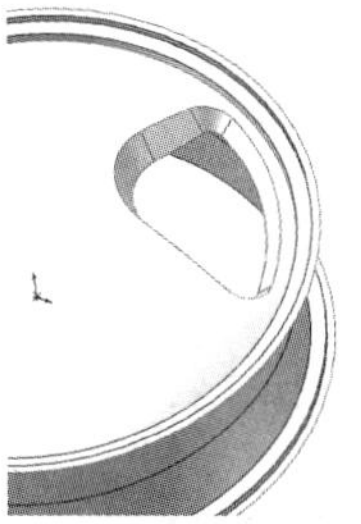

图 5-84　放样曲面

15 缝合曲面。选择“插入”→“曲面”→“缝合曲面”菜单命令，或者单击“曲面”工具栏中的“缝合曲面”按钮，此时系统弹出如图 5-85 所示的“缝合曲面”属性管理器。选择上一步创建的所有放样曲面，单击“缝合曲面”属性管理器中的“确定”按钮✔，完成曲面缝合。

16 圆周阵列实体。选择“视图”→“隐藏/显示”→“临时轴”菜单命令，显示临时轴。选择“插入”→“阵列/镜像”→“圆周阵列”菜单命令，或者单击“特征”面板中的“圆周阵列”按钮，系统弹出“阵列（圆周）”属性管理器；在“阵列轴”选项框中选择基准轴，在“要阵列的特征”选项框中选择上一步创建的缝合曲面，选中“等间距”单选按钮，在“实例数”文本框中输入 4，如图 5-86 所示，单击“确定”按钮✔，完成圆周阵列实体操作。阵列放样曲面如图 5-87 所示。

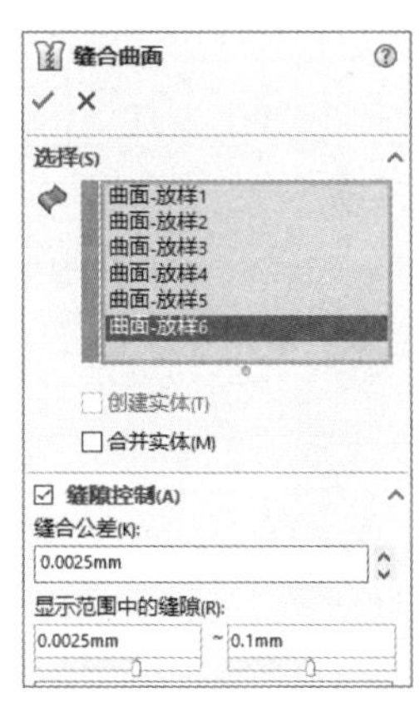

图 5-85　“缝合曲面”属性管理器

图 5-86　“圆周阵列”属性管理器

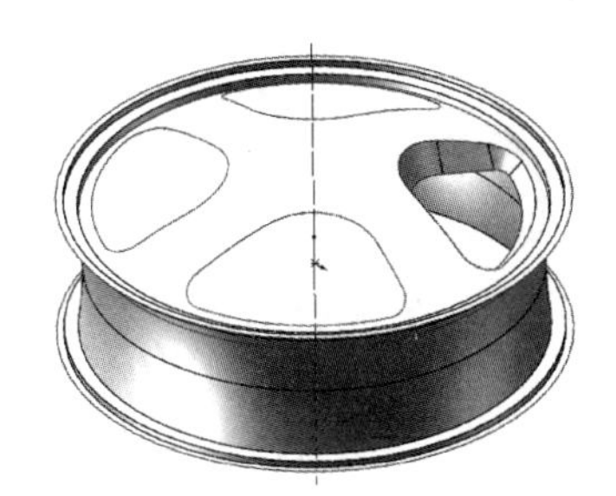

图 5-87　阵列放样曲面

Note

17 剪裁曲面。选择“插入”→“曲面”→“剪裁曲面”菜单命令，或者单击“曲面”工具栏中的“剪裁曲面”按钮，此时系统弹出如图 5-88 所示的“剪裁曲面”属性管理器。选中“相互”单选按钮，选择视图中所有的曲面为剪裁曲面，选中“移除选择”单选按钮，选择图 5-88 所示的上下 6 个曲面为要移除的面，单击“剪裁曲面”属性管理器中的“确定”按钮✔，剪裁曲面如图 5-89 所示。

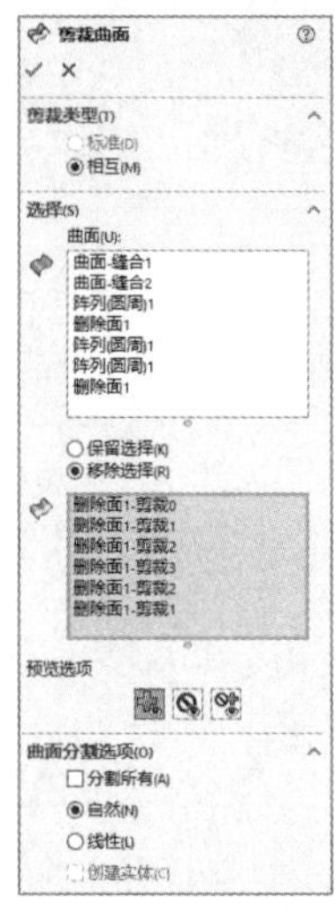

图 5-88　“剪裁曲面”属性管理器

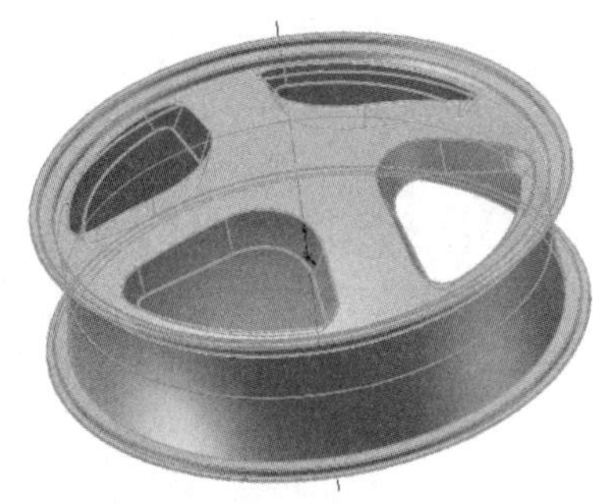

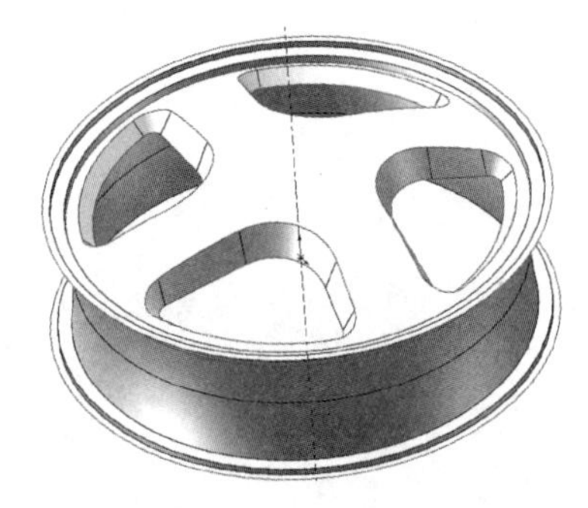

图 5-89　剪裁曲面

5.2.3　绘制安装孔

01 设置基准面。在 FeatureManager 设计树中选择“上视基准面”，然后单击“视图（前导）”工具栏中的“正视于”按钮，将该基准面作为绘制图形的基准面。单击“草图”工具栏中的“草图绘制”按钮，进入草图绘制状态。

02 绘制草图。单击“草图”工具栏中的“圆”按钮，绘制如图 5-90 所示的草图并标注尺寸。

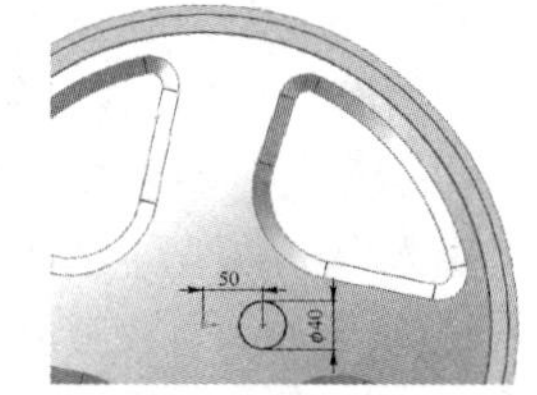

图 5-90　绘制草图

03 拉伸曲面。选择“插入”→“曲面”→“拉伸曲面”菜单命令，或者单击“曲面”工具栏中的“拉伸曲面”按钮，此时系统弹出如图 5-91 所示的“曲面-拉伸”属性管理器。选择上一步创建的草图，设置终止条件为“给定深度”，输入拉伸距离为 120.00 mm，单击“曲面-拉伸”属性管理器中的“确定”按钮✔，拉伸曲面如图 5-92 所示。

图 5-91　“曲面-拉伸”属性管理器

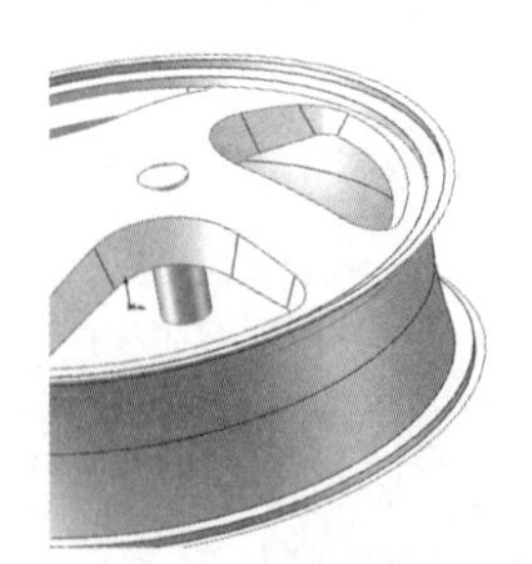

图 5-92　拉伸曲面

04 圆周阵列实体。选择“插入”→“阵列/镜像”→“圆周阵列”菜单命令，或者单击“特征”工具栏中的“圆周阵列”按钮，系统弹出“阵列（圆周）”属性管理器。在“阵列轴”选项框中选择基准轴，在“要阵列的特征”选项框中选择上一步创建的拉伸曲面，选中“等间距”单选按钮，在“实例数”文本框中输入 6，如图 5-93 所示，单击“确定”按钮，完成圆周阵列实体操作。选择“视图”→“隐藏/显示”→“临时轴”菜单命令，不显示临时轴，阵列拉伸曲面如图 5-94 所示。

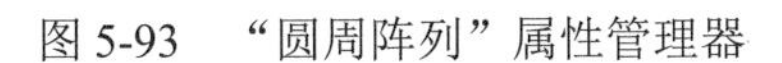

图 5-93 “圆周阵列”属性管理器

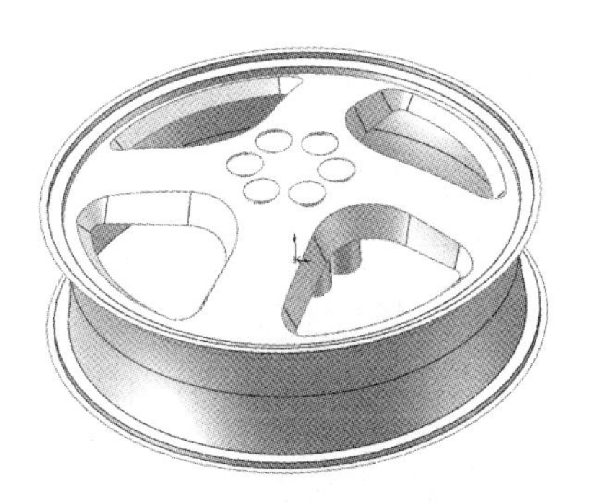

图 5-94 阵列拉伸曲面

05 剪裁曲面。选择“插入”→“曲面”→“剪裁曲面”菜单命令，或者单击“曲面”工具栏中的“剪裁曲面”按钮，此时系统弹出如图 5-95 所示的“剪裁曲面”属性管理器。选中“相互”单选按钮，选择最上面的曲面和圆周阵列的拉伸曲面，选中“移除选择”单选按钮，选择图 5-95 所示的面为要移除的面，单击“剪裁曲面”属性管理器中的“确定”按钮，隐藏基准面 1，剪裁曲面如图 5-96 所示。

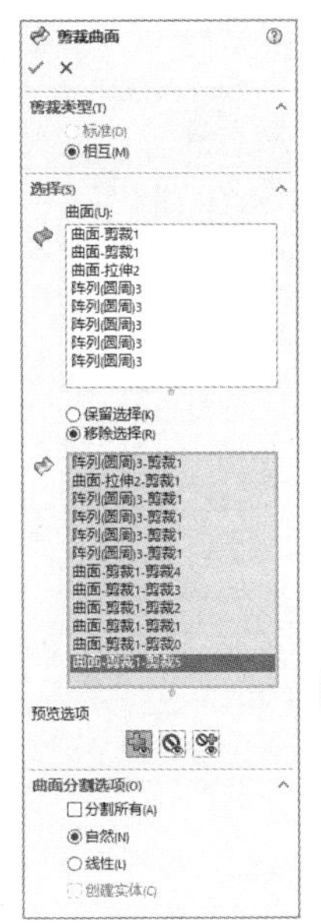

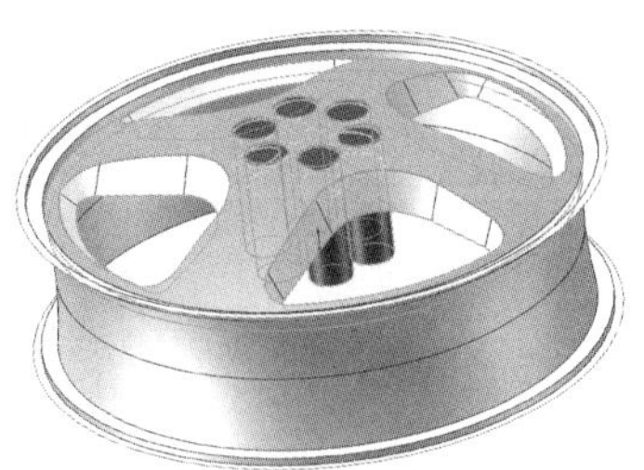

图 5-95 “剪裁曲面”属性管理器

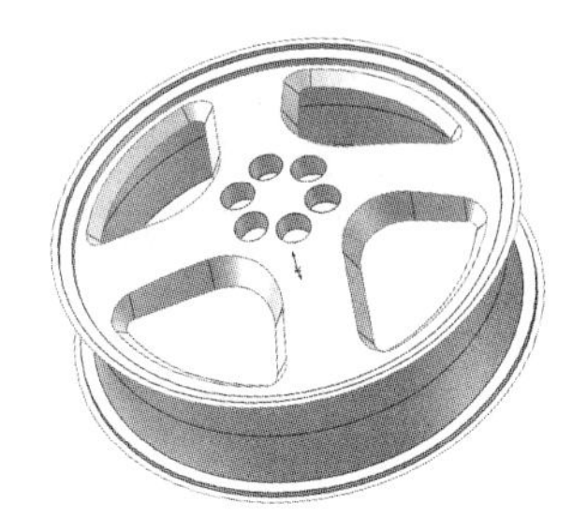

图 5-96 剪裁曲面

06 缝合曲面。选择“插入”→“曲面”→“缝合曲面”菜单命令，或者单击“曲面”工具栏中的“缝合曲面”按钮，此时系统弹出如图 5-97 所示的“缝合曲面”属性管理器。选择视图中所

Note

有的曲面，选中“合并实体”复选框，单击“缝合曲面”属性管理器中的“确定”按钮✓，缝合曲面如图 5-98 所示。

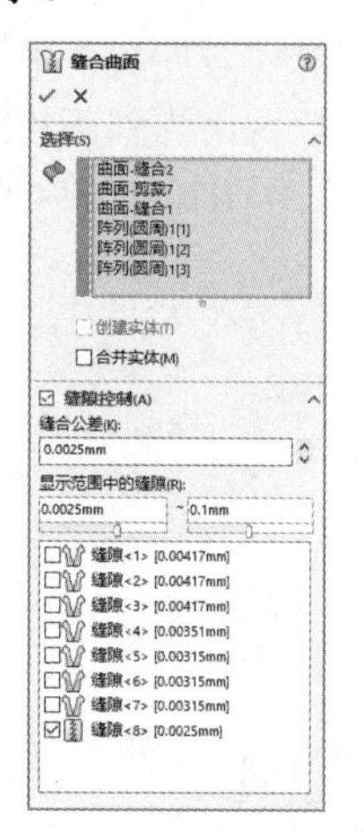

图 5-97　“缝合曲面”属性管理器

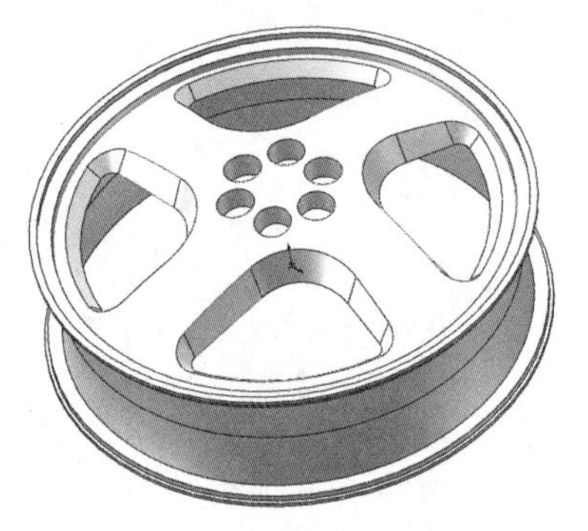

图 5-98　缝合曲面

07 加厚曲面。单击“曲面”面板中的“加厚”按钮，此时系统弹出如图 5-99 所示的“加厚”属性管理器。选择视图中的缝合曲面，选择“加厚侧面 2”选项，输入厚度为 4.00 mm，单击“加厚”属性管理器中的“确定”按钮✓，加厚曲面如图 5-100 所示。

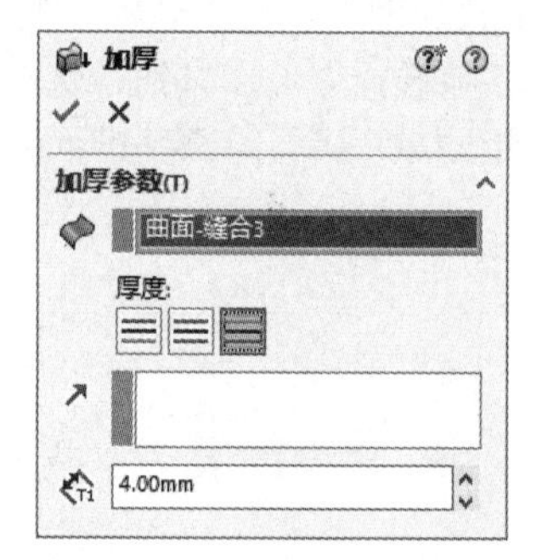

图 5-99　“加厚”属性管理器

图 5-100　加厚曲面

综合实例——足球造型设计

本章导读

本章通过足球造型的绘制，让读者再次熟悉 SOLIDWORKS 的一些基本操作，能快速按照设计思想绘制出草图，并运用曲面与尺寸绘制模型实体，最后渲染出图，绘制出完整的足球造型。

内容要点

☑ 基本草图
☑ 五边形球皮
☑ 六边形球皮
☑ 足球装配体

Note

视频讲解

本综合实例创建的足球如图 6-1 所示。

图 6-1　足球

思路分析

足球模型由五边形球皮和六边形球皮装配而成。绘制该模型的命令主要有绘制多边形、扫描实体、抽壳、组合实体等命令。绘制足球的流程如图 6-2 所示。

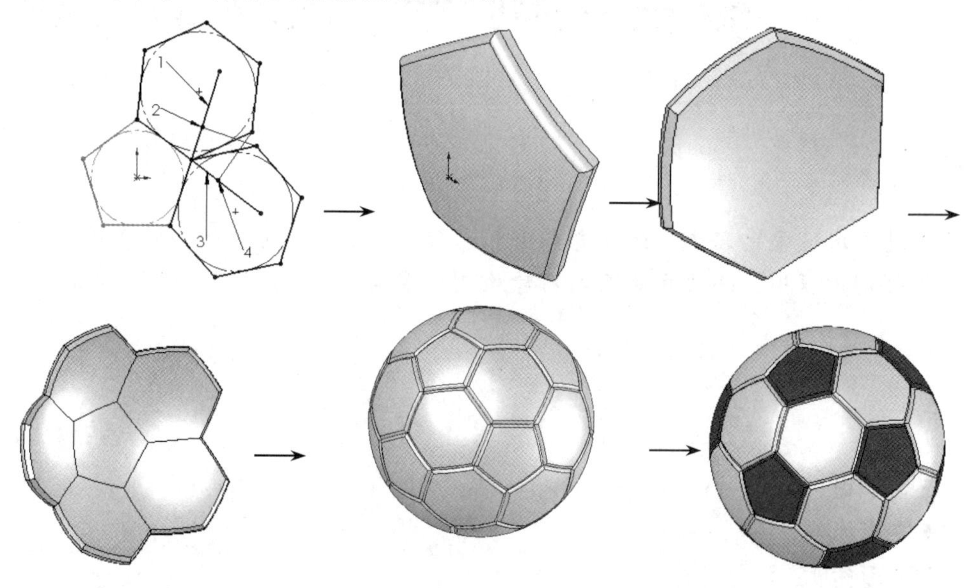

图 6-2　绘制足球的流程

创建步骤

6.1　绘制基本草图

足球的球皮有正五边形和正六边形两种基本形状，在绘制球皮时要先绘制这两种形状的草图。

6.1.1　绘图基本设置

01 启动软件。选择“开始”→“所有程序”→“SOLIDWORKS”菜单命令，或者单击桌面图标，启动 SOLIDWORKS。

02 创建零件文件。选择“文件”→“新建”菜单命令，或者单击“快速访问”工具栏中的“新

建”按钮，系统弹出如图 6-3 所示的“新建 SOLIDWORKS 文件”对话框，在其中单击“零件”按钮，然后单击“确定”按钮，创建一个新的零件文件。

03 保存文件。选择“文件”→“保存”菜单命令，或者单击“快速访问”工具栏中的“保存”按钮，系统弹出如图 6-4 所示的“另存为”对话框。在“文件名”一栏中输入“足球基本草图”，单击“保存”按钮，创建一个文件名为“足球基本草图”的零件文件。

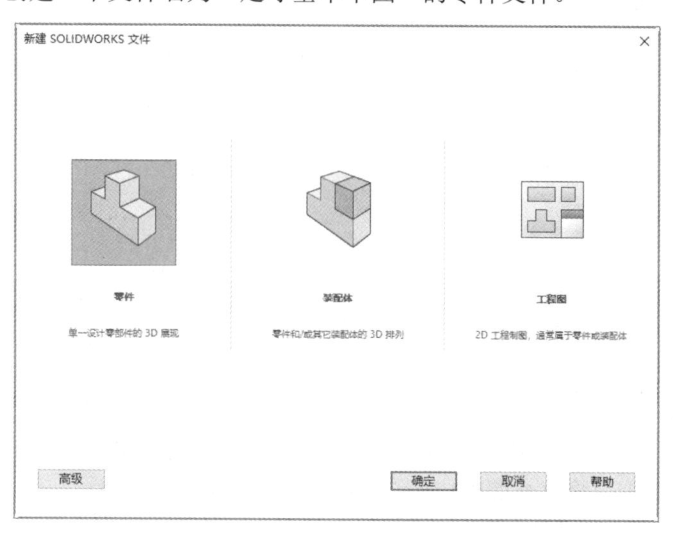

图 6-3 “新建 SOLIDWORKS 文件”对话框

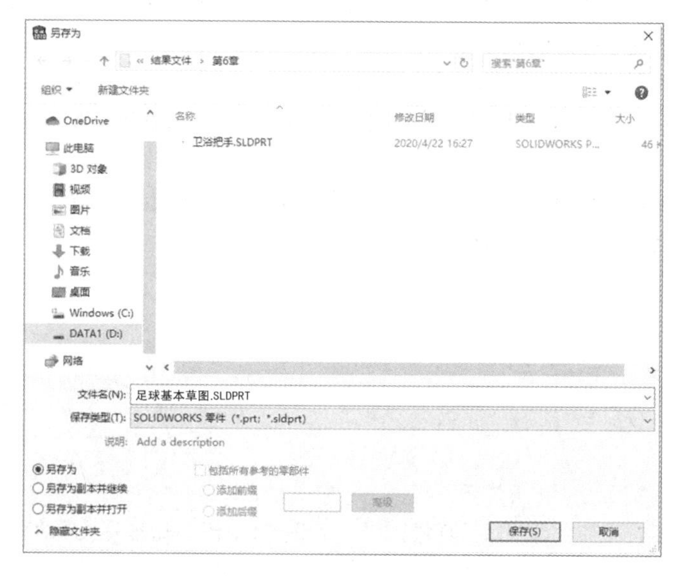

图 6-4 “另存为”对话框

6.1.2 绘制辅助草图

01 设置基准面。在 FeatureManager 设计树中选择“前视基准面”，然后单击“视图（前导）”工具栏中的“正视于”按钮，将该基准面作为绘制图形的基准面。

02 绘制五边形。选择“工具”→“草图绘制实体”→“多边形”菜单命令，或单击“草图”面板中的“多边形”按钮，系统弹出如图 6-5 所示的“多边形”属性管理器。在“边数”一栏中

Note

输入值 5，以原点为圆心绘制一个内切圆模式的多边形。单击属性管理器中的“确定”按钮✔，完成五边形的绘制。

03 标注尺寸。选择“工具”→“标注尺寸”→“智能尺寸”菜单命令，或者单击“草图”面板中的“智能尺寸”按钮，标注绘制多边形的尺寸，结果如图 6-6 所示，然后退出草图绘制状态。

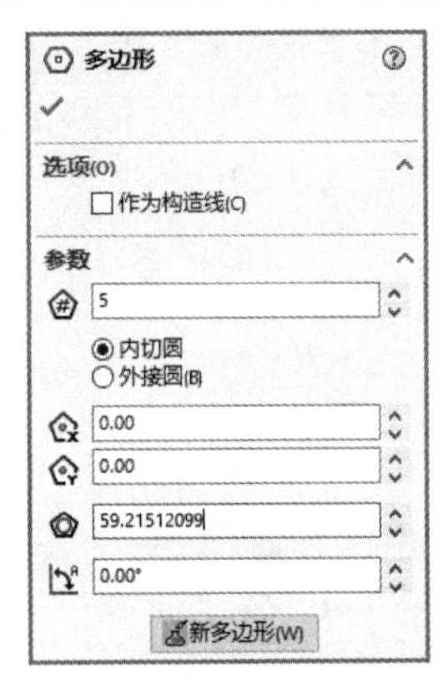

图 6-5 “多边形”属性管理器

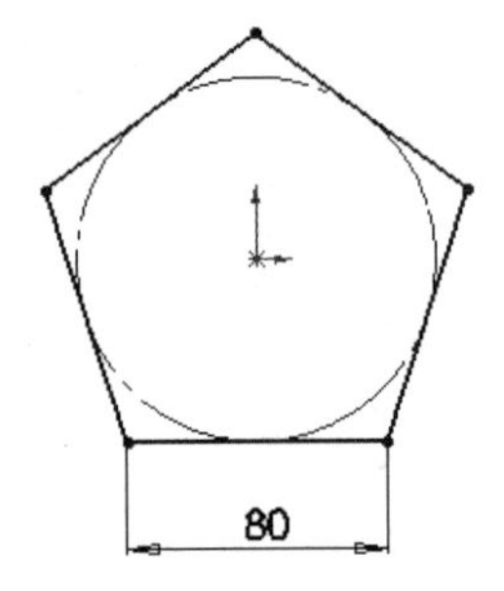

图 6-6 标注尺寸的多边形

04 设置基准面。在 FeatureManager 设计树中选择“前视基准面”，单击“视图（前导）”工具栏中的“正视于”按钮，将该基准面作为绘制图形的基准面。

05 绘制六边形。单击“草图”面板中的“多边形”按钮，系统弹出“多边形”属性管理器。在“边数”一栏中输入值 6，在五边形的附近绘制两个六边形，如图 6-7 所示。单击属性管理器中的“确定”按钮✔，完成六边形的绘制。

06 添加几何关系。选择“工具”→“几何关系”→“添加”菜单命令，或者单击“草图”面板中的“添加几何关系”按钮，系统弹出“添加几何关系”属性管理器。在“所选实体”一栏中，选择图 6-7 中的点 1 和点 2，单击“添加几何关系”一栏中的“合并”按钮，单击属性管理器中的“确定”按钮✔，将图 6-7 中的点 1 和点 2、点 3 和点 4、点 6 和点 7 设置为“重合”几何关系。重复该命令，将点 4 和点 5 设置为“合并”几何关系，结果如图 6-8 所示。

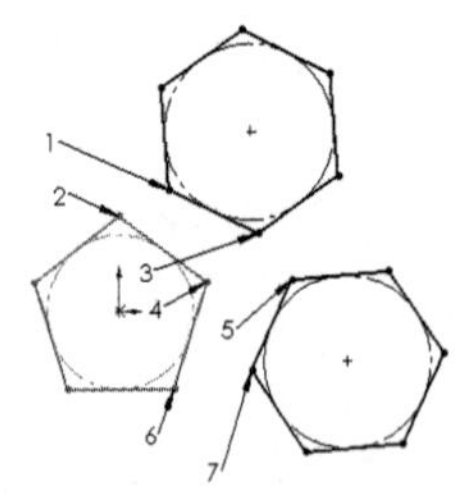

图 6-7 绘制六边形后的草图

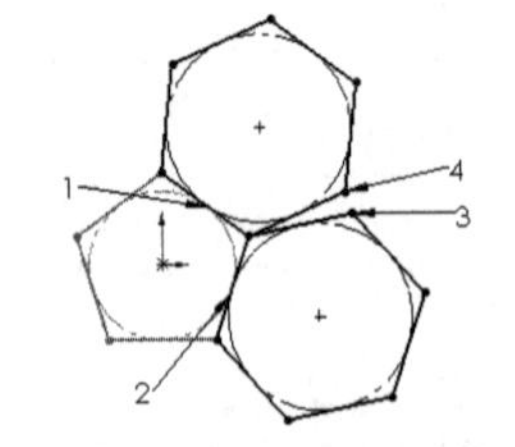

图 6-8 添加几何关系后的草图

技巧荟萃

添加几何关系的目的，一是为了使绘制的六边形和五边形等边长，二是为后续绘制草图做准备。

07 绘制草图。单击“草图”面板中的“直线”按钮，绘制图 6-8 中直线 1 和直线 2 的延长线；绘制点 3 到直线 2 延长线的垂线，点 4 到直线 1 延长线的垂线，结果如图 6-9 所示，退出草图绘制状态。

08 设置视图方向。单击“视图（前导）”工具栏中的“等轴测”按钮，将视图以等轴测方向显示。

09 添加基准面。选择“插入”→“参考几何体”→“基准面”菜单命令，或者单击“特征”面板中的“基准面”按钮，系统弹出如图 6-10 所示的“基准面”属性管理器。选择图 6-9 中的直线 1 和垂足 2，单击属性管理器中的“确定”按钮，添加一个基准面，结果如图 6-11 所示。

10 设置基准面。在 FeatureManager 设计树中选择第 **09** 步添加的“基准面 1”，单击“视图（前导）”工具栏中的“正视于”按钮，将该基准面作为绘制图形的基准面。

图 6-9　绘制的草图

图 6-10　“基准面”属性管理器

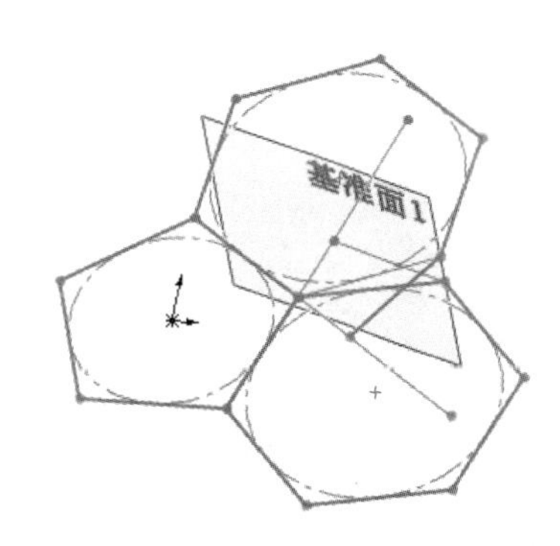

图 6-11　添加基准面后的图形

11 绘制草图。单击“草图”面板中的“圆”按钮，以垂足为圆心，以图 6-8 中的点 3 到图 6-8 中的直线 2 的距离为半径绘制圆，然后退出草图绘制状态。

12 设置视图方向。单击“视图（前导）”工具栏中的“等轴测”按钮，将视图以等轴测方向显示，结果如图 6-12 所示。

13 添加基准面。单击“特征”面板中的“基准面”按钮，弹出如图 6-13 所示的“基准面”属性管理器。选择图 6-9 中的直线 3 和垂足 4，单击属性管理器中的“确定”按钮，添加一个基准面，结果如图 6-14 所示。

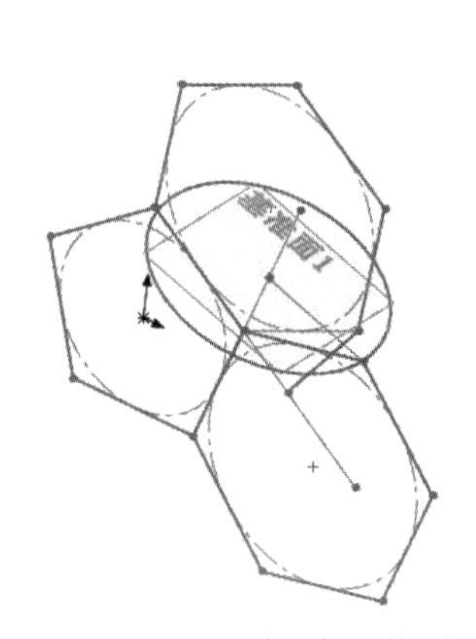

图 6-12　设置视图方向后的图形

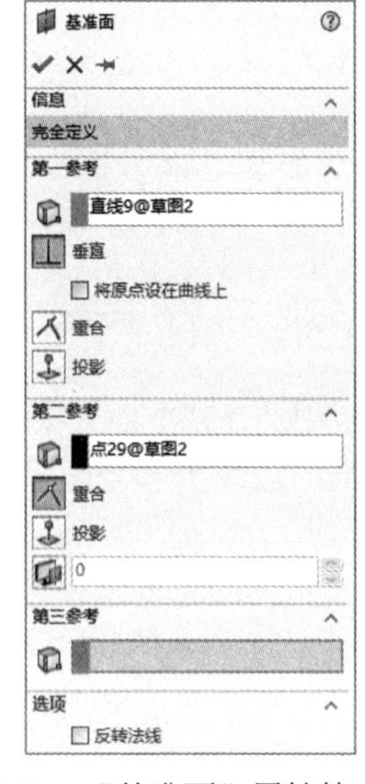

图 6-13　“基准面”属性管理器

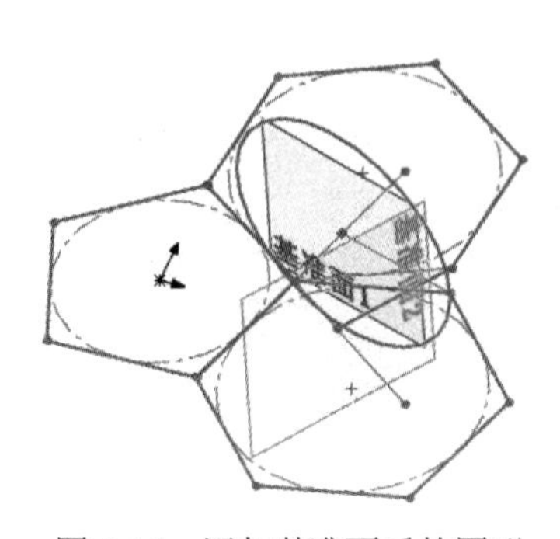

图 6-14　添加基准面后的图形

Note

14 设置基准面。在 FeatureManager 设计树中选择第 **13** 步添加的“基准面 2”，然后单击“视图（前导）”工具栏中的“正视于”按钮，将该基准面作为绘制图形的基准面。

15 绘制草图。单击“草图”面板中的“圆”按钮，以垂足为圆心，以图 6-8 中的点 4 到图 6-8 中的直线 1 的距离为半径绘制圆，然后退出草图绘制状态。

16 设置视图方向。单击“视图（前导）”工具栏中的“等轴测”按钮，将视图以等轴测方向显示，结果如图 6-15 所示。

17 隐藏基准面。按住 Ctrl 键，在 FeatureManager 设计树中选择“基准面 1”和“基准面 2”并单击鼠标右键，系统弹出如图 6-16 所示的快捷菜单，选择“隐藏”选项，结果如图 6-17 所示。

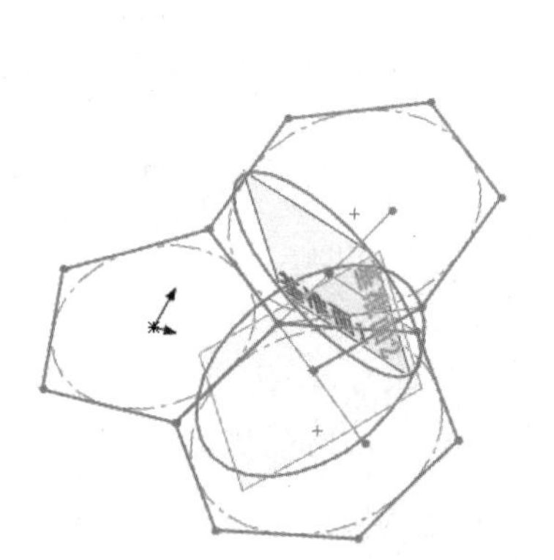

图 6-15 设置视图方向后的图形 1

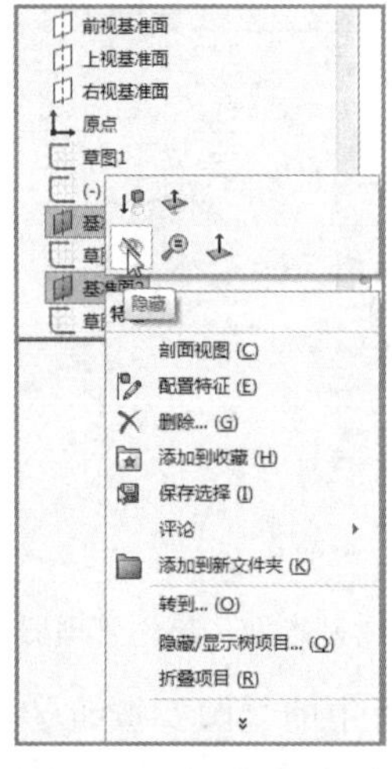

图 6-16 右键快捷菜单

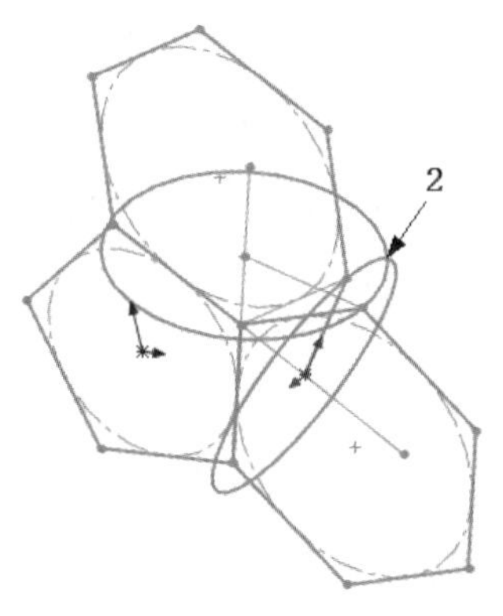

图 6-17 隐藏基准面后的图形

18 设置基准面。在 FeatureManager 设计树中选择第 **13** 步添加的“基准面 2”，单击“视图（前导）”工具栏中的“正视于”按钮，将该基准面作为绘制图形的基准面。

19 绘制草图。单击“草图”面板中的“点”按钮，在如图 6-17 所示的两圆交点 2 处绘制点，然后退出草图绘制状态。

20 设置视图方向。单击“视图（前导）”工具栏中的“等轴测”按钮，将视图以等轴测方向显示，结果如图 6-18 所示。

技巧荟萃

足球球皮由六边形环绕五边形组成。前面绘制的草图，都是辅助草图，用于确定五边形可以周边环绕六边形。

6.1.3 绘制足球基本草图

01 添加基准面。单击“特征”面板中的“基准面”按钮，系统弹出如图 6-19 所示的“基准面”属性管理器。选择图 6-18 中的五边形的边线 1 和点。单击属性管理器中的“确定”按钮，添加一个基准面，结果如图 6-20 所示。

02 隐藏草图。按住 Ctrl 键，在 FeatureManager 设计树中选择“草图 2”“草图 3”“草图 4”和“草图 5”并单击鼠标右键，系统弹出如图 6-21 所示的快捷菜单，选择“隐藏”选项，结果如图 6-22 所示。

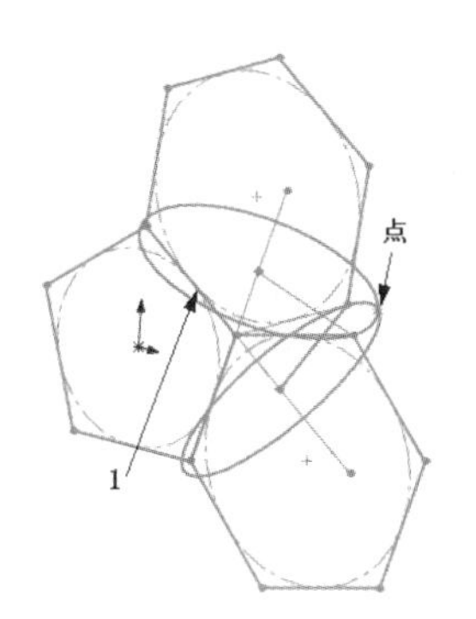

图 6-18 设置视图方向后图形 2

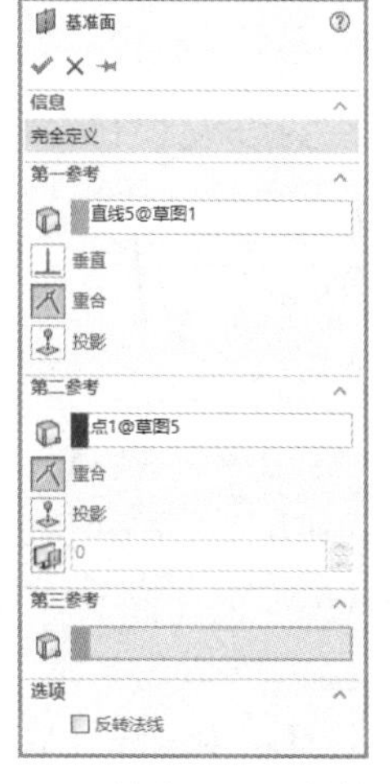

图 6-19 “基准面”属性管理器

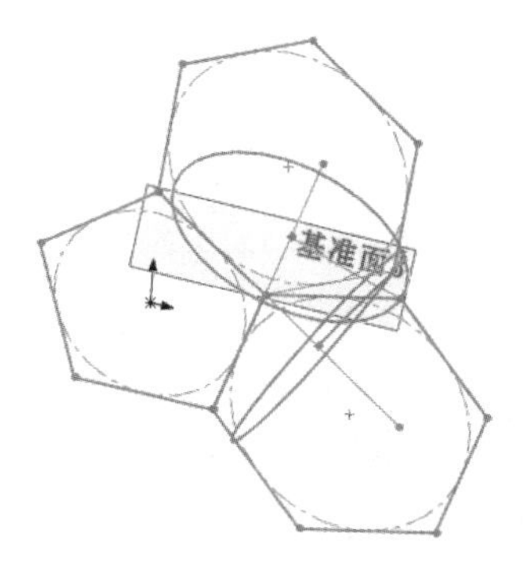

图 6-20 添加基准面后的图形

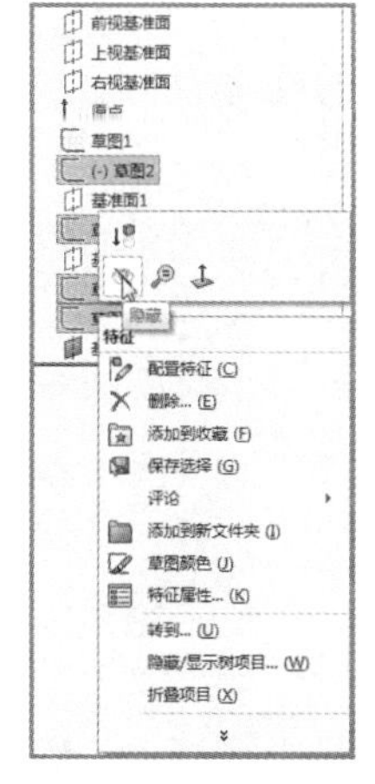

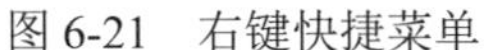

图 6-21 右键快捷菜单

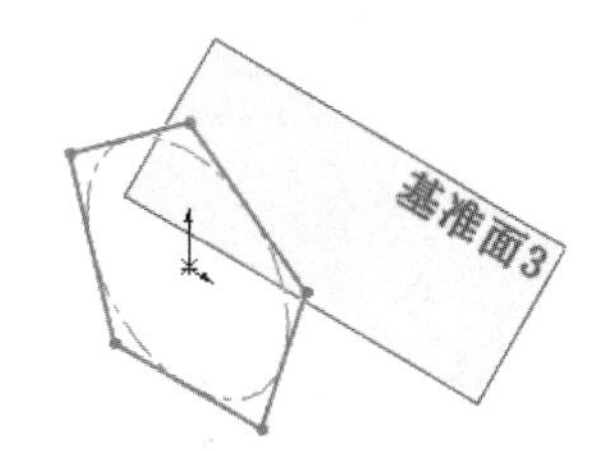

图 6-22 隐藏草图后的图形

03 设置基准面。在 FeatureManager 设计树中选择“基准面 3”，单击“视图（前导）”工具栏中的“正视于”按钮，将该基准面作为绘制图形的基准面。

04 绘制六边形。单击“草图”面板中的“多边形”按钮，系统弹出“多边形”属性管理器。在“边数”一栏中输入值 6，在五边形的附近绘制一个六边形，如图 6-23 所示。单击属性管理器中的“确定”按钮，完成六边形的绘制。

05 添加几何关系。单击“草图”面板中的“添加几何关系”按钮，系统弹出“添加几何关系”属性管理器。在“所选实体”一栏中，选择图 6-23 中的点 1 和点 2，单击“添加几何关系”一栏中的“重合”按钮，此时“重合”出现在“现有几何关系”一栏中。单击属性管理器中的“确定”按钮，将点 1 和点 2 设置为“重合”几何关系。重复该命令，将图 6-23 中的点 3 和点 4 设置为“重合”几何关系，结果如图 6-24 所示。

06 绘制草图。单击“草图”面板中的“中心线”按钮，绘制图 6-24 中六边形内切圆的圆心到和五边形公共边的垂线，结果如图 6-25 所示，然后退出草图绘制状态。

07 添加基准面。单击“特征”面板中的“基准面”按钮，系统弹出如图 6-26 所示的“基准面”属性管理器。在属性管理器的“选择”一栏中选择图 6-25 所示的中心线和五边形内切圆的圆心，单击属性管理器中的“确定”按钮，添加一个基准面。

Note

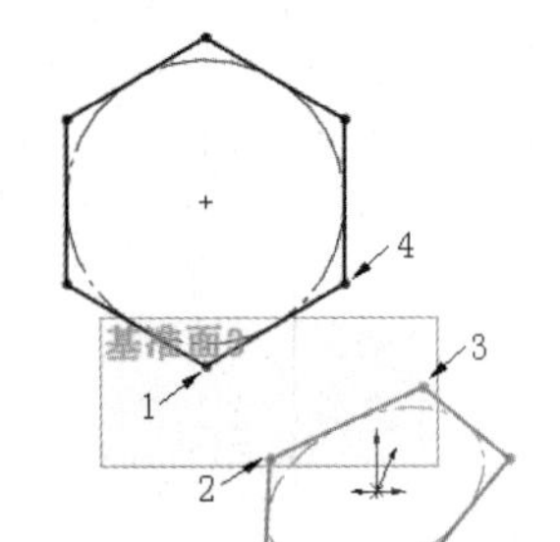

图 6-23　绘制六边形后的图形

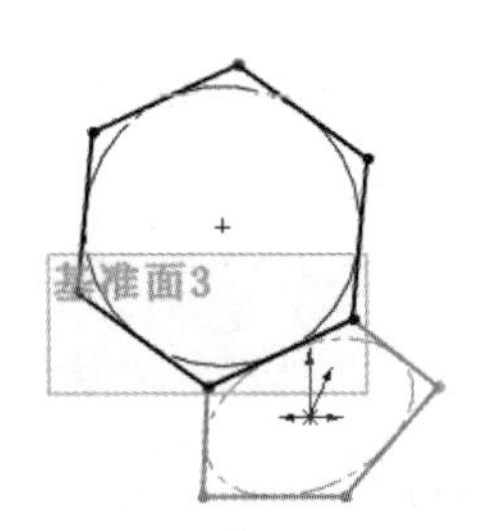

图 6-24　添加几何关系后的图形

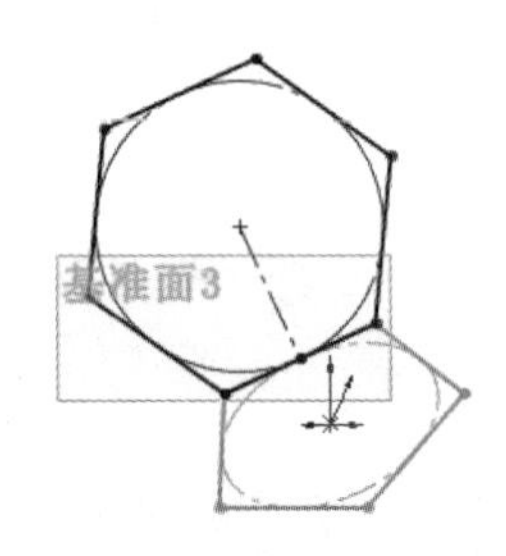

图 6-25　绘制中心线后的图形

08 设置视图方向。单击“视图（前导）”工具栏中的“等轴测”按钮，将视图以等轴测方向显示，结果如图 6-27 所示。

09 设置基准面。在 FeatureManager 设计树中选择“基准面 4”，单击“视图（前导）”工具栏中的“正视于”按钮，将该基准面作为绘制图形的基准面。

10 绘制草图。单击“草图”面板中的“直线”按钮，绘制通过五边形内切圆的圆心并垂直于五边形的直线，绘制通过六边形内切圆的圆心并垂直于六边形的直线，然后绘制两直线的交点到公共边线中点的连线，然后退出草图绘制状态。

11 设置视图方向。按住鼠标中键，出现“旋转”按钮，将视图以合适的方向显示，结果如图 6-28 所示。

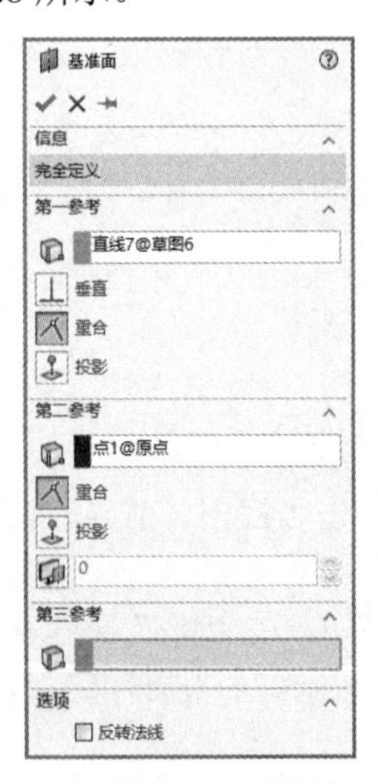

图 6-26　“基准面”属性管理器

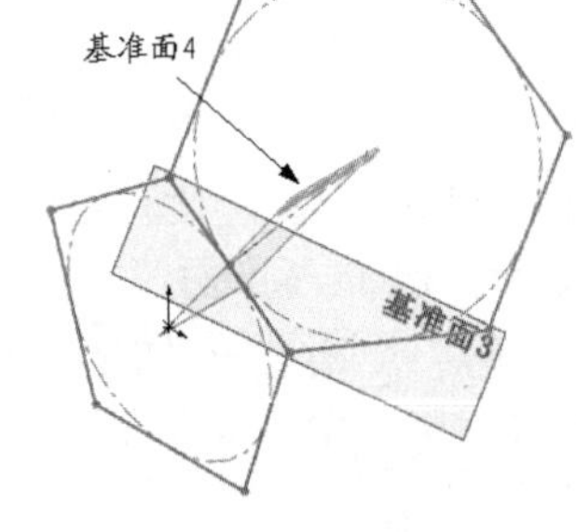

图 6-27　等轴测视图

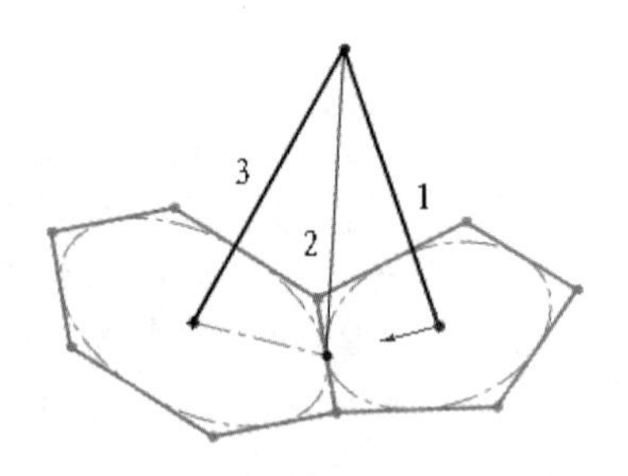

图 6-28　设置视图方向后的图形

12 创建五边形路径。在 FeatureManager 设计树中选择“基准面 4”，单击“草图”面板中的“草图绘制”按钮，进入草图绘制状态。选择图 6-28 中的直线 1，即 FeatureManager 设计树中“草图 7”中的直线 1，单击“草图”面板中的“转换实体引用”按钮，将直线 1 转换为一个独立的草图，退出草图绘制状态。在 FeatureManager 设计树中产生“草图 8”，该草图作为五边形的路径。

13 创建六边形路径。在 FeatureManager 设计树中选择“基准面 4”，单击“草图”面板中的“草图绘制”按钮，进入草图绘制状态。选择图 6-28 中的直线 3，即 FeatureManager 设计树中“草图 7”中的直线 3，单击“草图”面板中的“转换实体引用”按钮，将直线 3 转换为一个独立的草图，退出草图绘制状态。在“FeatureManager 设计树”中产生“草图 9”，该草图作为六边形的路径。

14 创建引导线。在 FeatureManager 设计树中选择“基准面 4”，单击“草图”面板中的“草图绘制”按钮，进入草图绘制状态。选择图 6-28 中的直线 2，即 FeatureManager 设计树中“草图 7”中的直线 2，单击“草图”面板中的“转换实体引用”按钮，将直线 2 转换为一个独立的草图，退出草图绘制状态。在 FeatureManager 设计树中产生“草图 10”，该草图作为引导线。

技巧荟萃

在执行“转换实体引用”命令时，一般有比较严格的步骤，通常是先确定基准面，然后选择要转换模型或者草图的边线，执行命令，最后退出草图绘制状态。

15 隐藏基准面。按住 Ctrl 键，在 FeatureManager 设计树中选择“基准面 3”和“基准面 4”并单击鼠标右键，系统弹出如图 6-29 所示的快捷菜单，选择“隐藏”选项，结果如图 6-30 所示。

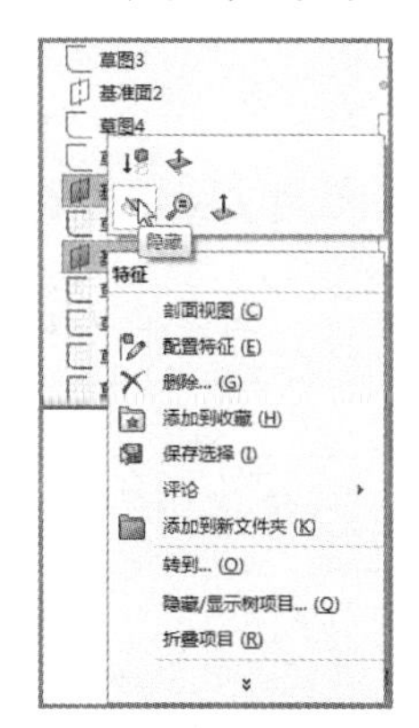

图 6-29　右键快捷菜单

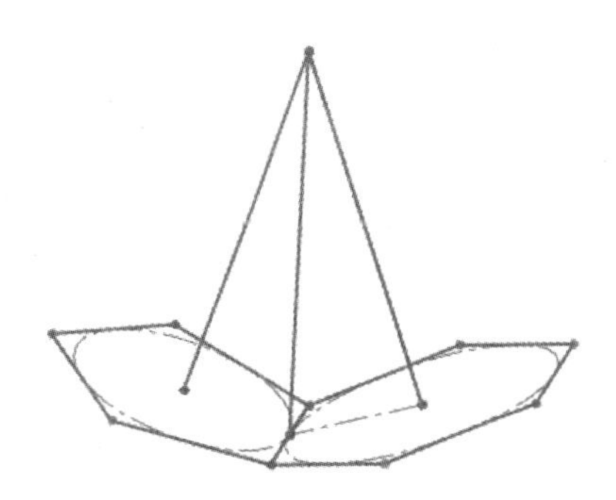

图 6-30　隐藏基准面和草图后的图形

足球基本草图及其 FeatureManager 设计树如图 6-31 所示。

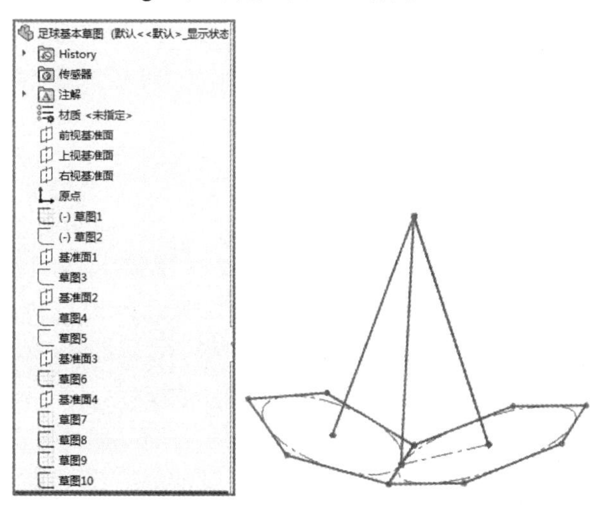

图 6-31　足球基本草图及其 FeatureManager 设计树

6.2　绘制球皮

足球的球皮分正五边形球皮和正六边形球皮两种，这里在 6.1 节绘制草图的基础上分别绘制。

Note

6.2.1 绘制五边形球皮

01 打开文件。选择“文件”→“打开”菜单命令，或者单击“快速访问”工具栏中的“打开”按钮，打开上一节绘制的“足球基本草图.SLDPRT”文件。

02 另存为文件。选择“文件”→“另存为”菜单命令，此时系统弹出“另存为”对话框，在“文件名”一栏中输入“五边形球皮”，然后单击“保存”按钮。此时图形如图 6-32 所示。

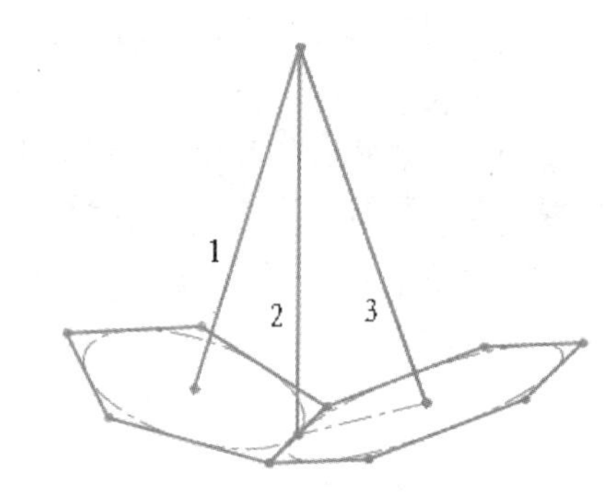

图 6-32　另存为的图形

03 扫描实体。选择“插入”→“凸台/基体”→“扫描”菜单命令，或者单击“特征”面板中的“扫描”按钮，系统弹出如图 6-33 所示的“扫描”属性管理器。在“轮廓”一栏中，选择图 6-32 所示的正五边形；在“路径”一栏中，选择图 6-32 所示的直线 1；在“引导线”一栏中选择图 6-32 所示的直线 2；取消选中“合并平滑的面”复选框，此时视图如图 6-34 所示。单击属性管理器中的“确定”按钮，完成实体扫描，结果如图 6-35 所示。

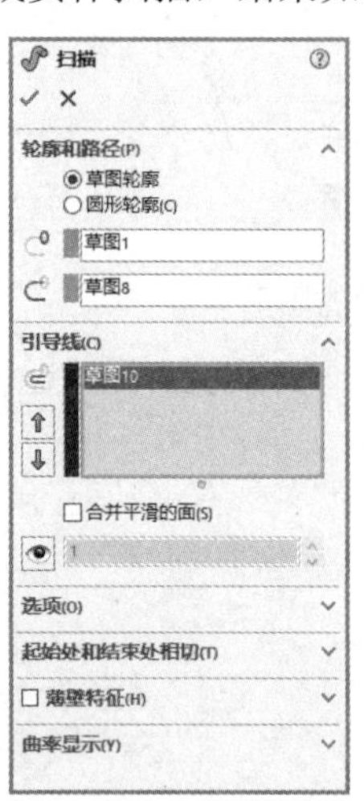

图 6-33　“扫描”属性管理器

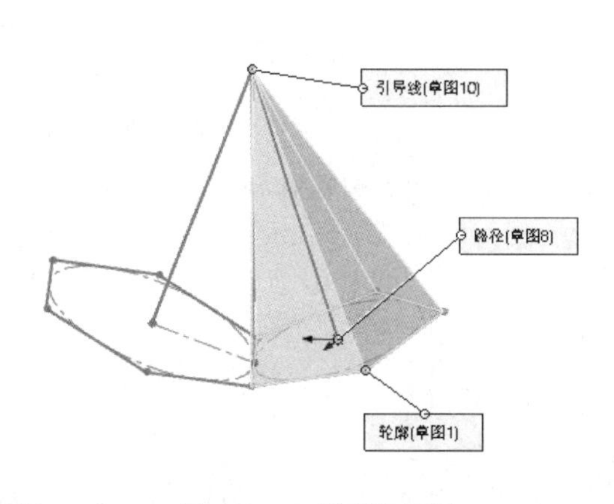

图 6-34　扫描预览视图

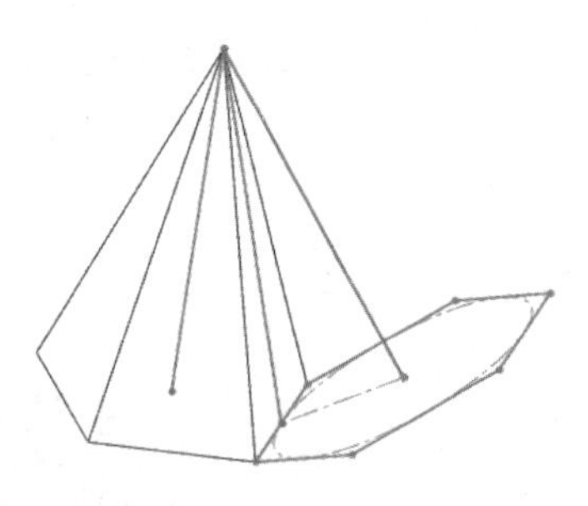

图 6-35　扫描后的图形

技巧荟萃

从图 6-34 中可以看出，在扫描实体时，路径和引导线分别是独立的草图，路径是草图 8，引导线是草图 10。如果在 FeatureManager 设计树中不隐藏草图 6，则选择路径和引导线时可能选择不到草图 8 和草图 10，从而产生错误。

04 设置基准面。在 FeatureManager 设计树中选择“基准面 4”，然后单击“视图（前导）”工具栏中的“正视于”按钮，将该基准面作为绘制图形的基准面。

05 绘制草图。单击“草图”面板中的“直线”按钮和“圆”按钮，绘制如图 6-36 所示的草图并标注尺寸。

06 剪裁草图实体。选择“工具”→“草图绘制工具”→“剪裁”菜单命令，或者单击“草图”面板中的“剪裁实体”按钮，系统弹出如图 6-37 所示“剪裁”属性管理器，单击其中的“剪裁到最近端”按钮，单击图 6-36 所示的两条直线外的圆弧处，即 3/4 圆弧处。单击属性管理器中的“确

定”按钮✔，完成草图实体剪裁，结果如图 6-38 所示。

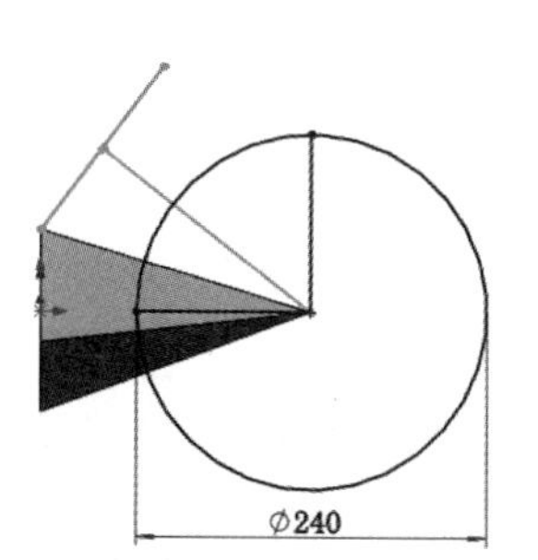

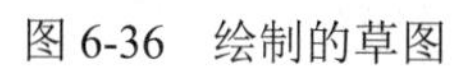

图 6-36　绘制的草图

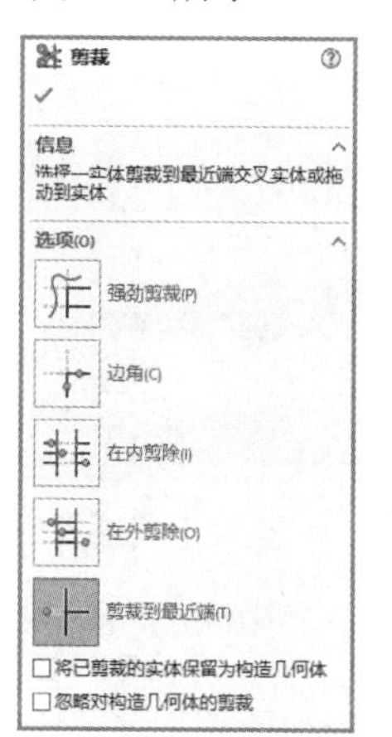

图 6-37　“剪裁”属性管理器

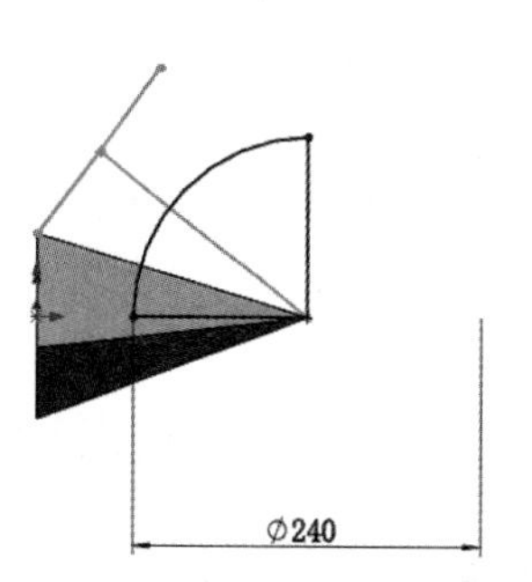

图 6-38　剪裁草图后的图形

07 旋转实体。选择“插入”→“凸台/基体”→“旋转”菜单命令，或者单击“特征”面板中的“旋转凸台/基体”按钮，系统弹出“旋转”属性管理器。在“旋转轴”一栏中，选择图 6-36 所示的水平直线；取消选中“合并结果”复选框，其他设置如图 6-39 所示。单击属性管理器中的“确定”按钮✔，完成实体旋转。

技巧荟萃

在执行旋转实体命令时，必须取消选中“合并结果”复选框，否则旋转实体将与扫描实体合并，在后面执行抽壳命令时，得不到需要的结果。

08 设置视图方向。按住鼠标中键，出现“旋转”图标，将视图以合适的方向显示，结果如图 6-40 所示。

09 抽壳实体。选择“插入”→“特征”→“抽壳”菜单命令，或者单击“特征”面板中的“抽壳”按钮，系统弹出如图 6-41 所示的“抽壳”属性管理器。在“厚度”一栏中输入值 10mm；在“移除的面”一栏中，选择图 6-40 中的面 1。单击属性管理器中的“确定”按钮✔，完成实体抽壳，结果如图 6-42 所示。

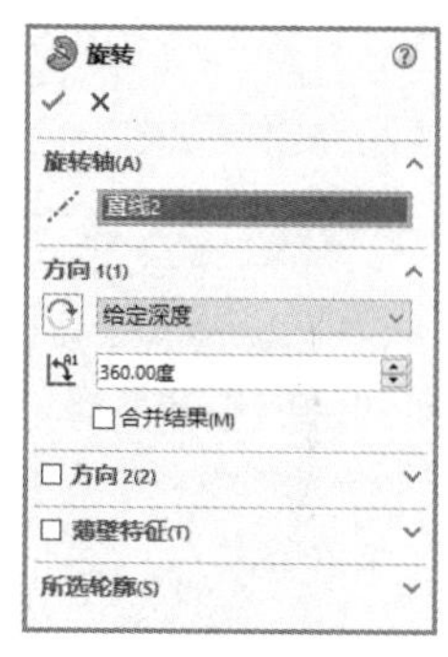

图 6-39　“旋转”属性管理器

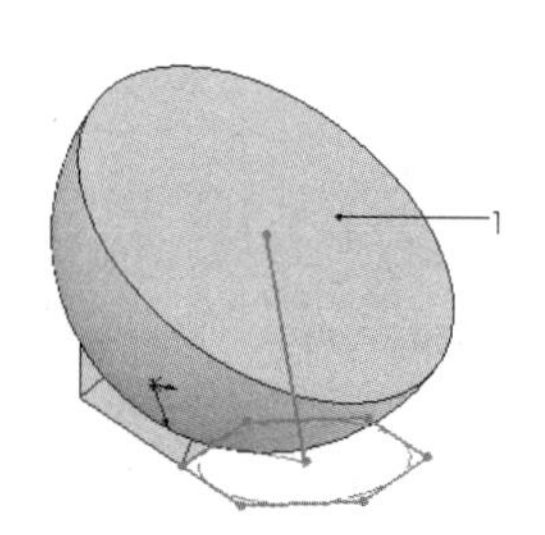

图 6-40　旋转实体后的图形

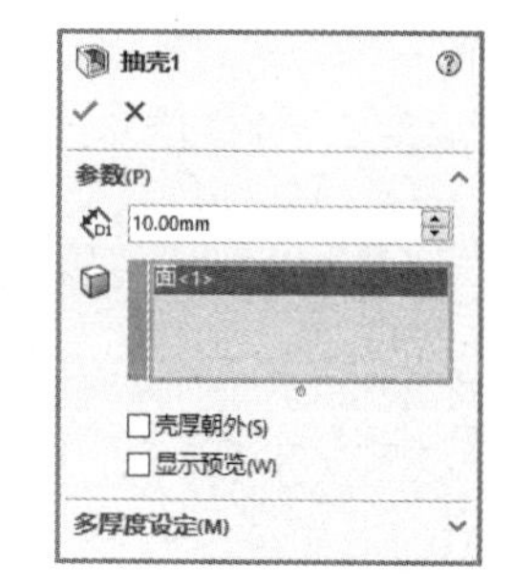

图 6-41　“抽壳”属性管理器

10 组合实体。选择“插入”→“特征”→“组合”菜单命令，系统弹出如图 6-43 所示的“组合”属性管理器。在“操作类型”一栏中，选中“共同”单选按钮；在“要组合的实体”一栏中，选择视图中的扫描实体和抽壳实体。单击属性管理器中的“确定”按钮✔，完成组合实体，结果如图 6-44 所示。

Note

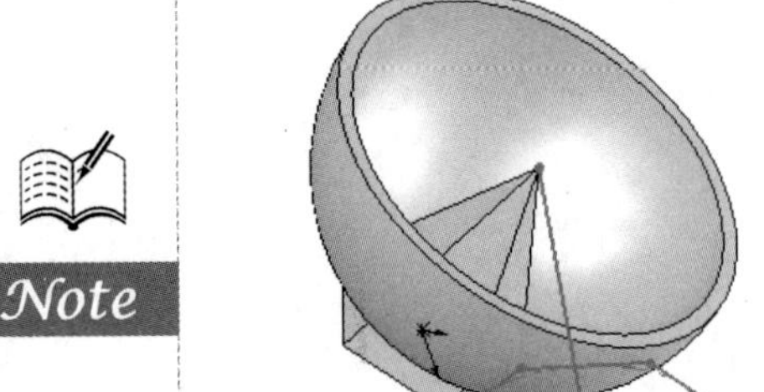

图 6-42　抽壳实体后的图形

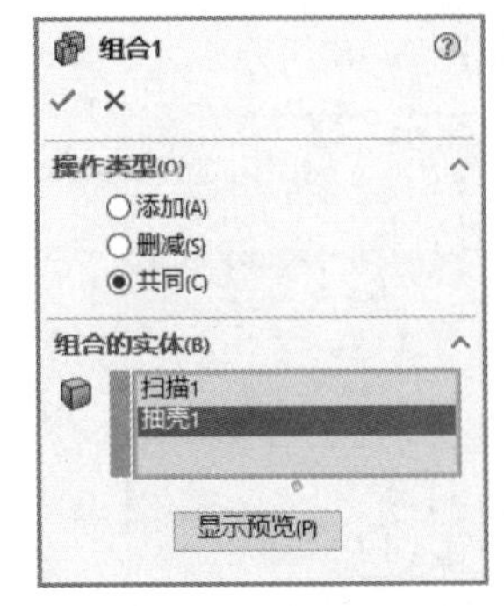

图 6-43　“组合”属性管理器

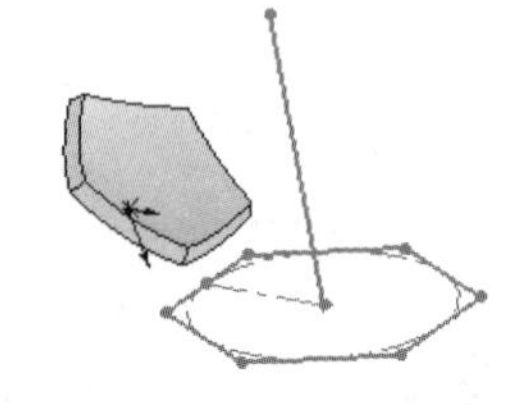

图 6-44　组合实体后的图形

11 取消草图显示。选择“视图”→“隐藏/显示（H）”→“草图”菜单命令，取消视图中草图的显示。

12 设置视图方向。单击“视图（前导）”工具栏中的“等轴测”按钮，将视图以等轴测方向显示，结果如图 6-45 所示。

13 圆角实体。选择“插入”→“特征”→“圆角”菜单命令，或者单击“特征”面板中的“圆角”按钮，系统弹出如图 6-46 所示的“圆角”属性管理器。在“圆角类型”一栏中，单击“恒定大小圆角”按钮；在“半径”一栏中输入值 4mm；在“边、线、面、特征和环”一栏中，选择图 6-45 所示的表面 1 的 5 条边线。单击属性管理器中的“确定”按钮，完成圆角处理，结果如图 6-47 所示。

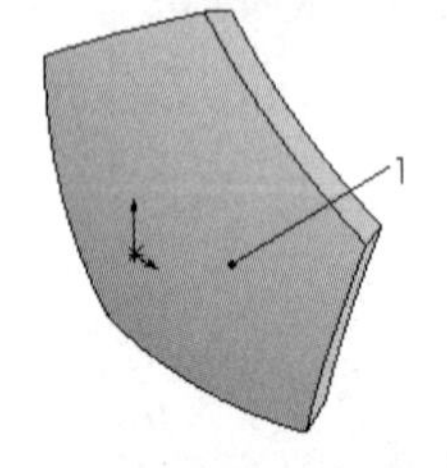

图 6-45　设置视图方向后的图形

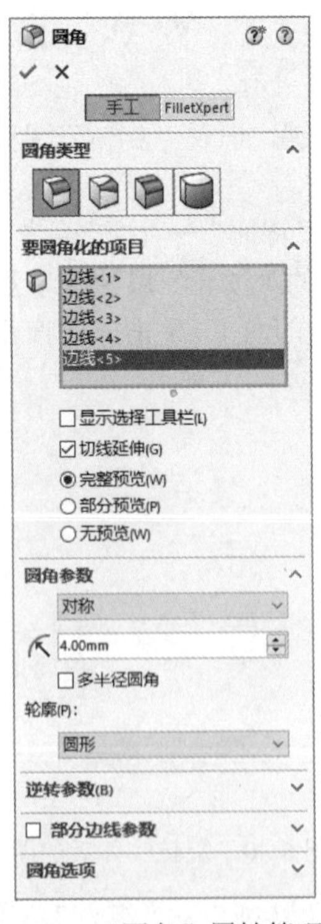

图 6-46　“圆角”属性管理器

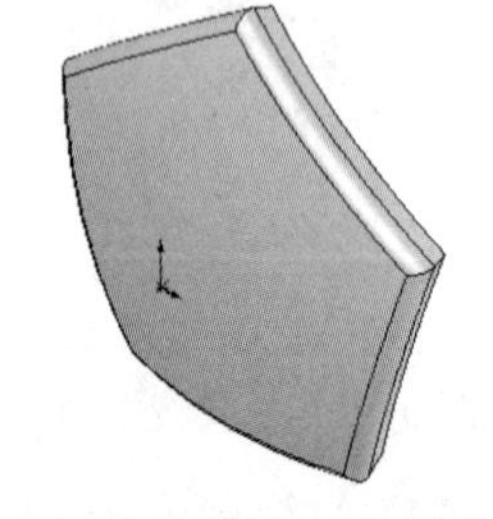

图 6-47　圆角后的图形

五边形球皮模型及其 FeatureManager 设计树如图 6-48 所示。

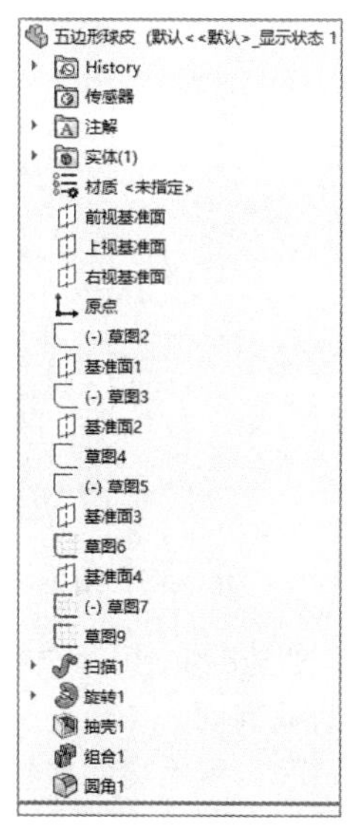

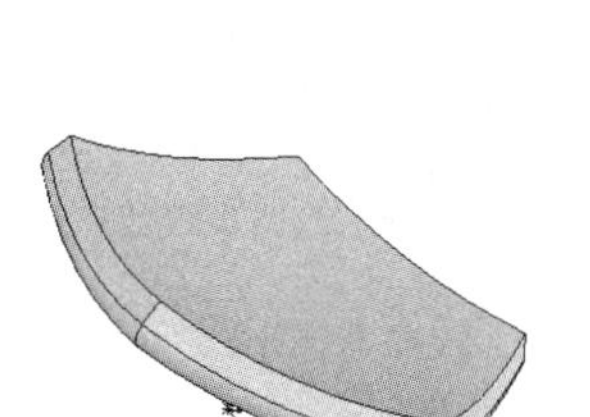

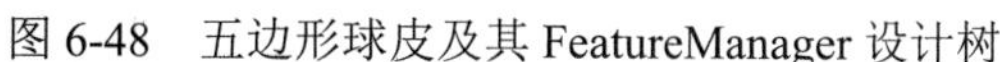

图 6-48　五边形球皮及其 FeatureManager 设计树

6.2.2　绘制六边形球皮

01 打开文件。选择“文件”→“打开”菜单命令，或者单击“快速访问”工具栏中的“打开”按钮，打开绘制的“足球基本草图.SLDPRT”文件。

02 另存为文件。选择“文件”→“另存为”菜单命令，系统弹出“另存为”对话框，在“文件名”一栏中输入“六边形球皮”，单击“保存”按钮，创建一个文件名为“六边形球皮”的零件文件。此时图形如图 6-49 所示。

03 扫描实体。选择“插入”→“凸台/基体”→“扫描”菜单命令，或者单击“特征”面板中的“扫描”按钮，系统弹出如图 6-50 所示的“扫描”属性管理器。在“轮廓”一栏中，选择图 6-49 所示的正六边形；在“路径”一栏中，选择图 6-49 所示的直线 3；在“引导线”一栏中选择图 6-49 所示的直线 2；取消选中“合并平滑的面”复选框，此时视图如图 6-51 所示。单击属性管理器中的“确定”按钮，完成实体扫描，结果如图 6-52 所示。

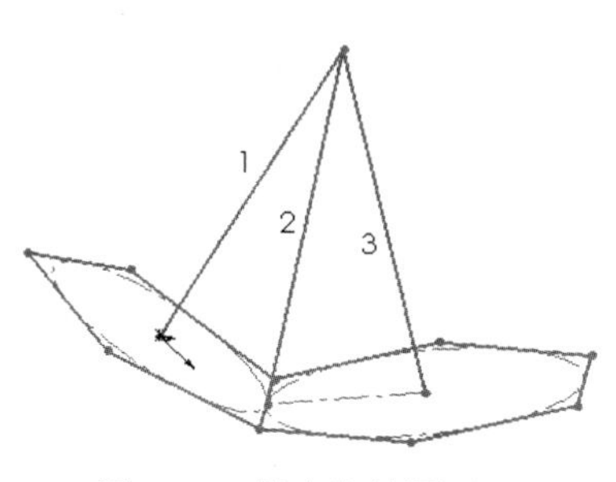

图 6-49　另存为的图形

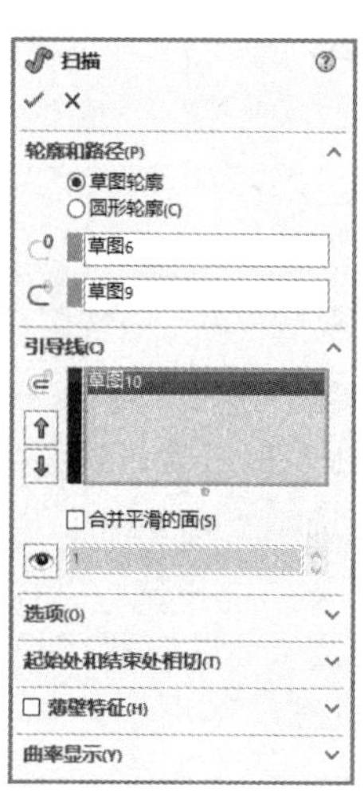

图 6-50　“扫描”属性管理器

Note

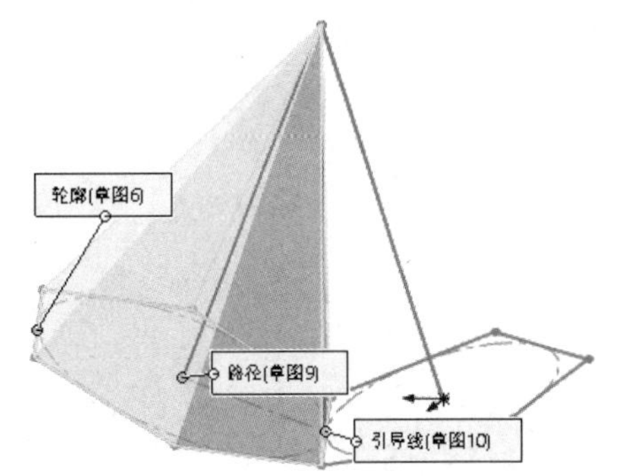

图 6-51　扫描预览视图

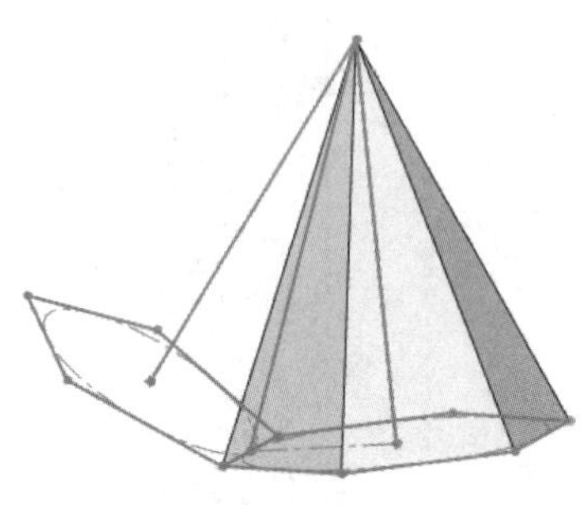

图 6-52　扫描实体后的图形

04 设置基准面。在 FeatureManager 设计树中选择“基准面 4”，然后单击“视图（前导）”工具栏中的“正视于”按钮，将该基准面作为绘制图形的基准面。

05 绘制草图。单击“草图”面板中的“直线”按钮和“圆”按钮，绘制如图 6-53 所示的草图并标注尺寸。

06 剪裁草图实体。选择“工具”→“草图绘制工具”→“剪裁”菜单命令，或者单击“草图”面板中的“剪裁实体”按钮，系统弹出如图 6-54 所示的“剪裁”属性管理器，单击“剪裁到最近端”按钮，然后单击图 6-53 中的 3/4 圆弧处。单击属性管理器中的“确定”按钮，完成草图实体剪裁，结果如图 6-55 所示。

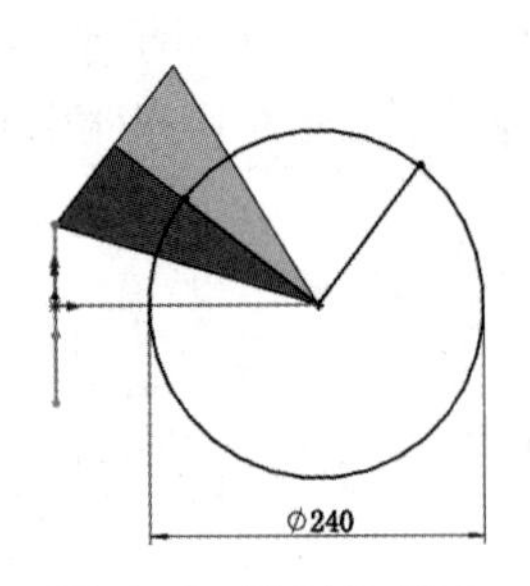

图 6-53　绘制的草图

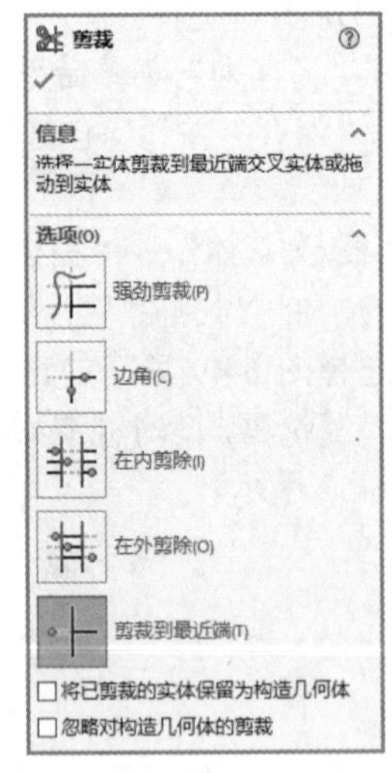

图 6-54　“剪裁”属性管理器

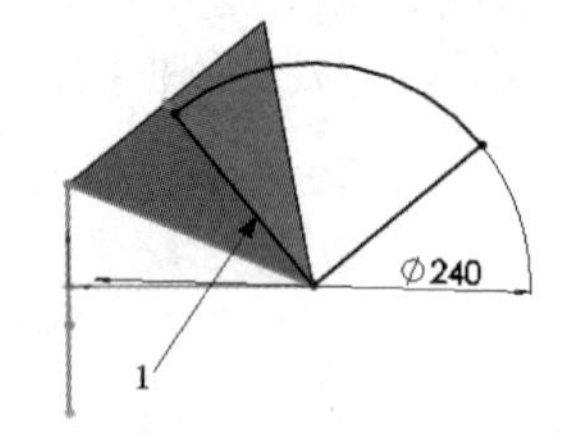

图 6-55　剪裁草图后的图形

07 旋转实体。选择“插入”→“凸台/基体”→“旋转”菜单命令，或者单击“特征”面板中的“旋转凸台/基体”按钮，系统弹出“旋转”属性管理器。在“旋转轴”一栏中，选择图 6-55 所示的直线 1；取消选中“合并结果”复选框，其他设置如图 6-56 所示。单击属性管理器中的“确定”按钮，完成实体旋转。将视图以合适的方向显示，结果如图 6-57 所示。

08 取消草图显示。选择“视图”→“隐藏/显示（H）”→“草图”菜单命令，取消视图中草图的显示，结果如图 6-58 所示。

图 6-56　“旋转”属性管理器

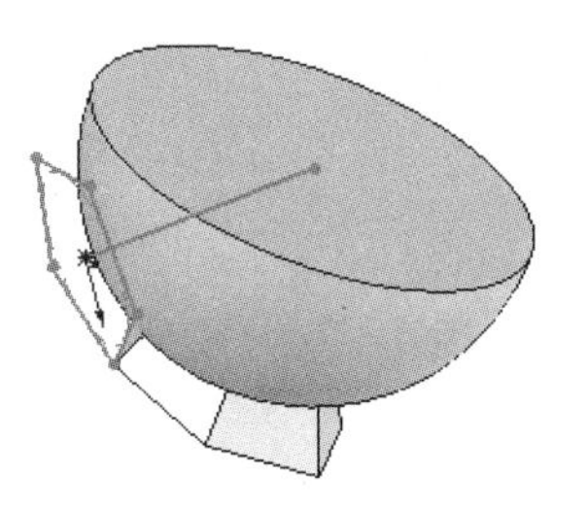

图 6-57　旋转实体后的图形

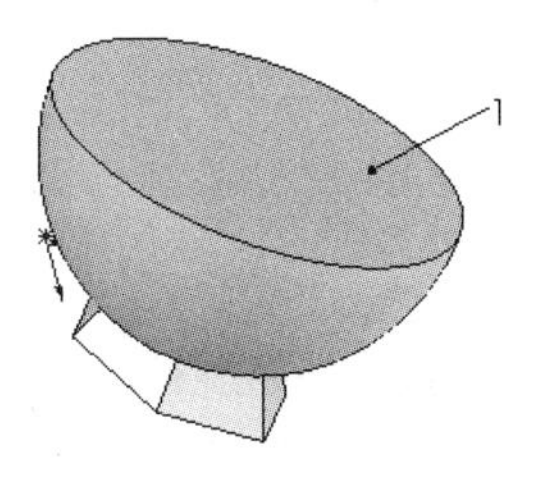

图 6-58　取消草图显示后的图形

09 抽壳实体。选择“插入”→“特征”→“抽壳”菜单命令，或者单击“特征”面板中的“抽壳”按钮，系统弹出如图 6-59 所示的“抽壳”属性管理器。在“厚度”一栏中输入值 10 mm；在“移除的面”一栏中，选择图 6-58 所示的面 1。单击属性管理器中的“确定”按钮，完成实体抽壳，结果如图 6-60 所示。

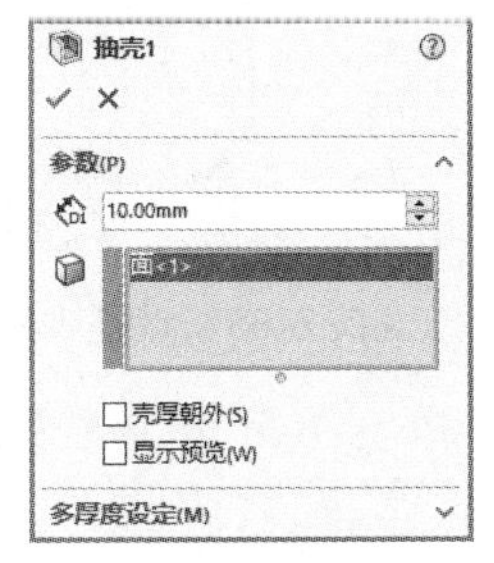

图 6-59　“抽壳”属性管理器

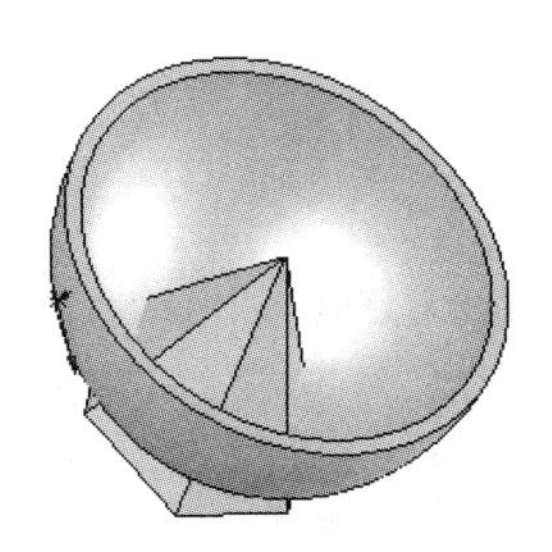

图 6-60　抽壳实体后的图形

10 组合实体。选择“插入”→“特征”→“组合”菜单命令，系统弹出如图 6-61 所示的“组合”属性管理器。在“操作类型”一栏中，选中“共同”单选按钮；在“要组合的实体”一栏中，选择视图中的扫描实体和抽壳实体。单击属性管理器中的“确定”按钮，完成组合实体。将视图以合适的方向显示，结果如图 6-62 所示。

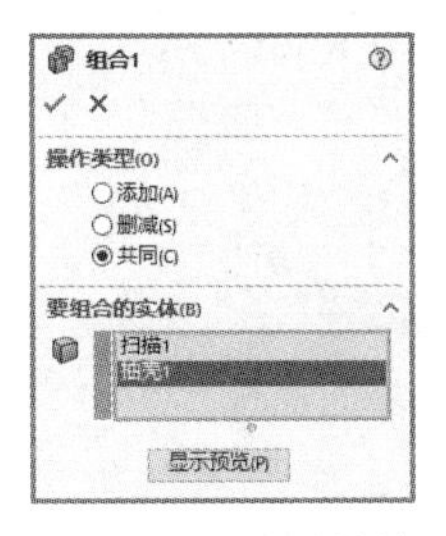

图 6-61　“组合”属性管理器

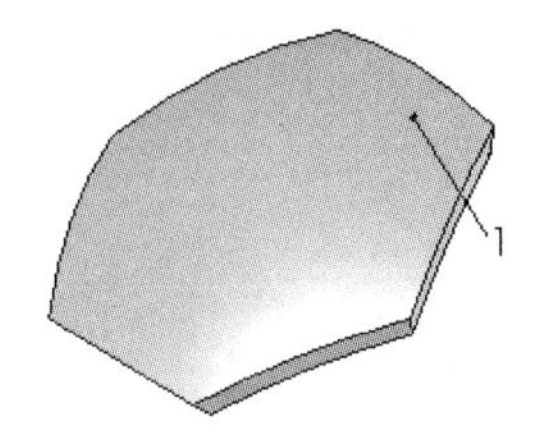

图 6-62　组合实体后的图形

11 圆角实体。选择“插入”→“特征”→“圆角”菜单命令，或者单击“特征”面板中的“圆角”按钮，系统弹出如图 6-63 所示的“圆角”属性管理器。在“圆角类型”一栏中，单击“恒定大小圆角”按钮；在“半径”一栏中输入值 4mm；在“边、线、面、特征和环”一栏中，选择图 6-62 所示的表面 1 的 6 条边线。单击属性管理器中的“确定”按钮，完成圆角处理，结果如图 6-64 所示。

12 设置视图方向。按住鼠标中键拖动视图，将视图以合适的方向显示，结果如图 6-65 所示。

Note

六边形球皮模型及其 FeatureManager 设计树如图 6-66 所示。

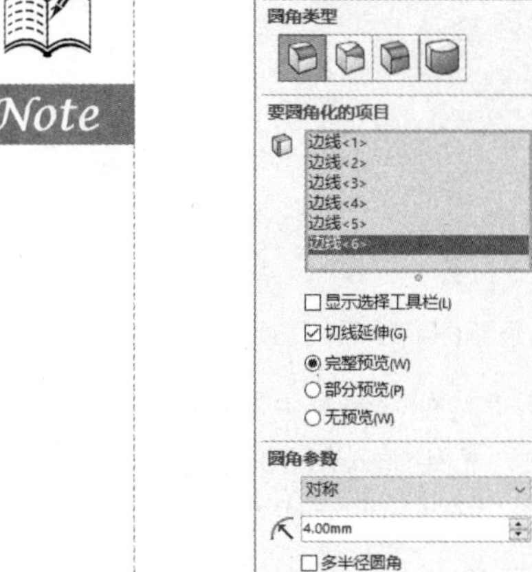

图 6-63 “圆角”属性管理器

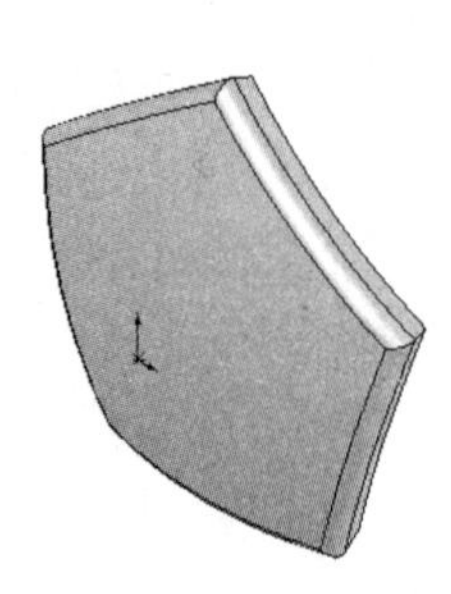

图 6-64 圆角后的图形

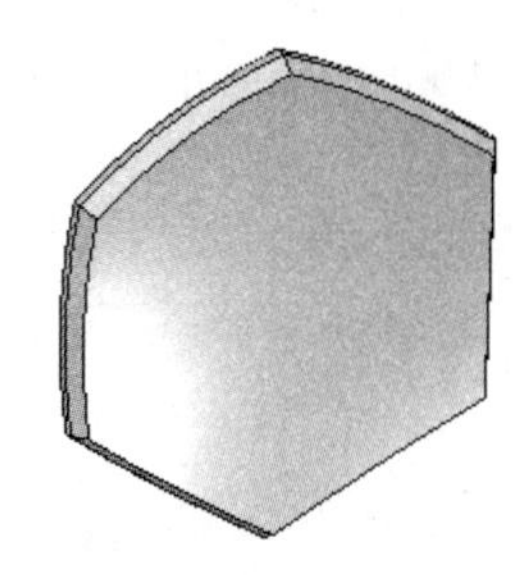

图 6-65 设置视图方向后的图形

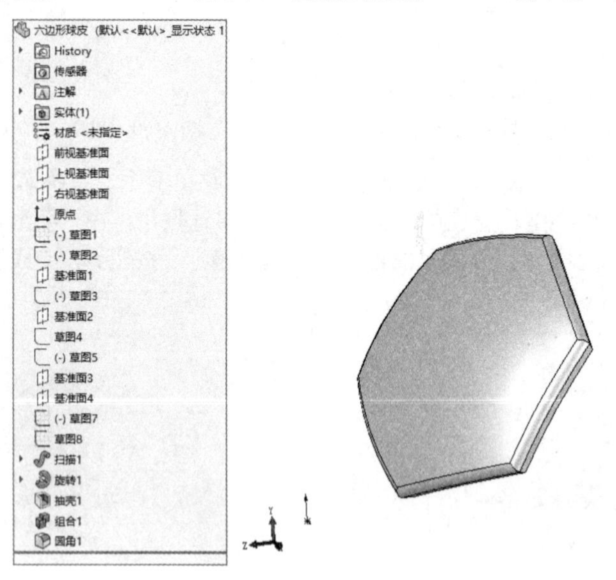

图 6-66 六边形球皮模型及其 FeatureManager 设计树

6.3 绘制足球装配体

01 创建零件文件。选择“文件”→“新建”菜单命令，或者单击“快速访问”工具栏中的“新建”按钮，系统弹出“新建 SOLIDWORKS 文件”对话框，在其中单击“装配体”按钮，单击

“确定”按钮，创建一个新的装配体文件。

02 保存文件。选择“文件”→“保存”菜单命令，或者单击“快速访问”工具栏中的“新建”按钮，系统弹出“另存为”对话框。在“文件名”一栏输入“足球装配体”，然后单击“保存”按钮，创建一个文件名为“足球装配体”的装配文件。

03 插入五边形球皮。选择“插入”→“零部件”→“现有零件/装配体”菜单命令，或者单击“装配体”面板中的“插入零部件”按钮，系统弹出如图 6-67 所示的“插入零部件”属性管理器。单击“浏览”按钮，系统弹出如图 6-68 所示的“打开”对话框，在其中选择需要的零部件，即“五边形球皮.SLDPRT”。单击“打开”按钮，此时所选的零部件显示在图 6-67 所示的“打开文档”一栏中。单击对话框中的“确定”按钮✔，此时所选的零部件出现在视图中，如图 6-69 所示。

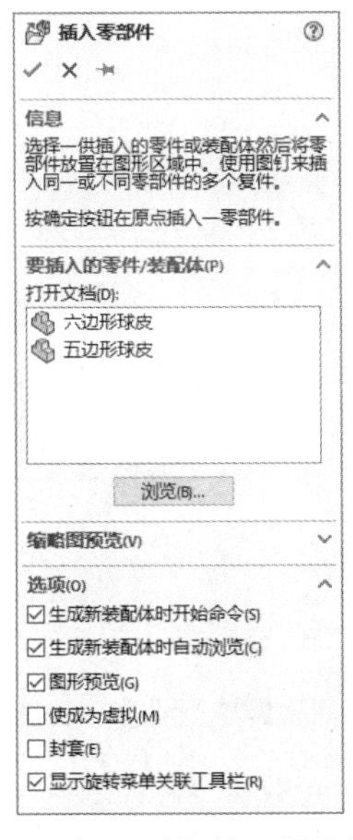

图 6-67 “插入零部件”属性管理器

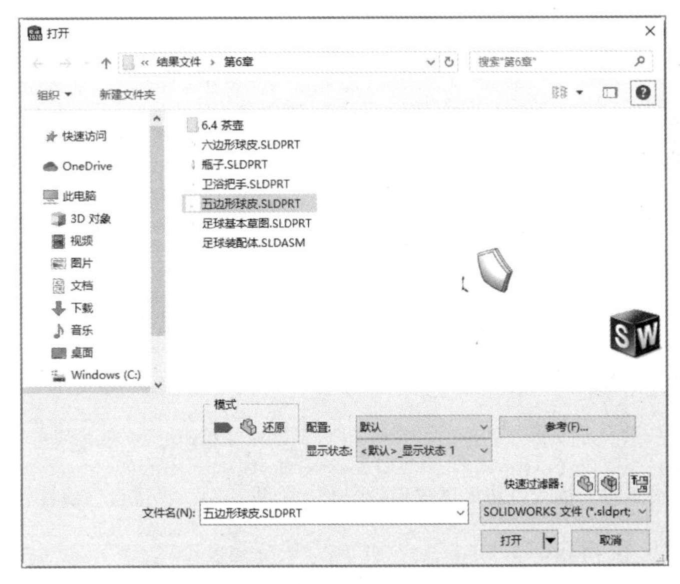

图 6-68 “打开”对话框

04 设置视图方向。单击“视图（前导）”工具栏中的“等轴测”按钮，将视图以等轴测方向显示。

05 取消草图显示。选择“视图”→“隐藏/显示”（H）→“草图”菜单命令，取消视图中草图的显示。将视图以合适的方向显示，结果如图 6-70 所示。

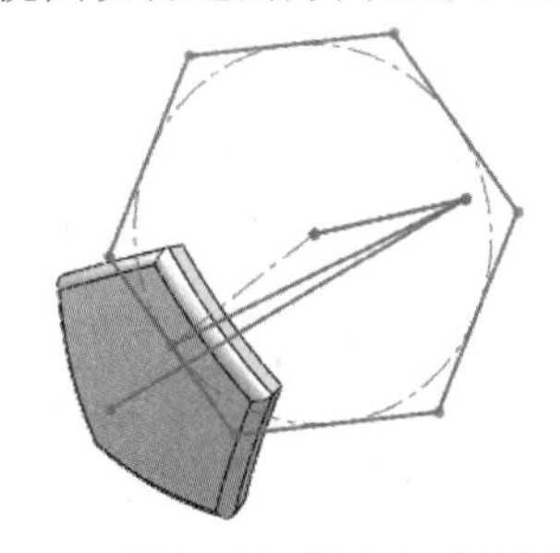

图 6-69 插入五边形球皮后的图形

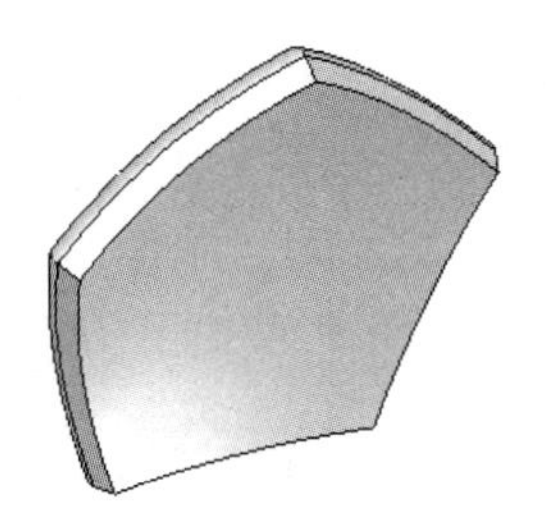

图 6-70 取消草图显示后的图形

06 插入六边形球皮。选择“插入”→“零部件”→“现有零件/装配体”菜单命令，插入六边形球皮，具体操作参考步骤 **03** ，将六边形球皮插入图中合适的位置，结果如图 6-71 所示。

07 插入配合关系。选择“插入”→“配合”菜单命令，或者单击“装配体”面板中的“配合”

Note

按钮，系统弹出“重合”属性管理器。在属性管理器的“配合选择”一栏中，选择图 6-71 中点 1 和点 4 所在的面、点 3 和点 2 所在的面，单击“标准配合”一栏中的“重合”按钮，将两个面设置为重合配合关系，如图 6-72 所示。重复“配合”命令，选择图 6-71 中的点 1 和点 2，单击“标准配合”一栏中的“重合”按钮，将点 1 和点 2 设置为重合配合关系，将点 3 和点 4 设置为重合配合关系。单击属性管理器中的“确定”按钮，完成重合配合，结果如图 6-73 所示。

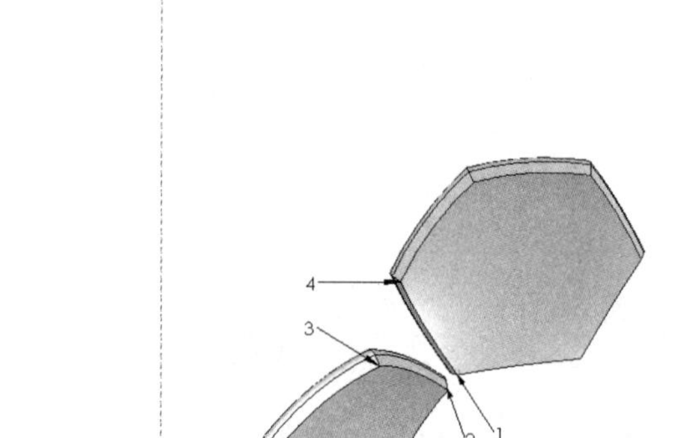

图 6-71 插入六边形球皮后的图形

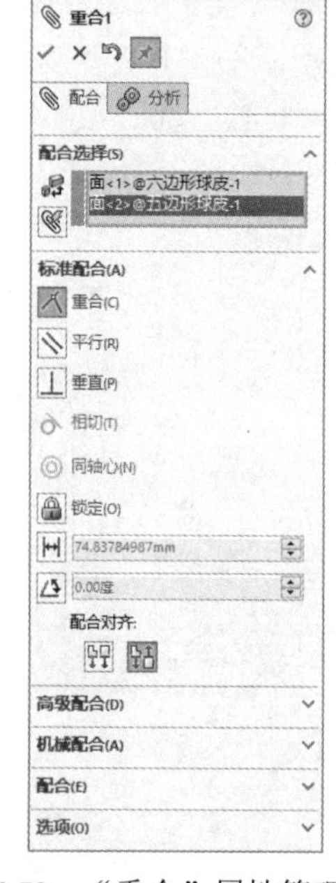

图 6-72 “重合”属性管理器

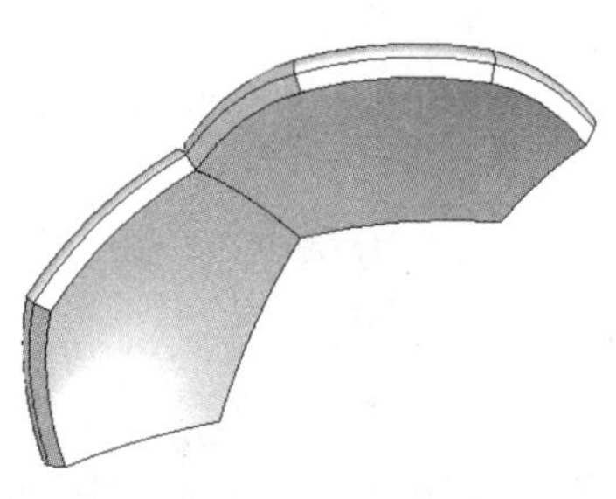

图 6-73 配合后的图形

技巧荟萃

在进行足球装配体装配时，选择配合点很重要，是能否装配成足球的关键。在本例中，选择五边形球皮和六边形球皮的内表面边线的端点配合，是由绘制的足球基本草图和组合实体后的图形决定的。

08 插入 4 个六边形球皮。选择“插入”→“零部件”→“现有零件/装配体”菜单命令，插入 4 个六边形球皮，具体操作参考步骤 **03**，将六边形球皮插入图中合适的位置，结果如图 6-74 所示。

技巧荟萃

足球是由六边形球皮环绕五边形球皮组成的，在装配时要注意。

09 设置配合关系。重复步骤 **07**，将插入的六边形球皮的一条边线及其端点与五边形球皮的一条边线及其端点设置为重合配合关系，结果如图 6-75 所示。

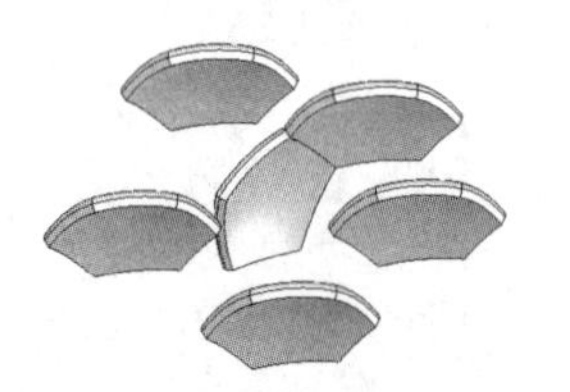

图 6-74 插入六边形球皮后的图形

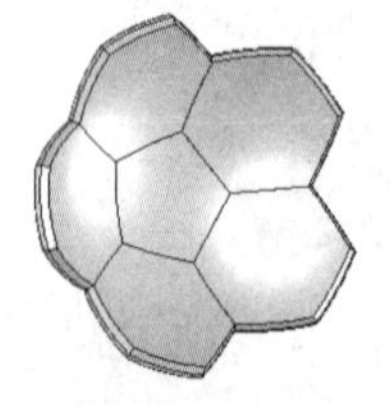

图 6-75 设置配合关系后的图形

10 插入其他五边形球皮和六边形球皮。选择“插入”→“零部件”→“现有零件/装配体”菜单命令，插入其他五边形球皮和六边形球皮，具体操作参考步骤 **03**，将球皮插入图中合适的位置。

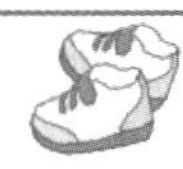

重复步骤 07 ，将六边形球皮的一条边线及其端点与五边形球皮的一条边线及其端点设置为重合配合关系，形成半球。此时图形及其 FeatureManager 设计树如图 6-76 所示。

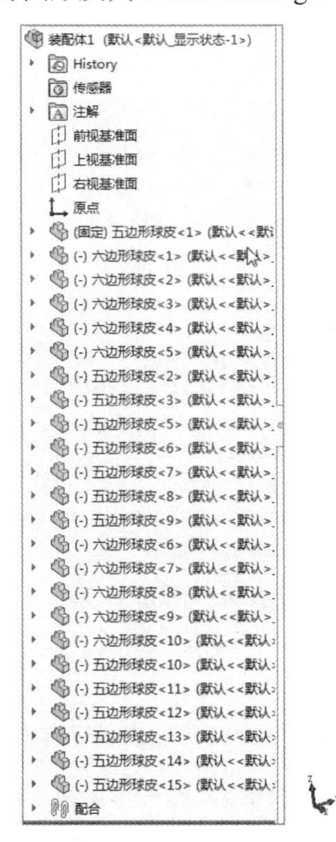

图 6-76　装配的半球及其 FeatureManager 设计树

技巧荟萃

在进行足球装配体装配时，可以先装配几个，然后通过合适的临时轴进行阵列形成足球，但是这样容易形成重复的个体，给后期渲染带来一定的困难。也可以先装配成半球，然后通过基准面进行镜像形成足球。最简单而且不易造成差错的方法是逐一进行装配，形成足球。

11 插入其他五边形球皮和六边形球皮。选择“插入”→“零部件”→“现有零件/装配体”菜单命令，插入其他五边形球皮和六边形球皮，具体操作参考步骤 03 ，将球皮插入图中合适的位置。重复步骤 07 ，将六边形球皮的一条边线及其端点与五边形球皮的一条边线及其端点设置为重合配合关系，装配成为足球。

从 FeatureManager 设计树中可以看出，该足球装配体有 20 个六边形球皮和 12 个五边形球皮，共使用了 99 次重合配合关系。

足球装配体模型及其 FeatureManager 设计树如图 6-77 所示。

技巧荟萃

在装配体文件左侧的 FeatureManager 设计树中，装配零件后面的数字代表该零件第几次被装配，如果某个零件在装配过程中被删除，然后再装入该零件，那么被删除的那次也会被计算在内，所以在统计装配体中零件的个数时，不能只看 FeatureManager 设计树中零件后面的数字。

Note

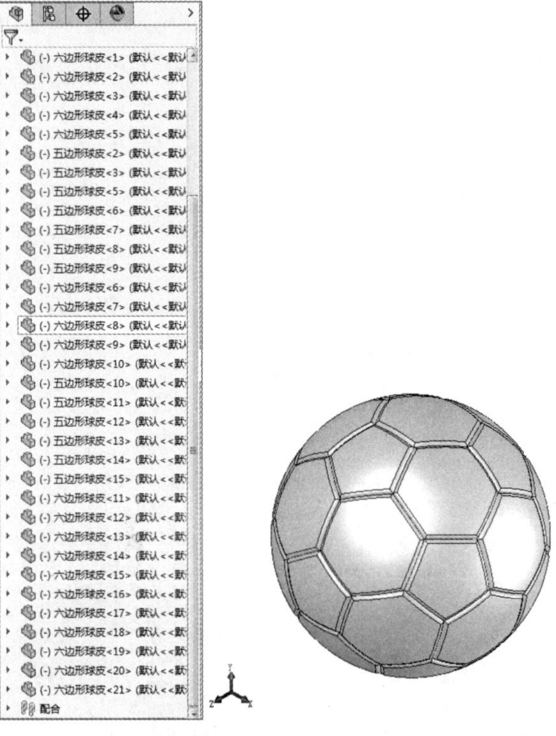

图 6-77　足球装配体模型及其 FeatureManager 设计树

（12）在 FeatureManager 设计树中选择五边形球皮构件，然后单击鼠标右键，在弹出的快捷菜单中选择“外观”，如图 6-78 所示。弹出如图 6-79 所示的“颜色”属性管理器，基本颜色选择黑色，设置颜色的 RGB 值为“0, 0, 0”，单击“确定”按钮✔，添加颜色。使用相同的方法，把所有五边形球皮的颜色都设置为黑色，最终结果如图 6-1 所示。

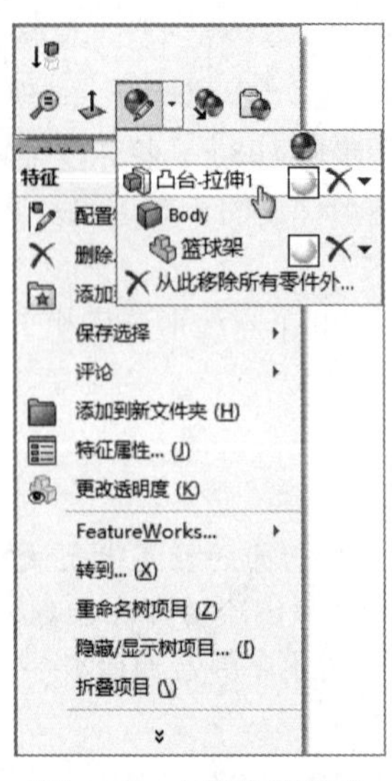

图 6-78　右键快捷菜单

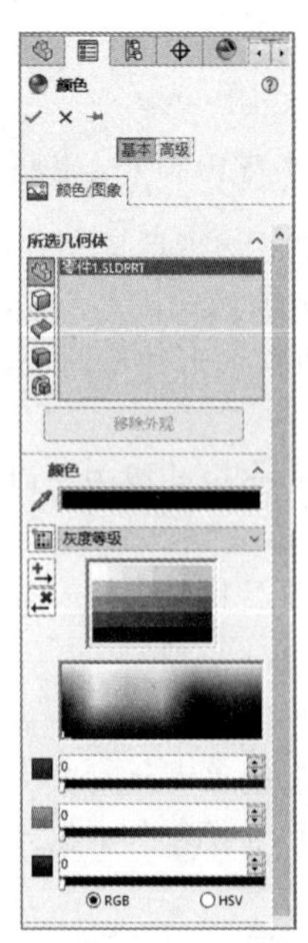

图 6-79　“颜色”属性管理器

▶▶第3篇

钣金设计篇

本篇主要介绍钣金设计的基础知识，包括钣金基础概念、钣金特征及钣金成型等知识。让读者了解零件模型设计的另一种方式，同时紧随多个实例，从简单到复杂，程度不同，但涉及全部知识点，让读者趁热打铁，更快更简单地掌握基础知识。

本篇的钣金设计也是以第1篇基础知识为依托，绘制特定复杂零件的一种设计方法，可为以后在其他行业的设计上做好准备。

钣金设计基础

本章导读

本章简要介绍 SOLIDWORKS 钣金设计的一些基本操作，所述内容是用户进行钣金操作必须掌握的基础知识。本章主要目的是使读者了解钣金基础的概况，熟练钣金设计编辑的操作。

内容要点

☑ 钣金特征工具与钣金菜单
☑ 转换钣金特征
☑ 钣金特征
☑ 钣金成型
☑ 电话机面板

Note

7.1　折 弯 概 述

7.1.1　折弯系数

零件要生成折弯时，可以指定一个折弯系数给一个钣金折弯，但指定的折弯系数必须介于折弯内侧边线的长度与外侧边线的长度之间。

折弯系数可以由钣金原材料的总展开长度减去非折弯长度计算，如图 7-1 所示。

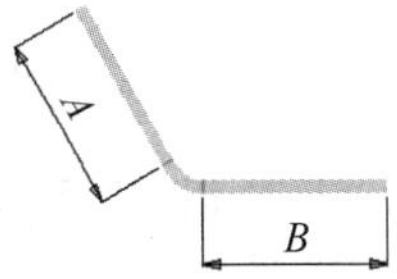

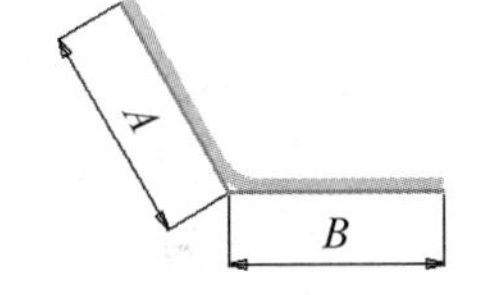

图 7-1　折弯系数示意图

用来决定使用折弯系数值时，总展开长度的计算公式为

$$L_t = A + B + BA$$

式中：

BA——折弯系数；

L_t——总展开长度；

A, *B*——非折弯长度。

7.1.2　折弯扣除

生成折弯时，用户可以通过输入数值来给任何一个钣金折弯指定一个明确的折弯扣除。折弯扣除由虚拟非折弯长度减去钣金原材料的总展开长度计算，如图 7-2 所示。

图 7-2　折弯扣除示意图

用来决定使用折弯扣除值时，总展开长度的计算公式为

$$L_t = A + B - BD$$

式中：

BD——折弯扣除；

A, *B*——虚拟非折弯长度；

L_t——总展开长度。

7.1.3　K-因子

K-因子表示钣金中性面的位置，以钣金零件的厚度作为计算基准，如图 7-3 所示。K-因子为钣金内表面到中性面的距离 *t* 与钣金厚度 *T* 的比值，即 *t* / *T*。

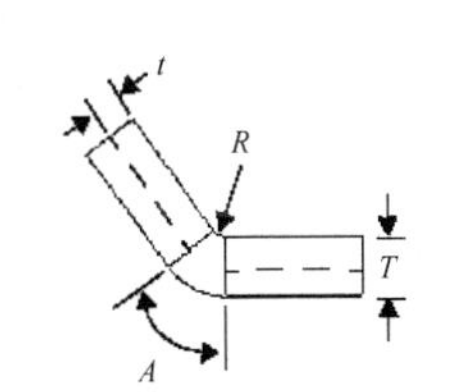

图 7-3　K-因子示意图

当选择 K-因子作为折弯系数时，可以指定 K-因子折弯系数表。SOLIDWORKS 应用程序附有 Microsoft Excel 格式的 K-因子折弯系数表格。该表格位于<安装目录>\lang\Chinese-Simplified \Sheetmetal Bend Tables\kfactor base bend table.xls。

使用 K-因子也可以确定折弯系数，计算公式为

$$BA = (R + KT)\ A/180$$

Note

式中：

BA——折弯系数；

R ——内侧折弯半径；

K ——K-因子，即 *t*/*T*；

T ——材料厚度；

T ——内表面到中性面的距离；

A ——折弯角度（经过折弯材料的角度）。

由上面的计算公式可知，折弯系数即钣金中性面上的折弯圆弧长。因此，指定的折弯系数的大小必须介于钣金的内侧圆弧长和外侧弧长之间，以便与折弯半径和折弯角度的数值一致。

7.1.4 折弯系数表

除直接指定和由K-因子确定折弯系数外，还可以利用折弯系数表确定折弯系数。在折弯系数表中可以指定钣金零件的折弯系数或折弯扣除数值等，折弯系数表还包括折弯半径、折弯角度以及零件厚度的数值。

在SOLIDWORKS中有两种折弯系数表可供使用：一种是带有.btl扩展名的文本文件；另一种是嵌入的Excel电子表格。

1．带有.btl扩展名的文本文件

SOLIDWORKS在<安装目录>\lang\chinese-simplified\SheermetalBendTables\sample.btl中提供了一个钣金操作的折弯系数表样例。如果要生成自己的折弯系数表，可使用任何文字编辑程序复制并编辑此折弯系数表。

使用折弯系数表文本文件时，只允许包括折弯系数值，不包括折弯扣除值。折弯系数表的单位必须用米制单位指定。

如果要编辑拥有多个折弯厚度表的折弯系数表，半径和角度必须相同。例如，将一个新的折弯半径值插入有多个折弯厚度表的折弯系数表，必须在所有表中插入新数值。

注意：

折弯系数表范例仅供参考使用，此表中的数值不代表任何实际折弯系数值。如果零件或折弯角度的厚度介于表中的数值之间，那么系统就会插入数值并计算折弯系数。

2. 嵌入的Excel电子表格

SOLIDWORKS生成的新折弯系数表保存在嵌入的Excel电子表格程序内，根据需要，可以将折弯系数表的数值添加到电子表格程序的单元格内。

电子表格的折弯系数表只包括90°折弯的数值，其他角度折弯的折弯系数或折弯扣除值由SOLIDWORKS计算得到。

生成折弯系数表的方法如下：

（1）在零件文件中选择“插入”→“钣金”→“折弯系数表”→“新建”菜单命令，弹出如图7-4所示的“折弯系数表”属性管理器。

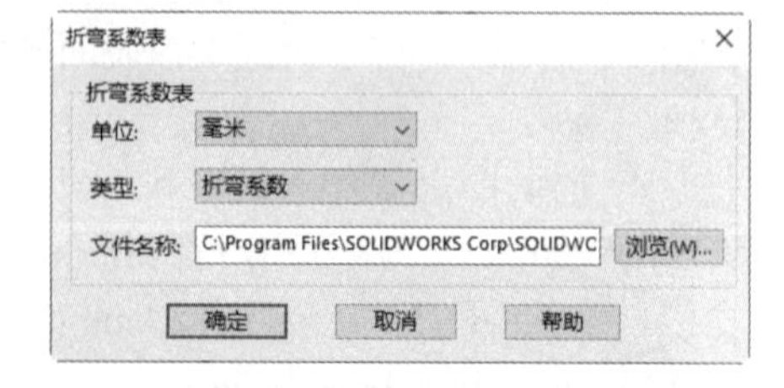

图7-4 “折弯系数表”属性管理器

（2）在“折弯系数表”属性管理器中设置单位，输入文件名，单击“确定”按钮，包含折弯系数表电子表格的Excel窗口出现在SOLIDWORKS窗口中，如图7-5所示。折弯系数表电子表格包含默认的半径和厚度值。

（3）在表格外、SOLIDWORKS图形区内单击，以关闭电子表格。

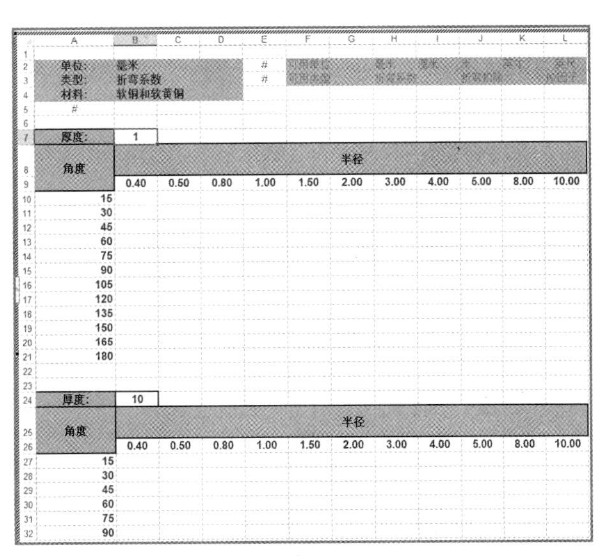

单位:	毫米			#	可用单位	毫米	厘米	米	英寸	英尺
类型:	折弯系数			#	可用类型	折弯系数		折弯扣除		K因子
材料:	软铜和软黄铜									
#										

厚度:	1										
角度	半径										
	0.40	0.50	0.80	1.00	1.50	2.00	3.00	4.00	5.00	8.00	10.00
15											
30											
45											
60											
75											
90											
105											
120											
135											
150											
165											
180											

厚度:	10										
角度	半径										
	0.40	0.50	0.80	1.00	1.50	2.00	3.00	4.00	5.00	8.00	10.00
15											
30											
45											
60											
75											
90											

图 7-5　折弯系数表电子表格

7.2　钣金特征工具与钣金菜单

7.2.1　启用钣金特征控制面板

启动 SOLIDWORKS 后，新建一个零件文件，在控制面板的名称栏中单击鼠标右键，弹出如图 7-6 所示的快捷菜单，选择“钣金”命令，出现如图 7-7[①]所示的“钣金”控制面板。

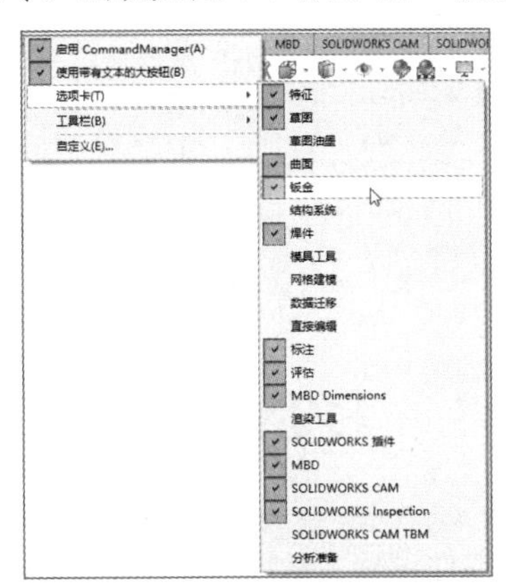

图 7-6　快捷菜单

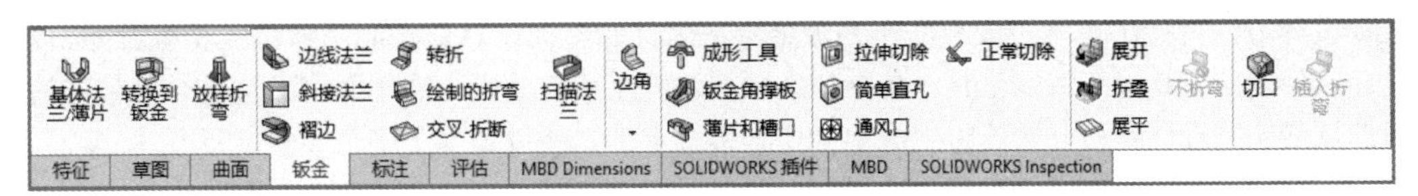

图 7-7　“钣金”控制面板

① 所有图中所涉文字“成形”应为“成型”，后文不再赘述。

7.2.2 钣金菜单

Note

选择“插入”→“钣金”菜单命令，可以找到钣金下拉菜单，如图 7-8 所示。

图 7-8 钣金下拉菜单

7.3 转换钣金特征

使用 SOLIDWORKS 进行钣金零件设计，常用的方法基本上可以分为如下两种。

（1）使用钣金特有的特征生成钣金零件

这种设计方法直接考虑将生成零件作为钣金零件来开始建模：从最初的基体法兰特征开始，利用了钣金设计软件的所有功能和特殊工具、命令和选项。对几乎所有的钣金零件而言，这是一种最佳的方法。因为用户从最初的设计阶段开始就将生成零件作为钣金零件，所以消除了多余步骤。

（2）将实体零件转换成钣金零件

在设计钣金零件的过程中，可以按照常见的设计方法设计零件实体，然后将其转换为钣金零件，也可以在设计过程中先将零件展开，以便应用钣金零件的特定特征。由此可见，将一个已有的零件实体转换成钣金零件是本方法的典型应用。

7.3.1　使用基体法兰特征

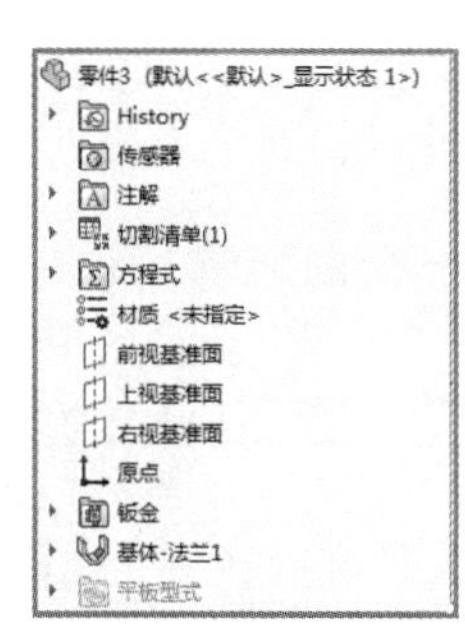

图 7-9　模型设计树

利用基体法兰命令生成一个钣金零件后，钣金特征将出现在如图 7-9 所示的模型设计树中。

该模型设计树包含 3 个特征，分别代表钣金的 3 个基本操作。

☑　钣金特征：包含钣金零件的定义。此特征保存了整个零件的默认折弯参数信息，如折弯半径、折弯系数和自动切释放槽（预切槽）比例等。

☑　基体法兰特征：该项是此钣金零件的第一个实体特征，包括深度和厚度等信息。

☑　平板型式特征：默认情况下，当零件处于折弯状态时，平板型式特征是被压缩的，将该特征解除压缩即展开钣金零件。

在模型设计树中，当平板型式特征被压缩时，添加到零件的所有新特征均自动插入平板型式特征上方。

在模型设计树中，当平板型式特征解除压缩后，新特征插入平板型式特征下方，并且不在折叠零件中显示。

7.3.2　用零件转换为钣金的特征

利用已经生成的零件转换为钣金特征时，首先在 SOLIDWORKS 中生成一个零件，通过插入“转换实体”按钮生成钣金零件，这时在模型设计树中只有钣金特征，如图 7-10 所示。

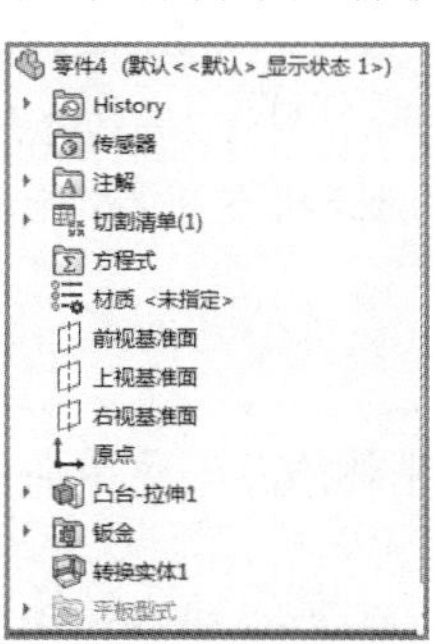

图 7-10　模型设计树

7.4　钣金特征

在 SOLIDWORKS 软件系统中，钣金零件是实体模型中结构比较特殊的一种，其具有带圆角的薄壁特征，整个零件的壁厚都相同，折弯半径都是选定的半径值。在设计过程中需要释放槽，软件能够加上。SOLIDWORKS 为了满足这类需求，定制了特殊的钣金工具，用于钣金设计。

7.4.1　法兰特征

基体法兰是新钣金零件的第一个特征。基体法兰被添加到 SOLIDWORKS 零件后，系统就会将该零件标记为钣金零件。折弯添加到适当位置，并且特定的钣金特征被添加到 FeatureManager 设计树中。

Note

1. 创建基体法兰

基体法兰特征是从草图生成的。草图可以是单一开环草图轮廓、单一闭环草图轮廓或多重封闭轮廓，如图 7-11 所示。

☑ 单一开环草图轮廓：单一开环草图轮廓可用于拉伸、旋转、剖面、路径、引导线以及钣金。典型的开环轮廓以直线或其草图实体绘制。

☑ 单一闭环草图轮廓：单一闭环草图轮廓可用于拉伸、旋转、剖面、路径、引导线以及钣金。典型的单一闭环轮廓是用圆、方形、闭环样条曲线以及其他封闭的几何形状绘制的。

☑ 多重封闭轮廓：多重封闭轮廓可用于拉伸、旋转以及钣金。如果有一个以上的轮廓，其中一个轮廓必须包含其他轮廓。典型的多重封闭轮廓是用圆、矩形以及其他封闭的几何形状绘制的。

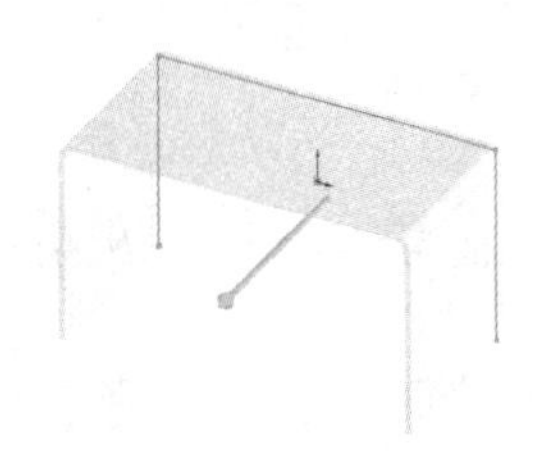

（a）单一开环草图轮廓生成基体法兰

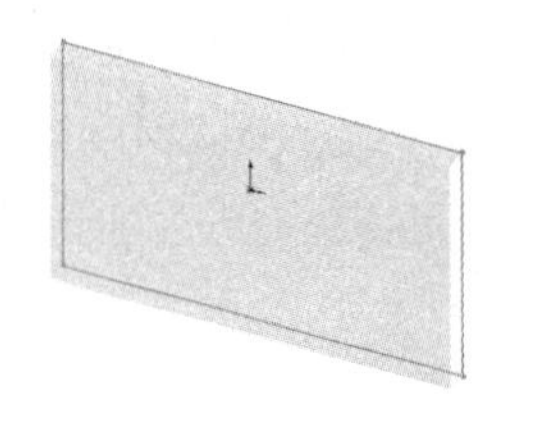

（b）单一闭环草图轮廓生成基体法兰

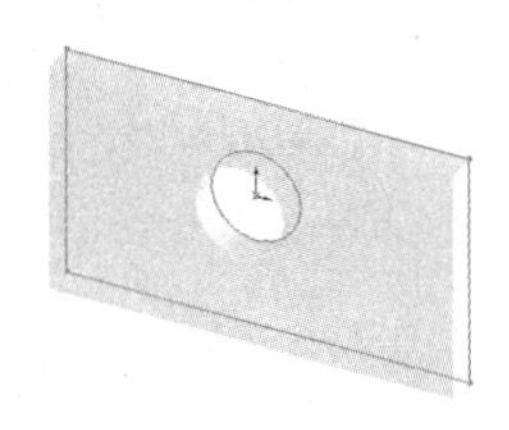

（c）多重封闭轮廓生成基体法兰

图 7-11　基体法兰图例

注意：

在一个 SOLIDWORKS 零件中只能有一个基体法兰特征，且样条曲线对于包含开环轮廓的钣金为无效的草图实体。

在进行基体法兰特征设计过程中，开环草图作为拉伸薄壁特征来处理，封闭的草图则作为展开的轮廓来处理。如果用户需要从钣金零件的展开状态开始设计钣金零件，可以使用封闭的草图建立基体法兰特征。

【操作步骤】

（1）选择“插入”→“钣金”→“基体法兰”菜单命令，或者单击“钣金”控制面板中的“基体-法兰/薄片”按钮。

（2）绘制基体法兰草图。在 FeatureManager 设计树中选择“前视基准面”作为绘图基准面，绘制草图，然后单击“退出草图”按钮，结果如图 7-12 所示。

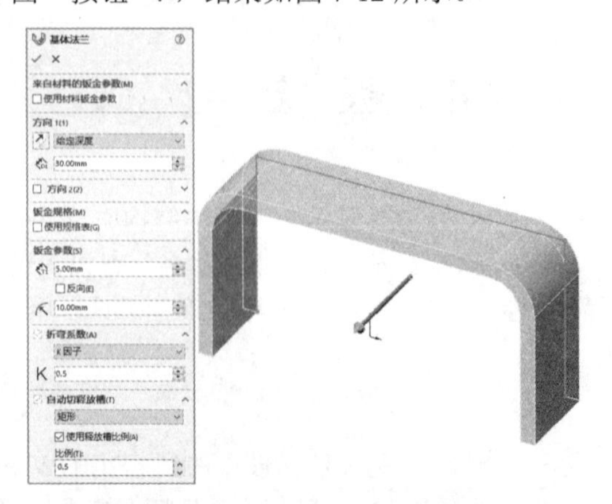

图 7-12　绘制基体法兰草图

（3）修改基体法兰参数。在“基体法兰”属性管理器中修改“深度”栏中的数值为 30 mm；“厚度”栏中的数值为 5 mm；“折弯半径”栏中的数值为 10 mm，然后单击“确定”按钮✔，生成的基体法兰实体如图 7-13 所示。

基体法兰在 FeatureManager 设计树中显示为“基体-法兰”，同时添加了其他两种特征：钣金和平板型式，如图 7-14 所示。

Note

2. 编辑钣金特征

在生成基体法兰特征时，同时生成钣金特征，如图 7-14 所示。通过对钣金特征的编辑，可以设置钣金零件的参数。

图 7-13　生成的基体法兰实体

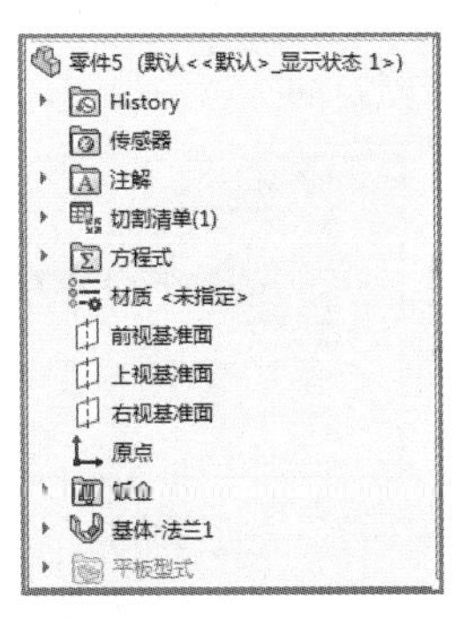

图 7-14　FeatureManager 设计树

在 FeatureManager 设计树中右键单击钣金特征，在弹出的快捷菜单中选择“编辑特征”，如图 7-15 所示，弹出“钣金”属性管理器，如图 7-16 所示。钣金特征中包含用来设计钣金零件的参数，这些参数可以在其他法兰特征生成的过程中设置，也可以在钣金特征中设置。

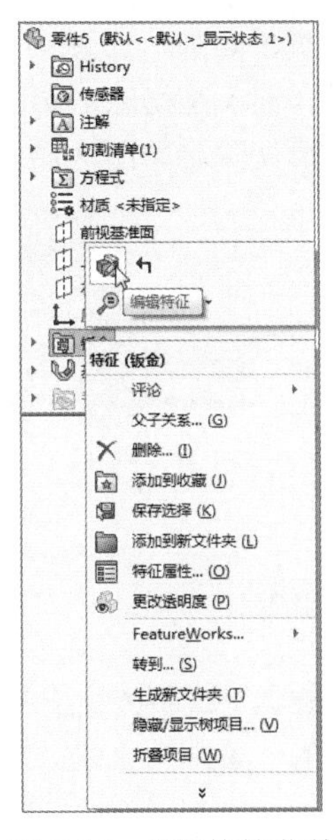

图 7-15　右键快捷菜单

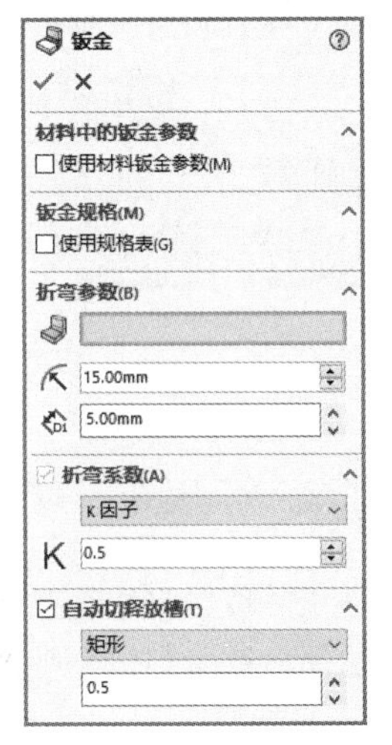

图 7-16　“钣金”属性管理器

（1）折弯参数

☑　固定的面和边：该选项被选中的面或边在展开时保持不变。使用基体法兰特征建立钣金零件时，该选项不可选。

Note

☑ 折弯半径：该选项定义了建立其他钣金特征时默认的折弯半径，也可以针对不同的折弯给定不同的半径值。

☑ 长度：创建的法兰的总长度。

（2）折弯系数

在“折弯系数”选项中，用户可以选择4种类型的折弯系数表，如图7-17所示。

☑ 折弯系数表：折弯系数表是一种指定材料（如钢和铝等）的表格，它包含基于板厚和折弯半径的折弯运算。折弯系数表是一个Excel表格文件，其扩展名为*.xls。可以通过选择菜单栏中的“插入”→“钣金”→“折弯系数表”→“从文件”命令，在当前的钣金零件中添加折弯系数表，也可以在“钣金”属性管理器的“折弯系数”下拉列表框中选择“折弯系数表”，选项，并选择指定的折弯系数表，或单击“浏览”按钮使用其他的折弯系数表，如图7-18所示。

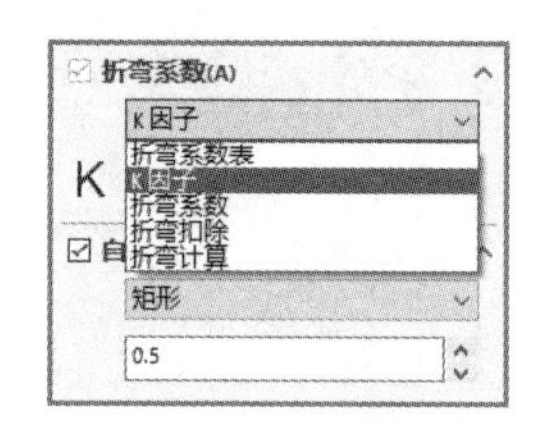

图7-17 “折弯系数”类型

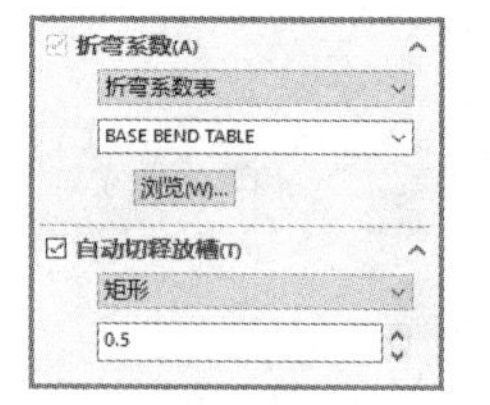

图7-18 选择“折弯系数表”

☑ K因子：K因子在折弯计算中是一个常数，它是内表面到中性面的距离与材料厚度的比率。

☑ 折弯系数和折弯扣除：可以根据用户的经验和工厂的实际情况给定一个实际的数值。

☑ 折弯计算：从清单中选择一个表，或单击“浏览”按钮浏览表格。

（3）自动切释放槽

在“自动切释放槽”下拉列表框中可以选择3种不同的释放槽类型。

☑ 矩形：在需要进行折弯释放的边上生成一个矩形切除，如图7-19（a）所示。

☑ 撕裂形：在需要撕裂的边和面之间生成一个撕裂口，而不是切除，如图7-19（b）所示。

☑ 矩圆形：在需要进行折弯释放的边上生成一个矩圆形切除，如图7-19（c）所示。

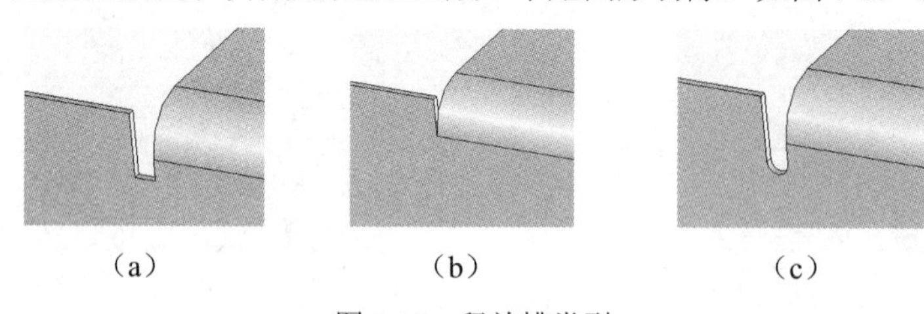
（a） （b） （c）

图7-19 释放槽类型

7.4.2 边线法兰

视频讲解

使用边线法兰特征工具可以将法兰添加到一条或多条边线上。添加边线法兰时，所选边线必须为线性。系统自动将褶边厚度链接到钣金零件的厚度上。轮廓的一条草图直线必须位于所选边线上。

【操作步骤】

（1）打开源文件“7.4.2 边线法兰.SLDPRT”。选择“插入”→“钣金”→“边线法兰”菜单命令，或者单击“钣金”控制面板中的“边线法兰”按钮，弹出“边线-法兰”属性管理器，如图7-20（a）所示。选择钣金零件的一条边，在“边线-法兰”属性管理器的选择边线栏中将显示所选择的边线，如图7-20（b）所示。

Note

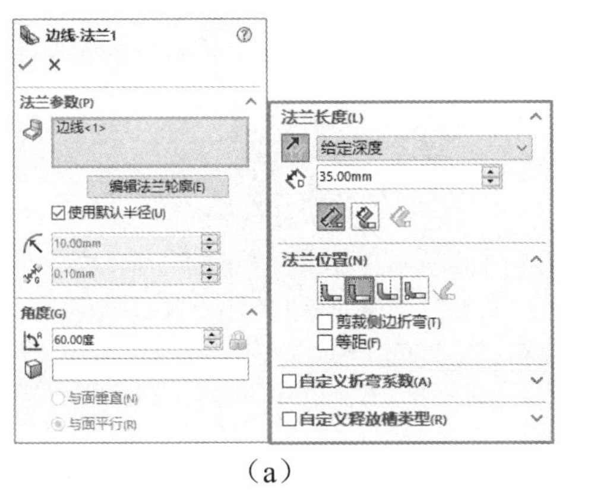

（a）

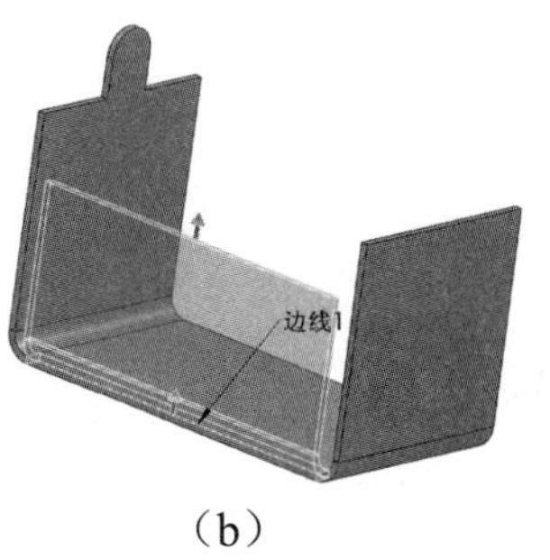

（b）

图 7-20　添加边线法兰

（2）设定法兰角度和长度。在角度输入栏中输入 60 度。在“法兰长度”-栏选择“给定深度”选项，同时输入 35 mm。由“外部虚拟交点”或“内部虚拟交点”和“双弯曲”来决定长度开始测量的位置，如图 7-21 和图 7-22 所示。

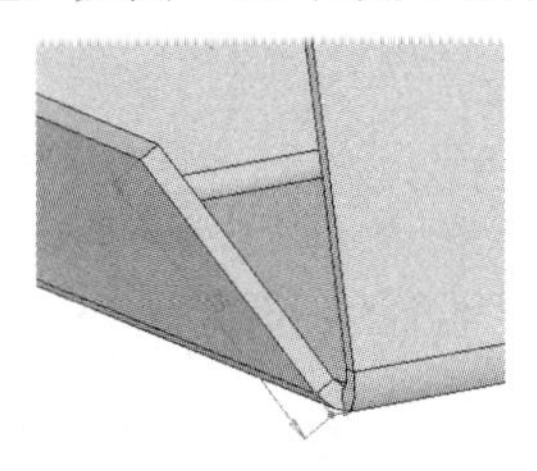

图 7-21　采用“外部虚拟交点”确定法兰长度

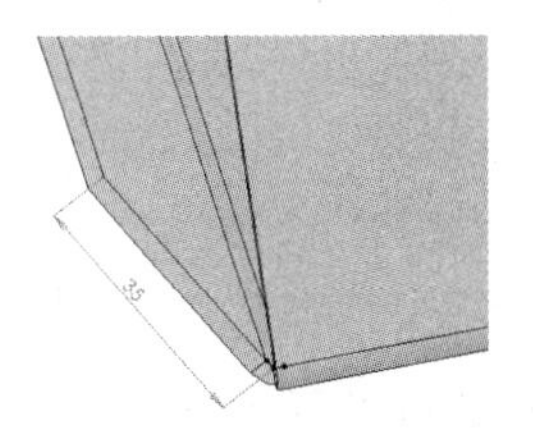

图 7-22　采用“内部虚拟交点”确定法兰长度

（3）设定法兰位置。在“法兰位置”中有 5 种选项可供选择，即“材料在内”、“材料在外”、“折弯向外”、“虚拟交点中的折弯”（见图 7-23～图 7-26）和“与折弯相切”，不同的选项产生的法兰位置不同。在本实例中，选择“材料在外”选项，生成的边线法兰如图 7-27 所示。

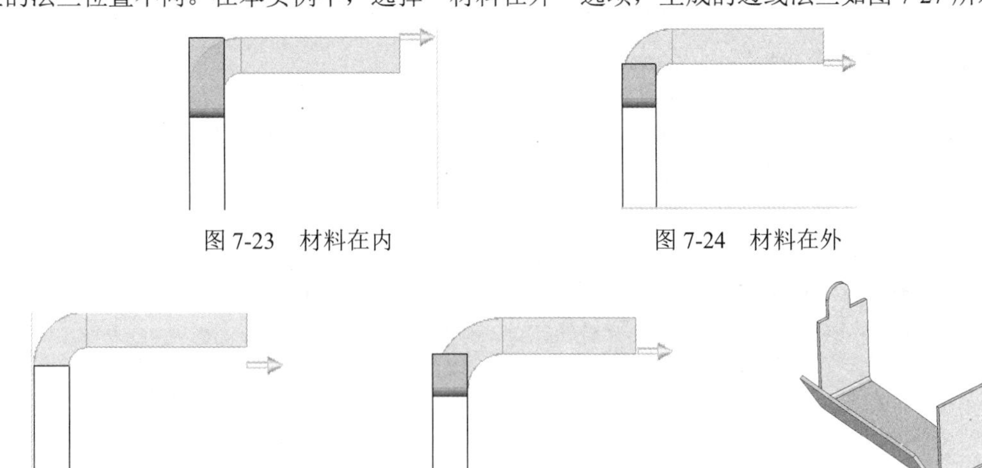

图 7-23　材料在内

图 7-24　材料在外

图 7-25　折弯向外

图 7-26　虚拟交点中的折弯

图 7-27　生成的边线法兰

生成边线法兰时，如果要切除邻近折弯的多余材料，可在“边线-法兰”属性管理器中选中“剪裁侧边折弯”复选框，结果如图 7-28 所示。欲从钣金实体等距法兰，选中“等距”复选框，然后设

Note

定等距终止条件及其相应参数，如图 7-29 所示。

图 7-28　生成边线法兰时剪裁侧边折弯　　图 7-29　生成边线法兰时生成等距法兰

7.4.3　斜接法兰

视频讲解

斜接法兰特征可将一系列法兰添加到钣金零件的一条或多条边线上。生成斜接法兰特征之前首先要绘制法兰草图，斜接法兰的草图可以是直线或圆弧。使用圆弧绘制草图生成斜接法兰时，圆弧不能与钣金零件厚度边线相切，图 7-30 所示的圆弧不能生成斜接法兰；圆弧可与长边线相切，或在圆弧和厚度边线之间放置一小段草图直线，如图 7-31 和图 7-32 所示，这样可以生成斜接法兰。

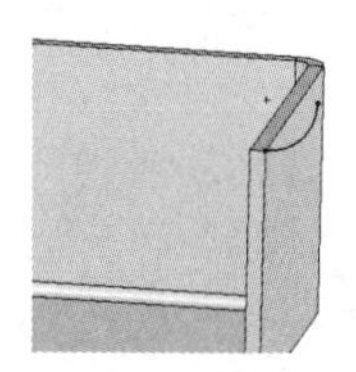

图 7-30　圆弧与厚度边线相切

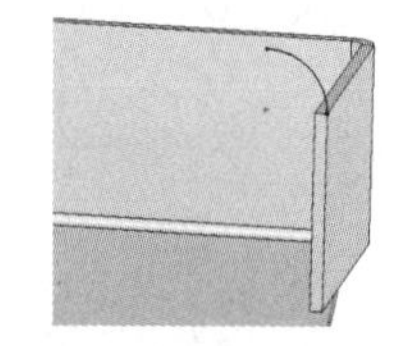

图 7-31　圆弧与长度边线相切

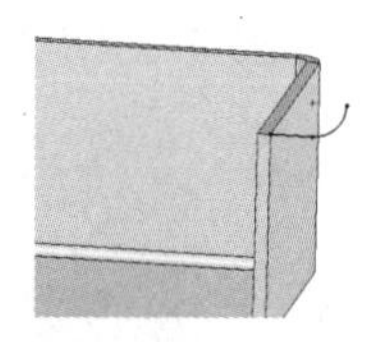

图 7-32　圆弧通过直线与厚度边线相切

斜接法兰轮廓可以包括一个以上的连续直线。例如，它可以是 L 形轮廓。草图基准面必须垂直于生成斜接法兰的第一条边线。系统自动将褶边厚度链接到钣金零件的厚度上。可以在一系列相切或非相切边线上生成斜接法兰特征。可以指定法兰的等距，而不是在钣金零件的整条边线上生成斜接法兰。

【操作步骤】

（1）打开源文件“7.4.3 斜接法兰.SLDPRT”。选择如图 7-33 所示的零件表面作为绘制草图的基准面，绘制直线草图，直线长度为 20 mm。

（2）选择“插入”→“钣金”→“斜接法兰”菜单命令，或者单击“钣金”控制面板中的“斜接法兰”按钮，弹出“斜接法兰”属性管理器，如图 7-34 所示。系统随即会选定斜接法兰特征的第一条边线，且图形区域中会出现斜接法兰的预览。

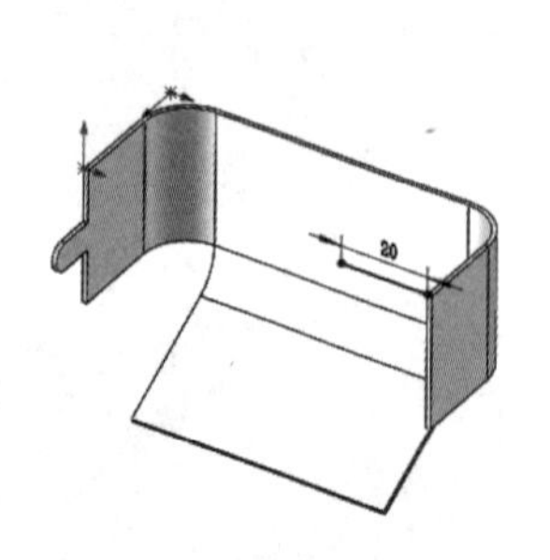

图 7-33　绘制直线草图

图 7-34　“斜接法兰”属性管理器

（3）单击选择钣金零件的其他边线，结果如图 7-35 所示。然后单击“确定”按钮✔，生成斜接法兰，如图 7-36 所示。

Note

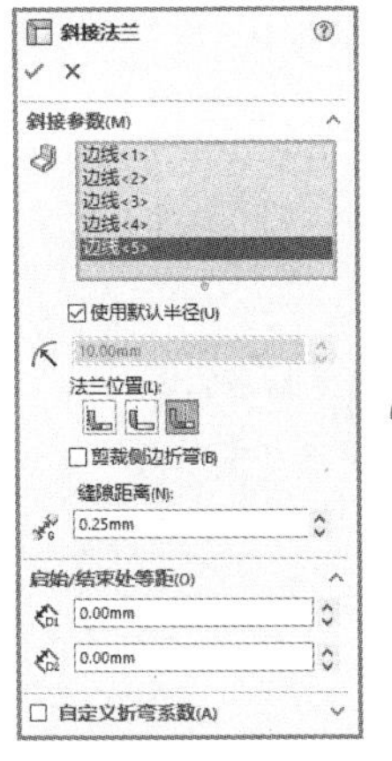

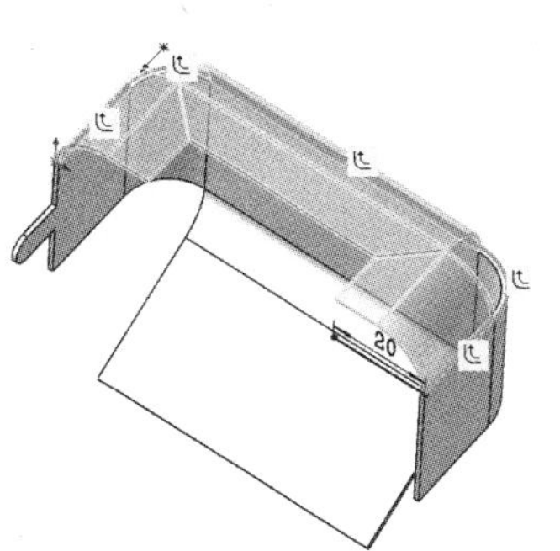

图 7-35　选择斜接法兰其他边线

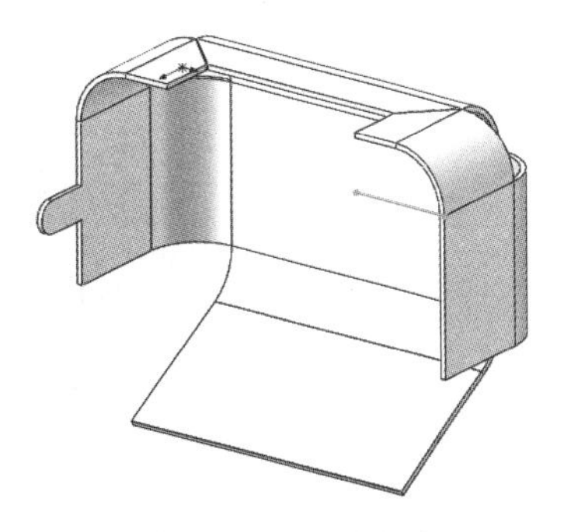

图 7-36　生成斜接法兰

注意：

如有必要，可为部分斜接法兰指定等距距离。在“斜接法兰”属性管理器的“启始/结束处等距”文本框中输入“开始等距距离”和“结束等距距离”数值。（如果想使斜接法兰跨越模型的整个边线，将这些数值设置为零。）其他参数设置可以参考前文中边线法兰的讲解。

7.4.4　褶边特征

视频讲解

褶边工具可将褶边添加到钣金零件的所选边线上。生成褶边特征时所选边线必须为直线，斜接边角被自动添加到交叉褶边上。如果选择多个要添加褶边的边线，则这些边线必须在同一个面上。

【操作步骤】

（1）打开源文件“7.4.4 褶边特征.SLDPRT”。选择“插入”→“钣金”→“褶边”菜单命令，或者单击“钣金”控制面板中的“褶边”按钮，弹出“褶边”属性管理器。在图形区域中选择想添加褶边的边线，如图 7-37 所示。

（2）在“褶边”属性管理器中选择“材料在内”选项，在“类型和大小”栏中选择“打开”选项，其他选项采取默认设置。然后单击“确定”按钮，生成褶边，如图 7-38 所示。

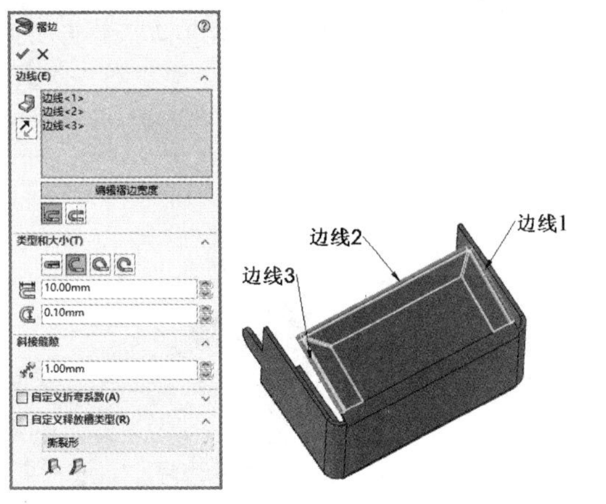

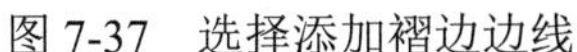

图 7-37　选择添加褶边边线

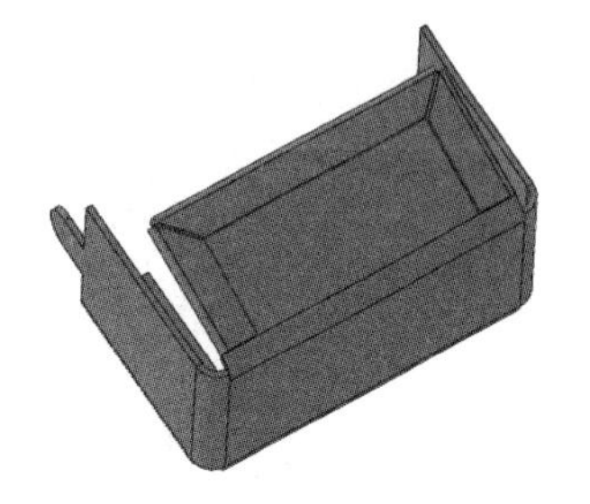

图 7-38　生成褶边

褶边类型共有 4 种，分别是“闭环”（见图 7-39）、“开环”（见图 7-40）、“撕裂形”（见

图 7-41）和“滚轧”（见图 7-42）。每种类型褶边都有其对应的尺寸设置参数。长度参数只应用于闭环和开环褶边，间隙距离参数只应用于开环褶边，角度参数只应用于撕裂形和滚轧褶边，半径参数只应用于撕裂形和滚轧褶边。

Note

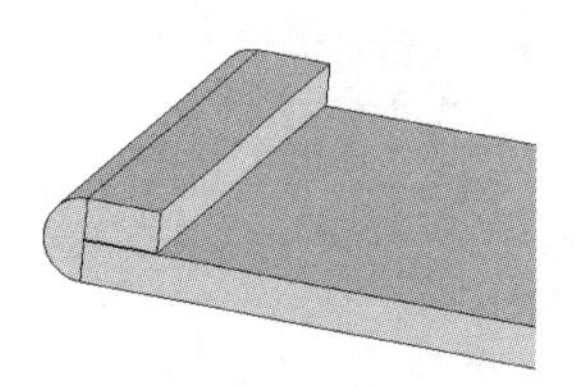

图 7-39　闭环类型褶边

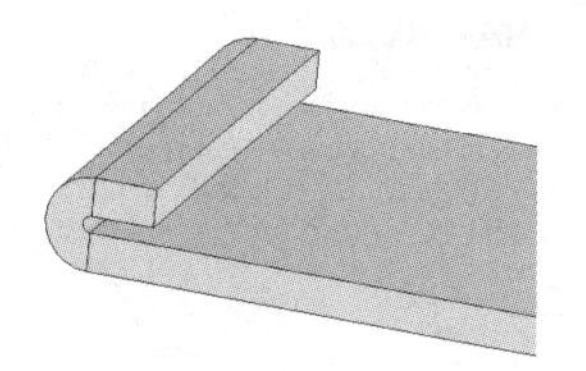

图 7-40　开环类型褶边

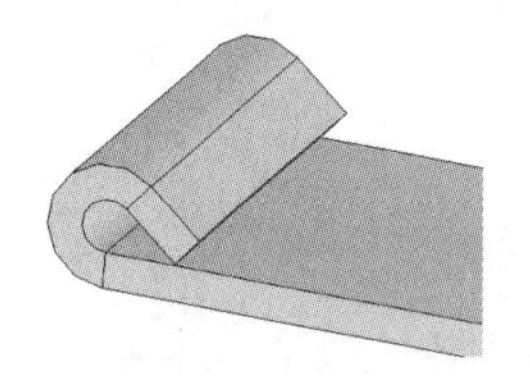

图 7-41　撕裂形类型褶边

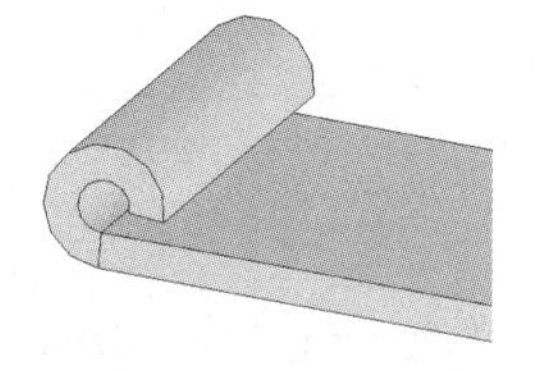

图 7-42　滚轧类型褶边

选择多条边线添加褶边时，在“褶边”属性管理器中可以通过设置“斜接缝隙”的“切口缝隙”数值来设定这些褶边之间的缝隙，斜接边角被自动添加到交叉褶边上。例如，输入数值 3，上述实例将更改为图 7-43 所示形式。

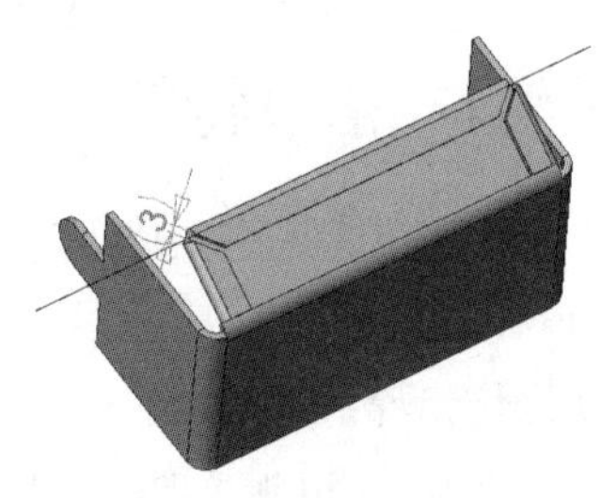

图 7-43　更改褶边之间的间隙

7.4.5　绘制的折弯特征

视频讲解

对于绘制的折弯特征，用户可以在钣金零件处于折叠状态时绘制草图，将折弯线添加到零件中。在草图中，用户只能使用直线，可为每个草图添加多条直线。折弯线的长度不一定与被折弯的面的长度相同。

【操作步骤】

（1）打开源文件“7.4.5 折弯特征.SLDPRT”。选择“插入”→“钣金”→“绘制的折弯”菜单命令，或者单击“钣金”控制面板中的“绘制的折弯”按钮，系统提示选择“平面来生成折弯线”和选择“现有草图为特征所用”，如图 7-44 所示。如果没有绘制好草图，可以首先选择基准面绘制一条直线；如果已经绘制好了草图，可以选择绘制好的直线，系统弹出“绘制的折弯”属性管理器，如图 7-45 所示。

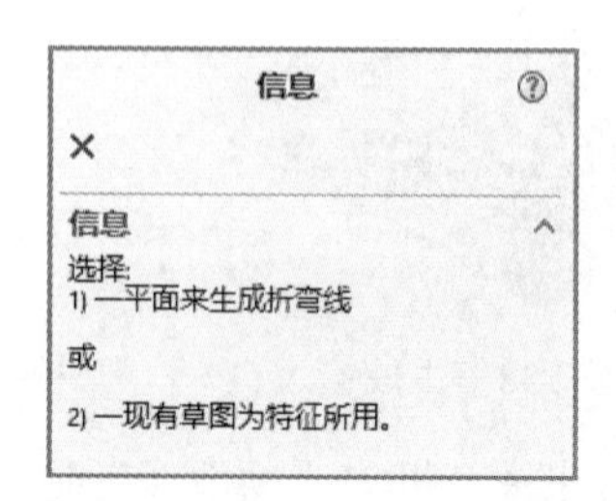

图 7-44　绘制的折弯提示信息

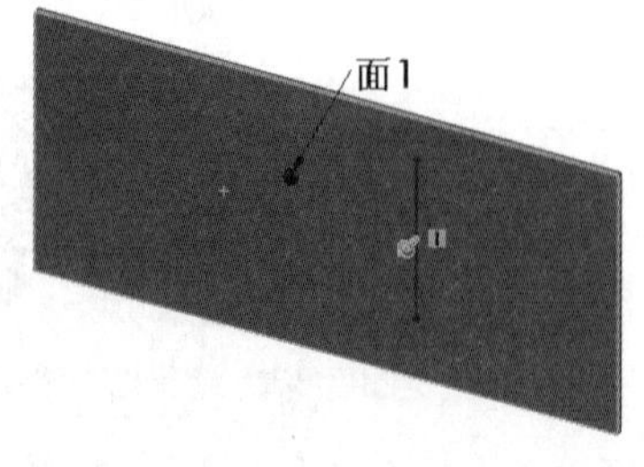

图 7-45　“绘制的折弯”属性管理器

（2）在图形区域中选择如图 7-45 所示的面作为固定面，选择“折弯位置”选项中的“折弯中心线”，输入角度值 90.00 度，输入折弯半径值 10.00 mm，单击“确定”按钮✓。

（3）用鼠标右键单击 FeatureManager 设计树中绘制的折弯 1 特征的草图，在弹出的快捷菜单中单击“显示”按钮，如图 7-46 所示，绘制的直线将显示出来，生成绘制的折弯如图 7-47 所示。其他选项生成折弯特征的效果可以参考前文中的讲解。

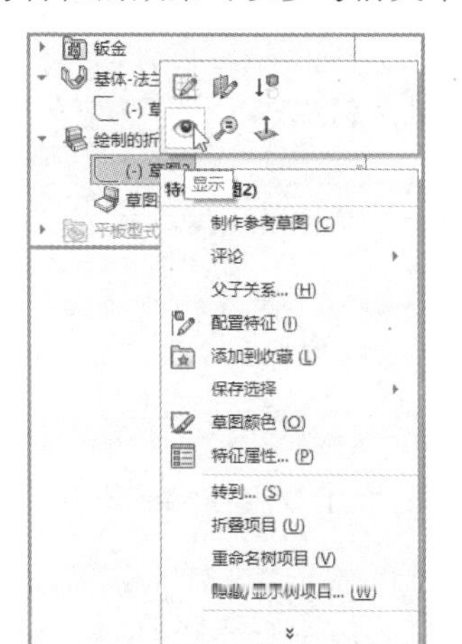

图 7-46　显示草图

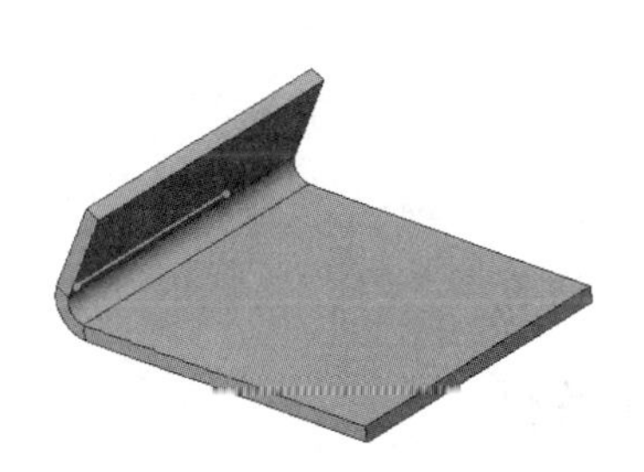

图 7-47　生成绘制的折弯

7.4.6　闭合角特征

视频讲解

使用闭合角特征工具可以在钣金法兰之间添加闭合角，即在钣金特征之间添加材料。

通过闭合角特征工具可以完成以下功能：通过选择面为钣金零件同时闭合多个边角；关闭非垂直边角；将闭合边角应用到带有 90°以外折弯的法兰；调整缝隙距离，即由边界角特征所添加的两个材料截面之间的距离；调整重叠/欠重叠比率，数值 1 表示重叠和欠重叠相等；闭合或打开折弯区域。

【操作步骤】

（1）打开源文件“7.4.6 闭合角特征.SLDPRT”。选择“插入”→“钣金”→“闭合角”菜单命令，或者单击“钣金”控制面板中的“闭合角”按钮，弹出“闭合角”属性管理器，选择需要延伸的面，如图 7-48 所示。

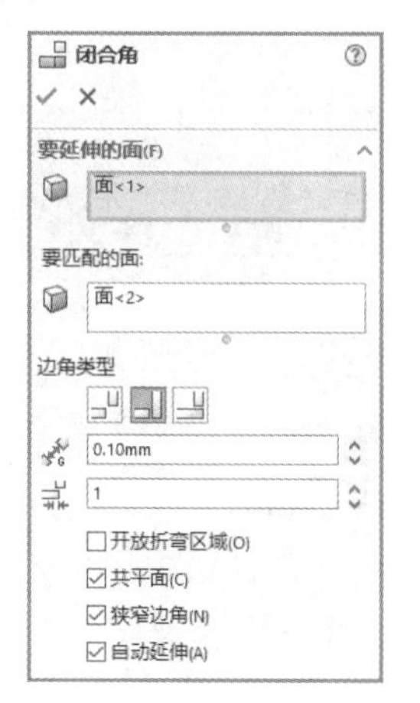

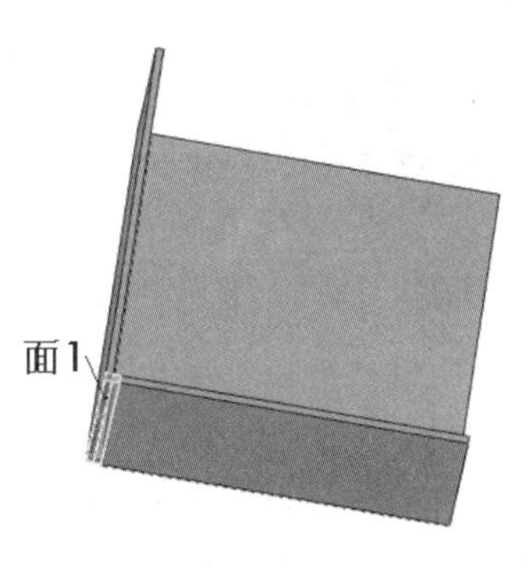

图 7-48　选择需要延伸的面

（2）选择“边角类型”中的“重叠”选项，单击“确定”按钮✔，系统提示错误，不能生成闭合角，原因有可能是缝隙距离太小。单击“确定”按钮，关闭错误提示框。

（3）在缝隙距离输入栏中更改缝隙距离数值为 0.60 mm，单击“确定”按钮✔，生成“重叠”类型闭合角，如图 7-49 所示。

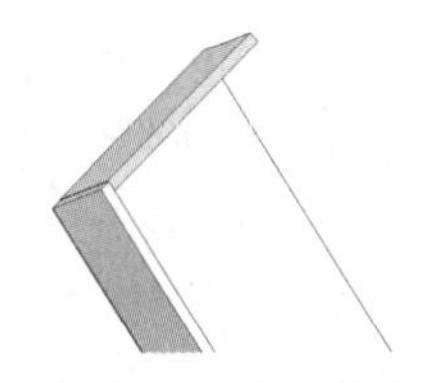

图 7-49　生成“重叠”类型闭合角

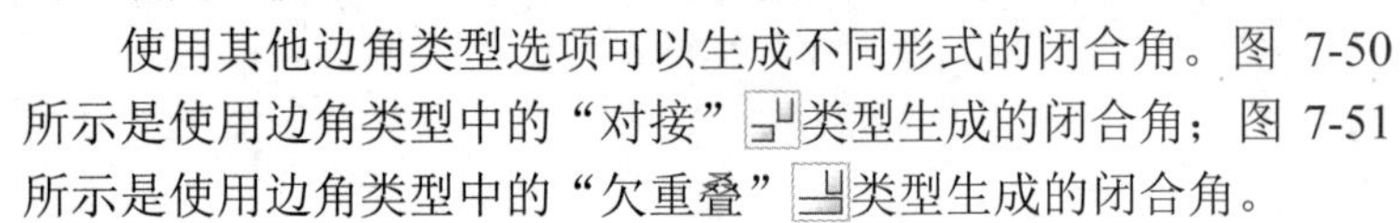

使用其他边角类型选项可以生成不同形式的闭合角。图 7-50 所示是使用边角类型中的“对接”类型生成的闭合角；图 7-51 所示是使用边角类型中的“欠重叠”类型生成的闭合角。

图 7-50　“对接”类型闭合角

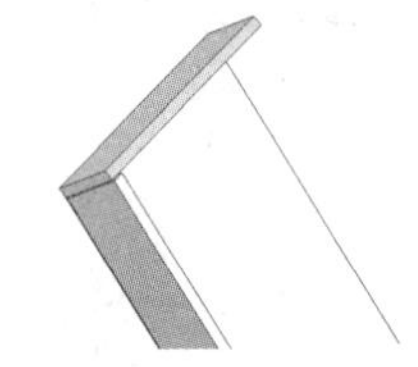

图 7-51　“欠重叠”类型闭合角

7.4.7　转折特征

视频讲解

使用转折特征工具可以在钣金零件上通过草图直线生成两个折弯。生成转折特征的草图必须只包含一条直线。不必一定是水平直线和垂直直线。折弯线的长度不必与正折弯的面的长度相同。

【操作步骤】

（1）打开源文件“7.4.7 转折特征.SLDPRT”。在生成转折特征之前，首先绘制草图，选择钣金零件的上表面作为绘图基准面，绘制一条直线，如图 7-52 所示。

（2）在绘制的草图被打开的状态下，选择“插入”→“钣金”→“转折”菜单命令，或者单击“钣金”控制面板中的“转折”按钮，弹出“转折”属性管理器，选择箭头所指的面作为固定面，如图 7-53 所示。

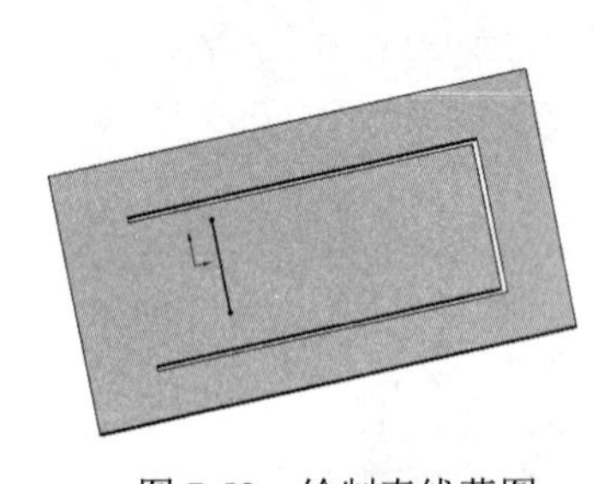

图 7-52　绘制直线草图

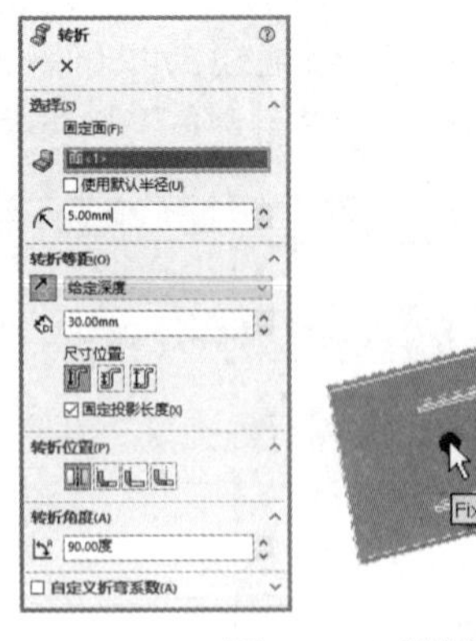

图 7-53　“转折”属性管理器

（3）取消选中“使用默认半径”复选框，输入半径值 5 mm。在“转折等距”栏中输入等距距离为 30 mm。在“尺寸位置”栏中选择“外部等距”，并且选中“固定投影长度”复选框。在“转折位置”栏中选择“折弯中心线”，其他选项采用默认设置，单击“确定”按钮✔，生成转折特征，如图 7-54 所示。

生成转折特征时，可在“转折”属性管理器中选择不同的尺寸位置。无论用户是否选择“固定投

影长度”，系统都将生成不同的转折特征。上述实例中使用“外部等距”选项生成的转折如图 7-55 所示；使用“内部等距”选项生成的转折如图 7-56 所示；使用“总尺寸”选项生成的转折如图 7-57 所示。取消选中“固定投影长度”复选框后，生成的转折投影长度将减小，如图 7-58 所示。

Note

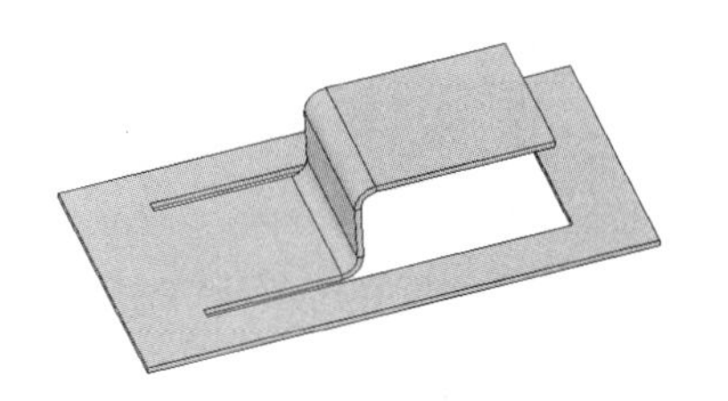

图 7-54　生成转折特征

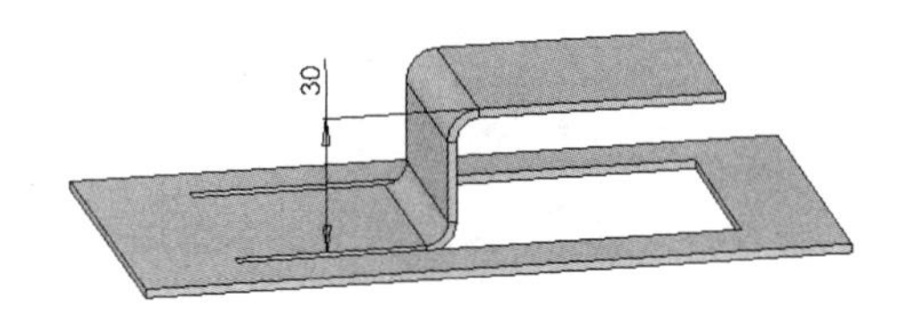

图 7-55　使用“外部等距”选项生成的转折

在转折位置栏中还有不同的选项可供选择，在前面的特征工具中已经讲解过，这里不再重复。

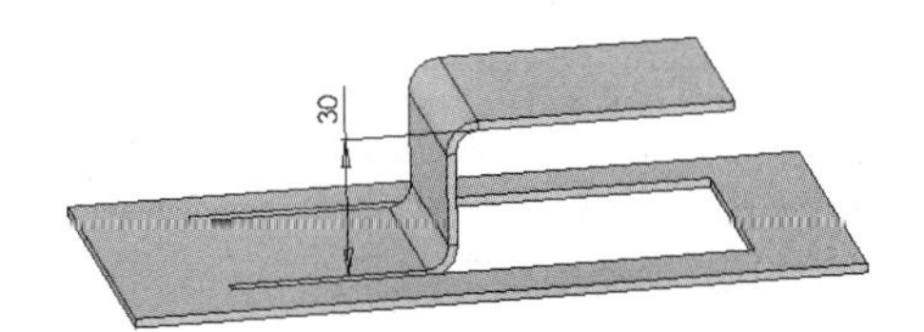

图 7-56　使用“内部等距”选项生成的转折

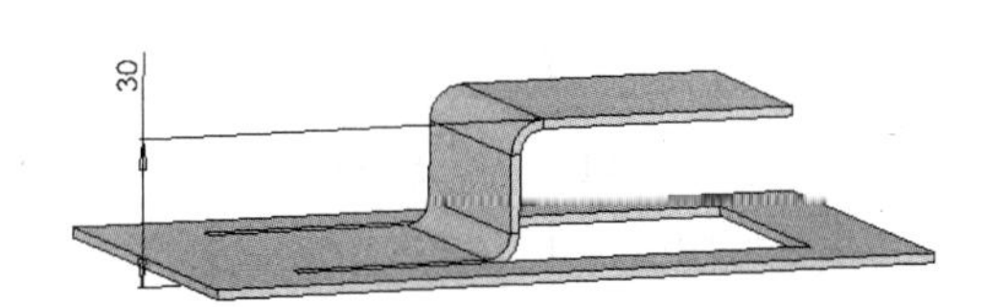

图 7-57　使用“总尺寸”选项生成的转折

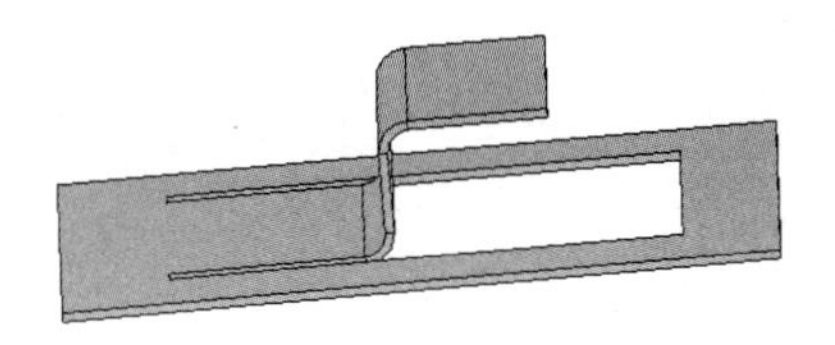

图 7-58　取消选中“固定投影长度”复选框生成的转折

7.4.8　放样折弯特征

使用放样折弯特征工具可以在钣金零件中生成放样的折弯。放样的折弯和零件实体设计中的放样特征相似，需要两个草图才可以进行放样操作。草图必须为开环轮廓，轮廓开口应同向对齐，以使平板形式更精确。草图不能有尖锐边线。

视频讲解

【操作步骤】

（1）首先绘制第一个草图。在 FeatureManager 设计树中选择“上视基准面”作为绘图基准面，然后选择菜单栏中的“工具”→“草图绘制实体”→“多边形”命令或者单击“草图”控制面板中的“多边形”按钮，绘制一个六边形，标注六边形内接圆的直径值为 80.00 mm。将六边形尖角进行圆角处理，半径值为 10.00 mm，如图 7-59 所示。绘制一条竖直的构造线，然后绘制两条与构造线平行的直线，单击“添加几何关系”按钮，选择两条竖直直线和构造线添加“对称”几何关系，然后标注两条竖直直线的距离值为 0.1mm，如图 7-60 所示。

（2）单击“草图”控制面板中的“剪裁实体”按钮，对竖直直线和六边形进行剪裁，最后使六边形具有 0.10 mm 宽的缺口，从而使草图为开环，如图 7-61 所示，然后单击“退出草图”按钮。

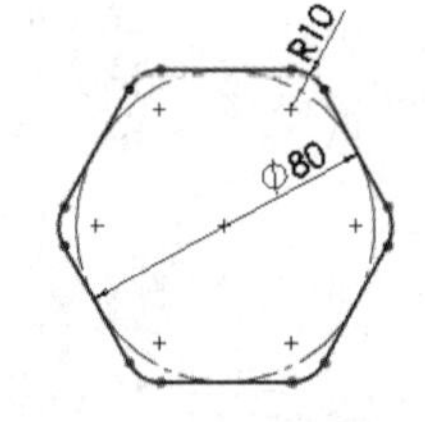

图 7-59　绘制六边形

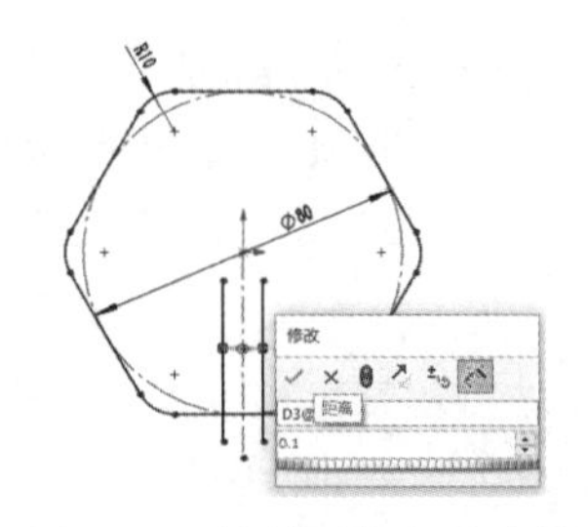

图 7-60　绘制两条竖直直线

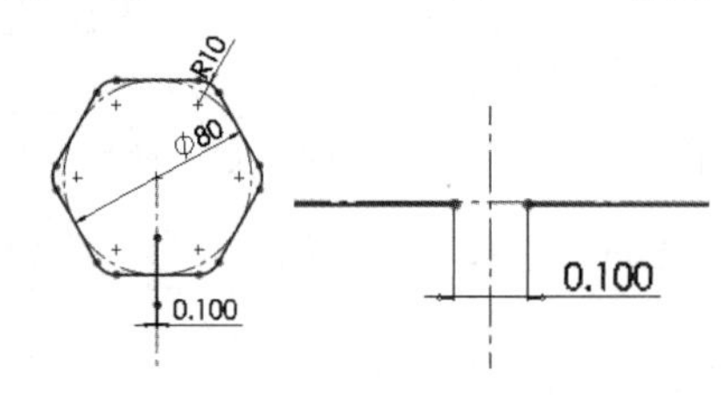

图 7-61　绘制缺口使草图为开环

（3）绘制第二个草图。选择"插入"→"参考几何体"→"基准面"菜单命令，或者单击"特征"面板"参考几何体"下拉列表中的"基准面"按钮，弹出"基准面"属性管理器，在"第一参考"栏中选择上视基准面，输入距离值 80.00 mm，生成与上视基准面平行的基准面，如图 7-62 所示。使用与上述相似的操作方法，在圆草图上绘制一个 0.10 mm 宽的缺口，使圆草图为开环，如图 7-63 所示，然后单击"退出草图"按钮。

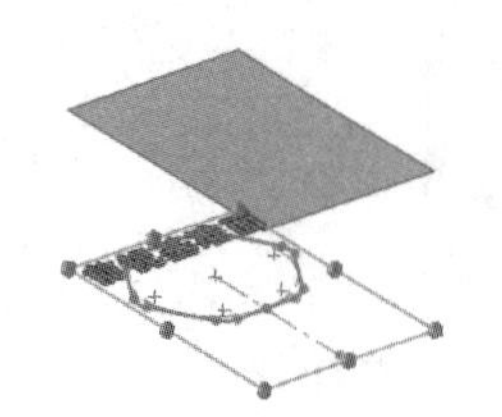

图 7-62　生成基准面

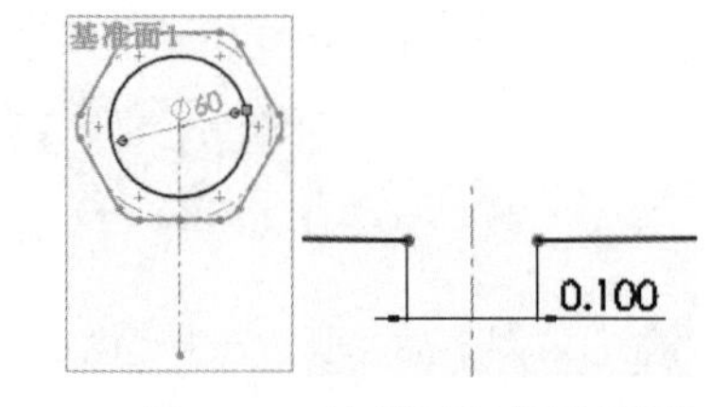

图 7-63　绘制开环的圆草图

（4）选择"插入"→"钣金"→"放样的折弯"菜单命令，或者单击"钣金"控制面板中的"放样折弯"按钮，弹出"放样折弯"属性管理器，在图形区域中选择两个草图，起点位置要对齐。设置厚度值为 1 mm，单击"确定"按钮，生成的放样折弯特征如图 7-64 所示。

注意：

基体法兰特征不与放样的折弯特征一起使用。放样折弯使用 K-因子和折弯系数来计算折弯。放样的折弯不能被镜像。选择两个草图时，起点位置要对齐，即要在草图的相同位置，否则将不能生成放样折弯。如图 7-65 所示，箭头所选起点不能生成放样折弯。

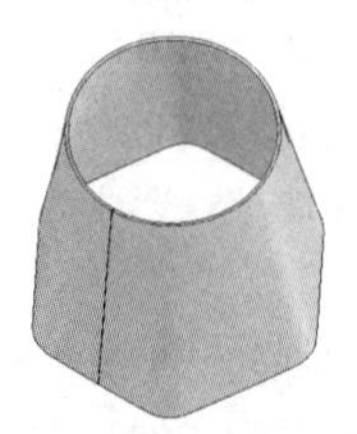

图 7-64　生成的放样折弯特征

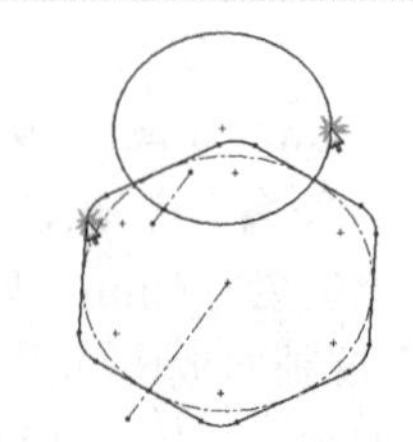

图 7-65　错误的草图起点

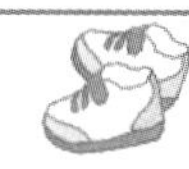

7.4.9　切口特征

使用切口特征工具可以在钣金零件或者其他任意的实体零件上生成切口特征。能够生成切口特征的零件应该具有一个相邻平面且厚度一致，这些相邻平面形成一条或多条线性边线或一组连续的线性边线，而且是通过平面的单一线性实体。

在零件上生成切口特征时，可以沿所选内部或外部模型边线生成，或者从线性草图实体生成，也可以通过组合模型边线和单一线性草图实体生成切口特征。下面在一壳体零件（见图 7-66）上生成切口特征。

【操作步骤】

（1）打开源文件“7.4.9 切口特征.SLDPRT”。将壳体零件的上表面作为绘图基准面，然后单击“视图（前导）”工具栏中的“正视于”按钮，单击“草图”控制面板中的“直线”按钮，绘制一条直线，如图 7-67 所示。

（2）选择“插入”→“钣金”→“切口”菜单命令，或者单击“钣金”控制面板中的“切口”按钮，弹出“切口”属性管理器，选择绘制的直线和一条边线来生成切口，如图 7-68 所示。

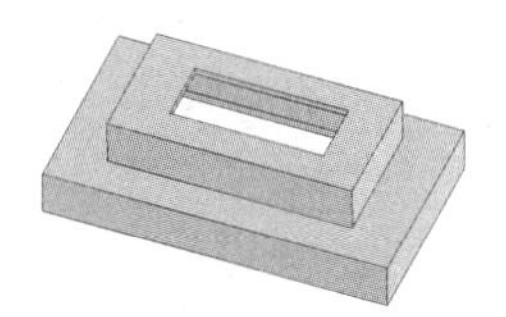

图 7-66　壳体零件

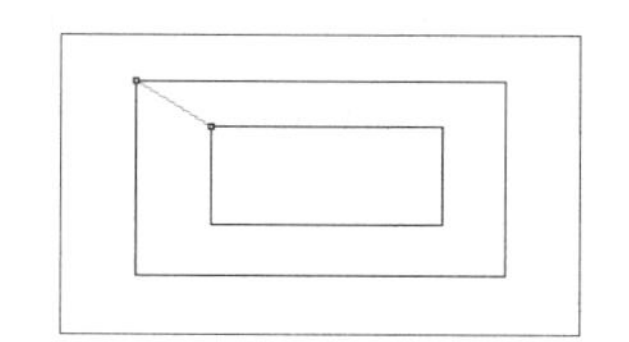

图 7-67　绘制直线

（3）在“切口”属性管理器中的“切口缝隙”输入框中输入数值 0.1 mm，单击“改变方向”按钮可以改变切口的方向。每单击一次“改变方向”按钮，切口都会切换到一个新方向。单击“确定”按钮✔，生成切口特征，如图 7-69 所示。

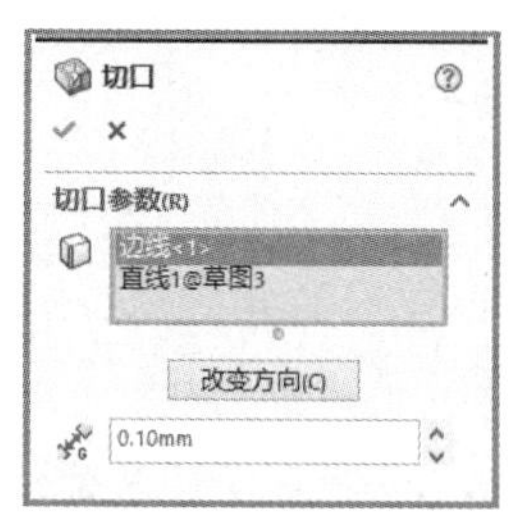

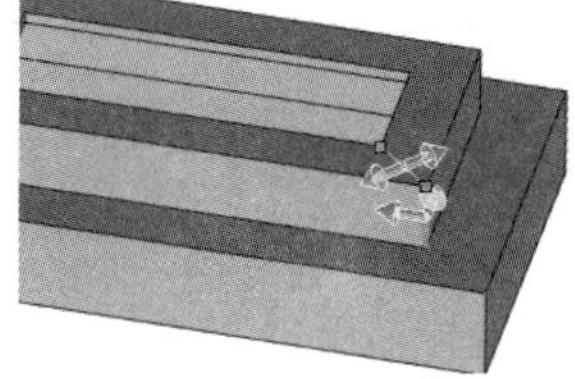

图 7-68 “切口”属性管理器

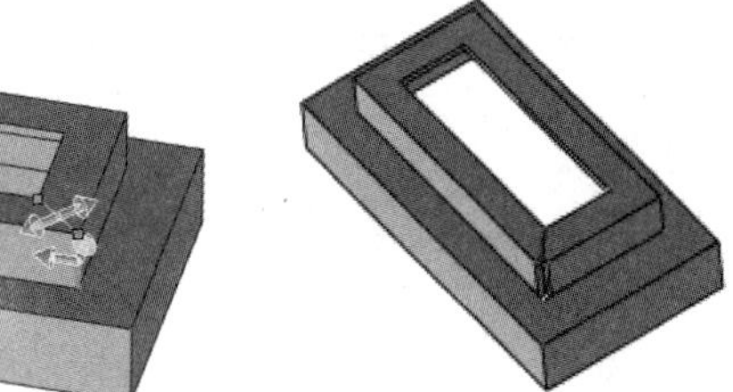

图 7-69　生成切口特征

注意：

在钣金零件上生成切口特征，操作方法与上文中的讲解相同。

7.4.10　展开钣金折弯

展开钣金零件的折弯有两种方式：一种是将整个钣金零件展开；另外一种是将钣金零件部分展开。

1. 将整个钣金零件展开

打开源文件“7.4.10 整个钣金零件展开.SLDPRT”。要展开整个零件，如果在钣金零件的 FeatureManager 设计树中，平板型式特征存在，可以用鼠标右键单击平板型式 1 特征，在弹出的快捷

Note

菜单中单击“解除压缩”按钮，如图 7-70 所示。或者单击“钣金”控制面板中的“展开”按钮，展开整个钣金零件，如图 7-71 所示。

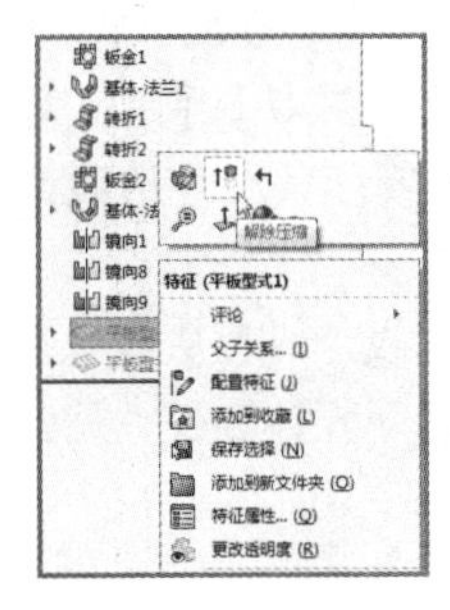

图 7-70 解除平板特征的压缩

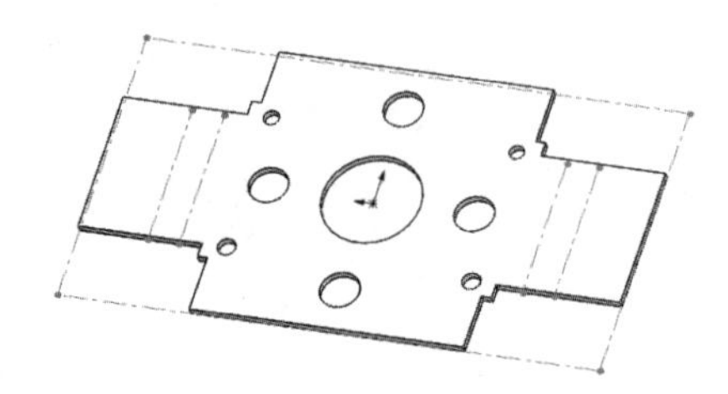

图 7-71 展开整个钣金零件

注意：

当使用此方法展开整个零件时，将应用边角处理以生成干净、展开的钣金零件，以使在制造过程中不会出错。如果不想应用边角处理，可以用鼠标右键单击平板型式，在弹出的快捷菜单中选择“配置特征”命令，在“平板型式”属性管理器中取消选中“边角处理”复选框，如图 7-72 所示。

要将整个钣金零件折叠，可以右击钣金零件 FeatureManager 设计树中的平板型形式特征，在弹出的快捷菜单中选择“压缩”命令，或者单击“钣金”控制面板中的“展开”按钮，使此按钮弹起，即可以将钣金零件折叠。

2. 将钣金零件部分展开

视频讲解

要展开或折叠钣金零件的一个、多个或所有折弯，可使用展开和折叠特征工具。使用此展开特征工具可以沿折弯添加切除特征。首先添加一个展开特征来展开折弯，然后添加切除特征，最后添加一个折叠特征，将折弯返回到其折叠状态。

【操作步骤】

（1）执行命令。选择“插入”→“钣金”→“展开”菜单命令，或者单击“钣金”控制面板中的“展开”按钮，弹出“展开”属性管理器，如图 7-73 所示。

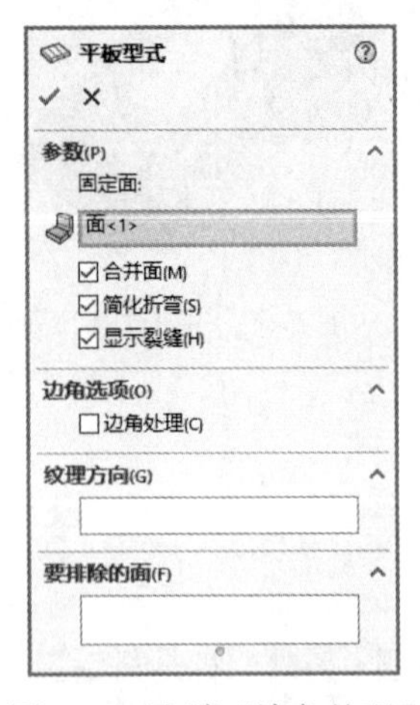

图 7-72 取消“边角处理”

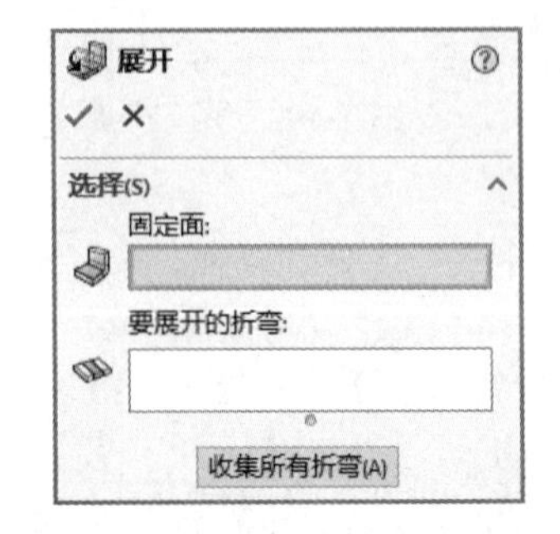

图 7-73 “展开”属性管理器

（2）设置“展开”属性管理器。在图形区域中选择箭头所指的面作为固定面，选择箭头所指的折弯作为要展开的折弯，如图 7-74 所示。单击“确定”按钮✔，展开一个折弯，如图 7-75 所示。

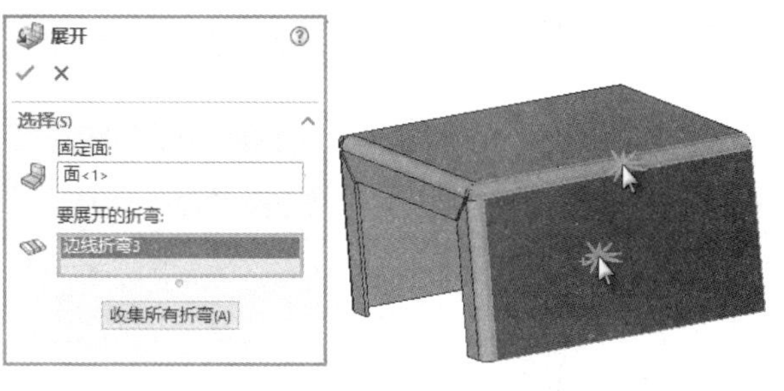

图 7-74　选择固定面和要展开的折弯

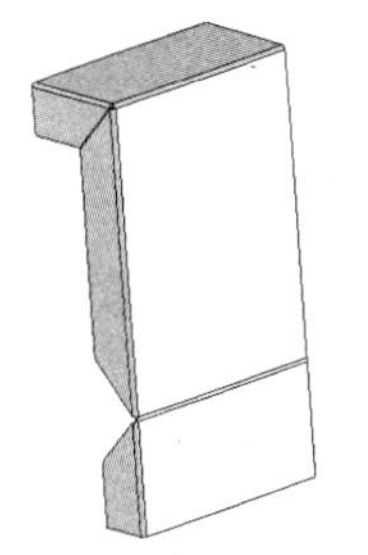

图 7-75　展开一个折弯

Note

（3）绘制草图。选择钣金零件上箭头所指的表面作为绘图基准面，如图 7-76 所示，然后单击“视图（前导）”工具栏中的“正视于”按钮，单击“草图”控制面板中的“边角矩形”按钮，绘制矩形草图，如图 7-77 所示。

（4）切除实体。选择“插入”→“切除”→“拉伸”菜单命令，或者单击“特征”控制面板中的“切除拉伸”按钮，在弹出的“切除-拉伸”属性管理器的“终止条件”一栏中选择“完全贯穿”，然后单击“确定”按钮✔，生成切除拉伸特征，如图 7-78 所示。

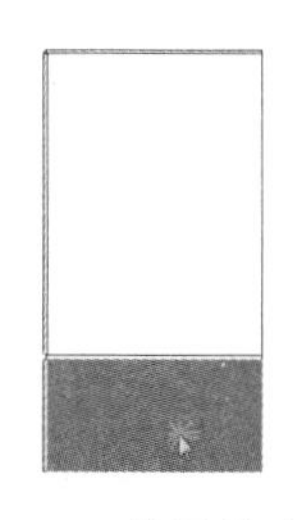

图 7-76　设置基准面

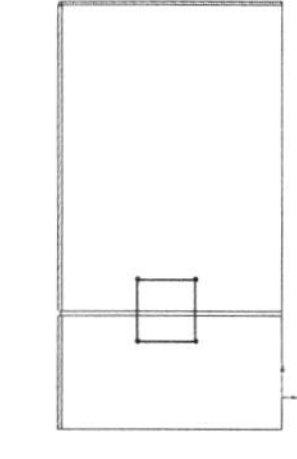

图 7-77　绘制矩形草图

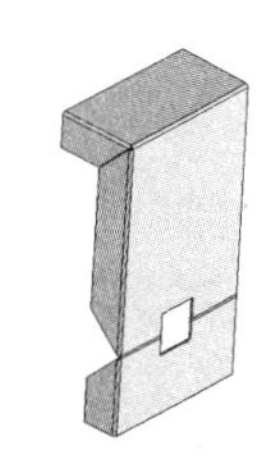

图 7-78　生成切除拉伸特征

（5）执行折叠折弯命令。选择“插入”→“钣金”→“折叠”菜单命令，或者单击“钣金”控制面板中的“折叠”按钮，弹出“折叠”属性管理器。

（6）折叠折弯操作。在图形区域中选择在展开操作中选择的面作为固定面，选择展开的折弯作为要折叠的折弯，单击“确定” 按钮✔，将钣金零件重新折叠，如图 7-79 所示。

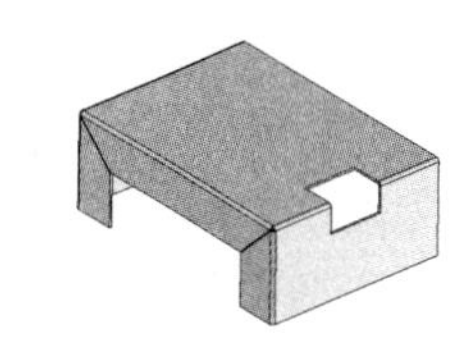

图 7-79　将钣金零件重新折叠

注意：

在设计过程中，为了使系统性能更好，只展开和折叠正在操作项目的折弯。在“展开”属性管理器和“折叠”属性管理器中单击“收集所有折弯”按钮，可以把钣金零件的所有折弯展开或折叠。

7.4.11　断开边角/边角剪裁特征

使用断开边角特征工具可以从折叠的钣金零件的边线或面切除材料。使用边角剪裁特征工具可以从展开的钣金零件的边线或面切除材料。

1. 断开边角

断开边角操作只能在折叠的钣金零件中操作。

视频讲解

【操作步骤】

（1）执行命令。打开源文件“7.4.11 断开边角.SLDPRT”。选择“插入”→“钣金”→“断裂边

Note

角”菜单命令，或者单击“钣金”控制面板中的“断开边角/边角剪裁”按钮，弹出“断开边角”属性管理器。

（2）选择边角线。在图形区域中单击要断开的边角边线和法兰面，如图 7-80 所示。

（3）设置“断开边角”属性管理器。在“折断类型”中按下“倒角”按钮，设置距离为 10.00 mm，单击“确定”按钮✓，生成断开边角特征，如图 7-81 所示。

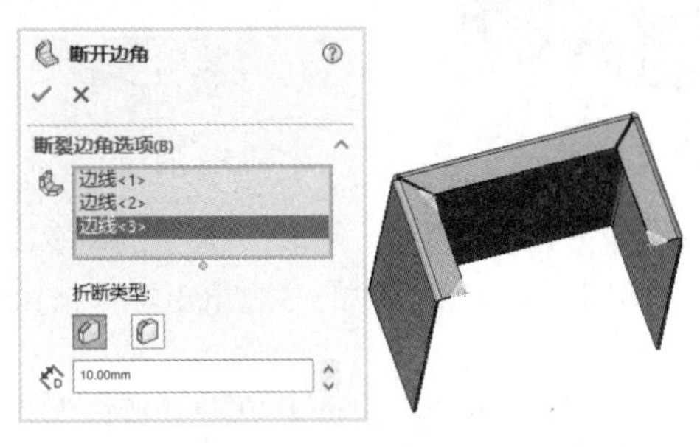

图 7-80　选择要断开的边角边线和法兰面

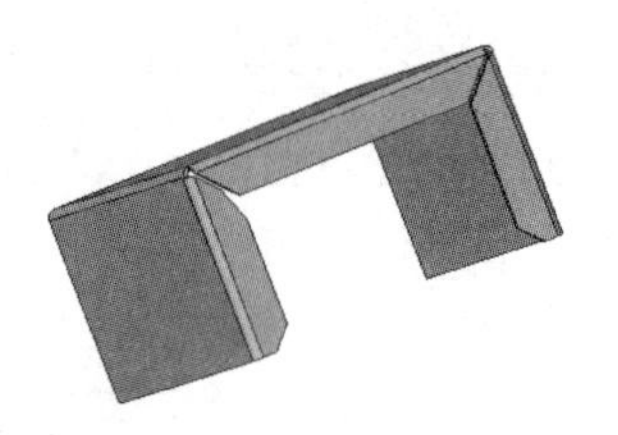
图 7-81　生成断开边角特征

2. 边角剪裁

视频讲解

边角剪裁操作只能在展开的钣金零件中操作，在零件被折叠时边角剪裁特征将被压缩。

【操作步骤】

（1）展开图形。打开源文件“7.4.11 边角剪裁.SLDPRT”。单击“钣金”控制面板中的“展开”按钮，展开整个钣金零件，如图 7-82 所示。

（2）执行命令。选择“插入”→“钣金”→“断裂边角”菜单命令，或者单击“钣金”控制面板中的“断开边角/边角剪裁”按钮，弹出“断开边角”属性管理器。

（3）选择边角线。在图形区域中选择要折断边角的边线和法兰面，如图 7-83 所示。

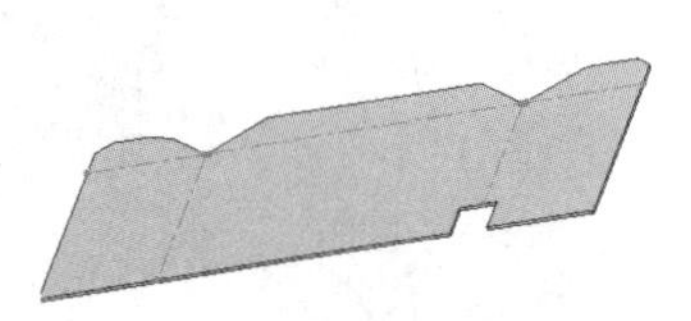
图 7-82　展开整个钣金零件

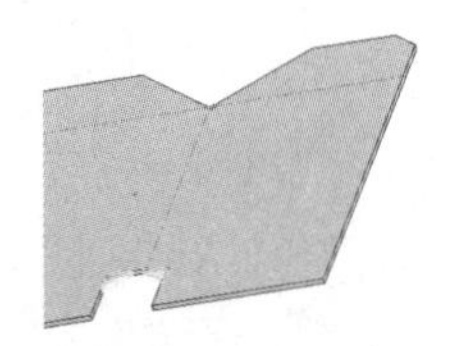
图 7-83　选择要折断边角的边线和法兰面

（4）设置“断开边角”属性管理器。在“折断类型”中按下“倒角”按钮，设置距离为 10 mm，单击“确定”按钮✓，生成边角剪裁特征，如图 7-84 所示。

（5）用鼠标右键单击钣金零件 FeatureManager 设计树中的平板型式特征，在弹出的快捷菜单中选择“压缩”命令，或者单击“钣金”控制面板中的“展开”按钮，使此按钮弹起，将钣金零件折叠。折叠钣金零件如图 7-85 所示。

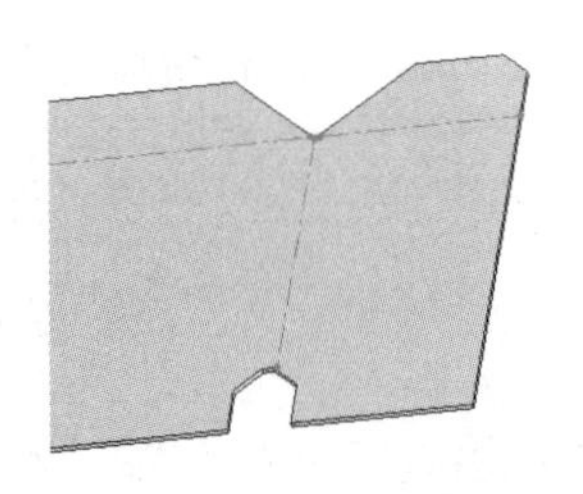
图 7-84　生成边角剪裁特征

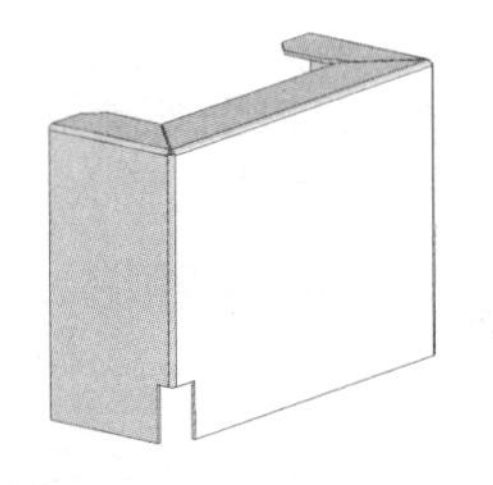
图 7-85　折叠钣金零件

7.4.12 通风口

Note

视频讲解

使用通风口特征工具可以在钣金零件上添加通风口。在生成通风口特征之前与生成其他钣金特征相似，首先要绘制生成通风口的草图，然后在“通风口”属性管理器中设定各种选项，从而生成通风口。

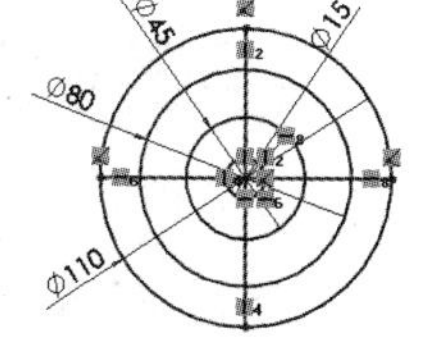

图 7-86　通风口草图

【操作步骤】

（1）首先在钣金零件的表面绘制如图 7-86 所示的通风口草图。为了使草图清晰，可以选择“视图”→“隐藏/显示”→“草图几何关系”菜单命令（见图 7-87）使草图几何关系不显示，如图 7-88 所示，然后单击“退出草图”按钮。

（2）单击“钣金”控制面板中的“通风口”按钮，弹出“通风口”属性管理器，首先选择草图中直径最大的圆作为通风口的边界轮廓，如图 7-89 所示。同时，在“几何体属性”的“放置面”栏中自动输入绘制草图的基准面作为放置通风口的表面。

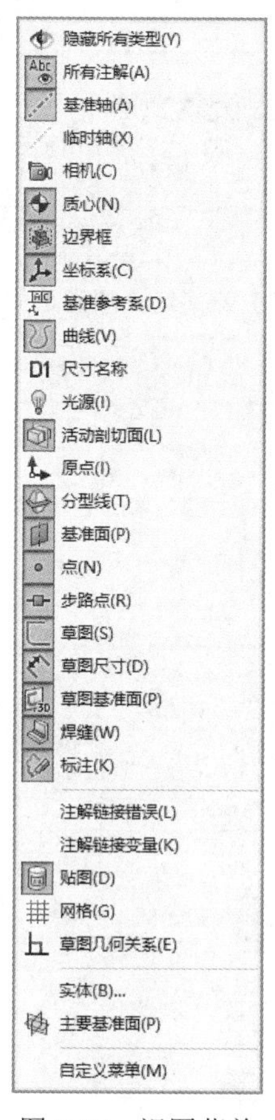

图 7-87　视图菜单

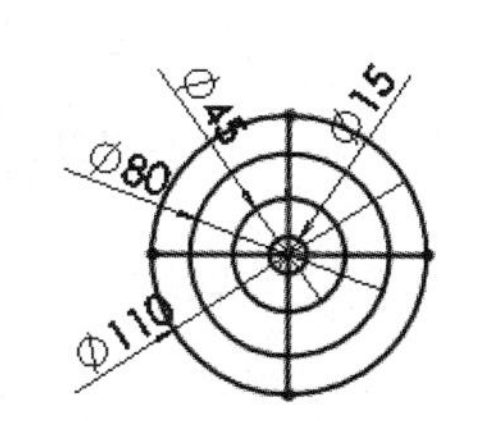

图 7-88　使草图几何关系不显示

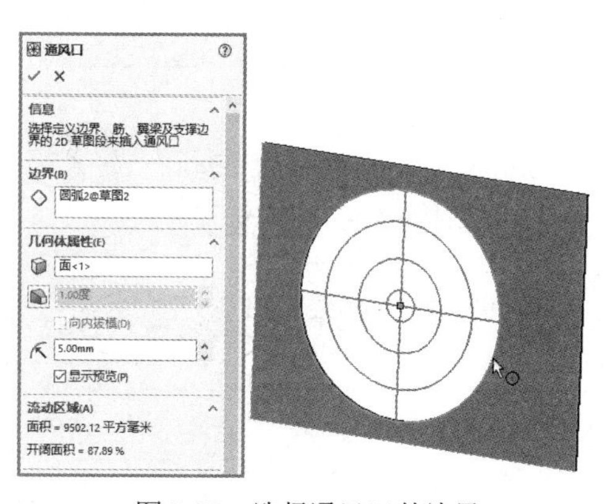

图 7-89　选择通风口的边界

（3）在“圆角半径”输入栏中输入相应的圆角半径数值，本实例中输入数值 5.00 mm。这些值将应用于在边界、筋、翼梁和填充边界的所有相交处产生圆角，如图 7-90 所示。

（4）在“筋”下拉列表框中选择通风口草图中的两个互相垂直的直线作为筋轮廓，在“筋宽度”输入栏中输入 5.00 mm，如图 7-91 所示。

Note

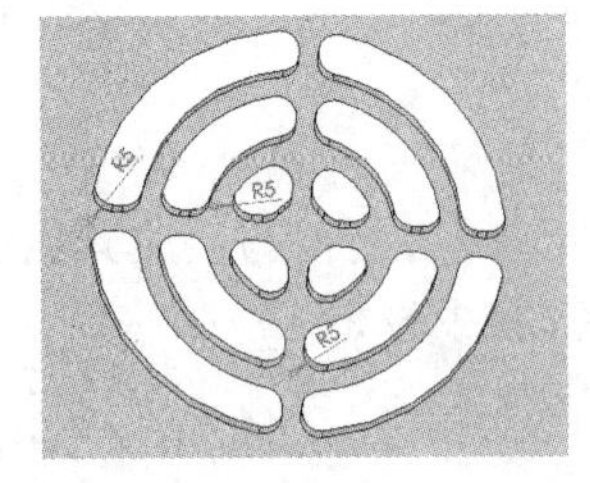

图 7-90　通风口圆角

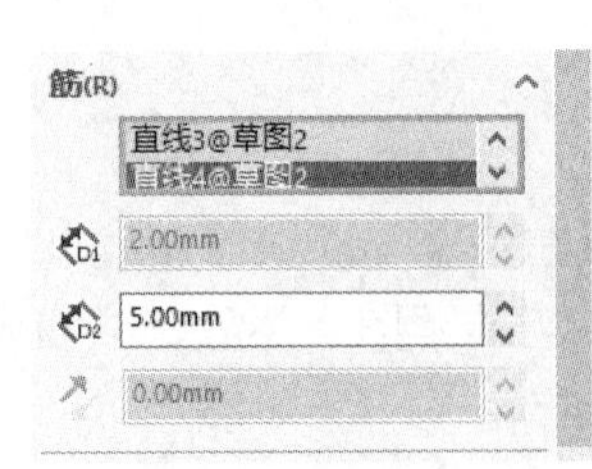

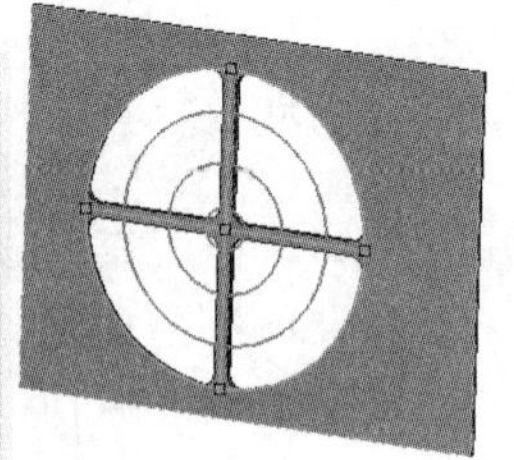

图 7-91　选择筋草图

（5）在“翼梁”下拉列表框中选择通风口草图中的两个同心圆作为翼梁轮廓，在“翼梁宽度”输入栏中输入 5.00 mm，如图 7-92 所示。

（6）在“填充边界”下拉列表框中选择通风口草图中的最小圆作为填充边界轮廓，如图 7-93 所示。最后单击“确定”按钮✔，生成通风口特征，如图 7-94 所示。

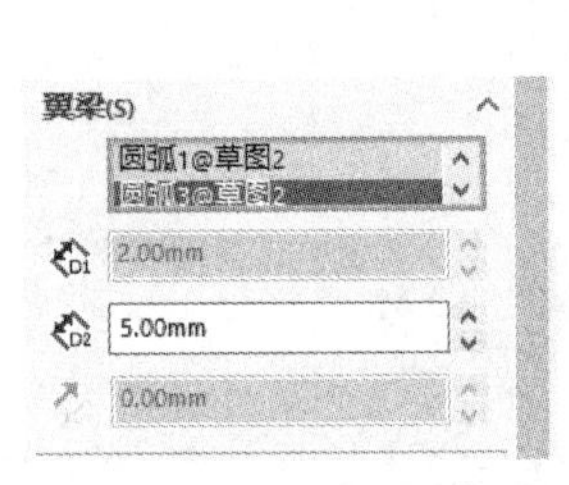

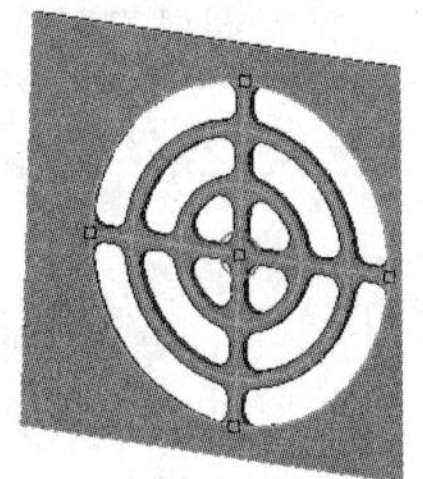
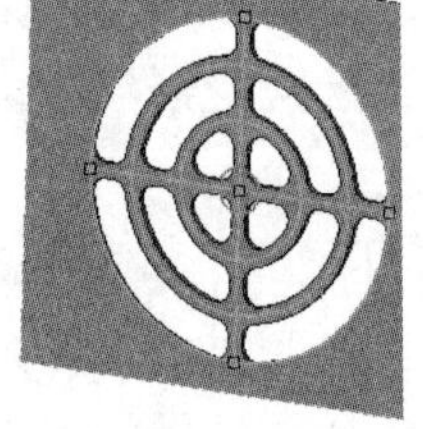

图 7-92　选择翼梁轮廓

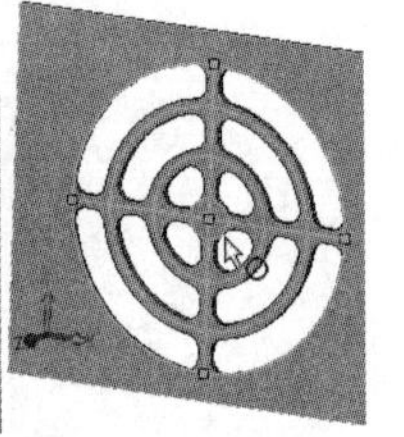

图 7-93　选择填充边界草图

图 7-94　生成通风口特征

7.4.13　实例——校准架

视频讲解

本实例创建的校准架如图 7-95 所示。

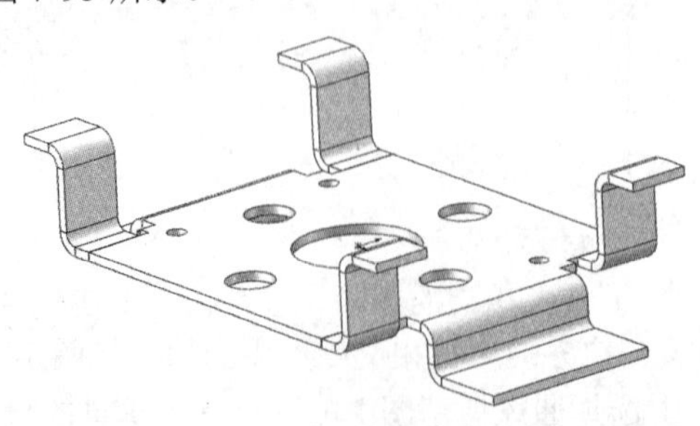

图 7-95　校准架

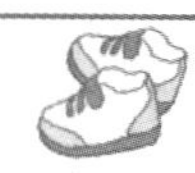

思路分析

Note

首先绘制草图，创建基体法兰，然后通过转折创建折弯，最后通过基体法兰创建支架。绘制校准架的流程如图 7-96 所示。

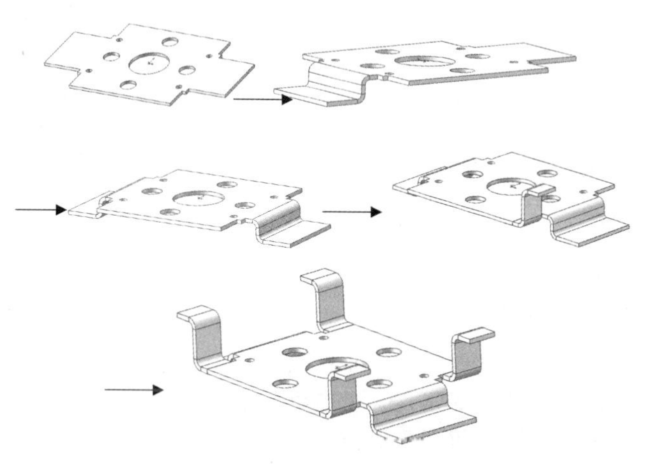

图 7-96　绘制校准架的流程

创建步骤

01 启动 SOLIDWORKS，单击“快速访问”工具栏中的“新建”按钮，或选择“文件”→“新建”菜单命令，在弹出的“新建 SOLIDWORKS 文件”对话框中单击“零件”按钮，然后单击“确定”按钮，创建一个新的零件文件。

02 设置基准面。在 FeatureManager 设计树中选择“前视基准面”，然后单击“视图（前导）”工具栏中的“正视于”按钮，将该基准面作为绘制图形的基准面。单击“草图”控制面板中的“草图绘制”图标，进入草图绘制状态。

03 绘制草图。单击“草图”控制面板中的“直线”按钮和“圆”按钮，绘制草图，并标注智能尺寸，如图 7-97 所示。

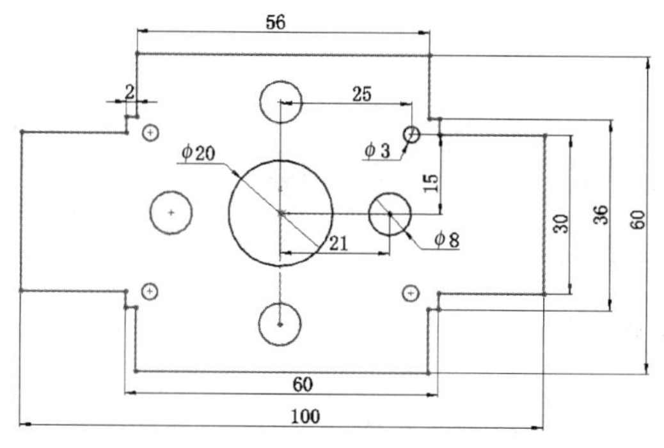

图 7-97　绘制草图

04 创建基体法兰。单击“钣金”控制面板中的“基体法兰”按钮，或选择“插入”→“钣金”→“基体法兰”菜单命令，在弹出的“基体法兰”属性管理器中输入厚度值为 1.50 mm，其他参数采取默认值，如图 7-98 所示。然后单击“确定”按钮，创建基体法兰，如图 7-99 所示。

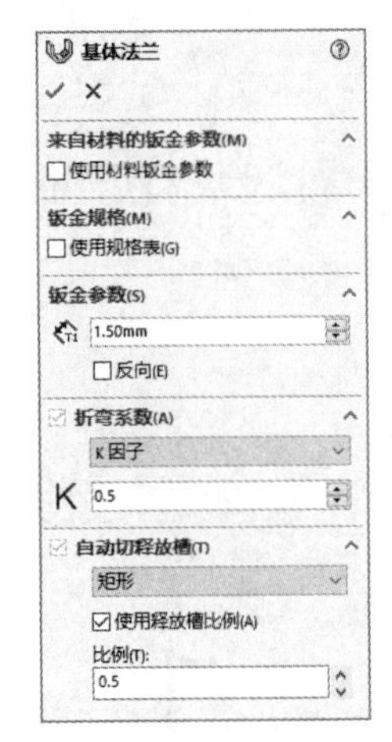

图 7-98 “基体法兰”属性管理器

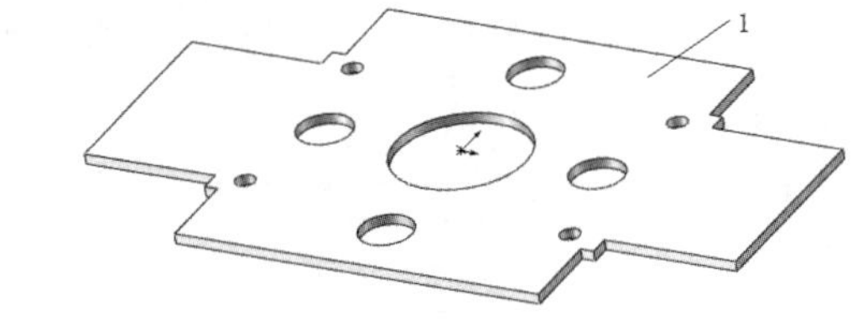

图 7-99 创建基体法兰

05 设置基准面。选择如图 7-99 所示的面 1，然后单击“视图（前导）”工具栏中的“正视于”按钮，将该基准面作为绘制图形的基准面。单击“草图”控制面板中的“草图绘制”图标，进入草图绘制状态。

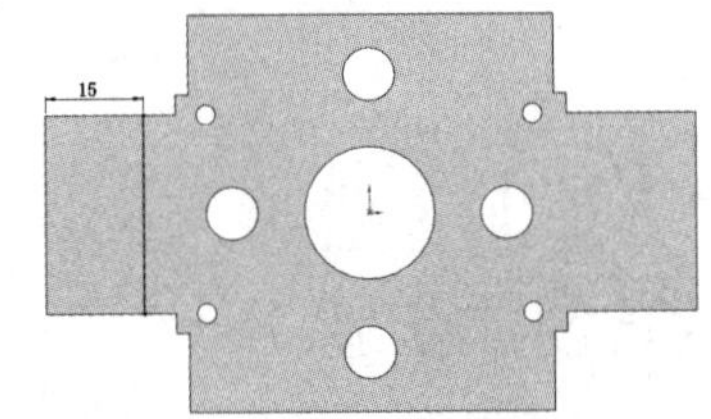

图 7-100 绘制草图

06 绘制草图。单击“草图”控制面板中的“直线”按钮，绘制草图，并标注智能尺寸，如图 7-100 所示。

07 转折。单击“钣金”控制面板中的“转折”按钮，或选择“插入”→“钣金”→“转折”菜单命令，在弹出的如图 7-101 所示的“转折”属性管理器中输入高度为 9.00 mm，选择尺寸位置为“总尺寸”，转折位置为“折弯中心线”，取消选中“使用默认半径”复选框，设置半径为 1.50 mm，然后单击“确定”按钮，转折后的图形如图 7-102 所示。

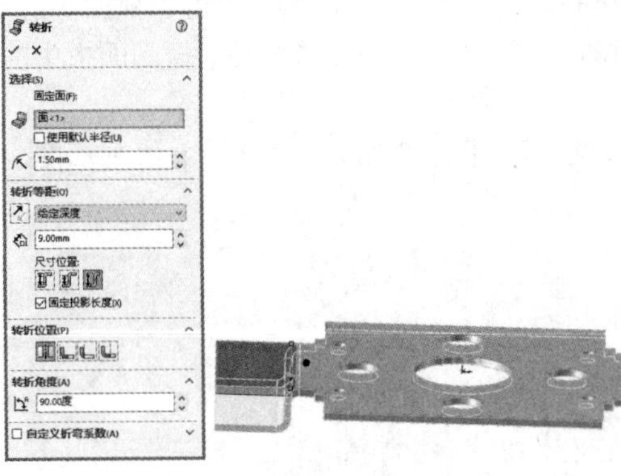

图 7-101 “转折”属性管理器

图 7-102 转折后的图形

08 重复步骤**05**～步骤**07**，在另一侧创建相同参数的转折，转折后的图形如图 7-103 所示。

09 设置基准面。选择如图 7-103 所示的面 2，然后单击“视图（前导）”工具栏中的“正视于”按钮，将该基准面作为绘制图形的基准面。单击“草图”控制面板中的“草图绘制”按钮，进入草图绘制状态。

10 绘制草图。单击“草图”控制面板中的“直线”按钮，绘制草图，并标注智能尺寸，如图 7-104 所示。

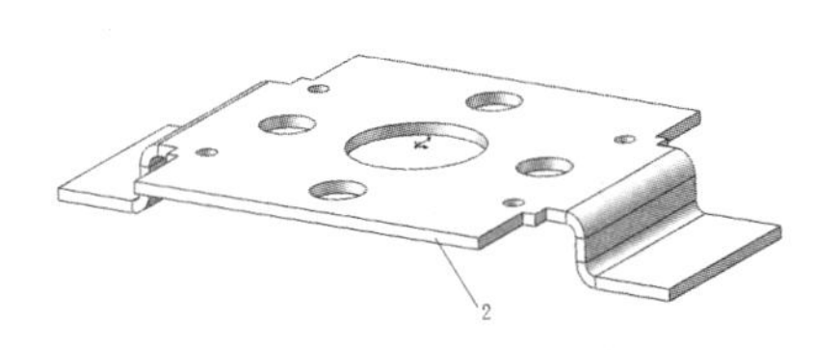

图 7-103　转折后的图形

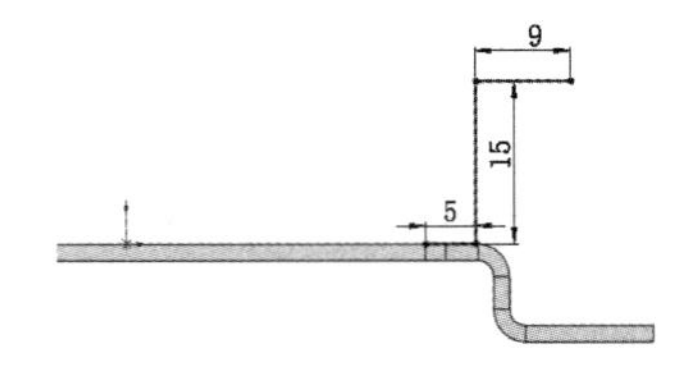

图 7-104　绘制草图

11 创建基体法兰。单击“钣金”控制面板中的“基体法兰”按钮，或选择“插入”→“钣金”→“基体法兰”菜单命令，在弹出的“基体法兰”属性管理器中输入厚度值 1.50 mm，其他参数采取默认值，如图 7-105 所示。然后单击“确定”按钮✔，创建基体法兰，如图 7-106 所示。

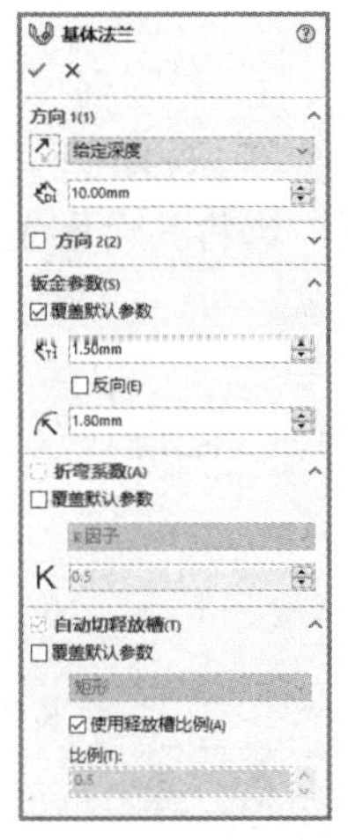

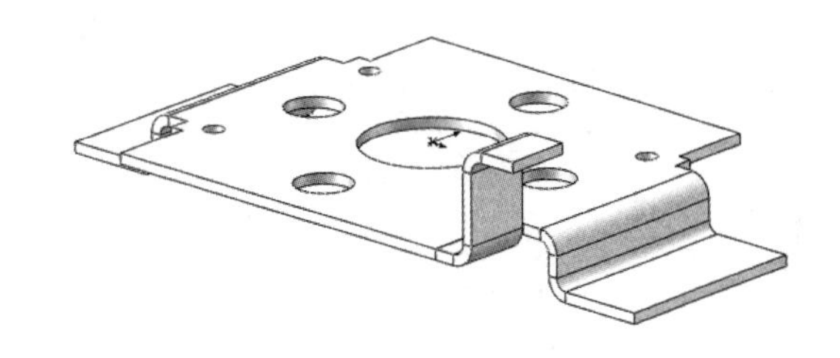

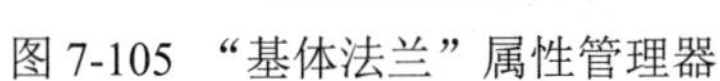

图 7-105　“基体法兰”属性管理器

图 7-106　创建基体法兰

12 镜像特征。单击“特征”控制面板中的“镜像”按钮，或选择“插入”→“阵列/镜像”→“镜像”菜单命令，弹出“镜像”属性管理器，在视图中选取“上视基准面”为镜像面，选取上一步创建的基体法兰特征，如图 7-107 所示。然后单击“确定”按钮✔，镜像基体法兰如图 7-108 所示。重复“镜像”命令，将上一步创建的基体法兰和镜像后的基体法兰以“右视基准面”为镜像面进行镜像，结果如图 7-109 所示。

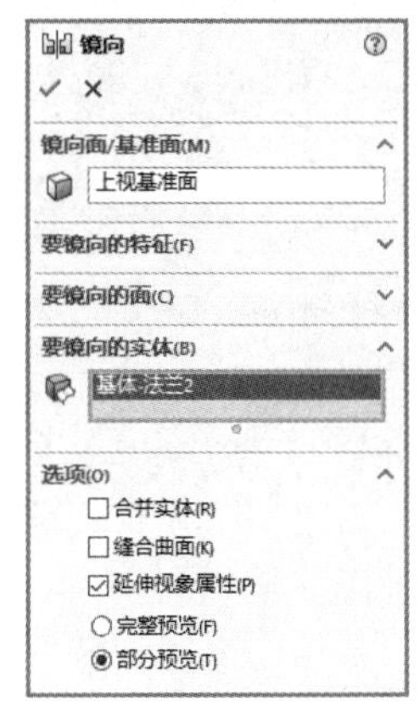

图 7-107　“镜像”属性管理器

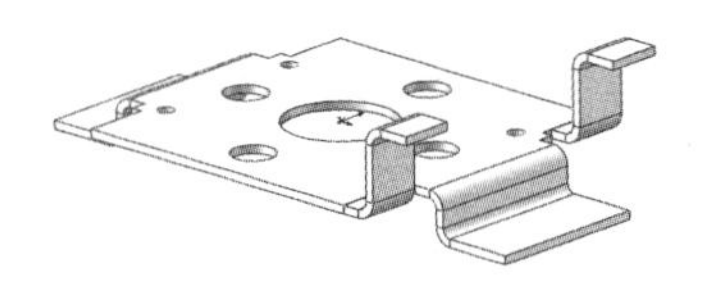

图 7-108　镜像基体法兰

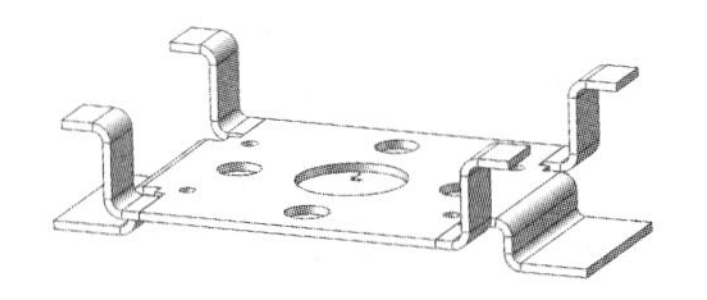

图 7-109　完成校准架的创建

Note

7.5 钣金成型

利用 SOLIDWORKS 中的钣金成型工具可以生成各种钣金成型特征，软件系统中已有的成型工具有 5 种，分别是凸起（embosses）、冲孔（extruded flanges）、百叶窗板（louvers）、筋（ribs）和切开（lances）。

用户也可以在设计过程中自己创建新的成型工具，或者对已有的成型工具进行修改。

7.5.1 使用成型工具

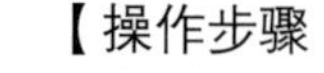

视频讲解

【操作步骤】

（1）首先创建或者打开一个钣金零件文件。单击“设计库”按钮，弹出“设计库”对话框，在对话框中选择 Design Library 文件下的 forming tools 文件夹，然后右击将其设置成“成型工具文件夹”，如图 7-110 所示，在该文件夹下可以找到 5 种成型工具的文件夹，每一个文件夹中都有若干种成型工具。

（2）在设计库中选择 embosses 工具中的 circular emboss 成型按钮，按住鼠标左键，将其拖入钣金零件需要放置成型特征的表面，如图 7-111 所示。

图 7-110　成型工具的存在位置

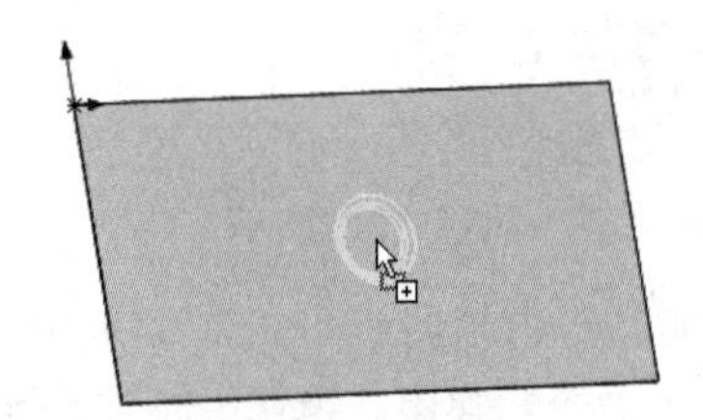

图 7-111　将成型工具拖入放置表面

（3）随意拖放的成型特征的位置并不一定合适，右击并在弹出的快捷菜单中单击如图 7-112 所示的“编辑草图”按钮，为图形标注尺寸，如图 7-113 所示，最后退出草图，生成的成型特征如图 7-114 所示。

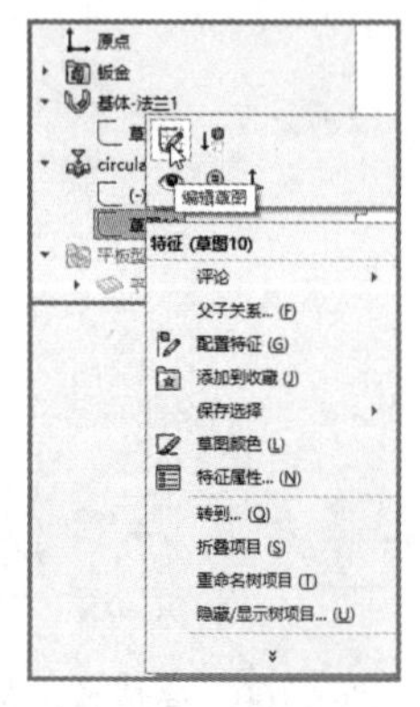

图 7-112　编辑草图

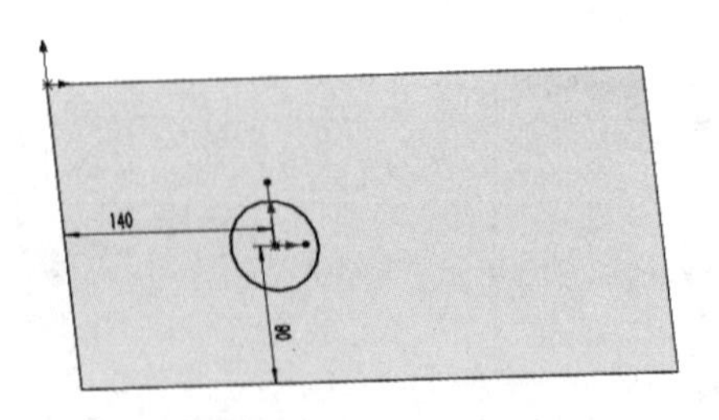

图 7-113　标注成型特征位置尺寸

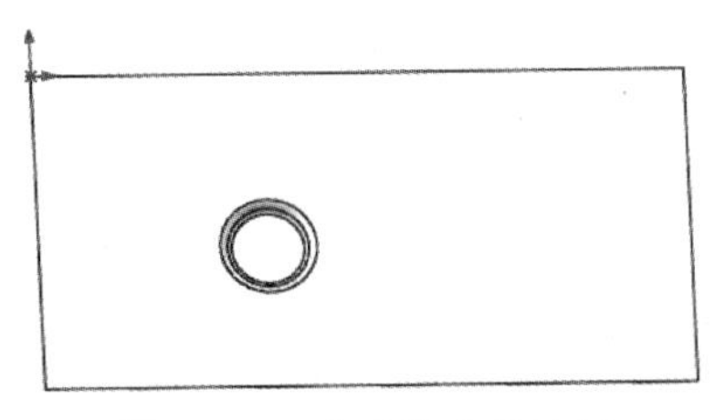

图 7-114　生成的成形特征

注意：

使用成型工具时，默认情况下成型工具向下行进，即形成的特征方向是“凹”，如果要使其方向变为“凸”，需要在拖入成型特征的同时按 Tab 键。

7.5.2　修改成型工具

SOLIDWORKS 软件自带的成型工具形成的特征在尺寸上不能满足用户使用要求，用户可以自行进行修改。

【操作步骤】

（1）单击“设计库”按钮，在“设计库”对话框中按照路径 Design Library\forming tools\找到需要修改的成形工具，用鼠标双击成型工具按钮。例如，双击 embosses 工具中的 circular emboss 成型按钮，系统将会进入 circular emboss 成型特征的设计界面。

（2）在 FeatureManager 设计树中右击 Boss-Extrudel 特征，在弹出的快捷菜单中单击“编辑草图”按钮，如图 7-115 所示。

（3）用鼠标双击草图中圆的直径尺寸，将其数值更改为 70 mm，然后单击“退出草图”按钮，成型特征的尺寸将变大。

（4）在 FeatureManager 设计树中右击 Fillet2 特征，在弹出的快捷菜单中单击“编辑特征”按钮，如图 7-116 所示。

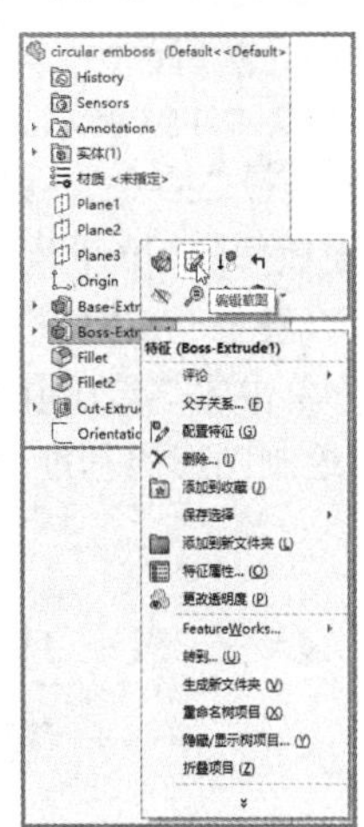

图 7-115　编辑 Boss-Extrudel 特征草图

（5）在 Fillet2 属性管理器中更改圆角半径数值为 10.00 mm，如图 7-117 所示。单击“确定”按钮✔，修改后的 Boss-Extrndel 特征如图 7-118 所示，选择“文件”→“保存”菜单命令保存成型工具。

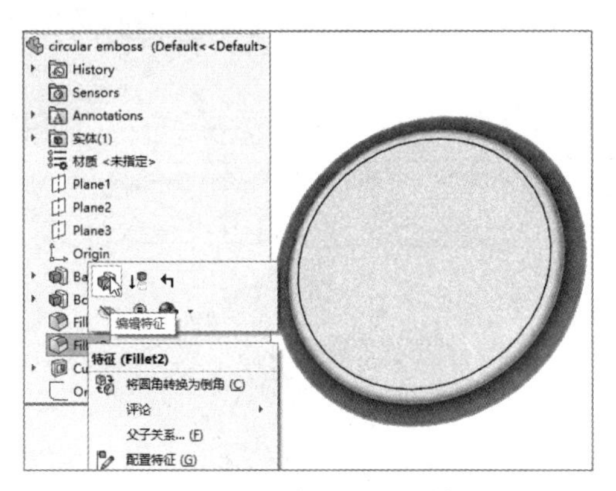

图 7-116　编辑 Fillet2 特征

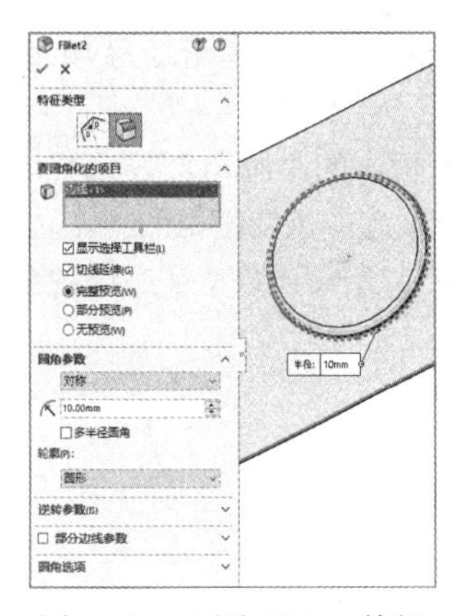

图 7-117　更改 Fillet2 特征

Note

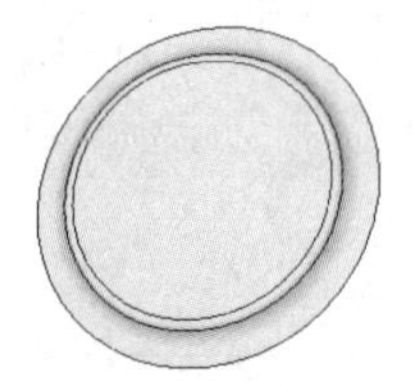

图 7-118　修改后的 Boss-Extrudel 特征

7.5.3　创建新的成型工具

视频讲解

用户可以自己创建新的成型工具，然后将其添加到“设计库”中备用。创建新的成型工具和创建其他实体零件的方法一样。下面举例说明创建一个新的成型工具的操作步骤。

【操作步骤】

（1）创建一个新的文件，在操作界面左侧的 FeatureManager 设计树中选择“前视基准面”作为绘图基准面，然后单击“草图”控制面板中的“边角矩形”按钮，绘制一个矩形，如图 7-119 所示。

图 7-119　绘制矩形草图

（2）选择“插入”→“凸台/基体”→“拉伸”菜单命令，或者单击“特征”控制面板中的“拉伸凸台/基体”按钮，在“深度”一栏中输入 80.00 mm，然后单击“确定”按钮✔，生成拉伸特征，如图 7-120 所示。

（3）单击图 7-120 中的上表面，然后单击“视图（前导）”工具栏中的“正视于”按钮，将该表面作为绘制图形的基准面。在此表面上绘制一个“矩形”草图，如图 7-121 所示。

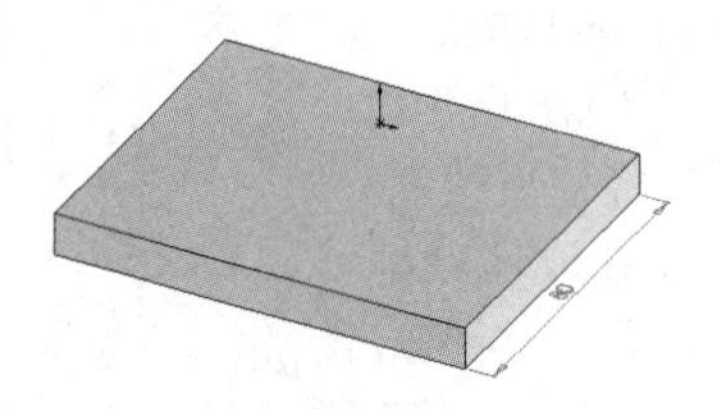

图 7-120　生成拉伸特征

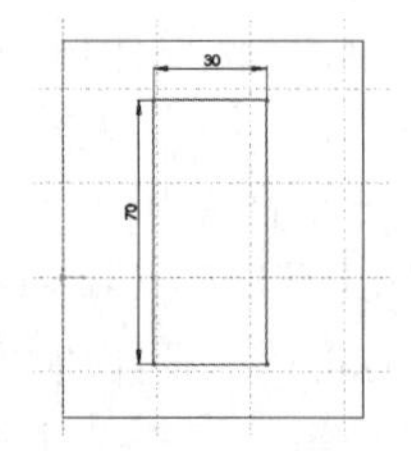

图 7-121　绘制矩形草图

（4）选择“插入”→“凸台/基体”→“拉伸”菜单命令，或者单击“特征”控制面板中的“拉伸凸台/基体”按钮，输入拉伸距离为 15.00 mm，输入数值拔模角度为 10 度，生成拉伸特征，如图 7-122 所示。

（5）选择“插入”→“特征”→“圆角”菜单命令，或者单击“特征”控制面板中的“圆角”按钮，输入圆角半径为 6.00 mm，按住 Shift 键，依次选择拉伸特征的各个边线，如图 7-123 所示，然后单击“确定”按钮✔，生成圆角特征，如图 7-124 所示。

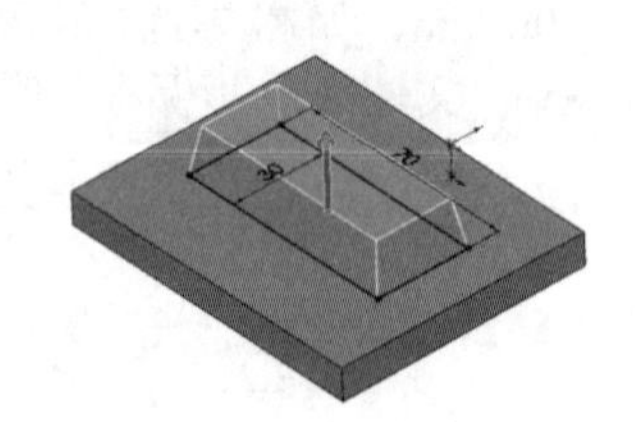

图 7-122　生成拉伸特征

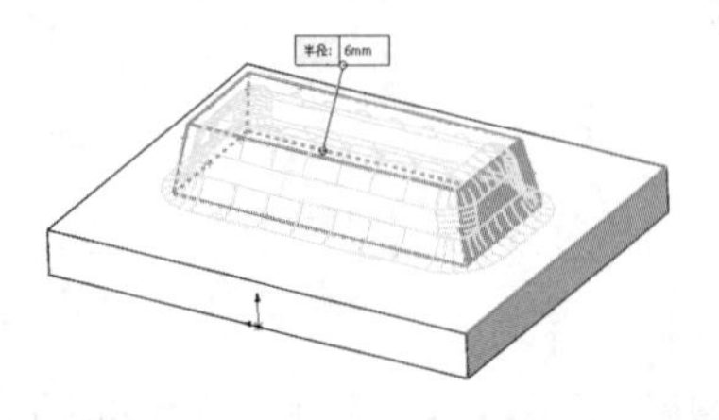

图 7-123　选择圆角边线

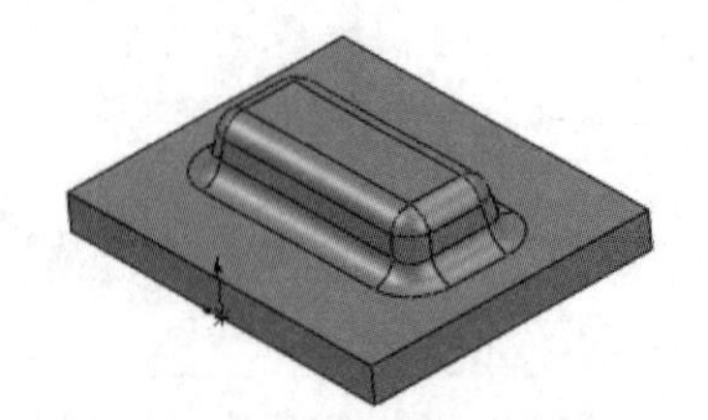

图 7-124　生成圆角特征

（6）单击图 7-124 中矩形实体的一个侧面，然后单击“草图”控制面板中的“草图绘制”按钮，并单击“转换实体引用”按钮，转换实体引用如图 7-125 所示。

（7）选择“插入”→“切除”→“拉伸”菜单命令，或者单击“特征”控制面板中的“切除拉伸”按钮，在弹出的“切除-拉伸”属性管理器中设置终止条件为“完全贯穿”，结果如图 7-126 所示，然后单击“确定”按钮。

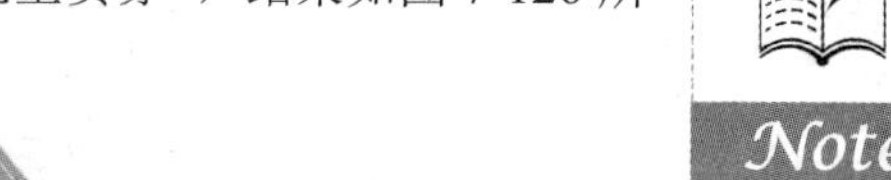

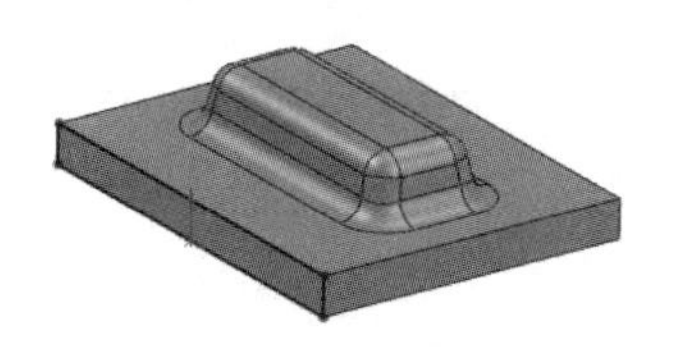

图 7-125　转换实体引用

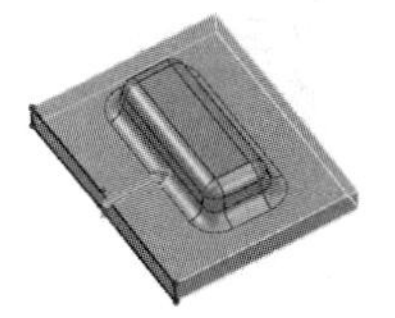

图 7-126　完全贯穿切除

（8）单击图 7-127 中的底面，然后单击“视图（前导）”工具栏中的“正视于”按钮，将该表面作为绘制图形的基准面。单击“草图”控制面板中的“圆”按钮和“直线”按钮，以基准面的中心为圆心绘制一个圆和两条互相垂直的直线，如图 7-128 所示，单击“退出草图”按钮。

图 7-127　选择草图基准面

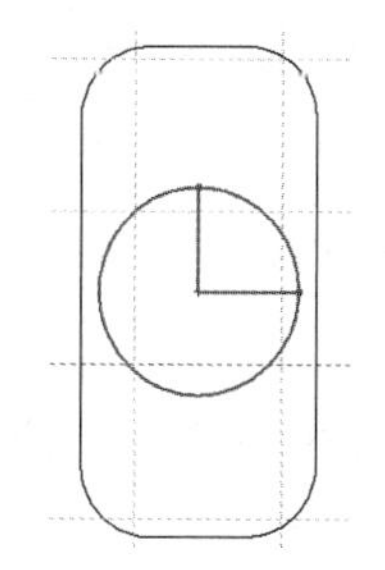

图 7-128　绘制定位草图

注意：

在步骤（8）中绘制的草图是成型工具的定位草图，必须绘制，否则成型工具将不能放置到钣金零件上。

（9）首先将零件文件保存，然后在操作界面右边任务窗格中单击“设计库”按钮，在弹出的“设计库”属性管理器中单击“添加到库”按钮，弹出“添加到库”属性管理器，如图 7-129 所示。

图 7-129　“添加到库”属性管理器

Note

在属性管理器中选择要添加的项目，选择保存路径为 Design Library\forming tools\embosses\，如图 7-130 所示，将此成型工具命名为“矩形凸台”，单击“保存”按钮，把新生成的成型工具保存在设计库中。添加到设计库中的“矩形凸台”成型工具如图 7-131 所示。

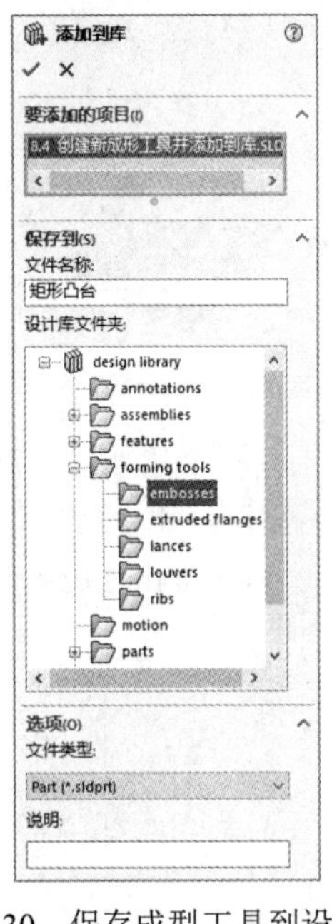

图 7-130　保存成型工具到设计库

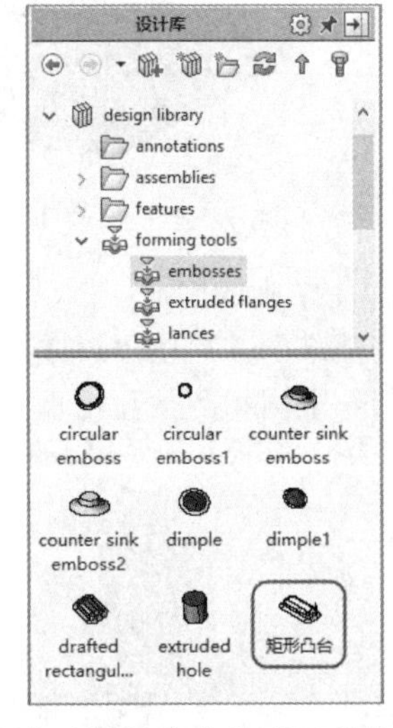

图 7-131　添加到设计库中的“矩形凸台”成型工具

7.6　综合实例——电话机面板

视频讲解

本综合实例创建的电话机面板如图 7-132 所示。

图 7-132　电话机面板

思路分析

首先绘制电话机面板的主体，然后通过拉伸切除工具裁去多余部分，再创建成型工具并添加成型工具，最后创建按钮孔和装饰槽。绘制电话机面板的流程如图 7-133 所示。

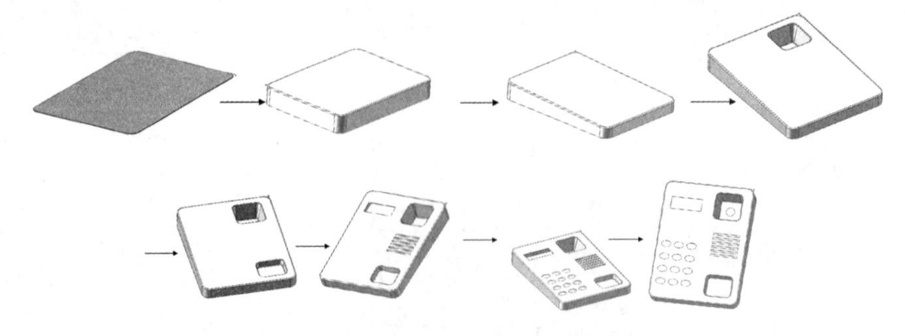

图 7-133　绘制电话机面板的流程

创建步骤

7.6.1　绘制面板主体

01 启动 SOLIDWORKS，单击“快速访问”工具栏中的“新建”按钮，或选择“文件”→“新建”菜单命令，在弹出的“新建 SOLIDWORKS 文件”对话框中单击“零件”按钮，然后单击“确定”按钮，创建一个新的零件文件。

02 设置基准面。在 FeatureManager 设计树中选择“前视基准面”，然后单击“视图（前导）”工具栏中的“正视于”按钮，将该基准面作为绘制图形的基准面。单击“草图”控制面板中的“草图绘制”图标，进入草图绘制状态。

03 绘制草图。单击“草图”控制面板中的“直线”按钮和“绘制圆角”按钮，绘制草图，并标注智能尺寸，如图 7-134 所示。

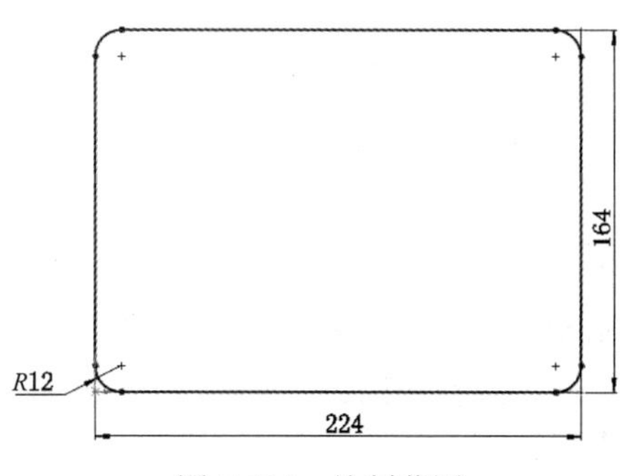

图 7-134　绘制草图

04 创建基体法兰。单击“钣金”控制面板中的“基体法兰”按钮，或选择“插入”→“钣金”→“基体法兰”菜单命令，在弹出的“基体法兰”属性管理器中输入厚度为 0.70 mm，其他参数取默认值，如图 7-135 所示。然后单击“确定”按钮，创建基体法兰，如图 7-136 所示。

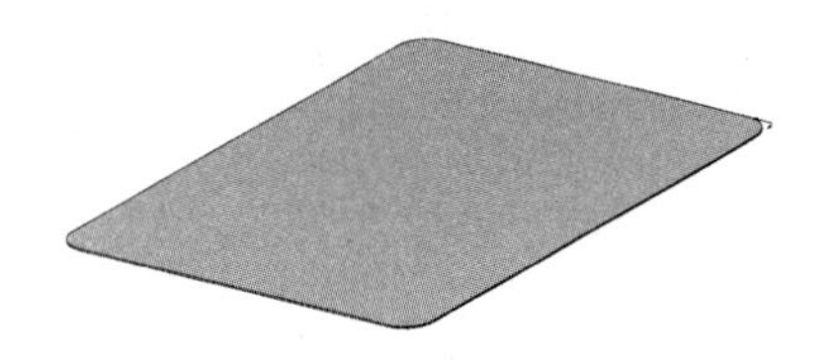

图 7-135　“基体法兰”属性管理器　　　　图 7-136　创建基体法兰

05 生成边线法兰 3。单击“钣金”控制面板中的“边线法兰”按钮，或选择“插入”→“钣金”→“边线法兰”菜单命令，弹出“边线-法兰”属性管理器，按下“内部虚拟交点”按钮和“折

弯在外”按钮，输入长度为 30 mm，取消选择“使用默认半径”复选框，输入半径为 1 mm，其他参数取默认值，在视图中选择基体法兰的四周边线，如图 7-137 所示。单击“确定”按钮✓，完成边线法兰的创建，如图 7-138 所示。

图 7-137 “边线-法兰”属性管理器

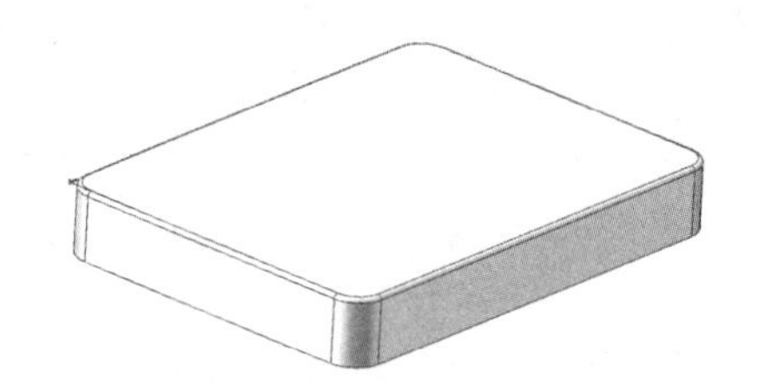

图 7-138 创建边线法兰

06 设置基准面。在 FeatureManager 设计树中选择“上视基准面”，然后单击“视图（前导）”工具栏中的“正视于”按钮，将该基准面作为绘制图形的基准面。单击“草图”工具栏中的“草图绘制”图标，进入草图绘制状态。

07 绘制草图。单击“草图”控制面板中的“直线”按钮，绘制草图，并标注智能尺寸，如图 7-139 所示。

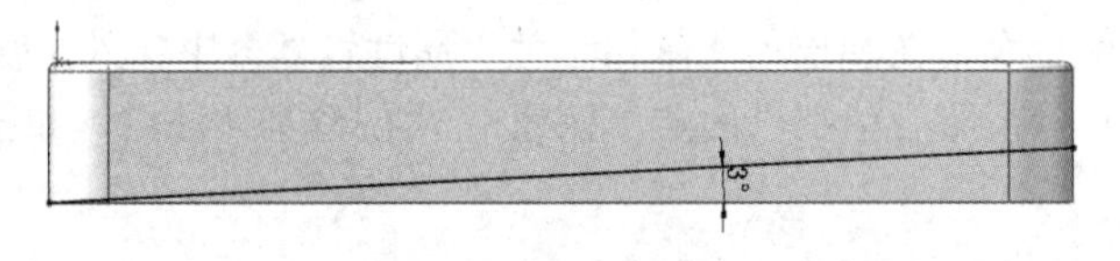

图 7-139 绘制草图

08 切除零件。单击“特征”控制面板中的“拉伸切除”按钮，或选择“插入”→“切除”→“拉伸”菜单命令，弹出“切除-拉伸”属性管理器，设置“方向 1”和“方向 2”中的终止条件为“完全贯穿”，选中“反侧切除”和“正交切除”复选框，其他参数取默认值，如图 7-140 所示。然后单击“确定”按钮✓，切除实体如图 7-141 所示。

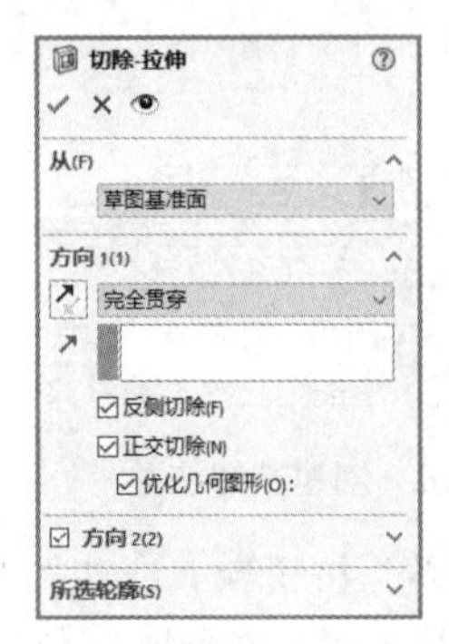

图 7-140 “切除-拉伸”属性管理器

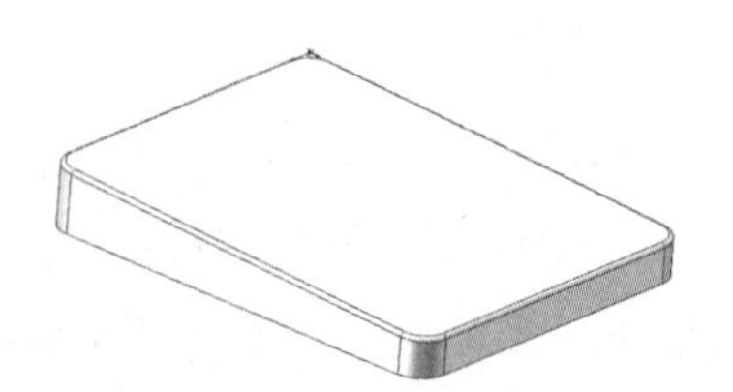

图 7-141 切除实体

Note

7.6.2　创建并添加成型工具 1

01 启动 SOLIDWORKS，单击“快速访问”工具栏中的“新建”按钮，或选择“文件”→“新建”菜单命令，在弹出的“新建 SOLIDWORKS 文件”对话框中单击“零件”按钮，然后单击“确定”按钮，创建一个新的零件文件。

02 设置基准面。在 FeatureManager 设计树中选择“前视基准面”，然后单击“视图（前导）”工具栏中的“正视于”按钮，将该基准面作为绘制图形的基准面。单击“草图”控制面板中的“草图绘制”图标，进入草图绘制状态。

03 绘制草图。单击“草图”控制面板中的“中心矩形”按钮，绘制草图，并标注智能尺寸，如图 7-142 所示。

04 拉伸实体。单击“特征”控制面板中的“拉伸凸台/基体”按钮，或选择“插入”→“凸台/基体”→“拉伸”菜单命令，弹出“凸台-拉伸”属性管理器，设置终止条件为“给定深度”，输入拉伸距离值 30 mm，其他参数取默认值，如图 7-143 所示。然后单击“确定”按钮，拉伸实体如图 7-144 所示。

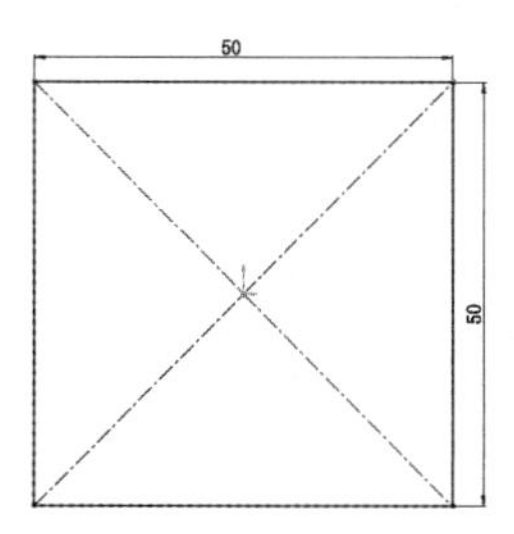

图 7-142　绘制草图

图 7-143　“凸台-拉伸”属性管理器

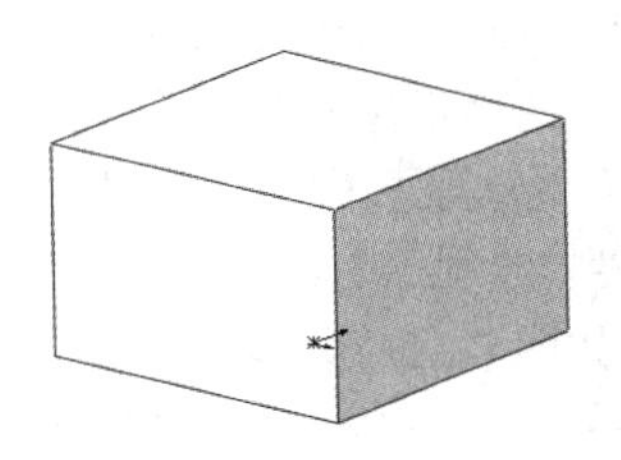

图 7-144　拉伸实体

05 圆角处理。单击“特征”控制面板中的“圆角”按钮，或选择“插入”→“特征”→“圆角”菜单命令，弹出“圆角”属性管理器，在视图中选择长方体的 4 条竖直棱边，输入圆角半径为 8 mm，如图 7-145 所示。然后单击“确定”按钮，圆角处理如图 7-146 所示。

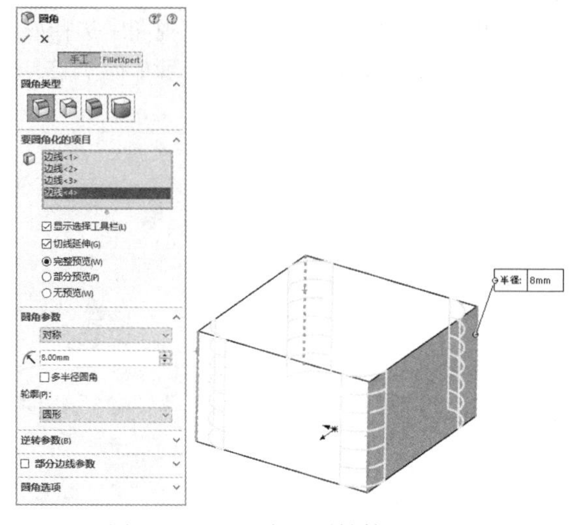

图 7-145　“圆角”属性管理器

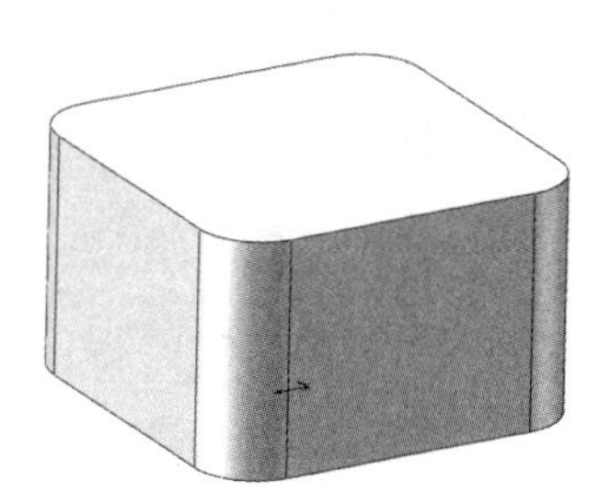

图 7-146　圆角处理

06 拔模处理。单击“特征”控制面板中的“拔模”按钮，或选择“插入”→“特征”→“拔模”菜单命令，弹出“拔模”属性管理器，在视图中选择长方体的下表面为“中性面”，输入拔模角度为10度，选择视图中长方体的4个侧面及圆角面为拔模面，如图7-147所示。然后单击“确定”按钮✔，拔模处理如图7-148所示。

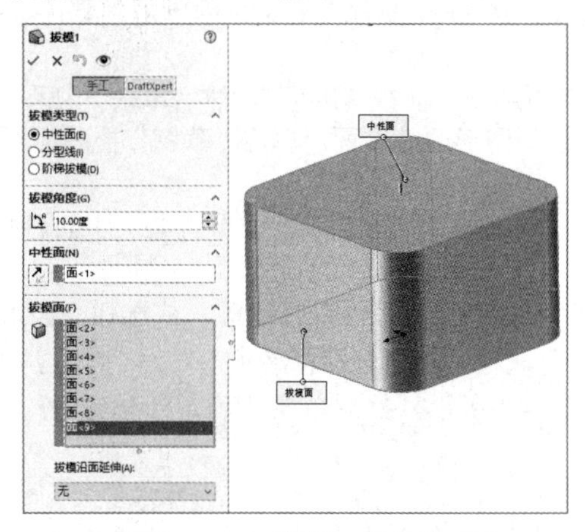

图7-147 “拔模”属性管理器

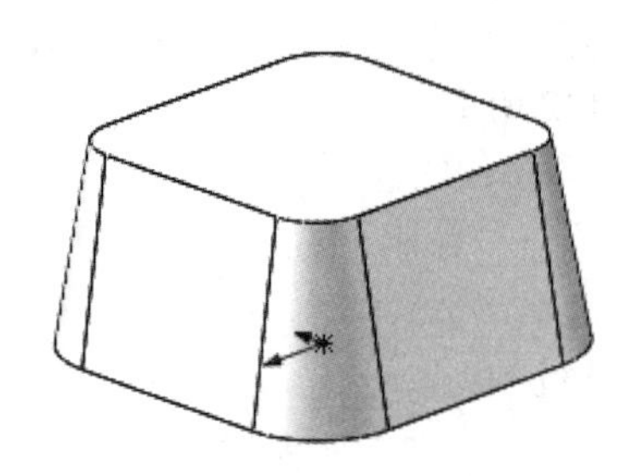

图7-148 拔模处理

07 设置基准面。在FeatureManager设计树中选择“前视基准面”，然后单击“视图（前导）”工具栏中的“正视于”按钮，将该基准面作为绘制图形的基准面。单击“草图”控制面板中的“草图绘制”图标，进入草图绘制状态。

08 绘制草图。单击“草图”控制面板中的“中心矩形”按钮，绘制草图如图7-149所示。

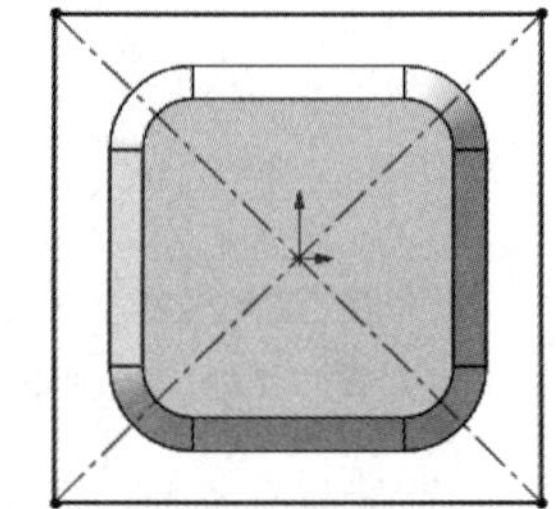

图7-149 绘制草图

09 拉伸实体。单击“特征”控制面板中的“拉伸凸台/基体”按钮，或选择“插入”→“凸台/基体”→“拉伸”菜单命令，弹出“凸台-拉伸”属性管理器，设置终止条件为“给定深度”，输入拉伸距离值10 mm，其他参数取默认值，如图7-150所示。然后单击“确定”按钮✔，拉伸实体如图7-151所示。

10 圆角处理。单击“特征”控制面板中的“圆角”按钮，或选择“插入”→“特征”→“圆角”菜单命令，弹出“圆角”属性管理器，在视图中选择如图7-152所示的两条边线，输入圆角半径为1 mm。然后单击“确定”按钮✔，圆角处理如图7-153所示。

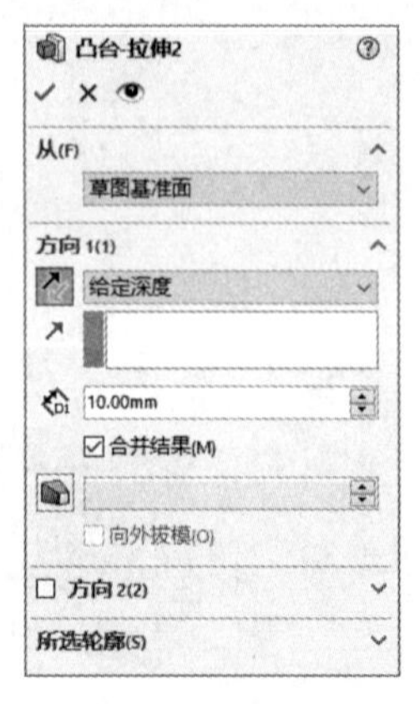

图7-150 “凸台-拉伸”属性管理器

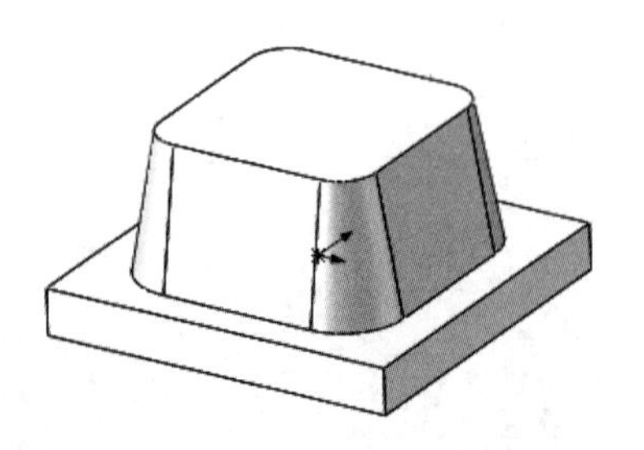

图7-151 拉伸实体

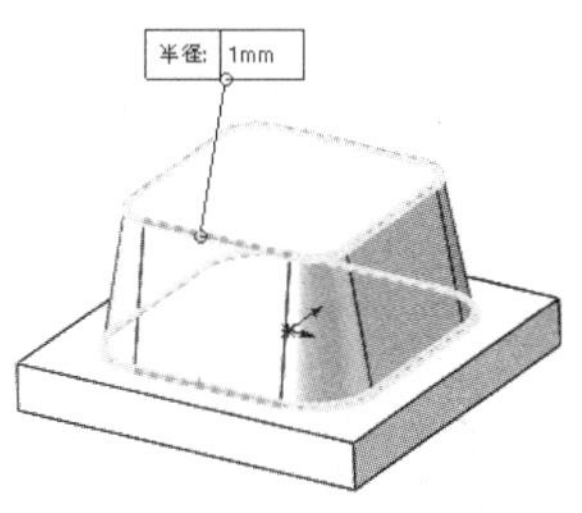

图 7-152 “圆角”属性管理器

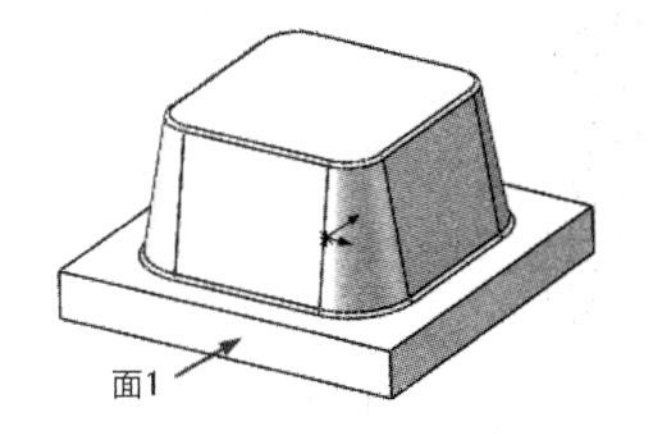

图 7-153 圆角处理

11 设置基准面。在视图中选择图 7-153 所示的面 1，然后单击“视图（前导）”工具栏中的“正视于”按钮，将该基准面作为绘制图形的基准面。单击“草图”控制面板中的“草图绘制”图标，进入草图绘制状态。

12 绘制草图。单击“草图”控制面板中的“转换实体引用”按钮，将草图绘制面转换为草图。

13 切除零件。单击“特征”控制面板中的“拉伸切除”按钮，或选择“插入”→“切除”→“拉伸”菜单命令，弹出“切除-拉伸”属性管理器，设置终止条件为“完全贯穿”，其他参数取默认值，如图 7-154 所示。然后单击“确定”按钮✔，切除零件如图 7-155 所示。

图 7-154 “切除-拉伸”属性管理器

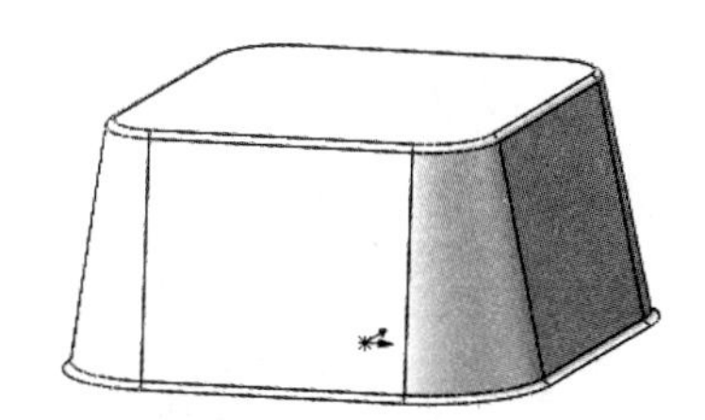

图 7-155 切除零件

14 设置基准面。在视图中选择如图 7-156 所示的表面，然后单击“视图（前导）”工具栏中的“正视于”按钮，将该基准面作为绘制图形的基准面。单击“草图”控制面板中的“草图绘制”图标，进入草图绘制状态。

15 绘制成型工具定位草图。单击“草图”控制面板中的“转换实体引用”按钮，将选择表面转换成图素，如图 7-157 所示。单击“退出草图”按钮，退出草图。

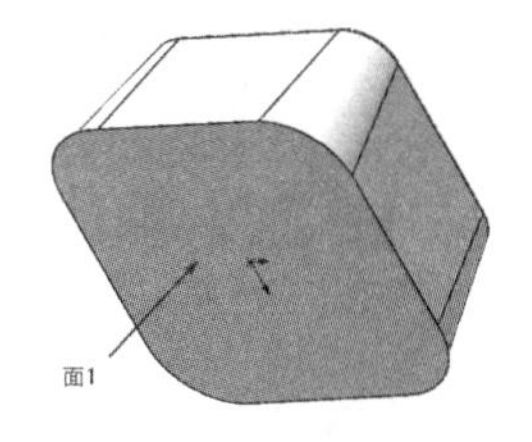

图 7-156 选择草图绘制面

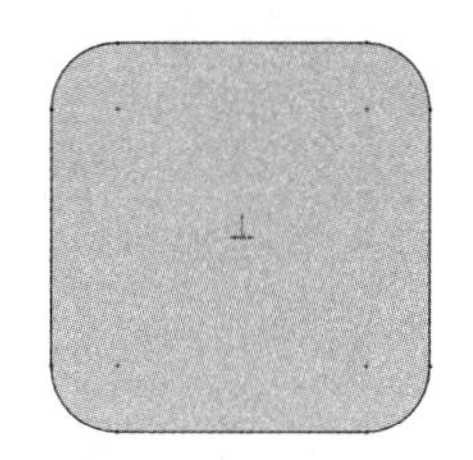

图 7-157 转换后的草图

Note

16 保存成型工具。单击“快速访问”工具栏中的“保存”按钮，或选择“文件”→“保存”菜单命令，在弹出的“另存为”对话框中输入文件名为“电话机成型工具1”，如图7-158所示，然后单击“保存”按钮，保存成型工具1。

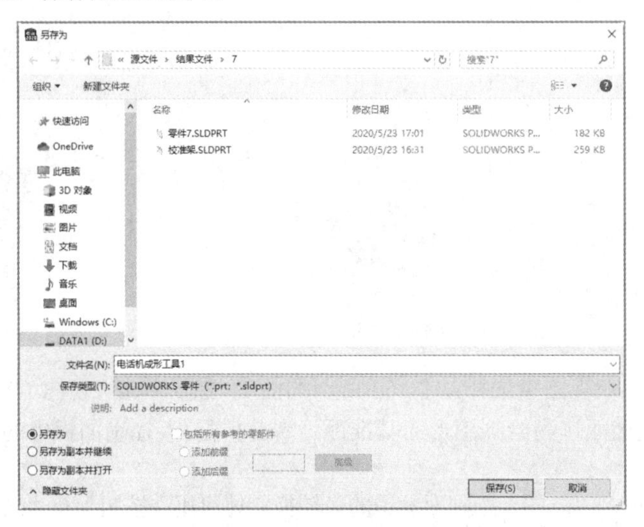

图7-158 “另存为”对话框

17 将成型工具添加到库。在操作界面右边任务窗格中单击“设计库”按钮，在弹出的“设计库”属性管理器中单击“添加到库”按钮，弹出“添加到库”属性管理器，如图7-159所示。在“设计库文件夹”一栏中选择lances文件夹作为成型工具的保存位置，如图7-160所示。将此成型工具命名为“电话机成型工具1”，保存类型为.SLDPRT，单击“确定”按钮，完成对成型工具的保存。

这时单击系统右边的“设计库”按钮，在如图7-161所示的右键快捷菜单中可以找到保存的成型工具。

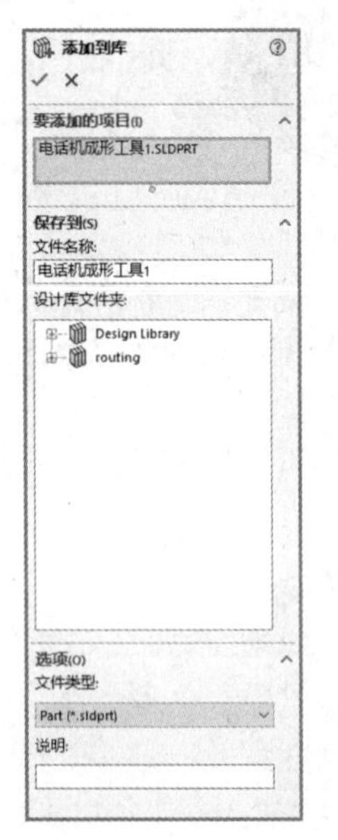

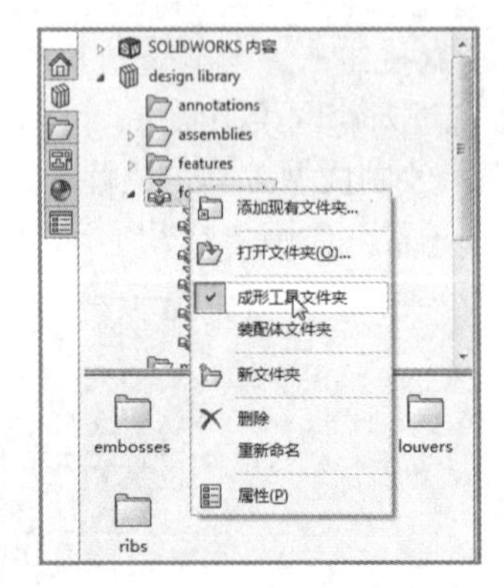

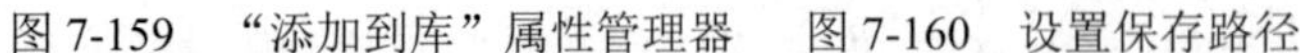

图7-159 “添加到库”属性管理器　图7-160 设置保存路径　图7-161 “设计库”对话框

18 将绘图窗口切换到电话机面板窗口。单击系统右边的“设计库”按钮，弹出“设计库”对话框，在对话框中选择 Design Library 文件下的 forming tools 文件夹，然后通过右键快捷菜单将其设置成“成型工具文件夹”，如图 7-161 所示。在图 7-161 所示的右键快捷菜单中可以找到成型工具的文件夹 lances，找到需要添加的成型工具“电话机成型工具 1”，将其拖放到钣金零件的侧面上。

19 单击“草图”控制面板中的“智能尺寸”按钮，标注出成型工具在钣金零件上的位置尺寸，如图 7-162 所示，最后单击“放置成型特征”属性管理器中的“完成”按钮，完成对成型特征的添加，如图 7-163 所示。

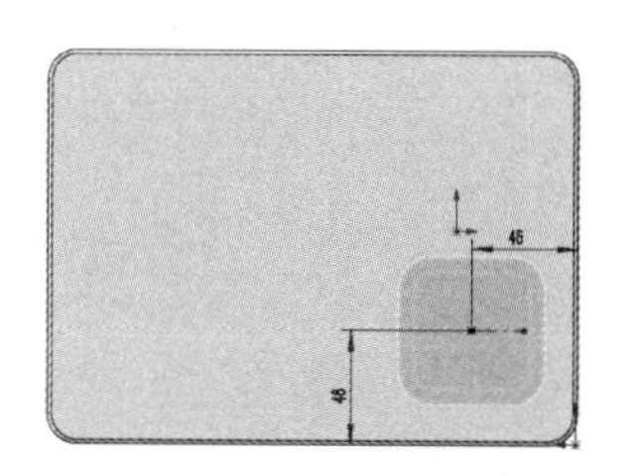

图 7-162 标注成型工具的位置

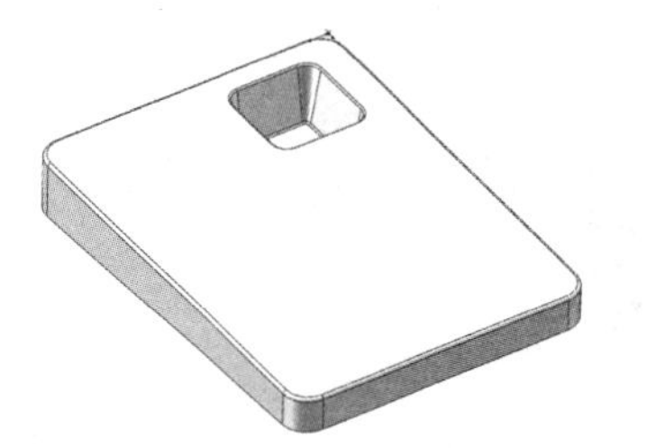

图 7-163 添加成型特征

7.6.3 创建并添加成型工具 2

01 启动 SOLIDWORKS，单击“快速访问”工具栏中的“新建”按钮，或选择“文件”→“新建”菜单命令，在弹出的“新建 SOLIDWORKS 文件”对话框中单击“零件”按钮，然后单击“确定”按钮，创建一个新的零件文件。

02 设置基准面。在 FeatureManager 设计树中选择“前视基准面”，然后单击“视图（前导）”工具栏中的“正视于”按钮，将该基准面作为绘制图形的基准面。单击“草图”控制面板中的“草图绘制”按钮，进入草图绘制状态。

03 绘制草图。单击“草图”控制面板中的“中心矩形”按钮，绘制草图，并标注智能尺寸，如图 7-164 所示。

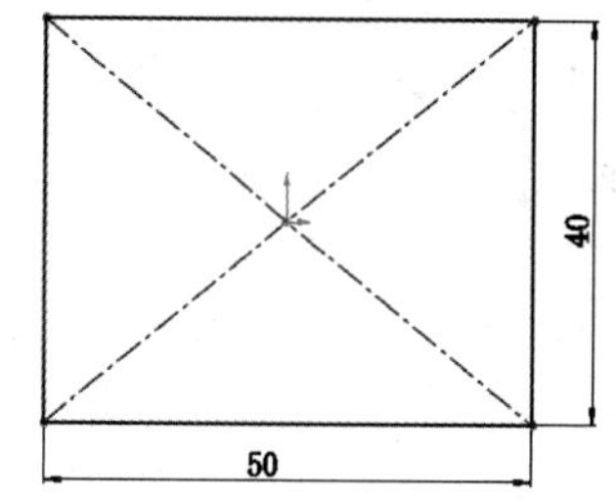

图 7-164 绘制草图

04 拉伸实体。单击“特征”控制面板中的“拉伸凸台/基体”按钮，或选择“插入”→“凸台/基体”→“拉伸”菜单命令，弹出“凸台-拉伸”属性管理器，设置终止条件为“给定深度”，输入拉伸距离为 10 mm，其他参数取默认值，如图 7-165 所示。然后单击“确定”按钮，拉伸实体如图 7-166 所示。

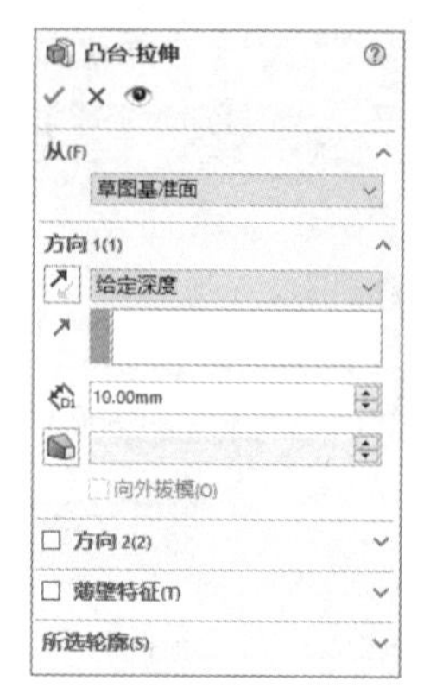

图 7-165 “凸台-拉伸”属性管理器

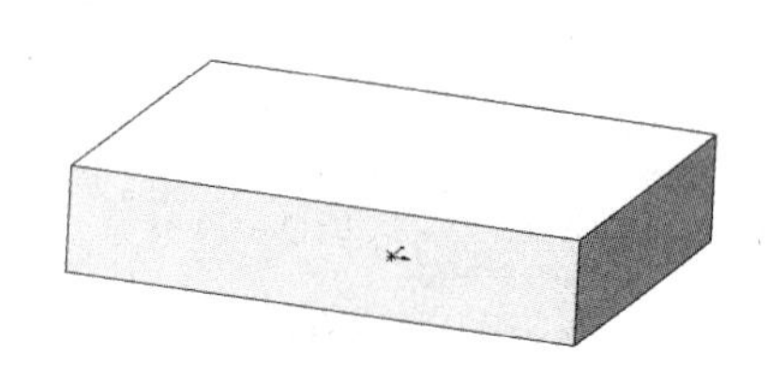

图 7-166 拉伸实体

05 圆角处理。单击“特征”控制面板中的“圆角”按钮，或选择“插入”→“特征”→“圆角”菜单命令，弹出“圆角”属性管理器，在视图中选择长方体的 4 条竖直边，输入圆角半径为 8 mm，如图 7-167 所示。然后单击“确定”按钮✔，圆角处理如图 7-168 所示。

Note

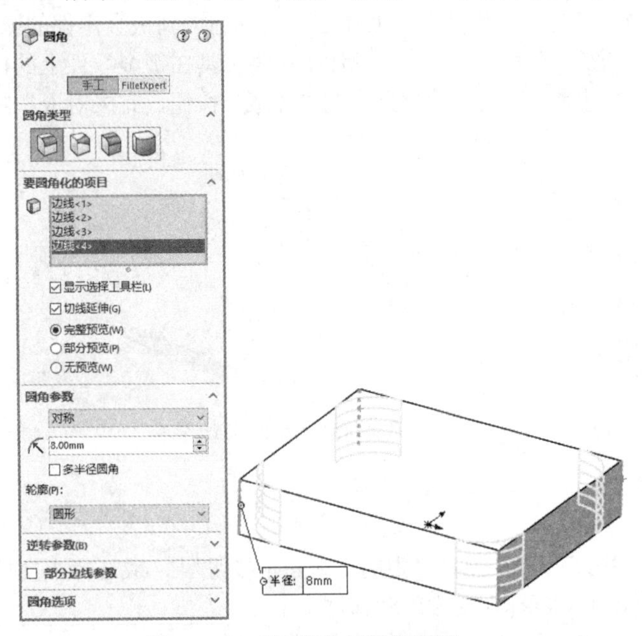

图 7-167 “圆角”属性管理器

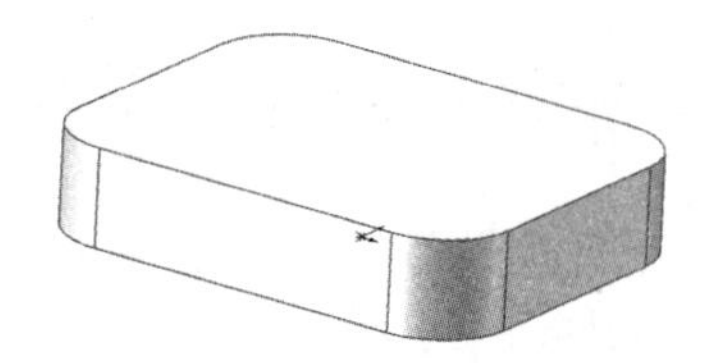

图 7-168 圆角处理

06 拔模处理。单击“特征”控制面板中的“拔模”按钮，或选择“插入”→“特征”→“拔模”菜单命令，弹出“拔模”属性管理器，在视图中选择长方体的下表面为中性面，输入拔模角度为 10 度，选择视图中长方体的各个侧面为拔模面，如图 7-169 所示。然后单击“确定”按钮✔，拔模处理如图 7-170 所示。

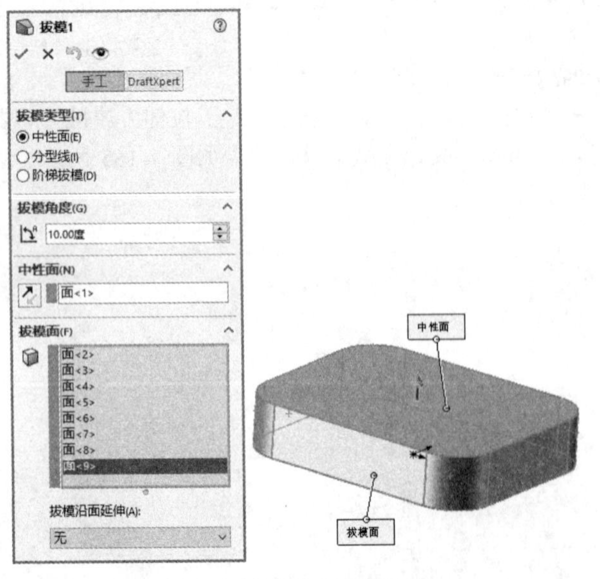

图 7-169 “拔模”属性管理器

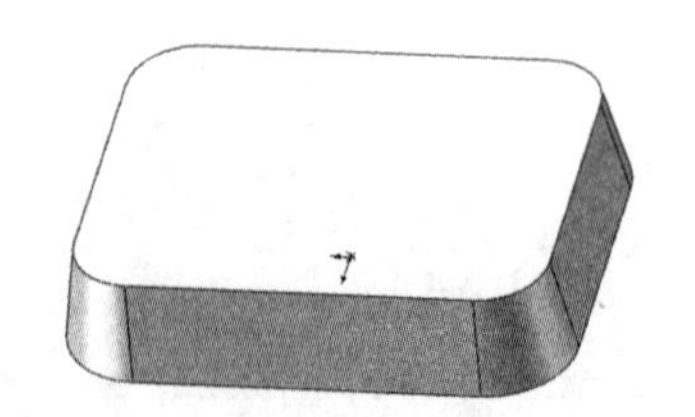

图 7-170 拔模处理

07 设置基准面。在 FeatureManager 设计树中选择“前视基准面”，然后单击“视图（前导）”工具栏中的“正视于”按钮，将该基准面作为绘制图形的基准面。单击“草图”控制面板中的“草图绘制”按钮，进入草图绘制状态。

08 绘制草图。单击“草图”控制面板中的“中心矩形”按钮，绘制草图如图 7-171 所示。

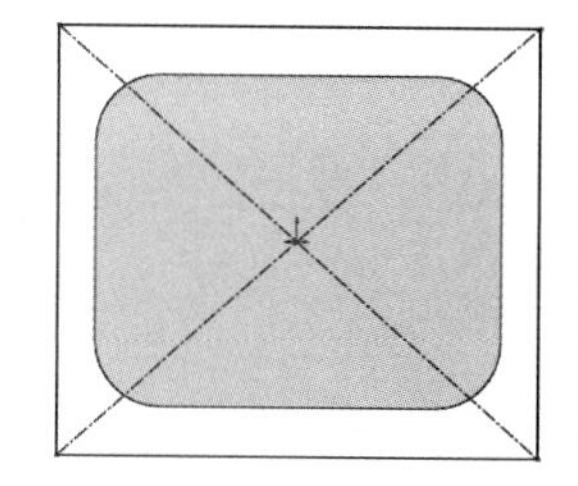

图 7-171　绘制草图

09 拉伸实体。单击“特征”控制面板中的“拉伸凸台/基体”按钮，或选择“插入”→“凸台/基体”→“拉伸”菜单命令，弹出“凸台-拉伸”属性管理器，设置终止条件为“给定深度”，输入拉伸距离为 5.00 mm，其他参数取默认值，如图 7-172 所示。然后单击“确定”按钮✓，拉伸实体如图 7-173 所示。

图 7-172　“凸台-拉伸”属性管理器

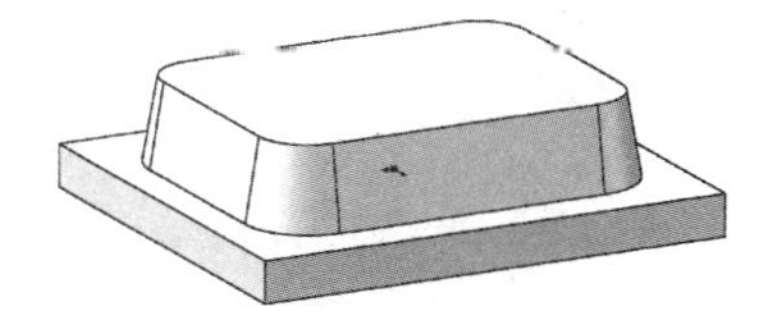

图 7-173　拉伸实体

10 圆角处理。单击“特征”控制面板中的“圆角”按钮，或选择“插入”→“特征”→“圆角”菜单命令，弹出“圆角”属性管理器，在视图中选择如图 7-174 所示的两条边线，输入圆角半径为 1.00 mm，然后单击“确定”按钮✓，圆角处理如图 7-175 所示。

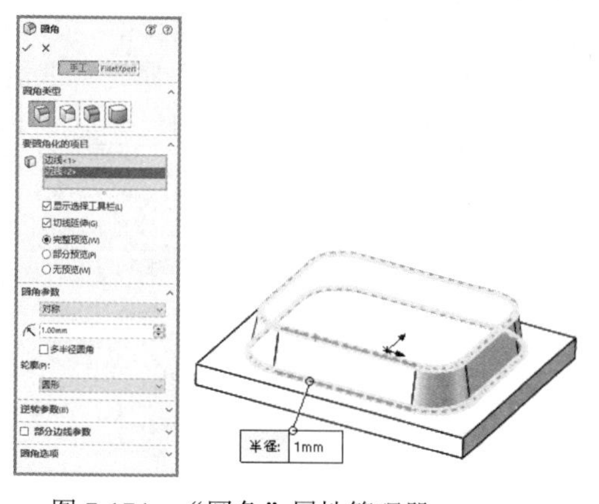

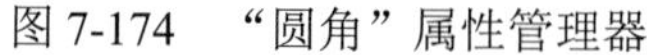

图 7-174　“圆角”属性管理器

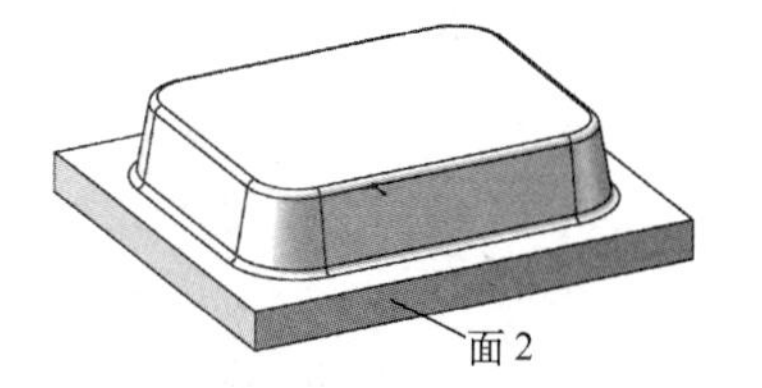

图 7-175　圆角处理

11 绘制草图。在视图中选择图 7-175 所示的面 2 作为绘图基准面，然后单击“草图”控制面板中的“转换实体引用”按钮，将草图绘制面转换为草图。

12 切除零件。单击“特征”控制面板中的“拉伸切除”按钮，或选择“插入”→“切除”→“拉伸”菜单命令，弹出“切除-拉伸”属性管理器，设置终止条件为“完全贯穿”，其他参数取默认值，如图 7-176 所示。然后单击“确定”按钮✓，切除零件如图 7-177 所示。

图 7-176 “切除-拉伸”属性管理器

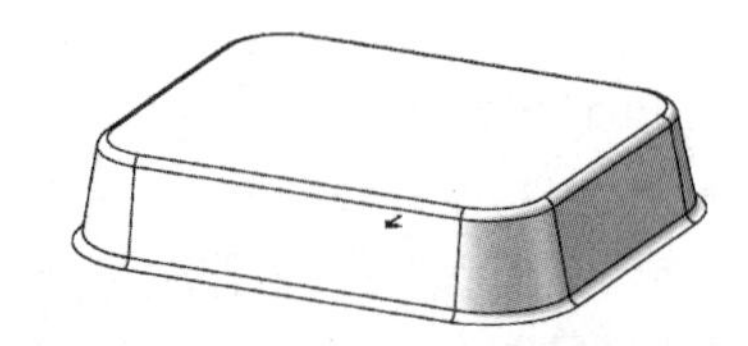

图 7-177 切除零件

(13) 设置基准面。在视图中选择图 7-178 所示的表面，然后单击“视图（前导）”工具栏中的“正视于”按钮，将该基准面作为绘制图形的基准面。单击“草图”控制面板中的“草图绘制”按钮，进入草图绘制状态。

(14) 绘制成型工具定位草图。单击“草图”面板中的“转换实体引用”按钮，将选择表面转换成图素，如图 7-179 所示，单击“退出草图”按钮。

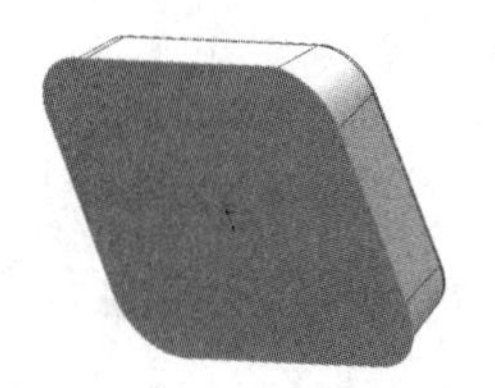

图 7-178 选择草图绘制表面

图 7-179 绘制草图

(15) 保存成型工具。单击“快速访问”工具栏中的“保存”按钮，或选择“文件”→“保存”菜单命令，在弹出的“另存为”对话框中输入文件名为“电话机成型工具 2”，如图 7-180 所示，然后单击“保存”按钮，保存成型工具 2。

(16) 将成型工具添加到库。在操作界面右边任务窗格中单击“设计库”按钮，在弹出的“设计库”属性管理器中单击“添加到库”按钮，弹出“添加到库”属性管理器，如图 7-181 所示。在“设计库文件夹”一栏中选择 lances 文件夹作为成型工具的保存位置，如图 7-182 所示。将此成型工具命名为“电话机成型工具 2”，保存类型为.SLDPRT，单击“确定”按钮，完成对成型工具的保存。

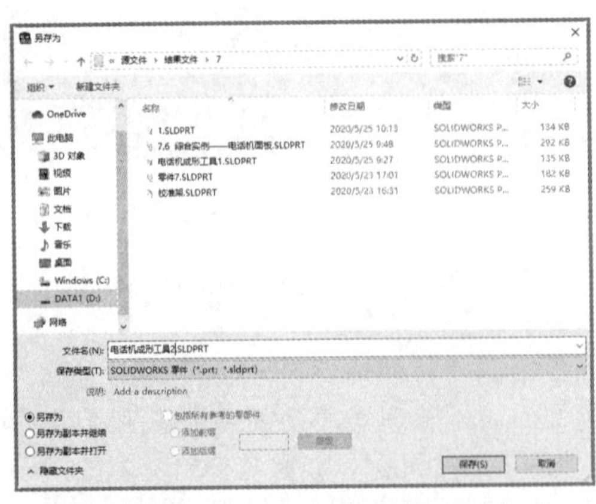

图 7-180 “另存为”对话框

图 7-181 “添加到库”属性管理器

这时，单击系统右边的“设计库”按钮，根据如图 7-182 所示的路径可以找到保存的成型工具。

17 将绘图窗口切换到电话机面板窗口。单击系统右边的“设计库”按钮，弹出“设计库”对话框，在对话框中选择 Design Library 文件下的 forming tools 文件夹，然后通过右键快捷菜单将其设置成“成型工具文件夹”，如图 7-183 所示。根据如图 7-183 所示的右键快捷菜单可以找到成型工具文件夹 lances，找到需要添加的成型工具“电话机成型工具 2”，将其拖放到钣金零件的侧面上。

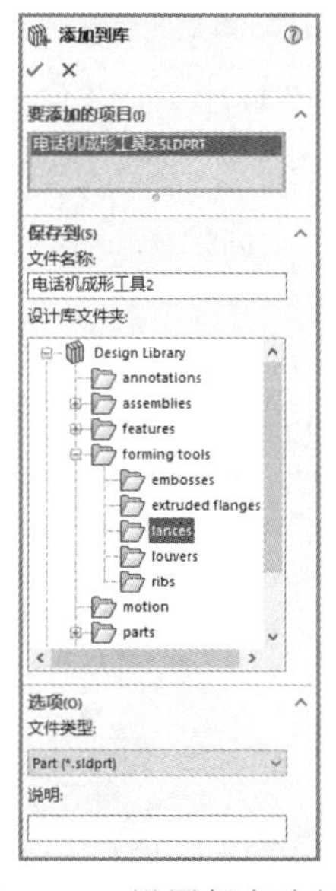

图 7-182　设置保存路径

图 7-183　“设计库”对话框

18 单击“草图”控制面板中的“智能尺寸”按钮，标注出成型工具在钣金零件上的位置尺寸，如图 7-184 所示，最后单击“放置成型特征”属性管理器中的“完成”按钮，完成对成型工具 2 的添加，结果如图 7-185 所示。

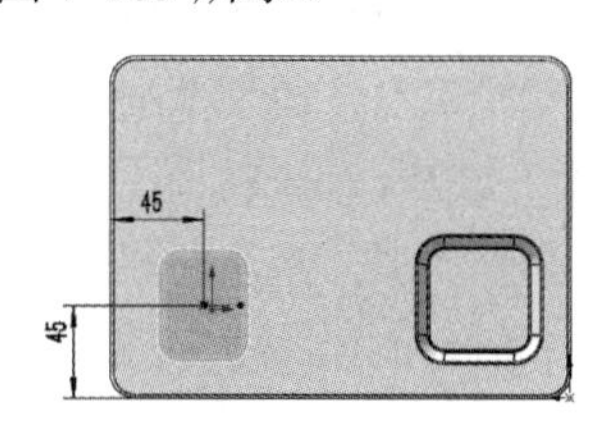

图 7-184　标注草图尺寸

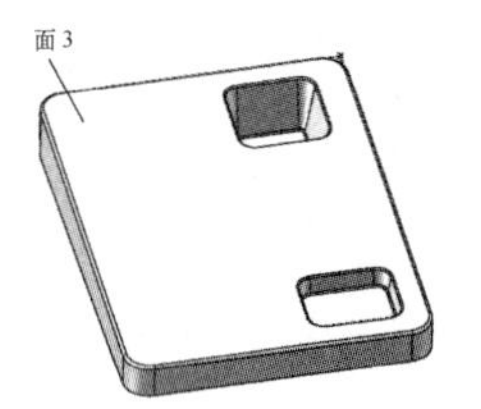

图 7-185　添加成型工具 2

7.6.4　创建按钮孔和装饰槽

01 设置基准面。在视图中选择图 7-185 中的面 3，然后单击“视图（前导）”工具栏中的“正视于”按钮，将该基准面作为绘制图形的基准面。单击“草图”控制面板中的“草图绘制”按钮，进入草图绘制状态。

02 绘制草图。单击“草图”控制面板中的“边角矩形”按钮，绘制草图，并标注智能尺寸，如图 7-186 所示。

03 切除零件。单击“特征”控制面板中的“拉伸切除”按钮，或选择“插入”→“切除”→“拉伸”菜单命令，在弹出的“切除-拉伸”属性管理器中设置终止条件为“完全贯穿”，其他参数取默认值。然后单击“确定”按钮，切除零件如图 7-187 所示。

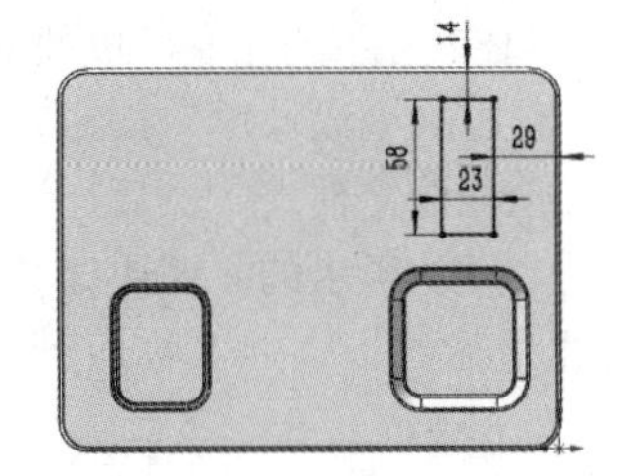

图 7-186　绘制草图

图 7-187　切除零件

04 设置基准面。在视图中选择图 7-185 中的面 3，然后单击“视图（前导）”工具栏中的“正视于”按钮，将该基准面作为绘制图形的基准面。单击“草图”面板中的“草图绘制”按钮，进入草图绘制状态。

05 绘制草图。单击“草图”控制面板中的“边角矩形”按钮，绘制草图，并标注智能尺寸，如图 7-188 所示。

06 切除零件。单击“特征”面板中的“拉伸切除”按钮，或选择“插入”→“切除”→“拉伸”菜单命令，弹出“切除-拉伸”属性管理器，设置终止条件为“完全贯穿”，其他参数取默认值，然后单击“确定”按钮✔，切除零件如图 7-189 所示。

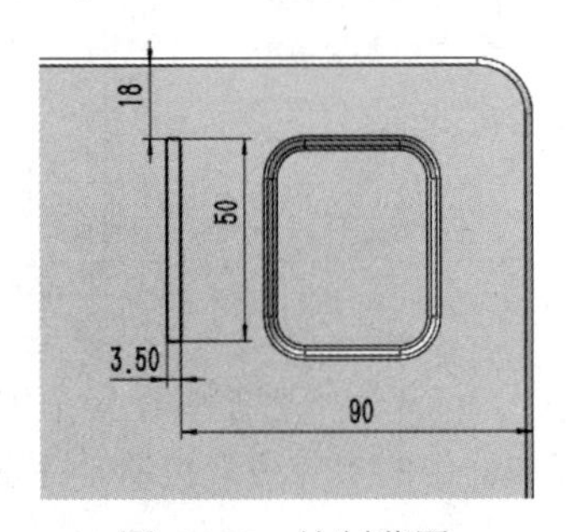

图 7-188　绘制草图

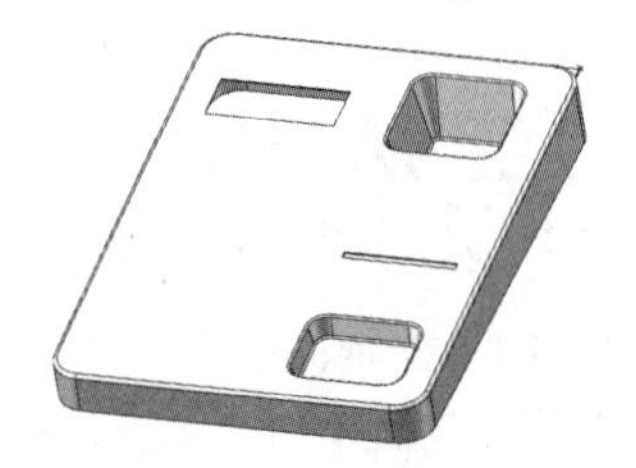

图 7-189　切除零件

07 阵列切除特征。单击“特征”控制面板中的“线性阵列”按钮，或选择“插入”→“阵列/镜像”→“线性阵列”菜单命令，弹出“线性阵列”属性管理器，在视图中选择图 7-190 中的水平边线为阵列方向，输入阵列距离为 8.00 mm，个数为 6，选择步骤 06 创建的切除特征为要阵列的特征，如图 7-190 所示。然后单击“确定”按钮✔，阵列切除特征如图 7-191 所示。

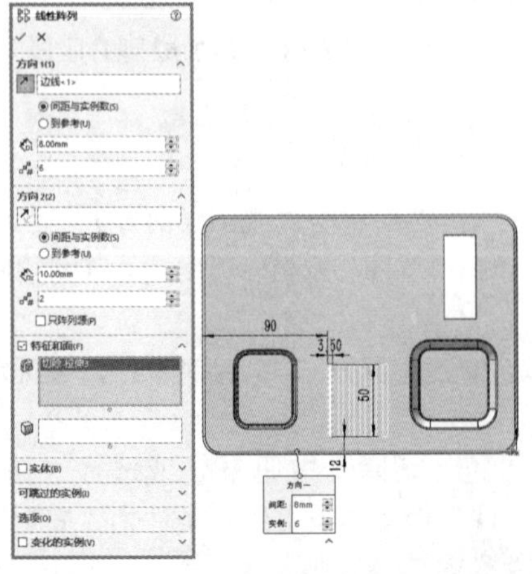

图 7-190　“线性阵列”属性管理器

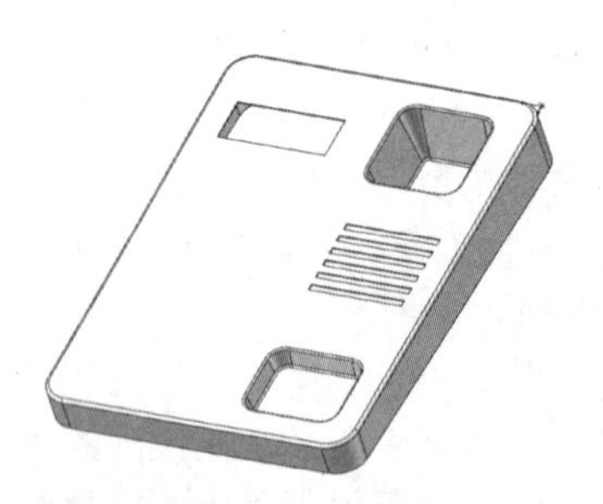

图 7-191　阵列切除特征

08 设置基准面。在视图中选择图 7-185 中的面 3，然后单击“视图（前导）”工具栏中的“正视于”按钮，将该基准面作为绘制图形的基准面。单击“草图”控制面板中的“草图绘制”按钮，进入草图绘制状态。

09 绘制草图。单击“草图”控制面板中的“椭圆”按钮，绘制草图，并标注智能尺寸，如图 7-192 所示。

10 切除零件。单击“特征”控制面板中的“拉伸切除”按钮，或选择“插入”→“切除”→“拉伸”菜单命令，弹出“切除-拉伸”属性管理器，设置终止条件为“完全贯穿”，其他参数取默认值。然后单击“确定”按钮✔，切除零件如图 7-193 所示。

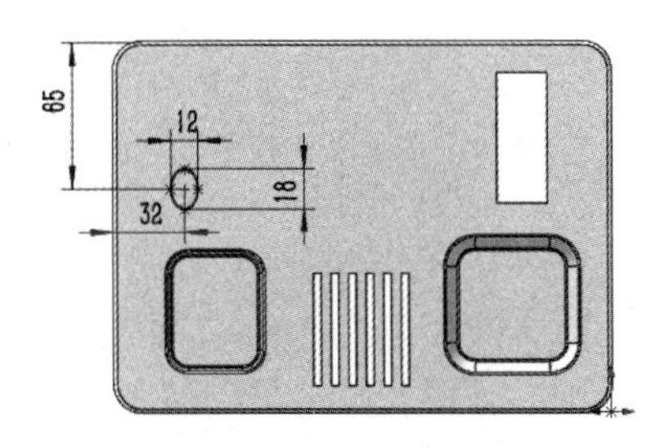

图 7-192　绘制草图

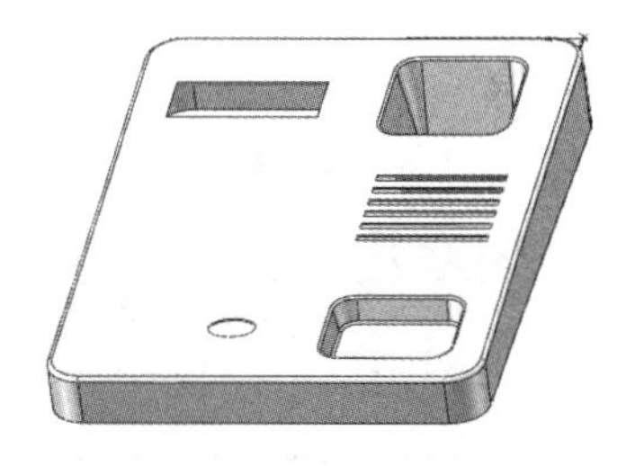

图 7-193　切除零件

11 阵列切除特征。单击“特征”控制面板中的“线性阵列”按钮，或选择“插入”→“阵列/镜像”→“线性阵列”菜单命令，弹出“线性阵列”属性管理器，在视图中选择竖直边线为阵列方向 1，输入阵列距离为 24.00 mm，个数为 4；选择水平边线为阵列方向 2，输入阵列距离为 24.00 mm，个数为 3，选择步骤 10 创建的切除特征为要阵列的特征，如图 7-194 所示。然后单击“确定”按钮✔，线性阵列按钮孔如图 7-195 所示。

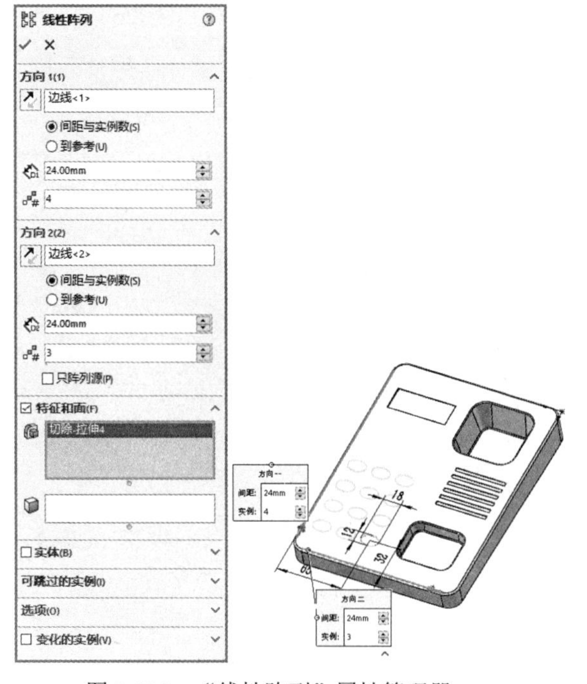

图 7-194　“线性阵列”属性管理器

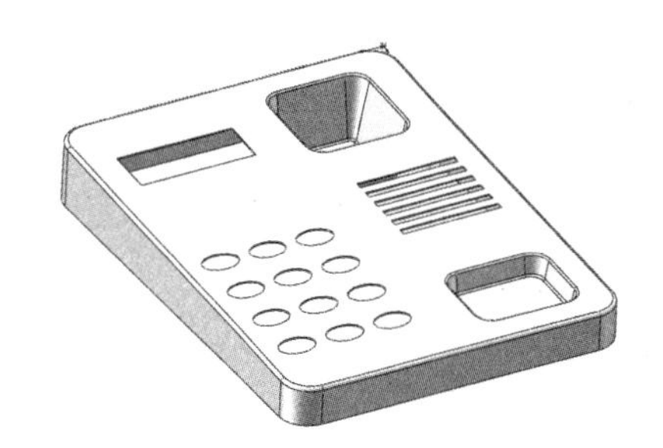

图 7-195　线性阵列按钮孔

Note

12 设置基准面。在视图中选择图 7-185 中的面 3，然后单击“视图（前导）”工具栏中的“正视于”按钮，将该基准面作为绘制图形的基准面。单击“草图”控制面板中的“草图绘制”按钮，进入草图绘制状态。

13 绘制草图。单击“草图”控制面板中的“中心线”按钮和“圆”按钮，绘制草图，并标注智能尺寸，如图 7-196 所示。

14 切除零件。单击“特征”控制面板中的“拉伸切除”按钮，或选择“插入”→“切除”→“拉伸”菜单命令，弹出“切除-拉伸”属性管理器，设置终止条件为“完全贯穿”，其他参数取默认值。然后单击“确定”按钮，切除零件如图 7-197 所示。

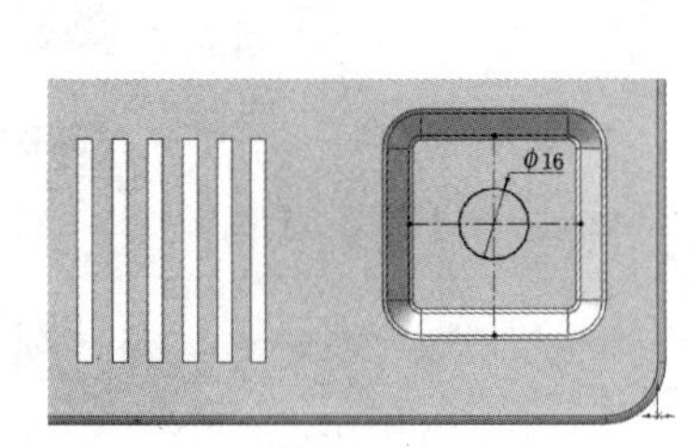

图 7-196　绘制草图

图 7-197　切除零件

第8章 实例——钣金设计

本章导读

为了更好地了解并运用钣金设计知识，本章利用实例详细叙述钣金零件的绘制过程，从零件文件的创建到钣金零件最后的视图显示，本章都给予了详细介绍。

内容要点

☑ 铰链
☑ 多功能开瓶器

8.1 铰　　链

Note

视频讲解

本实例创建的铰链如图 8-1 所示。

图 8-1　铰链

思路分析

首先绘制草图，创建基体法兰，然后通过边线法兰创建臂，再展开绘制草图创建切除特征，最后折弯回去后创建孔。绘制铰链的流程如图 8-2 所示。

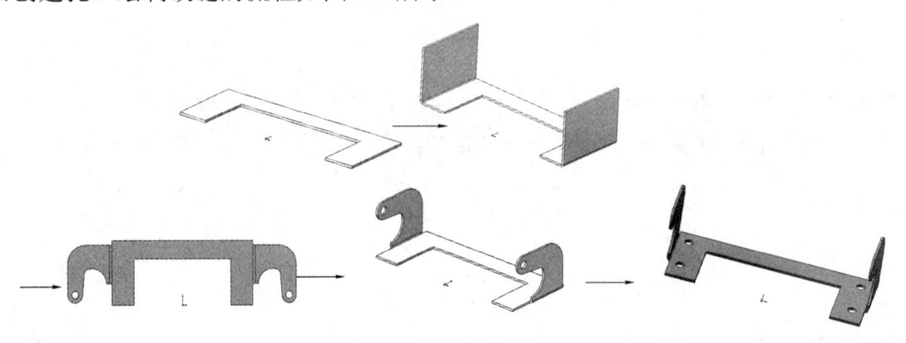

图 8-2　绘制铰链的流程

创建步骤

8.1.1　绘制铰链主体

01 启动 SOLIDWORKS，单击“快速访问”工具栏中的“新建”按钮，或选择“文件”→“新建”菜单命令，在弹出的“新建 SOLIDWORKS 文件”对话框中单击“零件”按钮，然后单击“确定”按钮，创建一个新的零件文件。

02 设置基准面。在 FeatureManager 设计树中选择“前视基准面”，然后单击“视图（前导）”工具栏中的“正视于”按钮，将该基准面作为绘制图形的基准面。单击“草图”面板中的“草图绘制”按钮，进入草图绘制状态。

03 绘制草图。单击“草图”面板中的“直线”按钮，绘制草图，并标注智能尺寸，如图 8-3 所示。

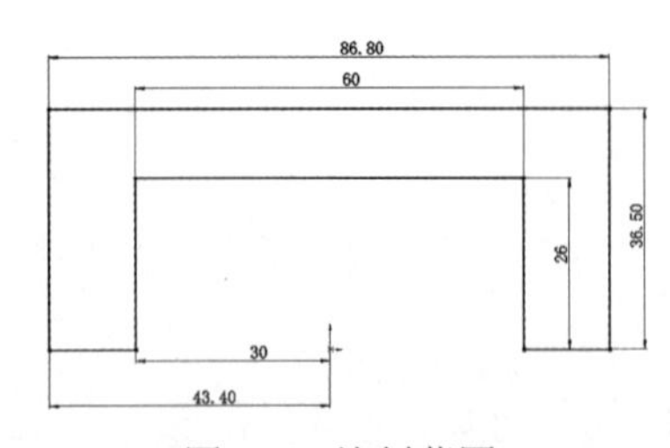

图 8-3　绘制草图

04 创建基体法兰。单击“钣金”面板中的“基体法兰”按钮，或选择“插入”→“钣金”→“基体法兰”菜单命令，在

弹出的“基体法兰”属性管理器中输入厚度值 0.5 mm，其他参数取默认值，如图 8-4 所示。然后单击“确定”按钮✓，创建基体法兰，如图 8-5 所示。

图 8-4　“基体法兰”属性管理器

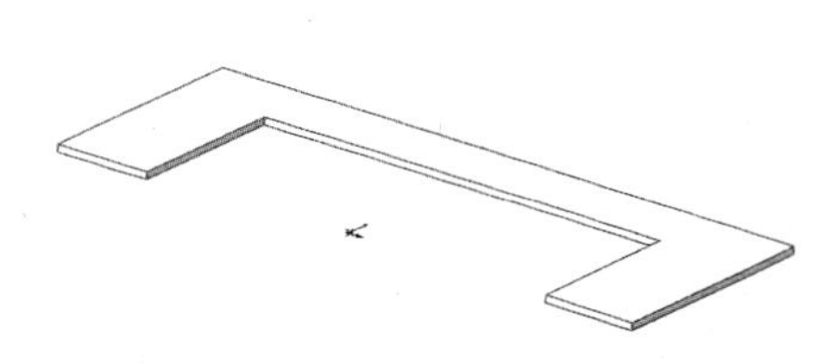

图 8-5　创建基体法兰

05 创建边线法兰。单击“钣金”面板中的“边线法兰”按钮，或选择“插入”→“钣金”→“边线法兰”菜单命令，弹出“边线-法兰”属性管理器，在视图中选择如图 8-6 所示的边线，按下“内部虚拟交点”按钮、“折弯在外”按钮，输入角度为 90 度，输入长度为 27 mm，取消选中“使用默认半径”复选框，输入半径为 0.5mm，其他参数取默认值，如图 8-6 所示。然后单击“确定”按钮✓，创建边线法兰，如图 8-7 所示。

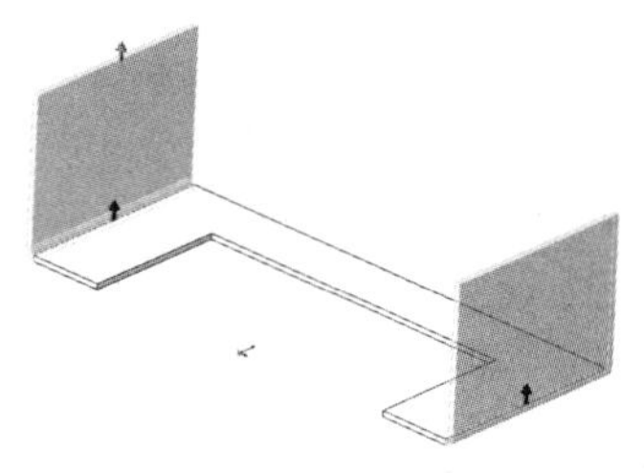

图 8-6　“边线-法兰”属性管理器

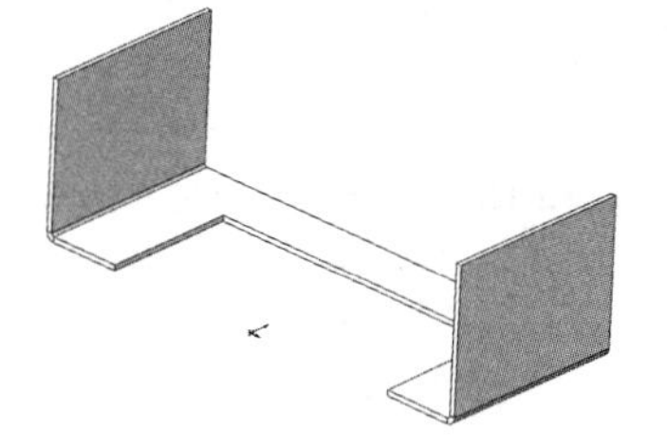

图 8-7　创建边线法兰

8.1.2　绘制局部结构

01 设置基准面。在 FeatureManager 设计树中选择“右视基准面”，然后单击“视图（前导）”工具栏中的“正视于”按钮，将该基准面作为绘制图形的基准面。单击“草图”面板中的“草图绘制”按钮，进入草图绘制状态。

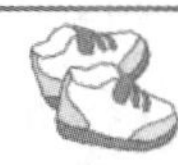

02 绘制草图。单击“草图”面板中的“圆”按钮，绘制草图，并标注智能尺寸，如图 8-8 所示。

03 切除零件。单击“特征”面板中的“拉伸切除”按钮，或选择“插入”→“切除”→“拉伸”菜单命令，在弹出的“切除-拉伸”属性管理器中设置“方向 1”和“方向 2”的终止条件为“完全贯穿”，其他参数取默认值，如图 8-9 所示。然后单击“确定”按钮✔，切除零件如图 8-10 所示。

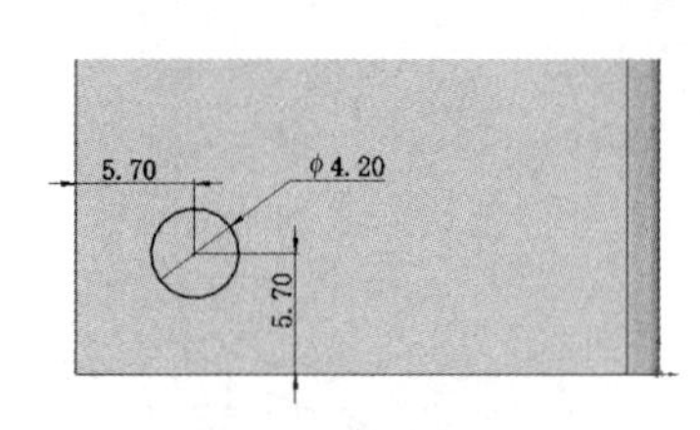

图 8-8　绘制草图

图 8-9　“切除-拉伸”属性管理器

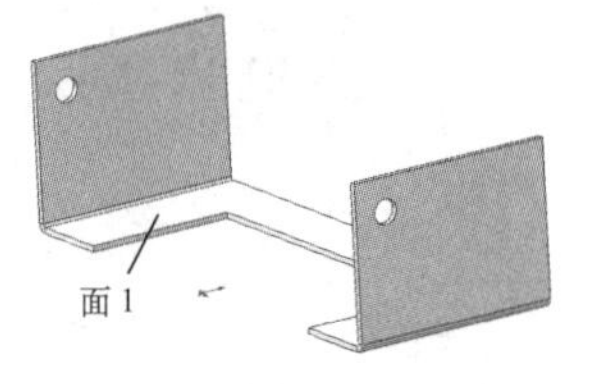

图 8-10　切除零件

04 展开折弯。单击“钣金”面板中的“展开”按钮，或选择“插入”→“钣金”→“展开”菜单命令，弹出“展开”属性管理器，在视图中选择图 8-10 中所示的面 1 为固定面，单击“收集所有折弯”按钮，将视图中的所有折弯展开，如图 8-11 所示。单击“确定”按钮✔，展开折弯，如图 8-12 所示。

图 8-11　“展开”属性管理器

05 绘制草图。选择图 8-12 所示的面 2 作为绘图基准面，然后单击“草图”面板中的“中心线”按钮、“切线弧”按钮、“直线”按钮和“绘制圆角”按钮，绘制草图，并标注智能尺寸，如图 8-13 所示。

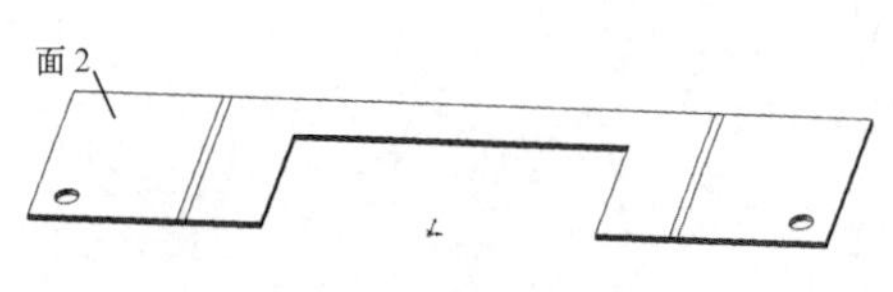

图 8-12　展开折弯

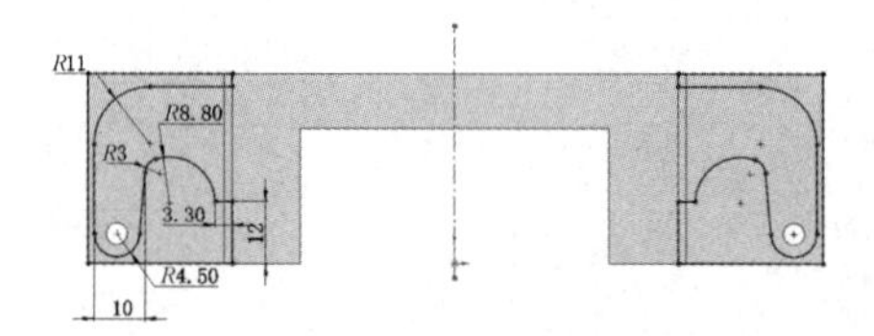

图 8-13　绘制草图

06 切除零件。单击“特征”面板中的“拉伸切除”按钮，或选择“插入”→“切除”→“拉伸”菜单命令，弹出“切除-拉伸”属性管理器，设置终止条件为“完全贯穿”，其他参数取默认值，如图 8-14 所示。然后单击“确定”按钮✔，切除零件如图 8-15 所示。

图 8-14　“切除-拉伸”属性管理器

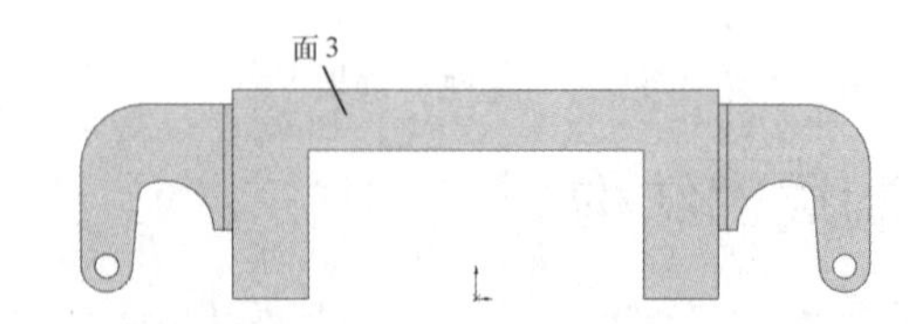

图 8-15　切除零件

07 折叠折弯。单击“钣金”面板中的“折叠”按钮，或选择“插入”→“钣金”→“折叠”

Note

菜单命令，弹出“折叠”属性管理器，在视图中选择图 8-15 所示的面 3 为固定面，单击“收集所有折弯”按钮，将视图中的所有折弯折叠，如图 8-16 所示。单击“确定”按钮✔，折叠折弯如图 8-17 所示。

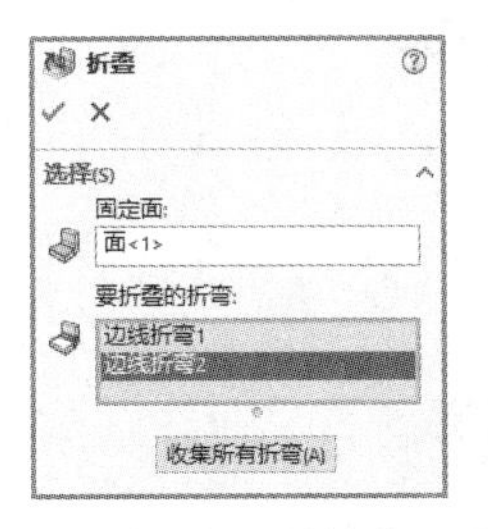

图 8-16　“折叠”属性管理器

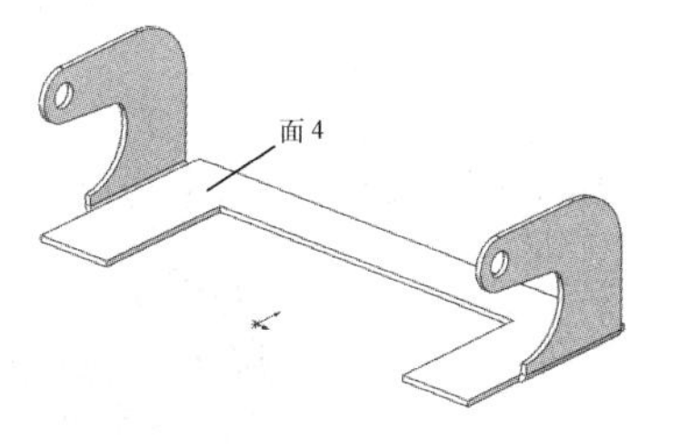

图 8-17　折叠折弯

08 设置基准面。在视图中选择图 8-17 所示的面 4，然后单击“视图（前导）”工具栏中的“正视于”按钮，将该基准面作为绘制图形的基准面。单击“草图”面板中的“草图绘制”按钮，进入草图绘制状态。

09 绘制草图。单击“草图”面板中的“圆”按钮，绘制草图，并标注智能尺寸，如图 8-18 所示。

10 切除零件。单击“特征”面板中的“拉伸切除”按钮，或选择“插入”→“切除”→“拉伸”菜单命令，弹出“切除-拉伸”属性管理器，设置终止条件为“完全贯穿”，其他参数取默认值。然后单击“确定”按钮✔，切除零件如图 8-19 所示。

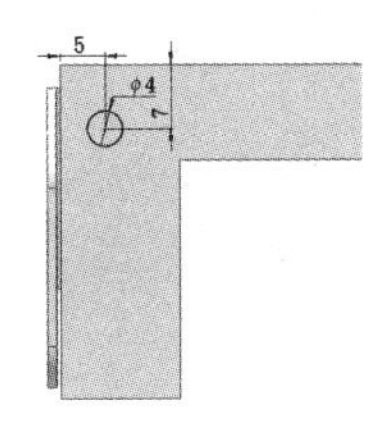

图 8-18　绘制草图

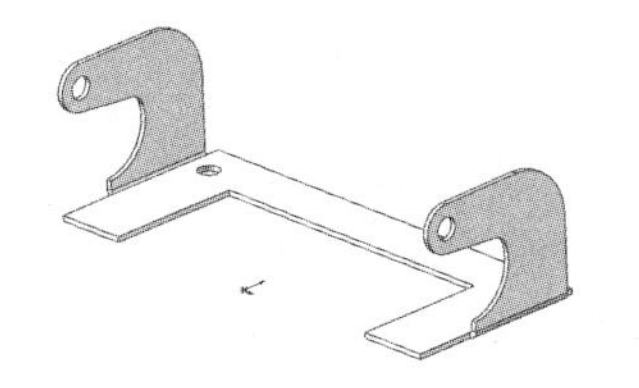

图 8-19　切除零件

11 阵列成型工具。单击“特征”面板中的“线性阵列”按钮，或选择“插入”→“阵列/镜像”→“线性阵列”菜单命令，弹出“线性阵列”属性管理器，在视图中选取长边边线为阵列方向 1，输入阵列距离为 76 mm，个数为 2，选取短水平边为阵列方向 2，输入阵列距离为 20 mm，个数为 2，选择步骤 **10** 创建的成型工具作为要阵列的特征，如图 8-20 所示。然后单击“确定”按钮✔，阵列成型工具如图 8-21 所示。

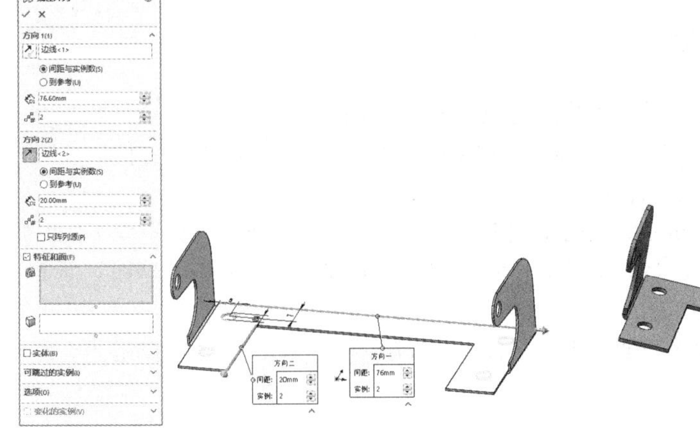

图 8-20　“线性阵列”属性管理器

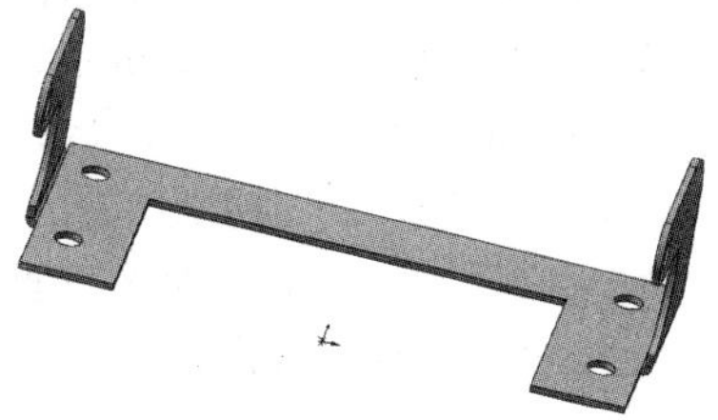

图 8-21　阵列成型工具

8.2 多功能开瓶器

Note

视频讲解

本实例创建的多功能开瓶器如图 8-22 所示。

图 8-22 多功能开瓶器

思路分析

首先绘制草图，创建基体法兰，然后通过拉伸切除工具剪裁多余部分，完成主体的创建，最后创建成型工具并添加到开瓶器主体上。绘制多功能开瓶器的流程如图 8-23 所示。

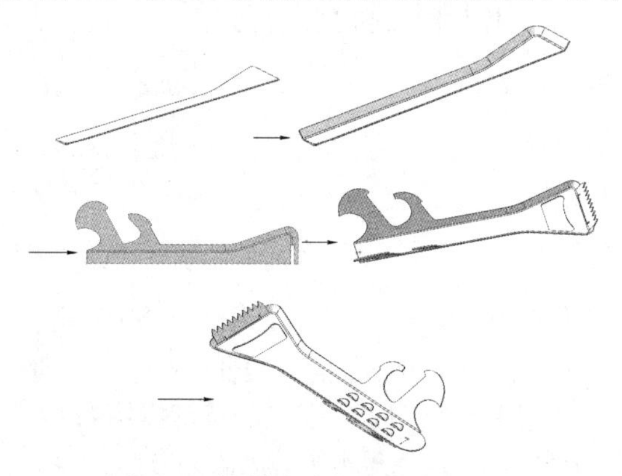

图 8-23 绘制多功能开瓶器的流程

创建步骤

8.2.1 绘制开瓶器主体

01 启动 SOLIDWORKS，单击“快速访问”工具栏中的“新建”按钮，或选择“文件”→“新建”菜单命令，在弹出的“新建 SOLIDWORKS 文件”对话框中单击“零件”按钮，然后单击“确定”按钮，创建一个新的零件文件。

02 设置基准面。在 FeatureManager 设计树中选择“前视基准面”，然后单击“视图（前导）”工具栏中的“正视于”按钮，将该基准面作为绘制图形的基准面。单击“草图”面板中的“草图绘制”按钮，进入草图绘制状态。

03 绘制草图。单击“草图”面板中的“直线”按钮和“绘制圆角”按钮，绘制草图，并标注智能尺寸，如图 8-24 所示。

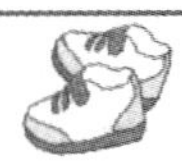

Note

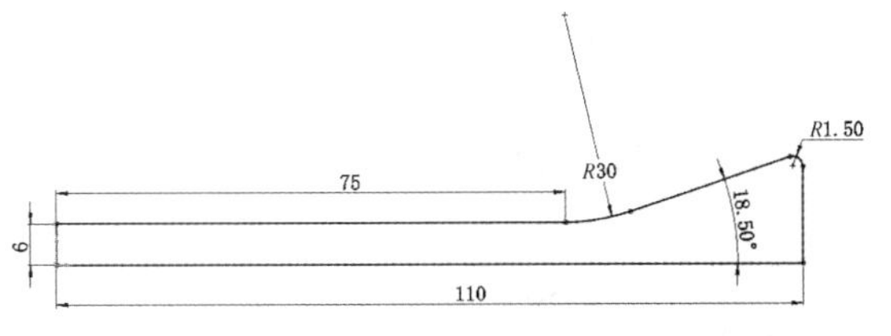

图 8-24 绘制草图

04 创建基体法兰。单击“钣金”面板中的“基体法兰”按钮，或执行选择“插入”→“钣金”→“基体法兰”菜单命令，在弹出的“基体法兰”属性管理器中输入厚度值 0.5 mm，其他参数取默认值，如图 8-25 所示。然后单击“确定”按钮✓，创建基体法兰，如图 8-26 所示。

图 8-25 “基体法兰”属性管理器

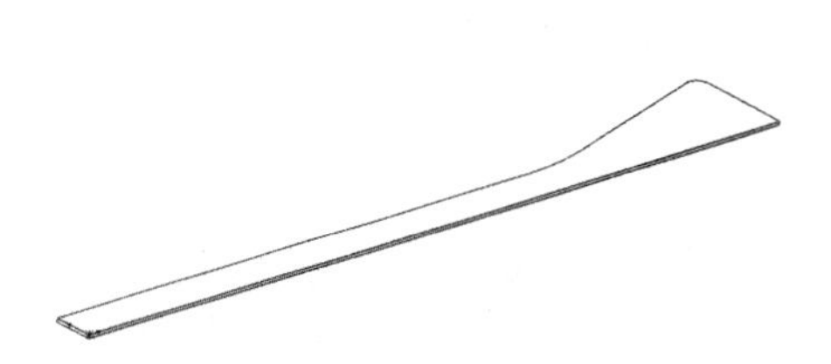

图 8-26 创建基体法兰

05 创建边线法兰。单击“钣金”面板中的“边线法兰”按钮，或选择“插入”→“钣金”→“边线法兰”菜单命令，弹出“边线-法兰”属性管理器，在视图中选择如图 8-27 所示的边线，按下“内部虚拟交点”按钮、“折弯在外”按钮，输入角度为 50 度，输入长度为 3.5 mm，取消选中“使用默认半径”复选框，设置半径为 0.8 mm。其他参数取默认值，如图 8-27 所示。然后单击“确定”按钮✓，创建边线法兰，如图 8-28 所示。

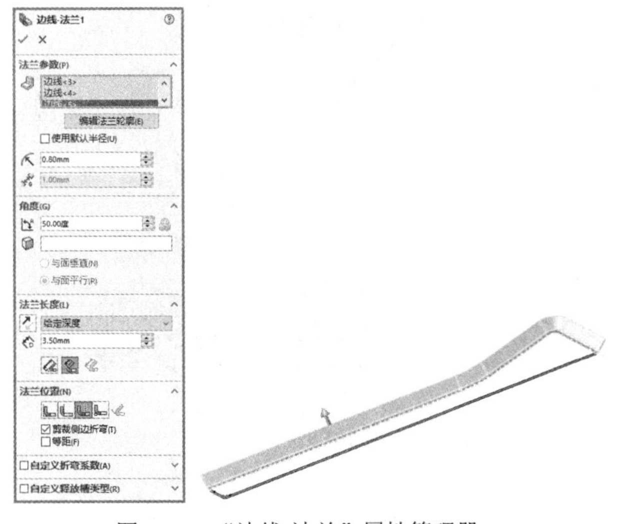

图 8-27 “边线-法兰”属性管理器

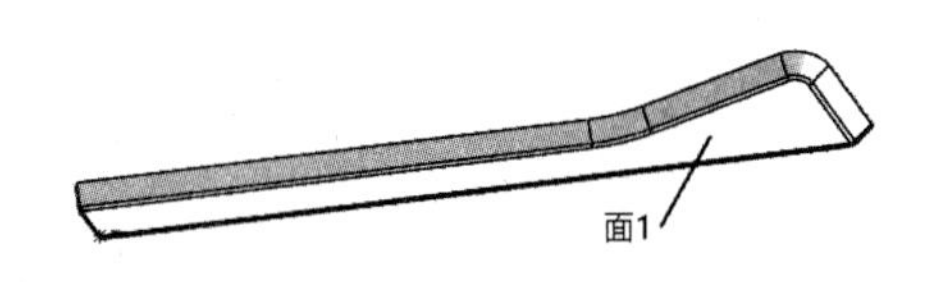

图 8-28 创建边线法兰

Note

06 展开折弯。单击“钣金”面板中的“展开”按钮，或选择“插入”→“钣金”→“展开”菜单命令，弹出“展开”属性管理器，在视图中选择图 8-28 中所示的面 1 为固定面，单击“收集所有折弯”按钮，将视图中的所有折弯展开，如图 8-29 所示。单击“确定”按钮✓，展开折弯如图 8-30 所示。

07 设置基准面。在视图中选择图 8-30 所示的面 2，然后单击“视图（前导）”工具栏中的“正视于”按钮，将该基准面作为绘制图形的基准面。单击“草图”面板中的“草图绘制”按钮，进入草图绘制状态。

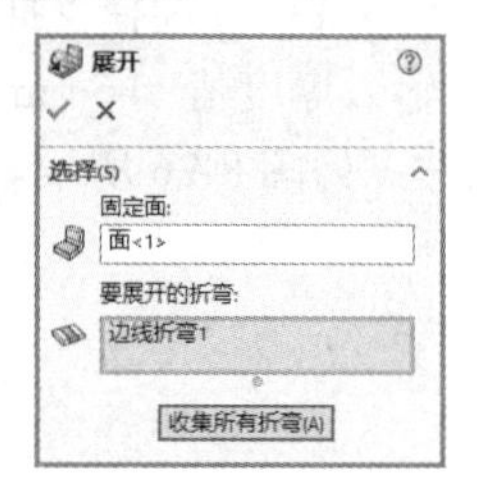

图 8-29 “展开”属性管理器

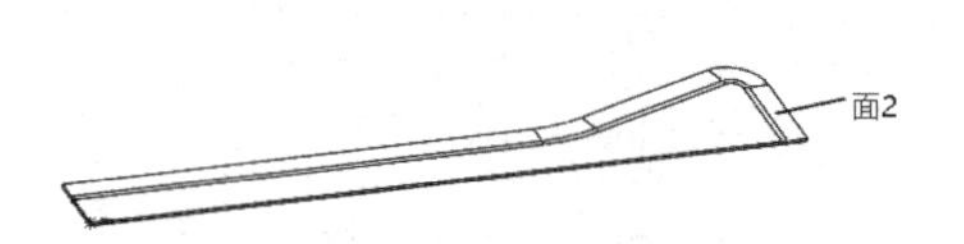

图 8-30 展开折弯

08 绘制草图。单击“草图”面板中的“直线”按钮和“三点圆弧”按钮，绘制草图，并标注智能尺寸，如图 8-31 所示。

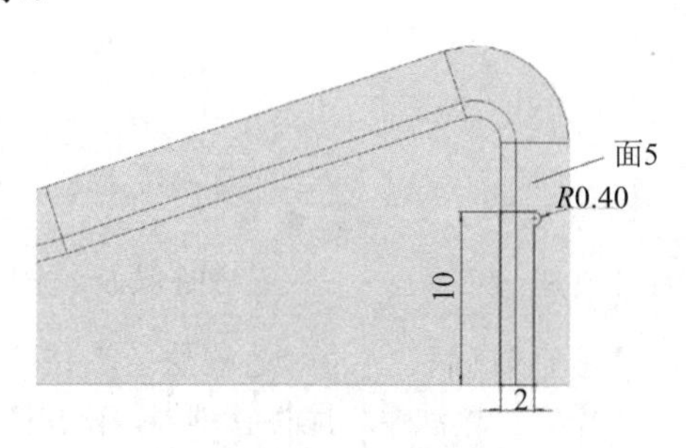

图 8-31 绘制草图

09 切除零件。单击“特征”面板中的“拉伸切除”按钮，或选择“插入”→“切除”→“拉伸”菜单命令，在弹出的“切除-拉伸”属性管理器中设置终止条件为“完全贯穿”，其他参数取默认值，如图 8-32 所示。然后单击“确定”按钮✓，切除零件如图 8-33 所示。

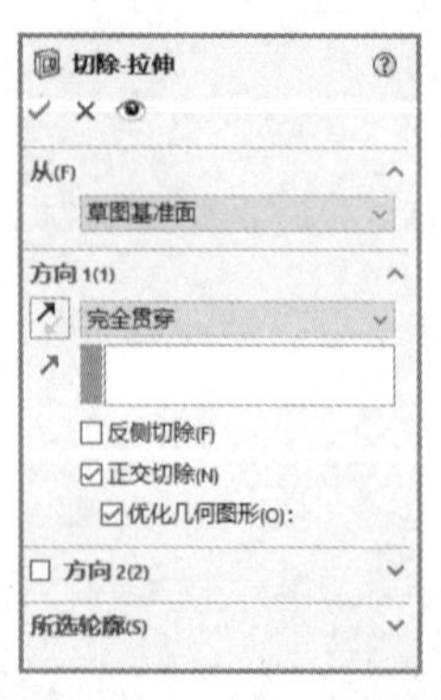

图 8-32 “切除-拉伸”属性管理器

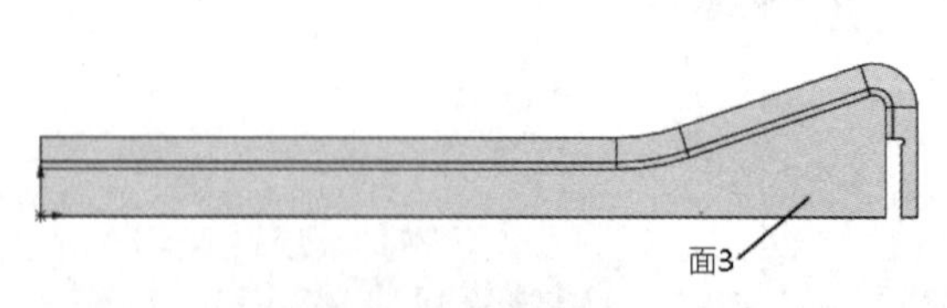

图 8-33 切除零件

10 折叠折弯。单击“钣金”面板中的“折叠”按钮，或选择“插入”→“钣金”→“折叠”菜单命令，弹出“折叠”属性管理器，在视图中选择图 8-33 中所示的面 3 为固定面，单击“收集所

有折弯”按钮，将视图中的所有折弯折叠，如图 8-34 所示。单击“确定”按钮✓，折叠折弯如图 8-35 所示。

图 8-34 “折叠”属性管理器

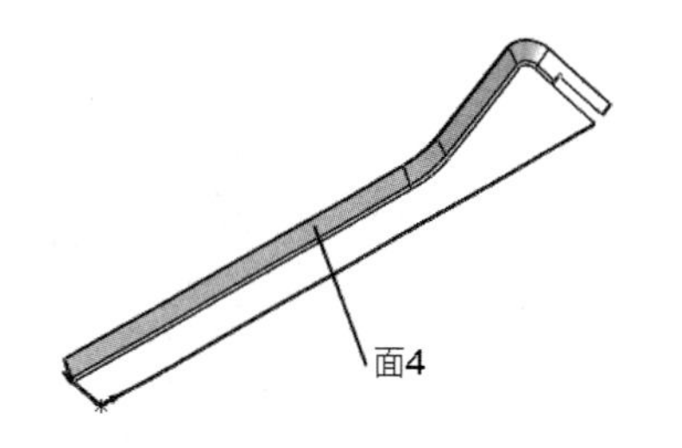

图 8-35 折叠折弯

11 设置基准面。在视图中选择图 8-35 所示的面 4，然后单击“视图（前导）”工具栏中的“正视于”按钮，将该基准面作为绘制图形的基准面。单击“草图”面板中的“草图绘制”按钮，进入草图绘制状态。

12 绘制草图。单击“草图”面板中的“边角矩形”按钮，绘制草图，并标注智能尺寸，如图 8-36 所示。

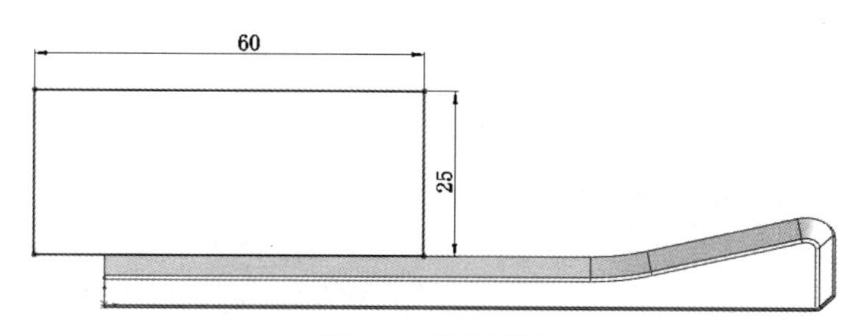

图 8-36 绘制草图

13 创建基体法兰。单击“钣金”面板中的“基体法兰”按钮，或选择“插入”→“钣金”→“基体法兰”菜单命令，在弹出的“基体法兰”属性管理器中键入厚度值 0.5mm，其他参数取默认值，如图 8-37 所示。然后单击“确定”按钮✓，创建基体法兰，如图 8-38 所示。

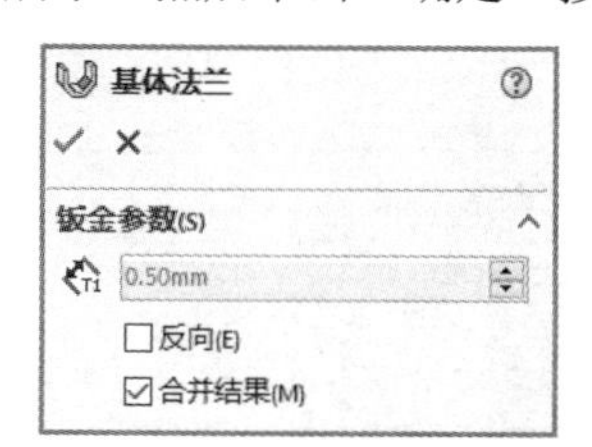

图 8-37 “基体法兰”属性管理器

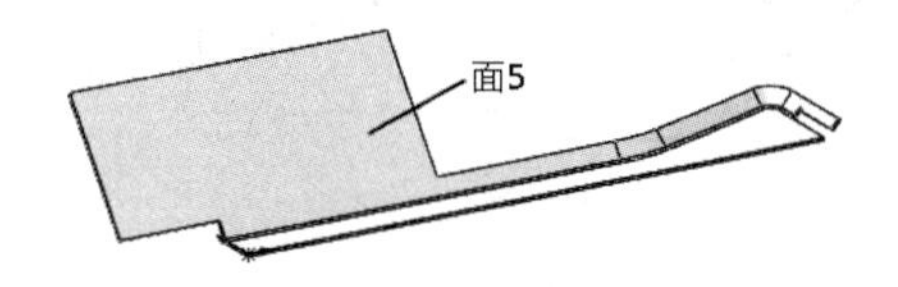

图 8-38 创建基体法兰

14 设置基准面。在视图中选择图 8-38 所示的面 5，然后单击“视图（前导）”工具栏中的“正视于”按钮，将该基准面作为绘制图形的基准面。单击“草图”面板中的“草图绘制”按钮，进入草图绘制状态。

15 绘制草图。单击“草图”面板中的“中心线”按钮、“样条曲线”按钮、“三点圆弧”按钮、“直线”按钮和“绘制圆角”按钮，绘制草图，并标注智能尺寸，如图 8-39 所示。

16 切除拉伸实体。单击“特征”面板中的“拉伸切除”按钮，或选择“插入”→“切除”→“拉伸”菜单命令，弹出“切除-拉伸”属性管理器，设置终止条件为“完全贯穿”，其他参数取默

认值，如图 8-40 所示。然后单击“确定”按钮✔，切除拉伸实体如图 8-41 所示。

17 设置基准面。在视图中选择图 8-41 所示的面 6，然后单击“视图（前导）”工具栏中的“正视于”按钮，将该基准面作为绘制图形的基准面。单击“草图”面板中的“草图绘制”按钮，进入草图绘制状态。

Note

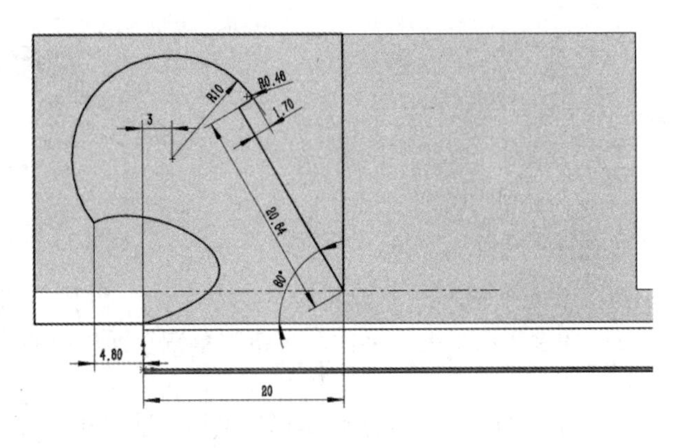

图 8-39　绘制草图

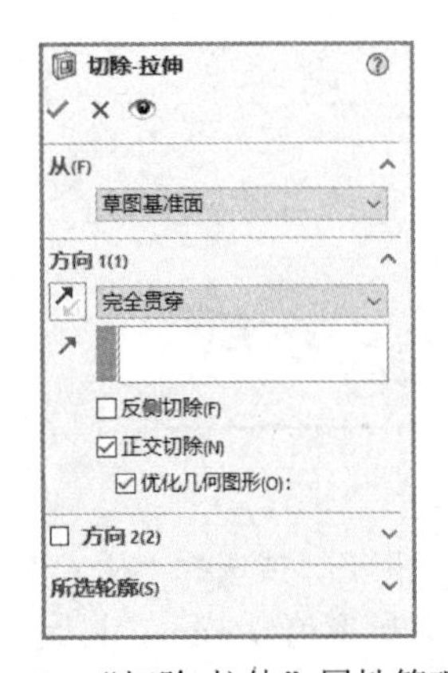

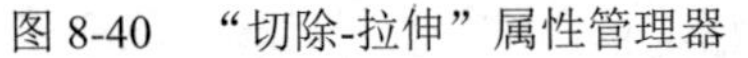

图 8-40　“切除-拉伸”属性管理器

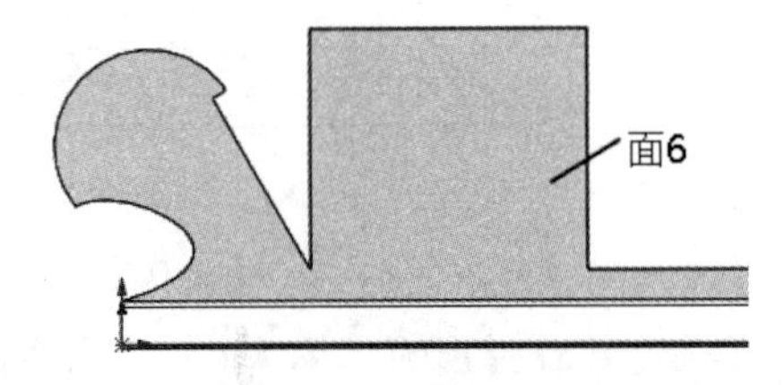

图 8-41　切除拉伸实体

18 绘制草图。单击“草图”面板中的“样条曲线”按钮、“三点圆弧”按钮和“直线”按钮，绘制草图，并标注智能尺寸，如图 8-42 所示。

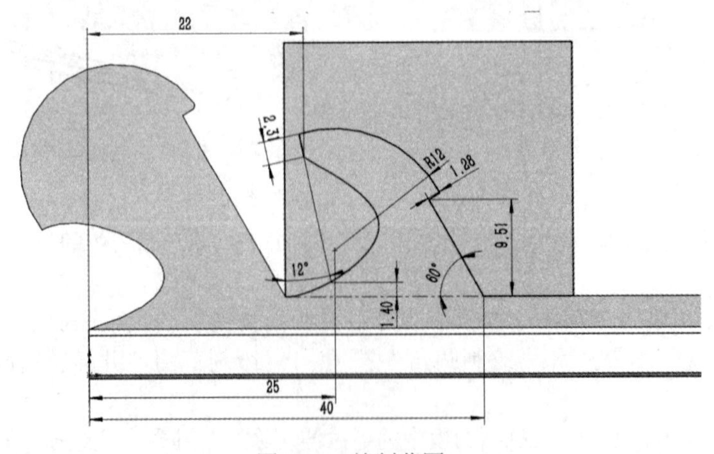

图 8-42　绘制草图

19 切除零件。单击“特征”面板中的“拉伸切除”按钮，或选择“插入”→“切除”→“拉伸”菜单命令，弹出“切除-拉伸”属性管理器，设置终止条件为“完全贯穿”，其他参数取默认值，如图 8-43 所示。然后单击“确定”按钮✓，切除零件如图 8-44 所示。

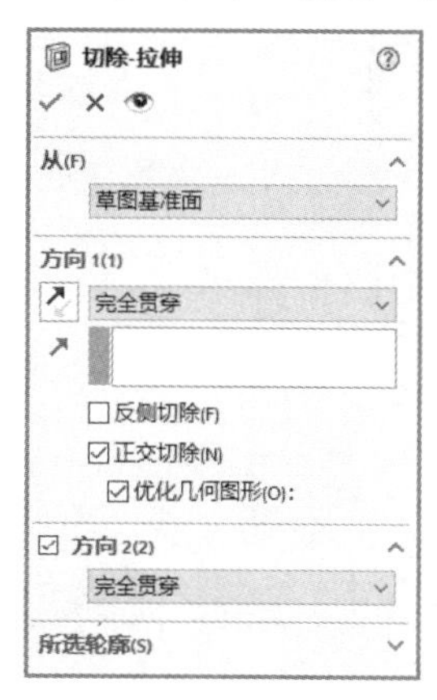

图 8-43 “切除-拉伸”属性管理器

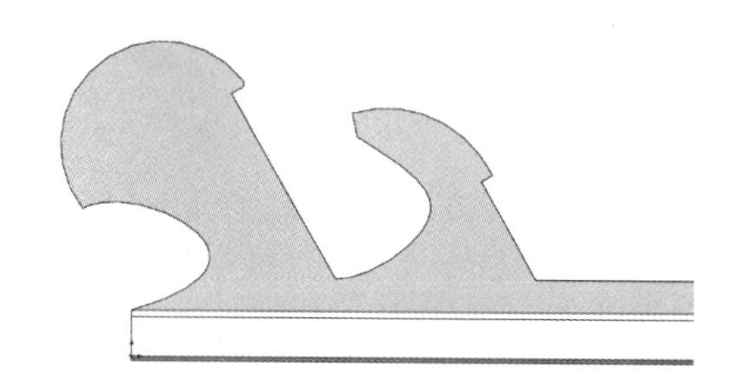

图 8-44 切除零件

20 圆角处理。单击“特征”面板中的“圆角”按钮，或选择“插入”→“特征”→“圆角”菜单命令，弹出“圆角”属性管理器，在视图中选择图 8-45 所示的两条边，输入圆角半径为 4mm，如图 8-45 所示。然后单击“确定”按钮✓，圆角处理如图 8-46 所示。

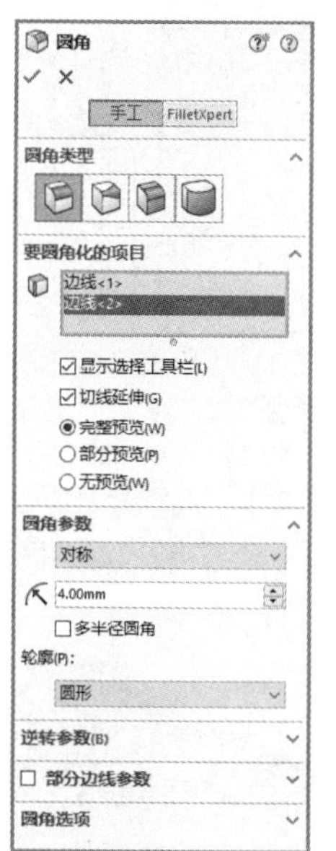

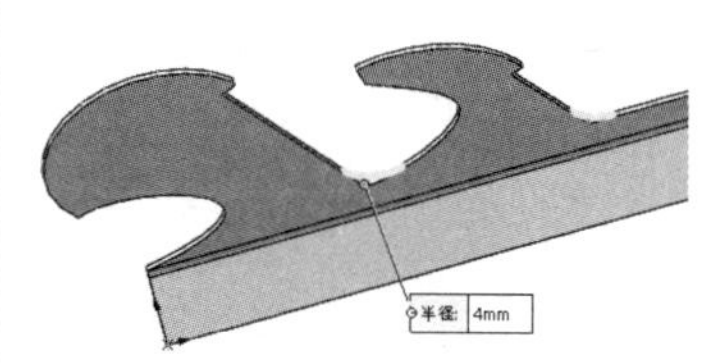

图 8-45 “圆角”属性管理器

面7

图 8-46 圆角处理

21 设置基准面。在视图中选择图 8-46 所示的面 7，然后单击“视图（前导）”工具栏中的“正视于”按钮，将该基准面作为绘制图形的基准面。单击“草图”面板中的“草图绘制”按钮，进入草图绘制状态。

22 绘制草图。单击“草图”面板中的“直线”按钮、“三点圆弧”按钮和“绘制圆角”按钮，绘制草图，并标注智能尺寸，如图 8-47 所示。

Note

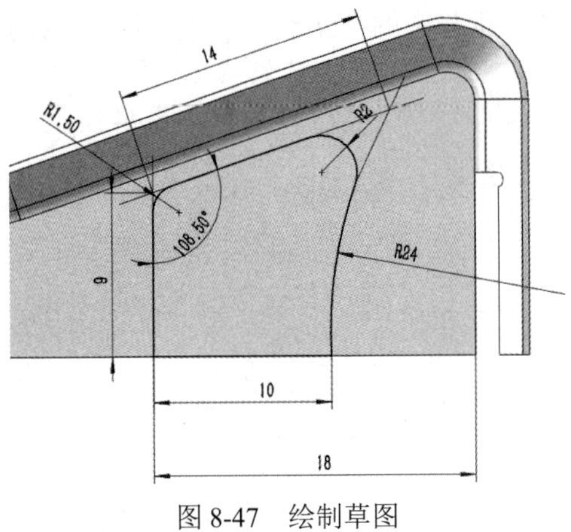

图 8-47　绘制草图

23 切除零件。单击“特征”面板中的“拉伸切除”按钮，或选择“插入”→“切除”→“拉伸”菜单命令，弹出“切除-拉伸”属性管理器，设置终止条件为“完全贯穿”，其他参数取默认值，如图 8-48 所示。然后单击“确定”按钮✔，切除零件如图 8-49 所示。

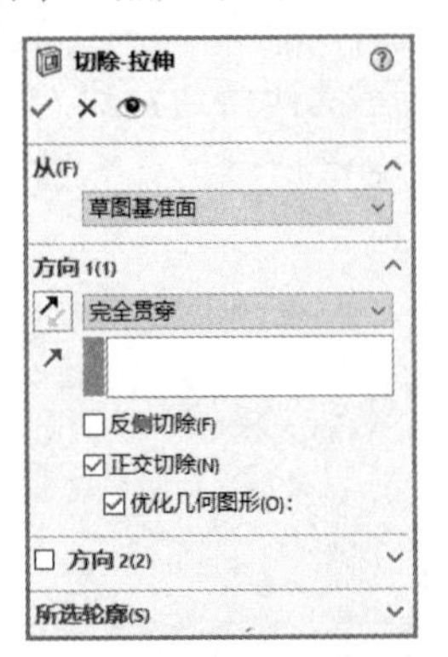

图 8-48 “切除-拉伸”属性管理器

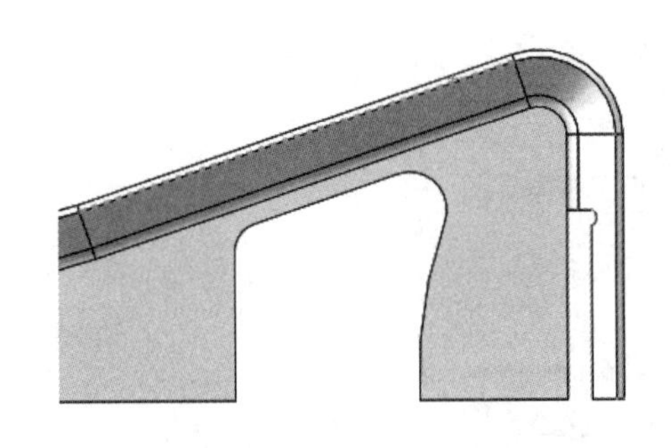

图 8-49　切除零件

24 设置基准面。在视图中选择图 8-49 所示的面 8，然后单击“视图（前导）”工具栏中的“正视于”按钮，将该基准面作为绘制图形的基准面。单击“草图”面板中的“草图绘制”按钮，进入草图绘制状态。

25 绘制草图。单击“草图”面板中的“直线”按钮，绘制草图（注意，锯齿线是相等的），并标注智能尺寸，如图 8-50 所示。

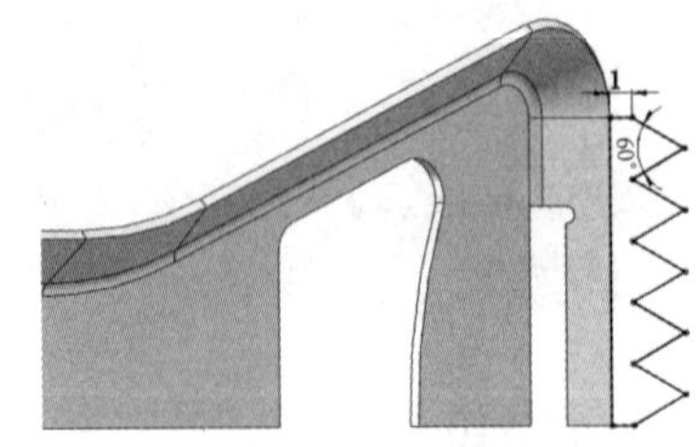

图 8-50　绘制草图

26 创建基体法兰。单击“钣金”面板中的“基体法兰”按钮，或选择“插入”→“钣金”→“基体法兰”菜单命令，在弹出的“基体法兰”属性管理器中输入厚度值 0.5 mm，其他参数取默认值，如图 8-51 所示。然后单击“确定”按钮✔，创建基体法兰，如图 8-52 所示。

27 设置基准面。在视图中选择图 8-52 所示的面 9，然后单击“视图（前导）”工具栏中的“正视于”按钮，将该基准面作为绘制图形的基准面。单击“草图”面板中的“草图绘制”按钮，进入草图绘制状态。

Note

图 8-51　“基体法兰”属性管理器

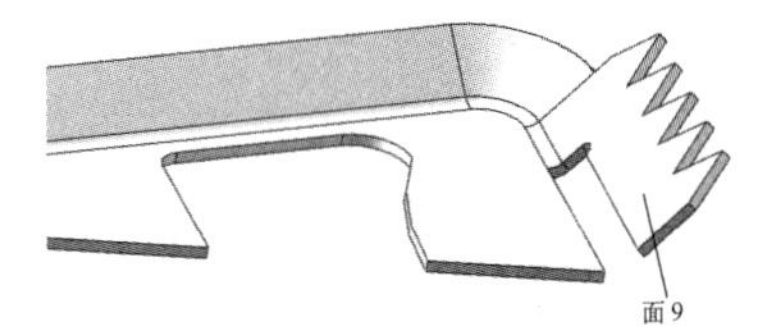

图 8-52　创建基体法兰

28 绘制草图。单击“草图”面板中的“边角矩形”按钮，绘制草图，并标注智能尺寸，如图 8-53 所示。

29 创建基体法兰。单击“钣金”面板中的“基体法兰”按钮，或选择“插入”→“钣金”→“基体法兰”菜单命令，在弹出的“基体法兰”属性管理器中输入厚度值 0.5 mm，其他参数取默认值。然后单击“确定”按钮✔，创建基体法兰，如图 8-54 所示。

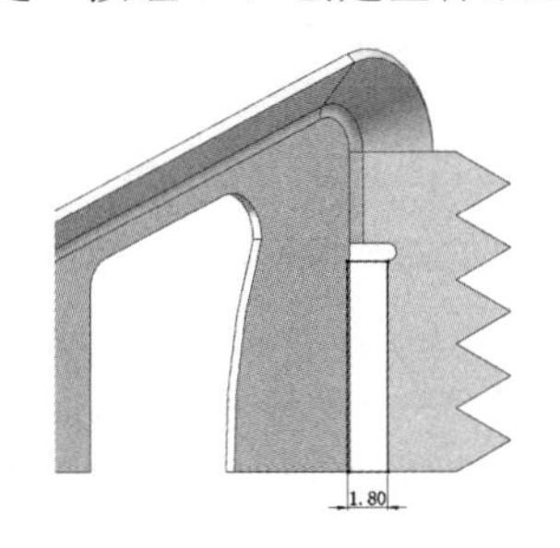

图 8-53　绘制草图

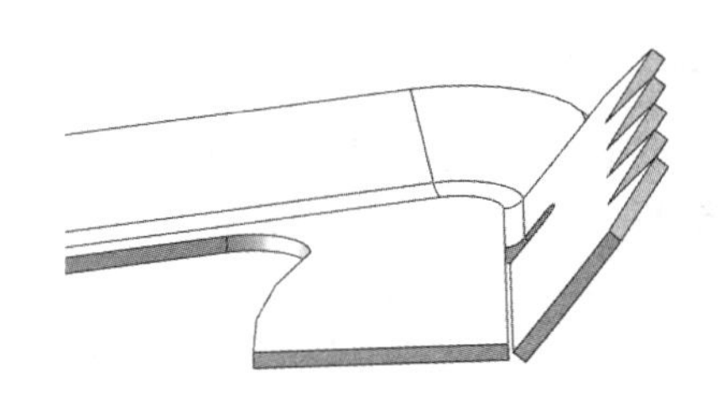

图 8-54　创建基体法兰

30 倒角处理。单击“特征”面板中的“倒角”按钮，或选择“插入”→“特征”→“倒角”菜单命令，弹出“倒角”属性管理器，在视图中选择图 8-55 所示的边线，输入倒角距离为 0.4 mm，角度为 60 度，如图 8-55 所示。然后单击“确定”按钮✔，倒角处理如图 8-56 所示。

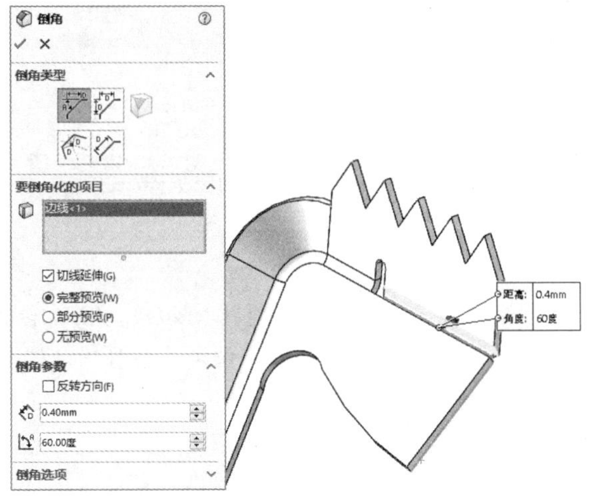

图 8-55　“倒角”属性管理器

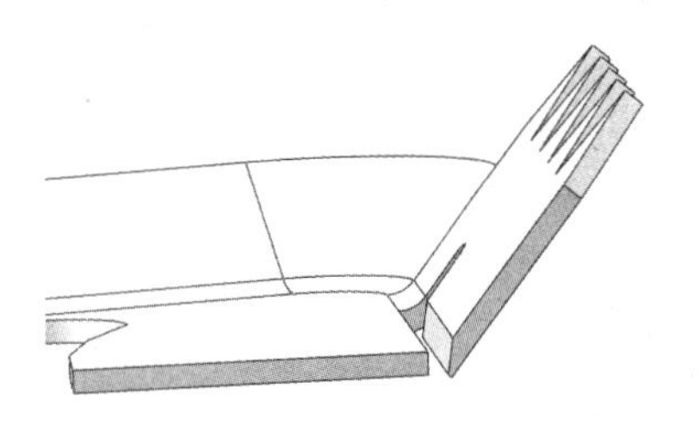

图 8-56　倒角处理

Note

31 镜像实体。单击“特征”面板中的“镜像”按钮，或选择“插入”→“阵列/镜像”→“镜像”菜单命令，弹出“镜像”属性管理器，在视图中选择图 8-57 所示的面 10 为镜像面，选取图 8-57 中的所有实体为要镜像的实体，如图 8-57 所示。然后单击“确定”按钮✔，镜像实体如图 8-58 所示。

32 设置基准面。在视图中选择图 8-58 所示的面 11，然后单击“视图（前导）”工具栏中的“正视于”按钮，将该基准面作为绘制图形的基准面。单击“草图”面板中的“草图绘制”按钮，进入草图绘制状态。

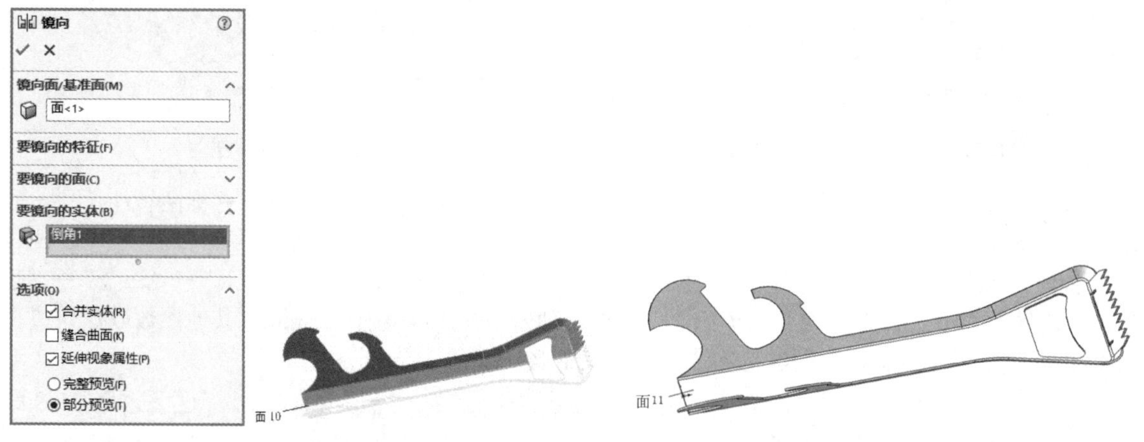

图 8-57 “镜像”属性管理器　　　　图 8-58 镜像实体

33 绘制草图。单击“草图”面板中的“直线”按钮、“椭圆”按钮和“剪裁实例”按钮，绘制草图，并标注智能尺寸，如图 8-59 所示。

34 创建基体法兰。单击“钣金”面板中的“基体法兰”按钮，或选择“插入”→“钣金”→“基体法兰”菜单命令，弹出“基体法兰”属性管理器，输入厚度值为 0.5 mm，其他参数取默认值。然后单击“确定”按钮✔，创建基体法兰，如图 8-60 所示。

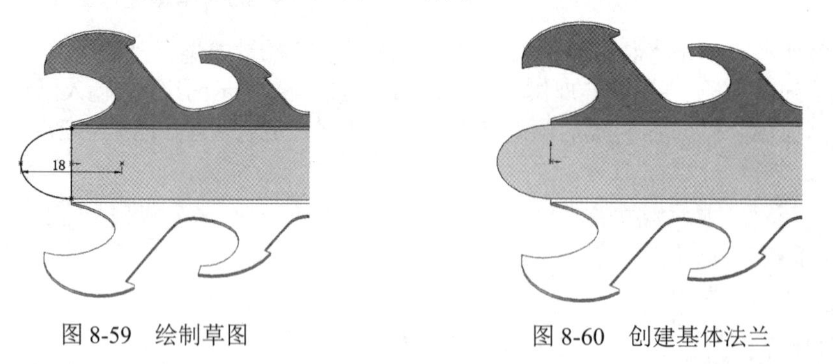

图 8-59 绘制草图　　　　图 8-60 创建基体法兰

8.2.2 创建成型工具

01 启动 SOLIDWORKS，单击“快速访问”工具栏中的“新建”按钮，或选择“文件”→“新建”菜单命令，在弹出的“新建 SOLIDWORKS 文件”对话框中单击“零件”按钮，然后单击“确定”按钮，创建一个新的零件文件。

02 设置基准面。在 FeatureManager 设计树中选择“前视基准面”，然后单击“视图（前导）”工具栏中的“正视于”按钮，将该基准面作为绘制图形的基准面。单击“草图”面板中的“草图绘制”按钮，进入草图绘制状态。

03 绘制草图。单击“草图”面板中的“直线”按钮和“三点圆弧”按钮，绘制草图，并标注智能尺寸，如图 8-61 所示。

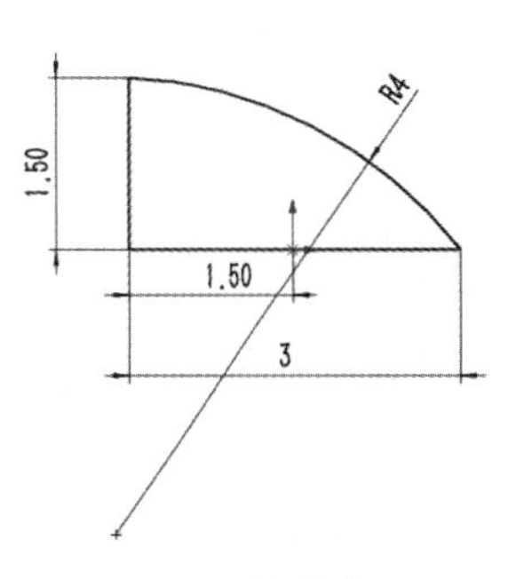

图 8-61 绘制草图

04 旋转特征。单击“特征”面板中的“旋转凸台/基体”按钮，或选择“插入”→“凸台/基体”→“旋转”菜单命令，弹出“旋转”属性管理器，设置旋转角度为 180 度，选择竖直线为旋转轴，旋转的其他参数取默认值，如图 8-62 所示。然后单击“确定”按钮✓，旋转实体如图 8-63 所示。

05 置基准面。在 FeatureManager 设计树中选择“上视基准面”，然后单击“视图（前导）”工具栏中的“正视于”按钮，将该基准面作为绘制图形的基准面。单击“草图”面板中的“草图绘制”按钮，进入草图绘制状态。

06 绘制草图。单击“草图”面板中的“边角矩形”按钮，绘制草图，如图 8-64 所示。

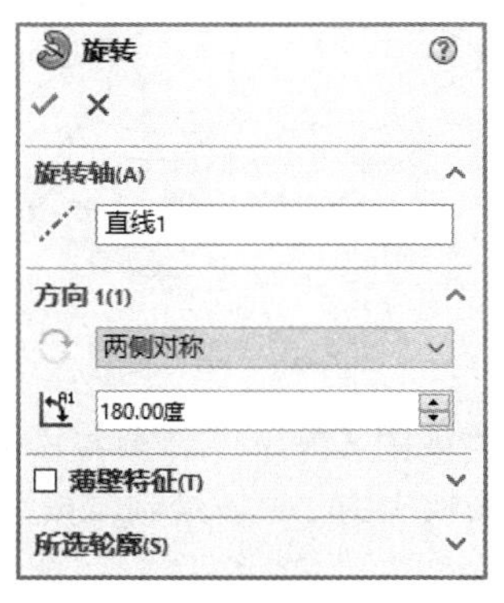

图 8-62 “旋转”属性管理器

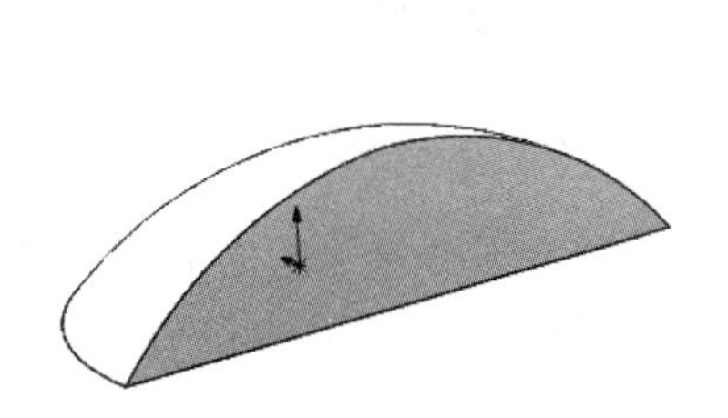

图 8-63 旋转实体

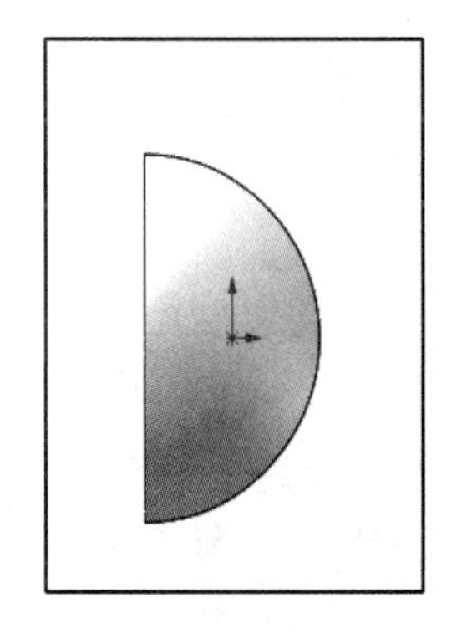

图 8-64 绘制草图

07 拉伸特征。单击“特征”面板中的“拉伸”按钮，或选择“插入”→“凸台/基体”→“拉伸”菜单命令，弹出“凸台-拉伸”属性管理器，设置终止条件为“给定深度”，输入拉伸距离为 1 mm，单击“反向”按钮，更改拉伸方向，如图 8-65 所示。然后单击“确定”按钮✓，拉伸实体如图 8-66 所示。

图 8-65 “凸台-拉伸”属性管理器

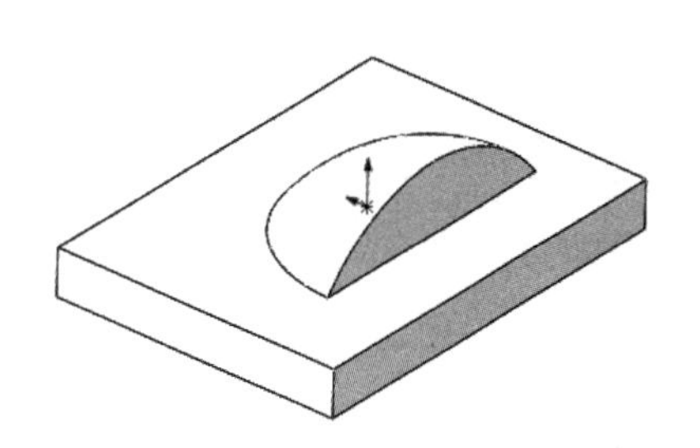

图 8-66 拉伸实体

08 圆角处理。单击“特征”面板中的“圆角”按钮，或选择“插入”→“特征”→“圆角”菜单命令，弹出“圆角”属性管理器，在视图中选择图 8-67 所示的边，输入圆角半径为 0.8 mm。然后单击“确定”按钮✓，圆角处理如图 8-68 所示。

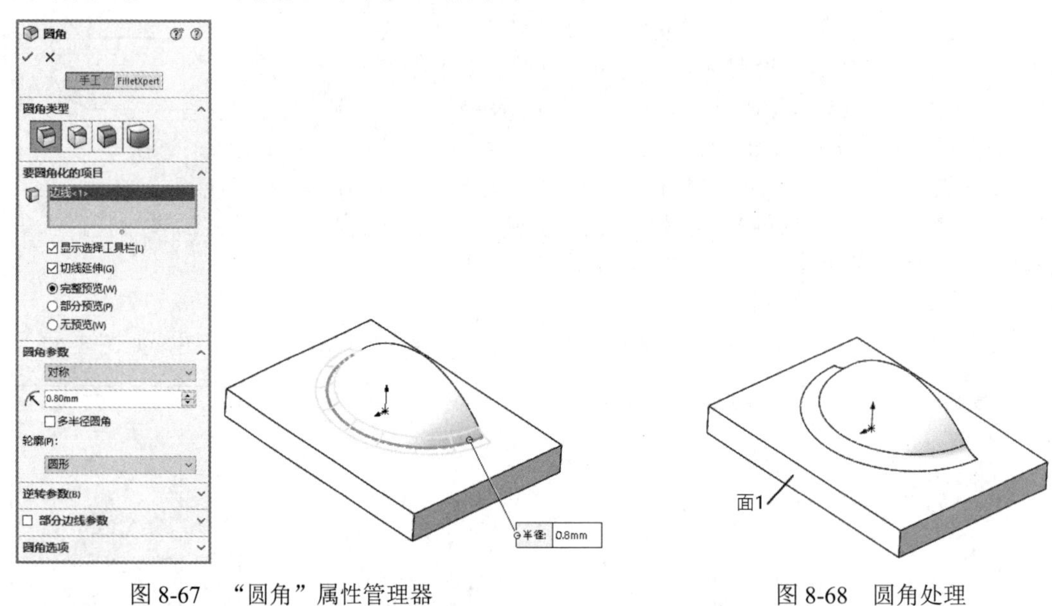

图 8-67 “圆角”属性管理器　　图 8-68 圆角处理

09 设置基准面。在视图中选择图 8-68 所示的面 1，然后单击“视图（前导）”工具栏中的“正视于”按钮，将该基准面作为绘制图形的基准面。单击“草图”面板中的“草图绘制”按钮，进入草图绘制状态。

10 绘制草图。单击“草图”面板中的“转换实体引用”按钮，绘制草图，如图 8-69 所示。

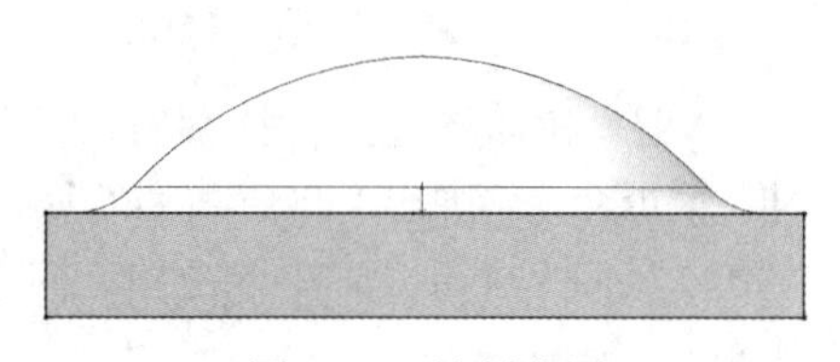

图 8-69 绘制草图

11 切除零件。单击“特征”面板中的“拉伸切除”按钮，或选择“插入”→“切除”→“拉伸”菜单命令，在弹出的“切除-拉伸”属性管理器中设置终止条件为“完全贯穿”，其他参数取默认值，如图 8-70 所示。然后单击“确定”按钮✓，切除零件如图 8-71 所示。

图 8-70 “切除-拉伸”属性管理器

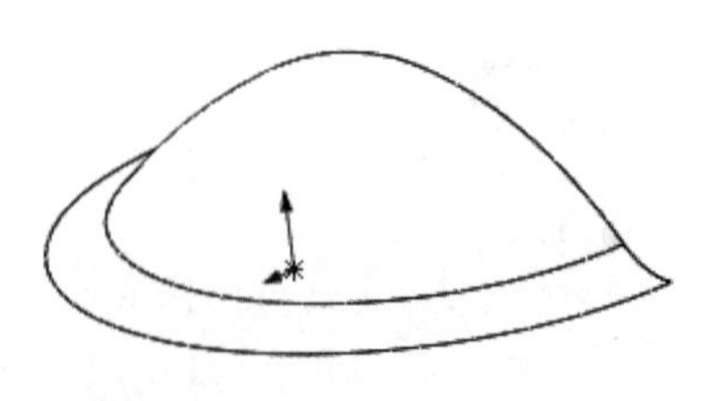

图 8-71 切除零件

Note

12 更改成型工具切穿部位的颜色。生成成型工具时，需要将切穿部位的颜色更改为红色。拾取成型工具的侧面，单击“视图（前导）”工具栏中的“编辑外观”按钮，弹出“颜色”属性管理器，选择“红色”RGB标准颜色，即R=255, G=0, B=0，其他设置取默认值，如图8-72所示，单击“确定”按钮✔。

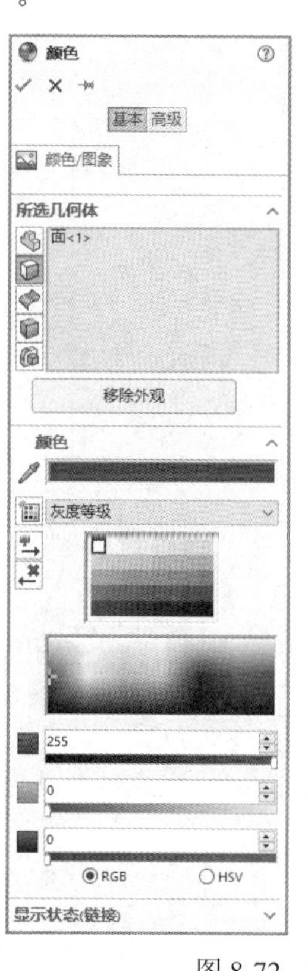

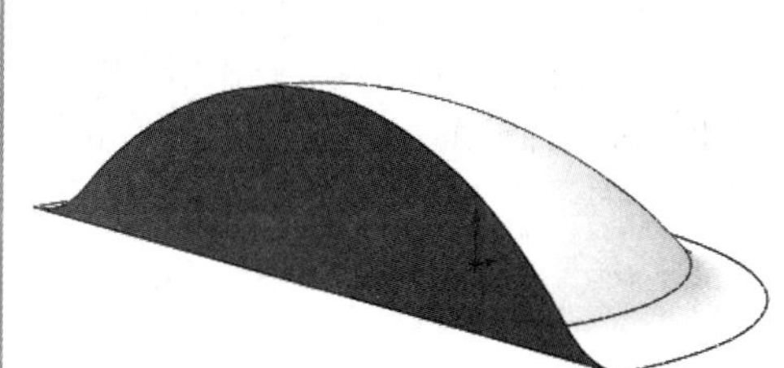

图8-72　更改成型工具切穿部位的颜色

13 设置基准面。在视图中选择图8-73所示的表面，然后单击“视图（前导）”工具栏中的“正视于”按钮，将该基准面作为绘制图形的基准面。单击“草图”面板中的“草图绘制”按钮，进入草图绘制状态。

14 绘制成型工具定位草图。单击“草图”面板中的“转换实体引用”按钮，将选择表面转换成图素，如图8-74所示，单击“退出草图”按钮。

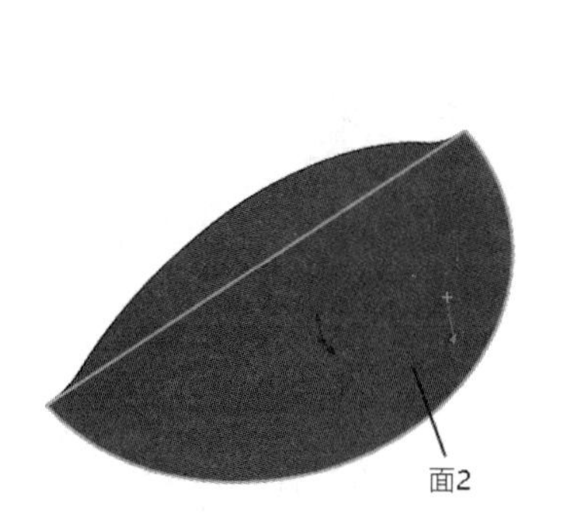

图8-73　选择表面

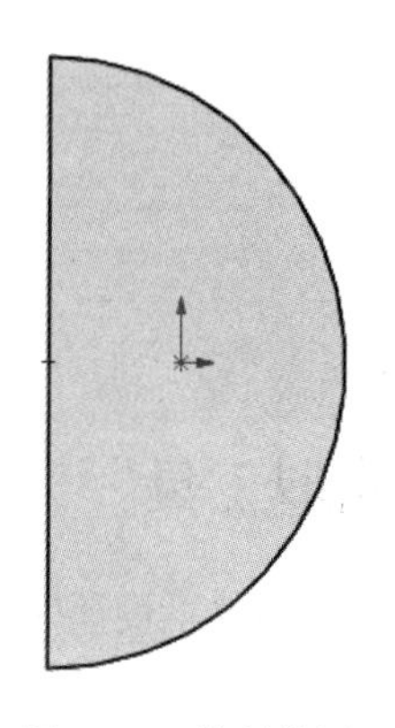

图8-74　绘制草图

Note

15 保存成型工具。单击“快速访问”工具栏中的“保存”按钮，或选择“文件”→“保存”菜单命令，在弹出的“另存为”对话框中输入文件名为“多功能开瓶器成型工具”，然后单击“保存”按钮，如图 8-75 所示。

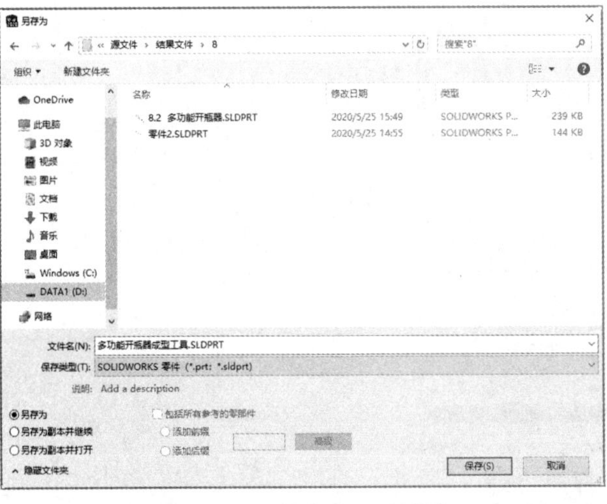

图 8-75 “另存为”对话框

16 将成型工具添加到库。在操作界面右边任务窗格中单击“设计库”按钮，在弹出的“设计库”属性管理器中单击“添加到库”按钮，弹出“添加到库”属性管理器，如图 8-76 所示。在“设计库文件夹”一栏中选择 lances 文件夹作为成型工具的保存位置，如图 8-77 所示。将此成型工具命名为“多功能开瓶器成型工具”，保存类型为.SLDPRT，单击“确定”按钮✔，完成对成型工具的保存。

图 8-76 “添加到库”属性管理器

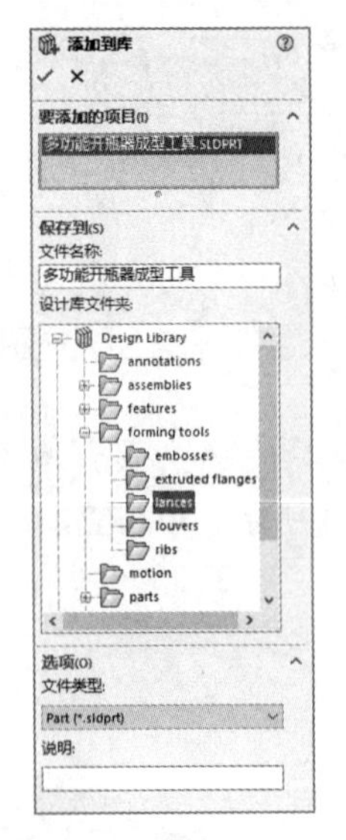

图 8-77 设置保存路径

8.2.3 添加成型工具

01 单击系统右边的“设计库”按钮，弹出“设计库”对话框，选择 Design Library 文件下的 forming tools 文件夹，然后通过右键快捷菜单将其设置成“成型工具文件夹”，如图 8-78 所示。根据

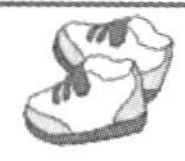

图 8-78 所示的路径可以找到保存成型工具的文件夹 lances，找到需要添加的“多功能开瓶器成型工具”，将其拖放到钣金零件的侧面上。

02 单击“草图”面板中的“智能尺寸”按钮，标注出成型工具在钣金零件上的位置尺寸，如图 8-79 所示。

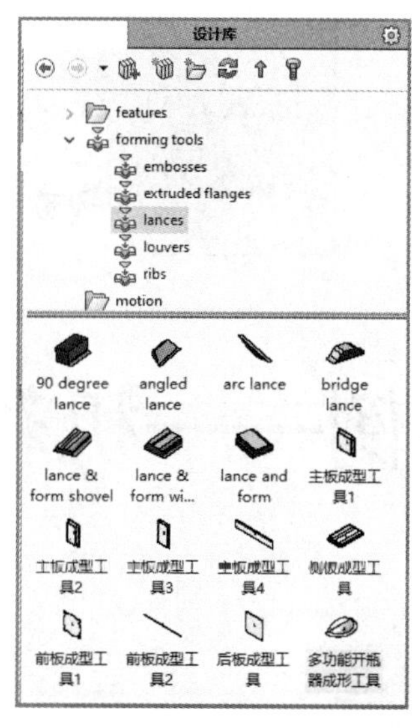

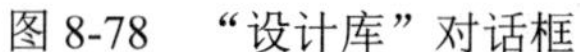

图 8-78　“设计库”对话框

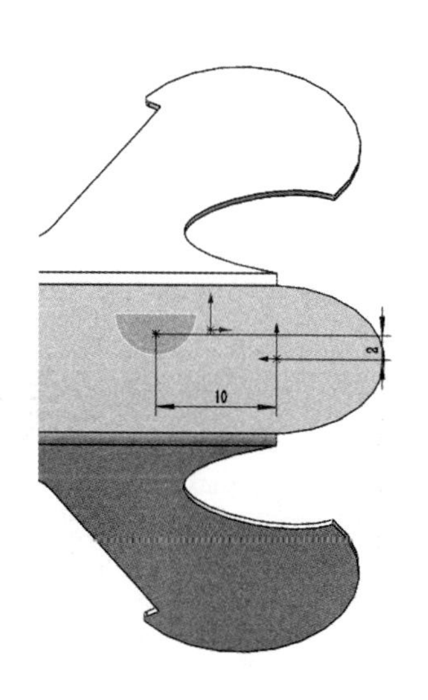

图 8-79　标注成型工具的位置尺寸

03 阵列成型特征。单击“特征”控制面板中的“线性阵列”按钮，或选择“插入”→“阵列/镜像”→“线性阵列”菜单命令，弹出“阵列（线性）”属性管理器，在视图中选取长边边线为阵列方向 1，输入阵列距离为 10 mm，个数为 4；选取短水平边为阵列方向 2，输入阵列距离为 5 mm，个数为 2，选择步骤 **02** 创建的成型工具作为要阵列的特征，如图 8-80 所示。然后单击“确定”按钮✔，结果如图 8-81 所示。

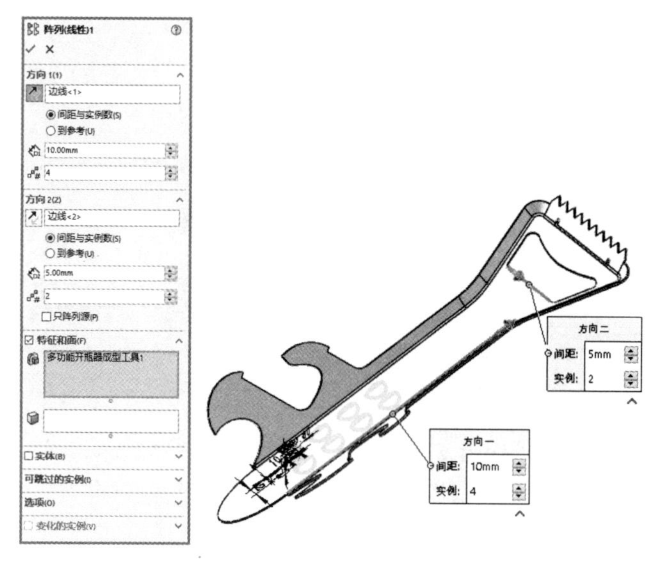

图 8-80　“线性阵列”属性管理器

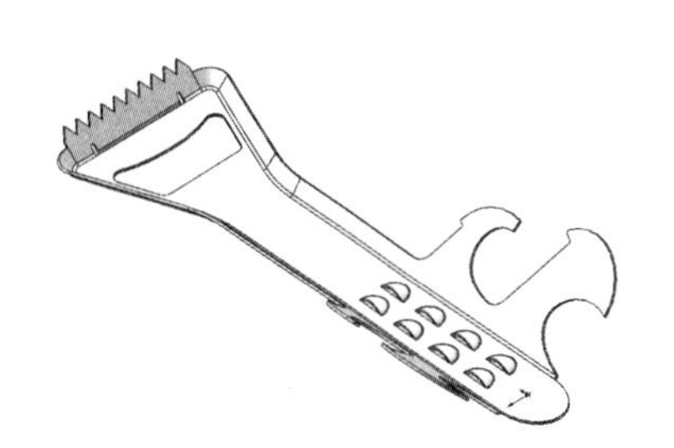

图 8-81　阵列成型特征

综合实例——机箱设计

本章导读

计算机机箱主要由机箱底板、前板、后板、顶板及内部的主板安装板组成，各个零件通过定位焊、铆接和螺钉安装在一起。

本章通过介绍计算机机箱设计这个综合实例，使读者全面了解 SOLIDWORKS 的钣金模块，更能进一步了解 SOLIDWORKS 的钣金模块在实际生产中的应用。

内容要点

☑ 机箱底板
☑ 机箱前板
☑ 机箱后板
☑ 机箱顶板
☑ 机箱主板安装板
☑ 机箱侧板

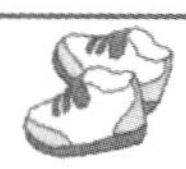

9.1 机箱底板

视频讲解

本实例创建的机箱底板如图 9-1 所示。

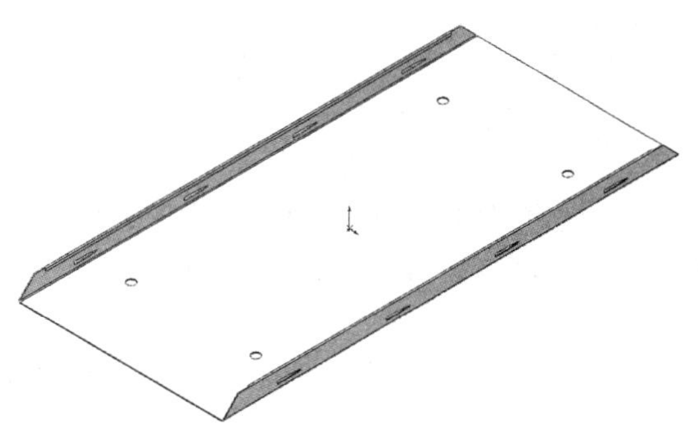

图 9-1 机箱底板

思路分析

首先绘制草图，创建薄壁零件并转换成钣金零件，然后通过拉伸切除创建两侧边细节，最后创建褶边。绘制机箱底板的流程如图 9-2 所示。

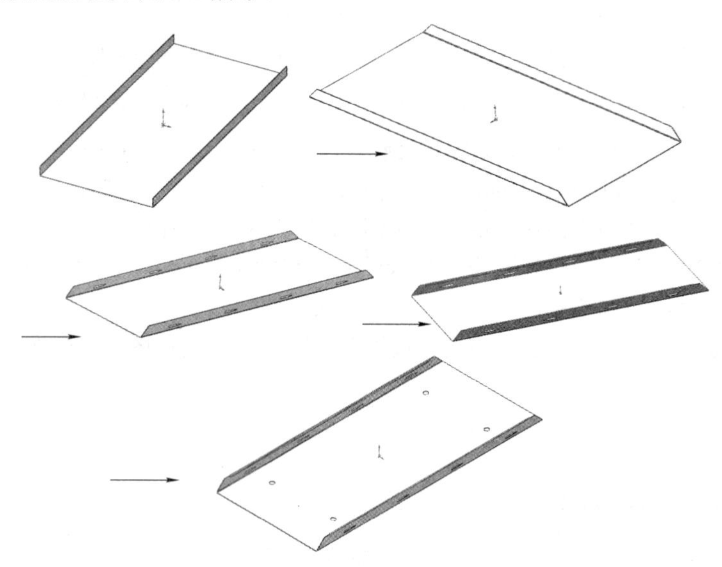

图 9-2 绘制机箱底板的流程

创建步骤

9.1.1 创建底板主体

01 启动 SOLIDWORKS，单击“快速访问”工具栏中的“新建”按钮，或选择“文件”→“新建”菜单命令，在弹出的“新建 SOLIDWORKS 文件”对话框中单击“零件”按钮，然后单击“确

定”按钮，创建一个新的零件文件。

02 设置基准面。在 FeatureManager 设计树中选择“前视基准面”，然后单击“视图（前导）”工具栏中的“正视于”按钮，将该基准面作为绘制图形的基准面。单击“草图”面板中的“草图绘制”按钮，进入草图绘制状态。

Note

03 绘制草图。单击“草图”面板中的“直线”按钮，绘制草图，并标注智能尺寸，如图 9-3 所示。

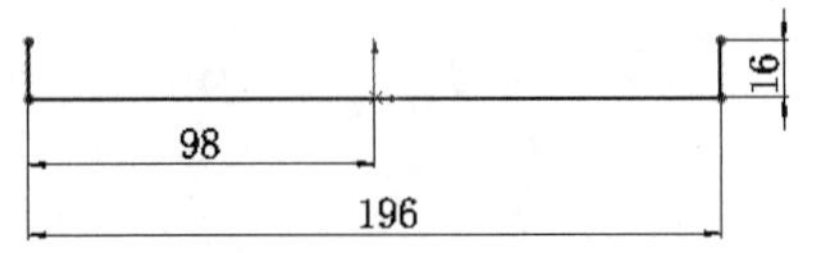

图 9-3　绘制草图

04 生成薄壁零件。单击“特征”面板中的“拉伸凸台/基体”按钮，或选择“插入”→“凸台/基体”→“拉伸”菜单命令，在弹出的“凸台-拉伸”属性管理器中设置终止条件为“两侧对称”，输入拉伸距离为 440mm，薄壁厚度为 0.7mm，单击薄壁选项组中的“反向”按钮，使薄壁的厚度方向朝里，其他参数取默认值，如图 9-4 所示。然后单击“确定”按钮，生成薄壁零件，如图 9-5 所示。

图 9-4　“凸台-拉伸”属性管理器

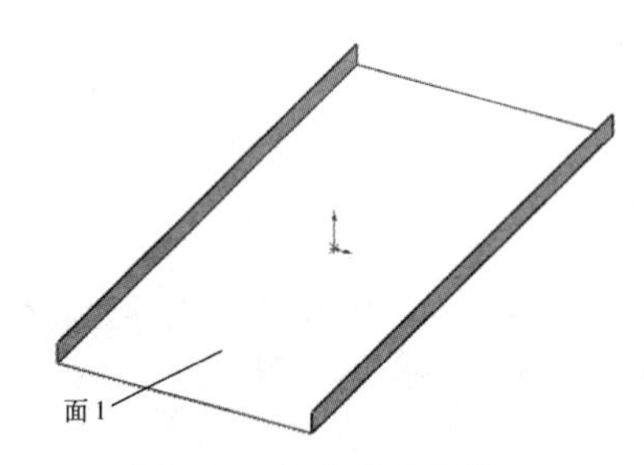

图 9-5　生成薄壁零件

05 生成钣金零件。单击“钣金”面板中的“插入折弯”按钮，或选择“插入”→“钣金”→“折弯”菜单命令，在弹出的“折弯”属性管理器中输入半径值 0.8mm，其他参数取默认值，如图 9-6 所示。在视图中选择图 9-5 中的面 1 为固定面，然后单击“确定”按钮。

06 设置基准面。在 FeatureManager 设计树中选择“右视基准面”，然后单击“视图（前导）”工具栏中的“正视于”按钮，将该基准面作为绘制图形的基准面。单击“草图”面板中的“草图绘制”按钮，进入草图绘制状态。

07 绘制草图。单击“草图”面板中的“直线”按钮，绘制草图，并标注智能尺寸，如图 9-7 所示。

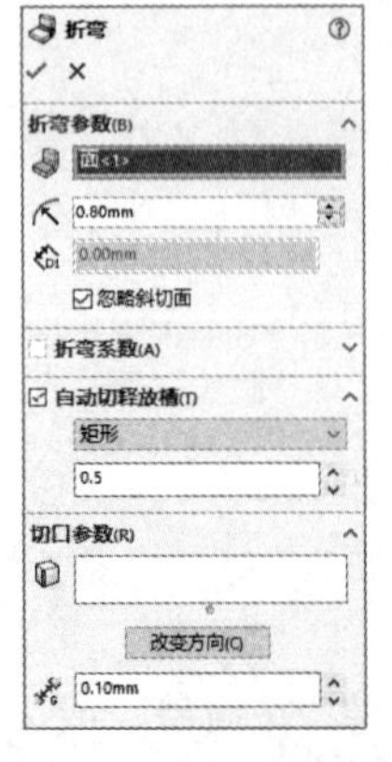

图 9-6　“折弯”属性管理器

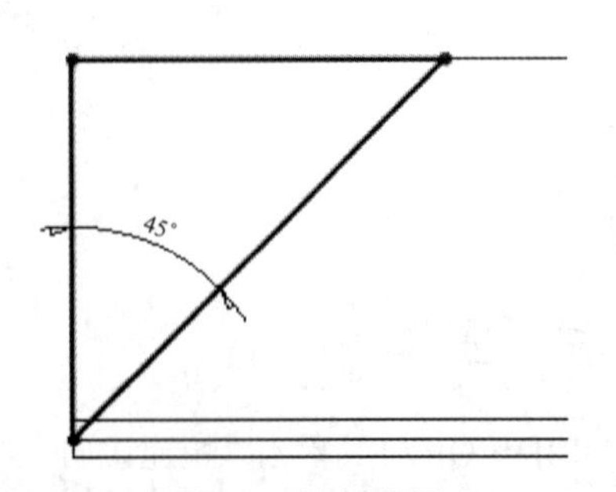

图 9-7　绘制草图

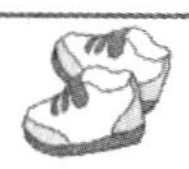

08 切除零件。单击“特征”面板中的“拉伸切除”按钮，或选择“插入”→“切除”→“拉伸”菜单命令，弹出“切除-拉伸”属性管理器，设置“方向 1”和“方向 2”中的终止条件为“完全贯穿”，其他参数取默认值，如图 9-8 所示。然后单击“确定”按钮✔，切除零件如图 9-9 所示。

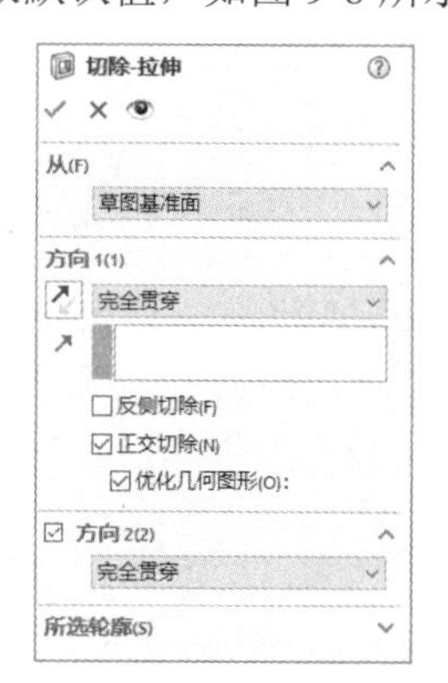

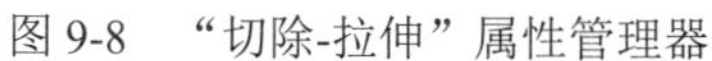
图 9-8　“切除-拉伸”属性管理器

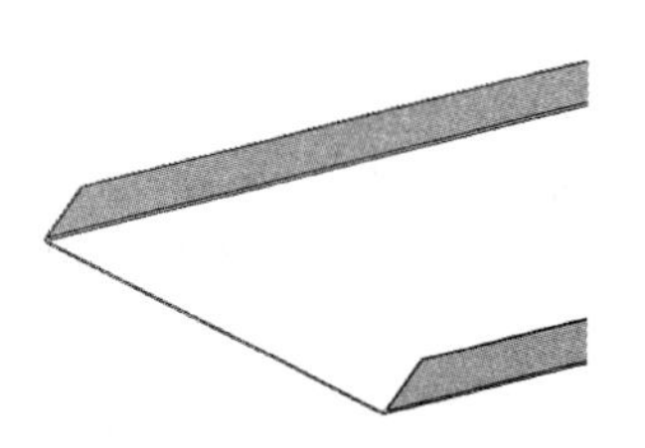

图 9-9　切除零件

09 镜像切除特征。单击“特征”面板中的“镜像”按钮，或选择“插入”→“阵列/镜像”→“镜像”菜单命令，弹出“镜像”属性管理器，在视图中选取“前视基准面”为镜像面，将上一步创建的切除特征作为要镜像的特征，如图 9-10 所示。然后单击“确定”按钮✔，镜像切除特征如图 9-11 所示。

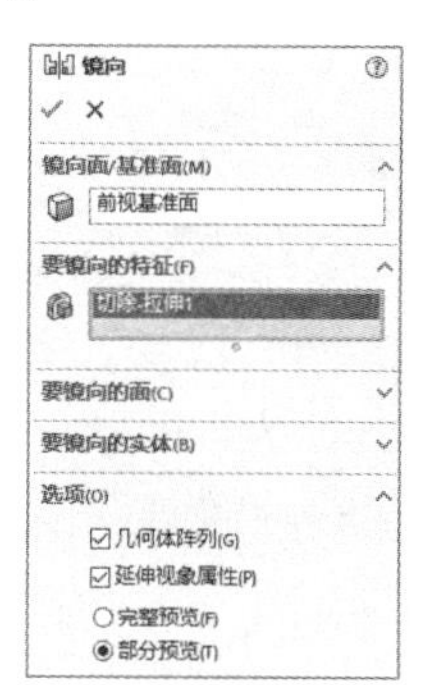

图 9-10　“镜像”属性管理器

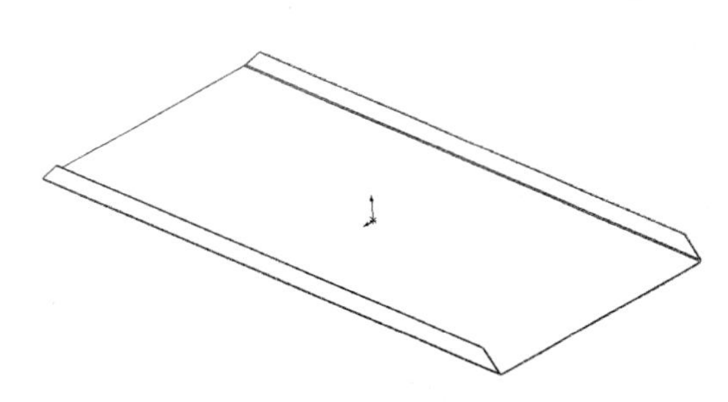

图 9-11　镜像切除特征

9.1.2　创建底板细节部分

01 设置基准面。在 FeatureManager 设计树中选择“右视基准面”，然后单击“视图（前导）”工具栏中的“正视于”按钮，将该基准面作为绘制图形的基准面。单击“草图”面板中的“草图绘制”按钮，进入草图绘制状态。

02 绘制草图。单击“草图”面板中的“中心线”按钮、“直线”按钮和“绘制圆角”按钮，绘制草图，并标注智能尺寸，如图 9-12 所示。

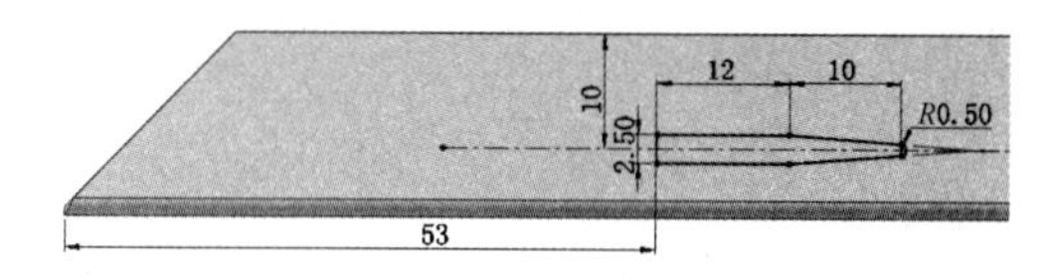

图 9-12　绘制草图

03 切除零件。单击“特征”面板中的“拉伸切除”按钮，或选择“插入”→“切除”→“拉

Note

伸”菜单命令，在弹出的“切除-拉伸”属性管理器中设置“方向 1”和“方向 2”中的终止条件为“完全贯穿”，其他参数取默认值。然后单击“确定”按钮✔，切除零件如图 9-13 所示。

图 9-13　切除零件

04 阵列切除特征。单击“特征”面板中的“线性阵列”按钮，或选择“插入”→“阵列/镜像”→“线性阵列”菜单命令，弹出“线性阵列”属性管理器，在视图中选取水平边线为阵列方向，输入阵列距离为 105 mm，个数为 4，将上一步创建的切除特征设为要阵列的特征，如图 9-14 所示。然后单击“确定”按钮✔，线性阵列特征如图 9-15 所示。

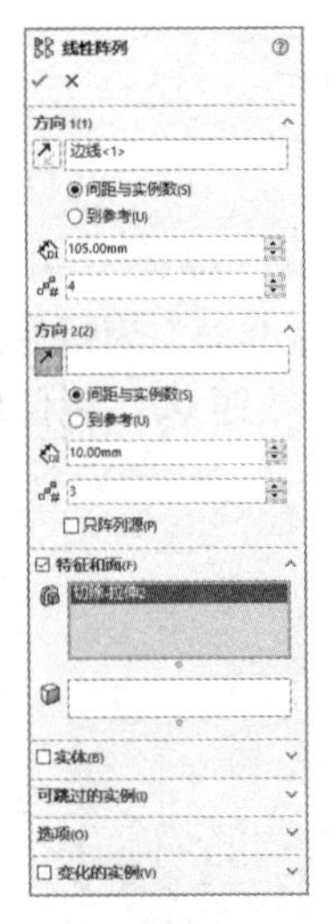

图 9-14　“线性阵列”属性管理器

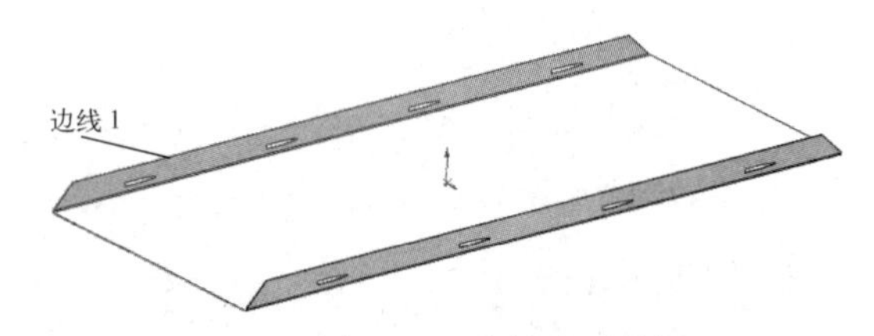

图 9-15　线性阵列特征

05 生成褶边。单击“钣金”面板中的“褶边”按钮，或选择“插入”→“钣金”→“褶边”菜单命令，弹出“褶边”属性管理器，在视图中选择图 9-15 中的边线 1，按下“折弯在外”按钮、“闭合”按钮，输入长度为 3.3mm，其他参数取默认值，如图 9-16 所示。单击“编辑褶边宽度”按钮，进入草图环境，弹出如图 9-17 所示的“轮廓草图”对话框，编辑褶边宽度如图 9-18 所示，单击“确定”按钮✔，完成褶边的创建。

图 9-16　“褶边”属性管理器

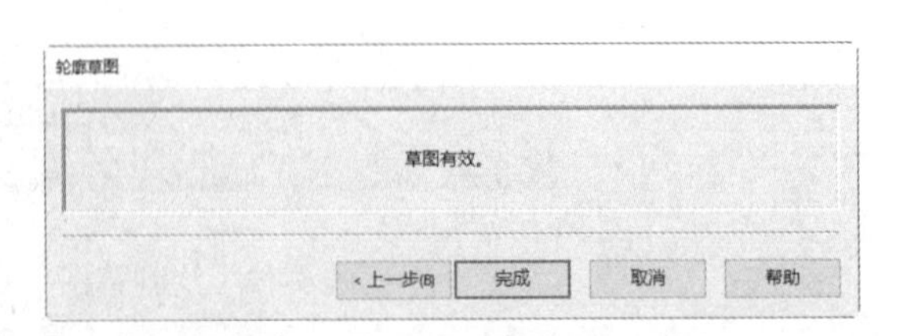

图 9-17　“轮廓草图”对话框

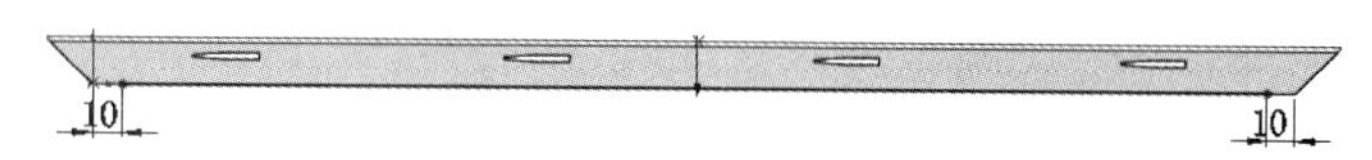

图 9-18　编辑褶边宽度

Note

06 镜像褶边特征。单击“特征”面板中的“镜像”按钮，或选择“插入”→“阵列/镜像”→“镜像”菜单命令，弹出“镜像”属性管理器，在视图中选取“右视基准面”为镜像面，将上一步创建的褶边特征作为要镜像的特征。然后单击“确定”按钮✔，镜像褶边特征如图 9-19 所示。

07 设置基准面。在 FeatureManager 设计树中选择“上视基准面”，然后单击“视图（前导）”工具栏中的“正视于”按钮，将该基准面作为绘制图形的基准面。单击“草图”面板中的“草图绘制”按钮，进入草图绘制状态。

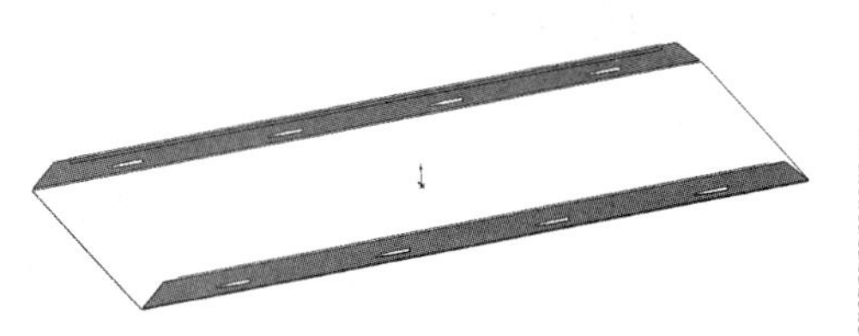

图 9-19　镜像褶边特征

08 绘制草图。单击“草图”面板中的“圆”按钮，绘制草图，并标注智能尺寸，如图 9-20 所示。

09 切除零件。单击“特征”面板中的“拉伸切除”按钮，或选择“插入”→“切除”→“拉伸”菜单命令，在弹出的“切除-拉伸”属性管理器中设置终止条件为“完全贯穿”，其他参数取默认值。然后单击“确定”按钮✔，切除零件如图 9-21 所示。

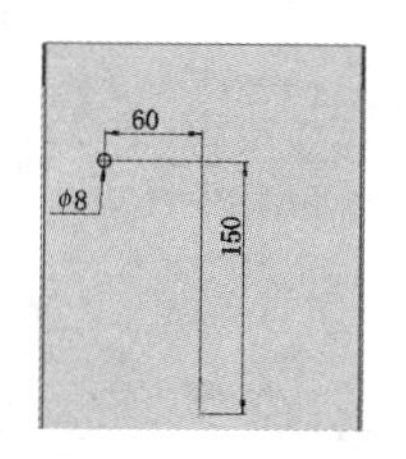

图 9-20　绘制草图

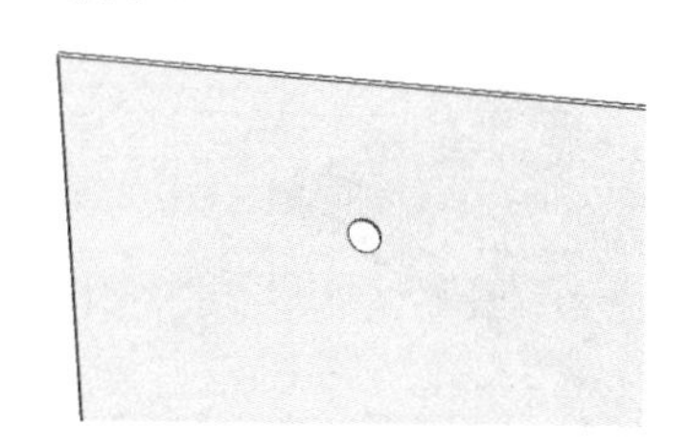

图 9-21　切除零件

10 线性阵列。单击“特征”面板中的“线性阵列”按钮，或选择“插入”→“阵列/镜像”→“线性阵列”菜单命令，弹出“线性阵列”属性管理器，在视图中选取水平边线为方向 1，输入阵列距离为 300mm，个数为 2；在视图中选取竖直边线为方向 2，输入阵列距离为 120mm，个数为 2，将步骤 **09** 创建的切除特征作为要阵列的特征，如图 9-22 所示。然后单击“确定”按钮✔，线性阵列切除特征如图 9-23 所示。

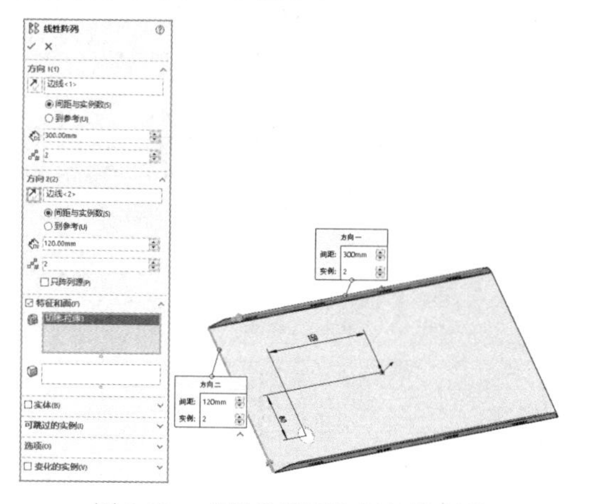

图 9-22　“线性阵列”属性管理器

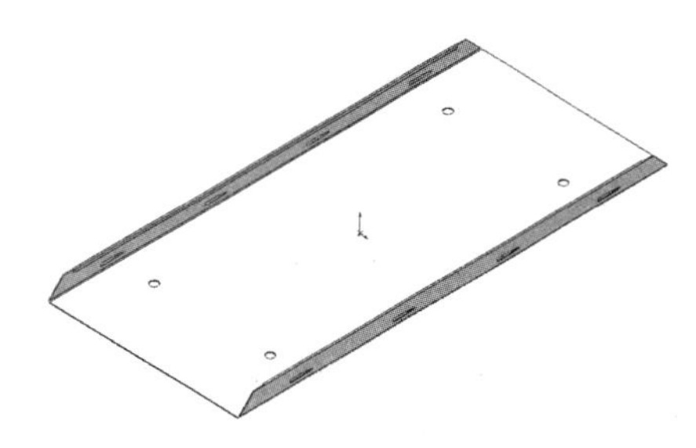

图 9-23　线性阵列切除特征

Note

视频讲解

9.2 机箱前板

本实例创建的机箱前板如图 9-24 所示。

思路分析

首先绘制草图，创建薄壁零件并转换成钣金零件，然后添加成型工具并切除零件创建出风口，再创建 USB 插孔安装槽、光驱、软驱安装孔以及控制线通孔，最后创建左右两侧的法兰壁及成型特征。绘制机箱前板的流程如图 9-25 所示。

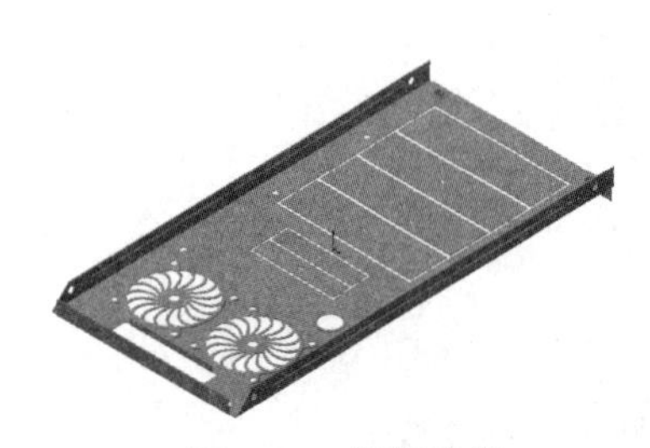

图 9-24　机箱前板

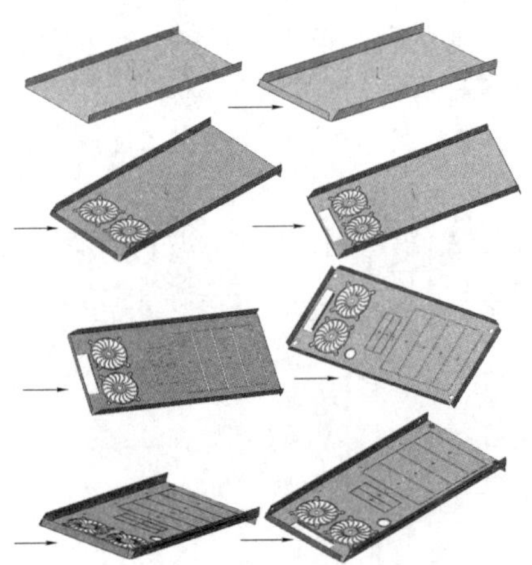

图 9-25　绘制机箱前板的流程

创建步骤

9.2.1　创建前板主体

01 启动 SOLIDWORKS，单击“快速访问”工具栏中的“新建”按钮，或选择“文件”→“新建”菜单命令，在弹出的“新建 SOLIDWORKS 文件”对话框中单击“零件”按钮，然后单击“确定”按钮，创建一个新的零件文件。

02 设置基准面。在 FeatureManager 设计树中选择“前视基准面”，然后单击“视图（前导）”工具栏中的“正视于”按钮，将该基准面作为绘制图形的基准面。单击“草图”面板中的“草图绘制”按钮，进入草图绘制状态。

03 绘制草图。单击“草图”面板中的“直线”按钮，绘制草图，并标注智能尺寸，如图 9-26 所示。

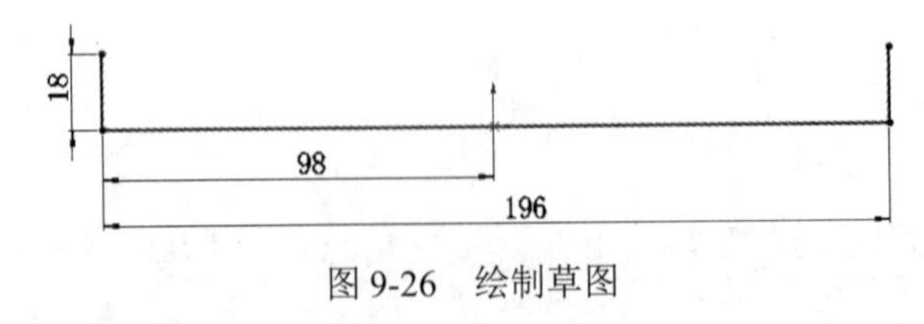

图 9-26　绘制草图

Note

04 生成薄壁零件。单击“特征”面板中的“拉伸凸台/基体”按钮，或选择“插入”→“凸台/基体”→“拉伸”菜单命令，在弹出的“凸台-拉伸”属性管理器中设置终止条件为“两侧对称”，输入拉伸距离为 410mm，薄壁厚度为 0.7mm，单击薄壁选项组中的“反向”按钮，使薄壁的厚度方向朝里，其他参数取默认值，如图 9-27 所示。然后单击“确定”按钮，生成薄壁零件，如图 9-28 所示。

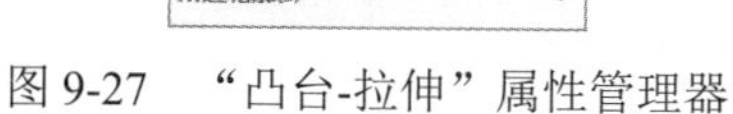

图 9-27　“凸台-拉伸”属性管理器

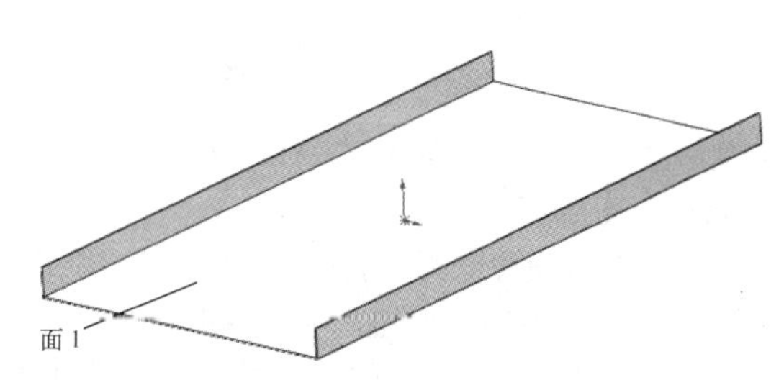

图 9-28　生成薄壁零件

05 生成钣金零件。单击“钣金”面板中的“插入折弯”按钮，或选择“插入”→“钣金”→“折弯”菜单命令，在弹出的“折弯”属性管理器中，输入半径值为 0.8mm，其他参数取默认值，如图 9-29 所示。在视图中选择图 9-28 中的面 1 为固定面，然后单击“确定”按钮。

06 设置基准面。在 FeatureManager 设计树中选择“右视基准面”，然后单击“视图（前导）”工具栏中的“正视于”按钮，将该基准面作为绘制图形的基准面。单击“草图”面板中的“草图绘制”按钮，进入草图绘制状态。

07 绘制草图。单击“草图”面板中的“直线”按钮，绘制草图，并标注智能尺寸，如图 9-30 所示。

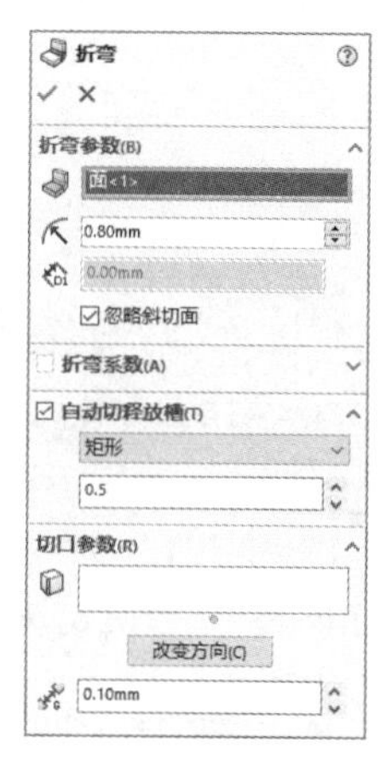

图 9-29　“折弯”属性管理器

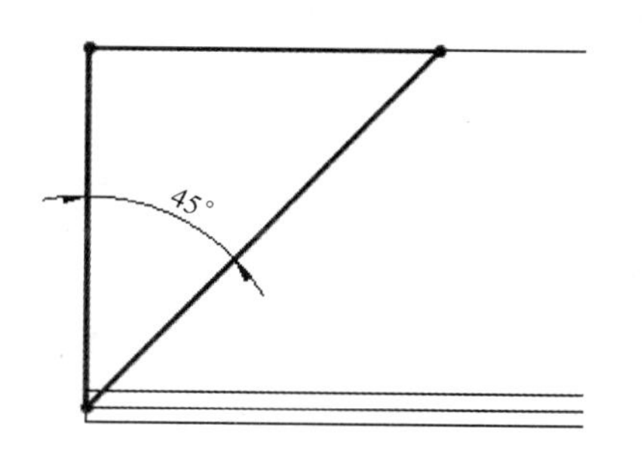

图 9-30　绘制草图

08 切除零件。单击“特征”面板中的“拉伸切除”按钮，或选择“插入”→“切除”→“拉伸”菜单命令，弹出“切除-拉伸”属性管理器，设置“方向 1”和“方向 2”中的终止条件为“完全贯穿”，其他参数取默认值，如图 9-31 所示。然后单击“确定”按钮，切除零件如图 9-32 所示。

Note

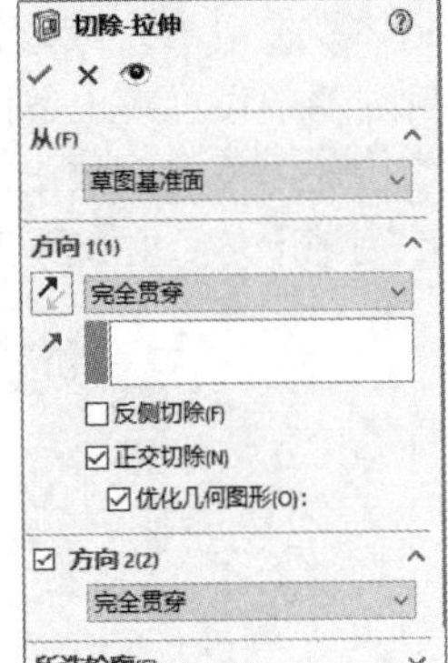

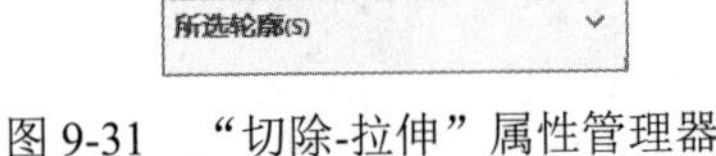

图 9-31　“切除-拉伸”属性管理器

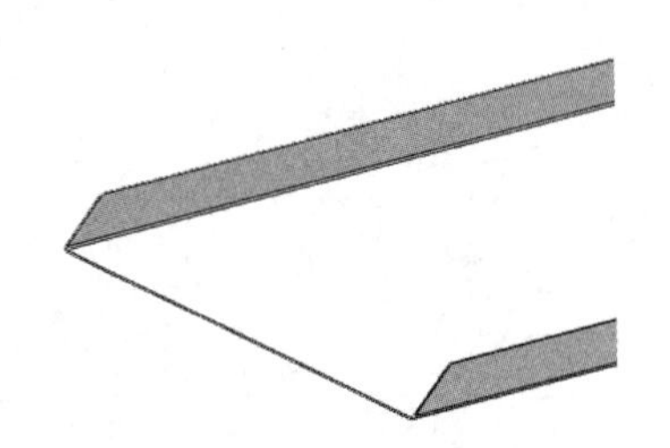

图 9-32　切除零件

09 生成边线法兰 1。单击“钣金”面板中的“边线法兰”按钮，或选择“插入”→“钣金”→“边线法兰”菜单命令，弹出“边线-法兰”属性管理器，在视图中切除拉伸另一侧边线，按下“内部虚拟交点”按钮、“折弯在外”按钮，给定深度为 15mm，其他参数取默认值，如图 9-33 所示。单击“编辑法兰轮廓”按钮，进入草图环境，弹出“轮廓草图”对话框，边线法兰轮廓尺寸如图 9-34 所示，单击“确定”按钮✔，完成边线法兰 1 的创建，如图 9-35 所示。

图 9-33　“边线-法兰”属性管理器

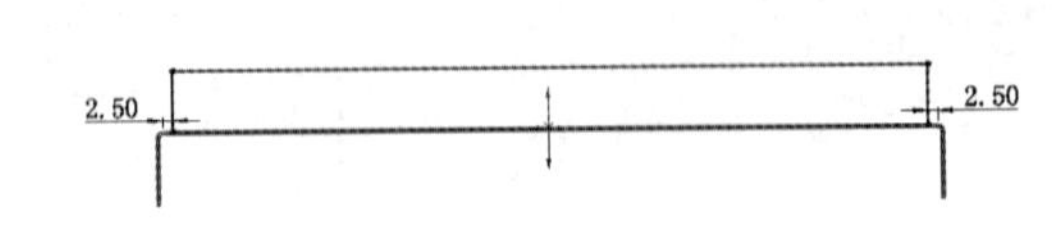

图 9-34　边线法兰轮廓尺寸

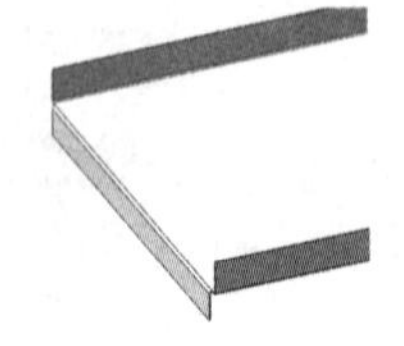

图 9-35　创建边线法兰 1

10 生成边线法兰 2。单击“钣金”面板中的“边线法兰”按钮，或选择“插入”→“钣金”→“边线法兰”菜单命令，弹出“边线-法兰”属性管理器，在视图中切除拉伸另一侧边线，按下“内部虚拟交点”按钮、“折弯在外”按钮，给定深度为 15 mm，其他参数取默认值。单击“编辑法兰轮廓”按钮，进入草图环境，弹出“轮廓草图”对话框，边线法兰轮廓尺寸如图 9-36 所示，单击“确定”按钮✔，完成边线法兰 2 的创建，如图 9-37 所示。

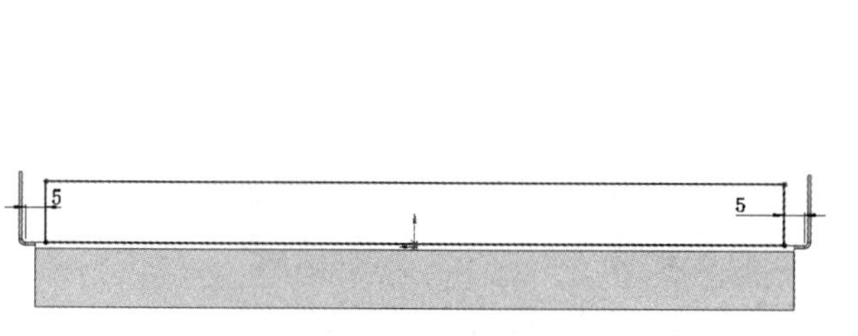

图 9-36　边线法兰轮廓尺寸

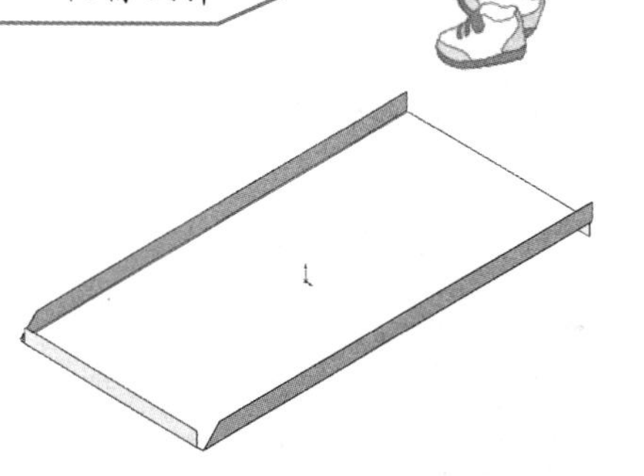

图 9-37　创建边线法兰 2

Note

9.2.2　创建风扇出风口

01 添加成型工具到库。打开“视频文件/源文件/计算机机箱/前板成型工具 1”，在任务窗格上单击“设计库”按钮，弹出“设计库”面板，单击“添加到库”按钮，弹出“添加到库”属性管理器，如图 9-38 所示；在“添加到库”属性管理器中，将“前板成型工具 1”添加到 Design Library/Forming tools/lances 文件夹中，如图 9-39 所示。单击“确定”按钮✔，添加成型工具到设计库。

图 9-38　“添加到库”属性管理器

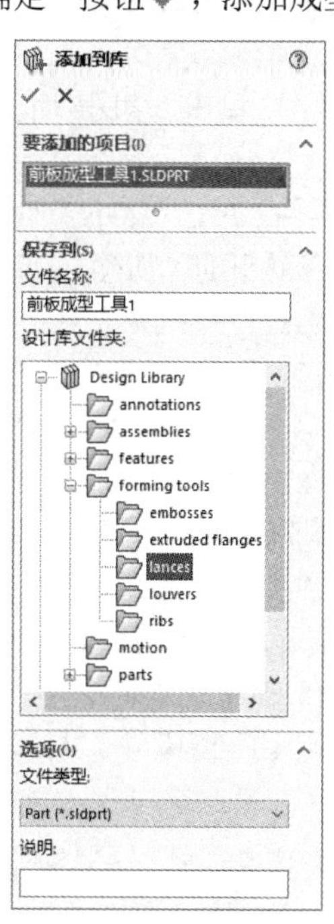

图 9-39　设置保存路径

02 向前板添加成型工具。单击系统右边的“设计库”按钮，弹出“设计库”面板，选择 Design Library 文件下的 forming tools 文件夹，然后通过右键快捷菜单将其设置成“成型工具文件夹”，如图 9-40 所示。根据图 9-40 所示的路径可以找到成型工具的文件夹 lances，找到需要添加的“前板成型工具 1”，将其拖放到钣金零件的底面上。此时弹出“成型工具特征”属性管理器。

03 在“成型工具特征”属性管理器中单击“位置”选项卡，对“前板成型工具 1”进行尺寸标注。单击“草图”面板中的“智能尺寸”按钮，标注出成型工具在钣金零件上的位置尺寸，如图 9-41 所示，最后单击“成型工具特征”属性管理器中的“确定”按钮✔，完成对成型工具的添加，结果如图 9-42 所示。

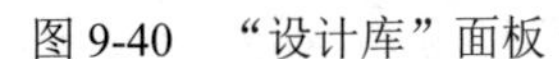

图 9-40 “设计库”面板

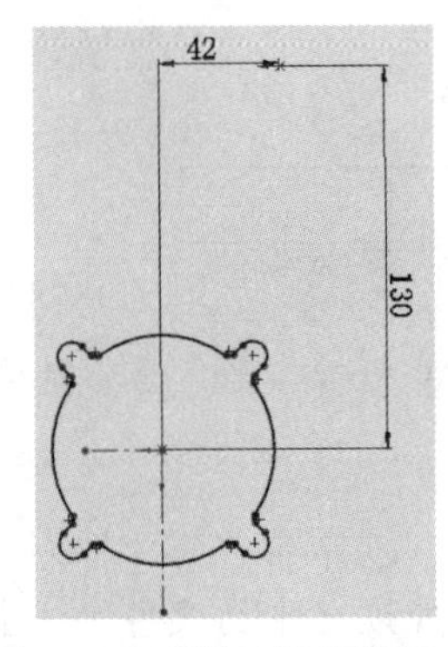

图 9-41 成型工具位置尺寸

图 9-42 添加成型工具

04 设置基准面。在视图中选择步骤 **03** 创建的成型表面，然后单击“视图（前导）”工具栏中的“正视于”按钮，将该基准面作为绘制图形的基准面。单击“草图”面板中的“草图绘制”按钮，进入草图绘制状态。

05 绘制草图。单击“草图”面板中的“圆”按钮，在成型表面的圆心处绘制一个直径为 8 mm 的圆。

06 切除零件。单击“特征”面板中的“拉伸切除”按钮，或选择“插入”→“切除”→“拉伸”菜单命令，在弹出的“切除-拉伸”属性管理器中设置终止条件为“完全贯穿”，其他参数取默认值。然后单击“确定”按钮✔。

07 设置基准面。在视图中选择上一步创建的成型表面，然后单击“视图（前导）”工具栏中的“正视于”按钮，将该基准面作为绘制图形的基准面。单击“草图”面板中的“草图绘制”按钮，进入草图绘制状态。

08 绘制草图。单击“草图”面板中的“圆”按钮、“样条曲线”按钮和“剪裁实体”按钮，绘制如图 9-43 所示的草图并标注尺寸。

09 切除零件。单击“特征”面板中的“拉伸切除”按钮，或选择“插入”→“切除”→“拉伸”菜单命令，在弹出的“切除-拉伸”属性管理器中设置终止条件为“完全贯穿”，其他参数取默认值。然后单击“确定”按钮✔，切除零件如图 9-44 所示。

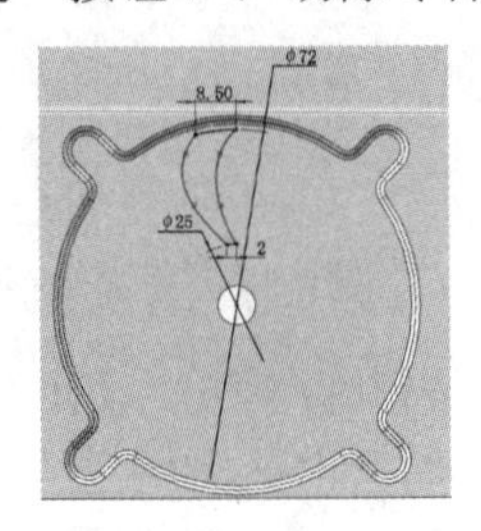

图 9-43 绘制草图

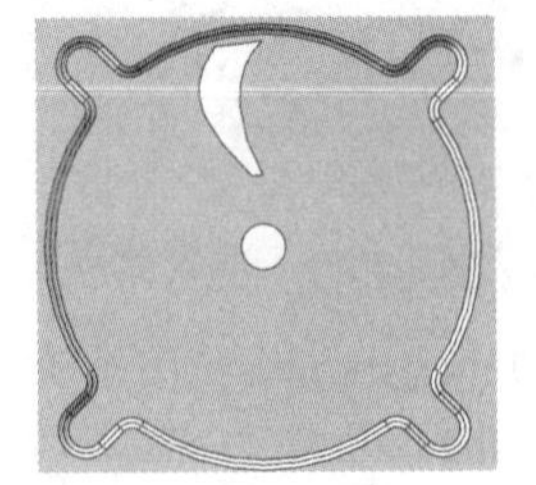

图 9-44 切除零件

10 圆周阵列。选择“视图”→“隐藏/显示”→“临时轴”菜单命令，显示临时轴。单击“特征”面板中的“圆周阵列”按钮，或选择“插入”→“阵列/镜像”→“圆周阵列”菜单命令，弹出“阵列（圆周）”属性管理器，选择圆孔的轴线为基准轴，输入阵列个数为 18，选中“等间距”单选按钮，将步骤 **09** 创建的切除特征作为要阵列的特征，如图 9-45 所示。然后单击“确定”按钮✔，圆周阵列切除特征如图 9-46 所示。

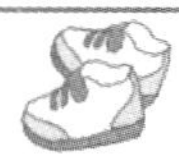

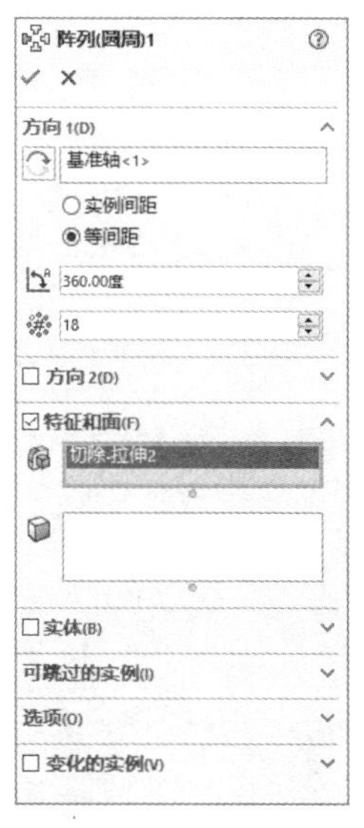

图 9-45　“阵列（圆周）”属性管理器

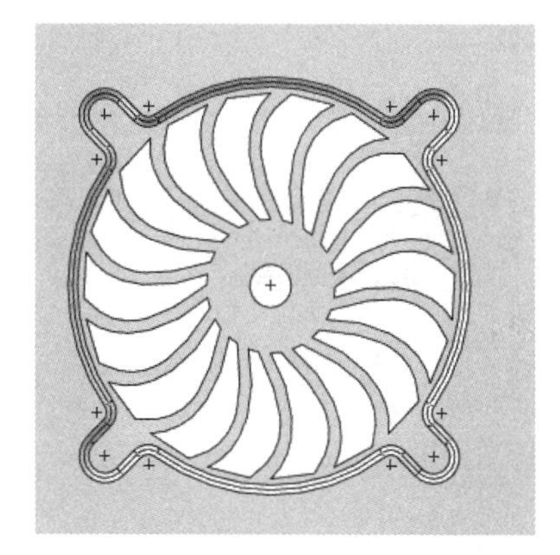

图 9-46　圆周阵列切除特征

11 设置基准面。在视图中选择上一步创建的成型表面，然后单击“视图（前导）”工具栏中的“正视于”按钮，将该基准面作为绘制图形的基准面。单击“草图”面板中的“草图绘制”按钮，进入草图绘制状态。

12 绘制草图。单击“草图”面板中的“圆”按钮，在成型表面的分支圆心处绘制直径为 5 mm 的圆，如图 9-47 所示。

13 切除零件。单击“特征”面板中的“拉伸切除”按钮，或选择“插入”→“切除”→“拉伸”菜单命令，在弹出的“切除-拉伸”属性管理器中设置终止条件为“完全贯穿”，其他参数取默认值。然后单击“确定”按钮✔。

14 圆周阵列。选择“视图”→“隐藏/显示”→“临时轴”菜单命令，显示临时轴。单击“特征”面板中的“圆周阵列”按钮，或选择“插入”→“阵列/镜像”→“圆周阵列”菜单命令，弹出“阵列（圆周）”属性管理器，选择圆孔的轴线为基准轴，输入阵列个数为 4，选中“等间距”单选按钮，将上一步创建的切除特征作为要阵列的特征。然后单击“确定”按钮✔，圆周阵列孔如图 9-48 所示。

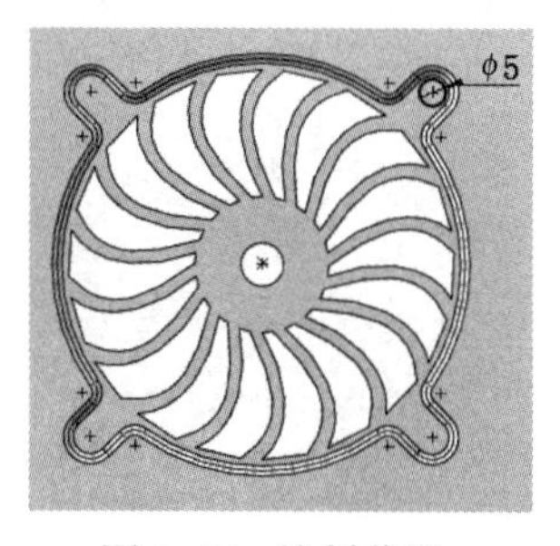

图 9-47　绘制草图

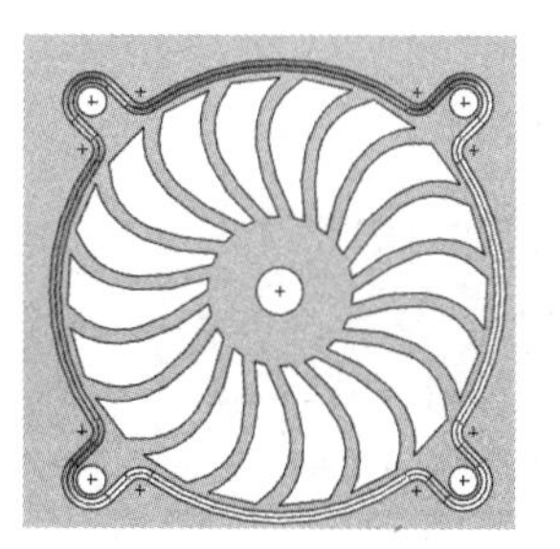

图 9-48　圆周阵列孔

15 线性阵列。单击“特征”面板中的“线性阵列”按钮，或选择“插入”→“阵列/镜像”→“线性阵列”菜单命令，弹出“线性阵列”属性管理器，在视图中选取水平边线为方向，输入阵列距离为 84mm，个数为 2，将步骤 **14** 创建的切除特征作为要阵列的特征，如图 9-49 所示。然后单击“确定”按钮✔，线性阵列出风口如图 9-50 所示。

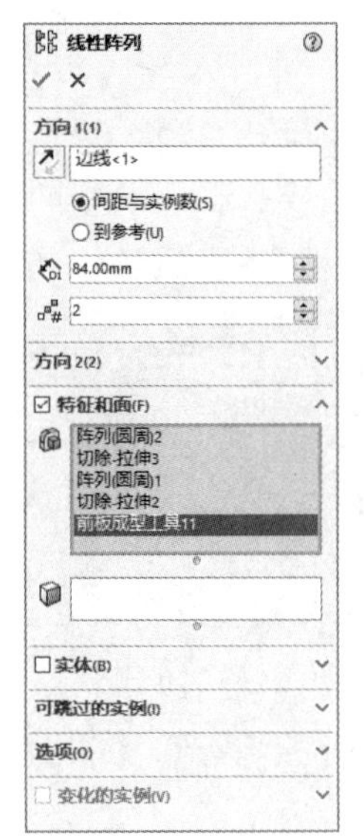

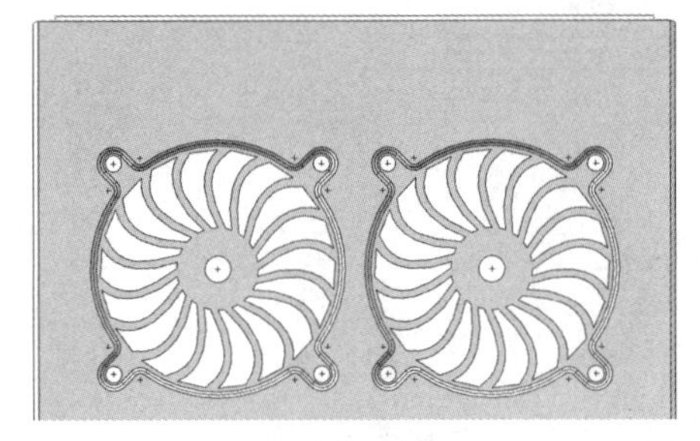

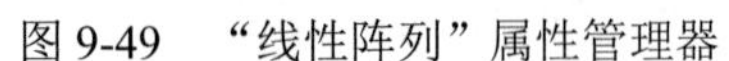

图 9-49 “线性阵列”属性管理器　　图 9-50 线性阵列出风口

9.2.3 创建 USB 插孔安装槽

01 设置基准面。在 FeatureManager 设计树中选择“上视基准面”，然后单击“视图（前导）”工具栏中的“正视于”按钮，将该基准面作为绘制图形的基准面。单击“草图”面板中的“草图绘制”按钮，进入草图绘制状态。

02 绘制草图。单击“草图”面板中的“边角矩形”按钮，绘制草图，并标注智能尺寸，如图 9-51 所示。

03 切除零件。单击“特征”面板中的“拉伸切除”按钮，或选择“插入”→“切除”→“拉伸”菜单命令，在弹出的“切除-拉伸”属性管理器中设置终止条件为“完全贯穿”，其他参数取默认值。然后单击“确定”按钮✓，切除零件如图 9-52 所示。

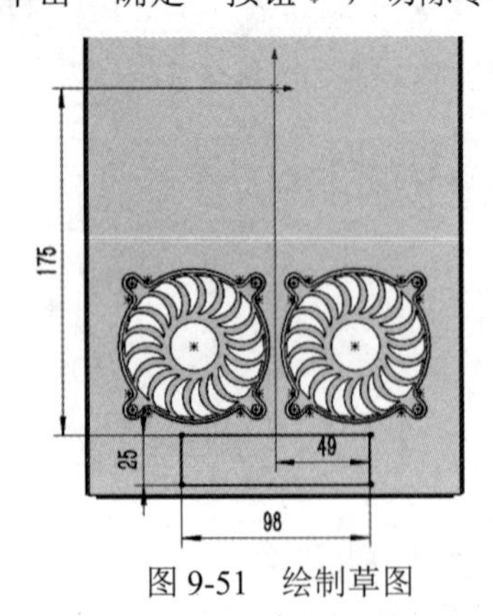

图 9-51 绘制草图

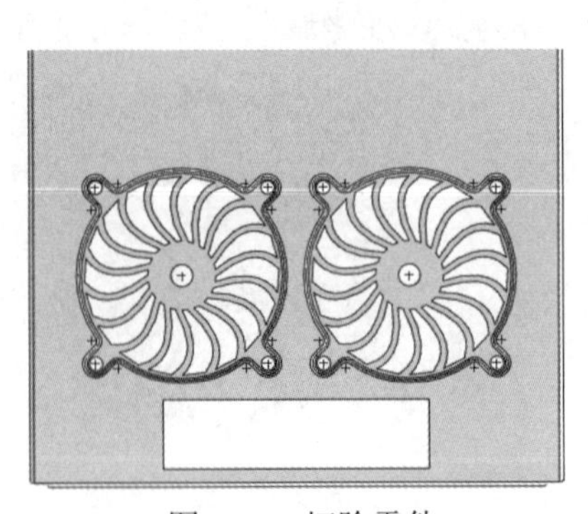

图 9-52 切除零件

04 生成边线法兰 3。单击“钣金”面板中的“边线法兰”按钮，或选择“插入”→“钣金”→“边线法兰”菜单命令，弹出“边线-法兰”属性管理器，在视图中切除拉伸另一侧边线，按下“内部虚拟交点”按钮、“折弯在外”按钮，给定深度为 6 mm，其他参数取默认值。单击“编辑法兰轮廓”按钮，进入草图环境，弹出“轮廓草图”对话框，边线法兰轮廓尺寸如图 9-53 所示，

Note

单击“确定”按钮✔，完成边线法兰的创建，如图 9-54 所示。

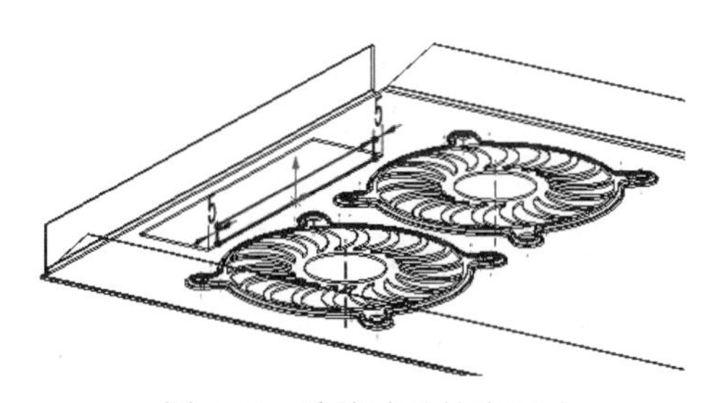

图 9-53　边线法兰轮廓尺寸

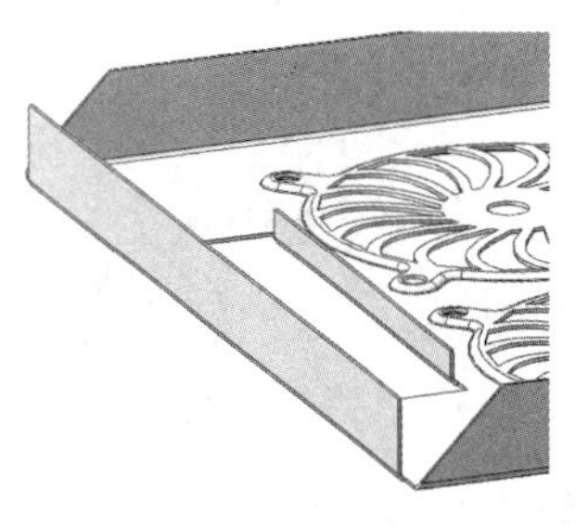
图 9-54　创建边线法兰

05 圆角处理。单击“特征”面板中的“圆角”按钮，或选择“插入”→“特征”→“圆角”菜单命令，弹出“圆角”属性管理器，在视图中选择切除特征的 4 条棱边，输入圆角半径为 3mm，如图 9-55 所示，然后单击“确定”按钮✔。

图 9-55　“圆角”属性管理器

9.2.4　创建上部光驱和软驱的安装孔

01 设置基准面。在 FeatureManager 设计树中选择“上视基准面”，然后单击“视图（前导）”工具栏中的“正视于”按钮，将该基准面作为绘制图形的基准面。单击“草图”面板中的“草图绘制”按钮，进入草图绘制状态。

02 绘制草图。单击“草图”面板中的“中心线”按钮 和“直线”按钮，绘制草图，并标注智能尺寸，如图 9-56 所示。

03 切除零件。单击“特征”面板中的“拉伸切除”按钮，或选择“插入”→“切除”→“拉伸”菜单命令，在弹出的“切除-拉伸”属性管理器中设置终止条件为“完全贯穿”，其他参数取默认值。然后单击“确定”按钮✔，切除零件如图 9-57 所示。

Note

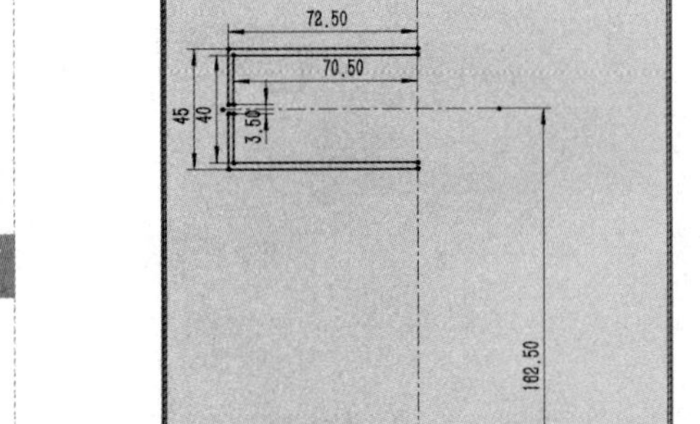

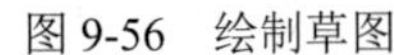

图 9-56　绘制草图

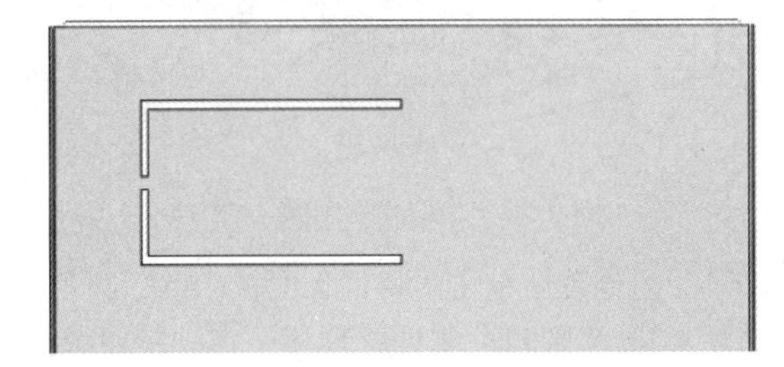

图 9-57　切除零件

04 阵列切除特征。单击“特征”面板中的“线性阵列”按钮，或选择“插入”→“阵列/镜像”→“线性阵列”菜单命令，弹出“线性阵列”属性管理器，在视图中选取竖直边线为阵列方向，输入阵列距离为 43mm，个数为 4，将步骤 03 创建的切除特征作为要阵列的特征。然后单击“确定”按钮✓，线性阵列特征如图 9-58 所示。

05 设置基准面。在 FeatureManager 设计树中选择“上视基准面”，然后单击“视图（前导）”工具栏中的“正视于”按钮，将该基准面作为绘制图形的基准面。单击“草图”面板中的“草图绘制”按钮，进入草图绘制状态。

06 绘制草图。单击“草图”面板中的“中心线”按钮和“直线”按钮，绘制草图，并标注智能尺寸，如图 9-59 所示。

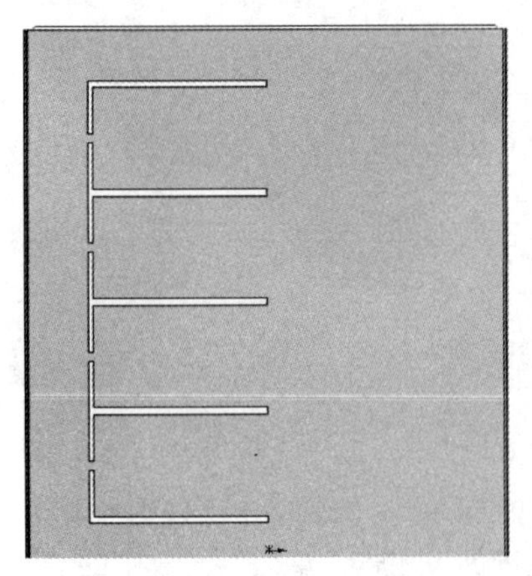

图 9-58　线性阵列特征

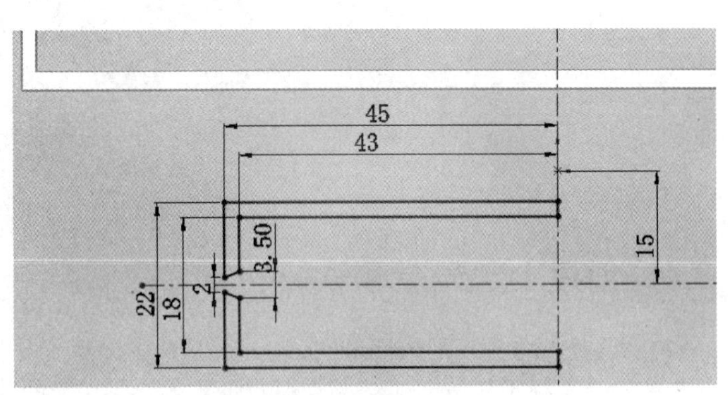

图 9-59　绘制草图

07 切除零件。单击“特征”面板中的“拉伸切除”按钮，或选择“插入”→“切除”→“拉伸”菜单命令，在弹出的“切除-拉伸”属性管理器中设置终止条件为“完全贯穿”，其他参数取默认值。然后单击“确定”按钮✓，切除零件如图 9-60 所示。

08 线性阵列特征。单击“特征”面板中的“线性阵列”按钮，或选择“插入”→“阵列/镜像”→“线性阵列”菜单命令，弹出“线性阵列”属性管理器，在视图中选取竖直边线为阵列方向，输入阵列距离为 20mm，个数为 2，将步骤 07 创建的切除特征作为要阵列的特征。然后单击“确定”按钮✓，线性阵列特征如图 9-61 所示。

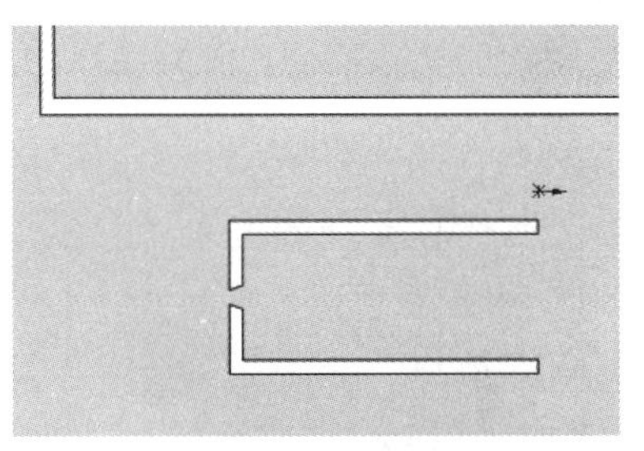

图 9-60　切除零件

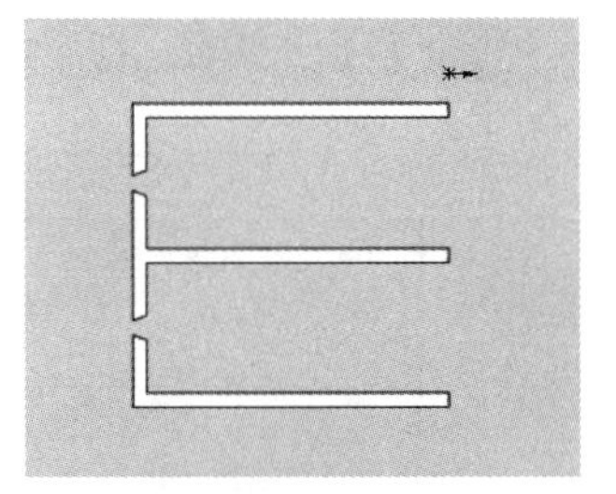

图 9-61　线性阵列特征

09 镜像特征。单击“特征”面板中的“镜像”按钮，或选择“插入”→“阵列/镜像”→“镜像”菜单命令，弹出“镜像”属性管理器，在视图中选取“右视基准面”为镜像面，选取前面创建的阵列特征。然后单击“确定”按钮，镜像特征如图 9-62 所示。

10 设置基准面。在 FeatureManager 设计树中选择“上视基准面”，然后单击“视图（前导）”工具栏中的“正视于”按钮，将该基准面作为绘制图形的基准面。单击“草图”面板中的“草图绘制”按钮，进入草图绘制状态。

11 绘制草图。单击“草图”面板中的“中心线”按钮、“直线”按钮、“三点圆弧”按钮和“剪裁实体”按钮，绘制草图，并标注智能尺寸，如图 9-63 所示。

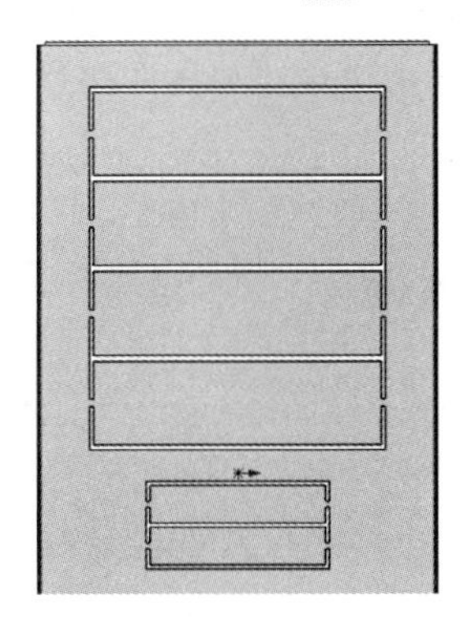

图 9-62　镜像特征

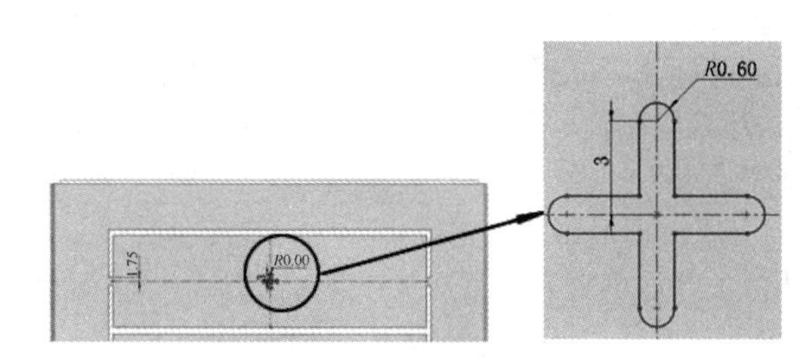

图 9-63　绘制草图

12 切除零件。单击“特征”面板中的“拉伸切除”按钮，或选择“插入”→“切除”→“拉伸”菜单命令，在弹出的“切除-拉伸”属性管理器中设置终止条件为“完全贯穿”，其他参数取默认值。然后单击“确定”按钮，切除零件如图 9-64 所示。

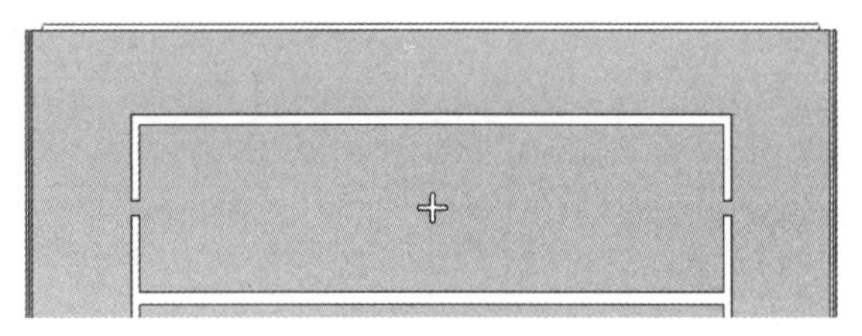

图 9-64　切除零件

13 阵列切除特征。单击“特征”面板中的“线性阵列”按钮，或选择“插入”→“阵列/镜像”→“线性阵列”菜单命令，弹出“线性阵列”属性管理器，在视图中选取竖直边线为阵列方向，输入阵列距离为 43 mm，个数为 4，将上一步创建的切除特征作为要阵列的特征。然后单击“确定”按钮，阵列切除特征如图 9-65 所示。

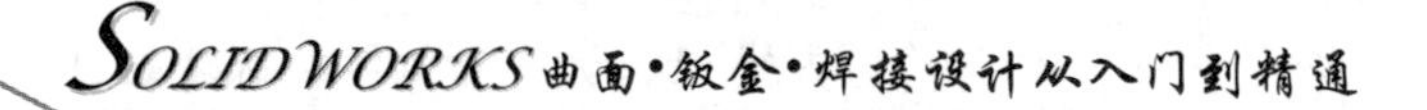

Note

14 重复步骤 11 ～步骤 13 ，创建尺寸参数相同的切除特征，阵列距离为 20 mm，个数为 2，如图 9-66 所示。

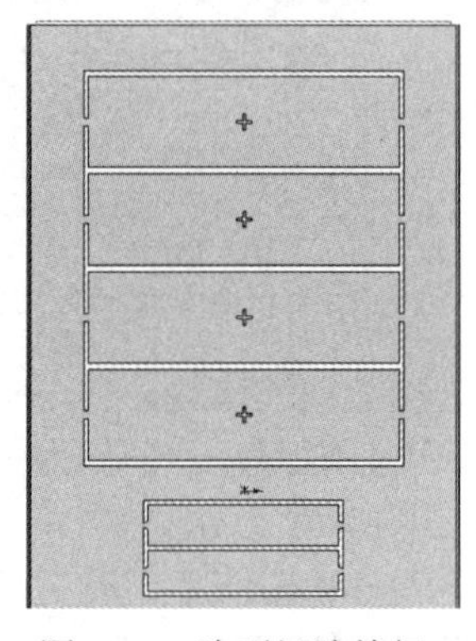

图 9-65 阵列切除特征

图 9-66 创建并阵列后的切除特征

9.2.5 创建控制线通孔及其他孔

01 设置基准面。在 FeatureManager 设计树中选择“上视基准面”，然后单击“视图（前导）”工具栏中的“正视于”按钮，将该基准面作为绘制图形的基准面。单击“草图”面板中的“草图绘制”按钮，进入草图绘制状态。

02 绘制草图。单击“草图”面板中的“圆”按钮，绘制草图，并标注智能尺寸，如图 9-67 所示。

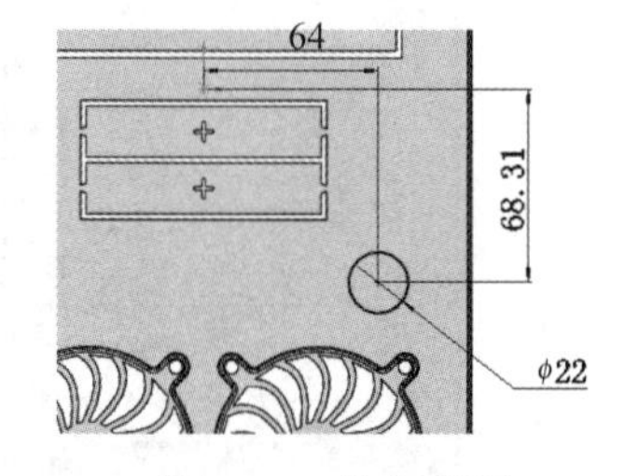

图 9-67 绘制草图

03 切除零件。单击“特征”面板中的“拉伸切除”按钮，或选择“插入”→“切除”→“拉伸”菜单命令，在弹出的“切除-拉伸”属性管理器中设置终止条件为“完全贯穿”，其他参数取默认值。然后单击“确定”按钮✔。

04 生成褶边。单击“钣金”面板中的“褶边”按钮，或选择“插入”→“钣金”→“褶边”菜单命令，弹出“褶边”属性管理器，在视图中选择步骤 03 创建的孔边线，按下“折弯在外”按钮、“闭合”按钮，给定深度为 2.60 mm，其他参数取默认值，如图 9-68 所示。单击“确定”按钮✔，完成褶边的创建，如图 9-69 所示。

图 9-68 “褶边”属性管理器

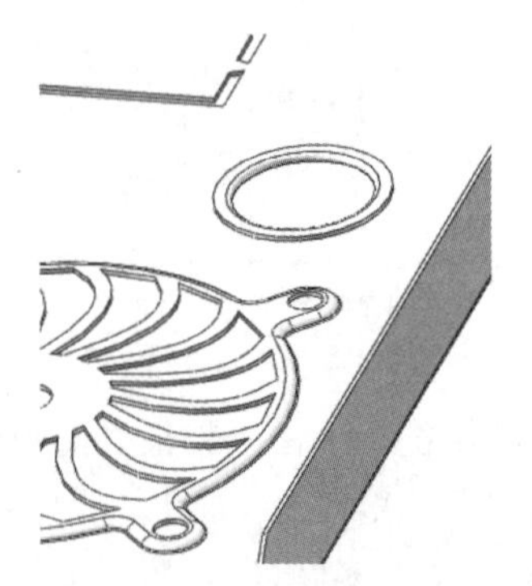

图 9-69 创建褶边

05 设置基准面。在 FeatureManager 设计树中选择“上视基准面”，然后单击“视图（前导）”工具栏中的“正视于”按钮，将该基准面作为绘制图形的基准面。单击“草图”面板中的“草图绘制”按钮，进入草图绘制状态。

06 绘制草图。单击“草图”面板中的“圆”按钮，绘制草图，并标注智能尺寸，如图 9-70 所示。

07 切除零件。单击“特征”面板中的“拉伸切除”按钮，或选择“插入”→“切除”→“拉伸”菜单命令，在弹出的“切除-拉伸”属性管理器中设置终止条件为“完全贯穿”，其他参数取默认值。然后单击“确定”按钮。

08 阵列切除特征。单击“特征”面板中的“线性阵列”按钮，或执行“插入”→“阵列/镜像”→“线性阵列”菜单命令，弹出“线性阵列”属性管理器，在视图中选取竖直边线为阵列方向 1，输入阵列距离为 396 mm，个数为 2；在视图中选取水平边线为阵列方向 2，输入阵列距离为 160 mm，个数为 2，将步骤 **07** 创建的切除特征作为要阵列的特征。然后单击“确定”按钮，创建孔，如图 9-71 所示。

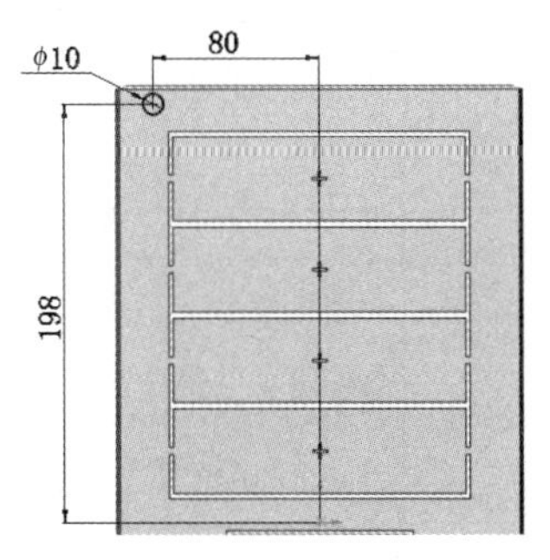

图 9-70　绘制草图

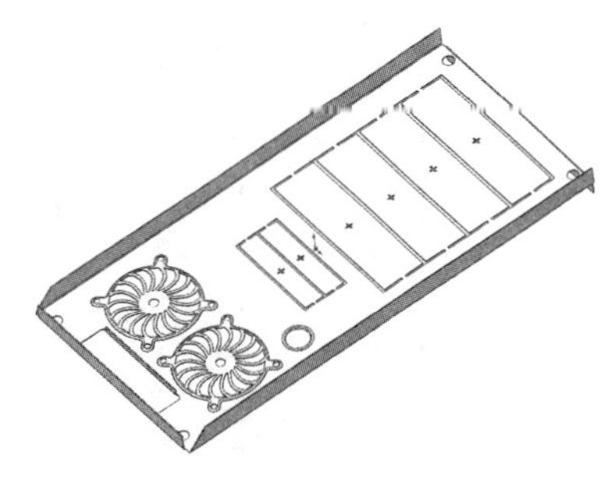

图 9-71　创建孔

09 生成褶边。单击“钣金”面板中的“褶边”按钮，或选择“插入”→“钣金”→“褶边”菜单命令，弹出“褶边”属性管理器，在视图中选择上一步创建的 4 个孔边线，选择“折弯在外”按钮、“闭合”按钮，输入长度为 2.3 mm，其他参数取默认值，如图 9-72 所示。单击“确定”按钮，完成褶边的创建，如图 9-73 所示。

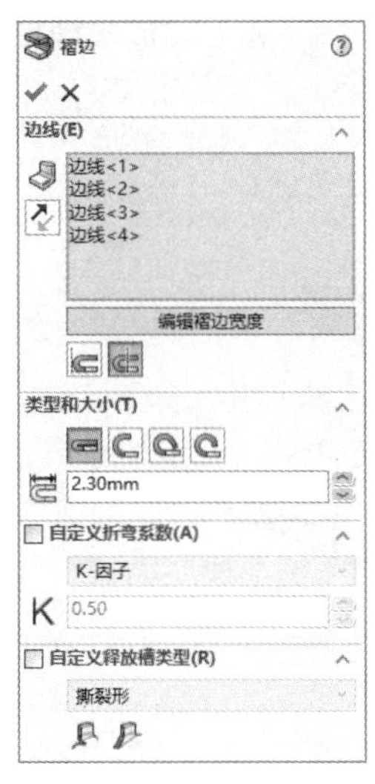

图 9-72　“褶边”属性管理器

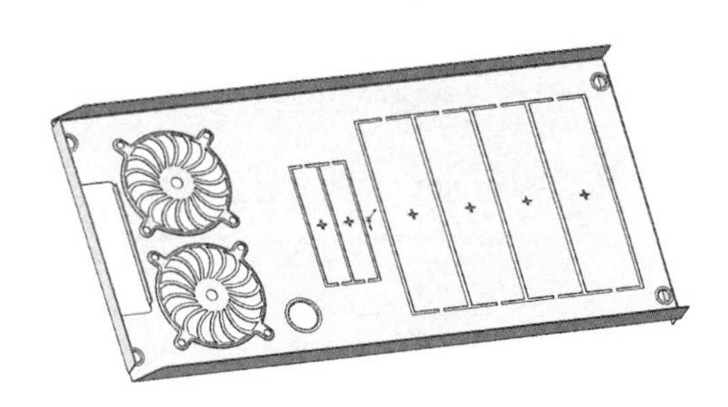

图 9-73　创建褶边

Note

10 设置基准面。在 FeatureManager 设计树中选择“上视基准面”，然后单击“视图（前导）”工具栏中的“正视于”按钮，将该基准面作为绘制图形的基准面。单击“草图”面板中的“草图绘制”按钮，进入草图绘制状态。

11 绘制草图。单击“草图”面板中的“圆”按钮，绘制草图，并标注智能尺寸，如图 9-74 所示。

12 切除零件。单击“特征”面板中的“拉伸切除”按钮，或选择“插入”→“切除”→“拉伸”菜单命令，在弹出的“切除-拉伸”属性管理器中设置终止条件为“完全贯穿”，其他参数取默认值。然后单击“确定”按钮。

13 阵列切除特征。单击“特征”面板中的“线性阵列”按钮，或选择“插入”→“阵列/镜像”→“线性阵列”菜单命令，弹出“线性阵列”属性管理器，在视图中选取竖直边线为阵列方向 1，输入阵列距离为 100 mm，个数为 3；在视图中选取水平边线为阵列方向 2，输入阵列距离为 164 mm，个数为 2，将步骤 **12** 创建的切除特征作为要阵列的特征。然后单击“确定”按钮，创建孔，如图 9-75 所示。

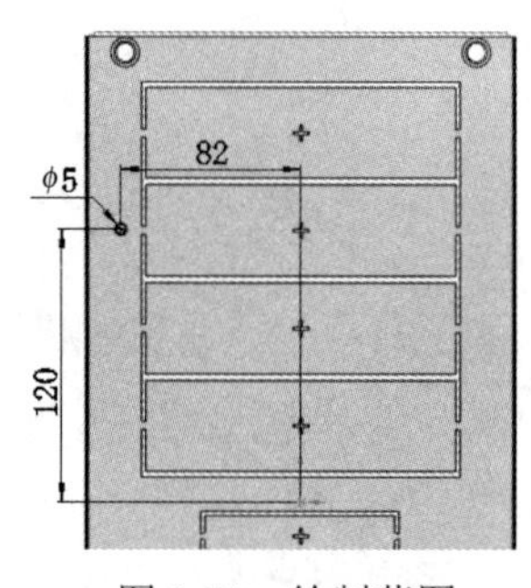

图 9-74 绘制草图

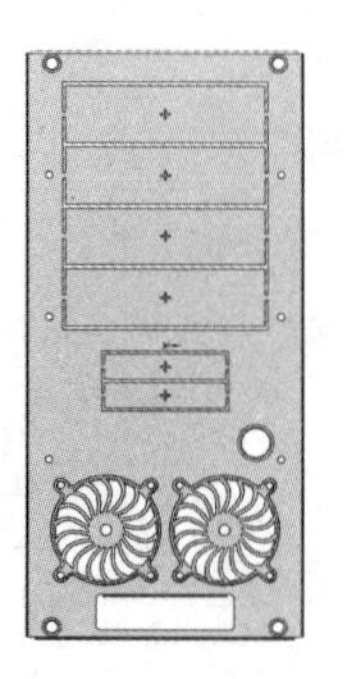

图 9-75 创建孔

9.2.6 创建左右两侧的法兰壁及成型特征

01 生成褶边。单击“钣金”面板中的“褶边”按钮，或选择“插入”→“钣金”→“褶边”菜单命令，弹出“褶边”属性管理器，在视图中选择如图 9-76 所示的两条边线，注意两条褶边的方向都朝里，按下“折弯在外”按钮、“闭合”按钮，输入长度为 3.3 mm，其他参数取默认值，如图 9-76 所示。单击“确定”按钮，完成褶边的创建。

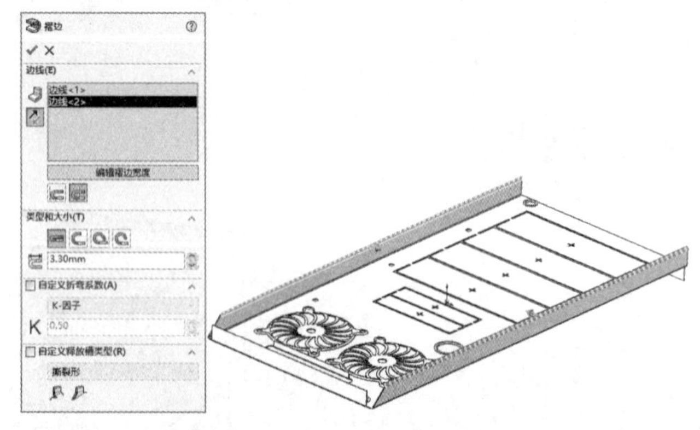

图 9-76 “褶边”属性管理器

02 添加成型工具到库。打开“源文件/ch9/计算机机箱/前板成型工具 2”，在任务窗格上单击“设

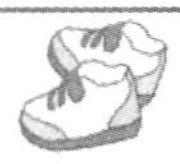

计库”按钮，弹出“设计库”面板，单击“添加到库”按钮，弹出“添加到库”属性管理器，如图 9-77 所示。在“添加到库”属性管理器中将“前板成型工具 2”添加到 Design Library/forming tools/lances 文件夹，单击“确定”按钮✓，添加成型工具到设计库，如图 9-78 所示。

图 9-77　“添加到库”属性管理器

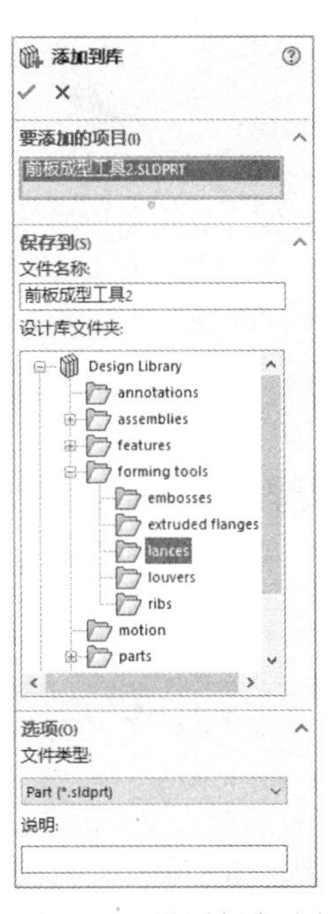

图 9-78　设置保存路径

03 向前板添加成型工具。单击系统右边的“设计库”按钮，弹出“设计库”面板，选择 Design Library 文件下的 forming tools 文件夹，然后通过右键快捷菜单将其设置成“成型工具文件夹”，如图 9-79 所示。根据图 9-79 所示的路径可以找到成型工具的文件夹  lances，找到需要添加的“前板成型工具”，将其拖放到钣金零件的底面上。

图 9-79　“设计库”面板

04 单击“草图”面板中的“智能尺寸”按钮，标注出成型工具在钣金零件上的位置尺寸，如图 9-80 所示，最后单击“放置成型特征”对话框中的“完成”按钮，完成对成型工具的添加，结果如图 9-81 所示。

05 镜像特征。单击“特征”面板中的“镜像”按钮，或选择“插入”→“阵列/镜像”→“镜像”菜单命令，弹出“镜像”属性管理器，在视图中选取“右视基准面”为镜像面，选取上一步的成型特征。然后单击“确定”按钮✓，镜像成型工具如图 9-82 所示。

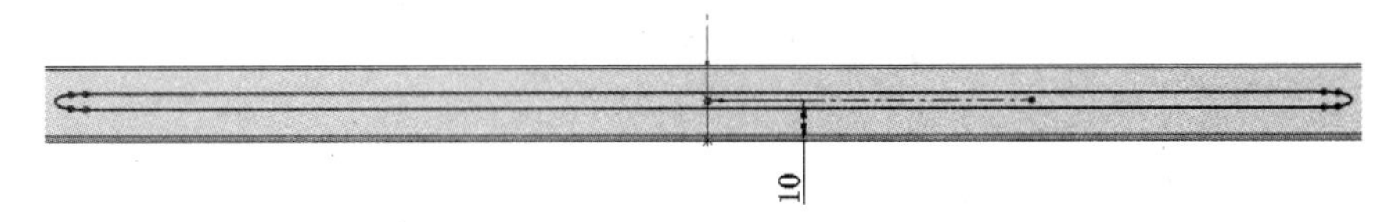

图 9-80　成型工具位置尺寸

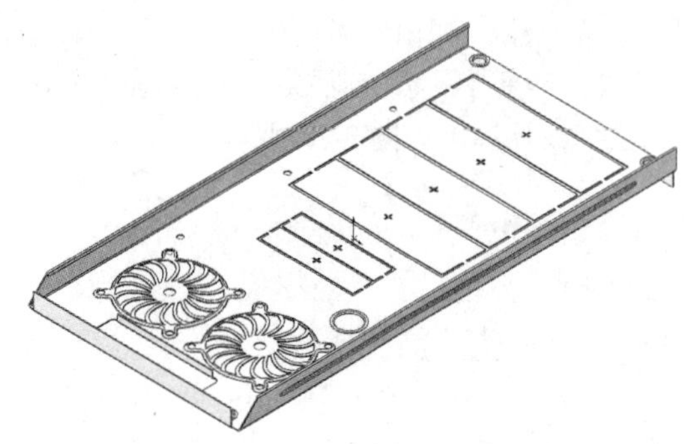

图 9-81 添加成型工具

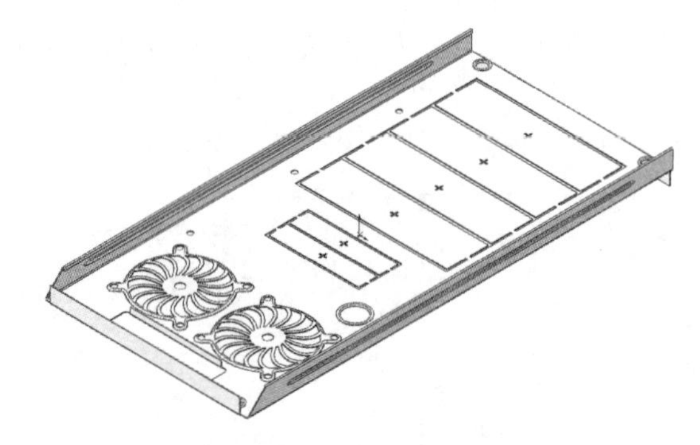

图 9-82 镜像成型工具

06 设置基准面。在 FeatureManager 设计树中选择“右视基准面”，然后单击“视图（前导）”工具栏中的“正视于”按钮，将该基准面作为绘制图形的基准面。单击“草图”面板中的“草图绘制”按钮，进入草图绘制状态。

07 绘制草图。单击“草图”面板中的“圆”按钮，绘制草图，并标注智能尺寸，如图 9-83 所示。

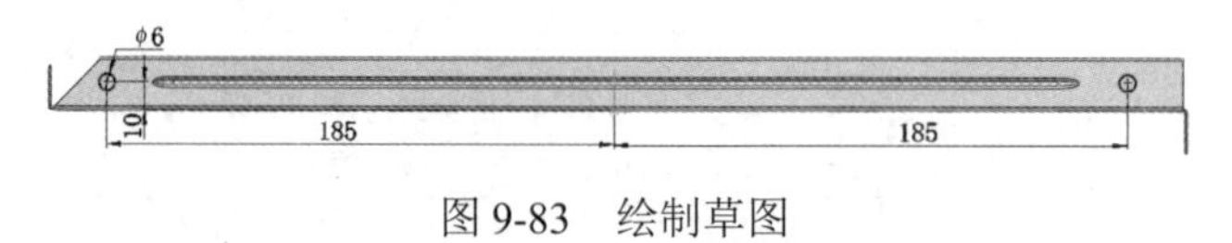

图 9-83 绘制草图

08 切除零件。单击“特征”面板中的“拉伸切除”按钮，或选择“插入”→“切除”→“拉伸”菜单命令，弹出“切除-拉伸”属性管理器，设置“方向 1”和“方向 2”的终止条件为“完全贯穿”，其他参数取默认值，如图 9-84 所示。然后单击“确定”按钮，切除零件如图 9-85 所示。

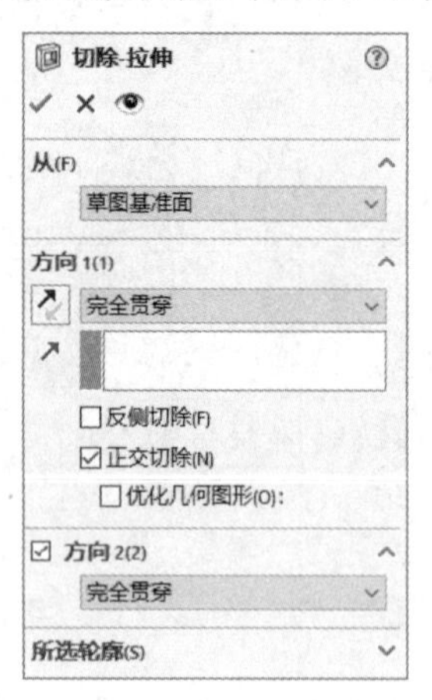

图 9-84 “切除-拉伸”属性管理器

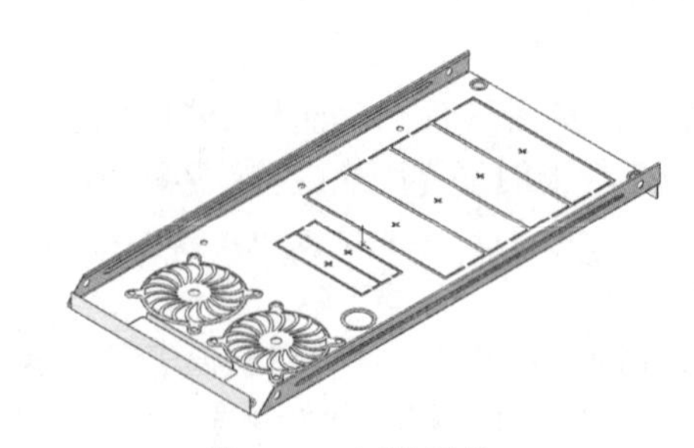

图 9-85 切除零件

9.3 机箱后板

本实例创建的机箱后板如图 9-86 所示。

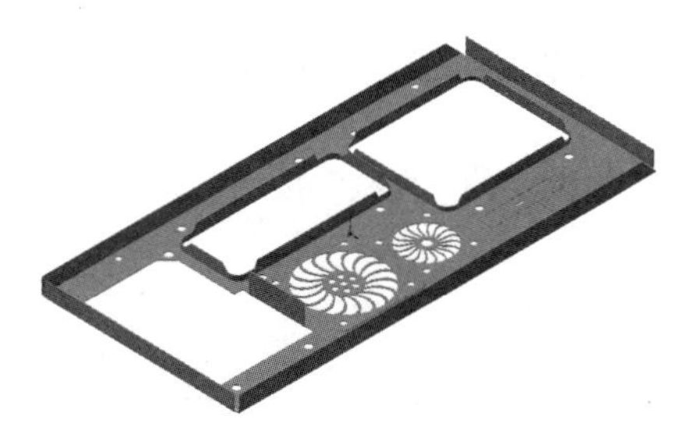

图 9-86　机箱后板

思路分析

首先绘制草图，创建薄壁零件并转换成钣金零件，然后创建电源安装孔和主板连线通孔，再添加成型工具并切除零件，创建出风口，接着创建各种插卡的连接孔，最后创建电扇出风孔。绘制机箱后板的流程如图 9-87 所示。

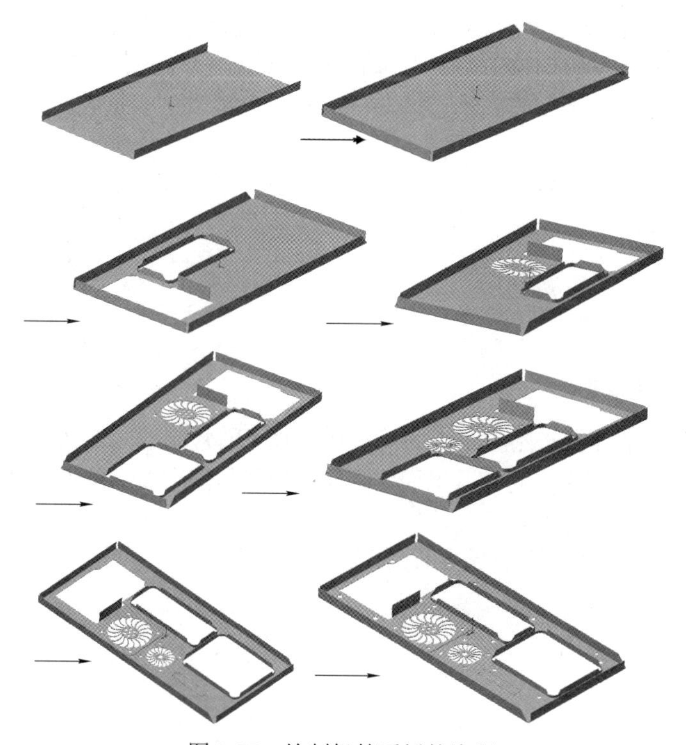

图 9-87　绘制机箱后板的流程

创建步骤

9.3.1　创建后板主体

01 启动 SOLIDWORKS，单击“快速访问”工具栏中的“新建”按钮，或选择“文件”→“新建”菜单命令，在弹出的“新建 SOLIDWORKS 文件”对话框中单击“零件”按钮，然后单击“确定”按钮，创建一个新的零件文件。

02 设置基准面。在 FeatureManager 设计树中选择“前视基准面”，然后单击“视图（前导）”

工具栏中的“正视于”按钮，将该基准面作为绘制图形的基准面。单击“草图”面板中的“草图绘制”按钮，进入草图绘制状态。

Note

03 绘制草图。单击“草图”面板中的“直线”按钮，绘制草图，并标注智能尺寸，如图 9-88 所示。

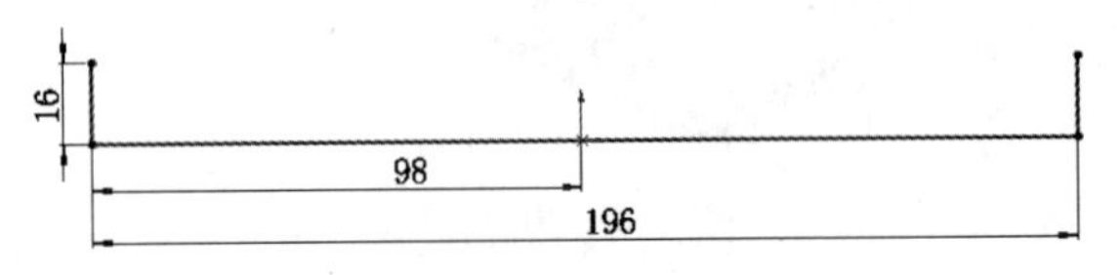

图 9-88　绘制草图

04 生成薄壁零件。单击“特征”面板中的“拉伸凸台/基体”按钮，或选择“插入”→“凸台/基体”→“拉伸”菜单命令，在弹出的“凸台-拉伸”属性管理器中设置终止条件为“两侧对称”，输入拉伸深度为 410 mm，薄壁厚度为 0.7 mm，单击薄壁选项组中的“反向”按钮，使薄壁的厚度方向朝里，其他参数取默认值。然后单击“确定”按钮，生成薄壁零件，如图 9-89 所示。

05 生成钣金零件。单击“钣金”面板中的“插入折弯”按钮，或选择“插入”→“钣金”→“折弯”菜单命令，在弹出的“折弯”属性管理器中输入半径值 0.8 mm，其他参数取默认值。在视图中选择图 9-89 中的面 1 为固定面，然后单击“确定”按钮，生成钣金零件，如图 9-90 所示。

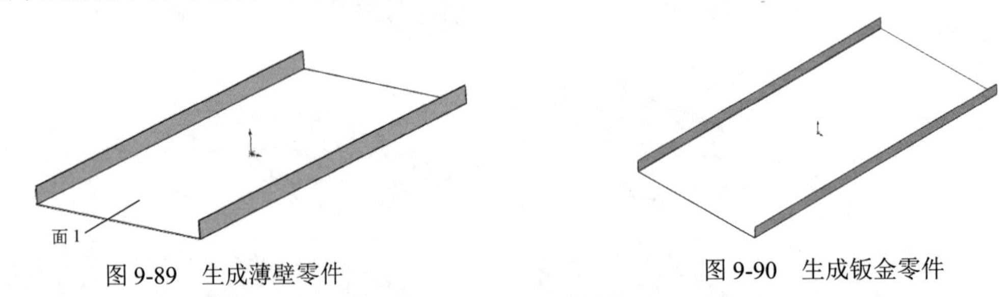

图 9-89　生成薄壁零件

图 9-90　生成钣金零件

06 设置基准面。在 FeatureManager 设计树中选择“右视基准面”，然后单击“视图（前导）”工具栏中的“正视于”按钮，将该基准面作为绘制图形的基准面。单击“草图”面板中的“草图绘制”按钮，进入草图绘制状态。

07 绘制草图。单击“草图”面板中的“直线”按钮，绘制草图，并标注智能尺寸，如图 9-91 所示。

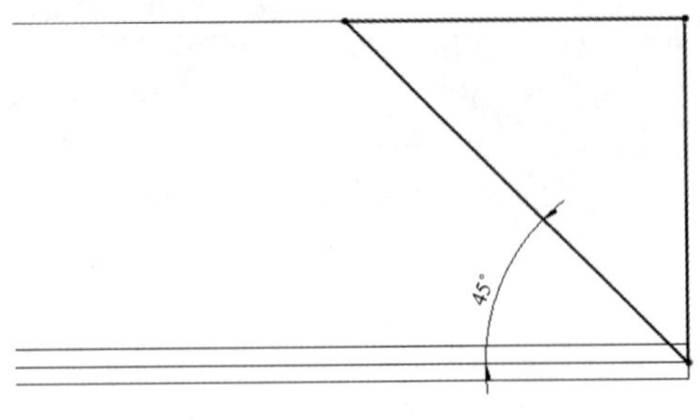

图 9-91　绘制草图

08 切除零件。单击“特征”面板中的“拉伸切除”按钮，或选择“插入”→“切除”→“拉伸”菜单命令，弹出“切除-拉伸”属性管理器，设置“方向 1”和“方向 2”中的终止条件为“完全贯穿”，其他参数取默认值，如图 9-92 所示。然后单击“确定”按钮，切除零件如图 9-93 所示。

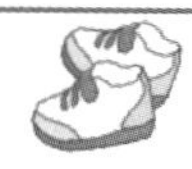

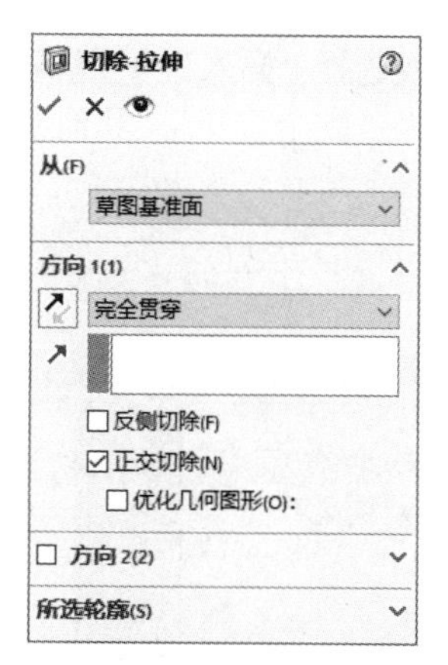

图 9-92　“切除-拉伸”属性管理器

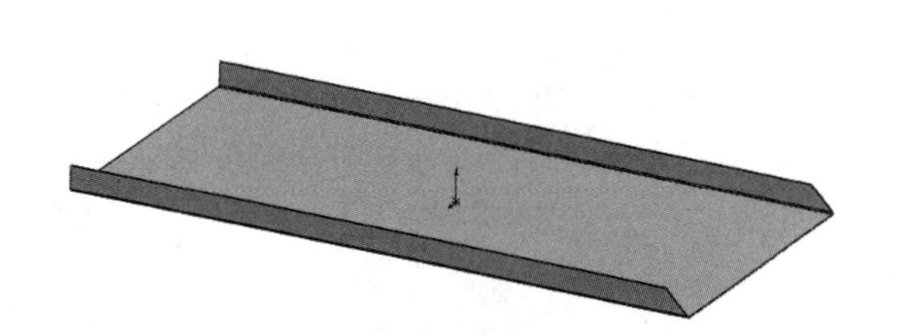

图 9-93　切除零件

09 生成边线法兰。单击“钣金”面板中的“边线法兰”按钮，或选择“插入”→“钣金”→“边线法兰”菜单命令，弹出“边线-法兰”属性管理器，在视图中切除拉伸另一侧边线，按下“内部虚拟交点”按钮、“折弯在外”按钮，输入长度为 15 mm，其他参数取默认值，如图 9-94 所示。单击“编辑法兰轮廓”按钮，进入草图环境，弹出“轮廓草图”对话框，边线法兰轮廓尺寸如图 9-95 所示，单击“确定”按钮✔。重复“边线法兰”命令，在另一侧创建边线法兰，如图 9-96 所示。

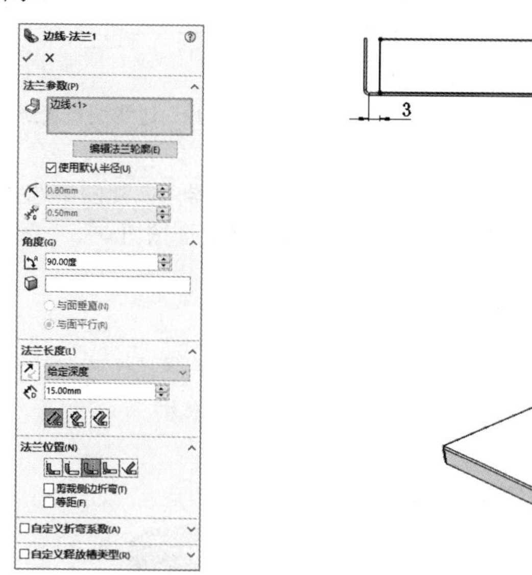

图 9-94　“边线-法兰”属性管理器

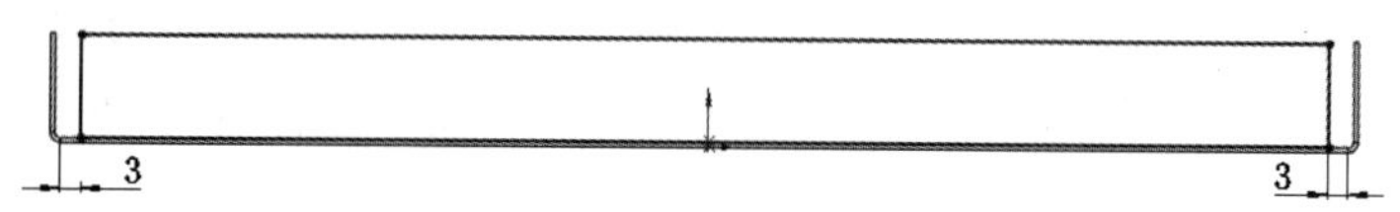

图 9-95　边线法兰轮廓尺寸

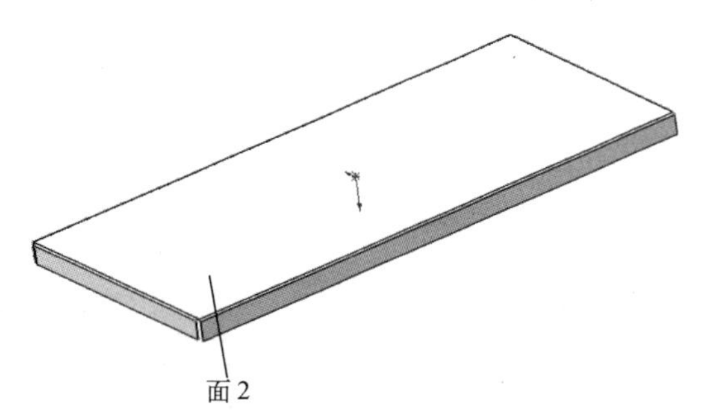

图 9-96　创建边线法兰

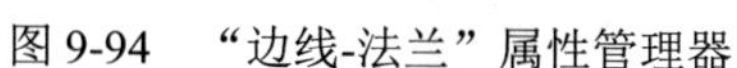

9.3.2　创建电源安装孔

01 设置基准面。在视图中选择如图 9-96 所示的面 2，然后单击“视图（前导）”工具栏中的“正视于”按钮，将该基准面作为绘制图形的基准面。单击“草图”面板中的“草图绘制”按钮，进入草图绘制状态。

02 绘制草图。单击“草图”面板中的“直线”按钮，绘制草图，并标注智能尺寸，如图 9-97 所示。

Note

03 切除零件。单击“特征”面板中的“拉伸切除”按钮，或选择“插入”→“切除”→“拉伸”菜单命令，在弹出的“切除-拉伸”属性管理器中设置终止条件为“完全贯穿”，其他参数取默认值。然后单击“确定”按钮✓，切除零件如图 9-98 所示。

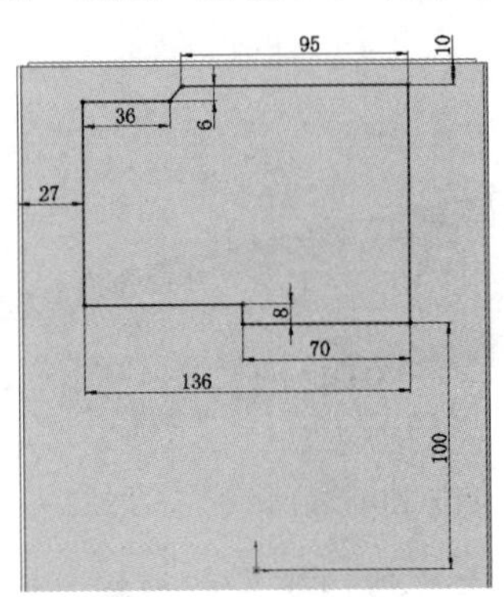

图 9-97　绘制草图

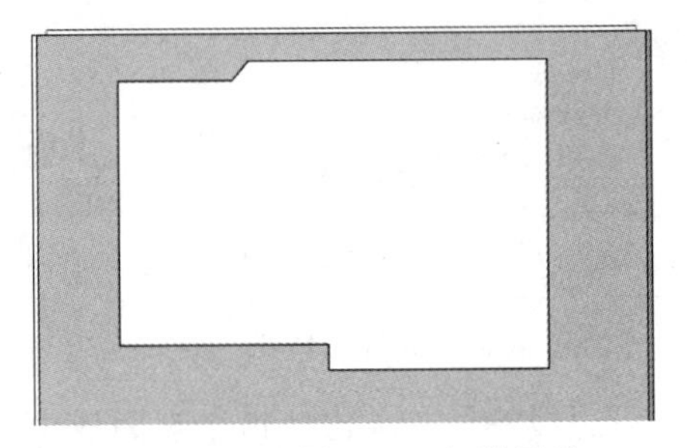

图 9-98　切除零件

04 生成边线法兰。单击“钣金”面板中的“边线法兰”按钮，或选择“插入”→“钣金”→“边线法兰”菜单命令，弹出“边线-法兰”属性管理器，在视图中选择图 9-98 中所示的切除拉伸边线，按下“内部虚拟交点”按钮、“折弯在外”按钮，给定深度为 20 mm，其他参数取默认值。单击“编辑法兰轮廓”按钮，进入草图环境，弹出“轮廓草图”对话框，边线法兰轮廓尺寸如图 9-99 所示，单击“完成”按钮。

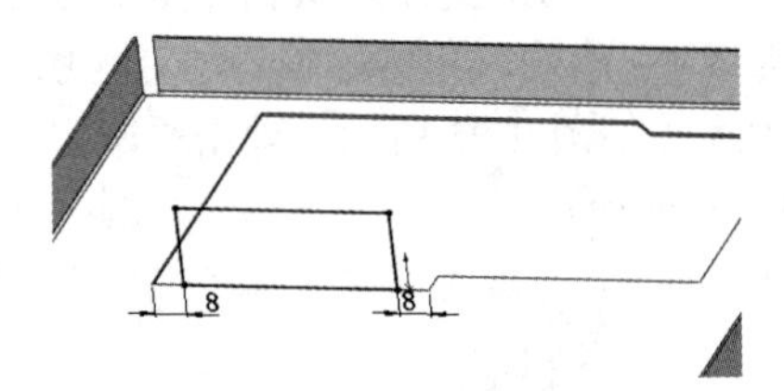

图 9-99　边线法兰轮廓尺寸

05 圆角处理。单击“特征”面板中的“圆角”按钮，或选择“插入”→“特征”→“圆角”菜单命令，弹出“圆角”属性管理器，在视图中选择切除特征的 4 条棱边，输入圆角半径为 2.5 mm，如图 9-100 所示，然后单击“确定”按钮✓。

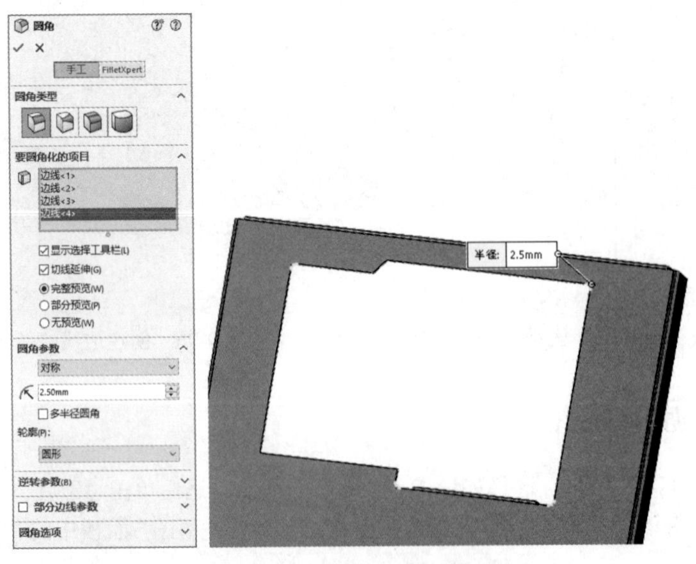

图 9-100　“圆角”属性管理器

06 倒角处理。单击“特征”面板中的“倒角”按钮，或选择“插入”→“特征”→“倒角”

菜单命令，弹出“倒角”属性管理器，在视图中选择如图 9-101 所示的棱边，输入倒角距离为 10 mm，如图 9-101 所示，然后单击“确定”按钮✔。

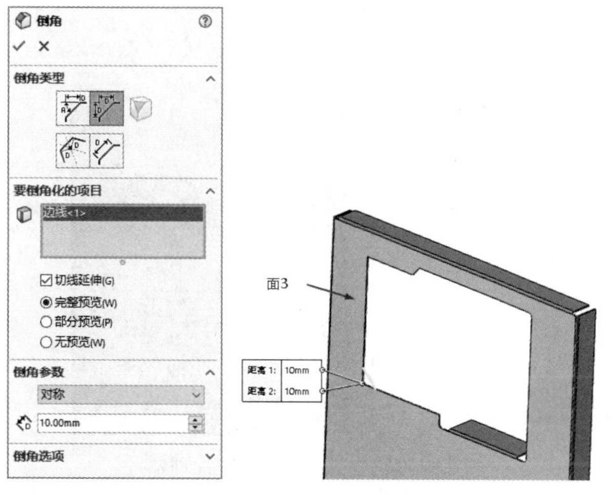

图 9-101 “倒角”属性管理器

9.3.3 创建主板连线通孔

01 设置基准面。在视图中选择如图 9-101 所示的面 3，然后单击“视图（前导）”工具栏中的“正视于”按钮，将该基准面作为绘制图形的基准面。单击“草图”面板中的“草图绘制”按钮，进入草图绘制状态。

02 绘制草图。单击“草图”面板中的“边角矩形”按钮，绘制草图，并标注智能尺寸，如图 9-102 所示。

03 切除零件。单击“特征”面板中的“拉伸切除”按钮，或选择“插入”→“切除”→“拉伸”菜单命令，在弹出的“切除-拉伸”属性管理器中设置终止条件为“完全贯穿”，其他参数取默认值。然后单击“确定”按钮✔，切除零件如图 9-103 所示。

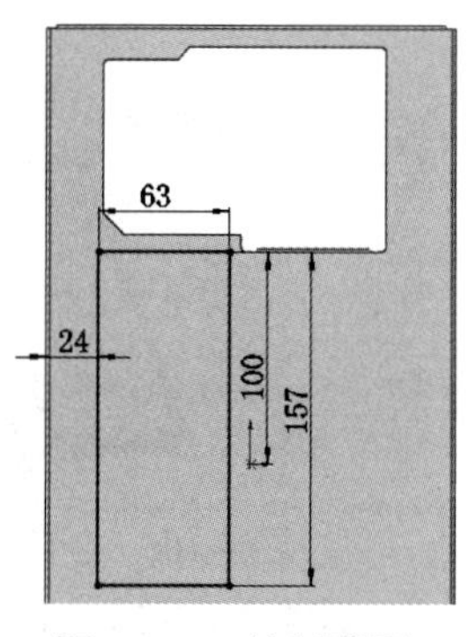

图 9-102 绘制草图

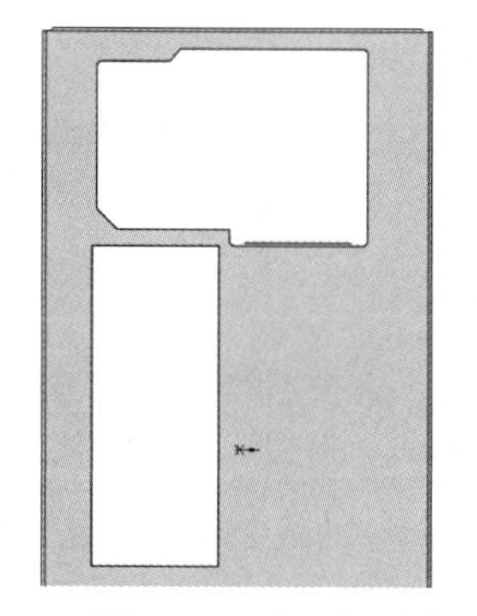

图 9-103 切除零件

04 圆角处理。单击“特征”面板中的“圆角”按钮，或选择“插入”→“特征”→“圆角”菜单命令，弹出“圆角”属性管理器，在视图中选择步骤 **03** 创建切除特征的 4 条棱边，输入圆角半径为 10 mm，如图 9-104 所示。然后单击“确定”按钮✔。

Note

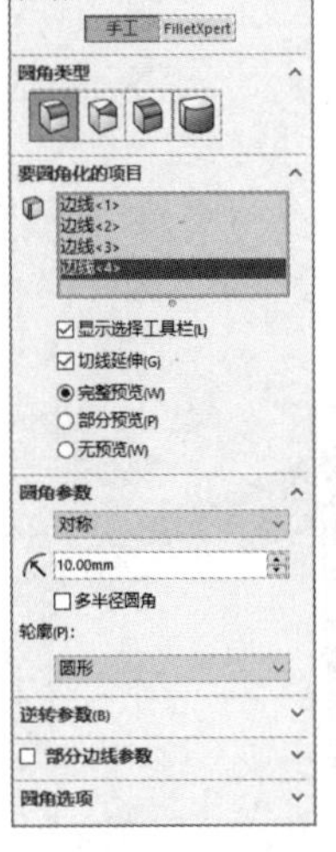

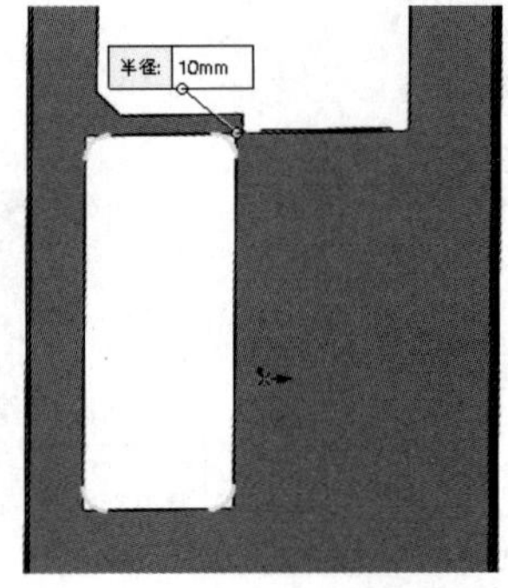

图 9-104 “圆角”属性管理器

05 生成边线法兰。单击“钣金”面板中的“边线法兰”按钮，或选择“插入”→“钣金”→“边线法兰”菜单命令，弹出“边线-法兰”属性管理器，在视图中选择图 9-105 所示的切除拉伸边线，按下“内部虚拟交点”按钮、“折弯在外”按钮，输入长度为 5 mm，其他参数取默认值，如图 9-105 所示。然后单击“确定”按钮✔，完成边线法兰的创建，如图 9-106 所示。

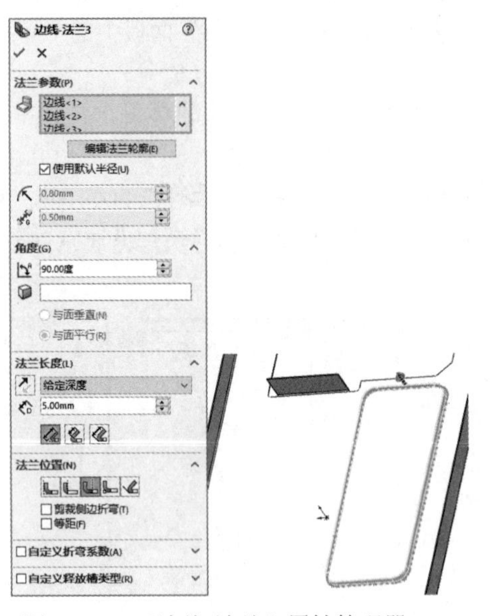

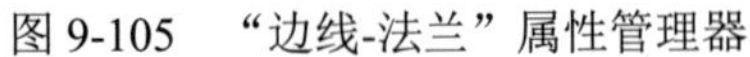

图 9-105 “边线-法兰”属性管理器

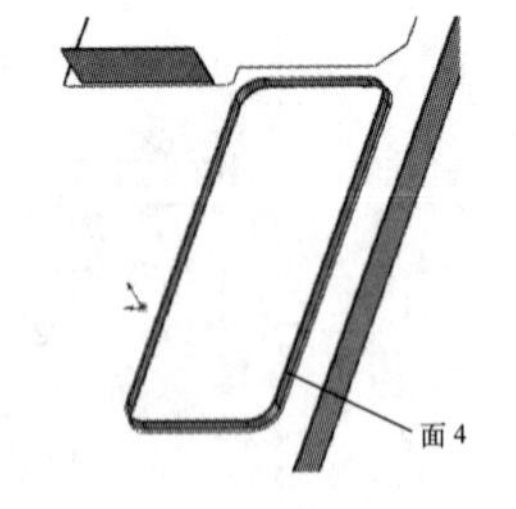

图 9-106 创建边线法兰

06 设置基准面。在视图中选择如图 9-106 所示的面 4，然后单击“视图（前导）”工具栏中的“正视于”按钮，将该基准面作为绘制图形的基准面。单击“草图”面板中的“草图绘制”按钮，进入草图绘制状态。

07 绘制草图。单击“草图”面板中的“直线”按钮，绘制草图，并标注智能尺寸，如图 9-107 所示。

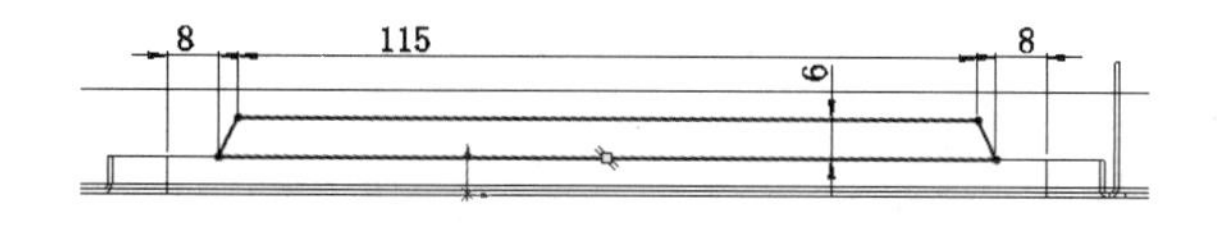

图 9-107　绘制草图

08 生成基体法兰。单击“钣金”面板中的“基体法兰/薄片”按钮，或选择“插入”→“钣金”→“基体法兰”菜单命令，在弹出的“基体法兰”属性管理器中输入钣金厚度为 0.7 mm，其他参数取默认值，如图 9-108 所示。然后单击“确定”按钮✔，完成基体法兰的创建，如图 9-109 所示。

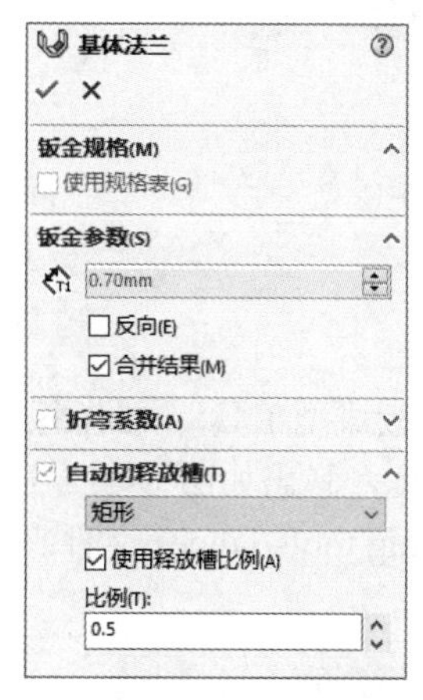

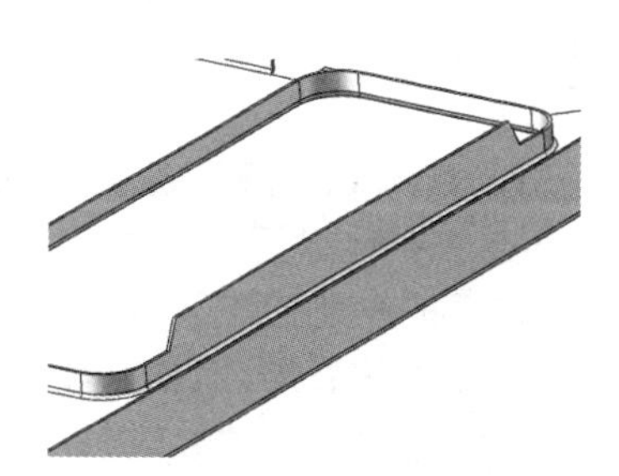

图 9-108　“基体法兰”属性管理器　　　图 9-109　创建基体法兰

09 重复步骤 **06** ～步骤 **08** ，在另一侧的边线法兰上创建基体法兰，如图 9-110 所示。

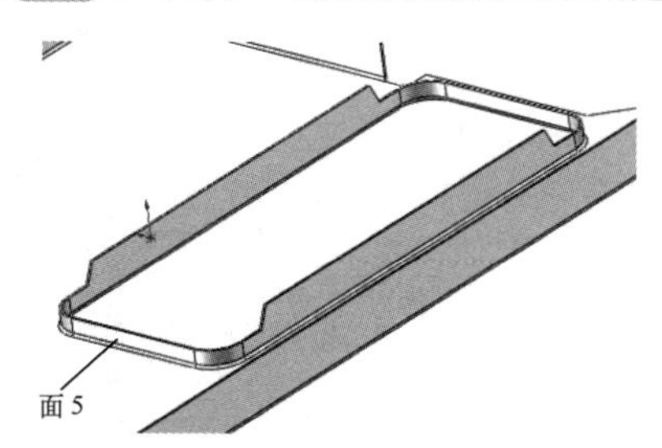

图 9-110　创建四周基体法兰

10 设置基准面。在视图中选择如图 9-110 所示的面 5，然后单击“视图（前导）”工具栏中的“正视于”按钮，将该基准面作为绘制图形的基准面。单击“草图”面板中的“草图绘制”按钮，进入草图绘制状态。

11 绘制草图。单击“草图”面板中的“直线”按钮，绘制草图，并标注智能尺寸，如图 9-111 所示。

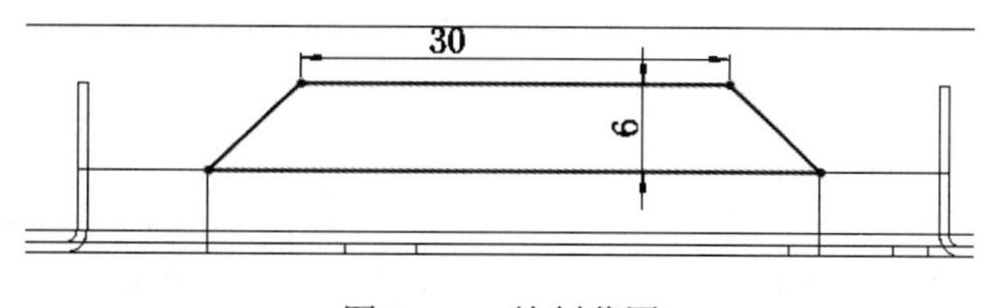

图 9-111　绘制草图

12 生成基体法兰。单击“钣金”面板中的“基体法兰/薄片”按钮，或选择“插入”→“钣金”→“基体法兰”菜单命令，在弹出的“基体法兰”属性管理器中输入钣金厚度为 0.70 mm，其他参数取默认值。然后单击“确定”按钮✔。

13 重复步骤 **10** ～步骤 **12** ，在另一侧的边线法兰上创建基体法兰，如图 9-112 所示。

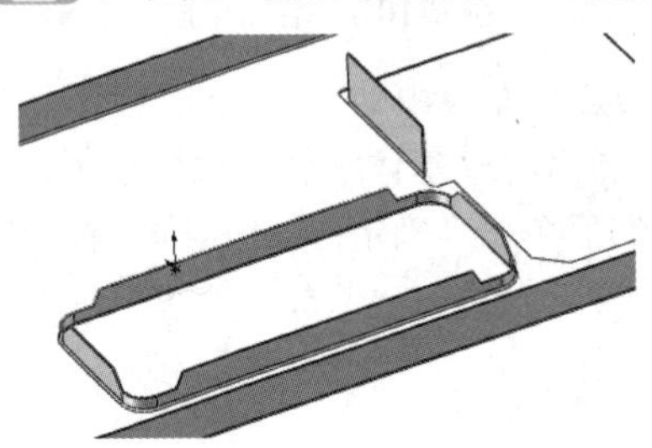

图 9-112　创建基体法兰

9.3.4　创建出风孔

01 添加成型工具到库。打开“源文件/ch9/计算机机箱/后板成型工具”，在任务窗格上单击“设计库”按钮，弹出“设计库”面板，单击“添加到库”按钮，弹出如图 9-113 所示的“添加到库”属性管理器，将后板成型工具添加到 Design Library/forming tools/lances 文件夹，单击“确定”按钮✔，添加成型工具到设计库，如图 9-114 所示。

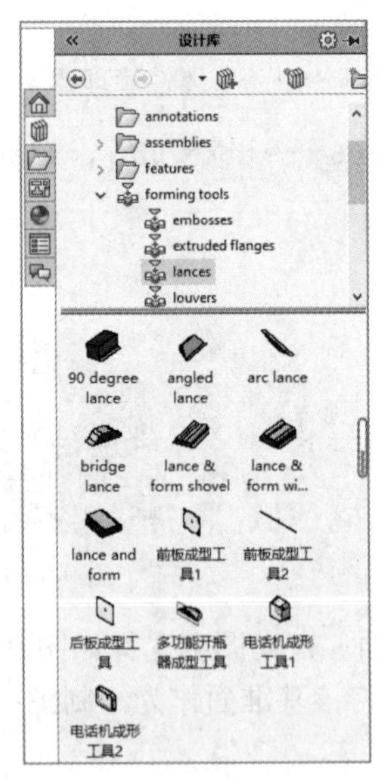

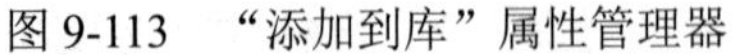

图 9-113　“添加到库”属性管理器　　　图 9-114　添加成型工具到设计库

02 向后板添加成型工具。单击系统右边的“设计库”按钮，弹出“设计库”面板，选择 Design Library 文件下的 forming tools 文件夹，然后通过右键快捷菜单将其设置成“成型工具文件夹”，如图 9-115 所示。根据图 9-115 所示的路径可以找到成型工具的文件夹 lances，找到需要添加的“后板成型工具”，将其拖放到钣金零件的底面上。

03 单击“草图”面板中的“智能尺寸”按钮，标注出成型工具在钣金零件上的位置尺寸，如图 9-116 所示，最后单击“放置成型特征”对话框中的“完成”按钮，完成成型工具的添加，如图 9-117 所示。

Note

图 9-115　“设计库”面板

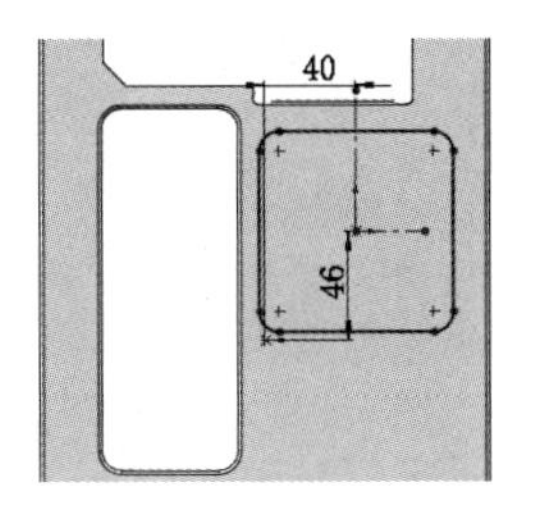

图 9-116　成型工具的位置尺寸

04 设置基准面。在视图中选择上一步创建的成型表面，然后单击“视图（前导）”工具栏中的“正视于”按钮，将该基准面作为绘制图形的基准面。单击“草图”面板中的“草图绘制”按钮，进入草图绘制状态。

05 绘制草图。单击“草图”面板中的“圆”按钮，绘制直径为 5 mm 的圆，并标注尺寸，如图 9-118 所示。

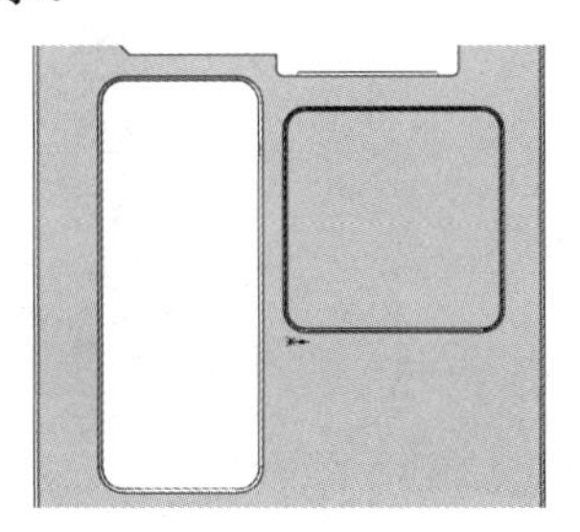

图 9-117　添加成型工具

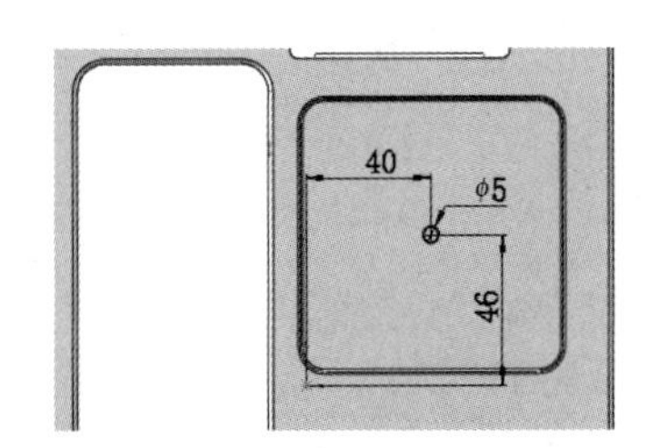

图 9-118　绘制草图

06 切除零件。单击“特征”面板中的“拉伸切除”按钮，或选择“插入”→“切除”→“拉伸”菜单命令，在弹出的“切除-拉伸”属性管理器中设置终止条件为“完全贯穿”，其他参数取默认值。然后单击“确定”按钮✔。

07 设置基准面。在视图中选择步骤 **03** 创建的成型表面，然后单击“视图（前导）”工具栏中的“正视于”按钮，将该基准面作为绘制图形的基准面。单击“草图”面板中的“草图绘制”按钮，进入草图绘制状态。

08 绘制草图。单击“草图”面板中的“圆”按钮、“样条曲线”按钮和“剪裁实体”按钮，绘制如图 9-119 所示的草图并标注尺寸。

09 切除零件。单击“特征”面板中的“拉伸切除”按钮，或选择“插入”→“切除”→“拉伸”菜单命令，在弹出的“切除-拉伸”属性管理器中设置终止条件为“完全贯穿”，其他参数取默认值。然后单击“确定”按钮✔，切除零件如图 9-120 所示。

10 圆周阵列。选择“视图”→“隐藏/显示”→“临时轴”菜单命令，显示临时轴。单击“特征”面板中的“圆周阵列”按钮，或选择“插入”→“阵列/镜像”→“圆周阵列”菜单命令，弹出“阵列（圆周）”属性管理器，选择圆孔的轴线为基准轴，输入阵列个数为 18，选中“等间距”单选按钮，将步骤 **09** 创建的切除特征作为要阵列的特征，如图 9-121 所示。然后单击“确定”按钮✔，圆周阵列切除特征如图 9-122 所示。

Note

图 9-119　绘制草图

图 9-120　切除零件

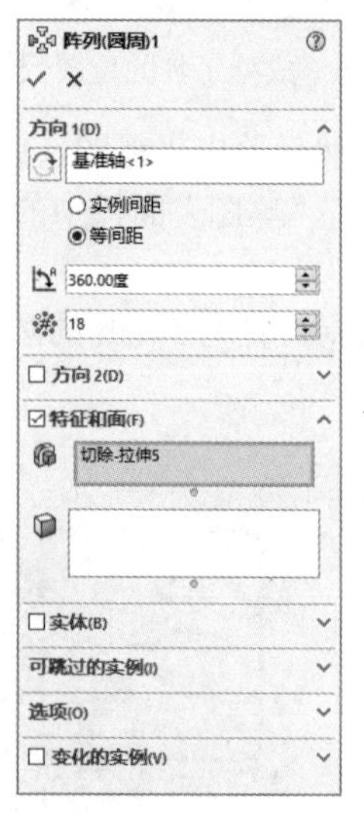

图 9-121　“阵列（圆周）”属性管理器

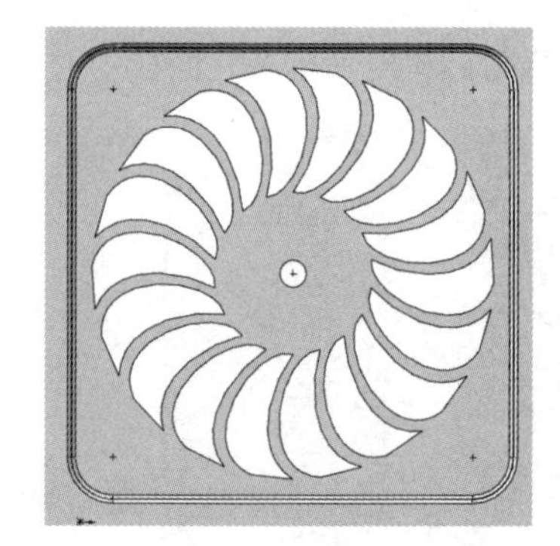

图 9-122　圆周阵列切除特征

11 设置基准面。在视图中选择步骤 **03** 创建的成型表面，然后单击“视图（前导）”工具栏中的“正视于”按钮，将该基准面作为绘制图形的基准面。单击“草图”面板中的“草图绘制”按钮，进入草图绘制状态。

12 绘制草图。单击“草图”面板中的“圆”按钮，绘制直径为 5 mm 的圆并标注尺寸，如图 9-123 所示。

13 切除零件。单击“特征”面板中的“拉伸切除”按钮，或选择“插入”→“切除”→“拉伸”菜单命令，在弹出的“切除-拉伸”属性管理器中设置终止条件为“完全贯穿”，其他参数取默认值。然后单击“确定”按钮✔。

14 圆周阵列。选择“视图”→“隐藏/显示”→“临时轴”菜单命令，显示临时轴。单击“特征”面板中的“阵列（圆周）”按钮，或选择“插入”→“阵列/镜像”→“圆周阵列”菜单命令，弹出“阵列（圆周）”属性管理器，选择圆孔的轴线为基准轴，输入阵列个数为 6，选中“等间距”单选按钮，将步骤 **13** 创建的切除特征作为要阵列的特征。然后单击“确定”按钮✔，圆周阵列切除特征如图 9-124 所示。

15 设置基准面。在视图中选择上一步创建的成型表面，然后单击“视图（前导）”工具栏中的“正视于”按钮，将该基准面作为绘制图形的基准面。单击“草图”面板中的“草图绘制”按钮，进入草图绘制状态。

(16) 绘制草图。单击“草图”面板中的“中心线”按钮和“圆”按钮，绘制直径为 5 mm 的圆并标注尺寸，如图 9-125 所示。

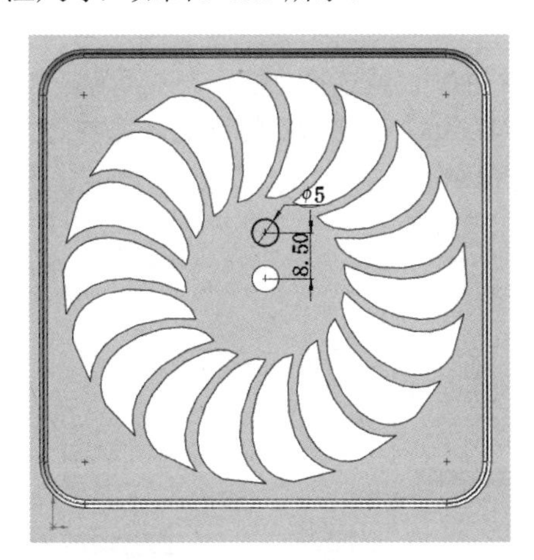

图 9-123　绘制草图

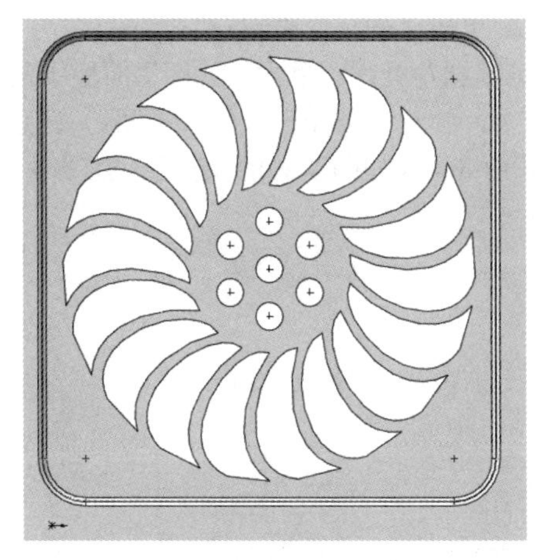
图 9-124　圆周阵列切除特征

(17) 切除零件。单击“特征”面板中的“拉伸切除”按钮，或选择“插入”→“切除”→“拉伸”菜单命令，在弹出的“切除-拉伸”属性管理器中设置终止条件为“完全贯穿”，其他参数取默认值。然后单击“确定”按钮✓。

(18) 圆周阵列。选择“视图”→“隐藏/显示”→“临时轴”菜单命令，显示临时轴。单击“特征”面板中的“阵列（圆周）”按钮，或选择“插入”→“阵列/镜像”→“圆周阵列”菜单命令，弹出“圆周阵列”属性管理器，选择圆孔的轴线为基准轴，输入阵列个数为 4，选中“等间距”单选按钮，将步骤 (17) 创建的切除特征作为要阵列的特征。然后单击“确定”按钮✓，圆周阵列切除特征如图 9-126 所示。

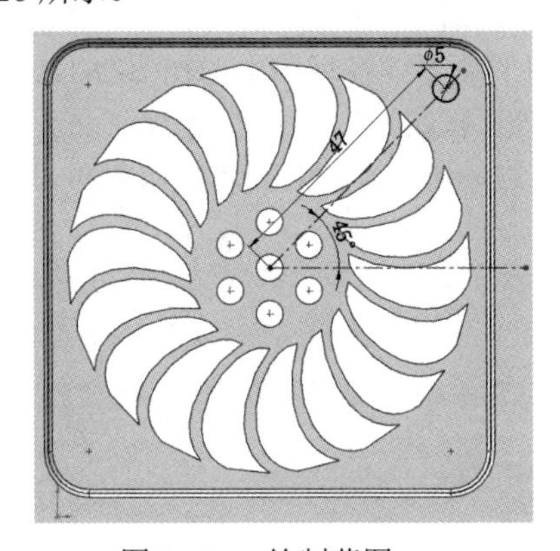

图 9-125　绘制草图

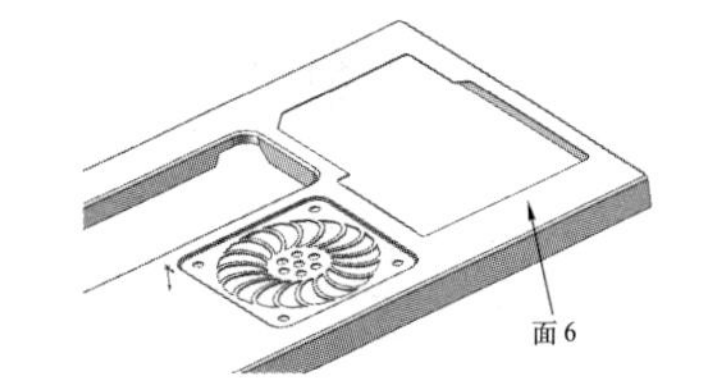

图 9-126　圆周阵列切除特征

9.3.5　创建各种插卡的连接孔

(01) 设置基准面。在视图中选择如图 9-126 所示的面 6，然后单击“视图（前导）”工具栏中的“正视于”按钮，将该基准面作为绘制图形的基准面。单击“草图”面板中的“草图绘制”按钮，进入草图绘制状态。

(02) 绘制草图。单击“草图”面板中的“边角矩形”按钮，绘制草图，并标注智能尺寸，如图 9-127 所示。

03 切除零件。单击“特征”面板中的“拉伸切除”按钮，或选择“插入”→“切除”→“拉伸”菜单命令，在弹出的“切除-拉伸”属性管理器中设置终止条件为“完全贯穿”，其他参数取默认值。然后单击“确定”按钮✔。

04 圆角处理。单击“特征”面板中的“圆角”按钮，或选择“插入”→“特征”→“圆角”菜单命令，弹出“圆角”属性管理器，在视图中选择步骤 **03** 创建切除特征的 4 条棱边，输入圆角半径为 12 mm，如图 9-128 所示。然后单击“确定”按钮✔。

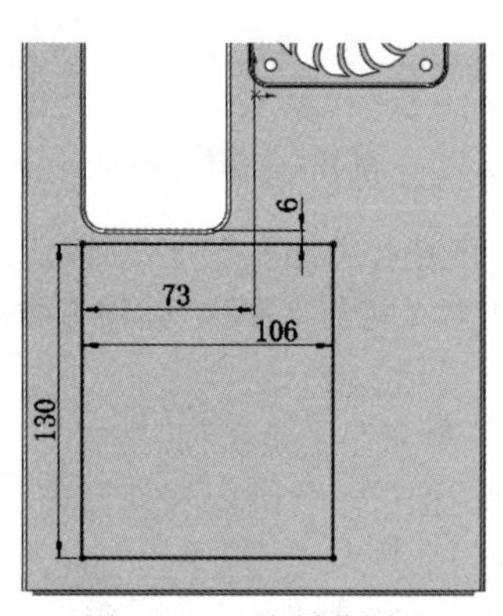

图 9-127　绘制草图

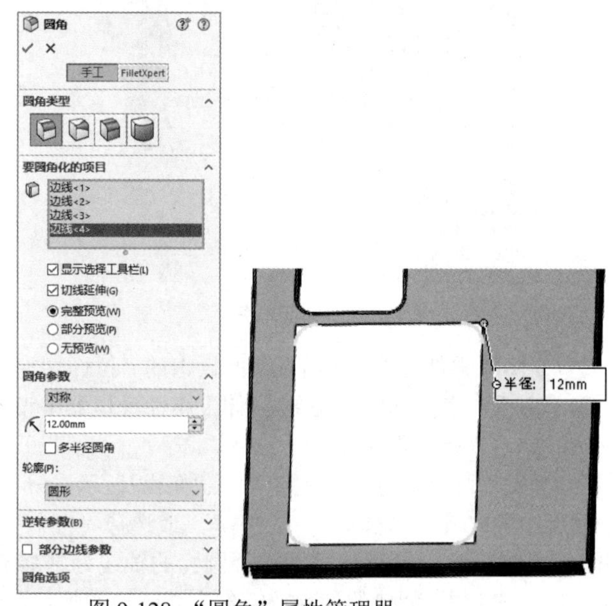

图 9-128　“圆角”属性管理器

05 生成边线法兰。单击“钣金”面板中的“边线法兰”按钮，或执行“插入”→“钣金”→“边线法兰”菜单命令，弹出“边线-法兰”属性管理器，在视图中选择图 9-129 中所示的切除拉伸边线，按下“内部虚拟交点”按钮、“折弯在外”按钮，给定深度为 4 mm，其他参数取默认值，如图 9-129 所示。然后单击“确定”按钮✔，完成边线法兰的创建，如图 9-130 所示。

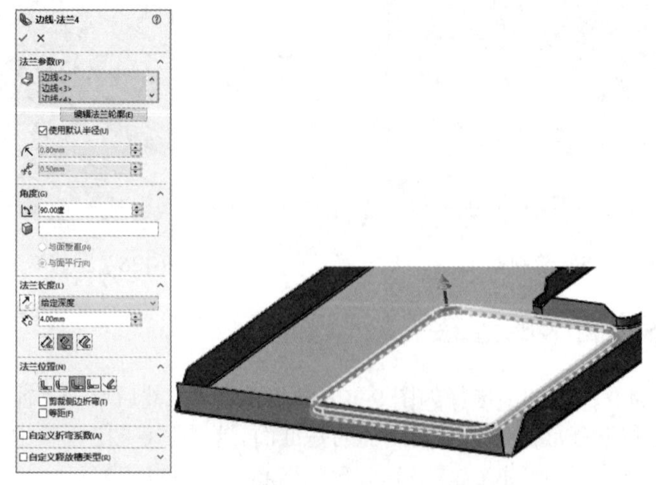

图 9-129　“边线-法兰”属性管理器

06 设置基准面。在视图中选择如图 9-130 所示的面 7，然后单击“视图（前导）”工具栏中的

Note

“正视于”按钮，将该基准面作为绘制图形的基准面。单击“草图”面板中的“草图绘制”按钮，进入草图绘制状态。

07 绘制草图。单击“草图”面板中的“直线”按钮，绘制草图，并标注智能尺寸，如图 9-131 所示。

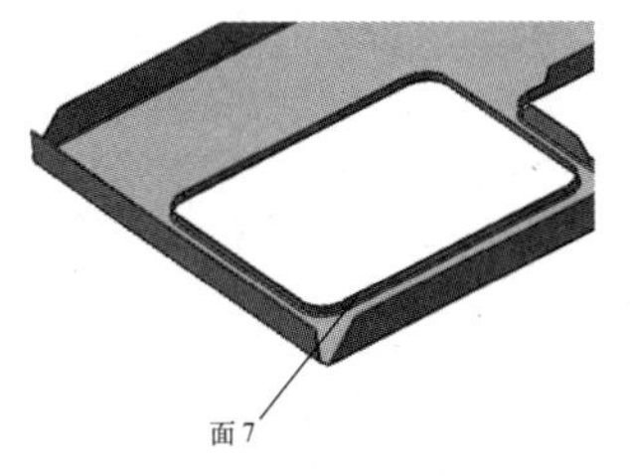

图 9-130 创建边线法兰

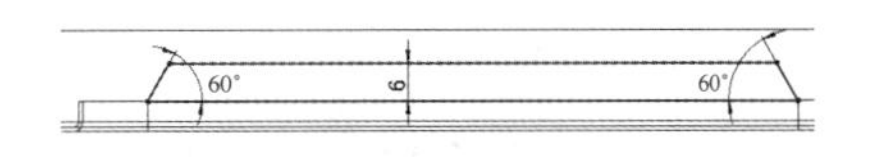

图 9-131 绘制草图

08 生成基体法兰。单击“钣金”面板中的“基体法兰/薄片”按钮，或选择“插入”→“钣金”→“基体法兰”菜单命令，在弹出的“基体法兰”属性管理器中输入钣金厚度为 0.7 mm，其他参数取默认值，如图 9-132 所示。然后单击“确定”按钮✓，完成基体法兰的创建，如图 9-133 所示。

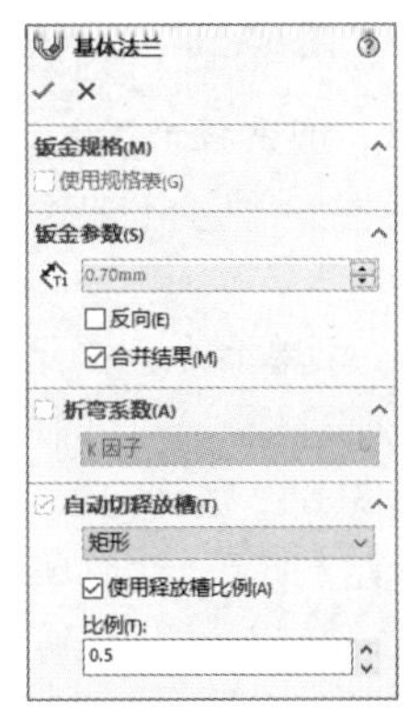

图 9-132 “基体法兰”属性管理器

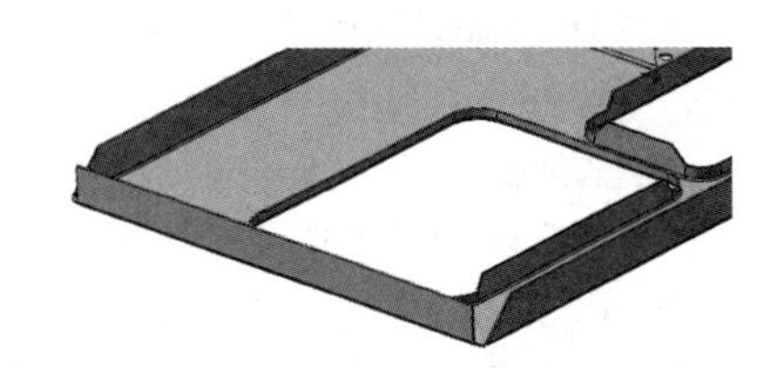

图 9-133 创建基体法兰

09 重复步骤 **06** ～步骤 **08** ，在其他三侧边线法兰上创建基体法兰，尺寸参数同上，如图 9-134 所示。

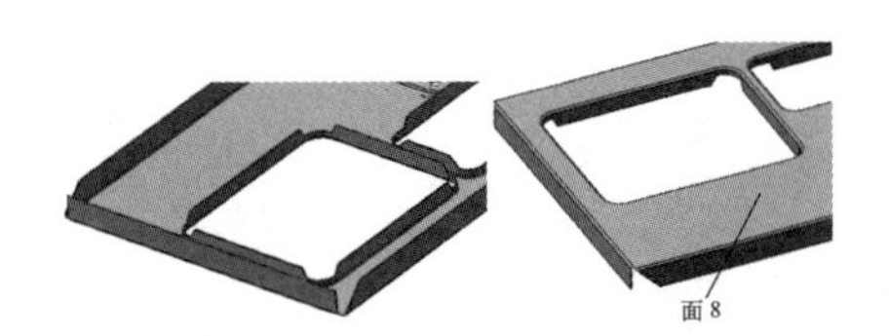

图 9-134 创建其他基体法兰

9.3.6 创建电扇出风孔

01 设置基准面。在视图中选择如图 9-134 所示的面 8，然后单击“视图（前导）”工具栏中的“正视于”按钮，将该基准面作为绘制图形的基准面。单击“草图”面板中的“草图绘制”按钮，进入草图绘制状态。

02 绘制草图。单击“草图”面板中的“圆”按钮，绘制草图，并标注智能尺寸，如图 9-135 所示。

Note

03 切除零件。单击“特征”面板中的“拉伸切除”按钮，或选择“插入”→“切除”→“拉伸”菜单命令，在弹出的“切除-拉伸”属性管理器中设置终止条件为“完全贯穿”，其他参数取默认值。然后单击“确定”按钮✔。

04 设置基准面。在视图中选择如图 9-135 所示的面 9，然后单击“视图（前导）”工具栏中的“正视于”按钮，将该基准面作为绘制图形的基准面。单击“草图”面板中的“草图绘制”按钮，进入草图绘制状态。

05 绘制草图。单击“草图”面板中的“圆”按钮、“样条曲线”按钮和“剪裁实体”按钮，绘制如图 9-136 所示的草图并标注尺寸。

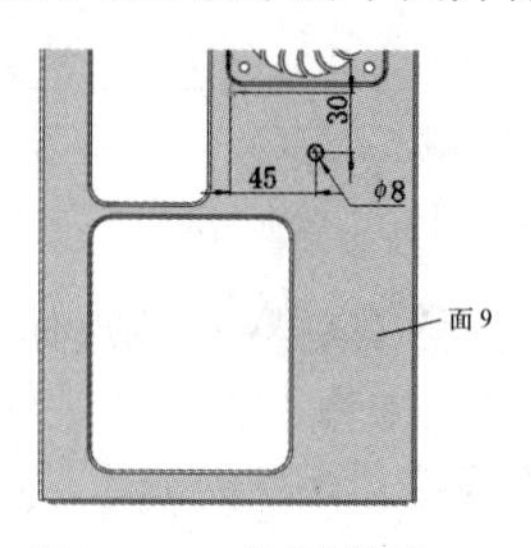

图 9-135　绘制草图

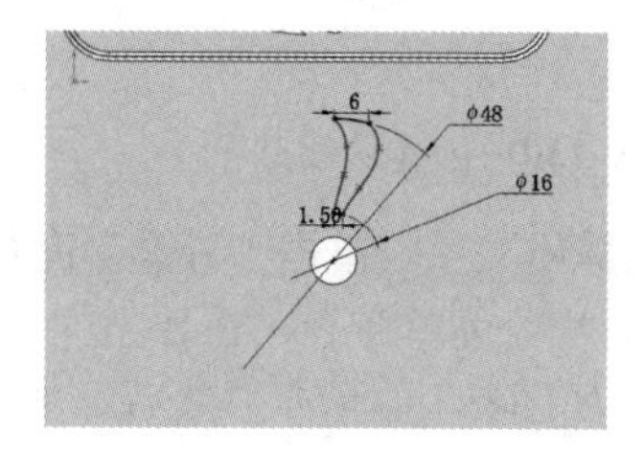

图 9-136　绘制草图

06 切除零件。单击“特征”面板中的“拉伸切除”按钮，或选择“插入”→“切除”→“拉伸”菜单命令，在弹出的“切除-拉伸”属性管理器中设置终止条件为“完全贯穿”，其他参数取默认值，然后单击“确定”按钮✔。

07 圆周阵列。选择“视图”→“隐藏/显示”→“临时轴”菜单命令，显示临时轴。单击“特征”面板中的“阵列（圆周）”按钮，或选择“插入”→“阵列/镜像”→“圆周阵列”菜单命令，弹出“圆周阵列”属性管理器，选择圆孔的轴线为基准轴，输入阵列个数为 18，选中“等间距”单选按钮，将步骤 **06** 创建的切除特征作为要阵列的特征，如图 9-137 所示。然后单击“确定”按钮✔，圆周阵列切除特征如图 9-138 所示。

08 设置基准面。在视图中选择如图 9-138 所示的面 10，然后单击“视图（前导）”工具栏中的“正视于”按钮，将该基准面作为绘制图形的基准面。单击“草图”面板中的“草图绘制”按钮，进入草图绘制状态。

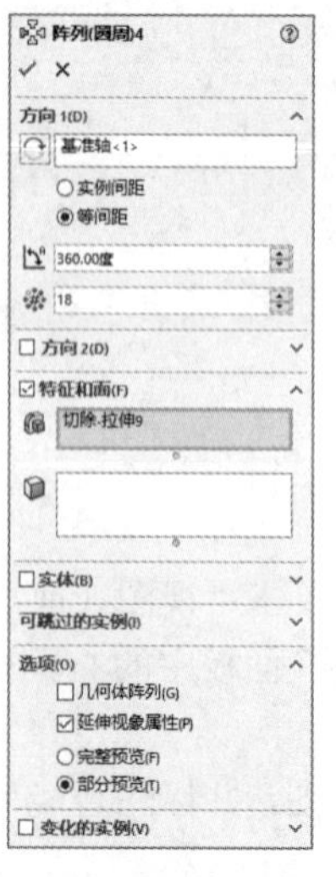

图 9-137　“圆周阵列”属性管理器

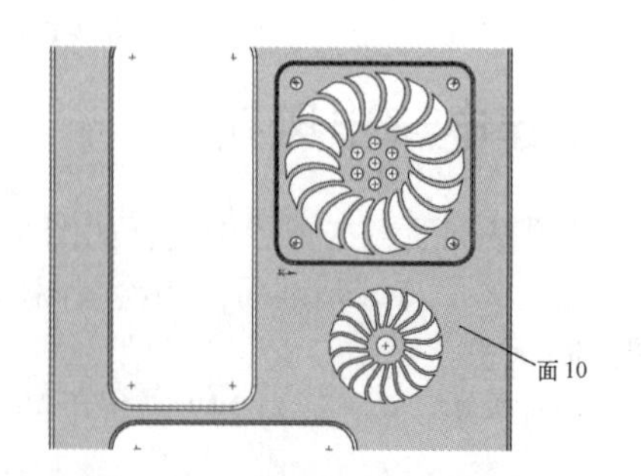

图 9-138　圆周阵列切除特征

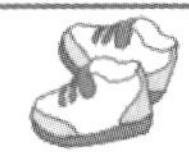

09 绘制草图。单击“草图”面板中的“中心线”按钮和“圆”按钮，绘制直径为 5 mm 的圆并标注尺寸，如图 9-139 所示。

10 切除零件。单击“特征”面板中的“拉伸切除”按钮，或选择“插入”→“切除”→“拉伸”菜单命令，在弹出的“切除-拉伸”属性管理器中设置终止条件为“完全贯穿”，其他参数取默认值，然后单击“确定”按钮✔。

11 圆周阵列。选择“视图”→“隐藏/显示”→“临时轴”菜单命令，显示临时轴。单击“特征”面板中的“圆周阵列”按钮，或选择“插入”→“阵列/镜像”→“圆周阵列”菜单命令，弹出“阵列（圆周）”属性管理器，选择圆孔的轴线为基准轴，输入阵列个数为 4，选中“等间距”单选按钮，将步骤 10 创建的切除特征作为要阵列的特征。然后单击“确定”按钮✔，圆周阵列切除特征如图 9-140 所示。

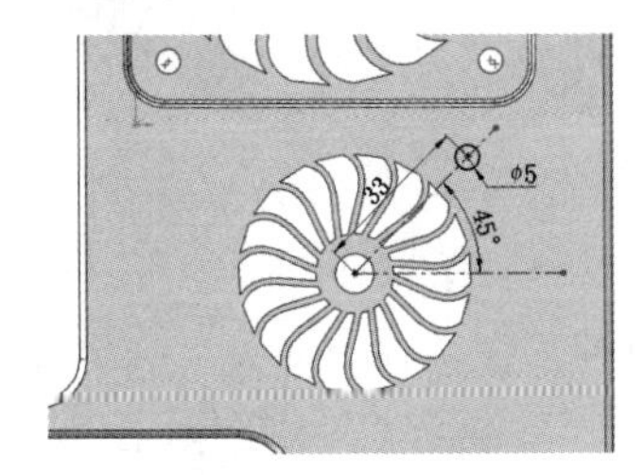

图 9-139　绘制草图

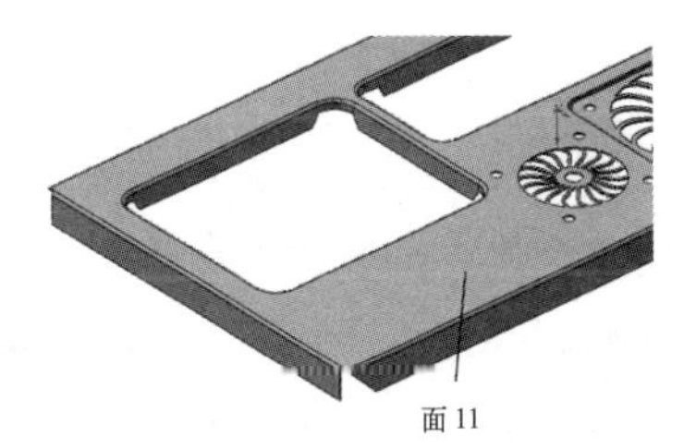

图 9-140　圆周阵列切除特征

9.3.7　细节处理

01 设置基准面。在视图中选择如图 9-140 所示的面 11，然后单击“视图（前导）”工具栏中的“正视于”按钮，将该基准面作为绘制图形的基准面。单击“草图”面板中的“草图绘制”按钮，进入草图绘制状态。

02 绘制草图。单击“草图”面板中的“中心线”按钮、“直线”按钮、“边角矩形”按钮和“剪裁实体”按钮，绘制草图并标注尺寸，如图 9-141 所示。

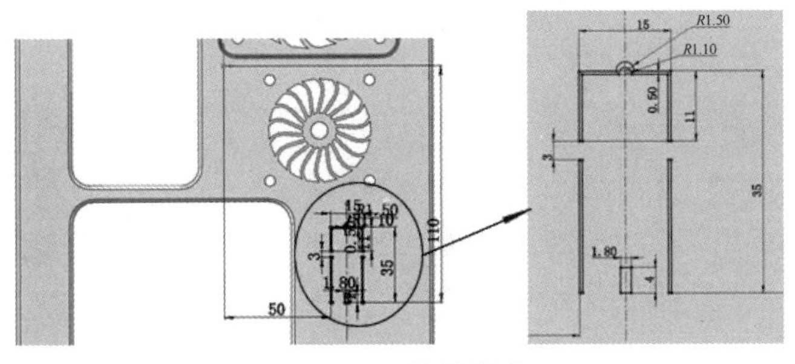

图 9-141　绘制草图

03 切除零件。单击“特征”面板中的“拉伸切除”按钮，或选择“插入”→“切除”→“拉伸”菜单命令，在弹出的“切除-拉伸”属性管理器中设置终止条件为“完全贯穿”，其他参数取默认值，然后单击“确定”按钮✔。

04 创建基准面。单击“特征”面板“参考几何体”下拉列表中的“基准面”按钮，或选择“插入”→“参考几何体”→“基准面”菜单命令，弹出“基准面”属性管理器，选择“前视基准面”为参考面，输入偏移距离为 110 mm，选中“反转等距”复选框，如图 9-142 所示。然后单击“确定”按钮✔，创建基准面，如图 9-143 所示。

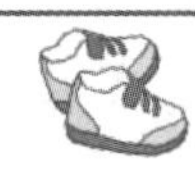

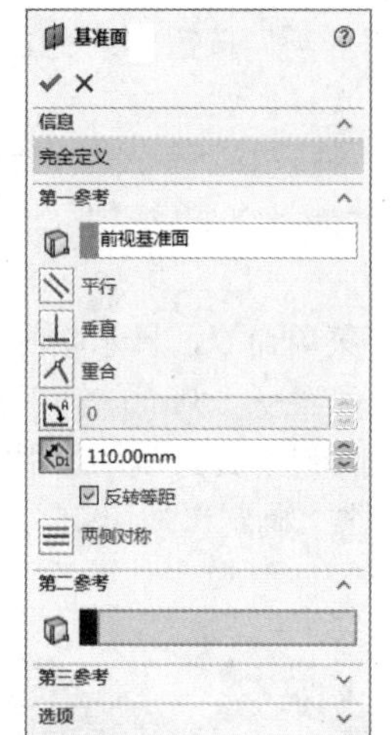

图 9-142 “基准面”属性管理器

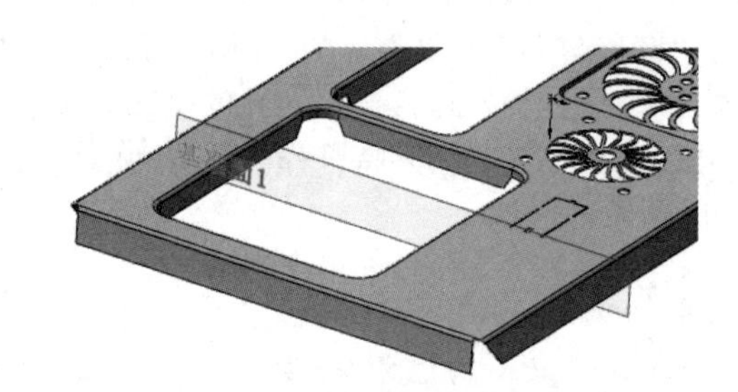

图 9-143 创建基准面

05 镜像特征。单击“特征”面板中的“镜像”按钮，或选择“插入”→“阵列/镜像”→“镜像”菜单命令，弹出“镜像”属性管理器，在视图中选取“基准面 1”为镜像面，选取步骤 **03** 创建的切除特征，如图 9-144 所示。然后单击“确定”按钮✔，镜像特征如图 9-145 所示。隐藏基准面 1。

06 设置基准面。在视图中选择如图 9-145 所示的面 12，然后单击“视图（前导）”工具栏中的“正视于”按钮，将该基准面作为绘制图形的基准面。单击“草图”面板中的“草图绘制”按钮，进入草图绘制状态。

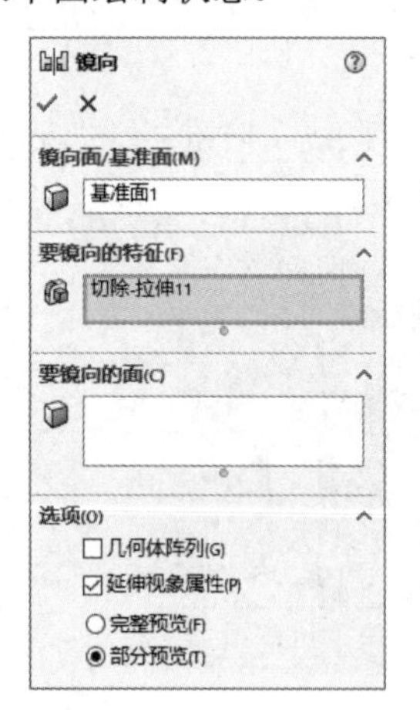

图 9-144 “镜像”属性管理器

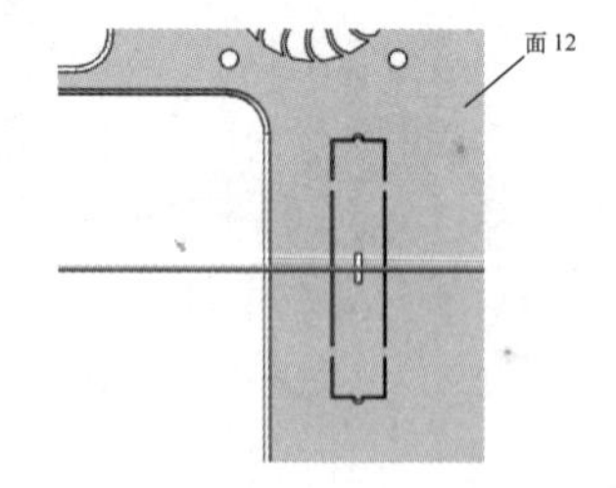

图 9-145 镜像特征

07 绘制草图。单击“草图”面板中的“圆”按钮，绘制直径为 5 mm 的圆并标注尺寸，如图 9-146 所示。

08 切除零件。单击“特征”面板中的“拉伸切除”按钮，或选择“插入”→“切除”→“拉伸”菜单命令，在弹出的“切除-拉伸”属性管理器中设置终止条件为“完全贯穿”，其他参数取默认值。然后单击“确定”按钮✔。

09 阵列切除特征。单击“特征”面板中的“线性阵列”按钮，或选择“插入”→“阵列/镜像”→“线性阵列”菜单命令，弹出“线性阵列”属性管理器，在视图中选取竖直边线为阵列

方向 1，输入阵列距离为 290 mm，个数为 2；在视图中选取水平边线为阵列方向 2，输入阵列距离为 182 mm，个数为 2，将步骤 08 创建的切除特征作为要阵列的特征。然后单击“确定”按钮✔，阵列切除特征如图 9-147 所示。

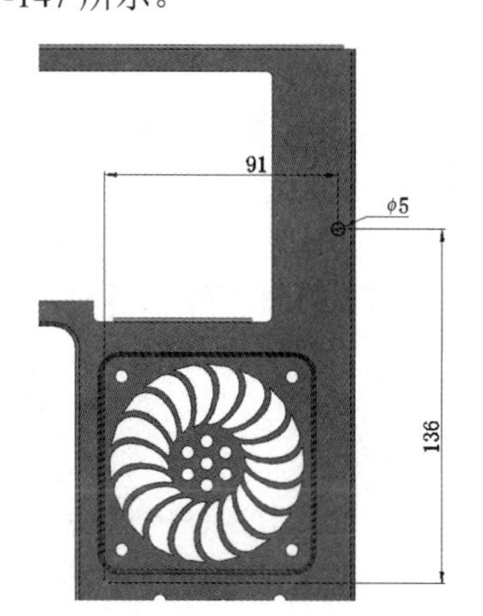

图 9-146　绘制草图

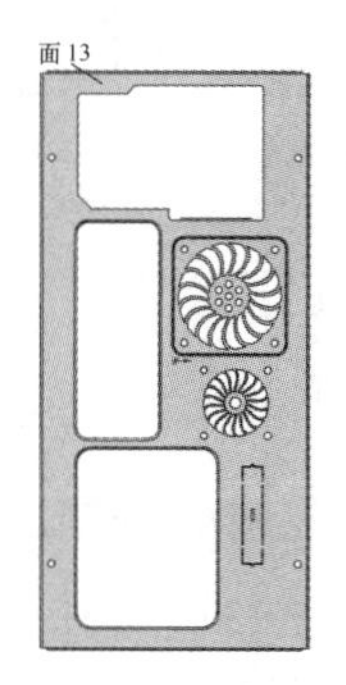

图 9-147　阵列切除特征

10 设置基准面。在视图中选择如图 9-147 所示的面 13，然后单击“视图（前导）”工具栏中的“正视于”按钮，将该基准面作为绘制图形的基准面。单击“草图”面板中的“草图绘制”按钮，进入草图绘制状态。

11 绘制草图。单击“草图”面板中的“圆”按钮，绘制直径为 7 mm 的圆并标注尺寸，如图 9-148 所示。

12 切除零件。单击“特征”面板中的“拉伸切除”按钮，或选择“插入”→“切除”→“拉伸”菜单命令，在弹出的“切除-拉伸”属性管理器中设置终止条件为“完全贯穿”，其他参数取默认值。然后单击“确定”按钮✔，切除零件如图 9-149 所示。

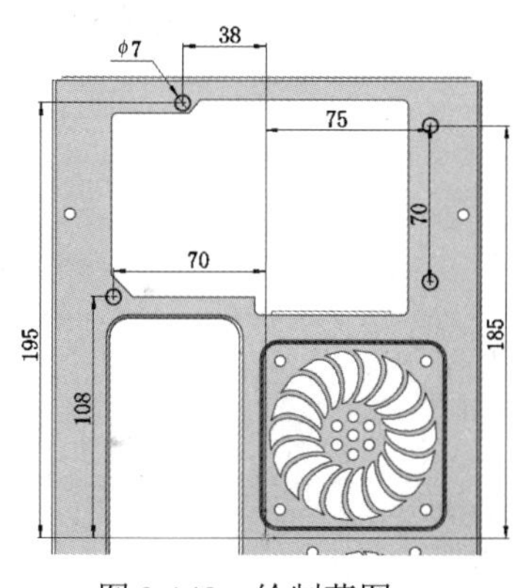

图 9-148　绘制草图

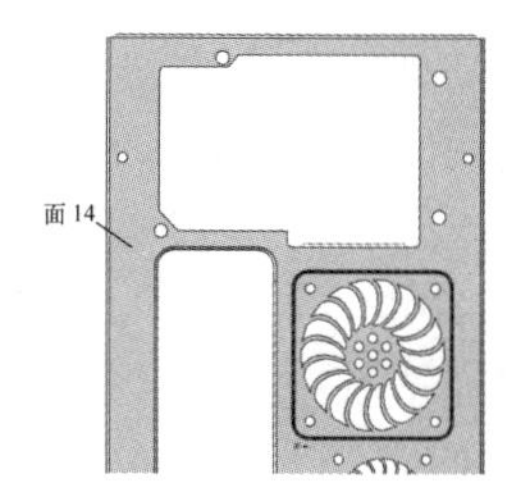

图 9-149　切除零件

13 设置基准面。在视图中选择如图 9-149 所示的面 14，然后单击“视图（前导）”工具栏中的“正视于”按钮，将该基准面作为绘制图形的基准面。单击“草图”面板中的“草图绘制”按钮，进入草图绘制状态。

14 绘制草图。单击“草图”面板中的“圆”按钮，绘制直径为 6 mm 的圆并标注尺寸，如图 9-150 所示。

15 切除零件。单击“特征”面板中的“拉伸切除”按钮，或选择“插入”→“切除”→“拉

Note

伸”菜单命令，在弹出的“切除-拉伸”属性管理器中设置终止条件为“完全贯穿”，其他参数取默认值。然后单击“确定”按钮✓，切除零件如图 9-151 所示。

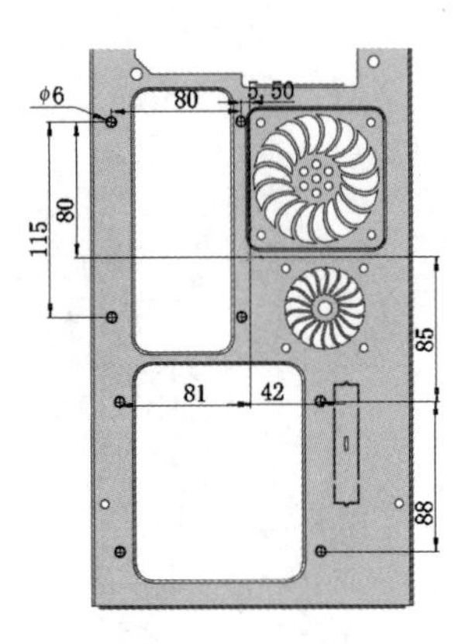

图 9-150　绘制草图

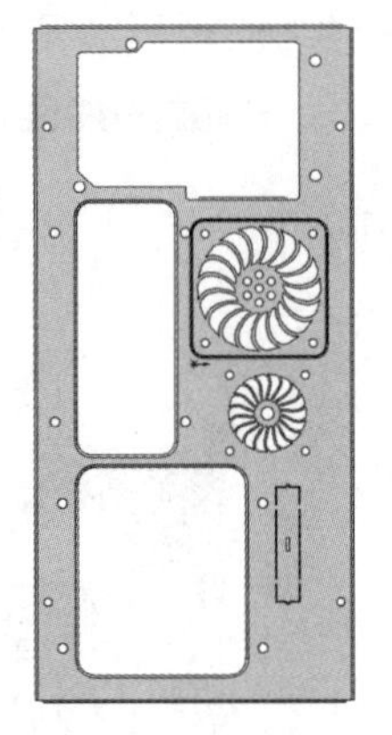

图 9-151　切除零件

9.4 机 箱 顶 板

视频讲解

本实例创建的机箱顶板如图 9-152 所示。

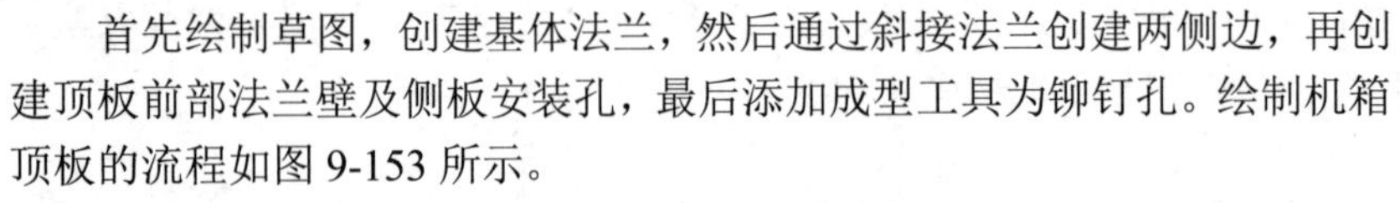

思路分析

首先绘制草图，创建基体法兰，然后通过斜接法兰创建两侧边，再创建顶板前部法兰壁及侧板安装孔，最后添加成型工具为铆钉孔。绘制机箱顶板的流程如图 9-153 所示。

图 9-152　机箱顶板

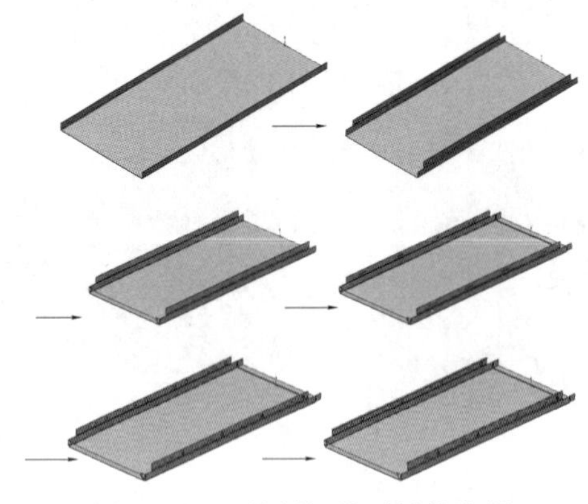

图 9-153　绘制机箱顶板的流程

创建步骤

9.4.1　创建顶板主体

01 启动 SOLIDWORKS，单击“快速访问”工具栏中的“新建”按钮，或选择“文件”→“新

Note

建”菜单命令，在弹出的“新建 SOLIDWORKS 文件”对话框中单击“零件”按钮，然后单击“确定”按钮，创建一个新的零件文件。

02 设置基准面。在 FeatureManager 设计树中选择“前视基准面”，然后单击“视图（前导）”工具栏中的“正视于”按钮，将该基准面作为绘制图形的基准面。单击“草图”面板中的“草图绘制”按钮，进入草图绘制状态。

03 绘制草图。单击“草图”面板中的“直线”按钮和“圆角”按钮，绘制草图，并标注智能尺寸，如图 9-154 所示。

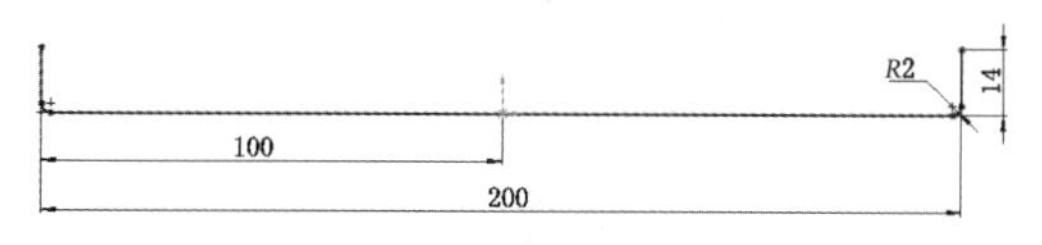

图 9-154　绘制草图

04 生成基体法兰。单击“钣金”面板中的“基体法兰/薄片”按钮，或选择“插入”→“钣金”→“基体法兰”菜单命令，在弹出的“基体法兰”属性管理器中输入钣金厚度为 0.7 mm，其他参数取默认值，如图 9-155 所示。然后单击“确定”按钮✔，完成基体法兰的创建，如图 9-156 所示。

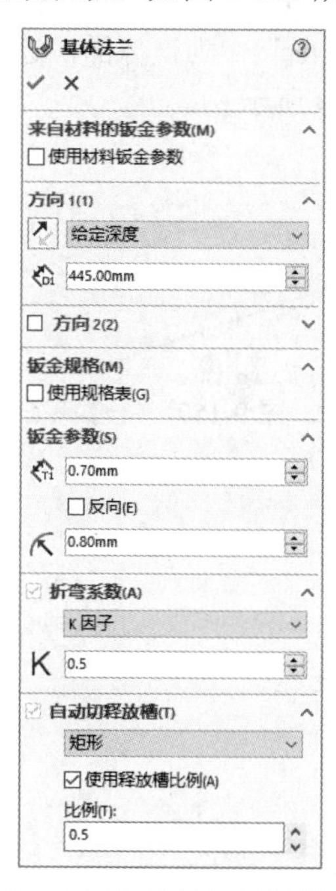

图 9-155　“基体法兰”属性管理器

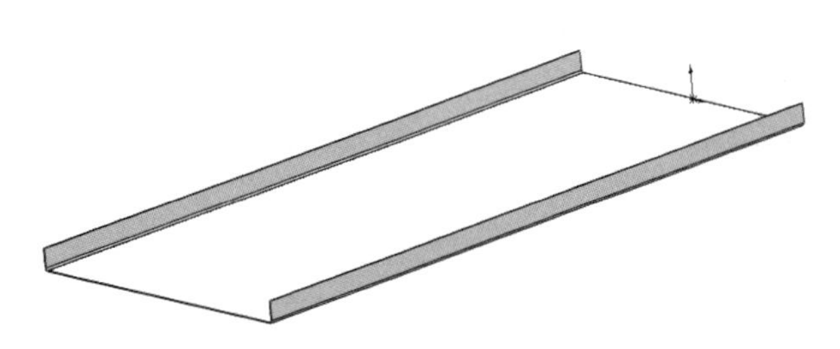

图 9-156　创建基体法兰

05 设置基准面。在 FeatureManager 设计树中选择“前视基准面”，然后单击“视图（前导）”工具栏中的“正视于”按钮，将该基准面作为绘制图形的基准面。单击“草图”面板中的“草图绘制”按钮，进入草图绘制状态。

06 绘制草图。单击“草图”面板中的“直线”按钮和“切线弧”按钮，绘制草图，注意圆弧与竖直边是相切关系，标注智能尺寸，如图 9-157 所示。

07 生成斜接法兰。单击“钣金”面板中的“斜接法兰”按钮，或选择“插入”→“钣金”→“斜接法兰”菜单命令，在弹出的“斜接法兰”属性管理器中输入起始距离为 17 mm，输入结束距离为 18 mm，其他参数取默认值，如图 9-158 所示。然后单击“确定”按钮✔。

Note

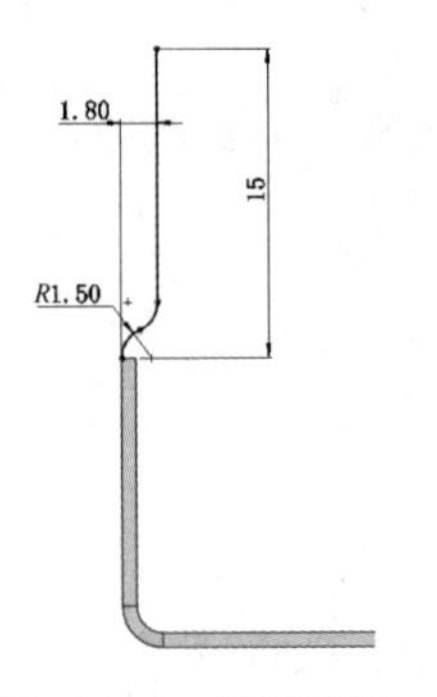
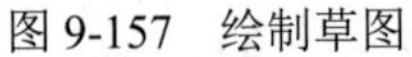

图 9-157　绘制草图

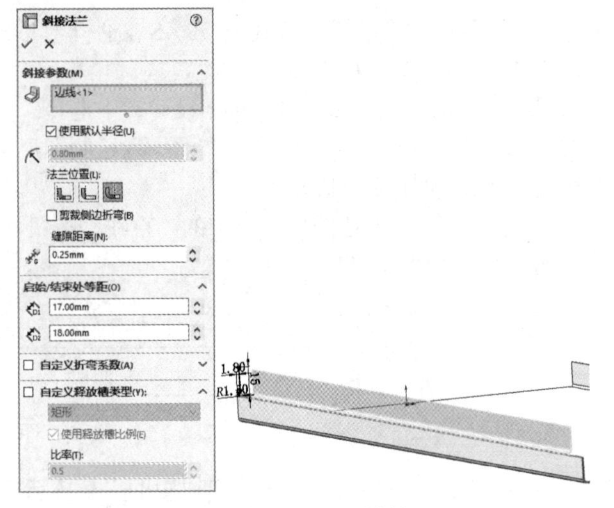

图 9-158　“斜接法兰”属性管理器

08 镜像特征。单击“特征”面板中的“镜像”按钮，或选择“插入”→“阵列/镜像”→“镜像”菜单命令，弹出“镜像”属性管理器，在视图中选取“右视基准面”作为镜像面，选取上一步生成的斜接法兰特征。然后单击“确定”按钮✔，镜像特征如图 9-159 所示。

09 生成边线法兰。单击“钣金”面板中的“边线法兰”按钮，或选择“插入”→“钣金”→“边线法兰”菜单命令，弹出“边线-法兰”属性管理器，在视图中选择如图 9-160 所示的两条边线，按“内部虚拟交点”按钮、“折弯在外”按钮，设置给定深度为 10 mm，其他参数取默认值，如图 9-160 所示。单击“确定”按钮✔。重复“边线法兰”命令，选择图 9-160 所示的边线 1，完成边线法兰的创建，如图 9-161 所示。

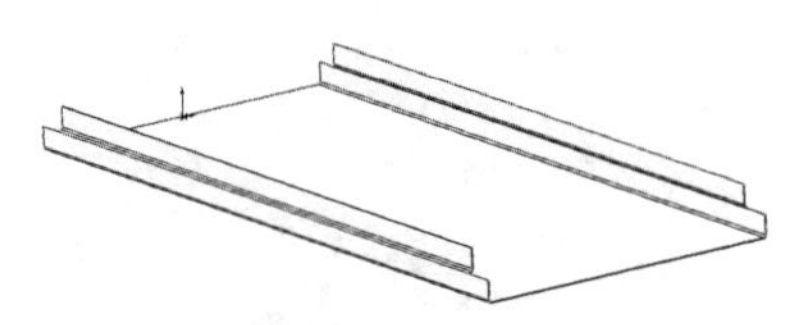

图 9-159　镜像特征

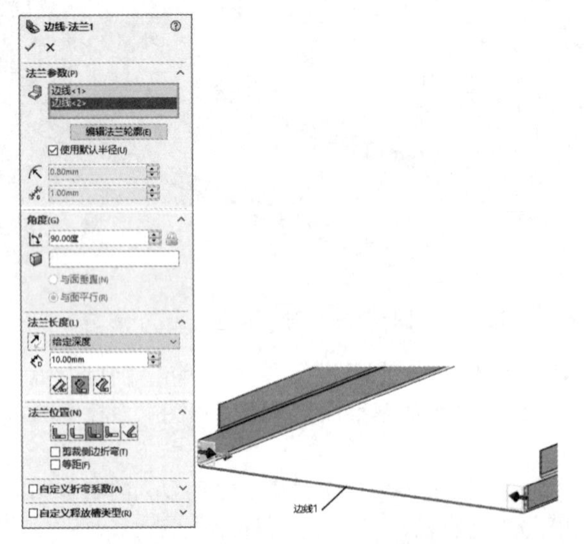

图 9-160　“边线-法兰”属性管理器

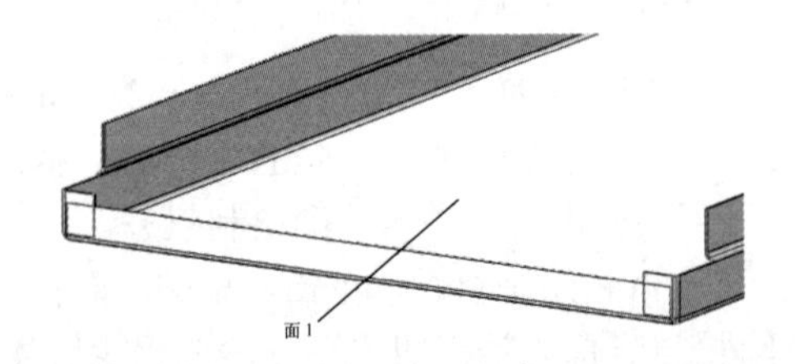

图 9-161　创建边线法兰

10 展开折弯。单击“钣金”面板中的“展开”按钮，或选择“插入”→“钣金”→“展开”菜单命令，弹出“展开”属性管理器，在视图中选择图9-161所示的面1为固定面，单击“收集所有折弯”按钮，将视图中的所有折弯展开，如图9-162所示。单击“确定”按钮✔，展开折弯如图9-163所示。

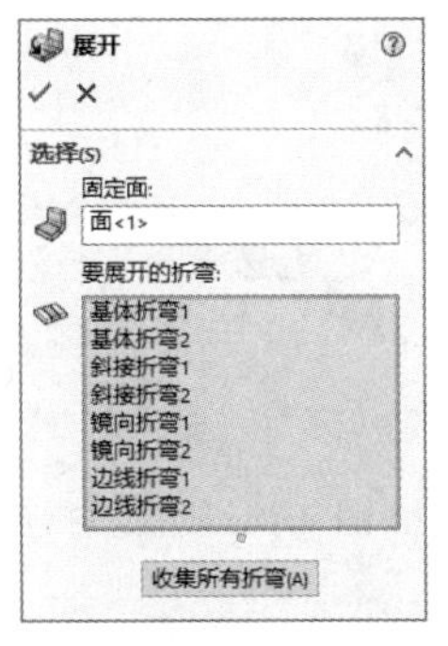

图9-162 “展开”属性管理器

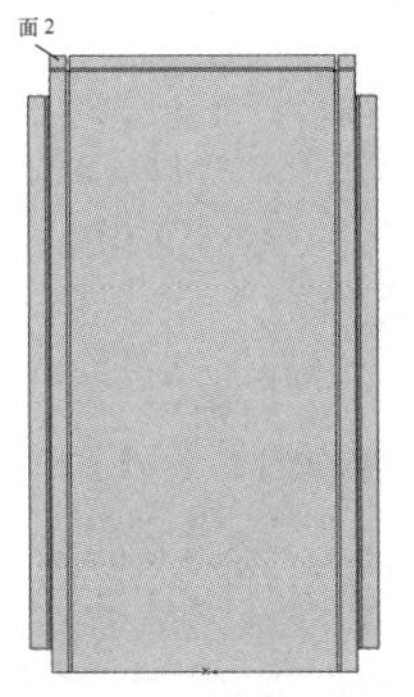

图9-163 展开折弯

11 设置基准面。在视图中选择图9-163中的面2，然后单击“视图（前导）”工具栏中的“正视于”按钮，将该基准面作为绘制图形的基准面。单击“草图”面板中的“草图绘制”按钮，进入草图绘制状态。

12 绘制草图。单击“草图”面板中的“中心线”按钮、“直线”按钮、“圆心/起/终点画弧”按钮和“圆”按钮，绘制草图，并标注智能尺寸，如图9-164所示。

13 切除零件。单击“特征”面板中的“拉伸切除”按钮，或选择“插入”→“切除”→“拉伸”菜单命令，在弹出的“切除-拉伸”属性管理器中设置终止条件为“完全贯穿”，其他参数取默认值。然后单击“确定”按钮✔，切除零件如图9-165所示。

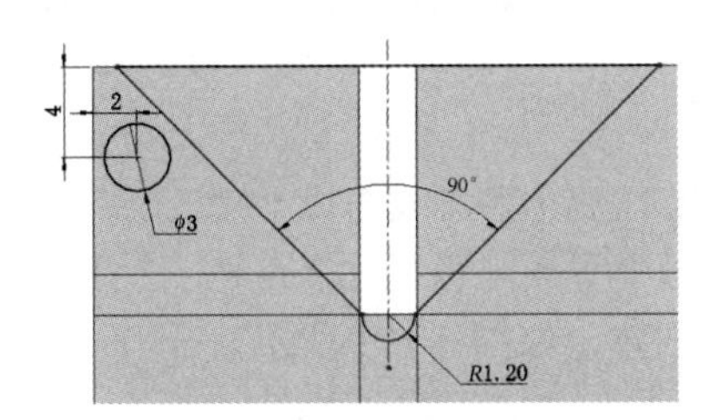

图9-164 绘制草图

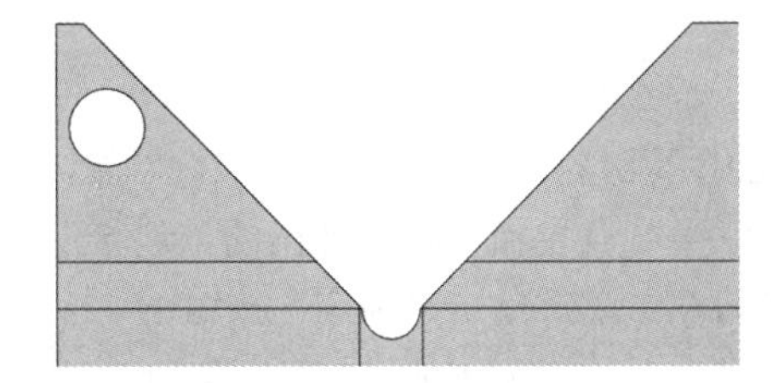

图9-165 切除零件

14 镜像特征。单击“特征”面板中的“镜像”按钮，或选择“插入”→“阵列/镜像”→“镜像”菜单命令，弹出“镜像”属性管理器，在视图中选取“右视基准面”作为镜像面，选取上一步生成的切除特征，然后单击“确定”按钮✔，镜像切除特征如图9-166所示。

图9-166 镜像切除特征

15 折叠折弯。单击“钣金”面板中的“折叠”按钮，或选择“插入”→“钣金”→“折叠”菜单命令，弹出“折叠”属性管理器，在视图中选择图9-166中的面3为固定面，单击“收集所有折

弯”按钮，将视图中的所有折弯折叠，如图 9-167 所示。单击“确定”按钮✔，折叠折弯如图 9-168 所示。

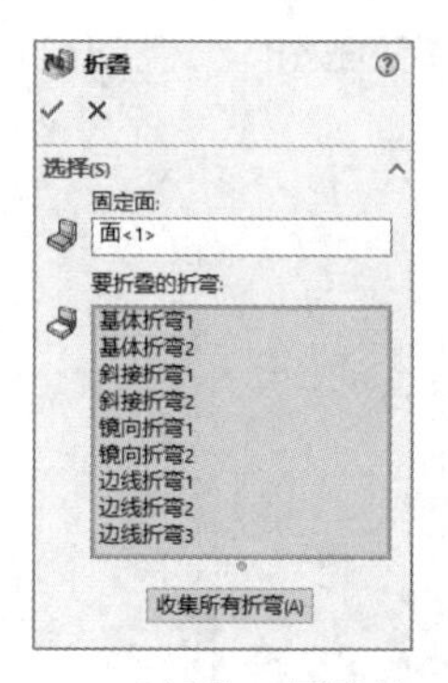

图 9-167 “折叠”属性管理器

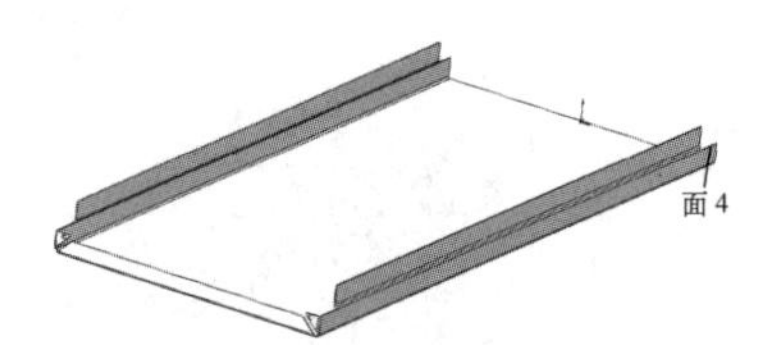

图 9-168 折叠折弯

9.4.2 创建顶板前部法兰壁及侧板安装孔

01 设置基准面。在视图中选择图 9-168 所示的面 4，然后单击“视图（前导）”工具栏中的“正视于”按钮，将该基准面作为绘制图形的基准面。单击“草图”面板中的“草图绘制”按钮，进入草图绘制状态。

02 绘制草图。单击“草图”面板中的“直线”按钮和“切线弧”按钮，绘制草图，并标注智能尺寸，如图 9-169 所示。

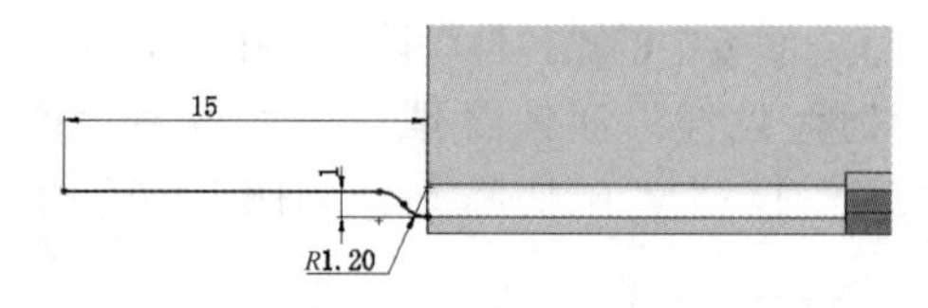

图 9-169 绘制草图

03 生成斜接法兰。单击“钣金”面板中的“斜接法兰”按钮，或选择“插入”→“钣金”→“斜接法兰”菜单命令，在弹出的“斜接法兰”属性管理器中更改半径为 0.1 mm，选择如图 9-170 所示的边线。然后单击“确定”按钮✔，完成斜接法兰的创建，如图 9-171 所示。

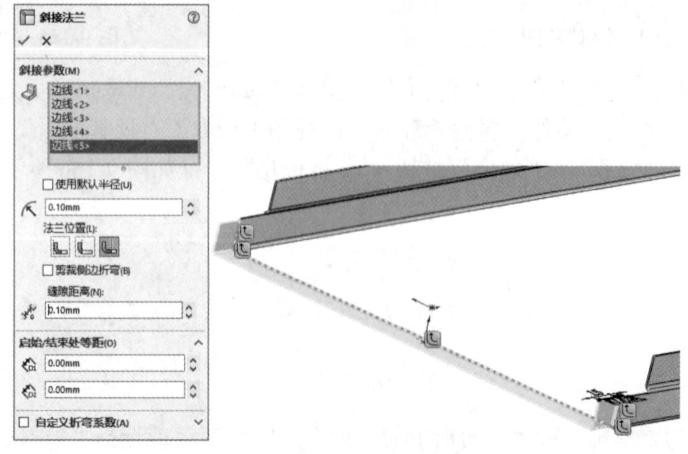

图 9-170 “斜接法兰”属性管理器

Note

04 设置基准面。在 FeatureManager 设计树中选择“右视基准面”，然后单击“视图（前导）”工具栏中的“正视于”按钮，将该基准面作为绘制图形的基准面。单击“草图”面板中的“草图绘制”按钮，进入草图绘制状态。

05 绘制草图。单击“草图”面板中的“中心线”按钮、“直线”按钮和“绘制圆角”按钮，绘制草图，注意圆弧与竖直边是相切关系，标注智能尺寸，如图 9-172 所示。

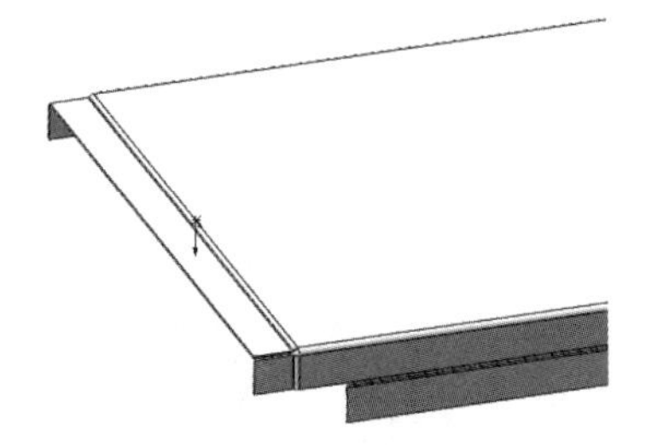

图 9-171 创建斜接法兰

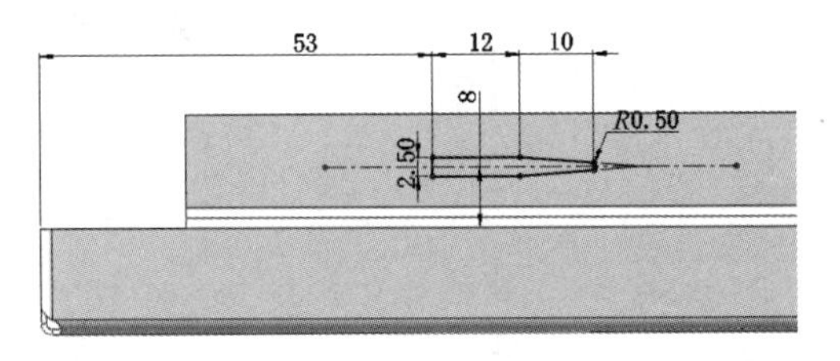

图 9-172 绘制草图

06 切除零件。单击“特征”面板中的“拉伸切除”按钮，或选择“插入”→“切除”→“拉伸”菜单命令，在弹出的“切除-拉伸”属性管理器中设置“方向 1”和“方向 2”中的终止条件为“完全贯穿”，其他参数取默认值。然后单击“确定”按钮✓，切除零件如图 9-173 所示。

07 阵列切除特征。单击“特征”面板中的“线性阵列”按钮，或选择“插入”→“阵列/镜像”→“线性阵列”菜单命令，弹出“线性阵列”属性管理器，在视图中选取水平边线作为阵列方向 1，输入阵列距离为 105 mm，个数为 4，将步骤 06 创建的切除特征作为阵列的特征。然后单击“确定”按钮✓，阵列切除特征如图 9-174 所示。

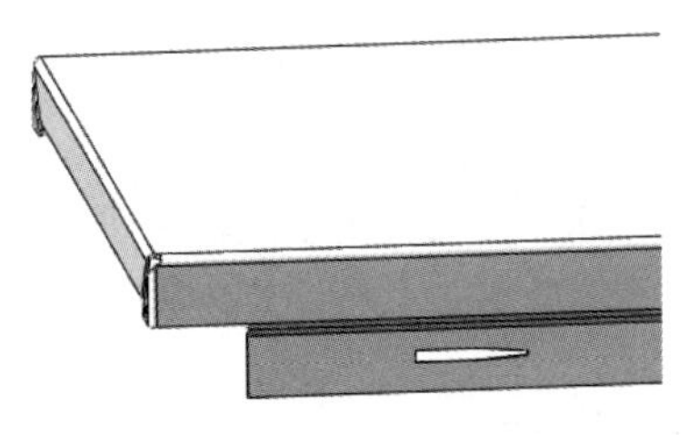

图 9-173 切除零件

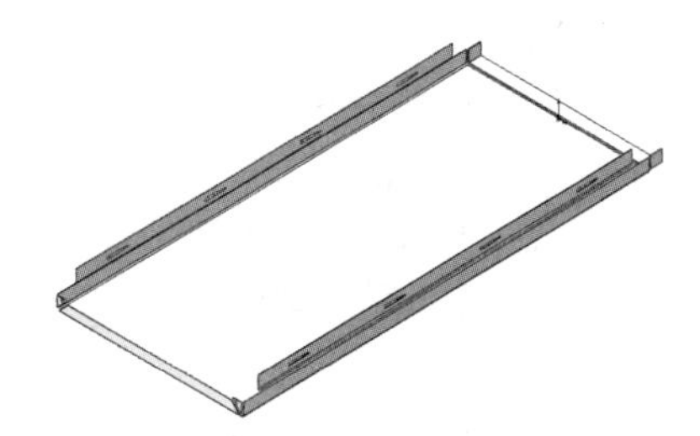

图 9-174 阵列切除特征

9.4.3 创建铆钉孔

01 添加成型工具到库。打开“源文件/ch9/计算机机箱/顶板成型工具”，在任务窗格上单击“设计库”按钮，弹出“设计库”面板，单击“添加到库”按钮，弹出如图 9-175 所示的“添加到库”属性管理器，将顶板成型工具添加到 Design Library/forming tools/lances 文件夹，单击“确定”按钮✓，添加成型工具到设计库，如图 9-176 所示。

02 向顶板添加成型工具。单击系统右边的“设计库”按钮，弹出“设计库”面板，如图 9-176 所示，选择 Design Library 文件下的 forming tools 文件夹，然后通过右键快捷菜单将其设置成“成型工具文件夹”，如图 9-177 所示。根据图 9-177 所示的路径可以找到成型工具的文件夹 lances，找到需要添加的“顶板成型工具”，将其拖放到钣金零件的侧面。

03 单击“草图”面板中的“智能尺寸”按钮，标注出成型工具在钣金零件上的位置尺寸，如图 9-178 所示，最后单击“放置成型特征”对话框中的“完成”按钮，完成成型工具的添加，如图 9-179 所示。

图 9-175 “添加到库”属性管理器

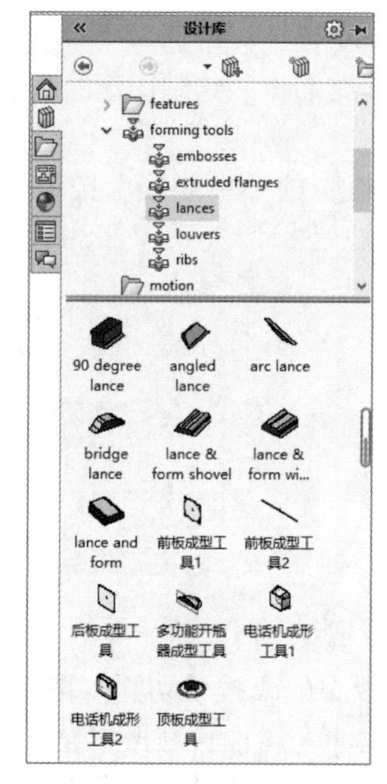

图 9-176 设计库

图 9-177 “设计库”面板

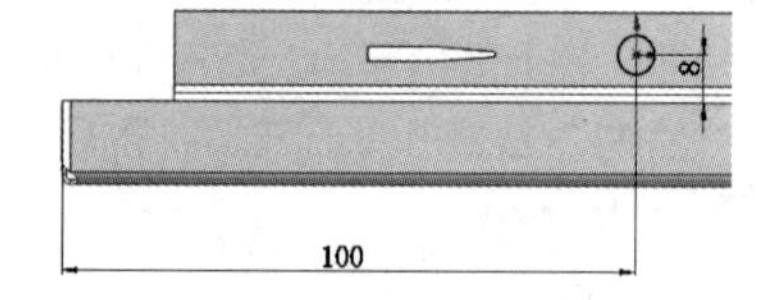

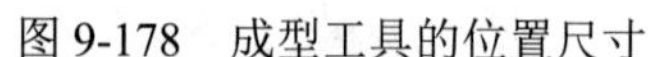

图 9-178 成型工具的位置尺寸

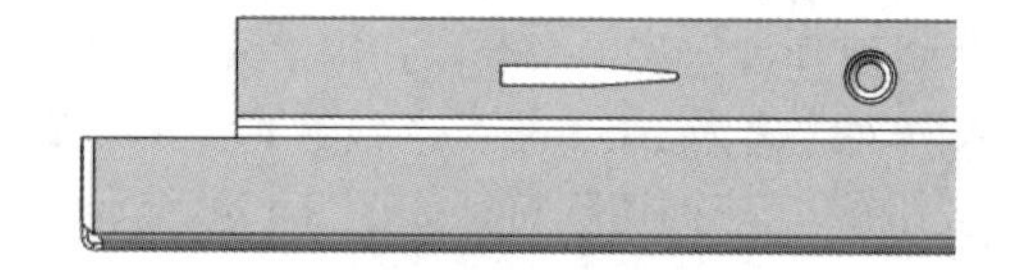

图 9-179 添加成型工具

04 阵列成型工具。单击“特征”面板中的“线性阵列”按钮，或选择“插入”→“阵列/镜像”→“线性阵列”菜单命令，弹出“线性阵列”属性管理器，在视图中选取水平边线为阵列方向 1，输入阵列距离为 105 mm，个数为 4，将步骤 **03** 创建的成型工具特征作为要阵列的特征，然后单击“确定”按钮✔。

05 镜像特征。单击“特征”面板中的“镜像”按钮，或选择“插入”→“阵列/镜像”→“镜像”菜单命令，弹出“镜像”属性管理器，在视图中选取“右视基准面”作为镜像面，选取步骤 **04** 阵列的成型工具。然后单击“确定”按钮✔，镜像成型工具如图 9-180 所示。

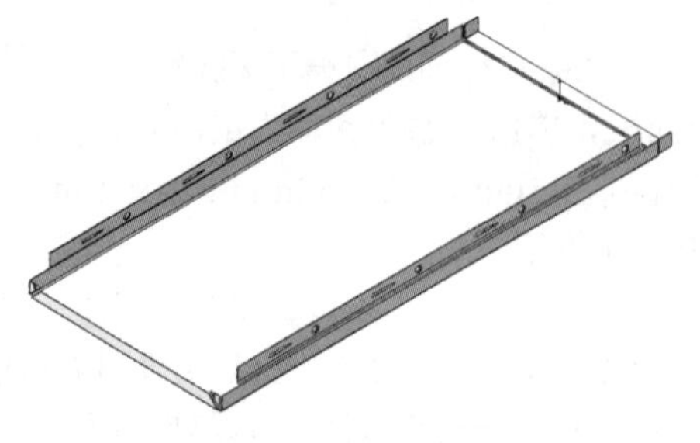

图 9-180 镜像成型工具

06 生成褶边。单击“钣金”面板中的“褶边”按钮，或选择“插入”→“钣金”→“褶边”菜单命令，弹出“褶边”属性管理器，在视图中选择如图 9-181 所示的两条边线，注意两条褶边的方向都朝里，按下“折弯在外”按钮、“撕裂形”按钮，输入角度为 220 度，半径为 0.6 mm，其他参数取

Note

默认值，如图 9-181 所示。单击“确定”按钮✔，完成褶边的创建。

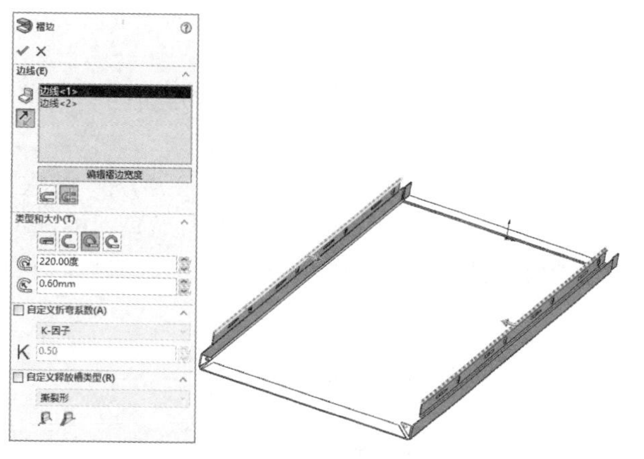

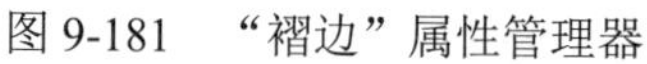

图 9-181 “褶边”属性管理器

9.5 机箱主板安装板

本实例创建的机箱主板安装板如图 9-182 所示。

视频讲解

思路分析

首先绘制草图，创建基体法兰，然后通过斜接法兰创建两侧边，再添加成型工具，最后切除零件。绘制机箱主板安装板的流程图如图 9-183 所示。

图 9-182 机箱主板安装板

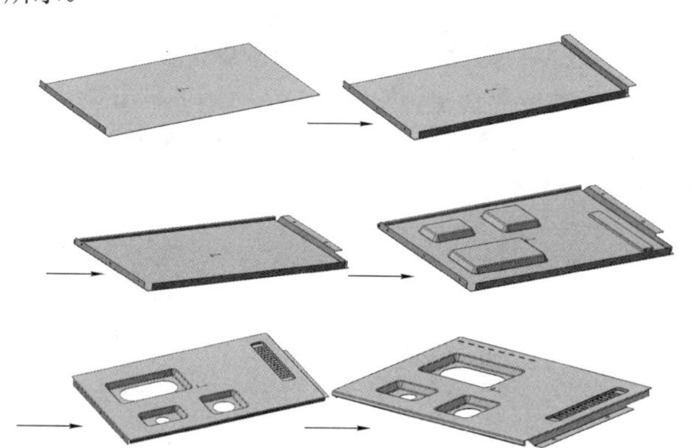

图 9-183 绘制机箱主板安装板的流程图

创建步骤

9.5.1 创建主板安装板主体

01 启动 SOLIDWORKS，单击“快速访问”工具栏中的“新建”按钮，或选择“文件”→“新建”菜单命令，在弹出的“新建 SOLIDWORKS 文件”对话框中单击“零件”按钮，然后单击“确定”按钮，创建一个新的零件文件。

Note

02 设置基准面。在 FeatureManager 设计树中选择“前视基准面”，然后单击“视图（前导）”工具栏中的“正视于”按钮，将该基准面作为绘制图形的基准面。单击“草图”面板中的“草图绘制”按钮，进入草图绘制状态。

03 绘制草图。单击“草图”面板中的“中心矩形”按钮，绘制草图，并标注智能尺寸，如图 9-184 所示。

04 生成基体法兰。单击“钣金”面板中的“基体法兰/薄片”按钮，或选择“插入”→“钣金”→“基体法兰”菜单命令，在弹出的“基体法兰”属性管理器中输入钣金厚度为 0.7 mm，其他参数取默认值，如图 9-185 所示。然后单击“确定”按钮，完成基体法兰的创建，如图 9-186 所示。

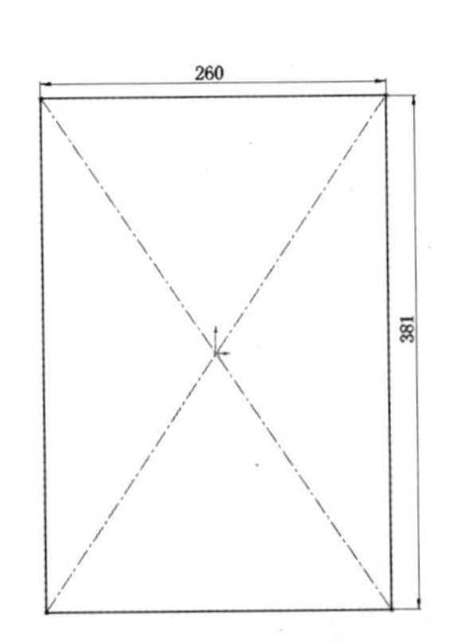

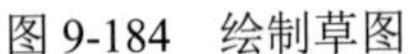
图 9-184　绘制草图

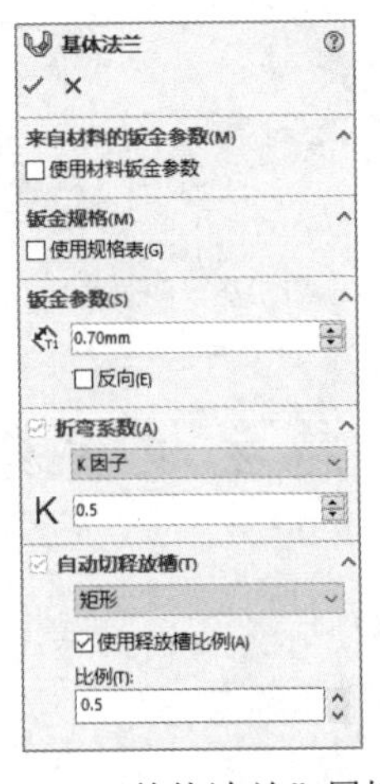

图 9-185　“基体法兰”属性管理器

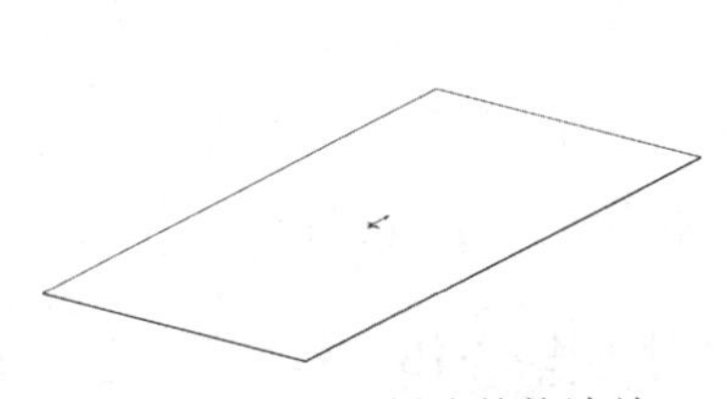

图 9-186　创建基体法兰

05 生成边线法兰。单击“钣金”面板中的“边线法兰”按钮，或选择“插入”→“钣金”→“边线法兰”菜单命令，弹出“边线-法兰”属性管理器，在视图中选择图 9-186 所示的基体法兰中的任意一侧短边为放置边线，按下“内部虚拟交点”按钮、“折弯在外”按钮，输入给定深度为 12 mm，其他参数取默认值，如图 9-187 所示。单击“编辑法兰轮廓”按钮，进入草图环境，弹出“轮廓草图”对话框，边线法兰轮廓尺寸如图 9-188 所示，单击“完成”按钮，完成边线法兰的创建，如图 9-189 所示。

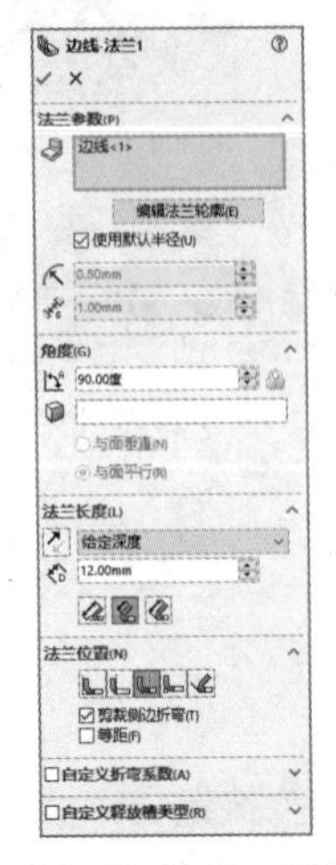

图 9-187　“边线-法兰”属性管理器

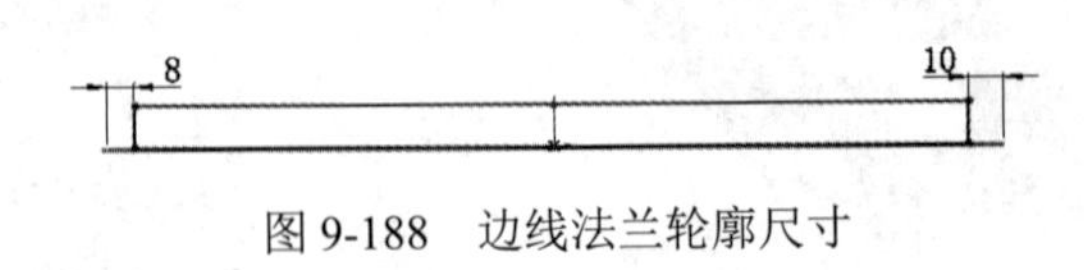

图 9-188　边线法兰轮廓尺寸

图 9-189　创建边线法兰

(06) 设置基准面。在视图中选择图 9-189 中的面 1，然后单击“视图（前导）”工具栏中的“正视于”按钮，将该基准面作为绘制图形的基准面。单击“草图”面板中的“草图绘制”按钮，进入草图绘制状态。

(07) 绘制草图。单击“草图”面板中的“圆”按钮，绘制草图，并标注智能尺寸，如图 9-190 所示。

(08) 切除零件。单击“特征”面板中的“拉伸切除”按钮，或选择“插入”→“切除”→“拉伸”菜单命令，在弹出的“切除-拉伸”属性管理器中设置终止条件为“完全贯穿”，其他参数取默认值，然后单击“确定”按钮✔。

(09) 阵列切除特征。单击“特征”面板中的“线性阵列”按钮，或选择“插入”→“阵列/镜像”→“线性阵列”菜单命令，弹出“线性阵列”属性管理器，在视图中选取水平边线为阵列方向 1，输入阵列距离为 100 mm，个数为 3，将步骤(08)创建的切除特征作为阵列的特征。然后单击“确定”按钮✔，阵列切除特征如图 9-191 所示。

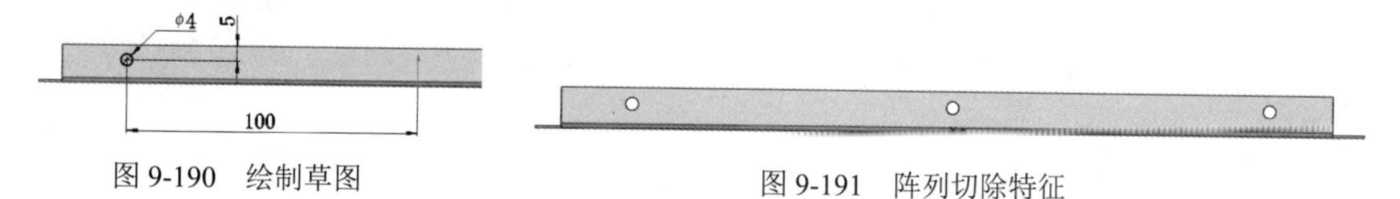

图 9-190 绘制草图

图 9-191 阵列切除特征

(10) 生成边线法兰。单击“钣金”面板中的“边线法兰”按钮，或选择“插入”→“钣金”→“边线法兰”菜单命令，弹出“边线-法兰”属性管理器，在视图中选择基体法兰上的一侧长边为放置边线，按“内部虚拟交点”按钮、“折弯在外”按钮，输入给定深度为 12 mm，其他参数取默认值。单击“编辑法兰轮廓”按钮，进入草图环境，弹出“轮廓草图”对话框，边线法兰轮廓尺寸如图 9-192 所示，单击“完成”按钮，完成边线法兰的创建，如图 9-193 所示。

图 9-192 边线法兰轮廓尺寸

(11) 设置基准面。在视图中选择图 9-193 所示的面 2，然后单击“视图（前导）”工具栏中的“正视于”按钮，将该基准面作为绘制图形的基准面。单击“草图”面板中的“草图绘制”按钮，进入草图绘制状态。

(12) 绘制草图。单击“草图”面板中的“直线”按钮和“绘制圆角”按钮，绘制草图，并标注智能尺寸，如图 9-194 所示。

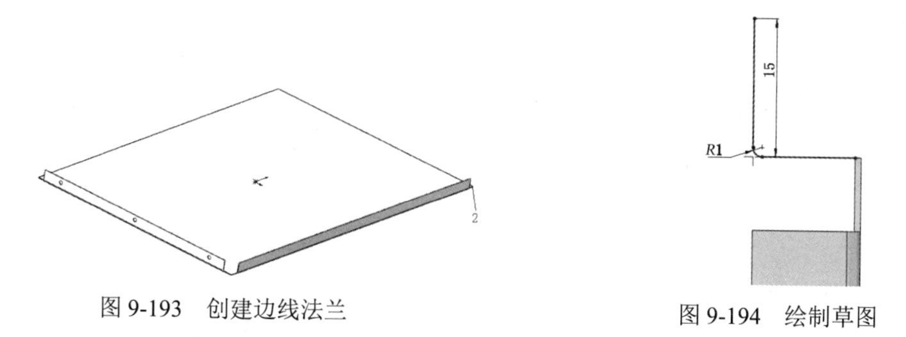

图 9-193 创建边线法兰

图 9-194 绘制草图

(13) 生成斜接法兰。单击“钣金”面板中的“斜接法兰”按钮，或选择“插入”→“钣金”→“斜接法兰”菜单命令，在弹出的“斜接法兰”属性管理器中输入“起始/结束处等距”为8 mm，选择如图9-195所示的边线。然后单击“确定”按钮✔，完成斜接法兰的创建，如图9-196所示。

14 设置基准面。在视图中选择图9-196中的面3，然后单击“视图（前导）”工具栏中的“正视于”按钮，将该基准面作为绘制图形的基准面。单击“草图”面板中的“草图绘制”按钮，进入草图绘制状态。

Note

15 绘制草图。单击“草图”面板中的“直线”按钮，绘制草图，并标注智能尺寸，如图9-197所示。

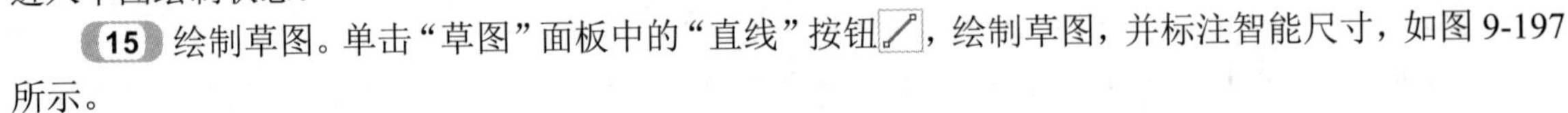

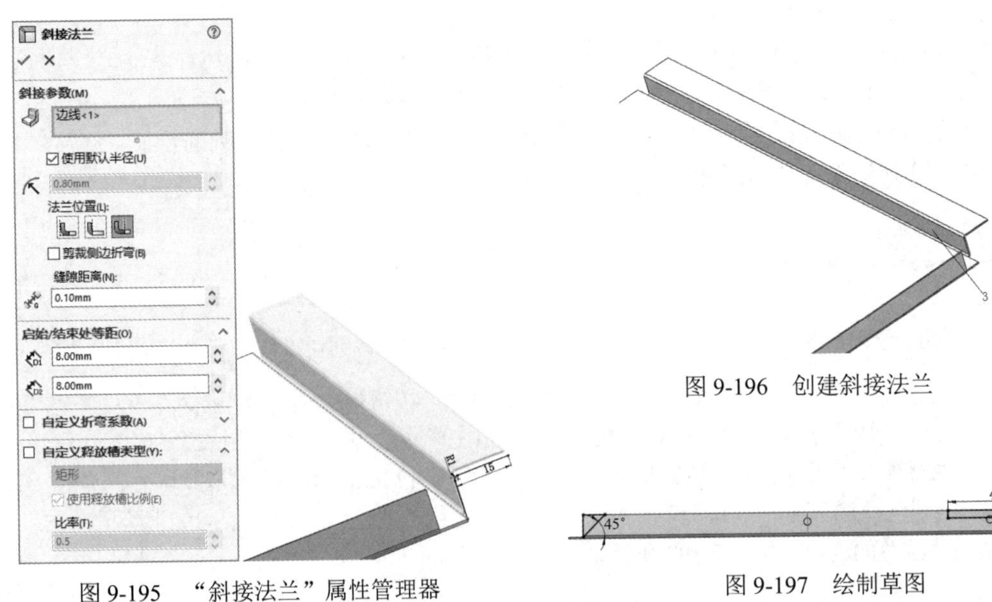

图9-195 “斜接法兰”属性管理器

图9-196 创建斜接法兰

图9-197 绘制草图

16 切除零件。单击“特征”面板中的“拉伸切除”按钮，或选择“插入”→“切除”→“拉伸”菜单命令，在弹出的“切除-拉伸”属性管理器中设置终止条件为“完全贯穿”，其他参数取默认值。然后单击“确定”按钮✔，切除零件如图9-198所示。

17 设置基准面。在视图中选择图9-198中的面4，然后单击“视图（前导）”工具栏中的“正视于”按钮，将该基准面作为绘制图形的基准面。单击“草图”面板中的“草图绘制”按钮，进入草图绘制状态。

18 绘制草图。单击“草图”面板中的“圆”按钮，绘制两个直径为6 mm的圆，并标注智能尺寸，如图9-199所示。

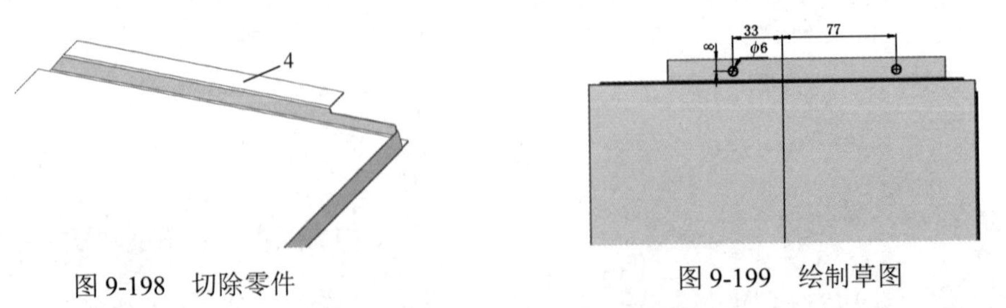

图9-198 切除零件

图9-199 绘制草图

19 切除零件。单击“特征”面板中的“拉伸切除”按钮，或选择“插入”→“切除”→“拉伸”菜单命令，在弹出的“切除-拉伸”属性管理器中设置终止条件为“完全贯穿”，其他参数取默认

Note

值。然后单击“确定”按钮✓，切除零件如图 9-200 所示。

20 设置基准面。在视图中选择图 9-200 中的面 5，然后单击“视图（前导）”工具栏中的“正视于”按钮，将该基准面作为绘制图形的基准面。单击“草图”面板中的“草图绘制”按钮，进入草图绘制状态。

21 绘制草图。单击“草图”面板中的“直线”按钮和“切线弧”按钮，绘制草图，并标注智能尺寸，如图 9-201 所示。

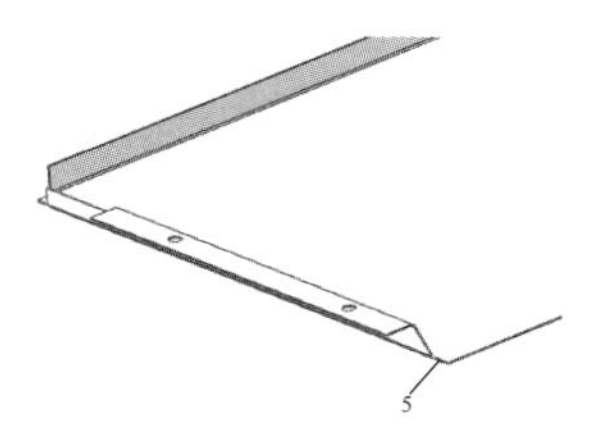

图 9-200　切除零件

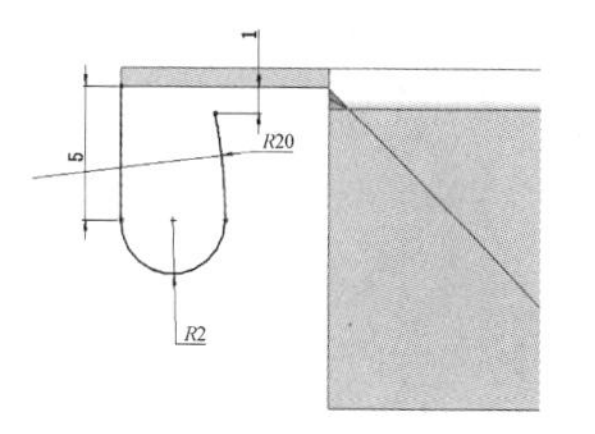

图 9-201　绘制草图

22 生成斜接法兰。单击“钣金”面板中的“斜接法兰”按钮，或选择“插入”→“钣金”→“斜接法兰”菜单命令，在弹出的“斜接法兰”属性管理器中选择如图 9-202 所示的边线，采用默认设置。然后单击“确定”按钮✓，完成斜接法兰的创建，如图 9-203 所示。

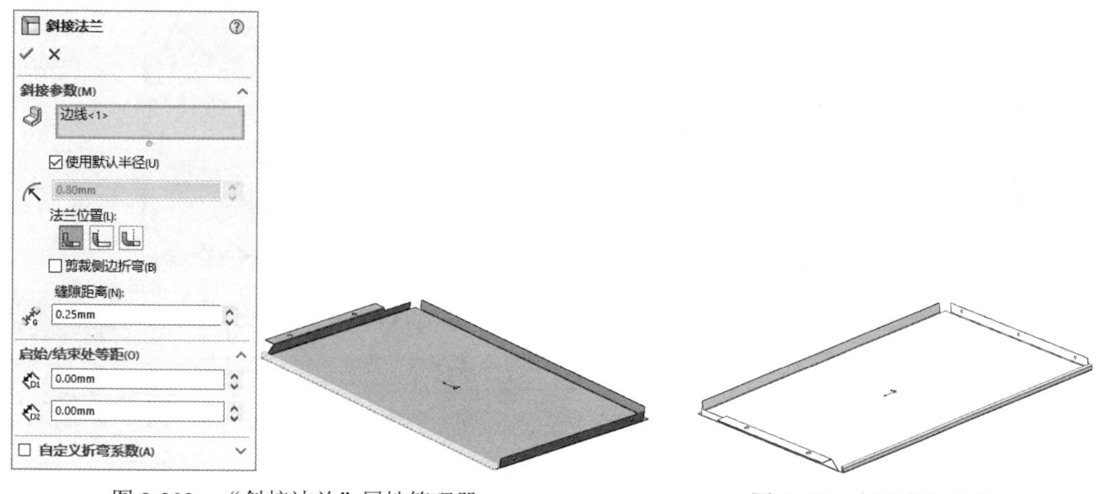

图 9-202　“斜接法兰”属性管理器

图 9-203　创建斜接法兰

9.5.2　创建成型特征

01 添加成型工具到库。打开“源文件/ch9 计算机机箱/主板成型工具 1”，在任务窗格上单击“设计库”按钮，弹出“设计库”面板，单击“添加到库”按钮，弹出“添加到库”属性管理器，将前板成型工具添加到 Design Library/forming tools/lances 文件夹，单击“确定”按钮✓，添加成型工具到设计库。

02 向主板添加成型工具。单击系统右边的“设计库”按钮，弹出“设计库”面板，选择 Design Library 文件下的 forming tools 文件夹，然后通过右键快捷菜单将其设置成“成型工具文件夹”，如图 9-204 所示。根据图 9-204 所示的路径可以找到成型工具文件夹 lances，并找到需要添加的“主板成型工具”，将其拖放到钣金零件的侧面。

03 单击“草图”面板中的“智能尺寸”按钮，标注出成型工具在钣金零件上的位置尺寸，如图 9-205 所示，最后单击“放置成型特征”对话框中的“完成”按钮，完成成型工具 1 的添加，如图 9-206 所示。

Note

图 9-204 “设计库”面板

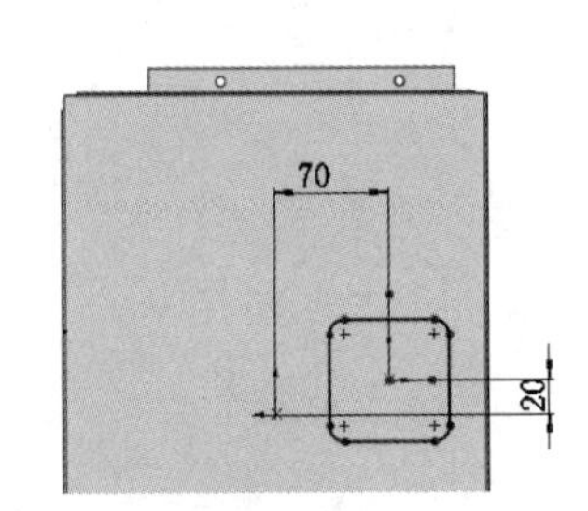

图 9-205 成型工具的位置尺寸

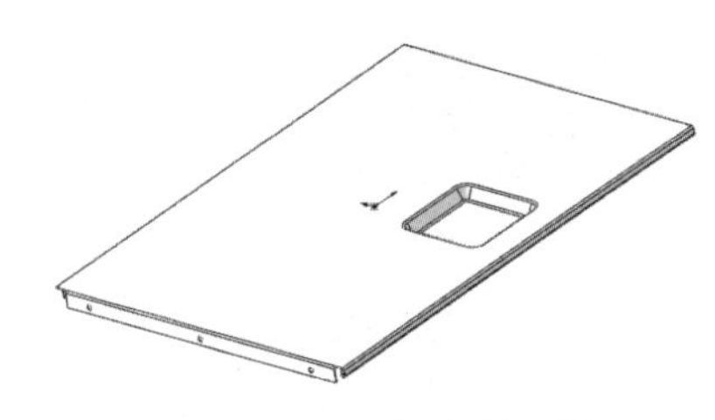

图 9-206 添加成型工具 1

04 重复步骤 **02** 和步骤 **03**，添加主板成型工具 2、主板成型工具 3 和主板成型工具 4，成型工具定位尺寸如图 9-207 所示。创建的成型工具如图 9-208 所示。

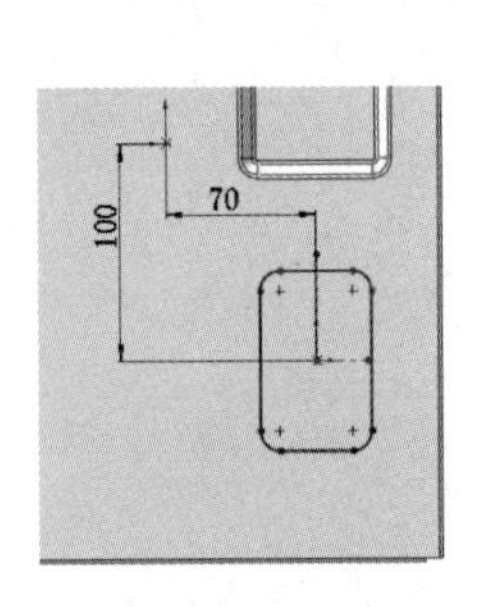

（a）添加成型工具 2

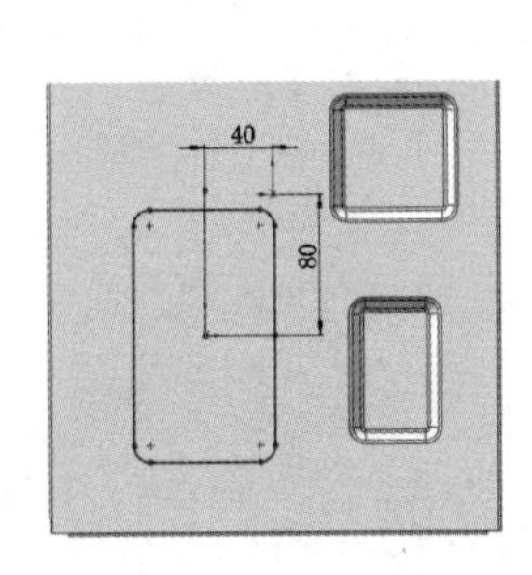

（b）添加成型工具 3

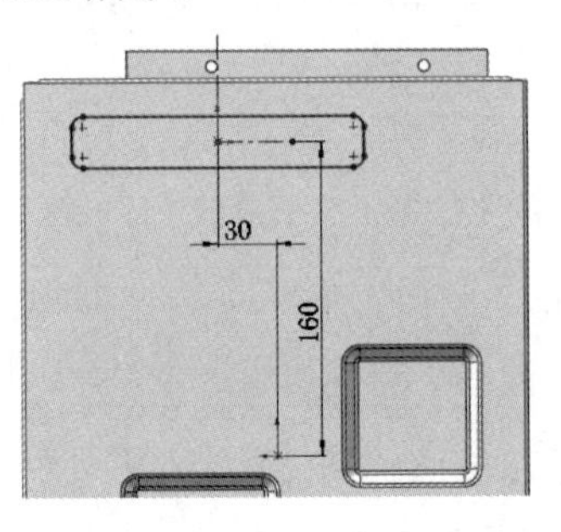

（c）添加成型工具 4

图 9-207 成型工具定位尺寸

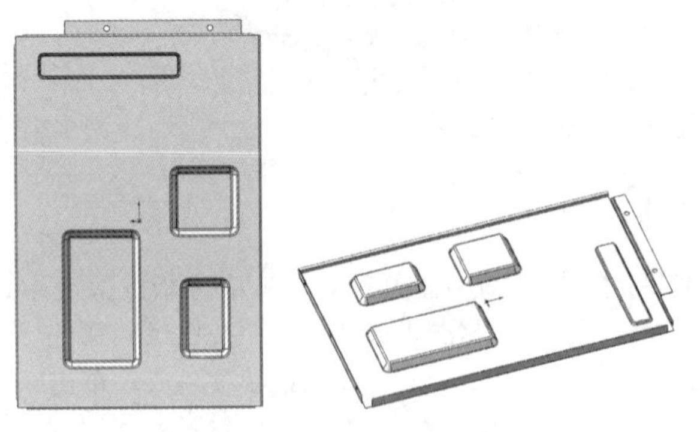

图 9-208 创建的成型工具

9.5.3 创建各部分去除材料特征

01 设置基准面。选择成型工具 1 的底面，然后单击“视图（前导）”工具栏中的“正视于”按钮，将该基准面作为绘制图形的基准面。单击“草图”面板中的“草图绘制”按钮，进入草图

绘制状态。

02 绘制草图。单击“草图”面板中的“中心线”按钮、“圆”按钮和“直槽口”按钮，绘制草图，并标注智能尺寸，如图 9-209 所示。

03 切除零件。单击“特征”面板中的“拉伸切除”按钮，或选择“插入”→“切除”→“拉伸”菜单命令，在弹出的“切除-拉伸”属性管理器中设置终止条件为“完全贯穿”，其他参数取默认值。然后单击“确定”按钮✔，切除零件如图 9-210 所示。

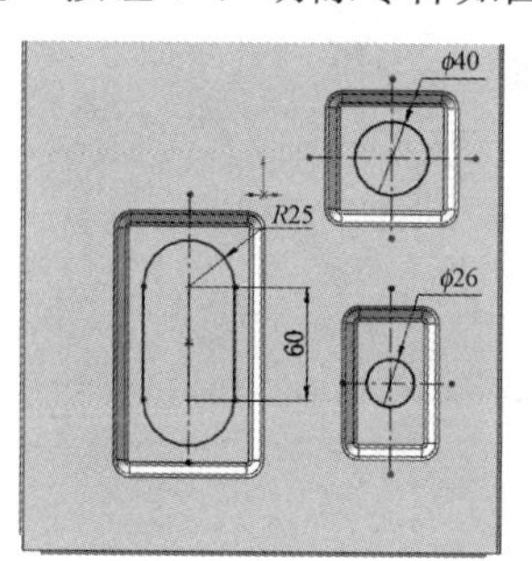

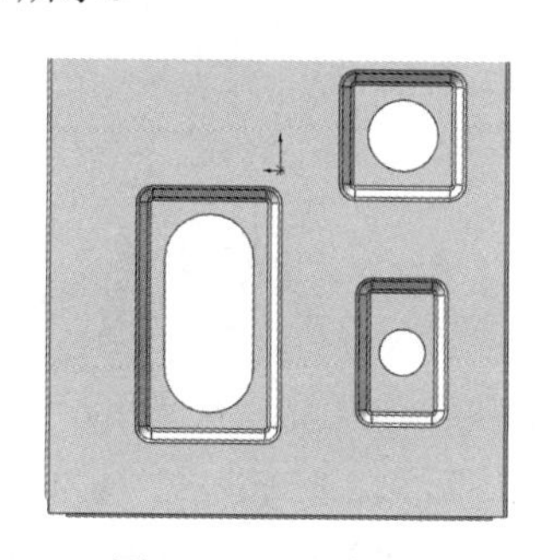

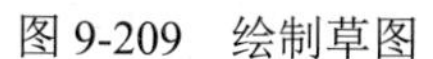

图 9-209　绘制草图　　图 9-210　切除零件

04 设置基准面。选择成型工具 4 的底面，然后单击“视图（前导）”工具栏中的“正视于”按钮，将该基准面作为绘制图形的基准面。单击“草图”面板中的“草图绘制”按钮，进入草图绘制状态。

05 绘制草图。单击“草图”面板中的“中心线”按钮和“直槽口”按钮，绘制草图，并标注智能尺寸，如图 9-211 所示。

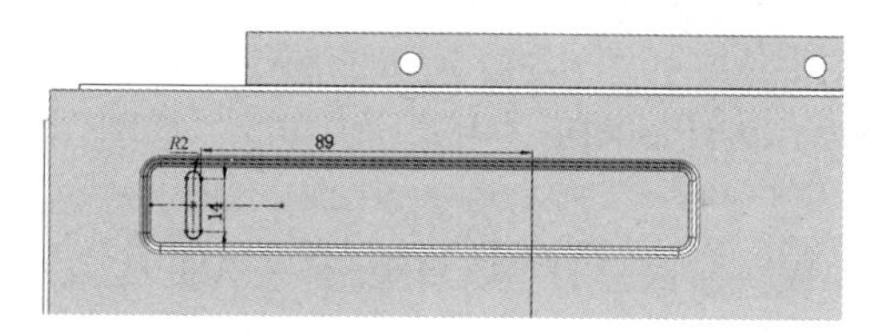

图 9-211　绘制草图

06 切除零件。单击“特征”面板中的“拉伸切除”按钮，或选择“插入”→“切除”→“拉伸”菜单命令，在弹出的“切除-拉伸”属性管理器中设置终止条件为“完全贯穿”，其他参数取默认值，然后单击“确定”按钮✔。

07 阵列切除特征。单击“特征”面板中的“线性阵列”按钮，或选择“插入”→“阵列/镜像”→“线性阵列”菜单命令，弹出“线性阵列”属性管理器，在视图中选取水平边线为阵列方向 1，输入阵列距离为 8 mm，个数为 16，将上一步创建的切除特征作为要阵列的特征。然后单击“确定”按钮✔，阵列切除特征如图 9-212 所示。

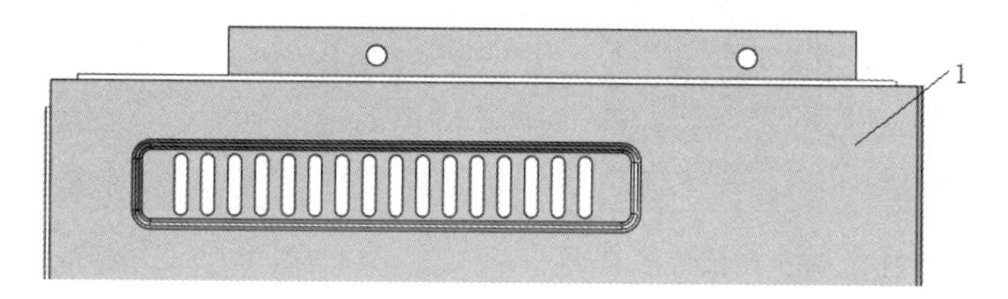

图 9-212　阵列切除特征

Note

08 设置基准面。选择图 9-212 中的面 1，然后单击“视图（前导）”工具栏中的“正视于”按钮，将该基准面作为绘制图形的基准面。单击“草图”面板中的“草图绘制”按钮，进入草图绘制状态。

09 绘制草图。单击“草图”面板中的“边角矩形”按钮，绘制草图，并标注智能尺寸，如图 9-213 所示。

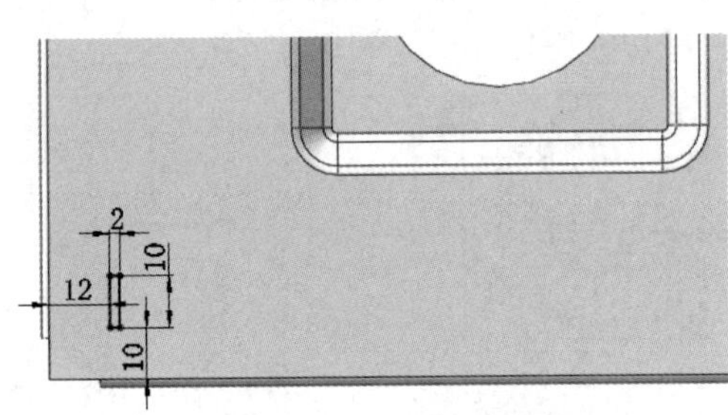

图 9-213　绘制草图

10 切除零件。单击“特征”面板中的“拉伸切除”按钮，或选择“插入”→“切除”→“拉伸”菜单命令，在弹出的“切除-拉伸”属性管理器中设置终止条件为“完全贯穿”，其他参数取默认值，然后单击“确定”按钮✔。

11 阵列切除特征。单击“特征”面板中的“线性阵列”按钮，或选择“插入”→“阵列/镜像”→“线性阵列”菜单命令，弹出“线性阵列”属性管理器，在视图中选取竖直边线为阵列方向 1，输入阵列距离为 20 mm，个数为 8，将步骤 **10** 创建的切除特征作为要阵列的特征。然后单击“确定”按钮✔，阵列切除特征如图 9-214 所示。

12 设置基准面。在视图中选择如图 9-212 所示的面 1，然后单击“视图（前导）”工具栏中的“正视于”按钮，将该基准面作为绘制图形的基准面。单击“草图”面板中的“草图绘制”按钮，进入草图绘制状态。

13 绘制草图。单击“草图”面板中的“边角矩形”按钮，绘制草图，并标注智能尺寸，如图 9-215 所示。

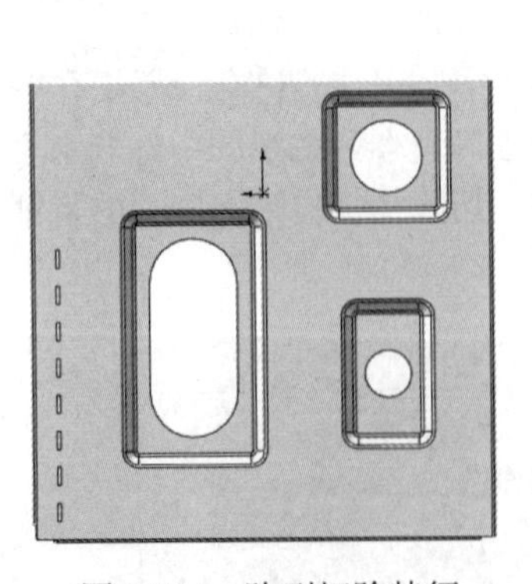

图 9-214　阵列切除特征

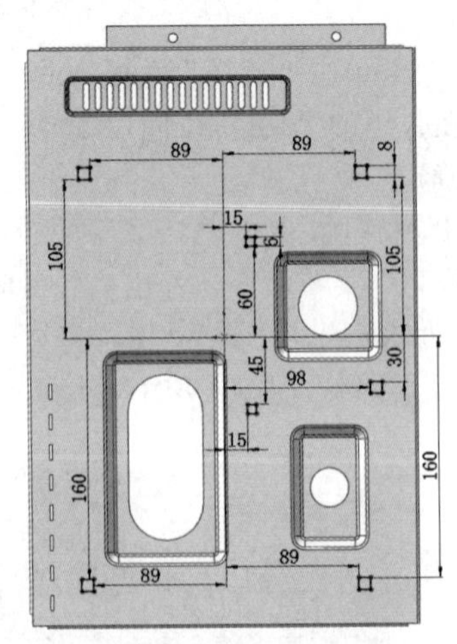

图 9-215　绘制草图

14 切除零件。单击“特征”面板中的“拉伸切除”按钮，或选择“插入”→“切除”→“拉伸”菜单命令，在弹出的“切除-拉伸”属性管理器中设置终止条件为“完全贯穿”，其他参数取默认

值。然后单击“确定”按钮✔，切除零件如图 9-216 所示。

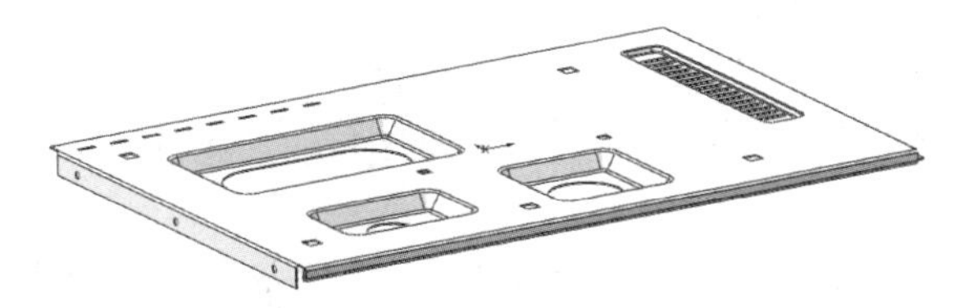

图 9-216　切除零件

9.6　机箱侧板

本实例创建的机箱侧板如图 9-217 所示。

图 9-217　机箱侧板

思路分析

首先绘制草图，创建基体法兰，然后创建两侧特征，再添加成型工具并切除零件，创建出风口，接着创建各种插卡的连接孔，最后创建电扇出风孔。绘制机箱侧板的流程如图 9-218 所示。

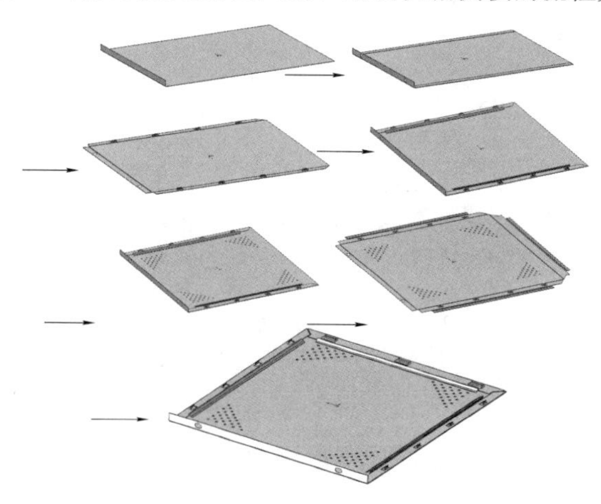

图 9-218　绘制机箱侧板的流程

创建步骤

9.6.1　创建侧板安装板主体

01 启动 SOLIDWORKS，单击“快速访问”工具栏中的“新建”按钮，或选择“文件”→

“新建”菜单命令，在弹出的“新建 SOLIDWORKS 文件”对话框中单击“零件”按钮，然后单击“确定”按钮，创建一个新的零件文件。

Note

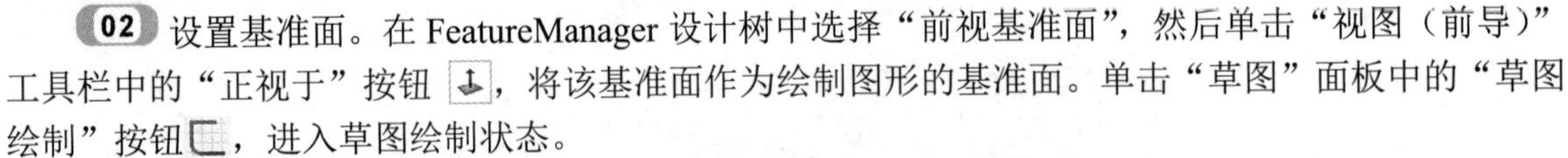

02 设置基准面。在 FeatureManager 设计树中选择“前视基准面”，然后单击“视图（前导）”工具栏中的“正视于”按钮，将该基准面作为绘制图形的基准面。单击“草图”面板中的“草图绘制”按钮，进入草图绘制状态。

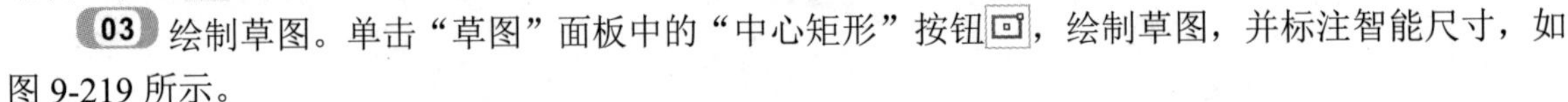

03 绘制草图。单击“草图”面板中的“中心矩形”按钮，绘制草图，并标注智能尺寸，如图 9-219 所示。

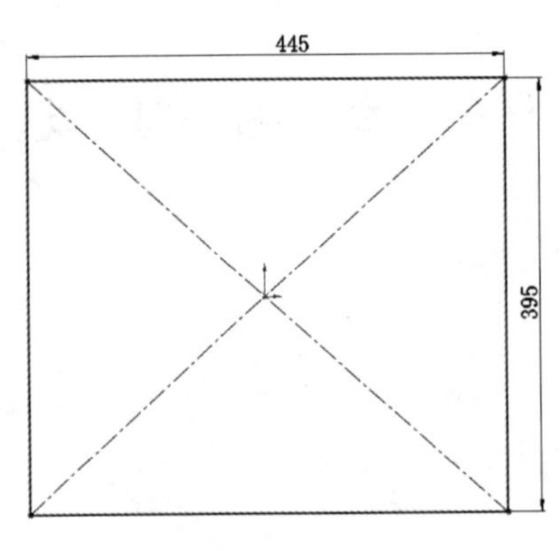

图 9-219　绘制草图

04 生成基体法兰。单击“钣金”面板中的“基体法兰/薄片”按钮，或选择“插入”→“钣金”→“基体法兰”菜单命令，在弹出的“基体法兰”属性管理器中输入钣金厚度为 0.7 mm，其他参数取默认值，如图 9-220 所示。然后单击“确定”按钮✔，完成基体法兰的创建，如图 9-221 所示。

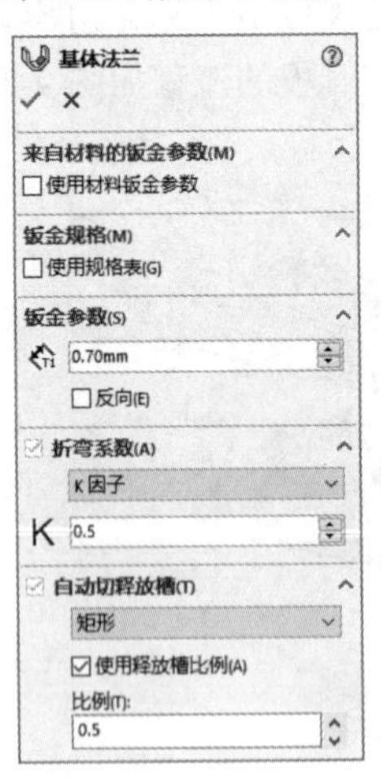

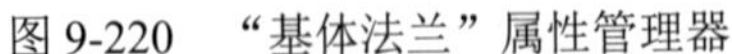

图 9-220　“基体法兰”属性管理器

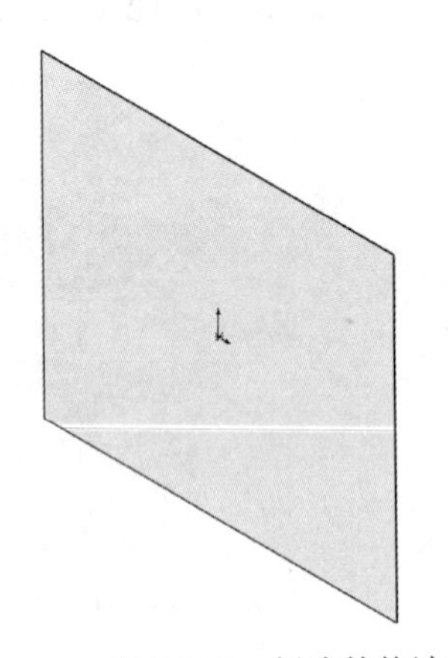

图 9-221　创建基体法兰

05 生成边线法兰。单击“钣金”面板中的“边线法兰”按钮，或选择“插入”→“钣金”→“边线法兰”菜单命令，弹出“边线-法兰”属性管理器，在视图中选择短边为放置边线，按下“内部虚拟交点”按钮、“折弯在外”按钮，输入给定深度为 15 mm，其他参数取默认值，如图 9-222 所示。单击“确定”按钮✔，完成边线法兰的创建，如图 9-223 所示。

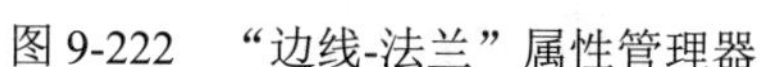
图 9-222　“边线-法兰”属性管理器

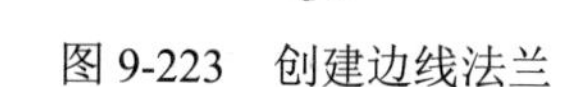

图 9-223　创建边线法兰

06 设置基准面。在视图中选择如图 9-223 所示的面 1，然后单击“视图（前导）”工具栏中的“正视于”按钮，将该基准面作为绘制图形的基准面。单击“草图”面板中的“草图绘制”按钮，进入草图绘制状态。

07 绘制草图。单击“草图”面板中的“直槽口”按钮，绘制草图，并标注智能尺寸，如图 9-224 所示。

08 切除零件。单击“特征”面板中的“拉伸切除”按钮，或选择“插入”→“切除”→“拉伸”菜单命令，在弹出的“切除-拉伸”属性管理器中设置终止条件为“完全贯穿”，其他参数取默认值，然后单击“确定”按钮✔。

09 镜像特征。单击“特征”面板中的“镜像”按钮，或选择“插入”→“阵列/镜像”→“镜像”菜单命令，弹出如图 9-225 所示的“镜像”属性管理器，在视图中选取“上视基准面”作为镜像面，选取上一步生成的切除特征。然后单击“确定”按钮✔，镜像切除特征如图 9-226 所示。

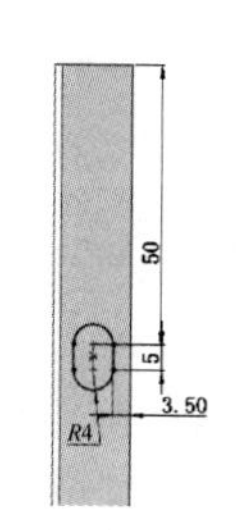

图 9-224　绘制草图

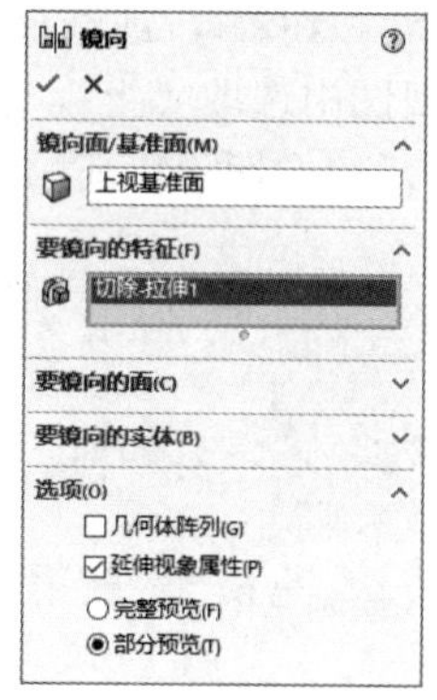

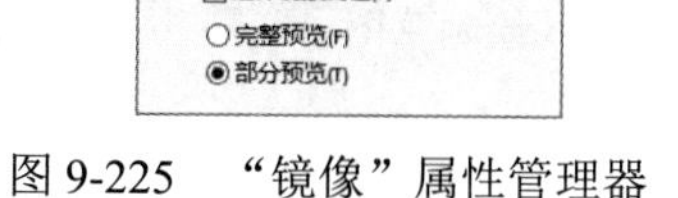
图 9-225　“镜像”属性管理器

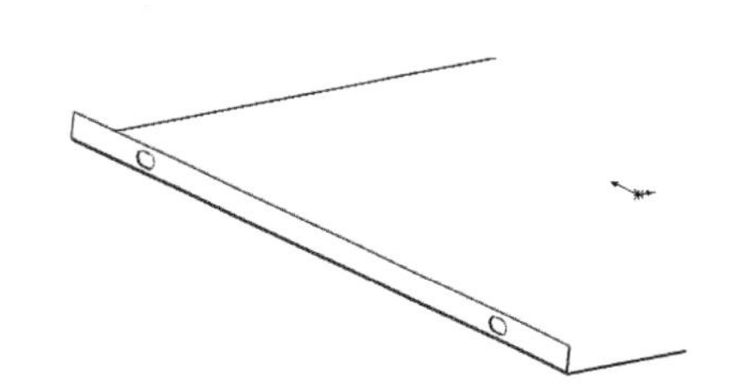
图 9-226　镜像切除特征

10 生成褶边。单击“钣金”面板中的“褶边”按钮，或选择“插入”→“钣金”→“褶边”菜单命令，弹出“褶边”属性管理器，在视图中选择步骤 **09** 创建的 4 个孔边线，按下“折弯在外”

按钮、“闭合”按钮，输入长度为 17.00 mm，其他参数取默认值。单击“编辑褶边宽度”按钮，进入草图绘制环境，更改草图尺寸，标注褶边尺寸如图 9-227 所示。单击“完成”按钮。重复“褶边”命令，在另一侧边线上创建参数相同的褶边，完成褶边的创建，如图 9-228 所示。

Note

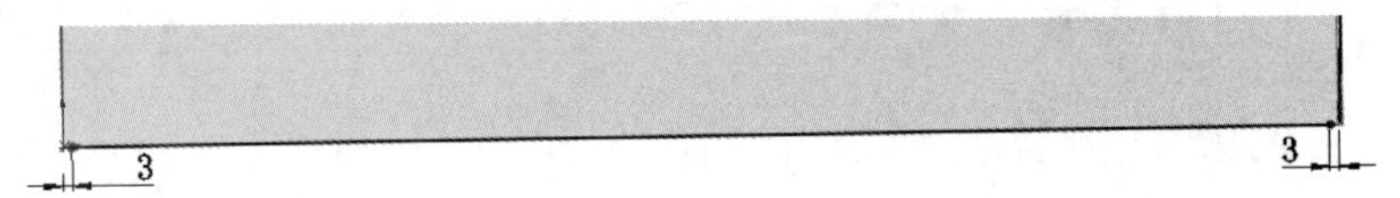

图 9-227　标注褶边尺寸

11 展开折弯。单击“钣金”面板中的“展开”按钮，或选择“插入”→“钣金”→“展开”菜单命令，弹出“展开”属性管理器，在视图中选择图 9-228 所示的面 2 为固定面，单击“收集所有折弯”按钮，将视图中的所有折弯展开，如图 9-229 所示。单击“确定”按钮✔，展开后的图形如图 9-230 所示。

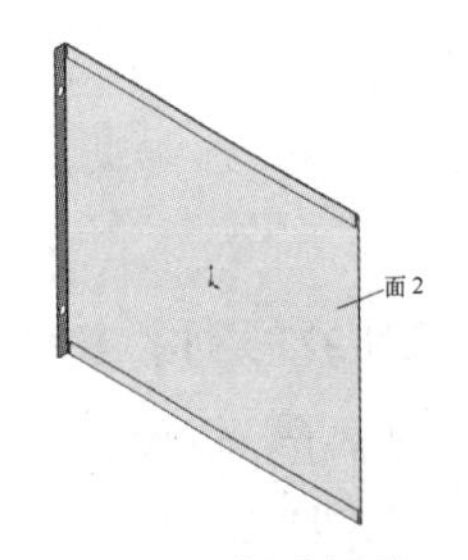

图 9-228　创建褶边

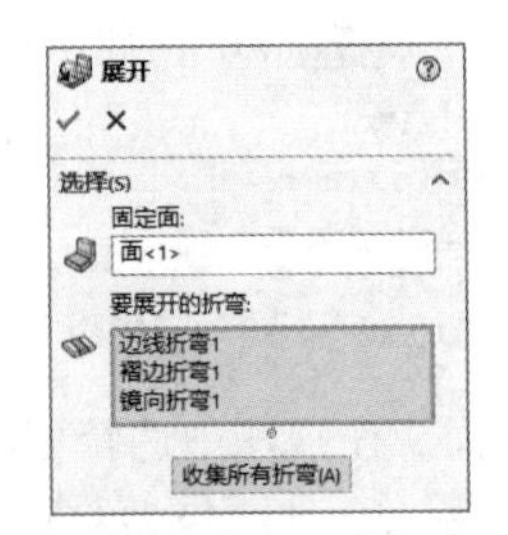

图 9-229　“展开”属性管理器

12 设置基准面。在视图中选择如图 9-230 所示的面 3，然后单击“视图（前导）”工具栏中的“正视于”按钮，将该基准面作为绘制图形的基准面。单击“草图”面板中的“草图绘制”按钮，进入草图绘制状态。

13 绘制草图。单击“草图”面板中的“直线”按钮，绘制草图，并标注智能尺寸，如图 9-231 所示。

14 切除零件。单击“特征”面板中的“拉伸切除”按钮，或选择“插入”→“切除”→“拉伸”菜单命令，在弹出的“切除-拉伸”属性管理器中设置终止条件为“完全贯穿”，其他参数取默认值，然后单击“确定”按钮✔。

15 镜像特征。单击“特征”面板中的“镜像”按钮，或选择“插入”→“阵列/镜像”→“镜像”菜单命令，弹出“镜像”属性管理器，在视图中选取“上视基准面”作为镜像面，选取步骤 **14** 生成的切除特征。然后单击“确定”按钮✔，镜像切除特征如图 9-232 所示。

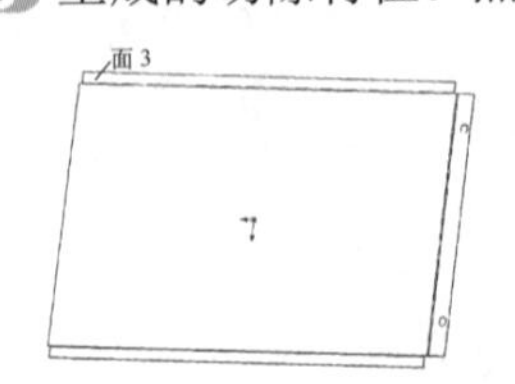

图 9-230　展开后的图形

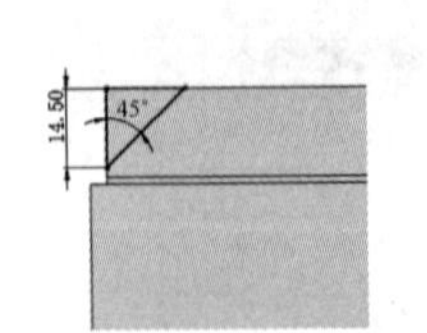

图 9-231　绘制草图

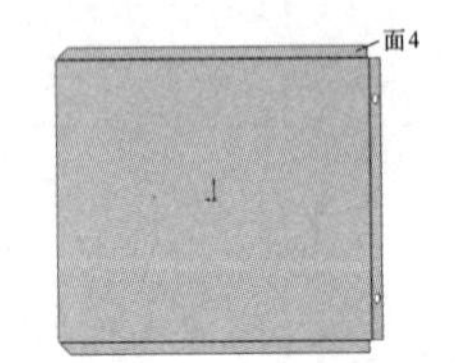

图 9-232　镜像切除特征

9.6.2　创建两侧特征

01 设置基准面。在视图中选择如图 9-232 所示的面 4，然后单击“视图（前导）”工具栏中的“正视于”按钮，将该基准面作为绘制图形的基准面。单击“草图”面板中的“草图绘制”按钮，

Note

进入草图绘制状态。

02 绘制草图。单击“草图”面板中的“直线”按钮、“绘制圆角”按钮，绘制草图，并标注智能尺寸，如图 9-233 所示。

03 切除零件。单击“特征”面板中的“拉伸切除”按钮，或选择“插入”→“切除”→“拉伸”菜单命令，在弹出的“切除-拉伸”属性管理器中设置终止条件为“完全贯穿”，其他参数取默认值。然后单击“确定”按钮，切除零件如图 9-234 所示。

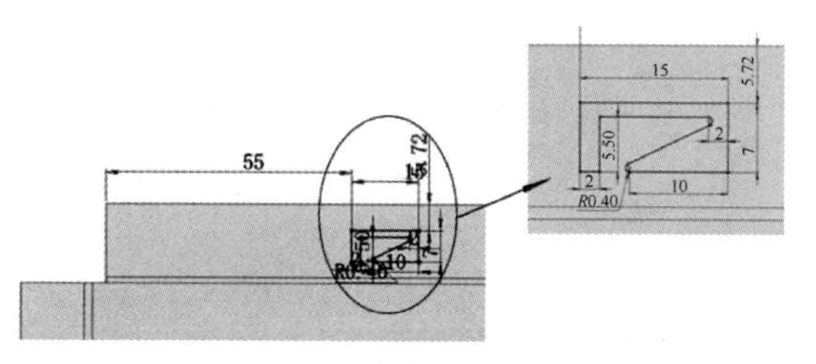

图 9-233　绘制草图

图 9-234　切除零件

04 阵列切除特征。单击“特征”面板中的“线性阵列”按钮，或选择“插入”→“阵列/镜像”→“线性阵列”菜单命令，弹出“线性阵列”属性管理器，在视图中选取水平边线为阵列方向 1，输入阵列距离为 105 mm，个数为 4，将步骤 **03** 创建的切除特征作为阵列的特征。然后单击“确定”按钮，阵列切除特征如图 9-235 所示。

05 镜像特征。单击“特征”面板中的“镜像”按钮，或选择“插入”→“阵列/镜像”→“镜像”菜单命令，弹出“镜像”属性管理器，在视图中选取“上视基准面”为镜像面，选取步骤 **04** 阵列的切除特征。然后单击“确定”按钮，镜像阵列特征如图 9-236 所示。

图 9-235　阵列切除特征

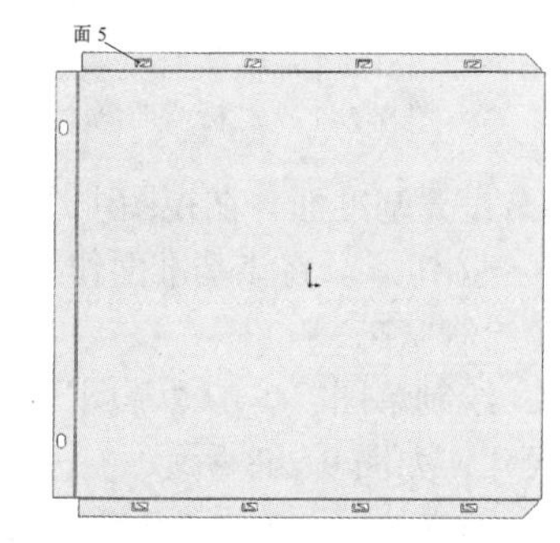

图 9-236　镜像阵列特征

06 设置基准面。在视图中选择如图 9-236 所示的面 5，然后单击“视图（前导）”工具栏中的“正视于”按钮，将该基准面作为绘制图形的基准面。单击“草图”面板中的“草图绘制”按钮，进入草图绘制状态。

07 绘制草图。单击“草图”面板中的“直线”按钮，绘制草图，并标注智能尺寸，如图 9-237 所示。

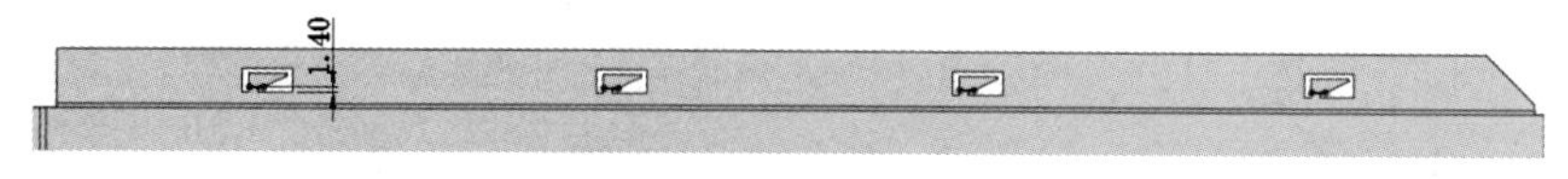

图 9-237　绘制草图

08 绘制折弯。单击“钣金”面板中的“绘制的折弯”按钮，或选择“插入”→“钣金”→

Note

“绘制的折弯”菜单命令，在弹出的“绘制的折弯”属性管理器中选择如图 9-236 所示的面 5 为固定面，选择折弯位置为“折弯中心线”，输入角度为 90 度，其他参数采用默认值，如图 9-238 所示；单击“确定”按钮✔，绘制折弯，如图 9-239 所示。

09 重复步骤 **06** ～步骤 **08** ，将另一侧切除特征进行折弯，结果如图 9-240 所示。

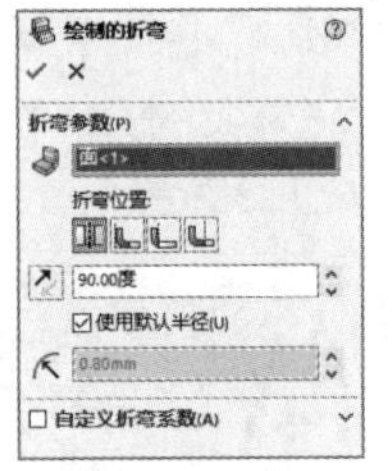

图 9-238 “绘制的折弯”属性管理器

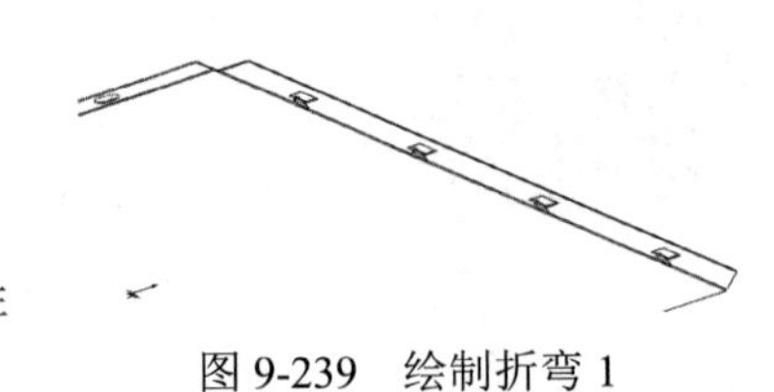

图 9-239 绘制折弯 1

图 9-240 绘制折弯 2

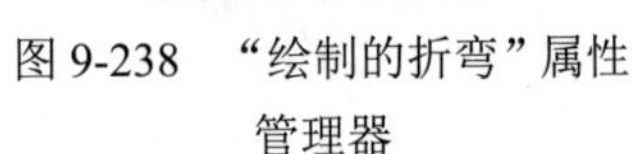

10 折叠折弯。单击“钣金”面板中的“折叠”按钮，或选择“插入”→“钣金”→“折叠”菜单命令，弹出“折叠”属性管理器，在视图中选择图 9-240 中所示的面 6 为固定面，单击“收集所有折弯”按钮，将视图中的所有折弯折叠，如图 9-241 所示。单击“确定”按钮✔，折叠折弯如图 9-242 所示。

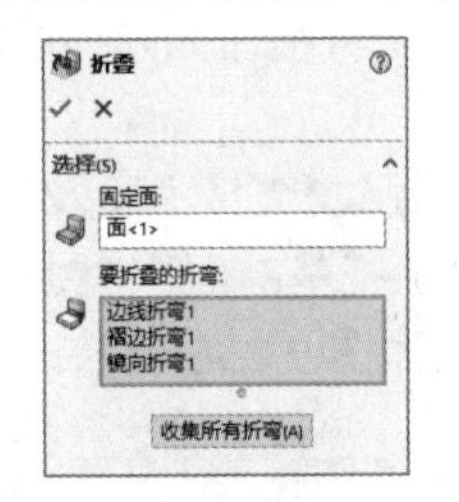

图 9-241 “折叠”属性管理器

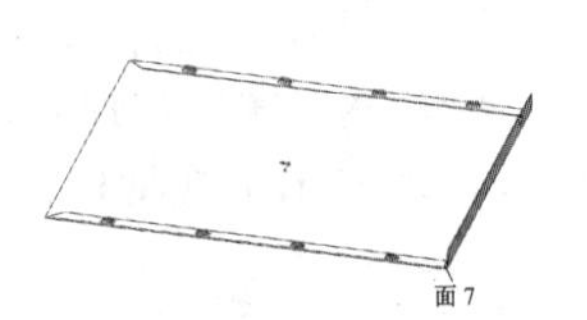

图 9-242 折叠折弯

11 设置基准面。在视图中选择如图 9-242 所示的面 7，然后单击“视图（前导）”工具栏中的“正视于”按钮，将该基准面作为绘制图形的基准面。单击“草图”面板中的“草图绘制”按钮，进入草图绘制状态。

12 绘制草图。单击“草图”面板中的“直线”按钮和“切线弧”按钮，绘制草图，并标注智能尺寸，如图 9-243 所示。

13 斜接法兰。单击“钣金”面板中的“斜接法兰”按钮，或选择“插入”→“钣金”→“斜接法兰”菜单命令，弹出“斜接法兰”属性管理器，在视图中选择图 9-244 所示的边线，输入“起始/结束处等距”距离为 30 mm，其他参数采用默认值，如图 9-244 所示，单击“确定”按钮✔。

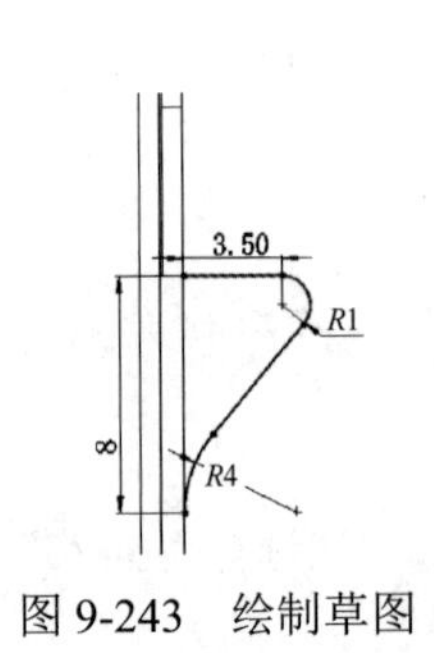

图 9-243 绘制草图

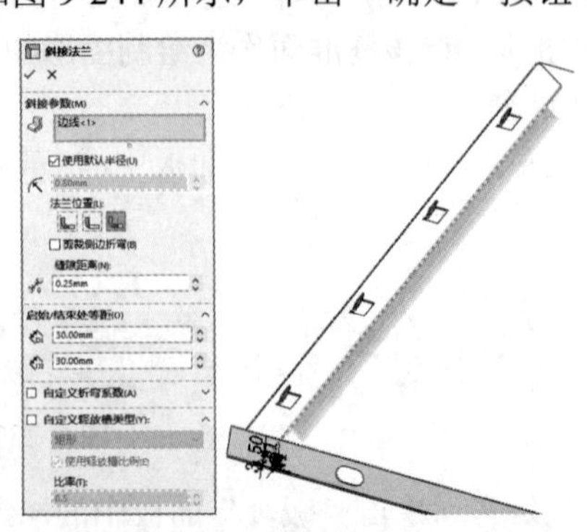

图 9-244 “斜接法兰”属性管理器

14 镜像特征。单击“特征”面板中的“镜像”按钮，或选择“插入”→“阵列/镜像”→“镜像”菜单命令，弹出“镜像”属性管理器，在视图中选取“上视基准面”为镜像面，选取上一步创建的斜接法兰特征。然后单击“确定”按钮✔，镜像斜接法兰如图 9-245 所示。

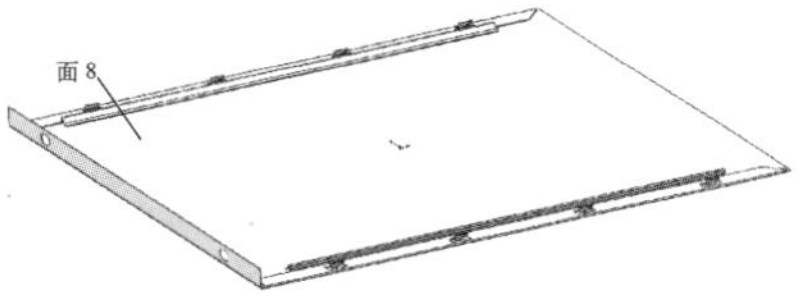

图 9-245　镜像斜接法兰

9.6.3　创建通风孔

01 设置基准面。在视图中选择如图 9-245 所示的面 8，然后单击“视图（前导）”工具栏中的“正视于”按钮，将该基准面作为绘制图形的基准面。单击“草图”面板中的“草图绘制”按钮，进入草图绘制状态。

02 绘制草图。单击“草图”面板中的“直线”按钮，绘制草图，并标注智能尺寸，如图 9-246 所示。单击“退出草图”按钮，退出草图。

03 设置基准面。在视图中选择如图 9-246 所示的面 9，然后单击“视图（前导）”工具栏中的“正视于”按钮，将该基准面作为绘制图形的基准面。单击“草图”面板中的“草图绘制”按钮，进入草图绘制状态。

04 绘制草图。单击“草图”面板中的“圆”按钮，绘制草图，并标注智能尺寸，如图 9-247 所示。

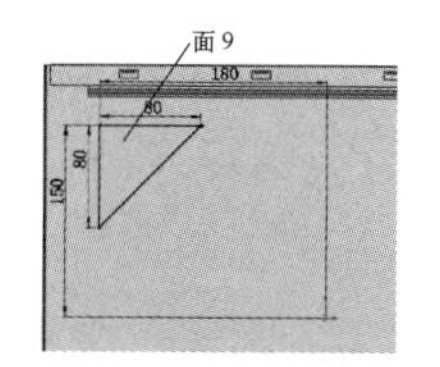

图 9-246　绘制草图

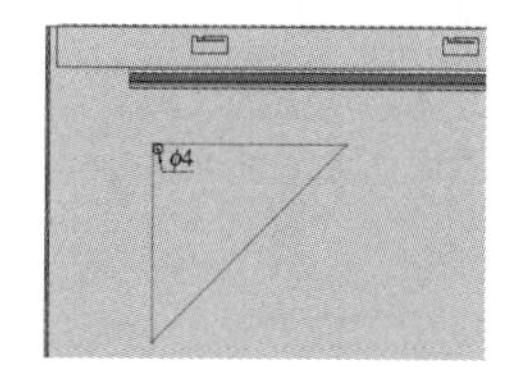

图 9-247　绘制草图

05 切除零件。单击“特征”面板中的“拉伸切除”按钮，或选择“插入”→“切除”→“拉伸”菜单命令，在弹出的“切除-拉伸”属性管理器中设置终止条件为“完全贯穿”，其他参数取默认值。然后单击“确定”按钮✔。

06 填充阵列特征。单击“特征”面板中的“填充阵列”按钮，或选择“插入”→“阵列/镜像”→“填充阵列”菜单命令，弹出“填充阵列”属性管理器，在视图中选取步骤 **04** 创建的草图为填充边界，选择“阵列布局”为“方形”，输入间距为 12 mm，选取步骤 **05** 创建的切除特征为阵列的特征，如图 9-248 所示。然后单击“确定”按钮✔，填充阵列切除特征如图 9-249 所示。

07 镜像特征。单击“特征”面板中的“镜像”按钮，或选择“插入”→“阵列/镜像”→“镜像”菜单命令，弹出“镜像”属性管理器，在视图中选取“上视基准面”为镜像面，选取步骤 **05** 和步骤 **06** 创建的切除特征和填充阵列特征为要镜像的特征，然后单击“确定”按钮✔。重复“镜像”命令，将填充阵列和镜像创建的特征以右视基准面进行镜像，结果如图 9-250 所示。

08 生成褶边。单击“钣金”面板中的“褶边”按钮，或选择“插入”→“钣金”→“褶边”菜单命令，弹出“褶边”属性管理器，在视图中选择步骤 **07** 创建的 4 个孔边线，选择“折弯在外”和“闭合”类型，输入长度为 28 mm，其他参数取默认值，如图 9-251 所示。单击“编辑褶边宽度”

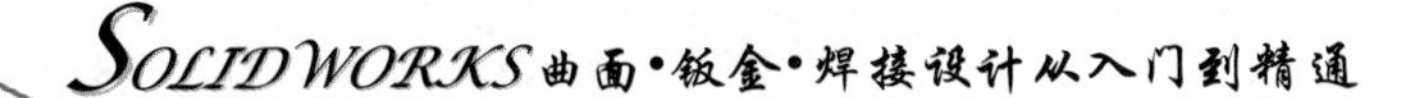

Note

按钮，进入草图绘制环境，更改草图尺寸，如图 9-252 所示。单击“完成”按钮，完成褶边的创建，如图 9-253 所示。

图 9-248 “填充阵列”属性管理器

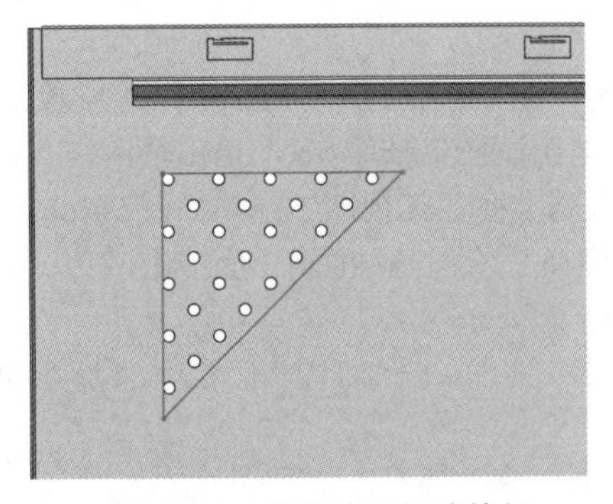

图 9-249 填充阵列切除特征

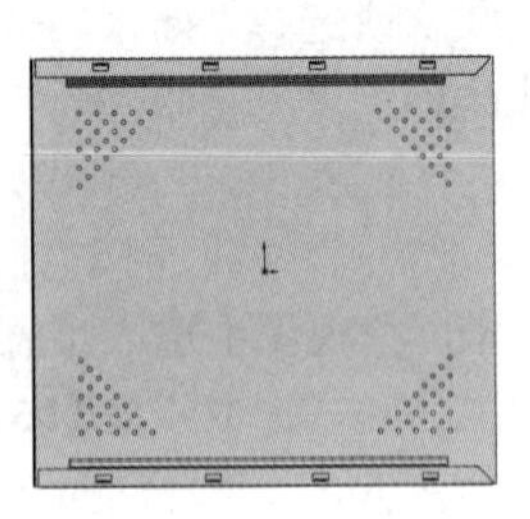

图 9-250 镜像填充阵列

图 9-251 “褶边”属性管理器

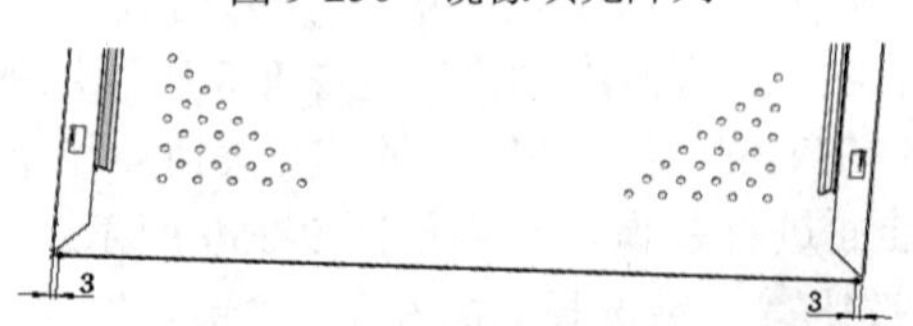

图 9-252 褶边宽度尺寸

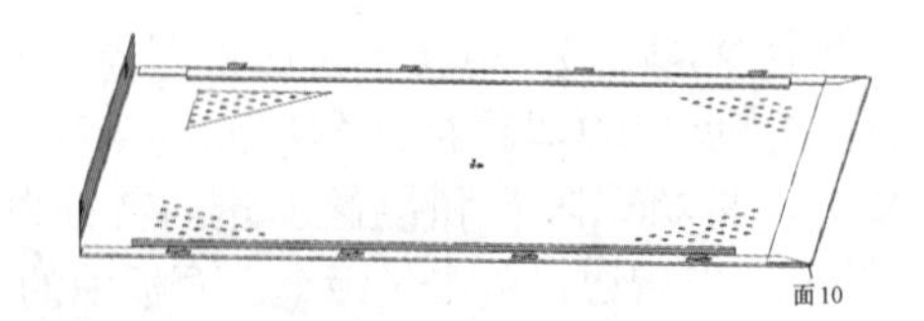

图 9-253 创建褶边

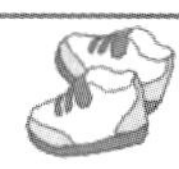

Note

9.6.4　创建一侧壁及成型特征

01 设置基准面。在视图中选择如图 9-253 所示的面 10，然后单击“视图（前导）”工具栏中的“正视于”按钮，将该基准面作为绘制图形的基准面。单击“草图”面板中的“草图绘制”按钮，进入草图绘制状态。

02 绘制草图。单击“草图”面板中的“直线”按钮和“切线弧”按钮，绘制草图，并标注智能尺寸，如图 9-254 所示。

03 斜接法兰。单击“钣金”面板中的“斜接法兰”按钮，或选择“插入”→“钣金”→“斜接法兰”菜单命令，弹出“斜接法兰”属性管理器，在视图中选择图 9-255 所示的边线，缝隙间距为 0.25 mm，输入“起始/结束处等距”距离为 35.5 mm，其他参数采用默认值，单击“确定”按钮。

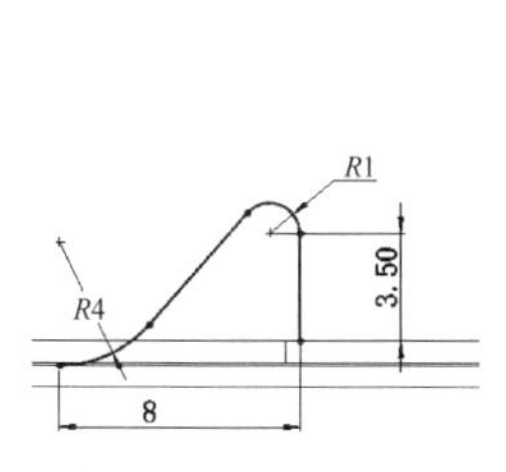

图 9-254　绘制草图

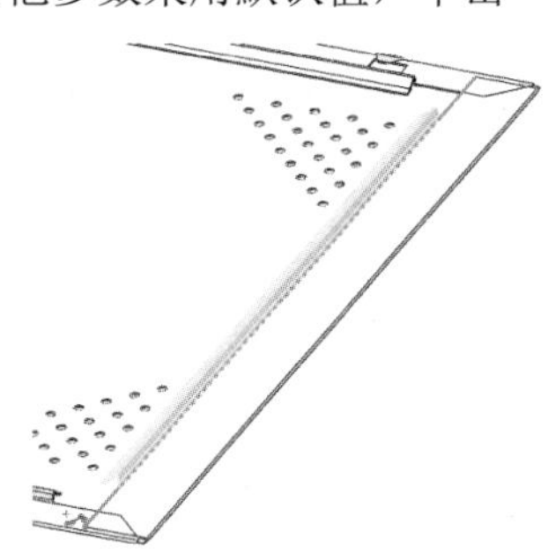

图 9-255　选择边线

04 展开折弯。单击“钣金”面板中的“展开”按钮，或选择“插入”→“钣金”→“展开”菜单命令，弹出“展开”属性管理器，在视图中选择图 9-256 中所示的面 11 为固定面，单击“收集所有折弯”按钮，将视图中的所有折弯展开。单击“确定”按钮，展开折弯，如图 9-256 所示。

05 设置基准面。在视图中选择如图 9-256 所示的面 12，然后单击“视图（前导）”工具栏中的“正视于”按钮，将该基准面作为绘制图形的基准面。单击“草图”面板中的“草图绘制”按钮，进入草图绘制状态。

06 绘制草图。单击“草图”面板中的“直线”按钮，绘制草图，并标注智能尺寸，如图 9-257 所示。

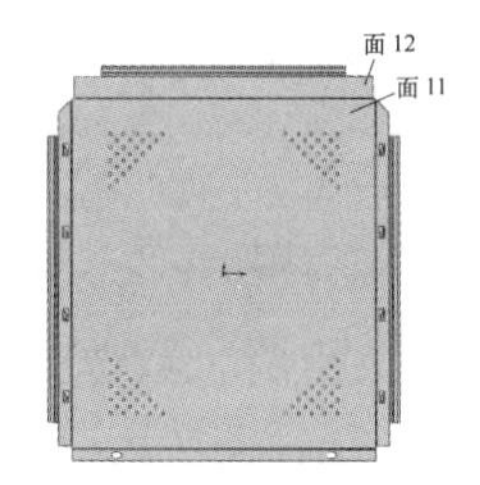

图 9-256　展开折弯

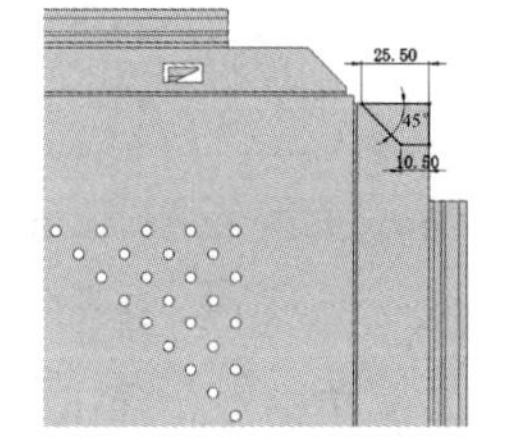

图 9-257　绘制草图

07 切除零件。单击“特征”面板中的“拉伸切除”按钮，或选择“插入”→“切除”→“拉伸”菜单命令，在弹出的“切除-拉伸”属性管理器中设置终止条件为“完全贯穿”，其他参数取默认值。然后单击“确定”按钮。

08 镜像特征。单击“特征”面板中的“镜像”按钮，或选择“插入”→“阵列/镜像”→“镜像”菜单命令，弹出“镜像”属性管理器，在视图中选取“上视基准面”为镜像面，选取切除特征作为要镜像的特征，然后单击“确定”按钮✔，镜像切除特征如图 9-258 所示。

09 添加成型工具到库。打开“源文件/ch9/计算机机箱/侧板成型工具”，在任务窗格上单击“设计库”按钮，弹出“设计库”面板，单击“添加到库”按钮，弹出“添加到库”属性管理器，将侧板成型工具添加到 Design Library/forming tools/lances 文件夹，单击“确定”按钮✔，添加成型工具到设计库。

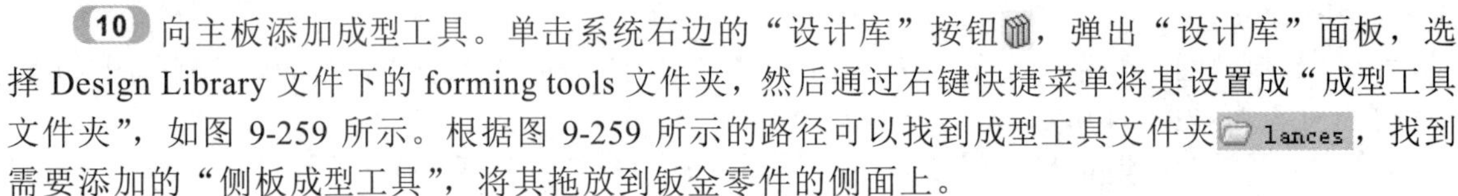

10 向主板添加成型工具。单击系统右边的“设计库”按钮，弹出“设计库”面板，选择 Design Library 文件下的 forming tools 文件夹，然后通过右键快捷菜单将其设置成“成型工具文件夹”，如图 9-259 所示。根据图 9-259 所示的路径可以找到成型工具文件夹 lances，找到需要添加的“侧板成型工具”，将其拖放到钣金零件的侧面上。

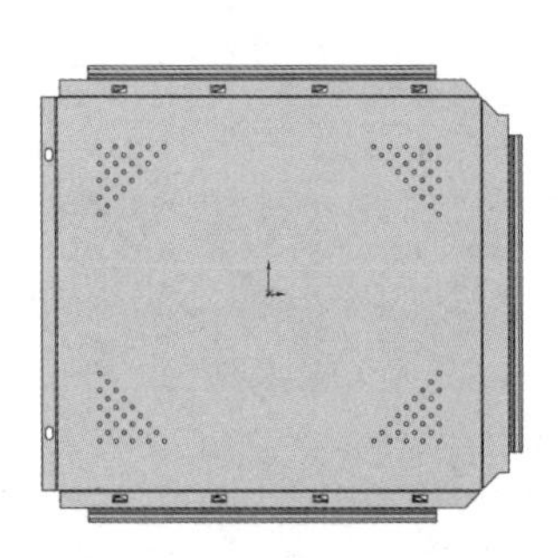

图 9-258　镜像切除特征

图 9-259　“设计库”面板

11 单击“草图”面板中的“智能尺寸”按钮，标注出成型工具在钣金零件上的位置尺寸，如图 9-260 所示，最后单击“放置成型特征”对话框中的“完成”按钮，完成成型工具的添加，如图 9-261 所示。

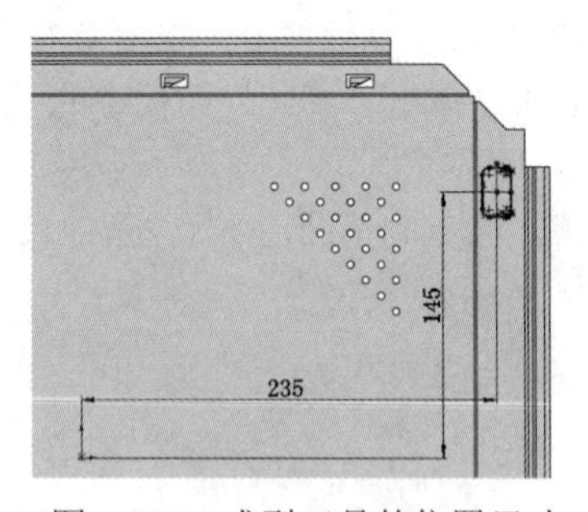

图 9-260　成型工具的位置尺寸

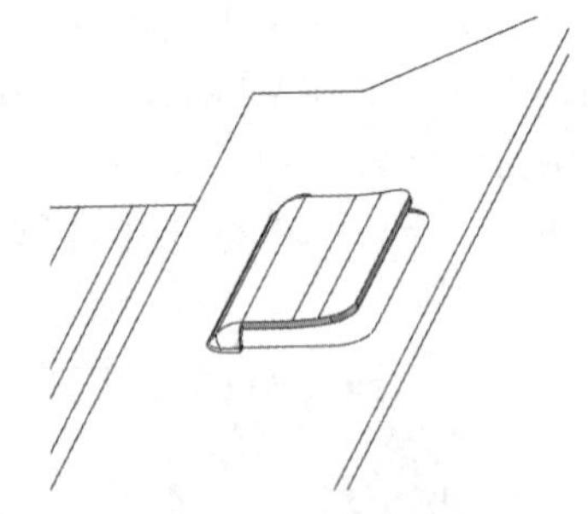

图 9-261　添加成型工具 1

12 阵列切除特征。单击“特征”面板中的“线性阵列”按钮，或选择“插入”→“阵列/镜像”→“线性阵列”菜单命令，弹出“线性阵列”属性管理器，在视图中选取竖直边线为阵列方向 1，输入阵列距离为 145 mm，个数为 3，将步骤 11 创建的成型工具特征作为要阵列的特征。然后单击“确定”按钮✔，阵列切除特征如图 9-262 所示。

13 折叠折弯。单击“钣金”面板中的“折叠”按钮，或选择“插入”→“钣金”→“折叠”菜单命令，弹出“折叠”属性管理器，在视图中选择图 9-262 所示的面 13 为固定面，单击“收集所有折弯”按钮，将视图中的所有折弯折叠。单击“确定”按钮✔，折叠折弯特征如图 9-263 所示。

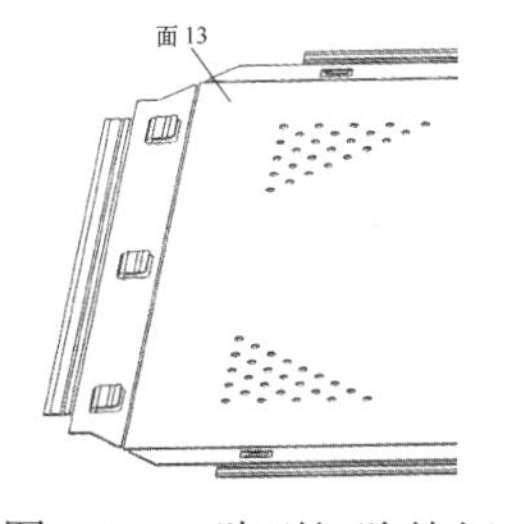

图 9-262　阵列切除特征

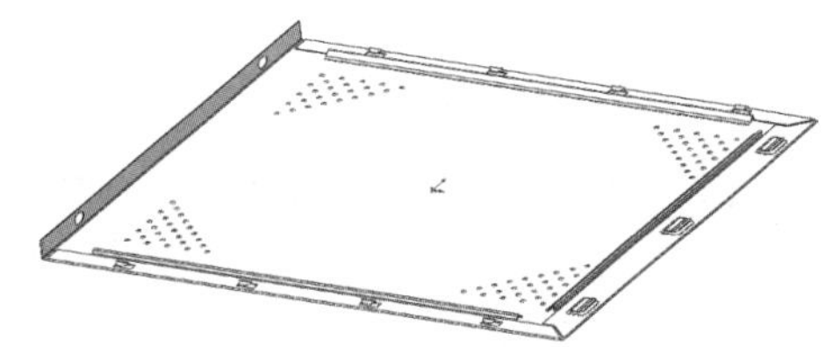

图 9-263　折叠折弯特征

9.7　装　　配

本实例创建的计算机机箱装配如图 9-264 所示。

图 9-264　计算机机箱装配

思路分析

首先导入底板，然后插入主板并装配，再插入前板、后板并装配，接着插入侧板装配后，通过镜像零件装配另一侧侧板，最后插入顶板并装配。绘制计算机机箱装配的流程如图 9-265 所示。

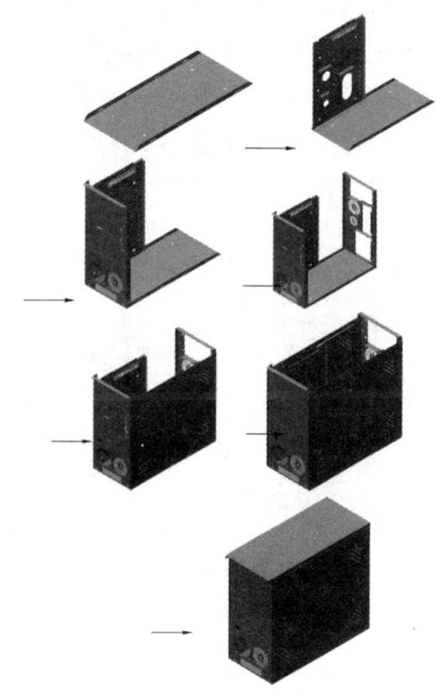

图 9-265　绘制计算机机箱装配的流程

Note

创建步骤

01 启动 SOLIDWORKS，单击“快速访问”工具栏中的“新建”按钮，或选择“文件”→“新建”菜单命令，在弹出的“新建 SOLIDWORKS 文件”对话框中单击“装配体”按钮，如图 9-266 所示。然后单击“确定”按钮，创建一个新的装配体文件。系统弹出的“开始装配体”属性管理器如图 9-267 所示。

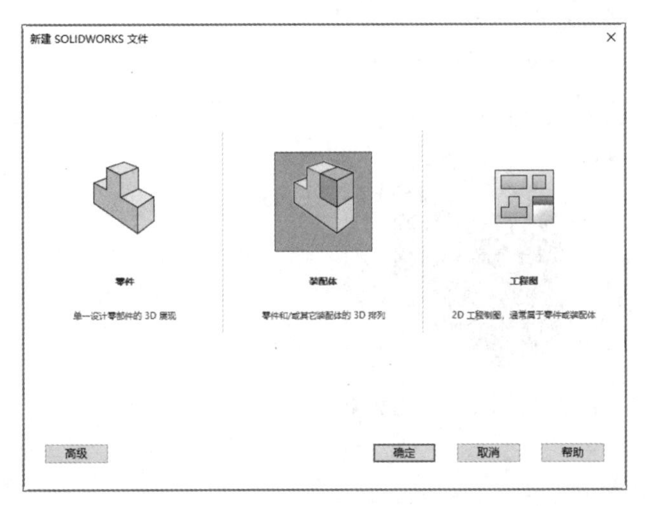

图 9-266　“新建 SOLIDWORKS 文件”对话框

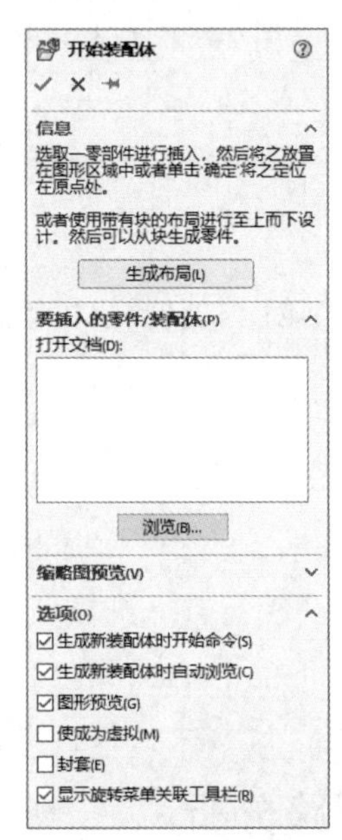

图 9-267　“开始装配体”属性管理器

02 定位底板。单击“开始装配体”属性管理器中的“浏览”按钮，系统弹出“打开”对话框，选择前面创建的“底板”零件，这时对话框的浏览区将显示零件的预览结果，如图 9-268 所示。在“打开”对话框中单击“打开”按钮，系统进入装配界面，光标变为形状，单击菜单栏中的“视图”→“隐藏/显示”→“原点”命令，显示坐标原点，将光标移动至原点位置，光标变为形状，如图 9-269 所示，在目标位置单击将底板放入装配界面中，如图 9-270 所示。

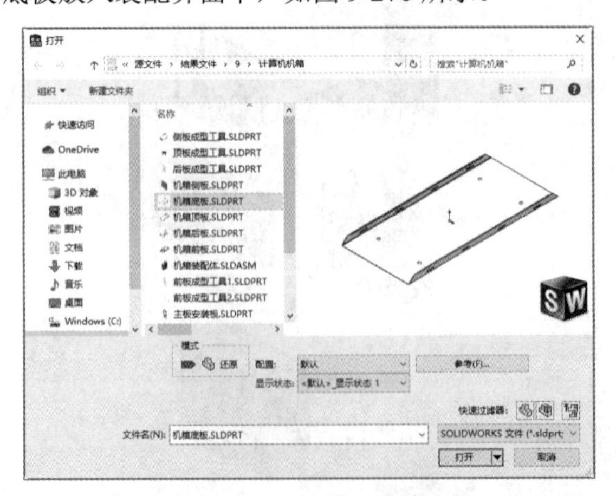

图 9-268　“打开”对话框

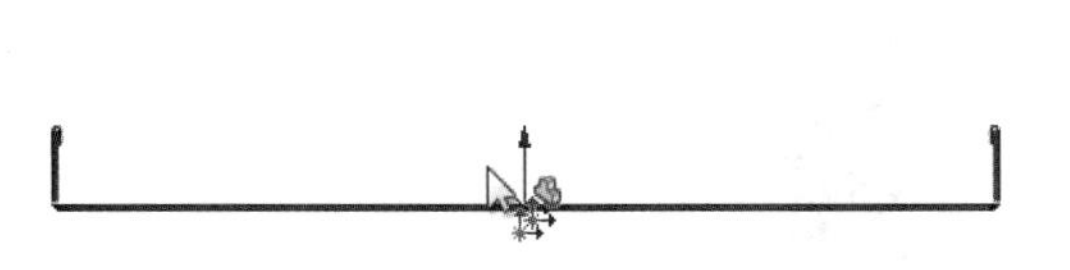

图 9-269 定位原点

图 9-270 插入底板

03 插入主板安装板。选择菜单栏中的“插入”→“零部件”→“现有零件/装配体”命令，或单击“装配体”面板中的“插入零部件”按钮，弹出如图 9-271 所示的“插入零部件”属性管理器，单击“浏览”按钮，在弹出的“打开”对话框中选择“主板安装板”，将其插入装配界面中，如图 9-272 所示。

04 添加装配关系。选择菜单栏中的“插入”→“配合”命令，或单击“装配体”面板中的“配合”按钮，系统弹出“配合”属性管理器，如图 9-273 所示。选择图 9-274 所示的配合面，在“配合”属性管理器中单击“重合”按钮，添加“重合”关系，单击“确定”按钮✔；选择图 9-275 所示的配合面，在“配合”属性管理器中单击“距离”按钮，输入距离为 4 mm，单击“确定”按钮✔；选择图 9-276 所示的配合面，在“配合”属性管理器中单击“重合”按钮，添加“重合”关系，单击“确定”按钮✔，装配主板安装板如图 9-277 所示。

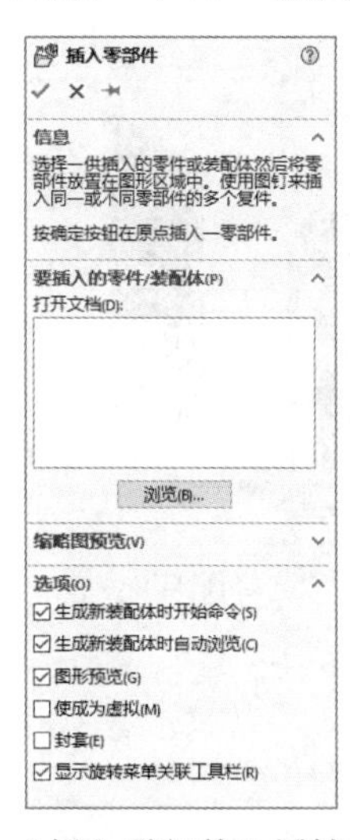

图 9-271 “插入零部件”属性管理器

图 9-272 插入主板安装板

图 9-273 “配合”属性管理器

图 9-274 选择配合面

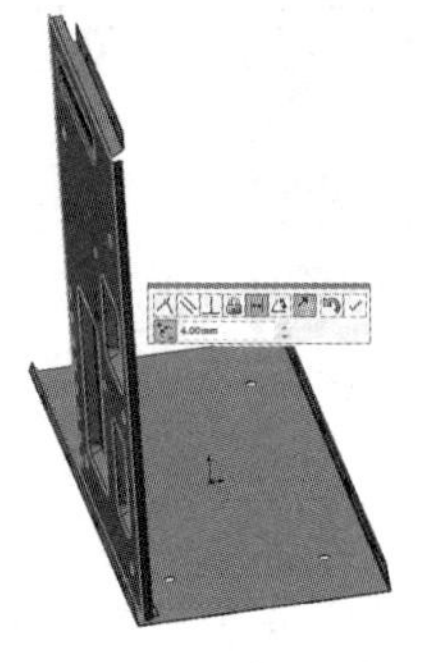

图 9-275 选择配合面

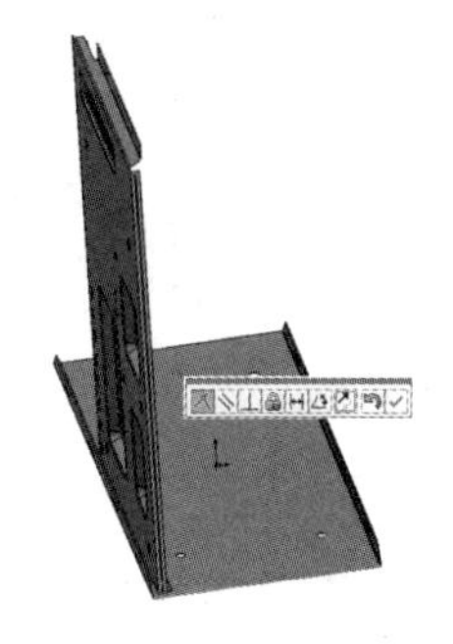

图 9-276 选择配合面

Note

05 插入前板。选择菜单栏中的“插入”→“零部件”→“现有零件/装配体”命令，或单击“装配体”面板中的“插入零部件”按钮，弹出“插入零部件”属性管理器，单击“浏览”按钮，在弹出的“打开”对话框中选择“前板”，将其插入装配界面中，如图 9-278 所示。

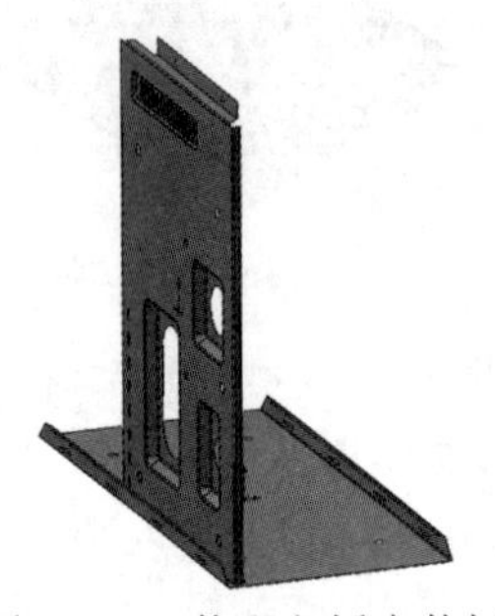

图 9-277　装配主板安装板

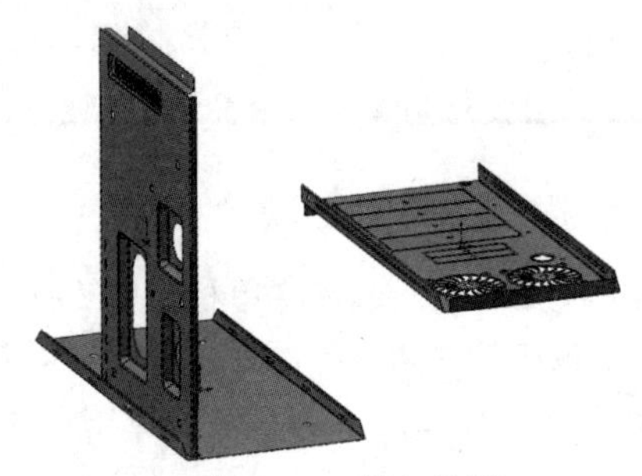

图 9-278　插入前板

06 添加装配关系。选择菜单栏中的“插入”→“配合”命令，或单击“装配体”面板中的“配合”按钮，系统弹出“配合”属性管理器。选择图 9-279 所示的配合面，在“配合”属性管理器中单击“重合”按钮，添加“重合”关系，单击“确定”按钮✔；选择图 9-280 所示的配合面，在“配合”属性管理器中单击“重合”按钮，添加“重合”关系，单击“确定”按钮✔；选择图 9-281 所示的配合面，在“配合”属性管理器中单击“重合”按钮，添加“重合”关系，单击“确定”按钮✔，装配前板如图 9-282 所示。

图 9-279　选择配合面

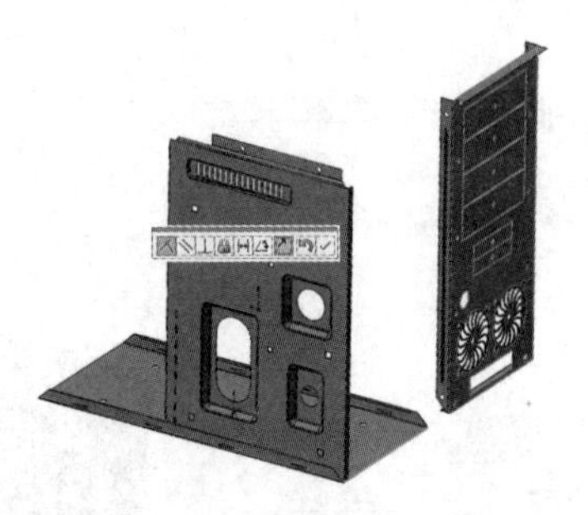

图 9-280　选择配合面

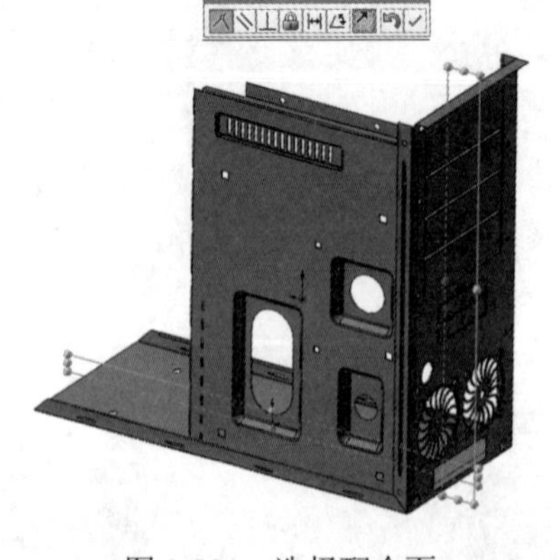

图 9-281　选择配合面

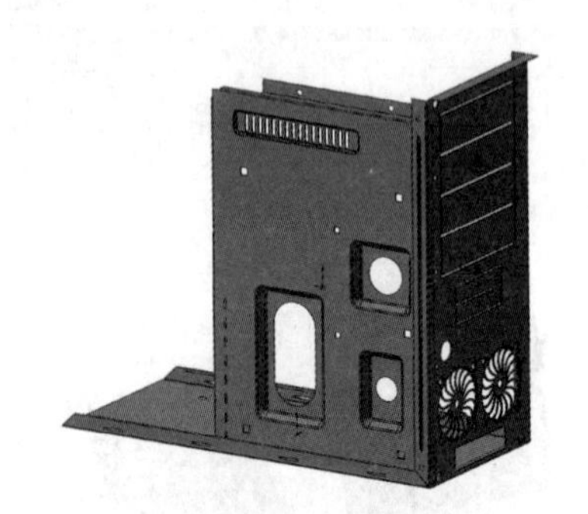

图 9-282　装配前板

07 插入后板。选择菜单栏中的“插入”→“零部件”→“现有零件/装配体”命令，或单击“装配体”面板中的“插入零部件”按钮，弹出“插入零部件”属性管理器，单击“浏览”按钮，在弹出

的“打开”对话框中选择“后板”，将其插入装配界面中，如图 9-283 所示。

08 添加装配关系。选择菜单栏中的“插入”→“配合”命令，或单击“装配体”面板中的“配合”按钮，系统弹出“配合”属性管理器。选择图 9-284 所示的配合面，在“配合”属性管理器中单击“重合”按钮，添加“重合”关系，单击“确定”按钮✓；选择图 9-285 所示的配合面，在“配合”属性管理器中单击“重合”按钮，添加“重合”关系，单击“确定”按钮✓；选择图 9-286 所示的配合面，在“配合”属性管理器中单击“重合”按钮，添加“重合”关系，单击“确定”按钮✓，装配后板如图 9-287 所示。

图 9-283　插入后板

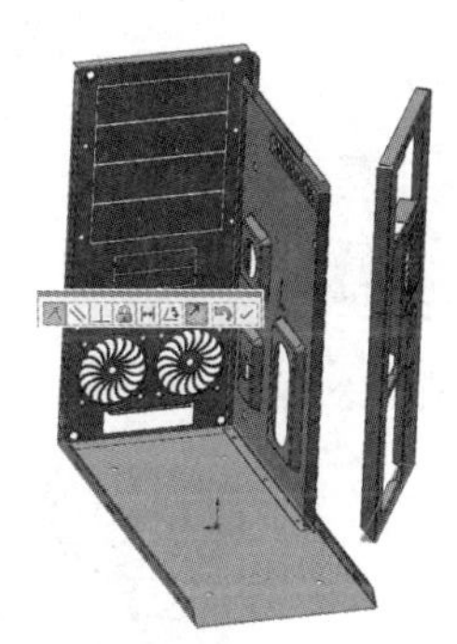

图 9-284　选择配合面

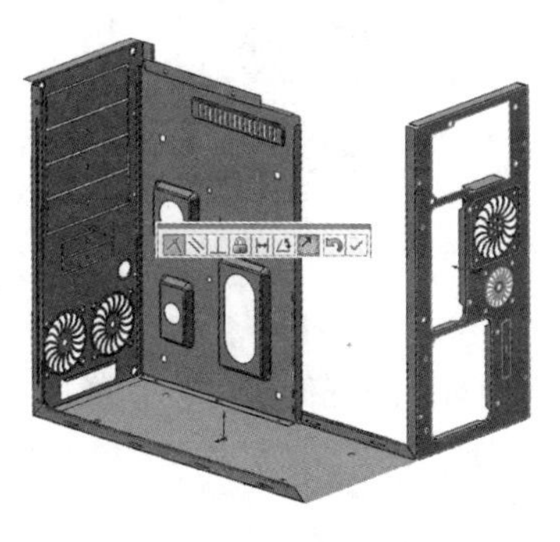

图 9-285　选择配合面

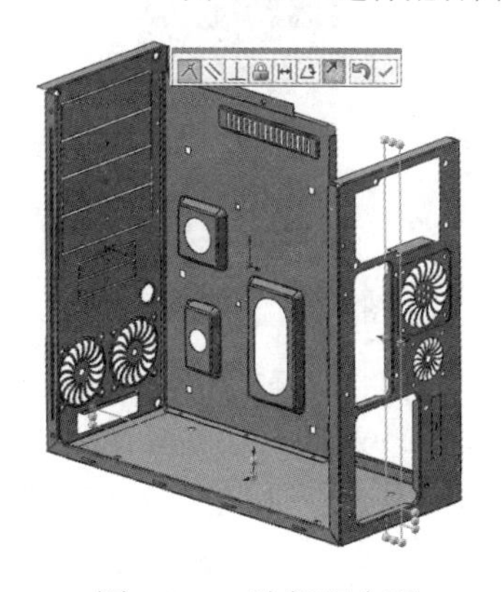

图 9-286　选择配合面

09 插入侧板。选择菜单栏中的“插入”→“零部件”→“现有零件/装配体”命令，或单击“装配体”面板中的“插入零部件”按钮，弹出“插入零部件”属性管理器，单击“浏览”按钮，在弹出的“打开”对话框中选择“侧板”，将其插入装配界面中，如图 9-288 所示。

图 9-287　装配后板

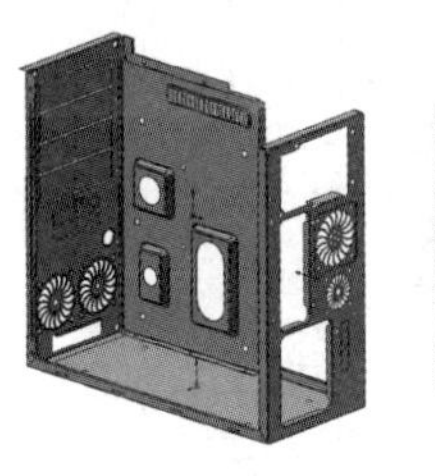

图 9-288　插入侧板

10 添加装配关系。选择菜单栏中的“插入”→“配合”命令，或单击“装配体”面板中的“配合”按钮，系统弹出“配合”属性管理器。选择图 9-289 所示的配合面，在“配合”属性管理器中

Note

单击“重合”按钮，添加“重合”关系，单击“确定”按钮；选择图 9-290 所示的配合面，在“配合”属性管理器中单击“相切”按钮，添加“相切”关系，单击“确定”按钮；选择图 9-291 所示的配合面，在“配合”属性管理器中单击“重合”按钮，添加“重合”关系，单击“确定”按钮，装配侧面如图 9-292 所示。

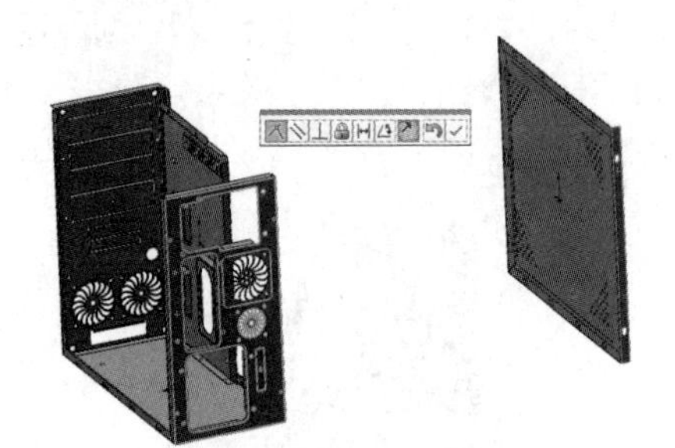

图 9-289　选择配合面

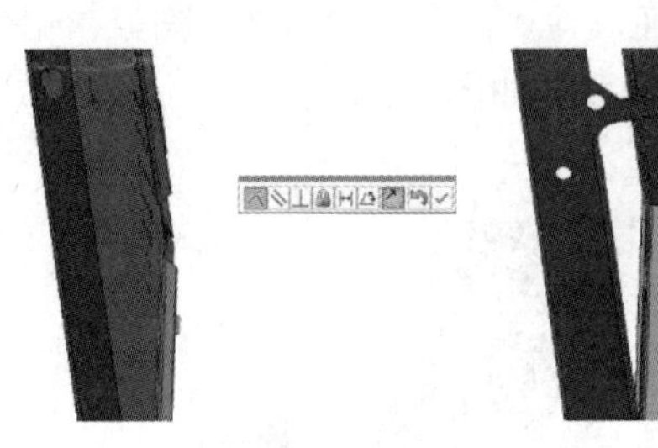

图 9-290　选择配合面

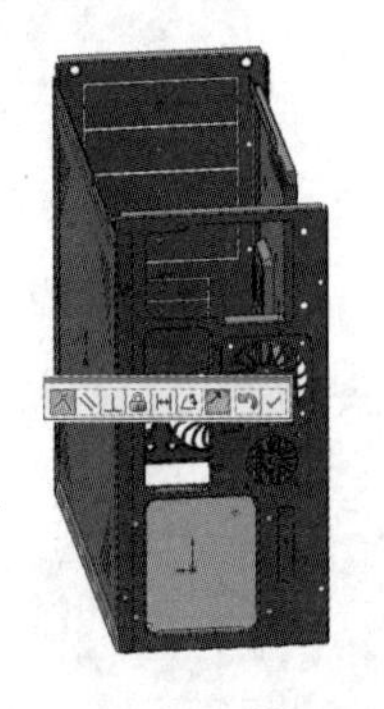

图 9-291　选择配合面

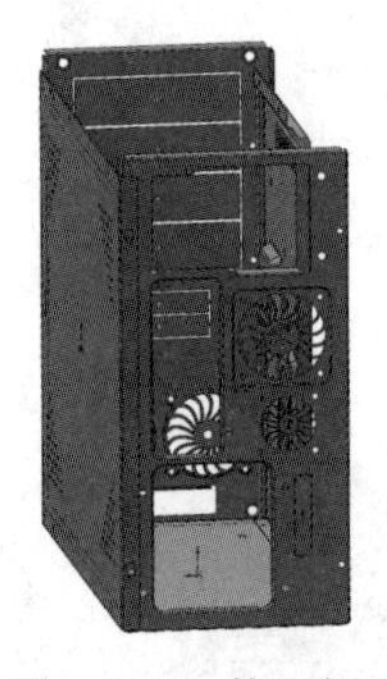

图 9-292　装配侧面

(11) 镜像零部件。选择菜单栏中的“插入”→“镜像零部件”命令，系统弹出“镜像零部件”属性管理器，如图 9-293 所示。选择“右视基准面”为镜像面，选择侧板为要镜像的零部件，单击下一步按钮，单击“确定”按钮，镜像侧板如图 9-294 所示。

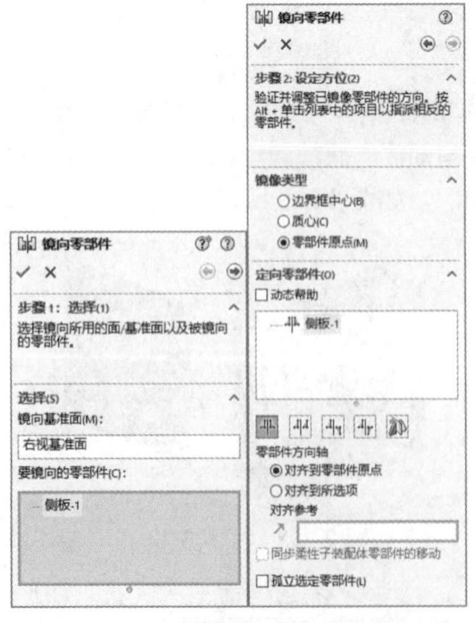

图 9-293　“镜像零部件”属性管理器

图 9-294　镜像侧板

Note

12 插入顶板。选择菜单栏中的“插入”→“零部件”→“现有零件/装配体”命令，或单击“装配体”面板中的“插入零部件”按钮，在弹出的“插入零部件”属性管理中单击“浏览”按钮，在弹出的“打开”对话框中选择“顶板”，将其插入装配界面中，如图9-295所示。

13 添加装配关系。选择菜单栏中的“插入”→“配合”命令，或单击“装配体”面板中的“配合”按钮，系统弹出“配合”属性管理器。选择图9-296所示的配合面，在“配合”属性管理器中单击“重合”按钮，添加“重合”关系，单击“确定”按钮✔；选择图9-297所示的配合面，在“配合”属性管理器中单击“重合”按钮，添加“重合”关系，单击“确定”按钮✔；选择图9-298所示的配合面，在“配合”属性管理器中单击“重合”按钮，添加“重合”关系，单击“确定”按钮✔，装配顶板如图9-299所示。

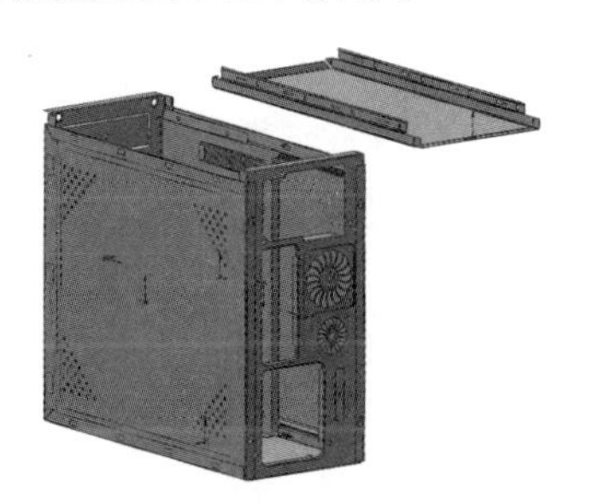

图9-295 插入顶板

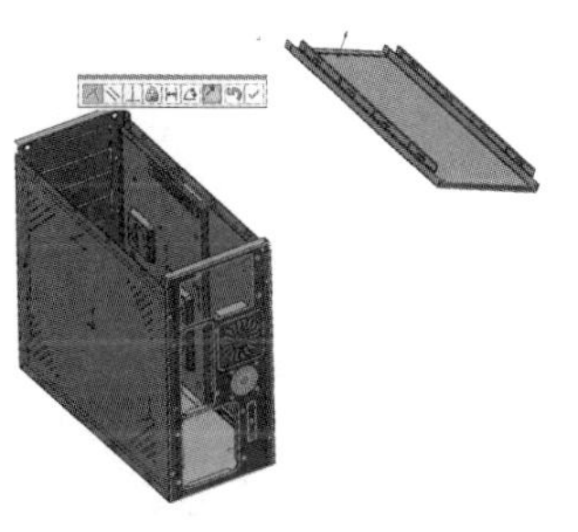

图9-296 选择配合面

图9-297 选择配合面

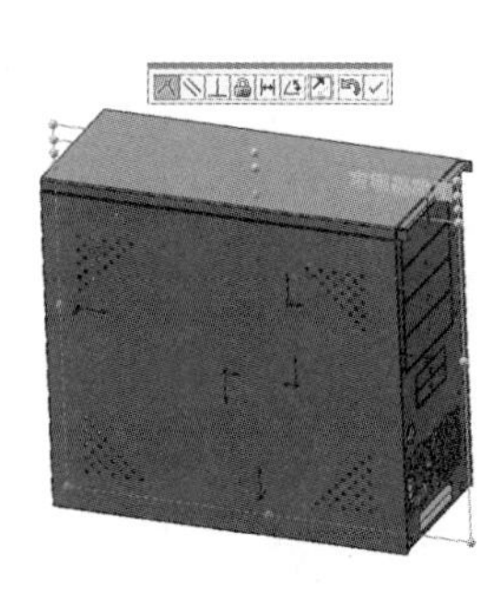

图9-298 选择配合面

图9-299 装配顶板

▶▶第4篇

焊接设计篇

本篇主要介绍焊接设计的基础知识，包括焊接工具与焊件菜单、焊件切割清单以及焊缝创建等知识。并通过实例讲解对基础知识进行巩固。

本篇讲解的实例不但使用焊接的新知识点，还大量使用基础特征建模知识，第12章的复杂实例更是贯穿更多知识点，真正达到“活学活用”的学习效果。

第10章

焊件基础知识

本章导读

本章简要介绍 SOLIDWORKS 焊接的一些基本操作，是用户绘制焊件必须掌握的基础知识。主要目的是使读者了解焊接件的基本概念，以及绘制焊接件的操作步骤和注意事项，同时通过实例巩固焊接知识。

内容要点

☑ 焊件特征工具与焊件菜单
☑ 焊件特征工具的使用方法
☑ 焊件切割清单
☑ 装配体中焊缝的创建
☑ 办公椅

10.1 概 述

Note

视频讲解

使用 SOLIDWORKS 软件的焊件功能可以进行焊接零件设计。通过焊件功能中的焊接结构构件可以设计出各种焊接框架结构件，如图 10-1 所示。用户也可以通过焊件工具栏中的剪裁和延伸特征功能，设计各种焊接箱体和支架类零件，如图 10-2 所示。在实体焊件设计过程中能够设计出相应的焊缝，真实地体现焊接件的焊接方式。

设计好实体焊接件后，还可以生成焊件工程图，在工程图中生成焊件的切割清单，如图 10-3 所示。

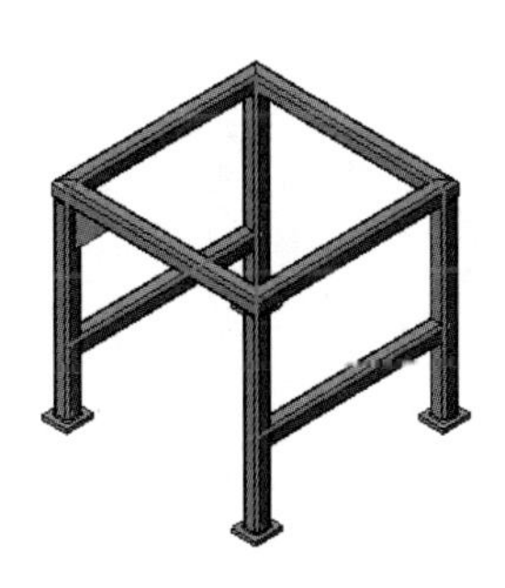

图 10-1 焊件框架

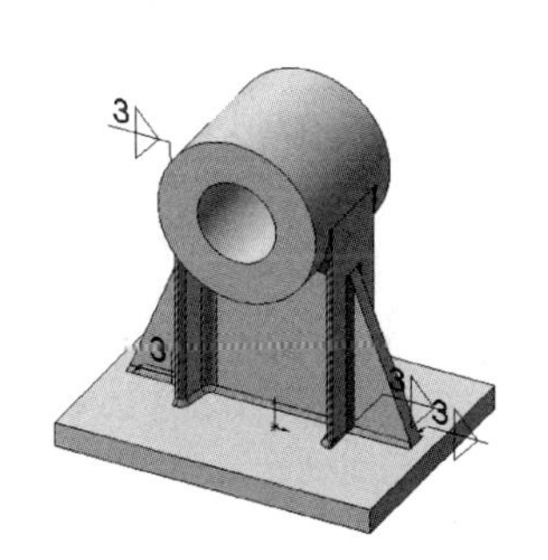

图 10-2 H 形轴承支架

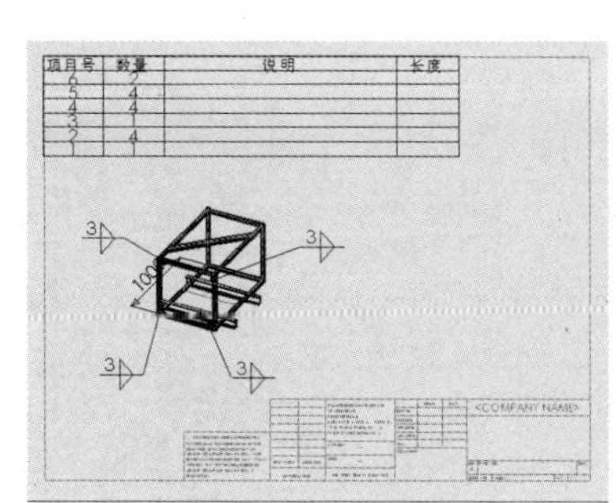

图 10-3 焊件工程图

10.2 焊件特征工具与焊件菜单

10.2.1 启用焊件特征工具栏

视频讲解

启动 SOLIDWORKS 软件后，选择“工具”→“自定义”菜单命令，弹出“自定义”对话框，如图 10-4 所示。在“自定义”对话框中选取工具栏中的“焊件”选项，然后单击“确定”按钮，在 SOLIDWORKS 用户界面左侧将显示焊件特征工具栏，如图 10-5 所示。

图 10-4 “自定义”对话框

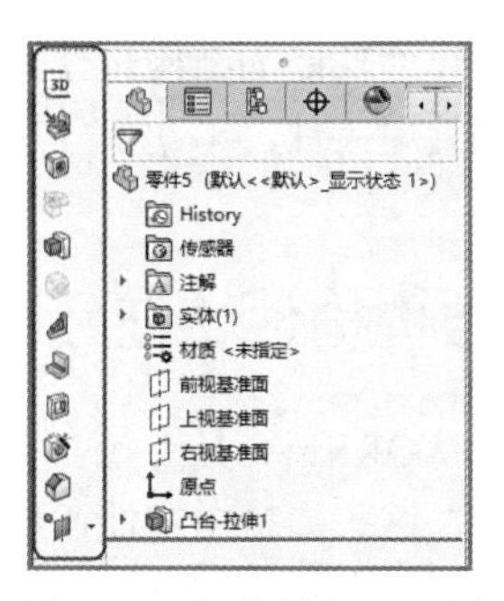

图 10-5 焊件特征工具栏

10.2.2 焊件菜单

选择“插入”→“焊件”菜单命令，可以找到焊件菜单，如图 10-6 所示。

图 10-6 焊件菜单

10.3 焊件特征工具的使用方法

在 SOLIDWORKS 软件系统中，焊件功能主要提供了焊件特征工具、结构构件特征工具、角撑板特征工具、顶端盖特征工具、圆角焊缝特征工具和剪裁/延伸特征工具。焊件工具栏如图 10-7 所示。在焊件工具栏中还包括拉伸凸台/基体、拉伸切除、倒角和异型孔等特征工具，其使用方法与常见实体设计相同。本节主要介绍焊件所特有的特征工具的使用方法。

图 10-7 焊件工具栏

进行焊件设计时，单击“焊件”工具栏中的“焊件”按钮，或选择“插入”→“焊件”→“焊件”菜单命令，可以将实体零件标记为焊接件。同时，焊件特征被添加到 FeatureManager 设计树中，如图 10-8 所示。

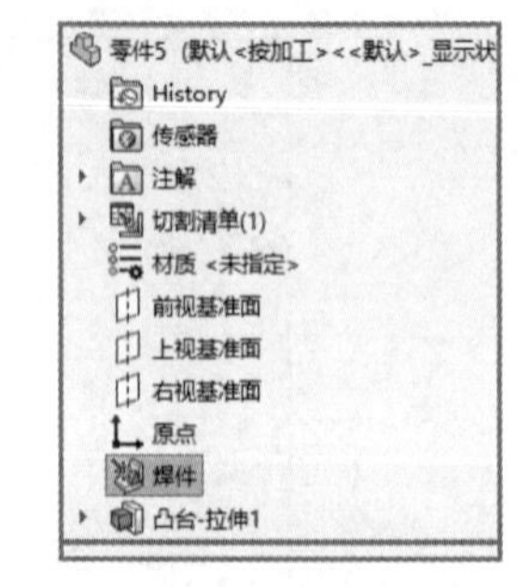

图 10-8 将零件标记为焊件

如果使用焊件功能的结构构件特征工具来生成焊件，系统会自动将零件标记为焊接件，自动将“焊件”按钮添加到 FeatureManager 设计树中。

10.3.1 结构构件特征

在 SOLIDWORKS 中具有包含多种焊接结构件（如角铁、方形管和矩形管等）的特征库，可供设计者选择使用。这些焊接结构件在形状及尺寸上具有两种标准，即 ansi 和 iso，每种类型的结构件都具有多种尺寸可供选择，如图 10-9 所示。

Note

图 10-9　“结构构件”属性管理器

使用结构构件生成焊件时，首先要绘制草图，即使用线性或弯曲草图实体生成多个带基准面的2D 草图，或生成 3D 草图，也可以是 2D 和 3D 组合的草图。

【操作步骤】

（1）绘制草图。单击“草图”面板中的“边角矩形”按钮，或选择“工具”→“草图绘制实体”→“边角矩形”菜单命令，在绘图区域绘制一个矩形，如图 10-10 所示，然后单击“退出草图”按钮。

（2）插入结构构件。单击“焊件”面板中的“结构构件”按钮，或选择“插入”→“焊件”→“结构构件”菜单命令，弹出“结构构件”属性管理器。在“标准”下拉列表中选择 iso，在“类型”下拉列表中选择“方形管”，在“大小”下拉列表中选择 40×40×4，然后在草图中依次拾取需要插入结构构件的路径线段，结构构件就被插入绘图区域，如图 10-11 所示。

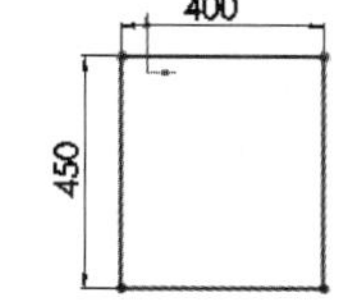

图 10-10　绘制矩形草图

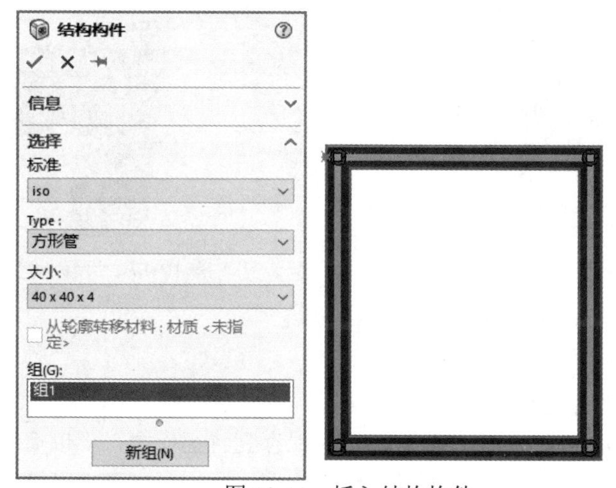

图 10-11　插入结构构件

（3）应用边角处理。在“设定”面板中选中“应用边角处理”复选框，可以对结构构件进行边角处理，如图 10-12 所示。常用的边角处理方式有 3 种，即未应用边角处理（见图 10-13）、终端斜接（见图 10-14）、终端对接（见图 10-15、图 10-16）。

Note

（4）更改旋转角度。在“旋转角度”输入栏中输入相应的角度值，可以使结构构件按固定的度数旋转。如果输入 60°，结构构件将旋转 60°，如图 10-17 所示。

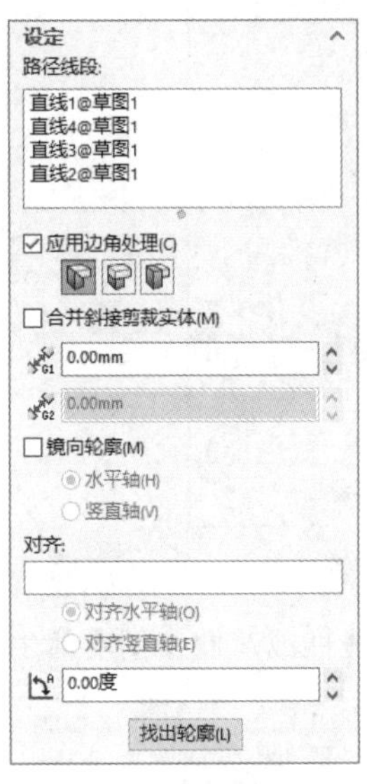

图 10-12　应用边角处理

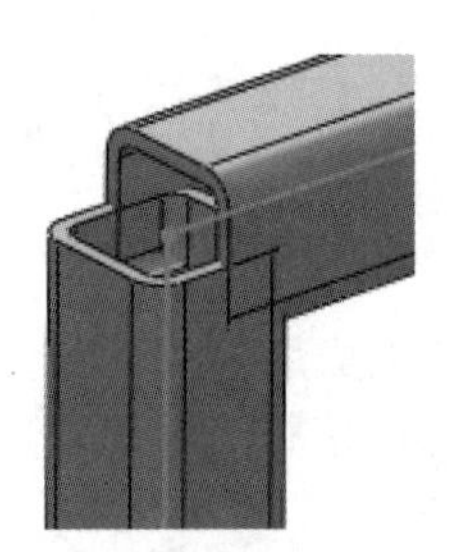

图 10-13　未应用边角处理效果

图 10-14　终端斜接效果

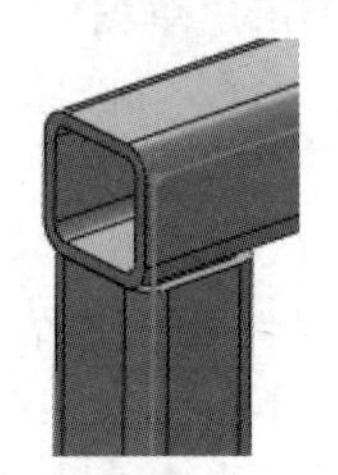

图 10-15　终端对接 1 效果

图 10-16　终端对接 2 效果

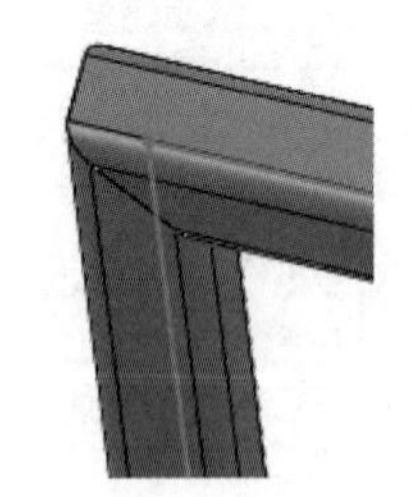

图 10-17　旋转 60°效果

10.3.2　生成自定义结构构件轮廓

视频讲解

SOLIDWORKS 软件系统中的结构构件特征库中可供选择使用的结构构件的种类和大小是有限的。设计者可以将自己设计的结构构件的截面轮廓保存到特征库中，供以后选择使用。

下面以生成大小为 100×100×2 的方形管轮廓为例，介绍生成自定义结构构件轮廓的操作步骤。

【操作步骤】

1. 绘制草图

（1）单击“草图”面板中的“边角矩形”按钮，或选择“工具”→“草图”→“绘制工具矩

形”菜单命令，在绘图区域绘制一个矩形，通过标注智能尺寸，使原点在矩形的中心。

（2）单击“草图”面板中的“绘制圆角”按钮，绘制圆角，如图 10-18 所示。

（3）单击“草图”面板中的“等距实体”按钮，输入等距距离为 2 mm，如图 10-19 所示，生成等距实体草图，单击“退出草图”按钮。

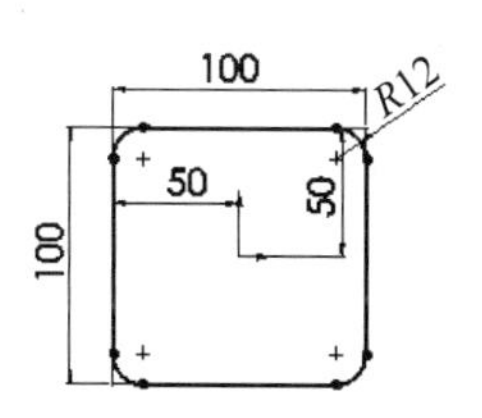

图 10-18　绘制矩形并绘制圆角

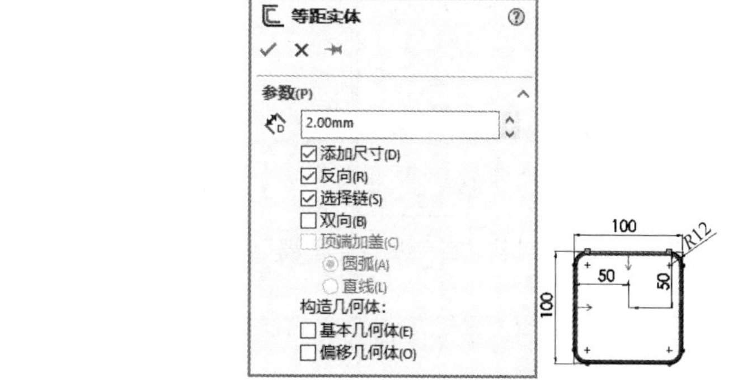

图 10-19　生成等距实体草图

2. 保存自定义结构构件轮廓

在 FeatureManager 设计树中选择草图，选择“文件”→“另存为”菜单命令，保存自定义结构构件轮廓。

焊件结构件的轮廓草图文件默认保存在安装目录\SOLIDWORKS\data\weldment profiles 的子文件夹中。单击“保存”按钮，草图文件名为 100×100×2，文件类型为.sldlfp，保存在 square tube 文件夹中，如图 10-20 所示。

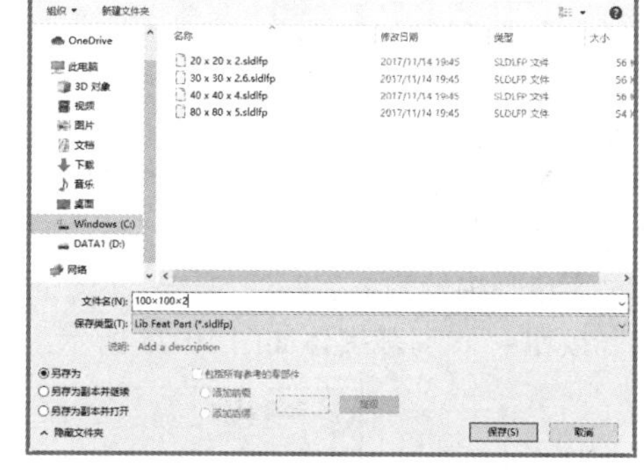

图 10-20　保存自定义结构构件轮廓

10.3.3　剪裁/延伸特征

生成焊件时，可以使用剪裁/延伸特征工具来剪裁或延伸结构构件，使结构构件在焊件零件中正确对接。此特征工具适用于：两个处在拐角处汇合的结构构件；一个或多个结构构件与另一实体相汇合处；一个结构构件两端同时与另外两个构件汇合处。

【操作步骤】

（1）绘制草图。单击“草图”面板中的“直线”按钮，或选择“工具”→“草图绘制实体”→“直线”菜单命令，在绘图区域绘制一条水平直线。然后单击“退出草图”按钮。重复“直线”命令，绘制一条竖直直线。

（2）创建结构构件。单击“焊件”面板中的“结构构件”按钮，或选择“插入”→“焊件”→“结构构件”菜单命令，弹出如图 10-21 所示的“结构构件”属性管理器。在“标准”下拉列表中选择 iso，在“类型”下拉列表中选择“方形管”，在“大小”下拉列表中选择 40×40×4，然后拾取水平直线为路径线段，单击“确定”按钮，创建横管，如图 10-22 所示。重复执行“结构构件”命令，选择竖直直线为路径线段，创建竖直管，如图 10-23 所示。

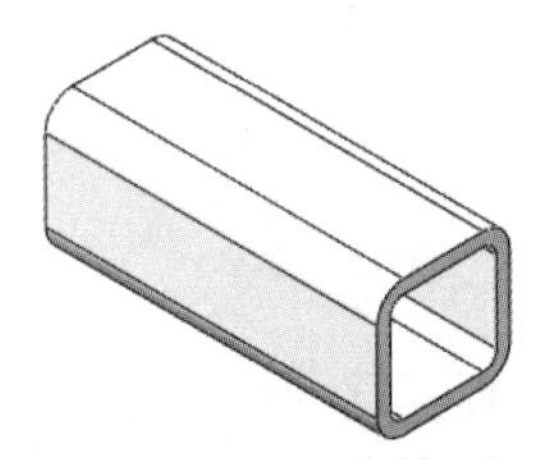

图 10-21　“结构构件”属性管理器　　　　图 10-22　创建横管

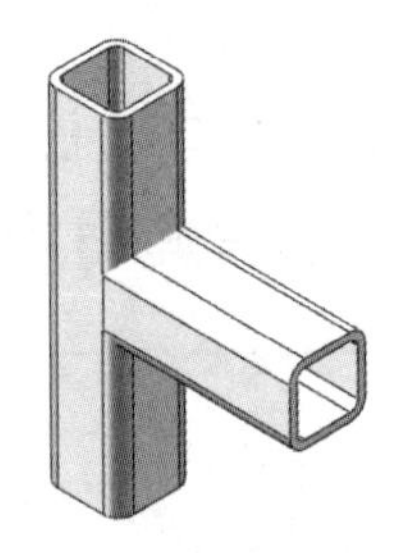

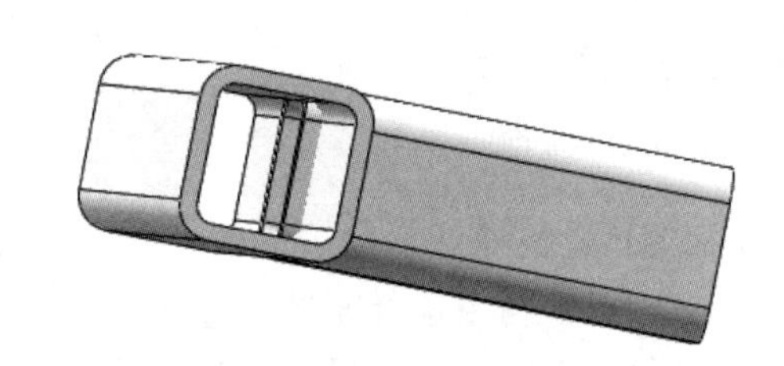

图 10-23　创建竖直管

（3）剪裁延伸构件。单击“焊件”面板中的“剪裁/延伸”按钮，或选择“插入”→“焊件”→“剪裁/延伸”菜单命令，弹出“剪裁/延伸”属性管理器，如图 10-24 所示。选择“终端斜接”类型，选择横管为要剪裁的实体，并选中“允许延伸”复选框，选择竖直管件为剪裁边界，单击“确定”按钮✔，剪裁实体如图 10-25 所示。

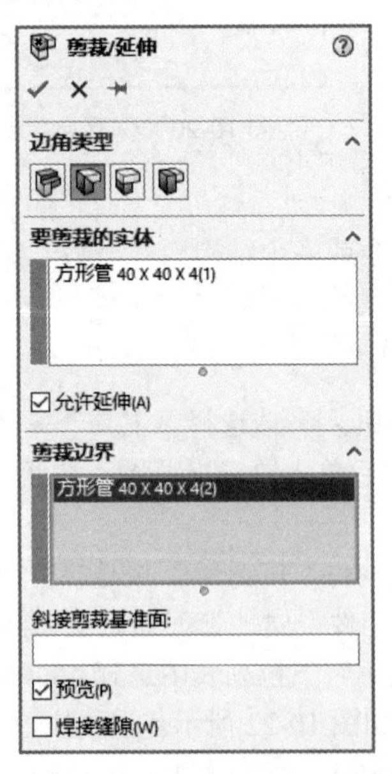

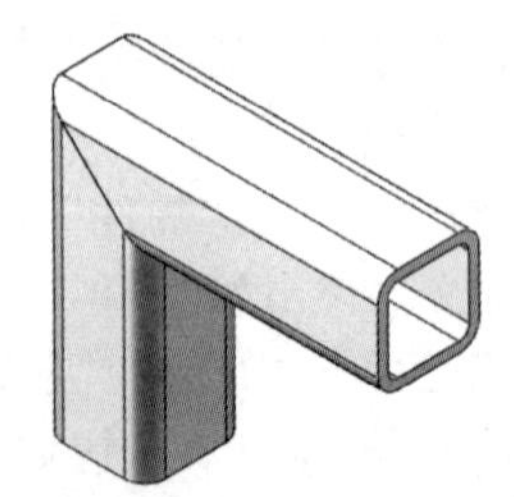

图 10-24　“剪裁/延伸”属性管理器　　　　图 10-25　剪裁实体

其他边角类型包括“终端裁剪”“终端对接 1”和“终端对接 2”，如图 10-26 所示。

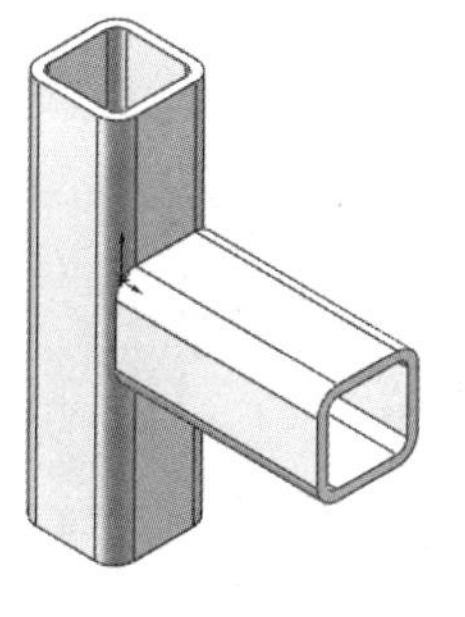

（a）终端裁剪

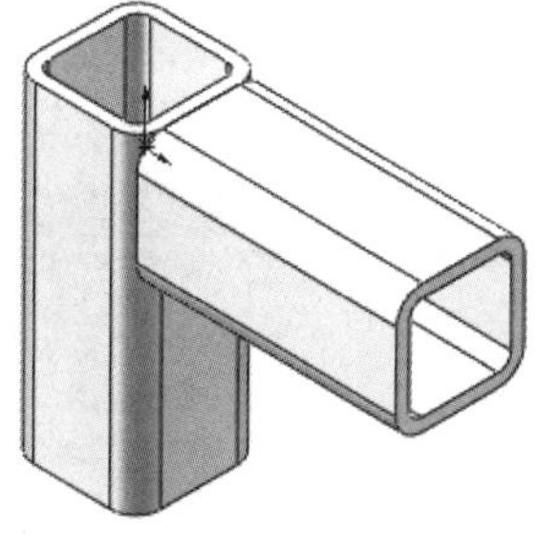

（b）终端对接 1

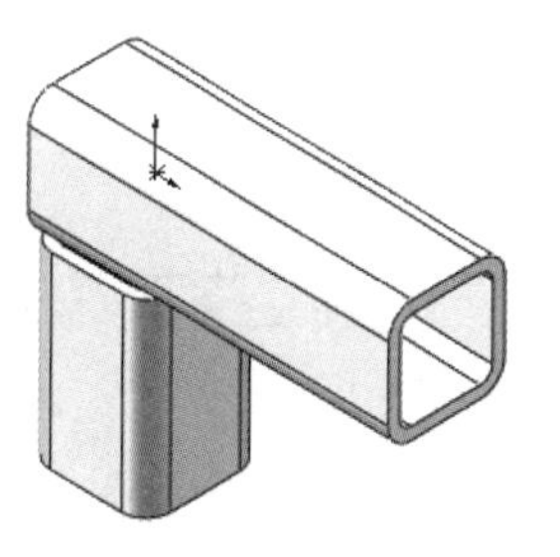

（c）终端对接 2

图 10-26　其他边角类型

注意：

选择平面为剪裁边界通常更有效且性能更好，只在相当于诸如圆形管道或阶梯式曲面之类的非平面实体剪裁时选择实体。

10.3.4　顶端盖特征

视频讲解

顶端盖特征工具用于闭合敞开的结构构件，如图 10-27 所示。

【操作步骤】

（1）单击“焊件”面板中的“顶端盖”按钮，或选择“插入”→“焊件”→“顶端盖”菜单命令，然后拾取需要添加端盖的结构构件的断面，并且设置厚度参数，如图 10-28 所示。

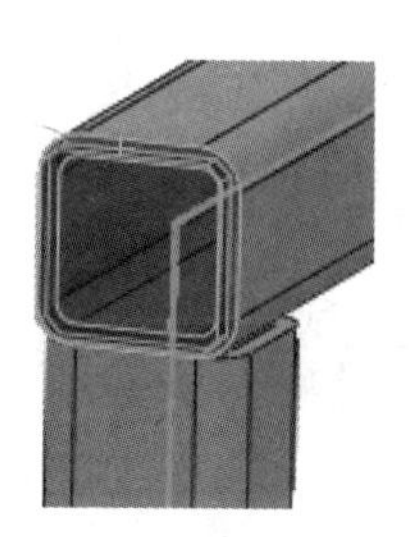

图 10-27　顶端盖特征

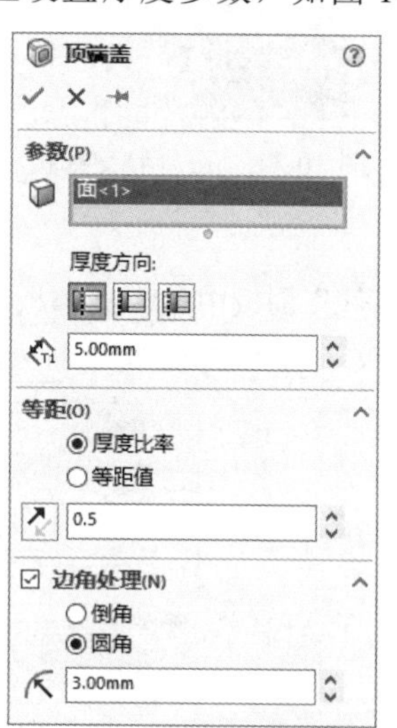

图 10-28　“顶端盖”属性管理器

（2）进行等距设置。在生成顶端盖特征过程中，顶端盖等距是指结构构件边线到顶端盖边线之间的距离，如图 10-29 所示。在进行等距设置时，可以选择使用厚度比率来进行设置，或者不使用厚度比率来设置。如果选择使用厚度比率，指定的厚度比率值应在 0～1。等距则等于结构构件的壁厚乘以指定的厚度比率。

（3）进行倒角设置。在倒角距离输入框中，可以输入合适的倒角尺寸数值。生成的顶端盖如图 10-30 所示。

Note

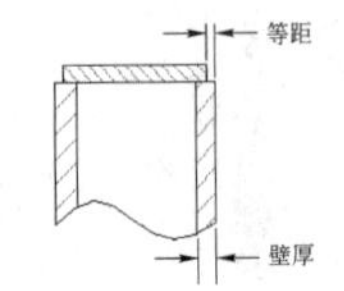

图 10-29　顶端盖等距示意图

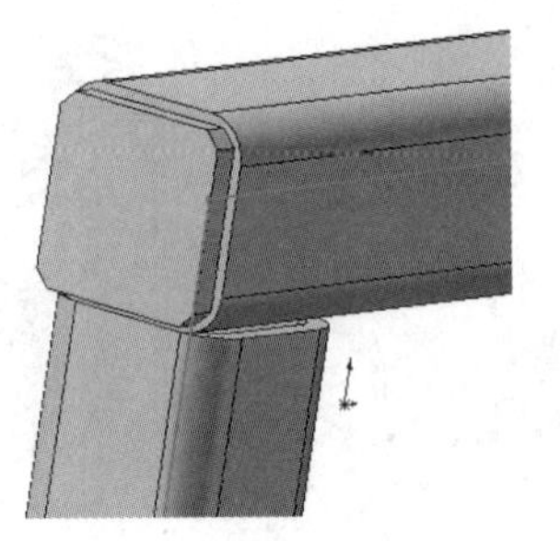

图 10-30　生成的顶端盖

注意：

生成顶端盖时，只能在有线性边线的轮廓上生成。

10.3.5　角撑板特征

视频讲解

使用角撑板特征工具可加固两个交叉带平面的结构构件之间的区域。系统提供了两种类型的角撑板，即三角形支撑板（见图 10-31）和多边形支撑板（见图 10-32）。

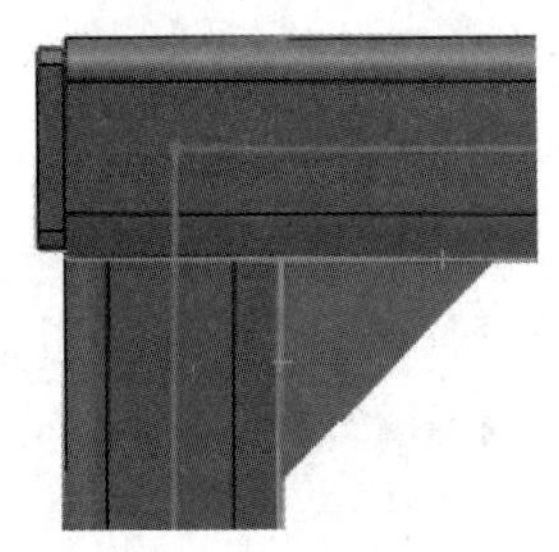

图 10-31　三角形支撑板

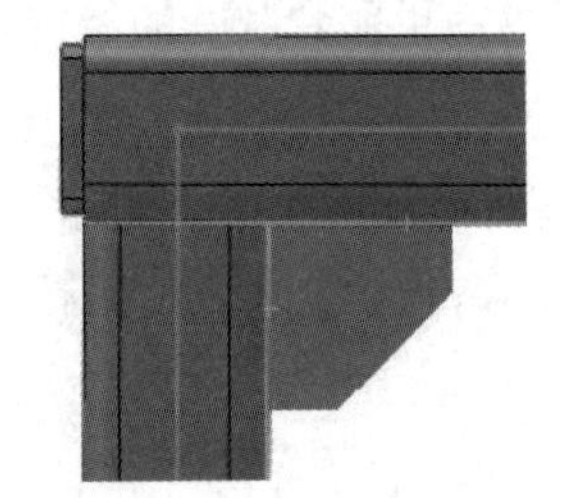

图 10-32　多边形支撑板

【操作步骤】

（1）单击“焊件”面板中的“支撑板”按钮，或选择“插入”→“焊件”→“角撑板”菜单命令，弹出“角撑板”属性管理器，然后选择生成角撑板的支撑面，如图 10-33 所示。

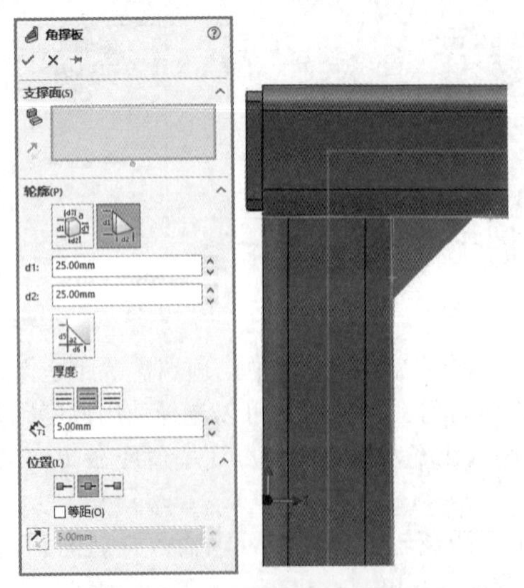

图 10-33　“角撑板”属性管理器

Note

（2）选择轮廓。在“轮廓”选择栏中选择要添加的角撑板轮廓，并且设置相应的边长数值。

（3）设置厚度参数。角撑板的厚度有 3 种设置方式，分别使用角撑板的内边、两边、外边作为基准设置其厚度，如图 10-34 所示。

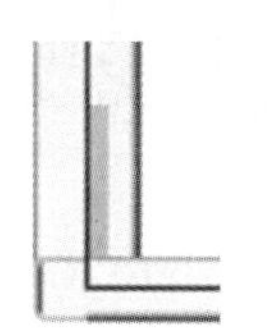
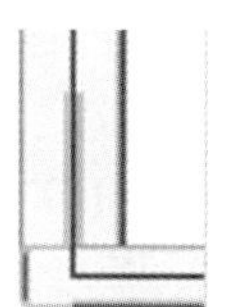
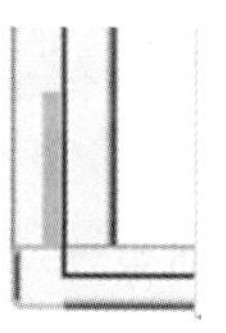

图 10-34　“角撑板”厚度的内边、两边及外边设置方式

（4）设置角撑板位置。角撑板的位置设置也有 3 种方式，分别为：轮廓定位于起点，如图 10-35 所示；轮廓定位于中点，如图 10-36 所示；轮廓定位于端点，如图 10-37 所示。如果想等距角撑板位置，可以指定一个等距值。

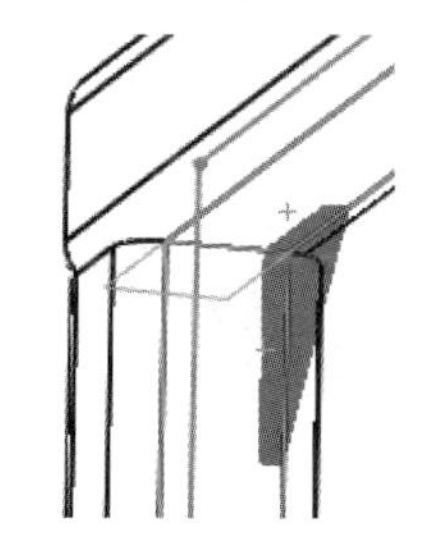
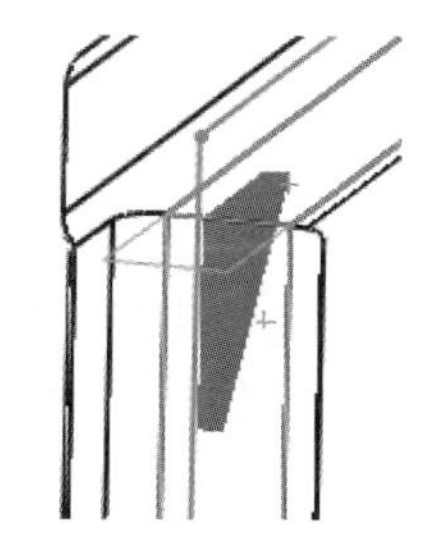
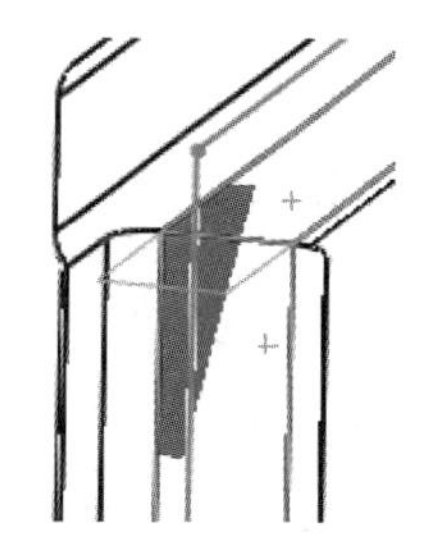

图 10-35　轮廓定位于起点　　图 10-36　轮廓定位于中点　　图 10-37　轮廓定位于端点

10.3.6　圆角焊缝特征

使用圆角焊缝特征工具可以在任何交叉的焊件实体（如结构构件、平板焊件或角撑板等）之间添加全长、间歇或交错圆角焊缝。

【操作步骤】

（1）选择“插入”→“焊件”→“圆角焊缝”菜单命令，弹出“圆角焊缝”属性管理器，首先可以选择焊缝的类型，如图 10-38 所示。焊缝的类型有如图 10-39 所示的全长焊缝、如图 10-40 所示的间歇焊缝与如图 10-41 所示的交错焊缝 3 种。

视 频 讲 解

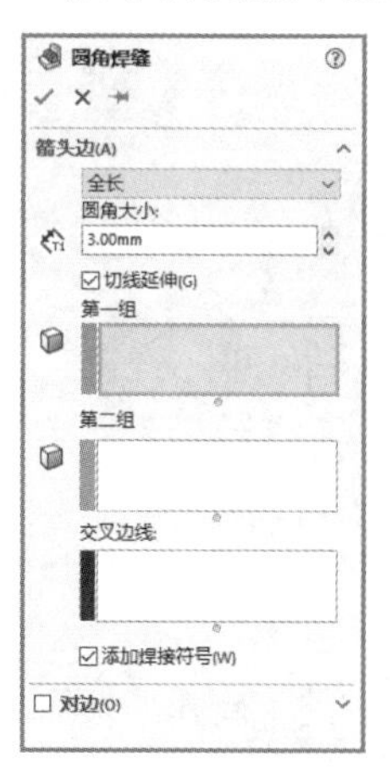

图 10-38　“圆角焊缝”属性管理器

图 10-39　全长焊缝

Note

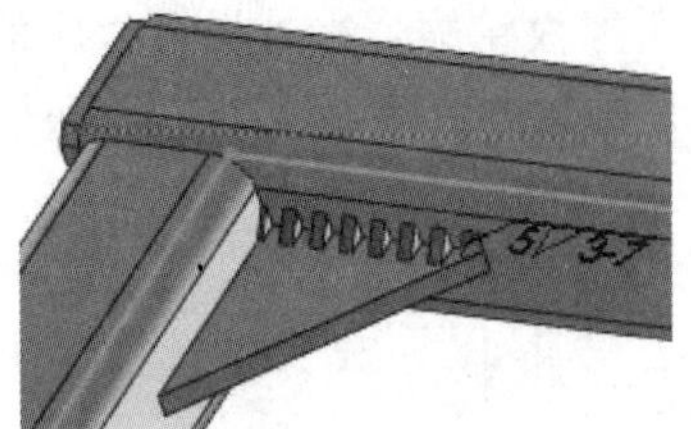

图 10-40 间歇焊缝

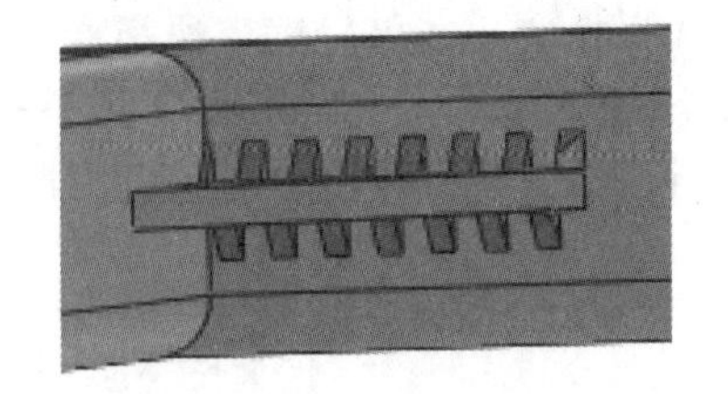

图 10-41 交错焊缝

（2）选择合适的焊缝类型后，可以输入焊缝圆角、焊缝长度数值及齿距数值，分别拾取需要添加焊缝的两个相交面，然后单击“确定”按钮✔。

10.3.7 实例——鞋架

视频讲解

本实例创建的鞋架如图 10-42 所示。

图 10-42 鞋架

思路分析

首先绘制草图，创建结构构件，然后通过线性阵列创建两侧主构件，再创建横结构构件，最后创建顶端盖。绘制鞋架的流程如图 10-43 所示。

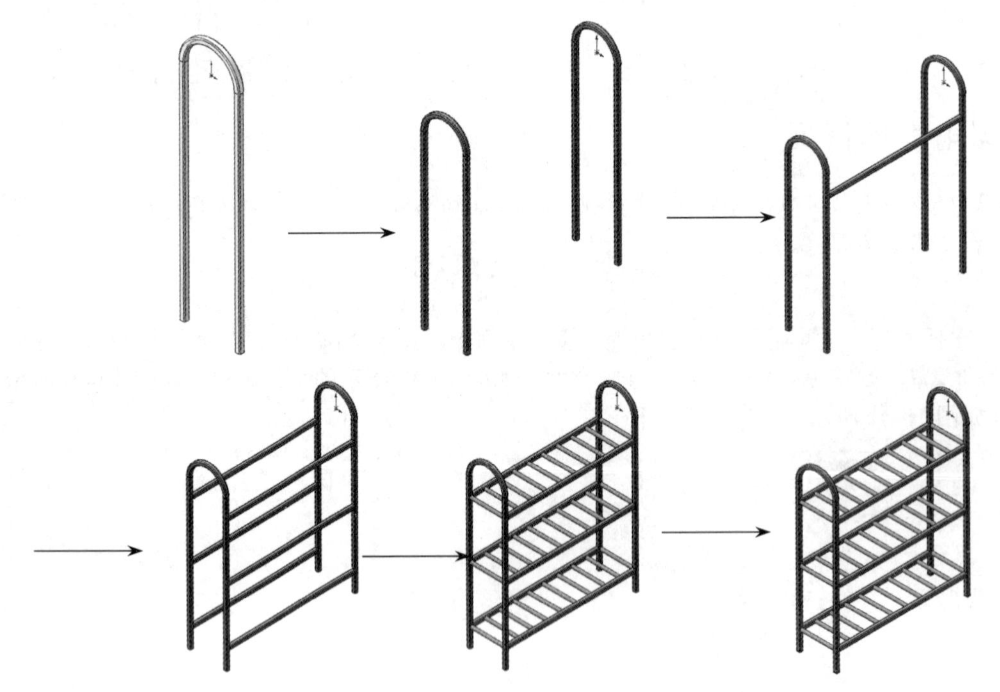

图 10-43 绘制鞋架的流程

创建步骤

01 启动 SOLIDWORKS，单击“快速访问”工具栏中的“新建”按钮，或选择“文件”→“新建”菜单命令，在弹出的“新建 SOLIDWORKS 文件”对话框中单击“零件”按钮，然后单击“确定”按钮，创建一个新的零件文件。

02　设置基准面。在 FeatureManager 设计树中选择“前视基准面”，然后单击“视图（前导）”工具栏中的“正视于”按钮，将该基准面作为绘制图形的基准面。单击“草图”面板中的“草图绘制”按钮，进入草图绘制状态。

03　绘制草图。单击“草图”面板中的“直线”按钮和“圆心/起/终点画弧”按钮，绘制如图 10-44 所示的草图并标注尺寸。

04　单击“焊件”面板中的“结构构件”按钮，或选择“插入”→“焊件”→“结构构件”菜单命令，弹出“结构构件”属性管理器，选择 iso 标准和“方形管”类型，选择“大小”为 20×20×2，然后在视图中拾取步骤 03 绘制的草图，如图 10-45 所示。单击“确定”按钮，添加结构构件，如图 10-46 所示。

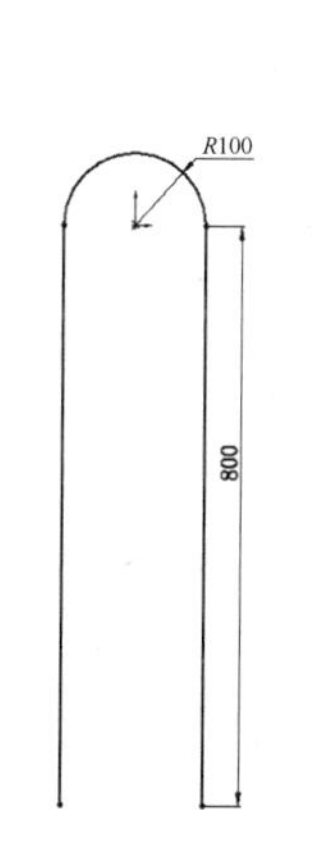

图 10-44　绘制草图

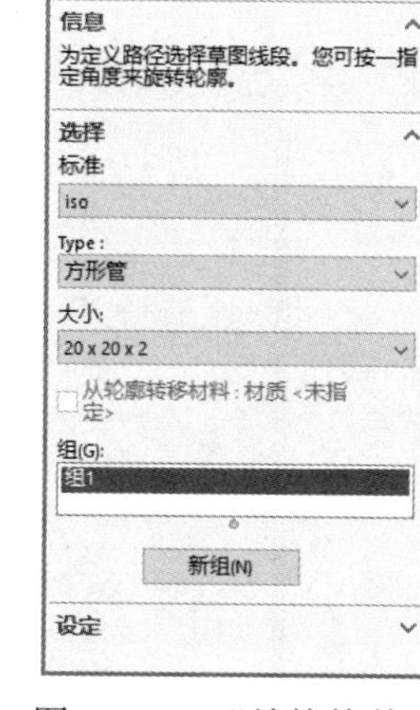

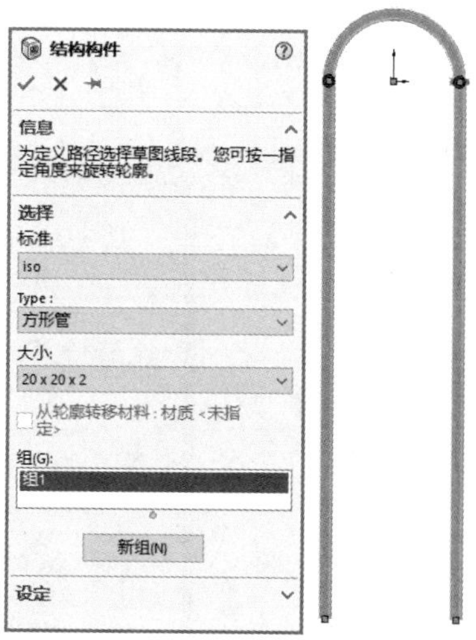

图 10-45　“结构构件”属性管理器

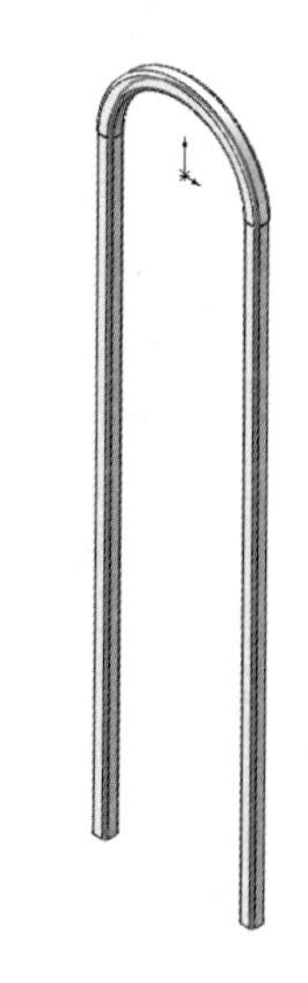

图 10-46　添加结构构件

05　单击“特征”面板中的“线性阵列”按钮，或选择“插入”→“阵列/镜像”→“线性阵列”菜单命令，弹出“线性阵列”属性管理器，选择如图 10-47 所示的边线为阵列方向，选择步骤 04 创建的结构构件为要阵列的实体。单击“确定”按钮，阵列结构构件如图 10-48 所示。

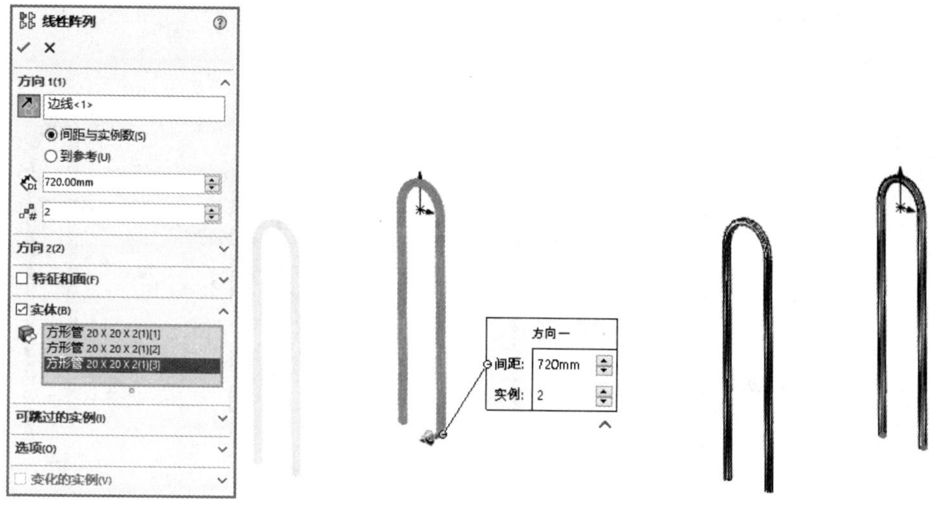

图 10-47　“线性阵列”属性管理器

图 10-48　阵列结构构件

Note

06 创建基准面。选择“插入”→“参考几何体”→“基准面”菜单命令，或者单击“特征”面板“参考几何体”下拉列表中的“基准面”按钮，弹出如图 10-49 所示的“基准面”属性管理器。选择“右视基准面”为参考面，输入偏移距离为 100.00 mm，单击“确定”按钮✔，完成基准面 1 的创建。

07 设置基准面。在 FeatureManager 设计树中选择“基准面 2”，然后单击“视图（前导）”工具栏中的“正视于”按钮，将该基准面作为绘制图形的基准面。单击“草图”面板中的“草图绘制”按钮，进入草图绘制状态。

08 绘制草图。单击“草图”面板中的“直线”按钮，绘制如图 10-50 所示的草图并标注尺寸。

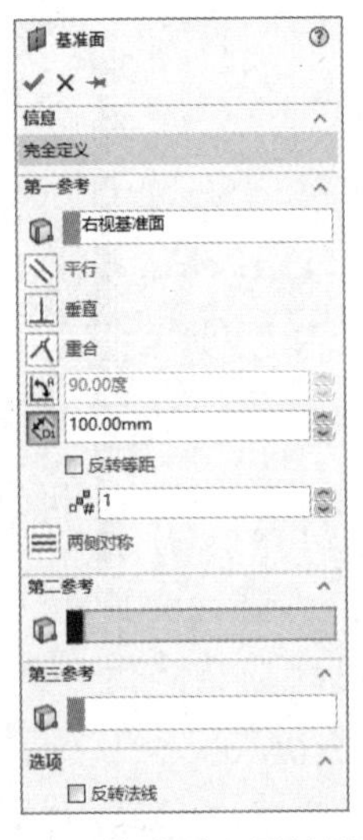

图 10-49 “基准面”属性管理器

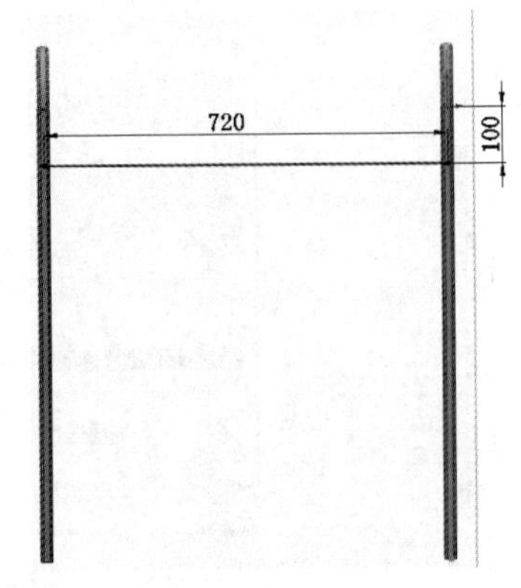

图 10-50 绘制草图

09 添加结构构件。单击“焊件”面板中的“结构构件”按钮，或选择“插入”→“焊件”→“结构构件”菜单命令，弹出“结构构件”属性管理器，选择 iso 标准和“方形管”类型，选择“大小”为 20×20×2，然后在视图中拾取步骤 **08** 绘制的草图，如图 10-51 所示。单击“确定”按钮✔，添加结构构件，如图 10-52 所示。

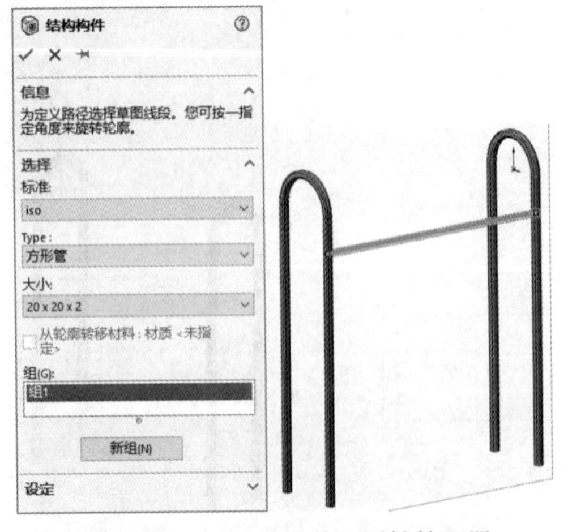

图 10-51 “结构构件”属性管理器

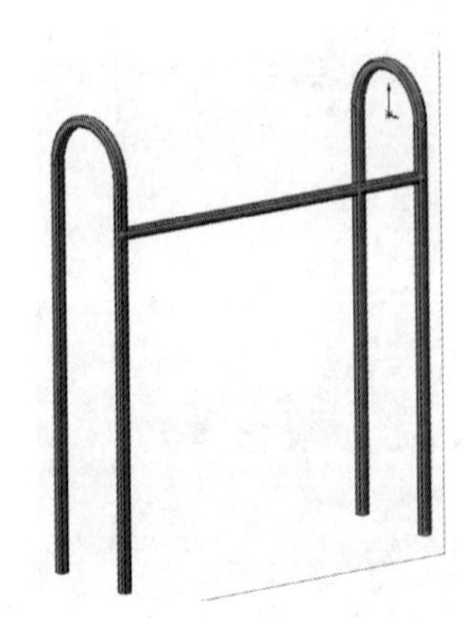

图 10-52 添加结构构件

10 剪裁构件。单击“焊件”面板中的“剪裁/延伸”按钮，或选择“插入”→“焊件”→“剪裁/延伸”菜单命令，弹出“剪裁/延伸”属性管理器，选择“方形管 20×20×2(2)”为要剪裁的实体，选择“方形管 20×20×2(1)[1]”和“线性阵列后的构件”为剪裁边界，如图 10-53 所示，单击“确定”按钮✔。

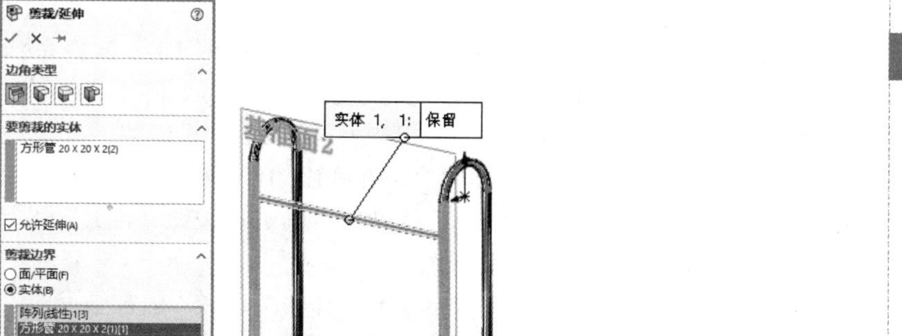

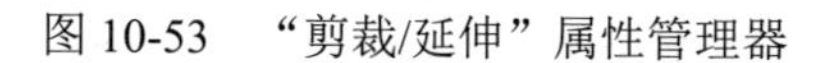

图 10-53　“剪裁/延伸”属性管理器

11 线性阵列构件。单击“特征”面板中的“线性阵列”按钮，或选择“插入”→“阵列/镜像”→“线性阵列”菜单命令，弹出“线性阵列”属性管理器，选择如图 10-54 所示的竖直边线为阵列方向 1，选择步骤 **10** 剪裁后的结构构件为要阵列的实体。单击“确定”按钮✔，线性阵列构件如图 10-55 所示。

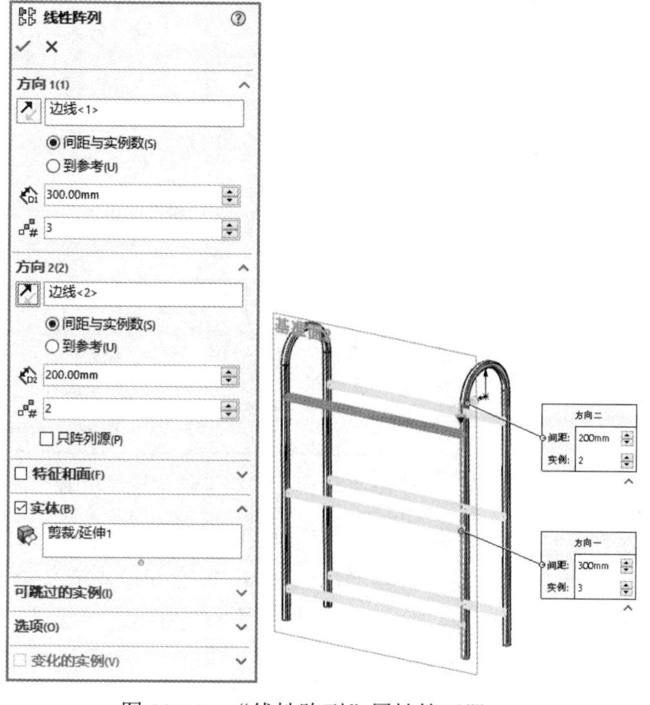

图 10-54　“线性阵列”属性管理器

图 10-55　线性阵列构件

12 设置基准面。在 FeatureManager 设计树中选择“前视基准面”，然后单击“视图（前导）”工具栏中的“正视于”按钮，将该基准面作为绘制图形的基准面。单击“草图”面板中的“草图绘制”按钮，进入草图绘制状态。

13 绘制草图。单击“草图”面板中的“直线”按钮，绘制如图 10-56 所示的草图并标注尺寸。

14 生成自定义结构构件轮廓。由于 SOLIDWORKS 软件系统的结构构件特征库中没有需要的结构构件轮廓，所以需要自己设计，其设计过程如下。

① 启动 SOLIDWORKS，单击“快速访问”工具栏中的“新建”按钮，或选择“文件”→“新建”菜单命令，在弹出的“新建 SOLIDWORKS 文件”对话框中单击“零件”按钮，然后单击“确定”按钮，创建一个新的零件文件。

② 设置基准面。在 FeatureManager 设计树中选择“前视基准面”，然后单击“视图（前导）”工具栏中的“正视于”按钮，将该基准面作为绘制图形的基准面。单击“草图”面板中的“草图绘制”按钮，进入草图绘制状态。

③ 绘制草图。单击“草图”面板中的“圆”按钮，或选择“工具”→“草图绘制实体”→“圆”菜单命令，在绘图区域以原点为圆心绘制两个同心圆，并标注智能尺寸，如图 10-57 所示，单击 “退出草图”按钮。

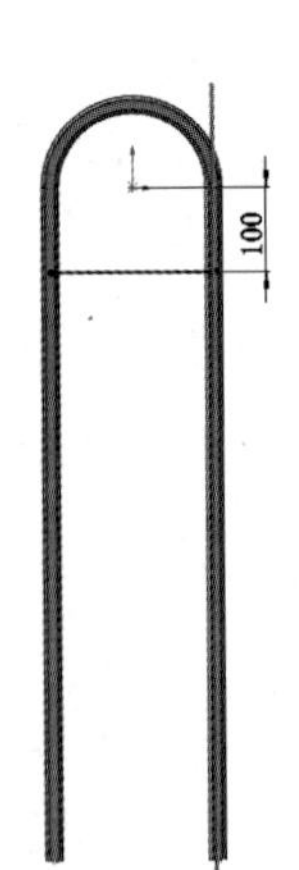

图 10-56 绘制草图

④ 保存自定义结构构件轮廓。在 FeatureManager 设计树中选择草图，选择“文件”→“另存为”菜单命令，保存轮廓文件。焊件结构件的轮廓草图文件默认保存在安装目录\SOLIDWORKS\ lang\chinese-simplified\weldment profiles 子文件夹中。单击“保存”按钮，草图文件名为 16×2，文件类型为.sldlfp，保存在安装目录\SOLIDWORKS\ lang\chinese-simplified\weldment profiles\iso\pipe 文件夹中，如图 10-58 所示。

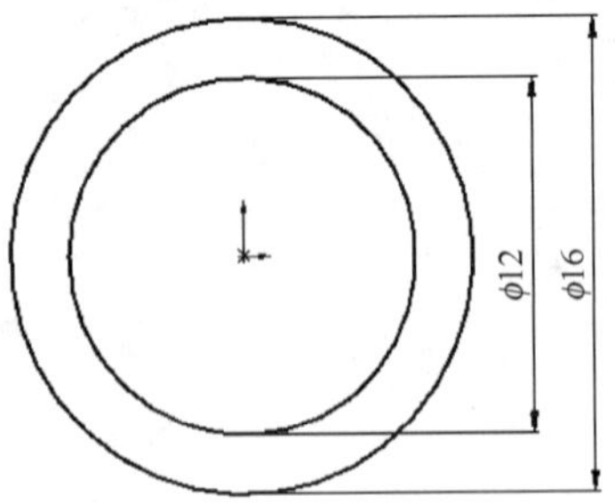

φ12 φ16

图 10-57 绘制同心圆

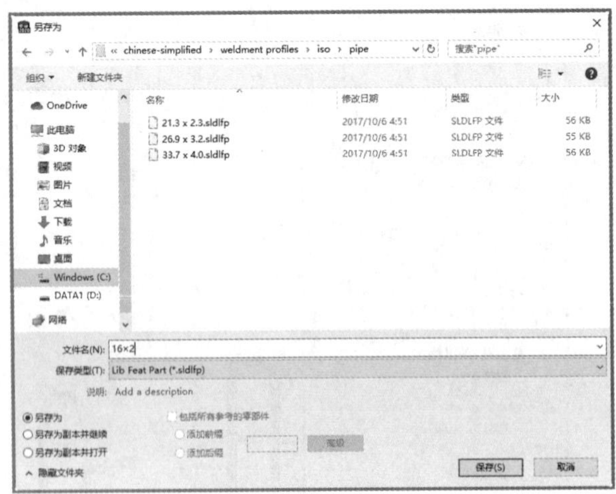

图 10-58 保存自定义结构构件轮廓

15 添加结构构件。单击“焊件”面板中的“结构构件”按钮，或选择“插入”→“焊件”→“结构构件”菜单命令，弹出“结构构件”属性管理器，选择 iso 标准和“管道”类型，选择大小为 16×2，然后在视图中拾取步骤 **13** 绘制的草图，如图 10-59 所示。单击“确定”按钮✔，添加结构构件，如图 10-60 所示。

Note

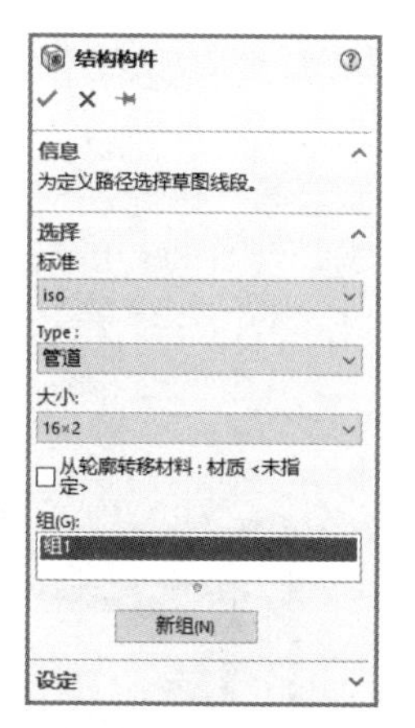

图 10-59　“结构构件”属性管理器

图 10-60　添加结构构件

16 剪裁构件。单击“焊件”面板中的“剪裁/延伸”按钮，或选择“插入”→“焊件”→“剪裁/延伸”菜单命令，弹出“剪裁/延伸”属性管理器，选择“管道 16×2(1)”为要剪裁的实体，选择“方形管 20×20×2(1)[1]和方形管 20×20×2(1)[3]”为剪裁边界，如图 10-61 所示，单击“确定”按钮✓。

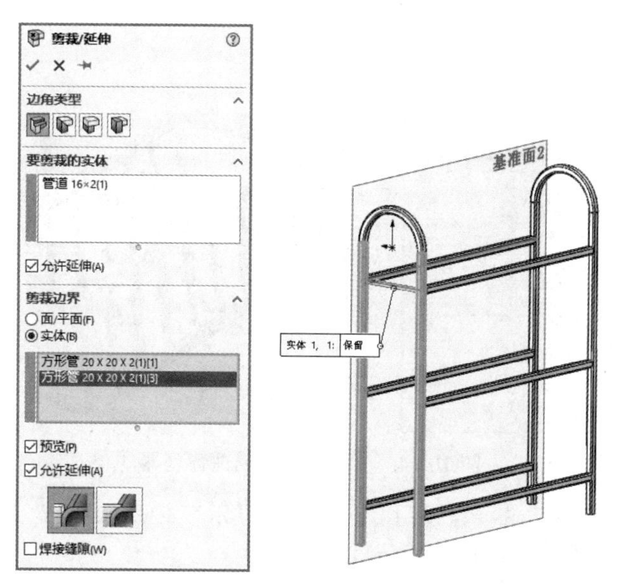

图 10-61　“剪裁/延伸”属性管理器

17 线性阵列构件。单击“特征”面板中的“线性阵列”按钮，或选择“插入”→“阵列/镜像”→“线性阵列”菜单命令，弹出“线性阵列”属性管理器，选择如图 10-62 所示的竖直边线为阵列方向 1，阵列距离为 80 mm，个数为 10；选择如图 10-62 所示的水平边线为阵列方向 2，阵列距离为 300 mm，个数为 3，选择步骤 **16** 剪裁后的结构构件为要阵列的实体。单击“确定”按钮✓，阵列结构构件如图 10-63 所示。

18 创建顶端盖。单击“焊件”面板中的“顶端盖”按钮，或选择“插入”→“焊件”→“顶端盖”菜单命令，弹出“顶端盖”属性管理器，选择如图 10-64 所示的 4 个底面，单击“向外”按钮，输入厚度值为 5 mm，单击“确定”按钮✓，创建顶端盖，如图 10-65 所示。

Note

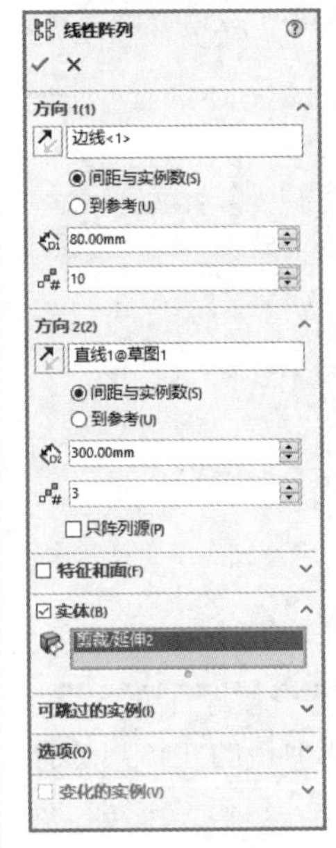

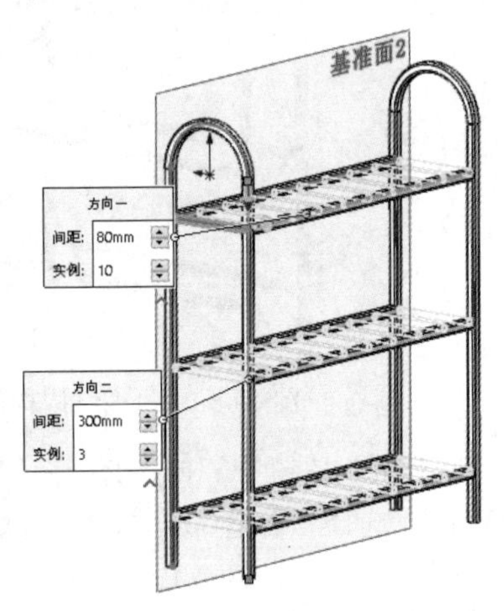

图 10-62 “线性阵列”属性管理器

图 10-63 阵列结构构件

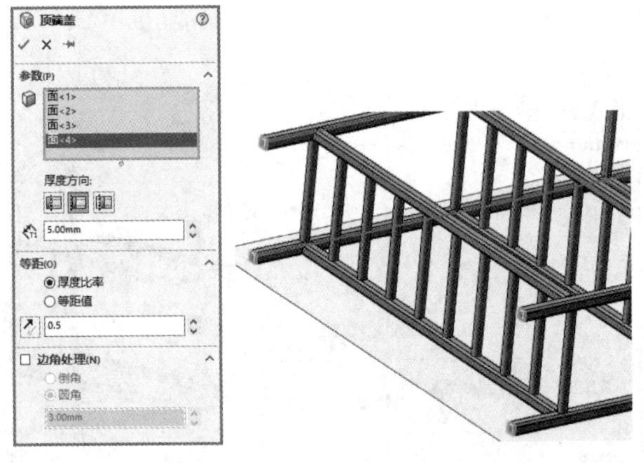

图 10-64 “顶端盖”属性管理器

19 隐藏基准面和草图。选择“视图”→“隐藏/显示”→“基准面”菜单命令和“草图”菜单命令，不显示基准面和草图，如图 10-66 所示。

图 10-65 创建顶端盖

图 10-66 隐藏基准面和草图

10.4　焊件切割清单

在焊件设计过程中，当第一个焊件特征插入零件中时，实体文件夹重新命名为切割清单 切割清单，表示要包括在切割清单中的项目。按钮表示切割清单需要更新，按钮表示切割清单已更新。如图 10-67 所示，此零件的切割清单中包括了各个焊件特征。

10.4.1　更新焊件切割清单

视频讲解

在焊件零件文档的 FeatureManager 设计树中右击，在弹出的快捷菜单中选择“切割清单”按钮，然后选择更新，切割清单按钮变为。相同项目在切割清单项目子文件夹中列组在一起。

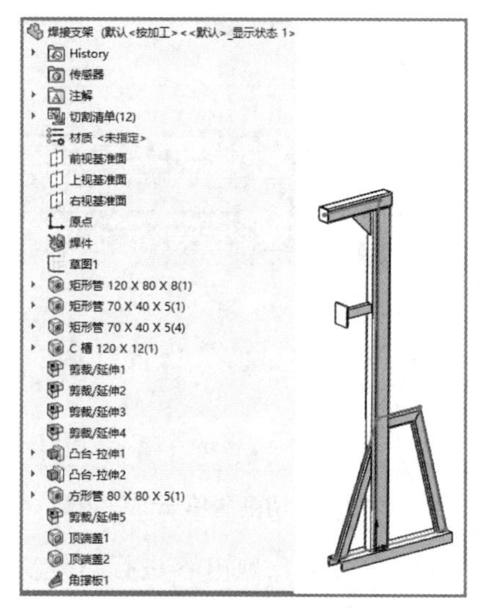

图 10-67　焊件切割清单

注意：
焊缝不包括在切割清单中。

10.4.2　将特征排除在切割清单之外

视频讲解

在设计过程中，如果要将焊件特征排除在切割清单之外，可以右击焊件特征，在弹出的快捷菜单中选择“制作焊缝”命令，如图 10-68 所示。更新切割清单后，此焊件特征将被排斥在外。若想将先前排斥在外的特征包括在内，右击焊件特征，在弹出的快捷菜单中选择“制作非焊缝”命令即可。

10.4.3　自定义焊件切割清单属性

视频讲解

用户在设计过程中可以自定义焊件切割清单属性，在 FeatureManager 设计树中右击“切割清单项目”选项，在弹出的快捷菜单中选择“属性”命令，如图 10-69 所示，弹出“切割清单属性”窗口，如图 10-70 所示。

Note

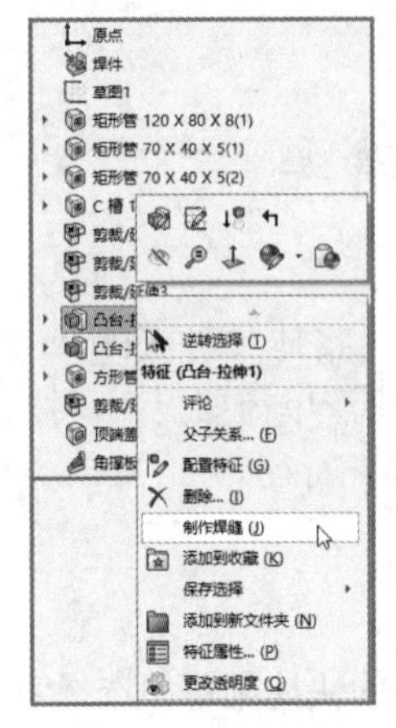

图 10-68　制作焊缝

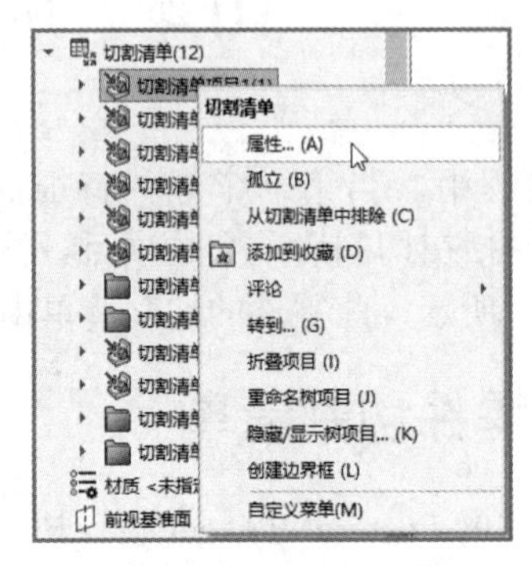

图 10-69　右键快捷菜单

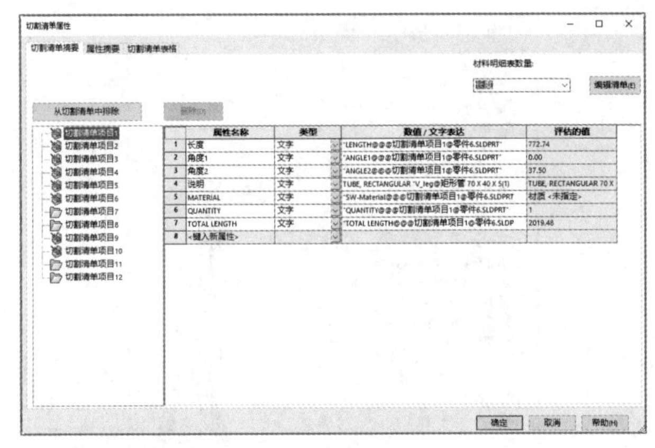

图 10-70　“切割清单属性”窗口

在“切割清单属性”窗口中可以对其每一项内容进行自定义，如图 10-71 所示，最后单击“确定”按钮。

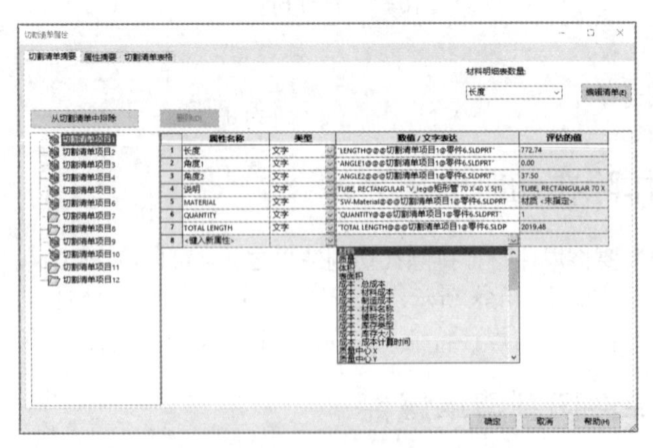

图 10-71　自定义切割清单属性

10.4.4　焊件工程图

生成焊件的工程图，一般需要以下操作步骤。

Note

视频讲解

【操作步骤】

（1）在软件安装路径下找到 weldment_box2.sldprt 文件，其路径是\samples\tutorial\weldments\weldment_box2.sldprt，打开 weldment_box2.sldprt 零件文件。

（2）单击“快速访问”工具栏中的“从零件/装配体制作工程图”按钮，系统打开默认的工程图纸。单击左下角“添加图纸”按钮，系统打开如图 10-72 所示的“图纸格式/大小”对话框，对图纸格式进行设置后单击“确定”按钮，进入工程图设计界面。

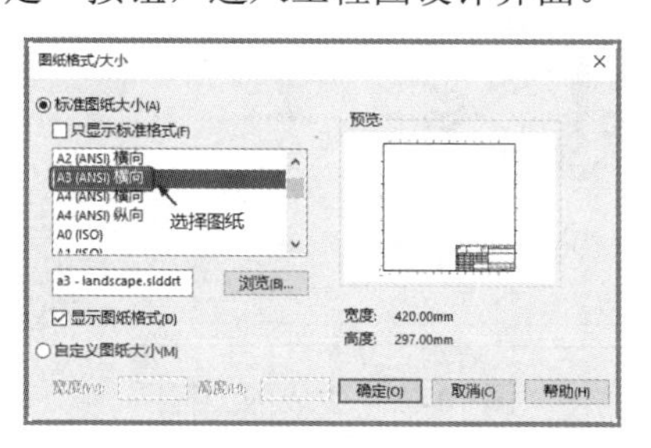

图 10-72　“图纸格式/大小”对话框

（3）单击“工程图”面板中的“模型视图”按钮，弹出“模型视图”属性管理器，选择零件 weldment_box2.sldprt 为要插入的零件，如图 10-73 所示，单击下一步按钮，进入选择视图“方向”和“比例”界面，如图 10-74 所示。选择“单一视图”，在方向下的更多视图中选择“上下二等角轴测”视图，自定义比例为 1∶10，在“尺寸类型”下选中“真实”单选按钮，单击“确定”按钮，生成的工程图如图 10-75 所示。

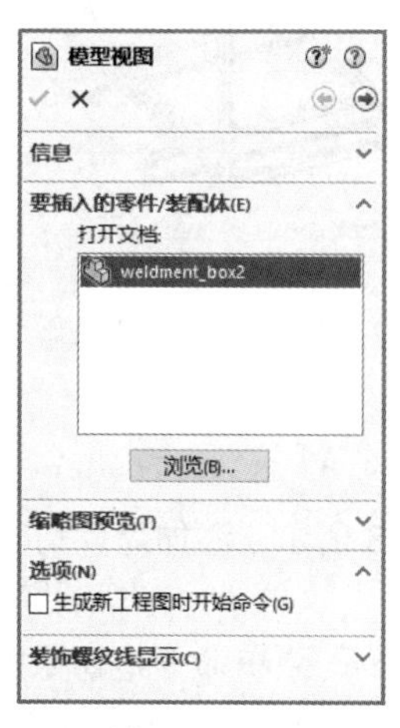

图 10-73　“模型视图”属性管理器

图 10-74　确定工程图的视图方向和比例

Note

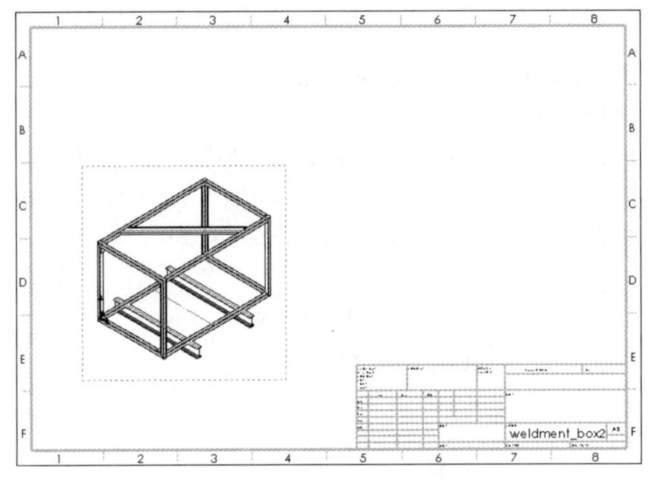

图 10-75　生成的工程图

（4）添加焊接符号。单击“注解”面板中的“模型项目”按钮，弹出“模型项目”属性管理器，在“来源/目标”一栏中选择“整个模型”，在“尺寸”一栏中单击“为工程标注”按钮，在“注解”一栏中单击“焊接符号”按钮，其他设置取默认值，如图 10-76 所示，单击“确定”按钮✔，拖动焊接注解将其定位，生成的焊接注解如图 10-77 所示。

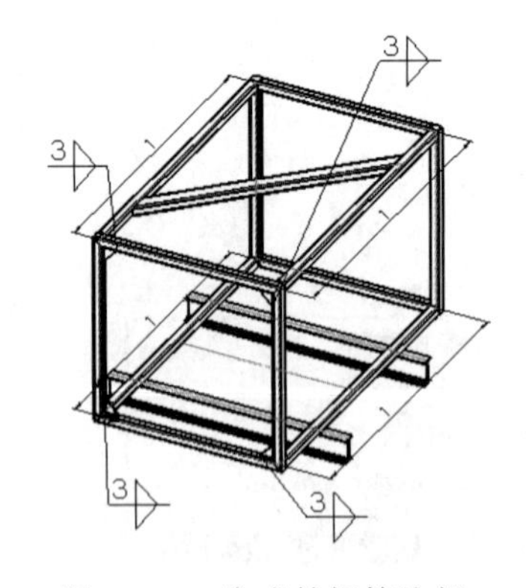

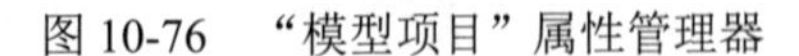

图 10-76　“模型项目”属性管理器　　　图 10-77　生成的焊接注解

10.4.5　在焊件工程图中生成切割清单

视频讲解

在生成的焊件工程图中可以添加焊件切割清单，如图 10-78 所示。添加焊件切割清单的操作步骤如下。

在工程图文件中选择“插入”→“表格”→“焊件切割清单”菜单命令，在系统的提示下，在绘图区域执行工程图视图，弹出“焊件切割清单”属性管理器，进行如图 10-79 所示的设置后，单击“确定”按钮✔，将焊件切割清单置于工程图的合适位置。

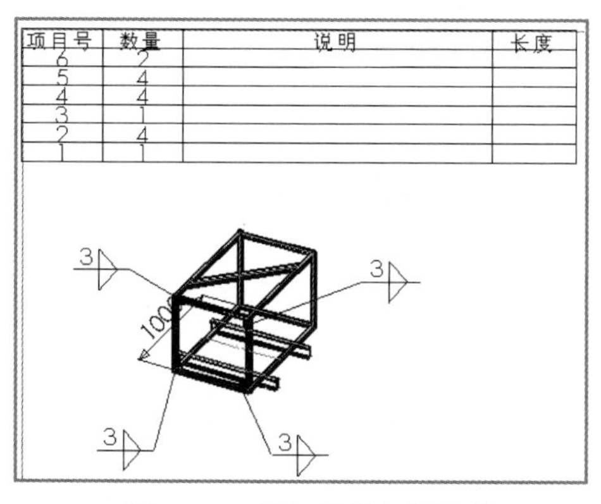

图 10-78　添加焊件切割清单

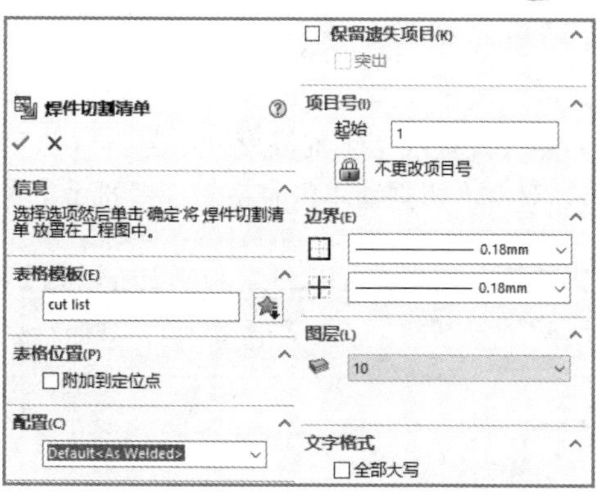

图 10-79　“焊件切割清单”属性管理器

视频讲解

10.4.6　编辑切割清单

可以对添加的焊件切割清单进行编辑，修改文字内容、字体和表格尺寸等操作，其操作步骤如下。

【操作步骤】

（1）右击切割清单表格中的任何地方，在弹出的快捷菜单中选择“属性”命令，如图 10-80 所示，弹出“焊件切割清单”属性管理器，如图 10-81 所示。在“焊件切割清单”属性管理器中可以选择“表格定位点”和更改项目“起始号”。

（2）在“边界”一栏中可以更改表格边界和边界线条的粗细，如图 10-82 所示。

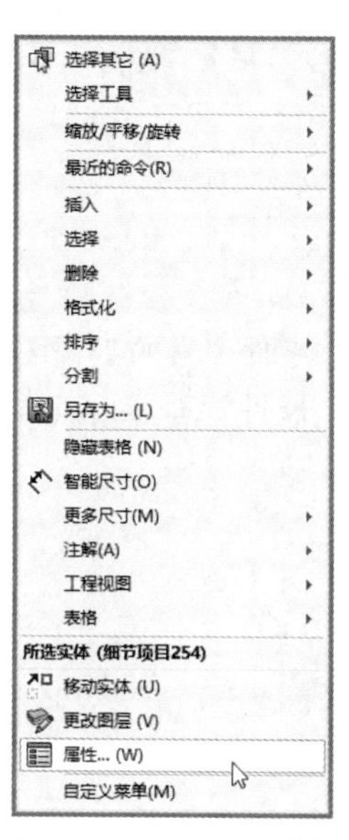

图 10-80　右键快捷菜单

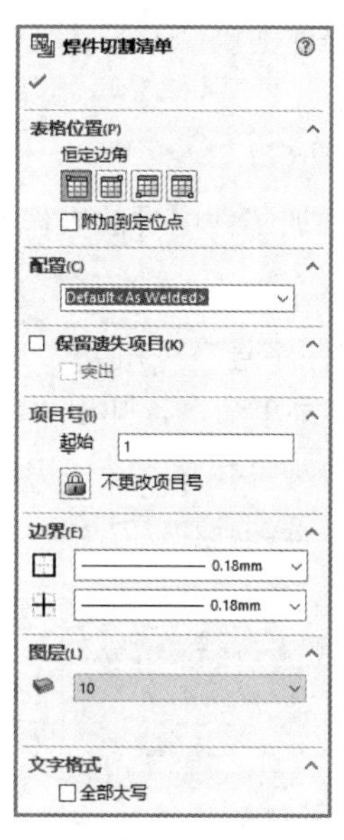

图 10-81　“焊件切割清单”属性管理器

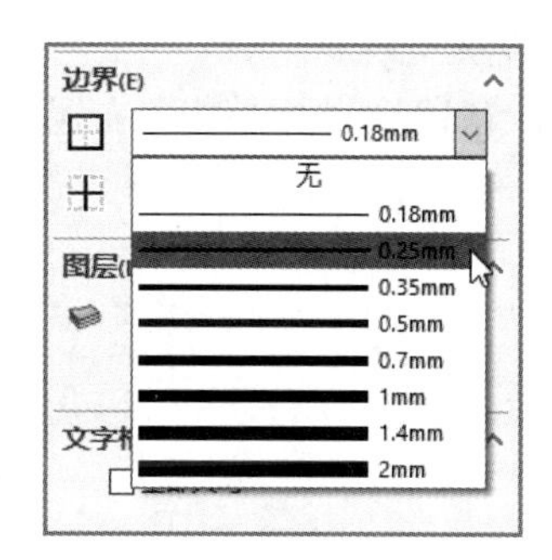

10-82　更改表格边界

（3）单击切割清单表格，弹出“表格”面板，如图 10-83 所示，单击“表格标题在上”按钮和“表格标题在下”按钮，可以更改表格标题的位置。

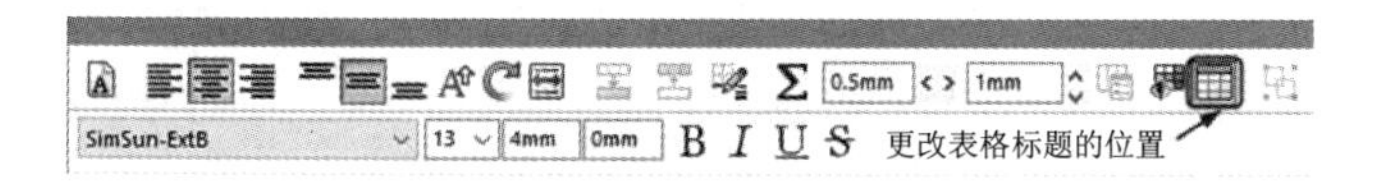

图 10-83　“表格”面板

Note

（4）在“文字对齐方式”一栏中可以更改文本在表格中的对齐方式，取消选择“使用文档文字”，单击“文字”按钮，弹出“选择文字”面板，如图 10-84 所示。在“选择文字”对话框中可以选择字体、字体样式及更改字体的高度和字号。

（5）双击“切割清单”表格的注释部分表格，弹出内容输入框，输入要添加的注释，如图 10-85 所示。

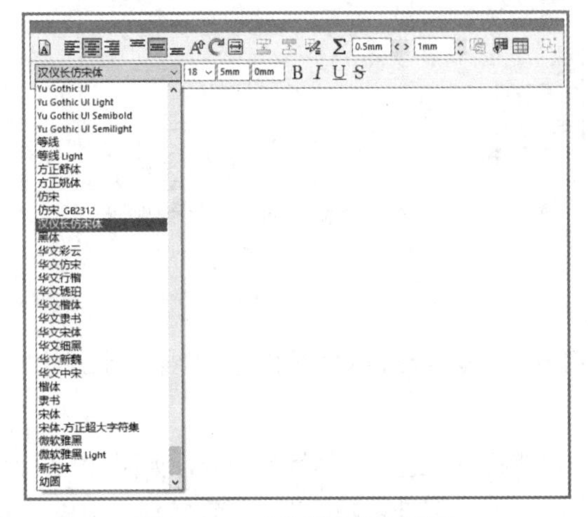

图 10-84　“选择文字”面板

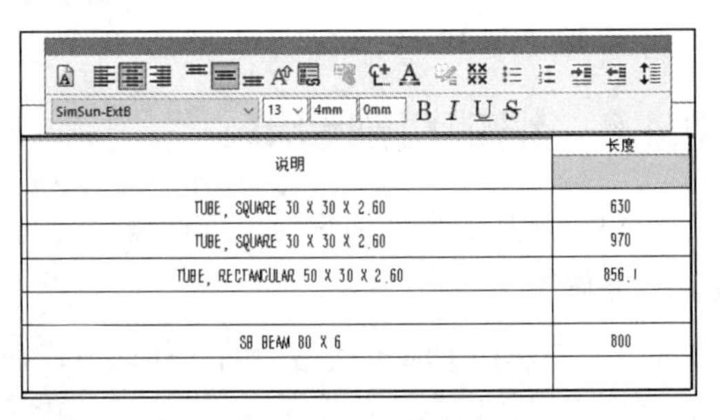

图 10-85　添加文字注释

注意：

若想调整列和行宽度，可拖动列和行边界完成操作。

10.4.7　添加零件序号

视频讲解

在焊件工程图中需要添加零件序号。添加零件序号的操作步骤如下。

【操作步骤】

（1）单击“注解”面板中的“自动零件序号”按钮，或选择需要添加零件序号的工程图，选择“插入”→“注解”→“自动零件序号”菜单命令，弹出“自动零件序号”属性管理器，在“零件序号布局”一栏中单击“布置零件序号到方形”按钮，如图 10-86 所示。

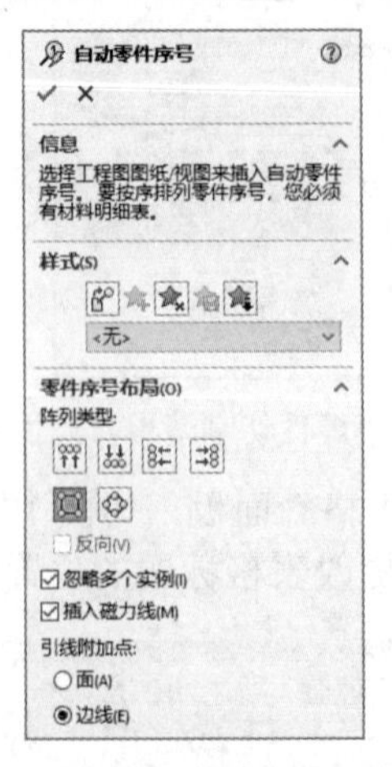

图 10-86　“自动零件序号”属性管理器

（2）在“自动零件序号”属性管理器的“零件序号设定”一栏中选择“圆形”样式，选择“紧密配合”大小，选择“项目数”作为零件序号文字，如图 10-87 所示，单击“确定”按钮✓，添加零件序号，如图 10-88 所示。

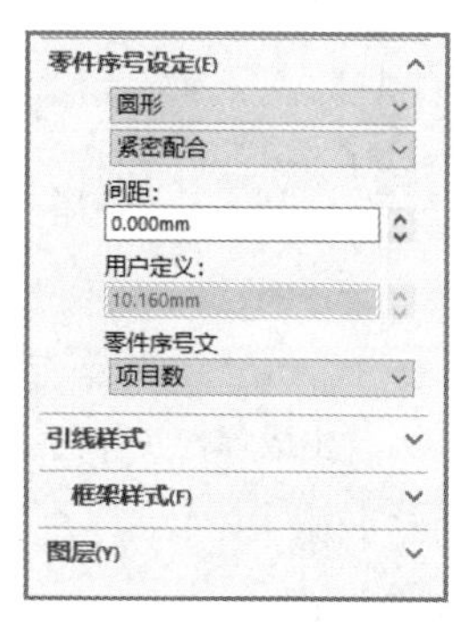

图 10-87　选择零件序号布局

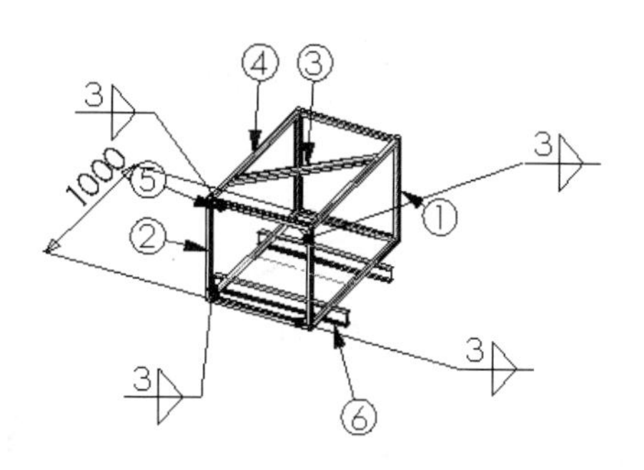

图 10-88　添加零件序号

注意：

每个零件序号的项目号与切割清单中的项目号相同。

10.4.8　生成焊件实体的视图

视频讲解

生成工程图时，可以生成焊件零件的单一实体工程图视图，其操作步骤如下。

【操作步骤】

（1）选择“插入”→“工程图视图”→“相对于模型”菜单命令，弹出提示框，要求在另一窗口中选择实体。

（2）选择“窗口”菜单命令，选择焊件的实体零件文件，弹出“相对视图”属性管理器，选中“所选实体”单选按钮，并且在焊件实体中选择相应的实体，如图 10-89 所示。

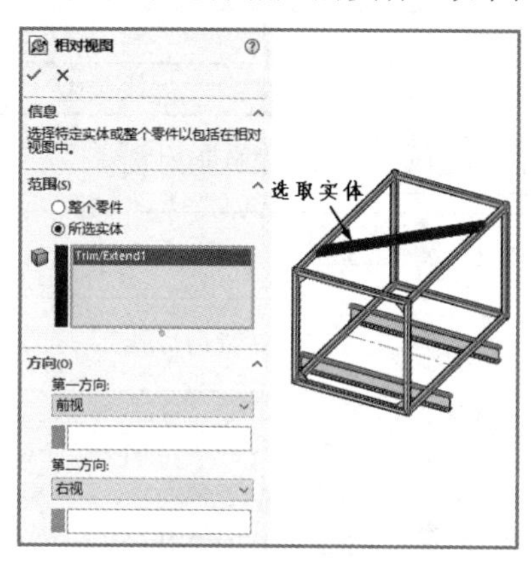

图 10-89　选择实体

（3）在“相对视图”属性管理器中，“第一方向”列表框选择“前视”视图方向，在实体上选择相应的面，确定前视方向；“第二方向”列表框选择“右视”视图方向，在实体上选择相应的面，确定右视方向，如图 10-90 所示。单击“确定”按钮✓，切换到工程图界面，将零件实体的工程视图放置在合适的位置，生成焊件实体的工程视图如图 10-91 所示。

Note

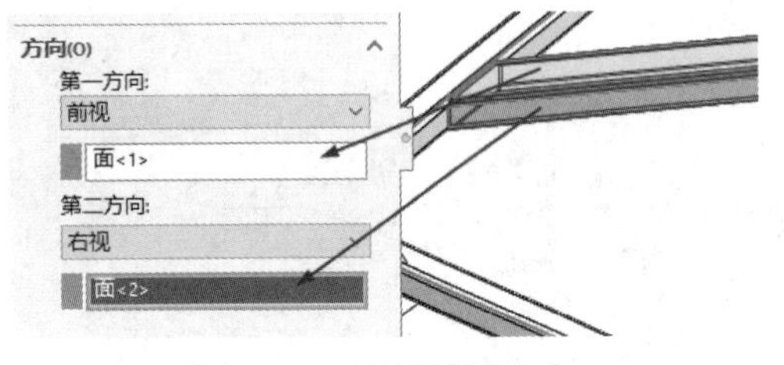

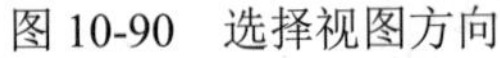
图 10-90　选择视图方向

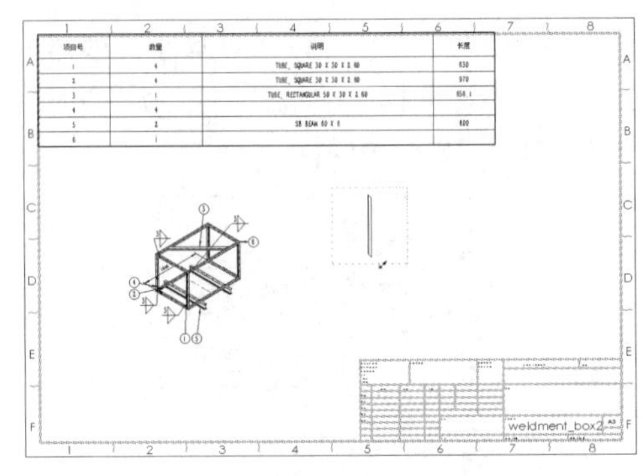

图 10-91　生成焊件实体的工程视图

10.5　装配体中焊缝的创建

前面介绍了多实体零件生成的焊件中圆角焊缝的创建方法，在使用关联设计进行装配体设计过程中，也可以在装配体焊接零件中添加多种类型的焊缝。本节将介绍在装配体的零件之间创建焊缝零部件和编辑焊缝零部件的方法，以及相关的焊缝形状、参数和标注等方面的知识。

10.5.1　焊接类型

在 SOLIDWORKS 装配体中，运用“焊缝”命令可以将多种焊接类型的焊缝零部件添加到装配体中，生成的焊缝属于装配体特征，是关联装配体中生成的新装配体零部件。可以在零部件之间添加 ANSI、ISO 标准支持的焊接类型。常用的 ANSI、ISO 标准支持的焊接类型如表 10-1 所示。

表 10-1　常用的 ANSI、ISO 标准支持的焊接类型

ANSI			ISO		
焊接类型	符号	图示	焊接类型	符号	图示
两凸缘对接			U 形对接		
无坡口 I 形对接			J 形对接		
单面 V 形对接			背后焊接		
单面斜面 K 形对接			填角焊接		
单面 V 形根部对接			沿缝焊接		
单面根部斜面/K 形根部对接					

10.5.2　焊缝的顶面高度和半径

当焊缝的表面形状为凸起或凹陷时，必须指定顶面焊接高度。对于背后焊接，还要指定底面焊接高度。如果表面形状为平面，则没有表面高度。

1. 焊缝的顶面高度

对于凸起的焊接，顶面高度是指焊缝最高点与接触面之间的距离 H，如图 10-92 所示。

对于凹陷的焊接，顶面高度是指由顶面向下测量的距离 h，如图 10-93 所示。

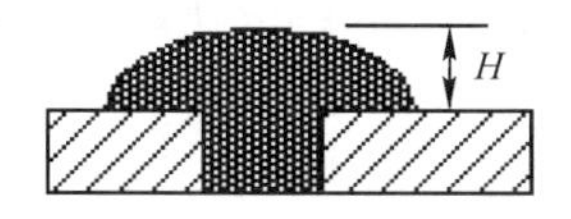

图 10-92 凸起焊缝的顶面高度

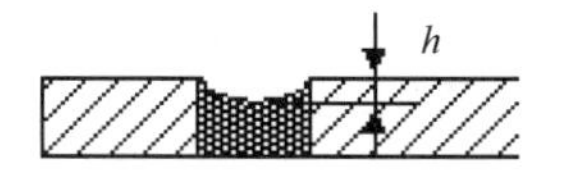

图 10-93 凹陷焊缝的顶面高度

2. 填角焊接焊缝的半径

可以想象一个沿着焊缝滚动的球，如图 10-94 所示，此球的半径即所测量的焊缝的半径。在此填角焊接中指定的半径是 10 mm，顶面焊接高度是 2 mm。焊缝的边线位于球与接触面的相切点。

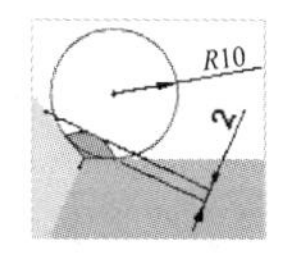

图 10-94 填角焊接焊缝的半径

10.5.3 焊缝结合面

在 SOLIDWORKS 装配体中，焊缝的结合面分为顶面、结束面和接触面。所有的焊接类型都必须选择接触面，除此以外，某些焊接类型还需要选择结束面和顶面。

单击“焊件”面板中的“焊缝”按钮，或选择“插入”→“焊件”→“焊缝”菜单命令，弹出“焊缝”属性管理器，如图 10-95 所示。

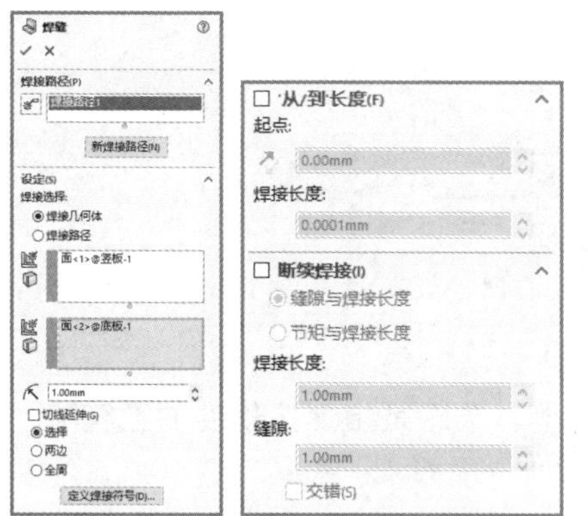

图 10-95 “焊缝”属性管理器

1. 焊接路径

（1）“智能焊接选择工具”：在要应用焊缝的位置上绘制路径。

（2）“新焊接路径”按钮：用来定义新的焊接路径。生成的新焊接路径与先前创建的焊接路径脱节。

2. 设定

（1）焊接选择：选择要应用焊缝的面或边线。

（2）焊缝大小：设置焊缝厚度，在中输入焊缝大小。

（3）切线延伸：选中此复选框，将焊缝应用到与所选面或边线相切的所有边线。

（4）选择：将焊缝应用到所选面或边线，如图 10-96（a）所示。

（5）两边：将焊缝应用到所选面或边线，以及相对的面或边线，如图 10-96（b）所示。

（6）全周：将焊缝应用到所选面或边线，以及所有相邻的面和边线，如图 10-96（c）所示。

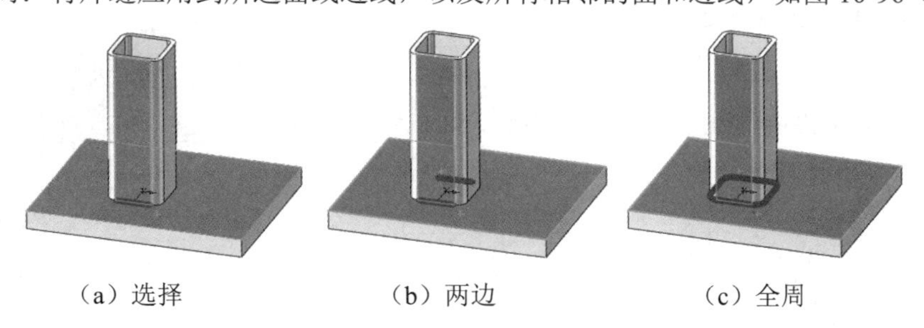

（a）选择　　（b）两边　　（c）全周

图 10-96 焊缝类型示意图

Note

（7）“定义焊接符号”按钮：单击此按钮，弹出如图 10-97 所示的“ISO 焊接符号”对话框，在此可对焊接符号进行设置。

3. “从/到”长度

（1）起点：焊缝在第一端的起始位置。单击“反向”按钮，焊缝从对侧端开始，在文本框中输入起点距离。

（2）焊接长度：在文本框中输入焊缝长度。

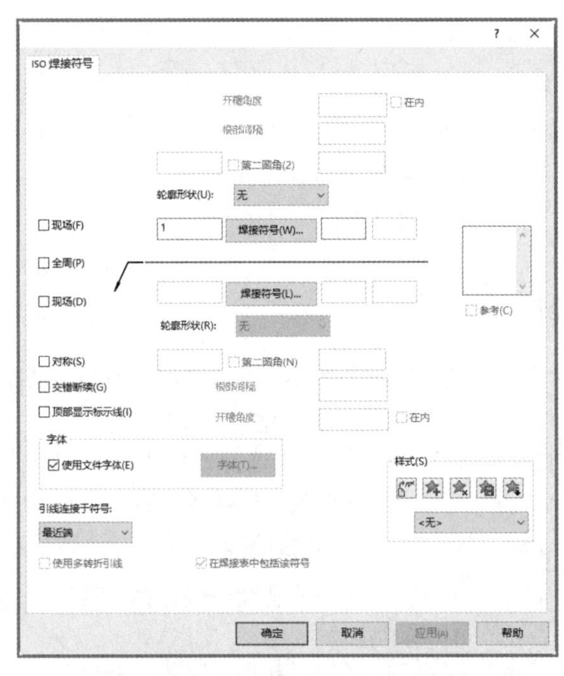

图 10-97 “ISO 焊接符号”对话框

4. 断续焊接

（1）缝隙与焊接长度：通过缝隙和焊接长度设定断续焊缝。

（2）节距与焊接长度：通过节距和焊接长度设定断续焊缝。节距是指焊接长度加上缝隙，它是通过计算一条焊缝的中心到下一条焊缝的中心之间的距离而得出的。

10.5.4 创建焊缝

视频讲解

在 SOLIDWORKS 中，用户可以将多种焊接类型添加到装配体中，焊缝成为在关联装配体中生成的新装配体零部件，属于装配体特征。下面以关联装配体——连接板为例，介绍创建焊缝的步骤。

【操作步骤】

（1）打开要添加焊缝的装配体文件“连接板.SLDASM”，如图 10-98 所示。

图 10-98 打开要添加焊缝的装配体文件

（2）执行“插入”→“焊件”→“焊缝”菜单命令，弹出“焊缝”属性管理器，如图 10-99 所示。

（3）选择如图 10-100 所示装配体的两个零件的上表面。

Note

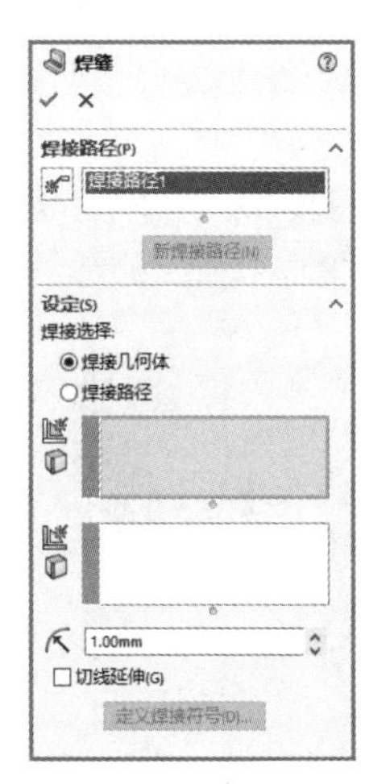

图 10-99　“焊缝”属性管理器

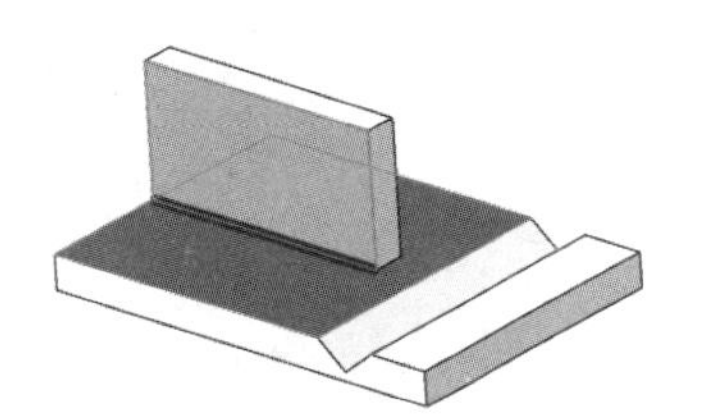

图 10-100　选择上表面

（4）在“焊缝”属性管理中输入焊缝厚度为 10 mm，选中“选择”单选按钮，如图 10-101 所示。单击“确定”按钮✔，创建的焊缝如图 10-102 所示。

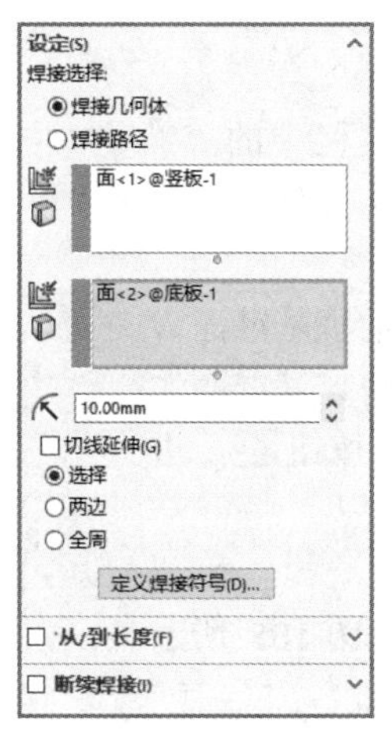

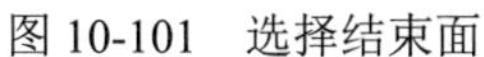

图 10-101　选择结束面

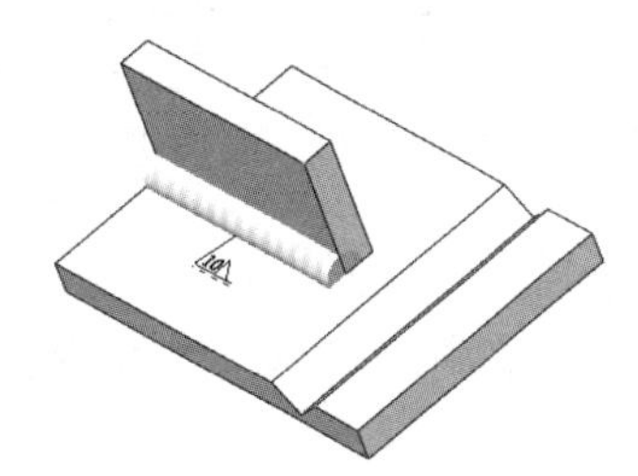

图 10-102　创建的焊缝

10.6　综合实例——办公椅

视频讲解

本综合实例创建的办公椅如图 10-103 所示。

图 10-103　办公椅

Note

思路分析

首先绘制草图，创建办公椅主体构件，然后绘制 3D 草图，创建扶手构件，最后绘制椅座和靠背。绘制办公椅的流程如图 10-104 所示。

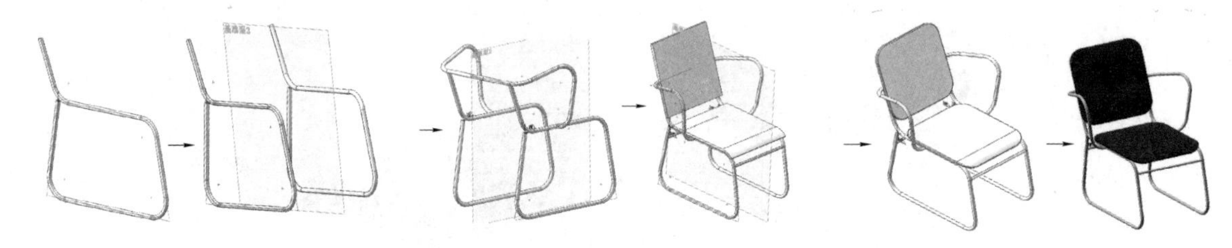

图 10-104　绘制办公椅的流程

创建步骤

10.6.1　创建办公椅主体构件

01 启动 SOLIDWORKS，单击“快速访问”工具栏中的“新建”按钮，或选择“文件”→“新建”菜单命令，在弹出的“新建 SOLIDWORKS 文件”对话框中单击“零件”按钮，然后单击“确定”按钮，创建一个新的零件文件。

02 设置基准面。在 FeatureManager 设计树中选择“前视基准面”，然后单击“视图（前导）”工具栏中的“正视于”按钮，将该基准面作为绘制图形的基准面。单击“草图”面板中的“草图绘制”按钮，进入草图绘制状态。

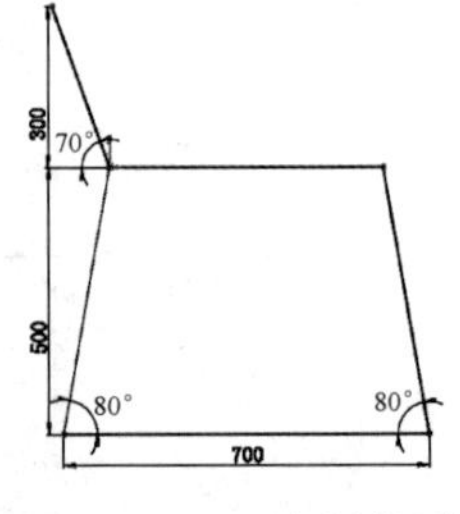

图 10-105　绘制草图

03 绘制草图。

① 单击“草图”面板中的“直线”按钮，绘制如图 10-105 所示的草图并标注尺寸。

② 单击“草图”面板中的“绘制圆角”按钮，弹出如图 10-106 所示的“绘制圆角”属性管理器，绘制如图 10-107 所示的圆角。

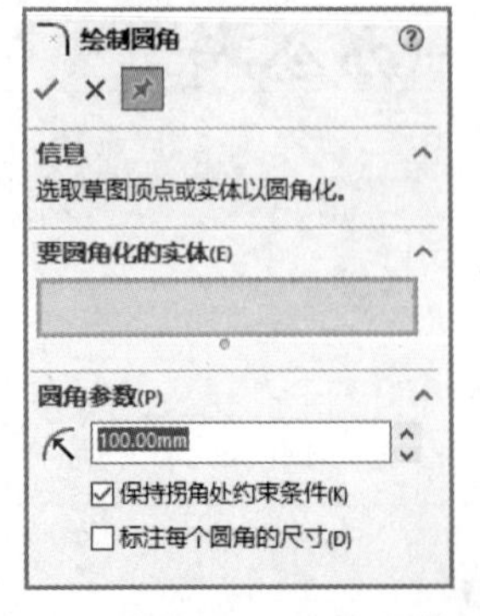

图 10-106　“绘制圆角”属性管理器

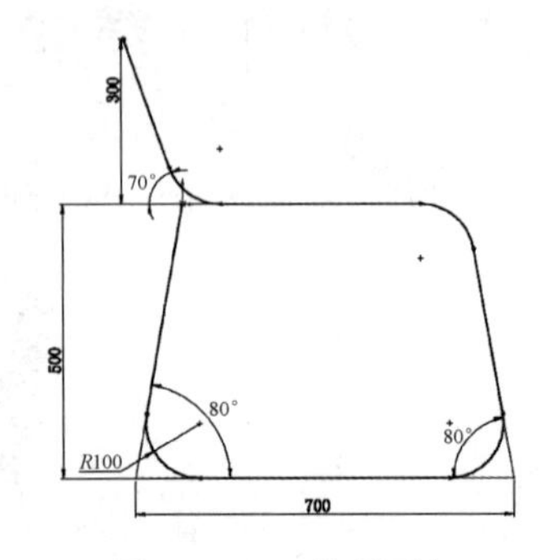

图 10-107　绘制圆角

04 创建结构构件。单击“焊件”面板中的“结构构件”按钮，或选择“插入”→“焊

件”→“结构构件”菜单命令，弹出“结构构件”属性管理器，选择iso标准，选择“管道”类型，设置“大小”为21.3×2.3，然后在视图中拾取步骤 03 绘制的草图，如图10-108所示。单击“确定”按钮✔，创建结构构件，如图10-109所示。

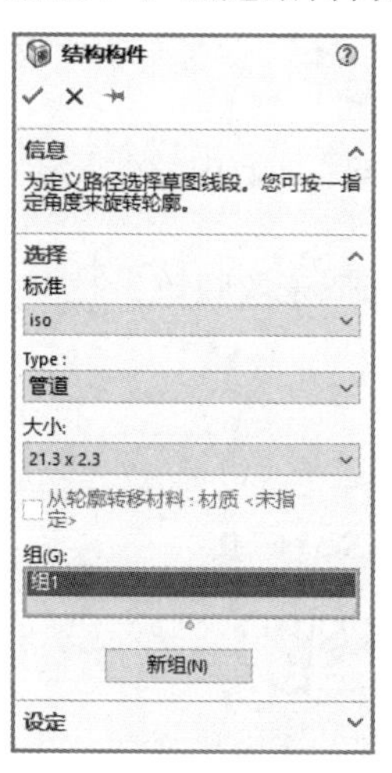

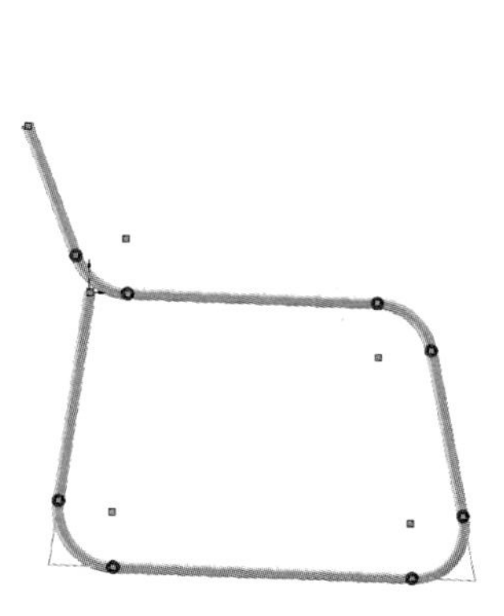

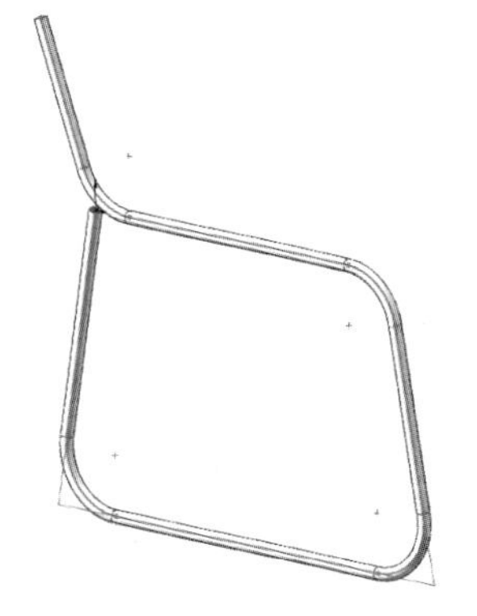

图10-108 “结构构件”属性管理器

图10-109 创建结构构件

05 创建基准面。选择“插入”→“参考几何体”→“基准面”菜单命令，或者单击“特征”面板“参考几何体”下拉列表中的“基准面”按钮，弹出如图10-110所示的“基准面”属性管理器。选择“前视基准面”为参考面，输入偏移距离为250 mm，单击“确定”按钮✔，完成基准面的创建。

06 镜像结构构件。单击“特征”面板中的“镜像”按钮，或选择“插入”→“阵列/镜像”→“镜像”菜单命令，弹出“镜像”属性管理器，选择步骤 05 创建的基准面为镜像面，选择视图中所有的结构构件为要镜像的实体，如图10-111所示。单击“确定”按钮✔，镜像结构构件如图10-112所示。

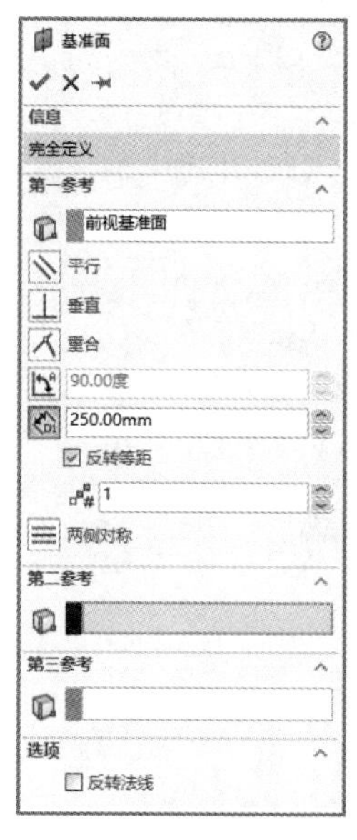

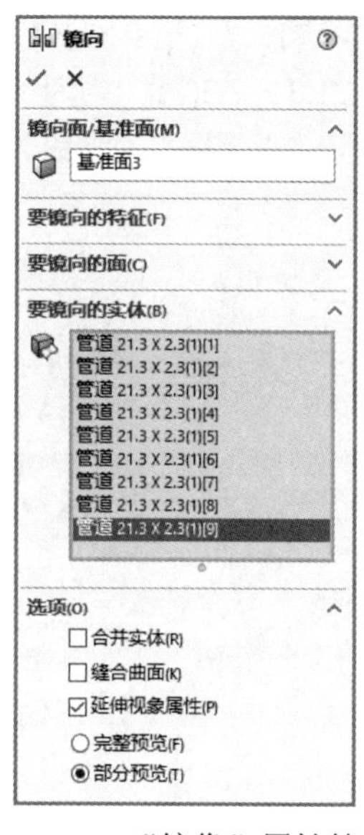

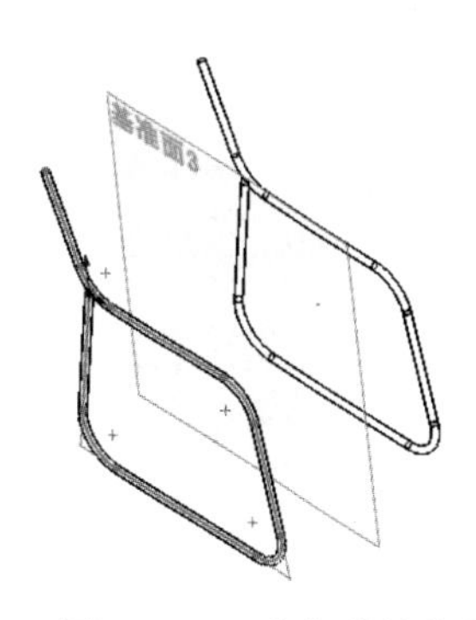

图10-110 “基准面”属性管理器

图10-111 “镜像”属性管理器

图10-112 镜像结构构件

10.6.2 创建扶手构件

【操作步骤】

01 绘制草图。

① 首先单击“草图”面板中的“3D 草图”按钮，然后单击“草图”面板中的“直线”按钮，绘制如图 10-113 所示的草图并标注尺寸。

② 单击“草图”面板中的“绘制圆角”按钮，绘制如图 10-114 所示的圆角。

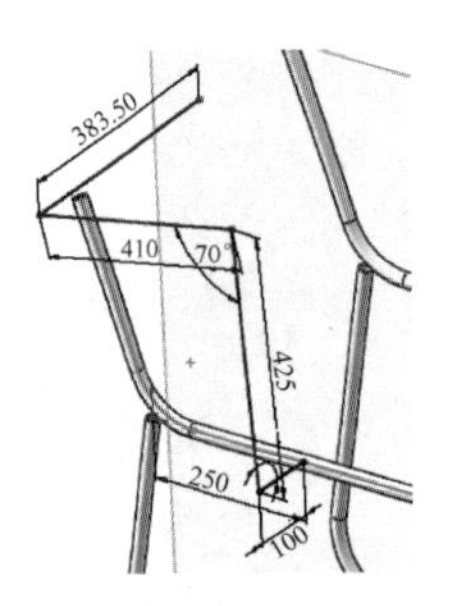

图 10-113 绘制草图

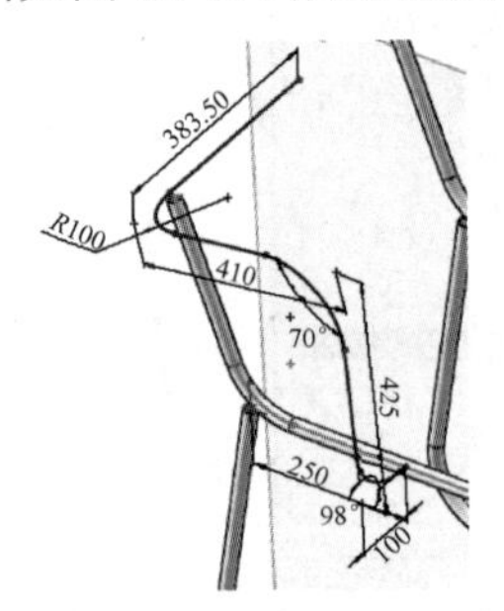

图 10-114 绘制圆角

02 创建结构构件。单击“焊件”面板中的“结构构件”按钮，或选择“插入”→“焊件”→“结构构件”菜单命令，弹出“结构构件”属性管理器，选择 iso 标准，选择“管道”类型，设置“大小”为 21.3×2.3，然后在视图中拾取步骤 01 绘制的草图，如图 10-115 所示。单击“确定”按钮✔。

03 剪裁结构构件。单击“焊件”面板中的“剪裁/延伸”按钮，或选择“插入”→“焊件”→“剪裁/延伸”菜单命令，弹出“剪裁/延伸”属性管理器，选择“管道 21.3×2.3(2)[1]”为要剪裁的实体，选择“管道 21.3×2.3(1)[7]”为剪裁边界，如图 10-116 所示。单击“确定”按钮✔，剪裁结构构件如图 10-117 所示。

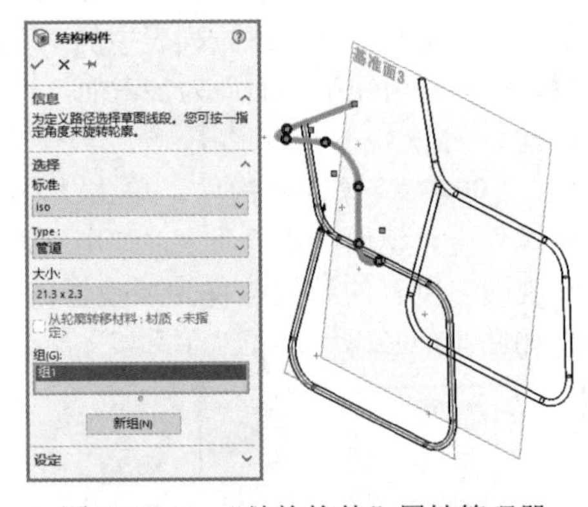

图 10-115 “结构构件”属性管理器

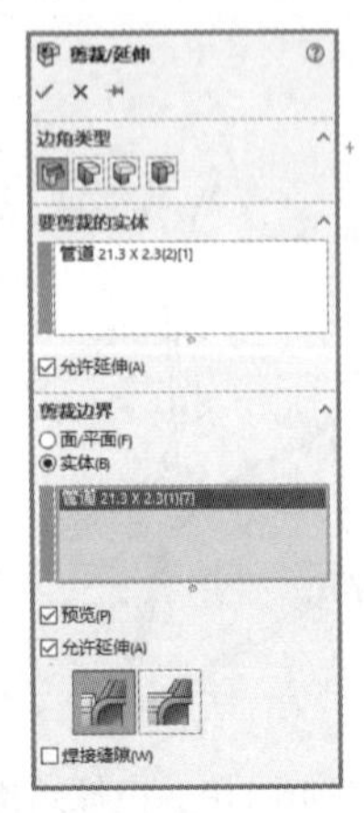

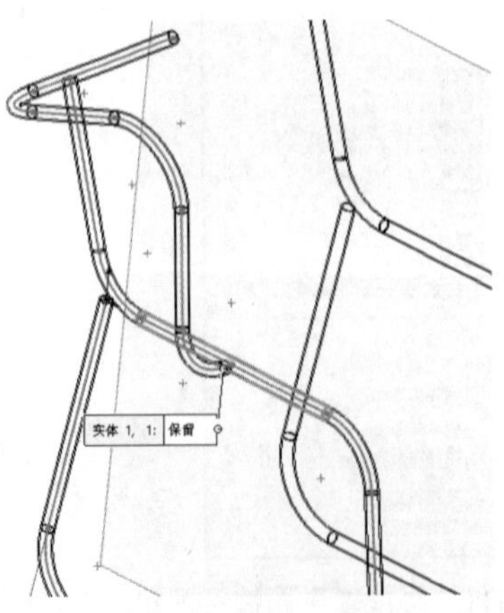

图 10-116 “剪裁/延伸”属性管理器

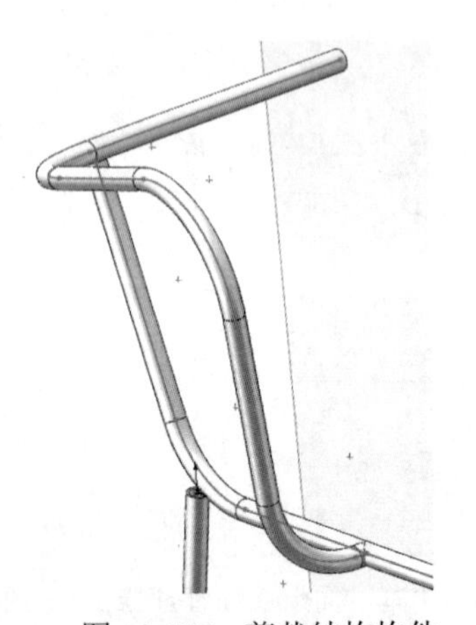

图 10-117 剪裁结构构件

04 镜像结构构件。单击“特征”面板中的“镜像”按钮，或选择“插入”→“阵列/镜像”→“镜像”菜单命令，弹出如图 10-118 所示的“镜像”属性管理器，选择 10.6.1 节步骤 **05** 创建的基准面为镜像面，选择视图中所有的结构构件为要镜像的实体。单击“确定”按钮✓，镜像结构构件如图 10-119 所示。

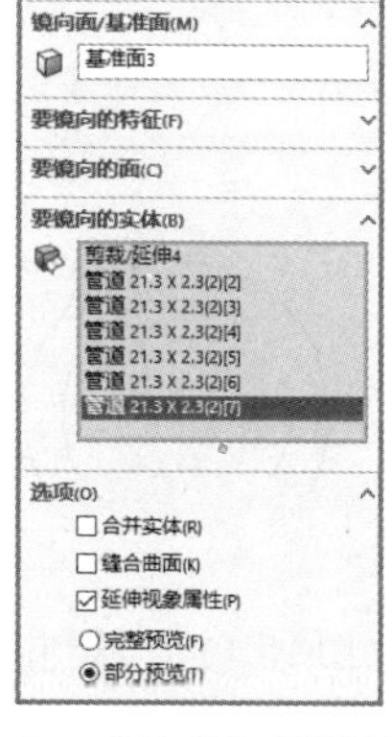

图 10-118　“镜像”属性管理器

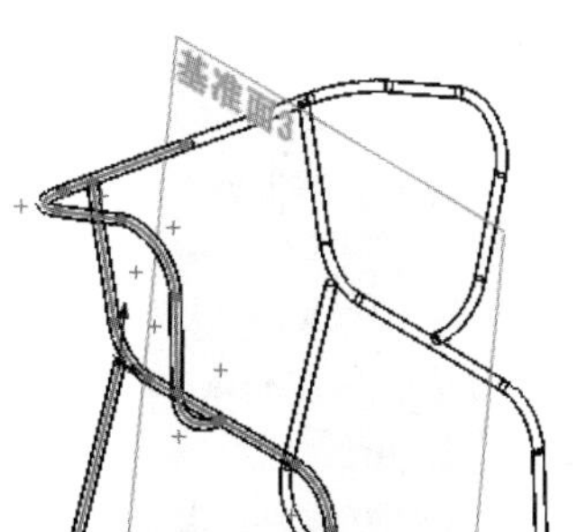

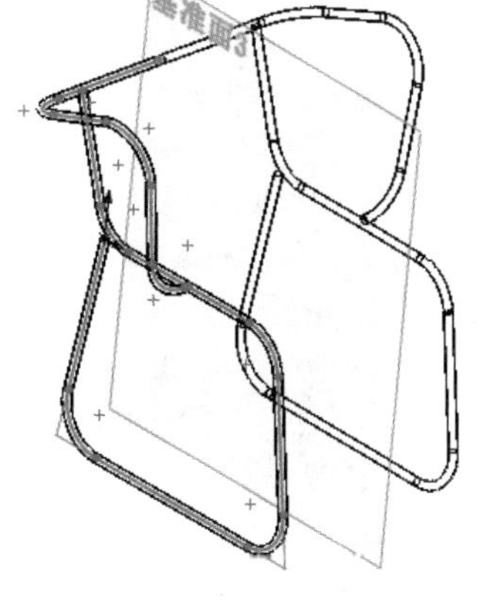

图 10-119　镜像结构构件

05 创建焊缝。单击“焊件”面板中的“焊缝”按钮，或选择“插入”→“焊件”→“焊缝”菜单命令，弹出“焊缝”属性管理器，在视图中选择如图 10-120 所示的构件，输入半径值为 10 mm。单击“确定”按钮✓，创建焊缝，如图 10-121 所示。重复单击“焊缝”按钮，在另一侧创建焊缝，如图 10-122 所示。

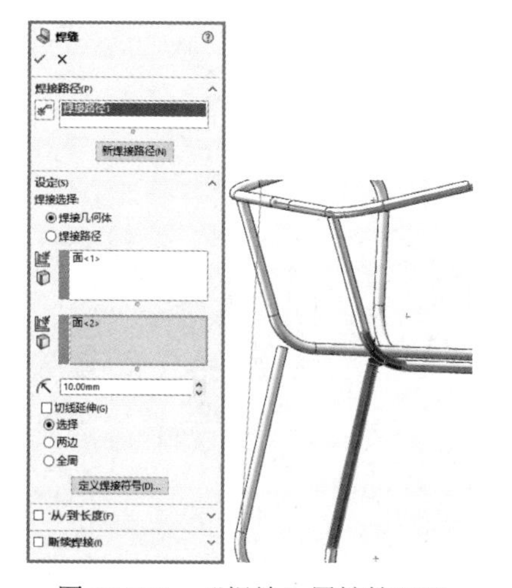

图 10-120　“焊缝”属性管理器

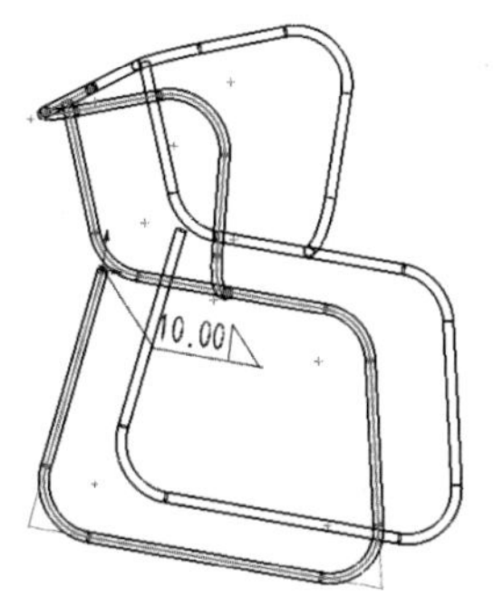

图 10-121　创建焊缝

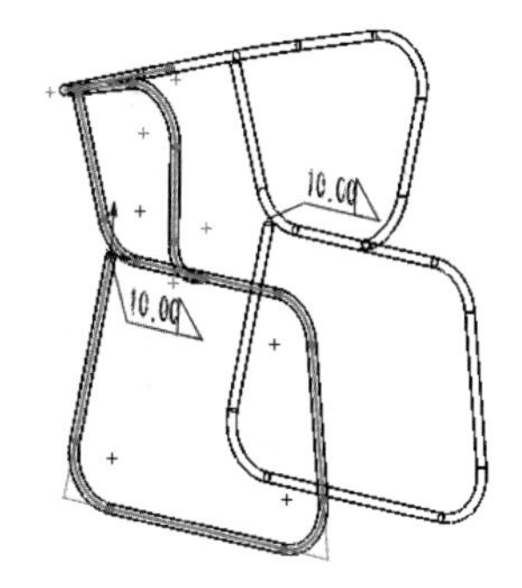

图 10-122　在另一侧创建焊缝

10.6.3　创建支撑构件

【操作步骤】

01 绘制草图。首先单击“草图”面板中的“3D 草图”按钮，然后单击“草图”面板中的“直线”按钮，绘制如图 10-123 所示的草图并标注尺寸。

02 生成自定义结构构件轮廓，其设计过程如下。

Note

① 单击“快速访问”工具栏中的“新建”按钮，或选择“文件”→“新建”菜单命令，建立一个新的零件文件。

② 绘制草图。单击“草图”面板中的“圆”按钮，或选择“工具”→“草图绘制实体”→“圆”菜单命令，在绘图区域以原点为圆心绘制两个同心圆，并标注智能尺寸，如图 10-124 所示，单击“退出草图”按钮。

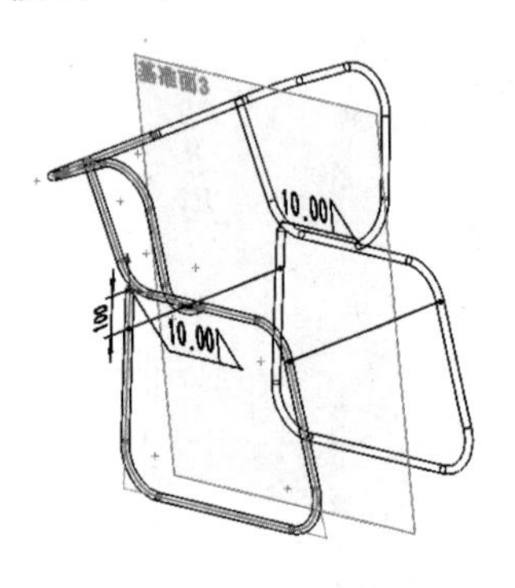

图 10-123　绘制草图

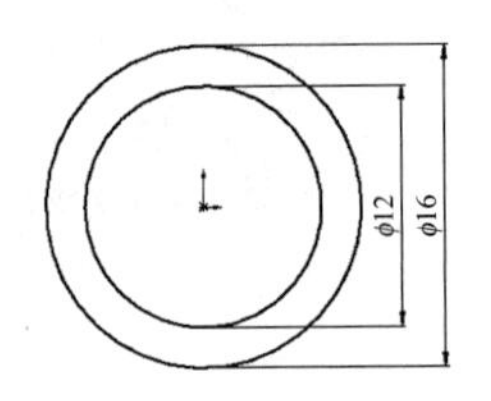

图 10-124　绘制同心圆

③ 保存自定义结构构件轮廓。在 FeatureManager 设计树中选择草图，选择“文件”→“另存为”菜单命令，保存轮廓文件。焊件结构件的轮廓草图文件默认保存在安装目录\SOLIDWORKS\lang\chinese-simplified\weldment profiles 的子文件夹中。单击“保存”按钮，输入文件名 16×2，文件类型为.sldlfp，将文件保存在安装目录\ SOLIDWORKS\lang\chinese-simplified\weldment profiles\iso\pipe 文件夹中，如图 10-125 所示。

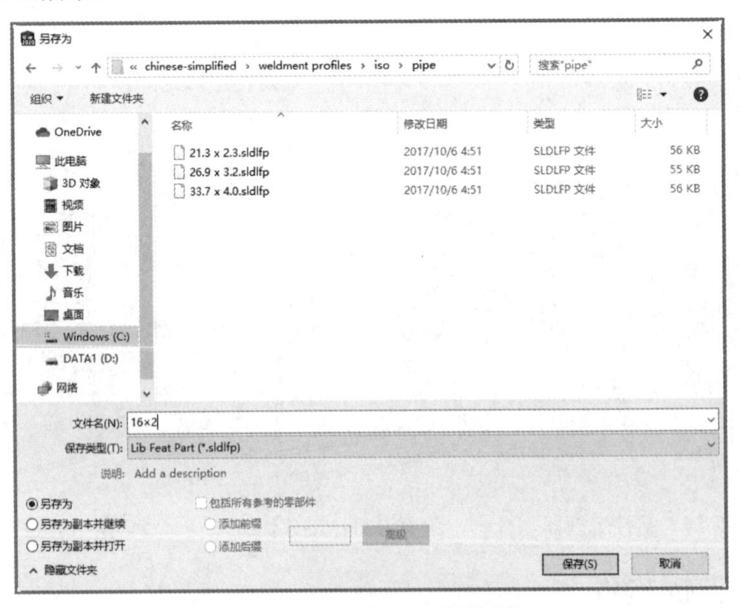

图 10-125　保存自定义结构构件轮廓

03 创建结构构件。单击“焊件”面板中的“结构构件”按钮，或选择“插入”→“焊件”→“结构构件”菜单命令，弹出“结构构件”属性管理器，选择 iso 标准，选择“管道”类型，设置“大小”为 16×2，然后在视图中拾取步骤 **01** 绘制的草图，如图 10-126 所示。单击“确定”按钮✓，创建结构构件，如图 10-127 所示。

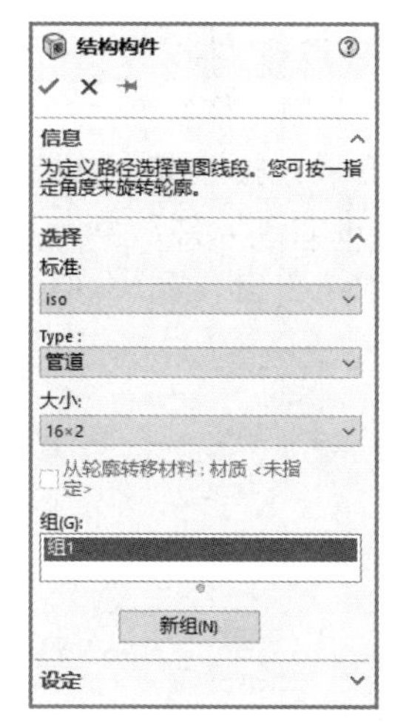

图 10-126　“结构构件”属性管理器

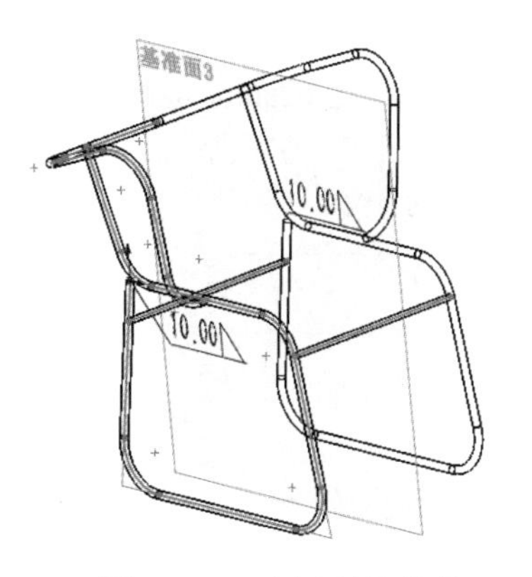

图 10-127　创建结构构件

04 剪裁构件。单击“焊件”面板中的“剪裁/延伸”按钮，或选择“插入”→“焊件”→“剪裁/延伸”菜单命令，弹出“剪裁/延伸”属性管理器，选择“管道 16×2(1)”和“管道 16×2(2)”为要剪裁的实体，选择两侧构件为剪裁边界，如图 10-128 所示。单击“确定”按钮✔，剪裁/延伸图形如图 10-129 所示。

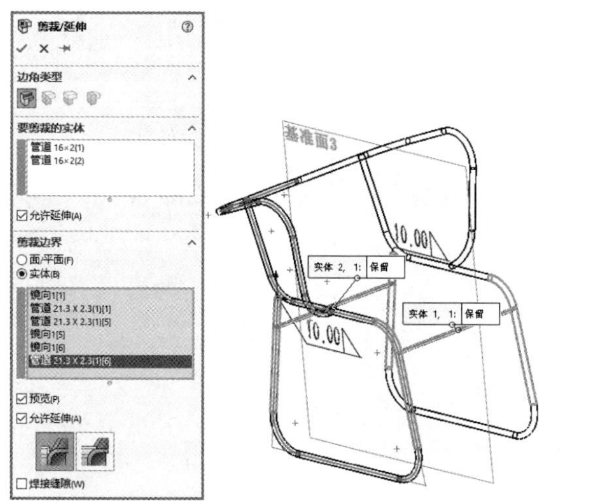

图 10-128　“剪裁/延伸”属性管理器

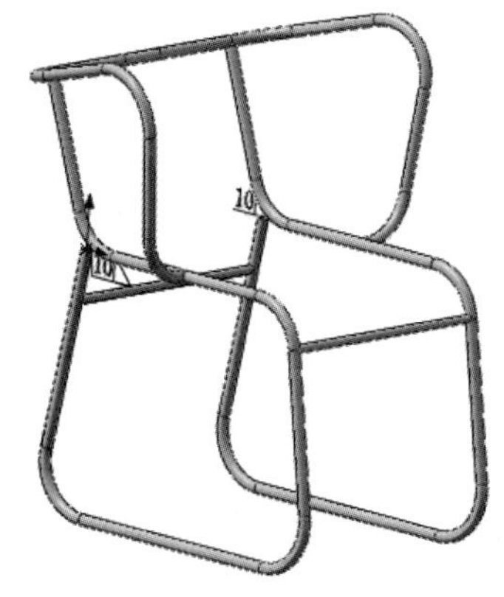

图 10-129　“剪裁/延伸”图形

10.6.4　创建椅座和靠背

【操作步骤】

01 设置基准面。在 FeatureManager 设计树中选择“基准面 3”，然后单击“视图（前导）”工具栏中的“正视于”按钮，将该基准面作为绘制图形的基准面。单击“草图”面板中的“草图绘制”按钮，进入草图绘制状态。

02 绘制草图 1。单击“草图”面板中的“直线”按钮和“3 点圆弧”按钮，绘制如图 10-130 所示的草图并标注尺寸。

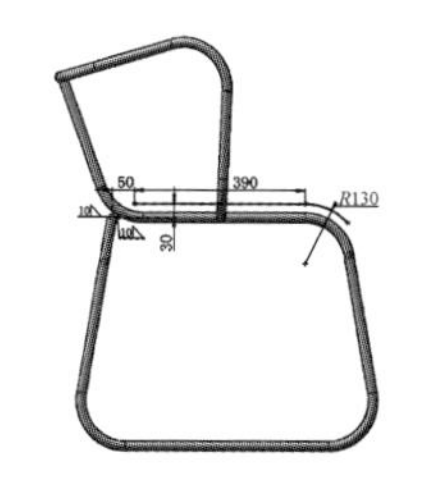

图 10-130　绘制草图 1

Note

03 单击“特征”面板中的“拉伸凸台/基体”按钮，或选择“插入”→“凸台/基体”→“拉伸”菜单命令，弹出“凸台-拉伸”属性管理器，设置终止条件为“两侧对称”，输入拉伸距离为540 mm，输入薄壁厚度为20 mm，如图10-131所示。单击“确定”按钮✔，拉伸实体如图10-132所示。

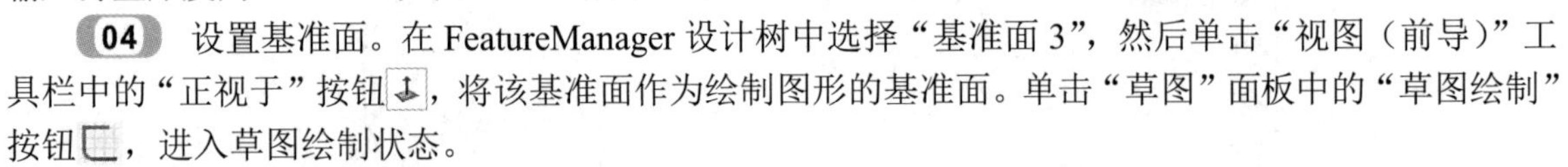

04 设置基准面。在FeatureManager设计树中选择“基准面3”，然后单击“视图（前导）”工具栏中的“正视于”按钮，将该基准面作为绘制图形的基准面。单击“草图”面板中的“草图绘制”按钮，进入草图绘制状态。

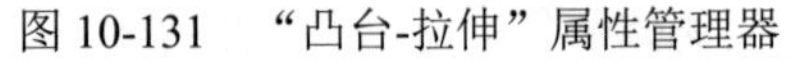

图10-131 “凸台-拉伸”属性管理器

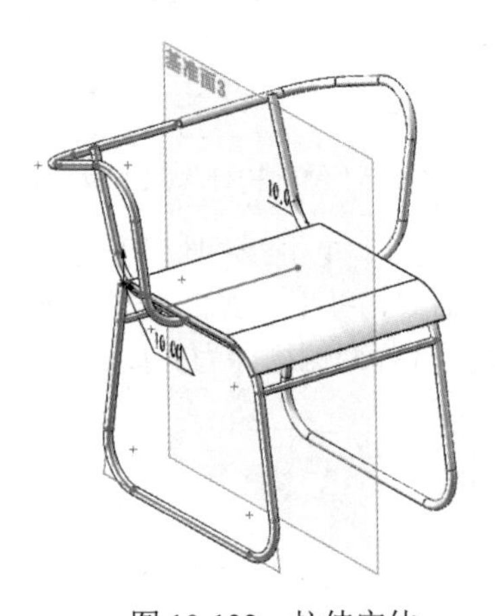

图10-132 拉伸实体

05 绘制草图2。单击“草图”面板中的“直线”按钮和“3点圆弧”按钮，绘制如图10-133所示的草图并标注尺寸。

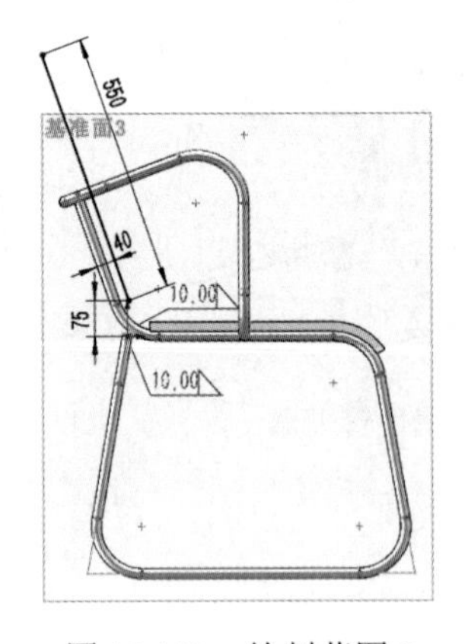

图10-133 绘制草图2

06 拉伸实体。单击“特征”面板中的“拉伸凸台/基体”按钮，或选择“插入”→“凸台/基体”→“拉伸”菜单命令，弹出“凸台-拉伸”属性管理器，设置终止条件为“两侧对称”，输入拉伸距离为540 mm，输入薄壁厚度为20 mm。单击“确定”按钮✔，拉伸实体如图10-134所示。

07 隐藏草图和基准面。选择“视图”→“隐藏/显示”→“基准面”菜单命令和“草图”菜单命令，不显示基准面和草图，如图10-135所示。

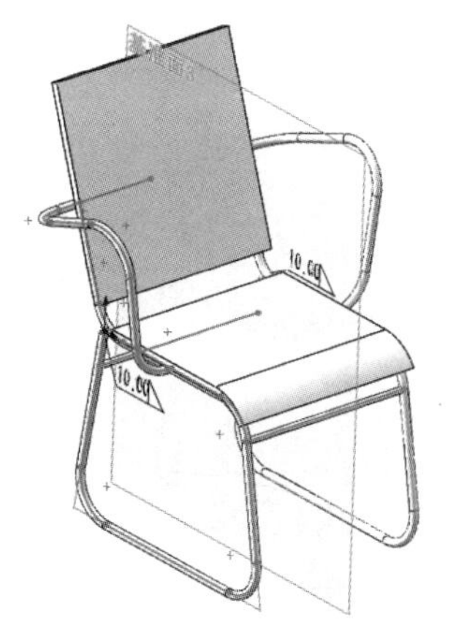

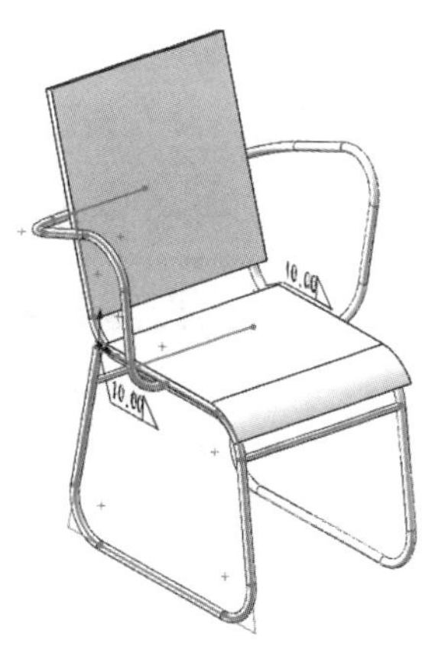

图10-134 拉伸实体　　图10-135 隐藏基准面和草图

08 单击“特征”面板中的“圆角”按钮，或选择“插入”→“特征”→“圆角”菜单命令，弹出“圆角”属性管理器，输入圆角半径为100 mm，选择如图10-136所示的拉伸实体的4条棱边。单击“确定”按钮✔；重复“圆角”命令，选择如图10-137所示的拉伸实体的4条棱边，对其进行倒圆角处理，圆角半径为100 mm。

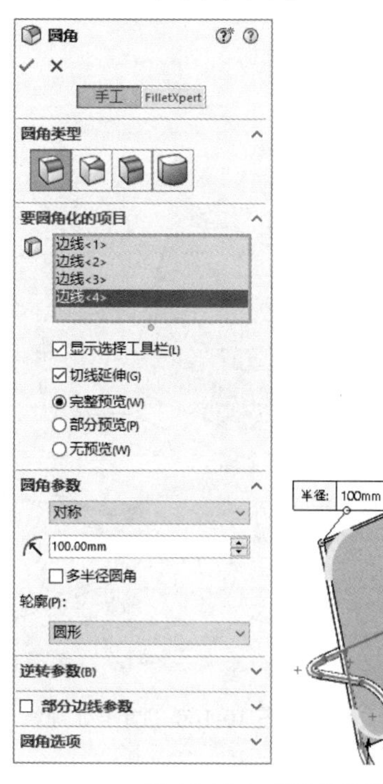

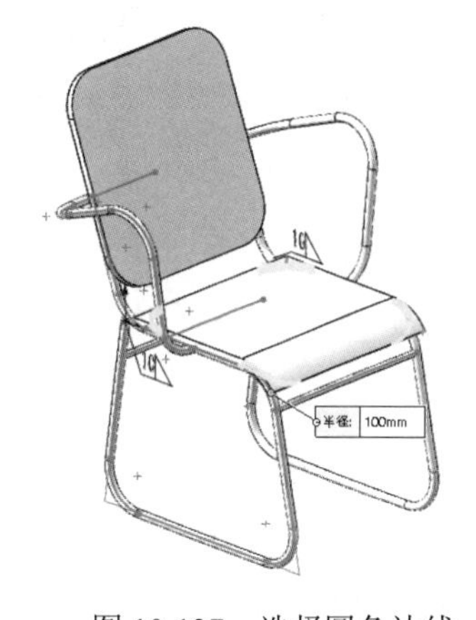

图10-136 “圆角”属性管理器　　图10-137 选择圆角边线

09 单击“特征”面板中的“圆角”按钮，或选择“插入”→“特征”→“圆角”菜单命令，弹出“圆角”属性管理器，输入拉伸距离为5 mm，选择如图10-138所示的拉伸实体的边线。单击“确定”按钮✔，重复“圆角”命令，选择如图10-139所示的拉伸实体的4条棱边，对其进行圆角处理，圆角半径为5 mm。圆角处理结果如图10-140所示。

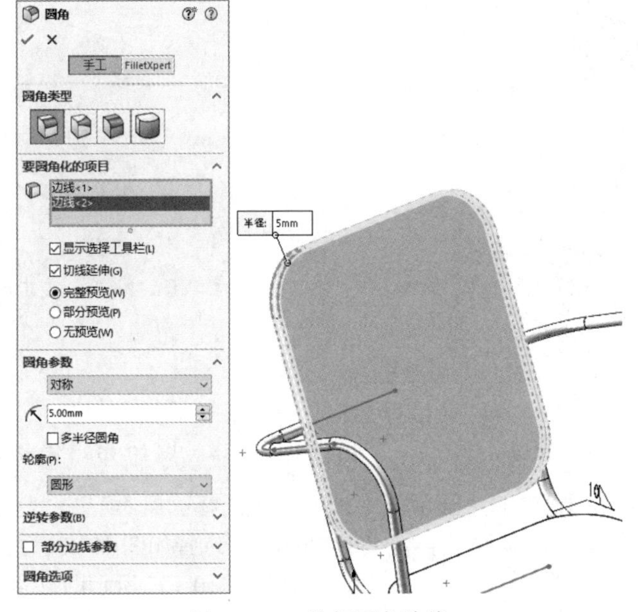

图 10-138　选择圆角边线

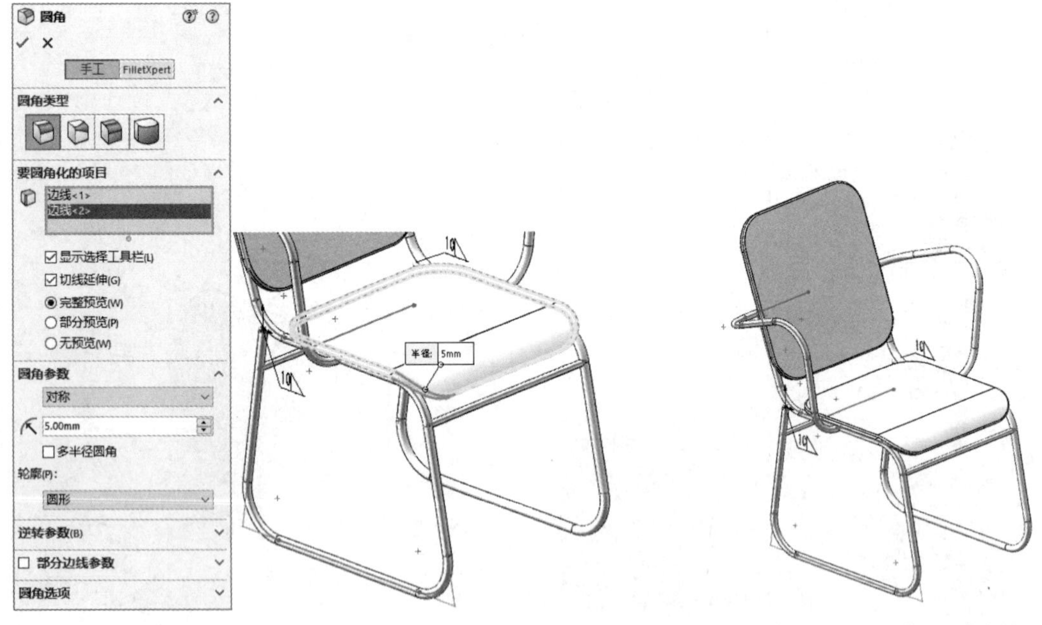

图 10-139　选择圆角棱边

图 10-140　圆角处理结果

10.6.5　渲染

【操作步骤】

01 设置外观颜色。在 FeatureManager 设计树中选择所有的结构构件，然后右击，在弹出的快捷菜单中单击“外观”按钮，如图 10-141 所示，弹出如图 10-142 所示的“颜色”属性管理器，设置颜色的 RGB 值分别为 202，209，238，单击“确定”按钮✔，添加颜色，如图 10-143 所示。

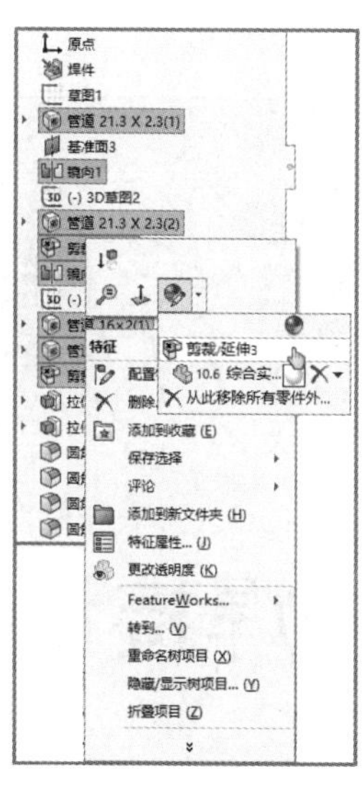

图 10-141 快捷菜单

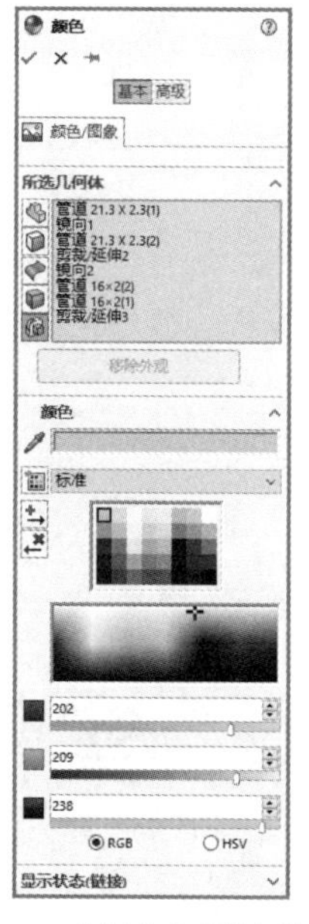

图 10-142 “颜色”属性管理器

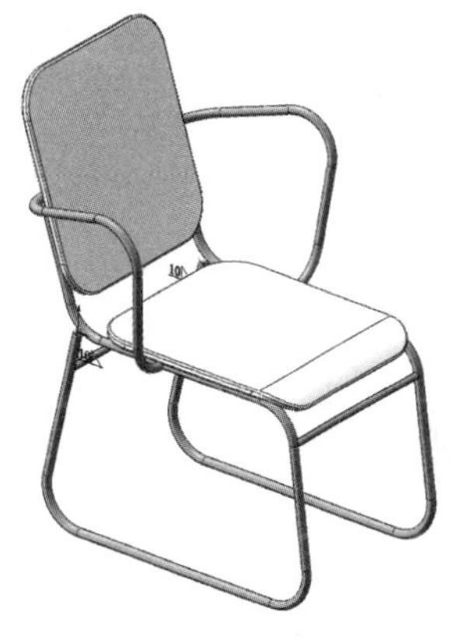

图 10-143 添加颜色

02 设置外观材质。在右侧任务窗格处单击“外观、布景和贴图”按钮，弹出“外观、布景和贴图”面板，选择“外观”→“织物”→“棉布”→“红葡萄酒色棉布”，如图 10-144 所示，将其拖曳到两个拉伸实体上，结果如图 10-145 所示。

图 10-144 “外观、布景和贴图”面板

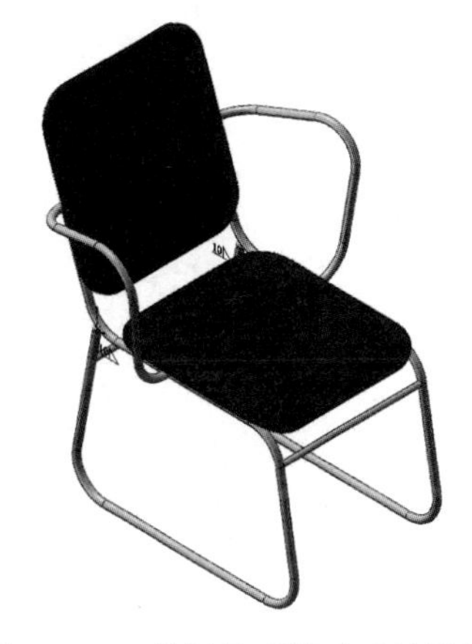

图 10-145 设置外观材质后的效果

第11章 实例——焊接设计

本章导读

SOLIDWORKS 具有全面的实体建模功能，可以将产品设计置于 3D 空间环境中进行，生成各种实体，因此广泛应用于各种行业。

本章通过实例操作“温故而知新”，在实例的绘制过程中，用户可再次重温基础绘制的操作步骤，如文件创建和草图绘制等，并完成复杂焊接件的设计，这对以后在实际工作中的焊接设计操作有很大帮助。

内容要点

- ☑ 吧台椅
- ☑ 健身器材

11.1 吧 台 椅

本实例创建的吧台椅如图 11-1 所示。

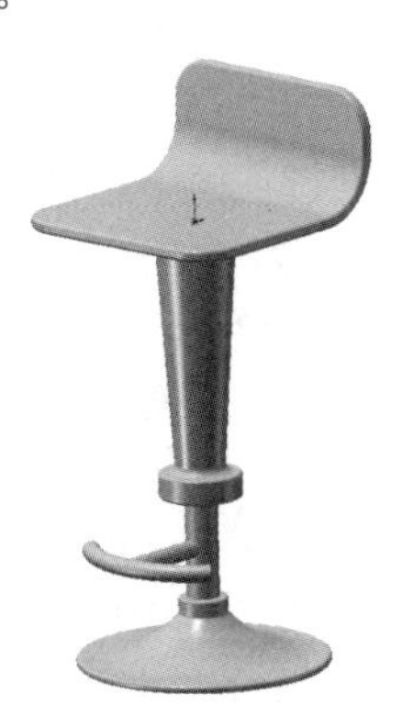

图 11-1 吧台椅

思路分析

首先绘制草图，通过拉伸创建椅座，然后通过旋转创建支撑架，再绘制草图，创建踏脚架，最后再创建底座。绘制吧台椅的流程如图 11-2 所示。

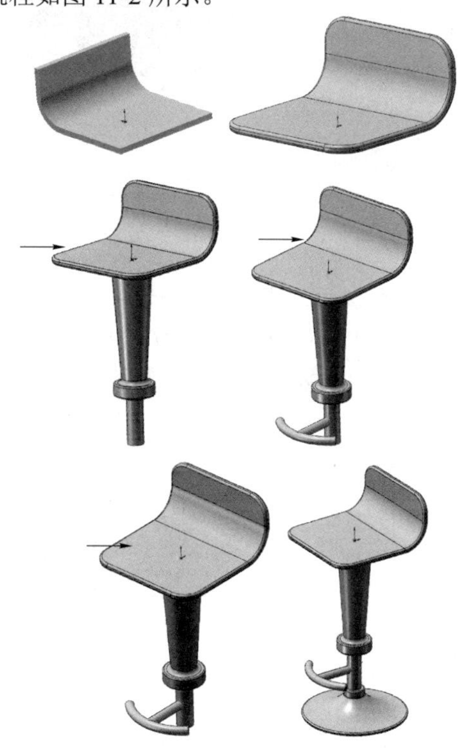

图 11-2 绘制吧台椅的流程

Note

创建步骤

11.1.1 创建椅座

01 启动 SOLIDWORKS，单击“快速访问”工具栏中的“新建”按钮，或选择“文件”→“新建”菜单命令，在弹出的“新建 SOLIDWORKS 文件”对话框中单击“零件”按钮，然后单击“确定”按钮，创建一个新的零件文件。

02 设置基准面。在 FeatureManager 设计树中选择“前视基准面”，然后单击“视图（前导）”工具栏中的“正视于”按钮，将该基准面作为绘制图形的基准面。单击“草图”面板中的“草图绘制”按钮，进入草图绘制状态。

03 绘制草图。单击“草图”面板中的“直线”按钮和“绘制圆角”按钮，绘制如图 11-3 所示的草图并标注尺寸。

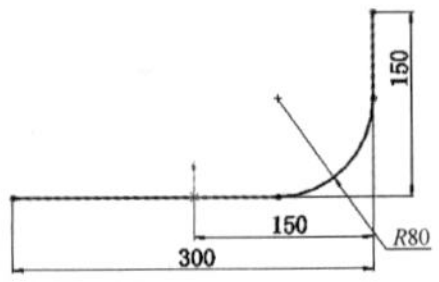

图 11-3 绘制草图

04 拉伸曲面。选择“插入”→“曲面”→“拉伸曲面”菜单命令，或者单击“曲面”面板中的“拉伸曲面”按钮，系统弹出“曲面-拉伸”属性管理器；设置终止条件为“两侧对称”，输入拉伸距离为 300 mm，如图 11-4 所示；单击“确定”按钮✔，生成拉伸曲面，如图 11-5 所示。

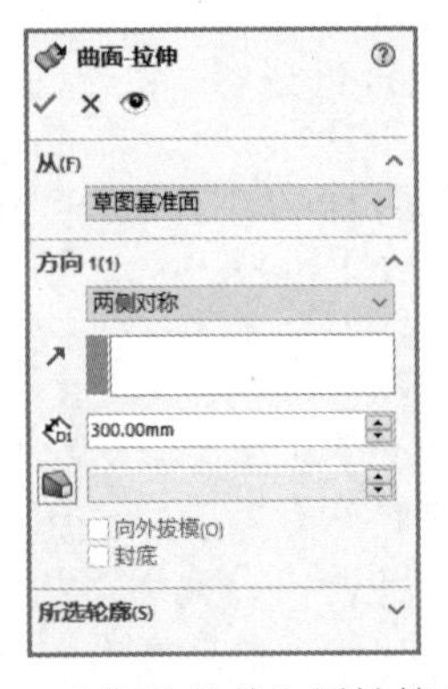

图 11-4 “曲面-拉伸”属性管理器

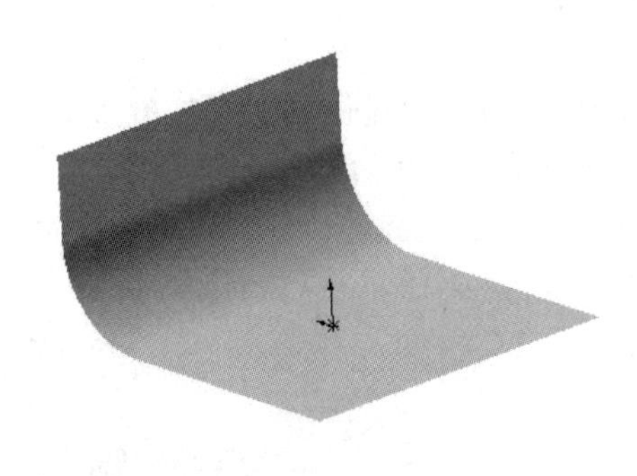

图 11-5 拉伸曲面

05 加厚曲面。选择“插入”→“凸台/基体”→“加厚”菜单命令，系统弹出“加厚”属性管理器，选择步骤 **04** 创建的拉伸曲面为要加厚的面，单击“加厚侧边 1”按钮，输入厚度为 15 mm，如图 11-6 所示；单击“确定”按钮✔，生成加厚曲面，如图 11-7 所示。

图 11-6 “加厚”属性管理器

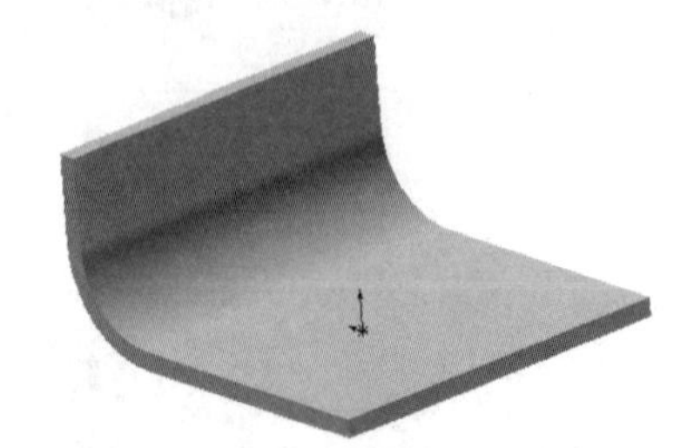

图 11-7 加厚曲面

06 圆角处理。单击“特征”面板中的“圆角”按钮，或选择“插入”→“特征”→“圆角”菜单命令，弹出“圆角”属性管理器，在视图中选择如图 11-8 所示的 4 条棱边，输入圆角半径为 50 mm，然后单击“确定”按钮✔。

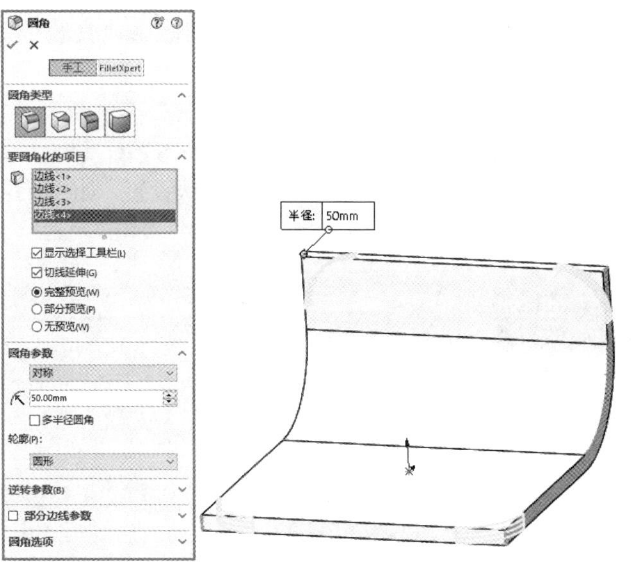

图 11-8　选择圆角边线

07 圆角处理。单击“特征”面板中的“圆角”按钮，或选择“插入”→“特征”→“圆角”菜单命令，弹出“圆角”属性管理器，在视图中选择如图 11-9 所示的边线，输入圆角半径为 5 mm。然后单击“确定”按钮，圆角处理结果如图 11-10 所示。

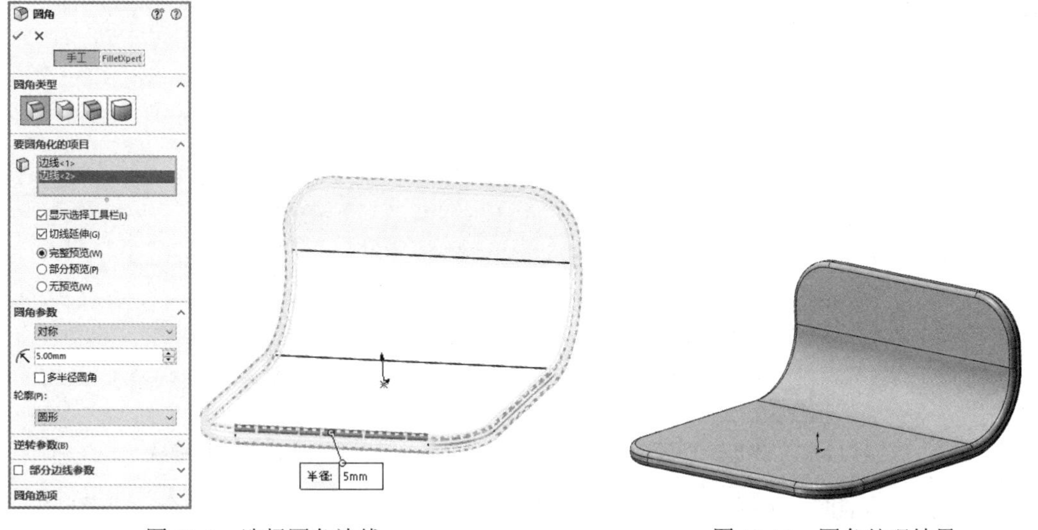

图 11-9　选择圆角边线　　　　图 11-10　圆角处理结果

11.1.2　创建支撑架

【操作步骤】

01 设置基准面。在 FeatureManager 设计树中选择“右视基准面”，然后单击“视图（前导）”工具栏中的“正视于”按钮，将该基准面作为绘制图形的基准面。单击“草图”面板中的“草图绘制”按钮，进入草图绘制状态。

02 绘制草图。单击“草图”面板中的“中心线”按钮和“直线”按钮，绘制如图 11-11 所示的草图并标注尺寸。

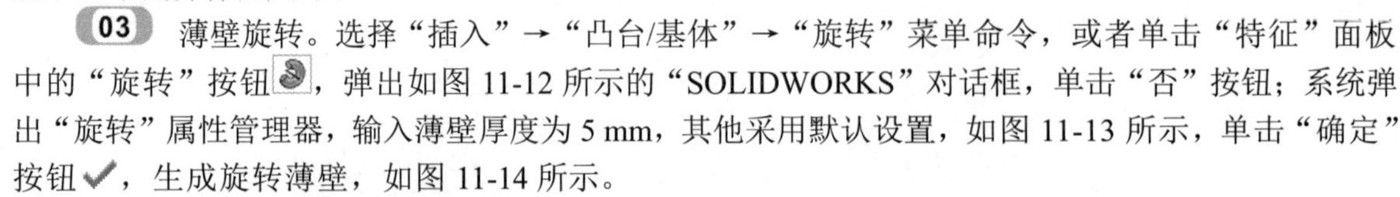

03 薄壁旋转。选择“插入”→“凸台/基体”→“旋转”菜单命令，或者单击“特征”面板中的“旋转”按钮，弹出如图 11-12 所示的“SOLIDWORKS”对话框，单击“否”按钮；系统弹出“旋转”属性管理器，输入薄壁厚度为 5 mm，其他采用默认设置，如图 11-13 所示，单击“确定”按钮✓，生成旋转薄壁，如图 11-14 所示。

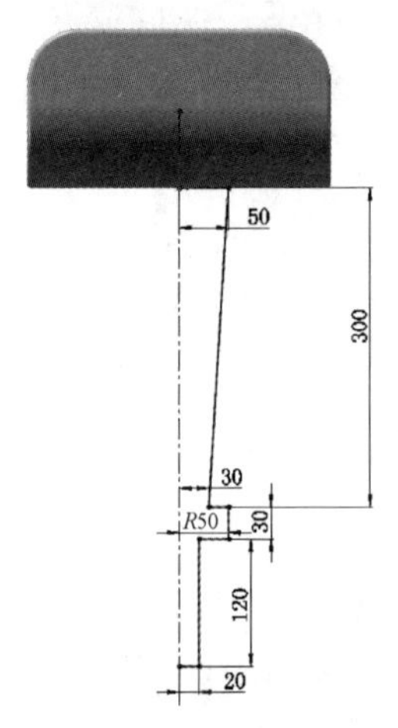

图 11-11 绘制草图

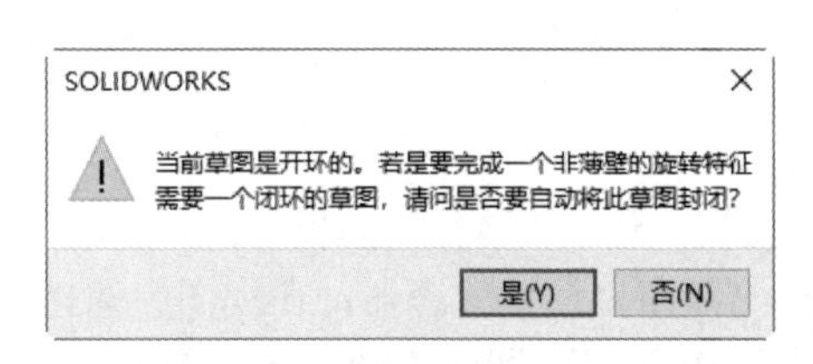

图 11-12 “SOLIDWORKS”对话框

图 11-13 “旋转”属性管理器

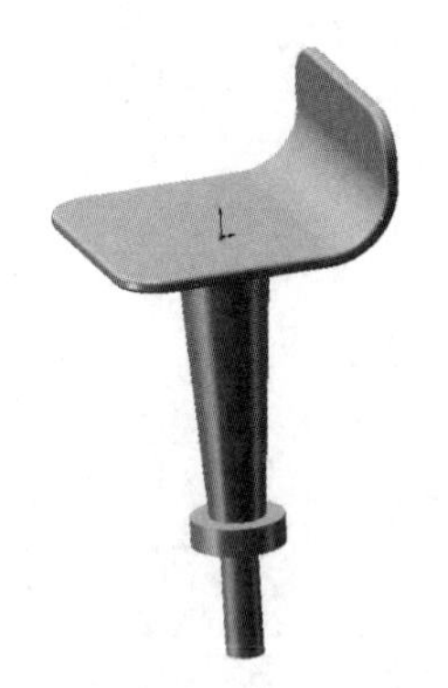

图 11-14 旋转薄壁

04 创建基准面。选择“插入”→“参考几何体”→“基准面”菜单命令，或者单击“特征”面板“参考几何体”下拉列表中的“基准面”按钮，弹出如图 11-15 所示的“基准面”属性管理器，在视图中选择“上视基准面”，输入偏移距离为 390 mm，选中“反转等距”复选框，单击“确定”按钮✓，创建基准面 1，如图 11-16 所示。

05 圆角处理。单击“特征”面板中的“圆角”按钮，或选择“插入”→“特征”→“圆角”菜单命令，弹出“圆角”属性管理器，在视图中选择如图 11-17 所示的两条边线，输入圆角半径为 10 mm，然后单击“确定”按钮✓。重复“圆角”命令，输入圆角半径为 3 mm，选择如图 11-18 所示的两条边线，圆角处理结果如图 11-19 所示。

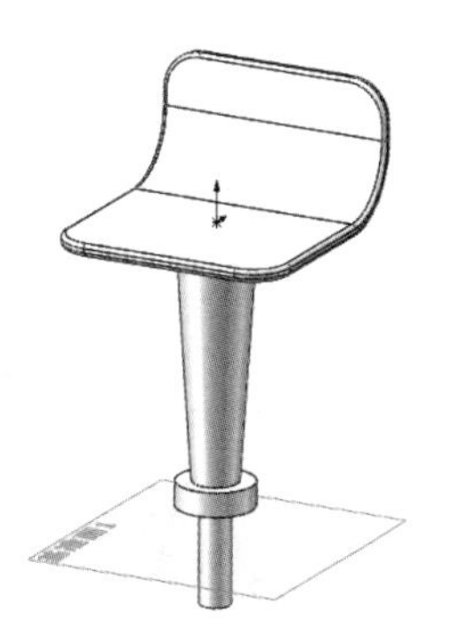

图 11-15 “基准面”属性管理器　　　图 11-16 创建基准面 1

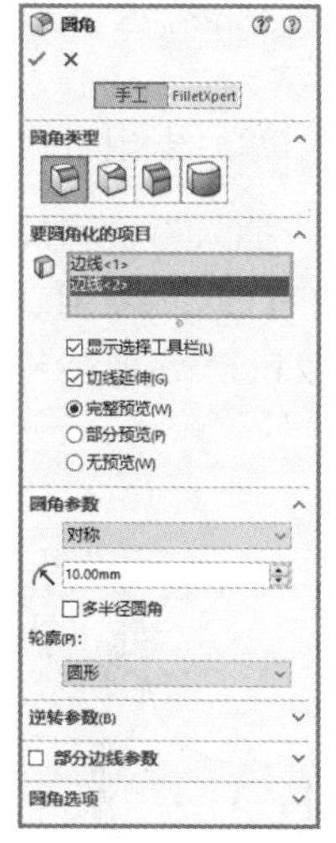

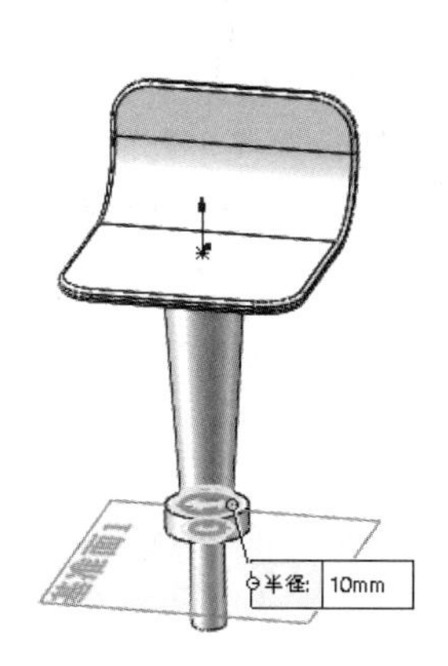

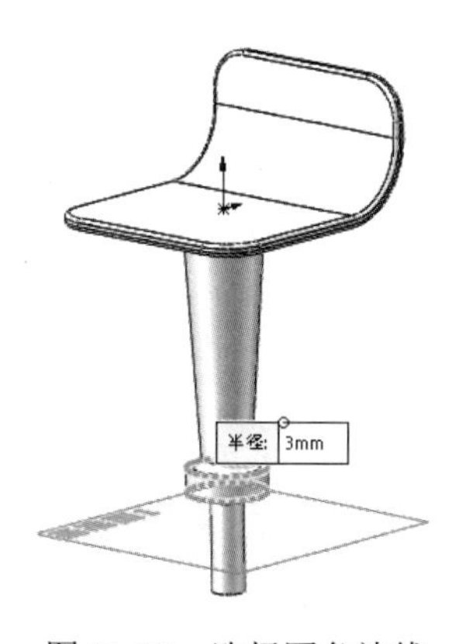

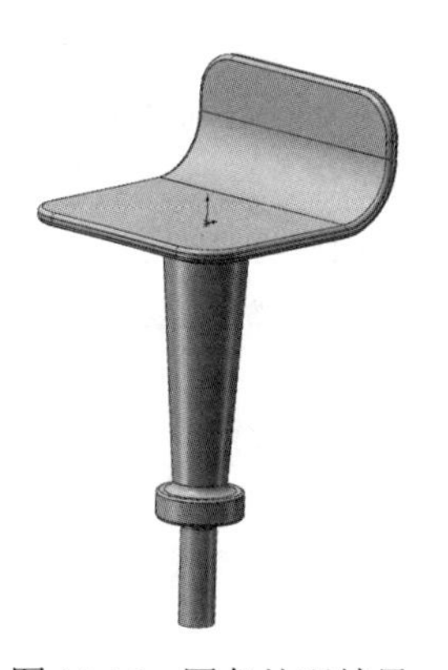

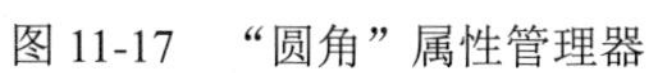

图 11-17 “圆角”属性管理器　　　图 11-18 选择圆角边线　　　图 11-19 圆角处理结果

11.1.3 创建踏脚架

【操作步骤】

01 设置基准面。在 FeatureManager 设计树中选择“基准面 1”，然后单击“视图（前导）”工具栏中的“正视于”按钮，将该基准面作为绘制图形的基准面。单击“草图”面板中的“草图绘制”按钮，进入草图绘制状态。

02 绘制草图。单击“草图”面板中的“中心线” 按钮、“直线”按钮和“圆心/起/终点圆弧”按钮，绘制如图 11-20 所示的草图并标注尺寸。

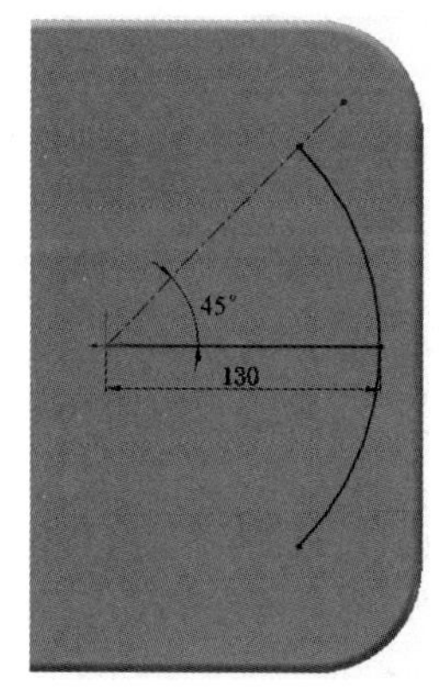

图 11-20 绘制草图

03 创建结构构件。单击“焊件”面板中的“结构构件”按钮，或选择“插入”→“焊件”→“结构构件”菜单命令，弹出“结构构件”属性管理器，选择 iso 标准，选择“管道”类型，设置“大小”为 21.3×2.3，然后在视图中拾取步骤 **02** 绘制的草图中的直线，如图 11-21 所示。单击

“确定”按钮✔，添加结构构件 1，如图 11-22 所示。重复“结构构件”命令，选择草图中的圆弧，添加结构构件 2，如图 11-23 所示。

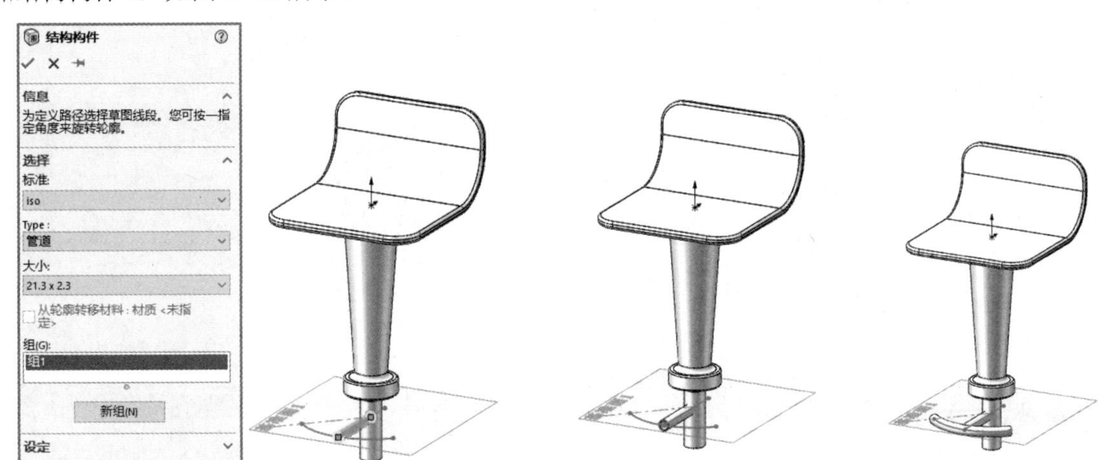

图 11-21　“结构构件”属性管理器　　图 11-22　添加结构构件 1　图 11-23　添加结构构件 2

04 剪裁结构构件。单击“焊件”面板中的“剪裁/延伸”按钮，或选择“插入”→“焊件”→“剪裁/延伸”菜单命令，弹出“剪裁/延伸”属性管理器，选择“管道 21.3×2.3(1)”为要剪裁的实体，选择“管道 21.3×2.3(2)”为剪裁边界，如图 11-24 所示。单击“确定”按钮✔，剪裁构件如图 11-25 所示。

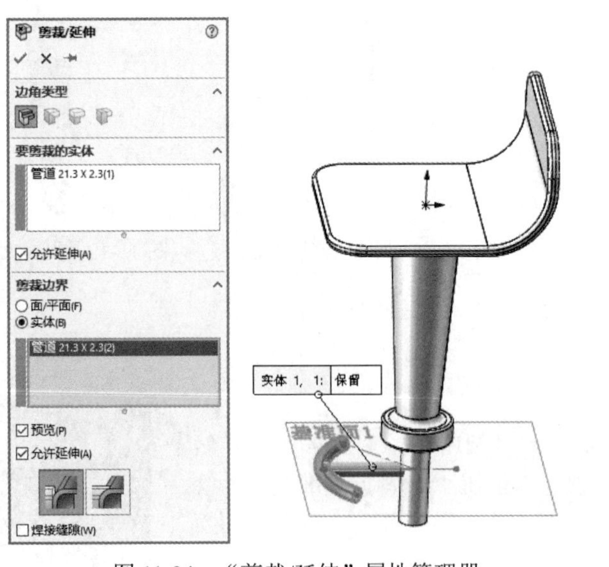

图 11-24　“剪裁/延伸”属性管理器

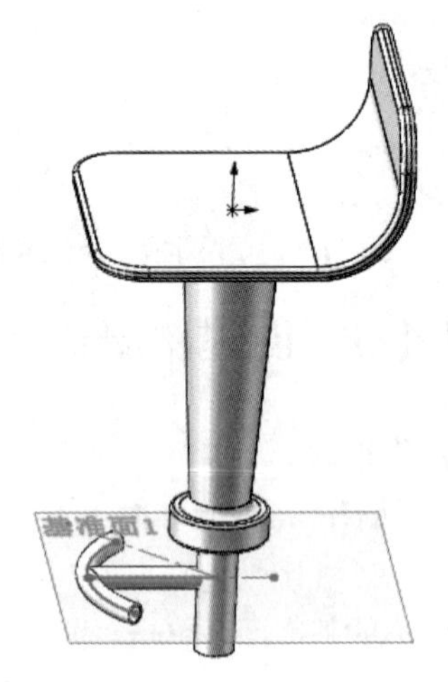

图 11-25　剪裁结构构件

05 创建顶端盖。单击“焊件”面板中的“顶端盖”按钮，或选择“插入”→“焊件”→“顶端盖”菜单命令，弹出“顶端盖”属性管理器，选择“向外”厚度方向，输入厚度为 2 mm，如图 11-26 所示。在视图中选择如图 11-26 所示的两个面，单击“确定”按钮✔，添加顶端盖，如图 11-27 所示。

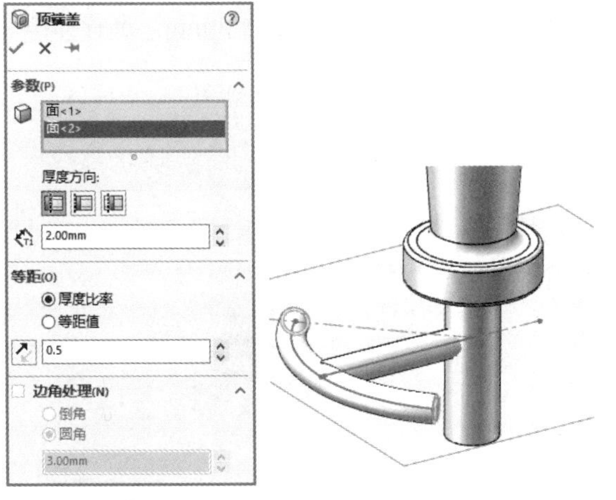

图 11-26 “顶端盖”属性管理器

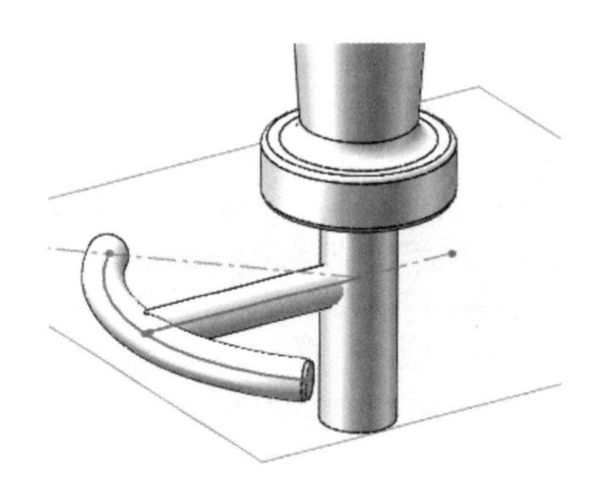

图 11-27 添加顶端盖

11.1.4 创建底座

【操作步骤】

01 设置基准面。在 FeatureManager 设计树中选择“右视基准面”，然后单击“视图（前导）”工具栏中的“正视于”按钮，将该基准面作为绘制图形的基准面。单击“草图”面板中的“草图绘制”按钮，进入草图绘制状态。

02 绘制草图。单击“草图”面板中的“中心线”按钮、“直线”按钮和“3 点圆弧”按钮，绘制如图 11-28 所示的草图并标注尺寸。

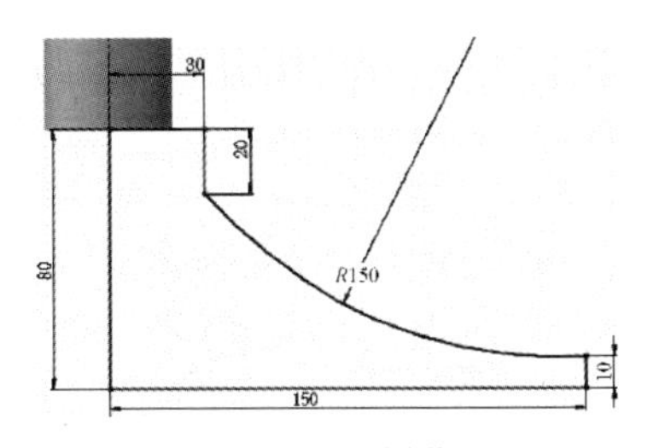

图 11-28 绘制草图

03 薄壁旋转。执行“插入”→“凸台/基体”→“旋转”菜单命令，或者单击“特征”面板中的“旋转”按钮，系统弹出如图 11-29 所示的“旋转”属性管理器；采用默认设置，单击“确定”按钮✔，生成旋转底座，如图 11-30 所示。

图 11-29 “旋转”属性管理器

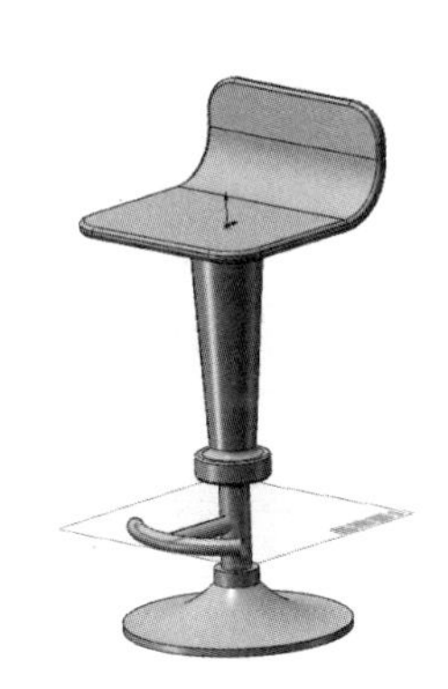

图 11-30 生成旋转底座

04 圆角处理。单击“特征”面板中的“圆角”按钮，或选择“插入”→“特征”→“圆角”菜单命令，弹出“圆角”属性管理器，在视图中选择如图 11-31 所示的两条边线，输入圆角半径

Note

为 3 mm。然后单击“确定”按钮✔。重复“圆角”命令，输入圆角半径为 4 mm，选择如图 11-32 所示的两条边线。

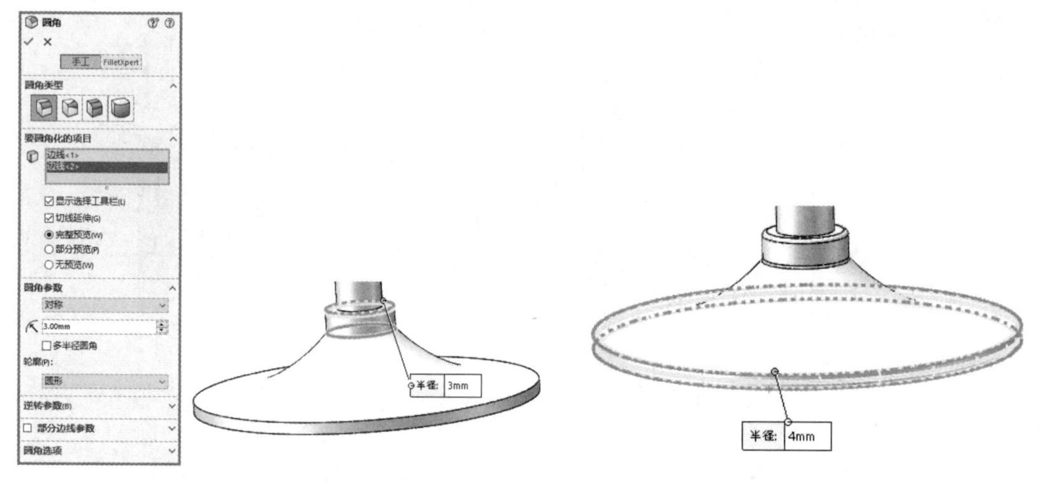

图 11-31　“圆角”属性管理器　　　　图 11-32　选择边线

05 隐藏基准面和草图。在 FeatureManager 设计树中右击“基准面 1”和“草图”，弹出如图 11-33 所示的快捷菜单，单击“隐藏”按钮，隐藏基准面和草图，如图 11-34 所示。

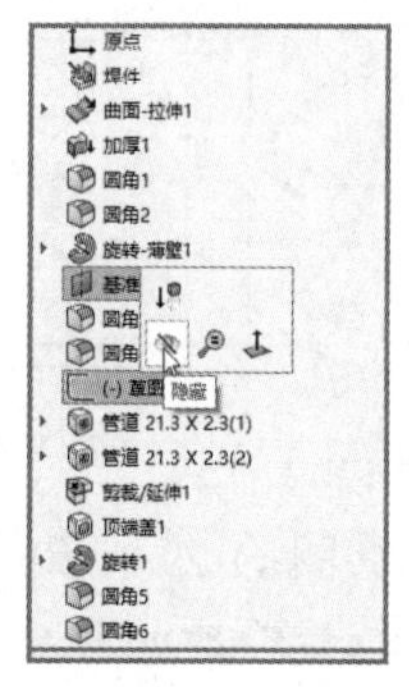

图 11-33　快捷菜单

图 11-34　隐藏基准面和草图

11.2　健身器材

视频讲解

本实例创建的健身器材如图 11-35 所示。

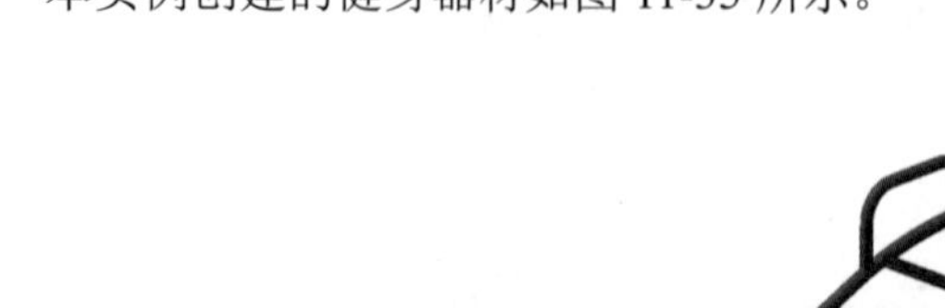

图 11-35　健身器材

思路分析

首先绘制主体草图，然后创建主体结构构件，再剪裁构件，最后创建扶手。绘制健身器材的流程如图 11-36 所示。

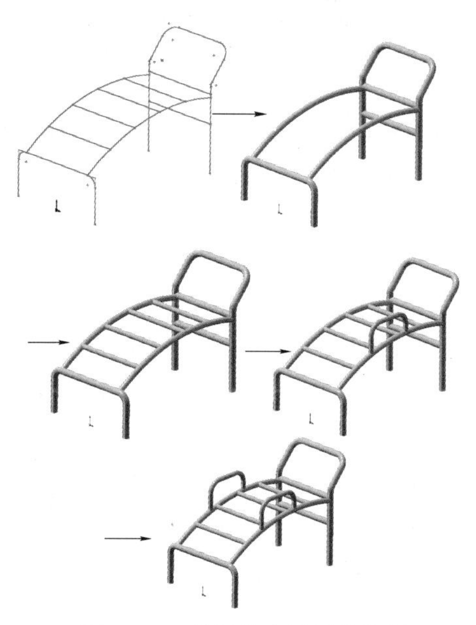

图 11-36 绘制健身器材的流程

创建步骤

11.2.1 绘制主体草图

【操作步骤】

01 启动 SOLIDWORKS，单击“快速访问”工具栏中的“新建”按钮，或选择“文件”→“新建”菜单命令，在弹出的“新建 SOLIDWORKS 文件”对话框中单击“零件”按钮，然后单击“确定”按钮，创建一个新的零件文件。

02 设置基准面。在 FeatureManager 设计树中选择“前视基准面”，然后单击“视图（前导）”工具栏中的“正视于”按钮，将该基准面作为绘制图形的基准面。单击“草图”面板中的“草图绘制”按钮，进入草图绘制状态。

03 绘制草图。单击“草图”面板中的“直线”按钮和“绘制圆角”按钮，绘制如图 11-37 所示的草图并标注尺寸。

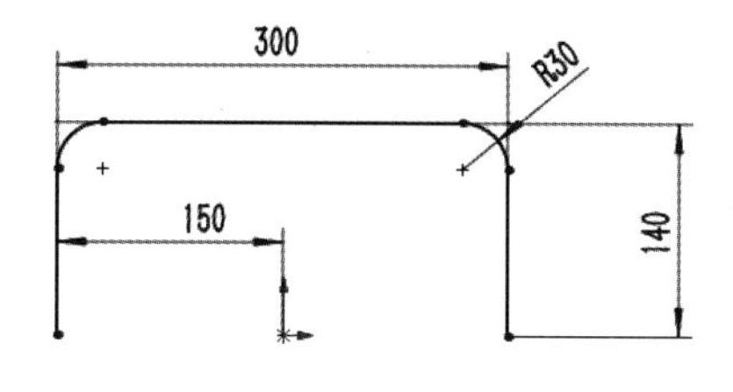

图 11-37 绘制草图

Note

04 创建基准面。选择“插入”→“参考几何体”→“基准面”菜单命令，或单击“特征”面板“参考几何体”下拉列表中的“基准面”按钮，弹出如图 11-38 所示的“基准面”属性管理器。选择“前视基准面”为参考面，输入偏移距离为 500 mm，单击“确定”按钮✔，完成基准面 1 的创建。

05 设置基准面。在 FeatureManager 设计树中选择“基准面 1”，然后单击“视图（前导）”工具栏中的“正视于”按钮，将该基准面作为绘制图形的基准面。单击“草图”面板中的“草图绘制”按钮，进入草图绘制状态。

06 绘制草图 1。单击“草图”面板中的“直线”按钮，绘制如图 11-39 所示的草图并标注尺寸，最后退出草图绘制状态。

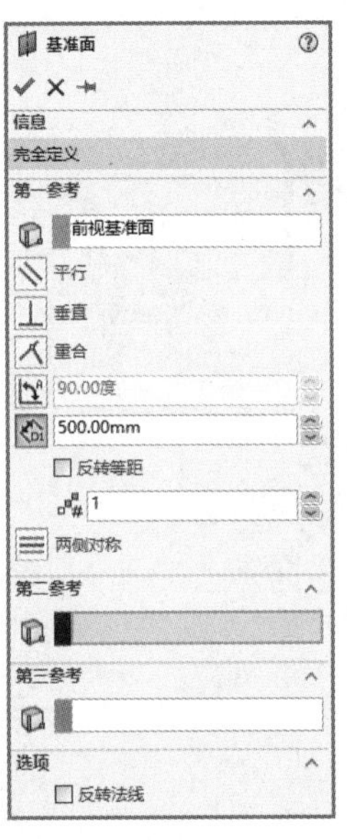

图 11-38 “基准面”属性管理器

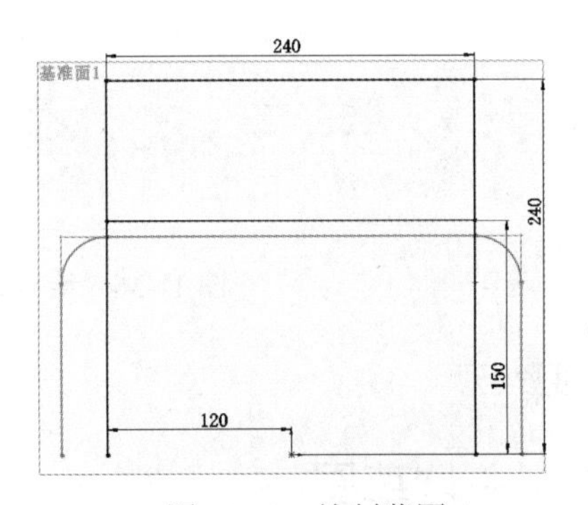

图 11-39 绘制草图 1

07 绘制草图 2。首先单击“草图”面板中的“3D 草图”按钮，然后单击“草图”面板中的“直线”按钮和“绘制圆角”按钮，绘制如图 11-40 所示的草图并标注尺寸。

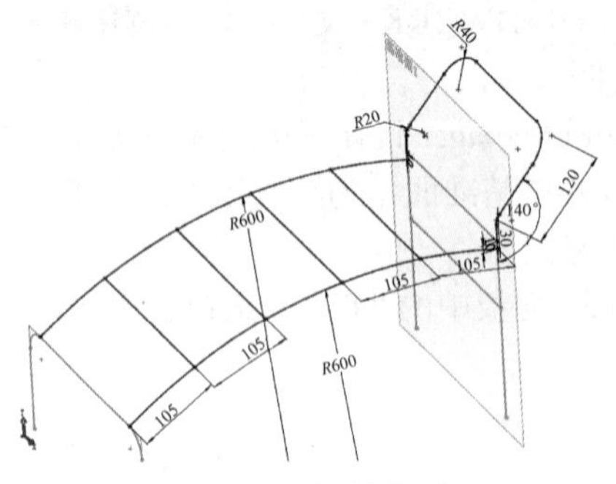

图 11-40 绘制草图 2

11.2.2 创建主体结构构件

【操作步骤】

01 创建结构构件。单击“焊件”面板中的“结构构件”按钮，或选择“插入”→“焊

件”→“结构构件”菜单命令，弹出“结构构件”属性管理器，选择 iso 标准，选择“管道”类型，设置“大小”为 21.3×2.3，然后在视图中选择草图 1，单击“新组”按钮，添加新组，在视图中选择草图 2 和 3D 草图，如图 11-41 所示。单击“确定”按钮✔，创建结构构件，如图 11-42 所示。

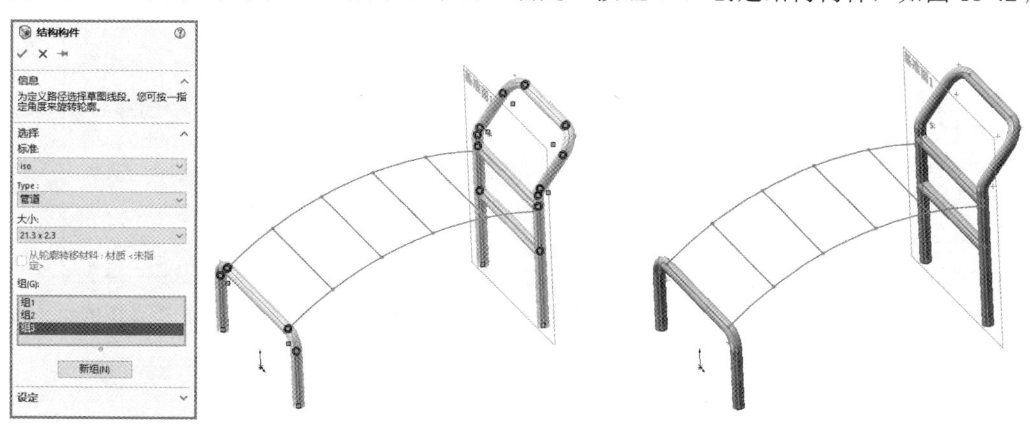

图 11-41　“结构构件”属性管理器　　　　图 11-42　创建结构构件

02 生成自定义结构构件轮廓，其设计过程如下。

① 启动 SOLIDWORKS，单击“快速访问”工具栏中的“新建”按钮，或选择“文件”→“新建”菜单命令，在弹出的“新建 SOLIDWORKS 文件”对话框中单击“零件”按钮，然后单击“确定”按钮，创建一个新的零件文件。

② 设置基准面。在 FeatureManager 设计树中选择“前视基准面”，然后单击“视图（前导）”工具栏中的“正视于”按钮，将该基准面作为绘制图形的基准面。单击“草图”面板中的“草图绘制”按钮，进入草图绘制状态。

③ 绘制同心圆。单击“草图”面板中的“圆”按钮，或选择“工具”→“草图绘制实体”→“圆”菜单命令，在绘图区域以原点为圆心绘制两个同心圆，并标注智能尺寸，如图 11-43 所示，单击“退出草图”按钮。

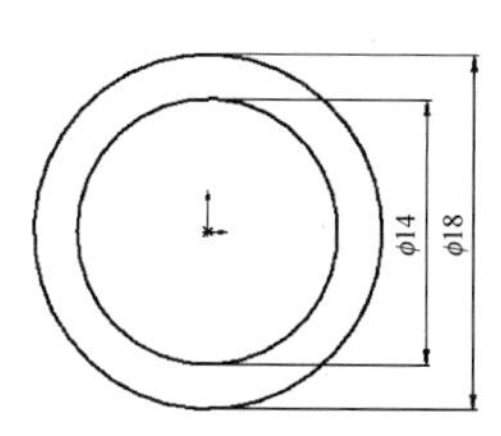

图 11-43　绘制同心圆

④ 保存自定义结构构件轮廓。在 FeatureManager 设计树中选择草图，选择“文件”→“另存为”菜单命令，保存轮廓文件。焊件结构构件的轮廓草图文件默认保存在安装目录\SOLIDWORKS\lang\chinese-simplified\weldment profiles 的子文件夹中。单击“保存”按钮，输入文件名 18×2，文件类型为*.sldlfp，将文件保存在安装目录\SOLIDWORKS\lang\chinese-simplified\ weldment profiles\iso\pipe 文件夹中，如图 11-44 所示。保存构件轮廓草图的设计树如图 11-45 所示。

03 创建结构构件。单击“焊件”面板中的“结构构件”按钮，或选择“插入”→“焊件”→“结构构件”菜单命令，弹出“结构构件”属性管理器，选择 iso 标准，选择“管道”类型，设置“大小”为 18×2，然后在视图中选择如图 11-46 所示的两端圆弧。单击“确定”按钮✔，创建结构构件，如图 11-47 所示。

Note

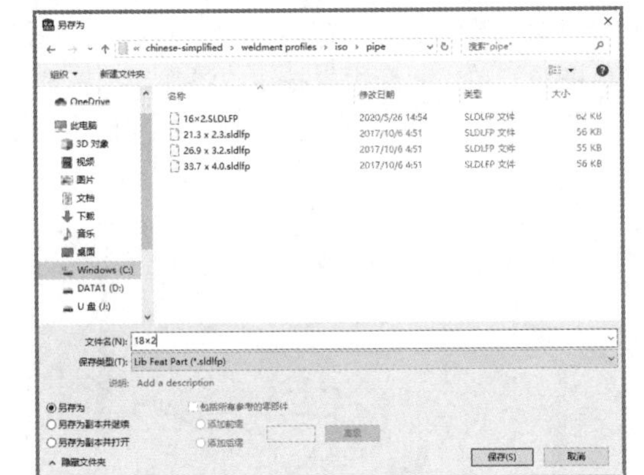

图 11-44　保存结构构件轮廓

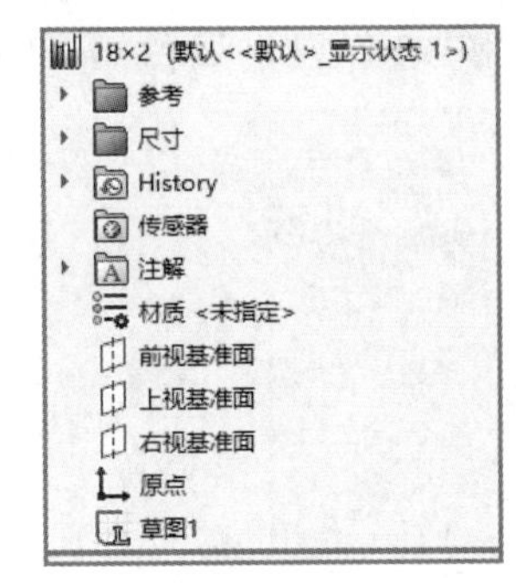

图 11-45　保存构件轮廓草图的设计树

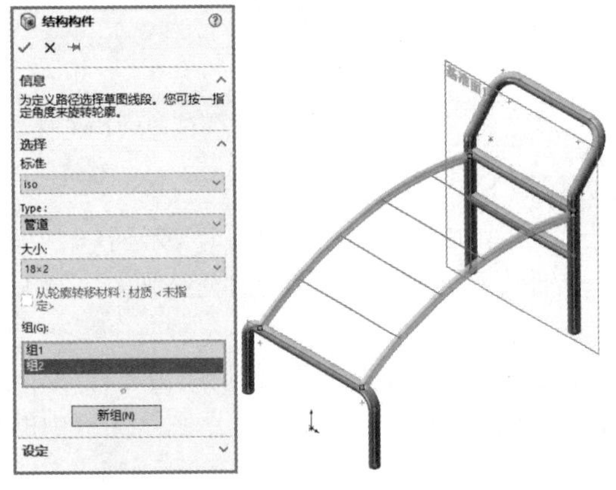

图 11-46　“结构构件”属性管理器

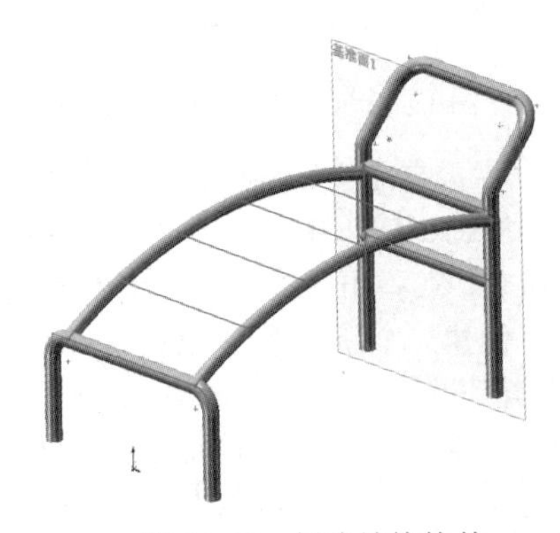

图 11-47　创建结构构件

04 剪裁结构构件。单击“焊件”面板中的“剪裁/延伸”按钮，或选择“插入”→“焊件”→“剪裁/延伸”菜单命令，弹出“剪裁/延伸”属性管理器，选择步骤 **03** 创建的管道为要剪裁的实体，选择“管道 21.3×2.3”为剪裁边界，如图 11-48 所示。单击“确定”按钮✓，剪裁结构构件如图 11-49 所示。

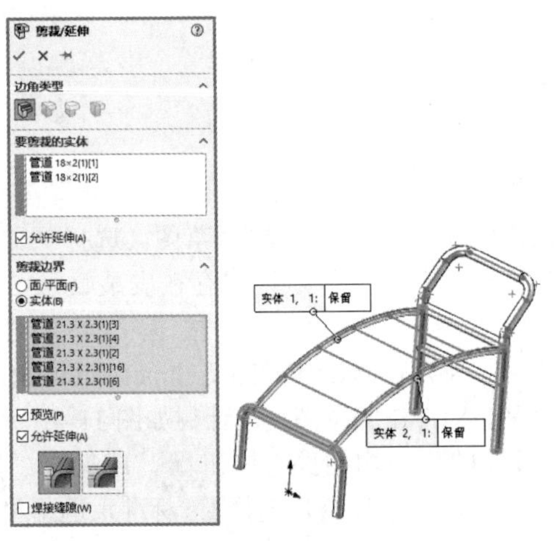

图 11-48　“剪裁/延伸”属性管理器

图 11-49　剪裁结构构件

05 创建结构构件。单击“焊件”面板中的“结构构件”按钮，或选择“插入”→“焊件”→“结构构件”菜单命令，弹出“结构构件”属性管理器，选择 iso 标准，选择“管道”类型，设置“大小”为 16×2，然后在视图中选择如图 11-49 所示的直线段。单击“确定”按钮✓，创建结构构件，如图 11-51 所示。

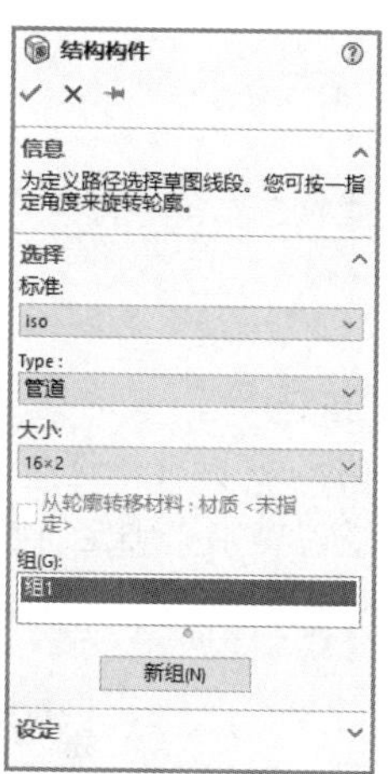

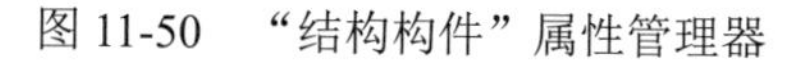
图 11-50　“结构构件”属性管理器

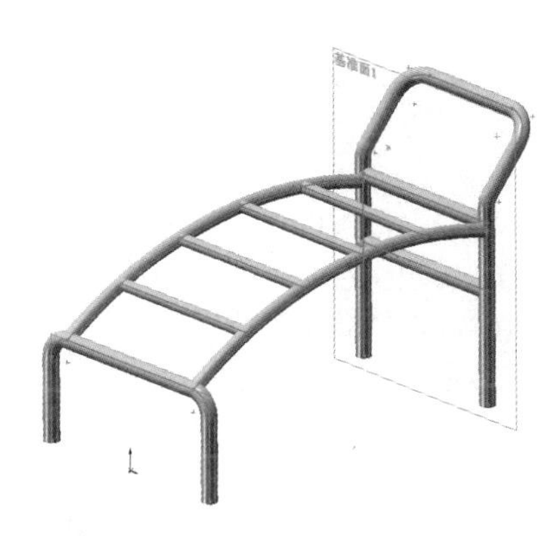

图 11-51　创建结构构件

06 剪裁结构构件。单击“焊件”面板中的“剪裁/延伸”按钮，或选择“插入”→“焊件”→“剪裁/延伸”菜单命令，弹出“剪裁/延伸”属性管理器，选择步骤 **05** 创建的结构构件为要剪裁的实体，选择步骤 **04** 剪裁后的结构构件为剪裁边界，如图 11-52 所示。单击“确定”按钮✓，剪裁结构构件如图 11-53 所示。

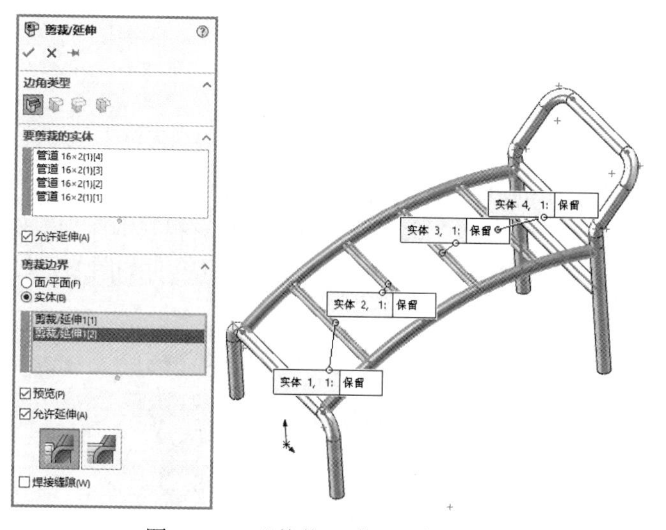

图 11-52　“剪裁/延伸”属性管理器

图 11-53　剪裁结构构件

11.2.3　创建扶手

【操作步骤】

01 绘制 3D 草图。首先单击“草图”面板中的“3D 草图”按钮，然后单击“草图”面板中的“直线”按钮和“绘制圆角”按钮，绘制如图 11-54 所示的 3D 草图并标注尺寸。

Note

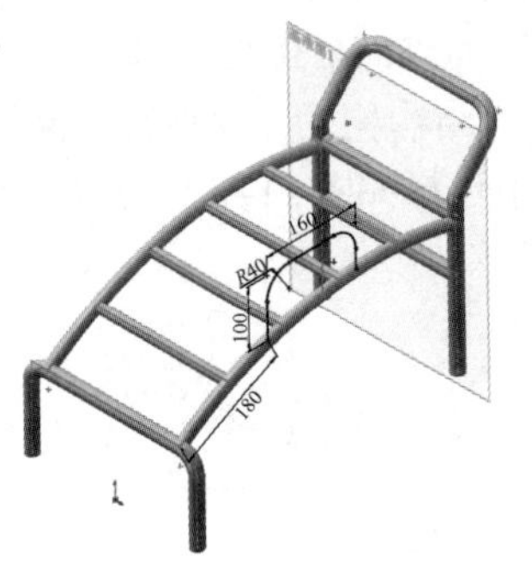

图 11-54　绘制 3D 草图

02 创建结构构件。单击“焊件”面板中的“结构构件”按钮，或选择“插入”→“焊件”→“结构构件”菜单命令，弹出“结构构件”属性管理器，选择 iso 标准，选择“管道”类型，设置“大小”为 16×2，然后在视图中选择如图 11-55 所示的直线段。单击“确定”按钮✓，创建结构构件，如图 11-56 所示。

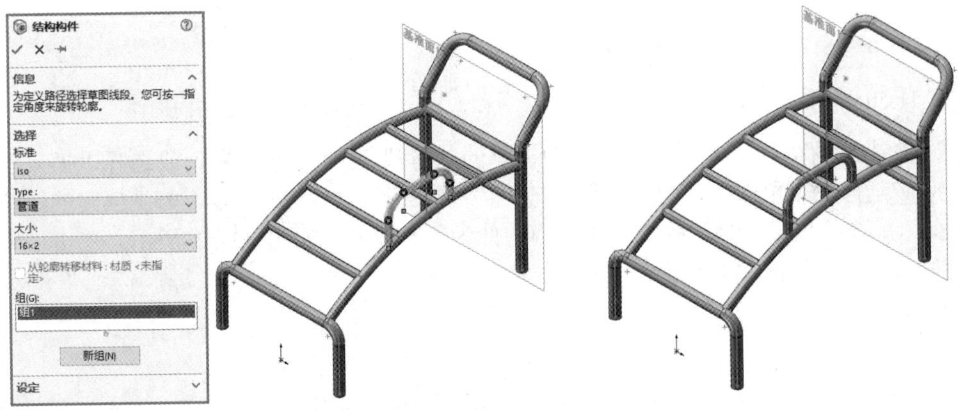

图 11-55　“结构构件”属性管理器　　　　图 11-56　创建结构构件

03 镜像结构构件。单击“特征”面板中的“镜像”按钮，或选择“插入”→“阵列/镜像”→“镜像”菜单命令，弹出如图 11-57 所示的“镜像”属性管理器，选择右视基准面为镜像面，选择步骤 **02** 创建的结构构件为要镜像的实体。单击“确定”按钮✓，镜像结构构件如图 11-58 所示。

图 11-57　“镜像”属性管理器　　　　图 11-58　镜像结构构件

Note

04 剪裁结构构件。单击“焊件”面板中的“剪裁/延伸”按钮，或选择“插入”→“焊件”→“剪裁/延伸”菜单命令，弹出“剪裁/延伸”属性管理器，选择步骤 **02** 和步骤 **03** 创建的结构构件为要剪裁的实体，选择 11.2.2 节中的步骤 **04** 为剪裁边界，如图 11-59 所示。单击“确定”按钮✔，剪裁结构构件如图 11-60 所示。

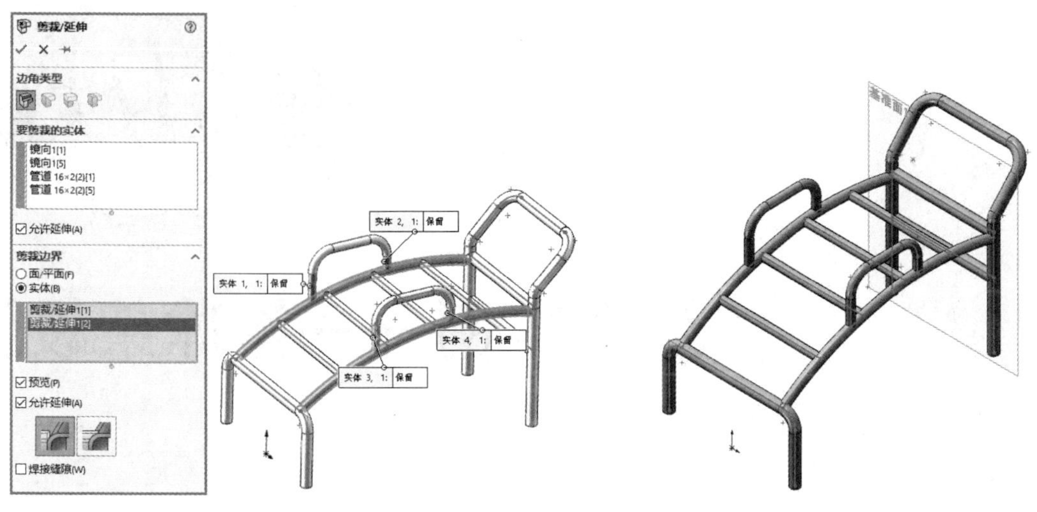

图 11-59　“剪裁/延伸”属性管理器　　　　图 11-60　剪裁结构构件

05 隐藏草图和基准面。选择“视图”→“隐藏/显示”→“草图”菜单命令和“基准面”菜单命令，隐藏草图和基准面，如图 11-61 所示。

图 11-61　隐藏草图和基准面

第12章

综合实例——篮球架设计

本章导读

篮球架主要包括底座、支架和篮板等模块。在前面章节讲解的基础上完成本实例的制作，使读者对 SOLIDWORKS 零件设计实现“活学活用”，为以后的实际工作绘制更复杂的零件模型做好铺垫。

内容要点

☑ 绘制底座
☑ 绘制支架
☑ 绘制篮板
☑ 渲染

本综合实例创建的篮球架如图 12-1 所示。

图 12-1　篮球架

视频讲解

思路分析

首先绘制草图，通过拉伸创建底座，然后创建结构构件，通过剪裁创建支架，最后通过拉伸创建篮板。绘制篮球架的流程如图 12-2 所示。

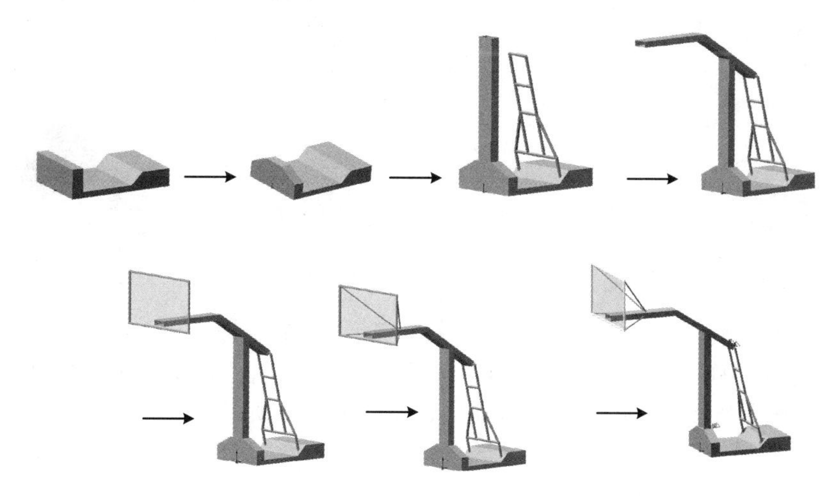

图 12-2　绘制篮球架的流程

创建步骤

12.1　绘制底座

01 启动 SOLIDWORKS，单击“快速访问”工具栏中的“新建”按钮，或选择“文件”→“新建”菜单命令，在弹出的“新建 SOLIDWORKS 文件”对话框中单击“零件”按钮，然后单击“确定”按钮，创建一个新的零件文件。

02 设置基准面。在 FeatureManager 设计树中选择“前视基准面”，然后单击“视图（前导）”工具栏中的“正视于”按钮，将该基准面作为绘制图形的基准面。单击“草图”面板中的“草图绘制”按钮，进入草图绘制状态。

03 绘制草图。单击“草图”面板中的“直线”按钮，绘制如图 12-3 所示的草图并标注尺寸。

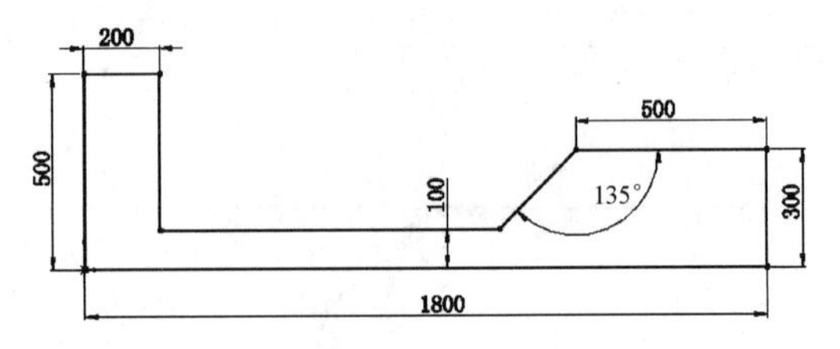

图 12-3　绘制草图

04 拉伸实体。选择“插入”→“凸台/基体”→“拉伸”菜单命令，或者单击“特征”面板中的“拉伸凸台/基体”按钮，弹出如图 12-4 所示的“凸台-拉伸”属性管理器。设置终止条件为“两侧对称”，输入拉伸距离为 1200 mm，单击“确定”按钮✓，拉伸实体如图 12-5 所示。

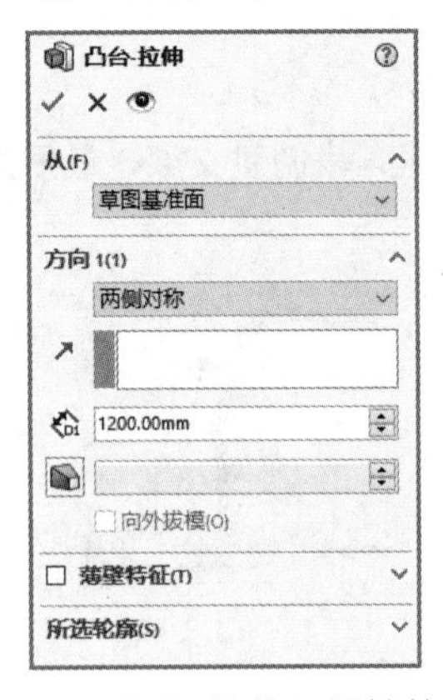

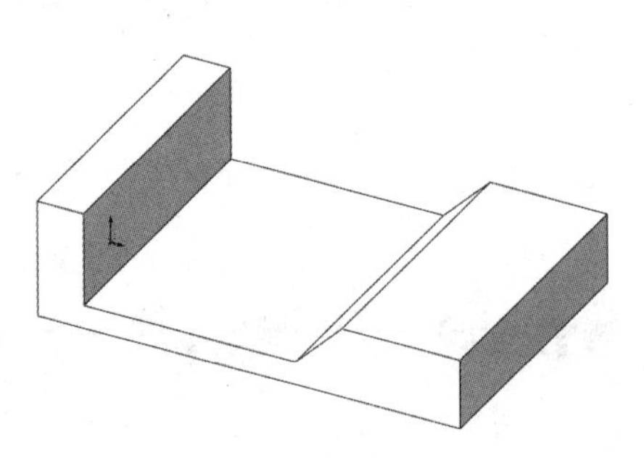

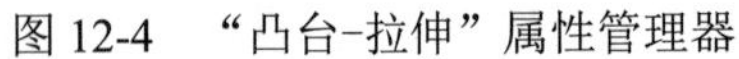

图 12-4　“凸台-拉伸”属性管理器　　　　图 12-5　拉伸实体

05 倒角处理。选择“插入”→“特征”→“倒角”菜单命令，或者单击“特征”面板中的“倒角”按钮，弹出如图 12-6 所示的“倒角”属性管理器。选择“距离-距离”类型，输入倒角距离 1 为 400 mm，倒角距离 2 为 200 mm，在视图中选择如图 12-6 所示的边线，单击“确定”按钮✓。重复“倒角”命令，对另一侧边线进行倒角处理，如图 12-7 所示，倒角处理后的效果如图 12-8 所示。

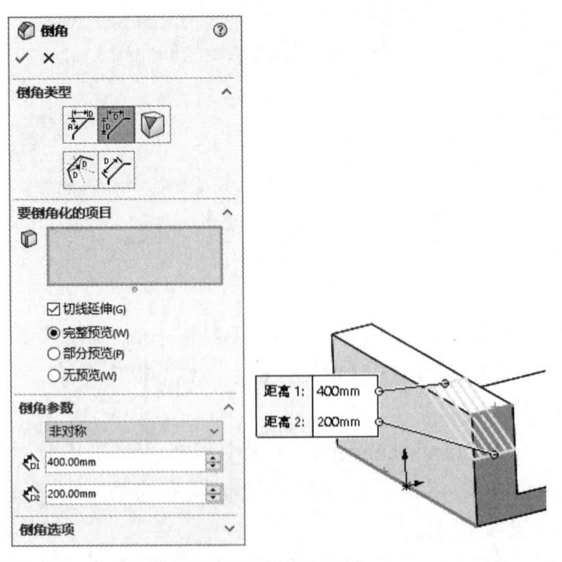

图 12-6　选择边线 1

Note

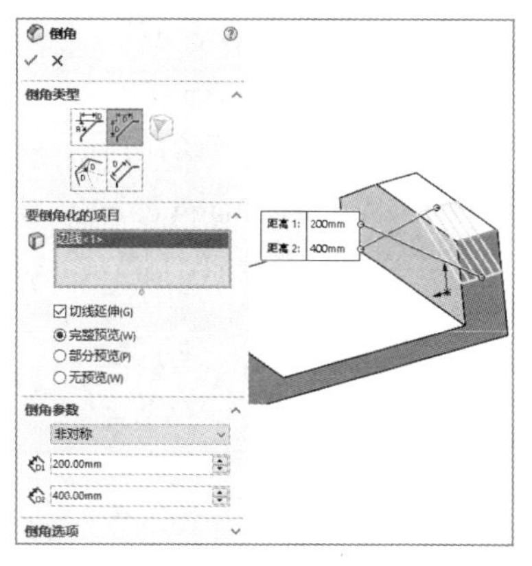

图 12-7　选择边线 2

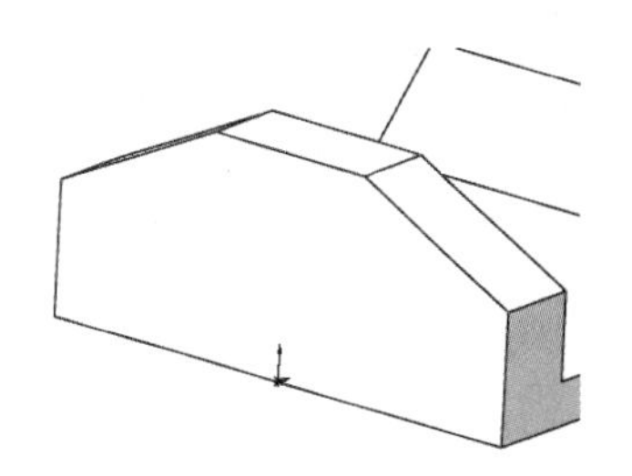

图 12-8　倒角处理后的效果

12.2　绘 制 支 架

【操作步骤】

01 设置基准面。在 FeatureManager 设计树中选择“前视基准面”，然后单击“视图（前导）”工具栏中的“正视于”按钮，将该基准面作为绘制图形的基准面。单击“草图”面板中的“草图绘制”按钮，进入草图绘制状态。

02 绘制草图 1。单击“草图”面板中的“直线”按钮，绘制如图 12-9 所示的草图并标注尺寸。单击“退出草图”按钮，退出草图绘制状态。

03 生成自定义结构构件轮廓，其设计过程如下。

① 启动 SOLIDWORKS，单击“快速访问”工具栏中的“新建”按钮，或选择“文件”→“新建”菜单命令，在弹出的“新建 SOLIDWORKS 文件”对话框中单击“零件”按钮，然后单击“确定”按钮，创建一个新的零件文件。

② 设置基准面。在 FeatureManager 设计树中选择“前视基准面”，然后单击“视图（前导）”工具栏中的“正视于”按钮，将该基准面作为绘制图形的基准面。单击“草图”面板中的“草图绘制”按钮，进入草图绘制状态。

③ 绘制矩形。单击“草图”面板中的“中心矩形”按钮，或选择“工具”→“草图绘制实体”→“中心矩形”菜单命令，在绘图区域以原点为中心绘制两个矩形，并标注智能尺寸，如图 12-10 所示，单击 “退出草图”按钮。

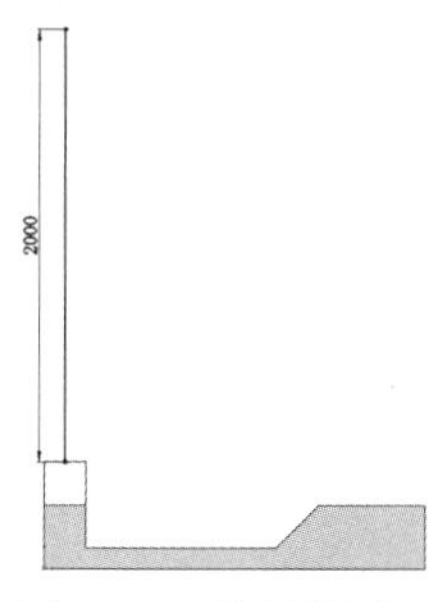

图 12-9　绘制草图 1

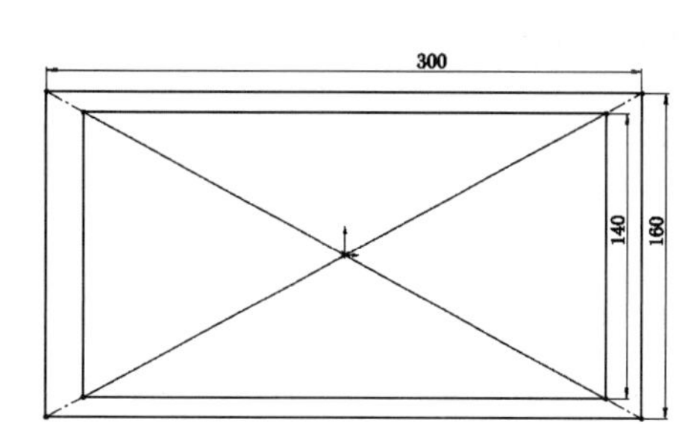

图 12-10　绘制矩形

Note

④ 保存自定义结构构件轮廓。在 FeatureManager 设计树中选择草图，选择“文件”→“另存为”菜单命令，保存轮廓文件。焊件结构件的轮廓草图文件默认保存在安装目录\SOLIDWORKS\lang\chinese-simplified\weldment profiles 的子文件夹中。单击“保存”按钮，将所绘制的草图命名为 300×160×10，文件类型为.sldlfp，保存在安装目录\SOLIDWORKS\lang\chinese-simplified\weldment profiles\iso\rectangular tube 文件夹中，如图 12-11 所示。保存构件轮廓草图的设计树如图 12-12 所示。

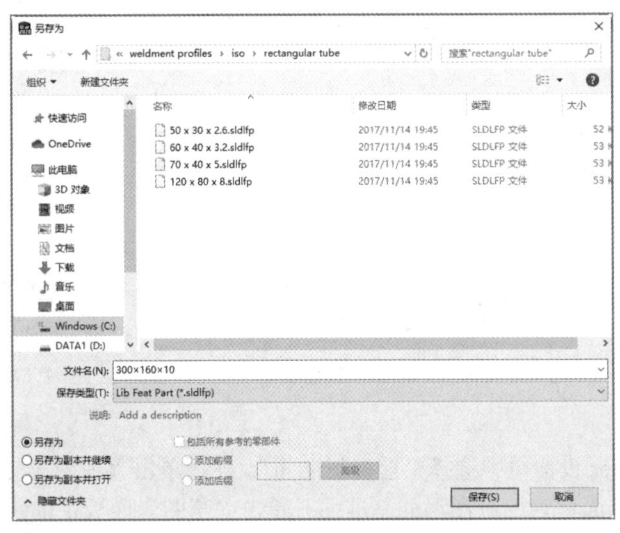

图 12-11　保存结构构件轮廓

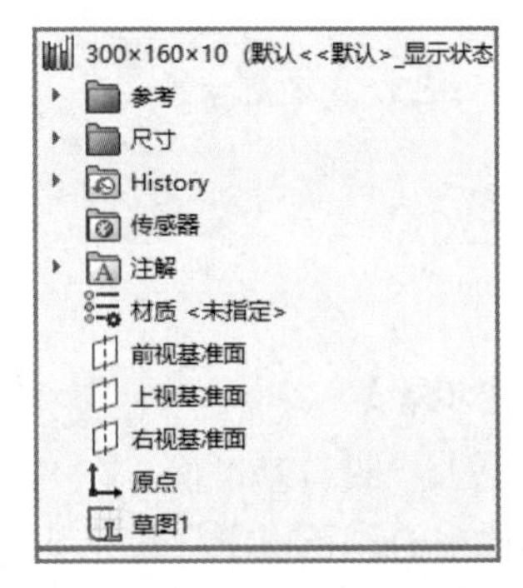

图 12-12　保存构件轮廓草图的设计树

04 创建结构构件。单击“焊件”面板中的“结构构件”按钮，或选择“插入”→“焊件”→“结构构件”菜单命令，弹出“结构构件”属性管理器，选择 iso 标准，选择“矩形管”类型，设置“大小”为 300×160×10，然后在视图中选择步骤 **02** 创建的草图，在“设定”选项组输入角度为 90 度，如图 12-13 所示。单击“确定”按钮✔，创建结构构件，如图 12-14 所示。

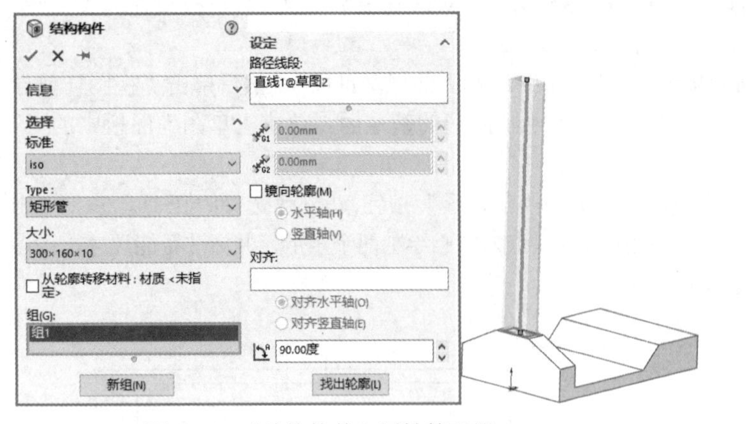

图 12-13　“结构构件”属性管理器

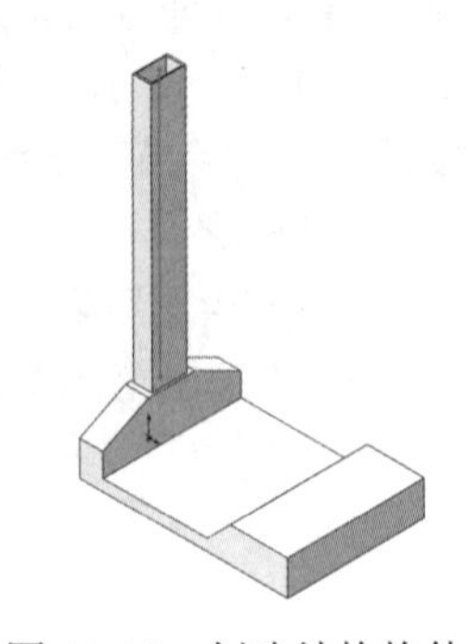

图 12-14　创建结构构件

05 创建基准面 2。选择“插入”→“参考几何体”→“基准面”菜单命令，或者单击“特征”面板“参考几何体”下拉列表中的“基准面”按钮，弹出如图 12-15 所示的“基准面”属性管理器。选择“上视基准面”为参考面，选择如图 12-15 所示的边线为第二参考，输入角度为 76 度，单击“确定”按钮✔，完成基准面 2 的创建。

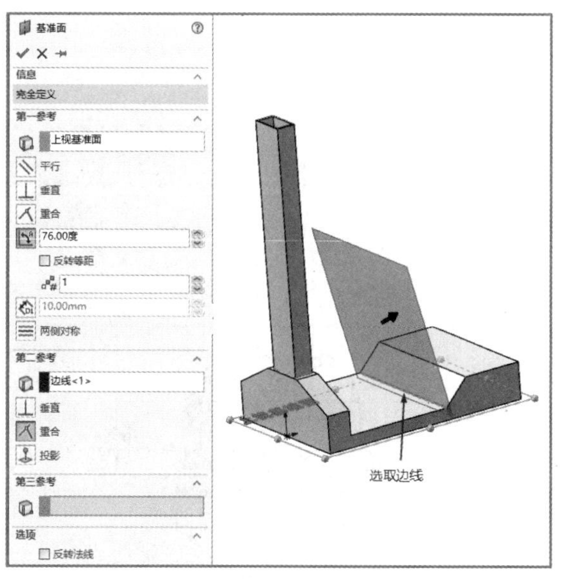

图 12-15　“基准面”属性管理器

06 创建基准面 3。选择“插入”→“参考几何体”→“基准面”菜单命令，或者单击“特征”面板“参考几何体”下拉列表中的“基准面”按钮，弹出如图 12-16 所示的“基准面”属性管理器。选择“基准面 2”为参考面，输入偏移距离为 120 mm，单击“确定”按钮✔，完成基准面 3 的创建，如图 12-17 所示。

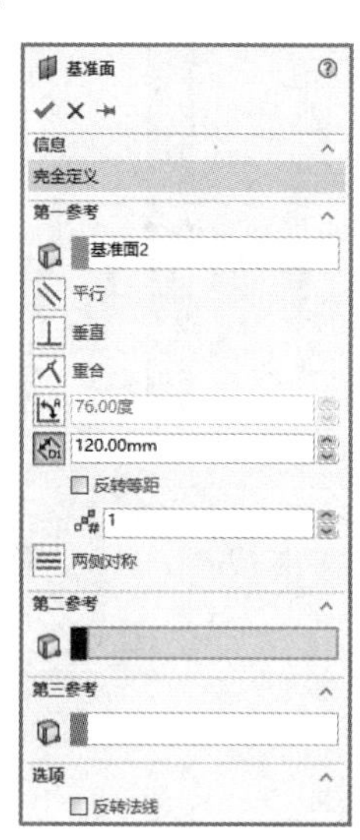

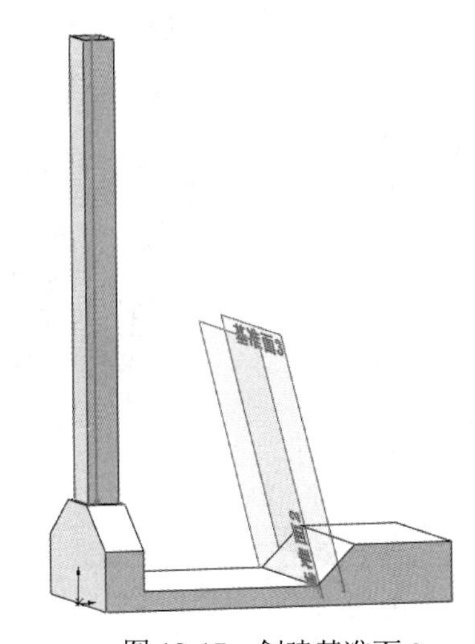

图 12-16　“基准面”属性管理器　　　　图 12-17　创建基准面 3

07 设置基准面。在 FeatureManager 设计树中选择“基准面 3”，然后单击“视图（前导）”工具栏中的“正视于”按钮，将该基准面作为绘制图形的基准面。单击“草图”面板中的“草图绘制”按钮，进入草图绘制状态。

08 绘制草图 2。单击“草图”面板中的“直线”按钮，绘制如图 12-18 所示的草图并标注尺寸。

Note

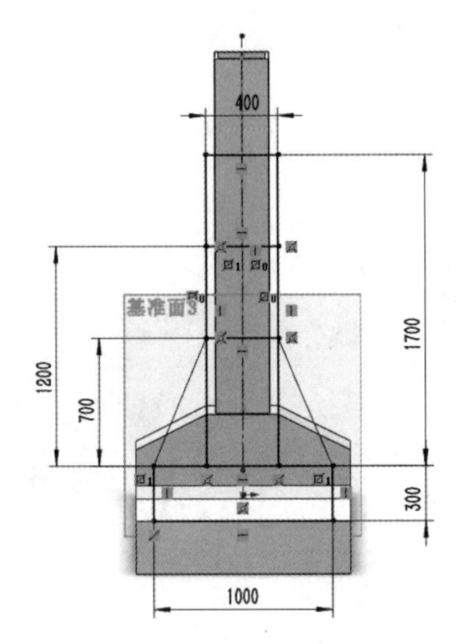

图 12-18　绘制草图 2

09 创建结构构件 1。单击“焊件”面板中的“结构构件”按钮，或选择“插入”→“焊件”→“结构构件”菜单命令，弹出“结构构件”属性管理器，选择 iso 标准，选择“方形管”类型，设置“大小”为 40×40×4，选择草图 2，单击“新组”按钮，添加新组，如图 12-19 所示。单击“确定”按钮✔，创建结构构件 1，如图 12-20 所示。

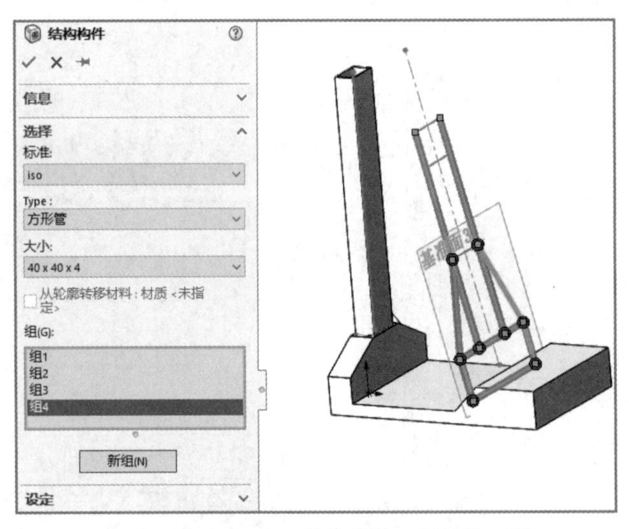

图 12-19　“结构构件”属性管理器

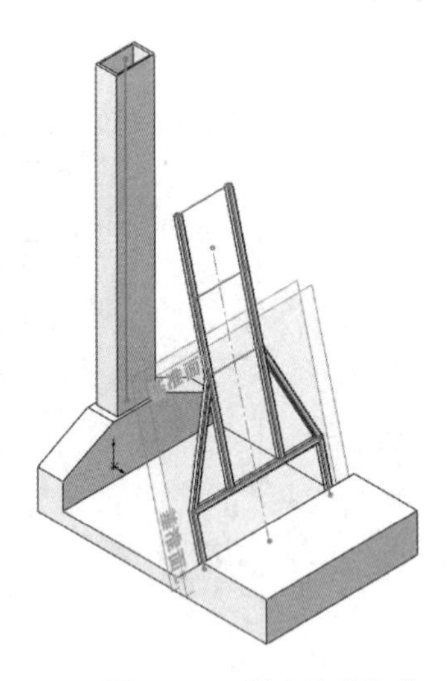

图 12-20　创建结构构件 1

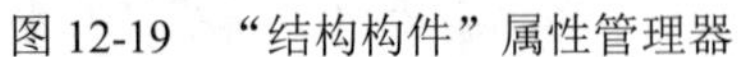

10 创建结构构件 2。单击“焊件”面板中的“结构构件”按钮，或选择“插入”→“焊件”→“结构构件”菜单命令，弹出“结构构件”属性管理器，选择 iso 标准，选择“方形管”类型，设置“大小”为 40×40×4，选择草图 2，单击“新组”按钮，添加新组，如图 12-21 所示。单击“确定”按钮✔，创建结构构件 2，如图 12-22 所示。

Note

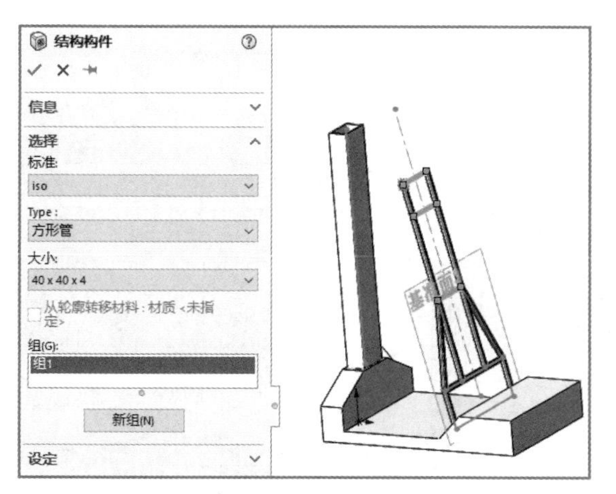

图 12-21 “结构构件”属性管理器

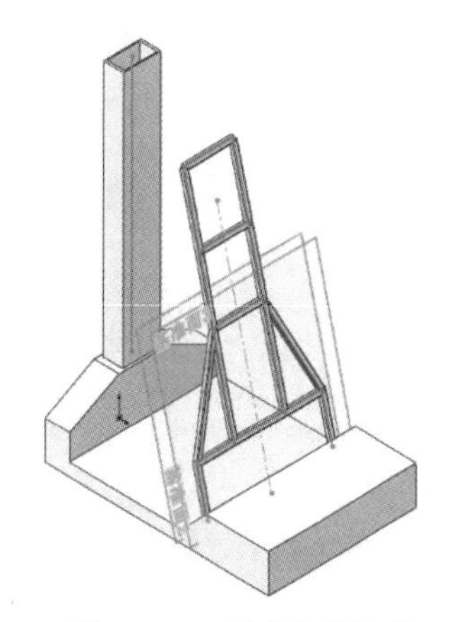

图 12-22 创建结构构件 2

11 剪裁结构构件。单击“焊件”面板中的“剪裁/延伸”按钮，或选择“插入”→“焊件”→“剪裁/延伸”菜单命令，弹出“剪裁/延伸”属性管理器，选择步骤 **10** 创建的结构构件为要剪裁的实体，选择步骤 **09** 创建的结构构件为剪裁边界，如图 12-23 所示。单击“确定”按钮✓，剪裁结构构件如图 12-24 所示。

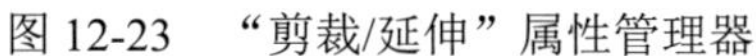

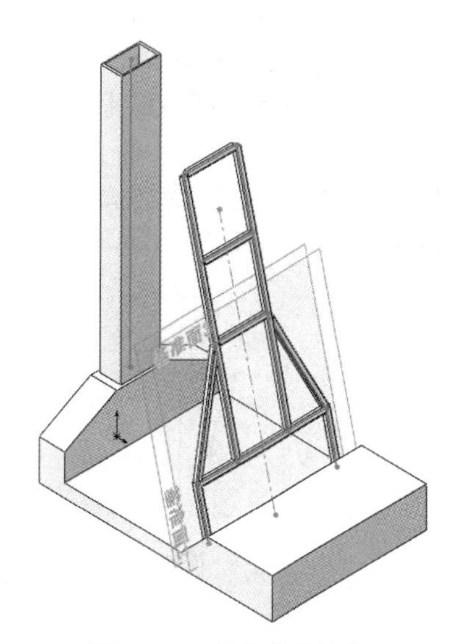

图 12-23 “剪裁/延伸”属性管理器

图 12-24 剪裁结构构件

12 设置基准面。在 FeatureManager 设计树中选择“前视基准面”，然后单击“视图（前导）”工具栏中的“正视于”按钮，将该基准面作为绘制图形的基准面。单击“草图”面板中的“草图绘制”按钮，进入草图绘制状态。

13 绘制草图。单击“草图”面板中的“直线”按钮，绘制如图 12-25 所示的草图并标注尺寸。

Note

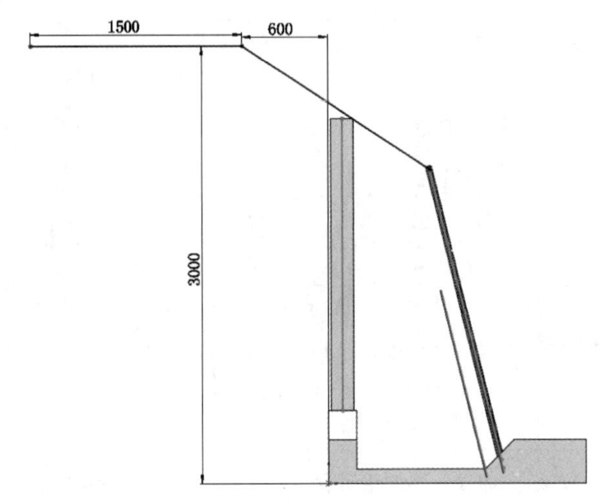

图 12-25　绘制草图

14 生成自定义结构构件轮廓，其设计过程如下。

① 启动 SOLIDWORKS，单击“快速访问”工具栏中的“新建”按钮，或选择“文件”→“新建”菜单命令，在弹出的“新建 SOLIDWORKS 文件”对话框中单击“零件”按钮，然后单击“确定”按钮，创建一个新的零件文件。

② 设置基准面。在 FeatureManager 设计树中选择“前视基准面”，然后单击“视图（前导）”工具栏中的“正视于”按钮，将该基准面作为绘制图形的基准面。单击“草图”面板中的“草图绘制”按钮，进入草图绘制状态。

③ 绘制矩形。单击“草图”面板中的“中心矩形”按钮，或选择“工具”→“草图绘制实体”→“中心矩形”菜单命令，在绘图区域以原点为中心绘制两个矩形，并标注智能尺寸，如图 12-26 所示，单击“退出草图”按钮。

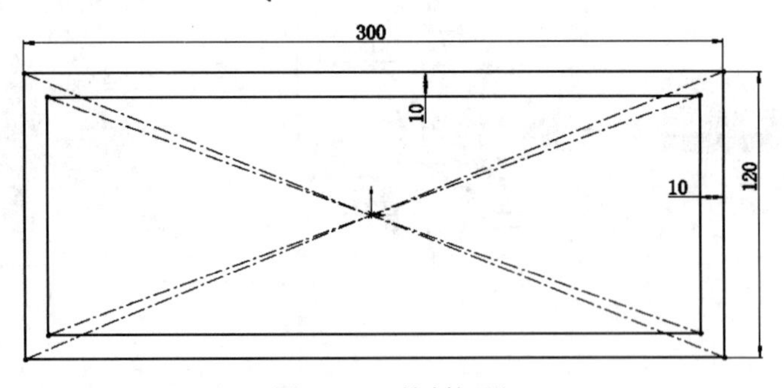

图 12-26　绘制矩形

④ 保存自定义结构构件轮廓。在 FeatureManager 设计树中选择草图，选择“文件”→“另存为”菜单命令，保存轮廓文件。焊件结构件的轮廓草图文件默认保存在安装目录\SOLIDWORKS\lang\chinese-simplified\weldment profiles 的子文件夹中。单击“保存”按钮，将所绘制的草图命名为 300×120×10，文件类型为.sldlfp，保存在安装目录\SOLIDWORKS\lang\chinese-simplified\weldment profiles\iso\rectangular tube 文件夹中，如图 12-27 所示。单击“保存”按钮，保存构件轮廓草图的设计树如图 12-28 所示。

Note

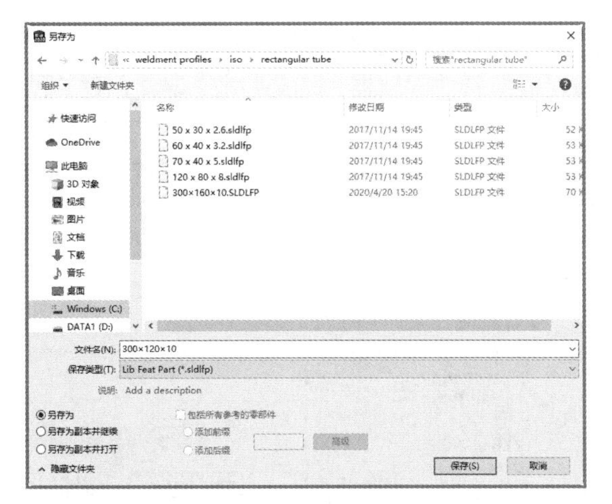

图 12-27　保存结构构件轮廓

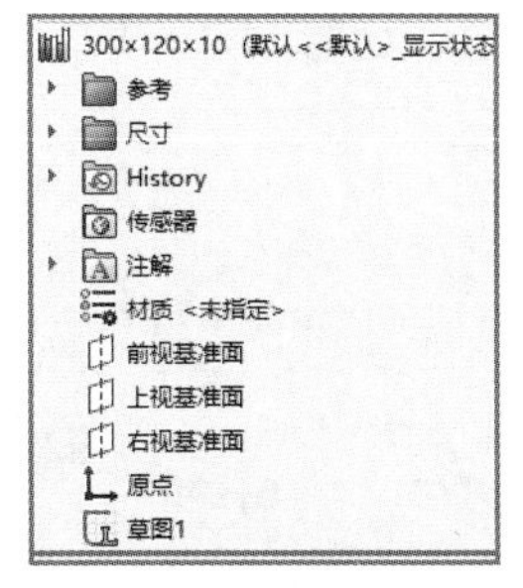

图 12-28　保存构件轮廓草图的设计树

15 创建结构构件。单击“焊件”面板中的“结构构件”按钮，或选择“插入”→“焊件”→“结构构件”菜单命令，弹出“结构构件”属性管理器，选择 iso 标准，选择“矩形管”类型，设置“大小”为 300×120×10，然后在视图中选择步骤 **13** 绘制的草图为路径，在“设定”选项组输入角度为 90 度，如图 12-29 所示。单击“确定”按钮✓，创建结构构件，如图 12-30 所示。

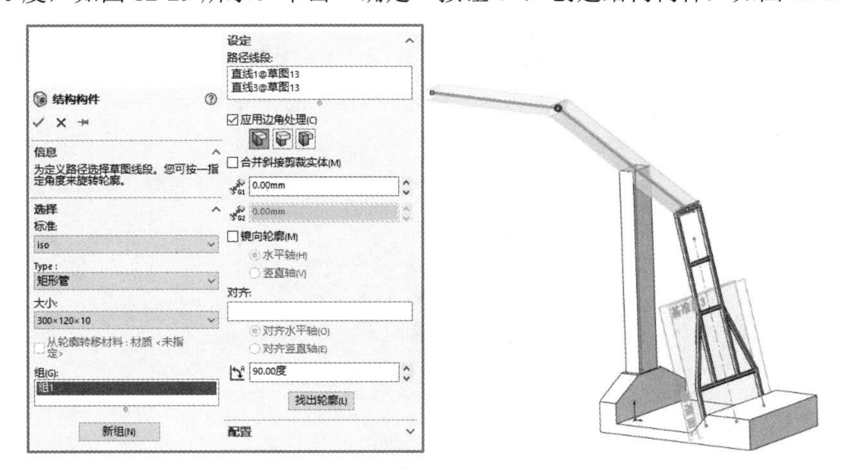

图 12-29　“结构构件”属性管理器

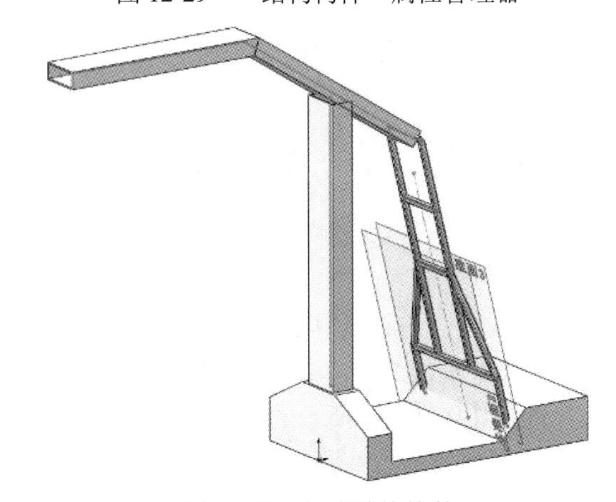

图 12-30　创建结构构件

Note

16 剪裁结构构件。单击“焊件”面板中的“剪裁/延伸”按钮，或选择“插入”→“焊件”→“剪裁/延伸”菜单命令，弹出“剪裁/延伸”属性管理器，选择步骤 **04** 创建的结构构件为剪裁实体，选择步骤 **15** 创建的剪裁构件为剪裁边界，如图 12-31 所示；单击“确定”按钮✔。重复“剪裁构件”命令，选择步骤 **15** 创建的结构构件为剪裁实体，选择步骤 **11** 创建的剪裁结构为剪裁边界，如图 12-32 所示，剪裁结构构件如图 12-33 所示。

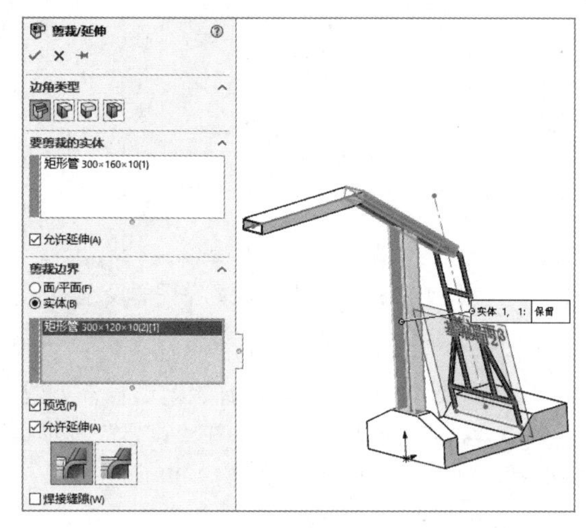

图 12-31　选择裁剪实体和边界

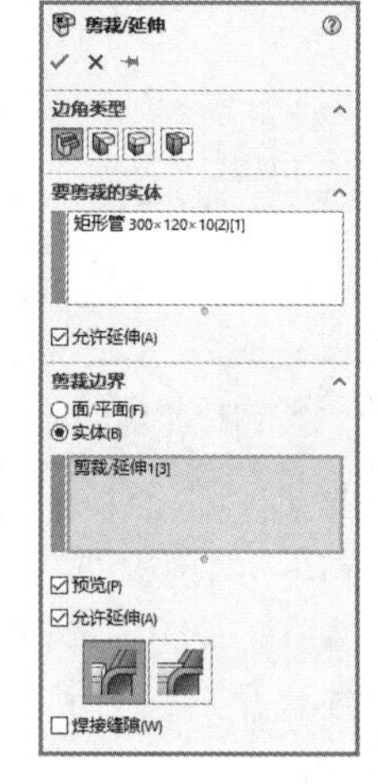

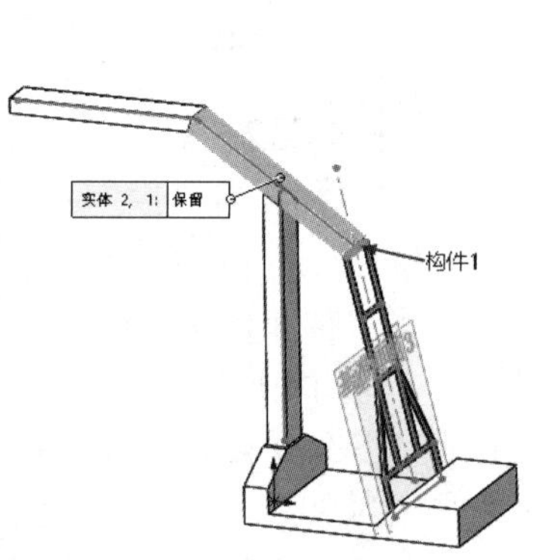

图 12-32　选择裁剪实体和边界

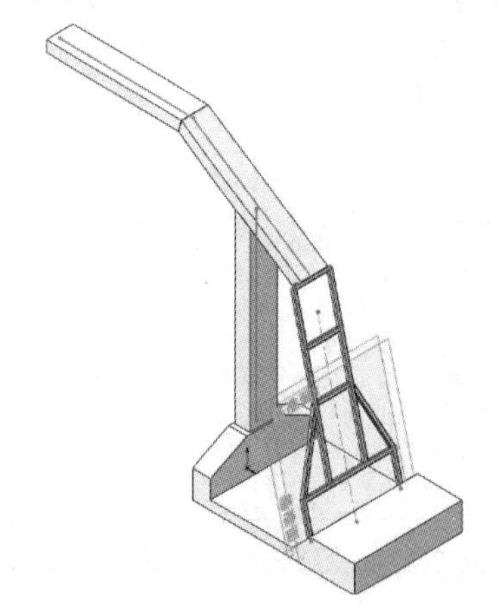

图 12-33　剪裁结构构件

12.3　绘 制 篮 板

【操作步骤】

01 创建基准面。选择“插入”→“参考几何体”→“基准面”菜单命令，或者单击“特征”面板“参考几何体”下拉列表中的“基准面”按钮，弹出如图 12-34 所示的“基准面”属性管理器。选择“右视基准面”为参考面，选择如图 12-34 所示的点为第二参考，单击“确定”按钮✔，完成基准面的创建。

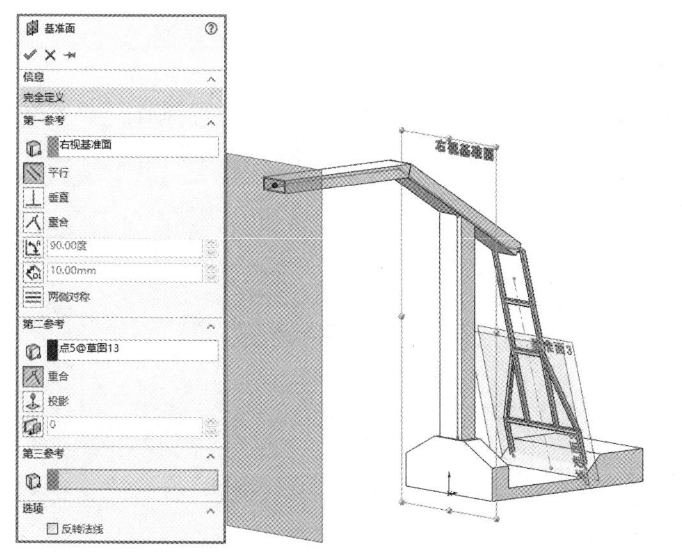

图 12-34　“基准面”属性管理器

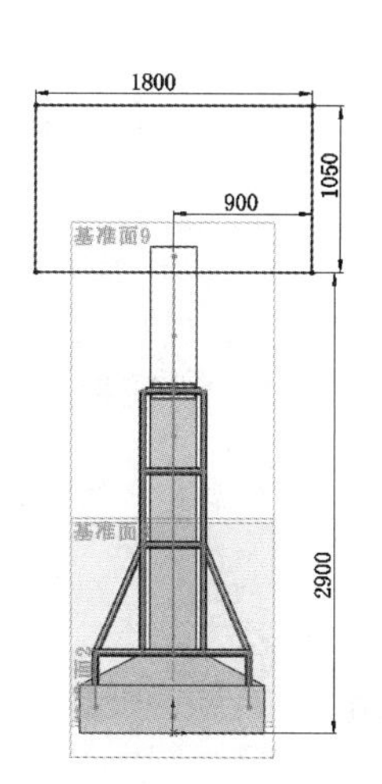

图 12-35　绘制草图 1

02 设置基准面。在 FeatureManager 设计树中选择上一步创建的基准面，然后单击“视图（前导）”工具栏中的“正视于”按钮，将该基准面作为绘制图形的基准面。单击“草图”面板中的“草图绘制”按钮，进入草图绘制状态。

03 绘制草图 1。单击“草图”面板中的“直线”按钮，绘制如图 12-35 所示的草图并标注尺寸。

04 创建结构构件。单击“焊件”面板中的“结构构件”按钮，或选择“插入”→“焊件”→“结构构件”菜单命令，弹出“结构构件”属性管理器，选择 iso 标准，选择“方形管”类型，设置“大小”为 40×40×4，然后在视图中选择草图，在“设定”选项组输入角度为 90 度，如图 12-36 所示。单击“确定”按钮，创建结构构件，如图 12-37 所示。

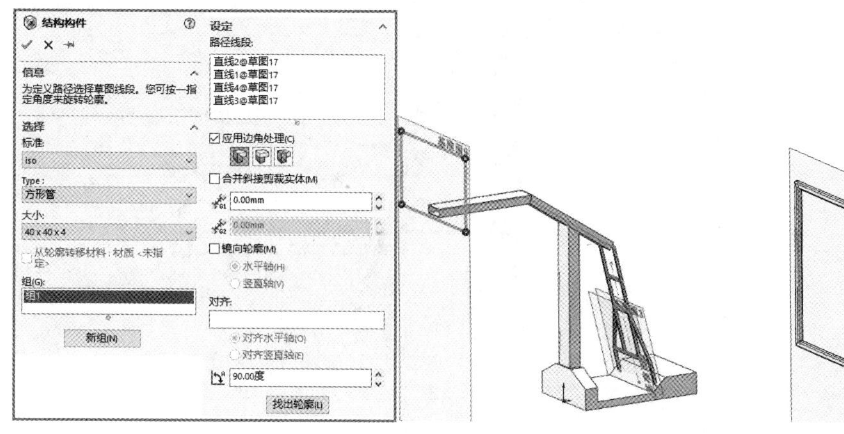

图 12-36　“结构构件”属性管理器

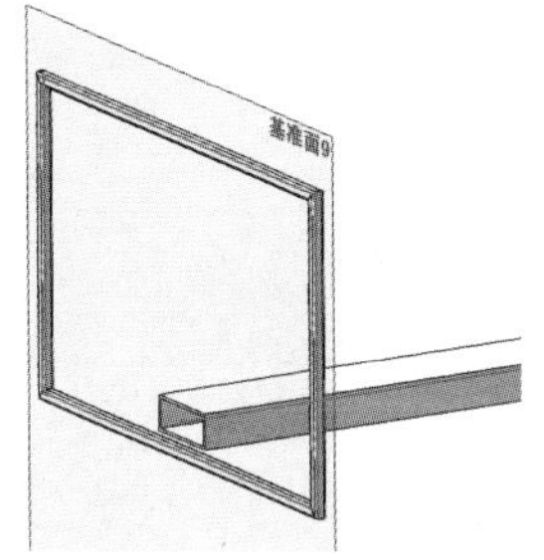

图 12-37　创建结构构件

05 设置基准面。在 FeatureManager 设计树中选择步骤 **01** 创建的基准面，然后单击“视图（前导）”工具栏中的“正视于”按钮，将该基准面作为绘制图形的基准面。单击“草图”面板中的“草图绘制”按钮，进入草图绘制状态。

06 绘制草图。单击“草图”面板中的“转换实体引用”按钮，将步骤 **04** 创建的结构

构件的内边线转换为图素。

07 拉伸实体。选择“插入”→“凸台/基体”→“拉伸”菜单命令，或者单击“特征”面板中的“拉伸凸台/基体”按钮，弹出如图 12-38 所示的“凸台-拉伸”属性管理器。设置终止条件为“两侧对称”，输入拉伸距离为 30 mm，单击“确定”按钮✓，拉伸实体如图 12-39 所示。

Note

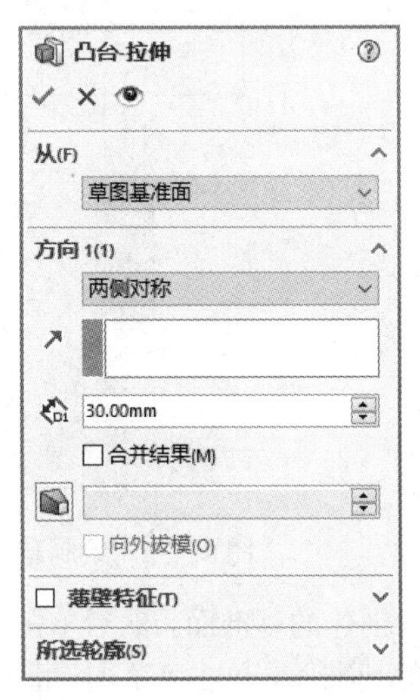

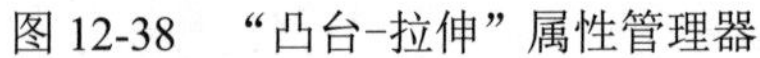

图 12-38 “凸台-拉伸”属性管理器

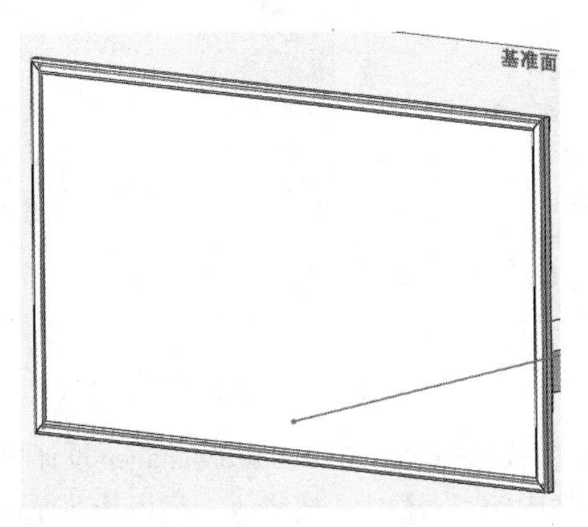

图 12-39 拉伸实体

08 创建焊缝。单击“焊件”面板中的“焊缝”按钮，或选择“插入”→“焊件”→“焊缝”菜单命令，弹出“焊缝”属性管理器，选择如图 12-40 所示的几个面，生成两个焊接路径，输入半径为 10 mm，如图 12-40 所示；单击“确定”按钮✓，结果如图 12-41 所示，重复“焊缝”命令，创建半径为 5 mm 的焊缝，如图 12-42 所示。

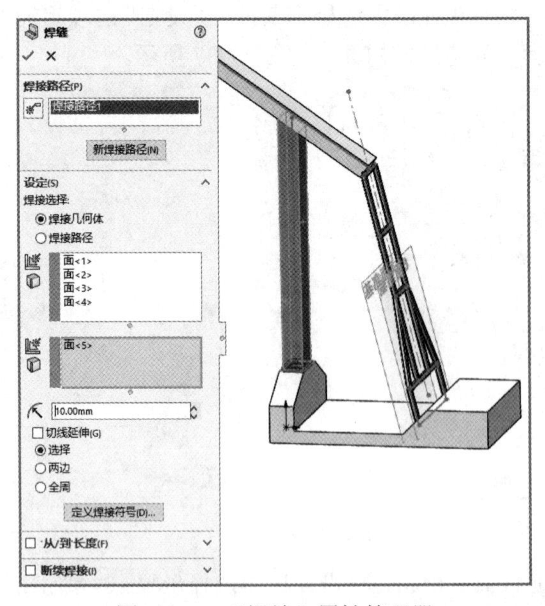

图 12-40 “焊缝”属性管理器

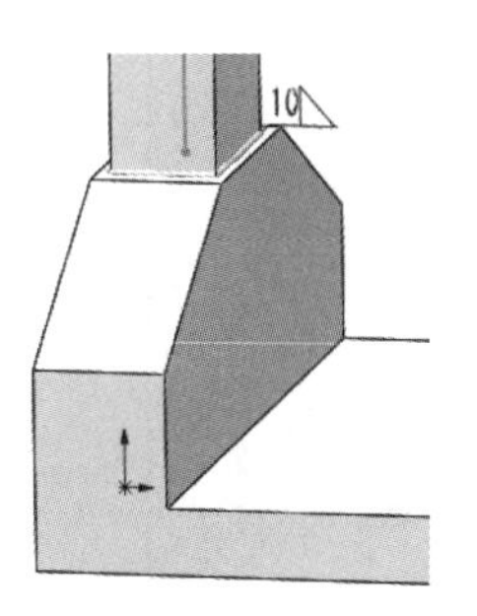

图 12-41　创建半径为 10mm 的焊缝

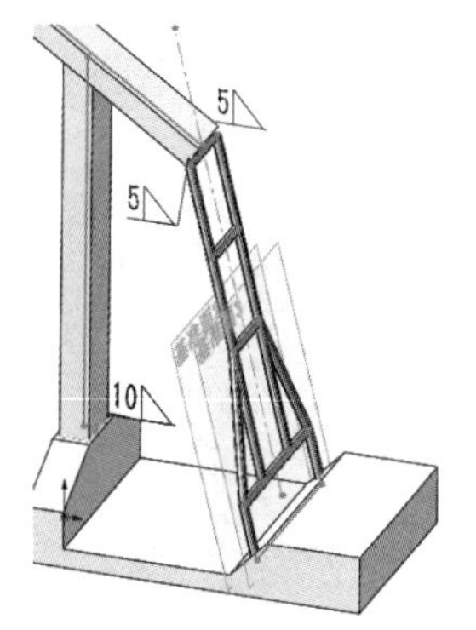

图 12-42　创建半径为 5mm 的焊缝

09 绘制 3D 草图。首先单击“草图”面板中的“3D 草图”按钮，然后单击“草图”面板中的“直线”按钮，绘制如图 12-43 所示的草图并标注尺寸。

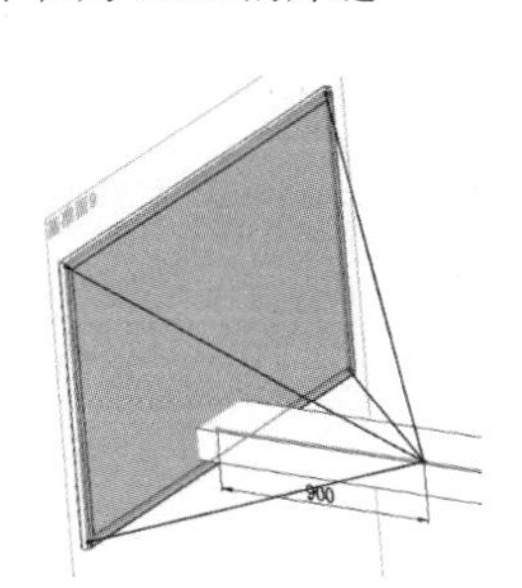

图 12-43　绘制 3D 草图

10 创建结构构件。单击“焊件”面板中的“结构构件”按钮，或选择“插入”→“焊件”→“结构构件”菜单命令，弹出“结构构件”属性管理器，选择 iso 标准，选择“管道”类型，设置“大小”为 26.9×3.2，然后在视图中选择上一步绘制的草图，如图 12-44 所示，在“设定”选项组输入角度为 90 度。单击“确定”按钮，创建结构构件，如图 12-45 所示。

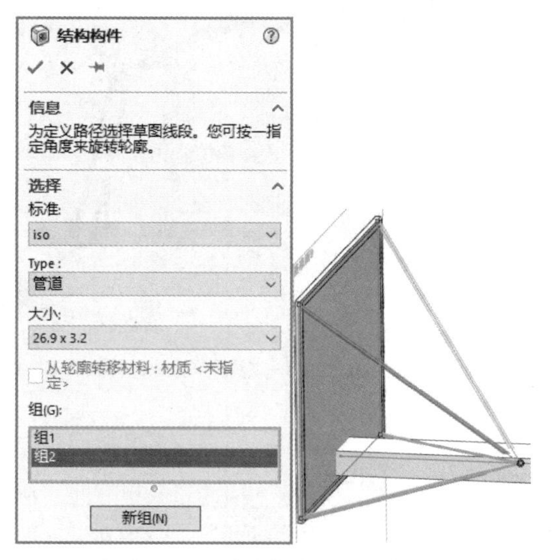

图 12-44　“结构构件”属性管理器

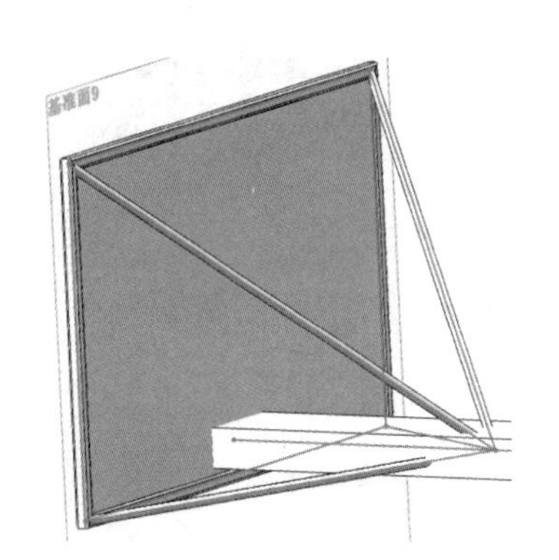

图 12-45　创建结构构件

11 剪裁结构构件。单击“焊件”面板中的“剪裁/延伸”按钮，或选择“插入”→“焊件”→“剪裁/延伸”菜单命令，弹出“剪裁/延伸”属性管理器，选择上步创建的“管道 26.9×3.2”为要剪裁的实体，选择步骤 **04** 创建的“方形管 40×40×4”和“矩形管 300×120×10”为剪裁边界，如图 12-46 所示；单击“确定”按钮，剪裁结构构件如图 12-47 所示。

12 隐藏草图和基准面。选择“视图”→“隐藏/显示”→“草图”菜单命令和“基准面”菜单命令，隐藏草图和基准面，如图 12-48 所示。

Note

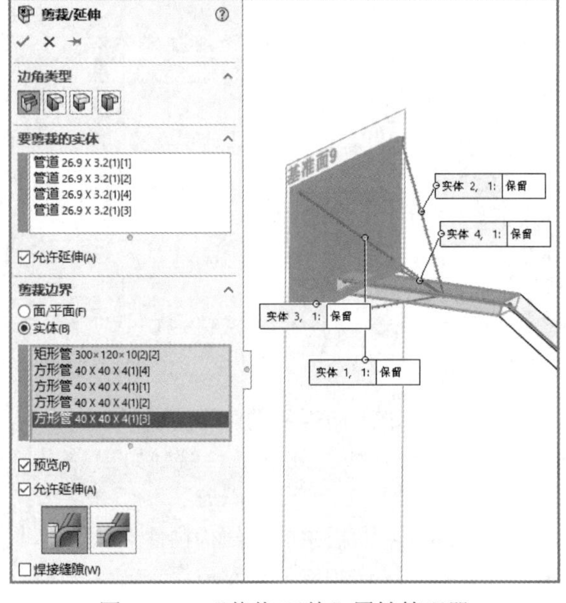

图 12-46 “剪裁/延伸”属性管理器

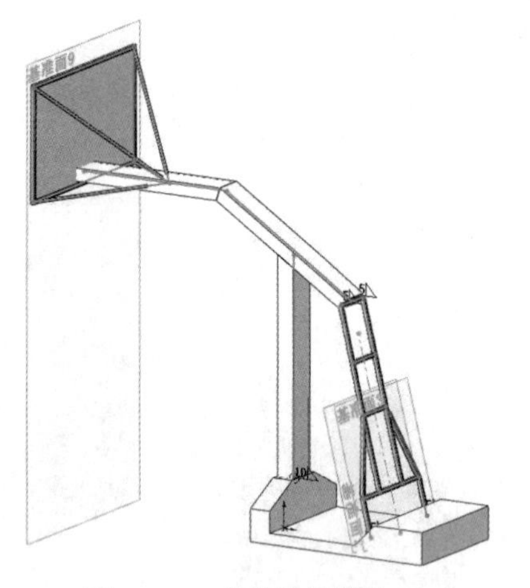

图 12-47 剪裁结构构件

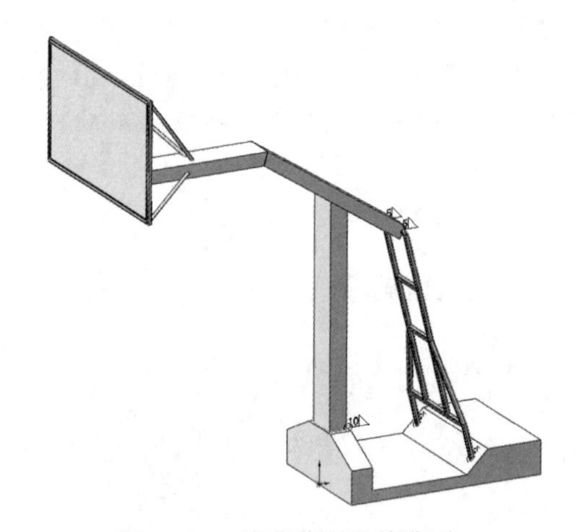

图 12-48 隐藏草图和基准面

12.4 渲　染

【操作步骤】

01 设置支架和底座延伸。在 FeatureManager 设计树中选择篮球架的支架结构构件，然后单击鼠标右键，在弹出的快捷菜单中选择“外观”，如图 12-49 所示。弹出如图 12-50 所示的“颜色”属性管理器，设置颜色的 RGB 值分别为 150，255，150，单击“确定”按钮✓，添加颜色，如图 12-51 所示。

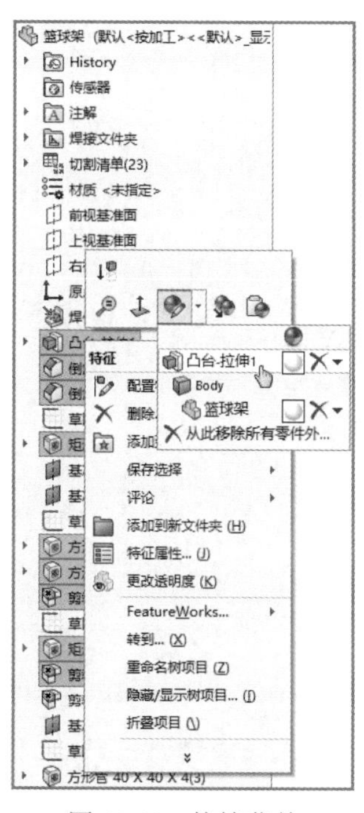

图 12-49　快捷菜单

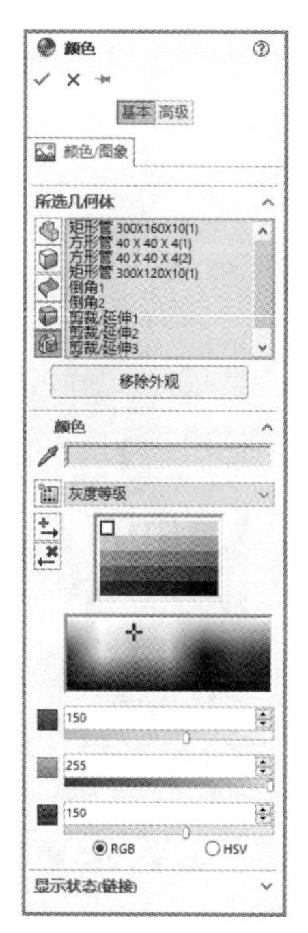

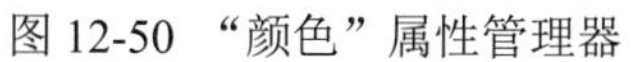
图 12-50　“颜色”属性管理器

图 12-51　添加延伸

02 设置篮板透明度。在 FeatureManager 设计树中选择篮板，然后单击鼠标右键，在弹出的快捷菜单中选择“外观”，弹出如图 12-52 所示的“颜色”属性管理器，单击“高级”选项卡，设置“透明量”为 0.8，单击“确定”按钮，结果如图 12-53 所示。

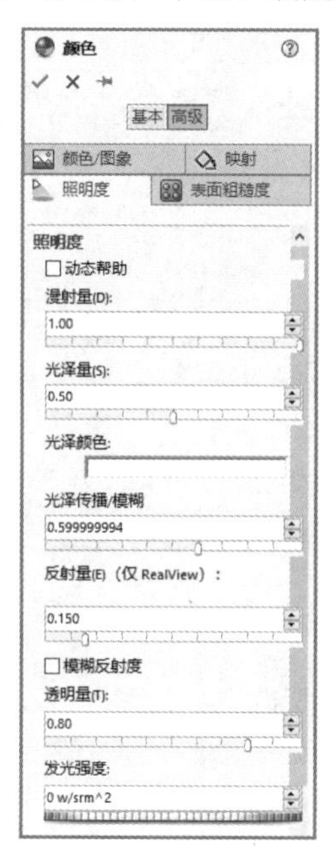

图 12-52　“颜色”属性管理器

图 12-53　更改透明度